U0341702

国家科学技术学术著作出版基金资助出版

金 属 功 能 材 料

主　编　王新林

副主编　陈国钧　何开元　朱鉴清　刘佑华
　　　　董学智　赵栋梁　张羊换

北　京
冶 金 工 业 出 版 社
2019

内 容 提 要

本书较为全面地介绍了金属功能材料的相关知识,深入浅出地论述了磁学基础知识,同时,就软磁材料、永磁材料、弹性材料、膨胀材料和热双金属、电性材料、非晶微晶和纳米晶合金及其他新型特种功能材料性能、制备技术及相关应用进行了系统阐述。全书共分20章,第1章详细介绍了磁学基础,第2章至第11章主要介绍了各类金属功能材料的结构、性能及相关应用以及新型特种功能材料的最新研究结果,第12章至第15章重点介绍了功能材料相关制备技术,特别是被广泛应用的快淬工艺,第16章至第20章介绍了功能材料主要测量方法及材料标准。书后还列有常用物理和化学常数、常用符号和常用单位换算。本书集基础理论、制备工艺与技术、材料应用于一体。

本书可供从事功能材料研究和工程应用方面的科技人员阅读,也可供高等学校有关师生参考。

图书在版编目(CIP)数据

金属功能材料/王新林主编 . —北京:冶金工业出版社,
2019. 12

ISBN 978-7-5024-7845-2

Ⅰ.①金… Ⅱ.①王… Ⅲ.①金属材料—功能材料
Ⅳ.①TG14

中国版本图书馆 CIP 数据核字 (2019) 第 075022 号

出 版 人 陈玉千
地 址 北京市东城区嵩祝院北巷 39 号 邮编 100009 电话 (010)64027926
网 址 www.cnmip.com.cn 电子信箱 yjcbs@ cnmip. com. cn
责任编辑 郭冬艳 美术编辑 吕欣童 版式设计 孙跃红
责任校对 石 静 责任印制 李玉山
ISBN 978-7-5024-7845-2
冶金工业出版社出版发行;各地新华书店经销;北京捷迅佳彩印刷有限公司印刷
2019 年 12 月第 1 版,2019 年 12 月第 1 次印刷
787mm×1092mm 1/16;42 印张;1016 千字;649 页
189.00 元

冶金工业出版社 投稿电话 (010)64027932 投稿信箱 tougao@cnmip.com.cn
冶金工业出版社营销中心 电话 (010)64044283 传真 (010)64027893
冶金工业出版社天猫旗舰店 yjgycbs. tmall. com
(本书如有印装质量问题,本社营销中心负责退换)

编辑委员会

序

经过多年的辛勤编写工作，由王新林等编著的《金属功能材料》一书终于与读者见面了，在此表示衷心的祝贺！

人类社会几千年的发展表明，材料是社会发展的基础和重要动力。人们常把材料分为两大类：结构材料和功能材料。功能材料的覆盖面极其广泛，包括电、磁、光、声、生物和化学性能为主要特征的所有材料。功能材料作为现代高技术和国民经济发展的关键材料，受到国内外广泛关注并取得重要应用，而应用最广、用量最大的功能材料是金属功能材料。

金属功能材料在我国金属行业领域源于精密合金，即 20 世纪 50 年代，进入 20 世纪 80 年代，国内将精密合金改为金属功能材料。因此本书没有包括铝、铜、半导体等有色金属合金。主要内容包括金属软磁材料、稀土永磁材料、弹性材料、膨胀材料和热双金属、非晶态和纳米材料、储氢材料、电性功能材料等，对其基本概念、制备工艺、材料性能和应用发展进行了深入的阐述。本书还对各种金属功能材料的制造、加工、处理方法等（万吨级非晶态合金生产暂不公开除外）进行了详细论述，并结合工艺设备，对具有共性技术的工艺进行总结。最后，结合功能材料的各种性能测试方法、测试设备，对测试标准的建立、修订和发展变化进行了梳理和回顾。

从 1949 年新中国成立以来，国家非常重视金属功能材料的发展，国家发展各个五年计划的科技计划，特别是"六五"至"十二五"计划中，金属功能材料如非晶态合金材料、稀土永磁材料、储氢材料等都被列入国家科技攻关计划、军工科技计划、"863"和"973"科技计划、国家自然科学基金等科技计划。

现在，多种金属功能材料已经形成规模生产和产业化。我国稀土永磁材料产量已居世界第一，万吨级非晶态合金年产量超过 6 万吨。这些材料都获得了多项国家科技发明奖、科技进步奖和专利，可以说，主要金属功能材料已经达到国际先进水平。

本书是由中国金属学会原精密合金现"功能材料分会"的国内多家单位知

名老专家、大学教授和部分目前在岗较年轻专家共同编著的，是他们几十年亲身从事科研、生产、性能检测和应用的切身体会与系统总结，也是中国金属功能材料 60 多年的科研、试制、生产发展经验和历程的缩影。

现代社会正在向智能化社会发展，利用金属功能材料的特殊物理性能和新功能来制造新器件和新设备，开发新技术，从单一功能逐渐向多功能化、智能化方向发展已成为当前材料发展的趋势和方向。

本书具有明显的学术性，作者理论基础扎实，有科研、生产的系统知识和长期积累的丰富经验；同时，又有行业性质，对金属功能材料的基本概念、制备工艺、处理方法、性能特点、测试方法、标准和应用发展进行了深入和系统的阐述，具有明显的实用性。可以说这是一部关于现代金属功能材料及其应用的很有价值的著作，对于从事功能材料及器件研究、生产和教学人员均有良好的指导作用，我希望本书对于金属功能材料领域的科技进步和发展有推动作用。

中国工程院院士　干勇

2017 年 9 月于北京

前　言

　　能源、信息和材料被誉为当代社会文明的三大支柱，材料又是人类生活和社会进步的物质基础。人们通常把材料分成两类：结构材料和功能材料。20 世纪 80 年代以来，材料科学与材料工程发展十分迅速，日新月异。世界各发达国家都加强了对高新技术和材料的研究、开发和应用，特别是功能材料。这是因为，功能材料不仅关系到人们现代生活水平的高低，而且在一定程度上，还决定着国防力量的强弱和战争的胜负，是国民经济和社会发展不可或缺的关键因素。无论是国内还是国际上，政府和民间的科技发展计划以及实施的项目，如我国科技部的国家科技攻关和"863"计划、国防科工局的军工科研项目、国家发改委的科技项目、国家自然科学基金委的自然科学基金项目，国家工信部的高技术新材料产业项目等，功能材料所占的比例和数量都相当大。

　　功能材料的覆盖面极其广泛，包括电、磁、光、声、生物和化学性能为主要特征的所有材料，其中应用最广、用量最大的功能材料是金属功能材料。

　　金属功能材料在我国金属行业领域源于精密合金，尽管最近已经出版了几本有关"功能材料"的书籍，但是还未见到我国的比较全面系统的"金属功能材料"专著出版。需要说明的是：本书所论述的"金属功能材料"，基本上是"精密合金"的范畴，即不包括有色金属的铝合金、铜合金、半导体材料和贵金属合金等。

　　在本书的编写过程中，始终突出了以下几方面的特色：力求比较全面地描述我国金属功能材料的各个领域的科研、开发、生产和应用现状及国际发展动向；尽量反映现代高新技术和材料的新概念、新知识、新理论、新工艺、新技术、新材料和新应用；邀请科研、生产和教学第一线的专家撰写或提供所熟悉的专业领域的内容，以便本书具有先进性、实用性和深入性。

　　本书是由金属功能材料学会各单位的多位老专家和部分比较年轻的在任专家共同努力撰写而成的。参加本书各章节编写和提供材料的人员除编委外还有郭世海、万永、王焰、赵晖、陈其安、李军教授等，在此一并表示衷心的感谢。

由于本书信息量较大，且限于作者水平，难免存在不妥之处，敬请有关专家和广大读者批评指正。

作　者

2019 年 9 月于北京

目　　录

绪　　论

　　能源、信息和材料被誉为当代社会文明的三大支柱，而材料又是人类生活和社会进步的物质基础。从材料性质和实际应用观点出发，人们通常把材料划分为两大类：结构材料和功能材料。一般公认：结构材料是以强度、韧性、刚度、硬度、耐磨性等力学性能为主要特征、用于制造以受力为主的结构件的材料；功能材料则是具有特殊物理性能、化学性能或生物医学性能等而主要用于功能器件的材料。20 世纪 80 年代以来，高新技术和材料发展十分迅速，世界各发达国家都加强了对高新技术和材料的研究、开发和应用，特别是功能材料。这是因为，功能材料不仅关系到人们现代生活水平的高低，而且在一定程度上决定着国防力量的强弱和战争的胜负，是国民经济和社会发展不可或缺的关键因素。功能材料按化学键分类，可以分为金属功能材料、无机非金属材料、有机功能材料等；如果按应用领域分类，可以分为电子信息材料、能源材料、核材料、医学材料和军工材料等。

1　金属功能材料的分类

　　金属功能材料是功能材料的重要组成部分，也是人类认识和使用最早的功能材料，我国在汉代就发明和使用了指南针（司南）。电工钢、因瓦合金和多种金属磁体的发现和应用已经有约百年的历史。金属功能材料中为大家熟悉的部分是精密合金，如磁性、电性、弹性、膨胀、电阻等功能材料。另一部分是近期新发展起来的金属功能材料，如非晶态材料、储氢材料、超磁致伸缩材料、纳米材料、超导材料、形状记忆合金、磁性液体和薄膜材料等，它们是目前研究最活跃、开发最具潜力、应用效应极好、发展前途十分广阔的新材料。但是，至今金属功能材料没有统一的、公认的范围严格界定。如果按材料的性质分类，其主要领域包括：

　　（1）磁性材料：永磁、软磁、特种磁性材料等。

　　（2）电性功能材料：精密电阻、超导、磁阻抗、电子发射、电转换、电子工业专用材料等。

　　（3）力学功能材料：弹性、膨胀、热双金属、减振阻尼材料等。

　　（4）声学功能材料：扬声、吸波、隐身材料等。

　　（5）热学功能材料：电热、测温、形状记忆、导热与绝热、梯度材料等。

　　（6）光学功能材料：发光、耐辐射、光电材料等。

　　（7）化学功能材料：储氢材料、催化材料、特种耐蚀材料等。

　　（8）生物医学功能材料：牙科材料、支架材料、骨科材料、磁疗材料等。

　　（9）特种功能材料：核功能材料、低维材料（如纳米材料）、智能材料、梯度材料等。

　　我国传统称呼的"精密合金"，包括软磁材料、永磁材料、弹性材料、膨胀材料、热双金属和精密电阻 6 类，是金属功能材料的主体部分。

2　金属功能材料的主要特点

（1）功能特殊、性能优异、不可取代。工业生产、人类生活、国防等各个领域，对材料提出了多种特殊功能要求。如电能的传输、变换和贮存，需要高性能软磁和永磁材料；国防上飞机、导弹等需要隐身材料；家用电器和通讯、计算机等需要多种电子专用材料；超导材料能够实现无损耗导电和制造高灵敏度仪器；生物相容材料能在活的有机体内存留并执行特殊功能等。而且随着科技、生产和人类生活需求的发展，对材料性能的要求也越来越高，越来越专用化和不可取代。

（2）知识密集、技术密集、难度大，属高新科技材料，保密性强。一般认为：材料有四个基本要素，即合成与加工、结构与组成、性能、使用效能；促进材料发展工作主要有五个相关方面，即合成、加工、使用性能、仪器设备、分析与建模。显然，材料研究需要物理学、化学、计算数学、冶金学、金属学、仪器设备、加工技术等多学科交叉的基础，而且基础研究、材料开发研究和应用工程化研究已从顺序的、分离的、各自独立的研究状态向着同步的、相互联系的、交叉发展的方向转变。特别是合成和加工技术，具有关键作用。因为，综合利用现代先进科学技术成就，使物体在微小规模上的排列加以控制（如纳米材料），特别是精确控制到分子、原子尺寸的"原子工程"，使材料出现了许多优异的性能。生产手段除常规的压力加工、铸造、粉末冶金等方法外，还使用新工艺方法如熔体快淬、注射成型、气体雾化、物理气相沉积、机械合金化、化学气相沉积、离子注入等手段。在极端条件下，如在超高真空、超高压、强磁场、强冲击波以及强制冷条件下制备的材料，都可获得特殊功能。对难度很大的高新技术和材料，各国都严格保密并实行专利封锁。

（3）品种规格多、形状差异大、尺寸精度高。据统计，世界上每年都有几万种新材料出现。材料成品形状包括带、棒、丝、板、块、管、膜、粉末等。就我国而言，金属功能材料已可生产直径仅为 0.003mm 的超细丝，厚度为 0.002mm 的极薄带，$\phi0.3\times0.1mm$ 的超细管，粒度约为 2nm 的超微粉。

（4）单件产品用量少、生产规模小、产品价格高、经济和社会效益好。功能材料的发展方向是小型化、多功能化、高性能化、复合化、精细化、智能化和低成本，而且趋于设计、材料、工艺、元器件一体化。所以，我国除大量生产和应用的电工钢年产量达到 100 百万吨的量级以外，金属功能材料的产量一般都较少，而且性能越高，单件用量越少。如超磁致伸缩材料，全世界主要生产厂家仅有几个，1994 年年产量不超过 20t，但产值很高，约达数亿元。而隐身材料、精密制导、电子信息战等，具有重要国防意义，在海湾战争和科索沃战争中已显示出巨大优势和威力。

（5）发展迅速，更新换代快。金属功能材料发展特别快，有些材料一经发明，某些性能很快就接近其理论极限。功能材料的迅速发展和应用主要取决于电子工业和国防需求。最近，以信息工业为先导的新技术革命正在席卷全球，目前竞争的焦点是元件器件的超微型化和高集成化。每片芯片上元件的数量按指数规律增加，即最小尺寸按指数规律减少。磁记录材料的记录密度，自 1980～1990 年，10 年间记录密度增加 10 倍，而 1990～1995 年，5 年增加 10 倍。目前生产的材料面记录密度已达 $12Gbit/in^2$。

3　作用和地位

功能材料无论在中国还是全世界，已经成为通讯、电子、能源、交通、空间科学、现代技术和人类生活发展的基础。

（1）功能材料在信息时代将起到基础和核心作用。人们公认：材料是人类制造用于生产、生活和国防的物品、器件、构件、机器和其他产品的物质，是人类社会发展的物质基础和先导，是人类进步的里程碑。钢铁工业的发展为18世纪以蒸汽机发明和应用所代表的第一次工业革命奠定了基础；一直延续到本世纪中叶的第二次世界工业革命，电和石油等新能源合成材料起到了关键作用。现在已开始进入"信息时代"，功能材料和高新技术起着核心作用。

从20世纪70年代以来，美国、日本、欧洲各国对功能材料的研究、开发和生产都倍加重视。美国国家研究委员会编写的《90年代的材料科学与材料工程》调研报告，对材料研究重点分为6类：结构材料、电子材料、磁性材料、光子材料、超导材料、生物材料，其中约有5类属于功能材料，可见其格外受重视。1995年美国总统办公厅科技政策办公室提出的《美国国家关键技术》的报告中，大部分也是制造功能材料和产品的技术。而且，以上两个报告都把合成和加工技术作为材料发展的重点，追求的主要目标则是材料的使用效能（使用性能或效果）。

我国政府历来重视功能材料的发展，自1956年以来的历次国家科技规划中，一直是重要领域。90年代以后，功能材料的地位进一步加强，在国家"八五"和"九五"攻关中，在"863"高技术发展计划中，在国家自然科学基金委员会所支持的课题中，以及攀登计划项目和国家火炬计划所支持的项目中，功能材料都占有很大的比例。据国外专家估测，材料研究中功能材料约占85%。在功能材料研究中新型功能材料约占80%。全球性对功能材料的重视，大投入和加快发展，将促使信息社会的早日到来。

（2）功能材料反映着一个国家的国民经济水平高低，是国民经济收入的主要成分之一，对工业界产品的全球竞争力有重要作用。

美国、日本和欧洲的高科技产业已成为国民经济的支柱产业，我国已提出"知识经济"，"发展高科技，实现产业化"，高科技产业也成为国民经济的主要成分之一。金属功能材料与各工业部门的发展关系极为密切，电子工业、航空航天工业、汽车工业、生物材料、能源工业和通讯工业对所需材料都要求好的物理性能、化学性能、温度稳定性、灵敏度和高效加工性等。例如：电子工业，金属功能材料已广泛应用于计算机、通讯设备、自动控制装置、音响设备等；航空航天工业一直把降低材料元件的重量、提高燃油效率、提高性能、确保系统的可靠性、安全性作为重要目标，为此对功能材料提出苛刻要求。功能材料及其元器件是现代导航系统、监测系统和仪器仪表系统的基础。现代飞机的成本约有一半用在电子设备上。

能源工业对材料的需求包括传统材料和新材料。电力的生产、传输和应用与磁性材料的发展密切相关。新发展起来的铁基非晶合金在配电变压器方面的应用是强有力的竞争者，其造成的损耗仅为传统硅钢的1/3~1/5。储氢材料的开发为太阳能、风能和地热能的转换和应用开创了新途径。目前世界各主要工业国家正大力研制燃氢汽车，这种新能源汽车有着十分诱人的发展前景。基于贮氢材料的能源电池和二次电池具有安全、稳定和长寿命的优点，为许多工业部门和每个家庭提供一个清洁高效的新能源。

金属功能材料是汽车电子化的关键材料，用于汽车的各种驱动，控制部件和仪器仪表。汽车中的大大小小电机相当于人的手脚，传感器相当于人的感觉器官。电机的主要材料是永磁材料和软磁材料，汽车仪表除磁性材料以外还有弹性合金、形状记忆合金、热双金属、气敏元件、光敏元件等。高磁导率合金用于汽车测量仪表、爆震控制器、点火线圈及喷嘴，可提高这些装置的灵敏度、可靠性并易于操作。热双金属用于汽车油量指示器、汽化器、风扇耦合连接器、汽缸点火器、排气调节器等。仅永磁材料在轿车上的应用就达25处之多，如图1所示，西方国家每年用于汽车的永磁材料已达到20亿美元。

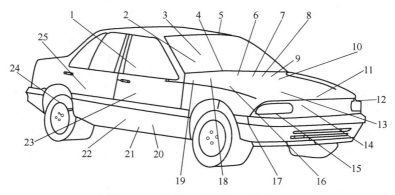

图1　永磁材料在轿车上的应用

1—后挡板电机；2—去雾器电机；3—扬声器；4—温度控制；5—遮阳电机；6—磁带电机；7—挡风玻璃清洗泵；
8—速度表；9—超高速控制；10—液面指示器；11—节油及污染控制；12—前灯门电机；13—点火系统；
14—冷却剂风扇电机；15—启动电机；16—挡风玻璃刮水器电机；17—风门及曲轴位置传感器；
18—暖气调节电机；19—天线升降电机；20—座位调节电机；21—碎屑收集器；
22—油泵电机；23—车窗电机；24—防滑装置；25—门锁电机

通讯工业是工业经济中的领头羊。通讯工业的发展使各部门，特别是现代银行业务、航空旅行、每一种商务活动中的数据处理和传输手段发生了深刻的变化。计算机和通讯技术的结合造成了现代信息社会的基础。在数据传输和有声通讯技术中，越来越多的采用新型电子材料和光学材料。在电子工业中，新型磁性材料、磁光材料、集成电路材料等都是通讯和计算机工业的基础材料。形状记忆合金在光纤通讯连接和电路连接方面起着重要作用。

生物医学材料，这是为人类健康和康复用的一类特殊材料。对这类材料不仅要求一定的力学性能和物理性能，而且还必须具备生物相容性能。生物医学材料的需求是多种多样的，金属功能材料是这种需求的首选材料。骨折和骨关节疾患是常见的，人工关节的研制成功给这类患者带来希望。形状记忆合金和金属复合材料在身体中有诸多应用。例如人工肾脏泵、人工心脏瓣膜、牙齿矫正丝、骨折固定夹板等。磁疗、磁场与生物的关系是人们谈论的热门话题。除了这些直接置入生物体的器具外，还有大量应用功能材料的医疗检测仪器、设备。用稀土永磁材料制作的核磁共振成像装置是当代最先进的人体检测手段之一。

（3）金属功能材料是现代国防的坚强后盾，是决定武器是否先进的基础，因而成为决定战争能否胜利的关键因素之一。

海湾战争和科索沃战争显示了现代化的高技术战争的威力。其实，自第二次世界大战结束以来，美国一直把技术优势放在武器的首位，这同功能材料和技术发展密切相关，如通讯和控制、隐身技术、智能化材料和电子设备等，对高性能、小型化、可靠性等提出很高要求。

我国自 20 世纪 60 年代起，也一直重视功能材料的研究和发展。当时没有金属功能材料这一提法，主要是精密合金，一直列入"国防尖端"材料中。60 年代的"二弹一机"、70 年代的"三抓工程"、80 年代的"两弹一星"、90 年代的"四个装备四颗星"等，都对功能材料提出了许多科研任务和要求，而且越来越受重视。历史也已证明，金属功能材料在卫星、导弹、飞机、舰艇、雷达、核工业、通讯、坦克领域等中，均得到重要应用。

4　中国金属功能材料发展简况

中国金属功能材料的主体部分精密合金的研制和大生产厂点建设，起始于 20 世纪 50 年代中期。在实行改革开放政策前的 20 年间，精密合金行业的研究与生产活动，是按计划经济模式运行的，主要服务于国防建设。在 60 年代的"两弹一机"（原子弹、导弹和飞机）、70 年代的"三抓工程"（洲际导弹、人造卫星、核潜艇水下导弹发射）等尖端技术和军工工程的发展建设中作出了贡献，并逐步建立并完善了精密合金产品的品种和规格体系。在实行改革开放政策后的 20 年间，随着国家经济建设的高速发展，特别是民用电子产品的迅速崛起，形成了精密合金的大市场。我国引进的数百条电子元器件生产线，对所需的金属材料（主要是冷轧薄带材）的严格质量要求，是当时精密合金行业已有技术装备不能满足的，致使每年要用巨额外汇进口材料。这种"洋机吃洋米"的状况，对电子工业发展很不利。为解决这一供需间的矛盾，原冶金部于 70 年代末，对大卷重高精度冷轧带钢，进行科研攻关和技术改造。这一决策，有力地推动了行业产品结构调整和技术进步，使产业发生了深刻变化，从而使中国精密合金的品种、质量和技术装备水平跃上一个新台阶。

在此期间，国外和国内一批新型金属功能材料得到迅速发展，如非晶微晶材料、稀土永磁材料、纳米晶材料、薄膜和多层膜材料、贮氢合金和电池、形状记忆合金、生物材料、磁记录材料、高温超导材料等。就我国而言，有的已进入世界先进行列，取得大量科研成果，并已初步形成产业。例如，我国 70 年代开始的非晶微晶合金，经过国家科委组织的"六五"至"十二五"近 7 个五年计划的重点科技发展，已建立了"国家非晶微晶工程中心"，已先后建立了千吨级非晶态生产线、万吨级非晶软磁带材生产线，2016 年产量超过 3 万吨，成为国际上除日本的日立金属（美国霍尼韦尔公司的非晶产线已出售给日本日立金属之外第二家可以供应宽度达到 282 毫米非晶软磁带材的国家）。第三代稀土永磁合金，不仅研究有先进性，产品性能也取得长足进步，现年产量已超过 10 万吨，占世界总产量的 85%。

金属功能材料种类繁多，在中国原来主要归口于冶金部管理，主要材料是精密合金。改革开放以来，国家各部门如电子部、机械工业部、中科院系统、教委系统、国防工业部门和相当多的省市，甚至乡镇企业、外资（含合资）企业、集体和个体企业均有厂家出现。

　　种类繁多的金属功能材料涉及的基础科学范围很广，如物理学、化学、冶金学、生物学等基础科学，又是电、磁、光、晶体结构、薄膜、工程等多学科交叉的综合性研究领域。威斯康星大学材料科学家马克思·拉加利说，量子效应发挥重大作用的纳米技术，是最后一个未开发的辽阔领域。

　　本书共分 20 章，第 1 章介绍了多种金属功能材料共用的一些磁学基础知识，第 2 章至第 11 章主要介绍各类金属功能材料结构、性能及相关应用以及新型特种功能材料的最新研究结果，第 12 章至第 15 章重点介绍了功能材料相关制备技术，特别是被广泛应用的快淬工艺，第 16 章至第 20 章介绍功能材料主要测量方法及材料标准和变化。书后还列有常用物理和化学常数、常用符号、和常用单位换算等。

参 考 文 献

[1] 国家科技部. 国家中长期科学和技术发展规划战略研究专题报告 [R].

[2] 国家科技部. 中国高新技术产业发展报告 [R].

[3] 工业和信息化部. 中国新材料产业十二五发展战略研究 [R].

[4] 马如璋, 蒋民华, 许祖雄. 功能材料学概论 [M]. 北京：冶金工业出版社, 1999.

[5] 殷景华, 王雅珍, 鞠刚. 功能材料概论 [M]. 哈尔滨：哈尔滨工业大学出版社, 1999.

[6] [美] R. C. 奥汉德利. 现代磁性材料原理和应用 [M]. 周永洽, 译. 北京：化学工业出版社, 2002.

[7] 王从曾. 材料性能学 [M]. 北京：北京工业大学出版社, 2004.

[8] 杨志伊. 纳米科技 [M]. 北京：机械工业出版社, 2007.

[9] 张羊换, 王新林. 贮氢合金的制备技术和电化学性能 [M]. 北京：冶金工业出版社, 2008.

[10] 钟文定. 技术磁学 [M]. 北京：科学出版社, 2009.

[11] 邓少生, 纪松. 功能材料概论 [M]. 北京：化学工业出版社, 2011.

[12] 胡伯平, 饶晓雷, 王亦忠. 稀土永磁材料 [M]. 北京：冶金工业出版社, 2017.

[13] 王一禾, 杨膺善. 非晶态合金 [M]. 北京：冶金工业出版社, 1989.

[14] 新材料产业"十二五"发展规划 [R].

[15] 中国制造 2025 [R].

[16] 关于加快新材料产业创新发展的指导意见 [R].

[17] 国家科技创新十三五规划 [R].

[18] 十三五新材料技术发展报告—2016 [R].

[19] 北京市"十三五"时期现代产业发展和重点功能区建设规划 [R].

1 磁 学 基 础

1.1 概述

金属功能材料是指那些具有特殊物理或化学性能、生物医学性能的一类金属和合金，其中磁性合金占有较大比例，甚至基于弹性合金中的磁弹性效应、膨胀合金中的因瓦效应以及导电合金中的超导现象等皆涉及磁学有关的知识。因此磁学被认为是多种金属功能材料的共同理论基础，有必要对基础磁学作系统介绍，但由于篇幅所限，本章只能对合金材料有关的最基础的磁学知识和结论进行简要的叙述，希望这些内容能对理解各种金属功能材料中有关磁性的问题有所裨益。

材料的磁性参数，一般采用两种单位制：一种是厘米克秒电磁单位（CGS 单位），另一种是国际单位制（SI 或 MKSA 单位）。本章按规定采用国际单位制，但目前在磁学领域仍然有两制并存现象，读者应熟悉两制的换算，本章将扼要加以说明。

1.2 磁性参数的定义及单位

1.2.1 磁极

可以唯象地认为在一磁棒的两端附近存在两个磁极，指北极（N 极）和指南极（S 极）。令 P 为磁极强度，则两个相距为 d，强度为 P_1 和 P_2 之磁极间的作用力为

$$F = \frac{kP_1P_2}{d^2} \tag{1-1}$$

式中，k 为比例系数，在 SI 单位制中，$k = \dfrac{1}{4\pi\mu_0}$，$\mu_0 = 4\pi \times 10^{-7}\text{H/m}$，是一常数，其值等于真空磁导率；$P$ 为磁极强度，Wb。

1.2.2 磁场

磁场 $\boldsymbol{H}$ 可由永磁铁产生，也可由通电流的导线产生。一个磁极强度为 P 的磁极在磁场 $\boldsymbol{H}$ 中所受的力为

$$F = PH \tag{1-2}$$

若 P 为正值（N 极），则 F 的方向与 $\boldsymbol{H}$ 的方向相同；若 P 为负值（S 极），则 F 与 $\boldsymbol{H}$ 的方向相反。在 SI 单位制中，磁场的大小是依据通电流的线圈所产生的磁场来标定的，对于一直径为 D（m）的单匝环形线圈，当通以电流 i（安培）时，在其中心点处的磁场为

$$\boldsymbol{H} = \frac{i}{D} \tag{1-3}$$

若 $D = 1\text{m}$，$i = 1\text{A}$，则 $\boldsymbol{H} = 1\text{A/m}$。

1.2.3　磁矩和磁偶极矩

若一小磁棒两端的磁极 P 之间距离为 l，将它置于均匀磁场 $\boldsymbol{H}$ 中与 $\boldsymbol{H}$ 成 θ 角，则此磁棒便受一力矩 L 的作用：

$$L = Pl \cdot \boldsymbol{H}\sin\theta \tag{1-4}$$

可见，此力矩的大小除了和外场 $\boldsymbol{H}$ 和方向 θ 有关以外，还取决于棒本身的参量 P 和 l 的乘积，称 Pl 为磁棒的磁矩，它是一个能描述该磁体磁性强弱的基本量。

除了永磁棒以外，一个通有电流 i 的线圈在磁场中也受到一个力矩的作用，所对应的磁矩和 iS 成正比，此处 S 为线圈的面积。

在 SI 制中，用 Pl 表示的磁矩，其单位为 Wb·m，而以 iS 表示的磁矩，其单位为 A·m^2，两者是不同的，为了有所区分，称前者为磁偶极矩，以 j_{m} 表示，后者为磁矩，以 M_{m} 表示，因 $\mu_0 iS$ 的量纲与 Pl 相同，因此有：

$$j_{m} = \mu_0 M_{m} \tag{1-5}$$

1.2.4　磁化强度和磁极化强度

磁化强度定义为单位体积中磁矩的向量和，通常以 $\boldsymbol{M}$ 表示：

$$\boldsymbol{M} = \frac{\sum \boldsymbol{M}_{m}}{V} \tag{1-6}$$

式中，$\boldsymbol{M}$ 为磁化强度，A/m；V 为体积。

也可用单位质量物质的磁矩来表示磁化强度，称为比磁化强度，通常以 σ 表示：

$$\sigma = \frac{\boldsymbol{M}}{d} \tag{1-7}$$

式中，d 为物质的密度；σ 为比磁化强度，A·m^2/kg。

磁极化强度 $\boldsymbol{J}$ 定义为单位体积中的磁偶极矩的向量和：

$$\boldsymbol{J} = \frac{\sum j_{m}}{V} = \mu_0 \boldsymbol{M} \tag{1-8}$$

可见磁极化强度等于真空磁导率和磁化强度的乘积，其单位为 Wb/m^2，它也是表示磁体磁化程度的量。

1.2.5　磁感应强度

磁感应强度也称磁通密度，是磁体中单位面积通过的磁力线数，以 $\boldsymbol{B}$ 表示。而 $\boldsymbol{B}$、$\boldsymbol{H}$ 和 $\boldsymbol{M}$ 存在下列关系：

$$\boldsymbol{B} = \mu_0 \boldsymbol{H} + \mu_0 \boldsymbol{M} = \mu_0 \boldsymbol{H} + \boldsymbol{J} \tag{1-9}$$

可见 $\boldsymbol{B}$ 和 $\boldsymbol{H}$ 或 $\boldsymbol{M}$ 的量纲都不相同，而和 $\boldsymbol{J}$ 的量纲一致，即 $\boldsymbol{B}$ 的单位为 Wb/m^2（称特斯拉，以 T 表示）。

1.2.6　磁化率和磁导率

材料的磁化率有以下几种：

体积磁化率（通常称磁化率）： $$\chi = \frac{M}{H} \qquad (1-10)$$

因 M 和 H 的量纲相同，故 χ 为无量纲。在磁性金属及合金中常用该磁化率。

质量磁化率（又称比磁化率）：

$$\chi_\sigma = \frac{\sigma}{H} = \frac{\chi}{d} \qquad (1-11)$$

式中，χ_σ 的单位为 m^3/kg。

原子磁化率（指克原子磁化率）：

$$\chi_A = A\chi_\sigma = \frac{A}{d}\chi \qquad (1-12)$$

式中，A 为物质的相对原子（分子）质量，因此原子磁化率实际是一个摩尔物质的磁化率。其单位为 $m^3/(kg \cdot mol)$。

磁导率定义为：

$$\mu = \frac{B}{H} \qquad (1-13)$$

因为 $B = \mu_0 H + \mu_0 \chi H$，因此磁导率和磁化率关系为：

$$\mu = \mu_0(1 + \chi) \qquad (1-14)$$

式中，μ 的单位为 H/m，磁导率对真空磁导率 μ_0 的比值称为相对磁导率 μ_r：

$$\mu_r = \frac{\mu}{\mu_0} = 1 + \chi \qquad (1-15)$$

式中，μ_r 为无量纲，其数值正好和 CGS 制的磁导率相等。因此在实际应用时 SI 制中的磁导率一般可用相对磁导率表示，并且常用符号 μ 来代替 μ_r。

1.2.7 磁化曲线和磁滞回线

磁化曲线可以分为 M-H 曲线或 J-H 曲线和 B-H 曲线，前者称为内禀磁化曲线，它反映材料的内禀特性，而 B-H 曲线则表示应用性能。

1.2.7.1 M-H 曲线和 J-H 曲线

图 1-1 是几种物质的磁化曲线示意图，图中曲线 1、2 及 3 分别表示抗磁、顺磁（或反铁磁）及铁磁（或亚铁磁）物质的磁化曲线，可见此三类物质有明显不同的特征。铁磁

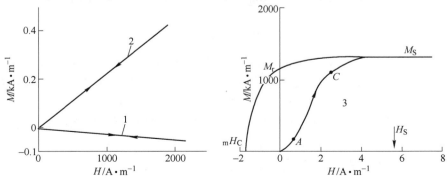

图 1-1　几种典型材料的磁化曲线

1—抗磁；2—顺磁或反铁磁；3—铁磁

性物质的磁化曲线特征是易于磁化和达到饱和，并且有磁滞现象，该曲线 3 在磁场较弱时上升很快，而在较强磁场中逐渐趋于饱和，即曲线成为水平线。磁化强度之饱和值称为饱和磁化强度，以 M_S 表示，达到 M_S 所需的磁化场称为饱和磁场，以 H_S 表示，如图中矢号所示。当外场 H 再下降到零时，M_S 下降到 M_r 点，M_r 称为剩余磁化强度。当磁场反向并逐渐增加到 $_mH_C$ 值时，磁化强度下降为零，$_mH_C$ 称为内禀矫顽力。如果反向磁场继续增强，则磁化强度将在反方向逐步增大，最后达到饱和值 $-M_S$。

由于 $B = \mu_0 \cdot H + J$，而 $J = \mu_0 M$，故 J-H 曲线和 M-H 曲线成比例变化，它们都同样能代表材料的内禀磁性，但 J 的数值和 B 的数值较接近，且量纲一样，故 J-H 曲线便于和 B-H 曲线比较和转换。

1.2.7.2　B-H 曲线

强磁性（铁磁、亚铁磁）材料的 B-H 曲线及磁滞回线如图 1-2 所示。图中矢号表示磁化的进程。$OABB_S$ 曲线为磁化曲线，从 B_S（饱和磁感应强度）经 B_r（剩余磁感应强度）、H_C（矫顽力）到 $-B_S$ 再到 B_S 的回线称为磁滞回线，若磁化不到饱和而作成的回线称为小回线，只有在饱和回线上定出的参数，如 B_r、H_C 等，才能作为材料特性的标准数据。以下再就 B-H 曲线所涉及的几个技术磁性参数加以说明。

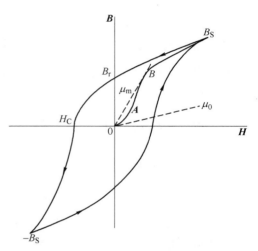

图 1-2　B-H 磁化曲线及磁滞回线

1.2.7.3　饱和磁感应强度 B_S

对于 B-H 磁化曲线，即使在强磁场中，也不可能成为水平线，因此 B_S 的饱和值由下式确定：

$$B_S = \mu_0 H_S + \mu_0 M_S \tag{1-16}$$

式中，H_S 为使磁化强度达到饱和值时所需的最小磁场。在一些高磁导率的软磁材料中，由于 $H_S \ll 4\pi M_S$，因此也可以用 $4\pi M_S$ 代替 B_S。

1.2.7.4　起始磁导率 μ_i 和最大磁导率 μ_m

起始磁导率定义为在 B-H 磁化曲线起始处的斜率（见图 1-2 中的虚线）：

$$\mu_i = \lim_{H \to 0} \frac{B}{H} \tag{1-17}$$

因此，测定 μ_i 比较严格的方法是先作出弱场中的 μ-H 曲线，然后将 H 外推到零而定出 μ_i 值。但在工业应用中，为了简便起见，在冶金工业部门等原来标准中，常常规定在某一弱场下的磁导率为 μ_i。在 CGS 单位制中，规定弱场的值为 1mOe 和 5mOe，而将这种起始磁导率分别记作 μ_1 和 μ_5。若采用 MKSA 制，则上述磁场对应为 0.08A/m 和 0.4A/m，因此相应的起始磁导率记作 $\mu_{0.08}$ 和 $\mu_{0.4}$。

一条磁化曲线上磁导率的最大值称为最大磁导率，以 μ_m 表示，它可以从原点作磁化曲线的切线来确定。

在 SI 单位制中，磁导率数值皆以相对磁导率表示。

1.2.7.5　矫顽力 H_C

H_C 是指在 B-H 饱和磁滞回线上使 B 变为零时所需的反磁化场，它和内禀矫顽力 $_mH_C$ 或 $_JH_C$ 是不同的。对于软磁材料来说，它们相差不大，但对于高矫顽力的材料来说，有明显差别。

1.2.7.6　磁能积 $(BH)_{max}$

处在坐标轴的第二象限的一段磁滞回线称为退磁曲线。在退磁曲线上任意一点 P 的坐标 H 和 B 的乘积称为磁能积。磁能积是单位体积的永磁体在磁路缺口空间中所产生的能量的度量。可以证明，体积为 V 的环状永磁体在体积为 V_g 的缺口空间所产生的磁场 H_g 的大小为：

$$H_g = \left(\frac{BHV}{\mu_0 V_g}\right)^{\frac{1}{2}} \tag{1-18}$$

式中，V 是永磁体的体积；B、H 为磁体中的磁感和磁场。可见若 V 和 V_g 一定，则 H_g 正比于磁能积 (BH)。为了在缺口处产生最强的磁场，要求永磁体在最大磁能积的状态工作。在每种永磁材料的退磁曲线上总会存在它的最大磁能积，以 $(BH)_{max}$ 表示（见图 1-3），它是衡量永磁材料的重要参数，通常在退磁曲线上可直观地表示为：H_C 与 B_r 垂直线交点 P 与 O 的连线，在退磁线上的交点所对应的 B 和 H 的乘积最大，作为 $(BH)_{max}$ 值。

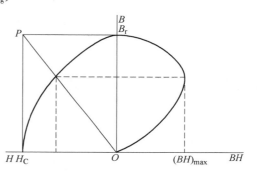

图 1-3　最大磁能积示意图

1.2.8　磁各向异性常数

若一磁性物质沿不同方向测量出的磁性不同，则此现象称为磁各向异性。磁各向异性主要分为两大类，一类是磁晶各向异性，存在于所有晶态磁性材料中；另一类是感生磁各向异性，是在一定条件下感生的。

磁晶各向异性是由晶体结构的各向异性造成的。若沿铁单晶体的不同晶轴方向测量磁化曲线，则可看出［100］方向最易磁化，称为易磁化方向；［111］方向最难磁化，称为难磁化方向。对于镍单晶，情况正好相反，［111］是易磁化方向，［100］是难磁化方向。对于钴单晶，沿［0001］轴是易磁化方向，和此轴垂直的方向，为难磁化方向。对于单位体积的晶体沿不同晶轴方向磁化到饱和所作的功和易磁化方向磁化到饱和所作的功的差称为某一方向的磁晶各向异性能。对于立方晶体，沿（α_1，α_2，α_3）方向的磁晶各向异性能可表示成：

$$E_K = K_1(\alpha_1^2\alpha_2^2 + \alpha_2^2\alpha_3^2 + \alpha_3^2\alpha_1^2) + K_2\alpha_1^2\alpha_2^2\alpha_3^2 \tag{1-19}$$

式中，α_1、α_2、α_3 为磁化强度的方向余弦；K_1 和 K_2 为磁晶各向异性常数。对于六方晶体，由于它的单轴对称性，磁晶各向异性能可表示成：

$$E_K = K_1\sin^2\theta + K_2\sin^4\theta \tag{1-20}$$

式中，θ 为磁化强度和［0001］轴的夹角。

感生磁各向异性和磁晶各向异性不同，不是材料本身固有的，而是由外加条件造成的。最常见的感生磁各向异性是由磁场退火或应力退火产生的，一般具有单轴特性，此种磁各向异性能可表示为：

$$E_a = K_u \sin^2 \theta \tag{1-21}$$

式中，θ 为磁化向量和退火时所加磁场或应力方向的夹角；K_u 称为感生磁各向异性常数。

磁晶各向异性常数和感生磁各向异性常数统称为磁各向异性常数。

1.2.9　磁致伸缩和磁弹性能

铁磁物质在磁场中磁化或发生自发磁化时，它的长度发生伸长或缩短，这一现象称为磁致伸缩。对于长度为 l 的磁体由于磁化而使长度改变 Δl，则线磁致伸缩系数为 $\lambda = \dfrac{\Delta l}{l}$。若材料的 λ 值随磁化场的增强而增大，在达到某一磁场时，磁化强度达到饱和，λ 值也达到饱和，称为饱和磁致伸缩系数，以 λ_S 表示。在 λ 小于 λ_S 的范围内磁化时，磁体体积不发生变化，在 λ 达到 λ_S 值以后，在强磁场下 λ 值仍继续变化，这增加的部分称为强迫磁致伸缩，它来源于磁体的体积变化。

由于磁性材料在磁化时要发生弹性应变，如果此材料同时受到一个应力（外力或内应力）的作用，则在其中存在一个由磁致伸缩 λ_S 和应力 σ 耦合的能量，称为磁弹性能。对于 λ_S 为各向同性的磁体，在单轴应力 σ 的作用下，当应力方向与磁化方向的夹角为 θ 时，可以算得磁弹性能（也叫应力能）为：

$$E_\sigma = \frac{3}{2} \lambda_S \sigma \sin^2 \theta \tag{1-22}$$

此式说明，对于 $\lambda_S > 0$ 的材料（如 50% Ni-Fe 合金），当加以张力（$\sigma > 0$），则 θ 为零时能量最低，此时磁化强度将转向张力方向；若加以压力（$\sigma < 0$）则 θ 为 90° 时能量最低，此时磁化强度将转向压力垂直的方向。读者不难根据式（1-22）说明应力对 $\lambda_S < 0$ 材料的应用。

将式（1-22）和式（1-21）比较，可见两者具有同一形式，意即磁体在单方向应力作用下，形成了一个新的单轴磁各向异性能，其相应的磁各向异性常数为 $\dfrac{3}{2} \lambda_S \sigma$。

1.2.10　退磁因子及退磁场能量

一个铁磁体在磁化状态下，如果是开路的，则在磁体两端出现 N 极和 S 极，因而出现从 N 极走向 S 极的磁场，此磁场的方向是和该磁体磁化强度 M 的方向相反的，它有使磁化强度减退的倾向，称之为退磁场。对于椭球形磁体，在磁场中可以均匀磁化，退磁场 H_d 和磁化强度 M 成正比关系，可表示为：

$$H_d = -NM \tag{1-23}$$

式中，N 称为退磁因子，负号表示 H_d 与 M 方向相反。若一开路磁体放在外磁场 H_a 中，则实际作用到磁体内部的磁场为：

$$H = H_a + H_d \tag{1-24}$$

可见，由于存在退磁场而使磁化场 H 小于外磁场 H_a。

关于椭球形磁体的退磁因子是可以计算出来的。若椭球的三个轴为 a、b 和 c，沿此三个轴方向的退磁因子分别为 N_a、N_b 和 N_c，则可以证明：

$$N_a + N_b + N_c = 1 \tag{1-25}$$

由此可以计算出几种简单形状磁体的退磁因子：

对于圆球，$a=b=c$，则有 $N_a = N_b = N_c = \dfrac{1}{3}$；

对于细长的圆棒，可以近似看作细长椭球，即 $a=b \ll c$，因此有 $N_c \approx 0$，$N_a = N_b \approx \dfrac{1}{2}$；

对于薄的片状磁体，$c \ll a$ 和 b，有 $N_a \approx N_b \approx 0$，$N_c = 1$。

对于旋转椭球体沿长轴的退磁因子计算结果如下：

（1）长旋转椭球体，c 为长轴，$a=b<c$，令 $c/a=r$，则：

$$N_c = \frac{1}{r^2-1}\left[\frac{r}{\sqrt{r^2-1}}\ln(r+\sqrt{r^2+1})-1\right] \tag{1-26}$$

（2）回转扁椭球，c 为短轴，$a=b>c$，令 $a/c=b/c=r$，则：

$$N_a = N_b = \frac{1}{2}\left[\frac{r^2}{(r^2-1)^{\frac{3}{2}}}\sin^{-1}\frac{\sqrt{r^2-1}}{r}-\frac{1}{r^2-1}\right] \tag{1-27}$$

应当说明，在开路磁化时，仅仅对椭球形的磁体才能均匀磁化，才可以计算退磁因子。在实际应用中常常遇到圆柱体，当长度比直径大得多时，除了端面附近以外，也可近似当作均匀磁化，可应用式（1-23）作为退磁因子的定义，而沿棒的长度方向的退磁因子可以从实验测出，如表1-1所示，表中 r 是圆棒的长和直径之比，N_d 是退磁因子。

表 1-1　沿圆棒长度方向的退磁因子

r	0	1	2	5	10	20	50	100	200	500
N_d	1	27×10^{-2}	14×10^{-2}	4×10^{-2}	172×10^{-4}	617×10^{-5}	129×10^{-5}	36×10^{-5}	9×10^{-5}	14×10^{-6}

物体的磁化强度和其自身退磁场相互作用的能量称为退磁能，以 E_d 表示。可以证明退磁能为：

$$E_d = \frac{1}{2}\mu_0 N M^2 \tag{1-28}$$

可见，若磁化强度一定，退磁因子愈大则退磁能愈大。

1.2.11　磁学量的单位

在磁学及磁性材料领域中，历史上经常采用两种单位制，一种是 CGS 电磁单位，另一种是 MDSA 单位，亦即国际单位（SI）。近年来，虽然大力推广采用 SI 单位制，但在磁学领域中，在国外的著名刊物中仍然是两制并存。这一方面是由于历史原因，另一方面也由于在磁学领域中采用 CGS 制有其方便之处。

本书全部采用 SI 单位制，但由于上述原因，读者应能同时熟悉这两种单位制，掌握磁学量在此两制中的转换关系。现扼要说明如下：

在 CGS 制中，最常用的磁学量关系为

$$B = H + 4\pi M, \quad \chi = \frac{M}{H}, \quad \mu = \frac{B}{H} = 1 + 4\pi\chi \tag{1-29}$$

在真空中 $\qquad\qquad B = H，\mu = 1$

在 SI 制中，最常用的磁学量关系为：

$$B = \mu_0 H + \mu_0 M，\quad J = \mu_0 M，\quad \chi = \frac{M}{H}，\quad \mu = \frac{B}{H} = \mu_0(1 + \chi)，\quad \mu_r = \frac{\mu}{\mu_0} = 1 + \chi \qquad (1\text{-}30)$$

在真空中 $\qquad\qquad B = \mu_0 H，\qquad \mu_0 = 4\pi\times10^{-7} H/M$

以上这些量在两单位制中有如下的数值关系：

H：$1A/m = 4\pi\times10^{-3} Oe$

M：$1A/m = 10^{-3} Gs$

B：$1Wb/m^2 = 1T = 10^4 Gs$

χ：SI 制中的值是 CGS 制中的 4π 倍

μ：SI 制中的 μ_r 值与 CGS 制中的 μ 值相等

　　SI 制中的 μ 值是 CGS 制中 μ 值的 $4\pi\times10^{-7}$ 倍，即：

$$1H/m = 4\pi\times10^{-7} Gs/Oe，\quad 1MH/m = 12.6 Gs/Oe$$

在表 1-2 中列出 SI 及 CGS 电磁制两制间磁学量的数值换算表，以便读者作换算之用。

表 1-2　磁学量（及有关量）单位换算表

物理量	SI 单位	CGS 单位	换算因子（以此因子乘 SI 单位制中的量值得 CGS 制中的量值）
长度	米（m）	厘米（cm）	10^1
质量	千克（kg）	克（g）	10^3
力 F	牛顿（N）	达因（dyn）	10^5
力矩	牛顿·米（N·m）	奥·厘米	10^7
功	焦耳（J）	尔格（erg）	10^7
功率	瓦特（W）	尔格/秒（erg/s）	10^7
压强 P	牛顿/米^2，帕斯卡（Pa）	达因/厘米^2（dyn/cm^2）	10
密度 D	公斤/米^3（kg/m^3）	克/厘米^3（g/cm^3）	10^{-3}
电流 I	安培（A）	emu	10^{-1}
电压 V	伏特（V）	emu	10^8
电感 L	亨利（H）	emu	10^9
电阻 R	欧姆（Ω）	emu	10^9
磁场 H	安/米（A/m）	奥斯特（Oe）	$4\pi\times10^{-3}$
磁通量 φ	韦伯（Wb）	麦克斯韦（Mx）	10^8
磁通量密度（磁感应）B	韦/米^2，特斯拉（T）	高斯（Gs）	10^4
磁极化强度 J	特斯拉（T）	高斯（Gs）	10^4
磁化强度 M	安/米（A/m）	高斯（Gs）	10^{-3}
磁极强度 m	韦伯（Wb）	emu	$10^8/4\pi$
磁偶极矩 j_m	韦·米（Wb·m）	emu	$10^{10}/4\pi$
磁矩 M_m 磁势 ϕ_m	安·米^2（A·m^2）	emu	10^{-3}
磁通势 V_m	安·匝（A）	吉伯（Gibert）	$10/4\pi$

物理量	SI 单位	CGS 单位	换算因子（以此因子乘 SI 单位制中的量值得 CGS 制中的量值）
磁化率（相对）χ			$1/4\pi$
磁导率 μ			1
真空磁导率 μ_0	亨利/米		$10^7/4\pi$
退磁因子（$N=-H/M$）			4π
磁阻 R_m	安培/韦伯（A/Wb）	emu	$4\pi\times10^{-9}$
磁导 Λ	韦伯/安培（Wb/A）	emu	$10^9/4\pi$
能量密度 E 磁各向异性常数 K	焦耳/米^3（J/m^3）	尔格/厘米^3（erg/cm^3）	10
旋磁比 γ	米/（安培·秒） （m/（A·s））	每奥斯特秒 （Oe·s）$^{-1}$	$10^3/4\pi$
磁能积 $(BH)_{max}$	千焦耳/米^3（kJ/m^3）	兆高斯·奥斯特 （MGs·Oe）	$4\pi\times10^{-2}$
绝对磁导率 μ	亨利/米（H/m）	高斯/奥斯特（Gs/Oe）	$4\pi\times10^{-7}$

1.3 物质的磁性

1.3.1 抗磁性

有一类物质，其磁化率小于零，并且和温度无关。如果将它悬于有梯度的磁场中，它将向磁场减弱的方向移动，这种磁特性称为抗磁性。此类物质称为抗磁性物质。因为电子壳层完全被填满的原子没有静磁矩，由这些原子所组成的物质一般为抗磁性的，如惰性气体 He、Ne、Ar 等。多数双原子气体如 H_2、N_2 等也是抗磁性的，因为当原子形成分子时，将使外电子壳层填满，而使分子无净磁矩。一些离子晶体如 NaCl 以及共价晶体如 C、Si、Ge，也都是抗磁性。非磁金属多数是顺磁性的，但也有些是抗磁性的，如铋和锑就有负值较大的抗磁磁化率。

1.3.2 顺磁性

顺磁性物质是磁化率大于零，其数值一般比抗磁性稍大，它在梯度场中将受到一个力的作用，使它顺着磁场增强的方向移动。顺磁性物质除了磁化率大于零以外，一个重要的标志是它随温度的变化关系服从居里-外斯定律，即质量磁化率：

$$\chi_\sigma = \frac{C}{T-\theta} \tag{1-31}$$

式中，C 称为居里常数；θ 对一定的物质也是常数，它可以大于零、等于零或小于零。

物质具有顺磁性的条件是原子（或离子）的电子壳层中未被填满，因此带有净磁矩，这些众多原子的磁矩 μ 在通常的温度下由于热扰动，常温下它们的方向是紊乱的，当外加一磁化场 H 时，由于磁场 H 和磁矩 μ 的相互作用，使磁矩在外场方向有较多统计分量，因而呈现顺磁性。可以证明，在通常的磁场 H 及温度 T 下，由 H 和 μ 相互作用的能量远

小于热扰动的能量 kT，因此顺磁磁化率一般很小，一般为 10^{-5} 数量级。

主要的顺磁性物质如下几类，一类是含有过渡元素的盐类及大部分过渡元素，另一类是稀土元素，常温下它们都有强顺磁性。对于一般金属来说，情况较复杂，有些是顺磁性的，有些则是抗磁性的或铁磁性的。

1.3.3 铁磁性

在相同的磁化场下，铁磁性物质磁化强度比抗磁或顺磁性物质高得多，并且在不太强的磁场中就可以达到磁化的饱和状态。我们通常将铁磁性物质以及亚铁磁性物质（见后）称为强磁性物质，以区别于弱磁性物质，如顺磁性、抗磁性物质等。例如在 $4kA/m$ 的磁场下，纯铁的 M_S 值可达 $1700kA/m$，而在同一磁场下，一个通常的顺磁性物质的磁化强度仅为 $1kA/m$，即铁磁性比顺磁性效应约大 10^6 倍。铁磁性的其他特点还表现在其磁变化随磁化场作非线性变化，并且反向磁化过程中有磁滞现象。另外，铁磁体的饱和磁化强度随温度升高而下降，到达一定温度时，下降为零，即铁磁性在一定温度以上转变为顺磁性，这个转变温度称居里温度 T_c。

为了说明物质的铁磁性和抗磁性或顺磁性之间的明显差别，法国物理学家外斯（Weiss）于 1907 年提出分子场假说，这个假说包括以下两点内容：

（1）铁磁物质内存在一种很强的"分子场"，它可以使各原子磁矩皆同向平行排列，即自发地磁化到饱和，这个过程称为自发磁化。

（2）在铁磁体内存在若干个自发磁化的区域，称为磁畴，在每个磁畴内自发磁化到饱和，但各个磁畴的磁化方向是各不相同的，因此大块铁磁性物质在总体上一般不显示出强的磁性。

由外斯提出的铁磁性的分子场假说，其核心内容业已被证明是正确的，即铁磁性物质存在自发磁化，并且在这种物质中存在自发磁化的磁畴。但是关于"分子场"的本质是什么，外斯当时并不清楚，直到 1928 年，海森堡（Heisenberg）指出，这个分子场是来源于量子力学交换力。从量子力学计算得知，在相邻原子的自旋间存在一种交换能：

$$E_{ex} = -2A\sigma_1\sigma_2\cos\varphi \tag{1-32}$$

式中，σ_1 和 σ_2 为电子 1 和电子 2 的以 h 为单位的自旋角动量；φ 为两自旋间的夹角；A 为交换积分，它和相邻原子中的两个电子交换位置所对应的能量有关，并以积分形式表示，因此称为交换积分。从式（1-32）可以看出，若 $A>0$，则 $\varphi=0$ 时交换能最低，即两自旋平行时最稳定；若 $A<0$ 则两自旋反平行时最稳定。对于铁磁性物质，由于 $A>0$，则两交换力可使磁体中两相邻原子的自旋平行排列，即自发磁化到饱和。

铁磁性物质可分为三大类，第一类是纯金属，主要为 Fe、Co 和 Ni。稀土金属钆（Gd）的居里温度为 $16℃$，在此温度以下呈铁磁性，镝（Dy）在低温时也有铁磁性，其 T_c 为 $105K$；第二类是含有 Fe、Co 或 Ni 的化合物，这是在实用上最重要的一类铁磁性物质；第三类是不含 Fe、Co、Ni 而由某些其他过渡元素组成的合金，它们的组成合金元素是非铁磁性的，但一定的组分配成后，成为铁磁性的。如赫斯勒（Heusler）合金（Cu_2MnAl、Cu_2MnSn 等），及 CrS、CrTe、$CrBr_3$ 等。

1.3.4 反铁磁性及亚铁磁性

物质的反铁磁性特征表现在磁化率和温度的关系上，如图 1-4 所示 χ 随温度 T 变化的关系曲线，在涅耳点（T_N）有一转折。在 T_N 点以下为反铁磁性，χ 随温度升高而升高，在 T_N 点以上，χ 随温度升高而下降，表现为顺磁性行为，服从居里-外斯定律。以 $\frac{1}{\chi}$ 和 T 作图为一直线，此直线和 T 轴交在原点左侧，即 $\theta<0$，这和通常的顺磁性物质（$\theta>0$）是不一样的，按分子场理论，$\theta<0$ 表示分子场使物质中的相邻自旋反平行排列。这种磁矩排列方式已为中子衍射所证实。

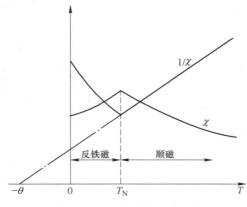

图 1-4　物质的反铁磁性特征

　　关于反铁磁性的来源，首先是由奈尔（N'eel）用分子场理论加以说明的，它将反铁磁物质分为等同的两个相互穿插的晶格 A、B。每个次晶格中相邻原子磁矩是平行排列的，而从属于 A 和 B 晶格的两层相邻原子的磁矩则是相互反平行的。对于每个次晶格 A 或 B 都可发生自发磁化，但由于这两个次晶格的自发磁化强度完全抵消，因此净的自发磁化为零，但在外加磁场作用下可以产生一个弱的磁化。在涅耳点以上，自发磁化消失，因此表现为顺磁特性。和前面讨论铁磁性一样，分子场理论仅是一个唯象的描述，其实质仍然是来源于交换力。反铁磁耦合是和交换积分 $A<0$ 相对应的，在这种情况下，磁体中最近邻的原子磁矩作反平行排列。

　　金属元素铬和锰是反铁磁物质，许多含有铬和锰的合金是反铁磁性的，多数是含有铬或锰的有序化合物，如 $MnAu$、$MnAu_2$、$MnAu_3$、$CrSb$、$CrSe$、$MnSe$、$MnTe$、Mn_2As 及 $NiMn$ 等，在无序合金中也有反铁磁性的，例如富锰的 Mn-Cu 和 Mn-Au 合金、无序的 MnCr 合金。此外，某些稀土元素在低温的一定区间表现为反铁磁性。另一类反铁磁性物质是 Fe、Co、Ni、Mn 的氧化物、硫化物或卤化物等，如 MnO、FeO、NiO、MnS、α-Fe_2O_3、FeS、$FeCl_2$、MnF_2、NiF_2 等。

　　上面所述的反铁磁体由两组自发磁化方向相反的等同次晶格组成，最近邻的原子磁矩是反平行的，并且大小相等。如果某一晶体的两组次晶格的自发磁化方向相反但大小不等，总磁化强度是这两个次晶格的磁化强度之差而不为零，则称为亚铁磁体。因此亚铁磁性在原理上和反铁磁性相似但其磁性可以很强，像铁磁性那样。

　　一些典型的亚铁磁性物质是由铁的氧化物和一些其他的金属氧化物构成，它们统称为铁氧体（Ferrites），是一类应用很广的氧化物磁性材料。

1.3.5　超顺磁性

随着近年来小尺寸磁性颗粒材料的制备与表征技术的发展，发现一些铁磁性单畴颗粒在温度较高时会转变成顺磁性，但其顺磁磁化率比传统磁性材料的顺磁磁化率大得多（可大 1~2 个量级），而且变温过程中存在一个冻结温度点 T_B，在温度 T 低于 T_B 时该小尺寸磁性颗粒材料又转变为铁磁性，研究人员将这种磁性特征称为超顺磁性，超顺磁性材料的另一个特点是磁化过程都是可逆的，即磁化一周不会出现磁滞回线。

出现超顺磁性的原因是单畴颗粒存在磁晶各向异性，且具有自发磁化，即在一定温度下颗粒中每个原子的磁矩沿易磁化轴取向，在升温时，自发磁化仍然保持，但颗粒中各磁矩相互取向不一定与易化轴保持一致，当热扰动能大于各向异性能时，各磁矩的随机性分布与顺磁性很相似，这种无序磁性与铁磁性，反铁磁性的有序磁性表现出的磁化现象和热磁曲线都完全不同。

1.3.6　稀土金属及合金的螺旋结构和非共线磁结构

稀土金属中 Gd，Ho，Dy 和 Tm 等重稀土元素的磁矩，在不同原子层其方向和大小呈有规律的螺旋形态变化，且在不同温度时，同一元素可具有不同磁结构，利用分子场理论和各向异性影响可以初步说明螺旋磁性产生的原因，但数学模型上较为繁琐，这里不做详细介绍。

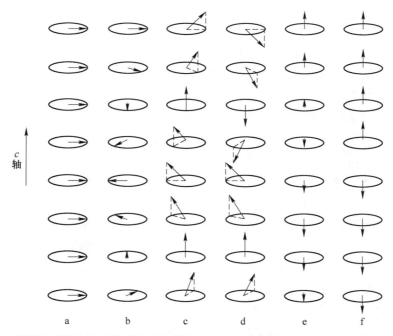

图 1-5　重稀土元素中非共线磁结构示意图，同一元素在不同温度具有不同的磁结磁构
a—铁磁性 Gd，Tb，Dy；b—简单螺磁性 Tb，Dy，Ho；c—铁磁螺磁性（锥面）Ho，Er；
d—反向锥面（复杂螺磁性）Er；e—正弦形纵向自旋玻璃 Er，Tm；f—方波模（反向畴）Tm

事实上，在非晶态稀土合金中，由于非晶态结构中原子排列不具有平稳对称性，原子分布具有短程有序长程无序的特点，反映在磁结构上呈现出非共线磁结构，即散反铁磁性，散铁磁性和散亚铁磁性，这三种非共线性磁结构是根据大量磁性、电性及穆斯堡尔谱等结果分析得到，但仍未能用中子散射技术给予直接证明，是磁学工作者十分感兴趣的课题（见图 1-6）。

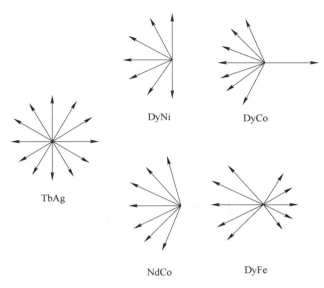

图 1-6 非共线磁结构
a—散反铁磁性；b—散铁磁性；c—散亚铁磁性

1.3.7 总结

尽管存在小尺寸磁性颗粒的超顺磁性和稀土金属螺旋磁性，但总体上物质的磁性主要分为抗磁、顺磁、铁磁、反铁磁及亚铁磁性五大类，它们的磁结构以及磁化率随温度的变化可用图 1-7 表示出来，以供比较。近年某些稀土元素化合物中还发现一些新的磁结构，由于篇幅所限，这里不再介绍。

1.4 磁化和磁滞

1.4.1 磁畴和磁畴壁

在前节曾提出，即使在无外加磁场的条件下，铁磁性物质在居里点以下会发生自发磁化，即铁磁性物质中的磁性原子的磁矩在量子力学交换力的作用下会自发地平行排列，这样，交换能最小。但是如果整个磁体中的原子磁矩都平行排列，虽然交换能降低了，却产生很大退磁能，因此不会出现这种情况。在实际磁性晶体中，在居里温度以下存在许多磁化方向不同的小区，在每个小区中所有原子的磁矩方向是平行的，即自发磁化区，这些小区称为磁畴，而各个磁畴的磁化方向是不同的，磁通量可以在磁体中闭合，故退磁能很小。

在不同取向的磁畴之间存在磁矩排列的过渡层，在此过渡层中原子磁矩的方向是逐步过渡的，这个过渡层称为磁畴壁。在畴壁两边的磁化方向如果相差 180°，则称此壁为

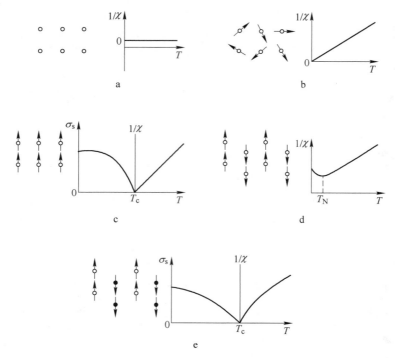

图 1-7　磁结构以及磁化率随温度的变化

a—抗磁性；b—顺磁性；c—铁磁性；d—反铁磁性；e—亚铁磁性

180°壁，如果相差 90°或接近 90°都称为 90°壁。大块磁体的畴壁过渡层是由若干个平行的原子平面组成的，相邻原子平面上的磁矩方向是逐步转向的，这种壁称为布洛赫（Bloch）壁。对于铁磁薄膜，当厚度小于 20mm 左右时，会出现奈尔壁，在此壁中，磁化矢量是在薄膜平面中逐步旋转过渡的，不出现和薄膜表面垂直的磁化矢量，以降低退磁能。

在磁体中形成磁畴壁虽然可以降低退磁能但却增加了畴壁能，畴壁能由交换能和磁晶各向异性能组成。前节已提到交换能 E_{ex} 是相邻原子中电子自旋夹角 φ 的函数，即 $E_{ex} = -2A\sigma^2\cos\varphi$，若将 $\cos\varphi$ 展开，当 φ 很小时略去 φ 的高次项，可得 $E_{ex} = -2A\sigma^2 + A\sigma^2\varphi^2$。由此可见，在畴壁过渡层内，如果相邻原子层中一对自旋的夹角为 φ，则增加的额外能量为：

$$\Delta E_{ex} = A\sigma^2\varphi^2 \tag{1-33}$$

式（1-33）说明，就降低交换能而言，要素 φ 愈小愈有利。但当 φ 很小时将过分地增大过渡层总数，壁厚增大，而使磁晶各向异性能增加太多（因在畴壁中大部分磁矩方向偏离磁化方向），对总能不利，因此在满足交换能和磁晶各向异性能之和为最小的情况下，可确定平衡态的畴壁厚度。对于简单的立方点阵，可以近似求得

畴壁厚度　　　　　　　　　　　$$\delta \approx \sqrt{\frac{A}{a}\frac{1}{K}} \tag{1-34}$$

畴壁能　　　　　　　　　　　　$$\gamma \approx \sqrt{\frac{A}{a}K} \approx k\delta \tag{1-35}$$

式中，A 为交换能；a 为点阵常数；K 为磁晶各向异性常数。事实上，由于磁弹性能也可形成各向异性，其各向异性常数为 $\frac{3}{2}\lambda_S\sigma$（见 1.2 小节），因此在晶体中有效的磁各向异性常数可写成磁晶各向异性常数和应力感生的磁各向异性常数之和：

$$K_{eff} = \alpha K + \beta a_S \sigma$$

式中，α 和 β 为常数。因此，在具有内应力的晶体中，式（1-34）及式（1-35）中的 K 应用 K_{eff} 代替。由此可见，畴壁能不仅取决于磁晶各向异性而且也和应力能有关，从上面的式子可见，若材料的各向异性愈大，则畴壁能愈高，畴壁愈薄。

磁性材料表面上磁畴的大小及畴壁的位置可以通过实验方法（如粉纹法、磁光法、电镜法）观察到，从而可以推断材料中的磁畴结构。

对于一块铁磁单晶体来说，其中主磁畴的方向必然是和易磁化方向平行的，而在端面处会形成一些其他取向的磁畴，它们的作用是封闭漏磁，尽量减少出现磁极以降低退磁能。

对于多晶体来说，晶粒取向是紊乱的，不同晶粒中的磁畴磁化方向不同，但各磁畴的取向遵守一定的原则，即在同一晶粒中各磁畴的取向保持同一类型，而在相邻晶粒间力图使大部分磁通得到闭合。

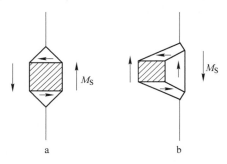

在磁性材料中若含有磁性或非磁性的夹杂物甚至小的空隙（统称为掺杂），都会使磁畴结构产生变化，并且对材料的磁化行为产生影响，图1-8表示了掺杂对畴结构的影响。a 图表示当存在掺杂时，

图 1-8　掺杂对畴结构的影响

畴壁往往通过掺杂形成附加的小磁畴以降低退磁能，b 图表示当掺杂从原位置移动一些后的畴结构。

1.4.2　畴壁移动和磁畴转动

磁性材料在使用过程中的磁化过程称为技术磁化，这个过程实际上是在外磁场作用下磁畴结构的变化过程。磁畴结构的变化可以通过畴壁位移和畴内磁化方向的转动（简称磁畴转动）过程来进行。对于一般晶态磁性材料来说，畴壁移动过程是首先进行的，图1-9表示畴壁位移和磁畴转动示意图。a 图表示在 $H=0$ 时的畴结构，b 图表示在较弱外磁场 $H=H_1$ 时畴壁位移的情况，c 图表示在 $H=H_2$ 时畴壁位移完毕时的状态。d 图表示在更高的外磁场 H_3 作用下，磁畴的磁化矢量转到与外场方向一致。从 c 到 d 是磁畴转动过程。在上述畴壁位移或畴转动过程中，当外场减小到原来值时，磁畴结构仍然回复原状的过程

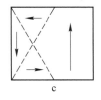

图 1-9　畴壁位移和磁畴转动示意图

a—$H=0$；b—$H=H_1$；c—$H=H_2$；d—$H=H_3$

称为可逆过程（可逆壁移或可逆转动），否则为不可逆过程，这是和磁化曲线的可逆和不可逆阶段相对应的。

前节已说明畴壁能是由交换能、磁晶各向异性能及应力能组成的。由于在实际晶体中，内应力一般是紊乱分布的，并且随位置的不同而发生变化，因此在畴壁位移过程中，畴壁能的变化主要来源于内应力随位置的变化。另外，在畴壁位移过程中遇到掺杂时，畴壁面积及畴结构都会发生变化（见图 1-8），因此也伴随有能量的变化。这些能量的变化都会造成畴壁位移的阻力。掺杂或应力集中点对畴壁位移的阻止作用称为钉扎作用，这是一个形象化的术语。图 1-10 为畴壁能量 γ 随位置 x 变化的示意图。无磁场时，畴壁位于能量最低点 A。加弱场 H 以后，推动畴壁沿 AB 曲线开始移动，此时畴壁所受阻力为 $\dfrac{\mathrm{d}\gamma}{\mathrm{d}x}$，即曲线之斜率。可见若 B 点为曲线上第一个梯度最大点，当外场对畴壁的推动力大于在 B 点的能量梯度，则畴壁将越过 B 点，继续前进而止于 C 点（设 C 点以上的梯度比 B 点的大），当撤去外磁场后，畴壁将下降到另一能量低谷 A' 处而不回到 A 点，这称为"不可逆位移过程"。

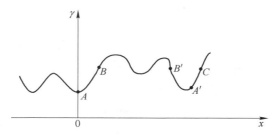

图 1-10　畴壁能量 γ 随位置 x 变化的示意图

磁畴转动过程的阻力来自磁各向异性能。这是因为在外磁场为零时，磁体内各磁畴的磁化方向一般都位于易磁化方向上，此时各向异性能最低，因此当磁体在任意指定方向磁化时，必须克服磁各向异性能。对于一般磁性材料来说，主要是克服磁晶各向异性能。对于磁晶各向异性能很小的材料，这种磁各向异性能可以是由感生磁各向异性或由应力与磁致伸缩耦合形成的磁各向异性组成。

1.4.3　在弱磁场中的磁化

分析图 1-1 所示的铁磁磁化曲线，将它分为三个阶段，即 $0A$ 段、AC 段和 C 点以上的阶段，将它们的磁化过程和磁畴结构的变化联系起来，这里首先讨论 $0A$ 段，即弱磁场中的磁化。

在这个阶段的磁化曲线可表示为：

$$M = aH + bH^2 \tag{1-36}$$

称为瑞利区，磁化率和磁场呈线性关系：

$$\chi = \frac{M}{H} = a + bH \tag{1-37}$$

式中，常数 a 即为起始磁化率，它是当 $H{\to}0$ 时的磁化率。这阶段的磁化过程主要是可逆的畴壁位移过程，可以是 180° 或 90° 畴壁位移。

现以 180°壁移磁化来说明这一磁化过程。图 1-11 表示一个面积为 S 的 180°壁在和畴 I 的 M_S 平行的外磁场 H 的作用下，位移距离 x 的示意图。

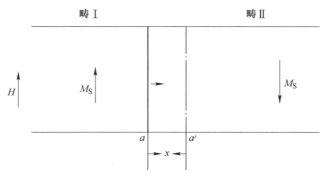

畴 I   畴 II

图 1-11   180°壁移磁化

从图中可以看出，畴 I 的 M_S 方向是和外场 H 相同的，而畴 II 的 M_S 方向是和 H 相反的，因此畴 I 在外磁场中的能量低于畴 II 的能量。为了降低系统的总能量，畴壁将向畴 II 方向移动，以扩大畴 I 的体积。可以证明，外磁场 H 的作用相当于在畴壁上施加一压力，其大小为 $2H\mu_0 M_S$ 对面积为 S 的畴壁位移 x 距离后，能量的变化为：$2H\mu_0 M_S S x$。由此可见，对于 M_S 一定的材料，磁化场使畴壁位移的压力是相同的。因此材料的磁性不同，取决于其中对畴壁位移的阻力。通过计算可以说明，若阻力来源于内应力的变化，则可计算出起始磁导率为：

$$\chi_i \propto \frac{M_S^2}{\lambda_S \sigma_m} \tag{1-38}$$

式中，σ_m 为内应力的峰值，若阻力是来源于材料中的掺杂，则可计算出：

$$\chi_i \propto \frac{M_S^2}{\sqrt{K}} \cdot a_i \tag{1-39}$$

式中，K 为磁各向异性常数；a_i 为由掺杂组成的立方点阵的点阵常数。此式说明材料的起始磁导率是和 $\sqrt{K}$ 成反比而和 M_S^2 及 a_i 成正比。如果材料中的掺杂含量一定，它们分布的很弥散，则 a_i 变小，对磁化率的提高不利。

从式（1-38）及式（1-39）可以看出，为了提高材料的起始磁化率，要求材料应有较高的 M_S，较小的 K 及 λ_S 值，并希望内应力很小，含掺杂少并且不呈弥散状态。在通常的晶态磁性材料中，由于磁晶各向异性常数值较大，故转动过程对弱场磁化很少有贡献，但对于 $K \to 0$ 的材料而言，在弱场下也可发生转动过程，这时的 χ_i 将和 K 成反比。

1.4.4 在中等磁场中的磁化

这里说的中等磁场中的磁化是指和图 1-1 铁磁磁化曲线 AC 段对应的磁化过程。在这一磁化阶段，磁化强度显著增高，磁导率达到最大值。这主要是由畴壁的不可逆位移及少量磁畴转动过程造成，过程的特点除了不可逆以外，畴壁作大幅度的移动，是跳跃式的，称为巴克豪森（Barkhausen）跳跃。这一情况是由外场对畴壁的推力，使它的位移达到图 1-10 中的畴壁能梯度的第一个最大点（B 点）以后发生的。可以算出推动畴壁达到不可逆壁移的临界磁场为：

$$H_0 = \frac{1}{2\mu_0 M_S \cos\theta} \left(\frac{\mathrm{d}\gamma}{\mathrm{d}x}\right)_m \tag{1-40}$$

在磁化曲线的 AC 段（图 1-1），与陡峭上升部分对应的磁化场实际是各个磁畴的临界场的平均值。由于材料的最大磁化率 χ_m 应出现在临界场 H_0 附近，因此从图 1-10 可以看出，最大磁化率 χ_m 与起始磁化率 χ_i 主要区别在于，前者取决于材料中应力梯度之最大值，而后者取决于在应力最低点附近的应力梯度值，因此从应力理论可知，降低材料中的应力梯度是获得高磁导率的重要条件。

1.4.5　高磁场中的磁化

这里所述的磁化过程是指在图 1-1 铁磁磁化曲线中 C 点以上的磁化过程。在这个阶段的磁化主要是磁畴中磁化矢量的转动过程。在磁畴转动过程中，主要涉及的能量是外磁场能和磁各向异性能。外磁场能的降低是推动磁畴转动的动力，而磁各向异性能的增高则是磁畴转动的阻力。从此两项能量和为极小的条件，可以推算出沿铁磁单晶体不同方向磁化时的磁化曲线。以铁单晶体为例，沿 ［110］ 方向磁化曲线的方程式为：

$$H = \frac{2K_1}{\mu_0 M_S} \cdot \frac{M}{M_S} \left[2\left(\frac{M}{M_S}\right)^2 - 1\right] \tag{1-41}$$

沿 ［111］ 方向的磁化曲线方程（略去 K_2 项）为：

$$H = \frac{K_1}{3\mu_0 M_S}\left\{\frac{M}{M_S}\left[7\left(\frac{M}{M_S}\right)^2 - 3\right] + \sqrt{2}\left[4\left(\frac{M}{M_S}\right)^2 - 1\right]^{\frac{1}{2}}\left[1 - \left(\frac{M}{M_S}\right)^2\right]^{\frac{1}{2}}\right\} \tag{1-42}$$

多晶体在高磁场中的磁化虽然也是磁畴转动过程，但由于各个晶粒间的相互作用，其磁化曲线和各个不同取向晶粒的平均曲线并不相同，因此不能用解析方法计算，但多晶体在高磁场中磁化曲线有一普遍的规律，称为趋近饱和律，即：

$$M = M_S\left(1 - \frac{a}{H} - \frac{b}{H_2} - \cdots\right) + \chi_P H \tag{1-43}$$

式中，a、b 和 χ_P 为常数。a 和晶体缺陷有关；b 和磁晶各向异性常数有关；χ_P 称为顺磁磁化率，它描述在很高的磁场中，磁体中原子磁矩进一步和外磁场平行的过程，也称为顺磁过程。

1.4.6　剩余磁化

以上各节讨论了沿着磁化曲线的磁化过程，从本节开始主要讨论沿着磁滞回线的磁化以及反磁化过程。在磁滞回线上表征磁滞现象的参数主要有两个，即剩余磁化强度 M_r（或 B_r）和矫顽力 $_mH_C$（或 H_C），这两个参数对实际使用的磁性材料都很重要，本节主要讨论剩余磁化。

在完全退磁状态，磁体中各个磁畴的磁化矢量都位于易磁化方向上，它们对称地分布使得磁体在总体上磁化强度为零。当磁体磁化到饱和以后，原有磁畴消失，若再将外磁场下降到零，则又形成新的畴结构，各个磁化矢量又重新分布。如果晶体是完整的，且内应力很小，则这种磁化矢量重新分布的最可能方式，是使各个磁化矢量方向和外磁场最接近的易磁化方向上。

先考察最简单的情况，例如钴单晶，它是单轴各向异性的，c 轴是易磁化轴。今加一磁场 H 和 c 轴的正方向成一锐角 θ，使沿该方向磁化到饱和，则当磁场下降到零时，M_S 必然取和 H 方向最靠近的易磁化方向，也就是 c 轴的正方向，而磁化强度在 H 方向的分量，也就是剩余磁化强度，为 $M_r = M_S \cos\theta$。可见单晶体剩磁的大小和磁化方向与易磁化方向的夹角 θ 有关，θ 越小则剩磁越大。

如果晶体的磁晶各向异性很小，则由应力退火或磁场退火可以造成明显的单轴磁各向异性，这种磁体的剩磁行为和钴单晶的情况类似。

对于铁磁多晶体来说，各个晶粒是紊乱取向的，因此每个晶粒的易磁化方向和磁场的夹角 θ 不一样，这时可以通过对 $\cos\theta$ 求平均值的方法求出剩余磁化强度，即：

$$M_r = M_S \overline{\cos\theta} \tag{1-44}$$

显然可见，$\overline{\cos\theta}$ 的数值和易磁化轴的多少有关。对于像钴这样的单轴晶体，每个晶粒只有一个易磁化轴（两个易磁化方向），可以算出 $\cos\theta$ 在空间的平均值为 $\overline{\cos\theta} = \dfrac{1}{2}$，即剩磁 $M_r = \dfrac{1}{2}M_S$，此结果与实验符合。对于像铁这样的立方晶系多晶材料，$K_1 > 0$，有三个易磁化轴（六个易磁化方向），算得的 $\overline{\cos\theta} = 0.832$；对于镍这样的多晶体，$K_1 < 0$，有四个易磁化轴（八个易磁化方向），算得 $\overline{\cos\theta} = 0.866$。但在实际的紊乱取向的多晶材料中，剩磁值一般都达不到 $0.80 M_S$，这是因为在实际材料中存在缺陷和应力，影响磁化矢量的角分布所致。

对于实用的磁性材料，可以利用上述关于剩磁的知识，用不同的工艺方法制成高剩磁或低剩磁材料。例如用冷轧和退火工艺制成的晶粒取向的硅钢片或坡莫合金，使其中的 <100> 易磁化方向和轧向平行，可获得高的剩磁比（B_r/B_S）；或者利用纵向或横向磁场热处理，以提高或降低剩磁值，满足特殊用途的需要。

1.4.7　矫顽力

在磁滞回线上从剩磁点开始，加以负方向磁场的磁化过程，称为反磁化过程，矫顽力是标志反磁化过程难易程度的主要参量。反磁化过程可以通过畴壁位移或磁畴转动来进行，和畴壁位移或磁畴转动相联系的矫顽力的机制不同，现分述如下。

1.4.7.1　畴壁位移过程的矫顽力

若磁体的反磁化过程是由畴壁位移完成的，其矫顽力由畴壁不可逆位移受阻的情况来确定。我们仍用图 1-10 来说明反磁化过程。假定开始时某一畴壁能位于 A' 点，当反向磁场增加到某一临界值时，畴壁所受的压力超过 B' 点的能量梯度，则畴壁将进行不可逆位移，并进行大的巴克豪森跳跃，经 B 点、A 点移向 x 为负值的位置，对应的磁化强度将由正值经零变为负值。在反磁化过程中，此畴壁发生不可逆位移的临界场实际上就是此畴壁位移的矫顽力。因此对于一个磁体来说，它的矫顽力应是其中各个畴壁位移临界场的平均值，即得：

$$_mH_C = \overline{H_0} \tag{1-45}$$

依据式（1-40）可以看出，在畴壁位移过程中，矫顽力的大小取决于畴壁能对位移 x 梯度的平均值。如果畴壁能随位移 x 的变化主要是由应力的变化引起的，则磁体中内应力的起伏是引起矫顽力的主要原因。按矫顽力的应力理论，对于 180° 壁不可逆位移，在应力起伏为正弦波的条件下，可以算得：

$$_mH_C \approx \frac{\lambda_S \sigma_m}{\mu_0 M_S} \cdot \frac{\delta}{l} \quad (l \gg \delta) \tag{1-46}$$

$$_mH_C \approx \frac{\lambda_S \sigma_m}{\mu_0 M_S} \cdot \frac{l}{\delta} \quad (\delta \gg l) \tag{1-47}$$

式中，σ_m 为应力峰的平均值；l 为应力波长；δ 为畴壁厚度。可见 $_mH_C$ 是和 $\lambda_S \sigma_m$ 成正比而和 M_S 成反比，且当 $\delta = l$ 时有最大值。

如果畴壁能随位移 x 的变化主要是由掺杂占据畴壁面积引起，则按克斯滕（Kersten）的计算有：

$$_mH_C \approx \frac{K}{\mu_0 M_S} \beta^{\frac{2}{3}} \cdot \frac{\delta}{d} \quad (d \gg \delta) \tag{1-48}$$

$$_mH_C \approx \frac{K}{\mu_0 M_S} \beta^{\frac{2}{3}} \cdot \frac{d}{\delta} \quad (\delta \gg d) \tag{1-49}$$

式中，β 为掺杂的体积百分数；d 为掺杂球的直径；δ 为畴壁厚度。即 $_mH_C$ 和材料的磁晶各向异性常数 K 成正比，而和饱和磁化强度 M_S 成反比，并且当 $d = \delta$ 时，$_mH_C$ 最大。这些定性的结论是和实验相符的。

以上矫顽力的畴壁位移理论，是将应力或掺杂（非磁性夹杂物或小的孔隙等）作为畴壁位移的阻力，而未考虑晶体中原子尺度的缺陷对畴壁位移的阻碍作用，这是因为在一般过渡族金属的永磁合金中，由于磁晶各向异性常数 K_1 较小，约为 $10^3 \sim 10^5 J/m^3$，其畴壁厚度约为 $10 \sim 10^2 mm$ 数量级，因此晶体缺陷（如点面缺陷）比畴壁宽度小得多，对畴壁移动阻止的作用是很微弱的，但是在稀土化合物永磁合金中，由于 K_1 很大，可以高达 $10^7 J/m^3$，因此畴壁厚度很窄，仅为 $0.3 \sim 6nm$，在这种情况下应考虑原子尺度缺陷的作用。由于晶体缺陷和这种窄畴壁尺寸差不多相等，畴壁在通过缺陷移动时，能量梯度很大，因此可对这种畴壁起很强的钉扎作用，造成很高的矫顽力。

1.4.7.2　矫顽力的反磁化形核理论

假定试样为一块理想的完美无缺的晶体，先在正方向将它磁化到饱和，试样中各处的磁化矢量都和外磁场平行，也就是其中不存在畴壁，然后将外磁场下降到零，再在负方向加磁场磁化。由于试样中不存在畴壁，所以反磁化过程几乎不可能通过畴壁位移来获得很高的矫顽力。这显然是和实际情况不一致的。实际情况是，任何现实的晶体都不会是完善无缺的，在试样的一些局部区域，例如晶界、脱溶物、杂质或缺陷附近，即使在试样已经达到技术饱和磁化时，其磁化强度的方向也会和外磁场的方向不一致，在这些区域就会形成反磁化核。在反磁化场的作用下，当它们长大到临界大小时，就可以发展成反磁化畴，然后在进一步加大反磁化场时，靠反磁化畴的畴壁位移而完成反磁化过程。因此在这样的材料中，矫顽力来源于反磁化核的长大和畴壁的不可逆位移两个因素。假定反磁化核为椭球形，长半轴为 a，短半轴为 b，如图 1-12 所示，则由理论计算得到，形成一个临界大小的反磁化核，并使它立即长大所需的磁化场为：

$$H_S = \frac{3\pi\gamma}{8\mu_0 M_S b_K} + H_0 \tag{1-50}$$

式中，b_K 为临界短半轴，它和反磁化场 H 的大小有关。$H-H_0$ 愈大，则 b_K 愈小；H_0 为畴壁不可逆移动的临界场，H_S 称为起动场，也就是这一反磁化过程的矫顽力。在式（1-50）中，由于 b_K 很小，所以第一项明显比第二项（即 H_0）大。当反磁场小于 H_S 时，反磁化不能进行，一旦反磁化场达到 H_S 以后，它就比不可逆壁移的临界场大得很多，因此反磁化核便可迅速长大，由反磁化的形核机制可得出一个矩形的磁滞回线。这对于我们研究材料中的反磁化机制是很有用的。由于畴壁能 γ 是磁晶各向异性能的函数，因此由式（1-50）可见，磁晶各向异性很大且 M_S 较小的材料应有较高的矫顽力。

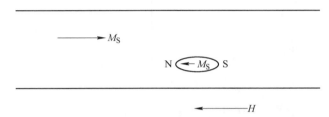

图 1-12　反磁化核的长大和畴壁的不可逆位移示意图

1.4.7.3 磁畴转动过程的矫顽力

只有在不存在畴壁的磁体中，才能实现完全的不可逆转动的过程，因此本节所讨论的是单畴粒子或由它们组成的磁性材料的矫顽力。

单畴粒子磁畴转动过程的矫顽力是和磁晶各向异性有关的，在实际材料中，有下列三种各向异性，即磁晶各向异性，形状各向异性和应力各向异性，分述如下。

A　磁晶各向异性单畴粒子

假定粒子是球形的，其中不存在应力，其磁各向异性完全由磁晶各向异性造成。现讨论一个典型情况，即钴单晶单畴粒子。开始时，单畴粒子 M_S 沿易磁化方向 [0001] 取向，现加一反磁化场 H 和 M_S 方向相反，使 M_S 在磁场中的能量为 $E_H = H\mu_0 M_S\cos\theta$，而磁晶各向异性能为：

$$E_K = K_0 + K_u\sin^2\theta \tag{1-51}$$

根据总能 $E = E_H + E_K$ 为极小的条件以及矫顽力的基本定义，可以求出单轴各向异性常数为 K_u 的单畴粒子的矫顽力为：

$$_mH_C = \frac{2K_u}{\mu_0 M_S} \tag{1-52}$$

B　形状各向异性单畴粒子

假定单畴粒子是由磁晶各向异性常数为零且无应力的材料制成的旋转椭球体，沿长轴的退磁因子为 N_1，短轴的为 N_2，未加磁场时磁化矢量 M_S 沿长轴方向。当沿长轴方向加一反磁化场时，M_S 转过 θ 角时退磁能为：

$$E_d = \frac{1}{2}N_1\mu_0 M_S^2 + \frac{1}{2}(N_2 - N_1)\mu_0 M_S^2\sin^2\theta \tag{1-53}$$

将它和式（1-52）比较，可见此处的单轴各向异性常数 $K_u = \dfrac{1}{2}(N_2 - N_1)\mu_0 M_S^2$，代入式（1-53）可得：

$$_mH_C = (N_2 - N_1)M_S \tag{1-54}$$

C　应力各向异性单畴粒子

设单畴粒子为球形，磁晶各向异性为零，在张力 σ 的作用下形成应力各向异性。若材料磁致伸缩是各向同性的，则应力各向异性能为：

$$E_\sigma = \frac{3}{2}\lambda_S \sigma \sin^2\theta \tag{1-55}$$

与式（1-51）比较，可见由应力造成的磁各向异性常数为 $K_u = \dfrac{3}{2}\lambda_S \sigma$，代入式（1-52）可得：

$$_mH_C = \frac{3\lambda_S \sigma}{\mu_0 M_S} \tag{1-56}$$

在永磁材料发展的进程中，单畴粒子矫顽力的理论计算为指导发展高矫顽力的合金提供了重要依据。但是人们从单畴粒子所组成的磁体中测得的矫顽力总是比理论计算值小得很多，其原因是多方面的，需要作更深入的研究。以下列出一些进一步研究的各简况：（1）上述三种单畴粒子转动过程的矫顽力，都是按照在易磁化方向反磁化进行计算的，所得的磁滞回线为矩形。如果反磁化方向不正好和易磁化轴平行，则所得的矫顽力较低，并且磁滞回线也将偏离矩形；（2）实用的由单畴粒子组成的磁性材料的各个粒子之间靠得很近，它们之间会产生相互作用，因此和上面计算孤立的单畴转动的条件是不完全一样的；（3）在上面的计算过程中，假定在整个单畴中各个原子的磁矩是同步一致转动的，此过程称为一致转动，所算出的矫顽力较大，但从微磁学理论考虑，在单畴粒子中会出现不同的非一致转动的模式，如曲折式和涡旋式等，这样可以降低转动过程的退磁能。由非一致转动所算出的矫顽力较一致转动的小。

1.4.8　在交变磁场中的磁化

以上各节中所讨论的问题都是关于在直流或缓慢变化的磁场下磁化的问题，也就是通常所说的静态或准静态磁性，即不考虑 B 和 H 随时间的变化。事实上，铁磁体在磁化过程中，当外加一定磁场 H 后，磁感应强度 B 并不能立即达到它的最终值。因此当铁磁体在交变场中磁化时，B 和 H 间出现相位差，由此产生附加的能量损耗。另一方面，对于金属磁性材料来说，由于它的电阻率较低，因其中磁通量的迅速变化而起显著的涡流效应，对材料的交流磁性产生显著的影响。

1.4.8.1　交变场中的磁导率

在交流磁化的条件下，要求磁导率包含新的内容，它不但能描述类似静态磁化的那种导磁能力的大小，而且还要把 B 和 H 间存在的相位差也反映出来，这就必须采用复数形式表示，这就是复数磁导率。

铁磁材料在弱交变场中磁化时，假定 H 和 B 皆是按正弦曲线变化，B 落后 H 的相位差为 δ，用复数形式表示，则有：

$$\tilde{H} = H_{\mathrm{m}}e^{iwt} \qquad \tilde{B} = B_{\mathrm{m}}e^{i(wt-\delta)}$$

复数磁导率定义为：

$$\tilde{\mu} = \frac{\tilde{B}}{\tilde{H}} = \frac{B_{\mathrm{m}}}{H_{\mathrm{m}}}\cos\delta - i\frac{B_{\mathrm{m}}}{H_{\mathrm{m}}}\sin\delta \tag{1-57}$$

令

$$\mu_1 = \frac{B_{\mathrm{m}}}{H_{\mathrm{m}}}\cos\delta \qquad \mu_2 = \frac{B_{\mathrm{m}}}{H_{\mathrm{m}}}\sin\delta$$

则

$$\tilde{\mu} = \mu_1 - i\mu_2 \tag{1-58}$$

可见复数磁导率是由实数部分 μ_1 和虚数部分 μ_2 构成。复数磁导率的模为 $|\tilde{\mu}| = \sqrt{\mu_1^2 + \mu_2^2}$ 也称为总磁导率或振幅磁导率。实数部分 μ_1 的物理意义和静态磁导率相同，表示磁能的储存，而虚数部分 μ_2 的物理意义和静态磁导率完全不一样，它表示磁能的损耗。由于复数磁导率的概念与数学表达方式仅在 B 和 H 皆在正弦的条件下才成立，因此只能在弱场磁化的范围内适用。

除了复数磁导率以外，在实际应用中还采用一些其他的交流磁导率（动态磁导率）以测量软磁材料的性能，如峰值磁导率、电感磁导率、阻抗磁导率等，这里不作详细介绍。

1.4.8.2 趋肤效应

金属磁性材料在交变场中磁化时，由于涡流造成趋肤效应使测得的磁导率随频率增高而急剧下降。

当一金属磁体在交变磁场 $H = H_{\mathrm{mo}}e^{iwt}$ 中磁化时，由涡流产生的磁通和外磁场的方向相反，因此使外磁场振幅在进入金属内部以后，随进入的深度 Z 按指数形式下降。当外磁场的振幅减少到原来 H_{mo} 的 $1/e$ 时的深度称为趋肤深度，以 d_{s} 表示。若材料的电阻率为 ρ，交变场的频率为 f，则可以计算出趋肤深度为：

$$d_{\mathrm{s}} = 503\sqrt{\frac{\rho}{\mu f}} \tag{1-59}$$

式中，ρ 的单位为 $\Omega \cdot \mathrm{m}$，d_{s} 的单位为 m，μ 用磁导率的相对值。显然可见，为了使材料均匀磁化，我们希望有较大的趋肤深度。只有当 d_{s} 值比试样的厚度 d 大得多时才可以认为试样的磁化是均匀的。

1.4.8.3 磁损耗

磁性元件都是由磁化线圈和磁芯两部分组成，在线圈中通过交流电进行磁化时要损耗能量，一部分是由于线圈中的电阻所造成的损耗，称为铜损，另一部分是由于磁性材料本身在磁化和反磁化过程中所损耗的能量，称为磁损耗，或简称为铁损。磁损耗主要包括磁滞损耗、涡流损耗和剩余损耗三部分，可写成：

$$P_{\mathrm{m}} = P_{\mathrm{h}} + P_{\mathrm{e}} + P_{\mathrm{c}} \tag{1-60}$$

式中，P_{m} 表示磁损耗功率；P_{h}、P_{e} 和 P_{c} 分别表示磁滞、涡流及剩余功率损耗。

A 磁滞损耗

单位体积的铁磁材料在磁化一周时，由于磁滞的原因而损耗的能量，称为磁滞损耗 W_{h}，它的值等于静态磁滞回线围成的面积，即：

$$W_{\mathrm{h}} = \oint H\mathrm{d}B \tag{1-61}$$

W_h的单位为 J/m^3、在频率为 f 的交变场中，每秒内的磁滞损耗（功率）为：

$$P_h = fW_h = f\oint HdB \qquad (1\text{-}62)$$

B　涡流损耗

当铁磁性物质在交变磁场中反复磁化时，由于其磁通量的反复变化，则在环绕磁通量的变化方向上出现感应电动势，因此出现涡流效应。实际金属磁体在交变场中磁化时，由于退磁场的影响，磁化是不均匀的，加上 B 和 H 间复杂的函数关系，使得涡流损耗的计算成为难题。但在一些简单的理想条件下，例如假定磁体的磁化在各处都是均匀的，并且磁感的变化都按时间的正弦函数变化，涡流损耗是可以计算的。就金属磁性材料来说，最常用的薄板（或薄带）形式，计算出的单位体积涡流损耗功率为

$$P_e = \frac{1}{6}\frac{\pi^2 f^2 B_m^2}{\rho}d^2 \quad (W/m^3) \qquad (1\text{-}63)$$

式中，B_m 的单位为 T；d 的单位为 m；ρ 的单位为 $\Omega \cdot m$。上面公式说明涡流损耗是和频率、磁感及厚度的平方成正比而和电阻率成反比。应用式（1-63）计算的结果和从热轧硅钢片测得的实验结果比较接近，但和大晶粒的冷轧硅钢片测得的实验结果相比，实验值比计算值往往大 2~3 倍或更多。这个现象曾被认为是一种反常，而将这部分多余的损耗称为"反常损耗"。进一步研究发现，反常损耗的出现是由于在对涡流损耗的计算式（1-63）中认为磁体内磁化是均匀的，磁导率恒定不变，未考虑磁畴结构所致。普赖（Pry，1958）等人首先计算了在平板试样中 180° 畴壁位移所造成的涡流损耗。他假定畴宽为 $2L$，平板厚度为 d，当 $2L/d$ 很小时，算出的涡流损耗功率 $P_{ed} \approx P_e$；当 $2L/d > 0.5$ 以上时，有：

$$P_{ed} = 1.628\left(\frac{2l}{d}\right)P_e \qquad (1\text{-}64)$$

式中，P_e 如式（1-63）所示。由式（1-64）可见，涡流损耗的大小是和畴宽对板厚的比值有关，当磁畴尺寸较大时，P_{ed} 便明显大于 P_e，这说明了上述反常涡流损耗的来源。同时也表明，为了降低涡流损耗，应使材料中保持较小的磁畴尺寸。

C　剩余损耗

从式（1-60）中可以看到，从总的磁损耗中扣除磁滞及涡流损耗以后，余下的损耗统称为剩余损耗，它是由磁性弛豫或磁性后效引起的损耗。在金属磁性材料中观察到的后效损耗主要有以下两种，一种称为李希特（Richter）后效，另一种称为约旦（Jorden）后效。它们在总损耗中占比例较小。

1.5　磁效应

在磁场作用下的磁性材料，由于其磁性与电、力、光及热等非磁性物理因素之间的强关联性，会产生相应的耦合物理效应，本节将对这些磁致效应作一简单的介绍。

1.5.1　巴克豪森效应

巴克豪森效应（Barkhausen effect）是反应铁磁材料中畴壁作不连续位移的一种效应。这一效应首先于 1919 年为巴克豪森所发现，它的实验装置如图 1-13 所示。

试样为一铁棒，其上绕以数百匝线圈，两端经过放大器接在一个扬声器上，另用一马

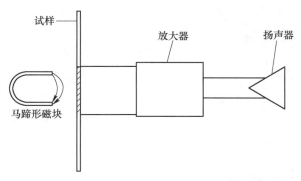

图 1-13　巴克豪森效应的实验装置

蹄形磁铁慢慢移向铁棒，此时虽然加在铁棒上的磁场是连续均匀增加的，但在扬声器中听到的是不连续的啪啪声，这就是所谓的巴克豪森噪声，这个效应称为巴克豪森效应。产生这个效应的原因是由于畴壁在磁化过程中作跳跃式的不可逆位移造成。在历史上巴克豪森效应是最早证明外斯磁畴假说的实验，利用这个效应可以研究磁化的动态过程，也可制作传感器。

1.5.2　焦耳效应

　　1842 年，焦耳（Joule）发现，当一铁片磁化时，在其磁化方向伸长而在垂直磁化方向缩短，这一效应称为焦耳效应（Joule effect）。但以后这一现象称为磁致伸缩，是铁磁性物质普遍存在的效应。对于铁磁晶体来说，磁致伸缩是磁场和方向的函数。随着磁化场的增加，磁致伸缩一直增加到饱和磁化以后，磁致伸缩也达到饱和值。通常以饱和磁致伸缩系数 λ_S 表示，它是铁磁体因磁化而发生的应变。对于不同材料（或方向），λ_S 可正可负，对于 $\lambda_S > 0$ 的材料，在磁化方向伸长，在垂直方向缩短；而对于 $\lambda_S < 0$ 的材料（如镍），在磁化方向缩短而在垂直方向伸长。对于铁单晶体，沿<100>方向 $\lambda_S > 0$，而沿<111>方向 $\lambda_S < 0$。磁致伸缩效应是由于自旋与轨道耦合能和物质的弹性能趋近平衡过程的外在表现。

1.5.3　魏德曼效应

　　魏德曼效应（Wiedenann effect）是指沿长度方向通过电流的铁棒，在纵向磁场中发生扭转的效应。这个效应首先是由魏德曼于 1862 年发现的，其原理如下：当一铁棒通以电流时，在棒的截面中产生圆形磁场 H_1，此磁场和平行棒轴之外磁场 H_2 叠加，结果合成磁场的方向是螺旋形地向着 H_2 方向前进的，故铁棒中的磁化向量是螺旋形的，同时由于沿螺旋方向发生磁致伸缩，结果使磁性棒发生扭曲，因此此效应又称为周向磁致伸缩效应。

　　上述效应是由磁化而导致伸缩造成的形变。反之，如果扭转磁性棒，则会出现逆效应，即在扭力的作用下，有效张力是沿棒的表面而且呈45°方向。

1.5.4　马特西效应

　　马特西效应（Matteucci effect）是指铁磁棒在受扭力时发生磁化及电流的效应。该效应是 1947 年由马特西发现的。如对一平行磁场方向放置的铁磁棒加以扭力，则其磁化强度发生变化，并且如将铁棒两端和检流计相连，则当在棒上加扭力和去除扭力时，可从检流计看出有感生电流。如果仅在第一次磁化时加扭力和去除扭力，然后进行再磁化时，立即在检流计回路中观察到一脉冲电流。并且发现，在加力扭转时，不管转的方向如何，磁化强度总是先增加后下降。这个效应的来源和材料的磁致伸缩有关，利用马特西效应可以制成应力传感器。

1.5.5　ΔE 效应

通过外加应力使磁畴的磁化方向发生改变从而在通常的弹性变形以外产生附加的弹性变形，因此使弹性模量 E 发生变化，称为 ΔE 效应。磁畴的磁化方向改变可以通过磁化矢量转动或 90° 畴壁位移造成，从实验和理论证明，在这两种情况下，ΔE 效应都是和材料的线磁致伸缩成正比的。

弹性模量的变化也可通过自发磁化的改变产生，但对于一般材料来说，由应力造成的自发磁化的变化的很小的，可以略去不计，但对因瓦合金来说，不能忽略体积致伸缩的效果。

1.5.6　磁机械效应

磁机械效应（Magnetomechanical effect）实际上，可以将应力、应变和磁化相关的若干现象，包括磁致伸缩现象（焦耳效应），魏德曼效应，逆魏德曼效应（inverse Wiedenann effect），以及 ΔE 效应等，参见有关各条。

1.5.7　法拉第效应

设在磁介质中加一静磁场 H_z 使磁化到饱和，再加一线偏振电磁波（微波）使其传播方向和 H_e 平行。则此线偏振的电磁波可分解为两个圆偏振波。由于此二波的相速度不同，沿 H_z 方向传播 l 距离以后，便产生位相差，两者合成后仍为线偏振波，但其偏振面转动了角度 φ $\left(\varphi = \dfrac{w}{2}\left(\dfrac{l}{v_+} - \dfrac{l}{v_-}\right)\right)$，这种偏振波在磁介质中传播，并且传播方向和 H_z 平行时，其偏振面旋转的效应称为法拉第效应（Faraday effect）。一般用传播单位长度 L 的法拉第旋转角来表示法拉第效应的大小。可以证明，法拉第旋转角的大小是和磁介质的磁化强度近似成正比的，而和频率 ω 及磁场 H_z 大小无关。旋转方向决定于 H_z 的方向，即磁化强度 M 的方向，而与传播方向的正反无关。故电磁波沿正方向传播一段距离后，再反向传播回原处，偏振面并不复原，这一特点称为法拉第旋转的非互易性，利用这一特性可设计出一系列非互易微波器件，如法拉第效应环行器，隔离器等。可见光通过旋磁介质也有法拉第旋转效应。可以利用偏振光透过磁介质的旋转来观察磁畴结构。因为不同磁畴的磁化方向不同，使旋转角的大小和方向都不一样。

1.5.8　克尔效应

克尔效应（Kerr effect）是一种磁光效应。当一束偏振光在被磁化的铁磁材料的抛光表面反射后，其偏振面会发生偏转，这一现象于 1876 年由克尔（Kerr）首先发现，故称为克尔效应，在一般情况下，克尔效应是指偏振光在铁磁镜面上反射后，其相位和振幅都发生变化。因为偏振面旋转的角是和磁畴的磁化强度及方向有关，因此利用试样表面的不同磁畴上反射光的偏振面旋转的角度不同，所以利用克尔效应可以观察试样表面磁畴分布和变化。

除了磁光效应以外，一种电光效应也称为克尔效应。即当一束偏振光通过某些有机的液体时，在电场作用下，可使偏振面旋转，其与旋转角和电压有关。

1.5.9　科顿–毛顿效应

科顿–毛顿效应（Cotton-Mouton effect）是和法拉第定律相关联的。当磁介质在静磁场 H_Z 中磁化到饱和，外加一个与 H_Z 垂直的电磁波，则电磁波的偏振面将随着波的前进而发生偏转，偏转的角的大小与电磁波的频率成反比而和 H_Z 的增加成正比。这一现象称为科顿–毛顿效应。这一现象类似于光在顺磁介质中传播的科顿–毛顿磁光效应。由于物质在磁场作用下可使一束入射光呈现双折射现象。因此这个双折射也称为磁双折射。科顿–毛顿效应是和微波传播方向的正反有关的，也即此效应对传播方向是可逆的，而与法拉第效应不同。

1.5.10　霍普金森效应

如果在很弱的磁场中测量铁磁材料的磁导率随着温度的变化曲线，则在即将到达居里温度以前出现一极大值，此后曲线迅速下降。若在较强的磁场中测量，则不出现这一极大值。这一现象是由 Hopkinson 于 1890 年首先发现的，称为霍普金森效应（Hopkinson effect）。产生的原因是由于磁晶各向异性随温度的变化，在接近居里温度时下降得比自发磁化强度的下降更快所致。利用这一效应可以测定材料的居里温度。

1.5.11　磁卡效应

铁磁材料在磁化时温度上升的效应称为磁卡效应（magnetocaloric effect）。Weiss 和 Piccard 于 1918 年首先观察到，当磁场突然增大到 $10 \sim 20 \text{kOe}$ 时，铁磁体镍或铁的温度将上升 $1 \sim 2 ℃$。其原因为：当铁磁体被加热时，各个原子自旋吸收一部分热量，使其本身平行排列的有序程度下降（磁熵增大）；相反，如果突然加一强磁场使自旋平行排列的有序度增加（磁熵减小），则必然放出热量，因为是绝热过程，故磁体的温度上升。由于磁卡效应是通过自旋排列的有序程度变化而产生的，因此这个效应在居里温度附近最为显著，这是因为在居里点时，加以同一磁场可使磁化强度有较大的增加。相反，如果在一定温度下突然去掉外加的磁化场将使磁体磁有序度下降，又要从外界吸收热量，因此利用这一效应可以实现磁致冷。

1.5.12　磁电阻和磁阻抗效应

按欧姆定律定义物质的电阻率 ρ，在一定的温度下都具有固定值，但若对磁性物质施加磁场，则电阻率 ρ 值就会改变，这种现象称之为磁电阻效应（magnetoresistance effect），常以电阻率 ρ 的变化率 $\delta\rho/\rho$ 来表述。早在 1930 年，马基汗（Mckeehan）就在 Ni-Fe 合金中观察到磁电阻效应。在外磁场为 796A/m 时，$\Delta\rho/\rho$ 约达 4.2%。大量实验说明，这种早期在铁磁性金属及合金中发现的磁电阻是各向异性的，即 $\Delta\rho/\rho$ 的大小与电流和磁场方向的夹角有关。我们称这种磁电阻为各向异性磁电阻（AMR）。这种 AMR 效应的起因，是自发磁化物质的自旋——轨道的相互作用。1988 年 Baibich 等人在 Fe/Cr 多层膜中发现了巨磁电阻（GMR）效应，其起因主要是自旋相关电子散射。近年来的磁学界的研究热点即铁磁隧道结（铁磁层/非磁绝缘层/铁磁层）的巨磁电阻（TMR）以及一些钙钛矿氧化物（如 $La_xCa_{1-x}MnO_3$）的庞磁电阻（CMR）的理论均属于自施相关导电，称自旋电子学。但具体机制各异与自施相关散射不同。若在高频交变电流下测定试样的阻抗，对于多种软磁合金、非晶或纳米晶软磁合金，均发现在施加外磁场时，其电感或阻抗发生巨大改变，这种现象称为巨磁阻抗效应（GMI）。AMR 磁电阻效应已经在磁记录中得到重要应用，GMR 和 GMI 在磁记录和传感器领域得到重要发展。

1.5.13　霍尔效应

将通有电流的铁磁体置于均匀磁场中，如果磁场 H_z 方向与电流 I_x 方向垂直，由于载流子在磁场中受到洛伦兹力的作用，将发生垂直于磁场和电流两方向的便移，因而铁磁体在垂直于电流方向的两端之间产生电位差 E_H，这种现象称为霍尔效应。相应方位关系如图 1-14 所示。

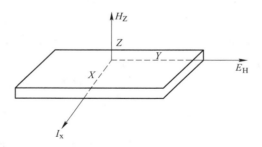

图 1-14　霍尔效应中磁场、电流和霍尔电压的方向

当电场 E_x 沿 x 方向，磁场沿 z 方向时，流过铁磁体的电流密度 i 可用电导率张量 $[\sigma_{ij}]$（$i, j = x, y, z$）由下式表示：

$$i = \sigma_{zx}E_x + (\sigma_H)_{yz}B_zE_x + (\sigma_H')_{yz}\mu_0M_zE_x \tag{1-65}$$

式中，第一项表示由 x 方向电场 E_x 对应的电导，第二项为正常霍尔效应项，表示 z 方向的磁通密度 B_z 产生与 x 和 z 方向相垂直的 y 方向电导，第三项是铁磁体所特有的效应，即反常霍尔效应，表示由 z 方向的磁化强度 M_z 在 y 方向产生电导。在 y 方向的电阻称为霍尔电阻 ρ_H，实验上发现铁磁体中 ρ_H 存在以下关系式：

$$\rho_H = R_0B + R_SH_0M_S \tag{1-66}$$

式中，R_0 为正常的霍尔系数；R_S 为反常霍尔系数，它是伴随铁磁体的自发磁化 M_S 而出现的，其行为取决于铁磁体自发磁化本质及对温度的依赖程度。有关反常霍尔效应的能带理论解释和局域模型可参考其他铁磁学专业书籍。

参 考 文 献

[1] Cullity B D. Introduction to Magnetic Materials ［M］. Addison-Wesley，1972.

[2] 钟文定. 铁磁学（中册）［M］. 北京：科学出版社，1987.

[3] 郭贻诚. 铁磁学 ［M］. 北京：高等教育出版社，1965.

[4] 何开元. 精密合金材料学 ［M］. 北京：冶金工业出版社，1991.

[5] Dr-Ing. Carl Heck. Magnetic Materials and their Applications ［M］. Butterworth Co. London，1974.

[6] 翟宏如. 金属磁性 ［M］. 北京：科学出版社，1998.

[7] 中国冶金百科全书 ［M］. 北京：冶金工业出版社，1992.

[8] 戴道生. 物质磁性基础 ［M］. 北京：北京大学出版社，2016.

[9] 柯成. 金属功能材料词典 ［M］. 北京：冶金工业出版社，1999.

[10] 宛德福，马兴隆. 磁性物理学 ［M］. 成都：电子科技大学出版社，1994.

2 软 磁 合 金

2.1 概述

软磁材料一般是指矫顽力（H_C）低于 1000A/m 的铁磁性或亚铁磁性材料，其最大特征是磁滞回线面积小而窄，磁导率（μ）高而矫顽力（H_C）低。

铁磁性软磁材料是指金属软磁材料，亚铁磁性软磁材料是指铁氧体（氧化物）软磁材料（后者因为归于陶瓷而未纳入本书范围）。这两类材料因各有特点而拥有自己的应用领域，前者主要用于低频，后者主要用于高频范围，两者之间不能完全替代。

从物理角度看，软磁材料有两种用途：一是能量的产生、变化、传输、利用等。用于制造变压器铁芯、发电机、电动机的定子和转子等，工业上称为功率器件；二是信息的转换、放大、传送和存储等；用于制造磁放大器，传感器，磁记录磁头铁芯等，也叫磁导率器件。磁性被利用的性能有两类：一是结构敏感的性能，如磁导率（μ）、矫顽力（H_C）、损耗（P）、矩形比（B_r/B_m）、电阻率（ρ）等。这些性能不仅与材料的元素组成有关，也与材料的制造工艺、内部的组织结构有关，都是技术上直接使用的性能，故也叫技术参数；另一类是结构不敏感的性能，如磁晶各向异性常数（K_1）、饱和磁致伸缩系数（λ_S）、饱和磁感应强度（B_S），居里温度（T_c）等，它们基本上由组成材料的化学成分决定，又叫基本参数。总之，软磁材料的制造过程，从原料的选取到最终的热处理，都有严格的规定，以保证获得所需要的成分、组织结构及性能。

金属软磁材料用途广泛，品种繁多，性能各异，有以下几种分类方法：

（1）按合金成分可分为电工纯铁、FeSi 合金、FeNi 合金、FeSiAl 合金、FeAl 合金、FeCo 合金以及 FeCr 合金等，这些都是传统的结晶态合金。

（2）按磁特性分为高磁导率（μ）合金、矩形回线（B_r/B_m 高）合金和低剩磁（B_r）的扁平回线合金等。

（3）按用途可分为电力工业用的电机、变压器铁芯材料，电子工业用的音频、高频变压器、脉冲变压器、磁放大器、互感器、磁头、磁屏蔽材料等。

（4）按组织结构可分为传统的结晶态材料以及新兴的非晶态、超微晶（或纳米晶）软磁材料等。

非晶态和纳米晶软磁合金是近年发展起来的新一代软磁材料，由于它们的结构、特性和制造方法与晶态软磁合金有明显差别，将在第 7 章专门叙述。

自 1886 年用纯铁片制成世界上第一台变压器以来，金属软磁材料已生产、应用了一个多世纪，无论是数量和质量、生产技术和装备、品种与规格都有极大发展。现在我国年产硅钢片（FeSi 合金）、电工纯铁和 FeNi 系软磁合金约达 1000 万吨，产值达 500 亿美元以上。

我国软磁合金的发展始于 1949 年，新中国成立以后至 20 世纪末晶态磁合金发展大事记见表 2-1。

表 2-1 晶态软磁材料在我国的发展

年份	事 件
1952 年	太原钢厂试制 0.5mm 厚电机用热轧 SiFe($w(\mathrm{Si})=1\%\sim2\%$)，后于 1954 年投产
1955 年	太原钢厂用 5t 电炉试生产工业纯铁
1956 年	太原钢厂生产变压器用热轧 SiFe($w(\mathrm{Si})=3\%\sim4.5\%$)
1957 年	钢研总院开展冷轧取向 SiFe 及 FeSi 系坡莫合金、FeCoV 等软磁合金的研究
1958 年	钢研总院成立了我国第一个精密合金研究室，中国第一代磁学著名专家戴礼智先生任主任。上海钢研所开发并试制冷轧取向 SiFe
1959 年	在大连钢厂建立了我国第一个精密合金生产基地。制定出我国第一个热轧硅钢片国家标准，试制成功冷轧取向薄硅钢带（0.08mm 厚）
1960 年	钢研总院利用纵向磁场处理使 $\mathrm{Ni_{65}Mo_2}$ 合金的最大磁导率 μ_m 达 2000000，上海钢研所、北京冶金所成立
1961 年	冶金部在大连召开精密合金标准会议，建立第一个精密合金冶金部颁标准，分五大类、12 个技术标准，共 35 个牌号，其中 1J 软磁合金有 6 个。1967~1969 年进行修订和补充。上海钢研所和北京首钢冶金研究院开发 FeAl 合金
1963~1964 年	陕西钢研所成立，一批精密合金包括软磁合金在上海钢研所、北京首钢冶金研究院、大连钢厂 752 研究所投产 太原钢厂试制成功 SiAl 镇静无时效电磁纯铁，代替了原来仿苏的沸腾纯铁，成为我国第一个自制的软磁材料 上海钢研所为开发 FeAl 系合金加工制造了一台温轧机
1965 年	1958~1965 年，我国建立了共 1 个研究基地——钢铁研究总院、2 个教学基地——东北工学院和北京钢铁学院，6 个生产基地——大钢所、上钢所、北冶所、陕钢所、重特所、天材所，统一由冶金部领导
1966 年	钢研总院开发了含 $\mathrm{O_2}$ 的 $\mathrm{Ni_{65}Mn}$ 恒导磁合金 1J66 后于 1983 年获国家发明奖 该院率先开发软磁粉芯材料，两年后建立了一条小型生产线，1976 年转武汉冶金所生产
1967 年	首钢冶金研究所的 $\mathrm{Ni_{81}Mo_6}$（1J86 合金）在 0.08A/m 磁场下的初始磁导率（μ_i）达 205000（0.1mm 厚） 太原钢厂建成国内第一座冷轧硅钢中间试验车间，开始生产冷轧取向硅钢 首钢冶金研究院率先利用纵向磁场热处理开发出高 μ_i 的中等 Ni 含量的坡莫合金，并首先开始以铁芯元件形式供应各类高性能软磁合金
1970 年	首钢冶研院在批量生产 1J66 恒导磁合金后，利用横向磁场处理的方法开发一系列低 B_r 合金如 $\mathrm{Ni_{65}Mo_2}$（1J67h），$\mathrm{Ni_{47}Co}$ 等
1971 年	首钢冶研院开发出 $\mathrm{Ni_{34}CoMo}$ 高 μ 低 B_r 合金（1J34h），后于 1985 年获发明专利。北京科技大学和北京首钢冶金研究院联合开发 6.5Si-Fe。上海钢研所也开展工作。钢研总院、上海钢研所、北京首钢冶金研究院各自开发 FeSiAl 高 μ 合金，太原钢厂生产 1m 宽冷轧 SiFe 带
1973 年	钢研总院率先开发高硬度 FeNiNb 系坡莫合金（1J88），HV 达 240 以上，为原坡莫合金的一倍以上。北京首钢冶金研究院开发出含 Nb 的 FeNiCo 系高 μ 宽恒定磁场的低 B_r 合金（1J34Kh），后于 1983 年获国家发明奖。北京首钢冶金研究院率先利用冷轧感生各向异性，开发出特宽恒导磁 $\mathrm{Ni_{50}Fe}$ 合金（1J50H）

年份	事　件
1974 年	北京首钢冶金研究院率先开发具有矩形磁滞回线的 $Ni_{81}Mo_6$ 合金（1J86j），当矩形比 $B_r/B_S = 0.85 \sim 0.90$ 时，其 μ_m 达 850000~990000（0.05mm）
1975 年	武汉钢铁公司引进日本 HI-B 取向 SiFe 专利技术和设备后于 1979 年投入生产，年产冷轧 SiFe 7 万吨，其中取向 SiFe 3 万吨。钢研总院轧出 0.003mm 厚的坡莫合金超薄带。制订出我国自己的纯铁国家标准
1978 年	太钢试制成功高能加速器用超低 C 纯 Fe
1981~1983 年	制定出 FeNi、FeAl、FeCo、FeSi 等各类软磁合金的国家标准，总计 111 个牌号。1987~1988 年进一步全面修改，向国际标准和国外先进标准靠拢
1983~1990 年	陕西钢研所、上海钢研所、北京首钢冶金研究院、大连钢厂 752 所等精密合金生产基地进行大规模的技术改造，目前冷轧设备已达到国际水平
1984 年	钢研总院开发 4%SiFe 取向薄硅钢后获国家发明奖
1987 年	北京首钢冶金研究院引进德国 VAC 的坡莫合金铁芯生产线，1989 年国家验收投产，目前已年产 200 万只铁芯以上，为设计能力的 3 倍以上
1985~1990 年	陕西钢研所、上海钢研所、北京首钢冶金研究院和大连钢厂 752 所大批量生产高精度大卷重冷轧钢带，替代部分进口软磁合金带材
1996~1998 年	宝钢引进日本川崎无取向硅钢生产技术，宽度达 800~1300mm，2001 年产 39.16 万吨，太钢建无取向冷轧硅钢生产线，2001 年生产 11.03 万吨

进入 21 世纪，我国软磁材料大发展，由于改革开放和技术引进，研发水平和产品性能质量、产量快速提高。

2001 年我国年产硅钢约 146.5 万吨（其中热轧硅钢 60 万吨），高磁导率 FeNi 系软磁合千余吨，纳米晶软磁合金近 500t 各类软磁合金的生产牌号达一百多个。在大力开发高性能新材料的同时，大规模更新改造生产工艺装备，调整产品结构，使老产品向精加工（批量生产高精度大卷重钢带）和深加工（批量生产附加值和技术含量很高的软磁元器件）方向发展。

2016 年，我国达到年生产冷轧电工钢 864.8 万吨，其中取向电工钢 112 万吨，在质量上约 68%~87%都是国际上高牌号产品。非晶态材料也得到迅速发展，2016 年达到生产能力 12 万吨，生产量达到 10 万吨。

2.2　铁硅系合金（硅钢）

铁硅系合金主要是硅钢，硅钢是指铁硅二元合金，一般硅含量在 0.5%~65%，它是用量最大的一种磁性材料，约占磁性材料总量的 90%~95%，是发展电力和电讯工业的基础材料之一。若按发电量计算，每增加 100 度电就需相应增加 1kg 硅钢片，用以制造发电机、电动机和变压器。因此硅钢片是国民经济中不可缺少的主要材料。基于它重要，在第 9 章中有专门论述。

2.2.1　硅钢的基本特点和分类

　　硅钢片是在工业纯铁的基础上发展起来的，它的主要优点是：具有饱和磁化强度高，电阻率较高，矫顽力低和铁损小的特点，最适合大功率应用；硅促进钢中的碳石墨化，减少了钢板之间的粘结以及（磁性随时间的延长而下降）现象，因而与其他软磁材料相比，硅钢片具有更高的性能稳定性，适于在高温、高压、振动和冲击等特殊环境中使用；而且寿命长；但是增加硅含量使屈服强度提高，塑性下降，当Si>4%时，由于脆性很大，而不易加工。

　　硅钢的主要用途是：电力工业方面的各种电动机、发电机、电力和分配变压器；用于电讯工业方面的音频变压器、高频变压器、脉冲变压器、磁放大器等，一般使用小于0.2mm（最薄达0.025mm）的冷轧取向硅钢片。

　　图2-1为工业用硅钢片铁芯损耗的进步情况。在20世纪40年代以前，铁芯损耗的下降主要归功于炼钢和热轧加工技术的改进，合金中杂质的含量得到有效控制，薄板的平整度也得到很大改善。1934年开始出现的新突破是由于采用二次冷轧法获得了晶粒取向硅钢（GO钢）。此后，由于晶粒取向度的不断提高和杂质含量的不断降低，硅钢的铁损也逐步下降。到60年代末，由于晶粒长大抑制剂、一次冷轧和热处理工艺以及玻璃涂层等方面的改进，获得了高磁感级的取向硅钢，（HI-B钢）使铁损下降了20%，而磁感B_8（$H=8A/cm$），从传统的1.82T提高到1.92T。1983年以后用细化磁畴，适当提高Si含量和薄规格化措施，又使硅钢的铁损降低10%以上。

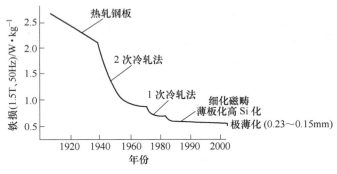

图2-1　工业用硅钢铁损的进步

　　硅钢片的磁感强度越高，所制成的电机或变压器的铁芯体积和重量也越小。由于铁芯的重量占一台电机或变压器总重量的1/3到1/2，因此使产品的总重量和体积也显著减小，同时节省了硅钢片、铜线、绝缘材料、结构材料和变压器油。

　　硅钢片的种类很多，可以按成分、制造工艺、组织结构或使用条件的不同来分类：

　　（1）按硅含量的不同，可分为低硅钢（$w(Si) = 0.8\% \sim 1.8\%$）、中硅钢（$w(Si) = 1.8\% \sim 2.8\%$）、较高硅钢（$w(Si) = 2.8\% \sim 3.8\%$）和高硅钢（$w(Si) = 3.8\% \sim 7.0\%$）四类。

　　（2）按制造工艺不同，可分为热轧硅钢片和冷轧硅钢片。

（3）按组织结构，可分为晶粒取向（单取向即高斯织构或双取向即立方织构）硅钢片和无取向硅钢片。

（4）按用途可分为电机钢片和变压器钢片。

（5）按厚度可分为一般硅钢片（常用厚度为 0.3~0.5mm）和薄硅钢带（厚度 0.025~0.2mm）。

通常热轧硅钢片都是无取向的，适于做电机铁芯（电机钢片），冷轧硅钢可以是无取向的（或取向度很小的），也可是晶粒取向的。前者适宜做电机铁芯，后者适宜做变压器铁芯。薄硅钢带一般都是晶粒取向的，主要在电讯工业中于较高频率下使用。

2.2.2　相图和物理性能

铁硅合金的相图见图 2-2，常用的硅钢片（$w(\mathrm{Si}) \leqslant 7\%$）是硅在 α-Fe 中的固溶体。从图上可见，1150℃时硅在 γ-Fe 中最大溶解度为 2.2%左右，$\alpha+\gamma$ 的两相区也很窄。当 $w(\mathrm{Si})>2.5\%$ 时，γ-Fe 相区消失。因此，对 $w(\mathrm{Si})<2.5\%$ 的硅钢片，必须低于 900℃退火，以免发生 $\alpha \rightleftharpoons \gamma$ 转变而使磁性变坏。对 $w(\mathrm{Si})>2.5\%$ 的硅钢片，由于不发生相变，故可以加热到很高温度，培养大的晶粒。

但是，铁硅合金的 γ 相区和 $\alpha+\gamma$ 相区受微量杂质的影响很大，特别是碳，万分之几的碳就可使 γ 相区特别是 $\alpha+\gamma$ 相区扩大，图 2-3 表明，当 $w(\mathrm{C})=0.01\%$ 时，$\alpha+\gamma$ 相区边界在 2.5%Si 附近；当 $w(\mathrm{C})=0.07\%$ 时 $\alpha+\gamma$ 相区边界扩大到 $w(\mathrm{Si}) \approx 6\%$ 处。因此在硅钢的热处理过程中如何脱碳是个十分重要的问题。

图 2-4 表示 Si 含量对铁硅合金的 B_s、ρ、λ_{100}、K_1 和 T_c 的影响，随着 Si 含量的增加电阻率 ρ 增大，因而降低了涡流损耗，提高了合金交流磁性能，由于 $K_1>0$，故 <100> 方向为易磁化方向，随着硅含量的增加，K_1 和 λ_{100} 下降，因而可以提高磁导率，降低矫顽力和损耗。λ_{100} 在大约 $w(\mathrm{Si})=6.5\%$ 处趋于零，K_1 大约在 $w(\mathrm{Si})=11\%$ 处趋于零，可望在这些成分处得到比低硅钢更高的磁性能。但是 $w(\mathrm{Si})>4\%$ 时，钢的脆性增加，使之难以加工成带。

硅的加入虽然带来许多性能改善，但相应地也造成一些缺点。由于硅是非铁磁性元素，硅的加入必然使硅钢的 B_s 和居里点下降（见图 2-4）；另外硅的加入使钢片的硬度提高，而延展性和冲击韧性降低，钢片变脆。其原因可能是：硅的加入使晶格畸变，形成的 $\mathrm{SiO_2}$ 和石墨化碳在晶界上析出，使加工时的滑移性下降，晶粒过大造成晶界处的应力集中，容易断裂；在高硅钢中的 $\mathrm{Fe_3Si}$ 有序化也使钢变脆；硅易与氧结合使钢片易锈，且耐热性下降等。

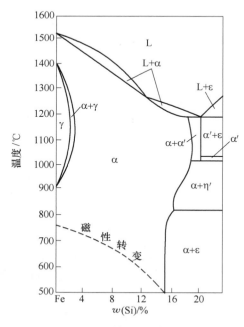

图 2-2　铁-硅状态图

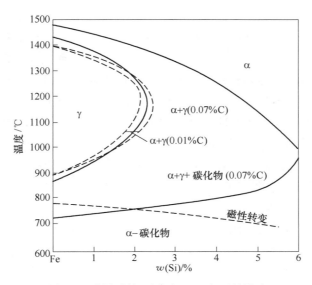

图 2-3　碳量对铁-硅合金 α+γ 相区的影响

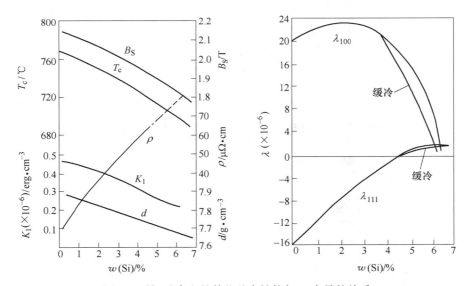

图 2-4　铁-硅合金的某些基本性能与 Si 含量的关系

（1erg＝6.2415×10^{11}eV）

2.2.3　无取向硅钢

　　无取向硅钢的产量很大，约占整个硅钢产量的 80%～90%。在制造电机时，一般都是将硅钢片冲成带有许多槽的圆片，然后将这些圆片叠成铁芯。由于电机是在运转条件下工作的，所以要求硅钢片各个方向的磁性相近，即希望硅钢片的磁各向异性越小越好。一般规定硅钢片的纵横方向的磁感强度 B_{25} 差值不大于 10%。另外为了减小电机的重量和体积，避免过大的离心力，减小磁化电流，要求有高的磁感应强度。大型电机还要求有低的铁损。

无取向硅钢有热轧的和冷轧的两种，两者相比较，冷轧无取向硅钢有下列优点：

（1）磁感应强度高：冷轧无取向硅钢的 B_{10} 可达 1.6T，而热轧的仅达 1.4T。

（2）铁损低：冷轧无取向硅钢（$w(Si) \leqslant 3\%$）的铁损比同样硅含量的热轧电机钢低 10%~30%，这相当于硅含量提高 1% 的热轧硅钢片牌号的铁损值。

（3）冲剪加工好：制造电机时冲剪工作量很大，而且冲片形状复杂，要求冲片毛刺小，冲模和剪刀的使用寿命长。各种冷轧硅钢片的冲击加工性比同样硅含量的热轧硅钢片好，冲模的使用寿命可提高 4~6 倍。由于冷轧硅钢片是以带状成卷供应（热轧硅钢是以片状供应）可以进行自动化冲剪操作，使冲片效率提高 2~3 倍，材料利用率提高 25%~35%。

（4）表面质量好，厚度均匀：0.35mm 厚的冷轧硅钢片填充系统可达 97%~98%，厚度公差为 ±（0.02~0.03）mm，同样厚度的热轧硅钢片的填充系数只有 92%~94%，厚度公差达 ±（0.04~0.05）mm。

（5）由于表面质量好，涂在硅钢表面的绝缘薄层质量也好。

因此，自 20 世纪 50 年代以来，冷轧硅钢片发展很快，逐步取代了热轧硅钢片。但在我国，热轧硅钢生产和应用至今很多年，所以仍作一些历史回顾性介绍，以备参考比较。到 2010 年前后，我国也已停止生产热轧硅钢。

表 2-2 和表 2-3 列出了我国的热轧硅钢片的牌号和性能（GB 5212—85）；表 2-4 为冷轧无取向硅钢的牌号和性能（GB 2521—88）。

表 2-2　热轧硅钢板牌号、规格及性能（GB 5212—85）

牌　号	厚度 /mm	最小磁感应强度/T			最大铁损 /W·kg⁻¹		最低弯曲 次数 （不小于）	理论密度 $D/g·cm^{-3}$	
		B_{2000}	B_{4000}	B_{8000}	$P_{1/50}$	$P_{1.5/50}$		酸洗 钢板	未酸洗 钢板
DR530-50	0.50	1.51	1.61	1.74	2.20	5.30		7.75	7.70
DR510-50	0.50	1.54	1.64	1.76	2.10	5.10			
DR490-50	0.50	1.56	1.66	1.77	2.00	4.90			
DR450-50	0.50	1.54	1.64	1.76	1.85	4.50			
DR420-50	0.50	1.54	1.64	1.76	1.80	4.20			
DR400-50	0.50	1.54	1.64	1.76	1.65	4.00			
DR440-50	0.50	1.46	1.57	1.71	2.00	4.40	4.0	7.65	—
DR405-50	0.50	1.50	1.61	1.74	1.80	4.05			
DR360-50	0.50	1.45	1.56	1.68	1.60	3.60	1.0	7.55	—
DR315-50	0.50	1.45	1.56	1.68	1.35	3.15			
DR290-50	0.50	1.44	1.55	1.67	1.20	2.90			
DR265-50	0.50	1.44	1.55	1.67	1.10	2.65			

续表 2-2

牌　号	厚度/mm	最小磁感应强度/T			最大铁损/W·kg^{-1}		最低弯曲次数（不小于）	理论密度 D/g·cm^{-3}	
		B_{2000}	B_{4000}	B_{8000}	$P_{1/50}$	$P_{1.5/50}$		酸洗钢板	未酸洗钢板
DR360-35	0.35	1.46	1.57	1.71	1.60	3.60	5.0	7.65	—
DR325-35	0.35	1.50	1.61	1.74	1.40	3.25			
DR320-35	0.35	1.45	1.56	1.68	1.35	3.20	1.0	7.55	
DR280-35	0.35	1.45	1.56	1.68	1.15	2.80			
DR255-35	0.35	1.44	1.54	1.66	1.05	2.55			
DR225-35	0.35	1.44	1.54	1.66	0.90	2.25			

注：1. $P_{1/50}$、$P_{1.5/50}$表示当用 50Hz 反复磁化和按正弦形变化的磁感应强度最大值为 1.0T 和 1.5T 时的总单位质量铁损；

2. DR 表示热轧硅钢片，横线前的数字是 $P_{1.5/50}$ 的 100 倍，横线后的数字是厚度的 100 倍。

表 2-3　400Hz 下使用的热轧硅钢牌号和性能

牌　号	厚度/mm	最小磁感应强度/T			最大铁损/W·kg^{-1}		电阻系数/μΩ·m（不小于）	最低弯曲次数（不小于）
		B_{400}	B_{800}	B_{2000}	$P_{0.75/400}$	$P_{1/400}$		
DR1750G-35	0.35	1.23	1.32	1.44	10.00	17.50	0.57	1
DR1250G-20	0.20	1.21	1.30	1.42	7.20	12.50	0.57	2
DR1100G-10	0.10	1.20	1.29	1.40	6.30	11.00	0.57	3

注：1. B_{4000}、B_{800}、B_{2000}表示当磁场强度（A/cm）等于字母后相应数值时，基本换向磁化曲线上磁感应强度；

2. $P_{0.75/400}$、$P_{1/400}$表示当用 400Hz 反复磁化和按正弦形变化的磁感应强度最大值 0.7T、1.0T 时的总单位铁损。

表 2-4　冷轧无取向硅钢牌号、尺寸及磁性（GB 2521—88）

公称厚度/mm	牌　号	最大铁损 $P_{1.5/50}$/W·kg^{-1}	最小磁感 B_{4000}/T	理论密度 D/g·cm^{-3}
0.35	DW240-35	2.40	1.58	7.65
	DW265-35	2.65	1.59	7.65
	DW310-35	3.10	1.60	7.65
	DW360-35	3.60	1.61	7.65
	DW440-35	4.40	1.64	7.65
	DW500-35	5.00	1.65	7.75
	DW550-35	5.50	1.66	7.75
0.50	DW270-50	2.70	1.58	7.67
	DW290-50	2.90	1.58	7.65
	DW310-50	3.10	1.59	7.65
	DW360-50	3.60	1.60	7.65
	DW400-50	4.00	1.61	7.65

公称厚度 /mm	牌 号	最大铁损 $P_{1.5/50}$ /W·kg^{-1}	最小磁感 B_{4000} /T	理论密度 D /g·cm^{-3}
0.50	DW470-50	4.70	1.64	7.65
	DW540-50	5.40	1.65	7.75
	DW620-50	6.20	1.66	7.75
	DW800-50	8.00	1.69	7.80
	DW1050-50	10.50	1.69	7.85
	DW1300-50	13.00	1.69	7.85
	DW1550-50	15.50	1.69	7.85
0.65	DW580-65	5.80	1.64	7.65
	DW670-65	6.70	1.65	7.75
	DW770-65	7.70	1.66	7.75

注：1. DW 表示冷轧无取向硅钢;

    2. 字母后的数字：横线前的数字是铁损值的 100 倍，横线后的数字是厚度的 100 倍。

热轧硅钢片的生产设备投资少，工艺简单，没有明显的晶体织构，各向异性小，故适合在电机中应用，作这种应用的热轧硅钢片的硅含量在 3% 以下。作变压器用的热轧硅钢片，含硅量可提高到 4% 以上，这样可降低损耗。

热轧工艺是先将板坯在 930~950℃ （高硅钢）或 850~880℃ （低硅钢）加热后热轧，轧到一定厚度后进行叠轧，然后进行剥离，成为 0.5mm 或 0.35mm 厚的薄板，此后再进行平整和成品退火。低硅钢片在隧道式连续炉中成垛退火，在 780℃ 保温 3~4h；高硅钢片在氢气罩式炉内成垛退火，在 870~900℃ 保温 4~8h。

为了提高热轧硅钢片的磁感，降低损耗，应采取措施降低钢中 C、N、O、S 含量。在冶炼过程中控制较高的熔解碳 （0.25%~0.4%），使其在高温强烈沸腾，有利于去除夹杂物；采用钢水真空处理，以去除气体；提高氢气热处理的温度，延长退火时间，达到进一步净化，这样可使热轧高硅钢的矫顽力降低到 16A/m，损耗 $P_{1/50}$ 降低到 0.9W/kg 以下，但其磁带值比冷轧硅钢片明显偏低。

冷轧无取向硅钢片具有上述五大优点，最适宜作电机铁芯，我国生产的无取向冷轧硅钢片的硅含量约为 3%，其生产工艺是：首先要在炼钢中通过精炼去除对磁性有害的碳、硫、氮、氧等 （见图 2-5）。钢中的硫应愈少愈好，不超过 0.01%，以避免形成分散的硫化锰而抑制晶粒长大。钢中应加入适量的铝，最好在 0.25% 左右，可以促进在退火时再结晶晶粒长大。钢锭经开坯后热轧成 1.5~3.0mm 的钢带，然后可用一次冷轧法或调质轧制法冷轧成最终厚度。

一次冷轧法是将热轧带进行连续退火，先在约 850℃ 的湿氢中进行脱碳退火，然后再在 1050℃ 进行高温退火；调质轧制法是先将热轧带冷轧后经过连续退火，再以 5%~15% 的压下率进行冷轧到最终厚度，然后再经高温连续退火。在含硅较低的合金中，也可以用在较低温度下长时间退火 （例如在 850℃ 在罩式炉中退火数小时），以免在退火时发生相变。虽然名为"无取向硅钢片"，但它是经过冷轧和退火工序的，所以实际上还存在弱的晶体织构。一般说来，调质轧制法制成的钢带其各向异性的程度要比一次冷轧的低一些。并且在调质轧制法中，由于第二次冷轧的压下率小，所以实际上钢带的外层和内层的变形量不同，因此退火后的织构也不同，这也有利于获得各向同性的性能。

在无取向冷轧硅钢片表面，常常涂覆一层绝缘涂层。最常见的是玻璃状的硅酸镁涂层。这种涂层不仅可以保证钢片或薄带表面具有良好的绝缘性能，而且因其热膨胀系数低于铁硅合金本身，在室温下可使涂层对合金施加一张应力的作用，对于具有正磁致伸缩系数的铁硅合金来说，张应力的作用有利于磁化，从而有利于降低损耗。

晶粒大小也影响无取向硅钢片的损耗（见图 2-6）晶粒过大或过小，晶粒大小不均匀（外大内小）等都不利于降低损耗。

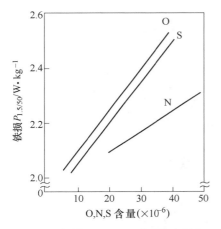
图 2-5　杂质 O、N、S 对无取向硅钢
（$w(\mathrm{Si}) = 3\%$）损耗的影响

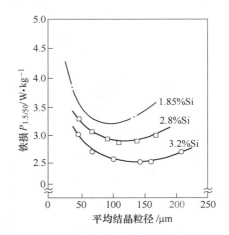
图 2-6　晶粒大小对无取向硅钢损耗的影响

为了提高无取向硅钢的磁感值，除了降低硅含量，去除不纯物以外，近年来还利用冷轧、中间退火和最终退火的复杂配合，制成（100）面平行于轧面的无取向硅钢。（100）面平行于轧面，但各个晶粒的易磁化方向<100>仍呈紊乱分布，所以性能高而又各向同性。

现代高级无取向冷轧硅钢的性能见表 2-5。为满足高频电机的需要，还生产了无取向冷轧薄硅钢，其性能见表 2-6。

表 2-5　高级无取向冷轧硅钢的性能

厚度/mm	$P_{1.5/50}/\mathrm{W \cdot kg^{-1}}$	B_{4000}/T	国外牌号
0.50	2.26	1.66	50H230（新日铁）
			50RM230（川崎）
0.35	2.00	1.66	35H210（新日铁）
			35RM210（川崎）

表 2-6   无取向冷轧薄硅钢的性能

厚度/mm	$P_{1/400}$/W · kg^{-1}	填充系数/%
0.20	12.5	96
0.15	9.5	94
0.10	8.5	93

2.2.4   冷轧取向硅钢

冷轧取向硅钢有两种,一种是最常用的 (100)<001>单取向硅钢,又叫 Goss (戈斯)织构或者立方棱织构硅钢,另一种是 (100)<001>双取向硅钢,又叫立方织构硅钢。前者各晶粒的易磁化轴<100>平行于轧向,后者各晶粒的<100>方向沿钢带的纵向和横向分布。其结晶结构见图 2-7。立方织构硅钢制造工艺复杂严格,成本也高,至今各国都未形成工业化生产,下面主要介绍的取向硅钢是指单取向硅钢。

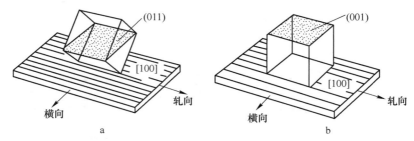

图 2-7   晶粒取向硅钢中的晶粒取向关系
a—戈斯织构;b—立方织构

取向硅钢比无取向硅钢具有更高的磁感应强度。设计变压器或电机选用的最大工作磁感强度,热轧硅钢为 1T,冷轧无取向硅钢为 1.5T,取向硅钢则达 1.7T。

取向硅钢的损耗比无取向硅钢小得多,含 3% 硅的取向硅钢的损耗仅为含硅 4% 的热轧硅钢的一半。

取向硅钢的上述特点最适宜于做变压器铁芯,因为制造变压器时一般都是将硅钢切成条片,再搭叠成方形铁芯,只要沿轧向剪裁,则可充分利用此方向上优异性能。制造小型变压器时一般都直接冲成 EI 形状的冲片,叠成铁芯,也能基本保证沿轧向冲片和磁化。由于充分利用了取向硅钢在轧向的优良性能,在制造各类变压器时,与用热轧硅钢相比,铁芯的质量和体积可减小 20% ~ 30%,其他材料如铜线,结构材料及变压器油等也可减小 10% ~ 20%,而且由于损耗小,使变压器效率大大提高。

取向硅钢可分为普通取向硅钢(简称 GO 钢)和高磁感取向硅钢(简称 HI-B 钢)两种。我国国家标准 GB 2521—88 所列出的取向硅钢牌号、性能见表 2-7。

表 2-7   取向硅钢尺寸、牌号及磁性 (GB 2521—88)

公称厚度 /mm	牌　号	最大铁损 $P_{1.7/50}$ /W · kg^{-1}	最小磁感 B_{800} /T	理论密度 ρ /g · cm^{-3}
	DQ120-27	1.20	1.79	
0.27	DQ127-27	1.27	1.79	7.65
	DQ143-27	1.43	1.79	

公称厚度 /mm	牌　号	最大铁损 $P_{1.7/50}$ /W·kg^{-1}	最小磁感 B_{800} /T	理论密度 ρ /g·cm^{-3}
0.30	DQ113G-30	1.13	1.89	7.65
	DQ122G-30	1.22	1.89	
	DQ133G-30	1.33	1.89	
	DQ133-30	1.33	1.79	
	DQ147-30	1.47	1.77	
	DQ162-30	1.62	1.74	
	DQ179-30	1.79	1.71	
0.35	DQ117G-35	1.17	1.89	7.65
	DQ126G-35	1.26	1.89	
	DQ137G-35	1.37	1.89	
	DQ137-35	1.37	1.79	
	DQ151-35	1.51	1.77	
	DQ166-35	1.66	1.74	
	DQ183-35	1.83	1.71	

注：1. DQ 为 GO 钢，G 为 HI-B 钢；

　　2. 字母后数字：横线前的数字为铁损值的 100 倍，横线后的数字为厚度值的 100 倍。

GO 钢的典型生产工艺是：冶炼→铸锭→开坯→热轧板坯（约 2.2mm 厚）→黑退火（脱碳）（700~800℃）→酸洗→一次冷轧（压下率 65% 达 0.7mm）→中间退火（800~900℃）→二次冷轧（压下率 50%~60%，达 0.35mm 厚成品）→脱碳退火（湿 H_2、800℃）→高温退火（1150~1200℃）→涂层→拉伸回火→成品。在这个生产过程中（110）[001]织构的形成如下：

在硅钢片中，（110）[001] 织构是通过二次再结晶完成的。经黑退火的热轧钢坯在第一次冷轧后，冷轧织构为（100）[011]、（112）[110] 和（111）[112]。将其退火时，其中（111）[112] 取向的晶粒在稍高于 650℃ 时可转变为（110）[001] 的再结晶织构，但是只有在 900℃ 以上这种晶粒才具有比其他取向晶粒更强的生长能力。因此在第一次冷轧并中间退火后，已经有了（110）[001] 取向的晶粒形成，它们是以后二次再结晶的核心，但它们只占很少一部分。如果再进行第二次冷轧，使（111）[112] 晶粒显著增加，在再结晶后就会产生更多的（110）[001] 晶核。这样在最终高温退火时，如果设法只让这些晶粒长大（即择优长大），那么就可形成完善的（110）[001] 织构。经研究发现，在硅钢晶界若存在某些夹杂物就可以起到这种作用，这类夹杂物称为有利夹杂。

通常夹杂对磁性影响总是不利的，因此有利夹杂必须满足以下条件：

（1）为了阻止初次再结晶后其他取向晶粒的长大，以保留使（110）[001] 晶粒不被其他取向晶粒吞并，约在 850℃ 以下温度（550~850℃ 发生初次再结晶），有利夹杂应是稳定的且高度弥散分布，在晶界上以固定晶界，阻止晶界的推移、抑制或推迟初次再结晶后晶粒的长大。

（2）在 900~1250℃发生二次再结晶时，这些夹杂应分解，以引起（110）［001］取向的初次晶粒的择优长大并吞并其他取向晶粒。组成夹杂的元素应能固溶到基体中，且对磁性有利，或者可被还原性退火气氛（如 H_2）在高温下还原去除。总之，这时的弥散夹杂物应显著地减少。

国内外 GO 钢大生产中通常都用 MnS 作为有利夹杂，它呈球状，适宜的大小为 2nm 左右。

GO 钢晶粒［001］方向与轧向的平均偏离角约为 7°（小于 10° 的晶粒达 75%），偏离角越大，$B_{10}(H=800A/m)$ 就越小（见图 2-8）。GO 钢的 B_{10} 约为 1.82T，晶粒直径为 3~5mm。

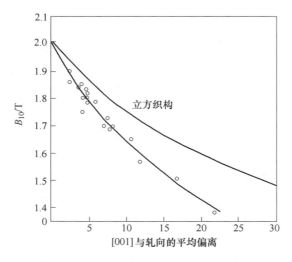

图 2-8　取向硅钢在 800A/m 下的磁感应强度和［001］方向与轧向平均偏离角的关系

HI-B 钢采用一次大压下量冷轧法，而且用细小的 AlN 和 MnS 作有利夹杂，其［001］方向与轧向的平均偏离角小于 3°（晶粒的最大偏离<10°），其 B_{10} 达 1.92T。晶粒直径约为 10~20mm。

晶粒［001］方向与轧向的偏离角也影响损耗，偏离角越小，损耗越低，但最佳值在 2° 处（见图 2-9）。研究表明，当偏离角增加时，产生的辅助畴也增加，这使损耗增加，但偏离角增加也使畴间距减少，这又使损耗下降，两者综合，在 2° 处最佳。

因此 HI-B 钢的损耗也比 GO 钢低，图 2-9 还表明对 λ_s 为正的 3Si-Fe 而言，加张应力可以进一步降低损耗，HI-B 钢的另一特点就是利用低膨胀系数的应力涂层，对基体产生约 $0.8×10^7Pa$ 的各向同性的张应力，从而进一步改善损耗（见图 2-10）。

为了使 HI-B 硅钢的损耗进一步下降，现又采用激光刻痕细化磁畴，适当提高硅含量及薄规格化等措施。图 2-11 表示三种单取向硅钢的损耗与带厚的关系。图中虚线为设反常损耗因子 $\eta=2$、磁滞损耗 $P_H=0.3W/kg$ 时的理论估计值。最新的实验表明经化学磨光并经激光刻痕的 0.15mm 厚高取向硅钢的 $P_{1.7/50}$ 已达 0.4W/kg，$P_{1.4/50}$ 约为 0.26W/kg（已接近铁基非晶合金的水平）。图 2-12 表示大生产的取向硅钢损耗的组成、改进和努力目标。

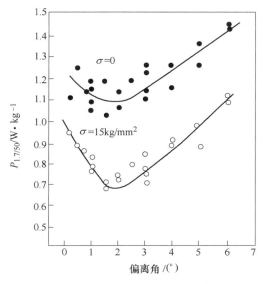

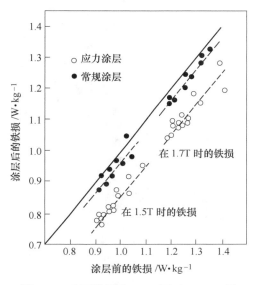

图 2-9　偏离角和张应力（σ）对 0.2mm 厚　　　　图 2-10　表面涂层在 50Hz 下对 0.3mm 厚
单取向硅钢（3%Si）损耗的影响　　　　　　　　　　HI-B 钢损耗的影响

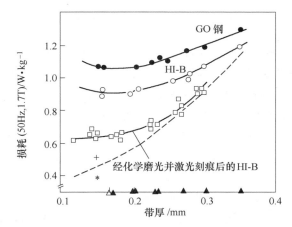

图 2-11　带厚对三种单取向硅钢损耗的影响

+，＊—高取向、表面经化学磨光和激光刻痕的实验室水平

▲—国外大生产的公称厚度变化：0.35mm，0.30mm，0.27mm，0.23mm，0.20mm

△—试制品公称厚度 0.18mm

2.2.5　取向薄硅钢

取向薄硅钢的厚度为 0.02～0.20mm，硅含量约为 3%，适于工作在 400Hz 频率以上的中、高频变压器、脉冲变压器、大功率磁放大器、扼流线圈、储存和记忆元件等，是通信、雷达、飞机、导弹等小型化电器设备的主要电工材料。

工作频率越高，涡流损耗越大，故应选用更薄的钢带。对硅钢而言，工作频率与钢带厚度的选择如表 2-8 所示。

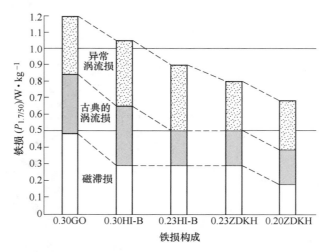

图 2-12　取向硅钢损耗的组成及改进

表 2-8　工作频率与选用的钢带厚度

工作频率/Hz	50 或 60	400	400~1000	4000~2000	1000~10000	3000~10000 以上
钢带厚度/mm	0.20~0.65	0.2	0.08~0.20	0.08 或 0.1	0.05	0.02~0.03

　　已有的实验表明，将取向为（110）［001］的 3%Si-Fe 单晶体经中等压下量（60%~70%）冷轧后其取向转变成 {111} <112>为主的冷轧织构，初次再结晶退火后又转变为原来的（110）［001］位向的再结晶织构，这两种位向的关系是晶体绕<110>轴转动约 35°。这一实验规律可作为取向硅钢薄带制造工艺的基本原理。所以冷轧取向薄硅钢通常选用 0.24~0.35mm 厚高牌号取向硅钢产品作为原材料，再经过冷轧和最终退火后获得。表 2-9 列出了我国国家标准 GB 11255—89 中列出的取向薄硅钢牌号、规格和性能。

　　最近的研究表明：用真空预退火，去除薄硅钢中杂质（特别是铜含量要小于 20×10^{-6}），再在 1000℃ 以上高温中退火，使之发生三次结晶，可以获得更高的磁感（$H = 800A/m$ 下的 B_{800} 可大于 1.90T）和更低矫顽力（H_C）。在这种薄硅钢中 ［001］ 轴与轧向的平均偏离角仅为 1°~2°。图 2-13 示出其磁性。表 2-10 列出 HI-B 钢、铁基非晶合金和三次再结晶极薄硅钢带的磁性对比，可见，三次再结晶极薄取向硅钢带的磁特性已赶上铁基非晶合金。

表 2-9　晶粒取向硅钢薄带牌号、规格及磁性（GB 11255—89）

牌号	厚度/mm	铁损/W·kg⁻¹（不大于）				磁感应强度/T（不小于）		矫顽力/A·m⁻¹（不大于）
		$P_{1.0/400}$	$P_{1.5/400}$	$P_{1.0/1000}$	$P_{0.5/3000}$	B_{50}	B_{1000}	H_C
DG3	0.025	—	—	—	35	—	1.60	50
DG3	0.03	—	—	—	35	—	1.65	45
DG4		—	—	—	30	—	1.70	40

续表 2-9

牌号	厚度 /mm	铁损/W·kg^{-1} （不大于）				磁感应强度/T （不小于）		矫顽力 /A·m^{-1} （不大于）
		$P_{1.0/400}$	$P_{1.5/400}$	$P_{1.0/1000}$	$P_{0.5/3000}$	B_{50}	B_{1000}	H_C
DG1	0.05	—	21.0	—	—	0.60	1.55	36
DG2		—	19.0	—	—	0.80	1.60	34
DG3		—	17.0	24.0	—	0.85	1.66	32
DG4		—	16.0	22.0	—	0.90	1.70	32
DG5		—	15.0	20.0	—	1.05	1.75	32
DG6		—	14.0	19.0	—	0.10	1.75	32
DG1	0.08	—	22.0	—	—	0.60	1.55	36
DG2		—	19.0	—	—	0.80	1.66	32
DG3		—	17.0	—	—	0.90	1.66	28
DG4	0.10	—	16.0	—	—	1.00	1.70	26
DG5		—	15.0	—	—	1.05	1.75	26
DG6		—	14.5	—	—	1.20	1.80	26
DG3	0.15	—	19.0	—	—	0.90	1.65	26
DG4		—	18.0	—	—	1.00	1.75	26
DG5		—	17.0	—	—	1.10	1.75	26
DG6		—	16.5	—	—	1.13	1.75	26
DG1	0.20	12.0	—	—	—	—	1.55	—
DG2		11.0	—	—	—	—	1.60	—
DG3		10.0	—	—	—	—	1.66	—
DG4		9.0	—	—	—	—	1.70	—
DG5		8.2	—	—	—	—	1.74	—

注：1. 铁损 $P_{1.0/400}$、$P_{1.5/400}$、$P_{1.0/1000}$、$P_{0.5/3000}$ 分别表示在频率为 400Hz、磁感应强度值 1.0T 时，400Hz、1.5T 时，1000Hz、1.0T 和 3000Hz、0.5T 时的比铁损值；

2. 磁感应强度 B_{50}、B_{1000} 分别表示磁场为 50A/m 和 1000A/m 时的磁感应强度值；

3. 0.02mm 厚度的 DG1~DG5 试样要求沿轧向剪切，尺寸为 30mm×300mm，消除应力退火后测试。

表 2-10 几种高性能软磁材料的特性

材料 性能	HI-B 钢 （日本牌号 26H）	铁基非晶合金 （经磁场退火）	三次再结晶薄硅钢 （化学刻痕、加应力）	
带厚/mm	0.3	0.02~0.04	0.081	0.032
B_s/T	2.03	1.5~1.6	2.03	2.03
$P_{1.3/50}$/W·kg^{-1}	0.6	0.15~0.30	0.19	0.13
$P_{1.7/50}$/W·kg^{-1}	1.02		0.37	0.21

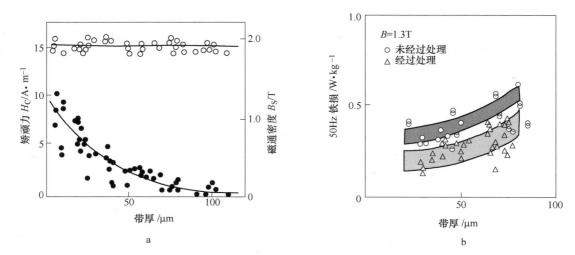

图 2-13　三次再结晶极薄取向硅钢带的性能

a—B_S 和 H_C 与带厚的关系；b—50Hz 、1.3T 条件下的铁损与板厚的关系

2.3　铁镍系合金

2.3.1　概况

　　铁镍系软磁合金一般通称为坡莫合金，是英文"Permalloy"字头的译音，意为导磁合金。最早是由美国 Bell Telephone Lab 命名的。现在已成为磁学的专用名词，专指含 $w(Ni)$ = 34%~84%的二元或多元 Ni-Fe 基软磁合金。

　　在软磁材料的发展史上，铁镍系坡莫合金的发现和发展是一个重要的突破，可以说它是软磁材料中最有代表性的"多才多艺"的合金，这是因为：

　　（1）综合磁性优异。早先的 Ni-Fe 合金以在弱磁场中具有高磁导率和低矫顽力而著称，与其他合金相比，这个特点至今仍然保持着。例如 0.1mm 厚的薄带在 0.08A/m 的弱磁场中的起始磁导率（μ_i）可达 200000 以上，最大磁导率（μ_m）可达 1300000 以上，矫顽力（H_C）可在 0.16A/m 以下。

　　（2）近年来利用调整成分及采用适当的工艺，已能在很宽的范围内控制合金的磁性能，如磁导率和矫顽力可有 $10^3 \sim 10^4$ 的变化。除了在弱磁场下应用的高 μ_i 合金外，还出现了高频低损耗，高硬度高磁导率，低 B_r 大磁感增量，恒磁导率等类型的合金，以适应不同的应用要求。

　　（3）具有良好的冷加工塑性，可轧成厚度仅为 0.5μm 的超薄带，可以满足高频技术和计算技术发展的需要。

　　（4）铁镍坡莫合金的使用十分广泛，特别是作为导磁元器件，成为通信、广播、雷达、宇航、计算技术和精密仪器仪表等工业不可缺少的基础材料。

　　铁镍系坡莫合金除有上述特点外，也有它的不足，这主要是：

　　（1）含镍等昂贵元素较多，成本高。

　　（2）合金磁性对工艺因素变动十分敏感，为了获得较好的磁性，一般要求采用真空冶炼、多辊轧机冷轧，高纯氢气或高真空退火，有时还要进行纵向或横向磁场热处理等，不仅生产设备复杂，而且工艺操作严格，否则难以保证产品的性能及其一致性。

（3）合金的 B_S 值较低，不宜做电力和配电变压器等在高磁通条件下工作的铁芯材料。此外，其磁性受环境条件，特别是应力、冲击的影响较大。

由于有以上弱点，几十年来各国都在研究不含镍的替代材料。由于其具有多种优异的性能，至今仍然是最重要的软磁材料之一。

2.3.2 相图和结构

铁和镍都是内电子层未填满的过渡金属，图 2-14 为铁镍二元合金相图，该图是平衡相图，仅在十分缓慢冷却的条件下才能获得。由图可知，镍在固态只有一种形态，即面心立方 γ 相。铁在 912℃处有同素异晶转变，912℃以上是面心立方 γ 相，912℃以下是体心立方 α 相。镍加入铁中后扩大了铁的 γ 相区，图 2-15 示出含镍在 35%以下的合金的实用状态图，它是在通常工业中实现的冷却和加热速度的条件下测定的（冷却速度不低于每天 10℃），因此是一个实用的状态图。由图可知，在一般实用的冷却条件下，含镍 30%以上的合金在室温时都为单相的面心立方（γ）结构，镍低于 30%时，有 α $\rightleftharpoons$ γ 相变。（α+γ）两相区的界限，由于热滞现象在加热和冷却时有差异。

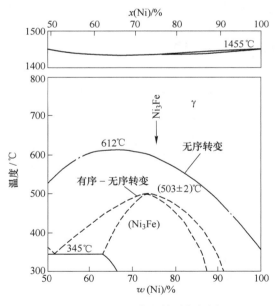

图 2-14　Fe-Ni 合金的平衡相图

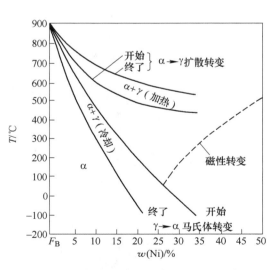

图 2-15　在低 Ni 区 Fe-Ni 合金的适用状态图

相图中 Ni_3Fe，$FeNi$，Fe_3Ni 的成分处会发生有序-无序转变。其中对磁性影响最大的是在 $w(Ni) = 79.5\%$（原子分数，75%）附近的 Ni_3Fe 有序转变，其有序转变温度为 (500±5)℃，在 Ni_3Fe 标准成分的上下 $w(Ni) = 10\%$ 的范围内可能都存在这个转变。在发生有序转变时，合金的点阵常数和物理性能都会发生变化。

2.3.3　基本物理性能和力学性能

图 2-16 为铁镍系合金的成分对某些电磁性能的影响，图 2-17 为镍含量对 Fe-Ni 合金密度（d），电阻率（ρ）和膨胀系数（α）的影响，分别叙述如下：

镍的饱和磁感应强度（B_S）约为 0.57T，铁的 B_S 约为 2.158T，镍加到铁中 B_S 值要下降，但在 $w(\text{Ni}) = 48\%$ 处，B_S 最大（达 1.6T），在 Ni_3Fe 有序成分区，有序转变可使 B_S 有不超过 6% 的变化。

镍的居里温度（T_c）为 358℃，铁的 $T_c = 770$℃，铁中加入镍使 T_c 下降，但在 $w(\text{Ni}) = 65\% \sim 68\%$ 处，T_c 达最高（约 612℃）。T_c 不因合金冷却速率不同而有明显变化。

面心立方晶格纯镍的易磁化方向是 <111>，难磁化方向是 <100>，其磁晶各向异性常数（K_1）约等于 $-0.548 \times 10^4 J/m^3$。体心立方纯铁的易磁化方向是 <100>，难磁化方向是 <111>，其 K_1 约等于 $+4.81 \times 10^4 J/m^3$。镍加入铁中使 K_1 从正值向负值方向变化，同时易磁化方向也从 <100> 晶向（$K_1 > 0$）转向 <111> 晶向（$K_1 < 0$）。

多晶镍的饱和磁致伸缩系数 $\lambda_S = -33 \times 10^{-6}$，<100> 方向的磁致伸缩系数 $\lambda_{100} = -45.9 \times 10^{-6}$，<111> 方向的 λ_{111} 为 -24.3×10^{-6}。多晶铁的 $\lambda_S = -4.4 \times 10^{-6}$，$\lambda_{100} = 20.7 \times 10^{-6}$，$\lambda_{111} = -21.2 \times 10^{-6}$。$\lambda_{100}$ 在 $w(\text{Ni}) = 45\%$ 和 81% 处通过零值，λ_{111} 在 $w(\text{Ni}) = 80\%$ 处通过零值。

Ni_3Fe 有序-无序转变对 K_1 和 λ 都有影响，但对 K_1 的影响更大。在快冷无序状态，$w(\text{Ni}) = 76\%$ 处 $K_1 \approx 0$，在慢冷有序状态，$w(\text{Ni}) = 64\%$ 处的 $K_1 \approx 0$。

铁镍合金的起始和最大磁导率（μ_i 和 μ_m），矫顽力（H_c），磁滞损耗（P_h）都有结构敏感的性质，除了与成分有关外还与结构状态有关。对比图 2-16 中各性能可知，一般在

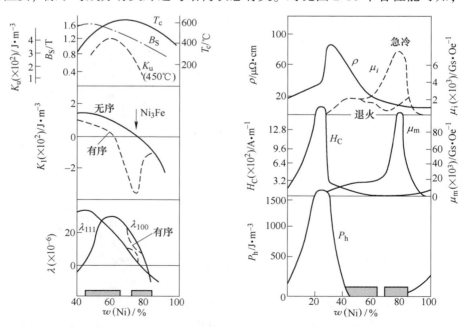

图 2-16　Fe-Ni 合金的成分对某些电磁性能的影响

▭—商用合金 Ni 含量范围

K_1 和 λ 值较小的成分区，μ 值较高，H_C 和 P_h 较小，如在 $w(\mathrm{Ni}) = 45\% \sim 50\%$ 和 80% 处出现两个 μ_i 峰。前者 $K_1 > 0$，易磁化方向上的 $\lambda_{100} \to 0$，后者与 $K_1 \to 0$ 的同时 $\lambda_{111} \to 0$ 有关，由于 $w(\mathrm{Ni}) = 45\% \sim 50\%$ 处的 K_1 值比 $w(\mathrm{Ni}) = 80\%$ 处大，故 μ_i 值较后者低。

在室温附近合金系的电阻率（ρ）、密度（d）和热膨胀系数（α）随镍含量的变化示于图 2-17，可见合金在 $w(\mathrm{Ni}) = 30\%$ 附近发生 $\alpha \rightleftharpoons \gamma$ 转变，使物性发生突变。纯 Fe 的 $\rho = 0.1\mu\Omega \cdot \mathrm{m}$，纯镍的 $\rho = 0.065\mu\Omega \cdot \mathrm{m}$，两者组成合金后使 ρ 增加，大约在 $w(\mathrm{Ni}) = 30\%$ 处 ρ 达到最大值。含 $w(\mathrm{Ni}) > 30\%$ 时，在室温下皆为 γ 相区，ρ 随 Ni 含量的增加明显单调下降，$w(\mathrm{Ni}) = 80\%$ 合金的 ρ 值只相当于 $w(\mathrm{Ni}) = 50\%$ 合金 ρ 值的一半。$\mathrm{Ni_3Fe}$ 有序无序转变，可以使 ρ 值发生 12% 左右的变化，但膨胀系数 α 在 $w(\mathrm{Ni}) = 36\%$ 附近出现最低值，这是由于所谓"因瓦"效应引起的。典型铁镍合金的力学性能如表 2-11 所示。

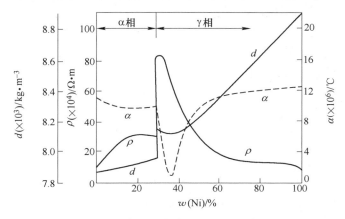

图 2-17　Fe-Ni 合金的密度（d）、电阻率（ρ）和
热膨胀系数（α）随 Ni 含量的变化

表 2-11　典型铁镍合金力学性能

合金成分	状态	屈服强度 /MPa	抗拉强度 /MPa	硬　度		伸长率 δ/%	杨氏模量 /GPa
				R_b	HV		
Ni36Fe	冷轧		990		290		130
	退火		540		115		130
Ni50Fe	冷轧		910	100		5	170
	退火	280	560	68		32	170
Ni79Mo4	冷轧		950	100		4	210
	退火	150	540	58		38	210
Ni77Mo4Cu5	冷轧		910		290		185
	退火		540		110		185

2.3.4　铁镍合金种类和用途

2.3.4.1　合金分类

铁镍合金可以按成分、性能或用途来分类，图 2-16 上的黑影区示出了在技术上常用的两类成分区：$w(\mathrm{Ni}) = 45\% \sim 68\%$ 的中镍合金和 $w(\mathrm{Ni}) = 72\% \sim 84\%$ 的高镍合金，在每一

个成分区都可获得不同磁滞回线的合金。

（1）正常回线的高磁导率合金。铁镍合金在大多数情况下，是利用其在弱磁场中的"软"特性，即在静态特性上（在直流磁场中），有尽量高的 μ_i、μ_m 和 B_S 值，尽量低的 H_C 值，矩形比 B_r/B_m 适中，约为 $0.6 \sim 0.8$。在动态特性上（在交流磁场中），有尽量低的损耗，尽量高的交流磁导率等。这类合金包括高 μ_i 合金，高频（f）低损耗（P）合金，高 HV、高 μ_i 合金、较高 B_S、高 μ 合金等，主要用作弱或中等磁场中具有高灵敏度场合。例如小型的各类变压器、继电器、漏电开关、微电机、磁调制器、录音磁头等铁芯材料及磁屏蔽，仪表中磁路元件等。

（2）具有矩形磁滞回线的合金。主要利用其矩形比（B_r/B_m）接近于 1 的特性广泛用于磁放大器、变换器、双极性脉冲变压器以及计算机中的记忆和存储元件等。

（3）具有低剩磁的扁平磁滞回线合金。主要利用其在相当宽的磁场强度范围内，μ 值恒定不变或变化很小或具有大的磁感增量（ΔB）的特性，用在单极性脉冲变压器、滤波扼流圈，不变误差的互感器、电磁阀、电感元件等。

上述三类合金的磁滞回线见图 2-18。

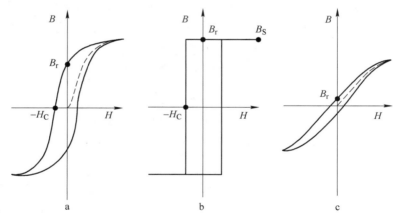

图 2-18　三类不同的磁滞回线

a—普通回线（高 μ_i）；b—矩形回线（高 B_r）；c—扁平回线（低 B_r）

2.3.4.2　高起始磁导率(μ_i)合金

根据技术磁化理论，起始磁化阶段即在弱磁场中的可逆磁化阶段，其 μ_i 由可逆畴壁位移或可逆畴转所决定。

（1）在可逆壁移磁化时。

根据内应力理论，假定应力为波动形式等，可以推导出：

对 180° 畴

$$\mu_i \propto \frac{M_S^2}{\lambda_S \sigma} \cdot \frac{l}{\delta} \qquad (2\text{-}1)$$

对 90° 畴

$$\mu_i \propto \frac{M_S^2}{\lambda_S \sigma} \qquad (2\text{-}2)$$

式中，l 为磁畴宽度；δ 为畴壁厚度；M_S 为饱和磁化强度；λ_S 为饱和磁致伸缩系数；σ 为内应力大小。

根据杂质理论:

$$\mu_i \propto \frac{M_S^2}{\sqrt{K_1 + \frac{3}{2}\lambda_S\sigma}} \cdot \frac{\gamma}{\sqrt[3]{z}} \tag{2-3}$$

式中,γ 为掺杂半径;z 为掺杂质量分数;K_1 为磁晶各向异性常数。

(2) 在可逆畴转磁化时。

根据应力理论:

$$\mu_i \propto \frac{M_S^2}{\lambda_S\sigma} \tag{2-4}$$

当 $K_1 \gg \lambda_S\sigma$ 时:

$$\mu_i \propto \frac{M_S^2}{K_1} \tag{2-5}$$

由以上各式可知,不论是哪种磁化过程,要提高 μ_i 必须:(1)K_1 和 λ_S 接近于零;(2)应力 σ 接近于零;(3)合金中杂质少且聚成团;(4)晶粒粗大,有利于使 l/δ 增大;(5)合金的 M_S 要高。

这就是获得高 μ_i 的材料物性条件。其中,在经过高温氢气净化退火的铁镍合金中,控制合金的成分和热处理使 K_1,λ_S 接近于零,最为关键。

图 2-16 中已清楚地表明,$K_1 \to 0$ 且同时 $\lambda \to 0$ 的成分处(如 $Ni_{80}Fe$)获得了高的 μ_i 和低的 H_C。

图 2-19 为面心立方的 Ni-(Fe + Cu)-Mo 系坡莫合金 $K_1 = 0$ 的线与成分及热处理工艺的关系。

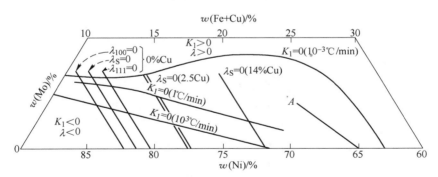

图 2-19 Ni-(Fe+Cu)-Mo 的 K_1 和 λ(图中可用 Cu 替换 Fe)

图 2-20 为 Ni-Fe-Me(Me=Si、Cn、Cr、W、Mo)三元无序合金 $K_1 \to 0$ 的成分线。

为了获得高的 μ_i 无论是二元还是多元 Ni-Fe 系合金都必须先选择合适的成分,使 $\lambda \to 0$,再控制热处理时的冷却速度,获得临界的 Ni_3Fe 短程有序度,使 $K_1 \to 0$。

这类高 μ_i 合金在工业中有广泛的应用,各国均有定型的生产牌号。我国国家标准(GBn 198—1988)中所列的牌号和性能见表 2-12。

图 2-19 表示了三种冷速下 $K_1 = 0$ 的线和 $w(Cu) = 0\%$、4.5%、14% 的 $\lambda = 0$ 的线。$\lambda = 0$ 的线的 Ni 含量不变。高 μ_0 合金一般在 $K_1 = 0$ 和 $\lambda = 0$ 线的相交处。A 线与磁退火关系很密

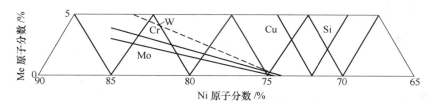

图 2-20　无序三元合金 $K_1 = 0$ 的线

（实曲线取自 Пузей（1961）；虚曲线取自 Hoffmann（1972））

切，是矩磁合金特征线（综合 Пузей 及 Pfeifer 的资料）。

表 2-12　中国国家标准中所列的高磁导率合金及其性能（GBn 198—88）

合金牌号	产品种类	级别	厚度或直径 /mm	在 0.08A/m 磁场强度中的磁导率 $\mu_{0.08}$（不小于）	最大磁导率 μ_m（不小于）	饱和磁感应强度 B_S/T（不小于）	矫顽力（在饱和磁感应强度下）H_C/A·m^{-1}（不大于）
1J76（Ni76CuCr）	冷轧带材		0.02~0.04	15000	60000	0.75	4.8
			0.05~0.09	18000	100000	0.75	3.2
			0.10~0.19	20000	140000	0.75	2.8
			0.20~0.50	25000	180000	0.75	1.44
1J77（Ni77CuMo）	冷轧带材		0.05~0.09	30000	140000	0.60	2
			0.10~0.19	40000	180000	0.60	1.2
			0.20~0.34	50000	220000	0.60	0.96
			0.35~0.50	60000	250000	0.60	0.8
1J79（Ni79Mo4）	冷轧带材	A	0.005~0.01	12000	70000	0.75	4.8
			0.02~0.04	15000	90000	0.75	4
			0.05~0.09	18000	110000	0.75	2.8
			0.10~0.19	20000	130000	0.75	2
			0.20~0.34	22000	180000	0.75	1.6
			0.35~1.00	24000	200000	0.75	1.2
			1.10~2.50	22000	180000	0.75	1.6
			2.51~3.00	21000	150000	0.75	2
		B	0.02~0.04	18000	100000	0.75	2.4
			0.05~0.09	20000	120000	0.75	2
			0.10~0.19	22000	150000	0.75	1.6
			0.20~0.34	25000	200000	0.75	1.2
			0.35	26000	220000	0.75	0.96
	热轧（锻）扁材		3~22	20000	100000	0.75	2.4
	热轧（锻）棒材		8~100	20000	100000	0.75	2.4

续表 2-12

合金牌号	产品种类	级别	厚度或直径 /mm	在 0.08A/m 磁场强度中的磁导率 $\mu_{0.08}$ （不小于）	最大磁导率 μ_m （不小于）	饱和磁感应强度 B_S/T （不小于）	矫顽力（在饱和磁感应强度下） H_C/A·m^{-1} （不大于）
1J80 （Ni80CrSi）	冷轧带材		0.005~0.01	14000	60000	0.65	4.8
			0.02~0.04	18000	75000	0.65	4
			0.05~0.09	20000	90000	0.65	3.2
			0.10~0.19	22000	120000	0.65	2.4
			0.20~0.34	28000	140000	0.65	1.6
			0.35~1.00	30000	160000	0.65	0.96
			1.10~2.50	25000	150000	0.65	1.2
	热轧（锻）扁材		3~22	22000	80000	0.65	2.4
	热轧（锻）棒材		8~100	22000	80000	0.65	2.4
1J85 （Ni80Mo5）	冷轧带材	A	0.005~0.01	16000	70000	0.70	4.8
			0.02~0.04	18000	80000	0.70	3.6
			0.05~0.09	28000	10000	0.70	2.4
			0.10~0.19	30000	150000	0.70	1.6
			0.20~0.34	40000	80000	0.70	1.2
			0.35~1.00	50000	250000	0.70	0.8
			1.10~2.50	40000	150000	0.70	1.2
			2.51~3.00	35000	120000	0.70	1.44
		B	0.02~0.04	30000	110000	0.70	2.4
			0.05~0.09	40000	140000	0.70	1.6
			0.10~0.19	50000	180000	0.70	1.2
			0.20~0.34	60000	200000	0.70	0.96
			0.35	55000	260000	0.70	0.72
	热轧（锻）扁材		3~22	30000	10000	0.70	1.6
	热轧（锻）棒材		8~100	30000	100000	0.70	1.6
1J86 （Ni81Mo6）	冷轧带材		0.005~0.01	10000	80000	0.60	4.0
			0.02~0.04	30000	110000	0.60	2.4
			0.05~0.09	40000	150000	0.60	1.44
			0.10~0.19	50000	180000	0.60	1.2
			0.20~0.34	60000	220000	0.60	0.72
			0.35~1.00	50000	200000	0.60	1.2

注：饱和磁感应强度 B_S 在 800A/m（100Oe）外磁场强度下测量。

最常用的合金有两种：4%~6%Mo-80%Ni-Fe 系三元合金，和 5%Cu-4%Mo-77%Ni-Fe

系四元合金，表 2-13 列出了这类合金的实验室性能水平和含有其他合金元素的高 μ_i 合金的磁性水平。图 2-21 给出了起始磁导率的发展过程。

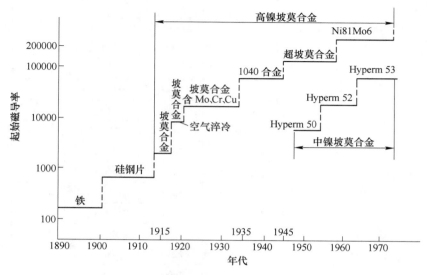

图 2-21　金属软磁材料起始磁导率（μ_i）的发展

表 2-13　高磁导率合金的实验室性能及特殊成分合金的性能

合　金	化学成分（质量分数）/%				μ_i ($\times 10^4$)	μ_m ($\times 10^4$)	H_C /A·m^{-1}	B_S /T	θ /℃	ρ /μΩ·cm	备注 带厚 /mm
	Ni	Mo	Cu	其他							
Supermalloy	79.7	5.1		Mn$_{0.7}$	16.3	120	0.16	0.727	394	68	0.35
Supermalloy	79	5			12	44	0.384	0.79		65	0.1
6-81Permalloy	81.3	6.27			18			0.6			
Mo-Permalloy	79.8~ 80.4	3.8~ 4.4		Mn$_{0.6\sim0.7}$	15~30	25~70	0.24~ 0.64				
Cr-Permalloy	81.6			Cr$_{3.67}$	20						
V-Permalloy	8.3			V$_6$	13.2	28.8		0.52	78.7		
V-Permalloy	82.3			V$_{3.9}$	12.8	32	0.48	0.672		66	
Ta-Permalloy	75		15.9	Ta$_{14.95}$	5.73	42.8	0.416	0.5			
W-Permalloy	76.4		4.7	W$_{8.8}$	9.0	27	0.856	0.744		55.2	
Nb-Permalloy	79.56		5.0	Nb$_{8.4}$	4.23	17.9		0.655	421	69.5	
Cu-Permalloy	69.5	4	5		7.4			0.75		30	
Mumetal	77	3	14	Cr$_{1.7}$	9.0			0.831	413	60	
Mumetal	76.8	3.2	0.2	Cr$_{2.73}$	13.88				460		
Mumetal	76	5.5	5		7~14						0.35
1040	72				5.0	10	1.6	0.6		56	
Ultraperm10	73.65				19.5	35	0.4		290		

合 金	化学成分（质量分数）/%				μ_i $(\times10^4)$	μ_m $(\times10^4)$	H_C /A·m^{-1}	B_S /T	θ /℃	ρ /μΩ·cm	备注 带厚 /mm
	Ni	Mo	Cu	其他							
Ultraperm10	76.55		3.5		11.0	62	0.256				
超 Permalloy2 号	78.1	1.4	2.4	$Cr_{2.9}Sn_{2.5}$	1.28	4				61	
超 Permalloy3 号	85			$Cr_{4.1}Ti_{0.7}$	1.57	3.9				76	
古河磁合 E_3	78.5			$Cr_{3.5}Mn_{2.0}$	3.2	8.6	1.6	0.675		65~67	
Mo-CrCu-Vpermalloy	78.7			$Cr_{1.0}V_{1.2}$	15			0.764	405	72	

加入适量的合金元素，对高镍 Ni-Fe 合金影响如下：

（1）Mo、Si、Cr、V、Cu、W 等元素使 K_1 和 λ 同时趋于零，改善磁性并提高电阻率，扩大高磁导率的成分范围。

（2）Cr、Si 等元素可以简化热处理工艺。

（3）Cu、Mn、Si 等元素可以改善磁性对温度的稳定性。

（4）Cr、Mn、Cu、Ti、Si 等元素可改善磁性的均匀性。

（5）改善合金的热加工性（如 Mn）和冷加工性（如 Cu）。

（6）V、Nb、Ta、Al、Ti 等元素可以提高合金的硬度，改善耐磨性。

（7）Nb、Cu 等元素可以降低磁性对应力的敏感性。

（8）Au、Al、Sn 等元素可以改善高频和脉冲性能。

在多元 NiFe 合金中要使 K_1 和 $\lambda_S \to 0$，从而获得高 μ_i（>80000），其合金成分可根据下列经验公式设计，磁性原子比 P_1 为：

$$P_1 = \frac{x(\mathrm{Ni}_{磁})}{x(\mathrm{Fe})} = \frac{x(\mathrm{Ni}) - \sum (A_i/\mu_{\mathrm{Ni}} - 1)C_i}{x(\mathrm{Fe})} = 3.25 \pm 0.52 \qquad (2\text{-}6)$$

添加元素总价电子数 P_2 为：

$$P_2 = \sum A_i C_i = (25.4 \pm 7.16)\% \qquad (2\text{-}7)$$

$$x(\mathrm{Fe}) = (13.58 \pm 2.05)\% \qquad (2\text{-}8)$$

式中，$x(\mathrm{Ni}_{磁})$、$x(\mathrm{Ni})$、$x(\mathrm{Fe})$ 分别为磁性镍原子、镍和铁元素的原子分数；C_i、A_i 分别为 i 种添加元素的原子分数和价电子数；μ_{Ni} 为镍的原子磁矩，它等于 $0.6\mu_b$（玻尔磁子）。

图 2-22 给出了高起始磁导率 NiFe 合金成分范围的发展情况。与 Enoch（1966）的 M 线和 Rassmann（1968）的 N 区相比，现在的高起始磁导率合金的成分范围（Ⅰ区）更为广泛。

在高镍 Ni-Fe 合金中由于 650℃ 以下存在有序-无序转变，使磁晶各向异性常数 K_1 发生很大变化，从而使磁性大大改变，因此控制最终退火时的冷却制度，对获得最佳 μ_i 值十分重要。总的规律是：随着 P_2 的增加，最佳冷却速度变慢。

2.3.4.3 磁记录技术用高磁导率合金

磁记录装置已经渗透到国民经济和社会生活的各个领域。磁头作为一种电-磁能转换元件，是磁记录装置的核心部件，其性能的好坏直接关系到系统的性能。为了确保磁头的质量，除了要进行周密的设计和进行高精度加工和组合之外，选择优良的磁头材料是最为

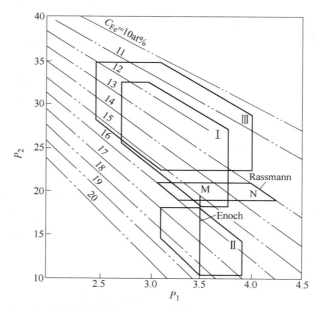

图 2-22　用磁性原子比（P_1）和添加元素总价电子数（P_2）

表示的各类高磁导率合金成分区

M—Enoch 的成分区；N—Rassmann 的成分区；

Ⅰ—高 μ_i 合金成分区；Ⅱ—高 μ_i 高 B_S 合金成分区；Ⅲ—高 ρ 高 μ_i 合金成分区

重要的。

现代磁记录技术由于记录方式、信号形式、记录介质的多样化，也促使磁头多样化，所使用的材料也由磁性材料向导电材料，以及光学材料扩展。但目前用量最大，使用最广的仍是金属磁性材料。各类磁头对所用材料的主要性能要求是：

（1）饱和磁通密度（B_S）要大，这对高矫顽力（H_c）金属磁带的高保真度记录是必须的。

（2）在使用频带范围内交流磁导率要高。音频磁头用到 100kHz，视频和计测磁头用到数兆赫兹，计算机磁头用到几十兆赫兹。在此范围内材料的交流磁导率高，可以大大减少漏磁通，并获得高的效率。

（3）矫顽力（H_c）要小，这可减少记录的磁滞损耗和重放头的磁噪音。

（4）电阻率（ρ）大，可减少记录和重放时的涡流损耗。

（5）耐磨性好（一般要求硬度高），即有高的使用寿命。

（6）好的加工成型性和高的精密加工性。在磁头的成型过程中须经过切割、穿孔、焊接、叠片、抛光、绕线压制、环氧树脂灌封固化等工序，要求材料的机械、化学和物理性能稳定，磁头的缝隙精度很高，要求达亚微米级，故材料还应满足高精度成型的要求。

（7）饱和磁致伸缩系数（λ_S）要小，这可以减少滑动时的噪音，另外还可减少磁头在加工成型过程中内应力造成的磁导率恶化。λ_S 小是对磁头材料的基本要求之一。

（8）温度、时间稳定性好。磁带运行时与磁头产生摩擦，使接触面温度升高，故要求温度稳定性要好，同样，时间稳定性也应好。

（9）成本低，特别是民用的要求价廉物美。

一般常用的高磁导率坡莫合金如 Ni79Mo4（1J79），Ni80Mo5（1J85），Ni77Mo4Cu5（1J77），Ni81Mo6（1J86）等的维氏硬度（HV）在退火后仅为 110～130，电阻率（ρ）也偏低（50～60$\mu\Omega\cdot$cm）故一般只能做磁头外壳（起屏蔽作用）和单声道音频磁头芯片用。如制作与 CrO_2 磁带、金属磁带匹配用的录音、录码磁头芯片，则其耐磨性、寿命、高频特性及 B_S 值就偏低了。

我国用于磁头外壳、芯片的 FeNi 系合金见表 2-14 和表 2-15（YB/T 086—96），共有 9 个牌号，其中 1J75、1J92、1J94 是中国创制的优良合金。

表 2-14　磁头用坡莫合金的直流磁性能

合金牌号	主要成分（质量分数）/%	$\mu_{0.4}$ （×10⁴）（不小于）	μ_m （×10⁴）（不小于）	H_C /A·m⁻¹ （不大于）	B_S/T	ρ /$\mu\Omega\cdot$cm	HV
1J75	Ni75Cu6Mo2W1	3	15	1.6	0.70	55	120
1J77C	Ni77Mo4Cu5	3	10	2.0	0.67	55	120
1J79C	Ni79Mo4Mn1	3	10	1.6	0.75	55	120
1J85C	Ni80.8Mo5.5	3	10	1.6	0.68	60	120
1J87C	Ni80.5Nb5Mo2	3.5	15	1.5	0.64	64	150
1J92	Ni80.5Nb3.5Mo1W1	3.5	15	1.5	0.70	65	140
1J93	Ni81Nb4Mo3.5	3.5	10	2.0	0.60	65	140
1J94	Ni80.5Mo4.75Nb0.8Cu2Cr0.5	4	10	1.6	0.60	66	130
1J95	Ni83.5Si3Mo1.4Nb0.5	4	10	1.6	0.55	65	140

表 2-15　磁头用坡莫合金带材交流磁性能

合金牌号	带材厚度 /mm	阻抗磁导率 μ_z（$H=0.8$A/m）（不小于）			
		0.3kHz	1kHz	10kHz	100kHz
1J75	0.094	30000	20000	6000	1200
	0.116	25000	18000	5000	1000
	0.146	20000	140000	40000	700
	0.196	15000	10000	3000	500
1J79C	0.094	30000	15000	5000	1200
	0.116	20000	12000	4000	1000
	0.146	12000	10000	3000	700
	0.196	10000	8000	2500	500
1J85C	0.094	30000	20000	7000	1500
	0.116	25000	18000	6000	1200
	0.146	20000	14000	5000	700
	0.196	15000	10000	3000	500
	0.32	10000	8000	1500	300

合金牌号	带材厚度 /mm	阻抗磁导率 μ_z ($H=0.8A/m$) （不小于）			
		0.3kHz	1kHz	10kHz	100kHz
1J87C	0.094	35000	25000	7000	1500
	0.116	30000	20000	6000	1200
	0.146	25000	15000	5000	800
	0.196	15000	10000	3000	600
1J92	0.094	30000	25000	6000	1400
	0.116	25000	20000	5500	1200
	0.146	20000	15000	45000	800
	0.196	15000	10000	3000	600
1J93	0.094	40000	25000	8000	1500
	0.116	35000	20000	7000	1200
	0.146	30000	15000	5000	1000
	0.196	20000	12000	4000	600
1J94	0.118	—	25000	—	1400
	0.144	—	15000	—	1000
	0.195	—	10000	—	700
1J95	0.116	—	20000	—	1300
	0.146	—	14000	—	700
	0.196	—	10000	—	500

硬度更大的合金见表 2-16（GB/T 14887—94）。这类合金的致命缺点是由于合金元素含量多，使 B_S 值下降，一般都低于 0.60T，故不适合在高磁记录密度的设备中应用，但其硬度高，耐磨性好，寿命长，电阻率高，交流磁性好，故有其应用价值。

表 2-16　中国的磁头铁芯用高硬度、高磁导率合金的性能（GB/T 14887—94）

合金牌号	合金带厚度 /mm	直流磁性能				电阻率 ρ /$\mu\Omega \cdot cm$ （不小于）	显微硬度 （HV） （不小于）
		起始磁导率 μ_0 （不小于）	最大磁导率 μ_m （不小于）	矫顽力 H_C /$A \cdot m^{-1}$ （不大于）	磁感应强度 B_S/T （不小于）		
1J87 （Ni79Nb7Mo2）	0.02~0.04	30000	100000	2.0	0.50	75	190
	>0.04~0.09	35000	120000	1.2			
	>0.09~0.29	40000	200000	0.8			
	>0.29~0.50	35000	180000	1.2			
	>0.50~1.00	35000	150000	1.6			
1J88 （Ni79Nb8）	0.02~0.04	30000	100000	2.0	0.55	70	180
	>0.04~0.09	35000	120000	1.6			
	>0.09~0.29	40000	150000	1.2			
	>0.29~1.00	30000	100000	2.0			

合金牌号	合金带厚度 /mm	直流磁性能				电阻率 ρ /$\mu\Omega\cdot cm$ （不小于）	显微硬度 （HV） （不小于）
		起始磁导率 μ_0 （不小于）	最大磁导率 μ_m （不小于）	矫顽力 H_C /$A\cdot m^{-1}$ （不大于）	磁感应强度 B_S/T （不小于）		
1J89 （Ni79Mo4Nb3Ti2）	0.02~0.04	15000	70000	2.4	0.45	85	200
	>0.04~0.09	20000	90000	1.6			
	>0.09~0.29	25000	10000	1.2			
	>0.29~1.00	20000	80000	1.6			
1J90 （Ni79Nb6Mo2Al0.5）	0.02~0.04	30000	100000	2.0	0.45	85	250
	>0.04~0.09	35000	150000	1.6			
	>0.09~0.29	40000	180000	0.8			
	>0.29~1.00	35000	150000	1.2			
1J91 （Ni79Nb8Al）	0.02~0.04	5000	40000	3.2	0.45	80	300
	>0.04~0.09	8000	60000	2.0			
	>0.09~0.29	10000	80000	1.6			
	>0.29~1.00	8000	60000	2.0			

合金牌号	合金带厚度 /mm	在 $B=0.002T$ 下的弹性磁导率 μ_I （不小于）				
		1kHz	10kHz	100kHz	500kHz	1000kHz
1J87	0.02	23000	20000	5500	1000	700
	0.03	25000	17000	4000	800	500
	0.05	26000	9000	1800	400	200
	0.10	23000	4500	800	—	—
1J88	0.20	22000	20000	4500	—	—
	0.30	24000	17000	3000	—	—
	0.50	22000	9000	1500	—	—
	0.10	20000	4500	780	—	—
1J89	0.02	12000	10000	5500	1200	800
	0.03	14000	7000	4000	1000	600
	0.05	16000	4000	1800	500	300
	0.10	13000	2000	800	—	—
1J90	0.20	23000	20000	6000	1200	800
	0.03	25000	17000	4500	900	—
	0.05	26000	15000	2000	600	—
	0.10	23000	5000	900	—	—
1J91	0.02	3900	3500	3000	1000	700
	0.03	4000	3200	1500	800	—
	0.05	4200	3000	1000	300	—
	0.10	3700	2000	500	—	—

添加合金元素提高硬度的机制有三种：

（1）固溶硬化，加入大原子半径的 Nb、Ta 等元素；

（2）晶界硬化，加入少量的 Zr 等元素；

（3）沉淀硬化，加入 Al、Ti、Si、Be 等形成 Ni_3（AlTiSi）等第二相。

在这类合金中，磁导率随硬化而提高，原因可能是形成高磁导率的调幅结构，或析出的第二相粒子比畴壁宽度小得多的缘故，因此对每一个不同成分的合金摸索其最佳热处理工艺是十分重要的。

为适应高密度磁记录技术的发展需要，研究开发了一种 B_S 值大于 0.8T，而硬度适中的（HV140~170）磁头材料（见表 2-17）。

表 2-17　具有较高 HV 的高 B_S 高磁导率合金

合　金	μ_i	μ_m	$H_C/A \cdot m^{-1}$	B_S/T	HV
Ni79Mo2Nb2Ti0.5Al0.3	67500	198000	1.6	0.81	140
Ni75Mo2W5Al	50000	200000	0.80	0.82	170
Ni78Mo1.5Cr1Ti1	38000	146000	1.54	0.85	160

对于 $\mu_i \geqslant 3000$，$B_S \geqslant 0.8T$ 的合金，其成分可按下式设计

$$P_1 = \frac{x(Ni_{磁})}{x(Fe)} = \frac{x(Ni) - \sum (A_i/\mu_{Ni} - 1) C_i}{x(Fe)} = 3.49 \pm 0.41 \tag{2-9}$$

$$P_2 = \sum A_i C_i = (13.94 \pm 3.83)\% \tag{2-10}$$

$$x(Fe) = (17.15 \pm 1.33)\% \tag{2-11}$$

这个设计公式的显著特点是增加了铁的含量，减少了非铁磁性添加元素的加入量，从而保证了合金具有高的 B_S 值，式（2-9）与式（2-6）相近，故合金仍具有高的 μ_i，按此公式设计的成分区示于图 2-22 中的Ⅲ区。

为了使磁头芯片材料的磁导率较高，而且在压应力作用下，不下降或少下降，应使合金的 λ_S 为小的负值，图 2-23 表示 λ_S 值与 μ_i 在压应力作用下的变化关系。一般按式（2-6）

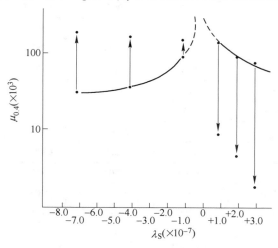

图 2-23　在压应力作用下起始磁导率（$H = 0.4A/m$）的
变化与合金 λ_S 值的关系

或式（2-9）计算得到的最佳镍含量（原子分数）（$\lambda_S \to 0$）再提高 1%～2%，就可使合金的 λ_S 值变为小的负值。

2.3.4.4 高频用低损耗高磁导率合金

金属软磁材料在高频中的应用将越来越广。这是因为近年来大量采用固态比、集成比、微组装等新技术，使电子产品、仪器设备的体积和质量成倍或几十倍地减少，而这类设备中不可缺少的电源系统中的磁性器件过大的体积和质量就成为越来越突出的矛盾。因此研究高效节能、小型化的电源系统是当前电源技术中最活跃的发展方向。20世纪70年代以来，国外在大幅度提高工作频率（20kHz～1MHz）的方法上取得了进展，这就是采用无工频变压器的高频开关电源，它具有效率高、体积小、重量轻、调整范围宽、使用灵活等突出优点，因此被称之为电源技术革命。变压器铁芯材料的体积重量（W）与工作频率（f）有如下关系：

$$W \propto \frac{P_0}{B_{\mathrm{m}} f \eta} \tag{2-12}$$

式中，P_0 为输出功率；B_{m} 为工作磁感；η 为变压器效率。

但是，随着工作频率的增加，使铁芯材料的磁滞回线变宽，磁导率下降，矫顽力和损耗大大增加。

总损耗
$$P = P_{\mathrm{h}} + P_{\mathrm{ed}}$$
$$= P_{\mathrm{h}} + P_{\mathrm{e}} + P_{\mathrm{a}} \tag{2-13}$$

式中，P_{h} 为磁滞损耗；P_{ed} 为实测的涡流损耗，它由经典的涡流损耗 P_{e} 和反常损耗 P_{a} 两部分组成。

在交变磁场中每秒的磁滞损耗为：

$$P_{\mathrm{h}} = \frac{f}{4\pi} \oint H \mathrm{d}B \tag{2-14}$$

在经典理论中的涡流损耗为：

$$P_{\mathrm{e}} = \frac{1}{6} \cdot \frac{\pi^2 f^2 d^2 B_{\mathrm{m}}^2}{\rho} \tag{2-15}$$

式中，d 为厚度；B_{m} 为工作磁感；ρ 为铁芯材料电阻率。

实测的涡流损耗为（当 $2L \gg d$ 时）：

$$P_{\mathrm{ed}} = P_{\mathrm{e}} + P_{\mathrm{a}} = 1.628 \left(\frac{2L}{d} \right) P_{\mathrm{e}}$$

令
$$\psi = \frac{P_{\mathrm{ed}}}{P_{\mathrm{e}}} = 1.628 \left(\frac{2L}{d} \right) \tag{2-16}$$

式中，$2L$ 为畴宽；ψ 为反常损耗因子。

从以上分析中可知，当工作频率 f 提高，则铁芯材料的质量（w）下降（见式（2-12））。若同时要求在较高的 B_{m} 下工作则必须：

（1）材料的电阻率（ρ）尽量大。

（2）恰当地选择钢带厚度（d）。d 太厚使 P_{e} 增加（见式（2-15））但太薄又使 ψ 增加（见式（2-16））。最佳的带厚 d_{o} 可按下式算得：

$$d_o = 5.03 \sqrt{\frac{P}{\mu f}} \qquad\qquad (2\text{-}17)$$

式中，μ 为工作磁感 B_m 下的磁导率。

（3）减小畴宽（$2L$），这又与控制材料的晶粒度（D）有关，D 太大使 $2L$ 增大，D 太小使 P_h 增加，故要恰当地控制晶粒度。图 2-24 是 D 对三个高磁导率合金不同工作频率下磁导率的影响，可以看出 D 增加，直流 μ_m 增加，100kHz 下的阻抗磁导率 μ_z 下降，而0.3kHz 下的 μ_z 出现峰值。

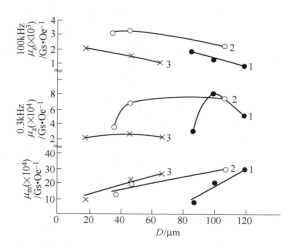

图 2-24　Ni80Nb5.3Mo1.1(1)，Ni81Mo4(2)，Ni80Nb6(3) 合金（0.1mm 厚）
的晶粒尺寸（D）对 μ_m，μ_z(0.3kHz)，μ_z(100kHz) 的影响

按下列公式计算，可获得 $\rho \geqslant 70\mu\Omega \cdot cm$，$\mu_i \geqslant 30000$，$B_s \geqslant 0.55T$ 的适合高频应用的FeNi 系合金：

$$P_1 = 3.23 \pm 0.7\rho \qquad\qquad (2\text{-}18)$$

$$P_2 = (28.16 \pm 5.64)\% \qquad\qquad (2\text{-}19)$$

$$x(Fe) = (12.81 \pm 2.50)\% \qquad\qquad (2\text{-}20)$$

其特点是增加了合金元素的添加量（以增加 ρ），该合金成分区也示于图 2-22 上的Ⅲ区。

高频（几十千赫兹以上）应用的高 μ 合金的热处理工艺有如下特点：

（1）退火温度应低于直流或低频下应用的退火温度。

（2）退火温度和冷却控制速度有序化对直流和低频磁性影响大，而对高频磁性影响小。

（3）由于工作频率高，钢带薄，退火时的气氛要纯净，绝缘涂层的质量也要好。

（4）为了在同样的退火温度和保温时间下获得更细晶粒，可以采用快速升温的方法。

总之，要获得好的动态性能，必须选用高 ρ 的材料，细化畴结构，具有最佳的带厚，合适的 μ_i 和 B_m 值等，合金的成分和热处理工艺设计起着重要作用。表 2-18 示出某些高频磁导率合金的高频性能。

表 2-18　80Ni-Fe 型合金的高频损耗特性

材　料	厚度/mm	铁损/W·kg^{-1}			B_{10}/T
		$P_{0.2/20k}$	$P_{0.5/10k}$	$P_{0.5/20k}$	
Ni(72~83)+CrMoCu	0.03	7~8	17	50	0.78
	0.015	3~4	10	25	
Ni79Mo4	0.02		15	—	0.75
Ni83V4	0.02		9.5		0.64
Ni80Mo4.3Cr0.6	0.02	4~6	8.7	23~27	0.66
Ni81Mo6	0.02	7~8	8~10	20~28	0.68
Ni80Nb8	0.02	2~3	7~9	23~30	0.65
1J851(Ni(79~81)+MoCrNb)	0.02	<6	<10	<30	0.66

2.3.4.5　矩形回线合金

衡量磁滞回线矩形性的指标是剩磁比 B_r/B_S 或 B_r/B_m，一般把 $B_r/B_S \geqslant 0.85$ 的软磁合金称为高矩形比合金或矩磁合金。

矩磁合金的特点是具有强的宏观单轴各向异性，这是获得高矩形比的物理基础。在具有单轴各向异性的材料中，沿其易磁化方向磁化即可获得矩形比极高的磁滞回线，表 2-19 中示出了我国国家标准（GBn198—1988）中规定的矩磁合金及其磁性。

表 2-19　矩磁合金的磁性能

合金牌号	级别	厚度/mm	在 0.8A/m 磁场强度中的磁导率 $\mu_{0.8}$（不小于）	最大磁导率 μ_m（不小于）	方形系数 B_r/B_m（不小于）	矫顽力（在饱和磁感应强度下）H_C/A·m^{-1}（不大于）	铁损 $P_{1/400}$/W·kg^{-1}（不大于）	铁损 $P_{1/3000}$/W·kg^{-1}（不大于）	饱和磁感应强度 B_S/T
1J34（Ni34Co29Mo3）		0.005~0.01	—	50000	0.90	20	—	—	1.50
		0.02~0.04		60000	0.90	16			1.50
		0.05~0.09		90000	0.90	9.6			1.50
		0.10~0.20		110000	0.87	8			1.50
1J51（Ni50）	I	0.005	—	15200	0.80	40	—	—	1.50
		0.01		20000	0.83	32			1.50
		0.02~0.09		40000	0.85	20			1.50
		0.10		40000	0.85	18			1.50
	II	0.01		35200	0.87	20			1.50
		0.02~0.04		60000	0.92	15	4.0		1.50
		0.05~0.09		60000	0.92	15	4.5		1.50
		0.10		60000	0.90	15	5.0		1.50
	III	0.01		60000	0.91	15			1.52
		0.02~0.04		76000	0.94	13			1.52
		0.05		80000	0.94	11			1.52

续表 2-19

合金牌号	级别	厚度/mm	在0.8A/m磁场强度中的磁导率 $\mu_{0.8}$（不小于）	最大磁导率 μ_m（不小于）	方形系数 B_r/B_m（不小于）	矫顽力（在饱和磁感应强度下）$H_C/A \cdot m^{-1}$（不大于）	铁损 $P_{1/400}$ /W·kg^{-1}（不大于）	铁损 $P_{1/3000}$ /W·kg^{-1}（不大于）	饱和磁感应强度 B_S/T
1J52 （Ni50Mo2）		0.02~0.04	—	50000	0.90	20	—	—	1.40
		0.05~0.10		70000	0.90	16			1.40
1J65 （Ni65）		0.005~0.01		80000	0.90	8.0			1.30
		0.02~0.04		100000	0.90	6.4			1.30
		0.05~0.09		150000	0.90	4.8			1.30
		0.10~0.50		220000	0.90	3.2			1.30
1J67 （Ni65Mo2）		0.02~0.04		160000	0.90	6.4			1.20
		0.05~0.09		200000	0.90	4.8			1.20
		0.10~0.19		250000	0.90	4.0			1.20
		0.20~0.50		350000	0.90	3.2			1.20
1J83 （Ni79Mo3）		0.005~0.01	4000	50000	0.80	5.6			0.82
		0.02~0.04	7000	100000	0.80	4.0			0.82
		0.05~0.09	7000	150000	0.80	2.4			0.82
		0.1	16000	180000	0.80	1.6			0.82
1J403 （Ni40Co25Mo4）	Ⅰ	0.02		40000	0.97	3.2	3.0~4.5	35~65	1.38
		0.05		50000	0.97	2.4	3.0~4.5	35~65	1.38
	Ⅱ	0.02	—	300000	0.95	4.0	3.0	35	1.38
		0.05		40000	0.95	3.2	3.5	40	1.38
		0.10		50000	0.95	2.4	2.5	30	1.38

注：1. 饱和磁感应强度 B_S，对 1J34、1J51、1J52 和 1J403 合金是在 2000~2400A/m 外磁场下测量，对 1J65、1J67 和 1J83 合金是在 800A/m 外磁场下测量；

　　2. 铁损 $P_{1/400}$、$P_{1/3000}$ 分别表示频率为 400Hz、3000Hz，磁感应强度峰值为 1T 时的铁损；

　　3. 方形系数 B_r/B_m 中的 B_m 系外磁场强度为 80A/m 时的磁感应强度；

　　4. 1J403 合金 Ⅰ 级产品的铁损应在 -40℃、+20℃ 和 +100℃ 温度下测定。

　　按其制造方法可分为：晶粒取向矩磁合金，磁畴取向矩磁合金和滑移变形获得的矩磁合金。

　　利用晶粒取向获得的矩磁合金，对于具有三个易轴的立方晶系的各向同性多晶铁磁体，当 $K_1 > 0$ 时，矩形比 $B_r/B_S \leqslant 0.832$；当 $K_1 < 0$ 时，$B_r/B_S < 0.866$，不可能获得 $B_r/B_S \geqslant 0.9$ 的矩形回线。在 $K_1 > 0$ 的 Fe-Ni 合金中，<100> 晶轴是易磁化方向，如果使各个晶粒的 <100> 方向同向排列，形成 {100} <001> 立方织构，当其他影响如 λ、应力 σ 等很小时，这个方向即是磁性择优方向。Ni50-Fe 合金的 K_1 达 $10^3 J/m^3$，λ_{100} 接近于零，用大压下量冷轧（约 98%）和较低温度退火（900~1050℃），可使该合金在初次再结晶阶段形成 (001) [100] 立方结构。表 2-25 的 1J51、1J52 即为这类合金，1J52 中有 ≤2% 的 Mo 是为了在保证获得良好的立方织构前提下，增加合金的电阻率，提高交流磁性。

影响立方织构完整度的关键工艺因素是中间退火温度、冷轧压下量和最终退火温度。一般规律是，中间退火温度较低（约650℃），则最终冷变形前的晶粒越细小，最终冷变形量越大，在最终900～1050℃退火后形成的立方织构就越完整。如果最终退火温度达1100～1200℃，那么就要形成（210）<001>二次再结晶织构，破坏立方织构，对矩形性不利。冷变形量、中间退火温度及最终退火温度对中等含量的Ni-Fe合金晶粒结构的影响见图2-25。

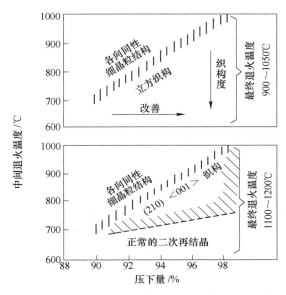

图 2-25　冷轧压下量、中间退火温度对中镍 Ni-Fe 合金
晶体结构的影响

改善这类合金磁性的方法，除完善立方织构，添加适量合金元素以外，还可利用纵向磁场处理，在<100>方向上叠加一个热磁感生各向异性（K_u）以及提高合金的纯度等方法，表2-20列出了这类合金的磁性水平。

表 2-20　矩形回线 Ni_{50} 型合金实验室水平

牌号	主要成分	厚度 /mm	μ_m (×10^4)	H_C /A·m^{-1}	B_r/B_m	B_S/T	ρ /μΩ·cm	T_c /℃
Deltamax	Ni_{50}Fe 立方织构	0.05	22	4.9	0.98	1.51	45	500
50НП-ВИ	Ni_{50}Fe 立方织构、真空感应炉	0.05	25.5	4.0	0.98	1.60	45	500
50НП-ЭЛ	Ni_{50}Fe 立方织构、电子轰击炉	0.05～0.1	17～34	8.0～2.4	0.94～0.98	1.55～1.60	45	500
50НП-ПД	Ni_{50}Fe 立方织构、等离子体电弧重熔	0.05	39.2	3.2	0.97	1.58	45	500
1J51	Ni_{50}Fe 立方织构加纵磁处理	0.05	36～38	2.8～3.2	0.98～0.99	1.50	5	500
1J52	加 2%Mo 立方织构	0.05	10	8	0.90	1.40	60	

在高镍含量的 Ni-Fe 合金如 Ni81.3-Mo6-Fe 中，K_1 是很小的正值（约 10J/m³），λ_{100} 也接近于零，用上述类似的工艺也可获得立方织构，其性能如表 2-21 所示。由于 K_1 比 Ni50Fe 合金小很多，故 μ_m 很高 H_C 很低。但由于镍含量提高，加入更多的钼都不利于形成完善的立方织构，使这类高镍矩磁合金的矩形比很难达 0.95 以上。

表 2-21　某些高 Ni 矩形回线合金的成分及性能

国别	牌号	主要成分	厚度 /mm	μ_m (×10⁴)	H_C /A·m⁻¹	B_r/B_m	B_S /T	ρ /μΩ·cm
联邦德国	Ultraperm Z	Ni(75~80)+Me	0.05	25	0.8	0.91	0.80	55
美	79 Sguaremu	Ni79+Me		7	6.4	0.93	0.80	58
法	Pulsimphy	Ni77+Me	0.1	7	4.8	0.94	0.75	58
英	Orthomumetal	Ni77+Me			2.4	0.87	0.80	58
日	—	Ni81Mo6（立方织构）	0.05	135	0.28	0.92	0.60	65~70
中	1J86j	Ni81Mo6（立方织构）	0.05	44.8	0.66	0.90	0.60	65~70

注：Me 指合金元素。

磁畴取向的矩形合金：即 K_1 和 λ 很小，居里温度较高，在磁场处理后能感生大的 K_u 的合金。在磁场处理后，各畴的磁矩沿外磁场方向排列，形成畴取向，获得极大的单轴感生各向异性。沿外磁场方向磁化就可获得矩形回线。这类合金的成分有两类：一是镍含量在 65% 左右的 Ni-Fe 合金（表 2-19 中的 1J65，1J67），另一类是（Ni+Co）含量在 65% 左右的 Ni-Co-Fe 合金（表 2-19 中 1J34，1J403）。为了改善合金的交流磁性，提高电阻率，常在这两类合金中加入少量 Mo、Cr、Ge、Si 等元素。表 2-22 列出了该类合金的性能水平。除了添加合金元素以外，利用提高磁场处理时的冷却速度（适当下降矩形比）或降低高温退火温度（H_C 略增），形成细畴、细晶结构来改善合金的交流磁性。

表 2-22　具有热磁感生各向异性的矩形回线合金

牌　号	主要成分	厚度 /mm	μ_m (×10⁵)	H_C /A·m⁻¹	B_r/B_m	B_S/T	ρ /μΩ·cm	T_c/℃
65-Permalloy	Ni65		15	0.9	0.98	1.39	26	600
65HΠ	Ni65		4	4	0.98	1.35	25	600
65-Permalloy	Ni65	0.15	28	0.52	0.96		26	600
1J65	Ni65	0.15	22	3.2	0.87	1.3	26	600
Dynamax	Ni65Mo2	0.05	1.78	0.42	0.98	1.25	46	560
68HMΠ	Ni68Mo2		12	0.64	0.98	1.30	47	560
Permax Z	Ni65Mo(2~3)	0.05	2.5	2	0.95	1.25	60	520
1J67	Ni65Mo2	0.05	10.9	0.66	0.93	1.35	46	560
Ge-Permalloy	Ni65Ge4		16	0.14	0.99	1.22	40	530
40HKMΠ	Ni40Co25Mo4	0.05	8	1.2	0.98	1.4	63	600
1J40	Ni40Co25Mo4	0.05	12.75	1.6	0.99	1.42	65	600
34HKMΠ	Ni34Co29Mo3		2	4	0.95	1.55	50	

牌　号	主要成分	厚度/mm	μ_{m} ($\times 10^5$)	H_{C} /A·m^{-1}	$B_{\mathrm{r}}/B_{\mathrm{m}}$	B_{S}/T	ρ /$\mu\Omega$·cm	T_{c}/℃
1J34	Ni34Co29Mo3	0.02	3.65	3.4	0.96	1.5	50	620
37НКДП	Ni37Co26Cu3		10	0.8	0.99	1.55	30	570
35НКСХП	Ni35Co28Cr2Si		6	1.6	0.95	1.4	60	560

利用滑移感生各向异性（K_{u}）获得矩形回线的合金：Ni-Fe 合金经冷轧等塑性变形会产生单轴磁各向异性，K'_{u} 约达到 10^4J/m^3，比热磁退火感生各向异性 K_{u} 大一个数量级以上（见图 2-26），因此通过适当冷加工可以使合金具有较大的矩形比。例如：Ni79Mo4 合金在以 99% 的减面率冷拔成丝材后，其 60Hz 下的 $B_{\mathrm{r}}/B_{\mathrm{S}}$ 达 0.97。但是由于加工应力大，故 H_{C} 较大，这类合金仅适用于电话电子开关系统中的磁扭转存储器等。图 2-27 展出了常用的三类 Ni-Fe 矩磁合金磁滞回线对比。

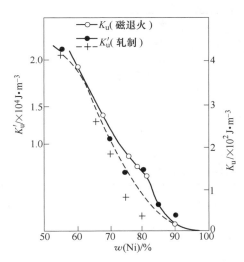

图 2-26　Ni-Fe 合金中热磁处理和轧制产生的 FeNi 系感生各向异性值

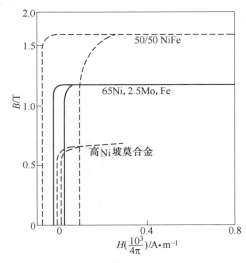

图 2-27　常用的三类 B_{S} 值不同的 矩磁合金

2.3.4.6　高 ΔB 和恒磁导率合金

ΔB 是指磁感应强度（B）与剩磁（B_{r}）之差，即 $\Delta B = B - B_{\mathrm{r}}$。这里的 B 可以是某工作磁场（H_{m}）时的磁感应强度（B_{m}），也可以是磁化到饱和时的磁感应强度（B_{S}），一般 B_{m} 或 B_{S} 为定值，故要 ΔB 高，就必须 B_{r} 小，高 ΔB 合金是指具有低 B_{r} 的扁平磁滞回线的合金。这类合金的特点是初始磁导率（μ_{i}）和最大磁导率（μ_{m}）的差别很小，一般小于 30%；而矩形比（$B_{\mathrm{r}}/B_{\mathrm{m}}$）也很小，一般小于 0.2。

形成低 B_{r} 扁平回线的先决条件是合金具有强的单轴各向异性。如果磁化在这种单轴各向异性材料的易轴的垂直方向进行，磁化过程基本上靠磁畴转动来完成，这样就获得低 B_{r} 的扁平回线。若其他干扰因素很小时，则可获得恒磁导率特性。在 Fe-Ni 系坡莫合金中，可利用横向磁场处理产生单轴磁感生各向异性（K_{u}）或者在一定条件下冷变形，产生滑移感生各向异性（K'_{u}）来实现单轴各向异性。

工业生产中常见的高 ΔB 合金有两类：一类是高镍坡莫合金，另一类是中等镍含量的坡莫合金。它们的性能见表 2-23 和表 2-24，前者的磁导率（μ）高，而后者的 ΔB 值较大，两类合金的脉冲磁导率曲线对比见表 2-25、表 2-26 和图 2-28。在这两类合金中除 1J50H 是由滑移感生各向异性产生低 B_r 扁平回线外，其他合金都是利用热磁感生各向异性而产生。

根据热磁处理的方向有序理论（NTY 理论）：$K_{u} \propto N_{BB} \propto x(B)^2(1-x(B))^2$，式中 N_{BB} 是 B 原子的同类原子对总数，$x(B)$ 为 B 元素的原子分数。由该式可知，中等镍含量的 Ni(50~65)-Fe 合金中产生的 K_{u} 应比高镍含量的 Ni(76~80)-Fe 合金要大。横向热磁处理后，合金的磁导率（μ）与感生的 K_{u} 有如下关系：$\mu \approx \dfrac{B_{S}^2}{8\pi K_{u}}$，中等镍含量合金的 K_{u} 大，故 μ 值比高镍合金低。

表 2-23　低 B_r 扁平回线的高镍 Ni-Fe 合金

主要成分（质量分数）	国内外牌号	μ_i	B_r/B_m	$\Delta B_{10}/T$（不大于）	B_S/T（不小于）	ρ /$\mu\Omega \cdot cm$
Ni79Mo4CrNb	1J79H	40000	0.20	0.60	0.80	60
Ni76Cr2Cu5		8000	0.20	0.60	0.80	55
Ni77MoCu	Ultraperm F	12000	0.20	0.60	0.74	50
Ni79Mo3	79H3M	20000	0.20	0.70	0.78	55

表 2-24　低 B_r 扁平回线的中镍 Ni-Fe 合金

合金成分（质量分数）	国内外牌号	μ_i	B_r/B_m	$\Delta B_{10}/T$	B_S/T	$\rho/\mu\Omega \cdot cm$
Ni47Co23	47HK	900~1100	0.05			20
Ni47Co23Cr2	47HKX	1500~2000	≤0.05	>1.1	1.35	48
Ni34Co29Mo	1J34H	1000	≤0.1	>1.2	1.50	50
Ni40Co25Mo	1J40H	2000~4000	≤0.1	>1.2	1.40	55
Ni34Co29Nb	1J34KH	600	≤0.1	≥1.3	1.60	28
Ni50	1J50H	100	≤0.1	≥1.3	1.50	45
Ni64	64H	2000	0.07	≥1.3	1.35	30
Ni65Mn	1J66	3000	≤0.05	≥1.3	1.35	27
Ni65Mo2	1J67H、1J672	4000	≤0.2	≥1.2	1.25	60
Ni65Mo2（立方织构）	1J6721	8000	≤0.2	≥1.2	1.25	60
Ni54~58	Permax F	4000		≥0.8	1.25	45
Ni45~50	Pernenorm 5050F	6000		1.1	1.52	45
Ni50（立方织构）	1J512	12000	<0.1	≥1.3	1.50	45
Ni54	Hyperm54	5000	≤0.1	≥1.2	1.30	45

表 2-25 低 B_r 高 Ni 合金的脉冲性能

国别	牌号	厚度/mm	脉宽/μs	脉冲性能	
				$\Delta B/T$	μ_p
中国	1J92	0.03	1	0.20	3500
				0.30	3100
				0.40	2900
联邦德国	Ultraperm F	0.05	10	0.40	4900
		0.03	10	0.40	7000 [21000]②
		0.006	2	0.40	8000 [13000]②
苏联	79H3M	0.02		0.125①	5000①
		0.01		0.175①	7000①
		0.005		0.200①	8000①

① 在 $H=20A/m$ （0.25Oe） 磁场中测脉冲磁导率 （μ_p）;

② [ ] 括号内的数值是实验室最高水平。

表 2-26 低 B_r 中镍合金的脉冲性能

牌号	厚度/mm	脉宽/μs	脉冲磁导率 μ_p	$\Delta B/T$	国别
Permax F	0.05	50~10	2300~3000	0.8	联邦德国
	0.03	10	2800	0.8	
	0.015	5~2.5	2400~3000	0.8	
68HM	0.02		6000	0.6	苏联
1J672	0.025	3	1400	0.65	中国
1J6721			2200	0.65	中国
	0.025	3	1760	0.85	
Hyperm54	0.05	10	2700	1.00	联邦德国
		20	4000	1.00	
		50	5400	1.00	
53H-BИ	0.02		10000	1.00	苏联
			6250	1.25	
1J512	0.025	3	6000	0.71	中国
			5700	0.90	
			4500	1.04	

添加合金元素可影响磁场处理效果，例如加钼使 $|K_1|$ 增大，对磁场处理效果不利。加适量锰或铌使合金的饱和磁感应强度 （B_S） 略增，$|K_1|$ 不变或减小，对磁场处理效果有利。

立方织构的存在对高镍合金不利，因为大多数高镍合金的 $K_1 < 0$，<100>晶向为难磁化方向。但立方织构的存在对中等镍含量的合金有利，此时在轧向（即使用时的磁化方

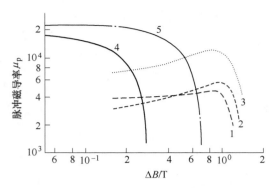

图 2-28　脉冲磁导率 μ_p 与单极 ΔB 的关系

1—5mm 厚，脉宽 50μs，各向同性 Ni65Mo2.5 合金（横磁处理后）；

2—5mm 厚，脉宽 50μs，各向同性 Ni50Fe 合金（横磁处理后）；

3—5mm 厚，脉宽 50μs，{210} <001>织构的 Ni50Fe 合金（横磁处理后）；

4—3mm 厚，脉宽 10μs，Ni77MoCu 合金，各向同性（在 T_c 以上高 μ 退火后）；

5—3mm 厚，脉宽 10μs，Ni77MoCu 合金，各向同性（在横磁处理后）

向）是 K_u 的难磁化方向（因横向磁场处理产生）和 $K_1 > 0$ 的<100>易磁化方向的叠加，获得了图 2-29 所示的低 B_r 回线。这种回线使合金在保持大的 ΔB 的情况下提高了 μ_m 值，图 2-29 中的 1J512，1J6712 即是这类合金。

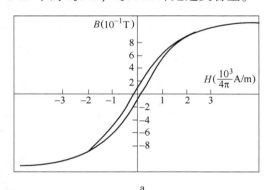

a

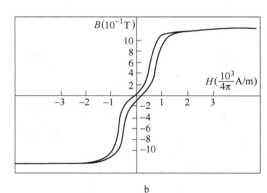

b

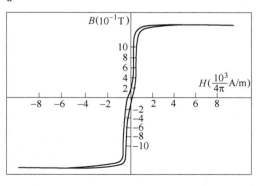

c

图 2-29　立方织构对低 B_r 合金磁滞回线的影响

a—无取向 Ni65Mo2 合金（1J672）；b—立方织构 Ni65Mo2 合金（1J6721）；

c—立方织构 Ni50Fe 合金（1J512）

　　有序化对热磁退火处理形成同类原子对的方向有序不利，所以在热处理高镍合金时，横磁处理不能采用在居里温度（T_c）以上缓慢冷却的方法，而应该在 T_c 以下，在远离有无序转变的某温度下等温横磁处理，保温较长时间。一般横磁处理温度不超过 400℃。对于中等镍含量的合金，由于有序化影响很小，故可采用从 T_c 以上某温度缓慢冷却的横磁处理方法。当在横向磁场中减慢冷却速度时，K_u 增加，ΔB 增加，μ_m 降低，磁导率的恒定性提高。

　　为了提高横磁处理效果，还可使合金含有一定量的氧（一般 O_2 达 $0.02\% \sim 0.04\%$）。氧气的存在，增加了空位密度，加速原子扩散过程，有利于形成同类原子对的方向有序，从而提高热磁处理的效果。

　　应该指出，在横磁处理后低 B_r 扁平回线可以有如图 2-30 所示的多种形态：粗腰形（a）、多弯形（b）、蛇形（c）和直线形（d）。这是由于磁晶各向异性（K_1）、磁致伸缩系数（λ）、内应力和晶粒取向对单轴磁场感生各向异性的干扰叠加作用所致。

　　只有单轴性很强的（d）型（其他干扰因素极小）才具有横磁导率特性。所以高 ΔB、低 B_r 合金不一定是横磁导率合金，但横磁导率合金至少在恒定的磁场范围内必具有低 B_r 的特性。

图 2-30　各种低 B_r 扁平回线的形状

　　恒磁导率合金是指在一定的磁场（H）范围内（从零开始），磁导率（μ）比较恒定的材料。众所周知，软磁材料的磁感应强度和磁场间存在非线性的函数关系（回线关系），不同 H 下的 μ 不同，一般具有正常磁滞回线合金的起始磁导率（μ_i）和最大磁导率（μ_m）之间相差 $5 \sim 10$ 倍，矩形磁滞回线的合金则可差 $10 \sim 100$ 倍，而一般低剩磁（B_r）扁平回线的 $\mu_m/\mu_i \leqslant 1.30$（即差别小于30%）。理想的恒磁导率合金的 B_r 和 H_C 应趋于零，回线形状应如图 2-31 所示，在 H_o 以下各 H 中 μ 完全恒定。在实际材料中，B_r 和 H_C 虽然可以

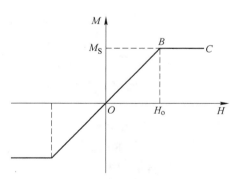

图 2-31　恒磁导率合金的理想
磁化曲线和磁滞回线

很低，但仍难达到零，而且低 B_r 回线的形状可以有很多种（见图 2-30），故 μ 并不都恒定。定义磁导率的恒定系数 α 为 $(\mu_{Lmax} - \mu_{Lmin})/\mu_{Lmin}$，一般把 $\alpha \leqslant 10\%$ 的低 B_r 合金叫恒磁导率合金（μ_L 为在一定 f 和 B 值下测得的感应磁导率）。

　　20 世纪 20 年代发现的 Ni45Co25Fe Perminrar 合金，在大约 H 不大于 320A/m 内，μ（约 300）恒定，是最早发现的恒磁导率现象。但当外磁场再增大时，合金的 μ、B_r、H_C 都增加，实际不是恒磁导率合金。30 年代利用滑移感生各向异性（Ni50Fe 合金）和析出

相（Ni(35~45)Cu(5~15)Fe 合金），获得了恒磁导率的 Jsoperm 合金，1J50H 即为此类合金，它是利用立方织构的 Ni50Fe 合金，再施加约 50%压下量的冷轧而得，Ni50Fe 合金是面心立方织构，滑移系（111）［110］，难磁化方向正好平行轧向，故此方向上获得了低 B_r 回线，其滑移感生各向异性值 K_u。该类合金的 μ 虽可在很大的磁场范围（≤80000A/m）内恒定，但由于应力大 μ 低（50~90），H_C 大（几百 A/m），交流磁性不好，损耗大，故没有得到广泛使用。后来利用开气隙或渗入绝缘介质（制成压磁粉芯）也得到恒 μ 特性，但这并非磁芯材料本身的磁性，而是磁导率的退磁或形状效应所致。60 年代中期以后，利用横向磁场热处理，获得了一批 μ 很高的低 B_r 扁平回线的 Fe-Ni 系坡莫合金，其中我国发明的 Ni65Mn1Fe 余（1J66）合金（国标 GB/T 15003—94）其磁化曲线最接近于理想的恒定磁导率合金，不仅 μ 高（约 3000），而且在交流（0~240A/m）、交直流叠加、温度（60~90℃）、频率（0~10kHz）等变化条件下仍有良好的稳定性，其性能热处理工艺见表 2-27。

表 2-27　1J66 恒导磁合金的性能和热处理工艺

合金牌号	厚度 /mm	级别	感应磁导率 μ_L （不小于）	交流稳定值 $\alpha_\sim$/% （不大于）	交直流稳定值 $\alpha_\cong$/% （不大于）	温度稳定值 α_T/% （不大于）
1J66[①]	0.55~0.10	I	2800	10	9	8
		II	3000	7	6	5

①为热处理工艺。

注：1. 氢气或真空 1200℃×1h 以 100℃/h 冷到 600℃，炉冷到 300℃。

　　2. 横向磁场处理 H>2000e、650℃×1h，以 50~100℃/h 冷却到 200℃出炉。

表中 $\alpha_\sim = (\mu_{Lmax} - \mu_{Lmin})/\mu_{Lman}$（$f=50$Hz、$B=0~0.6$T 内测得最大和最小的感应磁导率）。$\alpha_\cong = (\mu_L - \mu_{L56})/\mu_L$（在 $f=60$Hz、$B=0.03$T 下测 μ_L；叠加直流，$H=56$A/m 测得 μ_{L56}）。$\alpha_T = (\mu_{L90} - \mu_{LRT})/\mu_{LRT}$ 或 $(\mu_{LRT} - \mu_{L-60})/\mu_{LRT}$ 取其中较大值者。μ_{L90}、μ_{LRT}、μ_{L-60} 分别为 90℃、室温和-60℃下的感应磁导率，在 $f=60$Hz、$B=0.03$T 条件下测得。

在 Ni65Fe 合金中加入 1%Mn，对 Ni3Fe 有序转变及磁晶各向异性常数 K_1 影响不大，而 B_s 值略有提高，高温退火后的合金在横向磁场中于居里温度以下缓慢冷却后，感生出大的单轴磁各向异性 K_u，而 $K_1 \to 0$，所以 $K_u \gg K_1$。在垂直于轧向（即使用时的磁化方向）的横向形成完善的 180° 畴曲线，磁化完全靠畴转来完成。此时总能量仅由 K_u 和外磁场二项组成，运用自由能极小原理可得图 2-31 上 OB 段的磁导率：

$$\mu = \frac{B_S^2}{2\mu_0 K_u} \tag{2-21}$$

式中，μ_0 为真空磁导率；B_S 和 K_u 为饱和磁感应强度和磁场感生各向异性常数，上式即为由磁单轴各向异性决定的恒磁导率材料的磁导率公式。对固定材料来说，由于 B_S 和 K_u 为定值，故 μ 为常数。图 2-31 上的 B 点对应的磁场为单轴各向异性等效场（H_o）等于

$$H_o = \frac{2K_u}{\mu_0 H_s} \tag{2-22}$$

式中，H_o 既是材料达到磁饱和的最小磁场，也是 μ 恒定的最大磁场。实际上，由于存在各

种干扰（如 $K_1 \neq 0$，晶粒取向、应力、杂质等），μ 恒定的磁场要比 H_o 小。对 1J66 合金而言，$B_S = 1.35T$，μ 约为 3000，得 $K_u = 2.42 \times 10^2 J/m^3$，$H_o = 360A/m(4.5Oe)$，与实际的 μ 恒定磁场范围（320A/m）十分接近。图 2-32 为各类低 B_r 合金的 μ 值及其基本恒定的磁场范围。

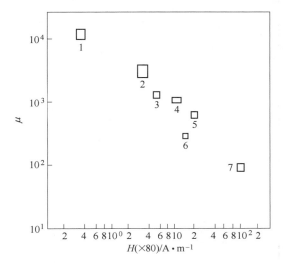

图 2-32 各类低 B_r 合金的磁导率及其恒定的磁场范围

1—1J792；2—1J66；3—Ni47Co23Cr；4—1J34h 和 Ni47Co23；

5—1J34kh；6—恒导磁硅钢；7—1J50h 和 Ni36Cu9

2.3.4.7 具有较高 B_S 的高磁导率 Ni-Fe 合金

中镍（Ni 45%~68%）合金的显著特点是 B_S 大（1.3~1.6T），采用不同的制作工艺不仅可以获得矩形和扁平型磁滞回线的合金，也可获得普通回线的合金。

表 2-12 列出了我国国家标准（GBn 198—1988）中这类合金的成分和性能。这类合金磁导率较高的原因是因为在易磁化方向 [100] 中的 λ_{100} 趋于零之故（合金的 $K_1 > 0$，见图 2-20）。但由于 K_1 不趋于零，故磁导率比高镍合金低些。

另外，由于这类合金没有 Ni_3Fe 有序–无序转变，K_1 值基本上不受热处理时冷却速度的影响（图 2-20）。因此相对于高镍合金而言，其热处理工艺要简单得多。这类合金的 B_S 值比高镍合金大约一倍。但多年来由于其磁导率较低，故使用受到一定的限制。近年来由于大面积集成电路和固体电路的飞速发展，电子元件已大大微小型化，因此越来越要求使用高磁感且高磁导率低损耗的材料，以缩小磁性元件的质量和体积。这样，改进这类高 B_S 的中镍合金的磁性就成为主要任务。现在认为改善这类合金磁性能的主要途径有：

（1）提高合金的纯度。现在一般认为降低合金的氧、硫、磷等气体杂质的含量，提高合金纯度对改善中镍合金磁性的效果要比高镍合金大，这是因为前者的 K_1 大，畴壁窄，夹杂减少会对畴壁运动的影响降低。

（2）加适量的合金元素。如添加 Si、Cu、V、Cr、Al、Ge 等，可改善软磁性能。如表 2-28 所示。这个方法的缺点是由于加了合金元素使合金的 B_S 值有不同程度的降低。

（3）在最终高温退火后再在居里点以下进行所谓等温纵向磁场处理，这不仅提高 μ_m 值，也提高 μ_i 值，这个方法看起来比较方便，而且效果也好，见表2-29。

表2-28　高磁导率较高饱和磁感应强度软磁合金的直流磁性能

合金牌号	产品种类	级别	厚度或直径 /mm	在 0.4A/m 磁场强度中的磁导率 $\mu_{0.4}$ （不小于）	最大磁导率 μ_m （不小于）	矫顽力（在饱和磁感应强度下）H_C/A·m^{-1}（不大于）	饱和磁感应强度 B_S/T
1J46	冷轧带材		0.02~0.04	1280	18000	32	1.5
			0.05~0.09	1600	22000	24	1.5
			0.10~0.19	2000	25040	20	1.5
			0.20~0.34	2480	30000	16	1.5
			0.35~2.50	2800	36000	12	1.5
	热轧（锻）扁材		3~22	2000	25040	16	1.5
	热轧（锻）棒材		8~100	2000	25040	16	1.5
1J50	冷轧带材	I	0.05~0.09	2000	28000	20	1.5
			0.10~0.19	2320	32000	14.4	1.5
			0.20~0.34	2640	40000	11.2	1.5
			0.35~2.50	2644	50000	9.6	1.5
			0.51~1.00	3040	50000	9.6	1.5
			1.10~2.50	2800	45040	9.6	1.5
		II	0.10~0.19	3040	35040	12	1.5
			0.20~0.34	3520	45040	10.4	1.5
			0.35~2.50	4000	52000	8.8	1.5
			0.51~1.00	4000	40000	10	1.5
			1.10~2.50	3040	35200	12	1.5
		II I	0.05~0.20	10000	60000	4.8	1.52
	热轧（锻）扁材		3~22	2480	25040	14.4	1.5
	热轧（锻）棒材		8~100	2480	25040	14.4	1.5
1J54	冷轧带材	I	0.005	1000	8000	56	1.0
			0.01	1280	10000	40	1.0
			0.02~0.04	1520	16000	20	1.0
			0.05~0.09	2000	20000	16	1.0
			0.10~0.19	2480	25040	12	1.0
			0.20~0.34	3040	28000	9.6	1.0
			0.35~0.05	3200	32000	8	1.0
			0.51~1.00	3040	32000	8	1.0

合金牌号	产品种类	级别	厚度或直径/mm	在 0.4A/m 磁场强度中的磁导率 $\mu_{0.4}$（不小于）	最大磁导率 μ_m（不小于）	矫顽力（在饱和磁感应强度下）H_C/A·m^{-1}（不大于）	饱和磁感应强度 B_S/T
1J54	冷轧带材	II	0.02~0.04	3040	24800	12	1.0
			0.05~0.09	3040	24800	12	1.0
			0.10~0.19	3120	28000	10	1.0
			0.20~0.34	3120	30000	10	1.0
			0.35~0.05	3520	35200	8	1.0
	热轧（锻）扁材		3~22	1600	16000	20	1.0
	热轧（锻）棒材		8~100	1600	16000	20	1.0

合金牌号	产品种类	级别	厚度/mm	当磁场强度峰值为 0.4A/m 时，在不同频率下的弹性磁导率 μ_1			
				60Hz	400Hz	1kHz	10kHz
1J50	冷轧带材	II	0.02			2000	1600
			0.05			2000	1440
			0.10		3120	3040	
			0.20	4000	3040	2400	
			0.35		3040		

注：饱和磁感应强度 B_S 用 2000~2400A/m 外磁场强度测量。

表 2-29 某些含合金元素的中 Ni 合金的磁性

主要成分	厚度/mm	μ_i	μ_m	H_C/A·m^{-1}	B_S/T	ρ/μΩ·cm
Ni50Si1	0.1	13000	90000	4.8	1.42	51
Ni50Si4	0.1	25000	80000	3.2	1.14	80
Ni45Cu5	—	2000	20000	8	1.56	55
Ni45Cr6	—	6000	35000	—	—	—
Ni50U0.21	0.1	10200	22600	1.8	—	—
Ni50V0.05	0.1	4830	75600	4	—	—
Ni50Al0.22	0.1	8230	96800	2.4	—	—
Ni50Ge2	0.1	15000	100000	2.8	1.37	50
Ni46Co2Cu3	0.1	18300	158000	2.3	1.40	67

图 2-33 示出利用提高合金纯度和磁场热处理方法使中镍合金的磁导率水平大幅度提高的情况。目前这类合金的 μ_i 和 μ_m 值已达到高镍合金的水平，表 2-30 列出 20 世纪 60 年代末各国的商品牌号性能水平，并与我国研制的 1J50cd 合金作了对比。

我国标准中没有这种牌号，但现在已有不少单位生产和使用这类材料，由表 2-30 可

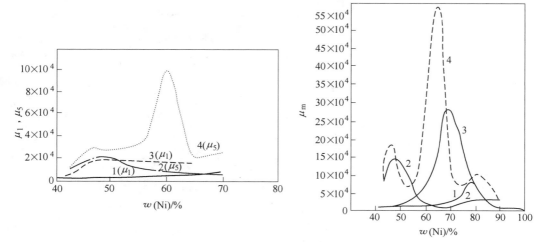

图 2-33　二元 Ni-Fe 合金磁导率的改进

(μ_1 和 μ_5 为 1A/m 和 $\frac{5}{4\pi}$A/m 下的起始磁导率)

1—Bozorth，1951；2—Falenbrach，提高合金纯度，1965；

3—Rassmann，磁场处理，1960；4—Falenbrach，磁场处理，1965

表 2-30　改进的高磁导高饱和磁感强度中镍合金磁性水平

国别	牌号	成分（余为 Fe）	厚度 /mm	直流磁性					50Hz 交流磁性				
				$\mu_{0.16}$ ($\times 10^4$)	$\mu_{0.4}$ ($\times 10^4$)	μ_m ($\times 10^4$)	H_C /A·m^{-1}	B_S /T	$\mu_{0.16}$ ($\times 10^4$)	$\mu_{0.4}$ ($\times 10^4$)	μ_m ($\times 10^4$)	H_C /A·m^{-1}	P_{10} /W·kg^{-1}
中国	1J50cd	Ni50	0.05	2.5	6.65	18.1	1.8	1.5					
			0.1	3.5	6	24.3	2.4	1.5					
		Ni55	0.1	11.15	37.9	55.5	0.6	1.53					
		Ni58Mo2	0.05	3.25	35.6	35.6	1.3	1.37					
		Ni60	0.1	13.5	80	88	0.48	1.32					
英国	Satmumetal Super Radiometal		0.1	3.5	6.5	24	2.0	1.5					0.11
				1.1	10	8	1.6						0.1~0.16
联邦德国	Permax M	Ni50~55	0.1		5	12.5	1.2	1.5		4			
		Ni57	0.15		10		1.2			7		8	
		Ni60	0.15	7.8	10	28			2.8	4	7		
		Ni63	0.1		9	40	1.6			6	11		
	Hyperm53（VS37）	Ni55	0.15		5	12	0.8	1.45	3.5	5.5	15	8	
			0.2					1.45	4.9	6.7	12	14	0.12
	VS125		0.2		11	40	1.3	1.45	3.2	4.2	9.4	22	
	VS36			14	21	40	0.64	1.15	7.5	10.4	15	5.6	
		Ni65Mo3								3.6	8.3		

续表 2-30

国别	牌号	成分 （余为 Fe）	厚度 /mm	直流磁性					50Hz 交流磁性				
				$\mu_{0.16}$ （×10⁴）	$\mu_{0.4}$ （×10⁴）	μ_{m} （×10⁴）	H_C /A· m⁻¹	B_S /T	$\mu_{0.16}$ （×10⁴）	$\mu_{0.4}$ （×10⁴）	μ_{m} （×10⁴）	H_C /A· m⁻¹	P_{10} /W·kg⁻¹
美国		Ni50Mo	0.1	3.2		38							
日本	PB-25	Ni58	0.2		4	20	3.2	1.5					
俄罗斯	50Н-ВИ	Ni45Mo	0.1		4	30	1.6	1.6					
		Ni50	0.05		1.5	25	2.0	1.6					
法国	Satimphy	Ni53 Ni55	0.1		5	12.5	1.2	1.5		6	12		

知，这类合金的镍含量范围较宽，一般控制在 Ni50%～56% 左右。这时合金的 B_S 值和 ρ 值都较高。若镍含量过高，将使 B_S 和 ρ 下降。添加合金元素如钼，虽可使 ρ 提高，但却使 B_S 值下降。

这类合金的热处理分两步进行：第一步是高温退火，第二步是纵向磁场处理。热处理时将磁场的方向与轧向一致，即与使用时的磁化方向一致。只有使合金处于适当的再结晶状态，纵向磁场处理后，才能同时使 μ_i 和 μ_m 提高。图 2-34 表示 Ni56Fe 合金的不同结晶组织对纵磁处理后磁性的影响。细晶粒的各向同性组织的 μ_4（在 50Hz、0.4A/m 下测得的起始磁导率）最低，（210）<001>织构的最高，粗大晶粒的二次再结晶组织次之。因此采用适当大的最终冷轧压下量，并配以适当的温度和时间退火，获得颗粒不大的 {210}<001> 织构状态是很重要的。

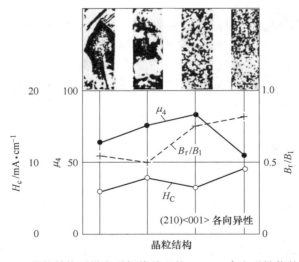

图 2-34　晶粒结构对纵向磁场热处理的 Ni56Fe 合金磁性能的影响

磁场退火温度十分重要。图 2-35 为磁退火温度对 Ni58Fe 合金 μ_i 和矩形比的影响。在 470℃ 左右退火时 μ_i 最高，矩形比也不大。温度低时（430℃），则得到低 μ_i 高矩形比状态。显然这个最佳磁退火温度与镍含量有关。

由以上可知，中等镍含量的 NiFe 合金在高温退火后再经纵向磁场退火可以获得两个状态：一个是静态 μ_m 很高，动态性能不好的矩形回线状态；另一个是直流 μ_m 不高，而动态 μ_i 和 μ_m 较高的普通回线状态。前者的物理成因是磁退火温度较低，K_u 大且 $K_u \gg K_1$。后者可能为磁退火温度较高，造成 $K_u \approx K_1$。图 2-36 表示 Ni57 合金的 K_u、K_1 与低温退火温度关系，在 K_u 和 K_1 的交叉点处获得了这种高 μ_i，高动态性能状态，这种磁化状态的物理本质尚有待于进一步研究。

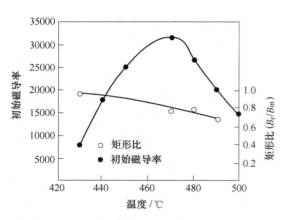

图 2-35　Ni58 合金的 μ_i 和 B_r/B_m 与磁退火温度
的关系示意图

（保温 16h，Pfeifer，1966）

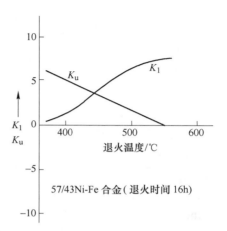

图 2-36　Ni57 合金的 K_u 和
K_1 与退火温度的关系

（原始经 1200℃ 退火。Kang 等，1967）

2.3.4.8　热磁补偿合金

热磁补偿合金是一类低居里点合金，亦称低居里点磁性合金。其居里温度一般在 25～200℃ 之间，这类合金的突出特点是在居里温度以下时，其磁感应强度随温度的升高而近似线性地急剧减小，工程上利用这类材料作永磁系统的热敏元件及热敏继电器温度补偿用。它可使磁电系统仪表中工作气隙的磁场强度在很宽温度范围内恒定，减小测量误差。

常见的热磁补偿合金有镍铜、铁镍、铁镍铝和铁镍铬四个系列。表 2-31 中列出其主要性能。其中 1J30、1J31、1J32、1J33 和 1J38 是我国国家标准中规定的牌号（GB/T 15005—94）。

表 2-31　热磁补偿合金的典型性能

成　分	国内牌号	在 $H=8$kA/m 时的 B 值/T					H_B /MPa	ρ /$\mu\Omega \cdot$ cm	线膨胀系数 $\alpha_{20 \sim 100}$ /10^{-6}℃$^{-1}$	用途和特点
		-20℃	20℃	40℃	60℃	80℃				
Ni30Fe 余	1J30	0.4～0.6	0.2～0.45	—	0.02～0.13	—	149	73.3	12.19	行波管、磁控管
Ni31Fe 余	1J31	0.6～0.85	0.4～0.65	—	0.15～0.45	—	156	74	10.31	风速管（-55～70℃）
Ni32Fe 余	1J32	0.8～1.1	0.6～0.95	—	0.4～0.75	—	163	76	6.81	电压调节器（-55～70℃）
Ni38Al1.5Fe 余	1J33	—	0.4～0.7	—	—	—	169	89.5	9.65	显微表、汽油表（-40～60℃）

成 分	国内牌号	在 $H=8\text{kA/m}$ 时的 B 值/T					H_B/MPa	ρ/$\mu\Omega\cdot\text{cm}$	线膨胀系数 $\alpha_{20\sim100}$/$10^{-6}℃^{-1}$	用途和特点
		−20℃	20℃	40℃	60℃	80℃				
Ni38Cr13Fe余	1J38	0.75~0.42	0.05~0.24	—			169	98	11.42	可逆性好（20~80℃）
Ni32Cr6Fe余		0.015~0.12	0.09~0.15				180	60		可逆性好(−50~10℃)
	1J38		0.24	0.015~0.12	—	—	169	98	11.42	
Ni70Cu30		约0.35	约0.15				180~220	60		（20~80℃）可逆性好
Ni60Cu40				约0.09						（−50~10℃）

铁镍二元系合金具有高磁感应强度和较高的居里温度 T_c，均高于 100℃，磁感应强度随温度迅速变化。该合金的居里温度和磁感应强度-温度曲线对合金成分十分敏感（见图 2-37），镍含量变化 0.1% 或 C 含量变化 0.01% 时，居里温度可变化 5℃，合金还随加工和热处理条件而变化，重现性差。铁镍二元系合金主要应用于行波管、磁控管，风向风速表等磁分路补偿元件。补偿温度范围在 −55~70℃，在退火状态下使用。镍铜二元合金具有低磁感应强度和低居里温度，典型合金为 Cu30Ni70 和 Cu40Ni60，由于其含镍量太高，磁感值比铁镍系低，补偿温度的范围窄，元件截面积大，价格昂贵，目前已很少应用这种材料。

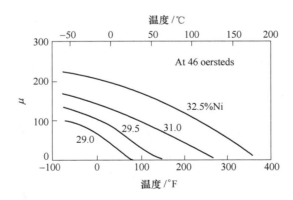

图 2-37　退火的 FeNi 系补偿合金磁导率温度特性随 Ni 合金的变化

在铁镍二元系中加入少量 Al，可使居里点下降，但仍有较高的磁感应强度，同时它还使电阻率和硬度有明显的增大。铁镍铝系主要用于电压调节器的磁分路补偿元件，其补偿温度范围为 −40~+80℃，在冷轧态使用。

铁镍铬系合金具有较低的磁感值和较低的居里温度。典型合金为 Ni38Cr13Fe49。在镍铁合金中加入铬和钼可使居里温度和磁温特性对成分波动的敏感性比铁镍二元系合金低，铬的加入也使合金的电阻率和硬度提高，铁镍铬系主要用于里程速度表、汽油表、电度表中的磁分路补偿元件，补偿温度在−40~60℃之间，一般在冷轧态使用。

2.4　铁铝合金

2.4.1　概述

铁铝系合金与硅钢一样也是较早研究的软磁材料，它的主要优点是：

（1）选择合适的铝含量，可以获得各种较好的软磁特性。如 16%铝合金有较高的磁导率；12%铝合金既有较高磁导率，又有较高的饱和磁感应强度；13%铝合金可以具有较高的 λ_s。

（2）有较高的电阻率，如 12%铝合金的 $\rho = 100\mu\Omega \cdot cm$；16%铝合金的 $\rho = 150\mu\Omega \cdot cm$；因此具有较好的高频磁特性。

（3）有较高的强度和硬度，12%铝合金的 $\sigma_b \geqslant 70kg/mm^2$，16%铝合金的 $HV = 230 \sim 250$；因此适宜做磁头材料。

（4）不含镍、钴等贵重元素，原料资源丰富，价格低廉。

（5）密度小。

（6）对应力敏感性小，适宜在冲击、振动等环境下工作，此外还有极好的抗核辐照性能。

由于有以上优点，铁铝合金可以部分取代铁镍系坡莫合金，在电子变压器、磁头以及磁致伸缩换能器等处使用。但是铁铝合金也存在如下严重问题：

（1）与铁镍坡莫合金相比，铁铝合金的磁性能还不算高，工艺也不够成熟，使生产出来的材料性能波动大，要稳定地获得高的磁性能比较困难。

（2）铝含量较高时，合金塑性下降，变脆、难以进行冷加工，只能进行中温轧制，使加工设备复杂化，难于获得较薄的材料。现在最薄仅为 0.1mm。由于硬脆也使冲制零件时模具损伤大，工效变低，成本增加。这些都限制了它的推广应用。

2.4.2　相图和结构

Fe-Al 合金的相图如图 2-38 所示。在含铝量为 0~33%（原子分数，52%）范围内都是铝溶于铁中的 α 固溶体，为体心立方结构。合金中主要存在两种有序结构，即 Fe$_3$Al 和 FeAl（铝的质量分数分别为 13.9 和 32.6）。当铝含量约小于 9.6%（原子分数，18%）时，未发现有序-无序转变；当铝含量高于 9.6%时，则合金的物理性能随热处理冷却速度有明显变化，说明其中的有序状态不同。当合金成分不正好和 Fe$_3$Al、FeAl 对应时，形成不完全的有序结构。Fe$_3$Al 的有序转变温度约为 530℃。

2.4.3　基本性能

含 $w(Al) = 16\%$ 以内的 Fe-Al 合金的密度和电阻率如图 2-39 所示。合金的电阻率随铝含量的增加而明显增大。在含铝量较高的合金中，退火状态的合金的电阻率明显下降

是由于 Fe_3Al 有序化造成的。合金的饱和磁感应强度，各向异性常数和磁致伸缩系数如图 2-40~图 2-42 所示。这些图中都表明合金的磁性和其中的有序变化明显有关。对于有序状态，在 $w(Al)=12\%$ 附近，K_1 为零。在无序状态，$w(Al)=16\%$ 附近，K_1 和 λ_{100} 同时趋近于较小的值；而在 $w(Al)=10\%\sim14\%$ 的成分区，可以获得很大的磁致伸缩。和 Fe-Ni 合金相似，Fe-Al 合金对磁场热处理也是有效的。图 2-43 示出在低铝成分范围内，磁场退火对磁导率的影响，可以看出效果是很明显的（特别是 $w(Al)=10\%$ 处）。在高铝成分区，磁场退火效应不明显，这是因为 Fe_3Al 有序形成能力太强，而对方向有序的形成有遏止作用。

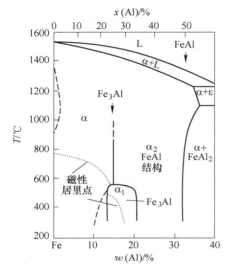

图 2-38　Fe-Al 合金的相图

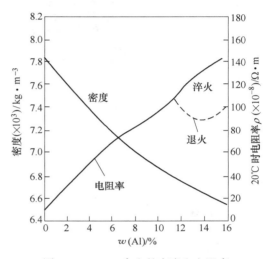

图 2-39　Fe-Al 合金的密度和电阻率

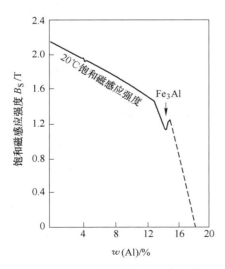

图 2-40　Fe-Al 合金的饱和磁感应强度

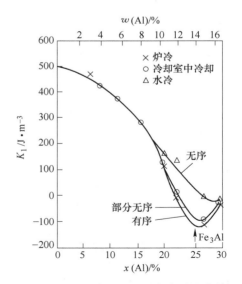

图 2-41　Fe-Al 合金的磁晶各向异性常数

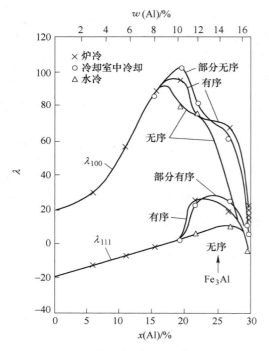

图 2-42　Fe-Al 合金的磁致伸缩系数

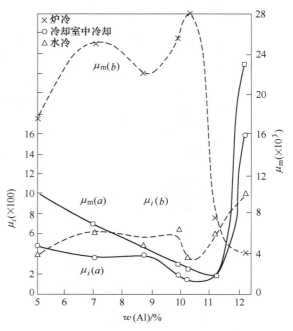

图 2-43　磁场处理对 Fe-Al 合金磁导率的影响
a—无磁场退火；b—磁场退火

2.4.4　常用 FeAl 合金

列入我国国家标准（GB/T 15004—94）的 Fe-Al 合金共有四个，其成分和性能要求见表 2-32。

表 2-32　我国标准列出的铁铝系软磁合金的牌号和性能

合金牌号	产品种类	厚度 /mm	磁导率（不小于）			饱和磁致伸缩系数 λ_s	在不同场强（A/m）的磁感应强度/T（不小于）		矫顽力 H_C /A·m^{-1}（不大于）	剩余磁感 B_r/T（不大于）
			$\mu_{0.4}$	$\mu_{0.8}$	μ_{max}		B_{2400}	B_{3200}		
1J12（Al$_{12}$Fe）	温轧带材	0.20~1.00	—	2500	2500	—	1.2	1.3	12	0.5
1J13（Al$_{13}$Fe）		0.20~1.00	—	—	—	5×10^{-6}	—	—	—	—
		0.20~0.35	4000		50000		0.65		3.2	0.4
1J16（Al$_{16}$Fe）		0.35~1.00	6000		30000		0.65		3.2	0.4

合金牌号	产品种类	厚度或直径 /mm	在不同场强（A/m）的磁感应强度/T（不小于）			矫顽力 H_C/A·m^{-1}（不大于）	铁损/W·kg^{-1}（不大于）	
			B_{500}	B_{1000}	B_{2500}		$P_{0.75/400}$	$P_{1.0/400}$
1J6	冷轧带材	0.10~0.50	1.15	1.25	1.35	48	12	21
（Al$_6$Fe）	热轧（锻）棒材	3~100	1.1	1.15	1.3	64	—	—

1J6 合金系我国根据制造特种微电机的需要研制成的可冷轧低铝 Fe-Al 合金，它具有高饱和磁感应强度和低剩磁，良好的抗大气腐蚀能力，冷加工性好，容易大量生产，有明显的磁场处理效应，可代替某些硅钢片用于微电机、脉冲变压器和电感元件；亦可代替含铬、镍贵重金属的软磁合金，用于电磁阀和电磁离合器中的铁芯。生产的品种有冷轧带材、热轧（锻）棒材、扁材。

1J12 合金具有较高的磁导率和饱和磁感应强度。可代替 Fe-Ni 软磁合金如 1J46、1J50 等，用于中等磁场中工作的元件，如微电机、变压器、磁放大器和继电器的铁芯等。生产的品种有温轧带材、热轧（锻）棒材、扁材、薄板。

1J13 合金具有高饱和磁致伸缩和较高的饱和磁感应强度。可代替纯镍片用于超声波清洗机、加工机和其他超声波换能器元件；亦可用于变压器和振荡线圈中的铁芯。生产的品种有温轧带材、热轧（锻）棒材、扁材、薄板。

1J16 合金具有高磁导率和低矫顽力特性。与镍基软磁合金相比其特点是电阻率高，耐磨性好，密度小，磁性对应力不敏感，经中子辐射后性能稳定。可代替镍基软磁合金如 1J79 等，用于磁屏蔽、变压器继电器、互感器、微电机、磁放大器铁芯，磁头和分频器的高频元件等。生产的品种有温轧带材、热轧（锻）棒材、扁材、薄板。国外高性能的 Fe-Al 合金可参阅表 2-33。

表 2-33　国外的高磁性铁铝合金

合金牌号	国别	主要成分/%（余为 Fe）	μ_i	μ_m	H_C /A·m^{-1}	B_r/T
Alperm	日本	Al_{16}	8500	100000	0.8	0.78
Alperm	日本	Al_{16}	3450	116000	2.0	0.78
16-Alfenol	美国	$Al_{15.9}$	2778	115000	1.9	0.76
12-Alfenol	美国	$Al_{11.7}$	4530	45560	4.5	1.44
Fe-Al-Mo	日本	$Al_{14.63}Mo_{3.07}$	8000	120000	1.6	0.69
Thernenol	美国	$Al_{15.6}Mo_{3.3}$	6390	145000	1.4	0.69
Ю$_{12}$	苏联	Al_{12}	6350	150000	2.4	1.45
Ю$_{12}$K	苏联	$Al_{12}Co_3$	9200	142000	2.16	1.44
16ЮИХ	苏联	$Al_{16}Cr_{2.1~2.5}$	10000~25000	60000~100000	0.8~2.4	0.65
Ю$_{14}$M	苏联	$Al_{14.4}Mo_{1.97}$	12200	124500	1.76	—
Ю$_{14}$Г$_3$	苏联	$Al_{14}Mn_3$	5500	82000	1.9	—
Fe-Al-Mo	日本	$Al_{15}Mo_3$	6000	110000	2.4	0.65

2.5　铁硅铝系合金

被命名为 sendust 合金的 $Al_{5.4}Si_{9.6}Fe$ 合金早在 20 世纪 30 年代就被发现。它的主要特点是不含昂贵的镍、钴等元素，原料便宜易得，与高镍坡莫合金一样在弱磁场中有高的磁导率，而 B_s、ρ、HV 值更高。但是这种合金与铁铝合金一样既硬又脆，不能进行冷加工，很难得到薄板和薄带，因此多年来限制了它的推广使用。只能磨成细粉，作磁粉芯材料。近年来由于高密度磁记录和视频磁卡磁记录技术的发展需要，加强了对这种合金的开发研究。

高密度磁记录的发展使磁记录媒体（磁带）不断更新换代，主要的趋势是磁带上涂敷的磁粉的 H_C 越来越高，金属磁带的 $H_C(80\sim120\text{kA/m})$ 约为普通 $\gamma\text{-Fe}_2\text{O}_3(22.4\sim32\text{kA/m})$ 的 3 倍左右，因此在录放音时需要高的磁场。在磁记录系统中信号是通过磁头铁芯而录入或放出的，所以磁头铁芯材料的 B_S 值要高（一般应比磁带上磁粉 H_C 大 10 倍左右）。在适于作磁头的常规晶态铁芯材料中 B_S 最高的就是 Fe-Si-Al 系 sendust 合金（见表 2-34），它与金属磁带相配合使用最为理想。

表 2-34 几种磁头铁芯材料的磁特性

参　　数	高镍坡莫合金	高 B_S 坡莫合金	Mn-Zn 铁氧体	FeSiAl 合金
$\mu_e(0.3\text{kHz})$	20000	20000	8000	22000
B_{10}/T	0.7	0.8	0.5	0.89
$H_C/\text{A}\cdot\text{m}^{-1}$	2.00	2.32	3.20	2.00
$\rho/\mu\Omega\cdot\text{cm}$	$\geqslant55$	65	2×10^6	110
$T_c/^{\circ}\text{C}$	$\geqslant340$	350	185	450
$d/\text{g}\cdot\text{cm}^{-3}$	8.75	8.75	5.1	6.91
$\alpha(\times10^{-6})/^{\circ}\text{C}$	12	12	10	14
HV	120	130	650	550

在视频录像技术中，对磁头材料的要求与录音相似，只是由于频率更高，磁头运动的相对速度更快，故要求材料的高频特性和耐磨性更好。例如一般视频磁带录像机要求磁头材料在 1MC 下的 $\mu_e\geqslant100$，由于 sendust 合金的 μ 较高，ρ 或 HV 比一般 Fe-Ni 系坡莫合金或 Fe-Al 系合金都高，磁性对应力的敏感性也较小，故也适合于这类用途的要求。磁头片可用粉末冶金或铸棒经电火花或线切割的方法来成型。

图 2-44 为 Fe-Si-Al 三元合金成分图上 $K_1=0$，$\lambda_s=0$ 线的位置，$\text{Al}_{5.4}\text{-Si}_{9.6}\text{-Fe}$ 合金（sendust）基本上在两条线交点附近，因此具有很高的磁导率。

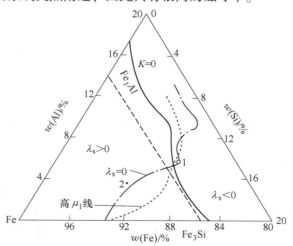

图 2-44 Fe-Si-Al 合金的 K_1、λ_s 随成分的变化

这类合金的磁性对成分纯度和热处理工艺十分敏感，成分稍有变化，热处理工艺就大不相同。图 2-45 列出了两个成分略有不同的 Fe-Si-Al 合金的磁性与淬火温度关系。$\phi 14/8 \times 1$mm 的环状样品经 1100℃ 均匀化 5h 后以 100℃/h 速度缓冷至各淬火温度（300~800℃），然后在硅油中淬火。$Si_{9.7}Al_{5.4}Fe$ 合金（图 2-45a）的 μ_4（$H = 0.4$A/m）和 μ_m 在 400℃ 和 700℃ 淬火得到两个峰值，尤以 400℃ 淬火为好，μ_4（$H = 0.4$A/m）达 380000，比一般 sendust 合金高 10 倍，也优于 5Mo79Ni 超坡莫合金的 220000，H_C 也很低，仅为 0.48A/m。$Si_{9.2}Al_{6.2}Fe$ 合金（图 2-45b）在 650℃ 淬火和连续冷却到室温时也出现峰值，但磁导率明显下降。

sendust 合金与高镍坡莫合金一样，在退火过程中也有有序-无序转变（形成 $Fe_3(SiAl)$ 有序结构，转变温度较高，约为 740℃），对 K_1 和 λ_s 值有很大影响，因此会有图2-45所示的变化。

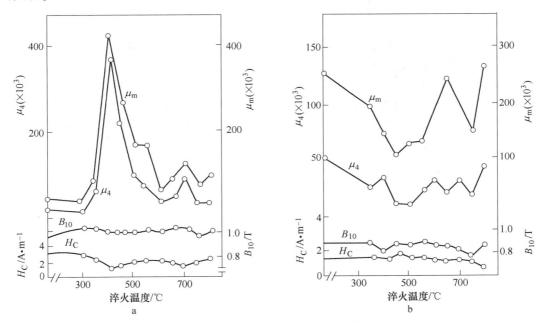

图 2-45　两种不同成分的 sendust 合金的磁性与淬火温度关系曲线

a—$Si_{9.7}Al_{5.4}Fe$，sendust 合金；b—$Si_{9.2}Al_{6.2}Fe$，Super-sendust 合金

我国国家标准中无此牌号，但研制的 Fe-Si-Al 合金性能达到相当高的水平，如真空冶炼并铸造的环状样品（0.2mm 厚）在 H_2 中 1200℃ 保温 3~5h，以 30~50℃/h 速度冷却至 300℃ 出炉，性能水平达 $\mu_i = 43100$（$H = 0.16$A/m），$\mu_m = 200000$，$H_C = 1.2$A/m。研究了高温退火温度及冷却速度对磁性影响，认为采用较高温度（1150℃）退火并以 50℃/h 速度冷却获得了较好性能。此外还研究了磁场处理（$H = 10$Oe，550℃ 以 50℃/h 速度冷却）对性能的影响。使磁性能大为改善并达到了很高的水平（μ_i 约 43000，μ_m 约 346000，H_L 约 0.96A/m）。但是，无论是高温退火还是磁场处理对这类合金性能的影响尚需进一步系统研究。

为了克服 sendust 合金的脆性，使其能加工成薄带，20 世纪 70 年代初又发明了

$Si_6Al_4Ni_{3.2}Fe$ 的 Super-sendust 合金，可用温轧方法获得 0.2mm 厚薄带，其高频特性与钼坡莫合金相当，装配的磁头其磨耗几乎接近零。

　　纯的 Si_6Al_4Fe 三元合金在相图上处于 $\lambda_s>0$ 的区域，加入具有 $-\lambda_s$ 的镍成为 $Si_6Al_4Ni_{3.2}Fe$ 合金，$\lambda_s\to 0$，从而获得高 μ_i。表 2-35 为 sendust 合金和 Super-sendust 合金性能对比。

表 2-35　两种 Fe-Si-Al 合金性能对比

合　金	μ_0 ($\times 10^4$)	μ_m ($\times 10^5$)	μ_e/1kHz ($\times 10^3$)	μ_e /4MHz	B_S /T	H_C /A·m^{-1}	ρ /μΩ·cm	T_c /℃	HV
sendust 合金 ($Si_{9.6}Al_{5.4}Fe$)	3.5	1.2	6	60	1.0	1.6	80	500	500
Super-sendust 合金 ($Si_6Al_4Ni_{3.2}Fe$)	1	3	5.5	80	1.09	1.6	100	670	400

　　最近利用快淬技术得到了 sendust 合金薄带，厚度为 0.02~0.11mm，它的维氏硬度与大块的 sendust 合金相似，HV≈560。在一定热处理后 H_C 达 1.92A/m，μ_i=34000，而且直到几千赫兹都保持不变。研究表明，这种 sendust 合金条带不论是磁特性还是工艺性能，作为与录音或录像系统用的高 H_C 金属磁带相匹配的磁头铁芯材料是极其有希望的。

　　另一个改进是利用添加合金元素（如 Ti、Nb、Er 等）的方法，改善 sendust 合金的耐蚀性和耐磨性，以适应做磁头芯片的需要。

2.6　铁钴系合金

　　铁钴合金的相图示于图 2-46。由于铁和钴在周期表中的位置相邻，原子直径接近，因此在固相线下，920℃以上相当宽的成分范围内形成连续的 γ-固溶体，但是在很宽的钴含量范围内（0~75%）发生 $\gamma\to\alpha$ 相转变，相转变温度最高为 985℃。

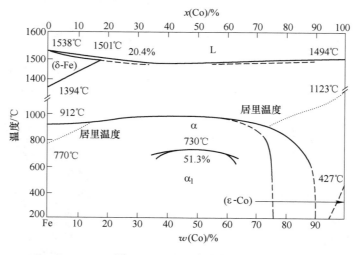

图 2-46　Fe-Co 合金相图

　　钴含量在 40%~60% 范围内，退火后也发生有序-无序转变，产生 Fe-Co 有序相（图中

α_1 相），最高转变温度为 730℃。这种转变和其他具有序-无序转变的合金一样，性能将发生显著变化。

铁钴合金的磁性与 Fe-Ni 系坡莫合金一样，取决于合金的 K_1 和 λ_s 值。图 2-47 和图 2-48 为铁钴合金的 K_1、λ_s 与钴含量的关系，图 2-49 为磁化强度 J 与钴含量关系，图 2-50 则给出与 Co 含量磁导率的关系。可见 Fe-Co 合金的特点是：

（1）在所有软磁材料中 Fe-Co 合金的 T_s 和常温下的 J_s 最高，如 $Co_{50}Fe$ 的 $T_s = 980℃$，在甚强磁场下，$Co_{35}Fe$ 的 J_s 最高（2.45T），在弱磁场下 $Co_{50}Fe$ 的 J_s 最高。

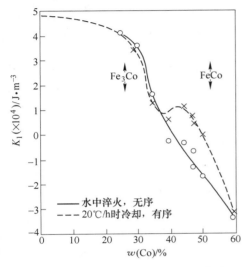

图 2-47　Fe-Co 合金的磁各向异性常数

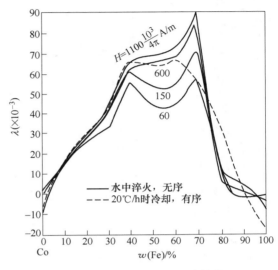

图 2-48　Fe-Co 合金的磁致伸缩

（2）在 $Co_{50}Fe$ 附近 μ_i 和 μ_m 最高，软磁性能最佳。

（3）有序化对 K_1 和 λ_s 值有重大影响，淬火无序态的 $Co_{42}Fe$ 合金的 $K_1 \to 0$，退火慢冷有序态的 $Co_{50}Fe$ 的 $K_1 \to 0$，在 Co_{50} 约 60% 处可有最高的 λ_s 值（77×10^{-6}）。

由于 Fe-Co 合金的 J_s 高，并有较好的软磁性，故有其特殊用途。主要是用做机载电子设备中的变压器、电动机，电话机中膜片，高速打印机中嵌铁，接收机中线卷、开关和存储铁芯等。由于 T_s 高，又可做高温磁性元件，如宇航核动力系统中的发电机铁芯，电器设备和控制元件等。但是这个合金的致命缺点是电阻率（ρ）低，并且由于 Co 含量较高，价格昂贵。另外虽然 Co_{50} 合金慢冷使 $K_1 \to 0$ 得到好的软磁特性，但慢冷又使合金有序化，造成很大的脆性，不易冷加工成型。

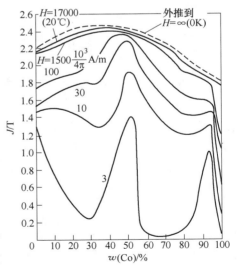

图 2-49　Fe-Co 合金（退火）在不同场强下的磁化强度

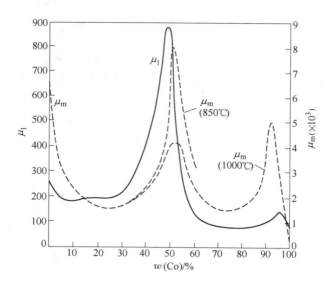

图 2-50　Fe-Co 合金的起始磁导率和最大磁导率

　　基于磁性和力学性能的不同，常用的 Fe-Co 系合金大致可分为三类：$Co_{27}Fe$、$Co_{35}Fe$ 和 $Co_{50}Fe$ 合金。

　　Co_{27} 合金的特点是退火后的塑性比 Co_{35} 和 Co_{50} 合金好，易于轧制加工。尽管 Co 含量低些，但 J_s 仍很高，适宜做电机转子和定子及其他在机械负荷条件和高温（900℃以下）工作的磁导体。添加少量的铬可改善合金的电磁性能和力学性能。这种合金的国外牌号有 Hiperco27（$Co_{27}Cr_{0.3~2}Fe$），27KX（$Co_{26.5~28}Cr_{0.5}Fe$）等。国内尚无这类合金的国家标准。

　　Co_{35} 合金具有最高的 J_s，适宜做电机磁路材料及电磁铁的极靴等，国外牌号有 Hiperco35。国内已研制了这个合金，但无国家标准。

　　工业上用途最广的是 $Co_{50}Fe$ 型合金，它的 J_s、T_c 都很高，但很脆，难以加工。国外牌号为 Permendur 合金，国内非正式牌号为 1J20。在 $Co_{50}Fe$ 中加 2%V 可改善这个合金的加工性，提高电阻率及磁性。国外牌号为 2V-Permendur 合金，我国国家标准中定名为 1J22 合金。这个合金在慢冷以后 $K_1 \rightarrow 0$，因此可以利用磁场热处理，使 $K_u \gg K_1$ 产生 H_c 较小的矩形回线，国外牌号为 Supermendur，国内非正式牌号为 1J22（超）。

　　表 2-36 是我国国标（GB/T 15002—94）规定的 1J22 合金磁性能，表 2-37 为国外 Fe-Co 系合金的磁性能。

表 2-36　我国 1J22 铁钴钒合金的磁性

牌号	主要化学成分	B_{400}/T （不小于）	B_{800}/T （不小于）	B_{1600}/T （不小于）	B_{2400}/T （不小于）	B_{4000}/T （不小于）	B_{8000}/T （不小于）	H_C /A·m^{-1} （不大于）	成品种类
1J22	$Co_{49~51}V_{0.8~1.8}$	1.60	1.80	2.00	2.10	2.15	2.20	128	冷轧带材
		—	—	—	2.05	2.15	2.20	144	丝材锻材

表 2-37　国外工业用 Fe-Co 合金的典型性能

国内外牌号	主要成分	μ_i	μ_m	H_C /A·m^{-1}	B_S/T	ρ /μΩ·cm	T_c/℃
Hiperco 27	$Co_{27}Cr_{0.6}$		2800	200	2.36	20	940
Hiperco 35	$Co_{35}Cr_{1.5}$	650	10000	80	2.42	40	
Permendur 1J20	Co_{50}	800	5000	160	2.40	7	
2V-Permendur 1J22	$Co_{50}V_2$	1250	11000	64	2.36	25	980
Supermendur 1J22（超）	$Co_{50}V_2$ （磁场处理）	800~1000	9000~70000	16~18.4	2.36	25	980

图 2-51 为热处理温度对 Co_{50}Fe 合金的磁晶各向异性 K_1 和磁场感生各向异性 K_u 的影响。可以看出，要使 $K_u \geqslant K_1$，Supermendur 合金的磁退火温度必须在 700℃ 以上，居里温度 980℃ 以下。

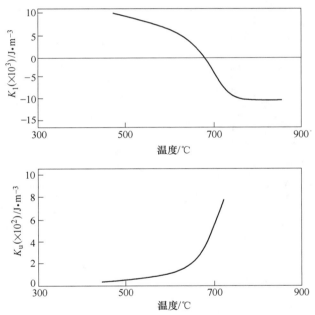

图 2-51　退火温度对 Co_{50}Fe 合金 K_1 和 K_u 的影响

2.7　铁铬系合金

Fe-Cr 系合金作为耐蚀和抗氧化的材料已在工业中广泛应用。铬的加入提高了合金的电极电位，同时在表面形成致密的防护层——钝化膜，大大提高了耐蚀性。铁和铬形成体心立方晶格的连续置换固溶体，其软磁性能大约在 16%~17%Cr 处最好。由于磁晶各向异性常数 K_1 较大（约 $2×10^4$J/m^3），磁致伸缩系数 λ_s 也大（约 $26×10^{-6}$），故其磁导率较低，矫顽力（H_c）较高。但由于其价格便宜，B_S 值较高，耐蚀性好，电阻率（ρ）高，磁性的温度稳定性好等，使之成为目前应用最广的耐蚀软磁材料。主要用在潮湿、盐雾或其他腐蚀性介质中工作的电磁阀材料等。

图 2-52 为铬含量对 $B_{20}(H=2000A/m)$ 和矫顽力（H_C）的影响。常用的 Cr-Fe 合金基本上分两组，一是 10%~13% Cr-Fe 合金，一是 16%~18% Cr-Fe 合金，前者的 B_{20} 较高，后者的 H_C 较低，铬含量低于 10% 时 H_C 增大。

合金的磁性除与铬含量有关外，还与 C+N 含量有关（见图 2-53），现在大生产中已可使 $w(C+N)<0.02\%$，$Cr_{12}Fe$ 合金的 H_C 与优质纯铁相当。

图 2-54 为各种添加元素对 $Cr_{12}Fe$ 合金 H_C 的影响。添加合金元素还可改善合金的耐蚀性，如图 2-55 所示，加铝钛可比加硅更有效地提高冷锻性，而加 Pb、S 等元素，则可改善切削加工性。

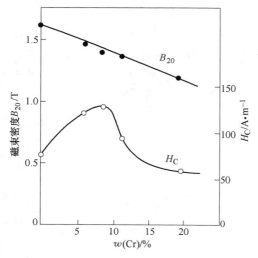

图 2-52　铬含量对矫顽力（H_C）和磁感应
强度（B_{20}）的影响

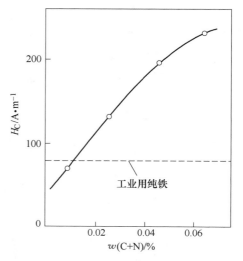

图 2-53　$Cr_{12}Fe$ 合金中（C+N）
含量对矫顽力（H_C）的影响

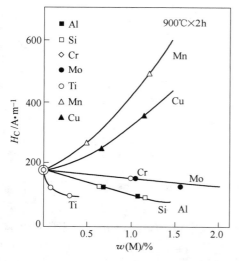

图 2-54　添加元素（M＝Mn、Cu、Mo、Ti、
Al、Si）对 $Cr_{12}Fe$ 合金矫顽力（H_C）的影响

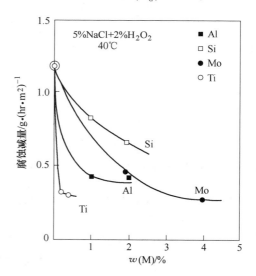

图 2-55　添加元素（M＝Mo、Ti、Al、Si）
对 $Cr_{17}Fe$ 合金耐蚀性的影响

表 2-38 为国外某些 Cr-Fe 系合金的磁性，表 2-39 为我国国标（GB/T 14886—94）中列出的牌号和性能。

表 2-38 国外某些 Fe-Cr 系耐蚀热磁合金的性能

类别	主要成分	$H_C/A \cdot m^{-1}$	B_{800}/T	$\rho/\mu\Omega \cdot cm$	国外牌号
Cr$_{13}$系	$Cr_{13}Si_2$	152	1.13	92	KM31
	$Cr_{13}Si_1AlP_6$	88	1.20	72	KM35F
	$Cr_{13}Al_1Si_{0.3}P_6$	72	1.14	80	QMR3L
	$Cr_{13}Al_2Si$	64	1.16	97	KM70F
	$Cr_{12}Al_{0.3}P_6$	80	1.22	60	AUM15H
	$Cr_{10}Al_{1.2}P_6$	72	1.29	80	QMR2L
	$Cr_{10}Al_3P_6$	80	1.17	100	AUM25
	Cr_{13}（超低 C）	37	1.27	50	OOX13
Cr$_{17}$系	Cr_{16}	64	1.20	44	16X
	$Cr_{18}Si_2$	48	1.15	95	KM34
	$Cr_{17}Si_1AlP_6$	88	1.18	75	KM37
	$Cr_{18}Al_{0.3}Si_{0.1}$	80	1.14	61	KM65
	$Cr_{17}Ti$	80	1.18	52	AUM14H
	$Cr_{19}Mo_2Ti$	80	1.15	53	AUM20
	$Cr_{15}Si_{1.5}Al_1MoP_6$	96	1.10	99	QMR5L

表 2-39 我国国标中规定的耐蚀软磁合金牌号和性能

合金牌号	不同磁场强度（A/m）时的磁感应强度值/T					矫顽力 H_C /A·m^{-1} （不大于）	电阻率 ρ /μΩ·cm
	B_{240} （不小于）	B_{r240} （不大于）	B_{300} （不小于）	B_{3200} （不小于）	B_{r3200} （不大于）		
1J116 （Cr$_{16}$）	1.0	—	1.1	1.3	—	80	44
1J117 （Cr$_{17}$NiTi）	0.9	—	1.0	1.25	—	80	—

Cr-Fe 系合金由于在低温下不发生有序-无序转变，故最终退火工艺较为简单。一般不要超过 900℃，即不要超过 γ→α 同素异晶转变温度，纯铁为 912℃，铬的加入使其有所变化，图 2-56 给出 γ 相区与铬和（C+N）含量之间的关系，此图可作为该合金系列退火温度选择的依据。

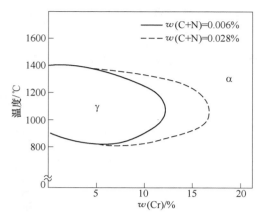

图 2-56　　Fe-Cr 合金的 γ 相区

参 考 文 献

[1] 何忠冶. 电工钢 [M]. 北京：冶金工业出版社，1996.

[2] 柯成，金瑞湘，等. 中国冶金百科全书·金属材料卷 [M]. 北京：冶金工业出版社，2001.

[3] 王新林，等. 材料科学技术百科全书·精密合金 [M]. 北京：中国大百科全书出版社，1995.

[4] 师昌绪，钟群鹏，李成功. 中国材料工程大典（第 2 卷）[M]. 北京：化学工业出版社，2006.

[5] 柯成. 金属功能材料词典 [M]. 北京：冶金工业出版社，1999.

[6] [日] 千葉政道. 纯铁软磁材料 ELCH2 [M]. 特殊钢，2002，51 (6)：39.

[7] Kimura Akihiro. Voice Fundamental Period Extractor [J]. Japan Pat.，1988：66376.

[8] Murmatsu，et al. Picture Reader [J]. Japan Pat.，1989：14295.

[9] Shirahata Satoshi，Uchida Minoru，et al. Inhibitor for intracranial Hemorrhage of immature Baby [J]. Japan Pat，1988：39646.

[10] 易邦旺，朗文运，杨志勇，等. 国外水轮机组、发电机组用钢概况 [J]. 钢铁研究学报，1995：10~18.

[11] 胡燕，易邦旺，赵先存. 钢的化学成分、轧制温度对磁轭薄板、力学性能和磁通密度的影响 [J]. 钢铁研究学报，1992，4 (1)：21~27.

[12] 胡燕. 钢的化学成分、轧制温度对磁轭薄板机械性能和磁通密度的影响 [D]. 钢铁研究总院（88）硕士学位论文.

[13] 戴礼智. 金属软磁材料 [M]. 上海：上海人民出版社，1975.

[14] R. 波尔. 软磁材料 [M]. 唐与谌，黄桂煌，译. 北京：冶金工业出版社，1985.

[15] 林师炎，易邦旺，杨志勇. 水力发电关键部件用钢的技术开发 [M]. 钢铁研究总院内部资料，1991.

[16] 张翔，王良芳. 我国电工钢生产技术的发展 [N]. 世界金属导报，2006.

[17] 金延，等. 电工钢的发展 [J]. 金属功能材料，2003，45 (6)：45~46.

[18] [日] 横山靖雄. 无取向硅钢板 [J]. 特殊钢，1994，43 (7)：26.

[19] Yada H. Tetsu-to-Hag ane [J]. 铁と钢，1983，69：S1459.

[20] 周寿增，张茂才. 金属永磁材料的前沿问题 [J]. 磁性材料及器件，1997 (1)：43~46.

［21］ 日本永磁材料的发展［J］. 金属功能材料，1997（3）：131～132.

［22］ 刘增民. 我国永磁材料的现状与发展［J］. 磁性材料及器件，1994（2）：27～34.

［23］ Long G J，Grandjean F. Supermagnets Hard Magnetic Materials［M］. Kluwer Academic Publishers，1991.

［24］ Yamamoto H，et al. IEEE Trans［M］. Magn，1990.

［25］ 师昌绪. 材料大辞典［M］. 北京：化学工业出版社，1994.

［26］ 师昌绪. 新型材料与材料科学［M］. 北京：科学出版社，1988.

［27］ 马如璋，蒋民华，许祖雄. 功能材料学概论［M］. 北京：冶金工业出版社，1999.

［28］ 李成功，姚熹. 当代社会经济的先导——新材料［M］. 北京：新华出版社，1992.

［29］ 阿·诺伊曼. 材料和材料的未来［M］. 北京：科学普及出版社，1986.

［30］ 田莳. 功能材料［M］. 北京：北京航空航天大学出版社，1995.

［31］ 曾汉民. 高技术新材料要览［M］. 北京：中国科学技术出版社，1993.

［32］ 许煜寰. 铁电与压电材料［M］. 北京：科学出版社，1978.

［33］ 殷景华，王雅珍，菊刚. 功能材料概论［M］. 哈尔滨：哈尔滨工业大学出版社，1999.

［34］ ［日］中野敦之，等. 粉体与粉末冶金［M］. 2002.

［35］ Sekiguchi. Digests of Internaliana Conference on Ferrite［M］. Satellite Conference in Tokyo Japan，2000.

［36］ ［日］中畑功，等. 粉体与粉末冶金［M］. 2001.

［37］ 何开元. 软磁合金研究论文选集［M］. 沈阳：东北大学出版社，2012.

3 金属永磁材料

从广义上讲所有能对磁场作出某种方式反应,在实际应用中主要利用材料所具有的磁特性的一类材料,称之为磁性材料。通常认为磁性材料是指铁磁体或亚铁磁体。它们具有自发磁化强度,由此而具有一系列的磁性而应用在各种磁性或电磁器件中。磁性材料种类繁多,分类方法各异,一般可按国际电工技术委员会(IEC)的标准分类方法进行分类。永磁材料指矫顽力大于 1kA/m 的铁磁或亚铁磁材料。

永磁材料也称永磁合金,硬磁合金,硬磁材料,磁铁,磁钢,俗称吸铁石或磁石,是金属功能材料中最重要且应用最广的领域之一。

永磁材料就是经磁化至饱和后,即使撤掉外部磁场也能保持恒定磁性的材料。永磁材料要求有大的矫顽力,高的剩磁,其工作状态是在磁滞回线的第二象限,即在退磁曲线上。在磁能积(BH)最大点的状态下使用效果最好。永磁材料的最大磁能积越大越好。

我国在磁性材料的研究和应用上具有悠久的历史,在我国战国时代(公元前 475 年至公元前 221 年)已有用天然磁铁磨成的指南针,称为"司南"。最早记载约在公元前 3 世纪。指南针是中国古代四大发明之一,它的出现标志着人类文明的一大进步,对后来的航海事业有着重大的作用。

3.1 永磁材料发展史

古代,人们利用矿石中的天然磁铁矿打磨成所需的形状,用来指南或吸引铁制器件。近代永磁材料的研究和应用始于工业革命之后并在短时间内得到迅速发展。

1880 年开始出现碳钢,这是人们研制的非天然永磁材料。是含碳 1%～1.5% 的高碳钢,经过高温淬火而硬化,因淬火而得到的马氏体结构使其具有较高的矫顽力。后来相继出现了钨钢、铬钢、钴钢等,磁性也逐步提高。

1917 年发明了含 35%Co 的 KS 钢(BH)$_{max}$ 可达 8kJ/m³左右。

1931 年开发出铁氧体永磁及软磁材料,其特点是氧化物而非金属或合金。后又开发出微波材料等几个次大类磁性材料。

1931 年出现了 Fe-Ni-Al 系永磁合金,随后通过添加 Co、Cu、Ti 等元素进一步改善了它的永磁特性,形成了当前永磁材料中重要的一大类材料即 Al-Ni-Co 系永磁材料。

1955 年开发出 Mn-Al-C 永磁材料,由于材料中不含贵重金属,所以原材料价格便宜。此材料力学性能好,可用一般机械加工方法切削加工,因此也称之为可加工永磁材料。

1959 年和 1960 年先后有人报导了 GdCo$_5$ 具有超常的永磁性。1966 年 Heffer 等人报导了 RCo$_5$(此处 R 代表轻稀土元素,即 Ce,Pr,Nd,Sm 及 Y)的基本特性,指出有可能成为新的稀土永磁系。在 1967 年末一种新的永磁材料 SmCo$_5$ 被开发出来,具有比以前所有已知永磁材料都高的磁性能,后被称之为第一代稀土永磁。对 R$_2$Co$_{17}$ 系化合物的深入研究导致第二代稀土永磁材料 Sm$_2$(Co,Cu,Fe,Zr)$_{17}$ 的出现。

1971 年出现了性能比 Mn-Al-C 高的可加工永磁 Fe-Cr-Co，性能与 AlNiCo$_5$ 相当。但含 Co 少，因此价格低。

1983 年诞生了第三代稀土永磁材料 Nd-Fe-B。它的出现在永磁材料发展史上占有重要的地位。因为它不含钴或少含钴，而且地壳中含 Nd 量是含 Sm 量的十几倍，磁性能又比第一代和第二代稀土永磁高许多。由于性能好成本低，所以是理想的永磁材料。从 1983 年开始至目前，是 Nd-Fe-B 材料大发展的时期，在未来的十年内还会继续发展。目前已形成各种性能，各种工艺的 Nd-Fe-B 永磁家族。

从第三代稀土永磁材料 Nd-Fe-B 出现后，人们把研究的重点放在寻找新型稀土材料，从研究新相和结构设计出发进行了大量的工作，已发现几种化合物具有优异的永磁特性，可望成为新的永磁材料，它们包括 Sm-Fe-N 系，Nd(Fe-M)$_{12}$N$_x$ 系及低 Nd 含量的纳米晶永磁材料等。这些材料在成为实用永磁材料之前，在材料的工艺，成分及磁性上还有许多研究工作有待完成。这些材料的基本磁性及实用磁体制备工艺的研究，是当前磁性材料研究领域中的热门研究课题。

介于永磁合金和软磁合金中间还有一大类称之为半硬磁材料，即它的磁性（主要指矫顽力）处于两者之间，习惯上该类材料归类于永磁材料。主要有 Mo-Co-Fe 系、Cu-Ni-Fe 系、Cu-Ni-Co 系、Fe-Co-V 系和 Ag-Mn-Al 系等。由于这些材料加工特性好，也称之为可加工永磁，只不过矫顽力比 Fe-Cr-Co 系可加工永磁低。

图 3-1 给出了各类永磁材料的开发年代与磁性的关系。图 3-1a 为 1880 年至现在永磁材料 $(BH)_{max}$发展史。图中数字表示：1—碳钢；2—钨钢；3—钴钢；4—Fe-Ni-Co-Al 合

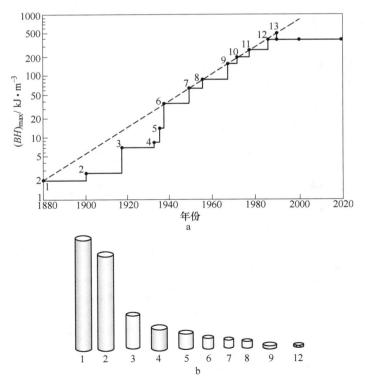

图 3-1 各类永磁材料的开发年代与磁性的关系

金；5—Ticonal Ⅱ（Ticonal 为法国生产 Al-Ni-Co-Ti-Fe 合金牌号，为各向异性磁体）；6—Ticonal G；7—Ticonal GG；8—Ticonal XX；9—SmCo$_5$；10—（Sm，Pr）Co$_5$；11—SmCo$_7$；12—NdFeB。图 3-1b 为不同磁性能（BH）$_m$ 的磁体，当直径相同，产生同样磁通量（$B \times \Phi$）时，所需磁体的长度。

3.2　永磁材料的基本物理参量

铁磁性材料的特点之一是具有磁滞回线特性。当一个物体在外场中被磁化至饱和，经历一个磁化至极大→退至零→磁化至反向极大→退至零→再至正向极大的一个周期磁化过程时，材料的磁感与外场的关系为一回线，称之为饱和磁滞回线，如图 3-2 所示。图中的 B_r 称之为剩余磁感应强度，H_C 为矫顽力。在退磁曲线上任意点处的 B 和 H 的乘积值称为磁能积（BH）。对应此值，最大时称为最大磁能积（BH）$_{max}$，这是度量某一永磁材料好坏的一个重要指标，它标志着在单位体积内永磁材料可向外界提供磁场能量的多少。当我们要求在某一特定空间产生一定的磁场时，磁能积大的永磁材料用量少，磁能积小的材料用量大。从图 3-1 可知，（BH）$_{max}$ 值的不断升高，标志着材料的不断进步。

居里温度：也称为居里点。磁性材料的磁化强度随温度升高而下降，磁化强度下降至零时的温度称之为居里温度。永磁材料的居里温度高则该材料的温度特性好，可工作的环境温度也高。一般要求永磁材料的居里点在 200℃ 以上。

退磁曲线的隆起度：是永磁材料退磁曲线凸起的量度，在 B_r、H_C 相同的情况下隆起度高则最大磁能积高。隆起度系数又称凸度系数，由下式表示：

$$\eta = \frac{(BH)_m}{B_r H_C}$$

温度系数：分为磁感温度系数和矫顽力温度系数。

磁感温度系数又分为可逆温度系数和不可逆温度系数。可由公式表示：

$$(\alpha_B)_{可逆} = \frac{B_T - B'_{RO}}{B'_{RO}(\Delta T)} \times 100\%$$

$$(\alpha_B)_{不可逆} = \frac{B'_{RO} - B_{RO}}{B_{RO}(\Delta T)} \times 100\%$$

式中　　B_{RO}——室温下磁感应值；

　　　　B'_{RO}——升温后回到室温下的磁感应值；

　　　　B_T——某一升温温度下的磁感应值；

　　　　ΔT——所升高的温度与室温之差。

矫顽力的温度系数由下式计算：

$$\alpha_{H_C} = \frac{(H_C)_T - (H_C)_{RO}}{(H_C)_{RO}(\Delta T)} \times 100\%$$

式中　　$(H_C)_{RO}$——室温时的矫顽力；

　　　　$(H_C)_T$——某一升温温度下的矫顽力；

　　　　　ΔT——所升高的温度与室温之差。

要求永磁材料的磁感温度系数和矫顽力温度系数越小越好。因为它们越小，磁性受环境温度变化的影响越小，磁性越稳定。所以它们是永磁材料稳定性的重要指标。

永磁体一般都在开路状态下工作，闭路条件下不会因温度变化产生不可逆损失，因而开路磁感的可逆温度系数就是剩磁温度系数。它由材料的内禀磁性决定。

永磁体的负载线与工作点：对于给定形状的永磁材料，可测得其退磁曲线。通过原点作一条直线使它的斜率等于该磁体的退磁因子。此直线即为该磁体的负载线。此直线与退磁曲线相交点为磁体的工作点。工作点一般选在磁体的最大磁能积处，可最大限发挥材料的特性。磁路设计的目的就是选择合适的磁体尺寸及回路，使永磁体工作在最大磁能积处。见图 3-2。实线为 $B\sim H$ 曲线，虚线为 $J\sim H$ 曲线。$B\sim H$ 曲线上的实心点"·"和空心点"。"分别代表两种材料的最佳工作点，对应于最大磁能积处。工作点与原点之间的斜线为负载线。

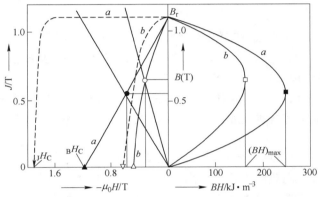

图 3-2　两种不同磁性的永磁材料退磁曲线和最大磁能积曲线

回复线与回复磁导率：处于退磁曲线某点（如 F 点）的磁体在一正外场 ΔH 作用下，其磁化将沿曲线 a 变化，见图 3-3。当外磁场减小到零时，其磁化将沿另一曲线 b 回复指初始点 F。上述的小回线（$F \rightarrow a \rightarrow F' \rightarrow b \rightarrow F$）称之为回复线。对永磁材料说此回线包围的面积很小，可将其近似地视为直线，它的斜率称为回复磁导率 μ_{rec}，即：

$$\mu_{\text{rec}} = \frac{\Delta B}{\Delta H}$$

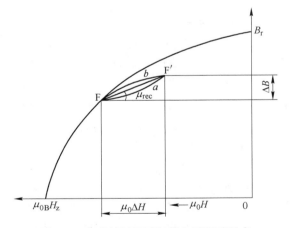

图 3-3　永磁材料的回复线和回复磁导率

式中，μ_{rec} 的大小与 B-$\mu_0 H$ 退磁曲线的形状有关，当 $\mu_{0B}H_C$ 近似地等于 B_r 时，μ_{rec} 的数值趋近于 1。μ_{rec} 值越小，表示永磁体抗外磁场干扰的能力越强。对于 μ_{rec} 值接近于 1 的永磁体，其小回线几乎与 B-$\mu_0 H$ 退磁曲线相重合，因此，特别适用于在外磁场周期变化的动态下工作。

3.3　永磁材料的分类

永磁材料的分类方法很多，可以按合金的化学成分分类，也可以按制造方法分类，还可按相变机理分类等。目前通常按习惯分类法将永磁材料分为四大类。

（1）铝镍钴系永磁材料（Fe-Ni-Al、Al-Ni-Co 等）。

（2）铁氧体永磁材料（本书主要论述金属永磁材料，对氧化物类永磁材料不做论述）。

（3）稀土永磁材料（R-Co、Nd-Fe-B 等）。

（4）可加工永磁材料（Fe-Cr-Co、Mn-Al-C 及半硬磁材料等）。

在这四大类永磁材料中，除氧化物类的铁氧体永磁材料外，其他三类都属于金属永磁材料。

3.4　铝镍钴永磁材料

铝镍钴系永磁材料通常根据其化学成分加以分类。按这种分类方法可将其分为 Fe-Ni-Al 型合金，Al-Ni-Co 型合金以及 Al-Ni-Co-Ti 型合金三大类。Fe-Ni-Al 型合金中还包括在 Fe-Ni-Al 三元合金中加 Cu 成为 Fe-Ni-Al-Cu 四元合金。Al-Ni-Co 型合金实际是由 Fe、Ni、Al、Co、Cu 组成的五元合金。Al-Ni-Co-Ti 型合金则是由 Fe、Ni、Al、Co、Cu、Ti 组成的六元合金。此外，在上述各种类型的合金中可以加入少量的合金元素，如硅、铌、硫等，以改善性能满足工程需要。

铝镍钴系永磁合金也可按磁性能将其分为低磁能积合金、中磁能积合金、高磁能积合金、特高磁能积合金、高矫顽力合金、高矫顽力特高磁能积合金等。

另外，还可根据磁性能是否具有方向性，将其分为各向同性合金和各向异性合金两大类。各向异性合金可分为具有磁织构的合金和具有结晶织构（半柱状晶、柱状晶）并具有磁织构的合金。

铝镍钴系永磁合金通常采用铸造法制备，也可采用粉末冶金法制备。铸造铝镍钴永磁合金的制备工艺流程示于图 3-4。这种合金大多采用非真空高频感应炉或中频感应炉冶炼。对于某些高钴合金有时采用真空感应炉冶炼，以改善合金的永磁性能。采用感应炉冶炼具有以下的优点：可借助电磁力的作用，使已熔化的合金溶液自行搅动，从而得到成分均匀的合金，同时熔炼时间短、生产效率高、操作方便。在制备普通的等轴晶合金时，浇注温度应控制在 1540~1560℃。浇注温度过低，铸件容易形成冷隔或产生圆角；浇注温度过高，将使合金晶粒过大、脆性增加，在以后的磨加工时容易产生剥落。

冶炼好的合金要浇注到铸型中。工业生产上主要采用普通砂型铸造，壳型铸造以及熔模精密铸造的方法。普通砂型铸造的优点是生产周期短、成本低、铸件尺寸、形状不受限制、适于品种规格多、批量小、形状复杂的产品。缺点是铸件外观质量差、表面光洁度不高、尺寸精确度较低；壳型铸造的优点是能获得比较光洁平滑的表面和较高的精密度、减少夹渣、气孔等缺陷，可铸造较薄的产品，适合于自动化大批量生产、缺点是壳型耐高温性能差、不能制备形状复杂的产品、价格昂贵等；熔模精密铸造可用于制备壁厚较薄、形状复杂的铸件、表面光洁度以及精度较高，因此可减少机加工量，采用这种方法还可避免合金铸件产生气孔、砂眼、冷隔等缺陷，但这种铸造方法存在着生产周期长、辅料价格较贵、工艺要求复杂等缺点。

通常采用的热处理方法为：

固溶处理：各向同性合金加热到 1100℃，各向异性磁体加热到 1250℃，保温 20~

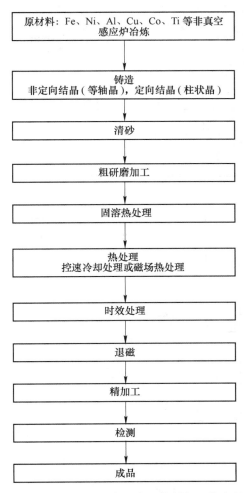

图 3-4　铸造铝镍钴永磁合金的制备工艺流程

30min，使 α 相充分生成。

冷却：从固溶温度至 950℃ 间，将磁体淬火急冷，防止 γ 相析出。因为如果出现 γ 相则磁性能降低。

磁场热处理：在 900~700℃ 之间以 0.1~2℃/s 的速度冷却磁体。对于各向异性磁体，应在 12kA/m 以上的磁场中冷却。对于高钴的磁体应在 800~820℃ 进行磁场等温热处理。通过磁场处理使合金中的 α₁ 相沿磁场方向形核长大，最终得到优异的形状各向异性。

时效处理：在 600~580℃ 间处理几小时至 10 多小时，其作用是使 α₁ 相长大到合适尺度。

粉末冶金铝镍钴永磁合金的制备工艺流程示于图 3-5。粉末冶金法所用的原材料有 Co 粉、Fe 粉、Ni 粉、Cu 粉，Al 是以 Al-Fe-Cu 中间合金粉的形式加入，Ti 是以 Ti-Fe 合金粉或 TiH₂ 粉形式加入。金属粉末可用机械法制备，也可用各种物理化学方法制备。用机械法制备的粉末需在氢气中进行还原以降低粉末中氧含量和碳含量并可消除内应力。将制备好的各种金属粉末（粒度大约为 0.1mm）以适当的比例配料后将这种粉料放置于混料机中混合均匀，在 600~800MPa 的压力下模压成压坯。为了防止氧化，压坯需在氢气保护下或在真空中进行烧结。烧结温度因合金成分不同而有所不同，例如 AlNiCo$_5$ 合金，烧结温度为 1300~1315℃，AlNiCo$_8$ 合金，烧结温度为 1250~1270℃。

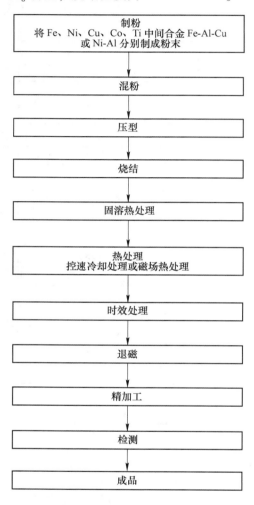

图 3-5　粉末冶金铝镍钴永磁合金的制备工艺流程

我国已颁布了 Al-Ni-Co 系永磁材料的国家标准，见表 3-1 和表 3-2。为便于比较表 3-3给出了美国铝镍钴钢产品牌号和性能。图 3-6 是牌号的含义。AlNiCo$_{1~4}$ 为各向同性合金，其含钴量为 0~20%（质量分数），AlNiCo$_{5~9}$ 各向异性合金，其含钴量 22%~40%（质量分数），含钛 5%~8.5%（质量分数）。各向同性 1~4 合金的成分大约是 Fe$_2$NiAl，合金从 1100℃体心立方单相淬火，再于 650℃回火 4h，可得到磁性$_b H_C$ = 41kA/m，$(BH)_{max}$ = 11kJ/m^3。添加 3% Cu 后，$(BH)_{max}$ 可提高至 12kJ/m^3。添加 1% Ti 后获得最佳磁性 $(BH)_{max}$ = 17kJ/m^3。添加钛后合金虽然为等轴晶，可是具有各向异性，所以磁性提高较大。钴增加至 24%可有效地提高 Fe-Ni-Al-Cu 合金的磁性。提高此类合金磁性的一个重要手段是调整合金成分（如含钴是在 24%左右）的同时，采用磁场中控速冷却的热处理方法形成各向异性。这就是各向异性 AlNiCo 系合金，称为 AlNiCo$_5$ 合金。在晶粒取向 AlNiCo$_5$ 合金的基础上，进一步提高矫顽力，导致各向异性 AlNiCo$_8$ 系合金的产生。此类合金含有 32%~36%（质量分数）Co 和 4%~6%（质量分数）Ti。其磁性可达 $H_C = 90~120kA/m$，$(BH)_{max} = 40~50kJ/m^3$。不足之处是高矫顽力的获得是以降低剩磁为代价的（$B_r \approx 0.8T$）。当合金由 38%（质量分数）Co，8.5%（质量分数）Ti，得到定向结晶 AlNiCo$_9$ 合金。高钛合金可获得高矫顽力，但含钛较多时晶粒尺寸减少，晶粒取向即定向结晶变得困难。可通过添加少量的硒，碲和硫等元素来增大晶粒尺寸，从而提高磁性。AlNiCo$_9$ 合金的典型磁性为 $60~75kJ/m^3$。AlNiCo 系单晶体磁性是 $(BH)_{max} = 107kJ/m^3$, $_bH_C = 122kA/m$。其中 LN9 和 LN10 为 Al-Ni 系，LNG12~LNG52 为 Al-Ni-Co 系，LNGT28~LNGT72 为 Al-Ni-Co-Ti 系，LNGT36J 为高矫顽力 Al-Ni-Co-Ti 系。FLN8~FLNGT33J 为粉末磁钢，包括 Al-Ni 系，Al-Ni-Co 系，Al-Ni-Co-Ti 系等。

表 3-1 铝镍钴系永磁合金的化学成分 （GB 4753—84）

合金牌号	化学成分/%，余 Fe							
	Al	Ni	Co	Cu	Ti	Nb	Si	S
LN9	13.0	24.0	—	3.0	—	—	—	—
LN10	13.0	26.0	—	3.0	—	—	—	—
LNG12	10.0	21.0	12.0	6.0	—	—	—	—
LNG16	9.5	20.0	15.0	4.0	0.5	—	—	—
LNG34	7.8	14.7	19.0	2.4	0.3	—	0.8	0.2
LNG37	8.0	14.0	24.0	3.0	—	—	—	—
LNG40	8.0	14.0	24.0	3.0	—	—	—	—
LNG44	8.0	14.0	24.0	3.0	—	—	—	—
LNG52	8.0	14.0	24.0	3.0	—	—	—	—
LNGT28	8.0	15.0	24.0	4.0	1.2	—	—	—
LNGT32	6.8	14.5	34.0	4.0	5.0	—	—	—
LNGT38	6.8	14.5	34.0	4.0	5.0	—	—	—
LNGT60	6.8	14.5	34.0	3.2	5.0	—	—	0.2
LNGT72	6.8	14.5	34.0	3.2	5.0	1.0	—	0.2
LNGT36J	7.5	14.0	38.0	3.5	8.0	—	—	—
FLN8	13.0	26.0	—	3.0	—	—	—	—
FLNG12	10.0	18.0	12.5	6.0	—	—	—	—
FLNG28	8.0	14.0	24.0	3.0	—	—	—	—
FLNG34	8.0	14.0	24.0	3.0	—	—	—	—
FLNGT31	7.0	15.0	34.0	4.0	5.0	—	—	—
FLNGT33J	7.2	13.7	38.0	3.0	7.5	—	—	—

表 3-2　铝镍钴系永磁合金的磁性能（GB 4753—84）

合金牌号	最大磁能积 $(BH)_{max}$ /kJ·m^{-3}	剩磁 B_r/mT	矫顽力 H_{CB} /kA·m^{-1}	矫顽力 H_{CJ} /kA·m^{-1}	相对回复磁导率 μ_{rec}	备注	
	最小值				典型值		
LN9	9.0	680	30	32	6.0~7.0	等轴晶	各向同性
LN10	9.6	600	40	43	4.5~5.5		
LNG12	12.0	700	40	43	6.0~7.0		
LNG16	16.0	780	52	54	5.0~6.0		
LNG34	34.0	1200	44	45	4.0~5.0		各向异性
LNG37	37.0	1200	48	49	3.0~4.5		
LNG40	40.0	1250	48	49	2.5~4.0	半柱晶	
LNG44	44.0	1250	52	53	2.5~4.0		
LNG52	52.0	1300	56	57	1.5~3.0	柱晶	
LNGT28	28.0	1000	58	59	3.5~5.5	等轴晶	
LNGT32	32.0	800	100	102	2.0~3.0		
LNGT38	38.0	800	110	112	1.5~2.5		
LNGT60	60.0	900	110	112	1.5~2.5	柱晶	各向异性
LNGT72	72.0	1050	112	114	1.5~2.5		
LNGT36J	36.0	700	140	148	1.5~2.5	等轴晶	
FLN8	8.0	520	40	43	4.5~5.5		各向同性
FLNG12	12.0	700	40	43	6.0~7.0		
FLNG28	28.0	1050	46	47	4.0~5.0		各向异性
FLNG34	34.0	1120	47	48	3.0~4.5		
FLNGT31	31.0	760	107	111	2.0~4.0		
FLNGT31J	33.0	650	136	150	1.5~3.5		

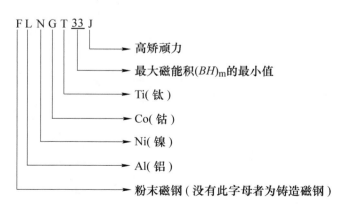

图 3-6　牌号字母的意义

表 3-3 美国铝镍钴永磁合金的牌号、化学成分和磁性能

合金牌号	化学成分/%，余 Fe					磁性能（标称值）			
	Al	Ni	Co	Cu	Ti	最大磁能积 $(BH)_{max}$ /kJ·m^{-3}	剩磁 B_r/mT	矫顽力 H_{CB} /kA·m^{-1}	内禀矫顽力 H_{CJ} /kA·m^{-1}
各向同性铸造合金									
AlNiCo$_1$	12	21	5	3	—	11.2	720	38	38
AlNiCo$_2$	10	19	13	3	—	13.6	750	45	46
AlNiCo$_3$	12	25	—	3	—	10.8	700	38	40
AlNiCo$_4$	12	28	5	—	—	9.6	520	56	56
各向异性铸造合金									
AlNiCo$_5$	8	14	24	3	—	44.0	1170	51	51
AlNiCo$_5$DG	8	14	24	3	—	52.0	1280	54	54
AlNiCo$_{5\sim7}$	8	14	24	3	—	60.0	1330	59	59
AlNiCo$_6$	8	16	24	3	1	31.2	1350	62	64
AlNiCo$_8$	7	15	35	4	5	42.4	820	132	149
AlNiCo$_8$H$_C$	8	14	38	3	8	40.0	720	152	174
AlNiCo$_9$	7	15	35	4	5	72.0	1060	120	120
各向同性粉末烧结合金									
AlNiCo$_2$	10	19	13	3	—	12.0	710	44	46
AlNiCo$_5$	8	14	24	3	—	31.2	1090	50	50
AlNiCo$_6$	8	15	24	3	1	23.2	940	63	66
AlNiCo$_8$	7	15	35	4	5	32.0	740	120	135
AlNiCo$_8$H$_C$	7	14	38	3	8	36.0	670	144	162

注：DG 为定向结晶，H$_C$ 为高矫顽力。

3.5 可加工永磁材料

一般说来，所谓加工是指用传统的冶金及机械加工工艺对金属材料进行加工，以便获得所需形状和尺寸的部件。对于永磁材料而言，除了具有高的磁性能之外，有时还需要其产品具有特殊的形状，这种产品难以用铸造和粉末冶金的方法来获得，而是需要通过锻造、轧制、拉拔等手段制成薄带、板材、丝材等，然后采用机械加工的方法来制取。通常把可以用传统的冶金及机械加工工艺来制备的永磁材料称之为可加工永磁材料。可加工永磁材料主要有 Fe-Cr-Co 永磁材料、Mn-Al-Co 永磁材料、半硬磁材料（包括马氏体钢、Fe-Co-V 系、Fe-Mn 系、Fe-Ni 系、Fe-Ni-Al 系、Fe-Co-Mo 系等）、Pt-Co 系永磁材料等。

3.5.1 铁铬钴永磁材料

铁铬钴永磁材料可进行冷热塑性变形加工，制成各种不同形状，如片、棒、丝、管

等，可用通用机加工方法进行加工，为区别只能进行磨加工的铸造铝镍钴永磁，称铁铬钴为可加工永磁材料。1971 年首先开发出高钴的 Fe-Cr-Co 合金，经研究使合金成分向低钴方向移动。目前比较典型的成分为 (8~15)%Co-(21~28)%Cr-余量为铁。其磁性相当于 $AlNiCo_5$ 的水平。

铁铬钴永磁合金与铝镍钴合金一样属于不稳态分解型机制。含钴为 15% 的 Fe-Cr-Co 合金在 1300℃ 以上为 α 单相区，在 1300~700℃（α+γ）相区，在 700℃ 以下为（$α_1$+$α_2$）两相区。$α_1$ 相为富铁钴的强磁性相 $α_2$ 相为富铬的非磁性相。当合金从单相区经热处理淬火至室温，在 620~660℃ 之间进行磁场热处理时，α 相通过不稳的分解生成细长的 $α_1$ 相均匀分布在 $α_2$ 在基体中。磁场处理的作用是使 $α_1$ 相形成在 <100> 方向上的细长状粒子，其直径约为 20~30mm。通过 $α_1$ 强磁性相近于单畴的尺寸效应，得到形状各向异性而获得高矫顽力。回火处理是进一步完善 $α_1$ 和 $α_2$ 分解及扩大两相之间的成分差别。γ 相是非磁性的面心立方（fcc）固溶体，属破坏性杂质。α 相是体心立方（bcc）单相固溶体、σ 相属正方晶系，也是破坏性杂质。

图 3-7 给出 Fe-Cr-Co 系三元相图于 15%Co 时的截面图。表 3-4 给出 Fe-Cr-Co 合金国家标准牌号和成分及磁性能，表 3-5 给出 Fe-Cr-Co 合金推荐的热处理制度。表 3-6 给出美国低 Co 的 Fe-Cr-Co 合金的成分及磁性能。

铁铬钴合金除经磁场热处理来提高和金性能外，还可通过塑性变形及时效获得好的磁性，如日本产品中的 KMC 是铸造磁体，KMR 是轧制（塑性变形）磁体，二者可得到相同的磁性，这种特性是其他类永磁材料所不具备的。

有些铝镍钴永磁材料的 $(BH)_{max}$ 比铁铬钴

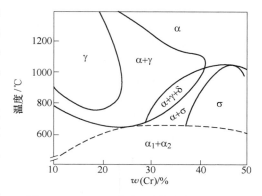

图 3-7　Fe-Cr-Co 合金三元相图于 15%Co
时的截面图

高，铁铬钴只相当于 $AlNiCo_5$ 的水平。但相当磁性水平的铁铬钴合金含钴量比铝镍钴要少，因此成本低于铝镍钴。铁铬钴永磁可进行机加工制成各种形状，这一点是铝镍钴不可比的。上述优点使得铁铬钴在永磁材料家族中占有一席之地。

表 3-4　我国 Fe-Cr-Co 永磁合金国家标准牌号成分和性能（各向异性材料）

牌号	化学成分/%，余 Fe									磁性能（各向异性磁体）		
	C	Mn	S	P	Cr	Co	Si	Mo	Ti	B_r /T	H_o /kA·m⁻³	$(BH)_{max}$ /kJ·m⁻³
	不大于											
2J83	0.03	0.20	0.020	0.020	26.0~27.5	19.5~21.0	0.80~1.10	—	—	1.05	48	24~32
2J84	0.03	0.20	0.020	0.020	25.5~27.0	14.5~16.0	—	3.00~3.50	0.50~0.80	1.20	52	32~40
2J85	0.03	0.20	0.020	0.020	23.5~25.0	11.5~13.0	0.80~1.10	—	—	1.30	44	40~48

表 3-5 我国 Fe-Cr-Co 永磁合金推荐热处理制度

牌号	推 荐 热 处 理 制 度
2J83	(1) 固溶处理：1300℃保温 15~25min，冰水淬； (2) 磁场处理：磁场强度大于 200kA/m，温度 640~650℃，保温 30~60min； (3) 回火处理：(610℃, 0.5h) + (600℃, 1h) + (580℃, 2h) + (560℃, 3h) + (540℃, 4h)，进行阶梯回火
2J84	(1) 固溶处理：1200℃，保温 20~30min，冷水淬； (2) 磁场热处理：磁场强度大于 200kA/m，温度 640~650℃，保温 40~80min，磁场中随炉缓冷到 500℃； (3) 回火热处理：(610℃, 0.5h) + (600℃, 1h) + (580℃, 2h) + (560℃, 3h) + (540℃, 4h)，阶梯回火
2J85	(1) 固溶处理：1200℃，保温 20~30min，冷水淬； (2) 磁场热处理：磁场强度大于 200kA/m，温度 640~650℃，保温 1~2h； (3) 回火热处理：(620℃, 1h), (610℃, 1h) + (590℃, 2h) + (570℃, 3h) + (560℃, 4h) + (540℃, 6h)，阶梯回火

表 3-6 美国低钴的 Fe-Cr-Co

合金成分/%，余 Fe	剩磁 B_r/T	矫顽力 H_C/kA·m^{-1}	最大磁能积 $(BH)_{max}$/kJ·m^{-3}
各向同性磁体			
$Co_{10.5}Cr_{28}$	0.95	32	14.4
Co_7Cr_{28}	0.97	26.4	11.2
形变时效各向异性磁体			
$Co_{23}Cr_{33}Cu_2$	1.30	86.4	78.4
$Co_{16}Cr_{33}Cu_2$	1.29	70.4	64.8
$Co_{11.5}Cr_{33}Cu_2$	1.15	60.8	50.4
$Co_7Cr_{33}Cu_2$	1.18	42.0	33.6
$Co_5Cr_{33}Cu_2$	—	32.0	24.0
$Co_{11.5}Cr_{33}$	1.20	61.6	44.0
Co_9Cr_{33}	1.24	64.4	32.8
Co_7Cr_{33}	1.19	38.8	26.4
Co_5Cr_{33}	1.15	24.8	19.2
磁场处理各向异性合金			
Co_9Cr_{27}	1.30	46.4	49.6
Co_7Cr_{28}	1.25	40.8	41.6
$Co_5Cr_{28}Ni_4$	1.27	29.6	30.4
Co_5Cr_{30}	1.34	42.4	42.4
$Co_4Cr_{32}Ti_{0.5}$	1.26	42.6	40.8
Co_3Cr_{32}	1.25	40.0	33.4
$Co_2Cr_{33}Hf_1$	1.24	36.8	33.4
烧结磁体			
$Co_{12}Cr_{25}$	1.40	44.0	41.6
Co_5Cr_{31}	1.23	40.0	35.2

3.5.2　Mn-Al-C 永磁材料

Mn-Al 可形成原子比为 1∶1 的金属间化合物，不含 Co 具有耐氧化性和较高的力学强度。Mn-Al 合金属于 CuAu-Ⅰ型结构，如图 3-8 所示。1955 年研究发现 Mn-Al 合金中存在铁磁性相 τ 相，是一种亚稳相。后来通过添加碳，使 τ 相成为稳定相，磁性和力学特性均得到改善。以后通过塑性变形加工得到各向异性，磁性进一步提高。

Mn-Al-C 的制备工艺：配比好的原材料用真空感应炉冶炼，再将钢水经气体雾化得到数十个微米大小的微粒子，经成型，加热至 700℃ 左右，进行中温挤压成型，得到各向异性磁体。由于使用气雾化方法代替传统的铸造方法，避免了铸造工艺中的铸造缺陷。气雾化得到的粒子结构和成分都比较均匀，这对磁性和力学性能的提高均有好处。

典型 Mn-Al-C 成分是 30% Al-0.5% C-余 Mn。合金经塑性变形加工后易磁化轴沿 [001] 取向，得到各向异性，磁性如图 3-9 所示。由图可知轴向各向异性 Mn-Al-C 磁体的 $(BH)_{max}$ 可达 48kJ/m³ 水平，与 AlNiCo 相当。

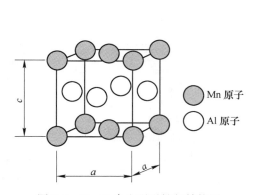

图 3-8　Mn-Al 合金强磁性相结构图

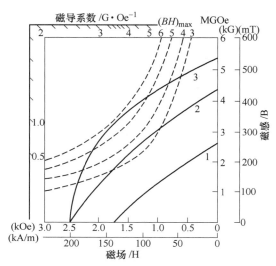

图 3-9　Mn-Al-C 永磁合金磁性

Mn-Al-C 磁体的抗拉强度为 290MPa，铁氧体为 10～30MPa，稀土永磁为 5～10MPa，可见 Mn-Al-C 磁体具有较高的抗拉强度。可用在每分钟 6 万转的高速机构上。可用传统的切削加工工艺加工成圆柱、环或棒等。具有良好的耐氧化性，表面不需特殊处理即可在常温大气下使用。另外 Mn-Al-C 合金密度约 5g/cm³，是铁的 70% 左右，因此应用 Mn-Al-C 对永磁回路的轻型化非常有利。

目前 Mn-Al-C 磁体主要应用在要求较高力学强度和形状较为复杂，需经机加工等场合。由于充磁技术的进步，可在一长棒 Mn-Al-C 磁体上充成环状、螺旋状、波纹状等多种磁极，扩大了永磁应用领域。

目前 Mn-Al-C 永磁材料主要应用或有希望应用在以下几个方面：

（1）传感器元件。Mn-Al-C 磁体由于有好的力学强度，耐热冲击，质量轻和抗氧化等优点，可用在汽车的车速传感器，高速转动传感器处。

（2）电机。应用稀土永磁的电机，实现了小型化及高性能，但高速转动电机磁体还是使用 Mn-Al-C 永磁。

（3）超薄型永磁体。由于办公室自动化设备和家庭视听设备的日趋小型化、高性能化的要求，所使用的磁屏蔽电机也要小型化。高性能化。为此生产开发出 150μm 厚的超薄型磁体，用在小型永磁电机上。

（4）细长磁体。用粉末冶金方法可制造出长棒型磁体，可用做复印机磁辊。

（5）球状磁体。将棒状磁体切成粗尺寸球状，经细磨后可得到球型磁体，其应用正待开发。

总之，Mn-Al-C 磁体除不含钴、成本低、磁性相当于 AlNiCo 水平外，还有诸多优点，是一种较为适用的永磁材料。

3.5.3 铂钴合金

铂钴系永磁合金的成分大约在 50%Co-Pt（原子分数）处。其硬磁化机制主要是来源于磁有序面心立方相。50%Co-Pt（原子分数）合金在 825℃ 以上为无序的面心立方固溶体。在 825℃ 以下为面心正方有序结构，如图 3-10 所示。合金在 825℃ 以下产生无序-有序转变。1000℃ 以上合金固溶后，淬火后经适当热处理，使合金无序相中生成有序相，为 20~50nm 大小的微细粒子，当有序相析出约为 50% 时获得最高磁性。

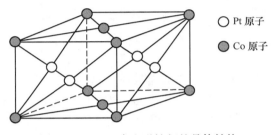

○ Pt 原子
● Co 原子

图 3-10 Pt-Co 合金磁性相的晶体结构

铂钴合金可用冶炼或粉末冶金方法制备成磁体。一般工艺为：合金冶炼、铸造后，在 1000~1100℃ 范围内进行热变形加工，于 1000℃ 淬火后可进行冷加工。如果淬火速度不够快，将导致合金变脆及硬度提高而不利于冷加工。合金经适当的热处理后得到较高的磁性。如从 1000℃ 淬火至 680~720℃，保温 10min 后淬入水中，再于 600℃ 时效热处理 30~100min，可获得 $(BH)_{max}$ = 95.8 ~ 99.8kJ/m³ 的磁性，详见表 3-7。Pt-Co 单晶体的 $(BH)_{max}$ = 113.4kJ/m³。

表 3-7 典型 Pt-Co 合金的化学成分，热处理制度和磁性能

元素含量/%						热 处 理	B_r/T	H_C /kA·m⁻¹	$(BH)_{max}$ /kJ·m⁻³
Pt	Co	Pd	Fe	Ni	Cu				
47.5	52.5	—	—	—	—	从 1000℃ 到 600℃ 等温淬火保温 15~50min	0.79	311	93.4
49	51	—	—	—	—	从 1000℃ 到 680~720℃ 等温回火，保温 20~60min	0.7~0.72	400~415	95.8~99.8
48~45	50	2~5	—	—	—	从 1000℃ 以 14~20℃/min 冷却到 600℃，保温 1~5h	0.62~0.72	319~400	75.9~83.8
50	40~45	—	5~10	—	—	—	0.71~0.74	335~383	87.8~95.8
20~50	20~50	—	5~10	—	—	从 900℃ 到 620℃ 等温淬火，在 600~650℃ 回火	0.77~0.8	319~351	83.8
49.5	44.5	—	5	1	—	从 900℃ 到 620℃ 等温淬火，在 600~650℃ 回火	—	—	107.8
49.45	44.5	—	5	1	0.05	从 900℃ 到 620℃ 等温淬火，在 600~650℃ 回火	—	—	115.8

采用添加合金化元素及适当调整热处理制度可进一步提高 Pt-Co 合金的磁性，见表 3-7。

铂钴合金具有良好的可加工性能，可加工成细长棒材。轧成板材等。有较强的抗酸，抗碱的能力，可在比较恶劣的环境中使用，而这些特点恰恰是其他类永磁材料所不具备的。但由于合金中含有贵金属铂及稀缺金属钴。尤其是铂，价格昂贵，使得此合金成本高，仅限于在极特殊的地方使用。

3.5.4　半硬磁材料

半硬磁材料是介于软磁材料和永磁材料之间的一大类磁性材料，习惯上将其归于永磁材料领域。半硬磁材料的矫顽力在 1000~10000A/m 之间。包括 Fe-Co-V，Fe-Co-Mo，Fe-Co-W，Fe-Co-W-Mo 及 Fe-Ni-Mn 系等。根据磁硬化机制又可分为淬火硬化钢，α-γ 相变合金和两相分解型合金三大类。

3.5.4.1　半硬磁材料的工作原理

永磁材料工作在磁滞回线的第 2 象限部分，也就是退磁曲线部分。只有讨论永磁材料的某些特性时，如磁化过程等，才涉及磁滞回线的其他部分。实用时一般只能给出永磁材料的退磁曲线。永磁材料总是在一固定外场磁场下（退磁场）工作，是一种开路状态。软磁材料的矫顽力低，变化很小的外场就会影响到软磁材料的磁化状态，工作时涉及整个磁滞回线。所以软磁材料大多工作在交流场下，半硬磁材料介于永磁和软磁之间。在外磁场下，半硬磁材料具有较高的磁感应强度，在足够大的外场下其磁化方向又可改变，所以它的工作也涉及整个磁滞回线。利用半硬磁材料的这种特性，主要用在磁滞电机，继电器等处。

3.5.4.2　淬火硬化钢

淬火硬化钢包括碳钢，钨钢，铬钢，钴钢和铝钢几大类。主要通过高温固溶后淬火硬化，得到马氏体等组织而实现磁硬化，有时也称马氏体磁钢。这几类磁钢开发的较早，均在 20 世纪初就开发应用。

我国国家标准中的 2J63 ~ 2J67 即为淬火硬化钢。其中 2J63 为铬钢，2J64 为钨钢，2J65 为钴钢，2J67 为加钼的高钴钢。成分见表 3-8，其热处理制度和磁性见表 3-9。

表 3-8　变形永磁合金牌号和化学成分（国标 GBn291—89）

合金牌号	化学成分/%											
	C	S	P	Mn	Si	Ni	Cr	Co	V	Mo	W	Ti	Fe
		不大于											
2J04	≤0.12	0.020	0.025	≤0.70	≤0.70	5.3~6.7	—	44.0~46.0	3.5~4.5	—	—	—	余
2J07	≤0.12	0.020	0.025	≤0.70	≤0.70	≤0.7	—	51.0~53.0	6.5~7.5	—	—	—	余
2J09	≤0.12	0.020	0.025	≤0.70	≤0.70	≤0.7	—	51.0~53.0	8.5~9.5	—	—	—	余
2J10	≤0.12	0.020	0.025	≤0.70	≤0.70	≤0.7	—	51.0~53.0	9.5~10.5	—	—	—	余
2J11	≤0.12	0.020	0.025	≤0.70	≤0.70	≤0.7	—	51.0~53.0	10.5~11.5	—	—	—	余

合金牌号	化学成分/%												
	C	S	P	Mn	Si	Ni	Cr	Co	V	Mo	W	Ti	Fe
		不大于											
2J12	≤0.12	0.020	0.025	≤0.70	≤0.70	≤0.7	—	51.0~53.0	11.5~12.5	—	—	—	余
2J21	≤0.03	0.025	0.025	0.10~0.50	≤0.30	—	—	11.0~13.0	—	10.5~11.5	—	—	余
2J23	≤0.03	0.025	0.025	0.10~0.50	≤0.30	—	—	11.0~13.0	—	12.5~13.5	—	—	余
2J25	≤0.03	0.025	0.025	0.10~0.50	≤0.30	—	—	11.0~13.0	—	14.5~15.5	—	—	余
2J27	≤0.03	0.025	0.025	0.10~0.50	≤0.30	—	—	11.0~13.0	—	16.5~17.5	—	—	余
2J31	≤0.12	0.020	0.025	≤0.70	≤0.70	≤0.7	—	51.0~53.0	10.8~11.7	—	—	—	余
2J32	≤0.12	0.020	0.025	≤0.70	≤0.70	≤0.7	—	51.0~53.0	11.8~12.7	—	—	—	余
2J33	≤0.12	0.020	0.025	≤0.70	≤0.70	≤0.7	—	51.0~53.0	12.8~13.8	—	—	—	余
2J51	≤0.03	0.030	0.030	≤0.70	≤0.50	—	—	11.0~13.0	—	14.0~15.0	—	—	余
2J52	≤0.03	0.030	0.030	≤0.70	≤0.50	—	—	15.0~17.0	—	5.0~6.0	10.0~11.0	—	余
2J53	≤0.08	0.030	0.030	11.5~12.5	≤0.50	3.0~4.0	—	—	—	2.5~3.5	—	—	余
2J63	0.95~1.10	0.020	0.030	0.20~0.40	0.17~0.40	≤0.3	2.8~3.6	—	—	—	—	—	余
2J64	0.68~0.78	0.020	0.030	0.20~0.40	0.17~0.40	≤0.3	0.3~0.5	—	—	5.2~6.2	—	—	余
2J65	0.90~1.05	0.020	0.030	0.20~0.40	0.17~0.40	≤0.6	5.5~6.5	5.5~6.5	—	—	—	—	余
2J67	≤0.03	0.025	0.025	0.10~0.50	≤0.30	—	—	11.0~13.0	—	16.5~17.5	—	—	余

表 3-9 淬火硬化钢推荐热处理制度及磁性

牌号	推荐热处理制度	H_C /kA·m^{-1}	B_r/T	$B_r \cdot H_C$ /kJ·m^{-3}
2J63	(1) 1050℃正火； (2) 在 500~600℃ 预热 5~15min，然后加热到 800~850℃ 保温 10~15min，油淬； (3) 在 100℃ 沸水中时效大于 5h	4.93	0.95	4.71

牌号	推荐热处理制度	H_C /kA·m^{-1}	B_r/T	$B_r·H_C$ /kJ·m^{-3}
2J64	（1）1200~1250℃正火； （2）在 500~600℃ 预热 5~15min，然后加热到 800~850℃ 保温 5~15min，油淬； （3）在 100℃ 沸水中时效大于 5h	4.93	1.00	4.95
2J65	（1）1150~1200℃正火； （2）在 500~600℃ 预热 5~15min，然后加热到 930~980℃ 保温 10~5min，油淬； （3）在 100℃ 沸水中时效大于 5h	7.96	0.85	6.79
2J67	（1）在 1250℃ 保温 15~30min，油淬； （2）在 650~725℃ 回火，保温 1~2h，空冷	20.89	1.00	20.76

注：供货方可提供最大磁能积数据，但不作为考核依据。

3.5.4.3　Fe-Co-V 半硬磁合金

Fe-Co-V 半硬磁合金大量应用在磁滞电机上。这种合金加工性能好，可制成薄板，细丝或其他复杂形状。合金成分范围为 44%~53%Co、3.5%~13.8%V、余量为铁。此合金为典型的 α-γ 相变型合金。合金在 950℃ 以上为 γ 相，从高于 950℃ 温度淬火至室温时发生 γ→α 相转变。在进行 80% 以上变形量的冷加工时，残留的 γ 相几乎全变成了 α 相。在 600℃ 左右回火时，又从 α 相中析出 γ 相，H_C 显著升高。α 相为磁性相，γ 相为非磁性相。由单畴理论可解释矫顽力机制。合金的磁性对合金含钒量十分敏感。成分为 50%Co、1.3%V、余量为铁的合金是典型的软磁材料，国标为 1J22。合金中含钴不变，提高钒含量，则 H_C 上升，B_r 下降。

除用在磁滞电机外，Fe-Co-V 合金还可以做成小截面积的永磁材料及录音材料，此时使用的不是材料的磁滞特性，而是材料的永磁特性。

综上所述，对于 Fe-Co-V 合金的牌号有：2J4、2J7、2J9、2J10~2J12 和 2J31~2J32 等 9 种合金，成分如表 3-8 所示。其中 2J4~2J12 为磁滞材料，即半硬磁材料。2J31~2J32 为永磁材料。

典型的制备工艺是用真空炉或非真空炉冶炼，热轧后在 900~1100℃ 保温，淬火，然后进行变形量大于 90% 的冷加工，最后在 580~640℃ 之间回火 20~60min。对合金中含钒量的调整是获得合金最终磁性的前提和保证。这种冷轧带材具有明显的磁各向异性。一般讲，平行轧制方向的 H_C 要比垂直轧制方向的 H_C 要高。冷拉丝材比冷轧带材的磁滞回线矩形比和磁滞损耗高。

铁钴钒合金的锻材的磁滞特性远低于冷变形材料。

合金成分为 45%Co、4%V、6%Ni、余量为铁的合金即美国的 P6 合金，相当于我国牌号中的 2J4。

表 3-10 给出冷轧带材国标推荐的热处理制度，表 3-11 和表 3-12 分别给出了铁钴钒合金的磁滞性能（2J4~2J12）和永磁性能（2J31~2J33）。

表 3-10 Fe-Co-V 冷轧带材推荐热处理制度

合金代号	回火温度/℃	保温时间/min	冷却制度
2J12	580~640	20~60	空冷
2J11	580~640	20~60	空冷
2J10	580~640	20~60	空冷
2J9	580~640	20~60	空冷
2J7	580~660	20~60	空冷
2J4	600~660	20~60	空冷
2J3	620~660	20~60	空冷
2J31	580~640	20~60	空冷
2J32	580~640	20~60	空冷
2J33	580~640	20~60	空冷

表 3-11 Fe-Co-V 合金磁滞特性

合金代号	合金磁滞性能			
	H_μ	B_μ	P_μ/erg·cm^{-3}（不小于）	K_μ（不小于）
2J12	19.9~27.9	0.8~1.1	4.5×10^5	0.56
2J11	15.9~20.7	0.9~1.2	3.5×10^5	0.57
2J10	14.4~18.4	0.9~1.2	3.0×10^5	0.58
2J9	8.8~11.9	0.9~1.2	2.2×10^5	0.59
2J7	6.4~9.5	1.0~1.3	1.9×10^5	0.61
2J4	4.0~5.2	1.3~1.6	1.5×10^5	0.62
2J3	2.2~2.8	1.4~1.7	0.8×10^5	0.63

注：H_μ 为最大磁导率点对应的磁场强度。B_μ 为最大磁导率点对应的磁感应强度。P_μ 为磁滞损失。K_μ 为凸起系数。

表 3-12 Fe-Co-V 永磁合金的永磁性能

合金牌号	丝 材			带 材		
	H_C/kA·m^{-1}	B_r/T	$B_r·H_C$/kJ·m^{-3}	H_C/kA·m^{-1}	B_r/T	$B_r·H_C$/kJ·m^{-3}
2J31	23.88	1.00	23.96	17.51	1.00	19.16
2J32	27.86	0.85	23.96	23.88	0.75	19.16
2J33	31.84	0.70	23.96	17.51	0.60	18.37

注：生产厂应提供最大磁能积 $(BH)_{max}$ 数据，但不作为考核依据。

3.5.4.4 Fe-Co-Mo 和 Fe-Co-W 系材料

Fe-Co-Mo 和 Fe-Co-W 系材料在回火热处理时发生两相分解，析出的铁磁性粒子具有单畴行为而获得永磁性。根据国标规定 2J21~2J27 和 2J67 为 Fe-Co-Mo 合金，2J51 为

Fe-Co-W 合金，2J52 为 Fe-Co-Mo-W 合金，见表 3-8。

Fe-Co-Mo 合金成分范围是 10.5%～17.5%Mo，11%～13%Co 余量为铁。该合金具有较好的高温塑性。在 1200℃淬火后可进行冷变形加工和机加工。在 600～700℃回火时产生两相分解，矫顽力提高。合金推荐热处理制度见表 3-13，磁滞性能见表 3-14。

表 3-13　Fe-Co-Mo 合金热轧材热处理制度

合金牌号	淬　火			回　火		
	加热温度/℃ （在保护气氛下）	保温时间/min	淬火介质	回火温度 /℃	保温时间 /min	冷却方式
2J21	1200±10			625～700		
2J23	1200±10	15～30	油或沸水	625～700	60～120	空冷
2J25	1250±10			625～725		
2J27	1250±10			625～725		

表 3-14　Fe-Co-Mo 合金热轧材磁滞性能

合金牌号	磁　滞　性　能			
	H_μ/kA·m^{-1}	B_μ/T	P_μ/erg·cm^{-3}	K_μ（不小于）
2J21	9.6～12.8	1.0～1.3	2.0×10^5	0.46
2J23	14.4～17.6	1.0～1.3	3.0×10^5	0.48
2J25	17.6～22.4	0.9～1.2	3.8×10^5	0.50
2J27	24.0～28.8	0.9～1.2	4.7×10^5	0.45

Fe-Co-W 合金冷轧带材的性能较好，B_r 可达 1.4T，矫顽力为 3kA/m。Fe-Co-W 和 Fe-Co-W-Mo 合金热处理及磁滞性能见表 3-15 和表 3-16。这两类合金与半硬磁 Fe-Co-V 合金一样，主要作为磁滞材料而使用在各种类型的磁滞电机上。

表 3-15　Fe-Co-Mo 和 Fe-Co-W-Mo 合金的热处理制度

合金牌号	回火温度/℃	保温时间/min	冷却方式
2J51	675～750		
2J52	625～720	20～60	空冷
2J53	500～560		

表 3-16　Fe-Co-Mo 和 Fe-Co-W-Mo 合金的磁滞性能

合金牌号	磁　滞　性　能			
	H_μ/kA·m^{-1}	B_μ/T	P_μ/erg·cm^{-3}	K_μ
			不小于	
2J51	2.8～4.0	1.2～1.6	1.0×10^5	0.58
2J52	14.4～7.2	0.9～1.35	1.1×10^5	0.50
2J53	6.4～11.9	0.6～0.9	1.0×10^5	0.45

3.6 稀土永磁材料

稀土永磁材料是以稀土金属元素与过渡族金属之间所形成的金属间化合物为基的永磁材料。它的研究起源于 1966 年 Hoffer 和 Strnat 等人关于由稀土元素（R）和钴组成的金属间化合物的磁性测量工作。目前工业生产的稀土永磁材料可分为三类。第一类是 1∶5 型 R-Co 永磁体，它由稀土金属原子（以 R 表示）和其他金属原子（以 TM 表示）按 1∶5 的比例组成的 R-Co 永磁体，它们属于第一代永磁材料。单相 1∶5 型磁体，以 $SmCo_5$、$(SmPr)Co_5$ 为代表。其烧结商品磁体的磁能积达到 $127 \sim 183kJ/m^3$（$16 \sim 23MGOe$）。实验室最高性能可达 $227.7kJ/m^3$（$28.6MGOe$）。多相 1∶5 型磁体是以 1∶5 相为基体并含有少量 2∶17 型沉淀相的稀土永磁材料。如 $(Ce,Sm)(Co,Cu,Fe)_{5\sim6}$。第二类是 2∶17 型 R-Co（或 R-TM）永磁材料，它们被称作是第二代稀土永磁材料。单相 2∶17 磁体由单一 2∶17 型化合物组成。多相的是指以 2∶17 型化合物为基体并有少量 1∶5 相沉淀构成的永磁体。得到工业应用的则是后者。这种多相磁体又有低矫顽力和高矫顽力之分。低矫顽力磁体的 H_{CJ} 约为 $398 \sim 447kA/m$（$5 \sim 6kOe$），高矫顽力磁体的 H_{CJ} 达 $1194 \sim 2388kA/m$（$15 \sim 30kOe$）。烧结商品 2∶17 型磁体的磁能积一般为 $119 \sim 239kJ/m^3$（$15 \sim 30MGOe$），实验室最佳值为 $263kJ/m^3$（$33MGOe$）。第三代稀土永磁材料是 R-Fe-B 系永磁体，即所谓第三代稀土永磁材料。它由主相 $Nd_2Fe_{14}B$ 和少量的富钕相，少量的富硼相组成。烧结商品 Nd-Fe-B 系永磁的磁能积为 $215 \sim 398kJ/m^3$（$27 \sim 50MGOe$），日本最近已有磁能积超过 $414kJ/m^3$（$52MGOe$）的产品问世。最近报道，实验室获得的最高值已达 $451kJ/m^3$（$56.7MGOe$）。从生产制作方法上该磁体主要有烧结法、黏结法和热压法之分。黏结稀土永磁体在制作及应用方面具有许多优点，但必须以牺牲其磁性能为代价。

3.6.1 与稀土永磁有关的合金

稀土元素是指元素周期表中第三副族（ⅢB）的镧（La）系金属元素，即原子序数从 57 到 71 的 15 个元素的总称。由于钪（Sc）、钇（Y）的原子价、晶体结构及其他化学性质与稀土元素相似，也将它们纳入稀土元素的范围。La 系元素分成两组。Gd 以前的 7 个元素称为轻稀土元素（LR），Gd 及其后的 8 个元素称为重金属元素（HR）。

稀土元素与其他元素形成了大量合金。由于某些稀土在低温下具有大的磁矩，它们与具有高居里温度的铁、钴、镍等 3d 过渡族金属形成的合金有可能成为有实际意义的磁性材料，这便是研究稀土和 3d 过渡族金属的原因。研究表明，与稀土永磁有关的合金主要有两个系列，即某些 R-Co 合金和 R-Fe 合金。

3.6.1.1 相图

稀土元素与 3d 过渡族二元系的一个重要特征就是存在一系列金属间化合物。这是因为稀土元素与 3d 过渡族金属的原子半径相差甚大，因而稀土元素与 3d 过渡族元素系中只存在极小的固溶度。这就决定了在探索可实际应用的材料时必须研究它们之间形成的金属间化合物。

另外，随着稀土元素原子序数的增加，原子半径减小，而形成化合物的数目趋向增加。对于某种特定的稀土元素来说，随着合金组元中 3d 电子数目的增加，形成化合物的数目有增加趋势。例如钇与铁形成四种或五种金属间化合物，与钴形成八种或九种金属间化合物，与镍形成二十二种金属间化合物。

在 R-Co 二元系中，最具有实际意义的应是 Sm-Co 系合金。这个合金系包括七个中间相，它们分别是 Sm_3Co_4，Sm_9Co_4，$SmCo_2$，$SmCo_3$，Sm_2Co_7，$SmCo_5$ 和 Sm_2Co_{17}。图 3-11 示出了 Sm-Co 合金的部分相图（0~30%Sm，原子分数）。$SmCo_5$ 化合物在高温区存在一个向钴侧扩张的均匀区，钴在这种化合物中的溶解度最高可增加至 Sm∶Co = 1∶5.6，而钐的溶解度要小得多，仅有 Sm∶Co = 1∶4.8。$SmCo_5$ 化合物具有 $CaCu_5$ 型六方结构。Sm_2Co_{17} 化合物在高温下也存在一个固熔区，较大地扩张到富钐侧。Sm_2Co_{17} 相具有两种结构。高温区（1250℃以上）为 Th_2Ni_{17} 型六方结构，1250℃以下转变为 Th_2Zn_{17} 型菱方结构。

有关 Sm-Co 相图中另一个值得注意的问题是在 750℃附近 $SmCo_5$ 相的共析分解，即 $SmCo_5$ 分解为 $Sm_2Co_7+Sm_2Co_{17}$。有关这一分解的温度及分解本身是否存在，文献中的结果尚不一致。

为了阐明沉淀硬化型稀土钴永磁的相关系，图 3-12 示出了 Sm-Co-Cu 三元系合金（Sm <17%，原子分数）在 850℃时的等温截面图。图中 1∶5 相为 $Sm(Co,Cu)_5$，1∶6 相为 $Sm(Co,Cu)_6$，2∶17 相为 $Sm_2(Co,Cu)_{17}$。钴和铜分别是以它们为基的固溶体。图中黑色区为单相区。在 850℃分别存在 1∶5 和 2∶17 单相区，但 2∶17 单相区十分窄。当钴含量增加时，就要进入钴和 2∶17 相的两相区。在 2∶17 和 1∶5 两个单相区之间存在一个三角形的 (1∶5)+(2∶17) 的两相区，这就是 2∶17 型永磁体的成分范围。在该成分范围内，在 850℃以下将分解为 2∶17 和 1∶5 两相，产生磁硬化。研究表明 800~1200℃ 范围内，$SmCo_5$ 和 $SmCu_5$ 是完全互溶的，而在 800℃以下可能产生 Spinodal 分解。

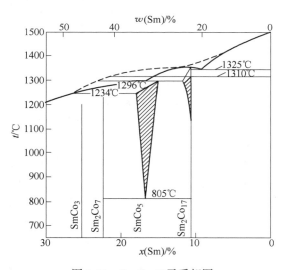

图 3-11　Sm-Co 二元系相图

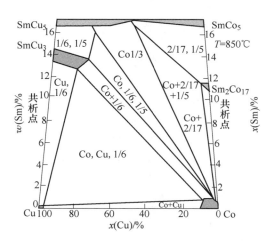

图 3-12　Sm-Co-Cu(x(Sm)<17%，原子分数) 三元系于 850℃的等温截面图（黑区为单相区）

稀土元素与铁所形成的化合物数目比与钴形成的化合物数目少。图 3-13 示出了 Nd-Fe 二元相图。从图 3-13 可见，在 Nd-Fe 二元中只有 Nd_2Fe_{17} 相，室温下具有 Th_2Zn_{17} 型菱方结构。Nd_2Fe_{17} 是包晶反应的产物。Nd_2Fe_{17} 与 α-Nd 的共晶温度为 647℃。在 Sm-Fe 二元系中则存在三个化合物，分别是 $SmFe_2$、$SmFe_3$ 和 Sm_2Fe_{17}（见图 3-14）。Sm_2Fe_{17} 也是由包晶反应生成的，具有 Th_2Zn_{17} 型菱方结构。

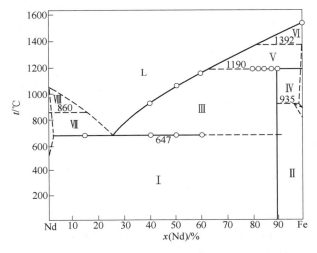

图 3-13　Nd-Fe 二元系相图

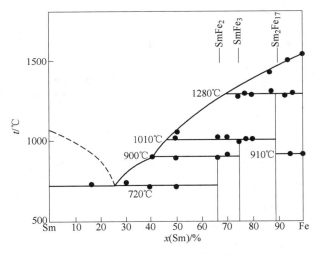

图 3-14　Sm-Fe 二元系相图

含硼量（原子分数）小于 50% 的 Nd-Fe-B 三元系室温截面图示于图 3-15。由图可知，在室温下该合金系存在三个三元化合物，即 $Nd_2Fe_{14}B$、$Nd_8Fe_{27}B_{24}$ 和 Nd_2FeB_3。$Nd_2Fe_{14}B$ 具有四方结构，而关于 $Nd_8Fe_{27}B_{24}$ 的分子式文献中报导的不尽相同，如 $NdFe_4B_4$、$Nd_2Fe_7B_6$、$Nd_5Fe_{18}B_{18}$ 等，通常简称其为 $NdFe_4B_4$ 相，属于正交晶系。在图 3-15 中示出了十个相区，具有高性能的 Nd-Fe-B 磁体成分则处于 Ⅲ 区内，与 $Nd_2Fe_{14}B$ 化合物十分靠近。

3.6.1.2　晶体结构

与稀土永磁材料有关的化合物的晶体结构比较复杂，现对几种主要化合物的晶体结构作简要说明。

R 与 Co、Ni、Cu 等元素形成的 RTM_5 化合物具有 $CaCu_5$ 型结构，属六方晶系（见图

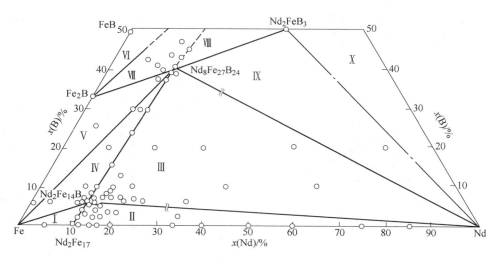

图 3-15   Nd-Fe-B 三元系 （$x(B) \leqslant 50\%$） 室温截面图

Ⅰ—α-Fe+Nd$_2$Fe$_{17}$+Nd$_2$Fe$_{14}$B； Ⅱ—Nd$_2$Fe$_{14}$B+Nd$_2$Fe$_{17}$+Nd；

Ⅲ—Nd$_2$Fe$_{14}$B+Nd$_8$Fe$_{27}$B$_{24}$+Nd； Ⅳ—Nd$_2$Fe$_{14}$B+Nd$_8$Fe$_{27}$B$_{24}$+α-Fe；

Ⅴ—Nd$_8$Fe$_{27}$B$_{24}$+Fe$_2$B+α-Fe； Ⅵ—Fe$_2$B+FeB+NdB$_4$； Ⅶ—Fe$_2$B+Nd$_8$Fe$_{27}$B$_{24}$+NdB$_4$；

Ⅷ—Nd$_2$FeB$_3$+NdB$_4$+Nd$_8$Fe$_{27}$B$_{24}$； Ⅸ—Nd$_8$Fe$_{27}$B$_{24}$+Nd$_2$FeB$_3$+Nd； Ⅹ—Nd+Nd$_2$FeB$_3$+Nd$_2$B$_5$

3-16）。每个晶胞有一个分子式单位，即含 1 个 Ca（R）原子和 5 个 Cu（TM）原子。它可以看作是两个原子层沿 [0001] 轴交替堆垛而成。其中一个原子层由一个 Ca（R）和两个 Cu（TM）组成，用 A 层表示。另外一个原子层仅由三个 Cu（TM）原子组成，用 B 层表示。所以这种结构的堆垛顺序可表示为 ABABAB……。它的点阵常数以 a、c 表示。例如 SmCo$_5$ 点阵常数分别为 $a = 0.5002$nm，$c = 0.3964$nm。

CaCu$_5$ 结构在 R-TM 系的化合物结构中占有特殊地位。很多化合物的晶体结构可以通过原子间的取代派生出来。例如， 3RTM$_5$-TM+R = 2R$_2$TM$_7$，3RTM$_5$+2TM-R=R$_2$TM$_{17}$ 等。

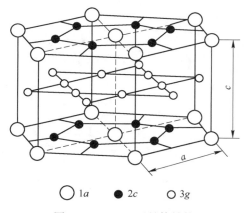

○ 1a   ● 2c   ○ 3g

图 3-16   CaCu$_5$ 型晶体结构

大部分 2：17 型 R-Co，R-Fe 系化合物具有两种结构，在高温下为 Th$_2$Ni$_{17}$型晶体结构，低温下转变为 Th$_2$Zn$_{17}$型结构。Th$_2$Ni$_{17}$型结构属于六方晶系 （见图 3-17）。一个单细胞内含有两个 Th$_2$Ni$_{17}$分子式单位，共有 38 个原子，即 4 个 Th（R）原子和 34 个 Ni（Co，Fe 等）原子。Th$_2$Zn$_{17}$型结构属于菱方晶系 （见图 3-18）。一个单细胞内含有 3 个 Th$_2$Zn$_{17}$分子式单位，共有 57 个原子。其中有 6 个 Th（R）原子和 51 个 Zn（Co，Fe）原子。

从几何角度来说，当稀土元素 R 相同的时候，具有 Th$_2$Ni$_{17}$型结构的 R$_2$Co$_{17}$化合物 a 轴的长度应为 RCo$_5$ 化合物 a 轴长度的 $\sqrt{3}$倍；c 轴长度应为 RCo$_5$ 化合物 c 轴长度的 2 倍。具有 Th$_2$Zn$_{17}$型结构的 R$_2$Co$_{17}$化合物 a 轴的长度应为 RCo$_5$ 化合物 a 轴长度的 $\sqrt{3}$倍；c 轴长

度应为 RCo_5 化合物 c 轴长度的 3 倍。但由于具有这两种结构的 R_2Co_{17} 化合物都是通过钴原子对有序地取代 RCo_5 化合物中的 R 形成的，因此这种倍数关系也略有差异。实际上，即使是在同一合金系中，由于原子排列，特别是哑铃型钴原子对的出现，这种倍数关系也略有差异。例如六方 Sm_2Co_{17} 的点阵常数为 $a=0.8360nm$，$c=0.8515nm$，菱方 Sm_2Co_{17} 的点阵常数为 $a=0.8395nm$，$c=1.2216nm$。

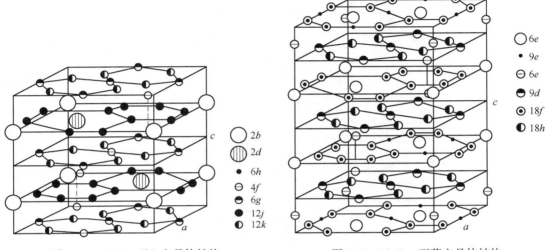

图 3-17　Th_2Ni_{17} 型立方晶体结构　　　　图 3-18　Th_2Zn_{17} 型菱方晶体结构

所有的稀土元素均形成 Rd_2Fe_4B 相。这种相具有四方晶体结构（见图 3-19）。它由四个 Rd_2Fe_4B 分子组成，在一个单胞内含有 68 个原子，其中有 8 个 R 原子，56 个铁原子和 4 个硼原子。整个晶体可以看成是由富钕和富硼原子层及富铁原子层交替地组成。类金属元素硼、碳的加入对四方相 Rd_2Fe_4B 的形成起了决定性作用。对 $Nd_xB_yFe_{100-x-y}$（$x=15\sim16$，$y=4\sim10$）合金的研究结果表明，不含硼的 Nd-Fe 合金由 α-Fe 和 Nd_2Fe_{17} 相组成，而不存在 $Nd_2Fe_{14}B$ 四方相。当硼含量增加到 4%B（原子分数）时，Nd_2Fe_{17} 消失，开始形成 $Nd_2Fe_{14}B$ 四方相。当硼含量增加到 7%B（原子分数）时，α-Fe 消失（激冷样品），合金由 $Nd_2Fe_{14}B$ 相和富钕相，富硼相组成。随硼含量增加，富硼量的数量有所增加。用碳原子取代硼原子在一定情况下四方相是稳定的。实验表明可以形成 $Gd_2Fe_{14}C$ 相，但却不能形成 $Ce_2Fe_{14}C$ 相。

$Rd_2Fe_{14}B$ 化合物的点阵常数（除 $Ce_2Fe_{14}B$）的变化遵循稀土原子的镧系收缩规律。即 R 原子半径减小，点阵常数也变小。对 R-Fe 系稀土永磁材料具有重要意义的 $Nd_2Fe_{14}B$ 的点阵常数为 $a=0.882nm$，$c=1.219nm$。

另一种富铁的稀土化合物为 $RFe_{12-x}M_x$，其中 M 为 Ti、V、Mo、Cr、W、Al、Si 等 $x=1.0\sim4.0$。这种化合物的结构示于图 3-20，为 $ThMn_{12}$ 型四方结构，一个单胞内含有两个 $ThMn_{12}$ 分子式单位，共有 26 个原子，即两个 Th（R）原子和 24 个 Mn（Fe，M）原子。

这种化合物的点阵常数在稀土原子相同的情况下随 M 原子的不同及 M 原子的数量而改变。例如，$NdFe_{10.5}Mo_{1.5}$ 的点阵常数为 $a=0.8588nm$，$c=0.4787nm$。

3.6.1.3 磁性

判断一种材料能否作为高性能永磁体的候选者必须满足三个条件，即高的饱和磁化强

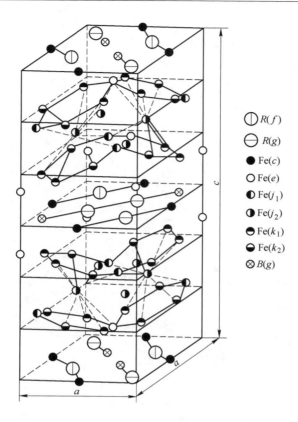

图 3-19　$Rd_2Fe_{14}B$ 化合物的晶体结构

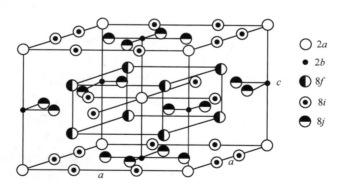

图 3-20　$ThMn_{12}$ 型化合物的晶体结构

度，高的居里温度和强的磁各向异性行为。

　　实验表明，在 R-3d 过渡族金属的化合物中 RCo_5、R_5Co_{17}、R_2Fe_{17}、$R_2Fe_{14}B$、$RFe_{12-x}M_x$ 具有高的饱和磁化强度。图 3-21 示出了前四种化合物饱和极化强度。

　　从图 3-21 可见，R_2Fe_{17} 的饱和极化强度高于 RCo_5，$R_2Fe_{14}B$ 则高于 R_2Co_{17}。$RFe_{12-x}M_x$ 的某些化合物如 $NdFe_{11}Ti$ 的饱和值与 $Nd_2Fe_{14}B$ 十分接近。不论是 R-Co 系还是 R-Fe 系，LR-Co（或 Fe）化合物的饱和磁化强度比 HR-Co（或 Fe）的饱和磁化强度要高。这取决于 R

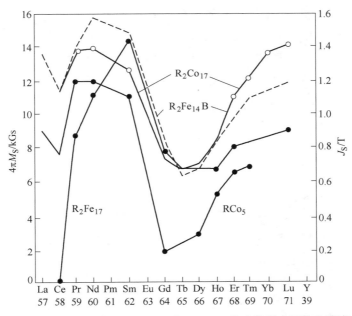

图 3-21 RCo_5、R_2Co_{17}、R_2Fe_{17} 和 $R_2Fe_{14}B$ 化合物的室温饱和强度

原子与钴（或铁）原子磁矩的耦合方式。LR-Co(或 Fe) 化合物中这两种原子磁矩呈铁磁性耦合，而 HR-Co(或 Fe) 化合物中它们呈亚铁磁性耦合。在上述的几类 LR-Co，LR-Fe 化合物中，当 R 为 Pr、Nd、Sm 时，呈现出相当高 J_s 值它们均优于同类型的其他稀土化合物。

由 $R_2(Co_{1-x}Fe_x)_{17}$，当以铁取代钴时，饱和磁化强度随铁含量的增加而逐渐提高，在 $x = 0.5 \sim 0.7$ 之间出现峰值，然后降低。例如 $Sm_2(Co_{1-x}Fe_x)_{17}$ 化合物当 $x = 0.7$ 时 J_s 达 1.63T（见图 3-22）。远高于 Sm_2Co_{17} 和 Sm_2Fe_{17} 的饱和值。

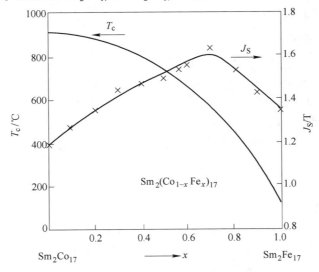

图 3-22 $Sm_2(Co_{1-x}Fe_x)_{17}$ 化合物的饱和磁化强度和居里温度随 x 的变化

　　图 3-23 示出了 RCo_5、R_2Co_{17}、R_2Fe_{17} 和 $R_2Fe_{14}B$ 化合物的居里温度。其中，R_2Co_{17} 化合物的居里温度最高，处于 800~940℃ 之间。RCo_5 也具有相当高的居里温度，除 $LaCo_5$，$CeCo_5$ 均高于 600℃。在 $R_2Fe_{14}B$ 化合物中 $Ce_2Fe_{14}B$ 居里温度最低，其他化合物大体处于 300℃ 左右。在这四类化合物中，R_2Fe_{17} 的居里温度最低，其中最高的 Gd_2Fe_{17} 也只有 193℃，最低的 Ce_2Fe_{17} 竟为 $-185℃$。$RFe_{12-x}M_x$ 化合物的居里温度至少可与 $R_2Fe_{14}B$ 相比拟或更高些。例如 $NdFe_{11}Ti$ 为 297℃ 与 $R_2Fe_{14}B$ 的 307℃ 相近，$NdFe_{10.5}V_{1.5}$ 则可达 377℃。

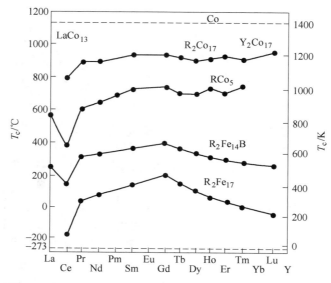

图 3-23　RCo_5、R_2Co_{17}、R_2Fe_{17} 和 $R_2Fe_{14}B$ 化合物的居里温度

　　尽管 R_2Fe_{17} 的居里温度很低，但由于 R_2Fe_{17} 的居里温度甚高，所以在一定成分范围内可使 $R_2(Co_{1-x}Fe_x)_{17}$ 的居里温度保持较高的水平。当 R 为轻稀土元素时 $x=0.5$，居里温度均高于 600℃，参见图 3-22。

　　用钴部分取代铁可使 $R_2Fe_{14}B$ 化合物的居里温度得以明显提高。对于 $Nd_2(Fe_{1-x}Co_x)_{14}$，当钴（原子分数）的取代量小于 15% 时，10%Co 取代铁平均可使 T_c 提高 100℃ 左右。

　　沿单晶不同晶向磁化到饱和时，所需的磁场强度不同的现象称为磁晶各向异性。对单轴晶体，磁晶各向异性的大小以磁晶各向异性常数 K_u 或各向异性场 H_A 表示。

　　表 3-17 示出 RCo_5 化合物的磁晶各向异性常数和各向异性场。大部分 RCo_5 化合物都具有相当高的各向异性。其中 $SmCo_5$ 最高，各向异性场 H_A 达 31840kA/m。$CeCo_5$、YCo_5、$SmCo_5$ 化合物在相当宽的温度范围内是易 c 轴的。$PrCo_5$ 通常保持了易 c 轴，只有在极低的温度下易磁化方向才发生转变。但 $NdCo_5$、$TbCo_5$、$HoCo_5$ 只在室温以上才为易 c 轴。

　　在 R_2Co_{17} 化合物中，只有 Sm_2Co_{17}、Er_2Co_{17} 和 Tm_2Co_{17} 是易 c 轴的，其他 2:17 型化合物均为易基面。在三种易 c 轴的化合物中，具有最高磁晶各向异性的 $SmCo_{17}$，其各向异性场为 7960kA/m，仅及 $SmCo_5$ 的四分之一。而所有的 R_2Fe_{17} 化合物无一例外均为易基面。

表 3-17　RCo₅ 化合物的磁晶各向异性常数和各向异性场

化合物	易磁化轴	磁晶各向异性常数		各向异性场 H	
		$10^6 J/m^3$	$10^7 erg/cm^3$	kA/m	kOe
$LaCo_5$	c	6.3	6.3	13930	175
$CeCo_5$	c	7.3	7.3	14328~16716	180~210
$PrCo_5$	c	8.0	8.0	11542~14328	145~180
$NdCo_5$	基面	0.6	0.6	2388	30
$SmCo_5$	c	9.5~11.2	9.5~11.2	16716~23084	210~290
$GdCo_5$		19.3	19.3	35024	440~520
$TbCo_5$	c	4.023	4.023	21492	270
$DyCo_5$	c	4.563	4.563	15896	187
$HoCo_5$		4.0	4.0	10746	135
$ErCo_5$		4.5	4.5	7960	100
YCo_5	c	5.5	5.5	10746	135
$(CeMM)Co_5$	c	6.4	6.4	14328	约180

图 3-24 示出了 $R_2(Co_{1-x}Fe_x)_{17}$ 化合物（R 为 Ce，Pr，Nd，Sm，Y，MM）呈现易 c 轴各向异性的成分范围。从图可见，$Sm_2(Co_{1-x}Fe_x)_{17}$ 化合物在 $x=0~0.5$ 内是易 c 轴。当然，仅仅是易 c 轴还是不充分的，还必须具有高的磁晶各向异性才有望制备出良好的永磁材料。实践发现，少量的铁还使含钐的化合物，H_A 稍有增加，当 $x=0.1$ 时，H_A 达 8597kA/m，而 $x=0.4$ 时则降至 3184kA/m。Ce、Pr、Y 的这种化合物在一定的成分范围内表现出易 c 轴各向异性，但 H_A 要低得多。只有 $Nd_2(Co_{1-x}Fe_x)_{17}$ 化合物，在 $x=0~1$ 的整个范围内均呈现为易基面。

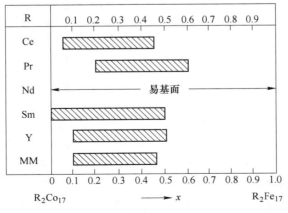

图 3-24　$R_2(Co_{1-x}Fe_x)_{17}$ 相易轴各向异性的成分范围

$R_2Fe_{14}B$ 化合物除 $Sm_2Fe_{14}B$、$Er_2Fe_{14}B$ 和 $Tm_2Fe_{14}B$ 为易基面外，其他都是易 c 轴的，并有较高的磁晶各向异性。$Nd_2Fe_{14}B$ 的各向异性场为 7164kA/m，$Pr_2Fe_{14}B$ 为 6312.3kA/m。$Dy_2Fe_{14}B$ 和 $Tb_2Fe_{14}B$ 的各向异性场更高，分别为 11940kA/m 和 17512kA/m。

对于 1∶12 型化合物，只有 Sm 化合物呈现易 c 轴，并具有较高的磁晶各向异性。例如，$SmFe_{11}Ti$ 室温下的 H_A 可达 8438kA/m。

综上所述可知，某些 RCo_5（特别是 $SmCo_5$）化合物，2∶17（特别是 R＝Sm）化合物以及 $Nd_2Fe_{14}B$ 等已具备了获得高性能永磁体的条件。在以后的叙述中可以看到，某些化合物，如 Sm_2Fe_{17}、$NdFe_{11-x}M_x$ 等通过气固相反应加入氮原子，克服了它们的不足，也成为有开发前景的永磁材料。

当然，满足了作为高性能永磁体的条件并不意味着一定具有工业价值。作为工业用永磁体还要考虑是否可以稳定地生产，原材料是否丰富，价格是否便宜等因素。

3.6.2　烧结稀土永磁材料

稀土永磁体的制造方法很多，但工业上主要采用烧结法和黏结法来制造。目前 75% 的产品为烧结法生产，25% 的产品则由黏结法制备。

3.6.2.1　烧结稀土永磁体的制备工艺

这种制备法的工艺流程示于图 3-25。所用合金可用熔炼法，也可用还原扩散法。还原扩散法是将金属粉、稀土氧化物粉和钙粒放一起，用钙还原稀土氧化物变成纯稀土金属，再通过稀土金属与钴，铁原子的互扩散直接得到稀土永磁粉末，以制取 $SmCo_5$ 为例，其反应平衡式可写为

$$5Co + \frac{1}{2}Sm_2O_3 + \frac{3}{2}Ca \Longleftrightarrow SmCo_5 + \frac{3}{2}CaO \qquad (3-1)$$

由于这种方法用稀土氧化物作原材料，节省了工艺环节，降低了成本。

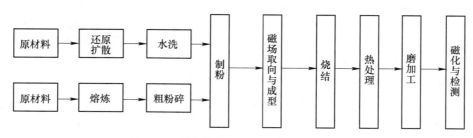

图 3-25　制备烧结稀土永磁体的工艺流程

合金真空冶炼后一般要以较快的速度冷却，近年来发展起来的类似于后面讲到的制备黏结 Nd-Fe-B 磁粉溶体快淬法的速凝技术对制备高性能烧结 Nd-Fe-B 起着至关重要的作用。由速凝技术制出的速凝片通过氢爆方法制成粗粉。这种方法不仅对防止氧化有益，而且大大提高了气流磨的效率。

制粉通常采用球磨或气流磨，应在保护性介质中进行。制成的粉末应为单晶体，尺寸均匀，呈球形，表面光滑缺陷少。Sm-Co 粉末尺寸平均为 5~10μm，Nd-Fe-B 粉末尺寸约

为 3~5μm。

为制造各向异性磁体，在 1200~2400kA/m 的磁场中使 c 轴沿磁场方向取向，然后以 2~5t/cm² 的压力压制。压制方式主要有压力与磁场方向平行的平行模压，与磁场方向垂直的垂直模压及取向后进行等静压。从减少破坏取向度 $\left(A = \dfrac{I_r}{I_s}\right)$ 的角度看，垂直模压效果优于平行模压，而采用磁场取向后等静压的效果更佳。

烧结是实现磁体致密化的重要手段。通常压坯相对密度 ρ 仅为 60%~70%，烧结后 $\rho \geqslant 95\%$。稀土永磁体的理论磁能积可表示为：

$$(BH)_{\max} = \frac{1}{4}\rho^2 A^2 J_S^2 \tag{3-2}$$

可见 ρ 值增加将大大改善磁性能。此外还可提高磁体的机械强度。

烧结及热处理需在氩气的保护下进行，它们的工艺参数根据合金的类型及具体条件而定。烧结后的热处理将明显改善磁体的矫顽力，从而使 $(BH)_{\max}$ 有相应的提高。

必须指出，在磁体整个制作过程中，尽量减少合金的氧化是获得高性能磁体的一个控制性因素。目前为制作高性能烧结稀土永磁体多用所谓"低氧"工艺来实现。

表 3-18 列举了几种典型稀土永磁产品的磁性能并给出了磁感及矫顽力温度系数。其数据取自国标 GB/T 4180—2000 和 GB/T 13560—2000。当然，厂家产品性能一般比国标要高。

表 3-18　几种典型烧结稀土永磁材料的磁性能

材　　料		B_r	H_{CB}	H_{CJ}	$(BH)_{\max}$	密度	磁感温度 α	矫顽力温度系数 β
		t(kg)	kA/m (kOe)	kA/m (kOe)	kJ/m³ (MGOe)	g/cm³	%/℃	%/℃
Ce(Co、Cu、Fe)₅	XGS80/36	≥0.60(6.0)	≥320(4.0)	≥360(4.5)	65~90 (8.2~11.3)	7.8	-0.09	—
MMCo₅	XGS100/80	≥0.65(6.5)	≥500(6.3)	≥800(10)	80~120 (10~15)	—	—	—
SmCo₅	XGS135/96	≥0.77(7.7)	≥590(7.4)	≥960(12)	120~150 (15~18.8)	8.2	-0.05	-0.3
(Sm、Pr)Co₅	XGS165/80	≥0.90(9.0)	≥640(8)	≥800(10)	150~180 (18.8~22.5)	8.2	-0.03	-0.3
	XGS135/120	≥0.77(7.7)	≥590(7.4)	≥1200(20)	120~150 (18.8~22.5)	8.2	-0.05	-0.3
	XGS135/160	≥0.77(7.7)	≥590(7.4)	≥1600(20)	120~150 (15~18.8)			
	XGS165/120	≥0.88(8.8)	≥640(8)	≥1200(20)	150~180 (18.8~22.5)			
SmCo₅ 或 (Sm、Pr)Co₅	XGS165/145	≥0.88(8.8)	≥640(8)	≥1450(18.1)	150~180 (18.8~22.5)	8.2	-0.05	-0.3

材　料		B_r	H_{CB}	H_{CJ}	$(BH)_{max}$	密度	磁感温度 α	矫顽力温度系数 β
		t(kg)	kA/m (kOe)	kA/m (kOe)	kJ/m³ (MGOe)	g/cm³	%/℃	%/℃
Sm₂(Co、Cu、Fe、Zr)₁₇	XGS180/50	≥0.95(9.5)	≥440(5.5)	≥500(6.3)	165~195 (20.7~24.5)	8.4	-0.03	-0.3
	XGS185/170	≥0.97(9.7)	≥630(7.9)	≥700(8.8)	170~200 (21.3~25)			
	XGS195/40	≥0.98(9.8)	≥380(4.8)	≥400(5)	180~210 (22.5~26.3)			
	XGS195/90	≥1.00(10.0)	≥680(8.5)	≥900(11.3)	180~210 (22.5~26.3)			
	XGS205/45	≥1.00(10.0)	≥420(5.3)	≥450(5.6)	190~220 (23.5~27.5)			
	XGS205/70	≥1.05(10.5)	≥560(7)	≥700(8.8)	190~220 (23.5~27.5)			
	XGS235/45	≥1.07(10.7)	≥440(5.5)	≥450(5.6)	220~250 (27.5~31.3)			
	XGS205/120	≥1.00(10.0)	≥650(8.1)	≥1200(15)	190~220 (23.8~27.5)			
	XGS205/160	≥1.00(10.0)	≥650(8.1)	≥1600(20)	190~220 (23.8~27.5)			
Nd-Fe-B	NdFeB 380/80	≥1.38(13.8)	≥677(8.5)	≥800(10)	366~398 (46~50)	7.45	-0.12	-0.6
	NdFeB 350/96	≥1.33(13.3)	≥756(9.5)	≥960(12)	335~366 (42~46)			
	NdFeB 320/96	≥1.27(12.7)	≥876(11)	≥960(12)	302~335 (38~42)			
	NdFeB 300/96	≥1.23(12.3)	≥860(10.8)	≥960(12)	287~320 (36~40)			
Nd-Fe-B	NdFeB 280/96	≥1.18(11.8)	≥860(10.8)	≥960(12)	263~295 (33~37)	7.45	-0.12	-0.6
	NdFeB 260/96	≥1.14(11.4)	≥836(10.5)	≥960(12)	247~279 (31~35)			
	NdFeB 240/96	≥1.08(10.8)	≥796(10)	≥960(12)	223~255 (28~32)			

材 料		B_r	H_{CB}	H_{CJ}	$(BH)_{max}$	密度	磁感温度 α	矫顽力温度系数 β
		t(kg)	kA/m (kOe)	kA/m (kOe)	kJ/m³ (MGOe)	g/cm³	%/℃	%/℃
Nd-Fe-B	NdFeB 320/110	≥1.27(12.7)	≥910(11.4)	≥1100(13.8)	302~335 (38~42)	7.45	−0.12	−0.6
	NdFeB 300/110	≥1.23(12.3)	≥876(11)	≥1100(13.8)	287~320 (36~40)			
	NdFeB 280/110	≥1.18(11.8)	≥860(10.8)	≥1100(13.8)	263~295 (33~37)			
	NdFeB 300/135	≥1.23(12.3)	≥890(11.2)	≥1350(17)	287~318 (36~40)			
	NdFeB 280/135	≥1.18(11.8)	≥876(11)	≥1350(17)	263~295 (33~37)			
	NdFeB 260/135	≥1.14(11.4)	≥844(10.6)	≥1350(17)	247~279 (31~35)			
	NdFeB 240/135	≥1.08(10.8)	≥812(10.2)	≥1350(17)	223~255 (28~32)			
	NdFeB 280/160	≥1.18(11.8)	≥876(11)	≥1600(20)	263~295 (33~37)			
	NdFeB 260/160	≥1.14(11.4)	≥836(10.5)	≥1600(20)	247~279 (31~35)			
	NdFeB 240/160	≥1.08(10.8)	≥796(10)	≥1600(20)	223~235 (28~32)			
	NdFeB 220/160	≥1.05(10.5)	≥756(9.5)	≥1600(20)	207~239 (26~30)			
Nd-Fe-B	NdFeB 240/200	≥1.08(10.8)	≥756(9.5)	≥2000(25)	223~255 (28~32)	7.45	−0.12	−0.6
	NdFeB 220/200	≥1.05 (10.5)	≥756(9.5)	≥2000(25)	207~239 (26~30)			
	NdFeB 210/200	≥1.02(10.2)	≥732(9.2)	≥2000(25)	191~223 (24~28)			
	NdFeB 240/240	≥1.08(10.8)	≥756(9.5)	≥2400(30)	223~255 (28~32)			
	NdFeB 220/240	≥1.06(10.5)	≥756(9.5)	≥2400(30)	207~239 (26~30)			

3.6.2.2　1∶5型稀土钴永磁材料

这类材料可分为单相的 RCo_5 磁体，如 $SmCo_5$、$PrCo_5$、$(SmPr)Co_5$、$MMCo_5$、$(SmMM)$ Co_5 及多相的沉淀硬化 $(SmHR)Co_5$、$R(CoCuFe)_5$ 如 $Ce(CoCuFe)_5$。下面简要介绍其中几种主要的工业用材料。

A　$SmCo_5$ 永磁材料

在 RCo_5 型磁体中，$SmCo_5$ 化合物具有最高的磁晶各向异性（表 3-17），很高的饱和磁化强度（$J_S = 1.14T$）和居里温度（$T_c = 740℃$）。因此，在开发 RCo_5 磁体时成为最富竞争力的首选材料。1969 年 Das 采用单一合金粉末固相烧结技术制成了 $(BH)_m = 127.4 \sim 159.2kJ/m^3$ 的 $SmCo_5$ 磁体。随后，1970 年 Benz 和 Mertin 采用基相合金（$SmCo_5$）和烧结剂（60%Sm+40%Co，质量分数）混合粉末的液相烧结法制备了性能相近的同类磁体，解决了磁体制作工艺上的关键难题，为工业生产烧结磁体开辟了道路。

一系列的工作表明，无论固相烧结，还是液相烧结，合金磁体中的含钐量必须是超化学计量的。图 3-26 示出了在扣除氧消耗的那部分钐后，烧结磁体的钐含量和磁性能的关系。可以看到，当钐从亚化学计量成分改变到超化学计量成分时，磁能积和矫顽力都明显增加。当 Sm 含量控制在 $SmCo_5$ 与 Sm_2Co_7 边界（16.8%Sm，原子分数）时出现矫顽力和磁能积的峰值。

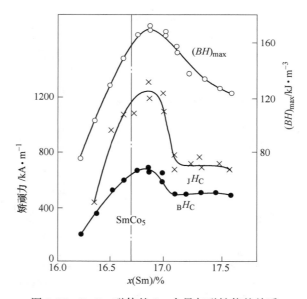

图 3-26　$SmCo_5$ 磁体的 Sm 含量与磁性能的关系

烧结温度对磁性能的影响示于图 3-27。通常在烧结温度下保温 1h 后，要进行后烧热处理（见图 3-28）。即以缓慢的速度 v_1 冷至后烧结温度 $T_后$（850~900℃）并保温一定时间 $\tau_后$（≥1h），然后以 v_2 的冷速快冷到室温。

后烧热处理对 B_r 的影响不大，而对矫顽力则产生重大影响，从而使 $(BH)_{max}$ 产生一定的改变。表 3-19 给出了某些后烧热处理参数对成分（质量分数）为 37.2%Sm，62.8%

合金磁性能的影响。可见，这种合金在 1120℃ 烧结 1h，以 0.7℃/min 的速度冷却至 900℃，保温 10h，然后以 150℃/min 的速度冷却至室温的处理后获得了较好的性能。在实验室中采用类似的工艺曾制取烧结型高性能 SmCo$_5$ 磁体，$B_r = 1.0T$，$H_{CJ} = 3024.8kA/m$，$(BH)_{max} = 195.8kJ/m^3$。

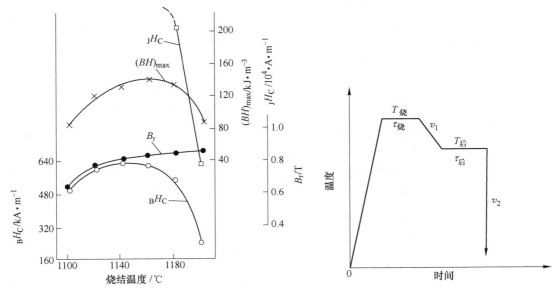

图 3-27　烧结温度对 SmCo$_5$ 合金磁性能的影响　　　图 3-28　SmCo$_5$ 合金烧结与热处理工艺示意图

表 3-19　烧结及热处理工艺参数对 SmCo$_5$ 磁性能的影响

合金成分（质量分数）/%		烧结和热处理工艺	磁 性 能							
			B_r		H_{CB}		H_{CJ}		$(BH)_{max}$	
Sm	Co		t	kGs	kA/m	kOe	kA/m	kOe	kJ/m^3	MGOe
37.2	62.8	1120℃，1h，以 150℃/min 的速度冷至室温	0.94	9.4	374.1	4.7	636.8	8	91.5	11.5
37.2	62.8	1120℃，1h，以 0.7℃/min 的速度冷至 900℃，以 150℃/min 的速度冷至室温	0.93	9.3	557.2	7.0	1273.6	16	127.4	16.0
37.2	62.8	1120℃，1h，以 0.7℃/min 的速度冷至 900℃，处理 10h，以 150℃/min 的速度冷至室温	0.95	9.5	636.8	8.0	1592	20	163.2	20.5
37.2	62.8	1120℃，1h，以 0.7℃/min 的速度冷至 900℃，以 50℃/min 的速度冷至室温	0.96	9.6	533.3	6.7	1194	15	123.4	15.5
37.2	62.8	1120℃，1h，以 3℃/min 的速度冷至 900℃，以 150℃/min 的速度冷至室温	0.94	9.4	517.4	6.5	1114.4	14	119.4	15.0

应当指出，SmCo₅ 磁体在 750℃ 左右回火或缓冷导致矫顽力大幅度降低，这就说明了在 $T_{后}$ 保温后快冷的原因。对 "750℃ 回火的效应" 尚无一致看法。较为普遍的看法是 SmCo₅ 产生了共析分解。另外还有形成第二相，产生 Spinodal 分解及形成不均匀固溶体等解释。总之可以认为，在 750℃ 附近的回火或缓冷使 SmCo₅ 合金中产生某些磁晶各向异性较低的相或区域，从而引起矫顽力的降低。

大量的实验结果表明，SmCo₅ 的矫顽力无法用单畴理论加以解释，而认为是由反向畴的形核和局部的畴壁钉扎所控制。大多数人的看法是，反向畴的形核与长大是控制这种磁体矫顽力的决定性的因素。

B　(Sm,Pr)Co₅ 永磁材料

PrCo₅ 的 J_s 为 1.25T（12.5kGs），在 RCo₅ 化合物中是最高的，另外其储量亦颇丰。但因制作工艺条件要求苛刻而未能在工业上生产和应用。用镨取代部分钐有可能制成既具有高矫顽力，而且 B_r 和 $(BH)_{max}$ 也优于 SmCo₅ 的 $(Sm_{1-x}Pr_x)Co_5$ 的磁体。

实验表明，为获得优异的永磁性能，磁体中钐、镨的比例通常控制在 $x = 1.5 \sim 0.76$ 的范围。对基相成分为 $(Sm_{0.5}Pr_{0.5})Co_5$、烧结剂（质量分数）为 60%Sm，40%Co 的烧结磁体的研究表明，当混合成分为 $w(Sm+Pr) = 37\%$，钴为 63% 时获得了最佳磁性能（图 3-29）。利用等静压和液相烧结技术制备的 $(Sm_{0.5}Pr_{0.5})Co_5$ 磁体，$(BH)_{max}$ 可达 199kJ/m³。

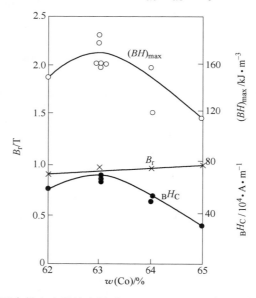

图 3-29　混合粉末中的钴含量对 $(Sm_{0.5}Pr_{0.5})Co_5$ 合金磁性能的影响

获得高性能 (Sm,Pr)Co₅ 烧结磁体的烧结温度控制范围一般比 SmCo₅ 要窄，镨含量越高，这种倾向越明显。图 3-30 示出了烧结温度对成分（质量分数）为 21.3%Pr，15.8%Sm，62.9%Co 的 (Sm,Pr)Co₅ 合金退磁曲线的影响。当烧结温度稍有变动时，退磁曲线便出现很大的变化。当在 1120℃ 烧结 1h 时，$B_r = 1.026T（10.26kGs）$，$_BH_C = 806.3kA/m$，$H_{CJ} = 1353.2kA/m$，$(BH)_{max} = 207kJ/m^3$，而在 1104℃ 烧结 1h，磁体的上述四个参数则低得多。

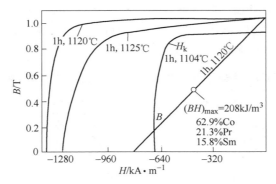

图 3-30 烧结温度对成分（质量分数）为 21.3%Pr、15.8%Sm、

62.9%Co 的（Sm,Pr）Co$_5$ 合金退磁曲线的影响

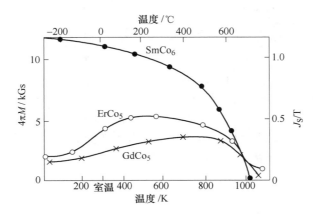

图 3-31 SmCo$_5$、ErCo$_5$ 和 GdCo$_5$ 化合物的 J_s 随温度的变化

C （Sm,HR）Co$_5$ 永磁材料

SmCo$_5$ 磁体的磁感温度系数 $\alpha_{B(20\sim100℃)} = -0.04\%/℃$，完全可满足一般的使用要求。但在某些特殊应用领域，则要求使用温度系数更低的磁体。图 3-31 示出了某些 RCo$_5$ 合金磁化强度随温度的变化。LRCo$_5$ 具有负的温度系数，HRCo$_5$ 在一定温度范围具有正的温度系数，因此两者具有一定的温度补偿作用，用部分 HR 取代钐可制成低温度系数的（Sm,HR）Co$_5$ 磁体。但以牺牲某些磁性为代价。

制备具有低温度系数的（Sm,HR）Co$_5$ 磁体时，选择哪种重稀土元素取代钐，还是用两种以上的重稀土元素取代钐以及取代量的多少，则需要根据具体要求而定。因为不同的 HRCo$_5$ 化合物保持正温度叙述的上限不同，不同温度下磁化强度的变化率各异，有时还要考虑给矫顽力带来的影响。一般常以钆取代部分钐来制作（Sm,Gd）Co$_5$ 磁体。其可能的原因是 GdCo$_5$ 具有正温度系数的温度上限较高，磁晶各向异性大以及 Gd 相对便宜一些。

在研究工作中使用不同的元素制备了多种（Sm,HR）Co$_5$ 磁体，现将部分结果示于表3-20。

D Ce(Co,Cu,Fe)$_5$ 永磁材料

这种磁体的出现始于 1968 年 Nesbjtt 的工作，他发现 R(Co,Cu)$_5$ 可用沉淀硬化获得高

矫顽力。用铁部分取代钴并适当降低铜含量，在保持 H_{CJ} 的同时还可使磁化强度增加。在此基础上开发出了 Sm(Co,Cu,Fe)$_5$、Ce(Co,Cu,Fe)$_5$ 和 CeSm(Co,Cu,Fe)$_5$。从经济及资源的考虑，只有 Ce(Co,Cu,Fe)$_5$ 发展成了工业材料。

表 3-20　某些（Sm,HR）Co$_5$ 磁体的磁性能和温度系数 α_B

稀土含量	温度范围 /℃	α_B /%·℃$^{-1}$	B_r		H_{CB}		H_{CJ}		$(BH)_{max}$	
			T	kGs	kA/m	kOe	kA/m	kOe	kJ/m^3	MGOe
0.24Gd	−40~100	−0.018	0.725	7.25	565.2	7.10	>1990	>25.0	102.7	12.9
0.40Gd	−40~100	−0.004	0.63	6.30	501.5	6.30	>1990	>25.0	78.8	9.9
0.2Gd	77~127	−0.0003	0.805	8.05	477.6	6.00	—	—	104.3	13.1
0.2Dy	77~127	−0.0003	0.805	8.05	477.6	6.00	—	—	104.3	13.1
0.40Er	20~50	0.000	0.71	7.10	469.6	5.90	—	—	87.6	11.0
0.10Ho	−40~100	−0.026	0.773	7.73	594.6	7.47	>1990	>25.0	117.0	14.7
0.20Ho	−40~100	0.000	0.712	7.12	546.9	6.87	>1990	>25.0	98.7	12.4

　　Ce(Co,Cu,Fe)$_5$ 合金中 Ce/(Co+Cu+Fe) 通常在 5~5.6 之间变动，铁含量约为 0.5~0.7。图 3-32 示出了铜含量对 CeCo$_{4.5-x}$Cu$_x$Fe$_{0.5}$ 合金磁性能的影响。不难发现，随着铜含量增加，矫顽力明显增高，而 B_r 却有一定程度的下降，$(BH)_{max}$ 在 $x=0.9$ 附近出现峰值。

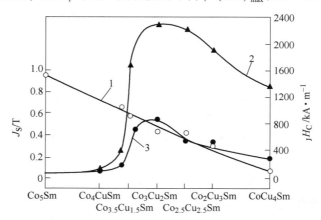

图 3-32　Cu 含量（原子分数）对 CeCo$_{4.5-x}$Cu$_x$Fe$_{0.5}$ 合金磁性能的影响
1—J_S；2—$_JH_C$；3—B_r

　　这种材料可用烧结法制备，在 1100℃ 烧结后快冷至室温。铸造材料也需经 1100℃ 左右淬火。但两者都需经 400℃ 左右的温度下回火以提高矫顽力。图 3-33 示出了热处理对 Ce(Co,Cu,Fe)$_5$ 合金磁性能的影响。在 1000~1100℃ 淬火后，H_{CJ} 仅为 119.4kA/m。（1.5kOe）。而经 400℃ 回火 4h 可提高到 716.4kA/m(9.0kOe)。透射电子显微镜实验表明，这种合金是通过第二相沉淀（Ce$_2$Cu$_7$）而具有硬磁性的，畴壁钉扎在沉淀区是产生矫顽力最可能的机制。

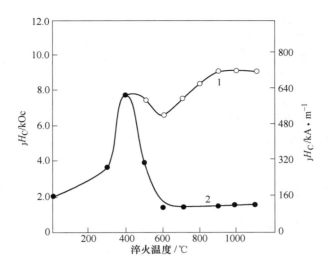

图 3-33 热处理对铸态 $CeCo_{3.5}Cu_{1.0}Fe_{0.5}$ 合金 $_JH_C$ 的影响

1—淬火+400 回火 4h；2—淬火态

3.6.2.3 2∶17 型稀土钴永磁材料

Sm_2Co_{17} 化合物 $J_S = 1.25T(12.5kGs)$，$T_c = 926℃$，而且具有易 c 轴，在 R_2Co_{17} 中是唯一有可能发展成理想永磁体的材料。用铁部分取代钴可使其饱和值进一步提高。在此基础上，通过添加其他金属终于获得了高性能的 2∶17 型磁体。其一是在 $Sm_2(Co_{1-x}Fe_x)_{17}$ 中加入锰、铬而制成了单相的 2∶17 型磁体，当成分为 $Sm(Co_{0.8}Fe_{0.14}Mn_{0.04}Cr_{0.02})_{17}$ 时，合金磁体的磁性能为 $B_r = 1.10T$，$H_{CJ} = 579kA/m(7.5kOe)$，$(BH)_{max} = 238.8kJ/m^3$。然而这种材料温度特性差，制作工艺难于控制，因而未能获得工业应用。其二是在 $Sm_2(Co_{1-x}Fe_x)_{17}$ 中加入铜或铜和其他金属 M(M＝Zr，Ti，Hf，Ni) 而制成 $Sm_2(Co,Cu,Fe,M)_{17}$ 沉淀硬化型 2∶17 永磁体。1977 年 Ojima 等人首先通过加入锆而使 $Sm_2(Co,Cu,Fe,M)_{17}$ 磁体的性能大大改善。1981 年 Mishra 等人在成分为 $Sm(Co_{0.65}Fe_{0.28}Cu_{0.05}Zr_{0.02})_{7.67}$ 的合金中获得了 $B_r = 1.2T$，$H_{CJ} = 1034.8kA/m$，$(BH)_{max} = 262.7kJ/m^3$ 的磁性能。鉴于含锆磁体磁性能高，温度稳定性极好，可通过调整锆及其他元素含量制取低矫顽力，高矫顽力及超高矫顽力磁体，故在工业上得到广泛应用。

A Sm-Co-Cu-Fe-Zr 系 2∶17 型永磁材料

这种合金一般可表示为 $Sm(Co_{1-u-v-w}Cu_uFe_vZr_w)_z$，其中 z 表示 （Co+Cu+Fe+Zr） 与 Sm 的原子数之比，处于 7.0~8.3 之间，$u = 0.05~0.08$，$v = 0.15~0.30$，$w = 0.01~0.03$。

在诸多合金元素中，锆是一个关键性的添加元素。它对合金性能及合金中各组元的含量有重要影响。随 Zr 含量的不同可分为低 $_JH_C$ 永磁材料和高 $_JH_C$ 永磁材料。一般说来，低 $_JH_C$ 永磁材料的 Zr 含量比较低，而高 $_JH_C$ 永磁材料的 Zr 含量比较高。合金中 Zr 含量的不同将会引起其他各合金元素含量的调整和改变。在一定的锆含量范围内，随锆含量的增加矫顽力明显增加。退磁曲线的方形度 H_k/H_{CJ} 也有重大改善。同时，为了获得高矫顽力，高磁能积的 2∶17 型磁体，在添加锆后还必须对其他成分进行调整。在提高锆含量时应适当降低钐含量和降低铜含量，提高铁含量。图 3-34 示出了锆含量不同时 $(BH)_{max}$ 与铜、铁含量的关系。可见，随锆的增加，合金成分只有向高铁低铜方向偏移才有可能获得更高的 $(BH)_{max}$ 的 2∶17 型永磁体。

当 Zr 含量较低时对 J_S 并未产生明显的影响，随着 Zr 含量的增加会使 J_S 有所下降。Zr 对这类永磁体的关键作用通常在于提高 $_JH_C$，除了后面述及的高温永磁体外，其 Zr 含量一般不大于 3.5%（质量分数）。为了获得高 $_JH_C$，永磁体中的 Zr 含量不仅与 Cu、Fe 含量有关，而且还取决于有效的 Sm 含量。从图 3-35 可以看出，含少量 Zr 的 25.5%Sm、8%Cu、1%Zr、余为 Ca+Fe 的永磁体的 $_JH_C$ 都比与其相应成分的无 Zr 永磁体的 $_JH_C$ 得到明显改善。

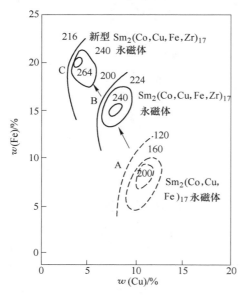

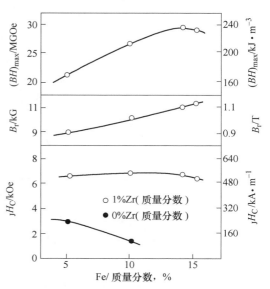

图 3-34　2∶17 型永磁体的 $(BH)_{max}$
与 Cu、Fe 含量的关系
A—26.5Sm-Co-Cu-Fe 合金；
B—25.5Sm-Co-Cu-Fe-1.5Zr 合金；
C—25.5Sm-Co-Cu-Fe-2.0Zr 合金

图 3-35　成分为 25.5%Sm、8%Cu、0% 或 1%Zr、
余为 Co+Fe 永磁体的磁性能与 Fe 含量的关系

含 Zr 2∶17 型永磁体烧结后的热处理比较复杂，现将 Sm(Co,Cu,Fe,Zr)$_z$（z=7.0~8.5）合金的烧结与热处理工艺示于图 3-36，图中下半部还示出了合金的磁滞回线在热处理过程中的变化。

合金的烧结温度 $t_{烧}$ 一般介于 1190~1220℃ 之间，烧结时间约为 1~2h。通常采用固相烧结，也可采用加入液相添加剂的液相烧结。

固溶处理温度 $t_{固}$ 一般介于 750~850℃ 之间，固溶时间约为 0.5~10h。固溶处理的目的是要得到均匀一致的单相固溶体。据报导，在 Sm-Co 系中加入铜和铁后，在高温下 2∶17 相区向富钐侧扩张，在较高铜较低铁时 2∶17 相区内存在三种晶体结构即 Th$_2$Ni$_{17}$、TbCu$_7$ 和 Th$_2$Zn$_{17}$。一般在富钐的高温区存在 TbCu$_7$ 结构。只有在此相区固溶处理才能获得高矫顽力。在加入锆后该区向高铁低铜方向移动。图 3-37 为 Sm-Co-7.0%Cu-22.0%Fe-2.0%Zr 合金（原子分数）的纵截面相图。锆的加入使 2∶17 相区向富钐和富钴两侧扩张，同时在 1000℃ 以上出现 Th$_2$Ni$_{17}$ 型结构区，Th$_2$Ni$_{17}$ + TbCu$_7$ 型结构区及 TbCu$_7$ 型结构区。含

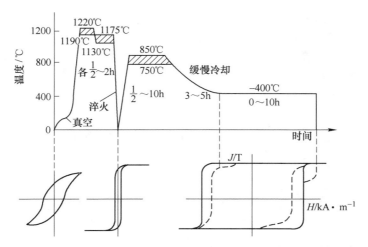

图 3-36 Sm(Co,Cu,Fe,Zr)$_z$ ($z=7.0\sim8.5$) 合金的烧结及热处理工艺示意图

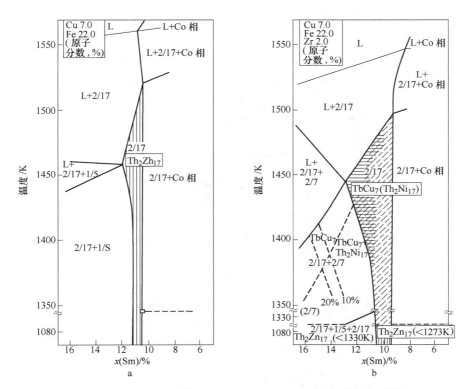

图 3-37 Sm-Co-Cu-Fe 系 (a) 在 7%Cu、22%Fe 时的垂直截面图和
Sm-Co-Cu-Fe-Zr 系 (b) 在 7%Cu、22%Fe、2%Zr 时的垂直截面图

11.0%~13.0%(原子分数) Sm 的合金经适当的固溶处理可获得 TbCu$_7$ 型结构。

正如图 3-36 所示，固溶处理后合金需快冷或淬火。然后进行等温时效，时效温度 t_a 一般为 750~850℃，时间随锆含量而异，锆含量越高所需时间越长。等温时效后可采用控速冷却或分级时效的热处理。图 3-38 示出了等温时效和分级时效对成分为 25.5Sm-Co-6Cu-15Fe-Zr（质量分数）合金矫顽力的影响。可见等温时效后的分级时效对提高合金矫顽力起着十分重要的作用。

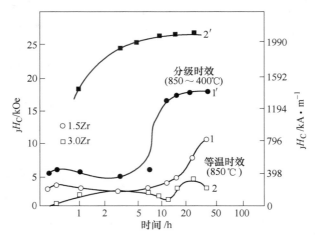

图 3-38 时效方式和第一级等温时效时间对 25.5Sm-Co-6Cu-15Fe-Zr
（质量分数）合金矫顽力的影响

合金热处理后的透射电镜照片示于图 3-39。合金中的主相为 2：17 相，它形成了一种

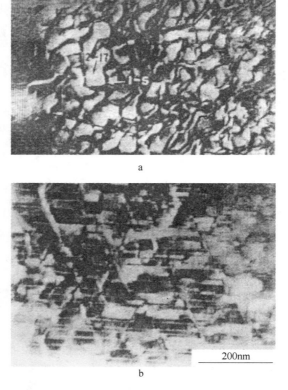

图 3-39 Sm(Co,Cu,Fe,Zr) 合金的透射电镜照片
a—垂直于磁场方向；b—平行于磁场方向

主相被 1：5 相包围的胞状结构。这种结构是在 800℃左右等温时效时形成的，以后的分级时效或控速冷却处理的作用在于扩大两相间的成分差，从而扩大两相的畴壁能差（2：17 相的畴壁能为 3.8J/m^3，1：5 相为 0.75J/m^3）。合金的矫顽力由畴壁的钉扎所控制。

B　（SmHR）（Co,Cu,Fe,Zr）$_z$ 系 2：17 型永磁材料

与低温度系数 1：5 型稀土永磁材料的原理相同，用重稀土 HR 部分取代 Sm（Co,Cu,Fe,Zr）$_z$ 合金中的钐可以制备低温度系数的 2：17 型永磁材料，即 （SmHR）（Co,Cu,Fe,Zr）$_z$。当然，随着这种取代量的增加，在改善温度系数的同时将会导致 B_r 以及 $(BH)_{max}$ 的下降。

在研制这种材料时所用的重稀土有 Er、Gd、Ho、Gd+Dy、Gd+Er 等。研究表明，对低矫顽力合金而言，似乎用铒部分取代钐的效果较好。而对于高矫顽力合金来看可采用适量的钆或镝来取代。应当指出，由于 2：17 型磁体组成元素较多且有一定的偏差范围，再加上测定 α_B 的温度范围也不尽相同，因此在评价重稀土对该类磁体的磁性能及温度系数的作用时，需要全面地加以分析。表 3-21 给出了某些低温度系数 2：17 合金的研究结果，以供参考。

表 3-21　某些 （Sm,HR）（Co,Cu,Fe,Zr）$_z$ 合金的 α_B 及磁性能

合金成分	平均温度系数 α_B /%·℃$^{-1}$	B_r		H_{CB}		H_{CJ}		$(BH)_{max}$	
		T	kGs	kA/m	kOe	kA/m	kOe	kJ/m^3	MGOe
Sm$_{1.6}$Er$_{0.4}$Co$_{10}$Cu$_{1.5}$ Fe$_{3.2}$Zr$_{0.2}$	（50~100℃） −0.006 （−50~100℃） −0.018	0.99	9.9	—	—	461.6	5.8	179.8	22.6
Sm$_{1.6}$Er$_{0.8}$ Co$_{10}$Cu$_{1.5}$Fe$_{3.2}$Zr$_{0.2}$	（50~100℃） 0.000 （20~80℃） −0.002	0.94	9.4	—	—	413.9	5.2	143.2	18.0
Sm$_{0.75}$Gd$_{0.25}$ （Co,Cu,Fe,Zr）$_{7.4}$	（25~100℃） −0.008 （25~200℃） −0.019	0.92~ 0.98	9.2~9.8	68~720	8.6~9.1	1200~ 1360	15.2~ 17.1	161~ 175	20.3~ 22.3
Sm$_{0.6}$Gd$_{0.4}$ （Co,Cu,Fe,Zr）$_{7.4}$	（25~100℃） −0.005 （25~200℃） −0.013	0.85~ 0.87	8.5~8.7	600~635	7.6~8.0	1580	20.0	135~143	17.0~ 19.0
Sm$_{0.8}$Gd$_{0.125}$Dy$_{0.075}$ （Co$_{0.68}$Fe$_{0.21}$Cu$_{0.08}$ Zr$_{0.03}$）$_{7.22}$	（20~200℃） −0.026	0.94	9.4	724.4	9.1	2109.4	26.5	171.9	21.6
Sm$_{0.6}$Gd$_{0.25}$Dy$_{0.015}$ （Co$_{0.68}$Fe$_{0.21}$Cu$_{0.08}$ Zr$_{0.03}$）$_{7.22}$	（20~200℃） −0.0098	0.91	9.1	672.6	8.5	1834.8	20.1	155.2	19.5

3.6.2.4 稀土-铁-硼永磁材料

1983 年 Sagawa 和 Croat 等人分别用烧结法和快淬法成功地制成了 Nd-Fe-B 磁体，由于这种磁体不含昂贵的金属钴，而且具有创纪录的永磁性能，因此很快地投入了工业生产，成为极重要的永磁材料。但是为了生产各向异性磁体，快淬材料必须经过热变形，因此各向异性 Nd-Fe-B 主要还是靠粉末冶金工艺制备的烧结永磁磁体。为了提高矫顽力，改善温度稳定性，人们通过合金化的方法制备了成分各异的多种磁体，主要有 Nd-Fe-Co-B、Nd-Fe-Al-B、Nd-Fe-Nb-B、Nd-Fe-Ga-B、(Nd,Dy)-Fe-B、(Nd,Dy)-Fe-Al-B、(Nd,Dy)-Fe-Co-B、(Nd,Dy)-Fe-Co-Nd-B、(Nd,Dy)-Fe-Co-Ga-B 等永磁材料。另外，为了充分利用稀土资源，降低原材料成本，也制备了 Pr-Fe-B、Di（富 Pr，Nd 混合稀土）-Fe-B、(Nd,Mm)-Fe-B、Mm-Fe-B 等永磁材料，下面简要介绍得到广泛应用的稀土-铁-硼系永磁材料。为了叙述方便，将其分为以 Nd-Fe-B 为基的永磁材料和以 (Nd,Dy)-Fe-B 为基的永磁材料。

A　以 Nd-Fe-B 为基的永磁材料

三元 Nd-Fe-B 永磁材料的成分与 $Nd_2Fe_{14}B$ 化合物的成分有所不同。实验结果表明，以成分为 $Nd_2Fe_{14}B$ 化学计量成分制成的永磁体，其永磁性能相当低，只有永磁体中硼，特别是钕的含量高于 $Nd_2Fe_{14}B$ 时，才能获得良好的永磁性能。图 3-40 示出了钕含量对 $Nd_xFe_{92-x}B_8$ 烧结永磁材料 B_r 和 H_{CJ} 的影响。可以看出，当钕含量（原子分数）在 14%～15%时，B_r 出现峰值。钕含量过高，形成过多的非磁性的富钕相；钕含量过低，则富钕相太少，使烧结时磁体收缩量少，都会导致 B_r 值不高。另外，随钕含量增加，矫顽力增加，特别是在低钕侧矫顽力增加十分显著。矫顽力随钕含量的增加而提高的现象，可由此时有足够数量的富钕相沿 $Nd_2Fe_{14}B$ 晶界分布来解释。由此看来，合金的矫顽力可以通过调整钕含量来加以控制。

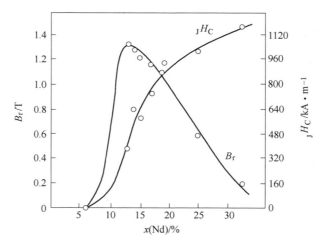

图 3-40　$Nd_xFe_{93-x}B_8$ 的磁性能与钕含量的关系

硼含量与 $Nd_{15}Fe_{85-x}B_x$ 合金 H_{CJ}、B_r 的关系示于图 3-41。当硼含量（原子分数）小于 5%时，H_{CJ} 和 B_r 值都很低，这主要是因为合金中出现了易基面的 Nd_2Fe_{17} 相。随硼含量的增加，H_{CJ} 和 B_r 急剧增加。当硼含量在 6%～8%时，B_r 出现峰值。硼含量超过 8%，B_r 大幅度下降，而 H_{CJ} 虽有增加却不明显。

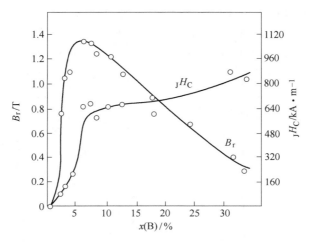

图 3-41　$Nd_{15}Fe_{85-x}B_x$ 合金的磁性能与硼含量的关系

由此看来，三元 Nd-Fe-B 合金的磁性能与硼和钕的含量密切相关。为了使合金具有高的矫顽力，在硼含量（原子分数）保持在 6.5%~8%时可通过适当提高钕含量来达到。但为了获得高的磁能积，则需要在保证获得一定矫顽力的同时使合金具有高的剩磁。这样在成分上则需要尽可能使硼、钕的含量接近 $Nd_2Fe_{14}B$，也就是说使其具有尽可能高的铁含量。当然，这就要求在制作过程中要减少氧化，例如采用低氧工艺。

图 3-42 为 R-Fe-B 系合金的烧结与热处理工艺示意图。图中 a 表示烧结后采用一级回火，b 表示烧结后采用二级回火，$t_{烧}$、$\tau_{烧}$、t_1、τ_1、t_2、τ_2 分别表示烧结温度与时间，第一级回火温度与时间，第二级回火温度与时间。v_1、v_2 分别表示烧结后的冷却速度和第一级回火后的冷却速度。

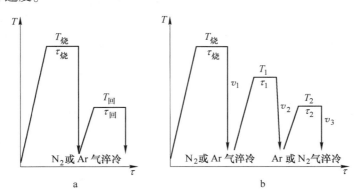

图 3-42　R-Fe-B 系永磁合金的烧结与热处理工艺示意图

a——一级回火；b—二级回火

一般说来，Nd-Fe-B 合金的矫顽力随晶粒尺寸减小而增加。除原始粉末尺寸外，烧结温度越高，晶粒尺寸就越大，矫顽力就越低。但过低的烧结温度将使烧结不充分，从而导致密度不高，B_r 值下降。

采用图 3-42a 的工艺，烧结并快冷后磁性能较低，回火后可使 H_{CJ}、$(BH)_{max}$ 获得明显改善。然而采用图 3-42b 的工艺可获得更好的效果。图 3-43 示出了不同回火工艺对 H_{CJ} 的影响。从图可见，经第一级回火温度 t_1（700～1000℃）处理并以 $v_1 = 1.3$℃/min 冷却到第二级回火温度 t_2 处理的 Nd$(Fe_{0.9}B_{0.1})_{5.5}$ 合金，其 H_{CJ} 优于烧结后直接在 t_2 回火处理的同一合金。当然，随 t_1 不同，为获得最佳 H_{CJ} 值 t_2 要有些变动，一般说来，随钕含量增加，t_2 有降低的倾向。

Nd-Fe-B 合金中，用少量合金元素取代铁可提高它的矫顽力。图 3-44 示出了铝含量对 Nd$_{16}(Fe_{1-x}Al_x)_{76}B_8$ 合金永磁性能的影响。当 $x = 0.04$ 时，H_{CJ} 可达 114.4kA/m，（14kOe），且 B_r、$(BH)_{max}$ 下降不多。铝含量过高时，B_r、$(BH)_{max}$ 明显下降。另外，铝、锆、镓等都是改善合金矫顽力十分有

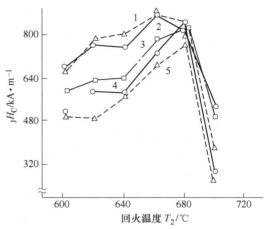

图 3-43　Nd$(Fe_{0.9}B_{0.1})_{5.5}$ 合金 H_C 随回火温度的变化（$v_1 = 1.3$℃/min）

1—$t_1 = 900$℃；2—$t_1 = 1000$℃；3—$t_1 = 800$℃；

4—$t_1 = 700$℃；5—$t_1 = 1080$℃×40min 烧结态

效的元素，同时对 B_r 的影响很小。另外，包括铝在内的这些元素都可不同程度降低合金的不可逆损失。

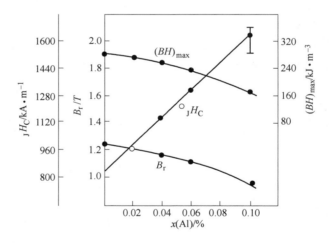

图 3-44　铝含量对 Nd$(Fe_{1-x}Al_x)_{76}B_8$ 合金永磁性能的影响

用部分钴取代铁可使居里温度提高，磁感温度系数 α_B 降低。从图 3-45 可见，在 10%（原子分数）Co 之前，B_r 和 $(BH)_{max}$ 几乎不降低，但 H_{CJ} 明显下降。添加少量的铝可补偿由于添加钴而引起的 H_{CJ} 降低。从而可以制取综合性能较好的 Nd-Fe-Al-B 永磁材料。

Nd-Fe-B 烧结磁体的显微组织示于图 3-46。除 Nd$_2$Fe$_{14}$B 化合物外，还可以看到富钕相和富硼相。其中基体相 Nd$_2$Fe$_{14}$B 的晶粒呈多边形；富硼相是以孤立块状或颗粒状存在。富钕相则沿晶界或晶界交、隅处分布。

对 Nd-Fe-B 永磁材料矫顽力机理的看法尚不完全一致。根据大量的实验结果，多数人

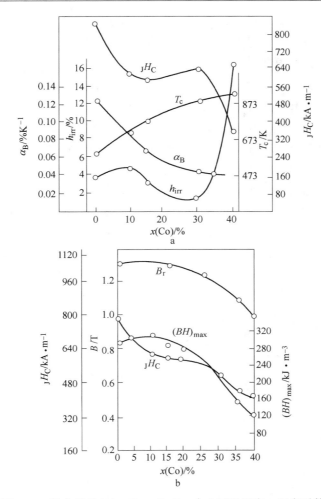

图 3-45 钴含量对 $Nd_{15.5}Fe_{77-x}Co_xB_{7.5}$ 合金居里温度、温度系数、
不可逆损失
（a）及磁性能 （b）的影响

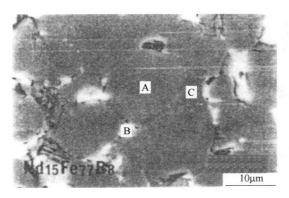

图 3-46 Nd-Fe-B 烧结磁体的显微组织
A—$Nd_2Fe_{14}B$；B—富钕相；C—富硼相

更倾向认为，这种烧结磁体的矫顽力是由反向畴壁的形核所控制。$Nd_2Fe_{14}B$ 晶粒表面层、磁体表面晶粒、错取向晶粒等处可能是这类磁体反向畴形核主要区域。

B　以（Nd,Dy)-Fe-B 为基的永磁材料

前面已经指出，$Dy_2Fe_{14}B$ 相和 $Tb_2Fe_{14}B$ 的各向异性场 H_A 远高于 $Nd_2Fe_{14}B$ 相，但是它们的 J_s 却比 $Nd_2Fe_{14}B$ 相低得多。用镝或铽取代部分钕可以提高这种永磁体的矫顽力。尽管采用铽比镝更为有效，但由于铽的价格过于昂贵，除非特别需要时，通常是用镝部分取代钕来制取具有高矫顽力的（Nd,Dy)-Fe-B 永磁材料。例如 $Nd_{1-x}Dy_x(Fe_{0.92}B_{0.08})_{5.5}$ 合金，当 $x=0.14$ 时，H_{CJ} 可达 1663.6kA/m(20.9kOe)，同时还具有较高的 B_r 和 $(BH)_{max}$，其数值分别为 1.186T(11.86kGs) 和 267.5kJ/m^3(33.6MGOe)。镝提高 Nd-Fe-B 合金矫顽力的原因可以从两方面加以考虑。一方面是镝进入了四方相，从而提高了四方相的各向异性场 H_A，另一方面则是镝使晶粒细化，改善了合金的显微组织。

从图 3-47 可见，随 Dy 含量（原子分数）的增加，B_r、$(BH)_{max}$ 和 α_B 都降低，只是 y

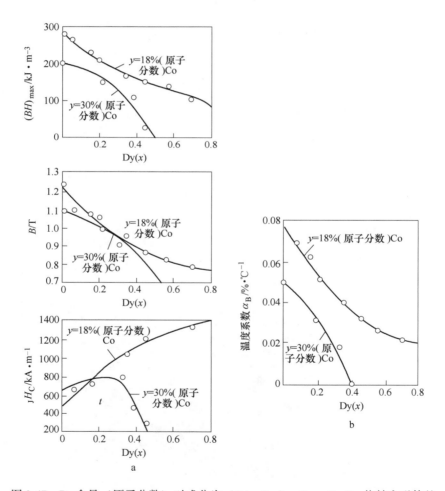

图 3-47　Dy 含量（原子分数）对成分为 $(Nd_{1-x}Dy_x)_{15.5}Fe_{77-y}Co_yB_{7.5}$ 烧结永磁体的
磁性能（a）和磁感温度系数 α_B（b）的影响

为30%（原子分数）Co永磁体这三个参量降低的速度更快。对于成分为$(Nd_{1-x}Dy_x)_{15.5}$ $Fe_{59}Co_{18}B_{7.5}$的永磁体，随Dy含量的增加$_JH_C$明显提高；而对于成分为$(Nd_{1-x}Dy_x)_{15.5}Fe_{47}$ $Co_{30}B_{7.5}$的永磁体，当$x<0.3$时，随Dy含量的增加$_JH_C$有所提高；但当$x>0.3$后，随Dy含量的增加$_JH_C$反而下降。当$x=0.4$时，即成分为$(Nd_{0.6}Dy_{0.4})_{15.5}Fe_{47}Co_{30}B_{7.5}$的永磁体，在20~100℃的磁感温度系数$\alpha_B$为零。适度调整Dy，Co含量也可获得$\alpha_B$零的永磁体。例如，成分为$(Nd_{0.5}Dy_{0.5})_{15.5}Fe_{51}Co_{26}B_{7.5}$（原子分数）的烧结永磁体，其磁性能为$B_r=0.88T$，$_JH_C=$ $1240kA/m$，$_BH_C=528kA/m$，$(BH)_{max}=120kJ/m^3$，磁感温度系数$\alpha_B\approx0.00\%/℃$。然而对于成分为$(Nd_{1-x}Dy_x)_{15.5}Fe_{59}Co_{18}B_{7.5}$的永磁体，即使最大限度地提高Dy含量也难以使其磁感温度系数接近于零。

此外，镝对Nd-Fe-Co-B合金的磁感温度系数的降低也有重要作用。用镝部分取代钕，成分为$(Nd_{0.6}Dy_{0.4})_{15.5}Fe_{47}Co_{30}B_{7.5}$时，磁感温度系数$\alpha\approx0$。

在用镝部分取代钕改善Nd-Fe-B，Nd-Fe-Co-B合金的某些性能时，往往同时用少量的铝，铌或镓取代铁，从而获得更佳的效果。对于成分为$Nd_{0.8}Dy_{0.2}(Fe_{0.86-x}Co_{0.06}B_{0.08}Nb_x)_{5.5}$的合金，当$x=0$时，合金的$B_r=1.105T$，$H_{CB}=851.7kA/m$，$H_{CJ}=1791kA/m$，$(BH)_{max}=$ $232.4kJ/m^3$，200℃时磁通不可逆损失为1.6%。而当$x=0.015$时，合金的B_r、$(BH)_{max}$仍保持较高的水平，分别为1.085T，225.3kJ/m^3，而H_{CJ}可达1982.0kA/m，200℃时磁通的不可逆肃穆时下降到0.6%。镓含量对$Nd_{0.8}Dy_{0.2}(Fe_{0.86-x}Co_{0.06}B_{0.08}Ga_x)_{5.5}$合磁性能的影响示于表3-22。添加少量镓在提高合金矫顽力方面比铌更加有效，但在降低磁通不可逆损失方面的效果则不如铌。从表3-22可见，当$x=0.015$时，合金的磁性能达到$B_r=1.08T$，$H_{CJ}=2244.7kA/m$，$(BH)_{max}=223.7kJ/m^3$，200℃时磁通的不可逆损失为1.2%。这些磁体的稳定性相当好，可望在较高的温度下工作。

表3-22 镓含量与$Nd_{0.8}Dy_{0.2}(Fe_{0.86-x}Co_{0.06}B_{0.08}Nb_x)_{5.5}$合金磁性能的关系

x	B_r		H_{CJ}		$(BH)_{max}$		磁通不可逆损失 $h_{irr}/\%$	
	T	kGs	kA/m	kOe	kJ/m³	MGOe	200℃	220℃
0	1.120	11.20	1791	22.5	238.8	30.0	1.6	6.4
0.005	1.105	11.05	1854.7	23.3	234.8	29.5	1.4	2.1
0.010	1.100	11.00	2085.5	26.2	234.0	29.4	1.3	2.2
0.015	1.080	10.80	2244.7	28.2	223.7	28.1	1.2	1.8
0.020	1.060	10.60	2165.1	27.2	215.7	27.1	1.6	2.1

应当指出，与R-Co永磁材料不同，稀土-铁-硼磁体对锈蚀极为敏感，因此磁体表面防护和涂层至关重要。各磁体厂家针对不同的工作条件，磁体的尺寸，形状及重量，开发了多种深层工艺。目前采用的主要涂层工艺有：阴极电涂层，包括镀铝、镀锌、镀铝-铬、镀镍等；此外，还增加了淡化钛耐磨损涂层；电泳涂层；树脂喷涂；离子镀等了为了增强涂层防护能力，往往采用多种涂层的复合涂层。

3.6.3　黏结稀土永磁材料

采用黏结法制备磁体具有尺寸精度高，易于批量生产，能制造复杂形状的产品等优点，因此应用领域不断扩大，品种和数量也得到了稳步的发展。黏结稀土永磁材料是黏结磁体的新品种。它是将稀土永磁粉末与黏结剂混合，经压制成型或注射成型等方法而制成的一种复合永磁体。通常采用的黏结剂有树脂、橡胶、塑料等有机物，有时也采用低熔点的 Sn-Pb 合金或 Zn-Sn 合金。

3.6.3.1　黏结稀土永磁体的制备工艺

按照成型方式黏结稀土永磁体可采用压制成型、注射成型、挤压成型、压延成型等方法来制备。其中热固性压制成型和热塑性注射成型是工业上应用最广泛的两种方法。

A　热固性压制成型磁体的制作工艺

这种方法制备磁体的工艺流程示于图 3-48。对于 1∶5 和 2∶17 型 R-Co 系合金，在熔炼后需要进行均匀化处理，随后进行与烧结磁体相近的热处理，然后破碎制粉。但对于

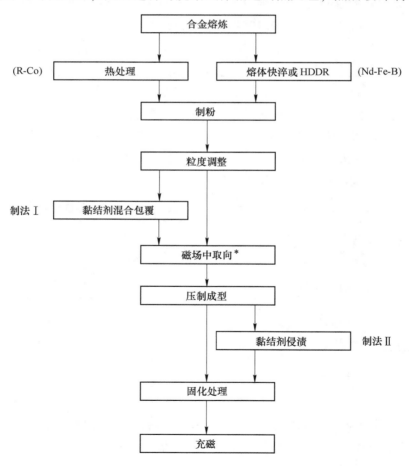

图 3-48　热固性压制成型磁体制作工艺流程

（＊：各向同性黏结磁体不经过磁场中取向工序）

Nd-Fe-B 系合金，在熔炼后采用熔体快淬技术制成薄带，或采用 HDDR 法制成粗粉，然后再制粉。关于制粉方法在后面将作简单介绍。

为了获得高的填充密度，粗、中、细粉末的粒度比例要适当。另外，粉末平均尺寸对磁性能有一定影响，最佳平均尺寸随合金而异。一般说来黏结法用粉末粒度要比烧结法粗些。

一般选用的黏结剂为环氧树脂。加入量过多对磁性能不利，过少会降低力学性能。因此，最佳的加入量综合考虑后加以确定。

B 热塑性注射成型磁体的制造工艺

图 3-49 给出了这种方法制备磁体的工艺流程。制造这种磁体时，随磁粉比例的增加磁性能增加，但有一定限度。一般热塑性黏结剂如尼龙、聚乙烯、聚丙烯的加入量（质量分数）约为 12%。磁粉与塑性黏结剂混合后搅拌均匀再造粒，制成一定尺寸的圆球或圆柱，然后进入注射机注射成型。制造各向异性磁体需施加磁场，使磁粉在熔融状态的塑料黏结剂中取向。为提高取向度可在黏结剂中使用各种添加剂。

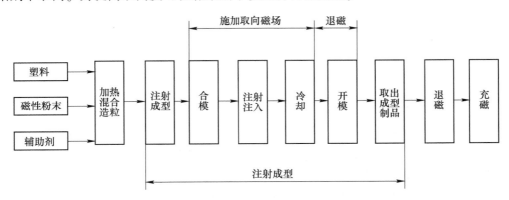

图 3-49 热塑性注射成型磁体的制造工艺流程

3.6.3.2 黏结稀土永磁粉的制造方法

为制备出性能优异的黏结稀土永磁体，首要条件就是要制取性能良好的黏结用磁粉。黏结稀土永磁磁粉的制取方法主要有：铸锭破碎法、熔体快淬法及 HDDR 法。

A 铸锭破碎法

前面已经述及，对于 1:5 和 2:17 型 R-Co 永磁合金，熔炼后，将合金铸锭在高温下要长时间均匀化处理后，进行相应的热处理，利用机械研磨即可制出所需的磁粉。但此法对 Nd-Fe-B 永磁合金目前尚却无法制出黏结磁体用磁粉。实验表明，由 Nd-Fe-B 合金制成的烧结磁体经破碎后，其矫顽力急剧下降，在粉末粒度为 $100\mu m$ 左右时，其矫顽力仅为烧结磁体的四分之一。

B 熔体快淬法

由美国通用汽车公司首创的用熔体快淬法制备 Nd-Fe-B 磁体，其要点是，将 Fe-Nd 合金与纯铁和纯硼在真空感应炉中炼制成成分（质量分数）为 30%Nd-60%Fe-1%B 的母合金。然后，在惰性气体保护下，于石英容器中熔化，在压力作用下经容器下端的细孔喷射到高速旋转的水冷铜辊外缘，制成非晶或微晶薄带。石英容器的孔径、铜辊的线速度对确保获取高性能快淬磁体起着十分关键的作用。薄带用振动粉碎机制成200μm大小的颗粒，经晶化处理即可得到称之为MQ的磁粉。利用热固性压制成型和热塑性注射成型便可制成的各向同性黏结磁体，称之为MQ Ⅰ。快淬粉热压可制成的各向同性的MQ Ⅱ磁体；采用热挤压或热模锻可得到磁性能与烧结 ND-Fe-B 相近的各向异性磁体 MQ Ⅲ，如果将 MQ Ⅲ破碎，可用来制造各向异性黏结 ND-Fe-B 磁体。用快淬法制备的 ND-Fe-B 磁体内禀矫顽力高，抗腐蚀性强，热稳定性也好。

C　HDDR 法

HDDR 法制造 Nd-Fe-B 系各向同性黏结磁体用磁粉的工艺流程示于图 3-50。它主要包括：氢化、歧化、脱氢和重新组合四个过程。

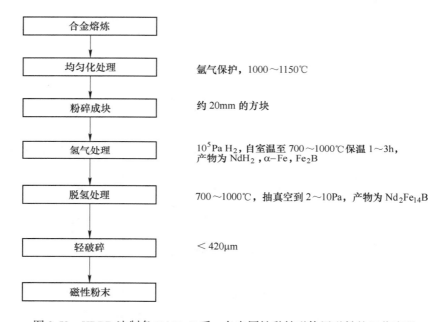

图 3-50　HDDR 法制备 Nd-Fe-B 系，各向同性黏结磁体用磁粉的工艺流程

铸态 Nd-Fe-B 合金室温吸氢产生破碎，形成氢化产物 $Nd_2Fe_{14}BH_{2.9}$ 和 $NdH_{2.7}$。在高温下，$Nd_2Fe_{14}BH_{2.9}$ 发生歧化，分解成非常小的 $NdH_{2.2}$、α-Fe、Fe_2B，在真空中脱氢，$NdH_{2.2}$、α-Fe、Fe_2B 又合成 $Nd_2Fe_{14}B$ 晶粒。HDDR 过程使 NdFeB 铸态粗大晶粒变成极细小的晶粒（约 0.3μm）。将 HDDR 法处理得到的粉轻微破碎，即可得到黏结用磁粉。

通过添加少量合金元素如钴、镓、锆、铪、铌可以制成各向异性黏结磁体，例如成分为 $Nd_{1.26}Fe_{70.3}Co_{11.0}B_{6.0}Zr_{0.1}$ 的 HDDR 粉末，在磁场中模压成型制成的各向异性黏结磁体，$(BH)_{max}$ 达 144kJ/m³（18MGOe），几乎为各向同性磁体的一倍。

近年来，人们通过改进工艺制备出了不添加合金元素的 HDDR 各向异性磁粉。由所谓 "d-HDDR" 工艺，即主要通过控制歧化氢分压制备的磁粉不含 Co，且具有很高的磁性能。

由磁粉可制备出 $_JH_C = 1034kA/m$，$(BH)_{max} = 159kJ/m^3$ 的各向异性黏永磁产品。

3.6.3.3 工业黏结对稀土永磁的种类与性能

按照磁体所用磁体粉末的不同，黏结稀土永磁可分为 $Ce(Co,Cu,Fe)_5$，$SmCo_5$，$Sm_2(Co,Cu,Fe,Zr)_{17}$，以及各向同性及各向异性 Nd-Fe-B 黏结磁体。与烧结磁体相比，在所用合金成分上通常更接近各化合物的化学计量成分，以获得较好的磁性能。例如2：17型黏结磁体的典型成分为 $Sm(Co_{0.6}Cu_{0.08}Fe_{0.3}Zr_{0.028})_{8.35}$；Nd-Fe-B 黏结磁体的成分随制粉方法而异，快淬法的成分大体为 $Nd_{13}Fe_{81}B_6$，HDDR 法的钕和硼含量更低些。

几种黏结稀土永磁体的性能列于表 3-23。由于黏结剂的加入，磁体密度较低，对黏结 Nd-Fe-B 各向同性磁体磁性特别不利，因此，黏结磁体的磁性能比同类的烧结磁体低得多。

表 3-23 几种黏结稀土永磁体的磁性能

材料 / 制法 / 黏结剂	性能	$SmCo_5$ 压缩 环氧树脂	$SmCo_5$ 注射 尼龙	Sm_2Co_{17} 压缩 环氧树脂	Sm_2Co_{17} 注射 尼龙	Nd-Fe-B（各向同性）压缩 环氧树脂	Nd-Fe-B（各向同性）注射 尼龙
$(BH)_{max}$	kJ/m³	75.6	79.6	127.3~135.3	63.6~87.5	63.6	35.80
	MGOe	9.5	10.0	16~17	8~11	8.0	4.5
B_r	T	0.64	0.67	0.86~0.89	0.61~0.86	0.61	0.45
	kGs	6.4	6.7	8.6~8.9	6.1~8.6	1.61	4.5
H_{CB}	kA/m	—	—	517.4~557.2	318.4~398.0	421.8	310.4
	kOe			6.5~7.0	4.0~5.0	5.3	3.9
H_{CJ}	kA/m	716.4	796.0	716.4~875.6	636~716.4	1194	1114.4
	kOe	9.0	10.0	9~11.0	8~9.0	15.0	14.0
密度	g/cm³	6.2	5.7	7.1~7.2	5.5~5.6	6.0	4.9
使用温度	℃	100	—	150	140	115	100
可逆温度系数 α_B	%/℃	—	-0.04	-0.04	-0.04	-0.04	-0.40

3.6.4 几种新型的稀土永磁材料

在 Nd-Fe-B 材料之后，国际稀土界的研究热点转向开发新型稀土永磁材料。目前国际公认的有前景的新材料有三类，即 1988 年发现的低钕的 Nd-Fe-B 纳米晶双相复合，1990年报导的 2：17 型氮化物材料和同年提出的 1：12 型氮化物材料。

3.6.4.1　双相纳米晶复合永磁材料

这种材料由直径为数十纳米数量级的软磁性晶粒（Fe 及 Fe_3B 等，占 40%~80%）和硬磁性晶粒（稀土化合物）构成。饱和值高的软磁性相可使其具有高的磁化强度，而磁晶各向异性大的硬磁性相可确保磁体具有高的矫顽力。软磁性晶粒和硬磁性晶粒的磁化矢量通过交换相互作用相联系，硬磁性晶粒的磁化矢量阻碍软磁性晶粒磁化矢量的反磁化，从而表现出似乎不存在软磁性相的特征。

这种纳米晶双相复合材料可采用熔体快淬法，HDDR 法等技术制备。

合金中软磁性相的成分取决于硼含量。硼含量高时，软磁性相为铁硼化合物或少量 α-Fe，硼含量低时，软磁性相仅为 α-Fe，它们的尺寸一般要小于 $50\mu m$。随着钕含量增加，合金矫顽力增加，但 B_r 下降。R 为钕的磁粉 $(BH)_{max}$ 可达 $162.7kJ/m^3$，合金成分为 $Nd_9Fe_{85}B_6$，硬磁性相为 $Nd_2Fe_{14}B$，软磁性相为 α-Fe。

添加合金元素镓、钴、铽、镝可改善矫顽力；钛、铌、钼、钒有利于晶粒细化；硅、铝等可提高 B_r。

经适当处理后的磁粉可采用黏结法制成黏结磁体。表 3-24 示出了日本住友公司制备的纳米晶 Nd-Fe-B 系黏结磁体的磁性能。其最高的 $(BH)_{max}$ 达 $72.4kJ/m^3$，最高的 H_{CJ} 为 $591.1kA/m$。显然 $(BH)_{max}$ 离理论值相差很大。

表 3-24　纳米晶双相复合黏结磁体的磁性能

合金成分	B_r		H_{CJ}		$(BH)_{max}$	
	T	kGs	kA/m	kOe	kJ/m³	MGOe
$Nd_4Fe_{75.5}Co_1Si_1B_{18.5}$	0.90	9.0	278.7	3.5	58.1	7.3
$Nd_{4.5}Fe_{73}Co_3Ga_1B_{18.5}$	0.86	8.6	310.5	3.9	66.1	8.3
$Nd_{3.5}Dy_1Fe_{73}Co_3Ga_1B_{18.5}$	0.84	8.4	358.3	4.5	72.4	9.1
$Nd_5Fe_{70.5}Co_3Cr_3B_{12.5}$	0.70	7.0	461.8	5.8	53.3	6.7
$Nd_{5.5}Fe_{66}Co_5Cr_5B_{18.5}$	0.59	5.9	591.1	7.4	47.8	6.0

3.6.4.2　2:17 型氮化物稀土永磁材料

Sm_2Fe_{17} 化合物经氮化后，饱和极化强度 J_S 和居里温度均提高，而且磁化方向从基面转向 c 轴形成了单轴各向异性。这种 $Sm_2Fe_{17}N_x$ 化合物的 $J_S = 1.54T$，$H_A = 20.8MA/m$，如此高的磁性确实十分引人注目。特别是与 $Nd_2Fe_{14}B$ 化合物相比，H_A 高，即使制成几个微米的粉末仍可获得高的矫顽力。但是这种化合物在高于 $600℃$ 时分解为 SmN 和 α-Fe，难以制成烧结磁体，因此研究的重点在于如何制备出高性能的黏结磁体用粉末。实验表明，合金中的氮含量对磁性能有重要影响，当 $x=3$ 时，即具有 $Sm_2Fe_{17}N_3$ 成分的合金才可获得最佳的磁性能。

这种合金磁粉通常采用以下方法制作。首先用真空感应炉冶炼成 Sm_2Fe_{17} 合金，钐含量应略高于化学计量成分，以防止 α-Fe 的析出。合金铸锭经 $1200~1250℃$ 较长时间的均匀化处理，然后粉碎成 $200\mu m$ 左右的颗粒，随后，进行氮化处理，氮化一般是通过气相反应进行。反应气体，温度和时间不同，含氮量则各异。由于在氮气中可氮化的 x 总是小于 3，所以需在 NH_3 和 H_2 的混合气体中氮化。氮化温度在 450℃ 左右。氮化后通过机械研磨或气流磨使之成为单畴粉末。采用这种方法制备的 $Sm_2Fe_{17}N_3$ 粉末，较好的磁性能为 $B_r = 1.41T$，$H_{CJ} = 720kA/m$，$(BH)_m = 272kJ/m^3$，最好的黏结磁体的 $(BH)_{max}$ 可达 $168kJ/m^3$。

此外，采用快淬，HDDR 等方法制作的粉末可获得高的矫顽力，利用低钐合金也可制成纳米晶双相复合磁体。

3.6.4.3　1∶12 型氮化物稀土永磁材料

由杨应昌等人所发现的富铁 1∶12 型化合物，作为有希望的永磁材料曾一度为人们所关注。但是研究结果表明，只有 $SmFe_{11-x}M_x$ 化合物具有易 c 轴，可望产生高矫顽力。在 $SmFe_{11-x}M_x$ 化合物中，$SmFe_{11}Ti$ 具有最高的质量饱和磁化强度，室温下，$\sigma_s = 121.5 emμ/g$（$J_s = \sigma_s ×$ 密度），低于 $Nd_2Fe_{14}B$（$\sigma_s = 142.7 emμ/g$），所以所能预期的最大磁能积值远低于 $Nd_2Fe_{14}B$，再加上钐比钕价格昂贵，使得难以与 $Nd_2Fe_{14}B$ 竞争。

然而，通过气-固相反应将氮原子加入到 1∶12 型化合物中，使 R 为钕、镨、铽、镝、钬的这种化合物都转变为易 c 轴的单轴各向异性，并具有强的磁晶各向异性场。同时，居里温度平均提高了 150~200℃，饱和磁化强度也有一定改善。特别是 R 为钕和镨的化合物，兼有高的饱和磁化强度和可与 $Nd_2Fe_{14}B$ 相比拟的 H_A。例如，$NdFe_{10.5}V_{1.5}N_x$ 化合物 $T_c = 511℃$，室温下 $\sigma_s = 139.1 emμ/g$，室温下 $H_A = 8119.2kA/m$。可见，1∶12 型氮化物已具备了相当的开发前景。

与 $Sm_2Fe_{17}N_x$ 化合物一样，含氮的 1∶12 型化合物只能制成黏结磁体。其制备工艺也与 $Sm_2Fe_{17}N_x$ 相近，只是具体工艺参数有所不同。现将其制备工艺流程示于图 3-51。

图 3-51　1∶12 型氮化物黏结磁体的制备工艺流程

1∶12 型氮化物磁粉的磁性能为 $B_r = 0.93~1.06T$，$H_{CJ} = 461.7~493.5kA/m$，$(BH)_{max} = 135.3~168kJ/m^3$。其中 B_r 和 $(BH)_{max}$ 优于快淬 NdFeBMQ 磁粉，但 H_{CJ} 则比 MQ 粉低。另外，其 B_r 和 H_{CJ} 与纳米晶双相复合磁粉相当，而 $(BH)_{max}$ 却更高。由于这种磁粉通过磁场取向可制备各向异性磁体，因此有望获得矫顽力适中的高 $(BH)_{max}$ 黏结磁体。

参 考 文 献

［1］代礼智，金属磁性材料［M］. 上海：上海人民出版社，1973.
［2］《功能材料及其应用手册》编写组. 功能材料及其应用手册［M］. 北京：机械工业出版社，1991.
［3］徐光宪. 稀土（下册）［M］. 北京：冶金工业出版社，1995.

［4］何开元. 精密合金材料学 ［M］. 北京：冶金工业出版社，1991.

［5］周寿增，等. 稀土材料及其应用 ［M］. 北京：冶金工业出版社，1990.

［6］Nesbitt E A, Wernick J H. Rare earth Permanent Magn ［M］. Academic Prerr, 1973.

［7］Yu Zongsen, Chen Minbo. Rare earth elements and their Application ［M］. Metallurgical, 1986.

［8］周寿增，董清飞. 超强永磁体——稀土铁系永磁材料 ［M］. 北京：冶金工业出版社，1999.

［9］胡伯平，饶晓雷，王亦忠. 稀土永磁材料 ［M］. 北京：冶金工业出版社，2017.

4 弹 性 合 金

4.1 概述

弹性合金是金属功能材料中的一个重要部分，广泛应用于机械、仪器、仪表和通信技术等领域中的各种弹性元件，如弹簧、膜片、波纹管、音叉和振子等。因用途的广泛和应用条件的多样化，除弹性性能外，对弹性合金还提出了如耐蚀性、导电性、磁性和热弹性等综合要求。弹性合金的品种日益增加，可涉及的材料领域也逐步扩大到超高强度钢、不锈钢、耐热合金等类材料，从而形成弹性合金与其他材料互相渗透、互相交错的局面。

按性能特点，弹性合金可分为高弹性合金与恒弹性合金两大类，这两类合金均具有优良的弹性性能，其中恒弹性合金还具有弹性模量或固有共振频率在一定温度范围（如-60~+100℃）内几乎不随温度而变化的特点，即恒弹性特性。

弹性是由于原子在力的作用下偏离其平衡位置，而当作用力消失后重新回到原来平衡位置的可逆热力学过程造成的，在宏观上则表现为受载时变形，而卸载后能恢复到原来的形状与尺寸的性质，这种变形称为弹性变形。

在实际金属中，伴随弹性变形还会出现各种不可逆的热力学过程，如原子、位错的迁移，与磁性和相变有关的效应等等，使物体的弹性行为偏离理想弹性体，例如在静态应力作用下出现弹性后效，弹性滞后，应力松弛；在动态应力作用下出现内耗等非弹性行为。非弹性行为的强弱程度，除了与外力的大小，环境因素（如磁场、电场）有关外，还取决于材料本身的特点。描述静、动态应力作用下材料的弹性与非弹性行为的主要特征参数示于表4-1。

表 4-1　静、动态应力作用下的弹性与非弹性行为及其表征参数

	弹性行为	非弹性行为
静态应力作用	应力-应变关系：（虎克定律） 拉伸变形：$\sigma = E\varepsilon$, $G = \dfrac{E}{2(1+\mu)}$ 剪切变形：$\tau = Gr$, $K = \dfrac{E}{3(1-2\mu)}$ 体积变形：$\sigma = k\Delta v/v$, $\mu = \varepsilon_{\mathrm{L}}/\varepsilon_{\mathrm{b}}$ 应力-应变关系曲线的特征参量： 弹性极限 σ_{e}（条件弹性极限） 比例极限 σ_{p}	（时间效应） 弹性后效 正弹性后效：$H_{\mathrm{t}} = \Delta\varepsilon_{\mathrm{t}}/(\varepsilon_{\mathrm{o}}+\Delta\varepsilon_{\mathrm{l}})$ 反弹性后效：$H_{\mathrm{t'}} = \Delta\varepsilon_{\mathrm{t'}}/(\varepsilon_{\mathrm{o'}}+\Delta\varepsilon_{\mathrm{t'}})$ 模量亏损：$A = (E_{\mathrm{u}}-E)/E$ 应力松弛：$(\sigma_{0}-\sigma_{\mathrm{t}})/\sigma_{0}$ 弹性滞后： 相对滞后系数：$\gamma = B/\varepsilon_{\max}$
动态应力作用	共振频率 f_0 与弹性模量关系 纵振或横振 $f_0 = f$（E、形状、尺寸） 扭振 $f_0 = f$（G、形状、尺寸）	（能量效应） 内耗：$G^{-1} = \dfrac{1}{2\pi} \cdot \dfrac{\Delta w}{w} = (f_2-f_1)/f_0$ 品质因数：$Q = 1/G^{-1}$, $\delta = \pi Q^{-1}$ 对数衰减：$\delta = \ln A_{\mathrm{o}}/A_1$

表 4-1 中一些主要特征参数的物理意义如下：

弹性模量 E：在弹性变形范围内，应力和应变存在着线性关系，即虎克定律。在拉力或压力作用下，表达式为

$$E = \sigma / \varepsilon$$

式中，E 为杨氏模量；σ 为应力；ε 为应变。

弹性极限 σ_e：卸载后不出现残余塑性变形的最大应力，由于微小残余塑性变形难以精确测量，工程上常用对应于给定残余塑性应变值（如 $5 \times 10^{-3}\%$）的应力，代表 σ_e，称之为条件弹性极限，$\sigma_{0.005}$ 表示，另外，因许多弹性元件在弯曲应力状态下工作，还用弯曲弹性极限 σ_{be}，相当于弯曲时出现 0.005% 残余应变所对应的应力。

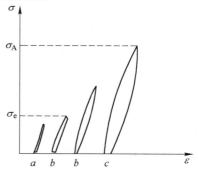

循环应力作用下，不同最大应力可产生的应力-应变关系如图 4-1 所示。作为补充，还提出了此时的弹性极限 σ_e 和滞弹性极限 σ_A 的概念。其中，σ_e 为不出现弹性滞后的最大应力，见图 4-1 中曲线 b，σ_A 为不出现残余变形的最大应力，见图 4-1 中曲线 c。

图 4-1 循环应力作用下的应力-应变关系

静态应力作用下，材料的非弹性行为表现为非弹性行为的时间效应，其特征参数的意义如下：

弹性后效：指瞬间加、卸载后的一段时间内（图 4-2 中的 t_h 和 t_d），应变才达到稳定值，如图 4-2 所示。加载后的弹性后效称为正弹性后效 H_t，卸载后的为反弹性后效 H_t'。

弹性滞后：循环应力作用下所出现的弹性后效，表现为应力-应变关系曲线为一滞后环，如图 4-3 所示。以相对滞后系数 γ 表示。

$$\gamma = B / \varepsilon_{max}$$

式中，B 为滞后回线的最大宽度；ε_{max} 为最大载荷下的总应变值。

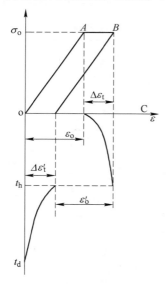

图 4-2 应力-应变-时间关系曲线

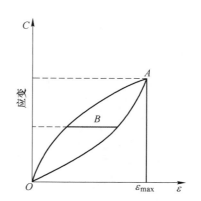

图 4-3 循环应力作用下的应力-应变关系

模量亏损：图4-3中 OA 为瞬时加载时的应力-应变关系，则 $\tan\angle AOC$ 为绝热弹性模量 E_u。由于弹性后效的存在，实际弹性模量 E 为 $\tan\angle BOC$，B 为曲线上任一点。以 $A = (E_u - E)/E$ 表示模量亏损。

应力松弛：若瞬间加载后应变保持恒定，因模量亏损的存在，一定时间后为保持该恒定应变所需之应力则会降低，称为应力松弛。在高温下工作的弹性元件，应力松弛将更为突出。应力松弛用应力松弛率 $(\sigma_0 - \sigma_t)/\sigma_t$ 表示，其中 σ_0 为初始应力值，σ_t 为时间 t 后的应力值。

动态应力作用下，材料的非弹性行为以非弹性行为的能量效应表现出来。这是由于在动态应力作用下出现振动时，每振动一周均要消耗一定的能量所致，具体参数的意义如下：

内耗 Q^{-1}：$Q^{-1} = \Delta w/2\pi w$。其中 w 为弹性体的总振动能；Δw 为每振动一周消耗在弹性体中的能量。

可以证明，在谐振曲线（见图4-4）上的几个特征频率，可求出，Q^{-1}，$Q^{-1} = (f_2 - f_1)/f_0$。

自由振动时，相邻振动周期振幅 A_0 和 A_1 比值的自然对数 $\ln A_0/A_1$，称为对数衰减 δ，可此证明：$Q^{-1} = \delta/\pi$。

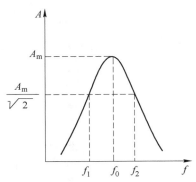

图4-4　谐振曲线示意图

通常，用内耗的倒数即品质因数 Q 表示动态应力作用下非弹性行为。

对弹性合金的性能要求，取决于合金的具体用途。表4-2对弹性合金应具有的性能做了归纳。应当指出，并非任何一种弹性合金均需具有表4-2中所示的性能，而应结合具体要求和使用条件，突出重点，有所取舍，以最经济的选材和生产工艺，获得所需的使用功能。

表4-2　对弹性合金的性能要求

性　能	高弹性合金	恒弹性合金	
		静态应用	动态应用
弹性性能	弹性后效小：低 H_t 值 模量亏损小：低 A 值	高 E 值高 G 值，（提高刚度，使元件小型化……）	高 Q 值（滤波器振子音叉）
非弹性性能	应力松弛小：低 $(\sigma_o - \sigma_t)/\sigma_o$ 值 弹性滞后小：低 γ 值，$\beta_g \cdot \beta_e \to 0$	低 E 值低 G 值（储能元件……） 高 σ_e 值高 σ_p 值高条件弹性极限	低 Q 值（耦合丝），$\beta_e\beta_g \to 0$
恒弹性性能	冲击韧性高：a_k 值高 缺口敏感性低 疲劳强度高		
力学性能	高温机械性能好（高温弹性元件）：持久强度高，蠕变低		
物理性能	磁性：高 μ 低 B_S 低 B_r 低 H_C（磁弹元件） 非铁磁性（要求性能的磁场稳定性好的场合） 导电性：ρ 小（继电器簧片）		

续表 4-2

性　能	高弹性合金	恒弹性合金	
		静态应用	动态应用
化学性能	优良的耐蚀性		
工艺性能	良好的热、冷加工性，焊接性，机加工性性能的一致性		
其他	再现性好		

由表 4-3 可见，弹性合金为适应各种使用要求，必须具有除弹性性能以外的各种综合性能，相应涉及到许多种类的金属材料，一方面有许多结构材料可以用做弹性合金，如不锈钢、高温合金、马氏体时效钢等；另一方面，由于测试技术的复杂性和难度，往往用考核结构材料的力学性能指标，如 σ_b、δ、HRC 等作为弹性合金的交货依据。因此，经常把弹性合金视为结构材料，这是不恰当的，应当强调，弹性合金是功能材料。

表 4-3　弹性合金的分类

弹性合金 类别	典型牌号	主要特点
马氏体时效钢	Ni18Co5Mo3Ti Ni18Co8Mo3Ti	固溶状态下塑性高，成形性好；冷变形时效或时效时，在低碳马氏体中析出金属间化合物，强度高，韧性好，可制成形状比较复杂的、重要的弹性元件
不锈弹簧钢： 变形强化奥氏体不锈钢	1Cr18Ni9Ti， 1Cr17Ni7，Cr17Ni13Mo2	借冷变形的加工硬化和/或形变诱发马氏体强化，可制成形状不太复杂的弹性元件，如膜盒、弹簧管等
相变强化 马氏体不锈钢	2Cr13，3Cr13，4Cr13 17-4PH，Stainless W	合金碳含量不低于 0.2%，借淬火获得马氏体强化；塑性较低，只能用于制造形状比较简单的弹性元件，如簧片等
沉淀强化 马氏体不锈钢	17-7PH，	合金含碳量比较低，固溶处理后为低碳马氏体，可进行冷成形，时效后析出金属间化合物；可制造形状不大复杂的弹性元件，强度高
沉淀强化奥氏体－ 马氏体不锈钢	AM350，AM355 AM362，AM367，Custom455	含碳量较低，固溶后为不稳定奥氏体，塑性高，冷成形性好，可借冷变形和调整奥氏体或深冷处理获得低碳马氏体经时效于马氏体中析出金属间化合物强化，兼备耐蚀，高强，易加工之优点
Fe-Ni-Cr 系变形 强化合金	3J1（Ni36CrTiAl） 3J2 ，3J3	高耐蚀，400℃ 以下具有很高的抗松弛稳定性，可用于制造负荷的弹性敏感元件
非铁磁性耐蚀 弹性合金	Cr26Ni35Mo3Cu4Ti Cr20Ni30Mo3Cu3Nb	均为奥氏体组织，高耐蚀，非铁磁性，借冷变形强化，可用于制造负荷不高的弹性元件。耐蚀性较好，250℃ 以下具有高的弹性极限，加钼的 3J2、3J3 的使用温度分别达 350℃ 和 450℃，广泛用于制造各种要求严格的弹性元件
Fe-Ni-Cr 系沉淀 强化合金	Cr17Ni40Mo5Cu3TiAlNbB	高耐蚀，借助冷变形强化，可用于制造负荷不高的弹性元件
镍基变形强化合金	NiCr47Mo3， Ni65Mo28Fe5V	高耐蚀，借冷变形强化，适用于制造 400℃ 以下工作的耐蚀弹性元件
镍基沉淀强化合金	Cr16Ni75Mo2Ti，40CrNiAl Cr20Ni65Ti3AlNb	高耐蚀，借沉淀强化，适用于制造 400℃ 以下工作的耐蚀弹性元件

弹性合金 类别	典型牌号	主 要 特 点
钴基高比例极限 高弹性极限合金	Co40NiCrMo（3J21） Co40NiCrMoW（3J22） Co40TiAl	高耐蚀，沉淀强化，可制造高负荷的形状复杂的弹性敏感元件。 综合力学性能很高，弹性性能优良，滞后小，固溶后需经强冷变形和回火后才可获得最佳性能，耐蚀性高，硬度高，广泛用于制造小截面的弹性元件，如发条，张丝悬丝、轴夹等
高温高弹性合金	0Cr15Ni15Ti2MoVB（A286） 0Cr13Ni42WTi3B（Incolog901）	为现有的高温合金，可用于制造工作温度高于 500℃ 之弹性元件，如簧片，阀门弹簧等
铁基高温高弹性合金	NiCr15Fe7NbTi2Al	工作温度可达 800℃，特点是弹性模量低兼具恒弹性特点
镍基高温高弹性合金	NiCr19Co6W10Ti3AlB NiCr15Nb9Mo3W2Al（ЭЛ578）	即镍基变形高温合金
钴基高温高弹性合金	Co42Ni20Cr20Nb4W4（S816） Co52Ni20Cr20（Mar-M918）	即钴基变形高温合金其工作温度可达 820℃
铌基高温高弹性 具有综合物理性能的 高弹性合金	NbTi40Al5 NbTi10V5	用于制造导电弹簧，接触弹簧等
高导电弹性合金 铜基弹性合金	铍青铜，钛青铜 Cu-Ni-Al 系合金 Cu-Ni-Sn 系合金	良好的导电性，冷加工性，低弹性模量和优良的弹性性能，使用温度上限为 100~150℃
Ni-Be 合金	NiBe2（3J31） NiBe2W6Co3	与铜基弹性合金相比，电阻温度系数较低，电阻稍高，使用温度较高，可用于制造重要的导电弹性元件
Co-Ni 系弹性合金	67Co28Ni5Nb	400~450℃ 具有高的抗松弛稳定性，可制造耐高温导电弹性元件
磁-弹合金	Fe-17Cr-4.5Ni-0.3Ti Fe-30Co-12Ni-3Ta-1W-0.4 Ti Al	兼具高弹性，高磁感，低矫顽力的特点，适用于制造电磁传感器膜片电子交换机上的自动开关弹簧等
恒弹性合金	3J53，3J58，Ni-SpanC	在一定的温度区间，弹性模量、剪切模量或元件的共振频率基本不随温度变化
铁磁恒弹性 Fe-Ni 系合金	Fe39Ni162Co52Cr1.3W1.1Mo 4.3Sn 0.31n	借助调整成分和热处理工艺，可在相当宽的范围内改变合金的性能，综合性能优越，可制造各种频率标准件、滤波振子、高灵敏精密弹性元件等
Fe-Ni-Co 系合金	Co-Elinvar，Mo-Elinvar Elcolloy	加入钴，可降低低性能对成对成分敏感性，提高恒弹性特性
Co-Fe、Fe-Co 系合金	Fe-30%Co，Ni，Cr，W 等	强度高、弹性高、滞后小，尤以 Elcolloy 最为突出 高 E 值，宽恒弹温度范围 以反铁磁-顺磁转变为恒弹性基础，耐蚀性差，恒弹温度区间小

研究表明：度量结构材料的力学性能指标 σ_b、$\sigma_{0.2}$ 和 HRC，不能反映弹性极限 σ_e 的高低。不应以 σ_b、$\sigma_{0.2}$ 和 HRC 达到峰值的工艺参数作为弹性合金生产的最佳工艺。

此外，造成非弹性行为的原因很多，而用非弹性行为的表现形式和强弱程度既取决于材料自身的组织结构特点，也取决于所受外力作用的方式和强度。因此，不仅动、静态应力作用下的非弹性行为的强弱程度没有一一对应关系，（例如，高 Q 值的材料，其弹性后效不一定小），即使静态应力作用下的各种非弹性行为之间也并不一定存在强弱程度方面的对应关系。

4.2　高弹性合金

高弹性合金的基本特性：高的弹性模量（$E \geqslant 186000\text{MPa}$），高的抗拉强度（$\sigma_b \geqslant 1373\text{MPa}$），高的弹性极限（$\sigma_e \geqslant 1177\text{MPa}$），高的硬度（HRC $\geqslant 40$），较小的非弹性效应（较小的弹性后效，弹性滞后等）。由于用途和使用环境的不同，有时还要求具有较高的疲劳强度，以及耐腐蚀、耐高温、耐高压、无磁、高导电等性能。高弹性合金广泛用于航空、航海、宇航、无线电、精密机械和精密仪表中作弹性元件，如航空仪表和热工仪表中的波纹膜盒、波纹管和波登管，精密仪表中的张丝、悬丝和轴尖，钟表中的发条，加速度表弹簧片，传感器中的弹性膜片等。

高弹性合金按其强化方法分类，主要可以分为沉淀强化型高弹性合金和形变强化型高弹性合金两大类。前者是在合金中添加 Al、Ti、Be、Nb 等强化元素，以便在时效过程中析出弥散的第二相质点而达到强化的目的。用这种方法强化的有铁基、铁镍基、镍基合金、铍青铜和铜钛合金等。后者则是依靠合金在冷塑性变形过程中提高位错密度，产生形变孪晶、形成 ε 马氏体以及产生形变织构等综合作用而达到强化，如钴基高弹性合金等。高弹性合金按化学成分分类，主要有铁基高弹性合金、铁镍基高弹性合金、镍基高弹性合金、钴基高弹性合金、Nb 基高弹性合金及铜基高弹性合金等。

4.2.1　铜基高弹性合金

4.2.1.1　铜基高弹性合金的特点、用途和分类

铜基高弹性合金是最早被人们发现并用于仪器、仪表的弹性合金，它具有良好的导电性、导热性、无磁、耐腐蚀和良好的工艺性能，并具有一定的弹性和强度。因此，这类合金在仪器仪表工业中，特别是在电气仪表和热工仪表中获得广泛的应用，如膜片、膜盒、波纹管和波登管，电器仪表游丝、张丝以及各种仪表中的螺旋弹簧和簧片等。

用作弹性元件的铜基合金可以分为两大类。第一类是经过冷加工成型，再经低温退火后应用的形变强化型合金，如黄铜、磷青铜和德银（白铜）等。这类合金的低温退火处理亦称低温退火硬化处理，因为它不是通过内部组织的回复达到合金的软化，而是在组织回复的同时伴随着硬化，从而提高合金的强度和硬度。这种硬化效应已在工业上应用，但其硬化机理尚不十分明了，有待进一步探讨。有人认为这是由于退火时溶质原子与晶体缺陷产生化学的相互作用，使缺陷周围的溶质原子浓度增高所致。第二类是经固溶处理、冷加工成型，再经时效处理后应用的沉淀强化型合金，如铜铍合金（铍青铜）和铜钛合金等。这类合金是依靠时效处理时析出第二相而达到硬化的。

部分铜基高弹性合金的主要性能示于表4-4。

4.2.1.2 铍青铜

A 铍青铜的特点、用途和分类

部分铜基高弹性合金的主要性能，见表4-4。

表 4-4 部分铜基高弹性合金的主要性能

合金 性能	黄铜 （33%Zn）	磷青铜 （6.5%Zn，0.4%P）	德银 （15%Ni，20%Zn）	铍铜 （1.5%~2.0%Be）	铜钛 （3.5%Ti）
杨氏模量/MPa	103000	110000	118000	130000	123000
电阻率 /μΩ·cm		13	31	5.7~7.8	12~57
线膨胀系数 /10⁻⁶℃⁻¹	18	17.7	16.6	16.6	16.6
抗拉强度/MPa	686~892	688~984	930~1030	1100~1373	740~1370
弹性极限/MPa	274~412	416~755	674~746	755~1029	667~1020
硬度（HV）	115~180	120~180	130~183	300~420	260~380

铍青铜在20世纪20年代末就已出现，由于它具有高的弹性、强度、硬度和优良的导电性、导热性、无磁、耐腐蚀，以及良好的工艺性能，广泛应用于仪器、仪表和电子、电器等工业中制造各种弹性元件，如膜盒、膜片和各类弹簧等，铍青铜按其主要性能可以分为高强度铍青铜（1.6%~2.5%Be）和高导电铍青铜（0.4%~0.7%Be）两大类。

B Cu-Be二元合金相图

图4-5为Cu-Be二元合金相图，图中的主相为α相，γ₁和γ₂相。α相是铍在铜中的固溶体面心立方点阵，具有良好的塑性；γ₁为电子化合物CuBe为基的体心立方点阵无序固溶体具有较好的高温塑性；γ₂为以电子化合物CuBe为基的体心立方有序固溶体，性硬而脆，因此铍青铜是一类典型的沉淀强化型合金。合金的强化元素铍的含量，对时效处理后合金力学性能有重要的影响。铍含量越高，则合金的强度、硬度和弹性极限也越高，但塑性下降，过时效倾向增大。所以铍含量的适宜范围是1.5%~2.0%。铍青铜时效时的脱溶过程不但速度很快，而且析出相优先在晶界出现，然后朝着晶内长大，即晶界处的脱溶过程大大超过晶内，这一现象称为晶界反应。在合金中添加0.2%~0.5%的钴或镍，能抑制时效过程的晶界反应。添加0.3%以下的钛，也可以达到上述目的。

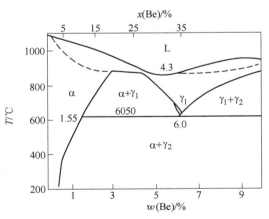

图4-5 Cu-Be二元合金相图

C　铍青铜的热处理

（1）固溶处理。Cu-Be 二元合金中，铍含量在 2.0% 以下时，加热到 800℃ 就成为单相的 α 固溶体。从 800℃ 快速冷却就能获得过饱和的 α 固溶体，从而达到固溶处理的目的。固溶处理的加热温度和保温时间都直接影响到晶粒的大小，从而对力学性能产生较大影响，为此要严格控制这两个因素。一般固溶处理温度选在 780~790℃，保温时间则视试样尺寸而定。

（2）冷塑性变形。铍青铜冷变形时产生大量位错，晶粒被破碎，此外铍原子将在位错堆积的区域偏聚。从而加速原子的扩散，促进第二相的形核，为回火的强化打下基础。但是随着冷变形程度的提高，合金的应力分布和位错分布都出现不均匀性，导致弹性极限和比电阻的各向异性。因此，冷变形率不宜过高，一般不应超过 70%。

（3）时效处理。铍青铜在时效过程中首先形成 G、P 区，要析出稳定的 γ 相以前，先析出 γ′ 中间相，然后析出稳定的 γ 相。γ′ 相具有体心立方晶格，与 α 基体相呈共格关系，是合金强化的主要原因。随着热温度的提高，上述共格关系遭到破坏，形成稳定的 γ 相，随之而来的是合金的过时效——出现软化。产生最大强化的时效温度为 350~370℃。

国产铍青铜的化学成分和相应的主要性能列于表 4-5 和表 4-6。

表 4-5　国产铍青铜的化学成分[①]（YB 147—71）

牌　号	主要成分/%				供应状态[③]
	Be	Ni	Ti	Cu	
QBe2.5[②]（БР. 2.5）	2.3~2.6	0.2~0.5	—	余	板、带：C、Cy棒、线：M、Y
QBe2.15	2.0~2.3	≤0.5	—	余	棒、线：R、M
QBe2（БР. 5.2）	1.9~2.2	0.2~0.5	—	余	板、带：C、Cy棒、线：M、Y
QBe 1.9（БР. БНТ 1.9）	1.85~2.1	0.2~0.4	0.1~0.25	余	板、带：C、Cy棒、线：M、Y
QBe 1.7（БР. БНТ 1.7）	1.6~1.85	0.2~0.4	0.1~0.25	余	板、带：C、Cy

①所有合金杂质量不大于 0.5%，其中 Si≤0.15%，Al≤0.15%，P≤0.005%，Fe≤0.15%。

②QBe2.5 在冶金部标准（YB 552—68）中已取消。

③C 为淬火软态；M 为退火软态；R 为热轧或热挤压状态；Y 为冷变形状态；Cy 为淬火、冷变形状态。

表 4-6　国产铍青铜合金的主要性能

牌　号	时效制度	E/MPa	$\sigma_{0.002}$/MPa	HV
QBe2.5	300℃，4h	119000	666	—
QBe1.9	320℃，3h	118500	666	—
QBe2		121000	715	407

牌　号	时效制度	E/MPa	$\sigma_{0.002}$/MPa	HV
QBe2.5	350℃，1h	119500	784	407
QBe2		120500	764	410
QBe2.5		120500	804	420
QBe1.9	370℃，20h	121500	833	420
QBe2		120500	774	410
QBe2.5		121500	874	420

4.2.2　铁基高弹性合金

常用的铁基高弹性合金是弥散和相变强化型马氏体钢（一般称为马氏体时效钢）。马氏体时效钢是 20 世纪 60 年代发展起来的一类高强度、高韧性结构材料，它被广泛应用于航空、宇航工业部门，而作为弹性材料应用于仪器仪表工业中，却是近二十年的事情。马氏体时效钢的特点是含碳量极低，固溶处理后获得超低碳的 Fe-Ni 或 Fe-Cr 马氏体，具有良好的塑性和韧性，易于进行各种加工。时效处理时，在超低碳马氏体基本上沉淀析出金属间化合物，从而获得很高的强化。作为弹性材料而常用的马氏体时效钢，其化学成分和主要性能列于表 4-7 和表 4-8。

表 4-7　常用马氏体时效钢主要化学成分　　　　　　　（%）

牌　号	C	Ni	Co	Mo	Cr	Ti	Al	其他
18Ni-250（美）	<0.03	17.5~18.5	7.0~8.5	4.7~5.2	—	0.3~0.5	0.1	B 0.03 Zr 0.02
18Ni-300（美）	<0.03	18~19	8.5~9.5	4.7~5.2	—	0.5~0.8	0.1	
18Ni-350（美）	<0.03	17~19	11.0~12.75	4~5	—	1.2~1.45	0.05~0.15	
H18K9M5T（苏）	0.03	18.2	9.1	5.0		0.7		
AM362（美）	0.03	6.5	—	—	14.5	0.55~0.90		Si 0.2 Mn 0.3
Custom455（美）	0.03	8.5	—	—	11.75	1.2		Si 0.25 Mn 0.25
Marvac736（美）	≤0.02	9.5	—	2.0	10.25	0.25	0.3	Si≤0.15 Mn≤0.15
AM367（美）	≤0.03	3.5	15.5	2.0	14	0.5		Si≤0.15 Mn≤0.15
H10X12T（苏）	0.03	11	—	—	12	0.4		Cu 1.75 Nb 0.1
04X14K13H4M3T（苏）	≤0.04	3.8~4.8	13~14	2.6~3.2	13~14.5	0.2~0.5		Si≤0.10 Mn≤0.15
X12K10M6（苏）	0.09		10.1	6.34	11.88			
NASMA-164（日）	≤0.025	4.5	12.5	5.0	12.5			

表 4-8　常用马氏体时效钢主要性能

牌 号	状 态	σ_b /MPa	$\sigma_{0.2}$ /MPa	$\sigma_{0.002}$ /MPa	$\delta/\%$	$\psi/\%$	硬度
18Ni-250	816℃固溶处理+482℃, 3h 时效	1884	1785		12	60	50~52HRC
18Ni-300	810℃固溶处理+480℃, 3h 时效	2109	2060		11	55	53HRC
18Ni-350	810℃固溶处理+505℃, 3h 时效	2541	2472		9	45	57~60HRC
H18K9M5T	830℃固溶处理, -70℃冷处理 +450℃, 4h 时效	2001	1942	1275~ 1770	7	38	
AM362	810℃, 1h, 空冷 +480~530℃空冷	1344	1275		13~15	50~60	
Custom455	816℃, 1h, 空冷 +480~510℃空冷	1648~ 1785	1619~ 1746		10~18	40~60	49HRC
Marvac736	815℃, 1h 空冷 +480~530℃空冷	1295	1177~ 1275		15	70	
AM367	810℃, 空冷-73℃, 16h 冷冻+450℃, 4h 空冷	1717	1668		10		
H10X12ДT6	870℃, 1h 空冷-70℃, 8h 冷冻+450℃, 6h 空冷			1080~ 1170			
04X14K13H4M3T	1050℃, 空冷-70℃, 16h 冷冻+520℃, 5h 空冷	≥1373	≥1324		12		
X12K10M6	1050℃, 空冷+550℃, 10h 空冷	2160	1860		10	20	
NASMA-164	950℃, 1h 空冷-73℃, 16h 冷冻+525℃, 4h, 空冷	1795	1619		19	53	

　　常用马氏体时效弹性合金可以分为两类，第一类属一般马氏体时效钢；第二类为马氏体时效不锈钢。前者有较高的抗拉强度，屈服极限和弹性极限，但耐蚀性较低。后者的抗拉强度、屈服极限和弹性极限稍逊，但耐蚀性较高。

　　用作弹性材料的马氏体时效钢除了具有一般马氏体时效钢的高强度、高韧性和良好的工艺性能外，还有下述几个优点：（1）优异的弹性性能。马氏体时效钢的弹性极限 σ_e 远高于其他弹性材料，从而它的储能比功值 σ_e^2/E 也比其他弹性材料高（表4-9）。因此，马氏体时效钢能在更高的应力下工作，或在同一应力下元件的尺寸可以做得更小。换言之，就是在同样的应力负荷下，它们可以给出较大的弹性变形。（2）良好的热稳定性。这类材料在较高的温度下弹性极限值下降缓慢，而且有良好的抗松弛稳定性。

　　我国应用马氏体时效钢作为弹性材料的研制开始于 20 世纪 80 年代初期，表 4-10 和表4-11 是部分国产材料的化学成分与相应的性能。

表 4-9 马氏体时效钢和其他弹性材料性能比较

牌　号	状　态	$\sigma_{0.002}$ /MPa	$\dfrac{\sigma_{0.002}}{E}\times 10^2$
H18K95T	830℃固溶处理±70℃冷冻+450℃，4h 时效	1324	0.680
X12H10Д2TБ	870℃固溶处理±70℃冷冻+450℃，6h 时效	1098	0.560
БР. БHT 1.9	10%变形+300℃，4h 时效	834	0.660
3J1	10%变形+700℃，3h 时效	834	0.435
3J3	10%变形+750℃，3h 时效	981	0.500

表 4-10 部分国产马氏体时效钢化学成分[①]　　　　　　　　（%）

合　金	C	Si	Mn	Ni	Co	Cr	Mo	Ti	Al	Ce
3J33（A）	<0.01	≤0.1	≤0.1	17.5~19.0	7.5~9.0	—	3.5~5.0	0.2~0.6	≤0.15	<0.01
3J33（B）	<0.01	≤0.1	≤0.1	17.5~19.0	8.0~9.5	—	4.5~5.5	0.5~0.9	≤0.15	<0.01
Ni12MoCrCoTi	≤0.05	≤0.5	≤0.5	10.5~13.5	1.8~3.5	3.5~5.5	6.5~7.5	0.8~1.4	—	

①余铁。

表 4-11 国产马氏体时效钢的主要性能

合　金	E/MPa	G/MPa	σ_b /MPa	$\sigma_{0.2}$ /MPa	$\sigma_{0.005}$/MPa	δ /%
3J33（A）	171000~181000	68000~70000	≥1700	—	≥1270	≥6
3J33（B）	171000~181000	68000~70000	≥1910	—	≥1470	≥2
Ni12MoCrCoTi	186000~196000		1863~2353	1667~1961	—	2~5

4.2.3　铁镍基高弹性合金

铁镍基高弹性合金是沉淀强化型的奥氏体合金，其典型的合金是 Ni36CrTiAl（我国牌号为 3J1、3J2 和 3J3；原苏联的牌号为 ЭИ702、ЭИ51 和 ЭИ52）。

沉淀强化型铁镍基高弹性合金中，应用最广的是 ЭИ702。ЭИ702 合金是原苏联在 20 世纪 50 年代中叶研制并发展起来的，此后又相继出现了在 ЭИ702 基础上添加 5% Mo 的 ЭИ51 和添加 8% Mo 的 ЭИ52 合金，我国在 60 年代才开始研制和应用这类合金，相应的牌号是 3J1、3J2 和 3J3 合金，表 4-12 是这类合金的主要性能。

4.2.3.1　合金元素的作用

3J1 是 Fe-Ni-Cr 系合金，它的主要化学成分是：$w(\text{Ni}) = 34.5\% \sim 36.5\%$、$w(\text{Cr}) = 11.5\% \sim 13.0\%$、$w(\text{Ti}) = 2.70\% \sim 3.20\%$、$w(\text{Al}) = 1.00\% \sim 1.80\%$、$w(\text{C}) \leq 0.05\%$、$w(\text{Mn}) \leq 1.00\%$、$w(\text{Si}) \leq 0.80\%$、$w(\text{P}) \leq 0.020\%$、$w(\text{S}) \leq 0.020$，余 Fe。

镍在合金中的主要作用是稳定奥氏体结构。在 Fe-Ni 二元系中，当镍含量超过 36% 时，即使冷冻到 -196℃ 也不会发生 $\gamma \rightarrow \alpha$ 的转变，此外，镍还能与钛、铝形成 $Ni_3(Ti, Al)$ 型的 γ' 相而强化合金。但镍含量过高将降低合金弹性模量，同时提高居里温度，可能使合金变成铁磁性材料。

表 4-12　沉淀强化型铁镍基高弹性合金的主要性质

合金	状　态	E/MPa	G/MPa	β_e(×10⁻⁶)/℃	α(×10⁻⁶)/℃	ρ/μΩ·m	σ_b/MPa	$\sigma_{0.2}$/MPa	$\sigma_{0.005}$/MPa	δ/%	硬度
3J1	950℃水淬						590~690	295~340		34~36	150~160HB
	950℃水淬+675℃,4h时效	176000~196000	77500	200~250	12~14	0.9~1.0	1130~1220	785~980	590~685	14~18	330~350HB
	950℃水淬+50%镀形+700℃,4h时效						1372~1617	1274~1421	1107	2	435HV
3J2	980℃~1000℃水淬						830~880	490~590		25~30	200~215HB
	1000~1050℃水淬+750℃,4h时效	195000~206000	78500	200~250	12~14	1.0~1.1	1220~1370	880~1080	685~785	8~10	400~420HB
	980℃水淬+50%冷变形+750℃,4h时效						1372~1715	1274~1568		5~10	400~420HB
3J3	980~1000℃水淬						880~930	590~640		20~25	215~230HB
	1000~1050℃水淬+750℃,4h时效	196000~206000	78500	200~250	12~14	1.00~1.25	1370~1470	1080~1130	785~880	6~7	440~450HB
	1000℃水淬+50%冷变形+750℃,4h时效						1372~1864	1274~1568	1274	3	540HV

　　铬在合金中提高合金的电极电位，保证合金的耐蚀性。铬溶入固溶体中可起到固溶强化的作用。铬还能够降低居里温度，保证合金无磁性。但铬含量不应超过 13%，否则容易出现脆性相 σ，使合金变脆，难于冷加工。

　　钛是合金的主要强化元素之一，能与镍等元素形成强化相——$Ni_3(Ti,Al)$ 型的 γ′相。钛含量大于 3% 以后，合金的力学性能变化不明显，继续提高这个元素的含量已没有实际意义，由于钛及由其生成的 TiC 很容易偏析，造成合金的组织不均，使合金出现脆性。因此，要控制钛含量在 3% 以下。

　　铝和钛相似，也是主要强化元素。它除了形成 γ′强化相外，还可避免 σ 相的形成，改善合金的塑性。

　　碳的含量应尽量低，避免生成 $Cr_{23}C_6$，以提高合金的抗晶间腐蚀性能。

4.2.3.2　3J1 合金的热处理

　　将 3J1 合金加热到固溶温度（一般为 950℃）以上，然后迅速冷却（水淬）至室温，可以得到单相的过饱和固溶体。这类单相固溶体有较低的强度和硬度，以及较高的塑性，便于进行各种冷加工和弹性元件的制作。由于过饱和固溶体是亚稳定的，在随后的时效过程中将从 γ 固溶体中析出 γ′相——$Ni_3(Ti,Al)$ 使合金强化，从而获得所需的物理和力学性能，较适宜的固溶加热温度为 900~950℃。图 4-6 是 3J1 合金的性能与固溶处理加热温度的关系。

　　合金在固溶处理后得到的单相过饱和固溶体，在随后的时效处理过程中将进行分解，析出第二相。这个分解过程有两个阶段,第一阶段析出具有面心立方结构的 γ′ 有序相 $Ni_3(Ti,Al)$ 或 $(Ni,Fe)_3(Ti,Al)$。第二阶段是 γ′ 相转变为密排六方结构的有序相 Ni_3Ti。γ′ 相的析出有两种机制,其一是晶界析出,γ′ 相呈棒状(直径在 10~60nm),并以一定周期平行排列成薄片。其二是从晶内析出,γ′ 相呈球状,并与基体共格,大小为 5~60nm,图 4-7 是时效温度与合金性能的关系。3J1 合金适宜的时效处理规范为 650~700℃,4h,空冷。

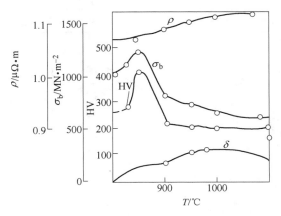

图 4-6 3J1 合金的性能与固溶加热温度的关系

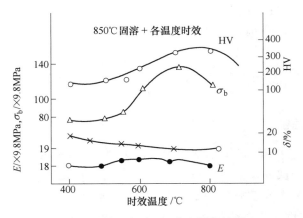

图 4-7 时效温度对 3J1 合金性能的影响

4.2.3.3 钼对 3J1 合金组织和性能的影响

在 3J1 合金中添加 5%~8% 的 Mo,有 4%Mo 溶解于奥氏体中起到固溶强化的作用,与此同时合金中将出现新的强化相 $(Fe,Ni,Cr)_2(Mo,Ti)$,但其数量比 γ′ 相少得多,且与基体不共格,只起到辅助强化的作用。

合金中加入钼能使 γ′ 相更稳定,难于向 η 相转变,使 γ′ 相成为 $(Ni,Fe)_3(Ti,Al,Mo)$,而且钼与空位互相吸引使其流向晶界的速度减缓,降低了晶界的扩散速度,减小了 γ′ 相在晶界和晶内的析出的不一致性。钼提高合金固溶处理时的加热温度(3J2 为 980℃;3J3 为 1000℃),延缓了时效过程,提高了时效强化温度(最佳时效温度上升到 750℃)。由于钼的加入，可以显著提高合金的高温力学性能和抗松弛稳定性，此外合金的弹性模量以及室温力学性能也有所提高。表 4-13 列出添加钼的合金 ЭЛ51 和 ЭЛ52 的主要化学成分。图 4-8 是三个合金的性能与时效处理温度的关系。

表 4-13　加钼合金的主要化学成分　　　　　　　　　　（%）

牌号	Ni	Cr	Mn	Mo	Ti	Al	Fe
ЭЛ51	35~37	12.5~13.5	0.8~1.2	4.5~5.5	2.7~3.2	1.0~1.3	余
ЭЛ52	35~37	12.0~13.5	0.8~1.2	7.5~8.5	2.7~3.2	1.0~1.3	余

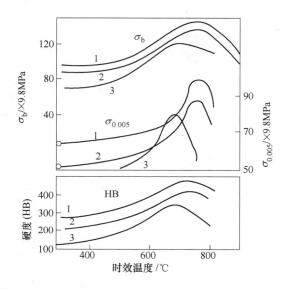

图 4-8　3J1、3J2 和 3J3 合金的性能与时效处理温度的关系

4.2.4　镍基高弹性合金

镍基高弹性合金是在耐热合金基础上发展起来的一类弹性材料，热强性好，工作温度一般高于 180℃，其中部分合金超过 600℃。此外，它们的耐蚀性也较高，而且大部分合金在较大温度范围内保持无磁性。镍基高弹性合金大致可以分为三类：

（1）具有高导电性能的镍铍合金，如 $NiBe_2$，NiBeTi 等；

（2）耐蚀性优良的镍铜合金，如 Monel 等；

（3）高温性能良好的高温高弹性合金，如 Inconel，70НХБМЮ 等。

4.2.4.1　镍铍合金

镍铍合金具有高强度、高弹性、高导电等特性，是良好的导电弹性材料。在国外，20 世纪 20 年代末就开始了研制工作，1948 年日本开始研究 Ni-2%Be 合金，苏联从 1956 年开始研制镍铍合金 ЭЛ996。我国在这方面的研制工作较晚，大约是 20 世纪六七十年代的事情。在 $NiBe_2$ 合金中添加钛可提高合金的抗疲劳强度和耐蚀性。而添加 Co、Mo、W 或 B 等元素，则有利于提高合金强度的耐热性，表 4-14 和表 4-15 是 $NiBe_2$ 和添加其他元素后新合金的化学成分和性能。

表 4-14　镍铍合金主要化学成分　　　　　　　　（%）

合　金	Be	Ti	Co	W	Ni
NiBe$_2$	2				余
NiBeTi	2	0.5			余
NiBe$_2$Co$_3$W$_6$	1.5~1.9		2.5~4.0	5.5~6.9	余
NiBe$_2$Co$_3$W$_8$	1.5~1.9		2.5~4.0	7.0~9.0	余

表 4-15　镍铍合金主要性能

合金	状　态	E/MPa	σ_b/MPa	$\sigma_{0.2}$/MPa	$\sigma_{0.005}$/MPa	HV
NiBe$_2$	1020~1050℃淬火	194000	784~804	313~329		<250
	淬火+500~520℃，3h时效	196000	1667~1795	1393~1461	883~1079	500
NiBe$_2$Ti	1020~1050℃淬火 +500℃，3h时效	196000	1765	1471	1080	500
NiBe$_2$Co$_3$W$_6$	1060℃淬火+冷变形 +600℃时效	196000~ 206000	1814	1618	1100	500
NiBe$_2$Co$_3$W$_8$	1060℃淬火+冷变形 +600℃时效	196000~ 206000	1814	1618	1100	500

4.2.4.2　镍基高温高弹性合金

高温高弹性合金是在镍基变形高温合金基础上发展起来的弹性材料，其中英国在电热合金 Ni80Cr20 合金的基础上研制出 Nimonic 系列合金（包括 Nimonic 75、Nimonic 80A等）；美国在耐蚀合金 Ni80Cr14Fe 的基础上研制出 Inconel 系列合金（包括从 Inconel 600到 Inconel 751 等）。原苏联在高温合金 Nimonic 的基础上研制开发出 ЭИ435、ЭИ437、ЭИ617、ЭИ826 等合金。我国研制高温高弹性合金的时间较晚，是六七十年代的事情。

高温高弹性合金的主要特点是热强性好，耐蚀性较高，大部分合金在较宽温度范围内保持无磁性。常用的镍基高温高弹性合金有 Ni-Cr 系，Ni-Cr-Co 系和 Ni-Cr-Nb 系合金。表4-16 和表 4-17 分别列出主要的化学成分和相应性能。这类合金主要用作高温弹性元件和耐蚀弹性元件，如彩色显像管焦栅、支撑弹簧片、自动化仪表调压阀门弹簧、发电机刷簧片，以及含酸介质中的弹性元件。

表 4-16　部分镍基高弹性合金主要成分　　　　　　　　（%）

合　金	C	Cr	Nb	Mo	W	Co	Ti	Al	Ni	其他
Inconel 706（美）	≤0.06	14~17	2.5~3.5				1.5~2.0	0.35	39~44	Fe余 B<0.006
Inconel 718（美）	≤0.08	17~21	4.5~5.5	2.8~3.3			0.5~1.2	0.2~0.6	余	Fe 16~21 B<0.006
Wasploy（苏）	0.04~0.10	18~21		3.5~5.5		12~15	2.5~3.5	1.2~1.6	余	Cu≤0.08 Fe<2.00 B<0.01

合　金	C	Cr	Nb	Mo	W	Co	Ti	Al	Ni	其他
ЭЛ578（苏）	<0.05	18~20			9~10.5	5.5~6.5	2.75~3.25	1.3~1.8	余	B<0.05
70НХ6МВЮ（苏）	≤0.06	14~16	9~10	3~4	1.7~2.3			0.6~1.1	余	
60НХБМВЮ（苏）	≤0.06	24~26	8~9	3~4	1.7~2.3			0.5~1.0	余	
70НХБМХЮ（苏）	≤0.06	14~16	9.5~10.5	4~6				1.0~1.5	余	
Inconelx-750（日）	≤0.08	14~17	0.7~1.2				2.25~2.75	0.4~1.0	>70	Fe 5~9 Cu≤0.5
NiCoWMoCr（日）	≤0.05	1~8		(M+W)	5~25	10~25			50~75	

表 4-17　部分镍基高弹性合金主要性能

合金	状　态	E/MPa	σ_b/MPa	σ_e/MPa	δ/%	硬度	使用温度/℃
Inconel 706	980℃，1h 空冷+840℃，3h 空冷+720℃，8h，55℃/h，冷却+620℃，8h 空冷	192000	1379	981	18		600
Inconel 718	980℃，1h 空冷+720℃，8h，55℃/h，冷却+620℃，8h 空冷	223000	1450	1186	4	490HV	600
Wasploy	1080℃，4h 空冷+845℃，24h，冷却+760℃，16h 空冷	210000	1320	700	25		600
ЭЛ578	1160℃，水冷+30%冷变形+800℃，1h+700℃，2h，空冷	211000	1520	1128	4		500
70НХБМВЮ	1150℃，水冷+750℃，5h，空冷	216000	1569	1128	11	48HRC	550
60НХБМВЮ	1150℃，水冷+750℃，5h，空冷	206000	1422	1128	10	46HRC	550
70НХБМЮ	1150℃，水冷+750℃，5h，空冷	216000	1520	1128	4	47HRC	550
Inconelx-750	1150℃，2h 空冷+840℃，24h，空冷+705℃，20h，空冷	215000	1300		24	40HRC	600
NiCoWMoCr	90%冷加工+时效	226000	2746	1569		735HV	

4.2.5　钴基高弹性合金

4.2.5.1　钴基高弹性合金的特点及其发展

钴基高弹性合金是综合性能很好的弹性合金，具有高的弹性性能（高的弹性模量、高的弹性极限和极低的非弹性效应等）和强度，以及高的耐疲劳性能、高硬度、耐磨、无磁和在许多介质中有较高的耐蚀性，工作温度可达到 400~500℃。因此，广泛地应用于制作钟表发条、张丝、轴夹、特殊轴承，以及其他各种弹性元件。钴基高弹性合金的一个重要特点，就是该合金通常在固溶处理后，必须经过强烈的冷变形，再进行回火处理才能获得最佳的性能指标。

我国在 1958 年开始研制钴基高弹性合金，先后研制成功 3J21 和 3J22 合金，表 4-18 和表 4-19 列出了钴基高弹性合金的化学成分和性能。

表 4-18 常见钴基高弹性合金的化学成分 （%）

合金	C	Si	Mn	Co	Ni	Cr	Mo	W	其他
3J21	0.07~0.12	≤0.6	1.7~2.3	39~41	14~16	19~21	6.5~7.5		Fe 余
3J22	0.08~0.15	≤0.5	1.8~2.2	39~41	15~17	18~20	3~4	4~5	Fe 余
Elgiloy	0.15	<0.5	2	40	15.5	20	7		Be 0.04，Fe 余
K40HXM	0.07~0.12	≤0.6	1.8~2.2	39~41	15~17	19~21	6.4~7.4		Fe 余
K40HXMB	0.09~0.11	≤0.5	1.8~2.2	39~41	14~16	18~20	3~4	3.5~4.5	Fe 余
K40TЮ	≤0.05	≤0.5	1.8~2.2	39~41	18~20	11~13	3~4	6~7	Ti 1.5~2.0，Al 0.5，Fe 余
Nivaflex	0.03	≤0.5	1.0	40~45	21	18~20	4	4	Be 0.3，Fe 余
NAS604PH	0.10~0.15	≤0.5	1.0	≥40	15.5~17.5	20.5~22.5	5.8~6.8		Fe 余
Phynox	0.15		2.0	38	17	20	7		Fe 余

表 4-19 常用钴基高弹性合金主要性能

合金	状态	E/MPa	σ_b/MPa	σ_e/MPa	δ/%	硬度（HV）	ρ/$\mu\Omega \cdot m$	使用温度/℃
3J21	1150~1180℃固溶+冷变形+400~450℃，4h 回火	200000	2354~2549	1373~1569	3~5	600~700	0.9~1.0	400
3J22	1150~1180℃固溶+冷变形+500~550℃，4h 回火	206000	2356~2746	1619~1668	4~6	≥750	0.9~1.0	400
Elgiloy	固溶+冷变形+回火	210000	2451~2530	1598~1667		700	0.9	40
K40HXM	1150~1180℃固溶+冷变形+400~450℃，4h 回火	205000	2452~2648	1589	3~5	600~700	0.9~1.0	400
K40HXMB	1150~1180℃固溶+冷变形+500~550℃，4h 回火	211000	2942~3128		4~6	680~720	0.9~1.0	400
K40TЮ	1150~1180℃固溶+冷变形+500~550℃，4h 回火	216000	1961~2256	1177	4~6	550~600	1.0~1.1	400
Nivaflex	固溶+冷变形+回火	221000	2452	1765		710	1.0	
NAS604PH	固溶+冷变形+回火	203000	2373	1559	>1	660~700		550
Phynox	固溶+冷变形+回火	206000	2403	1667		650	0.95	

4.2.5.2　3J21 合金

A　合金元素的作用

3J21 合金是钴基高弹性合金中的一个典型牌号，属 Co-Cr-Ni-Fe 系奥氏体合金，其中，Co、Cr、Ni、Fe 是过渡族元素，具有较高的弹性模量。由于 Co、Ni、Fe 是铁磁性元素，因此铬的加入除了固溶强化和提高合金耐蚀性外，又可降低合金的居里点。当铬含量超过12%时，就可使合金的居里点降低到零度以下，保证合金在室温时无磁性。钼的原子半径比合金的基体元素 Co、Cr、Ni、Fe 都大，它的加入将引起固溶体点阵的强烈畸变，是主要固溶强化元素。此外，钼还能与 Cr、Fe 形成复杂碳化物 $(Cr,Fe,Mo)_{23}C_6$，在回火后使合金获得附加强化。碳是形成复杂碳化物相的元素，当它的含量低于 0.06% 时，合金的强度和硬度均将下降；而高于 0.16% 时，引起合金的脆性。锰应控制在 1%~3% 范围内，当其含量低于 0.8% 时，合金的热、冷加工性能均将降低。硅的含量不宜超过 0.6%，否则将使合金的加工性能变坏。

B　热处理对合金组织和性能的影响

（1）固溶处理。在退火状态下，3J21 合金由 γ 相固溶体和 $(Cr,Fe,Mo)_{23}C_6$ 型碳化物组成。固溶处理就是将上述碳化物溶解，形成单相 γ 固溶体，为冷变形和回火强化做好准备。加热到 900~1000℃ 时，合金中的碳化物就能强烈地溶解于 γ 固溶体中。试验证明，固溶处理温度以 1150~1180℃ 为宜，若温度过高，由于过热将导致塑性下降。固溶处理温度还与合金中含碳量有关，碳含量较高时，碳化物充分溶解的温度也较高，所以要相应提高固溶处理温度。

（2）冷变形。冷变形是固溶处理后 3J21 合金获得回火强化的前提条件。冷变形不仅使合金的亚结构细化，内应力增加，形成大量变形孪晶和点阵缺陷，直接强化了合金，而且也为随后回火时碳、钼等元素的原子产生偏聚，强化合金创造条件。试验证明，冷变形量越大，回火后的强化效果也越显著，但塑性下降。因此，3J21 合金的冷变形率一般不要超过 60%。

（3）回火处理。回火处理是合金的最后一道工序，而且也是经冷变形后合金进一步强化的重要工序。为了获得最佳强度指标，又具有良好的韧性和耐疲劳性能，3J21 合金适宜的回火是 300~450℃，4h。

4.2.6　铌基高弹性合金

铌基高弹性合金是以难溶金属为基添加 Ti、Al、Mo、Zr、V 等一种或多种元素组成的弹性材料。这类合金的特点是耐高温、无磁、耐腐蚀，并且有一定强度，部分合金还有小的弹性模量温度系数，但弹性模量较低。这类合金主要应用于制作高温或耐蚀的弹性元件。

原苏联在铌基高弹性合金方面做了许多研究工作，研制成功一系列合金。早在 1966 年就研制成功 55БТЮ 合金，1968 年又研制成添加 Ti、Mo、Cr、V、Al 的铌基合金，此后，在 20 世纪 70 年代又先后研制出多种耐高温、耐腐蚀性能更加优良的铌基合金。我国近十多年来也开展铌基合金的研究工作，并取得一定成果。表 4-20 和表 4-21 铌基高弹性合金的化学成分和相应的性能。

表 4-20 铌基高弹性合金化学成分 （%）

合 金	C	Ti	Mo	Al	Zr	V	Nb	其他
55БТЮ		39.5		5.5			余	
БТ25А5		26.4		5.5			余	
Nb-10Ti-5Mo		10	5				余	
Nb-10Ti-5V		10				5	余	
Nb-15Ti-4.5Al		15		4.5			余	
Nb-25Ti		2.5					余	
Nb-Mo-Zr-Ti-Cr	0.03	1.9	3.7		2.3		余	C₆ 1.7
Nb-Ti-Al-Mo-Zr-Hf		34~42	2~6	4~7	≤3		余	Hf≤4

表 4-21 铌基高弹性合金主要性能

合金	状 态	E /MPa	β_e (×10⁻⁶)/℃	$\rho \times 10^{-2}$ /μΩ·m	σ_b /MPa	$\sigma_{0.2}$ /MPa	$\sigma_{0.002}$ /MPa	硬度	δ/%
55БТЮ	淬火+40%冷加工+ 725℃回火				1177	981	917		7
БТ25А5	1000℃热压，轧制+ 700℃，15h， 真空退火	123000		15			1128 ($\sigma_{0.003}$)		
Nb-10Ti-5Mo	冷加工+700℃， 2h，回火			10~20	991	931.6		H6227	1.0
Nb-10Ti-5V	冷加工+700℃， 2h，回火				1177	1059			1.2
Nb-15Ti-4.5Al	冷加工+650℃， 2h，回火				1540	1461			1.0
Nb-25Ti	冷加工+700℃， 1h，回火	108000		0.54			853 ($\sigma_{0.003}$)		
Nb-Mo-Zr-Ti-Cr	1600℃真空淬火+ 950℃，3h，回火				981	834			3~7
Nb-Ti-Al- Mo-Zr-Hf	35%冷加工+ 725℃，1h，回火				1157	1118	932 ($\sigma_{0.001}$)		1.0

4.2.7 新型高弹性材料

4.2.7.1 复合高弹性材料

复合高弹性材料是采取不同的方法将两种或多种材料复合起来的新型弹性材料。这类材料具有任何一种单一材料所无法比拟的优异性能，特别是在强度和比弹性模量（弹性模量和密度的比值 E/ρ）方面具有很高的数值，可以满足空间技术和深水开发等对材料提出的越来越高的要求。近十多年来欧美各国、日本、澳大利亚和原苏联都做了大量研究工作。复合弹性材料可以分为三大类。

第一类是纤维强化型复合弹性材料。它是在较软的基体（如金属、合金）中加入一种强度高、比重轻，基本上不溶解的纤维状第二相材料制作而成。这类材料的特殊性点是强度高、弹性好、比重小，并具有良好的高温特性，特别适用于重量小的场合，如空间技术等。用作纤维的材料有铝、铍、氧化铝、氧化铍、石墨等。1963年英国制成一个高强度、高弹性石墨纤维复合弹性材料。通常是用模锻和热压的方法来制造石墨纤维在钴和镍中的复合材料，近几年这类材料发展很快。

第二类是复合弹性材料。这类材料是利用两层或多层金属叠合而成，它综合了每一组元材料的优点，从而得到单层金属或合金难以或不能达到的性能，例如原苏联在1969年研制出用弹性较高的而耐蚀性一般的 ЭЛ702 与耐蚀性较好，但弹性较低的 ЭЛ943 复合成兼有较高弹性和耐蚀性的复合弹性材料。由于复层弹性材料具有较高的综合性能，使它们在工程上的应用日趋广泛。

第三类是粒子强化型复合弹性材料。其制造方法是用机械的方法（不是合金化方法）使微小的粒子分散于较软的基体中。这类弥散的微小粒子阻碍了晶体中位错的移动，而使金属或合金获得了强化。这种微小粒子硬度高，且难熔的氧化物和金属间化合物为佳。例如在铜合金中加入不溶解的铅粒，以利于切削和轴承润滑。在韧性基体中加入 Cr、W、Mo 等的微小粒子可以制取耐高温的高弹性材料。

4.2.7.2　磁-弹性合金

磁-弹性合金的特点是既具有高的弹性，又具有一定的磁性能。这类材料是20世纪70年代初期为适应自动控制系统发展的需要研制开发出来的，为了提高压力仪表的计量精度，70年代开始采用电磁传感器代替压力传感器，电磁传感器是通过膜片产生微量位移，使磁通量变化，因而要求膜片材料既具有高的弹性、小的弹性后效，又具有高的磁导率和小的磁导率温度系数。

世界上最早研制开发磁弹性合金并付诸应用的国家是美国和日本。这两个国家在70年代初期就先后研制出各自不同成分的磁-弹性合金，其中，日本研制的是 Fe-17Cr-4.5Ni-0.3Ti 合金，该合金具有高饱和磁感、低矫顽力和良好的弹性。合金经85%的冷塑性变形并在450℃回火处理后，获得如下性能：磁感应强度 $B_{1989} = 1.35T$，矫顽力 $H_C = 770A/m$，弹性极限 $\sigma_e = 1226MPa$，已用于电子交换器上的自动开关弹簧。美国为解决宇航动力微型发电机转子材料，研制了一系列磁-弹性合金，例如 Fe-30Co-12Ni-3Ta-1W-0.4Ti-0.4Al 合金，其 $B_{1989} = 1.82T$，矫顽力 $H_C = 2172.47A/m$，屈服极限 $\sigma_s = 1236MPa$。

我国为了满足电磁传感器对膜片材料的要求，在70年代也开始了对磁-弹性合金的研制开发，各单位研制的合金成分不尽相同，其相应的性能也各有差异，较典型的化学成分为：$w(C) \leqslant 0.05\%$、$w(Cr) = 14\% \sim 20\%$、$w(Ni) = 6\% \sim 10\%$、$w(Co) = 1\% \sim 5\%$、$w(Mo) = 2\% \sim 4\%$、$w(Al) = 1\%$，余铁，此合金经950℃，水冷的固溶处理后，再经70%~80%的冷变形和500℃、1h后的回火后，其主要性能如下：$\sigma_b = 1216MPa$、$\delta = 6.5\%$，$H_y = 495$、$E = 216000MPa$，$B_{3979} = 1.32T$、$H_C = 665A/m$、磁导率温度系数0.065%（室温~100℃）。这个合金还具有良好的加工性能和耐蚀性。

4.3　恒弹性合金

4.3.1　概述

一般金属的弹性模量 E 和 G 随温度的升高而降低，相应的弹性模量温度系数 $e = \mathrm{d}E/E\mathrm{d}T$ 和 $g = \mathrm{d}G/G\mathrm{d}T$ 为 $1 \times 10^{-4}/℃$ 数量级，恒弹性合金的特点是在一定的温度范围（如 $-60 \sim +100℃$）内，其 E 或 G 以及可制得元件的共振频率 f_0 基本不随温度而变化，相应的 e 或 g 值及频率温度系数 $\beta_f (\beta_f = \mathrm{d}f/f_0\mathrm{d}T) \leqslant 2 \times 10^{-5}/℃$。这使恒弹性合金在仪器仪表、通讯、计量等领域中获得了广泛的应用。

弹性模量温度系数 e 与切变模量温度系数 g 是有区别的。

$$G = \frac{E}{2(1 + \mu)}$$

$$\frac{\partial G}{\partial T} = \frac{1}{2(1 + \mu)}\left(\frac{2E}{2T} - \frac{E}{1 + \mu}\frac{2\mu}{2T}\right)$$

$$\frac{\partial G}{G\partial T} = \frac{2E}{E\partial T} - \frac{2\mu}{(1 + \mu)2T}$$

即：

$$g = e - \frac{2\mu}{(1 + \mu)\partial T}$$

可见，e 与 g 的差异与材料的泊松比 μ 的温度系数有关，通常，μ 随温度升高而增加，即 $\partial\mu / \partial T > 0$，故 $g < e$，只有某些特殊合金才有 $\partial\mu/2\partial T = 0$，此时 $g = e$。

弹性元件在工作过程中的受力情况是不相同的，对于承受拉应力的弹性元件中，应对 e 提高要求，而对于承受切应力的弹性元件，则应对 g 提高要求，特殊情况下对二者均提出要求。

弹性模量随温度升高而增加的现象称为弹性反常，若在某一温度区间，弹性反常能补偿正常的弹性模量随温度升高的降低值，则可在该温度区间获得恒弹特性，制得恒弹合金。

依据弹性反常的本质可把恒弹性合金分成以下几类：

由物质磁性导致的反常。

Invar 反常型，如 Fe-Ni 系（3J53、Ni-SpanC）、Co-Fe 系（Co-Elinvar）恒弹性合金。

铁磁-顺磁转变型，如镍基恒弹性合金。

反铁磁-顺磁转变型，如锰基，铬基和 Fe-Mn 系恒弹性合金。

由各向异性的弹性反常，如铌基，钯基恒弹性合金。

由有序-无序转变导致的弹性反常，如 Ni-Ti 金属间化合物型恒弹合金。

上述各类恒弹性合金中，只有 Invar 反常型恒弹合金，因具有性能对成分不太敏感，加工性好，价格适当，性能稳定性好等特点，而获得广泛的应用，本节将予以详述。

具有 Invar 反常的铁磁性合金，在居里温度以下，其弹性模量 E 可表示为：

$$E = E_p + \Delta E \tag{4-1}$$

式中，E_p 为顺磁状态时该温度下的弹性模量，可由居里温度以上顺磁状态下的弹性模量外推得出；而 ΔE 则为铁磁性对弹性模量的贡献。

$$\Delta E = \Delta E_W + \Delta E_A + \Delta E_\lambda \tag{4-2}$$

式中，ΔE_W 为力致体积磁致伸缩导致弹性模量的变化；ΔE_A 为与本征磁化过程相关的自发体积磁致伸缩导致弹性模量的变化；ΔE_λ 为致线磁致伸缩导致弹性模量的变化，Invar 反常型合金中 ΔE_W 与 ΔE_A 比一般铁磁性材料大得多。

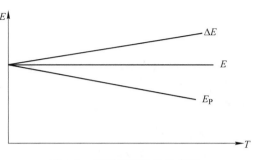

图 4-9　获得恒弹性的示意图

于是，Invar 反常型恒弹性合金是借成分和工艺的调整，使 ΔE 和 E_P 的温度关系得以互相补偿而获得恒弹性特性的，如图 4-9 所示。

除恒弹性以外，恒弹性合金还应具有其他性能，例如，静态应用的恒弹性合金应具有高的弹性极限，小的非弹性行为。音叉，滤波器振子用的恒弹合金应具有高的 Q 值；换能器，耦合丝用的恒弹合金应当具有 Q 值低。此外，无论动、静态应用的恒弹合金均应具有塑性好，易加工，有一定的耐蚀性等综合性能。

值得注意的是，恒弹性合金的应用要求其性能有良好的一致性和时间稳定性，与之相应，对恒弹性合金的冶炼，加工和热处理都提出了十分严格的要求，这是恒弹性合金的一个显著特点。

4.3.2　Fe-Ni 系恒弹性合金

Invar 反常型恒弹性合金中，Fe-Ni 系恒弹性合金获得了最广泛的实际应用。

Fe-Ni 二元素合金的 e 值与镍含量的关系如图 4-10 所示。

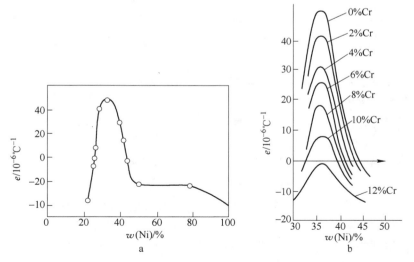

图 4-10　Fe-Ni 二元合金的 e 值与镍含量关系（a）及铬的影响（b）

由图可见，当含镍 28% 和 44% 时，Fe-Ni 合金具有恒弹特性，但 e 值对镍含量的微小波动十分敏感，难以制成工业应用的合金，为此，首先加入第三元素铬以克服上述不足

（见图 4-10），从而出现了最早的 Fe-Ni 系恒弹合金 Elinvar。Elinvar 的名义成分为 Fe-36%Ni-12%Cr。该合金的缺点为强度偏低。

为提高强度，开发了一系列弥散强化型 Fe-Ni 系恒弹性合金，它们又可以分为两大类。一类为碳化物强化型，借助合金中 Mo、Cr、W 等元素在时效时析出的 M_7C_3 型碳化物强化，典型牌号为 Ni35MoCrW（3J51）。这类合金需通过大冷变形量促进碳化物析出，故塑性偏低，只能以带材、丝材的形式使用，不能制成形状复杂的弹性元件，另一类为金属间化合物强化型，借助时效时析出 $Ni_3(TiAl)$ 型 γ' 相强化，典型牌号为 3J53（Ni-SpanC）。该类合金在固溶状态下具有好的塑性，可冷冲压成复杂形状的弹性元件，再经适当的时效处理可获得相当高的强度，Q 值和小的弹性滞后，同时还可将 e 或 g 调到零值附近，因此得到了广泛的应用。

常用 Fe-Ni 系恒弹性合金的牌号和化学成分见表 4-22。

表 4-22　Fe-Ni 系恒弹性合金几种经典牌号的化学成分（质量分数）　　　（%）

序号	合金牌号	Ni	Cr	Ti	C	Mn	Si	Al	Be	Mo	W	Fe	其余
1	Elinvar	36	12										
2	Elinvar Extra	42	5.5	2.5	0.6	0.5	0.5	0.6					
3	Elinvar New	35	5		1	1					2		
4	Motelinvar	40	6		0.6	2				1.5	3		
5	Isollastic	36	7.5		0.1	0.6	0.5			0.5			Cu 0.2
6	Chronovar	36	9		0.7	1.7	0.4			0.5			
7	35XHMB	35	9		1.2	0.8	0.4			2	0.7		
8	3J53(Ni-SpanC)	42	5.2	2.3	<0.06	0.4	0.4	0.4					
9	3J53(42HXTЮ)	41.5~43.5	5.1~5.9	2.4~3.0	≤0.05	0.5~0.8	0.5~0.8	0.5~1.0					
10	3J58(44HXTЮ)	43.5~45.5	5.2~5.8	2.2~2.7	≤0.05	0.5~0.8	0.5~0.8	0.4~0.8					
11	Ni-SpanD	42	6.5	2.8	≤0.03	0.4	0.4	0.4					
12	Nivarox	37		2	≤0.05	0.8	0.2		1				
13	Nivarox M	31			0.03	0.7	0.1		0.7	6			
14	Nivarox CT	37	8	1	≤0.02	0.8	0.2		0.8				
15	Vibralloy	40								10			
16	3J57(Duriuval)	42	21		0.1	2		2					
17	Isoval	30			0.6	0.15	0.2			2.2	3.2		Nb 3.8 V 4.2
18	Thermelast	42							<1	8~10			

现以 3J53（Ni-SpanC）合金为例对金属间化合物强化型值恒弹性合金做一简单介绍。

按 GBn220—84，3J53 合金的成分（质量分数）为：C≤0.05%，Si、Mn≤0.08%，Ni41.5%~43.0%，Cr5.20%~5.80%，Ti2.30%~2.70%，Al0.50%~0.80%，余铁。

合金中主要元素的作用如下：

镍与铁共同形成 Invar 反常材料，是产生恒弹性特性的基础，时效时析出 $Ni_3(TiAl)$

型 γ' 相，使合金基体中的镍含量降低。

与固溶状态相比，此时的 e 值将有可能提高，借助时效控制 $Ni_3(TiAl)$ 型 γ' 相的析出量，调整基体中的镍含量则可同时达到恒弹与强化的目的。这是此类恒弹性合金的显著特点。

铬：降低 e 值及其对镍含量的敏感性，起到固溶强化作用，以及提高耐蚀性。此外，铬还能提高合金的电阻率，有利于增加合金的 Q 值。

钛和铝：是形成 $Ni_3(TiAl)$ 型 γ' 相的元素，强化和调节 e 值的作用。

3J53 合金的热处理，冷变形和组织：

钢锭热加工后和冷轧，冷拔变形率达 60% 时，均应进行固溶处理。

固溶处理工艺为 950~1100℃，快冷，冷加工以前的快冷，应以水冷方式进行，冷加工过程中的固溶处理实为软化处理，需在保护气氛下加热和冷却。

在保证 γ' 相充分溶解的前提下，通常采用较低的固溶温度以减弱晶粒长大倾向，此外，处理的冷却速度要快，冷却的一致性要好，以便保证性能的一致性。

冷变形除了使材料具有可需的形状以外，还产生大量点阵缺陷。为 $Ni_3(TiAl)$ 的析出提供大量优先形核的位置促使其弥散分布，对提高弹性极限和减小非弹性行为十分有利。此外，冷变形还可提高弹性模量-温度关系的线性度，有利于获得优异的恒弹性性能，因此以丝材形式供货的恒弹性合金往往在生产中采用尽可能大的冷拔变形量，然而过大的冷轧变形量所产生的织构，不利于带材的深冲性能，故冷轧变形量通常限制在 60% 内。

时效处理的目的，如前可述，是强化与获得恒弹性。

时效温度通常在 500~700℃ 之间，γ' 相析出的峰值温度于 550~650℃ 之间，时效除了提高强度，使 e 或 g 趋近于零值之外，还会导致其他物理性能，如居里点、矫顽力、磁导率的显著变化。

应当注意的是，这类合金的 σ_e 与 σ_b 并不一定在同一时效温度下达到各自的最高值，σ_e 最高值对应的时效温度往往比 σ_b 低 30~50℃，而且，e 或 g 接近于零值的时效温度也不总与 σ_b 最高值的时效温度一致，为同时获得高 σ_b 与恒弹性特性，需仔细控制合金的成分和热机械处理工艺，这是恒弹性合金的另一个特点。

老化处理：无论是静态还是动态应用的恒弹性合金，时效以后均应进行老化处理，其目的是使制品的使用性能有高的时间稳定性和小的非弹性行为，这对动态应用的制品尤其重要。现已证实，机械滤波器振子的共振频率在不经过老化处理时会随时间的延长而增加。目前，对老化处理的研究尚不十分深入，有的研究认为在居里温度以下保温及缓慢冷却进行的老化处理。可以降低畴壁的易动性，因而是借助抑制和稳定 ΔE_A 效应使性能稳定化的。

4.3.3　Co-Fe 系恒弹性合金

Co-Fe 系恒弹性合金起源于日本并主要在该国获得应用。

在 Co-Fe 二元合金中分别加入一定数量的 Cr、Mo、W、V、Mn，均可在一定成分范围内得到 e 或 g 趋近于零值的恒弹性特性，从而形成相应的 Co-Elinvar、Mo-Elinvar、W-Elinvar、V-Elinvar 和 Mn-Elinvar 等恒弹性合金，在上述基础上进行多元素的复合合金化，即开发含 Cr、Mo、W 和 Ni 的 Co-Fe 基恒弹性合金 Elcolloy。

Elcolloy 合金是性能最好的 Co-Fe 系恒弹性合金，其特点是强度高，σ_b 高达

1304.7MPa，有可能取代 Co-Elinvar，获得更加广泛的应用。

　　Co-Fe 系恒弹性合金的另一特点是，每一牌号的合金均有几组成分具有恒弹性特性，各种合金的性能见表 4-23。

表 4-23　Co-Fe 系恒弹性合金的成分与性能

合金系	成分/%								热膨胀 α (10~50℃) /10⁻⁶℃⁻¹	G（20℃） /GPa	G（20~25℃） /10⁻⁵℃⁻¹
	Co	Fe	Cr	Mo	W	V	Mn	Ni			
Co 埃林瓦系	60	30.0	10.0					9.1	5.1	69	−0.2
	43.5	34.6	12.7					23.1	7.4	69.4	0
	27.7	39.2	10.0						8.1	64.8	−0.3
Mo 埃林瓦系	50.0	32.5		17.5				30.0	9.6	73.5	−0.2
	10.0	45.0		15.0					9.8	78.5	−0.4
W 埃林瓦系	50.0	28.5			21.5			10.0	7.4	64.5	−0.7
	39.0	32.0			19.0				7.8	81.3	+0.4
V 埃林瓦系	60.0	30.0				10.0		30	8.1	65.2	0
	20.0	40.0				10.0			11.6	70	−0.7
Mn 埃林瓦系	55.0	37.5					7.5	20.0	9.8	79.4	−11.3
	35.0	30.0					10.5		11.5	54.5	−4.3
Elcoloy 系	35.0	33.0	5.0	4.0	4.0			16.0	9.0		+0.5
	40.0	35.0	5.0		5.0			15.0	5.0		−0.2

　　Co-Fe 系恒弹性合金的另一个发展趋势是降低其中钴含量并加入铌、钛、铝、硼等沉淀强化元素，派生出新的 Co-Fe 系恒弹性合金。由于沉淀强化，该类合金经热机械处理后具有相当高的强度，可显著减小非弹性行为，故主要用于制造弹簧静态应用的弹性元件。

　　Co-Fe 系恒弹性合金的成分和性能见表 4-24。

表 4-24　Co-Fe 系恒弹性合金的成分与性能

合金号	化学成分/%					性能[1]					应用特性	
	Co	Cr	Ni	Nb	Fe	E/GPa	e (0~40℃) /10⁻⁵℃⁻¹	HV	σ_s	σ_b	用途	特性指标
									MPa			
1	33.2	8.5	8.8	3.4	余	184.7	−0.50	306	1216	1324		
2	32.7	5.0	16.0	3.4	余	185.4	−1.00	340	1314	1422		
3	31	10.2	16	3.4	余						游丝	时计温度系数 +0.1s/℃
4	35.0	10.0	16	3.4	余						音片谐振器	β_f +0.1×10⁻⁵/℃
5	32.2	9.3	16	3.4	余						螺旋弹簧	屈服点[2] 3.5kg

①84%冷加工后 715℃，2.5h 加热，以 100℃/h 的速度冷却的调质状态的性能。
②螺旋弹簧 ϕ17.8mm，14 圈密排。同类型弹簧 Co 埃林瓦合金屈服点为 2.0kg。

4.3.4　非铁磁性恒弹性合金

许多仪器仪表中的恒弹性元件需用非铁磁性恒弹性合金，其目的是避免铁磁性弹性元件与磁场间的交互作用。例如，防止地磁场的变化对元件共振频率、弹性模量及恒弹性特性的影响，或者防止弹性元件本身对仪表内工作磁场的干扰。这些需要促进了对非铁磁性恒弹性合金的研究与开发。

非铁磁性恒弹性合金可以分成以下几类：

反铁磁-顺磁转变型：这类合金利用反铁磁-顺磁性转变时出现的弹性反常，借助合金化等手段使转变温度-尼尔温度 T_N 接近室温而获得恒弹性。

但是，由于反铁磁-顺磁性转变仅出现在一个比较狭小的温度区间，相应的恒弹性温度范围比 Invar 反常型的铁磁性恒弹性合金小得多。

锰、铬和 γ 相 Fe-Mn 合金在室温下均呈反铁磁性。在此基础上发展了 Fe-Mn 系，锰基和铬基非铁磁性恒弹性合金，其代表性合金的成分与性能见表 4-25～表 4-27。

表 4-25　Fe-Mn 系恒弹合金的成分与性能

化　学　成　分							
Mn	Co	Ni	Cr	V	W	C	Fe
27～31	—	—	—	0.8～2.4	0.1～1.0	0.2～0.8	余
30	14	3	4	2	—	1	余

性　　能		
σ_b	σ_s	e 或 $\beta_f/10^{-6}℃^{-1}$
MPa		
128～1255	981～1177	（-10～40℃）
1569	—	30

表 4-26　铬基恒弹性合金的成分与性能

合金	成分/%			G /GPa	性　　能				
	Fe	Mn	Cr		α （10～40℃） /$10^{-6}℃^{-1}$	Δ	波速/m·s^{-1} 纵振	扭振	吸收系数 （10.95MHz） /dB·cm^{-1}
Cr-Fe-Mn	4.2	0.6	余	107.9	0.1	-0.1	3840	3820	0.04

表 4-27　锰基恒弹性合金的成分与性能

合金种类	E/GPa	β_e （0～40℃） /$10^{-5}℃^{-1}$	G/GPa	β_g （0～40℃） /$10^{-5}℃^{-1}$	HV	$\alpha/10^{-6}℃^{-1}$
79Mn-21Ni	98.1	-2.5	36	-2.7	235	—
43Mn-57Cu	111.8	+0.3	42.1	-0.9	131	23.6
44Mn-55Cu-1Cr	132.4	+0.11	50.3	+0.08	145	22.1

合金种类	E/GPa	β_e (0~40℃) /10^{-5}℃$^{-1}$	G/GPa	β_g (0~40℃) /10^{-5}℃$^{-1}$	HV	α/10^{-6}℃$^{-1}$
67Mn-20Cu-13Ni	144.2	+0.21	45.5	+0.29	125	22.4
49Mn-41C-10Fe	135.3	−0.97	55.3	−0.20	250	22.4
42Mn-55Cu-3Mo	152	+2.03	60.8	+1.88	149	23.0
59Mn-16Ni-25Cr	161.8	+0.85	52	+0.83	250	21.6
80iMn-9Ni-11Mo	118.7	+0.05	50	+1.10	380	20.3
80Mn-20Ge	90.2	+1.5	—	—	255	12.2
54.75Mn-45.25Pt	174.6	−1.10	—	—	120	24.47

这些合金价格低廉，但 Fe-Mn 系和锰基合金耐蚀性差，锰基合金的性能十分敏感于成分、冷加工和热处理，而铬基合金则难以加工，仅能在铸态下进行机加工。此外，狭小的恒弹性温度范围都大大限制了这些合金的实际应用。

各向异性型：这类合金的特点是 e 和 g 显著各向异性，以 Pd-50%Au 合金为例，其 e 值沿<111>和<110>晶向为负；而沿<100>晶向，在−100~+250℃范围内为正。因此，借助强冷变形产生适当的织构，即可获得相应的恒弹性。

铌基合金 55NbTiAl（55БТЮ）是这类合金中最有代表的实用化合金。其标准成分为 Nb-39.5%Ti-5.5%Al，是一种沉淀强化型合金。

铌基合金，除了呈非铁磁性之外，还具有恒弹性范围宽（可达 500~700℃，$e=(70~90)\times10^{-6}$/℃）、E 值低（$E=107.9$GPa）、耐高温（可制成高温弹性合金）、高耐蚀和抗松弛稳定性好的特点。55NbTiAl 的性能示于表 4-28。

表 4-28 55NbTiAl 各种状态下的力学性能

35%冷加工后的 时效温度/℃	σ_b/MPa	$\sigma_{0.2}$/MPa	$\sigma_{0.005}$/MPa	δ/%
原始状态（冷加工）	794	765	—	5
冷加工+650℃时效	1147	1147	981	脆断
冷加工+700℃时效	1049	1020	976	1.0
冷加工+725℃时效	1030	863	819	2.5
冷加工+750℃时效	873	814	—	7.5

铌基恒弹性合金的不足之处，是其冶炼、加工和热处理工艺比较复杂，而且原材料昂贵，由于性能优越，它在要求无磁、耐高温和高耐蚀的特殊条件下获得应用。

有序-无序转变型，这种恒弹性合金借助有序-无序转变时的弹性反常获得恒弹性。

目前，这类合金以 NiTi 金属间化合物为基，加入钴、铁等元素，其恒弹性温度范围高达 600℃，但这类合金难以加工，虽然具有非铁磁性、耐蚀及恒弹的特点，仍未得到实际应用。

4.3.5　高温恒弹性合金

一般 Invar 反常型的恒弹性合金，如 Ni-SpanC 的恒弹性上限温度约为 100℃，但某些用途，如石油开采业中井下用仪表的弹性元件的工作温度上限高达 300℃ 或更高，为满足这些要求，从两个途径开发了高温恒弹性合金。

其一，是研制铌基高温恒弹性合金，即上节所述的 55NbTiAl 等合金。

其二，是在 Fe-Ni 基 Invar 反常型恒弹性合金中，借助加入钴提高的居里温度以扩大恒弹性的上限温度，并加入一定数量的铬、钼、铌、钛和铝等元素强化，以提高弹性和减小非弹性行为，从而形成 Fe-Ni-Co 系高温恒弹性合金。

Incolloy 903 是这类合金的一个典型牌号，其成分为 Fe38Ni15Co3.4Nb1.4Ti0.7Al，该合金为 E 与 G 在不同温度下的数值见表 4-29。

表 4-29　Incolloy 903 不同温度下的 E 与 G 值

温度/℃	−196	−73	38	204	427	649
E/GPa	149.1	147.2	147.1	148.1	153	148.1
G/GPa		59.5	60.3	61.0	52.7	

Incolloy 903 的居里温度约为 460℃，在低于居里温度时，其热膨胀系数在（6~8）× 10^{-6}/℃ 之间。因此，该合金兼具备低膨胀与恒弹性的特点，除做恒弹性元件外，还可用作高温低膨胀元件。

除 Incolloy 903 外，我国也研制出几种 Fe-Ni-Co 系高温恒弹性合金，其成分和性能见表 4-30。

表 4-30　我国研制的几种高温恒弹性合金

主　要　成　分	恒弹性性能
Ni48Co2Ti3	室温~350℃，$\beta_f \leqslant \mid 20 \mid \times 10^{-6}$/℃
Ni47Co2Ti3Nb	室温~300℃，$\beta_f \leqslant \mid 15 \mid \times 10^{-6}$/℃
Ni33Co20Nb53Ti1.5	−60~300℃，$\beta_e \leqslant \mid 25 \mid \times 10^{-6}$/℃
Ni39Co13Nb4Ti1.5	室温~300℃，$\beta_e \leqslant \mid 20 \mid \times 10^{-6}$/℃

4.3.6　其他恒弹性合金

为适应使用条件和日益严格的技术要求，恒弹性合金发展的两个显著趋势是：进一步提高恒弹性特性，以满足新型频率元件的要求；减小非弹性行为，提高 Q 值和弹性极限，在此趋势下一些别具特色的恒弹性合金应运而生，它们可分为以下几种：

低频率温度系数恒弹性合金：这类合金在 −10~+55℃ 范围内的频率温度系数 $\beta_f \leqslant 2 \times 10^{-6}$/℃，$Q \geqslant 15000$，较 Ni-Spanc 合金优越很多。

具体的成分为 Fe43Ni5Cr1Mo2.8Ti0.7Al0.25Cu，加入钼取代部分铬的目的是抑制 ΔE_λ 效应并提高 Q 值。

为保证上述性能。合金需在较高（1080~1100℃）温度下固溶处理并进行大冷变形量的加工，此外，为使性能一致性好，均匀的固溶温度和水淬时均匀的冷却速度是生产的重要关键。

该合金用于制造多路通讯载波机的机械滤波振子。

高强度恒弹性合金，静态应用的恒弹合金的弹性极限均大大低于高弹性合金，为降低恒弹元件的非弹性行为。必须研制在强度上与高弹性合金相当的恒弹性合金，目前，高强恒弹性合金分为 Fe-Ni-Mo 和 Fe-Ni-Co 系两种。

Fe-Ni-Mo 系高强恒弹合金是在 Ni-SpanC 基础上，以钼代铬，以提高弹性极限，同时还能降低恒弹性特性对时效工艺的敏感性。

该合金的典型成分为 Fe-43.5%Ni-7.5%Mo-3%Ti-0.8%Al。固溶后时效状态下抗拉强度 ≥1274MPa；固溶、冷变形（变形量 80%）并时效后的抗拉强度 ≥1568MPa。此外，在上述两种状态下，该合金还具有"双恒"的特点，而在 $-60 \sim +100℃$ 范围内 e 与 g 均 $\leqslant |25| \times 10^{-6}/℃$。因此，特别适于制造复杂受力，即同时存在拉伸与剪切应变的恒弹性元件。

Fe-Ni-Co 系高强恒弹性合金的成分为 Fe-(34%~38%)Ni-(16.2%~18.5%)Co-(6%~8%)W-(2.3%~3%)Ti-(0.3%~0.8%)Al，并加入少量（0.001%~0.2%）硼、铈和镧。该合金的居里温度高，具有高温恒弹性特性。固溶冷变形并时效后的抗拉强度达 1619MPa 以上。

恒弹性合金在许多技术领域都获得了应用，这决定了该合金的性能各异，品种繁多，纵观恒弹性合金的发展，今后的趋势仍然有以下几个方面：提高弹性特性，即降低 e 值和 g 值，扩大恒弹性的温度范围，降低非弹性行为，即提高弹性极限，减小弹性后效的弹性滞后，提高 Q 值，获得综合物理化学性能，即提高耐蚀性，增加或减小磁性，导电性等，提高性能的一致性，对于近期出现的具有潜在工业用途的新型恒弹性合金，应进一步深入研究合金化，以降低性能对成分，冷加工和热处理的敏感性，改善加工性，降低成本，力求达到实用。

参 考 文 献

[1] 李震夏. 世界有色金属材料成分与性能手册 [M]. 北京：冶金工业出版社，1992.

[2] Schwartz L H. Spinodal decomposition in a Cu-9Ni-6Sn alloy [M]. Acta Metal, 1974.

[3] 张利衡. 添加 Mn 对 Cu-9Ni-6Sn 合金组织与性能的影响 [J]. 上海有色金属，1995（4）：220~228，219.

[4] 张利衡. 少量 Mn 对 Cu-15Ni-8Sn 合金时效硬化的影响 [J]. 上海有色金属，1996（2）：62~67，79.

[5] 张利衡. 添加 Fe 对 Cu-9Ni-6Sn 合金时效硬化的影响 [J]. 上海冶金高等专科学校学报，2000（2）：67~73.

[6] 崔成松，李庆春，沈军，等. 喷射沉积快速凝固技术的发展概况 [J]. 宇航材料工艺，1995（6）：1~9.

[7] 李周，张国庆，张智慧，等. 喷射成形高温合金沉积坯致密度与气体含量 [J]. 航空材料学报，2000（3）：67~72.

[8] 杨伏良，陈振华. 金属喷射沉积工艺的进展 [J]. 湖南冶金，1994（2）：49~52.

[9] 刘刚，王磊，石力开，等喷射沉积（Osprey）工艺研究 [J]. 中国有色金属学报，1995（2）：

98~102.

[10] 李周，张国庆，田世藩，等．高温合金特种铸造技术——喷射铸造的研究和发展 [J]．金属学报，2002（11）：1186~1190.

[11] 李周，田世藩，赵先国，等．喷射成形技术及应用 [J]．材料工程，1995（4）：14~17.

[12] 王军，殷俊林，严彪．Cu-Ni-Sn 合金的发展和应用 [J]．上海有色金属，2004（4）：184~187.

[13] 姜海昌，覃作祥，陆兴，等．Fe-Mn-Ge 合金弹性模量反常与相变的研究 [J]．大连铁道学院学报，2003（3）：84~86，90.

[14] 王艳辉，汪明朴，洪斌．Cu-15Ni-8Sn 导电弹性材料的研究现状与进展 [J]．材料导报，2003（3）：24~26.

[15] 王忠民，李增民．新型防爆材料的研究及应用 [J]．铸造技术，2001（3）：51~53.

[16] 曹昱，刘锦文．Cu-Ni-Zn-Mn 弹性合金的疲劳与断口分析 [J]．湖南有色金属，1999（5）：29~32.

[17] 熊惟皓，刘锦文．合金化与形变热处理对铜合金弹性模量的影响 [J]．华中理工大学学报，1998（S1）：19~21.

[18] 吴进明，吴年强，曾跃武，等．机械合金化 Al-8Ti 合金粉的烧结成形研究 [J]．金属热处理，1997（12）：3~7.

[19] 郑史烈，吴年强，曾跃武，等．高弹性导电合金 Cu-Ni-Sn 的研究现状 [J]．材料科学与工程，1997（3）：62~66.

[20] 金木冬，皮昕．弹性保健牙片的研制及其作用 [J]．临床口腔医学杂志，1996（2）：90~91.

[21] 李宗霞．机械合金化——研制生产金属材料的一种新工艺 [J]．材料工程，1995（11）：3~7.

[22] 王深强，陈志强，彭德林，等．高强高导铜合金的研究概述 [J]．材料工程，1995（7）：3~6.

[23] 张利衡．Cu-9Ni-6Sn 合金的组织与性能研究 [J]．上海金属．有色分册，1993（2）：20~28.

[24] 李国俊．高弹性合金的现状与发展趋势 [J]．材料导报，1993（4）：15~19.

[25] 黄特伟．铌基弹性合金 Nb-40Ti-5.5Al 的组织结构 [J]．金属学报，1985（4）：27~34，149~150.

[26] 张彦生．一种 γ-Fe-Mn-Al 合金的超低温性能及顺磁性-反铁磁性转变 [J]．金属学报，1984（5）：313~321.

[27] 徐温崇，王俊健，苏绣锦，等．Ni-Fe-Nb-Al 合金调幅结构的生长过程和硬化本质的探讨 [J]．金属学报，1979（4）：482~488，584~586.

[28] 形状记忆合金和超弹性合金 [J]．金属功能材料，2006（1）：44~45.

5 膨胀合金及热双金属

5.1 膨胀合金

5.1.1 金属与合金的热膨胀特性

膨胀系数是表征材料热膨胀性质的物理参数。在工程上，一般采用平均线膨胀系数（简称膨胀系数）来表示。

平均线膨胀系数 $\overline{\alpha}_{T_1-T_2}$ 是指温度由 T_1 升到 T_2 时，每升高 1℃，试样长度 L 的相对伸长量，可用公式表示为

$$\overline{\alpha}_{T_1-T_2} = \frac{L_2 - L_1}{L_1} \frac{1}{T_2 - T_1}$$

式中，L_1 表示 T_1 温度时的试样长度；L_2 表示 T_2 温度时的试样长度。

每种金属都具有各自的膨胀系数，随着金属熔点升高，金属的膨胀系数降低。反之，膨胀系数增大。它的本质在于温度升高时，金属点阵中金属原子的热振动振幅增大，使振动中心的位置转动，造成晶格常数变大，而在宏观上反映出金属长度增加或体积膨胀。这是正常的热膨胀行为。

绝大多数合金，如果是均一的单相固溶体，则其膨胀系数介于组元的膨胀系数之间，近似直线规律，如合金是多相的机械混合物，则其膨胀系数介于这些相的膨胀系数之间，也近似符合直线规律。因此，可以根据各相所占的比例，按叠加方法粗略估计出多相合金的膨胀系数。

在多相合金中，组织的分布状态对合金膨胀系数的影响是不敏感的，膨胀系数主要取决于组成相的性质及相的含量。

绝大多数金属与合金，随温度升高，膨胀系数初期增加很快，以后逐渐平缓，这种情况属于正常热膨胀。

某些铁磁性金属和合金，如镍和铁镍合金，不符合上述规律。例如镍在居里点附近膨胀系数增大；而 Fe-Ni35%（原子分数）合金，在居里点附近膨胀系数显著减小。这个成分的合金被叫作"因瓦"合金。如图 5-1 所示。

这种具有反常的低膨胀系数的合金，与其铁磁性有密切关系。在居里点以上，"因

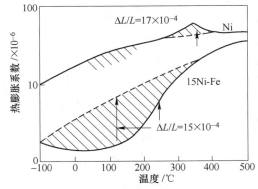

图 5-1　Ni 和 Fe-Ni35%（原子分数）的膨胀曲线
（虚线为正常热膨胀，阴影区为反常热膨胀区，
$\Delta L/L$ 代表最大反常热膨胀量）

瓦"合金与一般合金热膨胀相似,但在居里点以下,出现反常的低膨胀。这是由于在居里点以下,合金具有铁磁性,随合金饱和磁化强度的改变,相应地发生体积变化,这就是本征体积磁致伸缩效应。具有反常的低膨胀系数的"因瓦"合金就是由于温度升高时,饱和磁化强度急剧下降,并伴随有较大的体积收缩,它抵消了由核原子热振动加剧,而产生的正常热膨胀值。

5.1.2　膨胀合金的发展简史

1896 年,法国 C. E. Guillaume 发现,在含镍 36.5%的 Fe-Ni 合金中,其尺寸几乎不随气温变化而发生变化,这就是著名的"因瓦"合金。以后,日本增本量又发现"超因瓦"、"不锈因瓦"等合金。

自 19 世纪 20 年代发现铂可与软玻璃封接后,20 世纪又研制出一种复合丝材料,以代替铂,称为"杜美丝",以后出现一系列 Fe-Ni、Fe-Cr、Fe-Ni-Cr 等软玻璃封接合金。

1930 年,H. SCO 等研制出可与硬玻璃匹配封接的合金,取名为"可伐"合金。近半个世纪,该合金在电真空器件中,一直占有十分重要的地位。

近年来,"因瓦"型低膨胀合金在低温贮器、宇航器镜面底座、电视显示器荫罩等方面,都得到了广泛应用。在封接合金方面,结合应用技术的特殊要求,在氧化膜特性及无应力封接的研究领域,也已取得突破性进展。

国内,自 20 世纪 50 年代开始试制"因瓦"等合金材料。至 60 年代,因瓦和超因瓦合金已开始用于微波谐振腔体。以及调整合金成分、控制处理工艺,制成负膨胀合金和不锈因瓦。70 年代,根据不同用途,研制了多种新合金:例如具有良好车削性能的易切削因瓦;强度为 620MPa 级的高强因瓦;使用温度范围较宽的高温 (300℃) 低膨胀合金;含铌的耐腐蚀因瓦;用于天体观察望远镜机架、底座、定位件的低膨胀合金。近年还着手研制低温低膨胀合金以及与微晶玻璃匹配封接的零膨胀合金等。

我国从 50 年代中期制作真空电子管,可伐合金是它的关键钢种,于 1958 年首先在钢铁研究总院实验室研制,以后推广到大连、上海生产。不仅解决了该合金在生产中出现的很多问题,如热膨胀系数不合格和组织不稳定等问题,还开展了深冲开裂、强酸腐蚀后丝纹、麻点、封接气泡、钎焊料渗透、引线应力腐蚀断裂等应用工艺研究。自真空电子管过渡到晶体管、晶体管过渡到集成电路阶段,该合金逐渐被 Fe-Ni$_{42}$ 合金替代。

与软玻璃封接的合金,主要用在电子束管中。国内,在 70 年代选用的合金有 Fe-Cr 系的 Cr$_{28}$ 和 Cr$_{18}$TiVMo;Fe-Ni-Cr 系的 Ni$_{47}$CrB 合金。随着电视显像管引进线的建立,相继开展了 Ni$_{42}$Cr$_6$Al、Ni$_{47}$Cr$_6$Al、Cr$_{18}$Ti 等合金的研制。这些材料,通过真空感应炉方法控制精确的合金组分,在高精度轧机和配套机组上生产,以确保精良的尺寸和表面。根据不同的材质,还对应用工艺进行适应性调整试验。在与软玻璃匹配的封接合金中,Fe-Ni-Cr 系的 Ni$_{47}$Cr 及 Ni$_{47}$Cr$_3$ 合金,Fe-Ni 系的 Ni$_{45}$、Ni$_{50}$、Ni$_{52}$、Ni$_{54}$ 合金,均已得到实际使用。"杜美丝"的芯线 Fe-Ni$_{43}$,已大量生产。

5.1.3　膨胀合金分类及牌号

低膨胀、定膨胀合金的化学成分、膨胀系数和基本特性,分别列于附表 1~表 4,膨胀合金国内外牌号对照列于附表 5。

5.1.3.1　膨胀合金分类

一般按其膨胀系数高低，可分为三类：

（1）低膨胀合金，或称因瓦型合金，在-60~100℃温度范围内具有很低的膨胀系数，一般低于$3×10^{-6}$/℃。

（2）定膨胀合金，一般在-70~500℃温度范围内，具有比较恒定的中等膨胀系数。

（3）高膨胀合金，一般指在室温至100℃温度范围内具有很高的膨胀系数，通常在$16×10^{-6}$/℃以上。

5.1.3.2　表示法

本书的合金牌号，采用数字和汉语拼音字母结合的方法。膨胀合金属于精密合金的第4类，用4J表示，J是汉语拼音Jing（精）的第一个字母。具体牌号表示为4J××，××是阿拉伯数字，表示4J类中第××号合金。

5.1.4　低膨胀合金

5.1.4.1　低膨胀合金的用途

低膨胀合金，主要用于环境温度变化时，要求尺寸接近恒定元件，以保证仪器仪表的精度。

（1）精密仪器仪表及光学仪器中的元件；

（2）长度标尺和大地测量基线尺；

（3）谐振腔、微波通讯波导及标准频率发生器等；

（4）标准电容器叶片和支承杆；

（5）液态天然气、液态氢及液态氧的储罐和运输管道；

（6）热双金属片的被动层。

5.1.4.2　低膨胀合金的性能

A　Fe-Ni低膨胀合金

a　Fe-Ni36合金的热膨胀

典型Fe-Ni36合金不同温度范围的膨胀系数示于表5-1。

表 5-1　Fe-Ni36 合金不同温度范围的膨胀系数

温度范围/℃	膨胀系数 $\alpha/10^{-6}$℃$^{-1}$	温度范围/℃	膨胀系数 $\alpha/10^{-6}$℃$^{-1}$
-196~20	1.38	21~200	2.45
-129~18	1.98	21~250	3.61
-60~21	1.76	21~300	5.16
-40~21	1.75	21~350	6.52
-20~21	1.62	21~400	7.80
0~21	1.58	21~450	8.80
21~50	1.06	21~500	9.73
21~100	1.40	21~550	10.37
21~150	1.93	21~600	10.97

低膨胀合金的化学成分和膨胀系数见表5-2。

表 5-2　低膨胀合金的化学成分和膨胀系数

合金系	中国牌号	化学成分/%										Fe	膨胀系数 α/10⁻⁶℃⁻¹ (20~100℃)	热处理制度
		C、P、S、Si 不大于				Mn	Ni	Co	Cu	其他元素				
Fe-Ni 系	4J36	0.05	0.02	0.02	0.20	0.2~0.6	35~37					余	≤1.8	1
	4J38	0.03	0.02	0.02	0.20	≤0.8	35~37			Se0.1~0.25		余	≤1.8	1
Fe-Ni-Co 系	4J32	0.05	0.02	0.02	0.20	0.2~0.6	31.5~33	3.2~4.2	0.4~0.8			余	≤1.5	1
	4J35	0.05	0.02	0.02	0.50	0.2~0.4	34~35	5~6		Ti2.2~2.8		余	3.6	2
	4J40	0.05	0.02	0.02	0.15	≤0.25	32.4~33.4	7~8				余	(室温~300℃) ≤2.0	3
Fe-Ni-Cr 系	4J9	0.05	0.02	0.02	0.20	≤0.20	53.5~54.5			Cr8.8~29.1		余	(-10~60℃) <1.0	4

Fe-Ni36 合金中，杂质元素对膨胀系数的影响为图 5-2 所示。

当合金中含有杂质元素时，镍要作相应调整，才能得到最低的膨胀系数值。Ti、Mn、Cr 的加入，要相应提高镍的含量；Cu、Co、C 的加入，要相应降低镍的含量。Fe-Ni36 合金中加入 C、Mn、Cr、Ti、Cu 等不同的元素都将增高合金的热膨胀系数。在图 5-2 各个元素中，碳的数量浓度对升高 α 最为明显，铜影响最小。另外，碳还会使材料尺寸的稳定性变差。

b　Fe-Ni36 合金的组织和力学性能

从图 5-3 Fe-Ni 合金状态图可知在 Fe-Ni 二元系范围内，铁和镍都能形成单一的 γ 固溶体。镍的加入，扩大了铁的 γ 相范围。但是，由于 Fe-Ni 合金具有严重的 γ-α 相变热滞现象，导致两相区平衡的建立极其缓慢，难以确定 α+γ 两相区的边界。因此，从实用角度出发，可以分别得到加热和冷却时 α+γ 两相区的边界。由相图可知，在 Ni<35% 的 Fe-Ni 合金中，-100℃ 以上便可能发生 γ-α 相变，或称为马氏体转变。这些低镍合金的 γ-α 相变，除取决于化学组成外，还与加热和冷却速度有关。Fe-Ni36 合金恰处于 γ 相的边缘，在通常的冷却速度下，甚至到-196℃ 仍可能是单一的 γ 相。

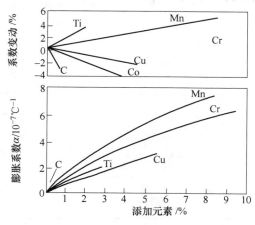

图 5-2　杂质元素对 Fe-Ni36 合金膨胀系数的影响

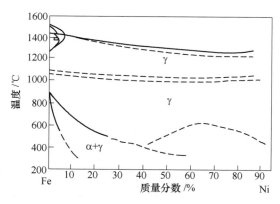

图 5-3　Fe-Ni 合金平衡状态图

Fe-Ni36 合金不同温度下的力学性能示于图 5-4。

B　Fe-Ni-Co 型低膨胀合金

a　Ni32Co4Cu 合金的热膨胀

Ni32Co4Cu 合金，是在 Fe-Ni36 "因瓦"合金的基础上，用部分钴替代一部分镍而成。因为添加钴以后，提高了合金的居里点，使合金在相同的使用温度下，具有比"因瓦"合金更低的膨胀系数，称为超因瓦合金。

不同的镍、钴含量搭配，会得到不同的热膨胀值。由表 5-3 可见，当镍、钴总量为 36.5% 左右时，它得到最低的热膨胀值。

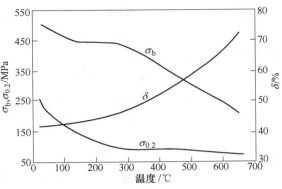

图 5-4　不同温度下 4J36 合金的力学性能

表 5-3　超因瓦合金不同镍钴总量与膨胀系数

组成/%	Co	0	3.5	4	4	4	5	5	6	6
	Ni	36.5	34	32.5	33	33.5	31.5	32.5	30.5	31.5
	Ni+Co	36.5	37.5	36.5	37	37.5	36.5	37.5	36.5	37.5
$\alpha_{20\sim100℃}/10^{-6}℃^{-1}$		1.2	0.3	0	0.4	0.5	0	0.5	0	0.1

b　含铌的 Ni32Co4 合金的热膨胀

在 Ni32Co4 合金中加入少量铌代替铜，得到 Ni32Co4Nb 合金，即 Nb-因瓦合金，铌比铜在减小 α 值和降低 T_M 点方面作用更明显，Nb 还可使合金中碳和其他一些元素形成微细化合物，在合金中呈点状均匀分布。铌还能固定游离碳，故而获得稳定的低膨胀特性。含铌合金的膨胀系数（室温~100℃），可达到不大于 $0.5\times10^{-6}/℃$。是目前膨胀系数最低的因瓦合金。该合金在微波谐振腔、地震测量仪、水利拦河大坝等方面获得了广泛应用，效果良好。典型合金数据见表 5-4。

表 5-4　含铌 Ni32Co4Cu 合金的热膨胀

膨胀系数（室温)/$10^{-6}℃^{-1}$						居里点/℃
50℃	100℃	150℃	200℃	250℃	300℃	
0.2	0.2	0.2	0.8	2.0	3.9	228

c　高强度因瓦合金

有些仪器仪表元件，不但要求在一定的温度范围内具有尺寸不变特性，同时还要求具有较高的机械强度和硬度。在 Fe-Ni-Co 基体中加入适量钛，经过热处理，形成 Ni_3Ti 弥散析出物，使之在 -100~+100℃ 温度范围内既具有较低的热膨胀而且具有较高强度的弥散硬化型合金。为 Ni35Co5Ti 合金，室温~100℃，$\alpha\leqslant3.6\times10^{-6}/℃$，抗拉强度为 1150MPa。另有在 Fe-Ni 基体中加入少量钛和铝，也能达到提高强度之效果。

d　高温低膨胀合金

某些电子器件的使用温度达到 300℃，要求此温度下膨胀系数不大于 $2\times10^{-6}/℃$。在现有合金中，从因瓦反常与合金的居里点两者综合考虑，在因瓦合金的基础上降镍增钴，居里点处于 200~400℃ 之间，可预期获得高温低膨胀合金。

如图 5-5 所示，获得低膨胀区的中心点，在 100℃ 及 200℃ 时，均在 Ni33.3Co4 附近（即超因瓦成分范围），到 300℃ 则移至 Ni32.3Co7.6 处。即使用温度从 200℃ 上升到 300℃ 时，材料成分由低钴向高钴移动。本合金成分约为 Ni31~33Co3.2~4.2Cu0.4~0.8 范围内。

e　Fe-Ni-Co 型低膨胀合金的组织

在常规退火状态下，Ni32Co4Cu 合金应是单一奥氏体组织。镍是稳定奥氏体组织的主要元素。因此，当镍含量偏低时，该合金就有可能在低于-60℃ 时，出现局部马氏体转变。这种转变是不可逆的，由此造成热膨胀系数的不可逆增加变化，这是不允许的。锰、碳在合金中能起稳定奥氏体相的作用。但这两种元素都增加热膨胀，碳还会给合金的时间稳定性带来不利的影响。

C　其他低膨胀合金

a　含硒的因瓦合金

Fe-Ni36 因瓦合金，用高速钢或碳化钨钢刀进行材料的切削加工时，由于粘刀，刀具的使用寿命短。而且加工工件的表面光洁度难以达到高的要求。因此，在因瓦合金中加入 0.1%~0.25% Se，以改善切削性，这种合金称为易切削因瓦。

含硒的因瓦合金，同时要有锰与硒的合理搭配，以有利于合金的热加工，又不致增加热膨胀。

b　Co-Fe-Cr 低膨胀合金

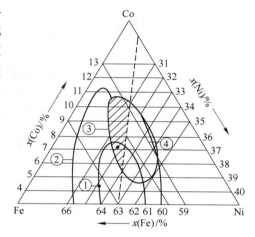

图 5-5　合金的 α_{100}、α_{200} 变化趋势以及成分的确定

①—α_{100}、α_{200} 基本低于 1 的区域；

②—α_{100}、α_{200} 基本低于 2 的区域；

③—α_{300} 基本低于 2 的区域；

④—平行四边形为本合金成分区

Fe-Ni36（因瓦）和 Ni32Co4Cu（超因瓦）合金耐蚀性差，因此，研究了耐蚀的 Co54Cr9Fe 合金，它的膨胀系数可接近零，这种合金称为不锈因瓦。该合金为获得低的膨胀系数，其成分控制范围相当窄，而且含钴量高，价格昂贵，限制了合金的使用。

从 Co-Fe-Cr 系合金常温和高温（700℃）时的相图可知，Cr54Cr9Fe 合金的化学成分处在奥氏体和马氏体两相交界处，为了得到低膨胀的单一相组织，必须从高温急冷。低铬时，马氏体转变点在-10℃ 附近。随着铬含量增高，转变点降低。合金若发生马氏体转变，可重新加热至 600℃。此时，开始逆转变成奥氏体，至 900℃ 才能转变完全。

该合金在空气中和海水中的耐蚀性好。因瓦、超因瓦、不锈因瓦三者在 0.1 克分子浓度的食盐水中，经 42 天腐蚀，不锈因瓦仅减少 $0.99 \times 10^{-4} \mathrm{g/cm^2}$，而前两者则分别减少 $8.3 \times 10^{-4} \mathrm{g/cm^2}$ 和 $3.7 \times 10^{-4} \mathrm{g/cm^2}$。

c　铬基非铁磁性因瓦合金

有些仪器仪表，如用作录音、录像机磁头支架、核反应堆附近的检测仪表零件、电子显微镜电子束聚焦部位零件等，在强磁场条件下工作，要求反铁磁性。近十多年来，开展了反铁磁性合金的研究。可以认为，它们的因瓦特性，是由于在 Neel 点以下的温度范围内具有反铁磁反常所造成。这一类的研究成果，有 Mn-Pd 和铬基合金。Mn-Pd 在国内的实用价值不大，而铬基合金的难点，在于加工性差。日本和苏联都宣称在加工性方面，已有突破。

5.1.4.3 因瓦和超因瓦合金的稳定化处理

因瓦和超因瓦合金经过冷加工，由于组织的不稳定，其膨胀系数会降低，然而，膨胀系数不是稳定的。采用一般退火处理方法，可以获得组织趋于稳定状态的合金，但膨胀系数并不是最低值。常规用的三步热处理法如下：

（1）固溶处理：加热到 830~850℃，保温 20~30min（视工件大小而定），淬水。使成分均匀化。

（2）回火处理：再加热到 315℃，保温 1h，缓冷至室温，以消除固溶处理产生的内部应力。

（3）时效处理：加热到 95~98℃，保温 48h 然后缓冷，使合金组织稳定。

经机械加工后的因瓦合金零件，还可采用以下的热处理制度：

（1）加热到 315~350℃，保温 2h，空冷。

（2）再加热到略高于使用温度，缓冷至使用温度以下。反复数次，随后缓冷到室温。

5.1.5 定膨胀合金

5.1.5.1 定膨胀合金的特点

在定膨胀合金中，最具代表性的是封接合金。该合金的特点为：

（1）制造电子管各工艺温度范围内和管子使用温度范围内，合金的热膨胀特性都应与玻璃或陶瓷相匹配。

（2）在使用温度范围内，合金组织不得发生变化。

（3）合金表面应容易形成牢固而致密的氧化膜。

（4）合金的熔点应高于玻璃的封接温度。

（5）合金的封接、焊接、电镀和机械加工等工艺性能良好。

（6）不纯物质（挥发物）、夹杂物、气体含量应尽量少。

（7）塑性良好，能经受冷、热变形，容易制成各种形状的零件。

在这些性能要求中，最重要的是与玻璃或陶瓷接近的热膨胀特性和对玻璃有良好的浸润性。这两个性质总称为合金的可封接性。

5.1.5.2 各类定膨胀合金

A Fe-Ni 定膨胀合金

a 镍对热膨胀特性的影响

Fe-Ni 合金的镍含量变化为 35.77%~53.96%，其膨胀曲线示于图 5-6。Fe-Ni 系合金的弯曲点温度，随着镍含量增加而升高。在弯曲点出现曲线斜率的变化，随着镍含量增高斜率变化趋小。53.96%Ni-Fe 合金的热膨胀曲线在测量温度范围内看不到弯曲点，大致成直线状。

镍含量与平均膨胀系数的关系，30~100℃时的最小值在 36%Ni 附近；30~300℃时移到 39.5%Ni 处；30~450℃时移到高镍端，含 $w(Ni) = 42.2\%$ 处。随着镍含量的增高，具有膨胀系数最小值的温度升高，数值变大。

b 合金组织和力学性能

如图 5-7 所示，镍低于 30%时，经不同的热处理，能获得两种不同的稳定组织。高于 36%Ni，具有完全的奥氏体组织，每一种合金都有一个确定的磁转变温度，称居里温度。这个磁转变温度对膨胀性能有重大影响。

退火状态 Fe-Ni 合金的力学性能如图 5-7 所示，随镍含量增加，合金的抗张强度和硬度增加，当镍在 18%～20%附近，强度和硬度出现峰值。可认为是合金中奥氏体和马氏体两种组织数量上的差异所致。当镍高于 30%以上，随着奥氏体组织数量上的增加，形成完全奥氏体组织后，力学性能亦就显得十分接近。

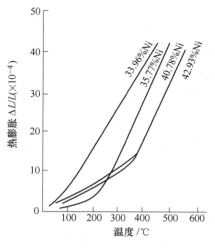

图 5-6　Fe-Ni 合金的热膨胀

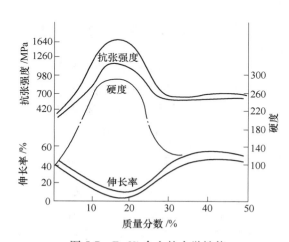

图 5-7　Fe-Ni 合金的力学性能

c　Fe-Ni 合金的氧化特性

Fe-Ni 合金表面氧化膜的组成是 Fe_2O_3 和 $FeO \cdot Fe_2O_3 + NiO \cdot Fe_2O_3$，能和玻璃熔融封接的主要是 $FeO \cdot Fe_2O_3$。封接前，先在 950℃氢气中加热，以净化表面。在空气或湿氢中热处理时容易氧化，尤其是晶界氧化更显严重，这种氧化膜与金属基底结合不牢。一般不经预先氧化就封接，在氮气或惰性气体中进行熔封，封接温度以 800℃左右为好。

d　Fe-Ni42 引线框架材料

集成电路引线框架是内部芯片同外部器件连接的导线，又是支撑结构件。要求材料热膨胀与芯片材料接近，导热性与导电性能良好，强度高，耐热性好；引线应经得起弯曲，电镀性能好，机械加工性能优良；经冲制后引线的残余应力要小，镀前处理后的框架，表面要光洁无瑕。这种材料，在瓷封件和塑封件中，已大量使用。

B　Fe-Cr 定膨胀合金

a　铬对热膨胀特性的影响

铬含量为 12.5%～28.3%，如图 5-8 所示，其 30～400℃的热膨胀曲线几乎都呈直线伸展。试样伸长的速率未出现随着温度升高而伸长，不同铬含量并未给试样带来大的区别。热膨胀曲线通常在居里点处会显示出弯曲，而实验中看到，含铬合金的弯曲度极小。

随着铬含量的增加，各档温度的平均膨胀系数呈单调下降，但趋势较平缓。17%～27%Cr，每升高 1%Cr，膨胀系数下降为 $(0.2～0.1) \times 10^{-6}$/℃左右。

b　合金组织和力学性能

Fe-Cr 合金状态图如图 5-9 所示。众所周知，Cr18Fe 和 Cr28Fe 合金都是典型的铁素体型不锈钢，从室温一直到熔化温度（约 1450℃）的整个温度范围内，具有单一的铁素体（α 固溶体）组织，没有相变发生。但 C、N、Mn、Ni 等元素，都是奥氏体形成元素，碳对组织的影响尤大。

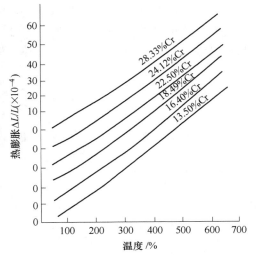

图 5-8　Fe-Cr 合金的热膨胀曲线

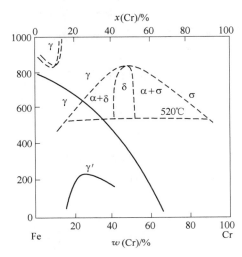

图 5-9　Fe-Cr 合金状态图

图 5-10 是 Fe-Cr 合金的含铬量与力学性能的关系。由图可知，Cr28 合金比 Cr18 硬，难于冷加工。Cr28 合金往往由于存在硬的氧化铬夹杂物，在冷拉加工时，丝棒材的表面出现丝纹，而影响封接的气密性。

c　Fe-Cr 合金的高温氧化特性

在 900～1100℃时，铬含量与高温氧化失重的关系示于图 5-11。由图可见，随铬量增加，抗高温氧化性提高。Cr18Fe 合金在 900～1100℃的氧化失重仅为纯铁的六十分之一。

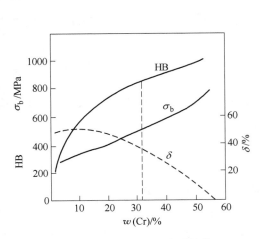

图 5-10　Fe-Cr 合金的力学性能

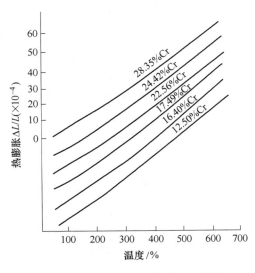

图 5-11　Fe-Cr 合金的高温氧化特性

Fe-Cr 合金表面形成的氧化膜，主要成分是 Cr_2O_3 和（Fe,Mn)O·Cr_2O_3 等氧化物。这些氧化物的膨胀系数与金属基体的膨胀系数较接近，这是该类合金较其他封接合金黏结强度牢固的原因之一。

　　d　Cr18Ti 销钉材料

　　防 X 射线的彩色屏玻璃，其膨胀系数与 Cr18Ti 合金十分接近。合金添加钛后，氧化膜与金属基体以及玻璃之间的黏结力尤佳。作为支撑荫罩用的销钉材料，具有很高的封接强度。而该合金形成的氧化膜，也具有良好的电接触特性。销钉用棒材冷镦或用带材冲制而成，其使用量正在逐渐扩大中。

　　C　Fe-Ni-Co 定膨胀合金

　　a　成分和热膨胀特性

　　在 Fe-Ni 合金中，添加 C、Mn、Si、Cr、Cu 等元素，膨胀系数会增高。然而，钴加入后，会扩大低膨胀性能的温度范围。可伐合金就是研究成功的一个以部分钴取代镍的典型产品。表 5-5 是合金成分变化的一组数据。

表 5-5　Fe-Ni-Co 合金试验数据

编号	Ni	Co	Mn	Fe	弯曲点/℃	膨胀性能/$10^{-6}℃^{-1}$
1782	31.8	6.0	0.84	余	240	2.4
2031	32.4	8.2	0.66	余	295	2.6
1783	31.9	9.8	0.79	余	335	3.0
2034	32.7	11.0	0.62	余	375	4.0
1784	31.9	14.2	0.85	余	425	5.4
1987	31.8	16.0	0.65	余	450	6.0
1988	31.6	16.7	0.83	余	450	6.3
1989	31.6	18.6	0.78	余	495	7.4
2123	29.8	15.5	0.22	余	415	4.3
2125	28.0	17.4	0.64	余	400	4.1

　　从表中可知，当钴含量增加时，合金的弯曲点温度升高，具有低膨胀特性的温度也会升高。

　　Fe-Ni-Co 系合金的等值线膨胀系数图，如图 5-12 所示。从图中可方便地找出相应 Ni、Co 成分的对应膨胀值。

　　热膨胀系数与成分的关系，根据大量的统计资料，用数理统计方法得出下列经验公式：

$$\overline{\alpha}_{400}(\times 10^{-6}/℃) = 33.3921 - 43.68C + 1680C^2 + 2.397Si -$$
$$11.75Si^2 - 2.4171Mn + 3.172Mn^2 - 3.273Ni +$$
$$0.0622Ni^2 + 1.216Co + 0.035Co^2 + 0.0081Ni \times Co$$

式中，$\overline{\alpha}$ 表示室温至 400℃ 的平均膨胀系数估计值，成分用质量分数表示。

　　在可伐合金成分附近，当成分变动时，每增加 0.1% 的各种元素，从上式计算出膨胀系数的变化如表 5-6 所示。

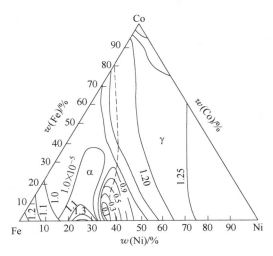

图 5-12 Fe-Ni-Co 系合金等值膨胀系数

表 5-6 可伐合金的组元变化 0.1%对 α 的贡献

组成变化/%	热膨胀系数 $\overline{\alpha}/10^{-6}℃^{-1}$	
	30~400℃	30~450℃
Ni	+0.05	+0.03
Co	+0.03	+0.01
C	+0.10	+0.30
Si	-0.15	+0.04
Mn	0	+0.03

注：+表示增高；-表示降低。

b 合金组织和力学性能

Fe-Ni-Co 合金状态图示于图 5-13。图中 γ_A 线为可伐成分，室温时，处在奥氏体区域，靠近二相区的边界附近。降镍将进入二相区。钴的变化则不甚敏感。

合金成分均匀是低温不出现相变的重要条件。形变量小的大断面棒材，容易出现局部相变。有时候，经冷塑性变形或剪切变形，会产生表面马氏体。

可伐合金的力学特性示于图 5-14。合金再结晶约从 500℃ 开始，到 700℃ 左右结束。合金带变形量一般控制在 60% 以内，避免加工织构对零件深冲带来的影响。

合金晶粒粗大和不均匀，会使零件产生橘皮状缺陷，给冲制及后道工序带来一系列问题。

c 可伐合金的氧化

可伐合金的氧化程度，受温度和时间制约。图 5-15 是它们之间的关系，V 形虚线中间区，被认为氧化皮鳞状剥离倾向大，两条点划线间隔区，被认为能获得优异黏附的氧化条件。

可伐合金氧化膜以 α-Fe_2O_3、$Fe_3O_4 \cdot CoO \cdot Fe_2O_3$ 为主成分，在氧化初期，$Fe_3O_4 \cdot CoO \cdot Fe_2O_3$ 等尖晶石型氧化物所占的比例大。随着氧化进行，α-Fe_2O_3 所占的比例便逐渐增大。

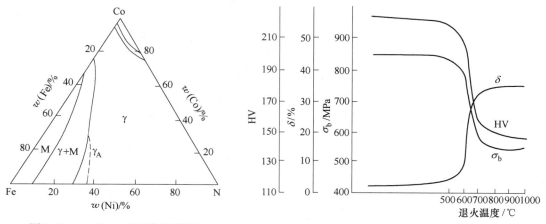

图 5-13　Fe-Ni-Co 三元素状态图　　　　　　图 5-14　可伐合金力学性能

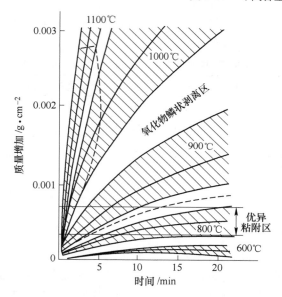

图 5-15　可伐合金氧化时间与氧化增量关系

d　低钴合金

玻璃封接（可伐）合金的含钴量为 17%，陶瓷封接合金的含钴量各为 14.5% 和 20%。我国为了节约钴，曾致力研究低钴合金。分别可与 DM308 等玻璃以及 95%Al$_2$O$_3$ 瓷封接。

经研究，得到的 Ni35Co9 和 Ni37Co5Cu4 两个合金，在 400℃ 时膨胀系数的变化规律，遵从下列经验式：

玻封合金：$\overline{\alpha}_{400}(\times 10^{-6}/℃) = 229.79365 - 15.21472\text{Ni} - 25.47754\text{Co} + 0.40661\text{Cu} +$
　　　　　　$1.20513\text{Mn} + 0.19544\text{Ni}^2 + 1.07358\text{Ni} \times \text{Co} -$
　　　　　　$0.01052\text{Ni}^2 \times \text{Co} + 0.01683\text{Ni} \times \text{Co} - 0.00043\text{Ni}^2 \times \text{Co}^2$

瓷封合金：$\overline{\alpha}_{400}(\times 10^{-6}/℃) = 17.36 - 0.77\text{Cu} - 2.05\text{Ni} - 2.05\text{Co} + 0.015\text{Cu}^2 +$
　　　　　　$0.094\text{Cu} \times \text{Ni} + 0.084\text{Cu} \times \text{Co} + 0.085\text{Ni}^2 +$
　　　　　　$0.174\text{Ni} \times \text{Co} + 0.080\text{Co}^2$

低钴合金在500℃时的 α 值，比原合金略高。封接件应力分析表明，玻封导丝与原合金应力值相当；陶瓷夹封件的应变值比原合金高10%～40%。对这两种合金，进行了大量装管考核，未见由应力而造成的废品。

含锆细晶合金，是另一种钴合金。它抑制合金晶粒过大，而对热膨胀影响很小。在合理的工艺条件下，可避免氩弧焊处出现热裂纹。

D　Fe-Ni-Cr 定膨胀合金

a　成分对热膨胀特性的影响

Fe-Ni-Cr 系合金 Ni、Cr 含量与热膨胀系数关系的立体图，如图 5-16 所示。

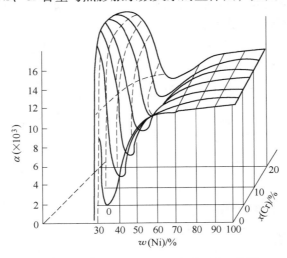

图 5-16　Fe-Ni-Cr 系合金热膨胀系数立体图

横坐标镍含量为30%～100%；铬含量为0～15%，可从图中找出 Ni、Cr 及对应热膨胀数值。合金中含有 Mn、Si、Al，也会影响热膨胀。

用数理统计方法，得到了 Ni42Cr6Al 合金热膨胀与成分的经验式：

$$\bar{\alpha}_{400}(\times 10^{-6}/℃) = -209.998 - 43.7601C + 9.0751Mn + 1.8154Si +$$
$$7.5247Ni + 20.7067Cr + 1.7871Al + 916.3206C^2 -$$
$$16.3863Mn^2 - 0.0620Ni^2 - 0.2179Cr^2 - 0.4140(Ni \times Cr)$$

根据上式求得在标准成分附近，当 Si、Mn、Al、Ni、Cr 变化0.1%时，平均热膨胀系数的变化如表5-7所示。

表 5-7　Ni42Cr6Al 合金成分变化对 α 的贡献

成分变化/%	热膨胀系数 $\bar{\alpha}/10^{-6}℃^{-1}$（室温～400℃）
Si	+0.18
Mn	+0.25
Al	+0.18
Ni	-0.02
Cr	+0.06

注：+表示增加；-表示降低。

　　b　合金组织和力学性能

　　Fe-Ni-Cr 系合金状态图如图 5-17 所示。由图可知，Ni42Cr6Fe 合金在室温时，具有稳定的奥氏体组织。

　　从测量得到的膨胀曲线可知，在 -75～1000℃ 之间加热和冷却时，曲线呈可逆变化，说明在这宽广的温度范围内，合金的组织为稳定的单一组织，不发生相变。

　　图 5-18 是 Ni42Cr6 添加 0.2% Al 及原合金的力学性能与退火温度的关系。这两个合金在 600℃ 左右开始再结晶，在 700℃ 左右再结晶结束。添加铝的合金，其强度和硬度比原合金高 10% 左右。退火温度可选定 700～900℃，经 900℃ 退火后的合金带，硬度（HV）约为 130，具有良好的零件冲制性能。

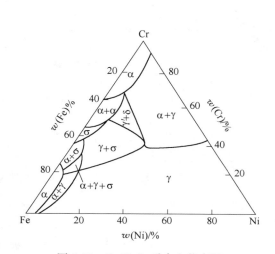

图 5-17　Fe-Ni-Cr 系合金状态图

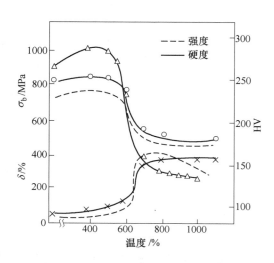

图 5-18　Ni42Cr6 型合金的力学性能

　　c　合金氧化膜

　　Ni42Cr6Al 合金中，Cr、Fe、Ni 对氧的亲和力存在着差异。这三种元素和氧的相对扩散速度不同，铬向表面层的扩散，比铁、镍快。铬优先在氧化层富集，生成 Cr_2O_3 氧化膜，它与合金基底形成牢固结合。

　　合金在 1200℃ 保温 60min，在露点温度为 30～40℃ 的湿氢中氧化处理。初期生成刚玉型 Cr_2O_3 氧化物。随着氧化进行，生成光晶石型 $(Fe·Mn)O·Cr_2O_3$ 氧化物。刚玉型氧化物与玻璃浸润不良，如同时含有 Fe、Mn、Si 及 Cr 的复合氧化物，则封接性能将会改善。添加少量 Si、Al 等元素，会生成内氧化层，这也是优良封接性能的重要一环。

　　d　Ni42Cr6Al 阳极帽材料

　　Ni42Cr6Al 合金带，制成阳极零件。要经零件冲制、清洗以及氧化处理各道工序，氧化零件要与锥玻璃封接。氧化零件一般以氧化增量以及夹紧试验评定。实验证明，理想的氧化零件，与材料的组成控制及表观质量有关，但与氧化工艺更有直接关系。两者必须互为配合。在显像管这领域内，该材料已被大量使用。

5.1.6 电子元器件用复合材料

5.1.6.1 电子元器件复合材料的特点

复合材料的种类繁多，这里是指作为膨胀材料应用和某些特殊要求的复合材料，它的特点是：

（1）可适应特殊要求；

（2）兼备组元各层材料所具有的某种特殊性能；

（3）具有复合材料单层所不具备的其他特性；

（4）可节省焊接、钎焊、铆接等工序；

（5）各种不同材料的复合，可得到的复合特性包括热性能、力学性能、电性、耐蚀性和抗氧化性能。

5.1.6.2 复合材料主要性能计算

A 热膨胀系数

（1）表面的垂直方向

$$100\alpha = a_1\alpha_1 + a_2\alpha_2 + \cdots + a_n\alpha_n$$

式中，a 为各组成材料的厚度比，%；α 为热膨胀系数，$℃^{-1}$。

（2）表面的平行方向（两层的情况）

$$\alpha = \frac{(\alpha_2 - \alpha_1)t_2E_2}{t_2E_2 + t_1E_1}$$

式中，t 为各组成材料的厚度，mm；E 为纵弹性模量，MPa。

B 抗拉强度

$$\sigma_b = \frac{t_1\sigma_{b1} + t_2\sigma_{b2} + \cdots + t_n\sigma_{bn}}{t_1 + t_2 + \cdots + t_n}$$

式中，t 为各组合材料的厚度，mm；σ_b 为抗张强度，MPa。

屈服强度可用同样的关系式。

5.1.6.3 复合膨胀材料

A 引线框架用复合材料

（1）FeNi42 窄条复银；

（2）FeNi42 窄条复铝或 FeNi46 窄条复铝；

（3）FeNi42 双面复铝；

（4）可伐合金双面复铜等。

随着大规模集成电路引线支脚的增加，研制了 SUS430 作基板，双面复铜的框架。据报道，与 FeNi42 相比，器件功率为 0.75W 时，新材料温升降低 16℃，导热性超出 6 倍以上。

国内开展过 FeNi42 双面复铝及窄条复铝的研究，也研制过可伐合金复铜带，取得研究成果。

B 电极基板用复合材料

集成电路的高集成化，功率器件的大容量化以及高密度化封装的发展，对输出电极的硅基片，提出能经受热循环的要求，拟采用导电、热传导及热扩散均良好的材料作中间夹层。另外，还要求这中间层的热膨胀与硅接近。因此，开发高导电铜与低膨胀因瓦芯材的三层金属，通过不同组成比，将得到不同的膨胀特性。

在电子元器件的使用领域，各种复合材料正得到日新月异的发展。

5.2　热双金属

5.2.1　热双金属的定义与特性

5.2.1.1　定义

热双金属是由两种或多种具有不同膨胀性能的金属或其他材料所组成的一种复合材料，一般制成片材或带材。由于各组元层的热膨胀系数不同，当温度变化时，这种复合材料的曲率就发生变化。

通常把具有大的线膨胀系数的组元叫做主动层，反之，称为被动层。有时在主动层和被动层之间还配置上一层具有高导电性能的中间层。

5.2.1.2　特性

热双金属材料的特性包括下列几个方面：热敏感性、电阻率、弹性模量、线性温度范围、允许使用温度范围、比弯曲标称值、允许弯曲应力、硬度、密度、比热、结合强度等。现就其中主要性能作如下的介绍。

（1）热敏感性。热双金属因温度变化而产生弯曲的特性称为热敏感性。它是衡量热双金属对温度敏感程度的一项重要指标，也是热双金属最主要的性能之一。通常用比弯曲、弯曲系数、温曲率和敏感系数四种方法表示。图 5-19 为热双金属温度变化时弯曲状态图。

（2）电阻率。热双金属的电阻率决定于组元合金的材质。在特殊条件下，改变组元层的厚度比也可改变电阻率。

（3）弹性模量。弹性模量是用机械负载下的悬臂梁挠度法测量的。

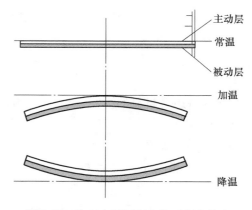

图 5-19　热双金属温度变化时弯曲状态

（4）线性温度范围。热双金属的实际挠度同用比弯曲标称值算出的挠度相比，偏离不超过±5%的温度范围。线性温度范围内热双金属具有最大的热敏感性能。

（5）允许使用温度范围。热双金属不发生残余变形的温度范围。

（6）允许弯曲应力是指尚未引起残余变形时的机械应力。

（7）比弯曲标称值，指室温至130℃范围的比弯曲值。因组元的热膨胀系数随温度的变化的关系看出，比弯曲不是一个常数。随着温度的升高，热双金属片曲率不是线性变化，是曲线式增大，故必须标明比弯曲所适用的温度范围。

5.2.2 热双金属发展史

1776 年热双金属第一次被用在天文计时仪上，用以补偿周围介质温度变化的影响，以提高计时准确性。1812 年出现了用铁皮与锌合金作成热双金属。1815 年美国 Wilson 提出用黄铜和铜组成的热双金属。1896 年因瓦合金出现，由它与黄铜组成的热双金属就替代了铜与黄铜的组合，热双金属从此开始了大规模工业生产和广泛的应用。1941 年全面地掌握了锰镍铜系合金的物理性能和加工方法，使热双金属主动层组元出现了一个新面貌，它的出现，使原有的热双金属热敏性能提高了 50%左右，从而扩大了热双金属的应用范围。

1956 年美国 G. Durst 发表了室温固相结合法生产热双金属的文章。固相结合法的出现，是热双金属结合工艺上的一个突破，促进了热双金属新品种的发展，特别是为电阻型热双金属提供了有力的生产手段，目前已被许多工业发达国家采用，也可说是热双金属发展过程中的一个新的里程碑。

我国的热双金属生产发展，在精密合金中是起步最早的，1952 年就试制出由因瓦合金与黄铜组合，用熔点法结合的 ТБ-6（5J17）热双金属，1958 年试制出 ТБ-3（5J18）和（5J20），1963 年试制出 RS-72（5J16）、RS-52（5J23）、RS-35（5J25），1964 年试制出 RS-36（5J11）、RS-37（5J14），1966 年电阻系列产品 RS-55（5J101）研试成功。热双金属在品种上基本可以满足国内的需要。以后又进行耐蚀组元合金的研究，在热双金属材料领域中，由仿制进入到自行设计成分阶段。到 60 年代末，开发了使用温度为 500℃的 RSG-2 高温热双金属，至 80 年代末创制了 RSN-210 不锈热双金属，其热敏性、耐蚀性超过了国外同类产品，目前广泛用于疏水阀中。

为了进一步提高产品质量，扩大品种，缩小与国际先进产品质量的差距，1985 年国内建成固相结合热双金属生产线。

目前国内各冶金厂能生产各种牌号规格的热双金属材料，满足用户的需要。

5.2.3 热双金属的组元合金

5.2.3.1 被动层合金

被动层材料一般都为 34%~50%Ni-Fe 低膨胀或定膨胀合金。

5.2.3.2 主动层合金

除了要求具有高的热膨胀系数及接近被动层材料的弹性模量以外，还应具有稳定的组织，在低温时不发生相变。

（1）黄铜。黄铜 Cu62Zn38 是最早使用的主动层合金，它具有良好的导热性和加工性，但因其再结晶温度较低，在 200℃已开始再结晶，组成的热双金属元件易发生变形而不能使用，如果这一元件承受机械载荷作用，这种缺点更为明显。也有紫铜、铍青铜等有色合金作为主动层材料，但不可避免的都存在使用温度较低、强度不高的缺点，目前世界各国已很少使用这些合金。

（2）Mn75Ni15Cu10 合金。1934 年高锰合金试制成功，在 1941 年获得了进一步发展。很多学者对 Mn-Ni-Cu 系合金进行了系统研究，对于各组分的热膨胀系数、电阻率和熔点等都测得了标向定值状态平衡图。这种合金的出现使热双金属主动层材料出现了一个新的面貌，它具有与铝相似的热膨胀系数、很高的电阻率以及适合热双金属要求的弹性模量等。高锰合金若含有适量的铜，能增高热膨胀性能，75%Mn-15%Ni-10%Cu 合金具有最大值，目前作为高灵敏热双金属主动层材料广泛使用。

（3）Ni24Cr3 合金。最普遍采用的热双金属主动层材料为 Fe-Ni-Cr 合金。在 22%Ni-Fe 合金中加入 3%~4%Cr，同时为了稳定合金的奥氏体组织，还加入 0.3% 左右的碳，组成 Ni24Cr3 合金，它的热膨胀系数大于 $16.5×10^{-6}/℃$。

（4）Ni20Mn6 合金。含有 14%~20%Ni 和 5%~8%Mn 的 Ni-Mn-Fe 合金，具有比 Ni-Cr-Fe 合金更高的热膨胀系数，而且这种合金在低温下组织也是稳定的，因而在德国、法国等国家得到了广泛的应用。用含镍量低的 Ni13Mn7 合金替代我国目前的 Ni20Mn6 合金是值得推广的。

5.2.3.3　组元合金的性能

表 5-8 为常用组元层合金的性能。

表 5-8　常用组元层合金的性能

组元层	合金牌号	膨胀系数 α（室温~100℃）/$10^{-6}℃^{-1}$	电阻率 /μΩ·cm	弹性模量 /MPa	比热容 /J·(kg·℃)$^{-1}$	密度 /g·cm^{-3}	硬度 （HV）
主动层	Mn75Ni15Cu10	≥24.0	160.0	120000	0.130	7.26	200~260
	Ni19Cr11	≥15.4	80.0	180000	0.117	8.14	270~340
	3Ni22Cr3	≥16.5	80.5	170000	0.117	8.12	270~340
	Ni20Mn6	≥17.0	80.0	167000	0.116	8.10	235~295
	Cu62Zn38	≥19.0	7.0	108000	0.112	8.9	185~230
被动层	Ni36	≤1.5	79	147000	0.112	8.12	200~255
	Ni42	≤5.2	70	147000	0.119	8.14	200~255
	Ni50	≤10.2	45	150000	0.116	8.20	210~265

5.2.4　热双金属的制造

在热双金属的生产中，两层组元材料的结合是主要环节，其组元合金的冶炼、热加工及冷加工等工艺与一般膨胀合金相同，不再赘述。

热双金属组元层组合方法主要有熔合法、爆炸结合法、热轧结合法及固相结合法四种。

5.2.4.1　熔合法

顾名思义，熔合法是将低熔点合金加热至熔融状态，使其熔焊在高熔点合金上的一种结合方法。此法仅适用于两组元层合金熔点差异悬殊，而用一般热轧法又不易结合的热双金属品种，如黄铜与因瓦合金的结合。

熔合后的黄铜表面易形成许多小缩孔，并有疏松缺陷，表面需刨加工，因而金属损耗大，成材率低。我国第一块热双金属 ТБ-6(5J17) 就是用此法生产的。

5.2.4.2　爆炸结合法

此法原理是利用炸药爆炸瞬间产生的冲击波能量，使组元层的原子之间相互啮合的一种结合方法。将两组元层材料以一定的角度倾斜对置，上敷设炸药，在起爆后获得冲击结合。

此法适于生产大规格尺寸的两种不同金属的复合，如 Mn-Ni-Cu 合金作组元层的热双金属牌号或低电阻的三金属等。

5.2.4.3 热轧结合法

是在轧制结合的同时减少材料厚度的方法，组元层材料的加工不需特殊的设备。如果加热时注意防止结合面氧化，可以较简单地获得复合良好的坯料。这是热双金属生产中最普遍使用的一种方法。简单地说，就是利用高温高压把组元层合金结合起来的一种方法。其流程示意图如图 5-20 所示。

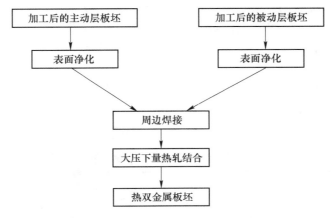

图 5-20　热轧结合法流程图

此法关键是在一定的加热温度下，应保证有足够大的第一道压下量，使其牢固结合。

5.2.4.4 固相结合法

所谓固相结合，就是凭借大压下量冷轧重叠起来的两层或多层的金属或合金，依靠它们之间金属键的相互吸引而使组元层之间结合起来，因此又可称为冷轧结合。冷轧压结的结合强度是很小的，需通过烧结处理提高结合强度。固相结合根据上述原理，采取三个主要步骤：表面处理、轧结和烧结。因此，又可称为三步法。对各步工序的具体要求是：

（1）表面清刷。结合面清洁是结合良好的主要因素之一。

采用机械清刷方法，将固相结合的金属带结合面沿一个方向通过转动钢丝刷的边缘，使金属带压于刷子上，通过控制金属带的速度、刷子的转速和压紧深度，进行表面清刷，以清除表面潮气和氧化膜，使组元合金裸露出新鲜表面。露出内层金属的机械摩擦产生的热量，有利于表面的活化和金属的塑性变形。

（2）轧制结合。

第一道以 65%~80%大压下量使重叠的组元层合金初步结合。其机理是原子键被挤压到原子作用力的半径范围内时相互键合和机械嵌合的机制，在组元层之间建立牢固的点结合。

（3）烧结。为了提高固相复合热双金属的结合强度，固相复合必须在高温下将双金属作等温扩散热处理，在工艺上称之为烧结，其目的是为结合面上的原子提供互相扩散的功能，通过组元层间相互扩散，使点结合扩展为面结合，并在结合面两侧形成一定深度的扩散层，残存的氧化膜和外来夹杂在扩散过程中逐渐熔解于基体，使双金属具有所需的强度。

　　冷变形结合工艺因受固相轧机功率和热处理设备条件的限制，对于大于 1.5mm 厚度的热双金属产品，无法生产。否则，其设备的投资费用将急剧增加。

5.2.5　热双金属材料

5.2.5.1　牌号的演变

　　我国热双金属牌号在 1962 年前，按苏联的表示法，用俄文"ТБ-"来表示，采用的技术条件是 ГОСТ 5198—50。1962 年冶金部标准 YB 137—62 颁布，用汉语拼音字母"RS-"表示。1969 年 YB 137—69 颁布，按精密合金分类，以 5J 来表示热双金属。三种热双金属表示方法，后面的数字没有任何意义。1984 年颁布的 GB 4461—84 和 1992 年公布的 GB 4461—92，仍用 5J 表示热双金属，但 5J 后面的数字是有物理含义的，前二位数乘以 10^{-6} 表示比弯曲公称值，第三位数字起表示电阻率的公称值。

5.2.5.2　热双金属牌号分类及特征

　　根据国标 GB 4461—92，我国的热双金属牌号分类及特征如表 5-9 所示。

表 5-9　热双金属牌号的分类及特征

分　类	牌　号	特　征
高灵敏型	5J20110	比弯曲最高，电阻率很高，使用范围广泛
高电阻型	5J14140 5J15120	电阻率最高（适用于小电流的断路器、热保护器等）。 电阻率、比弯曲都很高
通用型	5J1480 5J1580	具有中等比弯曲和电阻率，耐蚀性比 5J1580 好，使用范围广泛。 比弯曲比 5J1480 稍大，使用于热继电较多
低温型	5J1380	线性温度上限为 100℃，下限为-50℃，用于高空、低温环境的测温或温控元件
低电阻型	5J1413 5J1416	是热双金属最早出现的品种，导热好，易于电镀和焊接，适合在常温中使用，如补偿温度等
高温型	5J1070 5J0756	线性温度上限可达 300℃，常用作家电的温控元件。 线性温度上限高达 400℃，常用作测温元件
耐蚀型	5J1017 5J1075	耐蚀性较好，用于 200℃，大湿度场合下，作为温控元件。 耐蚀性好，适用作化工用疏水阀的温控元件
中敏感低电阻系列	5J1306A 5J1306B 5J1309A 5J1309B 5J1411A 5J1411B 5J1417A 5J1417B	A 是以 5J1580 为基体，B 是以 5J1480 为基体。 都在主、被动层间加入铜合金作为分流层。 与基体热双金属相比，电阻率更低，所以适用于作大电流的断路器、热保护器

续表 5-8

分类	牌号	特征
中敏感中 电阻系列	5J1320A 5J1320B 5J1325A 5J1325B 5J1430A 5J1430B 5J1433A 5J1433B 5J1435A 5J1435B 5J1440A 5F1440B 5J1455A 5J1455B	都是在主、被动层间加入镍作为分流层。与基体相比，不降低使用温度，但具有各种电阻率，适用于通电型各种不同电流大小的断路器

5.2.5.3 热双金属的性能

根据 GB 4461—92 规定，热双金属应具有表 5-10 的性能。

表 5-10 热双金属的性能

牌号	比弯曲 K		电阻率 ρ		结合强度试验			
					I		II	
	标称值 /10^{-6}℃$^{-1}$	允许偏差 /%	标称值 （20±5℃） /μΩ·cm	允许偏差 /%	反复弯断	扭转	反复弯曲	弯曲
5J20110	20.8		113					
5J14140	14.5		140					
5J15120	15.3		125					
5J1480	14.3	±5	80.0	±5				
5J1380	13.8		80.0					
5J1580	15.0		80.0		反复弯曲至断裂，断口处不得有分层现象	不得出现开裂、裂纹	不得少于三次，不得出现开裂、裂纹	不得出现开裂、裂纹
5J1413	14.6		13.0					
5J1416	14.3		16.0	±10				
51017	10.0		17.0					
5J1070	10.8	±8	70.0	±5				
5J0756	7.8		56.0					
5J1306A	13.8		6.0					
5J1306B	13.5		6.0					
5J1309A	13.9		9.0					
5J1309B	13.6	±5	9.0	±10				
5J1411A	14.9		11.0					
5F1411B	14.3		11.0					
5J1417A	14.9		17.0					
5J1417B	14.2		17.0					

牌号	比弯曲 K		电阻率 ρ		结合强度试验			
	标称值 /10⁻⁶℃⁻¹	允许偏差 /%	标称值（20±5℃）/μΩ·cm	允许偏差 /%	I		II	
					反复弯断	扭转	反复弯曲	弯曲
5J1320A	13.3		20.0					
5J1320B	13.0		20.0	±8				
5J1325A	13.9		25.0					
5J1325B	13.5		25.0					
5J1430A	14.8		30.0					
5J1430B	14.0		30.0		反复弯曲至断裂，断口处不得有分层现象	不得出现开裂、裂纹	不得少于三次，不得出现开裂、裂纹	不得出现开裂、裂纹
5J1433A	14.8	±5	33.0					
5J1433B	140		33.0					
5J1435A	14.8		35.0	±7				
5J1435B	14.0		35.0					
5J1440A	14.8		40.0					
5J1440B	14.0		40.0					
5J1455A	14.9		55.0					
5J1455B	14.1		55.0					
5J1075	10.8	±8	75.0	±5				

注：5J1380 的比弯曲 K 值为室温~100℃测试数据。

　　表 5-9 列出的为 GB 4461—92 热双金属牌号考核的性能指标。

　　GB 4461—92 规定的生产规格厚度为 0.1~3.0mm，宽度不小于 50mm 带材。

　　GB 4461—92 与 YB 137—69 比较，增加了具有中等比弯曲的电阻系列产品，比弯曲性能偏差范围也更严格。如 5J20110 的比弯曲偏差范围由冶标的 ±10% 缩小到 5%~7%，接近或达到国外标准水平。

　　需要指出的是：我国热双金属标准规定的厚度公差是很严格的，达到国外标准水平，但实物水平与国外相比差距较大，国外同一条带钢厚度公差在 0.005mm 之内，而国内材料往往是在整个公差偏差范围内波动，因而造成材料性能不稳定，这是国产料与国外产品的主要差距。另一不足之处是我国缺少高灵敏型的电阻系列产品。美、德、法和日本等国都已有电阻率为 $5~60\mu\Omega\cdot cm$，比弯曲 $K \geqslant 18.5\times10^{-6}/℃$ 的产品，而国内该产品尚处于研试阶段，仅能提供小量试制产品，距工业生产尚有很大距离。

　　我国还有两个非标准的热双金属牌号 RSG-2 和 RSN-210。前者为高温热双金属，在 500℃ 温度下可正常工作，其比弯曲 K 为 $6.5\times10^{-6}/℃$，作为工业双金属温度计的温度指示元件。后者是不锈热双金属，与国外同类产品相比，耐蚀性能好、热敏性能高，比弯曲可达 $11.2\times10^{-6}/℃$，作为疏水阀温控元件，目前已投入工业性生产。

　　5.2.5.4　热双金属国内外牌号的对照

　　为了方便使用，表 5-11 列出 GB 4461—92 与国外标准如日本 JISc2350—75、美国 ASTM B388—87、德国 DIN1715—83、前苏联 TOCT 10533—87 以及各厂商牌号的对照。

表5-11　国内外热双金属牌号对照表

国际 GB 4461	相当国外标准				相当国外厂商牌号								YB 137—69
	日本 JIS	美国 ASTM	德国 DIN	苏联 ГОСТ	住友(日)	东芝(日)	FRUFLEX(美)	CHACE(美)	WILCO(美)	KANTHAL(瑞典)	G·Rou(德)	IMPHY(法)	
5J20110	TM-1	TM-2	TB20110		BR-1	NIY	P675R	6650	R530 MorflxV	200R108	M	108SP	5J11
5J14140	TM-1	TM-8			BR-2	NRY	P850R	6850	R667	140R140	M80/20	140SP	
5J15120	TM-1												5J14
5J1480	TM-2	TM-1			BL-4	CIY	B1	2400	Rayflex G	135	C	R80	5J18
5J1380													5J19
5J1580	TM-2				BL-2	TIY	L1		145,155		Ge		5J16
5J1413													
5J1416					BL-1	B1Y	A1		Standard S				5J17
5J1017	TM-3	TM-22			BL-3		N1	3300	Cirflex	95	N1	R15	5J24
5J1070	TM-4	TM-6	TB1170		BH-2		E3	2800	Ehigh Heai E	115	H	BS	5J23
5J0756	TM-5	TM-5			BH-3		E5	2500	Autiflex B				5J25
5J1306A	TM-5A				TRC-5	RPL-6	F25R		R24	135R05		R6	
5J1306B	TM-5A										CuGe6		
5J1309A	TM-5A		TB1109		TRC-10	TML-10	F50R	1050	R39	145R10	CuGe	R11	
5J1309A	TM-5A												
5J1417A					TRC-15	TML-15	F90R	1090	R70	145R15			
5J1417B		TM-9					B125R	6125			CuGe17		5J101
5J1320A	TM-6	TM10			TR-20	CNL-20							
5J1320B	TM-6						B150R	6150	R118				
5J325A	TM-6												
5J1325B	TM-6	TM11	TB1425		TR-25	CNL-25	B175R	6175			G25·F25	R25	
5J1430A	TM-6	TM12			TR-30	CNL-30					F30		
5J1430B	TM-6						B200R	6200					
5J1433A	TM-6	TM13			TR-35	CNL-35			R157		F35		
5J1433B	TM-6												
5J1435A	TM-6												
5J1435B	TM-6		TB1435										
5J1440A	TM-6	TM14			TR-40	CNL-40					F40	R40	
5J1440B	TM-6						B250R	6250	R203				
5J1555A	TM-6												
5J1555B	TM-6	TM16			BSS					105S	R100		
5J1075			TB1075				J7						

5.2.5.5　热双金属的应用

利用热双金属温度位移特性，可达到温度指示、温度补偿、温度控制及程序控制的目的。

（1）温度指示。作为温度指示的热双金属可以制作成一个平螺旋形或直螺旋形元件。当温度变化时，螺旋自由端围绕着固定端旋转。如在螺旋上装上温度刻盘，就成为一个简单的双金属温度计。

（2）温度补偿。作温度补偿的热金属，其作用是消除因环境温度变化而产生的零点漂移。例如在三相热继电器和汽车发电机电压调节器上都采用补偿结构，从而保证了装置的正常工作。

（3）温度控制和程序控制。温度控制是热双金属最重要的应用领域之一，作为温度控制的热双金属元件，一般为条片形状，也可制成螺旋形、碟形或是其他形状。最典型的例子是电熨斗用的温控器，热双金属元件呈条形，控制开关移动到指示器所示各种衣料的位置，实际上就是热双金属位移的距离，以保证电熨斗具有准确的使用温度。热双金属的另一个重要应用是程序控制。双金属热继电器保护装置，不仅可在危急时断开所保护的机构，而且还能保证其合理使用，如断开次要装置、电动机卸荷等，起到程序控制的目的。

5.2.5.6　热双金属使用注意事项

热双金属在冲制元件落料时，应向材料轧制方向（纵向），因横向冲制材料的热敏性下降约3%左右，而且承受弯曲的能力比从纵向落料元件的最大允许应力下降约10%左右。冲制的元件边缘不应有毛刺，否则会降低热敏性。例如碟形元件，如毛刺严重，会丧失动作性能。

元件应避免过小的弯折半径。如果对弯折性能有高要求的，则可以提高材料的稳定化处理温度或材料在冲制前就进行稳定化处理，以改善弯折性能，但此时其强度、热敏性能、承受负荷和高温的能力都有些下降。

在绕制螺旋元件时，要注意热双金属片的反弹力。为了使平螺旋（发条）元件达到要求的外形直径或圈与圈之间的均衡距离，元件卷绕时可衬垫适当厚度的垫带。为了保持直螺旋元件的力学刚性，必须使长度与厚度之比小于2500。

为了保证碟形元件的正确动作，元件的直径与元件的厚度之比应为60~150。元件的弓形高度与元件厚度之比为1.6~4.0。

在装配热双金属组合件时，特别是对银触头的固接，如动作精度要求高，宜采用点焊固定，其次为铆接。钎焊的温度较高，会使热双金属元件软化，而在冷却时会产生新的应力，因此不宜采用。热双金属的各组元层合金的点焊并不困难，不会因点焊而使合金组织发生变化，也无产生开裂的危险。可焊性的好与坏与表面状态有关，点焊处元件表面必须去除氧化膜、油污等沾污物。在点焊以锰基合金为主动层的5J20110（5J11）、5J15120（5J14）等材料时，需注意它的熔点仅为1070℃温度，而且电阻率要比5J1480（5J16）高出一倍，若电流过大，点焊时会造成因飞溅而引起的小孔缺陷。

热双金属各组元层材料大部分是铁镍、铁镍铬和铁镍锰合金，在大气下会产生腐蚀生锈。如在恶劣的腐蚀环境中工作，或热双金属元件和其他结构件之间，由于电极电位不同而形成电介电池时，锈蚀更为严重，此时需要进行表面保护处理，方法有钝化处理、涂塑和电镀等。钝化处理工艺较为简单，使用温度也高，耐蚀效果好。

镀镍、镀铬后的元件表面较硬、有利于高温下表面的保护，耐蚀性也比其他处理方法好。电镀的元件、电阻值会有所变化，热敏性能一般都会降低，镀层越厚，降低越多。

5.2.5.7 热双金属的稳定性处理

热双金属制成元件后进行稳定性处理是极为重要的。组成热双金属的组元金属或合金，是由大量取向的不规则的晶体组成，为保证热双金属所必需的弹性，在成品轧制中，给予较大的冷作硬化程度。在元件制作过程中，各成形工序。如校直、剪切、冲制、刻印、平整、弯曲等，除了塑性变形外，还不可避免地导致弹性变形和晶格扭曲，在加工成形后，还残留在热双金属中间，受力大小不同的横截面区和受力的不同取向的晶体互相牵制，阻碍了弹性应力的平衡、这种应力状态造成了热双金属元件的不稳定性。

为了获得热双金属元件的动作精确性，把成形后的热双金属元件在它的再结晶温度以下进行热处理来稳定其性能，这种过程叫做稳定化处理或老化处理。

热双金属的稳定化处理是在其允许使用温度范围内和允许负荷范围内，通过适当的加热过程，使其转入稳定状态。

在使用过程中，最高使用温度不超过稳定处理温度条件下，热双金属元件具有恒定的性能和形状。

热双金属元件的稳定化处理需注意下列事项：

（1）除以铜及其合金为主动层的热双金属或作为分流层的电阻型热双金属外，一般热双金属元件的稳定化处理温度应大于300℃，这个温度以超过实际最高使用温度至少50℃为宜。

（2）热双金属元件应缓慢加热和缓慢冷却，加热时间应超过2min。

（3）在进行处理时，热双金属元件必须能自由弯曲运动，尤其是螺旋形元件，相互间应用足够的距离。

（4）与热双金属元件连接的有关金属与非金属部件，也应进行热处理，以免影响热双金属元件在工作时的精度。

热双金属元件装配后及最后调试试验，应以实际使用条件进行最高温度至最低温度的反复多次的加热和冷却处理。

体积小，厚度薄的元件，处理温度不宜太高，保温时间不宜太长，宜增加反复处理次数。形状复杂的元件，应用足够的保温时间和反复处理的次数。

在某些特殊的情况下，需采用特殊的稳定化处理工艺，若热双金属元件在使用时存在特别大的应力，则稳定化处理应在受应力作用下进行，外应力的方向与实际应用的方向相同。

5.2.5.8 热双金属元件设计

A 热双金属元件形状的设计

按照热双金属元件控制装置的要求、动作位移的形式、空间允许的位置和负载状况，以及控制精度等要求，确定元件的形状。在元件设计时，应遵守下列原则：热双金属元件的长度一般不能小于三倍宽度，或者宽度不大于厚度二十倍，否则它的动作就不均匀一致，热双金属元件的动作挠度不能超过长度的10%，否则将引起挠度的下降。有时为了获得大的推力，要使用很宽的热双金属元件，可在元件的长度方向开槽，以减少横向弯曲的影响。若选择碟形元件，应确定元件的直径，位移的大小，断开和回复的温度以及允许温度的误差。而不同的温度偏差范围，如±2℃、±5℃、或±10℃，其价格有成倍的差异，偏差越大，价格就越低。

B　最小体积的元件设计

在元件设计时，必须考虑到元件的经济性，以最少材料获得最大的功效。

任何温度变化，都使元件产生位移、推力和转矩，以此作为能源。如果热双金属元件工作时自由动作不加外力，则全部的变化用于产生位移。如果元件完全受到限制而无位移产生，则全部的温度变化用于产生推力或转矩。

若热双金属元件动作受到的限制是弹性的，例如带动一个弹簧机构，则部分温度变化用于产生移位，另一部分用于产生推力或转矩，这种情况在实际中使用很多。可以证明，在计算热双金属元件尺寸时，将温度变化的一半用于产生位移，另一半用于产生推力或转矩，则算出尺寸可使元件的体积最小。

当元件的长、宽、厚度三个尺寸之一确定时，其余的尺寸可用相应的公式算出。如果三个尺寸都属于未知数时，则必须先假定一个尺寸，再求其余的两个，求得的尺寸如不符合长、宽、厚三者比例要求时，应适当改变的假定的尺寸，重新进行计算。

C　热双金属元件计算公式

表 5-12 为常用的各种热双金属元件的计算公式。

表 5-12　常用热双金属元件计算公式

元件形状	位移（挠度或偏角）（$P=0$）	机械弹力	推热力（f 或 $a=0$）	最大弯曲应力
	$f = K\dfrac{(T-T_0)L^2}{S}$ $\varphi = K\dfrac{(T-T_0)L \cdot 360}{\pi S}$	$P = \dfrac{BS^3}{4L^3}Ef$	$P = \dfrac{K(T-T_0)EBS^2}{4L}$	$\sigma = \dfrac{6PL}{BS^2}$
	$f = K\dfrac{(T-T_0)L^2}{4S}$	$P = \dfrac{4BS^3}{L^3}Ef$	$P = \dfrac{K(T-T_0)EBS^2}{L}$	$\sigma = \dfrac{3PL}{2BS^2}$
	$f = K\dfrac{(T-T_0)L^2}{2S}$	$P = \dfrac{BS^3}{L^3}Ef$	$P = \dfrac{K(T-T_0)EBS^2}{2L}$	$\sigma = \dfrac{3PL}{BS^2}$
	$a = K\dfrac{(T-T_0)L360}{\pi S}$	$P = \dfrac{2\pi}{360}\dfrac{BS^3Ea}{12Lr_1}$	$P = \dfrac{K(T-T_0)EBS^2}{6r_i}$ $M = \dfrac{K(T-T_0)EBS^2}{6}$	$\sigma = \dfrac{6Pr_1}{BS^2}$

元件形状	位移（挠度或偏角）$(P=0)$	机械弹力	推热力（f 或 $a=0$）	最大弯曲应力
	环：$$f = K\frac{(D^2 - d^2)(T - T_0)}{4S}$$	$$P = \frac{4S^3 Ef}{D^2 - d^2}$$	$$P = K(T - T_0)ES^2$$	
	圆：$$f = K\frac{T - T_0}{4S}$$	$$P = \frac{4S^3 Ef}{D^2}$$	$$P = K(T - T_0)ES^2$$	
	$$f_x = \frac{K(T - T_0)b(2a + b)}{S}$$			
	$$f_y = \frac{K(T - T_0)a^2}{S}$$			

元 件 形 状	位移（$P=0$）
	$\beta = 0 \sim 2\pi$ 水平位移：$f_x = \dfrac{2K(T_1 - T_0)R^2}{S}(\sin\beta - \beta\cos\beta)$ 垂直位移：$f_y = \dfrac{2K(T - T_0)R^2}{S}(\beta\sin\beta + \cos\beta - 1)$ 径向位移：$f_r = \dfrac{2K(T - T_0)R^2}{S}(1 - \cos\beta)$ 切向位移：$f_r = \dfrac{2K(T - T_0)R^2}{S}(\beta - \cos\beta)$ 合成位移：$f = \sqrt{f_x^2 + f_y^2} = \sqrt{f_r^2 + f_T'^2}$
	$$f = \frac{K(T - T_0)}{S}(b^2 - a^2 2ab + 4\pi R + 4\pi Rb)$$

元 件 形 状	位移（$P=0$）
	$$f_x = \frac{K(T-T_0)(3\pi+2)R^2}{S}$$ $$f_x = \frac{K(T-T_0)}{S}\left[a^2+2R^2+(3\pi+2)Ra\right]$$
	$$f = \frac{K(T-T_0)}{S}(L_2^2-2L_1L_2-L_2^1)$$ 若 $L_2=2.4L_1$，则 $f=0$
	$$f = (T-T_0)\left[\frac{K_2L_2^2}{S_2}-\frac{K_1(L_2^1+2L_1L_2)}{S_1}\right]$$

参 考 文 献

[1] 利用加工诱发马氏作相变开发高强度低膨胀合金 [J]. 金属功能材料，1994（4）：35.

[2]《精密合金手册》编写组. 精密合金手册 [M]. 北京：冶金工业出版社，1997.

[3] 何开元. 精密合金材料学 [M]. 北京：冶金工业出版社，1991.

[4] 唐祥云，陶志刚. 功能材料及其应用手册 [M]. 北京：机械工业出版社，1991.

[5] 陶志刚. 析出相对因瓦和超因瓦合金热膨胀和力学性质的作用 [J]. 金属材料研究，1995，21（4）：33.

[6] 王成德. 高架送电电缆用高强度低膨胀合金 [J]. 金属材料研究，1996，22（2）：61.

[7] 日本公开特许公报 [N]，No75548. 1986-06-22.

[8] 增本健，等 [P]. 日本公开特许公报，No147604. 1978-12-22.

[10] 郭毓彬. 非磁性低膨胀合金的研究 [J]. 金属材料研究，1999，25（3）：64.

[11] 袁. 高强度低膨胀合金 [J]. 航空材料，1981（1）：15.

[12] 邓世平，唐光明，赵彦. Fe33-Ni4-Co1.2-Nb 超低膨胀合金研究 [J]. 功能材料，2010，41（4）：677~679.

[13] 佟晓静. 4J36 低膨胀合金及其工艺性 [J]. 中国核科技报告，2003（1）：19~25.

[14] 高念宗. 因瓦钢的钎接 [J]. 焊接通讯，1979（3）：47~48.

[15] 邢绍美. 4J32 低膨胀合金及其工艺性 [J]. 航天工艺，1998（6）：33~35.

[16] 邢绍美. 4J32 低膨胀合金的应用与切削加工及热处理 [J]. 航天返回与遥感，1998（3）：37~40.

[17] 霍登平，张青绒，李春阳，等. 晶粒尺寸对超低膨胀合金组织稳定性及相变特性的影响 [J]. 金属功能材料，2014，21（2）：32~35.

[18] 霍登平，张青绒，李春阳，等. 晶粒尺寸对超低膨胀合金组织稳定性及相变特性的影响 [J]. 金属功能材料，2014，21（2）：32~35.

［19］屠怡范，张建福，赵栋梁.Fe-Ni基高强度低膨胀合金组织性能与时效时间的关系［J］.金属功能材料，2007（3）：10~14.

［20］邓波，韩光炜，冯涤.低膨胀高温合金的发展及在航空航天业的应用［J］.航空材料学报，2003（S1）：244~249.

［21］高强度低膨胀镍-铁合金［J］.金属功能材料，1999（3）：143.

［22］Cottle R D，Chen X，Jain R K，et al. Designing low-thermal-expansivity，high-conductivity alloys in the Cu-Fe-Ni ternary system ［J］. JOM，1998，50（6）：67~69.

［23］Cottle R D，Chen X，Jainetal R X. Designing Low-Thermal-Expansivity High Conductivity Alloy in the Cu-Fe-Ni Ternary System ［J］. Journal of Occupational Medicine. 1988，47（8）：55~62.

6 电 性 合 金

电性合金是指具有特殊电学性能的合金。依使用性能可将其分为以电阻特性为主要特征的电阻合金（包括精密电阻合金、应变电阻合金、热敏电阻合金等）；用作电加热元件的电热合金；利用热电效应测温的热电偶合金；利用电接触时的导电性的电触头材料等。

6.1 电阻合金

6.1.1 精密电阻合金

精密电阻合金是电阻温度系数和对铜热电动势的绝对值较小且稳定性好的电阻合金，也是具有电阻恒定不变特性的电阻材料。

精密电阻合金广泛应用于精密仪器仪表、调节器及传感器中的电阻元件，如电桥、电位器、各种电阻器、电动机速度控制、电路温度控制、电压调节、温度补偿元件等。

精密电阻合金可按合金系列分为 Cu-Mn 系、Cu-Ni 系、Ni-Cr 系、Fe-Cr-Al 系、贵金属等系列。按电阻率大小可分为低阻合金（$\rho < 0.2 \mu \Omega \cdot m$）、中阻合金（$\rho = 0.2 \sim 1.0 \mu \Omega \cdot m$）和高阻合金（$\rho > 1.0 \mu \Omega \cdot m$）。

对精密电阻合金的性能要求是：

（1）在较宽的温度范围内具有低的电阻温度系数，且电阻随温度变化的线性好。

（2）电阻值稳定，经年变化小。

（3）对铜热电动势小（在直流下使用的电阻元件需满足此要求）。

（4）一般要求电阻率高，且阻值的均匀性好。但在低电阻电位器、低电阻绕线电阻、大型分流器等个别情况下，要求低电阻率。

（5）良好的加工性和力学性能。

（6）良好的耐蚀性、耐热性、抗氧化性、耐磨性和包漆性能。

（7）焊接性能好。

能完全满足上述性能要求的材料并不多。在实际应用中应根据不同用途选择材料。但上述要求中（1）、（2）两项是精密电阻合金最重要的基本特性。

6.1.1.1 Cu-Mn 系电阻合金

Cu-Mn 系电阻合金具有较低的电阻温度系数和对铜热电动势，且有优良的电阻年稳定性，从而成为使用最多的主要的精密电阻合金。

锰含量低于 20%、组织为 γ 固溶体的 Cu-Mn 二元合金具有负电阻温度系数，以此为基体制成了 Cu-Mn 系精密电阻合金。最典型的是锰铜合金，标准成分为 86%Cu、12%Mn 和 2%Ni。镍的加入使合金的对铜热电动势降低，改善电阻温度系数并提高耐蚀性。为获得性能更加优异的材料，出现了一系列添加 Ni、Al、Fe、Si、Sn、Ge 以及稀土元素的 Cu-Mn 系合金。

A 锰铜合金

锰铜合金的成分与性能见表 6-1 和表 6-2。相应于国外的合金牌号 Manganin（德、美、英）、スソガニン（日）、МАНТАНИН（俄）。

表 6-1 锰铜合金的成分（GB 6145—85）

合金名称	牌号	化学成分/%							
		S	C	P	Fe	Si	Mn	Ni	Cu
通用型锰铜	6J12	<0.02	<0.05	<0.005	<0.5	<0.1	11~13	2~3	余
F1 型分流锰铜	6J8	<0.02	<0.05	<0.005	<0.5	1~2	8~10	—	余
F2 型分流锰铜	6J13	<0.02	<0.05	<0.005	<0.5	<0.1	11~13	2~5	余

表 6-2 锰铜合金的品种及性能（GB 6145—85）

合金分类		电阻率 $\rho/\mu\Omega \cdot m$	电阻温度系数		对铜热电动势 $E_{Cu}/\mu V \cdot ℃^{-1}$	工作温度 /℃
			一次温度系数 $\alpha/10^{-6}℃^{-1}$	二次温度系数 $\beta/10^{-6}℃^{-2}$		
通用型锰铜 6J12	0 级	0.44~0.50	−2~+2	−0.7~0	≤1	5~45
	1 级		−3~+5			
	2 级		−5~+10			
	3 级		−10~+20			
F1 型分流锰铜 6J8		0.30~0.40	−5~+10	−0.25~0	≤2	10~80
F2 型分流锰铜 6J13		0.40~0.48	0~+40	−0.7~0	≤2	10~80

各国锰铜合金的主要成分大致相同，性能亦大同小异，只是有的国家的锰铜分类较细可满足不同的需要。

图 6-1 示出了锰铜合金的电阻-温度曲线。曲线为抛物线形，电阻温度系数在室温附近很小。这说明在使用温度范围内电阻值很稳定，但温度偏差较大时，由于曲线呈抛物线，电阻发生较大的变化。

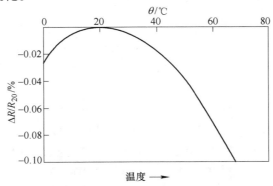

图 6-1 锰铜合金的电阻温度曲线

锰铜成品要经退火处理才能得到长期稳定的电阻和小的电阻温度系数。退火应在真空或保护气氛中进行。退火温度根据保护气氛、形变程度和丝材直径而定。

B　新康铜合金

新康铜合金（6J11）的主要成分为 11.5%～12.5%Mn、2.5%～4.5%Al、1.0%～1.6%Fe、余铜。相应于国外的合金牌号是 Novokonstant。合金经 400℃ 退火 5～20h 后，形成均匀的 γ 固溶体。其性能为：电阻率为 $0.49\mu\Omega\cdot m$，一次电阻温度系数 α 为 $-1.6\times10^{-6}/℃$，二次电阻系数 β 为 $-0.35\times10^{-6}/℃^2$，平均对铜热电动势 $\overline{E}_{Cu}\leqslant2\mu V/℃$，最高工作温度达 500℃。

由于添加了铝，使温度系数降低，电阻率和耐蚀性增加，提高了最高工作温度。但因铝含量较高，易产生偏析，在溶解度附近有析出的危险。加工性和焊接性变差，长期稳定性也不如锰铜，还有严重的磁滞现象。

C　锗锰铜合金

在铜锰中添加锗，使电阻率、电阻温度系数，对铜热电动势等电学性能大为改进。表 6-3 和表 6-4 列出了锗锰铜合金的成分及性能。其中 4YC6 合金对应于国外的 Zeranin 合金。锗锰铜合金按其电阻温度系数大小分为三个等级。

表 6-3　锗锰铜合金的成分

合金名称	牌　号	化学成分/%			
		Ge	Mn	Cu	其他
锗锰铜	4YC6	5.5～6.5	5～7	余	<1
低锗锰铜	4YC7	0.5～2.0	8～10	余	<2

表 6-4　锗锰铜合金的性能

合金牌号	等级	一次电阻温度系数			二次电阻温度系数 β_{20} /$10^{-6}℃^{-2}$	对铜热电动势 E_{Cu} /$\mu V\cdot℃^{-1}$	工作温度 /℃
		$\overline{\alpha}(0～20℃)$ /$10^{-6}℃^{-1}$	$\overline{\alpha}(20～70℃)$ /$10^{-6}℃^{-1}$	α_{20} /$10^{-6}℃^{-1}$			
锗锰铜 (4YC6)	I	±3	±3	—	≤0.04	≤1.7	0～70
	II	±6	±6	—			
	III	±10	±10	—			
低锗锰铜 (4YC7)	I	—	—	±3	≤0.2	≤1.0	0～40
	II	—	—	±6			
	III	—	—	±10			

图 6-2 示出了锗锰铜合金的电阻-温度曲线。可以看出，在 0～70℃ 温度范围内电阻与温度呈良好的线性关系；在 -75～125℃ 温度范围内特性曲线为 S 形，电阻变化仅为 0.1% 左右。这说明锗锰铜有较宽的使用温度范围。锗的加入还提高电阻率、耐蚀性和塑性。但是锗锰铜的电阻温度系数 α 与线径有关，即使是同一化学成分也要分成不同等级。合金受应力会引起电阻值变化，在绕制和使用时应加以注意。此外成本也高于锰铜。

6.1.1.2　Cu-Ni 系电阻合金

Cu-Ni 合金为连续固溶体组织。合金的电阻率、电阻温度系数、对铜热电动势等性

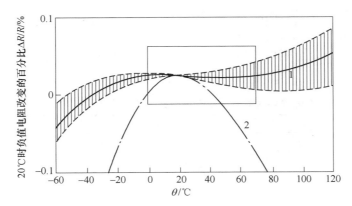

图 6-2 锗锰铜与锰铜电阻-温度曲线比较

1—锗锰铜电阻-温度曲线；2—锰铜电阻-温度曲线

能随着 Ni 含量的变化而改变，如图 6-3 所示。

康铜合金（国外相应牌号为 Konstantan）的成分处在 ρ 大而 α 小的成分范围内。康铜合金的成分与性能见表 6-5。康铜的电阻温度曲线的线性比锰铜好，可在较宽的温度范围内使用，最高使用温度可达 400℃。耐蚀性、耐热性和抗氧化性也比较好。但康铜的对铜热电动势较高，仅适用于交流电路，使用范围受到限制。

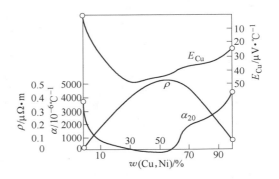

图 6-3 Cu-Ni 合金成分与性能的关系

表 6-5 Cu-Ni 系精密电阻合金的成分和性能

合金名称	牌号	化学成分/%				ρ /$\mu\Omega\cdot m$	α /$10^{-6}℃^{-1}$	$\overline{E}_{Cu}$ /$\mu V\cdot ℃^{-1}$	σ_b /MPa	最高工作温度 /℃
		Ni	Cu	Mn	Zn					
康铜	6J40	39~41	58~60	1~2	—	0.48	±40	45	>390	400
尼凯林	—	30	67	3	—	0.40	110~200	20		300
德银	—	13.5~16.5	余	—	18~22	0.34	330~360	14.4		<200

这类合金还有尼凯林、德银等，其成分和性能见表 6-5。为进一步改善康铜的性能，可加入 Mn、Co、Fe、Si、Be 等元素以提高耐热性，降低电阻温度系数。例如，通过增加锰含量，调整 Ni、Cu 的配比并加入少量 Co、Fe、Si，可得到低电阻温度系数和耐蚀性好的 Monel 401 合金，最高使用温度可达 500℃。

6.1.1.3 Ni-Cr 改良型电阻合金

Ni-Cr 改良型电阻合金是在镍铬电热合金的基础上，添加适量 Al、Mn、Fe 或 Cu 而成的高电阻精密电阻合金。它的电阻率高（可达 $1.3\mu\Omega\cdot m$），电阻温度系数特别是二次电阻温度系数低，对铜热电动势低，抗氧化，耐腐蚀，冷加工性较好，能加工成微细丝。缺点是焊接性能较差，而且要防止假焊或焊点受力引起断线。现可用专用焊剂进行锡焊。

　　Ni-Cr 改良型精密电阻合金的成分和性能见表 6-6 和表 6-7。其中 6J22 合金对应于国外的 Karma 合金，6J23 合金相应于国外的 Evanohm 合金，6J24 相似于瑞典的 Mikrothal Lx 合金。

表 6-6　Ni-Cr 改良型精密电阻合金的成分（GBn253—85）

合金牌号	化学成分/%									
	Cr	Al	Fe	Cu	Mn	Si	Ni	C	P	S
6J22	19.0~21.5	2.7~3.2	2.0~3.0	—	0.5~1.5	≤0.20	余	≤0.04	≤0.01	≤0.01
6J23	19.0~21.5	2.7~3.2	—	2.0~3.0	0.5~1.5	≤0.20	余	≤0.04	≤0.01	≤0.01
6J24	19.0~21.5	2.0~3.2	≤0.5	—	1.0~3.0	0.9~1.5	余	≤0.04	≤0.01	≤0.01

表 6-7　Ni-Cr 改良型精密电阻合金的性能

合金牌号	电阻率 /$\mu\Omega \cdot m$	一次电阻温度系数 /$10^{-6}℃^{-1}$	二次电阻温度系数 /$10^{-6}℃^{-2}$	对铜热电动势 $E_{Cu}/\mu V \cdot ℃^{-1}$	使用范围 /℃
6J22		3.5	0.06	0.28	
6J23	1.33	2.7	0.05	0.25	−55~125
6J24		2.5	—	0.20	

　　图 6-4 示出了 Ni-Cr 改良型合金的电阻-温度曲线。曲线在较宽的温度范围内比较平直，说明使用温度范围较宽。按标准规定，Ni-Cr 改良型精密电阻合金可根据平均电阻温度系数的大小分为三个等级，见表 6-8。

表 6-8　Ni-Cr 改良型电阻合金性能级别分类

合 金 牌 号	级 别	平均电阻温度系数 /$10^{-6}℃^{-1}$
6J22、6J23、6J24	0	−5~+5
	1	−10~+10
	2	−20~+20

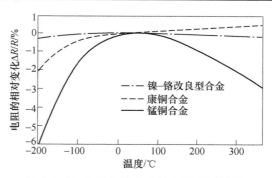

图 6-4　Ni-Cr 改良型合金的电阻-温度曲线

对这类合金进行热处理的目的是消除加工硬化并改善电学性能。回火温度对合金电学性能的影响见图 6-5 和图 6-6。

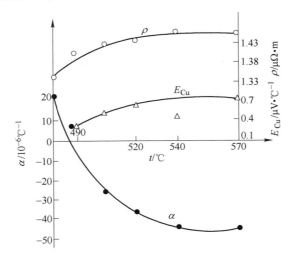

图 6-5 回火温度对 6J22 合金性能的影响

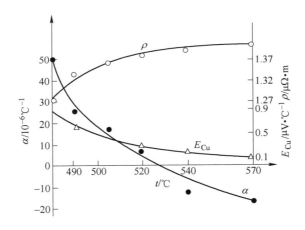

图 6-6 回火温度对 6J23 合金性能的影响

6.1.1.4 其他系列精密电阻合金

A Fe-Cr-Al 改良型电阻合金

这类合金的电阻率高，电阻温度系数小，高温抗氧化性好，成本低。缺点是加工性和焊接性差。主要 Fe-Cr-Al 改良型电阻合金的成分和性能列于表 6-9。由于电阻温度系数对铬、钒含量较敏感，制造时应正确选择和严格控制。

B 贵金属精密电阻合金

这类合金主要有铂基、金基、钯基、银基电阻合金，其主要合金成分和性能见表 6-10。贵金属精密电阻合金的耐蚀性、抗氧化性好，接触电阻小，用于制作特殊条件下使用的电阻器和电位器。但由于材料价格昂贵，限制了它的广泛应用。

表 6-9　Fe-Cr-Al 改良型电阻合金的成分与性能

合　金	化学成分/%				ρ /$\mu\Omega\cdot$m	α /10^{-6}℃$^{-1}$	E_{Cu} /μV·℃$^{-1}$
	Cr	Al	Co	Fe			
パイロュックス-Q	11	8.5	—	余	1.55	5	3.76
Kanthal DR	20	4.5	0.5	余	1.35	±20	3.5
Fe-Cr-Al-Ⅰ	20	5	—	余	1.35	±10~±20	-1.9
Fe-Cr-Al-Ⅱ	15.5	6.5	—	余	1.38	±10~±20	0

表 6-10　贵金属精密电阻合金的性能

合金系列	合金	ρ/$\mu\Omega\cdot$m	$\overline{\alpha}$ （0~100℃）/10^{-6}℃$^{-1}$	$\overline{E}_{Cu}$ （0~100℃）/μV·℃$^{-1}$	σ_b/MPa	
					退火态	硬态
铂基合金	$PtIr_{20}$	0.32	850	6.1	686.5	1618
	$PtRh_{15}Ru_5$	0.31	700	0.3	990.5	1697
	$PtRu_{10}$	0.42	30	1.4	774.7	1373
	$PtCu_{20}$	0.82	98	-6.7	588.4	1373
金基合金	$AuCr_{2.1}$	0.33	1	-7.5	—	—
	$AuNi_5Cr_2$	0.42	110	—	392.3	764.9
	AuV_8Fe_5	1.88	-63	—	—	1304
	$AuV_3Fe_{4.5}Ni_{1.5}$	1.49	-2	—	—	1157
	$AuPd_{20}V_{10}$	2.18	-27	0.1	—	764.9
	$AuPd_{20}V_{10}Co_2$	2.06	-12	0.7	—	725.7
钯基合金	$PdAg_{40}$	0.42	30	-42	372.7	774.7
	$PdAg_{36}Cu_4$	0.42	70	—	539.4	931.6
	$PdAg_{40}B_{0.1}$	0.42	98	—	1471	2157
	PdV_9Al_1	1.31	37	-5.6	774.7	1373
	$PdAu_{40}Mo_5$	1.00	120	—	676.7	1064
	$PdAu_{40}Fe_{10}$	1.58	0	—	—	—
	$PdAu_{38}Fe_{11}Al_1$	2.30	0	0	—	—
银基合金	$AgMn_{8.8}$	0.28	0	2.5	—	441
	$AgMn_8Sn_7$	0.43	10	-0.4	—	284
	$AgMn_{13}Sn_9$	0.57	~0	-0.15	—	441
	$AgMn_{8.8}Sb_{1.5}$	0.37	-25	1.8	—	—

C　锰基、钛基电阻合金

锰基电阻合金包括 Mn-Ni、Mn-Cu、Mn-Ni-Cu 合金，是高电阻率的电阻合金。这类合金的电学性能优越，但加工性和抗氧化性差，限制了应用。

钛基电阻合金具有优异的电学性能、力学性能和耐蚀性。目前，由于制造工艺上的困难，未能工业生产和使用。

6.1.2 应变电阻合金

应变电阻合金是电阻应变灵敏系数大，电阻温度系数绝对值小的电阻合金。利用其电阻随应变而变化的特性，可制作各种应变电阻和传感器，进行应力、应变、载荷、位移、扭矩、加速度等测量。

对应变电阻合金的性能要求是：

（1）具有大的电阻应变灵敏系数，且在较大应变范围内为常数。应变灵敏系数应不随温度而变化。

（2）电阻率高而稳定。

（3）具有低的电阻温度系数，且电阻随温度的变化呈线性关系。

（4）线膨胀系数应接近或高于被测器件的线膨胀系数。

（5）在工作温度下要求强度高、疲劳强度大、机械滞后小、蠕变小、抗氧化性好。

（6）良好的加工性和焊接性。

应变电阻合金主要包括 Cu-Ni 系、Ni-Cr 系、Fe-Cr-Al 系和 Pt 基合金等。在常温和中温条件下大多使用应变康铜和 Ni-Cr 改良型合金；而在高温下使用的多为 Fe-Cr-Al 和铂基应变电阻合金。

6.1.2.1 Cu-Ni 系应变电阻合金

这类合金以铜、镍为基，添加少量锰等元素，是常温或中温（<250℃）使用的应变电阻合金。主要合金的成分和性能如表 6-11 所示。这类合金的电阻温度系数低，而且电阻-温度曲线的线性较好。应变灵敏系数在较大的应变范围内几乎不变化，且随温度呈线性关系。机械滞后较小，加工性能好，但对铜热电动势较大。

表 6-11 Cu-Ni 系应变电阻合金的成分和性能

合　金	化学成分/%				ρ /$\mu\Omega \cdot m$	α /$10^{-6}℃^{-1}$	K	σ_b/MPa	线膨胀系数 /$10^{-6}℃^{-1}$
	Ni	Mn	Zr	Cu					
6JYC-401	40	—	—	余	0.49~0.50	−48~−47	2.13~2.20	461~500	—
6JYC-442	44	—	—	余	0.51~0.52	−57	2.16~2.17	461~510	—
6JYC-423	42	—	—	余	0.50	−58~−45	2.11~2.17	441~490	—
6JYC-424	42	—	<0.1	余	0.50~0.51	−58~−44	2.12~2.17	451~529	—
应变康铜	44	1.5	—	余	0.49	±20	2.0	441~686	14.9
应变锰白铜	44	3	—	余	0.45~0.58	±10	2.09	392~637	—

6.1.2.2 Ni-Cr 改良型合金

这类合金是以 Cr、Ni 为基础，加入少量 Mn、Al、Fe 或 Cu 等元素组成，它们是用于中温测量的主要材料。在静态应变测量时最高使用温度为 400℃。主要包括 6J21、6J22、6J23 等合金。合金的电阻率高，约为康铜的 2~3 倍。电阻温度系数较低，且可通过控制成分和热处理进行调整。其成分和性能见本书的 6.1.2.3 小节。

6.1.2.3 Fe-Cr-Al 系应变电阻合金

这类合金在 Fe-Cr-Al 的基础上加入少量 V、Mo 或微量稀土元素制成的改良型合金，属于高温应变电阻合金。主要合金的成分和性能示于表 6-12 和表 6-13。这类合金的电阻率高，电阻温度系数小，应变灵敏系数大，高温抗氧化性好，成本低。加入 Mo、V 后，可进一步降低电阻温度系数，改善电阻与温度的线性关系，提高热稳定性。但合金的加工性稍差。加入微量 Y 和稀土元素不仅可提高热稳定性，还可增加塑性，改善加工性能。

表 6-12　Fe-Cr-Al 系应变电阻合金的成分

合　金	化学成分/%							
	Cr	Al	V	Mo	Y	稀土	Hf	Fe
6JYG-C18	21	5.5	1.3	1.4	<0.5	—	—	余
6JYG-C19	21	5.3	1.3	1.4	—	—	<0.5	余
6JYG-C21	21	5.4	3.2	1.4	—	—	—	余
6JYG-C32	21	5.0	3.5	1.3	—	—	—	余
6JYG-C34	21	4.8	3.1	1.3	—	—	—	余
4YC3	21.5~22.5	4.9~5.2	2.3~3.0	1.85~2.05	—	—	—	余
4YC4	24.5~25.5	6.3~6.5	—	—	≤0.4	≤0.3	—	余

表 6-13　Fe-Cr-Al 系应变电阻合金的性能

合　金	$\rho/\mu\Omega \cdot m$	α (20~700℃) /$10^{-6}℃^{-1}$	E_{Cu} /$\mu V \cdot ℃^{-1}$	K	线膨胀系数 (20~600℃) /$10^{-6}℃^{-1}$	σ_b /MPa	最高使用温度/℃
6JYG-C18	1.45	-10	2.97	2.50	13.1	833	700
6JYG-C19	1.45	-2.4	—	2.55	14.0	833	700
6JYG-C21	1.50	-29	—	2.45	13.3	931	700
6JYG-C32	1.45	-1.4 (20~500℃)	3.18	2.65	12.9	882	500
6JYG-C34	1.50	32	—	2.75	—	784	700
4YC3	1.36~1.42	1.62 (20~550℃)	-3.35	2.0~2.8	14	798	550
4YC4	1.43~1.50	<3 (20~750℃)	3.28	>2	15.06 (20~750℃)	872	750~800

6.1.2.4　Pt-W 系应变电阻合金

Pt-W 系合金是理想的高温（800℃）应变电阻材料。它的高温抗氧化性好，电阻温度关系在 0~700℃ 和 0~800℃ 范围内线性好，应变灵敏系数大。主要合金的成分和性能示于表 6-14。

表 6-14　Pt-W 系应变电阻合金的成分和性能（GB 70—79，Q/C 12—75）

合　金	$\rho/\mu\Omega \cdot m$	α (0~800℃) /$10^{-6}℃^{-1}$	E_{Cu} /$\mu V \cdot ℃^{-1}$	K	电阻温度线性温度范围 /℃	σ_b/MPa
PtW$_8$	0.65	230	6.1	4.2	0~700	882
PtW$_{8.5}$	0.67	210	6.4	4.1	0~700	988
PtW$_{9.5}$	0.76	139	6.5	3.7	0~700	1196
PtWRe$_{7.5~5.5}$	0.84	88	3.6	3.3	0~800	1392
PtWRe$_{8~6}$	0.84	82	3.9	2.8	0~800	1431

6.1.3 热敏电阻合金

热敏电阻合金是电阻温度系数大且为定值的电阻合金。利用其特性可用来制作感温元件进行测量、控温和传递温度信号，还可利用它的限流作用制成限流元件以保护设备。

对热敏电阻合金的性能要求是：电阻温度系数大；电阻温度曲线的线性好；电阻率较小；电阻值的时间稳定性好等。常用的热敏电阻材料有 Fe、Co、Ni、Cu、Pt 等纯金属，还有 Co 基、Ni 基和 Fe 基合金。热敏电阻合金的成分和主要性能列于表 6-15 和表 6-16。

表 6-15 热敏电阻合金的成分

合　金	化学成分/%					
	Cr	V	Ni	Co	Al	Fe
$Co_{80}VFe$	—	1~2	—	80	—	余
$Co_{85}CrAlFe$	1~2	—	—	85	1~2	余
$Ni_{50}Co_{10}Fe$	—	—	50~52	10~11	—	余
$Ni_{90}Cr_{10}$	10	—	90	—	—	—
$Ni_{58}Fe$	—	—	56~60	—	—	余
$Ni_{30}Cr_{18}Fe$	16~18	—	30~32	—	—	余
$Cr_{19}Ni_9Fe$	18~20	—	8~10.5	—	—	余
$Cr_{20}V_{10}Fe$	10~20	10~20	—	—	—	余

表 6-16 热敏电阻合金的主要特性

合　金	$\rho/\mu\Omega\cdot m$	$\alpha/10^{-3}℃^{-1}$	热膨胀系数 /$10^{-6}℃^{-1}$	极限工作温度 /℃
$Co_{80}VFe$	0.43	1.4	12.12	700
$Co_{85}CrAlFe$	0.4	1.7	13.2	700
$Ni_{50}Co_{10}Fe$	0.2~0.25	3.4~4.5	12.7	500
$Ni_{90}Cr_{10}$	0.69	0.26	16.45	1000
$Ni_{58}Fe$	0.25~0.35	3~5	—	100
$Ni_{30}Cr_{18}Fe$	0.95	0.33	17.17	900
$Cr_{19}Ni_9Fe$	0.6~0.7	≥1	—	300
$Cr_{20}V_{10}Fe$	0.5~0.55	2.7~2.9	—	400

6.2 电热合金

众所周知，当电流 I 通过电阻 R 时产生每秒 I^2R 的焦耳热。电热合金就是利用这种电能转换为热能特性的电阻合金。广泛用于各种工业电炉、实验室电炉和家用电器的电加热元件。

对电热合金的性能要求是：

（1）具有高的电阻率和低电阻温度系数。

（2）合金在使用温度范围内无相变，以保证电阻没有突变，电性能长期稳定。

（3）具有较高的抗氧化性和对各种气氛的耐蚀性。

（4）具有足够的高温强度，保证加热体不易变形和较长使用寿命。

（5）良好的加工性能，易于制成丝材或带材，并能绕制成各种形状的加热元件。

电热合金主要包括 Ni-Cr 系和 Fe-Cr-Al 系两类，适用于在 950~1400℃温度范围内工作的电加热元件。在更高温度工作的加热则采用纯金属电热材料。

6.2.1　Ni-Cr 系电热合金

这类合金的高温强度高，高温冷却后无脆性，使用寿命较长，易于加工和焊接，是广泛使用的电热合金。Ni-Cr 系电热合金的成分和性能列于表 6-17 和表 6-18。其中，Cr15Ni60 合金相应于国外的 Nikrothal 60（瑞典）、X15H60-H（俄）、NiCr6015（德）合金；Cr20Ni80 相应于国外的 Nikrothal 80（瑞典）、X20H80（俄）、80Ni60Cr（美）合金；Cr30Ni70 合金相应于国外的 Nikrothal 70（瑞典）、NiCr7030（德）合金。

表 6-17　Ni-Cr 系电热合金的成分（GB 1234—85）

合　金	化学成分/%								
	C	P	S	Mn	Si	Cr	Ni	Al	Fe
Cr15Ni60	≤0.08	≤0.020	≤0.015	≤0.60	0.75~1.60	15.0~18.0	55.0~61.0	≤0.50	余
Cr20Ni80	≤0.08	≤0.020	≤0.015	≤0.60	0.75~1.60	20.0~23.0	余	≤0.50	≤1.0
Cr30Ni70	≤0.08	≤0.020	≤0.015	≤0.60	0.75~1.60	28.0~31.0	余	≤0.50	≤1.0

表 6-18　Ni-Cr 系电热合金的性能（GB 1234—85）

合　金	电阻率 （20℃） /$\mu\Omega \cdot m$	熔点 /℃	最高使用 温度 /℃	密度 /$g \cdot cm^{-3}$	平均线膨胀系数 （20~1000℃） /$10^{-6}℃^{-1}$	比热容 /$J \cdot (kg \cdot K)^{-1}$	σ_b/MPa	伸长率 δ /%
Cr15Ni60	1.11~1.15	1300	1150	8.2	13.0	460.55	637~784	≥20
Cr20Ni80	1.09~1.14	1400	1200	8.4	14.0	439.61	637~784	≥20
Cr30Ni70	1.18~1.20	1380	1250	8.1	17.1	460.55	900	≥20

在 Ni-Cr 系中，镍与铬形成有限固溶体。当铬含量小于 20% 时，随铬含量增加电阻率提高，电阻温度系数减小；铬含量大于 20% 时，电阻温度系数增加，加工性能变差；而铬含量大于 30% 时靠近两相区，脆性增加，加工困难。因此铬含量以 15%~30% 为宜。加入铁使加工性能改善，但耐蚀性降低。而添加少量 Si、Al、Ti、Zr 或稀土元素可提高合金的工作温度和使用寿命。

Ni-Cr 系电热合金的软化退火温度为 950~1100℃，快速冷却。

6.2.2　Fe-Cr-Al 系电热合金

Fe-Cr-Al 系电热合金的电阻率高，耐热性好和高温抗氧化性好，与 Ni-Cr 系合金相比具有更高的使用温度，价格也较便宜。但这类合金经高温使用时易产生脆性，而且长时间使用永久伸长率较大。Fe-Cr-Al 系电热合金的成分和性能见表 6-19 和表 6-20。其中，

1Cr13Al4 合金相近于国外的 X13Ю4 （苏）合金；0Cr25Al5 合金相近于国外的 CrAl255 （德）、X23Ю5（苏）合金。0Cr13Al6Mo2、0Cr21Al6Nb 和 0Cr27Al7Mo2 合金是我国研制的电热合金，经多年的生产和使用，工艺稳定，性能指标均满足应用要求。

表 6-19 Fe-Cr-Al 系电热合金的成分（GB 1234—85）

合 金	化学成分/%										
	C	P	S	Mn	Si	Cr	Ni	Al	Mo	Fe	Nb
1Cr13Al4	≤0.12	≤0.025	≤0.025	≤0.70	≤1.00	12.0~15.0	≤0.60	4.0~6.0	—	余	—
0Cr13Al6Mo2	≤0.06	≤0.025	≤0.025	≤0.70	≤1.00	12.5~14.0	≤0.60	5.0~7.0	1.5~2.5	余	—
0Cr25Al5	≤0.06	≤0.025	≤0.025	≤0.70	≤0.60	23.0~26.0	≤0.60	4.5~6.5	—	余	—
0Cr21Al6Nb	≤0.05	≤0.025	≤0.025	≤0.70	≤0.60	21.0~23.0	≤0.60	5.0~7.0	—	余	参考加入量0.5
0Cr27Al7Mo2	≤0.05	≤0.025	≤0.025	≤0.20	≤0.40	26.5~27.8	≤0.60	6.0~7.0	1.8~2.2	余	—

表 6-20 Fe-Cr-Al 系电热合金的性能（GB 1234—85）

合金	电阻率（20℃）/$\mu\Omega \cdot m$	熔点/℃	最高使用温度/℃	密度/$g \cdot cm^{-3}$	平均线膨胀系数（20~1000℃）/$10^{-6}℃^{-1}$	比热容/$J \cdot (kg \cdot K)^{-1}$	σ_b/MPa	伸长率δ/%
1Cr13Al4	12.5±0.08	1450	950	7.4	15.4	489.86	588~735	≥16
0Cr13Al6Mo2	1.41±0.07	1500	1300	7.2	15.6	494.04	686~833	≥12
1Cr25Al5	1.42±0.07	1500	1300	7.1	16.0	494.04	637~784	≥12
0Cr21Al6Nb	1.45±0.07	1510	1350	7.1	16.0	494.04	686~784	≥12
0Cr27Al7Mo2	1.53±0.07	1520	1400	7.1	16.0	494.04	686~784	≥10

在铁中加入铬和铝都使电阻率提高，电阻温度系数降低，抗氧化性提高。添加少量 Co、Ti、Zr、稀土元素等也提高合金的抗氧化性、高温强度和使用寿命。但随铬、铝含量增加，合金的 σ_b 增加，δ 下降，冲击韧性降低，加工性能变差。因此要求严格控制工艺和质量。各工艺环节，不仅要保证成分准确均匀、有害元素及杂质少，还要控制晶粒细小而均匀，组织致密。

Fe-Cr-Al 系电热合金的软化退火温度为 750~800℃，快速冷却。

Fe-Cr-Al 合金在焊接时晶粒易长大从而产生脆性，因此要用 Fe-Cr-Al 合金焊条快速焊接，最好用氩弧焊。如果焊后不立刻使用，应将焊接部位于 800℃ 左右退火，以消除焊接应力。

6.2.3 纯金属电热材料

可用作电热体的纯金属有 Pt、W、Mo、Ta 等。纯金属的电阻率低，电阻温度系数高，有的还需要特殊的保护气氛。但它们的使用温度较高，因此仅在特殊情况下使用，表 6-21 列出了纯金属电热材料的性能。

表 6-21　纯金属电热材料的性能

材料	电阻率 (0℃) /μΩ·m	α/10⁻⁴℃⁻¹	熔点 /℃	最高使用 温度/℃	密度 /g·cm⁻³	膨胀系数 (0~100℃) /10⁻⁶℃⁻¹	比热容 /J·(kg·K)⁻¹	导热系数 /W·(m·K)⁻¹
Pt	0.094	39.9	1772	1600	21.37	8.9	133.98	72
Mo	0.052	47.1	2610	1800	10.22	4.9	301.45	146.4
W	0.051	48.2	3387	2400	19.1	4.6 (20℃)	142.35	171.5
Ta	0.131	38.5	2996	2200	16.6	6.6	150.72	56.1

铂的价格昂贵，在真空下易蒸发，但抗氧化性强，可以在氧化气氛中使用，钨和钼作为电热体只能在氢气、氮气或真空中使用。而钽则要求在真空中使用。

6.2.4　不同介质气氛中电热合金的选择

根据不同电热合金的抗氧化性能和在不同介质气氛中的耐蚀性，在选择电热合金时应考虑使用的介质气氛，例如，Fe-Cr-Al 电热合金表面的氧化膜在高温氮气中会遭受破坏，使抗氧化性降低，因此不适于在氮气中使用。在含硫的氧化气氛中，Ni-Cr 合金在高温下与硫化物反应而受侵蚀，而 Fe-Cr-Al 合金在该气氛中有较好的稳定性。因此，在含硫的氧化气氛中要用 Fe-Cr-Al 电热合金而不能用 Ni-Cr 合金。在不同介质气氛中适用的电热合金列于表 6-22。

表 6-22　电热合金在各种气氛中的耐蚀性及最高使用温度

最高使用温度/℃ ＼ 气氛 合金牌号	空气	氢气	氮气	水蒸气	H₂S、SO₂	吸热式 气体	放热式 气体	真空 (<0.1Pa)
铁铬铝合金　0Cr13Al6Mo2 0Cr25Al5	1300	1250	950	不适用	1050	1100	1150	1100
0Cr27Al7Mo2	1400	1350	950	不适用	1150	1200	1250	1150
Cr20Ni80	1150	1150	1100	1200	不适用	950	1050	1100
W	不适用	2500	—	—	—	—	—	—
Mo	不适用	2000	—	—	—	—	—	—

6.3　热电偶合金

测温材料是制造用于测量温度的感温元件的材料。热电偶合金就是利用材料的热电动势随温度差而变化的特性的一种测温材料。

将两种不同的金属或合金 A、B 连接成闭合回路，当两个接点处保持在不同的温度时，回路中产生一个电动势，称为热电动势 E_{AB}（见图 6-7）。这种效应叫做赛贝克效应。

如果将回路断开，在断开处则出现电动势差，即 $\Delta V = \Delta b - \Delta a$。$\Delta V$ 与两接点的温度差 ΔT 有关。当 ΔT 很小时，ΔV 与 ΔT 成正比。定义热电动势率（赛贝克系数）S_{AB} 为 ΔV 对 ΔT 的微分热电动势，

$$S_{AB} = \underset{\Delta T \to 0}{\mathrm{Limt}} \ (\Delta V / \Delta T) \tag{6-1}$$

S_{AB} 的符号和大小取决于两种金属或合金的热电特性和接点的温度。如果两种金属或合金完全均匀一致，S_{AB} 就只是温度的函数，而与导体的粗细长短无关。回路的热电动势 E_{AB} 可由式（6-1）积分得到：

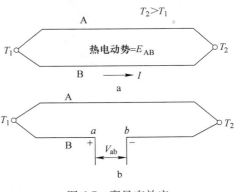

图 6-7 赛贝克效应

$$E_{AB} = \int_{T0}^{T} S_{AB}(T) \, \mathrm{d}T \tag{6-2}$$

所以，E_{AB} 也只取决于两个接点的温度。如果将一个接点的温度保持恒定（如 0℃），E_{AB} 就只随另一接点的温度而变化，利用这个特性测定温度的元件叫做热电偶。

根据工业和科学研究的需要，对热电偶合金有如下要求：

（1）热电偶的热电动势应足够大，随温度的变化呈线性关系，以保证热电偶测温的灵敏度。

（2）在使用过程中热电偶合金有良好的稳定性和一致性。因此热电偶合金应是化学成分和物理状态均匀的高纯金属或单相固溶体合金，应有良好的抗氧化性和耐蚀性，在各种介质气氛中和工作温度范围内，材料不发生明显的氧化、蒸发、相变、再结晶和有序等现象，以保证热电动势在测量过程中稳定。

（3）热电偶的熔点要足够高，以便能在较宽的温度范围内工作。

（4）热电偶的热电特性应有良好的重现性。

此外，还要求加工性能好；电阻率小；热导率大；价格便宜等。

6.3.1 标准化热电偶品种

热电偶的种类很多。根据仪表的标准化、系列化的要求，经过长期筛选，目前有 15 种已得到广泛应用，成为标准化产品，见表 6-23。国际电工委员会（IEC）已对其中 8 种规定了代号，制订了国际统一的标准分度表（见 IEC584-Ⅰ，1977）和允许偏差（见 IEC584-Ⅱ，1980）。例如 S 型热电偶表示铂铑 10-铂热电偶，SP 代表正极，SN 代表负极。在我国有 9 种热电偶已制定了国标，还有三种正制订国家专业标准（ZBN），详见表 6-24。

表 6-23 标准化热电偶材料

名　称	正极材料		负极材料	
	代号	名义成分	代号	名义成分
铂铑 30-铂铑 6	BP	PtRh30	BN	PtRh6
铂铑 13-铂	RP	PtRh13	RN	Pt
铂铑 10-铂	SP	PtRh10	SN	Pt
镍铬硅-镍硅	NP	NiCr4.5Si1.5	NN	NiSi4.5Mg0.1
镍铬-镍硅	KP	NiCr10	KN	NiSi3
铁-康铜	JP	Fe	JN	NiCu55
镍铬-康铜	EP	NiCr10	EN	NiCu55

续表 6-23

名　称	正极材料		负极材料	
	代号	名义成分	代号	名义成分
铜-康铜	TP	Cu	TN	NiCu55
镍铬-金铁	NiCr	NiCr10	AuFe	AuFe$_{0.07}$（原子分数）
铜-金铁	Cu	Cu	AuFe	AuFe$_{0.07}$（原子分数）
钨铼 3 -钨铼 25	WRe3	WRe3	WRe25	WRe25
钨铼 5 -钨铼 26	WRe5	WRe5	WRe26	WRe26
钨铼 5 -钨铼 20	BP5	WRe5	BP20	WRe20
镍铬-康铜	HX9.5	NiCr9.5	MHMU（43-0.5）	CuNi43Mn0.5
镍钴-镍铝	HK	NiCo17Al2Mn2Si1	CA	NiAl3.5Mn1.5

表 6-24　我国的热电偶材料标准

名　称	分度号	正极材料		负极材料		最高使用温度		分度表温区 /℃	标准号
		代号	名义成分	代号	名义成分	长期 /℃	短期 /℃		
铂铑 30-铂铑 6	B	BP	PtRh30	BN	PtRh6	1600	1800	0~1820	GB 2902—82
铂铑 13-铂	R	RP	PtRh13	RN	Pt	1400	1600	−50~1769	GB 1598—86
铂铑 10-铂	S	SP	PtRh10	SN	Pt	1300	1600	−50~1769	GB 3772—83
镍铬-镍硅	K	KP	NiCr10	KN	NiSi3	1200	1300	−270~1373	GB 2614—85
镍铬-康铜	E	EP	NiCr10	EN	NiCu55	750	900	−270~1000	GB 4993—85
铁-康铜	J	JP	Fe	JN	NiCu55	600	750	−210~1200	GB 4994—85
铜-康铜	T	TP	Cu	TN	NiCu55	350	400	−270~400	GB 2903—82
镍铬-金铁	NiCr-AuFe	NiCr	NiCr10	AuFe	AuFe$_{0.07}$（原子分数）	0	—	−273.15~0	GB 2904—82
铜-金铁	Cr-AuFe	Cr	Cu	AuFe	AuFe$_{0.07}$（原子分数）	0	—	−270~0	GB 2904—82
镍铬硅-镍硅	N	NP	NiCr14.5Si1.5	NN	NiSi4.5Mg0.1	1200	1300	−270~1300	ZBN05004—88
钨铼 3-钨铼 25	WRe3-WRe25	WRe3	WRe3	WRe25	WRe25	2300	—	0~2315	ZBN05003—88
钨铼 5-钨铼 26	WRe5-WRe26	WRe5	WRe5	WRe26	WRe26	2300	—	0~2315	ZBN05003—88

　　标准分度表是根据热电偶的热电动势特性曲线（见图 6-8）和多项式：

$$E = \sum_{i=0}^{n} a_i t^i 68 \quad （\mu V） \tag{6-3}$$

计算出来的，但标准分度表却代表许多成分有差异的热电偶材料的热电动势特性。例如，镍铬-镍硅（K 型）热电偶和以前的镍铬-镍铝（C-A）热电偶都采用 K 型分度表；不同厂家生产的 K 型热电偶成分也会有差异。这样，实际热电偶的热电动势特性与标准分度表就存在偏差。因此，对允许偏差也作了严格规定。

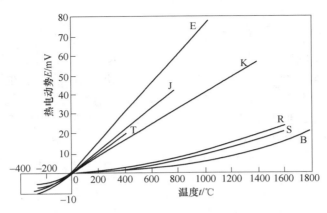

图 6-8 标准化热电偶的热电动势特性曲线

由于不同热电偶材料的化学性能不同，与其相适应的使用环境气氛和长期、短期使用的最高温度也不相同。例如，K 型热电偶适于在氧化性气氛下使用，它的长期和短期使用最高温度为 1200℃ 和 1300℃。但在还原性气氛（CO_2 95%，CO 5%）中，镍铬极易发生选择性氧化，导致热电动势异常变化。因此不适于在还原性气氛中使用。此外，热电偶的长期使用温度极限还与偶丝直径有关，丝径越粗使用温度越高，详见表 6-25。

表 6-25 热电偶的使用温度极限与偶丝直径的关系

使用温度极限/℃ 热电偶型号	偶丝直径/mm	3.2	2.5	2.0	1.6	1.2	1.0	0.8	0.5	0.3	0.2
K，N	短期	1300	1200	1200	1100	1100	1000	1000	900	800	—
	长期	1200	1100	1100	1000	1000	900	900	800	700	—
J	短期	750	750	600	600	500	500	500	400	400	
	长期	600	600	500	500	400	400	400	300	300	
E	短期	900	750	650	650	550	—	—	450	—	—
	长期	750	650	550	550	450	—	—	350	—	—
T	短期	—	—	—	400	—	300	—	250	250	200
	长期	—	—	—	350		250		200	200	150
S	短期	—	—	—	—	—	—	—	1600	—	—
	长期	—	—	—	—	—	—	—	1300	—	—
R	短期	—	—	—	—	—	—	—	1600	—	—
	长期	—	—	—	—	—	—	—	1400	—	—
B	短期	—	—	—	—	—	—	—	1800	—	—
	长期	—	—	—	—	—	—	—	1600	—	—

6.3.1.1　铂铑热电偶合金

标准的铂铑热电偶合金有 B 型、R 型、S 型三种。这种热电偶的化学稳定性好，测量精度和重现性高，测温区宽，广泛用于 1000℃ 的温度测量。其中，铂铑 10-铂热电偶是 300℃ 以上测温最准确的热电偶，可用作标准测温。铂铑热电偶适于在氧化或中性气氛中使用，也可在真空中使用，应避免在还原气氛中使用。作为标准热电偶，使用前应充分退火。退火方法是悬挂通电退火。PtRh10 合金丝的退火温度为 1400℃，时间为 2h；纯铂丝的退火温度为 1100℃，时间为 3h。

SN 和 RN 是纯铂丝。铂丝纯度用电阻比 R_{100}/R_0 表示，其中 R_{100} 和 R_0 分别是纯铂丝在 100℃ 和 0℃ 时的电阻值。对标准测温的热电偶要用高纯铂丝，要求 $R_{100}/R_0 \geqslant 1.3910$，通常在 1.3920~1.3925 之间。工业用热电偶铂丝的电阻比约为 1.3850。

BN、SP、RP 和 BP 为含 Rh 量 6%、10%、13% 和 30% 的铂铑合金。随 Rh 含量增加，合金的熔点、电阻率、对 Pt 的热电动势和机械强度都提高。但由于铑的添加没有改变铂的电子结构，因此合金的热电动势特性与纯铂丝的特性曲线平行（见图 6-9）。

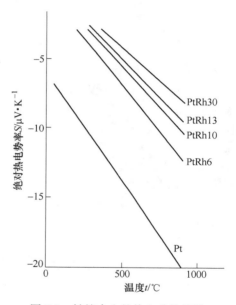

图 6-9　铂铑合金的热电动势特性

6.3.1.2　镍铬-镍硅热电偶合金

镍铬-镍硅合金是 K 型热电偶，也是工业上最常用的热电偶合金之一。这种材料具有较好的抗氧化性，很宽的测温区域，微分热电动势较恒定，适于在氧化或惰性气氛中使用，但不适于还原性气氛、含硫气氛或真空。K 型热电偶材料对应力较敏感，且在高温发脆。

镍铬硅-镍硅（N 型）热电偶是为了改进 K 型热电偶的缺点而创制的，它具有更好的抗氧化性和热电稳定性。

KP 是 NiCr10 合金，成分为 Cr9%~10%、Si0.6%、Co1.2%、Mn0.2%。合金的抗氧化性很好。若添加少量稀土元素，抗氧化性可进一步提高，且不改变热电动势特性曲线。KP 合金的缺点是在 250~550℃ 范围内结构不稳定，造成热电动势不稳定；在含碳气氛中，500~800℃ 范围内会产生铬的内氧化，造成较大的热电动势漂移。NP 合金的铬含量高达 14.5%，消除了 KP 合金的上述缺点。而且由于含硅量为 1.5%，促进表面保护性氧化膜较快生成，提高抗氧化性和热电稳定性。

KN 是含 Si2%~3%、Co<0.6%、Mn<0.7% 的镍基合金。NN 是含 Si4.5%、Mg0.05%~0.2%、Cr≤0.02% 的高硅镍基合金。由于 NN 合金的含硅量高，抗氧化性更好，并使磁性转变温度降到室温以下。

6.3.1.3　低温热电偶合金

低温热电偶是指在 0℃ 以下温度区域使用的热电偶，主要包括 T 型、E 型、K 型和 N 型热电偶。各种低温热电偶的热电动势率随温度降低而迅速减小（见图 6-10）。因此，尽

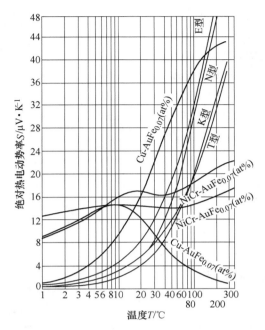

图 6-10　低温热电偶的热电动势率与温度的关系

管这些热电偶的分度表温度下限为-270℃，但实际使用的低温限为-200℃。J 型热电偶的正极纯铁的热电动势不均匀，一般不用作低温热电偶。

TP 是 1 号纯铜，含铜量不小于 99.95%，可在氧化、还原、惰性气氛或真空中使用。但在 400℃ 以上迅速氧化，因此 400℃ 是使用温度上限。JP 是 99.5% 的纯铁，可在氧化、还原、真空、惰性气氛中使用。但纯铁易氧化生锈，耐蚀性差。若经发蓝或磷化处理能改善耐蚀性，EP 和 KP 一样，同为 NiCr10 合金。

TN、EN 和 JN 是含 Cu 55%~61%，Ni 45%~39% 的合金，亦称康铜。能在氧化、还原、惰性气氛或真空中使用。但要注意，TN 和 JN 的热电动势特性曲线略有差异，不能互相取代。

6.3.1.4　深低温热电偶合金

在 73K 到液氦温度（4.2K）区域使用的热电偶称为深低温热电偶，主要有 Cu-AuFe$_{0.07}$（原子分数，%）和 NiCr-AuFe$_{0.07}$（原子分数，%）两种。一般金属和合金的热电动势率 S 随温度降低迅速减小，到液氢温度（20.4K）热电动势和赛贝克系数已很小，无法用了。因此，深低温热电偶的负极材料都选用金铁、金钴等合金。它们在深低温区域仍有较高的热电动势率（见图 6-10）。

6.3.1.5　钨铼热电偶

钨铼热电偶是随高温技术发展的需要而发展起来的。我国标准化的 WRe 热电偶有 WRe3-WRe25、WRe5-WRe26 两种，WRe5-WRe20 热电偶也有生产和应用。它可以在干氢气氛、惰性气氛和真空下使用到 2770℃ 的高温，但在无保护情况下不能在氧化气氛或无氢的还原气氛中使用。WRe 热电偶的热电动势与温度的关系如图 6-11 所示。WRe 热电偶有很高的测温范围，还可代替铂铑热电偶以节约贵金属。但其热电动势尚不够稳定，因此每对热电偶在使用前均需分度。目前，我国的 WRe 热电偶已进入工业化实用阶段。

6.3.2 热电偶补偿导线

为了消除或降低热电偶冷端温度变化所引起的测量误差，可采用热电偶补偿导线，补偿导线的热电动势相等，不应超出允许误差范围。因此，不同的热电偶材料要求不同的补偿导线，而且在与配用热电偶连接时不要接错正、负极。

GB 4990—85 中规定了标准补偿导线的品种和性能，见表 6-26。标准补偿导线的代号中，第一个字母为配用热电偶的分度号；第二个字母中，"P"表示正极，"N"表示负极；第三个字母中，"X"表示延伸型补偿导线，"C"表示补偿型补偿导线。

表 6-27 列举了部分非标准补偿导线合金丝的种类及热电性能，以便选择使用。

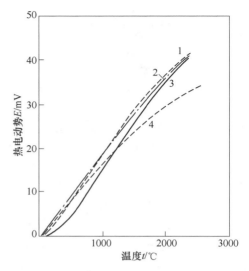

图 6-11　WRe 系热电偶的热电动势与温度的关系
1—WRe3-WRe25；2—WRe5-WRe26；
3—W-WRe26；4—WRe5-WRe20

表 6-26　标准补偿导线的品种和性能

热电偶分度号	补偿导线型号	补偿导线正极			补偿导线负极			100℃热电动势及允许误差/mV			200℃热电动势及允许误差/mV		
		名称	成分	代号	名称	成分	代号	热电动势	允许误差		热电动势	允许误差	
									普通级	精密级		普通级	精密级
S	SC	铜	Cu	SPC	铜镍	CuNi0.6	SNC	0.645	±0.037 (5℃)	±0.023 (3℃)	1.440	±0.057 (5℃)	—
K	KX	镍铬	NiCr10	KPX	镍硅	NiSi3	KNX	4.095	±0.105 (2.5℃)	±0.063 (1.5℃)	8.137	±0.100 (2.5℃)	±0.060 (1.5℃)
	KC	铜	Cu	KPC	康铜	CuNi40	KNC	4.095	±0.105 (2.5℃)	±0.063 (1.5℃)	—	—	—
E	EX	镍铬	NiCr10	EPX	康铜	CuNi45	ENX	6.317	±0.170 (2.5℃)	±0.102 (1.5℃)	13.419	±0.183 (2.5℃)	±0.111 (1.5℃)
J	JX	铁	Fe	JPX	康铜	CuNi45	HNX	5.268	±0.135 (2.5℃)	±0.081 (1.5℃)	10.777	±0.183 (2.5℃)	±0.083 (1.5℃)
T	TX	铜	Cu	TPX	康铜	CuNi45	TNX	4.277	±0.047 (1℃)	±0.024 (0.5℃)	9.286	±0.080 (1.5℃)	±0.043 (0.8℃)

表 6-27　部分非标准补偿导线的热电性能

热电偶	补偿导线合金		温度范围/℃	允许误差
	正极	负极		
N 型	NiCr	NiSi	0~200	±2.2℃
K 型	Fe	CuNi	-20~150	±3℃
	Fe	CuNi18	200	

热电偶	补偿导线合金		温度范围/℃	允许误差
	正极	负极		
S 型	NiCr	FeCr	0~200	±5℃
	CuMn8	CuNi0. 6	0~200	
R 型	Cu	CuNi0. 6	0~100	±0. 03mV
	Cu	CuNi	0~320	
B 型	Cu	Cu	0~100	±0. 0℃
	NiNb5. 4	NiNb4. 9	0~400	
WRe5-WRe20	Cu	CuNi2. 4	0~100	±0. 03mV
	CuNi12	CuNi28	0~500	±0. 15mV
WRe3-WRe25	NiCr10	NiCr2	0~260	±0. 110mV
WRe5-WRe26	NiMn2Si1Al1. 5	NiCu20	0~871	±0. 110mV

6.4　电触头材料

电触头材料是建立和消除电接触的导体材料，也称为接点材料。广泛用于电力、电子、通信设备、仪器仪表中的开关、继电器、连接器、换向器、电位器、电刷等的接点。通过接点的开闭担负着电能和电信号的接通、切断、转换等任务。

电触头材料在使用过程中发生一系列表面现象，从而对材料提出了基本要求，以保证接点能正常可靠地工作。

首先是接触电阻（R_k），是指接点接触时在接触部位产生的电阻，由收缩电阻 R_c 和表面膜电阻 R_f 两部分组成，即：

$$R_k = R_c + R_f \tag{6-4}$$

接点表面不可能是完全的平面，从微观上看是凹凸不平的，接触时仅有部分突出点真正接触。这种因实际有效的接触面积小而形成的电阻就是收缩电阻。其大小与触头材料的电阻率、弹性模量及接触压力有关，常用经验公式为：

$$R_c = C\rho^3 \sqrt{E/F_k r} \quad （\Omega） \tag{6-5}$$

式中　　C——常数；

　　　　ρ——触头材料的电阻率，$\Omega \cdot m$；

　　　　E——弹性模量，Pa；

　　　　F_k——接触压力，N；

　　　　r——接触面半径，mm。

在各种环境气氛下接点面形成氧化膜、硫化膜、氮化膜、氯化膜、有机绝缘膜、吸气层、油污膜或尘埃等表面绝缘膜，从而产生表面膜电阻，使接触电阻增大。表面膜薄时由于隧道效应电子尚能移动，但厚度较大时接触电阻过大就不能使用了。同时，由于膜的形成和破坏会使接点在工作过程中造成不稳定的接触电阻，而使电信号失真。电触头材料中元素的化学活性（包括电子结构和电化学电位）、周围环境的气氛、温度、湿度和尘埃等都对表面膜电阻的大小产生影响。

其次是电侵蚀。接点工作时，由于接触电阻和电弧放电产生高热，使接点熔化和蒸发，导致接点熔焊、材料消耗和转移，此现象就是电侵蚀。在开闭过程中产生电弧或通过接点的电流短路或过载时，会使接点局部熔化产生熔焊，从而发生故障。接点的熔焊与材料的性质、接触面状态、接触压力、反弹力、电流大小、开关速度等有关。熔点高、高温下易氧化的材料（如钨、钼）或碳素触头材料就不容易发生熔焊。与此同时，熔化和蒸发的触头材料不断消耗，并有选择地转移到另一个接点上去，使一个接点表面凹陷，而另一个接点表面突起。这样不仅使接触电阻升高且不稳定，还可能造成联锁或熔焊，使接点失效。

对用于旋转开关、滑动接点来说，在电接触的同时还伴随着机械磨损。因此，电触头材料的耐磨性对接点工作的可靠性和使用寿命有重要的影响。

由上述可见，用作接点的电触头材料的工作环境恶劣、复杂。对电触头材料的性能要求是：

（1）导电率大，最小电弧电压和最小电弧电流大，接触电阻小且稳定。

（2）化学稳定性好，抗氧化，耐腐蚀，不易生成有害的表面膜。

（3）熔点和沸点高，导热性好。

（4）良好的耐磨性，适当的硬度与弹性。

（5）良好的加工性能。

完全满足上述要求的材料是不存在的，但我们可以根据使用的条件而进行合理的选材。按电载荷大小和用途，电触头材料大体分为弱电触头材料和强电触头材料两类。

6.4.1　弱电触头材料

弱电接点在低电压、低电流和小接触压力下工作，其接触电阻主要取决于材料的化学稳定性。贵金属是导电材料中化学稳定性最好的，而且基本具备上述电学、热学和力学性能要求。因此弱电触头材料主要采用贵金属材料，包括银系、金系、铂系等合金，并已被广泛用在复合触头材料中。

6.4.1.1　银系触头材料

银具有很高的导电率和导热率，价格是贵金属中最便宜的，因此银和银合金使用最广泛。表6-28列出了银系触头材料的品种和性能。

纯银的硬度和强度小，不耐磨，但极易加工。添加 Cu、Ni、Mg、Cd、Pd 等合金元素可提高硬度和力学性能，降低导电性。特别是含镁和镍为 0.5% 的银合金，在空气中加热时使 Mg 产生内氧化，使合金强化，获得良好的弹性和高温强度。纯银及含银量高的合金在潮湿的空气中容易被硫蒸气、硫化氢和二氧化硫腐蚀生成 Ag_2S 表面膜，接触电阻增大。图 6-12 为湿度对银的硫化膜厚度的影响。含钯和金的银系触头材料可以减小或消除硫化倾向。

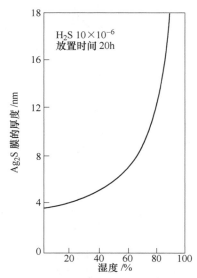

图 6-12　湿度对银的硫化膜厚度的影响

表 6-28 银系触头材料及其性能

材料	密度 /g·cm⁻³	熔点或固相点 /℃	电阻率 /10⁻⁸Ω·m	电阻温度系数 /10⁻³℃⁻¹	热导率 /W·(m·K)⁻¹	硬度（HV）（软-硬）	抗拉强度 /MPa（软-硬）	伸长率/%（软-硬）
Ag99.95	10.5	960	1.67	4.1	418	30-90	200-360	30-2
AgCd10	10.3	910	4.35	1.4	—	36-115	220-450	15-1
AgCd15	10.2	850	5.9	—	100	55-120	230-460	15-1
AgCu3	10.4	940	1.92	3.5	390	45-115	250-470	25-1
AgCu5	10.4	910	1.96	3.5	385	50-135	27-550	20-1
AgCu7.5	10.3	778	1.96	3.5	350	56-	255-461	—
AgCu10	10.3	778	2.0	3.5	345	70-150	280-550	15-1
AgCu15	10.2	778	2.0	3.5	345	75-160	300-630	15-1
AgCu20	10.2	778	2.0	3.5	335	85-	—	—
AgCu28	10.1	778	2.08	3.5	335	100-175	300-650	10-1
AgCu50	9.7	778	2.12	—	315	95-115	320-600	10-1
AgNi(0.1~0.3)	10.5	960	1.72	—	414	40-100	220-360	25-1
AgCuNi	10.4	940	1.92	3.5	385	60-140	250-450	20-1
AgMgNi0.5	10.5	960	2.32	2.3	293	40-170	220-400	25-2
AgPd5	10.5	965	3.85	—	220	33-		
AgPd10	10.6	1000	5.9		145	40-160	250-450	20-1
AgPd20	10.7	1070	11.1	—	90	55-170	280-500	20-1
AgPd30	10.9	1220	15.6	0.4	59	75-155	320-570	20-1
AgPd40	11.0	1290	17.25		50	95-180	350-630	20-1
AgPd50	11.2	1340	32.3	0.23	33	85-195	340-630	15-1
AgPd30Cu5	10.8	1140	15.15	—			-450	—
AgAu10	11.0	965	3.7	—	200	30-	170-	45-1
AgCu24.5Ni0.5	10.1	810	2.56	—	—	135-	—	—

6.4.1.2 金系触头材料

金和金系合金不仅有高导电性和导热性，还有很高的化学稳定性，不氧化、不硫化，在有机气氛中也呈惰性。因此，能在极小电流、电压和接触压力下保持小而稳定的接触电阻。但熔点低，抗电弧侵蚀能力差，不宜在较大电负荷下使用。金系触头材料被广泛用于制造低电压、小接触压力和高可靠性的精密电触头。

纯金的硬度很低，不耐磨，只能用于接点的电镀层或包覆层。通过添加 Cu、Ni、Ag、Pd 或 Pt 等合金元素，产生一系列具有高硬度、高弹性和耐磨性的时效硬化型金系触头材料，其性能见表 6-29。

表 6-29　金系触头材料及其性能

材　料	密度 /g·cm⁻³	熔点或 固相点 /℃	电阻率 /10⁻⁸Ω·m	电阻温度系数 /10⁻³℃⁻¹	热导率 /W·(m·K)⁻¹	硬度 (HV) (软-硬)	抗拉强度 /MPa (软-硬)	伸长率/% (软-硬)
Au 99.9	19.3	1063	2.3	40	80	20-70	140-240	30-1
AuAg8	18.1	1058	6.0	—	82	30-	—	—
AuAg10	17.9	1055	10.0	—	—	30-	170-	—
AuAg20	16.4	1036	10.0	8.6	89	38-115	190-390	25-1
AuAg25	16.0	960	10.0	7.7	—	38-93		25-1
AuAg30	15.4	960	10.0	7.0	—	40-95	220-380	25-1
AuPd30	16.5	1410	20.0	—	—	—	-380	
AuPd40	15.6	1460	11.0	—	—	-100		
AuPt10	19.5	1150	12.0	9.8	—	80-105	260-410	20-1
AuCu10	17.3	980	13.0	—	—	70-200		
AuCu20	17.1	980	13.0	5.3	—	—	-700	
AuCo5	18.3	1010	55.0	6.8	88	95-150	340-530	10-1
AuNi5	18.3	995	12.0	7.1	83	115-190	380-640	29-
AuNi7.5	16.1	960	27.0	—	—	-230		
AuAg25Cu5	15.2	980	12.0	7.5	—	90-185	400-700	25-2
AuAg24Cu6	15.2	980	13.0	—	88	90-205		
AuAg20Cu10	15.5	895	14.0	4.5	85	120-240	480-820	20-1
AuAg7.5Cu30	13.7	861	14.0	0.77	—	180-300		
AuAg29Cu8.5	14.4	1014	13.0	—	—	260-290		
AuAg26Ni3	15.3	1050	12.0	8.8	114	85-155	350-570	20-1
AuAg22Ni3	15.4	970	12.0	—	—	-230	280-480	10-
AuAg25Ni5	15.4	1050	12.0	9	—	—	280-480	
AuAg25Pt6	16.1	1060	16.0	0.13	93	60-125	280-480	18-1
AuAg26In4	15.0	970	17.0	—	79	—		
AuAg4Pt9Cu14	16.0	955	18.0	—	110	190-380	620-900	20-3
AuAg4.5Pt8.5Cu14.5Zn1	15.9	925	22.0	6.7	110	180-370	590-1100	30-2
AuAg10Pt5Cu14Ni1	15.9	955	13.0	—	110	-290		

6.4.1.3　铂系触头材料

铂的熔点和沸点高，蒸气压低，具有优良的抗电侵蚀能力，而且化学稳定性很好，不氧化、不硫化、耐腐蚀。因此，铂系触头材料在较宽的功率范围内都有稳定可靠的电接触性能，从而一般在要求高可靠性和易产生电侵蚀的条件下使用。铂的价格昂贵。此外，铂系触头材料的抗有机气氛的腐蚀性能较差，表面容易形成有机聚合物层，使接触电阻急剧增大而且不稳定。

纯铂的硬度和强度很低，多采用添加 Ir、Rh、Ru、Pd、Ni 或 W 等元素组成的二元合金。铂系触头材料及性能见表 6-30。

表6-30　铂系触头材料及其性能

材料	密度 /g·cm⁻³	熔点或固相点 /℃	电阻率 /10⁻⁸Ω·m	电阻温度系数 /10⁻³℃⁻¹	热导率 /W·(m·K)⁻¹	硬度（HV）（软-硬）	抗拉强度 /MPa（软-硬）	伸长率/% （软-硬）
Pt99.9	21.4	1768	11	4.0	154	40-110	150-	40-
PtIr5	21.5	1770	19	2.0	—	90-170	280-550	30-2
PtIr10	21.5	1780	25	1.3	220	105-216	340-650	25-2
PtIr20	21.7	1815	30	0.7	—	200-240	700-1000	20-
PtIr25	21.7	1845	32	0.65	—	240-310	900-1150	20-
PtIr30	21.8	1885	34	0.6	270	270-400	830-1162	20-2
PtRh5	20.8	1840	34	—	—	140-	—	—
PtRh10	20.1	1840	19	1.8	100	—	320-	35-
PtRu5	20.3	1760	32	0.9	—	130-210	420-	34-2
PtRu10	19.8	1780	43	0.8	—	190-280	590-	31-2
PtRu10	21.2	1710	24	—	—	140-220	540-630	—
PtPd10	19.9	1550	28	—	—	90-175	380-	—
PtPd15	19.2	1555	29	—	—	100-	—	—
PtPd20	18.6	1560	29	—	—	110-185	400-	—
PtAg20	17.7	1185	43	—	—	—	—	—
PtW5	21.3	1830	43	0.7	—	160-250	520-900	30-2
PtW8	21.3	1900	68	—	—	180-300	950-1850	—
PtNi1	21.1	1769	13	3.8	—	—	210-	—
PtNi5	20.2	1700	23	1.8	—	130-	450-1200	28-
PtNi8	19.1	1660	27	1.6	—	180-260	600-950	28-2
PtNi10	18.8	1650	29	—	—	210-	800-1500	—

6.4.1.4　钯系触头材料

钯的许多性质与铂相似，但价格较便宜，故可作为铂系触头的代用材料。与铂一样，钯容易受有机物气氛污染而使接触电阻增大，因此不能在有机物气氛环境中工作。此外，钯较容易氧化，且氧化物不稳定，在850℃会分解，因此对接触电阻没有严重影响。钯系触头材料的性能列于表6-31。

表6-31　钯系触头材料及其性能

材　料	密度 /g·cm⁻³	熔点或固相点 /℃	电阻率 /10⁻⁸Ω·m	电阻温度系数 /10⁻³℃⁻¹	热导率 /W·(m·K)⁻¹	硬度（HV）（软-硬）	抗拉强度 /MPa（软-硬）	伸长率/% （软-硬）
Pd99.9	12.0	1552	10.7	3.8	119	40-100	200-480	40-2
PdAg40	11.3	1330	42	0.12	137	75-205	370-700	36-2
PdAg50	11.2	1290	32	0.21	140	65-200	350-680	37-2
PdCu15	11.4	1370	40	—	—	100-260	400-800	42-1
PdCu40	10.5	1200	35	0.32	—	120-280	450-850	39-1

材料	密度 /g·cm⁻³	熔点或固相点 /℃	电阻率 /10⁻⁸Ω·m	电阻温度系数 /10⁻³℃⁻¹	热导率 /W·(m·K)⁻¹	硬度（HV）（软-硬）	抗拉强度 /MPa（软-硬）	伸长率/%（软-硬）
PdNi5	11.8	1455	16	2.47	—	—	—	—
PdIr10	12.6	1550	26	1.3	130	120(HB)-	376-	30-
PdIr18	13.5	1560	35	0.75	151	198(HB)-	619-	15-
PdRu10	12.0	1690	36	0.47	—	160-270		
PdW10	12.4	—	36	0.81	180	100-260	510-1000	30-2
PdW20	12.9	—	110	0.05	204	200-390	670-1400	32-2
PdAg20Cu30	10.0	1150	27	—		190-320	700-1300	
PdAg30Cu30	10.6	1065	—	—		200-450	700-1400	
PdAg38Cu14Pt1	10.3	1077	28		119		1010-	
PdAg38Cu16Pt1Ni1	10.8	1032	31		111	170-380	690-1310	10-2
PdAu20Ag30Pt5	12.8	1371	39		112		370-520	
PdPt10Au10Ag30Cu14Zn1	11.9	1085	33	0.27	119	300-380	1160-1440	15-2

6.4.1.5　复合触头材料

复合触头材料是将贵金属触头材料与非贵金属基底材料合成一体的触头材料。复合触头材料将基底材料优良的力学性能与贵金属触头材料优良的电接触性能相结合，既保留了贵金属触头材料的特点，又有效地节约了贵金属。在生产上，实现了元件的自动化生产，简化了接点元件的制造工艺，既提高了生产效率，也提高了元件的组装精度及可靠性。现在，复合触头材料已成为弱电触头材料的主流。

复合触头材料的制造工艺有轧制包覆、电镀复层、焊接、气相沉积、热敷锡、复合铆钉等方法。贵金属触头材料采用上述银、金、铂、钯及其合金；基底材料多选用铜基合金，以及纯铜、纯镍、铁镍合金及不锈钢等。表 6-32 列举了常用基底材料的种类及性能。

表 6-32　复合触头材料的基底材料及性能

材料	状态	密度 /g·cm⁻³	熔点温度 /℃	电导率 /10⁻⁶Ω·m	抗拉强度 /MPa	屈服强度 $\sigma_{0.2}$ /MPa	硬度（HV）	伸长率 /%	弹性极限 /MPa
Cu99.9	H	8.92	1083	57	330	250	95	4	—
	SH				400	320	110	2	
Ni99.6	A	8.9	1453	10.5	450	—	100	45	
	H				900		235	3	
CuZn28	H	8.55	920~950	16.3	470	340	140	12	
	SH				520	470	175	5	
CuZn37	H	8.44	900~920	15.5	490	470	135	6	290
	SH				570	480	160	2	
CuNi20	A	8.96	1135~1210	3.6	350	—	80	40	—
	H				350		180	5	

材料	状态	密度 /g·cm^{-3}	熔点温度 /℃	电导率 /10^{-6}Ω·m	抗拉强度 /MPa	屈服强度 $\sigma_{0.2}$ /MPa	硬度 (HV)	伸长率 /%	弹性极限 /MPa
CuNi30Fe	A	8.94	1180~1240	2.7	400	—	90	40	—
	H				600	—	200	5	—
CuNi44	A	8.9	1250~1300	2.0	450	—	95	40	—
	H				700	—	220	5	—
CuSn6 CuSn6	H	8.93	910~1040	9	530	470	170	88	370
	SH				590	540	200	15	390
CuSn8	H	8.93	875~1025	7	540	490	185	28	390
	SH				670	620	215	18	440
CuNi18Zn20	H	8.71	1025~1100	3.5	540	490	170	10	390
	SH				610	560	200	5	510
CuNi9Sn2	H	8.93	1060~1090	6.4	510	500	160	8	—
	SH				550	510	185	5	500
CuBe1.7	H	8.4	890~1000	12.5	750	690	230	4	—
	SH				1300	1200	390	3	950
CuBe2	H	8.3	870~980	12.5	760	710	230	4	—
	SH				1400	1280	415	2	1050

注：A—软态；H—冷变形（硬态）；SH—冷变形+时效（特硬态）。

6.4.2 强电触头材料

在大、中功率的条件下，工作电压和电流很高，接点常处在电弧的高温作用下，易被熔焊或电侵蚀。因此强电触头材料选择导电性、导热性好，熔点高的材料。

强电触头材料包括三类：（1）银、钨、铜等纯金属和 W-Mo、W-Re 合金；（2）将导电、导热性好的金属和熔点高的金属用粉末冶金方法制成的复合材料，如 Cu-W、Ag-W、Ag-Mo、Ag-Ni、Ag-石墨等；（3）Ag-金属氧化物复合材料，如 Ag-CdO、Ag-CuO、Ag-MnO、Ag-MgO、Ag-SnO$_2$-In$_2$O$_3$ 等，属于内氧化型复合材料。其中，使用多的是复合材料，特别是 Ag-CdO 内氧化触头。

Ag-CdO 触头材料的抗电侵蚀性和抗熔焊性好，导电性和导热性高，接触电阻低而且稳定。Ag-CdO 内氧化触头材料的性能如表 6-33 所示。CdO 的晶柱大小和分布对接点的性能和使用寿命影响很大。CdO 晶粒愈小、分布愈均匀，材料的抗电侵蚀能力和耐磨性愈强，使用寿命也愈长。在 Ag-CdO 触头材料中添加微量元素（如 Sn、Fe、Ni、Be、Mg、Al、Ce、Y 等）能细化 CdO 的晶粒，并使其分布更均匀。采用内氧化法也能改善 CdO 的分布状态。但由于在生产时镉蒸气危害人的健康，因此各国都在努力研究新型的、不含镉的内氧化触头材料。

表 6-33　Ag-CdO 内氧化触头材料的性能

材　料	密度 /g·cm⁻³	电阻率 /μΩ·m	电阻温度系数 /10⁻³℃⁻¹	硬度（HV）	
				退火状态	硬态
Ag-CdO12	10.0	0.021	—	85	—
Ag-CdO15	9.9	0.023	3.5	80	125

近年来，我国开发了 Ag-ZnO、Ag-SnO-In₂O₃ 等内氧化触头材料。这些具有良好的抗熔焊性和抗电侵蚀性能，可代替 Ag-CdO 触头材料。现已批量生产。

参　考　文　献

[1]《电机工程手册》编委会 . 电机工程手册 [M]. 北京：机械工业出版社，1982.

[2]《功能材料及其应用手册》编写组 . 功能材料及其应用手册 [M]. 北京：机械工业出版社，1987.

[3] 大森ヘ黎黎明，梁宇青等译 . 电接触材料手册 [M]. 北京：机械工业出版社，1979.

[4] 刘先曙 . 电接触材料的研究和应用 [M]. 北京：国防工业出版社，1979.

[5]《贵金属材料加工手册》编写组 . 贵金属材料加工手册 [M]. 北京：冶金工业出版社，1978.

[6] 日本电子材料技术协会 [R]. 1986，1（18）.

[7]《中国航空材料手册》编委会 . 中国航空材料手册（第四分册）[M]. 北京：中国标准出版社，1989.

7　非晶和微晶合金

7.1　概述

7.1.1　定义与基本特征

　　非晶态金属是指原子在空间排布无长程序的固态金属（即没有晶格结构）。人类几千年经常接触和使用的金属材料，都具有原子排布的平移对称性（即长程序），都是晶态金属。近期发明的非晶态金属，不存在长程序，只有短程序（无平移对称性）。按一般定义，这种短程序有序区尺寸应小于 1.5nm，并且归属于无序结构。非晶和微晶合金，包括非晶态合金、非晶态合金在特定条件下形成的纳米晶和微晶合金，以及用快淬等工艺直接形成的微晶合金。纳米晶材料也属于无序结构，微晶合金虽然属有序结构，但其形成工艺、结构性能均与晶态合金有相当大的差别。

　　非晶态合金具有以下特点：（1）结构上只有短程序，结构缺陷多于晶态合金。（2）在热力学上属于亚稳态，体系的自由能比成分相同的晶态材料高。但是，要转变为晶态，需克服一定的势垒。（3）具有非晶态转变温度 T_g（亦称玻璃化温度）。从液态金属到非晶态的转变属二级相变，即吉布斯函数的二阶导数具有不连续性。在低于晶化温度，甚至低于 T_g 温度下退火，具有结构弛豫。（4）非晶态合金以金属键作为其结构特征之一，但原子间距离和成键的键角均与晶态合金有差异。（5）形成非晶态合金的能力同成分密切相关，金属中添加硅、硼、碳、磷等元素往往有利于非晶形成，有人称之为非晶化元素。与此类似，有些金属如铜、铌、钼等有利于纳米晶金属的形成。

7.1.2　发展简史——材料和工艺的两大突破

　　非晶态金属的出现，首先应归功于制备非晶态金属工艺技术上的突破。尽管早在 20 世纪 30 年代就有人用气相沉积法获得了非晶态金属薄膜，但是真正引起世界广泛重视的，是 1960 年美国加州理工学院 Duwei 教授等发明了能以超过 $10^6\,℃/s$ 的降温速度，将金属液体急冷凝固成非晶态箔片。而 1969 年 Pond 和 Maddcn 等首次报道，利用快速转动的金属辊急冷金属体的方法，制备非晶态合金连续长带，为非晶态金属向工业化生产开辟了新途径。随后，美国原联合化学公司的 GiLman 等加以发展，实现以 2000m/min 的高速度连续生产，并将这种材料正式命名牌号为 Metglas（意即金属玻璃）。

　　非晶态合金和相应的快淬技术发展，国际上大体可分为 3 个阶段：第一阶段是 1967~1983 年，即从第一个非晶态磁性材料出现到 Fe 基、Co 基、FeNi 基三大非晶软磁合金系列化形成并开始批量应用。第二阶段是 1983~1988 年，即从真空快淬永磁 NdFeB 的研究成功，到以 GM 公司为代表形成生产能力，相应黏结稀土永磁体进入市场；而非晶软磁合金主要是开拓应用、材料和元件形成系列化并开始大量生产。第三阶段是 1988 年至今，即从日立金属公司公布纳米晶 Finemet 专利开始，至今仍在发展的新一代软磁合金大量应用，同时，铁基非晶态合金产业化和在电力工业中应用得到迅速发展，主要生产从美国转到日本，中国 2012~2018 年非晶态软磁材料的产量的发展见图 7-1，Allied 公司研制的非晶态材料见表 7-1。

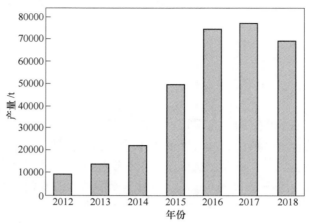

图 7-1　中国 2012~2018 年非晶态软磁材料的产量的发展

表 7-1　Allied 公司研制的非晶态材料

公布牌号		成分（原子分数）/%	公布时间/年
Metglas	2826	$Fe_{40}Ni_{40}P_{14}B_6$	1973
	2615	$Fe_{80}P_{16}B_3C_1$	1974
	2605	$Fe_{80}B_{20}$	1975
	2826A	$Fe_{32}Ni_{36}Cr_{14}P_{12}B_6$	1975
	2826B	$Ni_{49}Fe_{29}P_{14}B_6Si_2$	1975
	2826MB	$Fe_{40}Ni_{38}Mo_4B_{18}$	1976
	2605S	$Fe_{78}B_{12}Si_6$	1973
	2605SC	$Fe_{81}B_{13.5}Si_{3.5}C_2$	1979
	2605S-2	$Fe_{78}B_{12}Si_9$	1981
	2605Co	$Fe_{66}B_{19}Si_{16}Co_{18}$	1981
	2605S-3	$Fe_{79}B_{15}Si_{16}$	1981
	2605S-3A	$Fe_{77}B_{16}Si_5Cr_2$	1983
	2605SM	$Fe_{75}B_{16}Si_2Ni_4Mo_3$	1984

据称，1989 年它已具有年产 6 万吨非晶带材的能力，拥有完全自动控制的单台设备，每小时喷带 1t，可连续喷带、自动卷取和自动倒卷，卷重 350kg，带宽 217mm。后来，美国把生产技术转让给了日本。

经过 20 余年的研究工作，已在冶金部钢铁研究总院建成一条带有自动卷取的百吨级铁基非晶态合金带材中试线，建成一条年产 100 万只非晶微晶合金元件的中试线，并于 1996 年 2 月经国家科委批准，建立了国家非晶微晶合金工程技术中心。

中国自 1976 年开始非晶态合金研究至今已有 40 余年，应该说起步不早，发展很快，有中国特色。从 1976 年至今，我国非晶态合金的研发和生产也可以分为 3 个阶段：第一阶段为 1976~1981 年，为起步和探索阶段，冶金系统、高校系统和中国科学院系统等从基础研究、材料研究、工艺技术研究等方面做了大量探索性研究，取得了重要进展，发表了大量论文，以中科院物理所和冶金部钢铁研究总院为主召开了多次全国非晶态材料和应用全国性会议。第二阶段为 1981~1995 年，即国家从"六五"至"八五" 3 个五年计划期间，是研究发展的高潮阶段和大发展期，材料研究基本成熟并形成系列化，多种应用成功并形成元件年产 300 万件能力，为非晶态合金宽带和配电变压器铁芯大生产奠定了生产技术基础。

在 1998 年前，据统计我国专门性非晶态材料和物理会议已召开 11 次，会上发表论文达 1539 篇（其中未包括在国内外期刊上发表论文、国际会议及国内有关其他会议土发表论文）。

第三阶段是 1996 年至今，非晶态合金发展到产业化和大量应用阶段。原国家科委（现科技部）和原冶金部，在国家"六五""七五""八五"和"九五"国家科技计划中，都将非晶态合金列为国家重大重点支持项目，支出了大量投资。"六五"期间，冶金部将非晶态合金课题列入国家"六五"重大科技攻关项目，包括 4 个专题；1986 年，国家科委决定设立"非晶态金属与合金"课题，列为国家"七五"重大科技攻关课题，下设 14 个专题，投资 1500 万元（约相当于现在 12 亿元人民币），有冶金部、中科院参加，冶金部负责 12 项，冶金部钢铁研究总院为组长单位，负责 7 项，占总任务的 64.4%。协助冶金部完成立项论证，组织实施、完成项目总结；具体完成成果汇集于出版物《非晶态合金及其应用》。1990 年完成任务验收时，铁基、钴基、铁镍基等各种非晶态合金均已研究成功，性能达到了国外同类产品的性能，一炉 100 公斤的非晶态合金生产设备过关并实现了在线自动卷曲。材料的基本成熟和正式生产的成功，标志着我国非晶态合金已经转入正式生产和发展应用的新阶段。在"七五"期间，国家发明奖、国家科技进步奖和省部级奖项获得几十项。根据（89）冶标字第 103 号文，《快淬金属的分类和牌号》标准经审定通过，标准主管部门批准，以技监国标发（1989）第 361 号文发布为国家标准。编号为 GBn292—89，这是我国第一个非晶态合金标准。

为了适应市场需求，把非晶微晶元件作为开发重点，特别是"八五"作为重点，在钢铁研究总院建立了一条元器件中试线，该线具有年产 100 万只非晶微晶软磁合金元件的能力。

1996 年国家科委批准在冶金部钢铁研究总院建立了"国家非晶微晶合金工程技术中心"，又相继立项建立年产千吨级、万吨级非晶态合金生产线，现在已达到年产 6 万吨水平。近期，中国钢研科技集团公司和所属安泰科技公司等已组建成立全国非晶产业联盟，我国非晶态合金年产量超过 12 万吨。

在材料研究方面，国内外都做了广泛和大量工作。至今，每年都有一批新材料、新应用出现。经统计，美国已有非晶微晶合金牌号 58 个，日本几个公司的不同牌号累计达 73 个，德国 15 个，独联体有 20 个牌号。中国于 1989 年制定了第一个国家标准 GBn291—89，名称为《快淬金属的分类和牌号》，包括 28 个合金牌号。国内有关单位的合金牌号，目前累计已超过 80 个。这些材料已在电子工业、电力工业、仪器仪表、交通运输、科学研究装备和国防等多方面得到应用。

非晶态合金具有特殊的结构、优异的性能和广泛的应用，因而被人们称为是材料科学的一次重要突破。同时，快淬工艺的技术和装备，开拓了以液态金属高速冷却直接成型的新途径，被称为冶金工艺领域的一次重要突破，它的应用领域正在扩展。

7.1.3　特殊的结构和优异特性

材料微观结构是认识和研究材料的基础，任何材料的宏观性能和变化都同其微观结构密切相关。非晶态材料的结构比晶态材料复杂得多，非晶态材料的主要特点是没有晶格结构，因而不存在晶粒、晶界、结晶各向异性等概念。虽然没有任何长程序，但具有短程序。这种短程序包括化学短程序，也包括拓扑型短程序。在化学组分和局域结构上的这种短程序，反映了原子之间相互作用的特点与晶态相近，如最近邻原子间距和配位数都与相应晶态材料差别不大，但次近邻原子有明显差别。

对非晶态材料的原子结构，常用的描述方法是借用统计物理学中的径向分布函数和双体相关函数。这是能从实验直接测定的结构量，但是，它只能给出平均值，并不能确定原子的具体分布，也不能描述非晶态固体的结构缺陷。因而，一些学者引入局域结构参数，并用计算机模拟计算等。但所有这些方法，包括自由体积理论等，均有其局限性。大量的实验结果表明：非晶态和液态金属的结构较为相近，如都有短程序而长程无序；但又有质的差别，如非晶态合金的双体相关函数曲线第二峰劈裂。

由于描述非晶态结构的实验测定局限性，采用结构模型法在非晶态结构的研究上显得更为重要，它可以给出原子空间分布的三维图像。而它的正确性可根据实验测量进行判定。建立结构模型应满足以下原则：满足原子间相互作用势函数的要求，结构中不出现长程序，体系的自由能最小等。早期的结构模型是微晶模型，由于对金属不如对非晶半导体符合得好，后来做了些修正，如非晶团模型，但仍然存在许多与实验不符的问题。目前公认较好的非晶态金属模型是硬球无规密堆模型。其基础是金属键无方向性，原子具有密堆的倾向。这种模型的计算结果与实验结果相比较，对金属-类金属型非晶态合金相当一致。如 Bernal 模型得出硬球无规密堆仅由五种多面体空洞构成的结论，情况如表 7-2 所示。

表 7-2　各类 Bernal 理想空洞尺寸及其在无规密堆中所占比例

多面体的空洞类型	中心到角顶的最小距离 （球径单位）	数目百分比/%	体积分数/%
阿基米德反三角棱柱	0.82	0.4	2.1
三角棱柱	0.76	3.2	7.8
四角十二面体	0.62	3.1	14.8
四面体	0.61	73.0	48.4
八面体（通常为本八面体）	0.71	20.3	26.9

微观结构的特点决定了非晶态金属的宏观性能不同于通常的晶态金属，几个主要性能差别如下：

（1）磁性。由于非晶态合金的短程序和存在局域结构涨落，影响了过渡金属原子磁矩大小和交换作用强弱；非晶态稀土合金出现了复杂磁结构；长程无序决定着合金各向同性，因而可以重点考虑，使 $\lambda_s \approx 0$ 以获得性能优异的非晶态软磁合金。

（2）电性。电阻是材料电子输运的重要现象之一。晶态金属电阻理论主要是 Bloch 电导理论，晶体能带理论可以解释其一系列电阻变化规律。但是，非晶态合金不具有周期性的晶格点阵，因而使得以上理论原则上不适用。实验结果是，非晶态合金具有高电阻率和低电阻温度系数，有些具有负的电阻温度系数，这在理论上和实用上均有研究价值。

（3）力学性能。晶态金属的强度和延展性一般是相矛盾的，有些非晶态金属兼备高强度和高延展性，其强度比任何晶态金属均高，可接近理论值。在变形时，可能没有加工硬化现象。

（4）化学性能。由于非晶合金不存在晶界、沉淀相相界和位错等易引起局部腐蚀部位，也不存在晶态合金容易出现的成分偏析，所以非晶合金在结构和成分上都比晶态合金要均匀，具有更高耐腐蚀性。目前研究多集中在耐腐蚀性和催化特性等方面。已研究出的铁基非晶态合金 $Fe_{72}Gr_8P_{13}C_7$ 的腐蚀试验表明，耐腐蚀性远优于晶态不锈钢。有些合金，催化性能远优于晶态合金。

（5）热力学特性。非晶合金是一种内部原子排列呈长程无序而短程有序的固态结构，非晶形成过程中，液态合金凝固成固态合金需满足相应的热力学原理，而增强玻璃形成能力需要抑制结晶，减少结晶驱动力，吉布斯自由能公式可以很好地说明非晶合金与晶态合金形成的热力学本质区别：

$$\Delta G = \Delta H - T\Delta S$$

式中，ΔH 为熔化焓；T 为体系热力学温度；ΔS 为熔化熵；ΔG 为吉布斯自由能差。

ΔG 越大，结晶越容易发生，反之越容易形成微晶。从式中可以看出，在 T 不变情况下，获得小 ΔG 的条件是：增大 ΔS，减小 ΔH，其中 ΔS 与体系微观状态成正比，合金组元越多 ΔS 越大。而随着 ΔS 增大，随机堆垛程度增加，也有利于减小 ΔH，因而有利于减小 ΔG，从而提高玻璃形成能力。一般情况下，合金组元数目越多，越容易形成非晶。

7.1.4　分类和应用

非晶微晶金属，可以按照其基本特性分为（如国标）：快淬软磁合金、快淬永磁合金、快淬弹性合金、快淬膨胀合金、快淬电阻合金、快淬可焊合金、快淬耐蚀耐焊合金等。

如果按其基体成分分类，也可分为：铁基合金，钴基合金，镍基合金，铁钴基合金，铁镍基合金，钴镍基合金，铜基合金等。

在众多文献中，有时根据组成元素分为金属-类金属型和金属-金属型快淬合金等。在一些会议和论文中，也常按照结晶情况区分为：非晶态合金，纳米晶合金，微晶合金等。有些场合，习惯用非晶态合金的形态称呼为：非晶带、非晶粉末、大块非晶、非晶丝、非晶薄膜等。日本已建立许多个非晶态元器件厂，产品广泛应用于电子工业。中国生产的非晶微晶合金，已成功地应用于多种电子器件和中高频变压器，也用于钎焊和制作结构材料等。实践已证明非晶微晶合金在使用条件下是稳定可靠的，应用前途已经可以肯定，在多种领域中应用是有竞争能力的。非晶微晶合金的应用范围如图 7-2 所示。

鉴于分类的不同方法，材料、工艺及应用的交叉性，本章共分 8 节，重点论述非晶态合金材料，而将"快淬金属与合金的工艺技术"单列一章为第 12 章；快淬永磁合金则纳入第 3 章的第 6 节中。

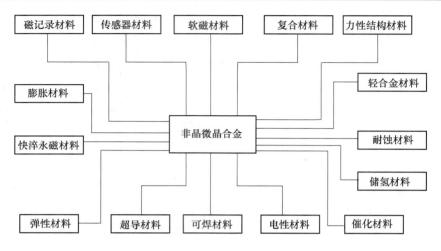

图 7-2 非晶微晶合金的应用范围

7.2 非晶态软磁合金

7.2.1 概述

所谓非晶态是指物质从液态（或气态）高速冷凝时，因来不及结晶而在常温或低温保留原子无序排列的凝聚状态。"非晶态"、"无定形"和"玻璃态"或简单的"玻璃"都是指这种原子不呈长程有序周期性规则排列的状态。非晶态一词意义较为广泛，而玻璃态是专指从熔体冷却所得的非晶态固体。由于非晶态合金既具有金属性质，同时又像玻璃那样是非结晶的固体，所以又称为金属玻璃。具有铁磁性的非晶态合金又称为磁性玻璃或铁磁玻璃。最近，国内有人研究和应用"液态金属"，其实不是历来讲的呈液态流动的金属，还是非晶态合金。

非晶态软磁合金的发展大体经历如下：

20 世纪 60 年代由于受到制备方法的限制，仅能获得质量很轻的薄膜或小片样品。侧重于非晶结构、物性、力学性能和化学性能等的研究，故为创始期或黎明期。

70 年代采用熔体旋辊或离心急冷法制得非晶薄带，奠定了非晶态材料的实用化基础。到 1980 年非晶带宽达到 50mm。1973～1974 年间美国和日本的非晶软磁材料商品版号 Metglas 系列和 Amonlet 系列问世，并进行了各种应用实验。故此阶段可称为发展期。

进入 80 年代，非晶带宽达 100mm 以上，带卷质量达几百公斤，每炉的容量：连续作业可达 1～2t/h。有几十种应用于电力和电子技术的磁性元器件商品化和产业化。此阶段可称为成熟期。

90 年代以来，非晶态合金在电力部门开始较大量应用生产。另外，则是大块非晶合金或叫大块金属玻璃（Bulk Metallic Glasses，BMG）的研究开发在力学性能方面显示优良的特性，用作结构材料有良好的应用前景。

表 7-3 为我国非晶、纳米晶软磁合金在第六至第九个五年计划期间国家科委支持的发展简况。

表 7-3 非晶态和纳米晶软磁合金在我国的早期进展

1975 年	钢铁研究总院在国外金属材料期刊上率先介绍国外非晶态金属材料的发展情况并展示美国 Allied 公司的非晶样品（2mm 宽）
1976~ 1977 年	钢铁研究总院正式成立课题组，率先开始非晶合金研究，上海钢铁研究所建成单辊、双辊小型试验喷带设备，制备非晶态合金试样
1978 年	全国第一届非晶物理及材料讨论会召开
1980 年	建立每炉容量为 3~10kg 的喷带设备。钢铁研究总院制出 200mm 宽 FeNi 基非晶合金带材样品，影响很大
1981 年	钢铁研究总院开展快淬 FeSiAl 合金的研究。冶金系统非晶态材料应用的首项成果——上海钢铁研究所的"城市交通控制用 FeSiB 非晶薄带"通过鉴定，钢铁研究总院的非晶态磁头材料和应用通过鉴定
1982 年	冶金系统第一届非晶合金及其应用学术会召开。钢铁研究总院开展快淬 6.5Si-Fe 合金研究。具有中国特色的"漏电开关用非晶合金"通过鉴定，该材料成为第一个大量应用的非晶态材料
1983 年	钢铁研究总院研制 50kg 级非晶合金宽带中试设备，后于 1986 年喷出 100mm 宽 40kg 重的 NiFe 非晶带
1985 年	上海钢铁研究所与有关厂协作首次采用国产 Fe 基非晶带制成卷绕式 3kVA 工频变压器
1986 年	钢铁研究总院"双包单辊式连续急冷喷带装置"获发明专利。钢铁研究总院、上海钢铁研究所、北京矿冶研究总院组成联合攻关组研制 100mm 宽、100kVA 容量，并能自动卷取的年产百吨的 Fe 基非晶合金中试线
1987 年	钢铁研究总院的"新型 Co 基非晶软磁合金"获国家发明奖。第一台 30kVA 非晶铁芯配电变压器（美国铁芯）挂网运行
1988 年	钢铁研究总院突破自动卷取技术，并获得实用新型专利。百吨级主机（100kg 容量）完成冷热调试并通过验收
1989 年	联合攻关组突破 100mm 宽 Fe 基非晶合金制带工艺关和性能关。公布第一个快淬合金国家标准共五大类 28 个牌号，其中非晶软磁合金 20 个。开展对 Fe 基纳米晶合金的研究工作
1990 年	利用国产 100mm 宽 Fe 基非晶带制成三相 50kVA 配电变压器，其空载损耗仅为 60W 次年挂网运行。第一台三相 100kVA 非晶铁芯配电变压器（美国铁芯）并网运行
1993 年	FeNbCuSiB 纳米晶合金的磁性（$H_c = 0.08A/m$）$\mu_0 = 175000$（上海钢铁研究所），$\mu_m = 1680000$（北京矿冶研究总院）。当年生产非晶软磁合金约 120t，Fe 基纳米晶合金约 15t，供国内广大用户使用。在非晶和纳米晶的研究和生产方面进入国际先进行列
1995 年	用国产 Fe 基非晶带 20t，制成 20~100kVA 配电变压器（AMDT）76 台，并在涿州、天水两个农村小区挂网运行
1996 年	成立国家非晶微晶合金工程技术研究中心，美国 Allied 公司在上海浦东建立 AMDT 用非晶铁芯生产线
1997 年	沈阳维用电子有限公司引进德国 VAC 公司技术生产 ISDN 用 Co 基非晶电感元件。上海至高非晶公司成立
1998 年	上海置信电气工业公司引进美国 GE 公司技术生产 AMDT。安泰科技公司非晶分公司成立
1999 年	每炉容量达 500kg，Fe 基非晶合金带宽达 220mm 的千吨级生产线建立
2000 年	"九五"攻关结束，国内冶金系统建有千吨级非晶带材生产线一条，百吨级生产线三条、非晶微晶元器件生产线三条（年生产铁芯能力达千万余只），百公斤级非晶丝中试线一条，600t AMDT 铁芯生产线一条，全国非晶纳米带产量 500 余吨，其中纳米晶带超过 300t

7.2.2 非晶态软磁合金的结构及其形成

非晶态材料的微观结构包括原子结构和电子结构。目前研究以原子结构为主。非晶态材料是一大类刚性固体，具有与晶态物质可相比拟的高硬度和高黏滞系数。其中原子、分子或它们的集合体的空间排列不具有周期性和平移对称性，即不具有长程序，只在小于几个原子间距的小区间内（约 10~15nm）保持着形貌和组分的某些有序特征，具有短程序。

非晶态软磁合金除具有一般非晶态合金的微观结构特性外，还具有铁磁性，具有 Fe、Co、Ni 等铁磁性元素，而非铁磁性如 Si、B、C、P 以及其他金属元素的含量不能太高，以至于使非晶合金不具有铁磁性或者磁性很弱，失去应用价值。另外，材料主要是薄带，应用要求具有好的单轴磁各向异性、使用中还要求如脆性、应力敏感好的成分。

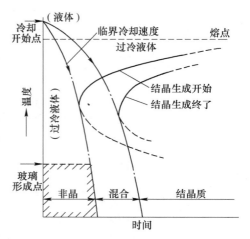

图 7-3　形成非晶态所需要的冷却速度

一般合金的熔融液体在凝固时由于晶核的形成和长大，最后获得晶态固体。如果冷却速度超过某一临界速度（R_c）时，使晶核来不及形成和长大，那么就可得到非晶态的固体。以上过程示于图 7-3。

表 7-4 列出纯金属和合金形成非晶态所需的临界冷却速度。可知，纯金属要获得非晶态需要较高的冷却速度。另外，实测值往往比理论计算值要高。

表 7-4　一些金属及合金形成非晶态的临界冷却速度（R_c）

组成（原子分数）/%	临界冷却速度/K·s⁻¹	
	实测值	计算值
Ni	—	$10^{10.5}$
Ge	—	$10^{5.7}$
$Pd_{82}Si_{18}$	$10^{4.7}$	$10^{3.3}$
$Pd_{78}S_{16}Cu_6$	$10^{2.8}$	$10^{2.5}$
$Ni_{40}Pd_{40}P_{20}$	$10^{2.3}$	$10^{2.1}$
$Fe_{80}P_{20}$	$10^{4.9}$	—
$Fe_{91}B_9$	—	2.6×10^7
$Fe_{89}B_{11}$	—	3×10^7
$Fe_{80}B_{20}$	$10^{5.4}$	
$Fe_{93}B_{17}$	10^6	10^6
$Fe_{80}P_{13}C_7$	$10^{4.8}$	$10^{4.4}$
$Fe_{80}P_{13}B_7$	$10^{5.5}$	—
$Fe_{90}B_{13}P_7$	$10^{4.9}$	
$Fe_{79}Si_{10}B_{11}$	—	$10^{5.3}$
$Ni_{75}Si_8B_{17}$	—	$10^{5.0}$
$Co_{75}Si_{15}B_{10}$	—	$10^{5.5}$
$Fe_{41.5}Ni_{41.5}B_{17}$	—	3.5×10^5
$Fe_{60}Ni_{15}P_{25}$	—	4×10^3
$Fe_{40}Ni_{40}P_{14}B_6$	8×10^3	
$Ni_{62.4}Nd_{37.6}$		1.4×10^3

近年来又发现在一些 Zr 基、Mg 基、Ln（稀土）基、Pd 基，甚至 Fe 基多元合金中 $R_c \ll 10^3$ K/s，最小可达 10^{-1} K/s。低的 R_c 意味着该合金具有强的非晶形成能力（GFA），这是获得大块非晶（BMG）的首要条件。

目前普遍采用的单辊快淬法是熔体旋辊急冷法之一，它的冷却速度可达 $10^5 \sim 10^6$ K/s，在这种冷速下不同材料可形成非晶态带材的最大厚度（临界厚度）各不相同。因此，也可以用临界厚度来量度各材料的非晶态形成能力（GFA），临界厚度愈厚，GFA 愈强。

图 7-4 是 Fe 基合金的 GFA（用临界厚度表示）与类金属元素含量的关系。图 7-5～图

7-7 是 Fe-Si-B 系、Co-Si-B 系和 Ni-Si-B 系合金的临界厚度（μ_m）、结构状态与类金属元素（Si、B）含量的关系。对于 Fe 基合金而言，类金属元素的非晶形成能力是：B>P>C>Si。

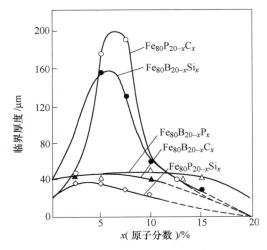

图 7-4 Fe 基合金的非晶形成能力
三元系合金（用临界厚度表示）
与类金属元素含量的关系

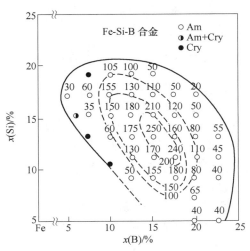

图 7-5 Fe-Si-B 系的临界厚度（单位：μm）
（实线为 $20\mu m$ 带厚的成分边界；Am 为非晶态；Cry 为晶态）

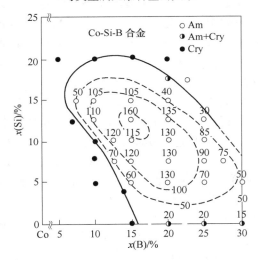

图 7-6 Co-Si-B 三元合金的临界厚度
（图注同图 7-5）

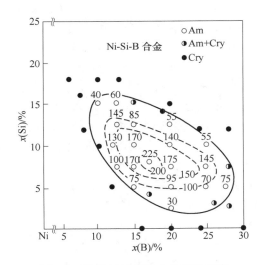

图 7-7 Ni-Si-B 三元合金的临界厚度
（图注同图 7-5）

材料的非晶态形成能力和化学组成、热力学性质以及其他众多因素相关联，通常采用半经验判据来表征非晶态形成能力。例如：（1）深共晶成分判据：愈靠近深共晶成分，愈容易形成非晶态。（2）约化玻璃温度 T_{rg}（玻璃转变温度 T_g 和熔化温度 T_m 之比 T_g/T_m）判据：T_{rg} 愈大，非晶态形成能力愈强。通常 T_{rg} 约在 2/3 时为容易非晶化的范畴，$T_{rg} \approx 1/2$ 时只在一窄的温区可形成非晶态，而 $T_{rg} \ll 1/2$ 时则很难形成非晶态。（3）$\Delta T/T_1^0$（ΔT 为液相线温度 T_1 偏离理想液相线温度 T_1^0 气偏离量）判据：ΔT 为大的正值（约+0.4）时，容易非晶化。（4）相异原子的负混合熔 ΔH_m 判据：负的 ΔH_m 值愈大，非晶态形成能力愈强。（5）相异原子的电负性差判据：相差愈大，非晶态形成能力愈强。（6）二元合金两组元原子直径差判据：相差大于 12%~15%，则容易非晶化。（7）两主元素在周期表中的族数差 Δn 判据：$\Delta n > 4~5$，则容易非晶化。（8）过冷液相区 ΔT_x 判据：ΔT_x 为晶化温度 T_x 与 T_g 之差。ΔT_x 愈大，GFA 越强。

7.2.3　非晶态软磁合金的成分、分类及特点

非晶合金按主要化学成分分为过渡金属-类金属系（TM-M）、稀土-过渡金属系（RE-TM）、过渡金属-金属系（TM-M）3 类。第一类中，铁（Fe）、钴（Co）、镍（Ni）等磁性原子一般占 70%~84%（原子分数），类金属硼（B）、硅（Si）、碳（C）、磷（P）等占 16%~30%（原子分数）。第二类常具有低的饱和磁化强度和很强的各向异性，如作为磁泡材料的钆钴（Gd-Co）薄膜。第三类通常含有过渡金属元素铁、钴、镍等约 90%（原子分数），而金属元素锆（Zr）、铪（Hf）等只占约 10%（原子分数）。添加 B、Si 等元素，可扩大非晶态形成范围和改善磁性，添加 Cr、V、Mo 等金属，可获得 λ_s 趋近于零的合金。这类合金具有和 TM-M 合金相似的磁性能。例如 $Fe_{81}Co_9Zr_{10}$：$B_S = 1.2T$，$H_C = 2.6A/m$，$\mu_m = 300000$，$\lambda_s = 11 \times 10^{-6}$，$\rho = 16\mu\Omega \cdot cm$；$Co_{79}Cr_{10.6}Zr_{10.4}$：$B_S = 0.67T$，$H_C = 0.76A/m$，$\mu_e(0.8A/m\ 1kHz) = 38000$，$\rho = 125\mu\Omega \cdot cm$，$\lambda_s \to 0$。预期将和 TM-M 合金有相似的应用，由于 Zr 元素熔点高、易氧化，必须在真空制备，严重影响了它的发展应用。

在这三类合金中，研究最多并获得生产应用的仅为前者，后两类尚在研究开发中。在第一类 TM-M 系软磁合金中，按 Fe、Co、Ni 成分的多少，常分为非晶态铁基软磁合金（Fe>65%（原子分数）），非晶态钴基软磁合金（Co≥50%（原子分数）），非晶态铁镍基软磁合金（Fe+Ni≥65%（原子分数））等。

在多种金属磁性原子中，以铁的原子磁矩最大，钴和镍次之。这 3 种元素是构成铁磁性的基本成分。锰（Mn）、铬（Cr）、钒（V）等原子的磁矩则与铁反平行。整个合金系统的平均饱和磁矩随金属原子外壳层电子浓度 N 的变化，在形状和斜率上与 $N>8$ 时的斯莱特-泡令（Slater-Pauling）曲线相似（见图 7-8）。由于类金属的加入，非晶态磁性原子的磁矩比同成分晶态小。研究表明：相对于晶态合金，铁原子磁矩从 $2.2\mu_b$ 降到 $2.0\mu_b$，钴原子磁矩从 $1.7\mu_b$ 降到 $(1.0~1.5)\mu_b$，镍原子磁矩从 $0.6\mu_b$ 降到 0。这是由于类金属原子的自由电子填充到过渡元素的未满 3d 原子壳层以及单位体积中具有磁矩的原子数目减少之故。

由于非晶态合金的磁矩比晶态的小，饱和磁感应强度（B_S）也就小，图 7-9 列出 $(FeCoNi)_{78}Si_8B_{14}$ 系合金的 B_S 值。Fe 基非晶态合金的 B_S 很难达 1.8T 以上。

非晶态合金的居里温度（T_c）一般比晶态合金低 100~200℃ 以上，这是因为类金属元素的存在使过渡金属原子间的交换作用减弱之故。图 7-10 为 $(T_{1-x}M_x)_{80}B_{10}P_{10}$ 系合金的 T_c（实线）与晶态合金（虚线）的对比。图 7-11 为 $(FeCoNi)_{78}Si_8B_{14}$ 系合金的 T_c，表现了与晶态合金不同的行为。在 Ni 角，$T_c = 0℃$，变为顺磁性。

众所周知，T_c 的高低影响合金的使用温度。对大多数应用而言，T_c 若达 250~450℃ 就已可满足要求了。但对非晶合金，使用温度不仅取决于 T_c，还与晶化温度 T_x 有关。

晶化温度 T_x 是一项非晶合金所特有的重要性能。图 7-12 示出几种非晶合金类金属元素的种类和含量对 T_x 的影响，其中以 FeSiB、CoSiB 系合金的 T_x 为最高。当类金属元素含量增加时，T_x 也增加。此外合金元素也可改变 T_x。图 7-13 和图 7-14 为 FeSiB 和 CoSiB 合金中加各种合金元素后 T_x 的变化，在 FeSiB 合金中加 Ni、Mn 使 T_x 下降，加 Ta、Zr、V、

Nb 等 T_x 增加。在 CoSiB 合金中加 Ni 使 T_x 下降，加 Ta、Ti、V、Nb 等使 T_x 增加。

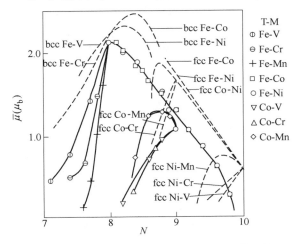

图 7-8　3d 过渡金属 $(T_{1-x}M_x)_{80}B_{10}P_{10}$ 系统磁性
非晶态合金平均饱和磁矩（实线）与外壳层电子
浓度 N 的变化关系
（虚线为晶态合金的 T_c 点）

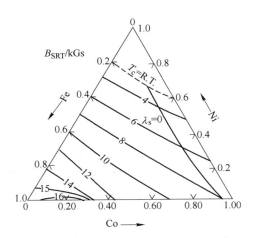

图 7-9　$(FeCoNi)_{78}Si_8B_{14}$ 系合金的 B_S 值

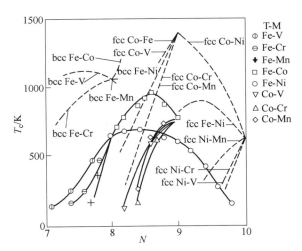

图 7-10　$(T_{1-x}M_x)_{80}B_{10}P_{10}$ 系合金的居里温度
（T_c，实线）与晶态合金（虚线）的对比

　　晶化温度（T_x）不仅影响使用温度，也影响退化温度 T_a 的选择。对非晶材料，T_a 应低于 T_x。此外 T_x 与玻璃转变温度 T_g 之差（ΔT_x），也是非晶形成能力（GFA）大小的判据，ΔT_x 越大，GFA 越强。

　　非晶态合金在热力学上属于亚稳态，在低于 T_g 或 T_x 时，其物性可能会有变化，即结构弛豫现象。因此性能的温度稳定性和时间稳定性研究很重要。一般温度稳定性常用温度系数表示，时间稳定性常以时效结果来分析。作为产品销售和应用时，都做过稳定性试验，是可以长年稳定使用的。

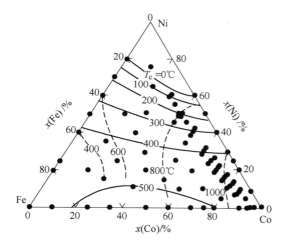

图 7-11　（FeCoNi）$_{78}$Si$_8$B$_{14}$系合金的
居里温度（T_c）

（虚线为晶态合金的 T_c 点）

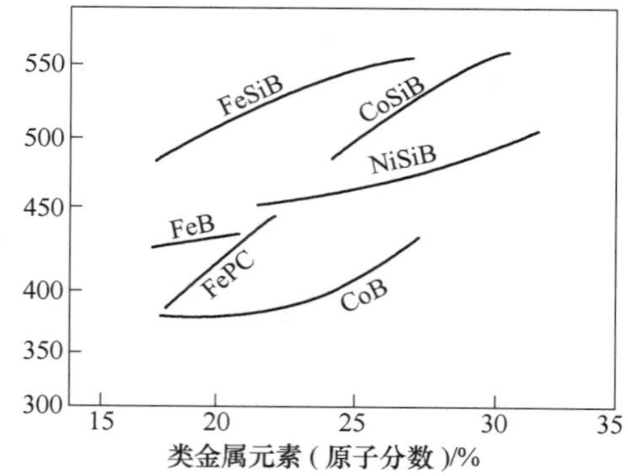

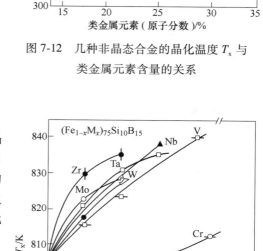

图 7-12　几种非晶态合金的晶化温度 T_x 与
类金属元素含量的关系

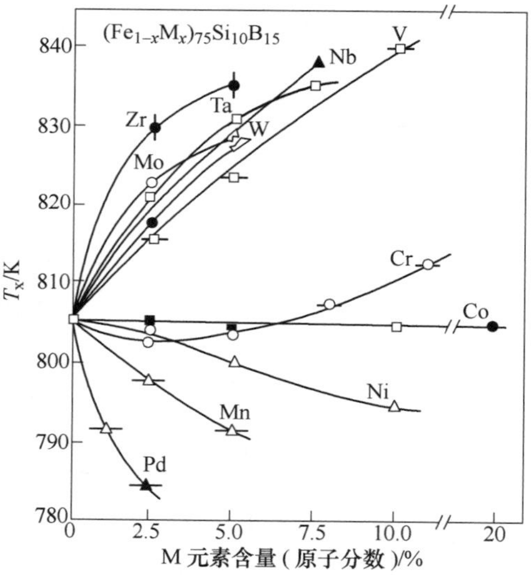

在非晶态合金中没有晶粒也就不存在磁晶各向异性（K_1），如果使磁致伸缩系数（λ_s）趋于零，则可获得很高的磁导率，成为优良的软磁材料。因此，了解成分与磁致伸缩系数之间的关系十分重要。（FeNiCo）$_{78}$Si$_8$B$_{14}$系多元非晶合金的 λ_s 示于图 7-15 上，可清楚看出：

（1）Fe 基合金（Fe 角处）λ_s 值为正且较大。

（2）Co 基合金（Co 角处）λ_s 值趋于零。

（3）Ni 基合金（Ni 角处）Ni>80 的合金为顺磁性物质。

（4）在 Fe-Ni 边的 NiFe 坡莫合金成分处，非晶态合金没有出现 λ_s 趋于零的现象；FeNi 系非晶合金的 λ_s 一般比 Fe 基非晶的要小。

（5）在 Co-Ni 边，非晶态合金的 λ_s 值均不为零，而晶态合金在 Co/Ni＝6/4 处 λ_s 趋于零。

（6）在 Fe-Co 边，当 Fe 和 Co 之比近于 5/95 时，无论是晶态还是非晶态合金的 λ_s 都趋于零。

与晶态合金一样，影响非晶态合金 λ_s 值的主要因素是成分，包括过渡族元素、合金元素及类金属元素的种类和含量。

图 7-16 为非晶（FeCoM）$_{78}$Si$_8$B$_{14}$合金系的零磁致伸缩线（M＝Ni、W、Cr、Nb、Mo、V、W、Mn 等元素）。λ_s 与成分的相互关系以及合金的非晶形成能力，是各类非晶软磁合金成分设计的基础。

图 7-13　合金元素对 FeSiB 系合金 T_x 的影响

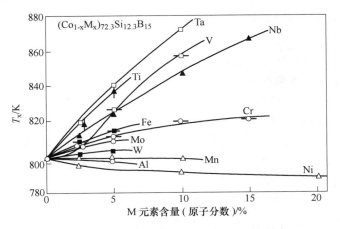

图 7-14 合金元素对 CoSiB 系合金 T_x 的影响

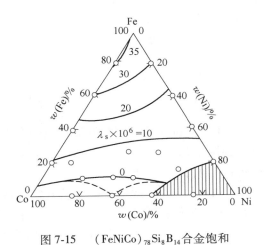

图 7-15 （FeNiCo）$_{78}$Si$_8$B$_{14}$合金饱和
磁致伸缩和成分的关系
（虚线为晶态合金的 λ_s=0 的线，阴影区为顺磁性成分区）

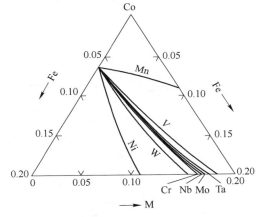

图 7-16 非晶（FeCoM）$_{78}$Si$_8$B$_{14}$
合金系的零磁致伸缩线

除以上特点外，非晶态合金由于没有长程有序对称性，没有晶界和晶体缺陷，故电阻率（ρ）高，可比同类晶态合金大 2~3 倍，拉伸强度和硬度高，有些合金更具有优良的抗腐蚀性能。

不论非晶态或是晶态材料，要获得好的磁性，均需进行热处理。特别是结构灵敏参量如磁导率（μ）、矫顽力（H_c）、矩形比（B_r/B_s）、铁芯损耗（P）等，都直接受热处理制度和工艺控制。不同的材料，常按使用要求采用不同的热处理工艺。与晶态坡莫合金一样，对于高矩形比（Z 形回线）或沿卷绕方向单方向磁化的合金，多用纵向磁场退火。要求低剩磁（B_r）恒定磁导率（F 形回线）的合金，包括单极性脉冲变压器和电感用材等，常做横向磁场退火。对于有高起始磁导率的普通 R 形回线的合金，则用不加外磁场的一般退火。与晶态合金所不同的是非晶态合金的退火温度（T_a）必须低于晶化温度（T_x），一般不超过 500℃，这对降低合金的生产成本，简化热处理设备非常有利。当 T_a 超过 T_x，合金晶化并产生大晶粒，对磁性不利。但是对 Fe 基非晶合金而言，若在非晶基体中产生弥

散细小的 α-Fe（M）晶粒或者其尺寸小到纳米级，则对细化磁畴降低高频损耗或获得磁性优良的纳米晶软磁材料有利。

　　非晶态软磁合金退火的目的是为了消除急冷薄带中的内应力（一般退火）或形成单轴磁各向异性（磁场热处理）。合金的成分不同，最佳退火温度和时间也不同。另外，退火保温后的冷却速度也影响磁性。通常具有零磁致伸缩（ $\lambda_s \to 0$ ）的钴基合金常用水淬法处理，以抑制热磁各向异性（ K_u ）的影响。

　　一般非晶态软磁合金（包括铁基、铁镍基、钴基合金）的 T_x 都高于 T_c（居里温度），退火工艺的制订可考阅图 7-17，但在某些高 B_S（ $\geqslant 1.0$T）Co 基非晶合金中，其 $T_c > T_x$，为了减少 K_u 的影响，可采用特殊的退火方法：如快速退火、垂直或旋转磁场退火、复合磁场退火或加应力退火。

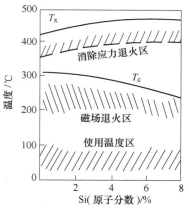

图 7-17　$Fe_{39}Ni_{39}Mo_4Si_xB_{18-x}$
合金的特征温度区

　　非晶态软磁合金退火时须在氮或氢气保护下进行，但当合金中含 Cr 量高，退火温度又低时，也可在空气中退火。

7.2.4　铁基非晶态软磁合金及其应用

　　铁基非晶合金中 Fe 约 80%，其余为 B、Si、C 或 P，其特点是有较高的饱和磁感应强度，B_S 值在 1.5~1.8T 之间，是非晶合金中磁感应强度最高的一类；由于此类合金的 λ_s 值较大，因此弱场磁性较差，μ_i 较低，经磁场退火以后的 μ_m 值一般为 $(20~30) \times 10^4$。该类合金由于在较高磁感下的损耗约为目前高牌号硅钢片的 1/3，因此若能代替硅钢片在电力变压器中广泛应用，便可以大量节省电能。目前由于其价格较高。但在高频领域中应用的电子变压器、开关电源等，已有一部分采用铁基非晶合金。铁基非晶合金由于它的磁感高，输出功率远高于铁氧体材料。

　　铁基非晶态合金是在 $Fe_{80}B_{20}$ 的基础上发展起来的。曾出现多种成分和牌号，如铁硼（Fe-B），铁硼碳（Fe-B-C），铁硅硼（Fe-Si-B），铁硅硼碳（Fe-Si-B-C），铁钴硅硼（Fe-Co-Si-B）等合金系列，但常用的基本是 Fe-Si-B 合金系列，包括添加某些有益金属元素如铝（Al）、镍（Ni）等。Fe 基非晶态合金的基本成分（原子分数）是：Fe 80% 左右，Si、B、C 等合计 20% 左右。由于铁原子在过渡金属中原子磁矩最高，所以要想获得高的饱和磁化强度 M_S 值，必须选取成分在相图的富铁区。类金属元素 Si、B、C 和某些添加金属元素，一般均使磁化强度降低。研究表明，各成分对 M_S 降低的规律是 P>Ge>Si>B>C。由此可知类金属元素用 B、C、Si 较有利。图 7-18 和图 7-19 为这些类金属元素对磁性的影响。综合分析可知（原子分数），当 Fe 含 80%~82%，（Si、B、C）含量 ≤20% 时合金有最高的饱和磁化强度，例如 $Fe_{81}B_{13}C_6$ 的 $B_S = 1.69$T（ $\sigma_s = 182$emu/g），$Fe_{81}B_{12}Si_6$ 的 $B_S = 1.67$T、$Fe_{81}B_{12}C_2$ 的 $B_S = 1.68$T。此外 $Fe_{78~80}Si_{9~10}B_{11~13}$，$Fe_{78~81}Si_{3~6}B_{13~15}C_{1~2.5}$ 的合金有最好的软磁性（H_c 小，μ_m 高，损耗小）。这些合金的成分范围也是易形成非晶态合金的成分范围（见图 7-13）。这些研究正是铁基非晶合金商品牌号成分设计的基础。

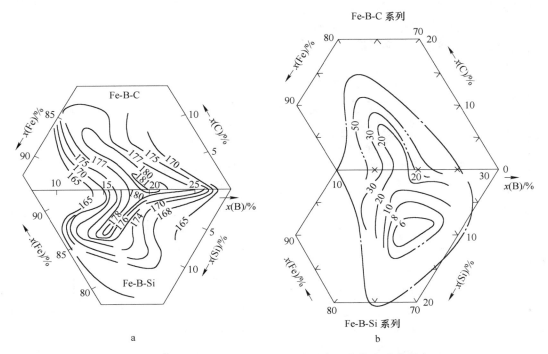

图 7-18 Fe-B-C 和 Fe-B-Si 三元系非晶合金的饱和磁化强度

a—σ_s(emu/g)；b—H_C(×0.08A/m)

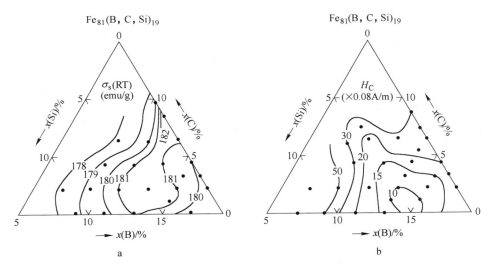

图 7-19 Fe$_{81}$(B,Si,C)$_{19}$四元非晶合金的饱和磁化强度（a）和矫顽力（b）与组分之间关系

  铁基非晶合金由于 B_S 高，损耗小，价格便宜，适宜于做功率器件。表 7-5 列出国内外用于低频功率铁芯的合金性能。表 7-6 和表 7-7 列出了矩形回线和低 B_r 扁平回线合金性能，表 7-8 列出适宜于高频应用的合金性能。

  美国牌号 Metglas605SC（1979 年推出），2605S-2（1981 年推出）都具有比取向硅钢（M-4）低得多的损耗（见图 7-20），因此很适宜于作高效节能的配电变压器铁芯。1991 年

表 7-5　国内外低频功率变压器铁芯用 Fe 基非晶合金性能

国家	牌号	成分(原子分数)/%	B_S/T	μ_m	H_C/A·m⁻¹	损耗/W·kg⁻¹	λ_s(×10⁻⁶)	T_c/℃	T_x/℃	ρ/μΩ·cm
美国	Metglas2605S-2	$Fe_{78}Si_9B_{13}$	1.56	600000		$P_{1.4/60}≈0.25$	27	415	550	130
	Metglas2605TCA		1.56	600000		$P_{1.4/60}≈0.25$	27	415	550	137
	Metglas2605SA1	$Fe_{80}Si_9B_{11}$	1.59	600000		$P_{1.4/60}≈0.20$	27	392	507	130
	Metglas2605Co	$Fe_{67}Co_{18}B_{14}Si_1$	1.80	400000		$P_{1.6/400}<8$	35	415	430	123
	Metglas 2605SC	$Fe_{81}B_{13.5}Si_{3.5}C_2$	1.61	300000		$P_{1.4/60}≈0.30$	30	370	480	135
日本	ACO-DM	Fe 基非晶	1.50	3100①	4.20	$P_{0.2/100K}≈278$		420	445	
德国	Vitrovac7505	$Fe_{76}(SiB)_{24}$	1.45	>100000②	4		24	430	540	130
	Vitrovac7600	$(FeCo)_{83}(SiB)_{17}$	1.75				35	415	430	123
中国	K101	$Fe_{78}Si_9B_{13}$	1.58	450000	4	$P_{1.0/400}≈1.1$　$P_{1.3/50}≤0.1$　$P_{1.2/400}≈1.6$　$P_{0.35/10K}≈1.8$　$P_{1.27/400}≈2.5$③　$P_{1.0/1K}≈4.0$		390	485	130
	1K102	$Fe_{80.1}B_{13.6}Si_{5.3}C_1$	1.58	170000	4.32	$P_{1.0/400}≈0.90$		420	490	
		$Fe_{79}Si_7B_{12}C_2$	1.60	227000	3.2	$P_{1.2/400}≈1.74$　$P_{1.2/400}≈2.15$③				
	1K103	$Fe_{72}Ni_8Si_5B_{15}$	1.4	600000	1.44	$P_{1.0/60}≈0.064$　$P_{1.0/400}≈0.94$		435	450	
	1K105	$Fe_{75}Mo_3Si_8B_{14}$	1.36		1.28	$P_{1.0/50}≈0.073$　$P_{1.0/400}≈0.9$　$P_{1.0/400}≈1.08$③　$P_{0.2/20K}≈8$		312	550	

① 100kHz 下测得的初始磁导率值。

② 为 50Hz 下性能，其他均为直流性能。

③ 为矩形铁芯性能，其他为环形铁芯性能。

用 2605TCA 替代 S-2，二者性能区别不大，但 TCA 的应用更广。1997 年又推出 2605SA-1，由于 Fe 含量增加使 B_S 也高了（见表 7-5）。用作配电变压器铁芯时，工作磁感也由原来的 1.4T 增加为 1.45T。图 7-21a 给出了 SA-1 合金的磁导率和损耗曲线，图 7-21b 为该合金做成 C 形铁芯（Power Lite）的损耗曲线，并与 C 形取向硅钢铁芯作了对比。

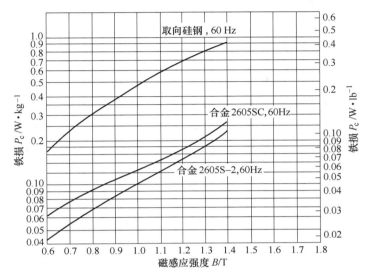

图 7-20　取向硅钢（M-4）与铁基非晶合金（Metglas2605SC、2605S-2）
在 60Hz 下的损耗比较

表 7-6　矩形回线的 Fe 基非晶合金性能（环形铁芯）

牌号和组成 （原子分数）/%	B_S/T	μ_m	H_C /A·m^{-1}	B_r/B_m	损耗 /W·kg^{-1}	双极脉冲磁性		
						ΔB/T	τ/μs	μ_p[2]
Metglas2605Co	1.80		3	0.94				
Vitrovac7505Z	1.45	160000[1]	3	0.85	$P_{0.3/100K} \approx 850$			
Vitrovac7600Z	1.75		8	0.90		3.3		
1K101J($Fe_{80}Si_4B_{16}$)	1.58		6.8	0.92	$P_{1.0/400} \approx 1.73$ $P_{0.35/10} \leq 20$	1.5 2.0	3 3	13700[3] 12600[4]
1K102J($Fe_{79}Si_{3.5}B_{15.3}C_2$)	1.61	310000	2.4	0.93	$P_{1.0/400} \approx 1.25$ $P_{0.3/8K} \approx 7.2$	1.5 2.0	3 3	10000[5] 9000
1K103($Fe_{72}Ni_9Si_3B_{14}C_2$)	1.53	410000	2.08	0.99	$P_{1.0/400} \approx 2.27$			

① 50Hz 下的最大磁导率，其他为直流最大磁导率。

② 测量频率为 0.3～1.0Hz。

③ 矩形铁芯的 μ_p = 5600～7800（比环形铁芯差）。

④ 矩形铁芯的 μ_p = 4000～6300（比环形铁芯差）。

⑤ 矩形铁芯的 μ_p = 6500～8500（比环形铁芯差）。

图 7-22 给出了退火温度对 SA-1 合金损耗和激磁功率的影响。为了提高变压器的工作磁感（B_m），减小铁芯体积，应采用使激磁功率、最小的退火温度。图 7-23 给出了 SA-1 和 S-2 合金的激磁功率与 B_m 的关系，显然 SA-1 要优于 S-2，B_m 可达 1.45T。我国牌号

1K101 合金的磁性能基本与 2605SA-1 相近。

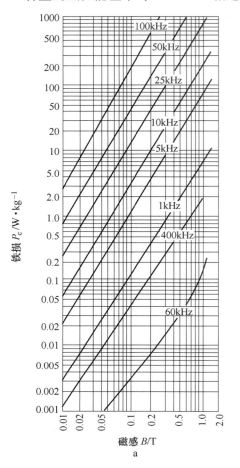
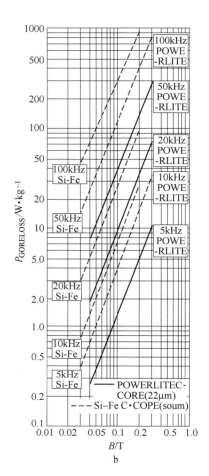

图 7-21   不同牌号合金的磁特性曲线与损耗曲线的对比

a—Metglas2605SA-1（我国类似牌号 1K101）的磁特性曲线；

b—2605SA-1 合金 C 形铁芯（Power Lite）（2211m）的损耗曲线与取向 Si-Fe C 形铁芯（501μm）

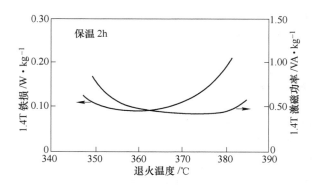

图 7-22   2605SA-1（我国牌号 1K101）条带样品的 1.4T 铁损和
激磁功率随退火温度的变化曲线

表 7-7 低 B_r 扁平回线铁基非晶合金性能

牌号和组成 （原子分数）/%	B_S/T	B_r/B_m	H_C /A·m⁻¹	损耗 /W·kg⁻¹	$\mu_{0.4A/m}$ （50Hz）	单极脉冲磁性		
						ΔB/T	τ/μs	μ_P
Microlite XP 铁芯 （Metglas2605SA-1）	1.56			$P_{0.1/25K} \leqslant 8$ $P_{0.1/100K} < 70$	$250 \sim 280$③			
Vitrovac7505F （$Fe_{76}(SiB)_{24}$）	1.45	0.1	4	$P_{0.2/20K} \approx 6$ $P_{0.3/100K} \approx 150$	$6500 \sim 8000$	1.1		$4000 \sim 8000$①
1K102H（$Fe_{77.5}Si_{3.5}B_{17}C_2$）	1.60	$\leqslant 0.2$	4	$P_{0.1/20K} \approx 2$ $P_{0.5/20K} \approx$ $33 \sim 50$	$250 \sim 1200$④	0.9	3	$2800 \sim 3300$
1K102H （$Fe_{77.5}Si_{3.5}B_{17}C_2$）②	1.57		5.6	$P_{0.1/20K} = 4$		0.6	3	$2500 \sim 2750$
						0.9	3	$1500 \sim 1650$

① 此值为最大的 μ_p 值取决于脉宽。
② 矩形铁芯的性能（比环形铁芯低）。
③ 该磁导率在 $B \leqslant 0.15T$ 或 $f \leqslant 50kHz$ 基本不变。
④ 此值为采用部分晶化的热处理工艺获得的磁导率，可在 $0 \sim 3200A/m$ 磁场内恒定不变，其损耗 $P_{0.05/2K} < 0.5W/$ kg，$P_{0.1/20K} \leqslant 3W/kg$。

表 7-8 高频应用的铁基非晶合金性能

牌号和组成 （原子分数）/%	带厚 /mm	μ_m	H_C /A·m⁻¹	B_S/T	损耗 /W·kg⁻¹	ρ/μΩ·cm	T_c/℃	T_x/℃
Metglas2605S3A （$Fe_{77}Cr_2Si_5B_{16}$）	0.025	35000		1.41	$P_{0.5/25K} \approx 65$ $P_{0.1/50K} \approx 7$ $P_{0.2/100K} \approx 85$	138	358	535
1K102 （$Fe_{78}Si_{3.5}B_{16}C_2$）	0.03	356000	2	1.56	$P_{0.5/20K} \approx 17.2$ $P_{0.1/50K} \approx 2.78$		420	490
1K105 （$Fe_{75}Mo_3Si_8B_{14}$）	0.03		1.2	1.36	$P_{0.2/20K} \approx 6 \sim 7$ $P_{0.1/50K} \approx 5$ $P_{0.2/20K} \approx 14.4$①		310	550
$Fe_{64}Ni_{10}Cr_4Si_8B_{14}$	0.03			1.13	$P_{0.5/20K} \approx 32.6$ $P_{0.1/20K} \approx 4.4$ $P_{0.2/100K} \approx 65.4$			

① 矩形铁芯的损耗（比环形铁芯差）。

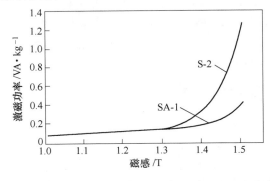

图 7-23 2605SA-1（我国牌号 1K101）和 2605S-2 合金的
激磁功率（$f = 60Hz$）随磁感的关系曲线

美国牌号 Metglas2605Co（德国牌号 Vitrovac7600 与其相似）和 2605SC（相当于我国的 1K102）都具有较高的 B_S 值，且在纵向磁场退火后都可获得高的矩形比，可用于双极脉冲变压器。2605Co 的 B_S 达 1.8T，$P_{1.6/400} \leqslant 10\text{W/kg}$，比 0.1mm 厚取向薄硅钢低一半（见图 7-24），适宜做机载小型电源变压器铁芯。

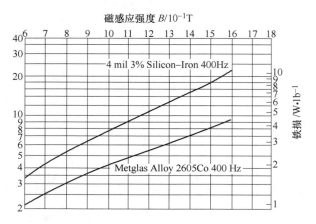

图 7-24   Metglas2605Co 与 0.1mm 厚（4mil）取向硅钢在频率为 400Hz 时的铁损比较

图 7-25 给出了 2605SC（相当于 1K102）的磁导率和损耗曲线。

我国生产的矩形回线合金牌号是 1K101J、JK102J、1K103J，表 7-6 中给出了它们的双极脉冲磁性。

在 F 形回线的合金中德国的 Vitrovac7505F 在高频下的损耗很小（表 7-6 和表 7-7）。我国的 1K102H 与其相似，图 7-26 示出 Vitrovac7505F 的损耗曲线。利用不同工艺，也可使 2605SA-1 合金获得低 B_r 特性（MicroLite 铁芯）。

Fe 基非晶合金在电力、电子技术方面有广泛应用，如做工频配电变压器、电源变压器、中频变压器、脉冲变压器等的铁芯材料，各类电感、电抗器、逆变式电源等。

用途不同，性能要求也不同。Fe 基非晶合金的性能除取决于合金成分外，主要为热处理工艺所控制。铁基合金的退火工艺有以下几种：功率变压器及双极脉冲变压器铁芯用低于居里温度（T_c）的纵向磁场退火，需要有较大的磁场退火炉和大电流；电感、单极脉冲变压器铁芯用横向磁场处理；对于在较高频率下应用或要求有线性磁导率的场合，可以用在晶化温度附近退火，析出一定数量的沉淀粒子或微晶相，细化磁畴，降低高频损耗或获得在一定磁感范围内磁导率基本恒定的特性。Fe 基非晶合金由于 B_S 较大，也可以利用开气隙（开口铁芯）来获得低 B_r 和恒磁导率特性。

7.2.5 铁镍基非晶态软磁合金及应用

含约 80%（原子分数）的 Fe 和 Ni，与约 20%（原子分数）的类金属组成铁镍基非晶软磁合金，它的 B_S 值比 Fe 基非晶略低，但由于 λ_s 低，因此 H_C 和 μ_m 略优。软磁性与晶态的高镍坡莫合金（1J79、1J85）相近，因此是一类高磁导率合金。但其 Ni 含量比坡莫含金低一半，退火温度低（约 400℃）时间短，因而价格便宜，适于推广应用。

表 7-9 和表 7-10 列出了国内外这类合金的牌号和性能，其中含 Mo 的合金具有较好的

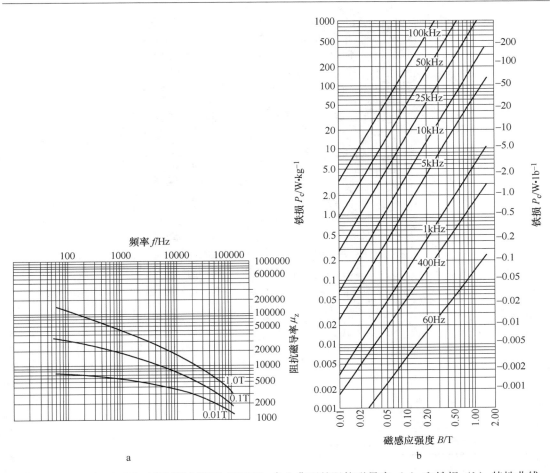

图 7-25　Metglas2605SC（我国类似牌号 1K102）合金典型的阻抗磁导率（a）和铁损（b）特性曲线

表 7-9　国内外 FeNi 基非晶合金性能

国家	牌号	合金成分 （原子分数）/%	B_S/T	μ_m	H_C /A·m^{-1}	损耗 /W·kg^{-1}	λ_s （×10^{-6}）	T_c/℃	T_x/℃	ρ /μΩ·cm
美国	Metglas 2826MB	$Fe_{40}Nb_8Mo_4B_{18}$	0.88	800000	1.2	$P_{0.2/50K}\approx96$	12	353	410	138
德国	Vitrovac 4040	$Fe_{39}Ni_{39}Mo_4Si_6B_{12}$	0.8	250000[1]	1.0~2.0	$P_{0.2/20K}\approx10$	8	260	450	135
中国	1K501	$Fe_{40}Ni_{40}P_{12}B_8$	0.75	300000~ 800000	0.8~1.6	$P_{0.2/20K}\approx15$	10	250	410	180
中国	1K502	$Fe_{47}Ni_{29}V_2Si_8B_{14}$	0.9	500000~ 800000	0.64~ 1.2		11	300	500	
中国		$Fe_{38}Nb_8(MnMo)_2Si_8B_{14}$	0.75~ 0.9	400000~ 800000	0.64~ 1.2			320	460	
中国		$Fe_{36.8}Ni_{40}Cr_{1.2}Si_{12}B_8P_2$[2]	0.79	580000	0.64					

① 50Hz 下的性能，其他为直流性能。

② 该牌号可在 360℃ 空气中退火。

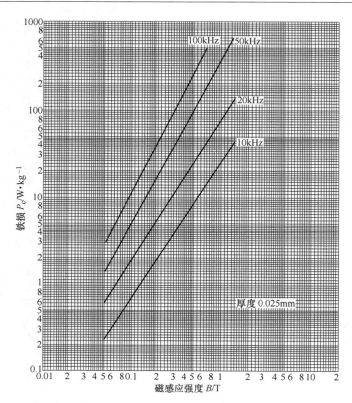

图 7-26　Vitrovac7505F（我国类似牌号 1K102H）合金的损耗特性曲线

表 7-10　高剩磁比和低剩磁比的 FeNi 基非晶合金性能

牌号	B_S/T	B_r/B_S	$H_C/A \cdot m^{-1}$	μ_m	μ_i	损耗 /W·kg^{-1}	$\Delta B_m/T$	μ_p
Vitrovac 4040Z	0.8	>0.8	1.03	500000				
Vitrovac 4040F	0.8	≤0.1	1.5~2.0		5000[①]	$P_{0.2/20K} < 10$	0.7	6500[②]
1K501H	0.75	0.1	1.6	3000		$P_{0.2/20K} \leqslant 15$		

① 在 $H = 0.4$A/m 下测得的起始磁导率。

② 最大的脉冲磁导率。

耐蚀性。含 Cr 的合金具有较好的抗氧化性能，在热处理时不需要真空或氢气保护，可直接在大气中进行，简化了操作工艺和成本。

　　FeNi 基非晶软磁合金有良好的磁场热处理效应，在纵向磁场中退火可得高的矩形比，在横向磁场中退火则可得到低 B_r，它们的性能也示于表 7-11。

　　非晶态合金虽无磁晶各向异性，但在磁场或应力处理时与晶态合金一样会产生强烈的单轴感生各向异性，从而大大改变合金性能。图 7-27 为晶态和非晶态 FeNi 系合金在磁场热处理后感生各向异性常数（K_u）的平衡值。图 7-28 为三种非晶态合金的 K_u 与 Fe 含量、磁退火温度的关系。可是，晶态和非晶态合金的 K_u 数量级相同，而且随温度的升高，K_u 值减小。但是非晶态合金 K_u 产生的程度大大降低了。

表7-11　国内外具有高磁导率和高频低损耗铁基和钴基非晶合金性能

国家	牌号和组成(原子分数)/%	B_s/T	μ_i④	μ_m	H_c/A·m⁻¹	损耗/W·kg⁻¹	λ_s(×10⁻⁶)	T_c/℃	T_x/℃	ρ/μΩ·cm
美国	Metglas 2705M($Co_{69}Fe_4Ni_1Mo_2Si_2B_{12}$)	0.77		60000		$P_{0.5/25K}$≈50	<1	365	520	136
	Metglas2714A($Co_{66}Fe_4Ni_1Si_{15}B_{14}$)	0.57		1000000		$P_{0.3/100K}$≈80	<1	225	550	142
德国	Vitrovac6025($Co_{67}Fe_4Mo_{1.5}Si_{16.5}B_{11}$)	0.55	300000①	600000①	0.3		<0.2	210	540	135
	Vitrovac6030(($CoFeMnMo)_{77}(SiB)_{23}$)	0.80	50000①	200000①	0.8		<0.2	365	480	130
	Vitrovac6150(($CoFeMn)_{80}(SiB)_{20}$)	1.00	100000①		1.5		<0.2	485	415	115
日本	ACO-1M	0.90	10000②/8000③		1.60	$P_{0.2/100K}$≈110		390	440	
	ACO-3M	0.78	35000②/16000③	≥200000	0.56	$P_{0.2/100K}$≈46		270	525	
	ACO-4M	0.53	80000②/16000③		0.32	$P_{0.2/100K}$≈40		180	538	
中国	1K203(标准)	0.80			≤1.2	$P_{0.5/20K}$≤20		320	530	
	1K204(标准)	0.60		≥200000	≤1.6	$P_{0.3/100K}$≤110		300	540	
	1K205(标准)	0.60	≥20000	≥150000	≤1.2	$P_{0.3/200K}$≤350		260	480	
	1K206(标准)	0.53			≤1.6	$P_{0.5/20K}$≤20		320	~520	
	$Co_{67.5}Fe_{3.5}V_7Si_8B_{14}$(1K206)	0.51	140000	830000	0.40	$P_{0.2/20K}$≤2.1, $P_{0.5/20K}$≈9.7				
	$Co_{66}Fe_4V_2Si_8B_{20}$(1K205)	0.70	50000~120000	250000~300000	0.24~0.56			315	540	
	$Co_{70.8}Fe_{4.2}(CrMnC)_3Si_{14}B_8$(1K204)	0.62				$P_{0.1/100K}$≈5~6, $P_{0.1/500K}$≈89~95				
	($CoFe)_{72}(MnWSiB)_{28}$(1K203)	0.80	90000	429000	0.4	$P_{0.6/20K}$≈21~25		332	549	
	($CoFeMnC)_{75}(SB)_{25}$(1K203)	0.83			1.44	$P_{0.5/50K}$≈58				

① 50Hz下测得的μ_i(H=0.4A/m)和μ_m。

② 1kHz下测得的μ_i(H=0.4A/m)。

③ 100kHz下测得的μ_i(H=0.4A/m)。

④ 无注者均为直流性能,μ_i(H=0.08A/m)。

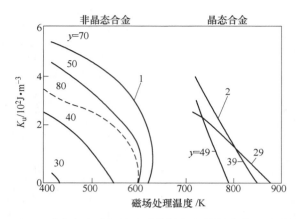

图 7-27　FeNi 系合金在磁场处理后单轴各向异性常数 K_u 的平衡值图

1—$Fe_y Ni_{80-y} P_{14} B_6$；2—$Fe_y Ni_{100-y}$

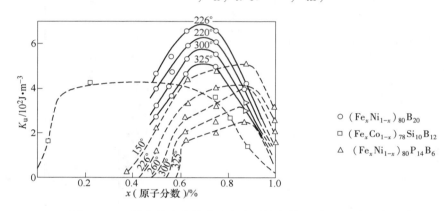

图 7-28　三类非晶合金的感生各向异性常数 K_u 与磁退火温度的关系

　　如果对晶态合金感生各向异性的产生机制——近邻原子方向有序理论也适用于非晶态合金的话，那么非晶态合金中的方向有序极易进行。有人认为，除原子对有序以外，还有间隙原子有序。

　　非晶态铁镍合金的主要用途是做磁屏蔽、仪表和电器用变压器，漏电保护开关的零序互感器铁芯等。在做磁屏蔽应用时，甚至可以不进行退火，也可用窄带编织成大张使用。这类合金在 $-25 \sim 105℃$ 高低温下性能稳定。

7.2.6　钴基非晶态合金及应用

　　钴基非晶态合金的最大特点是 λ_s 能趋于零。因此是非晶态合金中软磁性能最好，但价格也是最高的合金。钴基非晶合金牌号很多，但都是 Co-Fe-M-Si-B 系合金。Metglas2826MB 合金典型的阻抗磁导率和铁损特性曲线见图 7-29。研究表明当 Co/（Co+Fe）~ 0.95 左右 $\lambda_s \to 0$，从而获得最佳性能（见图 7-30）。且高频特性优于坡莫合金。在 Co-Fe-Si-B 系非晶合金中加入 Ni 可以使形成非晶的能力加强，易于制成带材；加入少量 W、Cr、Nb、Mo、Ta、V、Mn 等过渡元素；一般皆可提高晶化温度，增加稳定性，同时可使 $\lambda_s \approx 0$ 之成分范围宽，较易获得高磁导率合金，但是随着这些附加元素量的增加，B 值也显著下降。M 为少量添加元素如 Ni、Mo、V、Cr、W、Nb、Mn 等，其主要作用是改善非晶态形成能力，提高稳定性或替代部分 Co 降低成本等。

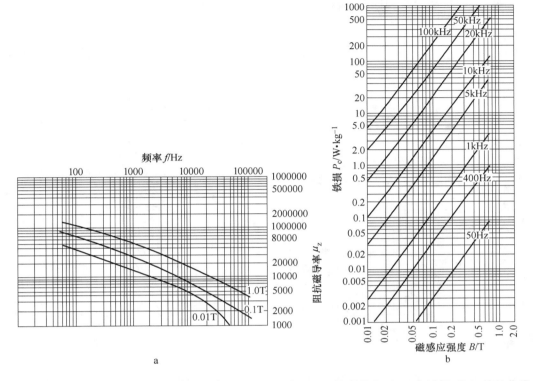

图 7-29　Metglas2826MB（我国类似牌号 1K502）合金典型的阻抗磁导率（a）和铁损（b）特性曲线

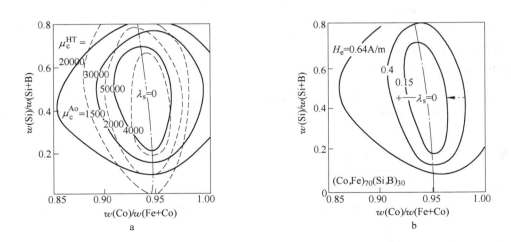

图 7-30　非晶态 $(Co,Fe)_{70}(Si,B)_{30}$ 合金的性能

a—非晶态 $(Co,Fe)_{70}(Si,B)_{30}$ 合金的有效磁导率（μ_e）；b—$(Co,Fe)_{70}(Si,B)_{30}$ 非晶合金系的 H_C 与成分的关系

----制备态试样；——在450℃加热并水淬的试样

表 7-11 列出国内外具有高磁导率和高频低损耗商品钴基非晶合金性能。按 B_s 和磁性

（磁导率和损耗）及用途分类形成系列。我国的 1K203 大体与国外 Vitrovac6030 合金和 2705M 的 B_S 相似，1K204 与 2705M 相当。图 7-31 和图 7-32 分别列出 Metglas 和磁性最好的 2714A 的阻抗磁导率和损耗的特性曲线。

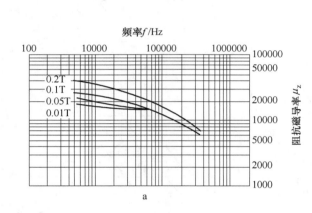
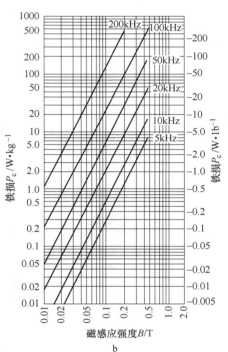

图 7-31　Metglas2705M 合金（我国类似牌号 1K203）的阻抗磁导率（a）和铁损（b）特性曲线

表 7-12 列出具有矩形回线的钴基非晶合金性能，性能最好的合金是国外的 Metglas2714AS、Vitrovac6025Z 和 ACO-5H（5SH），它们的磁性能基本相似。我国标准中只列出一个牌号 1K202J。其性能与国外中等水平的 6030Z、ACO43HOSH 相当。图 7-33 列出 ACO-3SH 矩回合金的铁损与其他合金的比较。

表 7-12　具有矩形回线的钴基非晶合金性能

牌号和组成 （原子分数）/%	B_S/T	B_r/B_S	μ_m	H_C /A·m⁻¹	损耗/W·kg⁻¹	T_c/℃	T_x/℃
Metglas2714AS	0.57	>0.95			$P_{0.5/50K} < 70$，$P_{0.3/100K} < 90$	225	550
Vitrovac6025Z[①]	0.58	0.90	400000~ 600000[②]	0.3	$P_{0.4/50K} < 70$，$P_{0.3/100K} < 120$	210	540
Vitrovac6030[①]	0.82	0.95	150000~ 300000[②]	0.8	$P_{0.3/100K} < 600$	365	480
Vitrovac6150[①]	1.00	0.95	100000[②]	1.0	$P_{0.3/100K} < 1200$	485	415
ACO-2H	0.90	0.95		1.6		418	455
ACO-3H（3SH）	0.78	0.90		0.56	$P_{0.2/100K} < 117$	270	525
ACO-3H（5SH）	0.60	0.85		0.32	$P_{0.2/100K} < 60$	210	540
1K202J（标准）	0.68	≥0.85	≥400000	≤1.2	$P_{0.5/20K} ≤ 35$	320	510

续表 7-12

牌号和组成 （原子分数）/%	B_S/T	B_r/B_S	μ_m	H_C /A·m^{-1}	损耗/W·kg^{-1}	T_c/℃	T_x/℃
（CoFeMo）$_{74}$（SiB）$_{26}$ （1K202J）	0.69	0.91	300000	1.11	$P_{0.2/100K} \approx 78$ $P_{0.3/100K} \approx 125$	324	565
（CoFeV）$_{72}$（SiB）$_{28}$ （1K202J）	0.69	0.95	1650000	0.23	$P_{0.2/100K} \approx 164$ $P_{0.2/200K} \approx 259$	315	540
CoFeMoSiB	0.60	0.92	2000000	0.22	$P_{0.5/20K} \approx 30$		
Co$_{64}$Fe$_4$V$_2$Si$_8$B$_{22}$	0.59	0.96	1650000	0.24	$P_{0.5/20K} \approx 16$		

① 在双极脉冲工作条件下的 ΔB_{max} 分别为 1.15T、1.5T 和 1.9T。

② 牌号在 50Hz 下测得值。

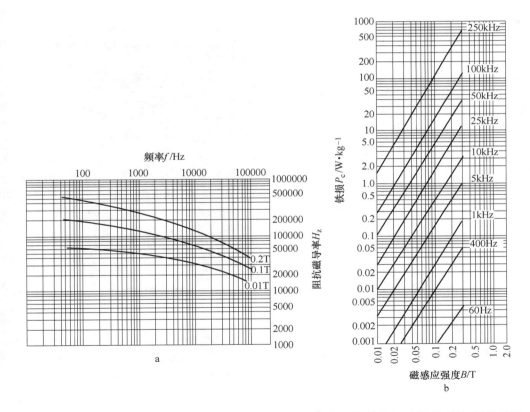

图 7-32 Metglas2714A 合金（与 1K204 相似）的阻抗磁导率（a）和铁损（b）特性曲线

表 7-14 为具有低 B_r 扁平回线合金的性能，德国 VAC 公司的这类系列牌号最多，我国标准及美国原 Allied 公司都只有一个牌号。日本公司用横向磁场处理的方法获得低 B_r 扁平回线非晶态合金的产品较少，生产牌号也未公布。表 7-14 给出了 Co 基非晶态合金的磁

性能水平，性能最佳的合金是 Metglas2714AF 和 Vitrovac6025F，其次是我国的 1J201H 和
Vitrovac6030F。图 7-34 列出 Vitrovac6030F（我国类似牌号 1J201H）合金的磁导率和损耗
的特性曲线。F 形回线合金不仅高频损耗小，且其磁导率在一定的磁场（H）或交直流叠
加磁场和频率（f）范围内保持恒定。

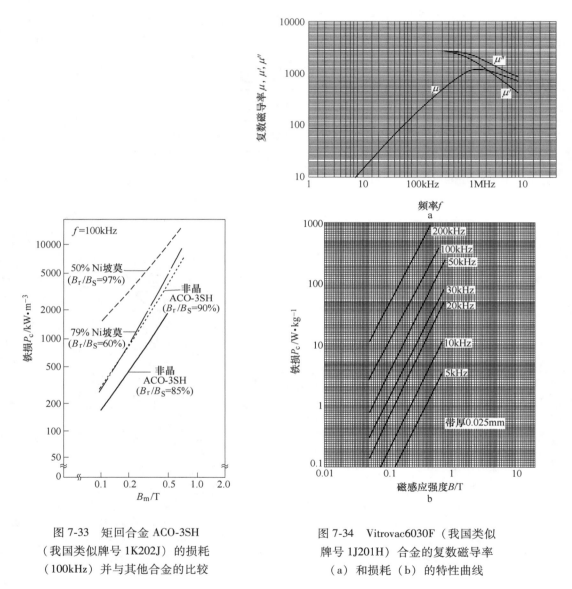

图 7-33　矩回合金 ACO-3SH
（我国类似牌号 1K202J）的损耗
（100kHz）并与其他合金的比较

图 7-34　Vitrovac6030F（我国类似
牌号 1J201H）合金的复数磁导率
（a）和损耗（b）的特性曲线

　　B_S 达 1.0T 的各类 Co 基非晶合金，我国尚未纳入标准。

　　$\lambda_s \to 0$ 的 Co 基非晶合金，在制备态就具有较好的磁性，如 $H_C \leqslant 0.8 A/m$，$\mu_m \geqslant 40 \times 10^4$
多，可以直接用于磁屏蔽、传感器等。如果再进行消除应力退火，则性能更佳。消除应力
的退火温度应低于晶化温度（T_x）高于居里温度（T_c），并采用水淬快冷工艺（不能炉
冷），以避免缓冷产生局域磁感生各向异性，降低性能。

表 7-13　具有低 B_r 扁平回线钴基非晶合金性能

牌号和组成 （原子分数）/%	B_S/T	B_r/B_S	μ_i	H_C /A·m^{-1}	损耗 /W·kg^{-1}	单极脉冲性能	
						ΔB_m/T	μ_p
Metglas2714AF	0.57		90000±20%		$P_{0.2/20K}<2$, $P_{0.3/100K}<60$		
Vitrovac6025F	0.55	<0.05	100000~ 150000[①]	0.3	$P_{0.2/20K}<3$, $P_{0.3/100K}<100$	0.4	70000~100000[②] （90000）
Vitrovac6030F	0.82	<0.05	2000~4500[①]	1.0	$P_{0.2/20K}<3$, $P_{0.3/100K}<110$	0.7	2500~3500[②] （1000）
Vitrovac6150F	1.00	<0.05	1300~3500[①]	3.0	$P_{0.2/20K}<5$, $P_{0.3/100K}<130$	0.9	1100~3000[②]
Vitrovac6125F	0.92	0.03	850[①]	2.0			
Vitrovac6200F	0.99	0.03	1500[①]	2.0			
1K201H	0.70	≤0.1		1.2	$P_{0.5/20K}≤25$, $P_{0.3/200K}≤300$	0.4	≥4000[③]
$Co_{68.6}Fe_{4.5}V_{1.9}Si_{10}B_{15}$ （1K201H）	0.69				$P_{0.5/20K}\sim12\sim14$	0.4	7000[③]
$Co_{69}Fe_{4.2}Ta_{1.8}Si_8B_{17}$	0.78				$P_{0.5/20K}\sim13$	0.4	9000[③]

① 在 $f=50Hz$，$H=0.4A/m$ 下测得。

② 在 ΔB_m 下的磁导率，（　）内数据为脉宽 5μs、$f=1kHz$ 下的 μ_p。

③ 在 $\Delta B_m=0.4T$，脉宽 1kHz 下测得的脉冲磁导率。

高矩形比和低 B_r 特性，与 Fe 基、FeNi 基非晶合金一样，都是用在纵向和横向磁场中退火获得。Co 基非晶合金的磁性已达很高水平，如 μ_i（1kHz）达 150000 以上，H_C <0.08A/m（0.001Oe），$P_{0.5/20K}<10W/kg$，$P_{0.2/100K}<30W/kg$，最大的 B_S 可达 1T（见表 7-14）。

表 7-14　Co 基非晶合金的磁性能水平

成分（原子分数）/%	B_S/T	μ_i（1kHz）	H_C/A·m^{-1}	损耗 /W·kg^{-1}	$\rho/\mu\Omega$·cm	T_c/℃	T_x/℃
$Co_{65.7}Fe_{4.3}Si_{17}B_{13}$	0.53	120000	0.48			147	527
$Co_{62}Fe_4Ni_4Si_{10}B_{20}$	0.54	120000	0.16		190	207	597
$(CoFeMo)_{72.5}(SiB)_{27.5}$	0.55	150000		$P_{0.2/100K}≈30$			
$Co_{70.5}Fe_{4.5}Si_{10}B_{15}$	0.88	70000	1.20	$P_{0.2/100K}≈60$	147		
$Co_{66}Fe_5Cr_9Si_5B_{15}$	0.63	200000	0.08		160	210	
$Co_{75.3}Fe_{4.7}Si_4B_{16}$	1.10	30000	1.20			417	

对于同一成分的合金（如晶态坡莫合金，Fe 基、FeNi 基和 Co 基非晶态合金等），当

其具有低 B_r 的 F 形回线时，高频损耗最小；当其具有矩形回线时高频损耗最大，而 R 形回线则居中。图 7-35 列出 Vitrovac6025F 和 6025Z 的损耗比较。

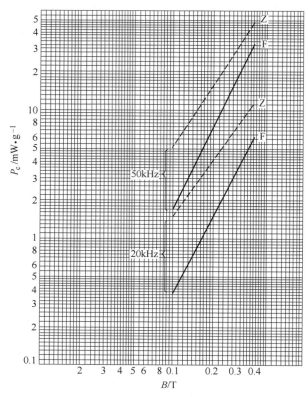

图 7-35 低 B_r 扁平回线（F）和矩形回线（Z）的损耗比较（Vitrovac6025 合金）

Co 基非晶合金在电子技术领域有广泛应用。例如具有 R 形回线的合金可用作磁屏蔽、传感元件、磁头、通用扼流圈、中高频变压器、噪声抑制器等；Z 形回线（高矩形比）合金可用作可饱和电抗器、磁放大器、尖锋抑制器、双极脉冲变压器等；F 形回线（低 B_r）合金用于高精度电流变换器、瓦特表、开关电源功率变压器、开关元件、各类扼流圈、EMLISDN 接口电感以及单极性脉冲变压器等。在 kHz 频段它与坡莫合金、铁氧体展开竞争。

7.3 非晶态钎焊料

7.3.1 概述

所谓钎焊是连接金属的一种方法。使用时将焊料置于要连接金属部件间隙内，加热使焊料熔化并填满间隙，待冷凝后形成钎焊接头，把零件连接起来。因钎料熔点必须低于被连接金属的熔点，所以钎焊时只有焊料熔化，而被连接部件仍处于固体状态。

钎焊技术在二次世界大战之后得到飞速发展，广泛应用于机械制造、电子工业、仪表制造、国防以及尖端技术部门中。钎焊特点是通过选用不同的钎料，从室温到接近被焊基体熔点的广泛温度范围内变化，由于加热温度较低，被焊零件的应力和变形较小，对材料性能影响较小，可一次完成多个零件连接，并可以连接不同金属，甚至连接金属与非金属。

钎焊是依靠熔化的钎料润湿被焊金属并填满接头间隙，凝固后将钎焊金属连接起来。钎焊接头的质量很大程度上取决于钎料，所以对钎料要求较严。例如钎料熔点低于被焊基体熔点（一般低几十度），而且熔化温度范围狭窄（固液相线接近）；流动性好，结合牢固；成分均匀，稳定性好；抗腐蚀性及力学性能好；价格低廉等。

随着航空、航天、原子能、电子技术的飞速发展，对连接技术不断提出新的更高的要求，钎焊技术也日益受到重视。

非晶态钎焊料与晶态相比，具有成型简单、成本低、材质纯净、组织均匀、钎焊质量好等优点。它不但解决了晶态钎焊料所不能解决的大面积焊接问题，而且还可以应用于精密仪表，解决精密电路焊接对钎焊尺寸要求严格或定型的问题。此外它还代替贵金属基的晶态钎焊料，从而大幅度降低了生产成本，满足了许多领域高科技发展对焊接技术的新要求，因此引起极大重视。至今国外研制成功的非晶态钎焊料有钛基、镍基、钴基、铜基、钯基、银基、铅基、锡基等多种合金系，数十种牌号已实现了商品化，目前，焊料最大宽度为300mm，最大卷重达300kg。我国20世纪70年代开始研究非晶态钎焊料，"七五"期间被列为国家重点科技攻关课题。"十二五"末期已研制成功了24个牌号。其中高温镍基钎焊料16个牌号；中温铜基9个牌号和锡、铅基低温钎焊料15个牌号。实现了非晶钎焊料的系列化，最大宽度100mm，可小批量生产供货。表7-15为快淬可焊镍基和铜基合金。

表7-15 快淬可焊镍基和铜基合金

| 牌号 | 化学成分/% | 合金熔点 | 钎焊温度 | 钎焊接头抗剪强度/MPa | 工作温度 /℃ | 密度 $\rho/\text{g} \cdot \text{cm}^{-3}$ | 主要用途 |
		℃	℃				
7K301	Ni(79.5~85.5)Cr(2~8)B (2.75~3.5)Si(4~5)Fe(2~4)C(0.1~0.2)	960~990	1040~1100	137~156	≤850	8.7	可焊接高温合金及不锈钢，代替镍基粉末焊料
7K701	Cu(77~88)Sn(10~20)Ni(2~3)	830~870	900~920	205~402			用于钢与钢、钢与铜的焊接，代替银基焊料
7K702	Cu(75~79)Ni(5~15)Sn(4~12)P(5~10)	560~640	700~750	98~137			用于铜与铜、铜与银镉、铜与银的焊接，代替银焊料
7K703	Cu(80~90)Ag(8~12)Sn(1~3)P(2~4)	560~640	700~750	98~137			用于铜与铜、铜与银镉、铜与银的焊接，代替银焊片。含有约10%银，冲击韧性较好

7.3.2 非晶态钎焊料的分类

一般分三类即：镍基高温钎焊料、铜基中温钎焊料和锡铅基低温钎焊料等。

7.3.2.1　镍基高温钎焊料

焊接温度 900~110℃。我国研制成功的镍基高温钎焊料大致可分为 10 个合金系：Ni-P 系；Ni-Cr-P 系；Ni-Si-B 系；Ni-Co-Si-B 系；Ni-Cr-B 系；Ni-Cr-B-Si 系；Ni-Cr-Si-B-Fe-W 系；Ni-Cr-Si-B-Fe 系；Ni-Cr-B-Co-Mo 系；Ni-Mn-Cu-Si-B 系。

上述十个系因成分不同，熔化区间也各异。其中有共晶系 Ni-P；靠近非共晶 Ni-Si-B；Ni-Co-Si-B 和含少量铬的 Ni-Cr-B-Si-Fe 等合金系，液态时黏度小，流动性好，制带工艺容易控制、带材易形成非晶。但含铬量较高的 Ni-Cr-Si-B 系和含钨、钼等难熔金属，以及硅、硼含量低的合金系，因为它们液相线温度高，黏度大，所以制带困难。

镍基高温钎焊料的特点：它拥有独特的非晶结构，可制成宽度 100mm 的柔软焊带，100%金属，不黏结、成分均匀、纯净、浸润性及流动性好。其优点：便于运输和储存，加工尺寸精确，成品率高，能严格精确计算填充焊料数量，焊缝表面平正、光滑、结合微密，可冲成各种形状。主要应用于航空、航天部件、发动机叶片、汽车交换器，船和汽车的板和管，蜂窝状结构，导弹尾翼和发动机排气管；多层管板，补牙，装饰材料，工具，打印装置，核反应堆元件中高温合金，不锈钢、钨、钼等材料的焊接。

7.3.2.2　铜基中温非晶钎焊料

焊接温度：700~900℃。其主要成分为铜、镍、硅、磷等。铜基中温钎焊料可代替银焊金，用于铜和铜合金的焊接，Cu-P 合金和 Cu-Sn 合金弯折性能好，合金均匀清洁，不黏结，浸润性和流动性好。优点：无银，金属填料数量可以精确计算，Cu-P 流动性较小，Cu-Sn 合金较 Cu 膜的焊接温度低，适用于焊接铁基和非铁基材料，成分均匀，浸润性好，易流动，加工时间短，成材率高。可用于电接点、热交换器、继电器/开关、波导管、变压器母线、电动机、量规、离合圆盘、电子陶瓷石等，我国研制出的铜基钎焊料的化学成分和熔化范围列于表 7-16。铜基钎焊料和标准及标准含银合金钎焊料铜和铜合金的抗拉强度和冲击韧性，见表 7-17。

表 7-16　铜基钎焊料成分及熔化范围

编　号	化学成分/%				固相线 /℃	液相线 /℃	晶化温度 /℃
	Cu	Ni	Sn	P			
1	80		20		792	935	
2	73.6	9.6	9.7		585	660	202
3	78.3	9.9	4.0	7.8	588	640	196
4	68.7	14.4	9.7	7.1	632	678	212
5	77.6	5.7	9.7	7.0	597	643	215

表 7-17　铜基钎焊料和标准及标准含银合金钎焊料铜和铜合金的抗拉强度和冲击韧性[①]

合　金	铜基 1 号	铜基 2 号	Bcup-5	Bag-1
接头抗拉强度 /MPa（对接）	10	158.5	193	145
冲击强度	2.7	14.9	2.7	9.5

① 接头厚度 75μm，钎焊温度：T_e+100℃，钎焊时间：N_2 气中 5min。

7.3.2.3 锡铅基低温钎焊料

锡铅基钎焊料焊接温度在 200℃ 左右，主要成分为锡、铅、银等，我国已研制成功 15 种合金，经 X 光照射确定均为晶态合金，它的组织很细，均匀，表面光洁致密。带厚为 0.03~0.05mm。合金成分和熔化区域列入表 7-18。

表 7-18 锡铅基钎焊料合金成分及熔化区域

编号	Sn(质量分数)/%	Pb	Ag	In	Sb	固相线/℃	液相线/℃
1	65		25		10	238	254
2	65		5			222	236
3	92.5		2.5	5		202	221
4	5	92.5	2.5			217	310
5		92.5	2.5	5		302	316

该焊料主要用于集成电路中引线与管芯的焊接。随着国内微电子线路与系统的快速发展，这种焊料的应用前景愈来愈广泛。表 7-19 给出锡和铅基钎焊铜接头的机械强度。

表 7-19 锡和铅基钎焊铜接头的机械强度

强度	Sn 基 1 号			Sn 基 2 号			Sn-Pb 基 1 号		
	350℃	400℃	450℃	350℃	400℃	450℃	350℃	400℃	450℃
σ/MPa	50	65	40	10	12	16	54	30	10
τ/MPa	13.2	19.4	11	0.5	5.2	8.6	31.5	27	17

7.4 微晶合金

本节所讨论的微晶合金，主要是用快淬工艺直接制备的微晶合金，如快淬 Fe-Si-Al 合金，快淬 Si-Fe 合金等。也包括先制成非晶态合金然后通过控制晶化而形成的微晶合金。快淬永磁合金在本书中已论述过，纳米晶合金将在下节专门描述。

7.4.1 快淬 Fe-Si-Al 系合金

铁硅铝合金含 9.6%Si、5.4%Al、余 Fe。这一合金是在 1932 年由增本、山本两博士所发明。由于它的 K 和 λ_s 同时接近于零值而具有优良的软磁性能，可同铁镍合金相匹敌，且不含昂贵金属，因而引起重视。这种合金命名为 Sendust。报道的性能达到 $\mu_0 = 35100$，$\mu_m = 162000$，$B_S = 1.13T$，硬度 HV = 500~560。突出缺点是易脆、很难加工。

日本东北大学荒井、津屋教授于 1979 年用单辊快淬技术首次制备出 1~2mm 宽、数十微米厚的非晶合金带，随后进行了物性、组织研究工作。日本专利报道了以下结果：合金成分为 $Fe_{84.0}Si_{9.5}Al_{5.6}Y_{0.4}Cr_{0.5}$（质量分数，%），带厚 20μm，带宽 6mm，1m 长的条带经 785℃ 真空退火 30min 后，磁性能为 $B_{10} = 0.95T$，$H_C = 4.8A/m$，在频率 100kHz 下的有效磁导率为 9000，铁损为铁氧体的 1/2。

我国研究快淬 Fe-Si-Al 系合金已有十余年。用单辊快淬工艺制备出了宽 15~20mm，厚 20~40μm，长数十米的微晶条带，表面平整、均匀，具有较好的韧性。绕制成环，经

835℃真空退火 30min 后，主要性能达到：$B_{10} = 1.06T$，$\mu_0 = 2 \times 10^4$，$H_C = 3.84A/m$。所做的几种合金的静态磁性能见表 7-20。

表 7-20　Fe-Si-Al 系合金静态磁性

成分（质量分数）/%	B_{10}/T	B_r/T	μ_0	μ_m	$H_C/A \cdot m^{-1}$
Fe84.8Si9.6Al5.2Cr0.2Mn0.2	1.06	0.69	21000	69000	3.84
Fe84.5Si9.4Al5.1Cr0.5Mn0.5	1.02	0.64	16000	82000	4.0
Fe85Si9.6Al5.4（Sendust 合金）	1.13	0.67	23000	95000	3.36

从表可知在用快淬工艺制成的合金带材获得了优良的磁性能。需要指出的是，添加铬和锰后，合金的高频磁导率高于标准 Sendust 合金，合金的电阻率也明显高于 Sendust 合金。

最小曲率直径是薄带塑性好坏的标志之一。对厚为 40μm 的上述微晶带材，最小曲率直径为 4~5mm。

用透射电镜观测快淬 Fe-Si-Al 合金的组织，发现喷制面晶粒平均尺寸为 2~4μm，断面以柱状晶粒为主，有择优取向现象，其方向垂直于带面，晶粒长度有的达带厚的一半，有的贯穿整个带厚。合金带以 $Fe_3(SiAl)$ 为主相，晶格常数为 0.285nm，属 DO_3 型结构，还可以看出晶界上有夹杂物析出，而且此晶粒本身又有裂纹现象，这种组织结构可能是脆性的原因。而且发现，刚喷出的韧性好，在几分钟内就会增加脆性，这种时效特性有待进一步研究。

添加微量元素铬和锰，导致原 DO_3 型超点阵的第一及第二近邻原子对发生变化，有序度下降，因而改善了变形能力，提高了韧性。

7.4.2　快淬 Si-Fe 合金

电工钢是电气技术中的基础材料之一。目前世界电工钢年产量约 550 万吨。自 1900 年 R. A. Hadfield 发明硅钢后，它一直是产量最高的磁性材料。常规大生产需要十余道工序。理论分析和试验都表明，提高硅含量将改善电工钢的性能。当硅含量提高到 6.5% 时，K 值降低到很小，λ_s 接近于零，电阻率高达 $82M\Omega \cdot cm$，磁性大为改善。但是，由于硅的增加使延展性变坏，很难用常规工艺方法加工。因而虽经多年研究，但终未形成产业。快淬工艺技术的出现，具有一步制成带材的工艺特点和扩大固溶度的优点，所以研制快淬的工艺特点和扩大固溶度的优点，所以研制快淬硅钢的努力近期一直放在相当重要的位置。目的在于简化工艺、节约场地设备、提高性能、大量节约电能。

自 20 世纪 70 年代以来，日本和美国在利用快淬工艺制取高硅-铁微晶薄带方面，做了大量试验研究工作。现在，日本投导已成功地制出了厚度 0.03~1.0mm、宽度 10~500mm 的成卷带材。早在 1984 年，美国 Allied 公司就用单辊法研制出了厚 55μm、宽 25mm 的薄带。日本川崎制铁公司用双辊法在 1982 年就研制出厚 100μm、宽 100mm 的薄带，并于 1988 年研制出厚 200~1000μm、宽 250~500mm 的带材。从材料的成分看，从普通硅钢如 3.2Si-Fe，到高硅钢 6.6Si-Fe 都能生产。

我国从 80 年代初就开始快淬 6.5Si-Fe 研究，但基本限于用单辊法制备微晶薄带，厚度一般在 60μm 以下。所达到的性能列于表 7-21。

表 7-21 快淬 6.5Si-Fe 的磁性能及与电工钢对比

牌号或成分	带厚/μm	铁损/W·kg⁻¹			$B_{0.4}$/T	B_{10}/T	H_C/A·cm⁻¹
		$P_{10/50}$	$P_{10/400}$	$P_{10/1000}$			
6.5Si-Fe	40~60	0.5~0.075	6.7	18.6	0.95	1.30	0.185
DG4 标准	50		7.0		0.90	1.70	0.32
ZT50 标准	50		7.4	19.5~24	0.97		0.30
HTH150 标准	150		11.2	40.0	0.27	1.35	0.20
S7 标准	350	0.81	16.3	70.0		1.45	0.20

　　实验证明，高硅钢制备态薄带的结晶组织呈微晶状态，表面晶粒状态为微细的等轴晶。平均晶粒直径为 5~10μm。贴辊面的薄带晶粒呈等轴晶，大量的是基本垂直于带面的柱状晶。这种薄带具有良好的韧性和延展性，对折也不断裂，以 50%压下量冷轧可顺利通过，且轧后表面平整、光亮。

　　退火可消除应力和产生再结晶，可使磁性能大为改善。根据实验，当退火温度为 970℃时，晶粒开始异常长大。当退火温度升高到 1070℃时，保温 1h 后，异常晶粒或二次晶粒长大就很完善了，晶界平直，达到平衡态时晶粒形貌。到 1120℃等温退火时，晶粒平均直径可达到 400~500μm。显然，随退火温度高，磁性能提高，即 μ 增加，铁损下降，这符合强织构磁性材料磁性变化规律，同时又是各向同性的。

7.4.3　熔抽钢纤维

　　所谓熔抽法，系指在金属液面上安置高速旋转的辊轮，从熔化钢液中直接抽制钢纤维的快淬工艺。这同一般浇注快淬工艺并无质的差别。但其制成品不是薄带，而是针状纤维。钢纤维的名称，也由一般切割晶态金属而制成的钢纤维而来借用，主要用作结构加强材料。同国内外原来用机械方法把金属切割成纤维相比，这种快淬方法直接从液态金属一次成型。工艺简单，具有优越性。我国已正式生产和使用。

7.4.4　碳钢纤维

　　表 7-22 和表 7-23 列出常用碳钢纤维的成分和规格性能。这类材料主要用于增强混凝土，其抗拉强度一般均大于 400MPa。

表 7-22　熔抽碳钢纤维的化学成分　　　　　　　　　（％）

品　种	C	Si	Mn	S	P	抗拉强度/MPa
1	0.25~0.35	0.28	0.9~1.1	≤0.04	≤0.04	>600
2	0.35	0.28	1.20	0.02	0.03	>550
3	0.22	0.09	1.15	0.02	0.04	>400
4	≤0.25	≤0.6	≤1.0	≤0.05	≤0.05	>400

表 7-23　熔抽碳钢纤维的规格

规格/mm×mm	截面积/mm²	等效直径/mm	截面尺寸/mm	长度/mm
0.5×25	0.2	0.5	0.2×1.0	25
0.5×35	0.2	0.5	0.2×1.0	35
0.5×45	0.2	0.5	0.2×1.0	45
0.5×60	0.2	0.5	0.2×1.0	60
0.7×35	0.4	0.7	0.2×2.0	35
0.7×45	0.4	0.7	0.2×2.0	45
0.7×60	0.4	0.7	0.2×2.0	60

7.4.5　耐热不锈钢纤维

这类材料多含有相当量的镍和铬，实际上属于耐热钢范畴。评价这类材料往往考虑其高温强度、热腐蚀性和使用环境气氛等。几种主要牌号的成分和性能列于表 7-24 和表 7-25。它们主要应用于增强耐火材料。

表 7-24　耐热不锈钢纤维的成分

钢纤维牌号	合金成分/%				
	Ni	Cr	Si	Mn	C
GA（330）	33～37	14～17	1.5	2.0	0.15
GB（310）	18～22	24～26	1.5	2.0	0.25
GC（304）	8～12	17～19	1.0	2.0	<0.12
GD（446）		23～27	1.0	1.0	0.2
GE（430）		16～18	≤0.80	<0.80	<0.12

表 7-25　熔抽耐热不锈钢纤维的主要牌号及参考性能

钢纤维合金牌号	GA(330)	GB(310)	GC(304)	GD(446)	GE(430)
熔点范围/℃	1340～1430	1400～1455	1400～1455	1430～1510	1482～1533
540℃时的热传导系数/$W \cdot (m^2 \cdot ℃)^{-1}$	70.4	59.1	65.9	81.2	48.3
870℃时的弹性模量/10^4MPa	13.4	12.4	12.4	9.65	8.27
870℃时的纤维抗拉强度/MPa	193	152	124	52.7	46.9
870℃时的热膨胀系数/$10^{-8}℃^{-1}$	17.64	18.58	20.16	13.14	13.68
60%氧化铝耐火材料掺入 1.3%钢纤维在 870℃，8h 烘烤后的抗变强度的增加	1.15	1.15	1.15	1.15	1.15
钢纤维增强 60%氧化铝耐火材料在 870℃，8h 烧后的吸收能量的增加	10～12	10～10	10～12	10～12	10～12
982℃，25h 后因渗碳作用而增加的碳含量/%	0.08	0.02	1.40	0.07	1.03
982℃焦炉煤气下的腐蚀率/$mol \cdot a^{-1}$	75	25	225	14	230
氮化腐蚀率/$mol \cdot a^{-1}$	60	230	590	1120	900
982℃氧化循环条件下 1000h 后的重量损失率/%	18	13	70 (100h)	4	70 (100h)

7.4.6 应用效果

碳钢纤维对混凝土性能的影响主要表现在：提高混凝土的抗裂性能；提高韧性 30～100 倍；增加抗弯强度；增加抗拉强度 50%；提高抗冲击载荷达 10 倍。

耐热不锈钢纤维，不仅试验效果良好，而且在工业应用中已取得很好效果，性能提高数倍。适于在工业炉窑的关键部位使用，是一种具有广阔应用前途的快淬新材料。

7.5 纳米晶软磁合金

具有单一均匀晶化相组织，而且晶粒尺寸小于 100nm 的快淬软磁合金称为纳米晶或超微晶软磁材料。这种合金通常用熔体快淬急冷法先制成非晶态薄带，再在高于晶化温度的一定温度下退火而获得。现在研究最多最具有实用价值的两类合金为：Fe-Cu-M-Si-B 系合金（M＝Nb、Mo、V、Cr 等元素）和 FeMM′B 系合金（M＝Nb、Zr、Hf、Co 等，M′＝Cu、Ge 等元素）。前者命名为 Finemet 合金，后者命名为 Nanoperm 合金。它们都是 Fe 基快淬软磁合金，因此有高 B_S 特征，同时又有与 Co 基非晶、FeNi 系坡莫合金相似的高 B_S，低损耗等特性，是目前软磁材料中综合性能最好的高技术新材料之一，特征如表 7-26 所示。

表 7-26　日立公司公布的 Finemet 牌号

合　金	带厚 /μm	B_S /T	B_r/B_S	H_C /A·m^{-1}	μ_e (1kHz)	P /kW·m^{-3}	λ_s (×10^{-6})	T_c /K
Fe$_{73.5}$Cu$_1$Nb$_3$Si$_{13.5}$B$_9$	18	1.24	0.54	0.53	10×10^4	280	2.1	843
Fe$_{73.5}$Cu$_1$Nb$_3$Si$_{16.5}$B$_6$	18	1.18	0.58	1.1	7.5×10^4	280	0	833
FT-1H	20	1.35	0.90	0.8	0.5×10^4	950	2.3	843
FT-1M	20	1.35	0.60	1.3	7×10^4	350	2.3	843
FT-1L	20	1.35	0.67	1.6	2.2×10^4	310	2.3	843

纳米晶软磁合金的研究以日本最为有代表性，仅 1988～1992 年间，日本公开专利 63 件，涉及成分 86 个，合金化元素几乎遍及整个元素周期表。其最有代表性的合金成分以分子式表示如下：

$$(Fe_{1-a}M_a)_{100-x-y-z-\alpha-\beta-\gamma-\delta}Cu_xSi_yB_zM'_\alpha M''_\beta X_\gamma Y_\delta$$

式中，M＝Co，Ni；M′＝Nb，Ta，W，Zr，Hf，Ti，V，Cr，Mn，Mo；M″＝Pt 系，Sc，Al，Y，La 系，Au，Zn，Sn，Re 等；X＝C，Ge，P，Ga，Sb，In，Be；Y＝Li，Mg，Ca，Sr，Ba，Ag，Cd，Pd，Bi，N，O，S，Se，Te 等；$0 \leq a \leq 0.5$，$0.1 \leq x \leq 3$，$0 \leq y \leq 30$，$0 \leq z \leq 25$，$0.1 \leq \alpha \leq 20$，$14 < y+z+\gamma+\delta \leq 35$，$0 \leq \beta \leq 10$，$0 \leq \gamma \leq 20$，$0 \leq \delta \leq 2$；其中最佳范围为：$0 \leq a \leq 0.3$，$0.5 \leq x \leq 2.6$，$6 \leq y \leq 25$，$2 \leq z \leq 25$，$14 \leq y+z \leq 30$，$1 \leq \alpha \leq 10$。

从合金的化学成分在合金中的作用看，可以分为 4 组：

（1）铁磁性元素：Fe、Co 和 Ni；有人研究了 Co 基和 Ni 基（M-Fe 基）纳米晶合金并分为三类。其实，由于 Co 基和 M-Fe 基合金都易于形成 K、λ_s 同时为零的非晶态或晶态合金，如果没有特殊情况出现，实用价值不大。而 Fe 基合金具有 B_S 高的优势，晶态和非晶态都没法实现其 K 和 λ_s 同时为零，只有纳米晶合金实现了，因而使 μ 值很高、损耗很低、价格便宜，很有应用前途，因而形成了当今研究开发的中心课题。

（2）非晶形成元素，主要有 Si、B、P 等。特别是 B 对形成非晶有利，原子半径 C 小，外层电子少。B 几乎是所有类型的非晶态和纳米晶软磁合金的构成元素，含量（原子分数）常在 5%~15% 之间。对于纳米晶软磁合金带材，至今都是先形成非晶带，然后通过退火使材料出现纳米晶，因而非晶化元素是基本元素。Si 也是重要非晶化元素，通常含量（原子分数）在 6% 以上（6%~18%）。含 Si 过高将使 B_s 降低，含 Si 过低则不易形成非晶因而形成纳米晶较难。Si 还往往是纳米晶主相 Fe-Si（α-Fe）的基本构成元素。

（3）超微晶形成元素，主要包括两类：一类是 Cu、Ag、Au 及其替代元素，如 I B 族元素和 Pt 系贵金属元素。这些金属的一个特点是在 Fe 中的固溶度小或基本不固溶于 Fe，因此晶化处理时首先与 Fe 分离，造成该金属元素的富相区，起 α-Fe 的形核作用。第二类是 Nb、Mo、W 及其替代元素，如ⅣB、ⅤB、ⅥB 族元素等。这类元素的主要作用是扩散缓慢，阻止 α-Fe 晶粒长大，从而保证晶粒的纳米尺寸，按作用大小的顺序为：Nb = Ta > Mo = W > V > Cr。同时这类元素对降低 λ_s 扩大热处理温区、改善脆性和工艺性能有益，Cr 对耐蚀性也有明显作用。

（4）调整元素，是根据特种需要而添加的少量元素，如 Ru 等。

7.5.1　纳米晶结构及其形成

非晶态薄带在晶化温度以上退火，在非晶基体上析出纳米尺度的晶化相，这就是纳米晶软磁合金的组织结构。这里首先要有促使形成非晶态的元素（如 B、Si 等）。其次要有能增加晶化相形核率的元素（如 Cu），要有能阻止晶化相长大（保持纳米尺度）的元素（如 Nb、Zr、Hf 等）。

图 7-36 是典型成分为 $Fe_{73.5}Cu_1Nb_3Si_{3.5}B_9$ Finemet 合金的组织结构示意图。在退火初期由于 Cu 不溶于 Fe，Cu、Fe 分离，Cu 原子富集逐步形成原子团族（cluster），其周围的 Fe 原子富集而成为 bcc α-Fe（Si）的晶核，与此同时非晶基体中的 Nb、B 含量也增加，使其晶化温度提高，又阻止了 α-Fe（Si）晶核的长大。晶化过程示于图 7-37，为 Am（制备态非晶）→α-Fe（Si）+A′m→α-Fe（Si）+Fe₂B（Fe₃B）。

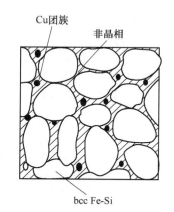

图 7-36　Fe-Cu-Nb-Si-B 系 Finemet 合金的组织结构

Cu 的加入使 α-Fe（Si）晶化温度降低，Cu、Nb 的同时加入使 α-Fe（Si）的晶化温度和析出 Fe-B 化合物的晶化温度两者的间隔扩大，晶粒间的非晶晶界由于 Nb-B 含量的提高更为稳定，阻止了晶粒的长大，这样就形成了单一的具有纳米尺度 bcc α-Fe（Si）晶粒的均匀组织。在 Fe-Cu-Nb-Si-B 合金中 α-Fe 中 Si 约达 20%（原子分数）。

在 Fe 基非晶 Fe-Si-B 系合金中，晶化相尺寸在 0.1~1μm 以上，而且还有 Fe-B 化合物的析出，很难得到单一均匀的 α-Fe（Si）纳米晶结构。

在 Fe-M-M′-B 系 Nanoperm 合金中，析出相为不含 Si 的纯 α-Fe 相，它的长大受到周围富 M（M = Nb、Zr、Hf 等）非晶晶界的制约，也形成单一纳米晶结构。

铁基纳米晶合金在磁性最佳时的组织结构大体是：晶化相：bcc α-Fe（Si）或 α-Fe，

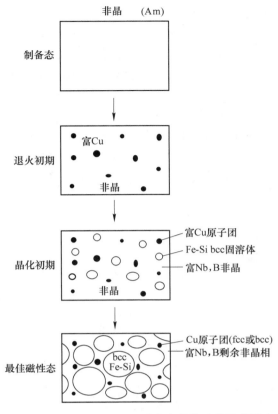

非晶 (Am)

制备态

退火初期
富Cu
非晶

晶化初期
富Cu原子团
Fe-Si bcc固溶体
富Nb,B非晶
非晶

最佳磁性态
Cu原子团(fcc或bcc)
富Nb,B剩余非晶相
bcc Fe-Si

图 7-37 Fe-Cu-Nb-Si-B 系合金晶化过程示意图

占体积分数约 70%。晶化相尺寸 8~20nm。晶界非晶相厚约 1~3nm。体积分数约 30%。富 Cu-Fe 的顺磁性原子团簇直径约 5nm。

7.5.2 软磁性起源

众所周知，软磁合金高 μ_i 的物理前提是合金的 λ_s 和 K_1 都趋于零。

纳米晶软磁合金与高镍坡莫合金和 Co 基非晶合金一样，可以用调整合金成分或退火处理，使纳米晶软磁合金的 λ_s 减小或趋于零。

在 $Fe_{3.5}Cu_1Nb_3Si_yB_{22.5-y}$ 合金系中，当 $x(Si) = 16\% \sim 17\%$ 时 λ_s 趋于零，但磁性最好的成分恰是在 $Si_{13.5}B_9$ 处。退火后它的 λ_s 从 20×10^{-6} 降为 2×10^{-6}。此外在 Fe 基非晶合金中，它的 λ_s 达到约 30×10^{-6}，退火后也可降到 10×10^{-6} 以下，但磁性也大大降低了。由此可知，低的 λ_s 不是获得高性能的唯一原因。

要获得优良的软磁性，除了 λ_s 要小以外，还要抑制合金的磁晶各向异性。纳米晶软磁合金的发明之始，人们就对其磁性根源进行了研究，首先是对很小的 K 和 λ_s 的理论研究。1989 年 Herzer 提出了 Fe-Cu-Nb-Si-B 合金中众多小晶粒间存在铁磁相互作用，K_1 将因无规取向而被平均掉，剩下的是各向异性的平均降落 $<K>$，称为有效磁各向异性，据此可以证明：

$$< K > = K^4 D^6 / A^3$$

$$M_i = P_u A^3 J_s^2 / \mu_0 K^4 D^6$$

式中，A 为交换积分常数；K 为磁晶各向异性常数；D 为晶粒直径。

德国真空熔炼公司的 Herzer 获得了图 7-38 的平均晶粒尺寸 D 与矫顽力 H_C 和初始磁导率 μ_i（在 50Hz，$H = H_C/100$ 下测量）的相互关系。在 $D < 40$nm 区，H_C 和 $1/\mu_i$ 正比于 D^6 时，在 $D > 150$nm 区，H_C 和 $1/\mu_i$ 正比于 $1/D$（图中虚线所示）。他把非晶合金的随机各向异性模型运用于此，认为在随机取向的铁磁耦合的细晶结构中，当晶粒尺寸 $D < L_{ex}$（L_{ex} 为交换作用长度）时，晶粒间的铁磁交换耦合作用将抑制磁晶各向异性 K_1，局部的各向异性会被有效地抵消掉，这样使对软磁材料有效的各向异性取决于 N 个晶粒各向异性平均涨落振幅，即合成的平均各向异性密度 $< K >$（又叫有效磁各向异性常数）可表示为：

$$< K > = \frac{K_1}{\sqrt{N}} \tag{7-1}$$

而

$$N = \left(\frac{L_{ex}}{D} \right)^3 \tag{7-2}$$

$$L_{ex} = \sqrt{\frac{A}{< K >}} \tag{7-3}$$

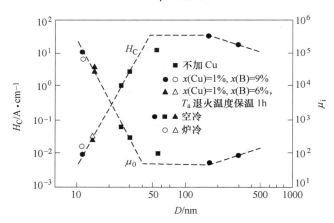

图 7-38　$Fe_{74.5-x} Cu_x Nb_3 Si_y B_{22.5-y}$ 合金的 H_C 和 μ_i 与晶粒尺寸（D）之间关系

把式（7-2）和式（7-3）代入式（7-1）就得到

$$< K > = \frac{K_1^4}{A^3} D^6 \tag{7-4}$$

式中，A 为交换作用劲度（即交换积分）。图 7-39 为根据此模型对含 $x(Si) = 20\%$ 的 α-Fe(Si) 的平均各向异性 $< K >$ 与晶粒尺寸 D 相互关系的理论计算结果（$K_1 = 8$kJ/m^3，$A = 10^{-11}$J/m）。Herzer 进一步利用相干自旋转动模型（coherent spin rotation）得到如下的关系式：

当 $D < L_{ex}$ 时：

$$H_C = P_c \frac{< K >}{J_s} = P_c \frac{K_1^4 D^6}{J_s A^3}$$

$$\mu_{i} = P_{u} \frac{J_{s}^{2}}{< K >} = P_{u} \frac{J_{s}^{2} A^{3}}{\mu K_{1}^{4} D^{6}}$$

当 $D = L_{ex}$ 时:

$$H_{C} = P_{c} \frac{K_{1}}{J_{s}} （达极大值）$$

$$\mu_{i} = P_{u} \frac{J_{s}^{2}}{\mu_{0} K_{1}} （达极小值）$$

当 $D > L_{ex}$ （畴壁宽度）时:

$$H_{C} = P_{c} \frac{\sqrt{A K_{1}}}{J_{s} D}$$

$$\mu_{i} = P_{u} \frac{J_{x}^{2} D}{\mu_{0} \sqrt{A K_{1}}}$$

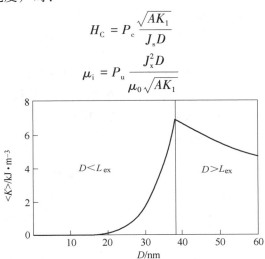

图 7-39 随机取向的 α-Fe-20%Si（原子分数）有效磁各向异性 $< K >$
与晶粒尺寸 D 的理论估算关系

图 7-40 汇总了晶态、非晶态以及纳米晶材料的 H_{C} 和晶粒尺寸间关系，与 Herzer 的假说很一致。此外，由上述公式计算得到的系数 P_{c} 和 P_{u} 值，H_{C} 的最大值和 μ_{i} 的最小值以及由晶化相 Fe-20%Si（原子分数）合金计算得到的 L_{ex} 值（ $D < L_{ex}$ 时遵循 D^{6} 规律，L_{ex} 约

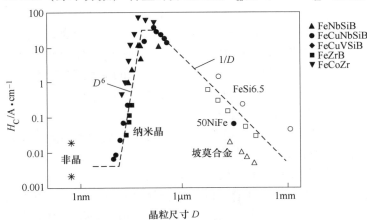

图 7-40 各种软磁合金的 H_{C} 与晶粒尺寸（D）的关系

为 35~40nm) 与实测值都符合得较好。

Herzer 的上述有效磁各向异性理论不足之处是没有考虑占体积约 30% 的铁磁性晶间非晶相的作用。实际上 Fe 基纳米晶软磁合金具有双相结构：纳米晶相和晶间非晶相，其磁性应该与二者的结构参数 D（纳米晶尺寸）、δ（非晶相的原子短程有序范围）和 V（晶化相和非晶相的体积分数），以及磁参数（各向异性常数 K 和交换作用劲度 A）有关，我国相关领域专家提出如下公式：

$$< K > = \left(\frac{K_c D^{3/2}}{\sqrt{3 V_c}} + \frac{K_a \delta^{2/3}}{V_a} \right)^4 (A_a V_a + A_c V_c)^{-3}$$

式中，K_c、V_c、A_c 和 D 为晶化相的局域磁各向异性、体积分数、交换作用劲度和晶粒尺寸 K_a、V_a、A_a 和 δ 为晶界非晶相的局域磁各向异性，体积分数，交换作用劲度和原子短程有序范围。

由公式可知磁有效各向异性与 D^6 关系依然成立，当 D、δ、K_a、K_c 降低，而 $A_a A_c$ 增大时，$< K >$ 下降。当 V_c（或 V_a）为某一临界值时 $< K >$ 达最小。

更进一步的研究发现当晶间非晶相有高的 T_c，以及它的饱和磁化强度（M_S）越与晶化相的 M_S 接近时，磁性越好。因为这样会使通过非晶相而相互作用的晶粒间的铁磁交换作用加强，晶界处杂散磁场减小，磁化均匀，畴壁容易位移。

纳米晶软磁合金在制备态的磁畴宽约 $5 \sim 10 \mu m$，壁厚约 50nm。退火后由于局域磁各向异性的作用，表面会出现波浪形的条纹畴，畴的尺寸与析出纳米晶似无关系，而且对畴壁移动不起钉扎作用。尺寸仅 5nm 的 Cu-Fe 顺磁性原子团簇也不起钉扎作用。因此有很低的矫顽力。

7.5.3　Fe-Cu-M-Si-B 系 Finemet 型合金

Finemet 合金最早于 1988 年日立金属公司发明的，也是现在产业化最好的纳米晶软磁合金。2000 年我国产量约 300t。日立金属公司 1991 年月产 1t，1995 年月产 50t。

图 7-41 列出 FeCu$_1$Nb$_3$SiB 系合金的 λ_s、T_c、T_x 以及初始相对磁导率 μ_r（1kHz，$H = 0.4A/m$）、B_S 和成分间关系。图 7-42 为 Fe$_{73.5}$Cu$_1$Nb$_3$Si$_y$B$_{22.5-y}$ 合金中 Si 的质量分数与 μ_r（1kHz，$H = 0.4A/m$）、λ_s、D 和点阵常数 a 之间关系。μ_r 最高的含 x(Si) = 13.5%。$\lambda_s \to 0$ 的含 x(Si) = 16%。

图 7-43 为退火温度对 Fe$_{73.5}$Cu$_1$Nb$_3$Si$_{13.5}$B$_9$ 合金 μ_s、λ_s 和 D 的影响。最佳退火温度约为 550℃（保温 1h）。图 7-44 为退火温度对 Fe$_{73.5}$Cu$_1$Nb$_3$Si$_{13.5}$B$_6$ 合金 H_C、λ_s 晶化相体积分数 V_{cr} 和 D 的影响。最佳退火温度约在 500℃（保温 1h）。图 7-45 为各种合金元素 M 对 Fe$_{73.5}$Cu$_1$Nb$_3$Si$_{13.5}$B$_9$ 系合金的晶粒尺寸和初始相对磁导率的（1kHz、$H = 0.4A/m$）的影响。性能最好的元素是 Nb、Zr、Mo、Hf、Ta、W 等。

与坡莫合金、非晶态合金一样，利用纵向或横向磁场处理方法可以改变 Finemet 合金磁滞回线形状及其他磁性能指标，见图 7-46。

图 7-47 列出三种处理方式后的损耗和磁导率曲线。

在高 B_r 或低 B_r 状态的 Finemet 合金的高频损耗与最好的钴基非晶合金接近（见图 7-48），但它的 B_S 要高一倍。由单极脉冲磁化时，其脉冲磁导率 μ_P 比钴基非晶或 Mn-Zn 铁氧体优越得多。

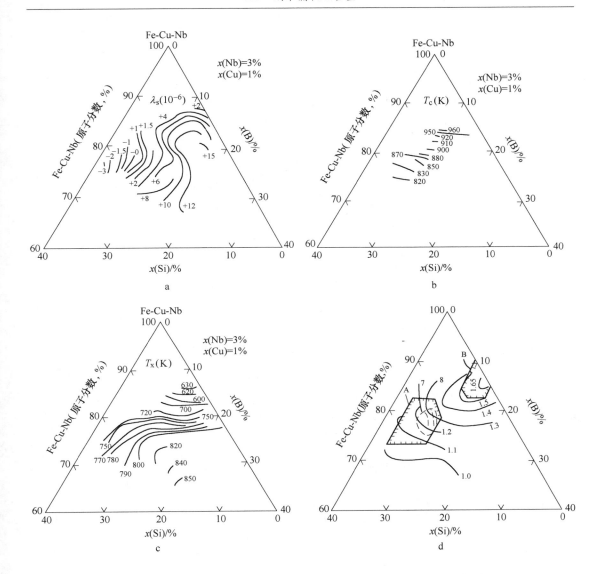

图 7-41　$FeCu_1Nb_3SiB$ 系合金的 λ_s(a)、T_c(b)、T_x(c) 以及初始相对

磁导率 μ_r（1kHz，$H=0.4A/m$）、B_S(d) 和成分间关系

A 区—高 μ_r（$\times10^4$）（1kHz，$H=0.4A/m$），虚线；B 区—高 B_S(T)，实线

对 $\lambda_s \rightarrow 0$ 的 $Fe_{74}Cu_1Nb_3Si_{15.5}B_{6.5}$ 合金进行横向磁场退火，获得了更高的磁性（见表 7-27）。可以用缩短横向磁场退火时的保温时间来提高磁导率。

某些软磁材料在脉宽 $\mu_\alpha=10\mu s$ 时的有效脉冲相对磁导率 μ_p 与 ΔB 关系，见图 7-49。

图 7-50 列出了该合金的起始相对磁导率（$H=0.05A/m$）与频率的关系，并与其他软磁材料对比，性能已与 Co 基非晶相当。

我国标准牌号 1K107 类似于 Finemet 合金，它的性能标准及国内能批量供应的纳米晶软磁合金性能列于表 7-28，实验室水平列于表 7-29。

国外的生产牌号和性能列于表 7-30 和表 7-31。

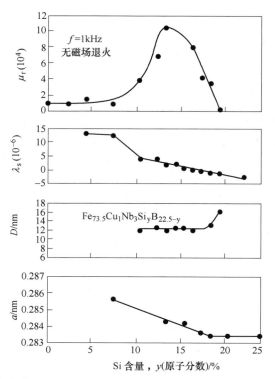

图 7-42 最佳退火状态 $Fe_{73.5}Cu_1Nb_3Si_yB_{22.5-y}$ 系合金中 Si 含量对 μ_r、λ_s、D 和 a 的影响

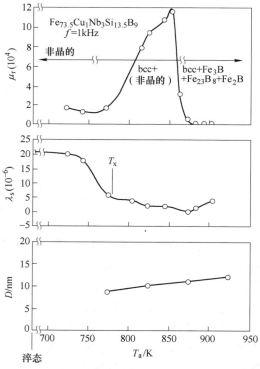

图 7-43 退火温度（T_a）对 $Fe_{73.5}Cu_1Nb_3Si_{16.5}B_9$ 合金 μ_r、λ_s 和 D 的影响（保温 1h）

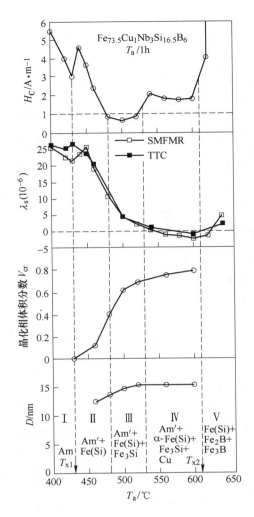

图 7-44 退火温度（T_a）对 $Fe_{73.5}Cu_1Nb_3Si_{16.5}B_6$ 合金 H_C、λ_s、V_{cr} 和 D 的影响（保温 1h）

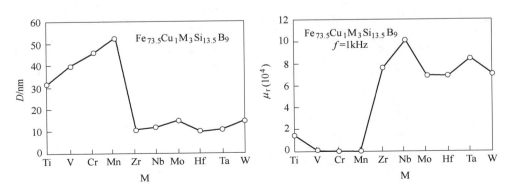

图 7-45 合金元素 M 对 $Fe_{73.5}Cu_1Nb_3Si_{13.5}B_9$ 合金晶粒尺寸 D

和起始相对磁导率 μ_r（$H = 0.4A/m$，1kHz）的影响

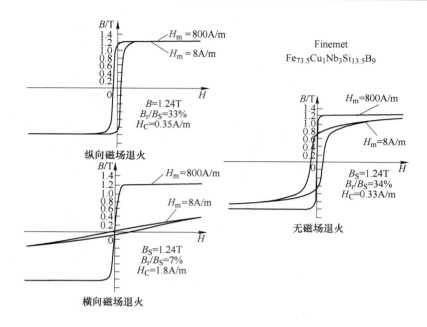

图 7-46   Finemet 合金在有或无磁场中退火后的直流磁滞回线

与日立金属相比（表 7-30），我国 1K107 合金的 $B_S < 1.3T$，仅与其 FT-3 型相当。B_S 达 1.35T 和 1.5T 的 FT-1 和 2 型合金，国内尚不能生产。

德国 VAC 公司引进了日立金属 $b \rightarrow 0$ 的 Finemet 型合金的专利技术，其基本成分为 $Fe_{73.5}Cu_1Nb_3Si_{15.5}B_7$，$B_S$ 值 1.2T。

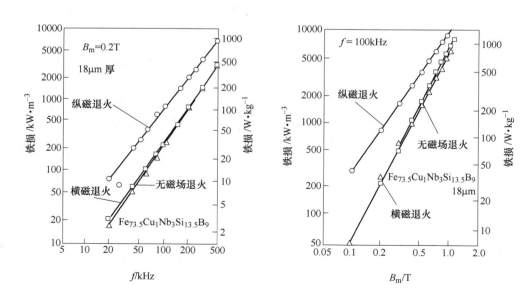

a

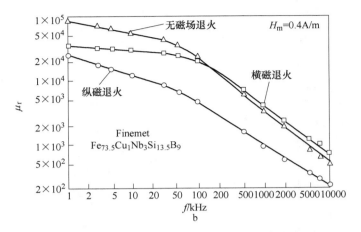

图 7-47 三种处理方式后的损耗和磁导率曲线

a—Fe$_{73.5}$Cu$_1$Nb$_3$Si$_{13.5}$B$_9$ Finemet 合金的铁损；b—Finemet 合金的磁导率与频率关系

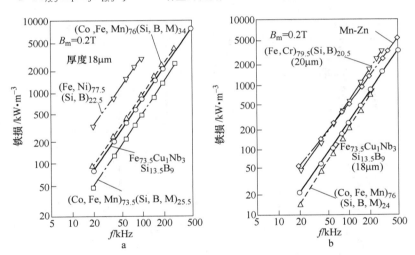

图 7-48 在高 B_r/B_s 和低 B_r/B_s 状态 Finemet 合金的铁损与其他材料比较

a—高 B_r/B_s 状态；b—低 B_r/B_s 状态

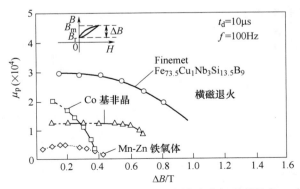

图 7-49 某些软磁材料在脉宽 $\mu_\alpha = 10\mu s$ 时的有效脉冲相对磁导率 μ_p 与 ΔB 关系

表 7-27　磁场退火对 Finemet 合金磁性影响

合金		退火态	B_{500} /T	B_r/B_{500} /%	μ_r ($H_m=0.05$A/m)			μ_r ($H_m=0.4$A/m) 20kHz	P_{cv}/kW·m^{-3}		P_m/W·kg^{-1}	
					1kHz	10kHz	100kHz	20kHz	20kHz	100kHz	20kHz	100kHz
N	Fe$_{74}$Cu$_1$Nb$_3$Si$_{15.5}$B$_{6.5}$	550℃×10min	1.23	16	135000	109000	21600	150000	12	220	1.6	30
		550℃×15min	1.23	8	117000	100000	23800	129000	12	220	1.6	30
		550℃×60min	1.23	4	78500	74500	27400	83300	11	220	1.5	30
		550℃×60min (No-field)	1.23	64	88000	61800	16200	95300	22	250	3.0	34
A	(Co,Fe,Mo)$_{72.5}$(Si,B)$_{17.5}$		0.55	15	130000	100000	15000	150000	14	230	1.8	30
	(Fe,Cr)$_{79.5}$(Si,B)$_{20.5}$		1.44	16	5900	5800	5800	6000	63	520	8.8	72
C	Mn-Zn 铁氧体		0.40	30	10000	10000	9600	—	—	—	—	—
	坡莫合金		0.70	62	55500	31000	8000	62500	—	—	—	—

注：N—纳米晶合金；A—非晶合金；C—晶体材料；B_{500}—磁感应强度；H=800A/m；B_{500}—磁感应强度；B_m=0.2T；P_{cv}—铁芯体积损耗；B_m=0.2T；P_m—铁芯质量损耗；B_m=0.2T。

表 7-28　能批量供应的铁基纳米晶合金性能（包括三种磁滞回线形状）

成分（原子分数）/%	B_S/T	B_r/B_S	H_C /A·m^{-1}	$\mu_{0.08}$/A·m^{-1}	P_m	损耗 W·kg^{-1}	$\rho/\mu\Omega$·cm	λ_s(×10^{-6})	T_c/℃
正常回线（R回线）FeCuNbSiB	≥1.20	约0.6	≤1.0	≥80000	≥400000	$P_{0.1/20K}$≤25, $P_{0.3/100K}$≤150	80	2	570
FeCuMoSiB	≥1.20	约0.6	≤1.2	≥50000		$P_{0.5/20K}$≤35			
FeCuNbVSiB	≥1.10	约0.6	≤1.0	≥70000		$P_{0.5/20K}$≤30			

续表 7-28

成分（原子分数）/%	B_S/T	B_r/B_S	H_C/A·m^{-1}	$\mu_{0.08}$/A·m^{-1}	P_m	损耗/W·kg^{-1}	λ_s(×10^{-6})	ρ/μΩ·cm	T_c/℃
矩形回线合金（Z回线）FeCuNbSiB	≥1.20	≥0.85	≤1.6		≥300000	$P_{0.3/100K}$≤200			
低B_r扁平回线合金（F回线）FeCuNbSiB	≥1.20	≤0.20	≤1.6	≥15000		$P_{0.5/20K}$≤25,$P_{0.3/100K}$≤120			
1K107J	(B_{80}) >1.10	>0.85	<2.0			$P_{0.5/20K}$<35			
1K107 FeCuMSiB(M=Nb,Mo,V,…)	>1.10	约0.60	<1.6	>80000		$P_{0.5/20K}$<30	<2	110	570
1K107H	>1.00	<0.10	<1.6			$P_{0.5/20K}$<25			

注：该类合金的单极性脉冲性能为：ΔB=0.6T，τ=1μs，μ_p≥8000；ΔB=0.9T，τ=3μs，μ_p≥10000。

表 7-29　我国铁基纳米晶软磁合金性能水平

	成分（原子分数）/%	B_S/T	B_r/B_S	H_C/A·m^{-1}	$\mu_{0.08}$/A·m^{-1}	μ_m	损耗/W·kg^{-1}	脉冲特性 ΔB/T	τ/μs	μ_p
R回线合金	FeCuNbSiB	1.26	约0.6	0.6	140000		$P_{0.5/20K}$=15,$P_{0.2/100K}$=31.2			
	FeCuMeSiB	1.23	约0.6	0.8	100000		$P_{0.5/20K}$=19.4			
	FeCuNbVSiB	1.15	约0.6	0.64	110000		$P_{0.2/100K}$=29.3			
Z回线合金	Fe$_{73.5}$Cu$_1$Nb$_3$Si$_{13.5}$B$_9$	1.20	0.85	0.38		1680000	$P_{0.2/25K}$=18.6　$P_{0.2/100K}$=142.9			
	Fe$_{74}$Cu$_1$Mo$_{2.5}$Si$_{63.5}$B$_9$	1.31	0.89	0.65		1340000	$P_{0.2/25K}$=15.1,$P_{0.2/100K}$=89.2	0.4	1	24100
									10	45000
	Fe$_{71.5}$(CuCrV)$_{7.5}$Si$_{12}$B$_9$	1.02	0.91	0.40		820000	$P_{0.2/100K}$=112			
F回线合金	Fe$_{73.5}$Cu$_{1.2}$Nb$_{3.2}$Si$_{13.5}$B$_9$	1.16	≤0.1	0.64			$P_{0.5/20K}$=12.8,$P_{0.3/100K}$=68.2　$P_{0.2/200K}$=104.5	0.7	1	8900
									10	27000

表 7-30 日立金属公司 Finemet 型合金的商品牌号和性能

性　能	高 B_r(H 型)			中等 B_r(M 型)			低 B_r(L 型)		
	FT-1H	FT-2H	FT-3H	FT-1M	FT-2M	FT-3M	FT-1L	FT-2L	FT-3L
B_S/T	1.35	1.45	1.23	1.35	1.45	1.23	1.35	1.45	1.23
H_C/A·m^{-1}	0.8	1.9	0.6	1.3	1.8	2.5	1.6	3.1	0.6
(B_r/B_S)/%	90	90	90	60	50	50	7	10	5
μ_e(1kHz)	5000	18000	30000	70000	50000	70000	22000	18000	50000
μ_e(100kHz)	1500	1000	15000	15000	9000	15000	16000	15000	16000
$P_{0.2/100K}$ /kW·m^{-3}	950	1500	600	350	500	300	310	320	250
λ_s(×10^{-6})	2.3	5.5	0	2.3	5.5	0	2.3	5.5	0
T_c/℃	570	>600	570	570	>600	570	570	>600	570

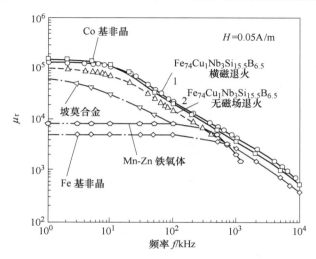

图 7-50 $\lambda_s \to 0$ 的 $Fe_{74}Cu_1Nb_3Si_{15.5}B_{6.5}$ 合金在横向磁场（1）和无磁场
退火（2）后的磁导率-频率曲线与其他材料比较

共有三个商品牌号，都是低 B_r 扁平型回线，只是磁导率不同（表 7-31）。

表 7-31 德国 VAC 公司铁基纳米晶软磁合金的磁性

材　料	饱和磁通密度 B_S/T	矫顽力 H_C /A·m^{-1}	起始磁导率 $\mu_{0.4}$/A·m^{-1} （50Hz）	矩形比 B_r/B_S	损耗 /W·kg^{-1}	饱和磁致伸缩 λ_s(×10^6)	电阻率 ρ/μΩ·cm	居里温度 /℃
Vitroperm 500F	1.2	0.5	20000 60000 80000	0.05	$P_{0.2/20K} \leqslant 1.4$ $P_{0.2/100K} \leqslant 35$ $P_{0.3/100K} \leqslant 100$	<0.5	115	600
Vitroperm 800F	1.2		80000 100000	0.1				600
Vitroperm 850F	1.2		145000	0.1				600

图 7-51 是国产低 B_r 的 1K107H 合金的磁导率和损耗特性曲线。

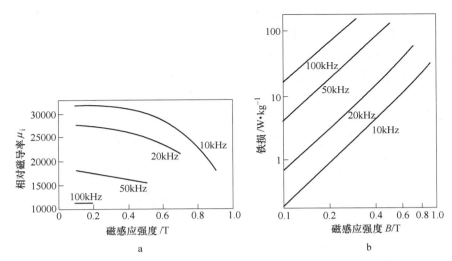

图 7-51 国产低 B_r 铁基纳米晶软磁合金 1K107H 的磁导率（a）和损耗（b）曲线

实际应用表明：Finemet 合金有良好的磁性稳定性，在 $-55 \sim 180 ℃$ 范围内进行温度冲击 10 次，在 $-40 \sim 130 ℃$ 环境温度范围内或者在 $100 \sim 180 ℃$ 时效 $500 \sim 1000 h$，其 B_S、$B_r /$ B_S、μ_i、铁损 P_c 以及 H_C 的变化不大于 $5\% \sim 10\%$，优于坡莫合金、Fe 基和 Co 基非晶合金以及铁氧体。这与该合金具有高的居里温度（$570 \sim 600 ℃$）是分不开的。日立金属公司铁基纳米晶合金的磁导率和损耗随频率变化曲线，见图 7-52。

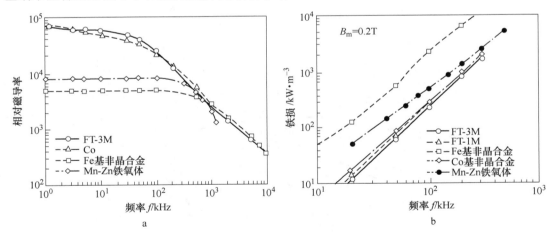

图 7-52 日立金属公司铁基纳米晶合金的磁导率（a）和损耗（b）随频率变化曲线

7.5.4 Fe-M-M'-B 系 Nanoperm 型合金

Nanoperm 合金由于 Fe 含量比 Finemet 合金高，因此 B_S 更高。它也形成纳米晶结构。这类高 B_S 型铁基纳米晶合金，其 Fe 含量（原子分数）一般在 88% 以上，B_S 值可达 $1.6 \sim$ $1.72 T$，典型成分为 FeMB（M = Zf、Hf 等），写成通式为 $(Fe, Q_a)_b B_x T_y$，其中 Q = Co、Ni，T = Ti、Zr、Hf、V、Nb、Ta、Mo、W 元素群中之一种或两种以上。其成分含量（原

子分数）为：$a \leqslant 0.05\%$，$b \leqslant 93\%$，$x = 0.5\% \sim 8\%$，$y = 4\% \sim 9\%$。

Fe-Zr-B 系合金，典型成分为 $Fe_{91}Zr_7B_2$，经 600℃ 退火 1h 后，其 $B_S = 1.66T$，磁导率 μ_i（1kHz）= 24000，其晶化开始温度为 480℃，晶粒为 $10 \sim 20nm$。

对于 Fe-Hf-B 系，典型成分也是 $Fe_{91}Hf_7B_2$，在 600℃ 退火 1h 后的 $B_S = 1.6T$，$\mu_i = 18000$。这类合金虽然有 B_S 高等优点，但因，Hf 等元素极易氧化，必须在真空中制备，因而限制了其应用和发展，至今尚未产业化。但各国特别是日本正在大力开发和改进这类合金。

德国 VAC 公司的低 B_r 铁基纳米晶合金的磁导率和损耗曲线，见图 7-53。

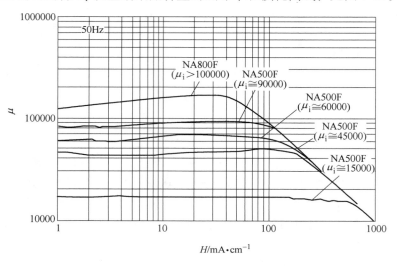

a

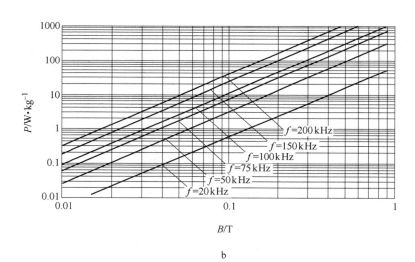

b

图 7-53　德国 VAC 公司的低 B_r 铁基纳米晶合金的磁导率（a）和损耗（b）曲线

a—纳米晶合金 Vitroperm 500F 和 800F 合金；b—Vitroperm 500F 合金

Nanoperm 系合金是 1990 年为日本东北大学和 Alps 电气公司的学者共同发明的，比发明 Finemet 合金晚了两年。

Finemet 合金受环境温度和 100℃时效时间的影响，见图 7-54。

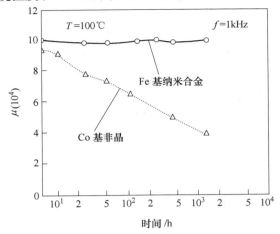

图 7-54 Finemet 合金受环境温度和 100℃时效时间的影响

图 7-55 列出 Fe-M-B（M＝Zr、Hf、Nb）三元系合金薄带的组织，B_S 和 μ_e（有效磁导率 f＝1kHz、H＝0.4A/m）与成分之间关系。

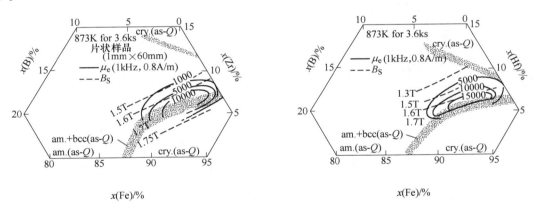

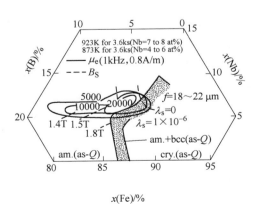

图 7-55 Fe-Zr-Nb-B 四元合金和 Fe-Zr-Nb-B-Cu 五元合金的结构、性能与组成关系

这些合金的性能列于表 7-32。表中还列出 Finemet 合金、Co 基和 Fe 基非晶合金的性能水平作比较。五元系合金的磁性最好，但 B_S 值也降低了一些。另外与 Finemet 合金相比，其高频损耗稍差了些，可能与其电阻率（ρ）低有关。

图 7-56 和图 7-57 示出退火温度对四元及五元系铁锆基合金磁性影响，最佳退火温度为 520～540℃。

表 7-32　非晶和纳米晶软磁合金薄带综合磁性能

合金（原子分数）/%		带厚	μ_e (1kHz)	H_C	B_S	损耗/W·kg^{-1}		λ_s	ρ	D
		μm	×10^6	A/m	T	$P_{1.4/50K}$	$P_{0.2/100K}$	×10^{-6}	μΩ·m	nm
纳米晶合金	Nanoperm 型									
	$Fe_{90}Zr_7B_3$	20	2.9	5.50	1.63	0.21	79.7	−1.1	0.44	16
	$Fe_{90}Hf_7B_3$	18	3.2	4.50	1.59	0.14	59.0	−1.2	0.48	
	$Fe_{84}Nb_7B_9$	22	3.6	7.00	1.50	0.14	75.7	+0.1	0.58	10
	$Fe_{89}Zr_7B_3Cu_1$	20	3.4	4.50	1.64		85.4	−1.1	0.51	12
	$Fe_{82\sim91}Zr_{5\sim8}B_{1\sim12}Cu_1$		1.0～4.8	2.4～8.0	1.25～1.65					
	$Fe_{83}Nb_7B_9Cu_1$	19	5.8	3.80	1.52		54.7	+1.1	0.64	
	$Fe_{83}Nb_7B_9Ga_1$	19	3.8	4.80	1.48	0.22	47		0.70	10
	$Fe_{85.5}Zr_2Nb_4B_{8.5}$	22	6.0	3.0	1.64	0.09		−0.1		
	$Fe_{98.7\sim89.6}Co_{0.5\sim1.3}Zr_7B_3$		2.3～2.7	4～5	1.65～1.7					16
	$Fe_{88.2}Co_{1.8}Zr_7B_2Cu_1$	22	4.8	4.20	0	0.08	80.8	−0.1	0.53	
	$Fe_{86}Zr_{3.25}Nb_{3.25}B_{6.5}Cu_1$	19	11.0	2.0	1.70		60	−0.3	0.56	
	$Fe_{84}Zr_{3.5}Nb_{3.5}B_9Cu_1$	19	12.0	1.7	1.61	0.06	58.7	+0.3	0.61	8
	$Fe_{85.6}Zr_{3.3}Nb_{3.3}B_{6.8}Cu_1$	18		1.2	1.53	0.05	49.0	−0.3	0.54	
	$Fe_{83}Zr_{3.5}Nb_{3.5}B_9Cu_2$	20						+0.8		
	Finemet 型									
	$Fe_{73.5}Nb_3Cu_1Si_{13.5}B_9$	18	10～15	0.50	1.24		38.2	+2.1	1.15	10～20
	$Fe_{74}Nb_3Cu_1Si_{13.5}B_{6.5}$	18	1.5	0.50	1.23		30			
	$Fe_{74}Nb_3Cu_1Si_{16}B_6$	18	8.6	2.10	1.22		34.1	0		
	$Fe_{81.5}Nb_3Cu_1Si_2B_{12.5}$	18	1.4	10.4	1.56		82	+6		
	$Fe_{73.5}Ta_3Cu_1Si_{13.5}B_9$	18	8.7	1.3	1.14		40	+3.3		
	$Fe_{73.5}Mo_3Cu_1Si_{13.5}B_9$	18	7.0	1.1	1.21		38.2	+4.1		
	$Fe_{71}Co_{10}Cu_1Nb_3Si_2B_{13}$	18	0.6	2.0	1.62		74.8			
	$Fe_{73.5}Zr_3Cu_1Si_{13.5}B_9$	18	0.5	1.3	1.20		48	+3.3		

合金（原子分数）/%		带厚	μ_e (1kHz)	H_C	B_S	损耗/W·kg^{-1}		λ_s	ρ	D
		μm	×10^6	A/m	T	$P_{1.4/50K}$	$P_{0.2/100K}$	×10^{-6}	μΩ·m	nm
非晶态合金	$Co_{65.7}Fe_{4.3}Si_{17}B_{13}$	20	12	0.48	0.53			0		
	$Co_{62}Fe_4Ni_4Si_{10}B_{20}$	20	12	0.16	0.54					
	$(Co,Fe,Mo)_{72.5}(Si,B)_{27.5}$	20	15		0.55		30	0		
	$Co_{81.5}Mo_{9.5}Zr_9$		2.1	0.24	0.73				1.25	
	$Co_{70.5}Fe_{4.5}Si_{10}B_{15}$	21	7.0	1.20	0.88		60	0	1.47	
	$Co_{70}Mn_6B_{24}$		2.6	0.40	0.95					
	$Co_{73.5}Fe_{4.7}Si_4B_{16}$	20	5.5	1.20	1.10					
	$Fe_{87}Zr_7B_5Ag_1$		14.6	1.60	0.45			+2.5	4.50	
	$Fe_{87.3}Zr_{5.9}B_{6.5}Ag_{0.3}$		28.7	1.20	0.34		50	+1.49	1.35	
	$Fe_{73}Si_9B_{13}$	20	1.0	2.4	1.56	0.24	166	+27	1.37	
	$(Fe,Cr)_{79.5}(Si,B)_{20.5}$	20	0.6	6.9	1.44		64	+20		
	$Fe_{81}B_{13}C_6$	40			1.63	0.155				
	$Fe_{81}B_{13}Si_4C_2$	150			1.68	0.06				
	$Fe_{81}B_{13}Si_6$	150			1.67	0.075				
	$Fe_{76}B_{14}Si_{10}$	250			1.59	0.055				

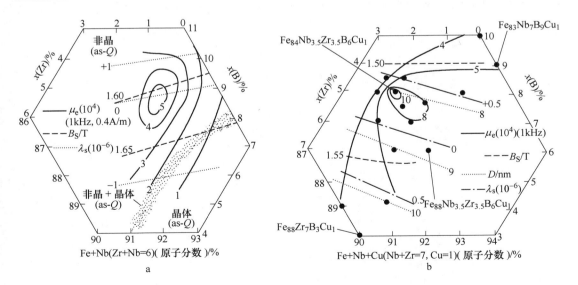

图 7-56　FeZrNbB 四元合金（a）和 FeZrNbBCu 五元系合金（b）的
组成与 μ_e（1kHz、0.4A/m）、B_S、λ_s 和晶粒尺寸 D 的关系

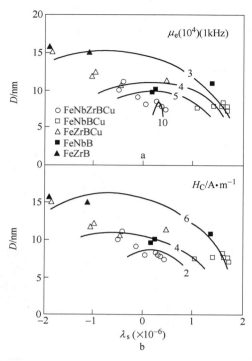

图 7-57　退火温度（T_a）对 $Fe_{83}Nb_{3.5}Zr_{13.5}B_9Cu_1$ 合金
B_s、μ_e(1kHz、0.4A/m) 和 H_C 的影响

图 7-58 示出三元~五元系 Nanoperm 合金的 λ_s、D 和磁性间关系。在 FeZrB 合金中加入 Nb 和 Cu 使晶粒更细小（<8nm）；λ_s 减小更接近零（$0.3×10^{-6}$）；晶间非晶相的 T_c 提高，增强了晶粒间交换耦合作用；Fe 含量高（约 85%，原子分数）并析出纯 α-Fe 纳米

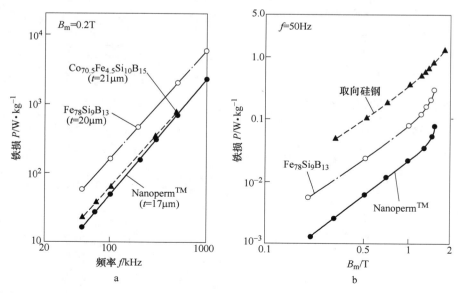

图 7-58　三元、四元和五元 Nanoperm 合金的平均晶粒尺寸 D、λ_s 与 μ_e、H_C 的相互关系

晶，这样就改善了 Nanoperm 合金的性能。

Fe 基非晶合金的工频损耗（$P_{14/50}$）为取向硅钢的 1/5，Nanoperm 合金的损耗可达到取向硅钢的 1/10，研制能替代取向硅钢，并优于 Fe 基非晶合金的高效节能配电变压器铁芯用高 B 低 P_c 合金，现在正是日本仍在努力开发的目标（见表 7-33）。

表 7-33　配电变压器用铁芯材料的发展

合金 ＼ 参数	Z6H 取向硅钢	2605SC（1979 年）$Fe_{81}Si_{3.5}B_{13.5}C_2$	2605S2（1980 年）$Fe_{78}Si_9$	2605TCA（1991 年）	2605SA-1（1997 年）$Fe_{80}Si_9B_{11}$	纳米晶软磁合金[1]（Nanoperm 型 1999 年）Fe-M-B（M＝Nb、Zr）[1]
B_S 退火态/T	2.03	1.61	1.56	1.56	1.59	
淬火态/T			1.52	1.49	1.57	
μ_m 退火态		300000	600000	600000	600000	
淬火态		>40000	45000	45000	45000	
$P_{14/50}/W \cdot kg^{-1}$	0.9	0.27	0.21	0.21	0.20	≤0.1[1][2]
$\rho/\mu\Omega \cdot cm$	45	125	130	137	130	50~60[1]
λ_s（×10^{-6}）	7	30	27	27	27	<±1[1][2]
$D/g \cdot cm^{-3}$	7.65	7.32	7.18	7.18	7.20	~7.70[1]
$T_c/℃$	746	370	415	415	392	>500[1][2]
$T_x/℃$		480	550	550	507	~500[1]
HV	210	1050	900	860	900	~1400[1]
连续工作温度/℃	>150	125	150	150	150	
叠片系数	≥0.97	>0.75~0.80	>0.75~0.80	>0.78~0.86	>0.79~0.88	>0.90[2]

[1] Nanoperm 合金已达到的水平；

[2] 新型配变铁芯材料的性能要求。

7.6　非晶、纳米晶软磁合金的供货方式及铁芯系列应用简介

与晶态软磁合金相似，非晶、纳米晶合金可以制作成半成品——条或薄带形式供应，也可以经叠制或烧制成铁芯并热处理以铁芯形式供应。

带的尺寸为：厚　（0.015~0.04）mm±（10%~15%）（公差+0.1~0.5）

宽　0.5~220（mm）（公差：-0.2~1.0）

条的尺寸为：厚　（0.025~0.04）±0.005（mm）（公差：+0.1）

宽　0.5~3.0（mm）（公差：-0.2）

长　≥8（mm）

由于带很薄，故卷绕铁芯形状只有绕成环形、矩形、切割 C 形（见图 7-59）以及带

气隙的环形铁芯四种。国内外尚没有非晶和纳米晶软磁合金铁芯尺寸的统一标准，各个公司生产的规格也不尽相同。国内目前供应的这四种铁芯的尺寸范围如下所述。

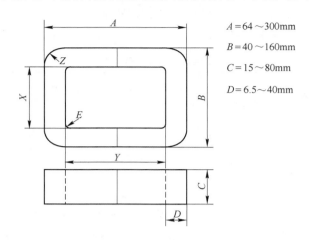

$A = 64 \sim 300mm$

$B = 40 \sim 160mm$

$C = 15 \sim 80mm$

$D = 6.5 \sim 40mm$

图 7-59　带绕矩形和切割 C 形铁芯示意图

7.6.1　卷绕环形铁芯

（1）大尺寸：外径 60~590mm，内径 35~510mm，高 15~90mm，主要用于电流互感器铁芯，逆变电源铁芯等电力电子技术。

（2）中尺寸：外径 8~70mm，内径 6.0~55mm，高 4.0~35mm，主要用于漏电开关零序互感器、开关电源、各类电感、扼流圈铁芯等。

（3）小尺寸：外径 3~26mm，内径 1.5~16mm，高 2~7.2mm，主要用于尖峰或噪声抑制器，ISDN 接口电感，磁放大器以及小磁珠等场合，最小铁芯可为 2×2（mm）。

7.6.2　卷绕矩形和切割 C 形铁芯

主要用于中高频大功率变压器、电抗器等铁芯，非晶配电变压器用搭接式矩形铁芯，尺寸由变压器容量决定。

7.6.3　带气隙的环形铁芯

主要用于各类电感、霍尔电流传感器铁芯等，见图 7-60。需要注意的是：由于急冷条带表面光洁度不如冷轧带材，因此 0.025~0.03mm 厚非晶纳米晶卷绕铁芯的占空系数不小于 0.70，同样厚度的晶态软磁合金的占空系数不小于 0.80。

非晶、纳米晶合金由于带薄，电阻率大，可以不涂绝缘层，直接绕制成铁芯。但由于带脆，C 形铁芯切口磨光不易，给铁芯制作带来一定难度。

图 7-60　带气隙的环形铁芯示意图

（外径 16~92mm，内径 12~65mm，高 5~25mm，气隙 0.4~5mm）

铁芯尺寸视用户要求而定。由于非晶和纳米晶铁芯常常用于中高频，因此铁芯的外径内径之比（d_1/d_2）很重要，应尽量向 $d_1/d_2 \leqslant 1.25$ 靠近。

铁芯形状不同，磁性能也不同，环形铁芯的性能最好，矩形其次，切割铁芯更次些。图 7-61 为铁基纳米晶合金和铁基非晶合金的矩形铁芯和切割 C 形铁芯的损耗比较。

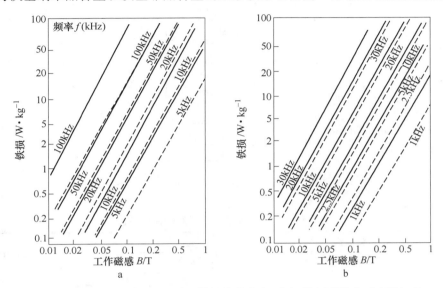

图 7-61 铁基纳米晶合金（a）和铁基非晶合金（b）的矩形铁芯（虚线）和
切割 C 形铁芯（实线）的损耗与频率和工作磁感之间的关系

7.6.4 非晶和纳米晶软磁合金应用简介

电力技术：配电变压器、干式变压器、整流变压器、电流互感器。

电力电子技术：大功率中高频变压器、逆变电源变压器、大功率开关电源变压器。

通讯技术：程控交换机电源、数据交换接口部件、脉冲变压器、UPS 电源滤波和存储电感、功率因素修正扼流圈。

抗电磁干扰部件：交流电源，可控硅 EMI 差模共模电感、RFI 共模电感、输出滤波电感、电缆屏蔽、输出滤波电感。

开关电源：磁饱和电抗器、磁开关铁芯、磁放大器、尖峰抑制器、扼流圈。

传感器：通用变送器、磁性方向传感器、电子物品监视（防盗标签）、霍耳传感器、电力设备绝缘在线检测。

人身和设备保护：漏电开关零序互感器、脉冲电流灵敏接地电路断路器。

其他：磁头、电子镇流器、电子瓦特表高精度电流变换器、磁屏蔽。

纳米晶软磁合金由于其 B_S 高，μ 高和 P_c 小，磁性稳定性好，更适宜用于高频大功率即电力电子技术的应用。

图 7-62 列出 Fe 基纳米晶软磁合金的应用及其性能要求。

开关电源用磁性部件的要求特性，见表 7-34。

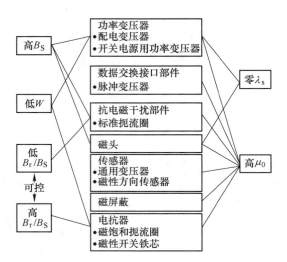

图 7-62　Fe 基纳米晶合金的应用开发情况

表 7-34　开关电源用磁性部件的要求特性

项　目	静噪滤波器		主变压器	磁放大器	尖峰抑制器	平滑扼流圈
	正常模	共模		可饱和铁芯		
高方形比	◯	◯	◯	◯	◯	◯
磁导率	◯	◯	◯	◯	◯	◯
饱和磁通密度	◯	◯	◯	◯	◯	◯
低铁损	◯	◯	◯	◯	◯	◯
以前使用的材料	铁粉磁芯	Mn-Zn 铁氧体（高 μ 材料）	Mn-Zn 铁氧体（高 B 材料）	80Ni 坡莫合金	铁氧体	硅钢 MnZn 铁氧体，坡莫合金压粉磁心
新材料	Fe、Si 压粉磁心，Fe 系非晶合金铁基纳米晶软磁合金	Co 系非晶合金铁基纳米晶软磁合金	高频低损耗型 Mn-Zn 铁氧体（例：H_7C_4）铁基纳米晶软磁合金	Co 系非晶合金对应高频化高控制特性铁基纳米晶软磁合金	Co 系非晶合金（高方形比）高频高性能化铁基纳米晶软磁合金	Fe 系非晶合金（高 B，低 μ）对应高频化铁基纳米晶软磁合金

7.7 块体非晶合金

7.7.1 概述

块体非晶合金材料的迅速发展，为材料科研工作者和工业界研究开发高性能的功能材料和结构材料提供了十分重要的机会和巨大的开拓空间。

目前，块体非晶合金基本上可分为铁磁系和非铁磁系两大类，已开发出的块体非晶合金材料体系有 La 基、Zr 基、Mg 基、Al 基、Ti 基、Pd 基、Fe 基、Cu 基、Ce 基等。其合金系及研发年代如表 7-35 所示。

表 7-35　典型块体非晶合金体系及研发年代

铁合金系	研发年代	非铁合金系	研发年代
Fe-(Al,Ga)-(P,C,B,Si,Ge)	1995	Mg-La-M	1988
Fe-(Nb,Mo)-(Al,Ga)-(P,B,Si)	1995	La-Al-TM	1989
Co-(Al,Ga)-(P,C,B,Si)	1996	La-Ga-TM	1989
Fe-(Zr,Hf,Nb)-B	1996	Zr-Al-TM	1990
Co-(Zr,Hf,Nb)-B	1996	Zr-Ti-TM	1993
Ni-(Zr,Hf,Nb)-B	1996	Zr-Ti-TM-Be	1993
Fe-Co-Ln-B	1998	Zr-(Ti,Nb,Pd)-Al-TM	1995
Fe-(Nb,Cr,Mo)-(C,B)	1999	Pd-Cu-Ni-P	1996
Ni-(Nb,Cr,Mo)-(P,B)	1999	Pd-Ni-Fe-P	1996
Co-Ta-B	1999	Pd-Cu-B-Si	1997
Fe-Ga-(P,B)	2000	Ti-Ni-Cu-Sn	1998
Ni-Zr-Ti-Sn-Si	2001	Cu-(Zr,Hf)-Ti	2001
Pr-(Cu,Ni)-Al	2002	Cu-(Zr,Hf)-Ti-(Y,Be)	2001
Fe-Co-Ni-Zr-B	2002	Ni-Nb-Sn-(B,Cu)	2002
Pr-Al-Fe-Cu	2003	Mg-Al-Y-Li-Cu	2002
Fe-Y-Zr-Co-Al-Mo-B	2003	Mg-Cu-Gd	2003
Fe-Y-Zr-(Co,Cr)-Mo-B	2004	Ca-Mg-Zn	2003
Fe-Cr-Mo-(Y,Ln)-C-B	2004	Zr-Ti-Cu-Ni-Be	2003
Fe-Al-Ga-P-C-B-Si	2004	Mg-Cu-Ni-Zn-Ag-Y	2004

目前，块体非晶合金的研究方向主要集中在制备、性能和稳定性方面。性能研究主要包括块体非晶材料的力学性能、磁性能及物理性能等。力学性能主要有强度、塑性、材料失效机理等方面；磁性能主要包括软磁、硬磁、磁光性能等，其中软磁非晶材料已经进入工业化应用，主要用于变压器和标签上。硬磁非晶材料的研究目前陷入困境，由于非晶结构的无序性，使得剩磁较小，基本不具备实际应用前景；磁光等新型磁应用材料仅处于探索阶段。稳定性研究主要包括非晶形成能力、非晶热稳定性、非晶晶化转变热力学及动力学等。

国内中科院物理所汪卫华研究组在非晶合金方面的研究近年来取得了重大进展，其工作主要集中在稀土基非晶合金的制备和力学性能（如弹性、硬度、脆性和延展性）等方面的研究。大连理工大学的董闯研究组 2001 年提出了非晶形成的等电子浓度判定，在国际上产生一定影响。中科院金属所的徐坚研究组制备出了目前世界上强度最高和具有强非晶形成能力的镁合金，对推动镁基金属玻璃作为新一类轻质高强度材料的应用具有重要意义。

近年来，国内外对块体非晶合金材料的研究方向还包括 Greer 等主要研究 Mg 基非晶合金的相分离，Inoue 等研究非晶合金的抗腐蚀及抗疲劳行为、微观结构、剪切带断裂及断裂机制等。

7.7.2　块体非晶合金的形成

7.7.2.1　块体非晶合金形成的成分和结构条件

影响非晶形成能力的因素有：合金中原子的键合特征、电子结构、原子尺寸的相对大小、各组元的相对含量、合金的热力学性质以及相应的晶态结构等。

一般情况，如果某种物质对应的晶体结构很复杂，原子之间的键合较强，并且有特定的指向，其形成非晶结构在动力学上要容易一些。对非晶形成的可能性 Inoue 总结了 3 条实验规律：

（1）合金由 3 种以上组元构成；

（2）各组元原子尺寸差别较大，一般大于 12%；

（3）3 个组元具有负的混合热。

从液态到形成非晶态，原子结构几乎不发生变化，各组成元素之间一般具有大于 12% 的原子尺寸差异和负的混合热，这样能够形成紧密随机堆垛结构，能够增大固液界面能，抑制结晶形核，也增大了长程范围内原子的重排困难性，抑制了晶体的生长，从而形成非晶态结构。目前还没有关于非晶形成的完整理论来进行合金成分设计和预测非晶形成能力，主要依靠大量实验探索。

7.7.2.2　块体非晶合金形成的热力学条件

根据热力学基本原理，合金系统自液态向固态转变时自由能的变化可表述为：

$$\Delta G = \Delta H - T\Delta S \tag{7-5}$$

式中，T 为温度，ΔH 和 ΔS 分别表示从液相转变为固相的焓变和熵变。由于液相原子之间强烈的结合反应和各元素原子尺寸差，使得液相中存在短程有序和局部原子紧密堆垛结构，这种结构使得液固相之间熵变 ΔS 小，焓变 ΔH 低，ΔG 小。如果合金自液相发生结晶转变时的 ΔG 小，则转变过程中的热力学驱动力就小，就不容易发生结晶转变，而是更容易形成非晶态，即降低了结晶的驱动力，增大了合金的非晶形成能力。

7.7.2.3 块体非晶合金形成的动力学条件

从液态到固态的快速冷却过程中，如果动力学条件抑制了结晶的形核与长大，就可以形成非晶态。因此，分析非晶形成动力学与分析结晶动力学所要考虑的因素是一致的。结晶过程的形核速率 I 和长大速率 U 可分别用以下两式表达：

$$I = 1030/\eta \exp\left\{- b\alpha_3\beta/\left[T_{rg}(1 - T_{rg})^2\right]\right\} \tag{7-6}$$

$$U = 102f/\eta\left[1 - \exp(- \beta\Delta T_{rg}/T_{rg})\right] \tag{7-7}$$

式中，η 为黏度系数，是决定过冷液相中均质形核及长大的动力学参数；f 为长大界面上核心位置数；α 为约化表面张力焓，$\alpha = \dfrac{1}{3}NV_2\delta_{sl}/\Delta H$（其中 N 为 Avogadro 常数，V 为气体摩尔体积，δ_{sl} 表示固液界面能）；β 为约化熔解焓，$\beta = \Delta H/(RT_m)$（其中 R 为气体常数）；b 为形状因子，球形核心的 $b = 16\pi/3$；T_{rg} 为约化温度，$T_{rg} = T_g/T_m$（其中 T_g 为玻璃转变温度，T_m 为熔点温度）。式中 η、α 和 β 为重要参数，合金液相黏度 η 的增大使组成元素的扩散激活能增大，阻碍结晶形核与长大，增大过冷液相区的范围，对提高非晶形成能力有利，这与热力学观点相吻合。$\alpha\beta_{1/3}$ 也是一项很重要的参数，反映出过冷液体的稳定性。研究认为：当 $\alpha\beta_{1/3}>0.9$ 时，形核率很低，比较容易形成非晶态；当 $\alpha\beta_{1/3}<0.25$ 时，便不可能抑制过冷液体的晶化。因此，大块非晶态合金多采用原子尺寸差异较大的多组元组合，使得系统的固液态界面能 δ_{sl} 很高，熔化焓变 ΔH 很小，有利于 α 增大，β 减小，即 $\alpha_3\beta$ 很大，结晶形核率很低，结晶生长速率也很低，这显著地抑制了在液态冷却过程中的结晶形核与长大，使得系统很容易形成大块非晶态合金。

7.7.3 块体非晶合金材料的制备方法

在早期，非晶材料的制备，首先采用快速凝固法制备非晶粉末，然后用粉末冶金方法将粉末压制或黏结成型。20 世纪 90 年代初发现了具有极低临界冷却速率的合金系列，可以直接从液相获得块体非晶固体。

目前，块体非晶合金的制备方法基本可划分为直接凝固法和粉末固结成型法。

7.7.3.1 直接凝固法

Inoue 等人总结出直接凝固法制备大块非晶合金的 3 条规则，符合这 3 条规则的合金具有大的非晶形成能力和宽的过冷液相区 ΔT_x，并且形成一种与传统非晶合金不同的新型非晶态组织，其特点为：原子呈高度密堆排列；产生新的区域原子组构；存在相互吸引的长程均匀性。Takeuchi 等计算了 351 种三元非晶态合金系及其二元子系统的混合焓（ΔH）和错配熵（ΔS），进一步完善了 Inoue 准则。Inoue 准则被普遍接受，并依据它发现了许多能形成大块非晶的合金系，如 Mg 基、Al 基、Fe 基、Zr 基、La 基、Ti 基、

Cu 基等。

直接凝固法具体包括：水淬法，铜模铸造法，吸入铸造法，高压铸造，磁悬浮熔炼，单向熔化法等。

（1）水淬法。水淬法是将合金置于石英管中，将合金熔化后连同石英管一起淬入流动水中，以实现快速冷却，形成大块非晶合金。这种方法可以达到较高的冷却速度，有利于大块非晶合金的形成。但石英管和合金可能发生反应造成的污染是一个难以解决的问题。另外，反应物的生成既影响水淬时液态合金的冷却速度，又容易造成非均匀形核，以致影响大块非晶合金的形成。因此，这种方法适用的合金种类具有很大的局限性。

（2）铜模铸造法。此法是把熔体注入内腔呈各种形状的铜制模具中，即可形成外部轮廓与模具内腔相同的块体非晶合金。该工艺所能获得的冷却速度与水淬法相近，约为 102 ~ 103K/s，关键是要尽量抑制在铜模内壁上生成不均匀晶核并保持良好的液流状态。熔体的熔炼次数对所能获得的临界冷却速度影响很大，即重复熔炼数次后，临界冷却速度将明显下降，这是因为反复熔炼提高了熔体的纯度，消除了非均匀形核点。

（3）吸入铸造法。利用非自耗的电弧加热预合金化的铸锭，待其完全熔化后，利用油缸、气缸等的吸力驱动活塞以 1 ~ 50mm/s 的速度快速移动，由此在熔化室与铸造室之间产生压力差把熔体快速吸入铜模，使其得到强制冷却，形成非晶合金。由于该工艺的控制因素比较少，只有熔体温度、活塞直径、吸入速度等，所以能相对简便地制备出块体非晶合金。

（4）高压铸造。高压铸造是一种利用 50 ~ 200MPa 的高压使熔体快速注入铜模的工艺。其主要特点是：整个铸造过程只需几毫秒即可完成，因而冷却速度快并且生产效率高；高压使熔体与铜模紧密接触，增大了两者界面处的热流和导热系数，从而提高了熔体的冷却速度并且可以形成近终形合金；可减少在凝固过程中因熔体收缩而造成缩孔之类的铸造缺陷；即使熔体的黏度很高，也能直接从液态制成复杂的形状；产生高压所需要的设备体积大，结构较复杂，维修费用高。

（5）单向熔化法。此方法是把原料合金放入呈凹状的水冷铜模内，利用高能量热源使合金熔化。由于铜模和热源至少有一方移动（移动速度大于 10mm/s），所以，加热后形成的固态区之间产生大的温度梯度和大的固/液界面移动速度 v，从而获得高的冷却速度，使熔体快速固化，形成连续的块体非晶合金。

7.7.3.2 粉末固结成型法

该方法是利用非晶合金特有的在过冷液相区间的超塑成型能力，将非晶粉末加压固结成型。粉末固结成型法只需制备低维形状的非晶粉末，因此可以在一定程度上突破块体非晶合金尺寸上的限制，是一种极有前途的块体非晶合金的制备方法。进行非晶粉末固结成型的粉末冶金技术通常有热压烧结（HP）、热等静压烧结（HIP）等。除传统的粉末冶金技术外，最近有报道利用放电等离子烧结（Spark Plasma Sintering，SPS）技术将非晶粉末致密化制备块体非晶合金材料。SPS 技术是利用外加脉冲强电流形成的电场清洁粉末颗粒表面氧化物和吸附的气体，并活化粉末颗粒表面，提高颗粒表面的扩散能力，再在外加压力下利用强电流短时加热粉体进行快速烧结致密化，其消耗的电能仅为传统烧结工艺的 $1/5 \sim 1/3$。SPS 技术具有如下优点：烧结温度低（比 HP 和 HIP 低 $200 \sim 300 ℃$）、烧结时间短（只需 $3 \sim 10min$，而 HP 和 HIP 需要 $120 \sim 300min$）、单件能耗低；烧结机理特殊，赋予材料新的结构与性能；烧结体密度高，显微组织均匀，是一种近成型技术；操作简单。SPS 技术作为一种近年来迅速发展的新兴快速烧结技术，是一种很有前途的非晶粉末固结技术。由于其具有烧结温度低、烧结时间短、能够快速固结粉末制备致密的块体材料，因此，SPS 技术可以应用于制备需要抑制晶化形核的非晶块体材料。其烧结机理是在极短的时间内，粉末间放电，快速熔化，在压力作用下非晶粉末还没来得及晶化就已经发生烧结，而后通过很快的冷却速度，非晶态结构被保存下来，从而得到致密的块体非晶态合金。

Shen 和 Inoue 利用 SPS 技术制备出了直径为 20mm、厚度为 5mm 的 $Fe_{65}Co_{10}Ga_5P_{12}C_4B_4$ 大块铁基非晶合金，其相对密度高达 99.7%，且具有良好的软磁性能。韩国的 Taek-SooKim 等利用 SPS 技术制备出了 $Cu_{54}Ni_6Zr_{22}Ti_{18}$ 铜基非晶合金，玻璃转变温度为 712K，过冷温区（$\Delta T = T_x - T_g$）为 55K，相对密度 98% 以上。韩国的 Choi 等利用 SPS 技术烧结制备出了 Al-La-Ni-Fe 非晶合金，其相对密度为 96%，ΔT 高达 74K。

7.7.4　块体非晶合金材料的性能与应用

与晶态合金相比，非晶态合金在物理性能（力、热、电、磁）和化学性能等方面都发生了显著的变化。

7.7.4.1　非晶合金的力学性能及应用

非晶合金与普通钢铁材料相比，有相当突出的高强度、高韧性和高耐磨性。根据这些特点利用非晶态材料和其他材料可以制备成优良的复合材料，也可以单独制成高强度耐磨器件。在日常生活中接触的非晶态材料已有很多，如用非晶态合金制作的高耐磨音频视频磁头在高档录音、录像机中的广泛使用；把块体非晶合金应用于高尔夫球击球拍头和微型齿轮中；采用非晶丝复合强化的高尔夫球杆、钓鱼杆已经面市。非晶合金材料已广泛用于轻、重工业、军工和航空航天业，在材料表面、特殊部件和结构零件等方面也都得较广泛的应用。

7.7.4.2　非晶金属的电学性能及应用

一般非晶态金属的电阻率较同种的普通金属材料要高，在变压器铁芯材料中利用这一特点可降低铁损。

在某些特定的温度环境下，非晶的电阻率会急剧的下降，利用这一特点可设计特殊用途的功能开关。还可利用其低温超导现象开发非晶超导材料。目前，人们对非晶态合金电学性能及其应用方面的了解相对较少，尚有待进一步研发。

7.7.4.3　非晶合金的磁学性能及应用

非晶合金具有优异的磁学性能，在非晶的诸多特性中，目前对这一方面的研究相对要深入些。与传统的晶态合金磁性材料相比，由于非晶合金原子排列无序，没有晶体的各向异性，电阻率高，具有高的磁导率，是优良的软磁材料。根据铁基非晶态合金具有高饱和磁感应强度和低损耗的特点，现代工业多用它制造配电变压器，铁芯的空载损耗与硅钢铁芯的空载损耗相比降低 60%~80%，具有显著的节能效果。

非晶态合金铁芯还广泛地应用在各种高频功率器件和传感器件上，用非晶态合金铁芯变压器制造的高频逆变焊机，大大提高了电源工作频率和效率，焊机的体积成倍减小。如今，电力电子器件正朝着高效、节能、小型化的方向发展，新的科技发展方向对磁性材料也提出了新的要求。一种体积小、质量轻的非晶态软磁材料以损耗低、导磁高的优异特性正逐步代替一部分传统的硅钢、坡莫合金和铁氧体材料，成为目前越来越引人注目的新型功能材料之一。

7.7.4.4　非晶合金的化学性能及应用

非晶合金还具有优异的化学性能。研究表明，非晶态合金对某些化学反应具有明显的催化作用，可以用作化工催化剂。某些非晶态合金通过化学反应可以吸收和释放出氢，可以用作储氢材料。由于没有晶粒和晶界，非晶态合金比晶态合金更加耐腐蚀，因此，它可以成为化工、海洋等一些易腐蚀的环境中应用设备的首选材料。

7.8　非晶态薄膜

非晶态薄膜的特性和实际应用，近十余年来越来越受到国内外科技界的重视，得到了迅速发展。例如，非晶态薄膜制成的磁记录材料，包括磁记录介质（磁盘、磁带等）、薄膜磁头材料等，可作成高密度记忆元件。非晶态超导薄膜已制成高居里点超导材料。近期还发展了多层膜。薄膜的沉积工艺一般可分为两类：真空气相沉积法如溅射、蒸发、离子镀膜等；液相沉积法如电镀、化学镀膜等。

目前，复合多层膜的层厚已做到 1nm 的水平，已有研究结果表明其性能同常规材料有很大不同，这复合膜已达原子直径量级和表面作用直接相关。这种用人工调制方法制成的多层复合膜，即"人工超晶路"，对于获得新效应、研究新材料、开发新应用均有重要意义。

现在，磁记录领域已经发展成为年产值达几百亿美元的大产业，主要发展方向是获得高记录密度。目前大多数计算机磁盘都用 γ-Fe_2O_3 磁粉，记录密度为 $4.5\times10^6 Bit/cm^2$，而磁光薄膜记录将使记录密度提高 1~2 个数量级。日本研制的磁光录像盘，15 寸录像盘只要 15 张，就可以把美国国会图书馆的全部资料储存起来。

随着记录密度提高，对磁头材料也提出了极高要求，一般要求 $B_S \geq 1T$，在 10MC 频率下磁导率 μ_0 要高。利用薄膜和多层复合膜制作磁头，可以满足应用。据报道，日本研制的 Fe-C 和 Ni-Fe 多层膜，$B_S \geq 1.2T$，在 10MPa 下 $\mu_0 = 3000$。

在高温超导薄膜的开发中，以 Y-Ba-Cu-O_2 为基础添加其他元素的超导薄膜，已进行实验室研制，达到如下水平：超导单晶薄膜零电阻温度已达到 84K，最高电流密度已达 $353\times10^4 A/cm^2$，该膜厚为 $0.7\mu m$。

7.8.1 非晶微晶粉末

近年来，很多国家都在非晶态合金粉末的制造、成材、涂层和应用方面开展了研究和应用试验工作。美国已开发出高耐蚀、耐磨、高强度粉末，用作工程材料，Marko 公司已公布牌号 12 个（Markomet），包括铁基、镍基和钴基快淬粉末，并已有产品正式销售。一般，快淬粉末具有以下优点：

（1）很好的化学均匀性和结构的一致性。

（2）可以得到常规的制粉方法所得不到的新型合金粉，即利用了固溶体成分的扩展。

（3）粉末的结构特殊，包括非晶结构、纳米晶结构和微晶结构。

（4）具有一系列新的性能特点。

制备非晶微晶的工艺方法有很多种：

（1）间接制粉法，即先用快淬工艺制成非晶带材，然后研磨成粉。

（2）直接制粉工艺，包括：快淬（如双辊等方法）喷粉，雾化喷粉，机械合金化法制粉等。

我国自 20 世纪 80 年代中期开展雾化法制粉研究，已研究出了高硬度高晶化温度粉末和耐蚀非晶态粉末。

非晶微晶粉末具有多方面的应用。将耐蚀非晶粉末喷涂在普通钢板上，其耐蚀能力可优于不锈钢；将耐磨、耐高温非晶粉末涂在结构件上可延长构件寿命；将非晶磁性粉末喷涂壳层上，具有优良电磁屏蔽效果；利用某些方法将快淬粉末制成块状材料，具有极好的力学性能；快淬永磁或软磁粉末，可制成性能优异的磁体等。

7.8.2 非晶态丝材

由液态金属直接制成非晶态细丝的研究已有四十多年，试验了多种制丝方法。目前使用较广泛的是旋转液中纺线法，可用于生产。日本 Unika 公司非晶合金素材已公布牌号 4 个系列。包括 2 个铁基合金，2 个钴基合金，均为软磁合金。非晶态软磁合金丝，多用做传感器元件，如电感元件、转换器等。

有些非晶态合金丝具有明显高于晶态系抗拉强度的特点，铁钴丝抗拉强度可达 3500MPa，可与碳纤维及超高强聚酯纤维相媲美，其力学性能已获得很好的试用效果。

快淬铁基软磁合金，见表 7-36。

非晶软磁铁基合金，见表 7-37。

牌号 2605 合金的性能，见表 7-38。

国内外铁基软磁合金性能，见表 7-39。

快淬软磁钴基合金，见表 7-40。

非晶软磁铁镍基合金，见表 7-41。

铁镍基非晶态合金的性能，见表 7-42。

快淬软磁钴镍基合金，见表 7-43。

美国 Allied-Signal 公司非晶合金产品及性能，见表 7-44。

表 7-36　快淬铁基软磁合金

牌号	化学成分(原子分数)/%	饱和磁感应强度 B_s/T (不小于)	磁感应强度 B_{30}/T	剩磁比 R (80A/m)	矫顽力 H_c/A·m^{-1} (不大于)	相对最大磁导率 μ_m (不小于)	相对脉冲磁导率 μ_m ($\tau=3\mu s$, $f=300Hz$) (不小于) $\Delta B=0T$	$\Delta B=1.5T$	铁损/W·kg^{-1} (不大于) $P_{1/100}$	$P_{1/400}$	$P_{0.4/10000}$	居里温度 T_c ℃	晶化温度 T_x ℃ (不小于)	密度/g·cm^{-3} (近似)	主要用途
1K101	$Fe_{76-81}(Si,B)_{19-24}$	1.55	1.0		6.4	120000		10000	0.2	1.7	30	390	485	7.3	大功率开关电源,双极性脉冲变压器,配电变压器,电磁传感器,电源变压器铁芯
1K102	$Fe_{75-81}Si_{3-5}$ $B_{13-19}C_{1-2.6}$	1.6	1.1		8.0	120000				3.5	35	420	490	7.3	中频变压器,大功率开关电源铁芯
1K102J	$Fe_{75-81}Si_{3-5}$ $B_{13-19}C_{1-2.6}$	1.6	1.3	≥0.80	6.4	150000		4700	0.16	2.0	30	420	490	7.3	双极性脉冲变压器
1K102H	$Fe_{75-81}Si_{3-5}$ $B_{13-19}C_{1-2.6}$	1.6		≤0.20	8.0		4000		0.30	2.0	25	420	490	7.3	单极性脉冲变压器
1K103	$Fe_{71-74}Ni_{6-10}$ $B_{10-15}(Si,P,C)_{8-12}$	1.4	1.2		4.0	250000				1.5	35	435	450	7.4	400Hz电源变压器,双极性脉冲变压器,磁放大器铁芯
1K104	$Fe_{73-77}Si_{1-3.3}$ $B_{14-17.5}Ni_{4.5-5.0}$ $Mo_{2.5-5.5}$	1.3	1.1		5.0	100000					25	318	528	7.5	高频大功率各类输出变压器铁芯
1K105	$Fe_{75-76}Si_{8-11}$ $B_{10-24}(Cr,Nb,Mo)_3$	1.32			6.4			5000		1.8		312	550	7.3	脉冲变压器,400Hz大功率电源变压器铁芯

续表7-36

牌号	化学成分（原子分数）/%	饱和磁感应强度 B_S/T（不小于）	磁感应强度 B_{30}/T（不小于）	剩磁比 R（80A/m）（不小于）	矫顽力 H_C/A·m^{-1}（不大于）	相对最大磁导率 μ_m	相对脉冲磁导率 R（$\tau=3\mu s, f=300Hz$）$\Delta B=0T$（不小于）	相对脉冲磁导率 $\Delta B=1.5T$（不小于）	铁损/W·kg^{-1} $P_{1/100}$（不大于）	$P_{1/400}$（不大于）	$P_{0.4/10000}$（不大于）	居里温度 T_c/℃	晶化温度 T_x/℃（不小于）	密度/g·cm^{-3}（近似）	主要用途
K105J	Fe$_{75\sim76}$Si$_{8\sim11}$ B$_{10\sim24}$(Cr,Nb,Mo)$_3$	1.32	1.0	≥0.87	3.2					1.4		310	550	7.3	0.4~10kHz 中频变压器铁芯
1K106	Fe$_{77\sim82}$Si$_{4\sim6}$ B$_{15\sim17.5}$	1.58	1.0		8.0	200000				1.5	20	405	515	7.3	高频变压器，中频变压器铁芯

表7-37　非晶软磁铁基合金

牌号	组成（原子分数）/%	B_S/T	B_r/B_S	H_C/A·m^{-1}	M_m/H·m^{-1}	T_c/℃	λ_s（×10^{-6}）	$P_{0.2/200}$/W·kg^{-1}	用途
Meglas 2605	Fe$_{80}$B$_{20}$	1.61		3.18		374	30	$P_{1.45/60}=0.44$	
2605S	Fe$_{82}$Si$_8$B$_{10}$	1.74		3.2	$\mu_m=150$	400		$P_{13/60}=0.13$	电力变压器，配电变压器
2605S-2	Fe$_{78}$Si$_9$B$_{13}$	1.56	0.85	2.39	$\mu_i=6.25$ $\mu_m=750$	415	27	$P_{1.4/60}=0.2$	
2605S-3	Fe$_{79}$Si$_5$B$_{16}$	1.58	0.35	7.96	$\mu_i=18.75$ $\mu_m=25$	405	27	12	信号变换器，电流变换器，开关电源
2605S-3A	Fe$_{77}$C$_{12}$B$_{16}$Si$_{15}$	1.41	0.2	6.0	$\mu_m=43.75$	358	20		电流变压器，漏电开关
2605S-C	Fe$_{81}$B$_{13.5}$Si$_{3.5}$C$_2$	1.61	0.9	3.18	$\mu_i=3.125$ $\mu_m=375$	370	30	$P_{1.4/60}=0.3$	脉冲，电力变压器，磁放大器，电流变压器
2605SM	FeNi$_5$M$_{15}$B$_4$Si$_1$	123			$\mu_m=125$	310	19	40	中频磁放大器，漏电开关，电流变压器
2605Co	Fe$_{67}$Co$_{28}$B$_{14}$Si$_1$	180	0.95	3.98	$\mu_i=2.5$ $\mu_m=500$	415	35	$P_{1.4/60}=0.50$	400Hz航空变压器
2615	Fe$_{80}$P$_{16}$C$_3$B$_1$								
2605A	Fe$_{78}$Mo$_2$B$_{20}$	134		5.572		370	29		非晶态弹性，用于应变传感器

表 7-38　牌号 2605 合金的性能

密度 /g·cm⁻³	电阻率 /μΩ·m	热膨胀系数 α/10⁻⁶K⁻¹	维氏硬度 (HV50g负荷)	晶化温度 T_x/℃	工作温度 T(连续)/℃	填充系数 η/%	热导率(20~100℃)平均值 /W·(m·℃)⁻¹	弹性模量 E/10⁹Pa	屈服强度 $\sigma_{0.2}$/10⁸Pa	适用频率范围
7.4	1.45		1080	420				175	36.2	
	1.30			470						
7.18	1.37	7.6	860	550	150	≥75	9	57	≥7	DC~1kHz
7.32	1.25		900	515	-50~150	≥75				1~100kHz
7.29	1.38	6.7	860	535	150	≥75	9	58	≥7	
7.32	1.35	5.9	880	480	125	≥75	9	58	≥7	DC~100kHz
7.50	1.28	6.6	990	520	150	≥75	9	60	≥7	
7.56	1.23	8.6	810	430	125	≥75	9		≥7	DC~1kHz
7.39	1.60		995	440	275	≥75		144	2.58	

表 7-39　国内外铁基软磁合金性能

单位	牌号及组成(原子分数)/%	B_S/T	B_r/B_S	H_c /A·m⁻¹	$\mu_{0.8}$/A·m⁻¹ (1kHz)	T_c/℃	λ_s (×10⁻⁶)	P /W·kg⁻¹	ρ /μΩ·m	T_x /℃	T_x(晶化温度) /℃	密度 /g·cm⁻³
	Amomet(Fe基)											
	$Fe_{78}Si_{10}B_{12}$	1.56	0.9	1.6	268	447	33	0.1	1.55	478		
	$Fe_{81}Si_{13}Si_4C_2$	1.61	0.9	0.64		400	40	0.06	1.25	450		
东北大学	$Fe_{72}Co_8Si_5B_{15}$	1.70	0.96	0.56		470				465		
	$Fe_{62}Ni_{16}Si_8B_{14}$	1.30	0.96	0.48		460	10			470		
	$Fe_{72}Co_{18}Zr_{10}$	1.57	0.83	3.2		347				490		
金属材料研究所	$Fe_{82}Co_{18}Ni_9Zr_{10}$	1.46	0.97	5.6		445				470		
	AFN-1(Fe基)	1.40	0.9	5.4		440			1.20		530	7.3
	AFN-2(Fe基)	1.30	0.9	1.6		350			1.25		500	7.5

续表 7-39

单 位	牌号及组成 (原子分数)/%	B_{10}/T	μ_e(1kHz)	H_c/A·m^{-1}	σ_b/MPa	T_c/℃	δ/%	HV	ρ/$\mu\Omega$·m	T_x/℃
日立公司	Fe基 KFC	1.35	6000	6.4	2452	380	0.3	930	1.3	520
	Fe基 KFN	1.34	3000	1.6	2556	435	0.3	930	1.3	525

表 7-40 快淬软磁钴基合金

牌号	化学成分 (原子分数) /%	饱和磁感应强度 B_S T (不小于)	磁感应强度 B_{30} T (不小于)	剩磁比 R (80A/m) (不小于)	矫顽力 H_c/A·m^{-1} (不大于)	相对起始磁导率 μ_0 (0.08A/m) (不小于)	相对最大磁导率 μ_m	相对脉冲磁导率 μ_0 ($\tau=1\mu s$, $f=300Hz$) $\Delta B=0.4T$	铁损/W·kg^{-1} $P_{0.5/2000}$ $P_{0.3/10000}$ (不大于)	居里温度 T_c ℃	晶化温度 T_x ℃ (不小于)	密度 /g·cm^{-3} (近似)	主要用途
1K201H	$Co_{67\sim69}Fe_{3.5\sim5}$ $Si_{7\sim10}B_{16\sim19}$ $M_{1.2\sim2.2}$	0.70	0.50	≤0.10	1.2				25	340	530	7.8	小功率脉冲变压器,高频变换器铁芯
1K202J	$Co_{61\sim65}Fe_{4\sim4.5}$ $Si_{9\sim14}B_{12\sim18}M_{2\sim7}$	0.68	0.50	≥0.85	1.2		400000		35	320	510	7.8	磁放大器,互感器,漏电保护开关铁芯
1K203	$Co_{66\sim72}Fe_{1.5\sim4}$ $Si_{5\sim13}B_{10\sim20}M_{3\sim7}$	0.80	0.60		1.2				20	320	530	7.9	20kHz 开关电源铁芯
1K204	$Co_{67\sim70}Fe_{2.5\sim3.5}$ $Si_{10\sim12}B_{12\sim19}M_{2\sim5}$	0.60	0.50		1.6		200000			300	540	8.0	100~200kHz 开关电源铁芯

续表 7-40

牌号	化学成分（原子分数）/%	饱和磁感应强度 B_S /T（不小于）	磁感应强度 B_{30} /T（不小于）	剩磁比 R（80A/m）	矫顽力 H_C/A·m^{-1}（不大于）	相对起始磁导率 μ_0（0.08A/m）（不小于）	相对最大磁导率 μ_m	相对脉冲磁导率 μ_0（$\tau=1\mu s$, $f=300Hz$）$\Delta B=0.4T$	铁损/W·kg^{-1}（不大于）$P_{0.5/20000}$	$P_{0.3/100000}$	居里温度 T_c ℃（不小于）	晶化温度 T_x ℃（不小于）	密度/g·cm^{-3}（近似）	主要用途
1K205	$Co_{65\sim86}Fe_{1\sim7}B_{3\sim20}Si_{0\sim14}M_{2\sim15}$	0.60			1.2	20000			20		260	480	7.9	高频高耐磨磁头铁芯、漏电保护开关、传感器铁芯、高频变压器铁芯
1K206	$Co_{66\sim68}Fe_{4\sim5}Si_{6\sim10}B_{15\sim20}M_{2\sim17}$	0.53			1.6		150000				320	520	7.9	磁屏蔽材料（淬态使用）

注：化学成分中的 M 为其他一种或几种金属元素。

表 7-41　非晶软磁铁镍基合金

牌号	化学成分（原子分数）/%	饱和磁感应强度 B_S /T（不小于）	磁感应强度 B_{30} /T（不小于）	剩磁比 R（80A/m）	矫顽力 H_C/A·m^{-1}（不大于）	相对最大磁导率 μ_m	铁损/W·kg^{-1}（不大于）$P_{1/400}$	$P_{1/5000}$	$P_{0.2/20000}$	居里温度 T_c ℃（不小于）	晶化温度 T_x ℃（不小于）	密度/g·cm^{-3}（近似）	主要用途
1K501	$Fe_{29\sim50}Ni_{30\sim44}(P,B,C)_{15\sim24}$	0.75	0.60		1.2	400000	1.5	65	15	243	410	7.5	漏电保护开关、开关电源、传感器铁芯
1K501H	$Fe_{29\sim50}Ni_{30\sim44}(P,B,C)_{15\sim24}$	0.75	0.80	0.1	1.6	3000				258	421	7.5	单端反激开关电源、高频扼流铁芯
1K502	$Fe_{45\sim50}Ni_{28\sim30}V_{1\sim2}Si_{7\sim8}B_{14\sim15}$	0.90			1.2	400000				300	500	7.4	磁放大器、互感器铁芯

表 7-42 铁镍基非晶态合金的性能

牌号	成分	B_s/T	B_r/B_m	H_C/A·m⁻¹	μ_m	T_c/℃	T_x/℃	ρ/μΩ·cm	λ_s(×10⁻⁶)	HV	密度/g·cm⁻³	使用温度/℃	铁损/W·kg⁻¹
Metglas 2826	$Fe_{40}Ni_{40}P_{14}B_6$	0.78	0.83	0.48	1380	250	412	180	11	640	7.51	105	$P_{0.2/50}=150$
Metglas 2826MB	$Fe_{40}Ni_{38}Mo_{14}B_{15}$	0.88	0.80	0.56	940	353	410	160	9	1070	8.02	115	$P_{0.2/50}=96$
Metglas 2826B	$Fe_{29}Ni_{49}P_{14}B_6Si_2$	0.488		1.20	996	135		173	5	792	7.65		
Vitrovac 4040F	$Fe_{40}Ni_{40}(Mo,Si,B)_{20}$	0.80	≤0.10	1.51		270	450	135	8	1000	7.60	120	
Vitrovac 4040R	$Fe_{40}Ni_{40}(Mo,Si,B)_{20}$	0.80	0.2~0.5	1.51	250	270	450	135	8	1000	7.6	120	$P_{0.2/20}=10$
Vitrovac 4040Z	$Fe_{40}Ni_{40}(Mo,Si,B)_{20}$	0.80	≥0.80	1.03	620	270	450	135	8	1000	7.6	120	

表 7-43 快淬软磁镍基合金

牌号	化学成分(原子分数)/%	饱和磁感应强度 B_s/T (不小于)	磁感应强度 B_{30}/T (不小于)(80A/m)	剩磁比 R	矫顽力 H_C/A·m⁻¹ (不大于)	相对最大磁导率 μ_m	铁损/W·kg⁻¹ $P_{0.1/20000}$	$P_{0.3/100000}$ (不大于)	居里温度 T_e/℃	晶化温度 T_x/℃ (不小于)	密度 ρ/g·cm⁻³ (近似)	主要用途
1K601	$Co_{24\sim40}Ni_{28\sim39}Fe_{6\sim14}$ $Si_{5\sim9}B_{7\sim16}$	0.55			1.3	100000		40	220	460	7.9	大功率开关电源铁芯
1K601J	$Co_{24\sim40}Ni_{28\sim39}Fe_{6\sim14}$ $Si_{5\sim9}B_{7\sim16}$	0.60	0.55	0.90	1.2	400000		50	319	443	7.9	磁放大器,传感器铁芯

表 7-44 美国 Allied-Signal 公司非晶合金产品及性能

国家	牌号	成分(原子分数)/%	B_S/T	μ_i,μ_m	H_C/A·m⁻¹	损耗/W·kg⁻¹	λ_s(×10⁻⁶)	T_c/℃
美国	Metglas 2605S-2	$Fe_{78}Si_9B_{13}$	1.56	$\mu_i=6.25,\mu_m=750$	2.39	$P_{1.4/60}=0.2$	27	415
	2605S-3	$Fe_{79}Si_5B_{16}$	1.58	$\mu_i=18.75,\mu_m=25$	7.96	12	27	405
	2605S-3A	$Fe_{67}Cr_2Si_{15}B_{16}$	1.41	$\mu_m=43.75$	6.0	—	20	358
	2605Co	$Fe_{67}Co_{16}Si_1B_{14}$	1.80	$\mu_i=2.5,\mu_m=500$	3.98	$P_{1.4/60}=0.5$	35	415
	2605SC	$Fe_{81}B_{13.5}Si_{3.5}C_2$	1.61	$\mu_i=3.125,\mu_m=375$	3.18	$P_{1.4/60}=0.3$	30	370

参 考 文 献

［1］王新林，王琦安. 金属功能材料的新近发展［J］. 金属功能材料，1994（1）：4~9.

［2］王晓东，齐民. 缓冷大块非晶合金的发展现状及其形成能力的考虑［J］. 材料科学与工程，2000（1）：133~137.

［3］何国，陈国良. 金属间化合物与大块玻璃合金的形成［J］. 材料研究学报，1999（6）：569~575.

［4］刘应开，侯德东，周效锋，等. 非晶、纳米晶材料的历史与现状［J］. 现代物理知识，1999（1）：7~8.

［5］张云黔，张颖，彭芬，等. 非晶态材料的开发和应用［J］. 贵州化工，2002（3）：7~10，16.

［6］口头报告十五、玻璃与非晶态材料［A］. 中国硅酸盐学会特陶分会. 第十四届全国高技术陶瓷学术年会摘要集［C］. 中国硅酸盐学会特陶分会，2006：2.

［7］赵春志，蒋武锋，郝素菊，等. 非晶合金的性能与应用［J］. 南方金属，2015（2）：1~3，9.

［8］段成银，黄光杰. 铝基非晶合金的研究进展［J］. 轻合金加工技术，2007（8）：11~17，55.

［9］马月姣，贾非，张兴国，等. 非晶合金凝固过程数值模拟研究进展［J］. 特种铸造及有色合金，2012，32（5）：413~417.

［10］非晶合金材料合作研究取得进展［J］. 光机电信息，2011，28（5）：49-51.

［11］冯娟，刘俊成. 非晶合金的制备方法［J］. 铸造技术，2009，30（4）：486~488.

［12］肖华星. 大块非晶合金的发展历程［J］. 常州工学院学报，2008，21（6）：1~6.

［13］李传福，张川江，辛学祥. 非晶态合金的制备与应用进展［J］. 山东轻工业学院学报（自然科学版），2008（1）：50~53.

［14］闫相全，宋晓艳，张久兴. 块体非晶合金材料的研究进展［J］. 稀有金属材料与工程，2008（5）：931~935.

［15］李雷鸣，徐锦锋. 大体积非晶合金的制备技术［J］. 铸造技术，2007（10）：1332~1337.

［16］龙卧云，卢安贤. 块体非晶合金的应用研究进展［J］. 材料导报，2009，23（19）：61~66.

［17］王立强，翟慎秋，丁锐，等. 大块非晶合金研究进展［J］. 铸造技术，2017，38（2）：274~279.

［18］王晓军，陈学定，夏天东，等. 非晶合金应用现状［J］. 材料导报，2006（10）：75~79.

［19］薛春娥，吴晓. 非晶复合材料的研究现状［J］. 材料导报，2012，26（S1）：421~425.

［20］王正品，等. 金属功能材料［M］. 北京：化学工业出版社，2004.

［21］徐祖耀. 马氏体相变与马氏体［M］. 北京：科学出版社，1999.

［22］Mao J, Zhang H F, Fu H M, et al. Effects of casting temperature on mechanical properties of Zr-based metallic glasses［J］. Materials Science & Engineering A, 2009（4）：56~58.

［23］Zhang W, Zhang Q, Inoue A. Synthesis and Mechanical Properties of New Cu-Zr-based Glassy Alloys with high Glass-Forming Ability［J］. Adv. Eng. Mater, 2008（11）：75~79.

［24］Weidong Qin, Jinshan Li, Hongchao Kou, et al. Effects of alloy addition on the improvement of glass forming ability and plasticity of Mg-Cu-Tb bulk metallic glass［J］. Intermetallics, 2008（4）：114~117.

［25］Xue Y F, Cai H N, Wang L, et al. Effect of loading rate on failure in Zr-based bulk metallic glass［J］. Materials Science & Engineering A, 2007（1）：356~359.

［26］Qingsheng Zhang, Wei Zhang, Akihisa Inoue. New Cu-Zr-based bulk metallic glasses with large diameters of up to 1.5cm［J］. Scripta Materialia, 2006（8）：689~701.

［27］Seok-Woo Lee, Chang-Myun Lee, Jae-Pyoung Ahn, et al. A parameter governing the plasticity of Cu-Zr containing bulk metallic glasses［J］. Materials Science & Engineering A, 2006（3）：23~34.

［28］Jing Q, Zhang Y, Wang D, et al. A study of the glass forming ability in ZrNiAl alloys［J］. Materials Science & Engineering A, 2006（1）：56~59.

［29］ Fukami T, Okabe K, Okai D, et al. Crystal growth and time evolution in Zr-Al-Cu-Ni glassy metals in su-percooled liquid ［J］. Materials Science & Engineering B, 2004 (2): 42~46.

［30］ Otsuka K, Ren X. Physical metallurgy of Ti-Ni-based shape memory alloys ［J］. Progress in Materials Sci-ence, 2004 (5): 12~17.

［31］ Lu Z P, Liu C T. A new glass-forming ability criterion for bulk metallic glasses ［J］. Acta Materialia, 2002 (13): 1164~1168.

［32］ Eckert J, Kühn U, Mattern N, et al. Structural bulk metallic glasses with different length-scale of constitu-ent phases ［J］. Intermetallics, 2002 (11): 745~751.

［33］ Hans Warlimont. Amorphous metals driving materials and process innovations ［J］. Materials Science & En-gineering A, 2001 (8): 113~118.

［34］ Manov V, Popel P, Brook-Levinson E, et al. Influence of the treatment of melt on the properties of amor-phous materials: ribbons, bulks and glass coated microwires ［J］. Materials Science & Engineering A, 2001 (5): 538~540.

［35］ Lu Z P, Li Y, Ng S C. Reduced glass transition temperature and glass forming ability of bulk glass forming alloys ［J］. Journal of Non-Crystalline Solids, 2000 (1): 1145~1160.

［36］ Spaepen F, Turnbull D. Metallic Glasses ［J］. Annual Review of Physical Chemistry, 1984 (7): 3~9.

［37］ Cytron S J. A metallic glass-metal matrix composite ［J］. Journal of Materials Science Letters, 1982 (5): 78~82.

［38］ Strife J R, Prewo K M. Mechanical behaviour of an amorphous metal ribbon reinforced resin-matrix composite ［J］. Journal of Materials Science, 1982 (2): 678~682.

［39］ Leamy H J, Wang T T, Chen H S. Plastic flow and fracture of metallic glass ［J］. Metallurgical Transac-tions, 1972 (3): 459~471.

［40］ 王新林, 孙桂琴. 金属功能材料发展概况 ［J］. 金属功能材料, 1999 (4): 145~155.

［41］ Ranjan Ray. Devitrification/hot consolidation of metallic glass: a new materials technology via rapid solidifi-cation processing ［J］. Journal of Materials Science, 1981 (10): 89~95.

［42］ Ranjan Ray. High strength microcrystalline alloys prepared by devitrification of metallic glass ［J］. Journal of Materials Science, 1981 (10): 78~84.

［43］ Ray R. Bulk microcrystalline alloys from metallic glasses ［J］. Metal Progress, 1982 (4): 23~31.

［44］ 张延忠, 年素珍, 沈政生. 新型铁基微晶合金磁性能的新水平 ［J］. 科学通报, 1991 (22): 1757~1758.

［45］ 程天一. 微晶合金———一种有发展前途的新型合金 ［J］. 兵器材料科学与工程, 1986 (10): 29~35.

［46］ 赵量. 微晶合金的发展和应用 ［J］. 材料导报, 1990 (5): 17~21.

［47］ 张延忠. 铁基超微晶合金的磁性和应用 ［J］. 功能材料, 1994 (2): 176~184.

［48］ 冯挹. 超微晶合金及应用 ［J］. 电子科技导报, 1998 (12): 35~36, 40.

［49］ 张倩. 国家非晶微晶合金工程技术研究中心技术委员会成立及第一次全体委员大会召开 ［J］. 金属功能材料, 1997 (1): 48.

［50］ 孙桂琴. 日本非晶、超微晶合金的开发与应用 ［J］. 金属功能材料, 1994 (6): 5~10.

［51］ 陈文智, 李志华, 张国祥. 超微晶合金的霍普金森效应研究 ［J］. 金属功能材料, 1995 (2): 63~64.

［52］ 张甫飞, 李挹红, 纪朝廉, 等. 非晶微晶软磁合金系列电感材料及器件的开发应用 ［J］. 金属功能材料, 2001 (3): 1~6.

［53］ 张永昌. 快速凝固微晶合金超塑性的研究进展 ［J］. 材料科学与工程, 1992 (4): 6~9.

8 储氢材料

8.1 绪论

化石能源的有限性与人类需求的无限性导致石油、煤炭等主要能源将在未来数十年至数百年内枯竭，虽然资源奇缺，但人们目前还离不开这些化石能源，它们的使用正在给地球造成巨大的生态灾难，如温室效应、酸雨等，这些严重威胁地球动植物的生存。在这种情况下，为了可持续发展，人类的出路何在？因此，新能源研究势在必行，如风能、太阳能、潮汐能、地热能、核能、氢能等。在这些能源中，氢能因其独特的优势备受关注。原因在于氢能具有下列特点：

（1）氢是自然界中最普遍的元素，资源无穷无尽；不存在枯竭问题。

（2）氢的燃烧值高，燃烧产物是水；零排放，无污染，可循环利用。

（3）氢的燃烧能以高效和可控的方式进行。

（4）氢能的利用途径多：燃烧放热或电化学发电。

（5）氢的储运方式多：气体、液体、固体或化合物。

虽然氢能具有上述优势，但氢能的储存方法至关重要，目前主要有：气态储氢，该法具有能量密度低、不太安全等特点；液化储氢，该法能耗高、对储罐绝热性能要求高等特点；相比以上两种储氢方法，固态储氢具有相当大的优势，该法主要采用金属或合金储氢，具有体积储氢容量高、无需高压及隔热容器、安全性好，无爆炸危险、可得到高纯氢，提高氢的附加值等特点。几种贮氢方法比较如图 8-1 所示（注：psi 是压力单位，定义为英镑/平方英寸（Pounds per square inch），$145psi = 1MPa$）。

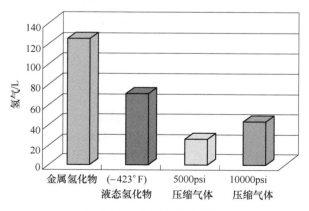

图 8-1　几种贮氢方法比较

在一定温度和氢气压力下，能多次吸收、贮存和释放氢气的贮氢材料是 20 世纪 60 年代发展起来的贮氢功能材料——贮氢合金，使氢的贮存问题得到了令人满意的解决。这种合金像海绵吸水一样，大量吸氢。亦称为氢海绵。这类合金中的一个金属原子能和两三个甚至更多的氢原子结合，生成稳定的金属氢化物，同时放出热量；将其稍稍加热，氢化物发生分解，吸收热量后，又可将吸收的氢气释放出来。

相当于钢瓶 1/3 重量的贮氢合金，可吸尽钢瓶内全部氢，而体积仅为钢瓶的 1/10。有的贮氢合金的贮氢量比液态氢还大。贮氢合金一般在常温和常压下，比普通金属的吸氢量要高 1000 倍，一种镁镍合金制成的氢燃料箱，自重 100kg，所吸收的氢气热能相当于 40kg 的汽油，一种镧镍合金吸氢的密度甚至达到了液氢的密度。表 8-1 显示了几种贮氢合金的贮氢能力。

表 8-1　几种贮氢合金的贮氢能力　　　　　　　$(10^{22}/cm^3)$

种类	20K 液氢	LiH	TiH_2	ZrH_2	YH_2	UH_2	$FeTiH_{1.7}$	$LaNi_5H_{6.7}$
氢原子个数	4.2	5.3	9.2	7.3	5.7	8.2	6.0	6.1

周期表中所有的金属都可以和 H 元素反应生成氢化物，但反应具有两种不同的性质。离子型 $I_A \sim II_A$ 和金属型 $II_B \sim V_B$ 族金属，如钛、锆、钙、镁、钒、铌、RE（稀土）等，能大量吸氢，形成稳定强键合的氢化物，并放出热（$\Delta H < 0$），称放热型金属，或称为吸收氢的元素。

而 $IV_B \sim VIII_B$ 族的过渡金属（钯除外），如铁、钴、镍、铬、铜、铝等，氢在其中的溶解度小，不形成氢化物，称弱键合氢化物，但氢可在其中自由移动，与氢结合时为吸热反应（$\Delta H > 0$），称吸热型金属，或称为非吸收氢的元素。

V_A 族金属刚好显示出两者中间的数值。

贮氢合金材料都服从的经验法则是"贮氢合金是氢的吸收元素（$I_A \sim IV_A$ 族金属）和氢的非吸收元素（$VI_A \sim VIII$ 族金属）结合所形成的合金"。如在 $LaNi_5$ 里 La 是前者，Ni 是后者；在 FeTi 里 Ti 是前者，Fe 是后者。即，合金氢化物的性质介于其组元纯金属的氢化物的性质之间。然而，氢吸收元素和氢非吸收元素组成的合金，不一定都具备贮氢功能。例如在 Mg 和 Ni 的金属间化合物中，有 Mg_2Ni 和 $MgNi_2$。Mg_2Ni 可以和氢发生反应生成 Mg_2NiH_4 氢化物，而 $MgNi_2$ 在 $1.01 \times 10^7 Pa$ 左右的压力下也不和氢发生反应。

另外，作为 La 和 Ni 的金属间化合物，除 $LaNi_5$ 外，还有 LaNi、$LaNi_2$ 等。LaNi、$LaNi_2$ 也能和氢发生反应，但生成的 La 的氢化物非常稳定，不释放氢，反应的可逆性消失了。因此，作为贮氢材料服从的另一条法则是要存在与合金相的金属成分一样的氢化物相。例如 $LaNi_5H_6$ 相对于 $LaNi_5$，Mg_2NiH_4 相对于 Mg_2Ni 那样。

总之，金属（合金）氢化物能否作为能量贮存、转换材料取决于氢在金属（合金）中吸收和释放的可逆反应是否可行。

8.2　贮氢合金的制备方法

制备方法对贮氢合金的性能有很大的影响，制备工艺决定贮氢合金吸放氢的性能。贮氢合金的制备方法有：感应熔炼法、电弧熔炼法、熔体急冷法（快淬法、速凝法）、气体雾化法、机械合金化法、粉末冶金法等。贮氢合金制备方法及特征如表 8-2 所示。

表 8-2 贮氢合金制备方法及特征

制造方法	合金组织特征	方法特征
电弧熔炼法	接近平衡态、偏析少	适于实验及少量生产
高频感应加热法	缓冷时发生宏观偏析	价廉，适于大量生产
熔体急冷法	非平衡相、非晶相、微晶粒柱状组织，偏析少	容易粉碎
气体雾化法	非平衡相、非晶相、微晶粒柱状晶组织，偏析少	球状粉末，无需粉碎
机械合金化法	纳米晶结构、非晶相、非平衡相	粉末原料，低温处理
还原扩散法	热扩散不充分时，组成不均匀	不需粉碎，低成本

8.2.1 熔炼法

熔炼法是一种比较常规的制备方法。

8.2.1.1 工艺

原材料→表面清理→感应熔炼→（气体雾化或铸锭或熔体淬冷）→热处理→初碎→中碎→磨粉→表面处理→活化处理→产品。

特点：设备简单、产率高、易于产业化；炼制的合金活化困难、电化学与气态贮氢性能差；原料镁易挥发，需做保护熔炼。

8.2.1.2 设备

贮氢合金制取设备和性能测试一览表，见表 8-3。

表 8-3 贮氢合金制取设备和性能测试一览表

装 置	设备名称	规 格
熔炼装置	电弧炉 等离子体电弧炉 真空感应熔炼炉	1~3kg 1~3kg 0.5~5000kg
热处理装置	硅钼棒炉 W、Mo、Ta 丝炉 碳管炉	0.5~1kg，约 1600℃，真空，气氛控制 约 200kg，约 1600℃，真空，气氛控制 约 200kg，约 1600℃，真空，气氛控制
粉碎装置	颚式破碎机 对滚机 磨筛机	初、中碎，(30~100)kg/h 气氛控制 中、细碎，(30~100)kg/h 气氛控制 细磨，-200~-400 目，气氛控制

8.2.1.3 冶炼工艺

（1）装料的松紧程度。装料松紧程度直接关系到炉料的熔化速度，在上部，装料要松动，这样可避免搭桥；在中下部时，装料要紧实，由于感应加热时磁力线在坩埚中部中央的密度最大，炉料堆积密度大，磁力线穿过间隙的机会就小，加热速率增加，加热和熔化速率增加。

（2）装料的层次和部位。低熔点的料装在上部，如稀土元素和 Al；在中部高温区，往往装高熔点的难熔炉料 Ni、Co、Cr、Fe、W、Mo、V 等；底部装易于熔化的 Cu、

Mn 等。

（3）合金的加入顺序。对氧亲和力小的先加入，大的后加入，通常顺序为：Mn、Cr、V、C、Si、B、Zr、Ti、Al；以量的多少来确定：对性质活泼的金属，多的先加，少的后加，如 B 在 Ti、Al 之后。

（4）蒸汽压大、熔点低的金属如 Ca、Mg 的加入：一般感应炉上部设置加料斗，可先把这些金属放入加料斗，待其他金属熔化后再放入。

8.2.2　气体雾化法

气体雾化法是一种新型的制粉技术，它分为熔炼、气体喷雾、凝固 3 部分。

8.2.2.1　工艺过程

高频感应熔炼合金→熔炼后的熔体注入中间包→随着熔体从包中呈细流流出的同时，在其出口处以惰性气体（Ar）从喷嘴喷出，使熔体成细小液滴→液滴在喷雾塔内边下落边凝固，成球形粉末收集于塔底。

值得注意的是，这种球状急冷凝固粉，容易产生晶格变形，常热处理除去晶格变形。采用的冷凝速率为 $10^2 \sim 10^4 \mathrm{K/s}$。

8.2.2.2　装置示意图

装置示意图，见图 8-2。

8.2.2.3　粉末特性

虽然制备粉体的 PCT 曲线平台平坦性差，但直接制取球形合金粉，可以防止组分偏析，均化细化合金组织，缩短工艺，减少污染。球形粉末可提高电极中贮氢合金的填充量，避免不规则颗粒对隔膜的刺破、减少表面缺陷，从而减少粉末粉化的裂纹来源，从而提高合金的吸氢量和循环寿命。

雾化法制备合金粉末必须尽可能地降低收集桶的温度，防止合金粉落入回收桶底部后温度过高而发生氧化。为此，熔体雾化成粉末后，使凝固的粉末加速冷却，以使堆积的合金粉温度不超过某一温度，研究

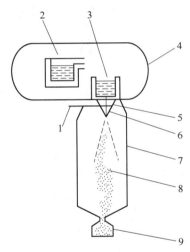

图 8-2　快淬装置示意图
1—高压 Ar 气；2—熔炼炉；3—中间包；
4—熔炼室；5—喷嘴；6—熔体；7—雾化桶；
8—粉末；9—粉末收集桶

表明，堆积完的合金粉最高温度需小于 400°C，因为当大于 400°C 时，冷却速度慢，冷却过程中容易发生氧化，表面生成牢固的氧化膜，阻挡氢气的进入。为了降温，往往采取：

（1）往雾化桶中从下至上通 Ar，使下落粉末被搅乱、延迟下落时间，冷却速率增加。

（2）雾化桶或收集桶用水冷却。

（3）雾化桶内设置多层斜置水冷挡板。

8.2.3　机械合金化法

8.2.3.1　合金化过程及设备

用具有很大动能的磨球，将不同粉末重复的挤压变形，经断裂、焊合，再挤压变形成

中间复合体。这种复合体在机械力的作用下产生新生原子面，并不断细化，从而缩短了固态颗粒间的相互扩散距离，加速合金化过程。由于原子间相互扩散，原子颗粒的特性逐渐消失，直到最后形成均匀的亚稳结构。适用于熔炼相差比较大的金属元素合成合金。

高能球磨机如图8-3所示。

8.2.3.2　条件及特点

在氩气或氦气保护气氛下进行球磨，在球磨中加入庚烷可防止金属粉末之间、粉末与磨球及容器壁间的粘连，采用冷却水冷却球磨桶来带走球磨时产生的热量。

图8-3　高能球磨机

特点为：

（1）可制取熔点和密度相差较大的金属的合金，如 Mg-Ni、Mg-Ti、Mg-Co、Mg-Nb 等系列合金。Mg 熔点 651℃，密度 1.74g/cm^3，其他几种金属熔点 1450℃ 以上，密度在 8g/cm^3 以上。

（2）机械合金化生成亚稳相和非晶相。

（3）生成超细微组织（微晶、纳米晶等）。

（4）合金颗粒不断细化，产生大量的新鲜表面及晶格缺陷，从而增加其吸放氢过程中的反应位置，并有效地降低活化能。

（5）工艺设备简单，无需高温熔炼及破碎设备。

8.2.4　粉末烧结法

（1）原理：超细粉末粒度变细，粉末表面曲率变大，表面能高，表面张力向颗粒内部压力增大，使超细粉末的物理性能改变，熔点下降，降低了烧结温度，制备出大块贮氢合金。

（2）工艺：贮氢合金粉末→加压成型→真空烧结 1h（800~900℃）→冷却过程中通入氢气制成金属氢化物电极。

该法具有直接压制成合金电极、工艺简单、成本较低优点，但烧结式的电极孔隙率低，难以提高比容量，越来越不能满足要求。

8.3　熔体快淬法

8.3.1　真空快淬技术概况

真空快淬技术属于模冷快速凝固技术，是在真空状态和极大地冷却速度条件下使熔体金属固化的先进技术，即将熔融合金在一定的压力下，在气体保护气氛中喷射在旋转冷却的轧辊上（有单辊和双辊），冷却速度为 $10^2 \sim 10^6$ K/s，制成的薄带厚度一般为 $30 \sim 50 \mu m$。实现快速凝固途径有"动力学"法和"静力学"法。

"动力学"法即急冷凝固技术或熔体淬火技术，是指提高熔体凝固时传热速度，来增大冷速，从而提高过冷度和凝固速率，使熔体形核时间变短，来不及在熔点附近凝固，而在远离平衡点的较低温度凝固，实现快冷和快凝。

"静力学"法即热力学深过冷技术，是指针对铸造合金都是在非均匀形核条件下凝固的，过冷度小，故创造近似均匀形核的条件，这时冷速虽小，但凝固过冷度大，亦可实现快速凝固。

真空快淬技术的研究已经经历了三个发展阶段。1960 年美国加州理工学院 P. Duwez 及其同事发明一种独特的熔体急冷技术，第一次使熔融合金在大于 $10^6 \mathrm{K/s}$ 的冷却速度下凝固制备出了 Ag-Ge、Cu-Ag 和 Au-Si 等非晶态合金薄带。真空快淬技术改变了材料的组织结构，如扩大固熔极限、形成新型非平衡晶体或准晶相、生成金属玻璃。在此期间，快速凝固概念形成，并在多种合金体系当中观察到了亚稳效应。

进入 20 世纪 70 年代，真空快淬技术制备非晶态材料领域的研究更为活跃，连续的等截面长薄带技术得到了发展，金属玻璃非同寻常的软磁性（高饱和磁化强度、非常低的矫顽磁性、零磁颈缩和高电阻率），促进了该领域的研究，同时也推动了这些新型磁性材料（尤其是变压器磁芯材料）的应用和发展。

1980 年，由于金属玻璃在高温退火后晶化并失去其所有的优异性能，因此集中于研究快速凝固微晶合金，尤其是航空工业领域具有应用前景的轻金属材料。

近年来，随着现代新技术与新材料的迅速发展，应用熔体真空快淬制备纳米晶、非晶态金属及合金的工艺易于控制，而且可以实现批量生产，易于产业化。目前，熔体真空快淬已经在稀土永磁材料、贮氢合金、Ni_2MnGa 磁性形状记忆合金、耐高温非晶钛基及钛锆基钎焊料、高强度非晶态结构材料等领域得到广泛的应用。真空快淬技术和真空快淬材料的研究已成为了材料科学与工程的一个重要分支，真空快淬技术制备的金属功能材料以粉、丝、带、片、线等产品形式广泛应用于航天、航空、信息、电子、能源、交通、医疗卫生等多个领域。

8.3.2　实现快速凝固的条件

为了实现熔融合金的快速凝固，必须满足两个条件：

（1）金属液分散成液流或液滴，至少在一个方向上尺寸极小，以便散热。

（2）具有传热的冷却介质。可以通过冷却速度、生长速度和过冷度等途径实现。

8.3.2.1　较大的冷却速度

尺寸足够小的凝固试件，凝固时，熔体/轧辊间的界面散热成为控制冷却的主要环节，因此增大散热强度，使熔体以极快的速度降温，即可实现快速凝固。

假设液膜厚度为 h，与冷却介质的温差 ΔT，以一维方式进行传热，那么冷却速度为

$$\frac{\mathrm{d}T}{\mathrm{d}\tau} = \frac{\alpha \Delta T}{\rho c h} \tag{8-1}$$

式中　$\dfrac{\mathrm{d}T}{\mathrm{d}\tau}$——冷却速度，$\mathrm{K/s}$；

　　　α——界面换热系数，$\mathrm{W/(m^2 \cdot {}^\circ\!C)}$；

　　　ΔT——液膜与冷却介质的温度差，${}^\circ\!C$；

　　　ρ——合金的密度，$\mathrm{kg/m^3}$；

　　　c——比热容，$\mathrm{J/(kg \cdot {}^\circ\!C)}$；

　　　h——液膜厚度，m。

8.3.2.2　较大的生长速度

提高铸型的导热能力，增加热流导出速度，凝固界面快速推进，熔体与基体为一体，传热主要靠导热。

忽略液相过热条件下，凝固速度：

$$R = \frac{\lambda_s G_s}{L\rho} \tag{8-2}$$

式中　R——凝固速度，m/s；

　　　λ_s——导热系数，$W/(m \cdot ℃)$；

　　　G_s——凝固层温度梯度，$℃/m$；

　　　L——熔化潜热，J/kg；

　　　ρ——合金密度，kg/m^3。

8.3.2.3　较大的过冷度

抑制熔体在凝固过程中的形核，使合金液获得很大过冷度，实现凝固过程释放的凝固潜热与过冷散失的物理热相互抵消，使熔体凝固过程处在几乎绝热状态，导出的热流几乎没有，从而获得很大的冷却速度。

$$\Delta T = \frac{L}{c}$$

式中　ΔT——过冷度，$℃$；

　　　L——熔化潜热，J/kg；

　　　c——比热容，$J/(kg \cdot ℃)$。

8.3.3　真空快淬炉设备

真空熔体快淬炉是一种能实现将熔融合金快速冷却获得块体非平衡态材料的先进凝固的设备。该设备由高真空系统、电阻熔炼系统、冷却系统，以及控制和运动系统组成，整个试验过程在真空密封真空腔内完成。如图 8-4 所示。

图 8-4　真空快淬炉设备

8.3.3.1 型号与主要技术指标

真空快淬炉型号：

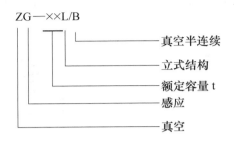

ZG—××L/B

真空半连续
立式结构
额定容量 t
感应
真空

主要技术指标：

容量（以钢计）：××t

最高工作温度：1600℃

极限真空度：$6.67×10^{-2}$Pa

工作真空度：$6.67×10^{-1}$Pa

冷炉压升率（漏泄）：<1Pa/h

输入电源电压：380V±10%

输入相数：3 相

输入电源频率：50Hz

输出中频电压：500V

输出双频频率：1000Hz/200Hz

最大中频输出功率：750kW

设备总功率：900kVA

冷却水量：120m³/h

冷却水压力：$(2~3)×10^5$Pa

8.3.3.2 真空快淬法类型

熔体真空快淬法主要有单辊法和双辊法两种。单辊快淬法亦称熔体冷辊旋凝法，比德尔（Bedell）发明的生产非晶态条带的方法，如图 8-5 和图 8-6 所示。由激冷辊 1 和熔融金属喷出机构两部分组成。熔融金属喷出机构由感应加热线圈 2，喷嘴 6，排气阀 3、压力表 4 和氩气组成。单辊法适合于连续生产，易获得宽带试样。但因离心力导致薄带易从旋转激冷辊面上飞出，冷却状态不理想。冷速只能达到 10^6K/s，制品和辊不接触的一面凹凸不平，和辊接触的一面也有肉眼能看到的无数小穴。这些都会影响制品的应用范围。为了解决此类问题，通过改善试样表面和旋转辊的光洁度，提高旋转辊的光洁度，延长旋转辊和试样接触的时间。

双辊法是陈鹤寿和米勒（Miller）为制备均匀的非晶态条带发明的一种快淬方法，如图 8-7 所示。图中 6 为相

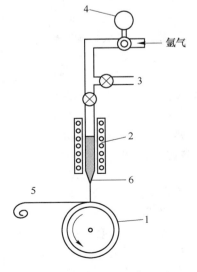

氩气

图 8-5 单辊法快淬凝固原理图

对高速旋转的冷却辊，对两冷却辊施加一定的力。合金经加热熔化后被喷射在两冷却辊辊缝间，在与两冷却辊辊面接触的过程中被急冷而形成非晶态条带。这一方法具有产品厚度均匀和可制备连续条带等特点；但熔池区对装置有几何约束，使操作难以控制，而且也很难避免条带承受的机械形变。

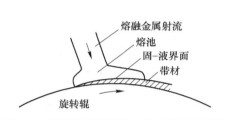

图 8-6　单辊快淬的熔池和带材形成示意图

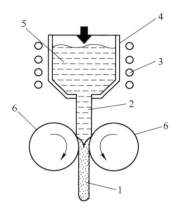

图 8-7　双辊法快淬凝固原理图
1—材料；2—喷嘴；3—感应加热器；4—坩埚；
5—熔融合金；6—双辊

8.3.4　生产工艺

熔体快淬方法的典型工艺流程为：母合金冶炼→浇注成锭→铸锭在带喷嘴的试管中再熔化→熔化喷射→高速旋转的冷却辊→固化→薄带和辊分离→收集合金带或片状物。

8.3.5　真空快淬材料的微结构及性能特点

通过真空快淬技术获得与传统材料性能迥异的新型材料，可以获得具有结构与性能都优异的材料，在结构材料功能化，功能材料结构化的转化中发挥了巨大的作用。

8.3.5.1　真空快淬材料的微观组织结构特征

材料的组织结构与性能之间的关系密切，通常是前者决定后者。真空快淬材料的微观组织结构主要有如下表现：

（1）偏析形成倾向减小，成分均匀化。在真空快速凝固合金中具有成分均匀化或偏析减少的优点，具体表现如下。

随着凝固速率的增大，溶质的分配因数将偏离平衡，其趋势是无论溶质分配系数 $K>1$ 还是 $K<1$，实际溶质分配因数总是随着凝固速率的增大趋近于 1，溶质原子不均匀分布或偏析倾向减小。

通常，用树枝状晶偏析的二次枝晶臂间距来表征成分偏析的范围或距离；显然，真空快淬合金晶粒细化，枝晶间距减小，偏析范围呈数量级减小。在冷速 $10^6 \sim 10^9 \mathrm{K/s}$ 范围内，产品的特征厚度尺寸在 $6 \sim 200 \mu \mathrm{m}$，平均枝晶间距 $0.05 \sim 0.5 \mu \mathrm{m}$。

（2）超过饱和固溶体形成。在液态条件下，大多数合金是无限互溶的（$C_{\max}^{\mathrm{L}} \to 1$），在快速凝固过程中，发生了非平衡或无溶质分配凝固。快速凝固合金中的代位式固溶体和间隙式固溶体的溶质固溶度都会有较大的亚稳扩展，而且一般冷速高、扩展大；固溶亚稳的扩展为合金设计提供了更大的"设计空间"。

（3）组织超细化、尺寸均匀化。

1）晶粒形态与大小。真空快淬合金晶粒，随冷速增大，依次可能为树枝状晶、胞状或柱状晶与等轴晶。快速凝固合金晶粒尺寸极小，而且大小分布均匀，往往为微（米）晶和纳（米）晶。

2）树枝状的生成与大小。快速冷却引起生成细化枝状晶组织，枝状晶间距和冷却速度的关系为

$$h = \beta \left(\frac{\mathrm{d}T}{\mathrm{d}\tau} \right)^{-\frac{1}{3}} \tag{8-3}$$

式中　h——枝状晶间距，μm；

　　　β——与合金成分、冷却条件等有关的常数；

　　　$\dfrac{\mathrm{d}T}{\mathrm{d}\tau}$——冷却速度，$K/s$。

3）共晶组织形成、大小与生长模式。共晶凝固过程包括组成在同一生长界面上生长，在组成相间存在某种扩散区。理论和实践均证实共晶层间距有下列表达法：

$$s = aR^{-1/2} \tag{8-4}$$

式中，s 为共晶层间距；R 为凝固面速度，$R = b\Delta T_\mathrm{F}^2$；$\Delta T_\mathrm{F}$ 为凝固界面过冷度；a、b 为常数与合金的种类及成分有关。

（4）晶体缺陷增加。与铸态合金相比，真空快淬合金的空位浓度、位错密度、层错密度增加。液态合金中空位形成能比固态合金小得多；凝固速度高，晶体生长过程中也容易形成空位；快速凝固过程中热应力大，上述因素的存在使液态合金中空位浓度高得多，空位聚集、崩塌，形成位错环，导致位错密度（尤其是位错环）增多，这些缺陷在快速凝固时大部分来不及消失或调整而留在固态合金中，这对合金性能产生重要的影响。

（5）产生亚稳晶体相，甚至准晶、非晶相。形成亚稳相是快速凝固合金微观组织结构的一个重要特征；亚稳相的形成与控制对新型材料研制、现有合金改善和物理冶金理论研究都有重要意义。研究亚稳相形成规律和应用途径，寻找具有新的特性的亚稳相已成为研制新型合金材料的重要课题和有效途径。

8.3.5.2 真空快淬贮氢材料的性能特点

该法制备的贮氢材料抑制了宏观偏析、析出物微细化、电极寿命长；而且组织均匀、吸放氢性能好；该法使材料急冷，成核数量大，而且由于扩散，溶质原子补偿不足，使晶粒细化，合金特性改善。研究表明：在比表面积相同、粒径不同的吸氢合金中，晶粒细微的吸氢速度快；同组成的合金微细晶粒的高倍率放电性能优良。同时微晶晶界多，氢气扩散路径多。

贮氢合金的分类：随着全球经济的快速发展，能源需求与日俱增，同时，传统的煤炭、石油和天然气等化石燃料带来了环境污染、温室效应等诸多问题，因此清洁、可再生能源的开发已迫在眉睫。在众多新能源中，氢能被视作连接化石能源和可再生能源的重要桥梁。在整个氢能系统中，储氢是非常关键的环节之一。

目前世界上已经研制出多种储氢合金，可按以下几种分类方法进行分类。首先按其组元数目分类，可分为二元系、三元系和多元系。二元系的典型代表有 $LaNi_5$、Mg_2Ni 等合

金，由于镧的价格很高，为降低成本掺入第三组分，如 Al、Mn 等，目前成功地开发了 Mm-Ni 系（Mm 代表富铈混合稀土）合金、Ml-Ni 合金（Ml 代表富镧混合稀土）等多元合金。其次按构成合金的金属分为吸氢类 A 与不吸氢类 B，根据 A 与 B 原子比不同可将合金分为 AB_5 型、A_2B_7 型、AB_3 型、AB_2 型、AB 型和 A_2B 型。根据合金的基体金属分类有稀土系、Laves 相系、TiFe 系、镁系、钒基固溶体等。

在本书中，主要介绍稀土与碱土金属-镍形成的各类型贮氢合金。

8.4　稀土基 AB_5 型贮氢合金

早在 1969 年，Philips 实验室就发现了 $LaNi_5$ 合金，它具有良好的贮氢性能（贮氢量约为 1.4%，质量分数）。1973 年，Ewe 等人首次将 $LaNi_5$ 合金用于电化学吸放氢研究，但是在反复吸放氢过程中引起合金的持续粉化，导致合金电极的放电容量在充放电循环过程中迅速衰减，从而无法应用于 Ni/MH 电池。80 年代中，Williams 采用元素替换的方法制备出了 La-Nd-Ni-Co-Al 等多元合金，该系列合金吸氢后的晶胞体积膨胀率显著下降，合金的抗粉化和抗腐蚀能力明显增强，极大地提高了合金电极的电化学循环寿命。为了降低成本和进一步提高合金的性能，以其他稀土元素（如 Ce、Pr、Nd、Sm、Y 以及混合稀土 Mm）部分替代 A 侧的 La，以其他过渡族元素（如 Co、Mn、Cu、Al、Fe、Sn、Cr 等）部分替代 B 侧的 Ni，制备出了一系列性能优异的合金。因此，品类繁多、性能各异的稀土基 AB_5 及 AB_{5+x} 型贮氢合金在世界范围内诞生，相关的应用研究也广泛地开展。此后，人们相继开发出了 Mm-Ni-Co-Mn-Al-Ti 等多种 AB_5 型混合稀土系贮氢合金，它们的最大放电容量可达 300~320mA·h/g。目前，Ni/MH 电池用稀土基 AB_5 及 AB_{5+x} 型合金已在世界范围内实现工业化生产，成为国内外 Ni/MH 电池产业中主要的负极材料。

1990 年，钢铁研究总院在国内首次鉴定镍氢材料成果和第一只镍氢电池成果，申报并获得了美国专利。在列为国家 863 课题后，又在 1996 年在国内首次将真空快淬镍氢材料正式列为国家 863 课题，在九五和十五 863 计划中，钢铁研究总院和有色研究总院共同承担了这一课题并获得了研究和中试的重要进展。

近年来，国内外的研究开发重点主要集中在以下几个方面：

（1）合金成分的进一步优化，寻求成本低且性能优异的合金。

（2）采用快速凝固技术制备贮氢合金，使其具有更好的电化学性能及抗腐蚀性能。

（3）采用非化学计量比制备多相合金。

（4）合金的表面改性处理，如包覆和镀膜处理，使合金具有较好的抗腐蚀性能及电催化活性。

（5）合金结构方面的理论研究等。

Sakal 较系统地研究了不同铸造条件下 AB_5 型合金的显微组织特征及电化学性能。研究表明，在采用常规的金属锭模铸造条件下（冷却速度约 30~50K/s），无 Mn 的 $MmNi_{3.5}Co_{0.7}Al_{0.8}$ 合金铸锭表面层因冷却速度较快形成柱状晶组织，而合金锭芯部因冷却速度缓慢而形成等轴晶，两种组织的晶粒均比较粗大。当改进金属锭模的结构使冷却速度提高至约 $10^2K/s$ 时，合金组织则完全是柱状晶，晶粒尺寸明显细化（20~30μm）。由此可见，随着凝固过程中冷却速度的增加，无 Mn 的 $MmNi_{3.5}Co_{0.7}Al_{0.8}$ 合金的组织由等轴晶转变为柱状晶，并且晶粒尺寸随冷速增大而减小。但在研究含 Mn 的 $MmNi_{3.5}Co_{0.8}Mn_{0.4}Al_{0.3}$ 合金时发现，由于合金中的 Mn 元素具有促进形核作用，在相同的铸造条件下，MmNi$_{3.5}$Co$_{0.8}$Mn$_{0.4}$Al$_{0.3}$合金只能获得等轴晶组织。

　　对具有不同凝固组织的 MmNi$_{3.5}$Co$_{0.7}$Al$_{0.8}$合金进行电化学性能测试表明（见图 8-8）MmNi$_{3.5}$Co$_{0.7}$Al$_{0.8}$合金铸锭芯部的等轴晶（C）循环稳定性较差，铸锭表层的柱状晶（D）样品具有较好的循环稳定性。而在较高冷却速度（10^2K/s）下获得的细晶粒柱状晶样品（E）循环稳定性最好。研究还表明，由于退火处理使 MmNi$_{3.5}$Co$_{0.8}$Mn$_{0.4}$Al$_{0.3}$合金的晶粒长大，经退火的合金样品（A）循环稳定性显著恶化。但将退火合金再经电弧炉重熔（水冷铜坩埚中凝固）所得的合金样品（B），由于其组织也是晶粒较细的柱状晶，又显示出良好的循环稳定性。Sakai 等对 MmNi$_{3.5}$Co$_{0.7}$Al$_{0.8}$合金的上述研究揭示了贮氢合金的铸造条件与显微组织之间的关系及其对合金电化学性能影响的规律。由于提高合金的凝固冷却速度可以改变 AB$_5$ 型合金的显微组织并使合金电极循环稳定性得到改善，采用冷却速度更高的快速凝固技术制备贮氢电极合金的研究受到广泛关注，现已成为进一步提高贮氢电极合金综合性能的重要途径。

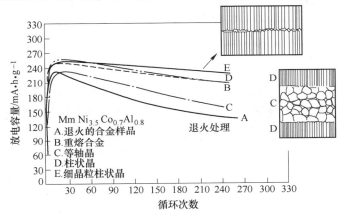

图 8-8　不同组织形貌对 MmNi$_{3.5}$Co$_{0.7}$Al$_{0.8}$合金循环稳定性的影响

　　Tang 等用单辊快淬法研究 LaNi$_{4.5}$Mn$_{0.5}$合金结构时发现，快速凝固合金粉末 XRD 衍射峰强度顺序发生了变化。虽然快凝合金的最强峰仍是（111）面，但（200）、（110）面的衍射强度明显增加，都超过了（101）面的衍射强度，而（101）面是常规熔铸合金的第二强峰。Tang 解释这种现象时认为快速凝固过程使 Mn 原子在晶格中分布的排序发生了变化，而这种变化又与快速凝固抑制了 Mn 元素的偏析有密切关系。Srivastava 等在用单辊快淬法研究 LaNi$_{5-x}$Si$_x$（$x = 0.1$、0.3、0.5）合金时却得出了与 Nakamura 相反的结论，即快速凝固过程不仅未能抑制 LaNi$_{5-x}$Si$_x$合金中第二相（如 Ni、Si 等）的析出，反而促进第二相的形成。但充氢后，快凝 LaNi$_{4.7}$Si$_{0.3}$合金中的第二相（Si 和 Ni）都溶入主相（CaCu$_5$）中。快凝 LaNi$_{4.7}$Si$_{0.3}$合金的 K10 型衍射峰（如 110、200、300）具有比常规铸造合金更高的衍射强度，表明该合金晶粒沿垂直于 CaCu$_5$ 型六方晶胞的 c 轴方向择优生长。Srivastava 认为由于快凝合金凝固过程具有较高生长速度，抑制了形核率，导致了晶粒择向生长。Sakai 等的研究也表明，在常规熔铸过程中 MmNi$_{3.5}$Co$_{0.7}$Al$_{0.8}$合金的柱状晶是沿着垂直 CaCu$_5$ 型六方晶胞 c 轴的［110］或［100］方向择优取向生长。Srivastava 等研究快速凝固和常规熔铸 MmNi$_{4.3}$Al$_{0.3}$Mn$_{0.4}$合金时发现，常规熔铸合金的组织为等轴晶，晶粒粗大，经酸液腐蚀后，组织形貌如图 8-9a 所示。而单辊快淬合金的显微组织为细小的柱状晶，其形貌如图 8-9b 所示。从图中可以看到，柱状晶沿着厚度方向（与铜辊辊面垂直）生长，晶柱直径为 1~2μm 左右。进一步研究表明，快凝 $MmNi_{4.3}Al_{0.3}Mn_{0.4}$ 合金的柱状晶沿垂直于 $CaCu_5$ 型六方晶胞。轴的 [100] 和 [110] 方向择优取向生长。Srivastava 等还认为，快速凝固的柱状晶具有远比常规熔铸合金中等轴晶优良的抗吸氢粉化性能，对提高合金的循环稳定性具有积极作用。

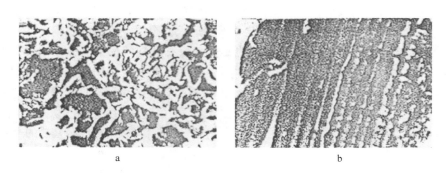

图 8-9　常规熔铸和快速凝固 $MmNi_{4.3}Al_{0.3}Mn_{0.4}$ 合金的显微组织

a—常规熔铸；b—快速凝固

从上述不同作者的研究结果看，快速凝固 AB_5 型合金的显微组织因采用的方法不同而异。在单辊快淬快速凝固条件下，无 Mn 的 AB_5 型合金的显微组织为细小的柱状晶，而对含 Mn 合金则有生成柱状晶或等轴晶的不同报道。

图 8-10 为用气体雾化法和单辊快淬法制备的 $MmNi_{3.8}Co_{0.5}Mn_{0.4}Al_{0.3}$ 合金的 SEM 形貌，气体雾化合金的平均粒径约为 20~30μm 的球形粉末，而单辊快淬合金则为厚度在 30~50μm 之间的薄片。Sakai 等对比测试了上述两种快凝合金及同一成分常规熔铸合金的 PCT 曲线如图 8-11 所示。从图中可以看出，气体雾化合金的 PCT 曲线斜率最大，没有明显的压力平台区，而单辊快淬合金的 PCT 曲线较为平坦，平台压力也比较低。Sakai 等认为，与单辊快淬凝固方式相比，采用高速 Ar 气流使合金雾化分散为细小液滴的

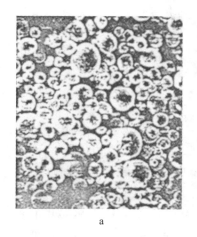

图 8-10　气体雾化法和单辊快淬法制备的 $MmNi_{3.8}Co_{0.5}Mn_{0.4}Al_{0.3}$ 合金的 SEM 形貌

a—气体雾化；b—单辊快淬

凝固方式导致合金球形颗粒残留有较大的热应力并产生较大的晶格畸变是气体雾化合金
使 PCT 曲线压力平台变得倾斜的主要原因。相比之下，常规熔铸合金的 PCT 曲线介于
气体雾化和单辊快淬合金之间，说明常规熔铸合金的残留应力也介于上述两种快凝合金
之间。

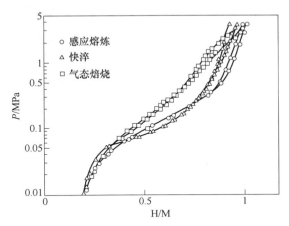

图 8-11 不同快凝方法制备 MmNi$_{3.8}$Co$_{0.5}$Mn$_{0.4}$Al$_{0.3}$合金的 PCT 曲线（40℃）

图 8-12a 和 b 分别是 Mishima 等采用单辊快淬法制备的 LaNi$_{4.0}$Co$_{0.6}$Al$_{0.4}$合金的断口形
貌和 PCT 曲线。在扫描电镜（SEM）下可以清晰地看到快凝合金薄片断口为柱状晶组织，
晶柱直径约为 1~2μm，如图 8-12a 所示。由图 8-12b 可以看出，在 PCT 曲线上，快速凝固
合金具有比常规电弧炉熔铸合金更为平坦的压力平台。Mishima 等认为，与电弧炉熔铸合
金（晶粒尺寸约 20~30μm）相比，由于单辊快淬合金具有更细小的晶粒（晶粒尺寸 1~
2μm），所包含的大量晶界是消除晶格应变的缓冲区，从而使单辊快淬合金的晶格应力降
低，并显示出较为平坦的 PCT 曲线。

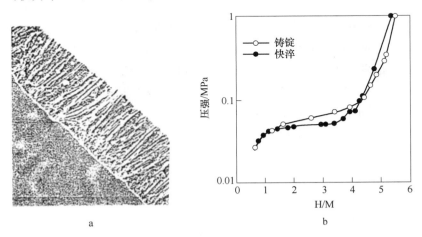

图 8-12 快速凝固 LaNi$_{4.0}$Co$_{0.6}$Al$_{0.4}$合金薄片的断口形貌（a）及其 PCT 曲线（b）

Mishima 等对单辊快淬 LaNi$_{4.6}$Al$_{0.4}$ 和 LaNi$_{4.0}$Co$_{0.6}$Al$_{0.4}$合金的研究结果表明，上述两种
快速凝固合金达到最大容量所需的活化次数均比常规熔铸合金少，即快速凝固过程可以改

善合金的活化性能，如图 8-13 所示。但从图 8-13a 可以看出，快速凝固 $LaNi_{4.6}Al_{0.4}$ 合金的放电容量明显低于相同成分的常规熔铸合金，而快速凝固 $LaNi_{4.0}Co_{0.6}Al_{0.4}$ 合金的放电容量则反而比常规熔铸合金略有提高，如图 8-13b 所示。从图 8-13b 还可以看出，通过 400℃ 退火可以改善合金的活化性能，但同时也使合金的放电容量降低。对导致快速凝固合金比常规熔铸合金易活化的原因，Mishima 等认为是由于快凝合金晶粒细小，具有大量晶界作为氢扩散的通道，使氢在快速凝固合金中扩散比较快所致。但快速凝固过程对合金放电容量的影响比较复杂，由于合金成分不同而存在相反的结果。

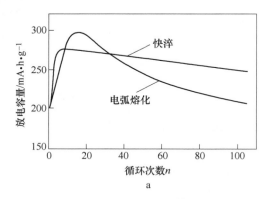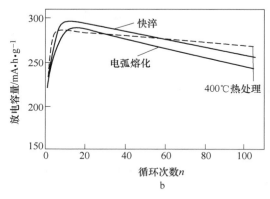

图 8-13　快速凝固和常规熔铸合金的充-放电曲线 （20℃）

a—$LaNi_{4.6}Al_{0.4}$；　b—$LaNi_{4.0}Co_{0.6}Al_{0.4}$

Li 等用单辊快淬法研究了冷却速度对 Ml（NiCoMnTi）$_5$ 合金活化性能和放电容量的影响（见图 8-14）。由图 8-14 可以看出，在充放电电流均为 60mA/g 的条件下，常规熔铸合金（辊线速度假定为 0m/s），经 4 次充放电循环就完全活化并达到最大放电容量 316mA·h/g，而辊线速度为 18m/s 的快速凝固合金则需 6 次充放电循环，才能活化。当辊线速度从 18m/s 增加到 27m/s 时，合金的活化次数从 6 次增加到 20 次，即冷却速度（辊线速度）越大，快凝 Ml（NiCoMnTi）$_5$ 合金的活化性能也越差。从表 8-4 有关快凝 Ml（NiCoMnTi）$_5$ 合金放电容量与冷却速度（用铜辊线速度表示）之间的关系还可以看出，快凝合金的放电容量也随着冷却速度（辊线速度）的增加而下降，当单辊快淬的辊线速度从 10m/s 增加到 30m/s 时，快凝合金的放电容量从 306mA·h/g 下降到 264mA·h/g。Li 等认为合金放电容量随冷却速度下降归因于非晶态相的出现，因为非晶 AB$_5$ 型合金的容量只有晶态合金的一半左右。

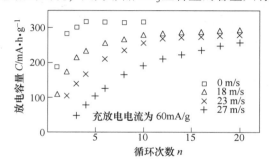

图 8-14　不同冷却速度快速凝固 Ml（NiCoMnTi）$_5$ 合金的活化曲线 （25℃）

表 8-4　快凝合金 Ml(NiCoMnTi)$_5$ 放电容量与冷却速度之间的关系

样品的冷却速度/m·s^{-1}	不同放电电流下合金的最大放电容量/mA·h·g^{-1}		
	60	150	300
常规熔铸　　　0	316	295	280
单辊快淬　　　10	305	290	264
15	299	281	251
18	294	270	242
20	290	264	238
22	281	257	230
23	280	255	226
25	274	248	215
27	270	243	210
30	262	234	195

Li 等通过采用不同温度对快凝合金进行退火处理来改善合金的电化学性能。图 8-15 是单辊快淬合金 Ml(NiCoMnTi)$_5$ 放电容量与退火温度之间的关系曲线。由图中可以看出，随着退火温度的逐步升高，合金的放电容量逐步增加。当退火温度从 673K 逐步增加到 1073K 时，快凝合金在 60mA/g 放电条件下的放电容量从 257mA·h/g 逐步增加到 312mA·h/g。与未退火的单辊快淬合金（放电容量 280mA·h/g）相比，经过退火的合金的放电容量均有不同程度的提高。Li 等认为这是因为合金中的非晶在退火过程中消失的结果。

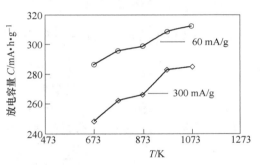

图 8-15　单辊快淬合金 Ml(NiCoMnTi)$_5$
放电容量与退火温度之间的关系

Higashiyama 等对超化学计量配比合金 Mm(Ni$_{3.8}$Al$_{0.2}$Mn$_{0.6}$)$_{(x-0.4)/4.6}$Co$_{0.4}$（$x=5.0\sim5.8$）快速凝固的研究结果表明，快凝合金的放电容量通常也是小于常规铸造合金，并且随着 x 值的逐渐增大，放电容量也逐渐下降，表明化学计量配比值 x 对快凝合金容量具有决定意义。但也是引起快速凝固和常规熔铸超化学计量配比合金 Mm(Ni$_{3.8}$Al$_{0.2}$Mn$_{0.6}$)$_{(x-0.4)/4.6}$Co$_{0.4}$ 放电容量下降的原因，Higashiyama 等未作进一步阐述。

Li 等研究了凝固冷却速度对 Ml(NiCoMnTi)$_5$ 合金循环稳定性的影响，结果如图 8-16 所示。研究表明，在所测定的 550 次充放电循环过程中，合金每次循环的平均容量衰减速率随着合金凝固冷却速度的增加而下降。换言之，快凝合金的循环寿命随着冷却速度增加而增长。需要指出的是，快凝合金 Ml(NiCoMnTi)$_5$，经低温退火（如 673~773K）后，循环稳定性得到了进一步改善。从图 8-17 中还可以看出，退火温度越高，快凝合金在循环过程中容量衰减速率也越快。还可以看出，对快凝 AB$_5$ 型合金进行 400℃ 低温退火可以同时提高合金的放电容量和循环稳定性，是比较合理的退火温度。而退火温度进一步提高，虽然可使放电容量进一步提高，循环稳定性却显著恶化了。在解释退火工艺对快凝

Ml（NiCoMnTi）₅合金电化学性能影响时，Li 等认为是显微组织发生了变化，如高温退火使合金的晶粒长大，TiNi、TiNi₃等第二相析出以及非晶态相消失等。

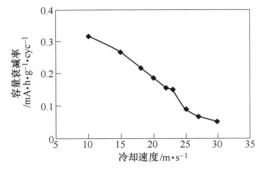

图 8-16　冷却速度（铜辊的线速度）对快凝Ml（NiCoMnTi）₅合金容量衰减率的影响

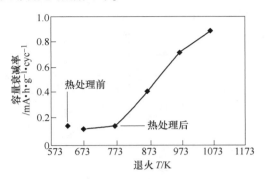

图 8-17　快凝 Ml（NiCoMnTi）₅合金容量衰减率与退火温度之间的关系

8.5　稀土镁基 AB₂ 型贮氢合金

8.5.1　La-Mg-Ni 系 AB₂ 型贮氢合金的相结构

稀土系 AB₂ 型贮氢合金通常具有 C15 Laves 相结构。Laves 相是一种典型的拓扑密堆相，具有高对称性、大配位数及高堆积密度的特点。Laves 相有三种 C14（MgZn₂ 型，六方晶），C15（MgCu₂ 型，立方晶），C36（MgNi₂，六方晶）。C15 Laves 相的晶格间隙均为四面体间隙，氢原子进入 Laves 相合金晶格中的间隙位置，根据构成四面体原子的种类，这些间隙位置可以以 A₂B₂ 位置、AB₃ 位置、B₄ 位置。对于一个 AB₂ 合金，这三种位置上的位置数分别为 12 个、4 个和 1 个，如果这些位置全部被氢原子占据，AB₂ 型合金的氢化物为 AB₂H₁₇，但是目前发现氢原子最多占据 6 个位置。这是由于合金吸氢时氢原子占据四面体的间隙位置，由于氢原子半径大于四面体间隙半径导致晶胞膨胀，使氢原子不可能占据所有的间隙位置，而存在一个极限值。Shoemaker 研究了 AB₂ 型 C15 Laves 相吸氢与原子位置的关系，发现具有公共面的四面体间隙不能同时被氢原子占据，即氢原子"填充不相容原则"。

LaMgNi₄合金是 La-Mg-Ni 系 AB₂ 合金典型代表，最初由 Aono 等人研究报道了其晶体结构并测试了其气态贮氢性能，在 4MPa，313K 下吸氢量为 1.05%，氢化物生成熔为 $-35.8kJ/mol\ H_2$ 可比得上 LaNi₅-H 系贮氢合金，表明 LaMgNi₄合金具有应用和研发潜力。随后 Kadir 等人通过 Guinier-Hägg X 射线衍射进一步确定了 REMgNi₄（RE＝Ca、La、Ce、Pr、Nd、Y 等）合金的晶体结构为 MgCuSn₄立方型结构，是二元 AuBe₅结构（AuBe₅结构是介于 C36 MgNi₂型和 C15 MgCu₂型 Laves 相的一种有序超结构）的派生，如图 8-18 所示，属于 F43m（216）空间群。Wang 等人通过感应熔炼制备了 REMgNi₄（RE＝La、Ce、Pr、Nd、Y），并对合金的晶体结构进行了表征，发现合金具有 AuBe₅型立方体结构。

A 原子占据 4a 位置，16e 位置被 Ni 原子所占据。平均最近的 Ni—Ni 原子间的距离为 0.251nm，与紧密排列的金属 Ni 原子间的距离（0.249nm）非常接近，而与不容易储氢的 MgNi₂中 Mg—Ni 和 Ni—Ni 平均键长均有所增加，说明 AMgNi₄能提供更大的间隙半径供氢

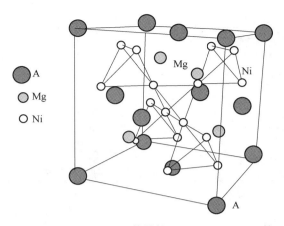

图 8-18　AMgNi$_4$ 相的晶体结构（A＝La、Pr、Nd 等）

原子占据。在 Kadir 的基础上，Guenee 等人系统研究了 LaMgNi$_4$ 和 NdMgNi$_4$ 合金储氢性能特性。LaMgNi$_4$ 最大储氢量（质量分数）在 8×10^5 Pa 和 53℃ 可达 5%。NdMgNi$_4$ 相吸完氢后晶体结构类型发生变化，由立方结构变为正方结构，空间群从 F-43m 变为 Pmn21，对称性降低。吸氢后氢原子占据 4b 和 2a1 及 2a2 三个位置，4b，2a1 和 2a2 如果完全被氢原子占满，最大储氢量为 4%。其中 4b，2a1 位于 A$_2$B$_3$ 型间隙中（A＝2Nd，B＝Mg、2Ni），而 2a2 位于 AB$_3$ 型间隙中（A＝Nd，B＝3Ni）；由于满足 Ccub＝2Vortho，体积膨胀率为 14.6%；吸完氢后 NdMgNi$_4$ 晶格参数各向异性膨胀比较明显（$\Delta b/b = 9.3\%$，$\Delta c/c = 4.0\%$，$\Delta a/a = 1.2\%$）。

　　杨泰等采用研究发现，LaMgNi$_{4-x}$M$_x$（M＝Co、Mn、Cu、Al；$x = 0$、0.2、0.4、0.6、0.8）合金，铸态 LaMgNi$_4$ 合金均包含两个主相，分别为 LaMgNi$_4$ 相以及 LaNi$_5$ 相，Co、Mn、Cu 元素的添加没有改变合金的相组成，但 Al 元素添加量 $x = 0.4$ 时，出现了 LaAlNi$_4$ 相，如图 8-19 所示。LaMgNi$_{4-x}$Co$_x$（$x = 0$、0.2、0.4、0.6、0.8）合金为层片状结构，片层中心为 LaNi$_5$ 相，外层包裹着 LaMgNi$_4$ 相。Co 元素的加入改变了 LaMgNi$_{4-x}$Co$_x$（$x = 0$、0.2、0.4、0.6、0.8）合金的组织形貌，使得合金较为规则的片状结构变得混乱。

8.5.2　合金的气态吸放氢性能

　　具有 C15 Laves 相的 LaNi$_2$ 合金在 298K 和 0.8MPa 氢气压力下吸氢量（质量分数）大约为 1.77%。Miyamura 等研究了速凝方法制备的 RENi$_2$（RE＝La、Ce、Pr、Mm）合金，吸氢后的氢化物为非晶结构，合金的吸放氢为固溶过程，无明显的相变现象。该系列合金在氢压 10^{-3} MPa 下有超过 75% 的氢不能有效释放出来，合金的 PCT 曲线倾斜（图 8-20），无明显的压力平台。这是由于合金吸氢过程中生成的非晶化氢化物不能被有效释放，导致合金贮氢能力的显著恶化。

　　为了改善 AB$_2$ 型合金的循环稳定性，Oesterreicher 等采用 Mg 元素部分替代 LaNi$_2$ 中的 La，研究其对合金结构及吸放氢性能的影响。研究表明，随着 Mg 含量的增加，合金吸氢量逐渐降低，吸放氢平台变得倾斜，但却有效抑制了合金的氢致非晶化现象。此外，在 298K 和 1.0MPa 氢压下，LaMgNi$_2$ 生成氢化物 La$_{0.5}$Mg$_{0.5}$Ni$_2$H$_{3.4}$，也未出现氢致非晶化现

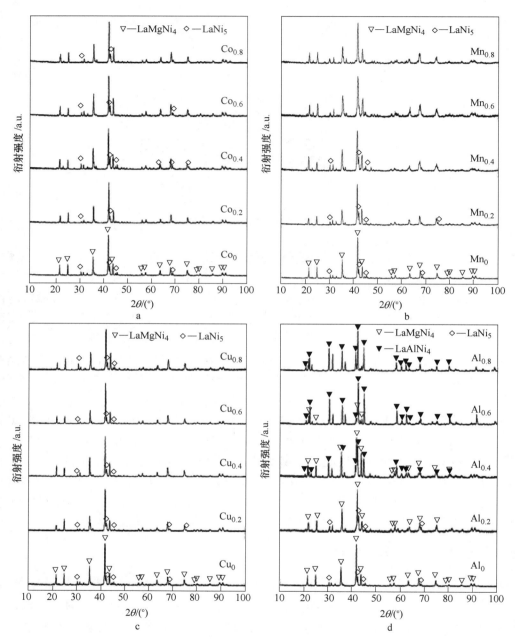

图 8-19　$LaMgNi_{4-x}M_x$（M = Co、Mn、Cu、Al；x = 0、0.2、0.4、0.6、0.8）合金的 X 射线衍射图谱
a—Co 元素替换合金；b—Mn 元素替换合金；c—Cu 元素替换合金；d—Al 元素替换合金

象，但其吸氢动力学性能较差。

　　杨泰等采用研究发现，$LaMgNi_{4-x}M_x$（M = Co、Mn、Cu、Al；x = 0、0.2、0.4、0.6、0.8）合金在 100℃ 时合金的活化性能显著优于 50℃（如图 8-21 所示），Al、Cu 元素替换 Ni 促进了合金的活化性能，而 Co、Mn 元素替换 Ni 后其活化性能显著降低，合金达到最

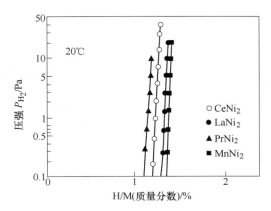

图 8-20 RENi₂(RE＝Ce、Pr、La、Mm) 合金的气态 PCT 曲线

大吸氢量所需的时间顺序是 Al > Cu > Ni > Co > Mn。LaMgNi₄合金的 PCT 曲线包含两个吸放氢平台压，Co₀.₄合金 PCT 曲线形状大致与 LaMgNi₄合金相似。由于氢致非晶化作用，Mn₀.₄、Cu₀.₄合金 PCT 曲线仅出现单个的 LaNi₅吸氢平台。元素替换显著影响了合金的吸氢量，Co 元素替换提升了合金的吸氢量，而 Mn、Cu、Al 元素均使得合金的最大吸氢量有不同程度的下降。Co、Al 元素的添加有利于促进合金的循环稳定性，Mn、Cu 元素的加入使得合金的循环稳定性迅速衰减。

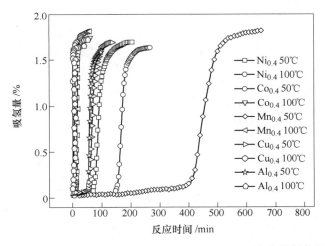

图 8-21 LaMgNi₃.₆M₀.₄(M＝Ni、Co、Mn、Cu、Al) 合金的活化性能

Zhai 等对 La₁₋ₓPrₓMgNi₃.₆Co₀.₄（x＝0~0.4）合金分别进行了 5 次 PCT 曲线的测试。测试结果如图 8-22 所示。可以看到 x＝0 时，即未进行 Pr 元素替代的合金随着 PCT 次数的增加，吸氢量逐渐减少，随着 Pr 元素的替代，合金吸氢量下降的幅度越来越小。同时可以看到 Pr 元素未替代时，Pr₀ 合金中 LaMgNi₄相的平台压的平台比较窄，随着 Pr 元素替代量的增加 LaMgNi₄ 相的平台压的平台越来越宽。且随着 Pr 元素替代量的增加，La₁₋ₓPrₓMgNi₃.₆Co₀.₄(x＝0~0.4) 合金的滞后效应越来越小。

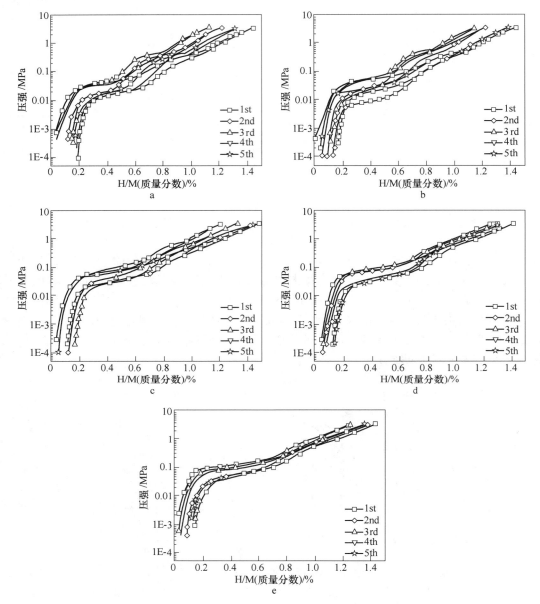

图 8-22　$La_{1-x}Pr_xMgNi_{3.6}Co_{0.4}(x=0\sim0.4)$ 合金 5 次 PCT 曲线

a—$x=0$；b—$x=0.1$；c—$x=0.2$；d—$x=0.3$；e—$x=0.4$

8.5.3　合金的电化学贮氢性能

Miyamura 等研究了 $RENi_2$（RE = La、Ce、Pr、Mm）合金的电化学性能，如表 8-5 所示。实际最大放电容量仅为 61~81mA·h/g，且合金电极的活化性能很差，需要经过 100 次以上充放电循环才能达到最大容量。四种合金的理论放电量在 359~423mA·h/g 之间，但其实际最大放电容量仅为 61~81mA·h/g。合金的放电容量随环境温度的升高而有所增大（图 8-23），但仍低于 100mA·h/g，说明上述合金的可逆吸放氢能力较差，可能与合金的氢致非晶化有关。

表 8-5 CeNi$_2$、LaNi$_2$、PrNi$_2$ 和 MmNi$_2$ 合金的电化学性能

合金	平均原子量	在 1.01×10^{5}Pa 时贮氢量（H/M）	电化学容量/mA·h·g^{-1}		活化次数	长期循环后的容量/mA·h·g^{-1}	
			理论值	实测值		500 次循环	1000 次循环
CeNi$_2$	85.83	1.22	381	81	100	74	56
PrNi$_2$	86.10	1.36	423	71	150	60	
LaNi$_2$	85.43	1.31	411	70	500	70	46
MmNi$_2$	85.79	1.13	353	61	100	48	

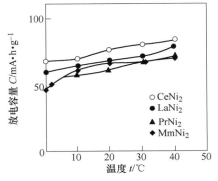 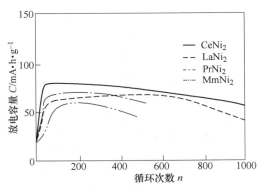

图 8-23 在不同温度下 CeNi$_2$、LaNi$_2$、PrNi$_2$ 和 MmNi$_2$ 非晶氢化物的放电容量

经过 400 次充放电循环后，上述四种 AB$_2$ 型合金的电极容量保持率在 80% 以上。其中，CeNi$_2$ 和 LaNi$_2$ 电极经过 1000 次充放电循环后的容量保持率可达 70% 左右，显示出良好的循环稳定性（如图 8-24 所示）。对经过 1000 次充放电循环后 CeNi$_2$ 和 LaNi$_2$ 以及经过 500 次充放电循环后 PrNi$_2$ 和 MmNi$_2$ 电极的 XRD 衍射峰存在外，没有明显的合金衍射峰，这表明在室温时，上述 AB$_2$ 型合金因电化学吸氢而导致非晶化，即使经过多次充放电循环后仍然保持稳定的非晶态结构。

杨泰等采用研究发现，LaMgNi$_{4-x}$M$_x$（M = Co、Mn、Cu、Al；x = 0、0.2、0.4、0.6、0.8）合金均具有优异的活化性能，在第一次循环时就达到了最大放电容量。LaMgNi$_4$ 合金具有较高的电化学容量（318.6mA·h/g），Co 元素替换后合金的放电容量先增大后减小，Co$_{0.4}$ 合金的最大放电容量达到 352.1mA·h/g。对于 Mn、Cu、Al 元素替换合金，随着元素替换量的增加其放电容量逐渐降低。除 Mn 以外 Co、Cu、Al 元素部分替换合金中的 Ni 可显著提高合金的电化学循环稳定性，且随着替换量的增加，合金的容量保持率也大致呈增加的趋势。随着 Co、Al 元素替换量的增加，合金的高倍率放电性能先增加，后减小，在 Co、Al 元素替换量 x = 0.4 时均达到最大值，分别为 95.0% 和 95.6%。而对于 Mn、Cu 元素替换后的合金，其高倍率放电性能均下降。影响该系列合金电化学动力学性能的主要因素是氢在合金体内的扩散速率。

稀土镁系 AB$_2$ 型贮氢合金气态贮氢量和理论电化学容量均比 AB$_5$ 及 AB$_3$ 型合金高，采

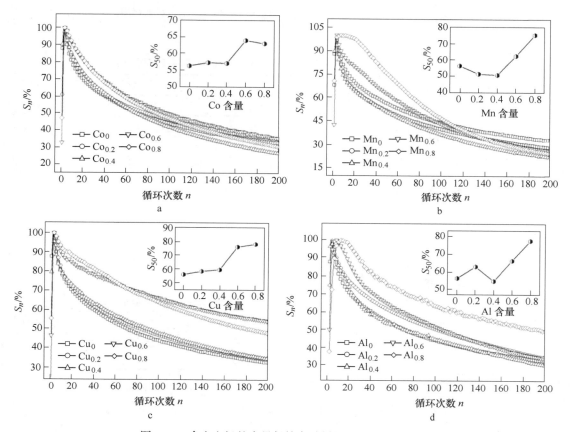

图 8-24　合金电极的容量保持率随循环次数的关系曲线

a—Co 元素替换合金；b—Mn 元素替换合金；c—Cu 元素替换合金；d—Al 元素替换合金

用机械合金化法制备的 $LaMgNi_4$ 合金的放电容量已经达到 $400mA \cdot h/g$。目前对于 La-Mg-Ni 系 AB_2 型合金相关的报道较少，其相结构、气态吸放氢性能及电化学贮氢性能仍需要进一步进行研究。近些年，对该体系合金制备技术及工艺的研究主要集中在以下几个方面：

（1）多元合金成分优化设计，即最佳 La/Mg 比例的确定，并采用 Co、Mn、Al、Cu 等元素对 B 侧的 Ni 进行替代，Ce、Pr、Nd、Y 、Mm 等及 Ca 对 A 侧的 La 和 Mg 进行替代。

（2）对合金进行热处理，研究其对合金结构及性能的影响。

（3）成分及结构对合金贮氢性能的影响以及合金晶粒尺寸及缺陷数量与贮氢性能间的关系。

8.6　稀土镁基 $AB_{3～3.5}$ 型贮氢合金

8.6.1　相结构

对于铸态及快淬态 AB_3、$AB_{3.5}$ 型稀土系合金具有多相结构，主要相组成为（La，Mg）Ni_3 相（或（La，Mg）$_2Ni_7$），$LaNi_5$ 相以及少量的 $LaNi_2$ 相。掺杂元素种类和快淬工艺影响合金的相结构。铸态及快淬态 $La_2Mg(Ni_{0.85}Co_{0.15})_9B_x(x = 0，0.1)$ 合金 X 射线衍射谱，图 8-25

所示。相对于铸态合金，合金经过快淬处理后，对于不含硼合金，快淬处理导致 LaNi$_2$相的量增加，随淬速的增加合金中的 LaNi$_2$相的量显著增加。而对于含硼合金，快淬导致合金中的 LaNi$_2$相的量减少。经过快淬处理后合金中的 Ni$_2$B 相消失，尽管快淬有促进 LaNi$_2$相形成的作用，但对于快淬态合金，Ni$_2$B 相促进 LaNi$_2$相形成的作用已经消失，快淬对 LaNi$_2$相形成的促进作用比 Ni$_2$B 弱，所以总的作用结果是快淬使含硼合金中的 LaNi$_2$相的量减少。但对加 Cr 后形成的 La$_2$Mg(Ni$_{0.85}$Co$_{0.15}$)$_9$Cr$_x$($x=0$、0.1、0.2) 合金，快淬工艺对 LaNi$_2$相的量没有显著的影响。

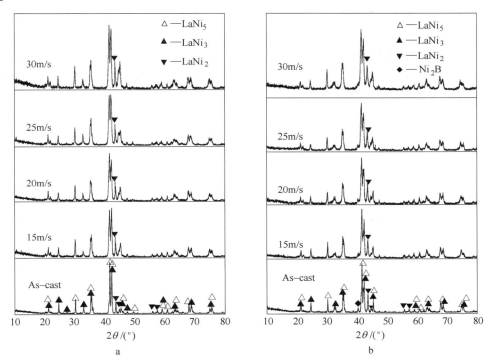

图 8-25 铸态及快淬态 La$_2$Mg(Ni$_{0.85}$Co$_{0.15}$)$_9$B$_x$($x=0$、0.1) 合金 X 射线衍射谱

a—$x=0$；b—$x=0.1$

铸态及快淬态 La$_{0.75}$Mg$_{0.25}$Ni$_{3.47}$Co$_{0.2}$Al$_{0.03}$合金的 XRD 衍射图谱，如图 8-26 所示。快淬并没有使合金的相组成发生改变，合金仍由 (La,Mg)$_2$(Ni,Co,Al)$_7$、LaNi$_5$主相和少量的 LaNi$_2$相组成。从 XRD 衍射峰强度来看，快淬有利于 LaNi$_5$相的形成，随着淬速提高，合金中 LaNi$_5$相含量增多，(La,Mg)$_2$(Ni,Co,Al)$_7$相含量减小。

La$_2$Mg$_{0.9}$Ni$_{7.5}$Co$_{1.5}$Al$_{0.1}$合金快速凝固对合金的相结构有明显影响。经过快淬后的合金，随冷却速度的增加其衍射峰强度都逐渐下降、衍射峰明显宽化，这表明其晶粒随着凝固速度的增加逐渐细化，内应力也逐渐增大，而且可能产生一定的晶格畸变。当冷速为 5m/s 时，合金中出现 LaNi$_5$相（CaCu$_5$型结构）和 β-La$_2$Ni$_7$相（Gd$_2$Co$_7$型结构）；而在冷速为 10m/s时，合金中又出现 LaMgNi$_4$相（MgCu$_4$Sn 型结构）。当冷速为 20m/s 时，合金中 β-La$_2$Ni$_7$相消失，α-La$_2$Ni$_7$相的丰度由退火合金的 92.21% 减少到 18.59%；而 LaNi$_5$相和 LaMgNi$_4$相随凝固速度的增加逐渐增多，此时 LaNi$_5$相的含量为 70.03%，成为合金的主相。

这表明凝固速度的增加有利于 $LaNi_5$ 相和 $LaMgNi_4$ 相的形成。

Kohno 等采用透射电镜及高分辨率电镜分析了 La_3MgNi_{14} 合金的相结构，如图 8-27 所示。原子沿 c 轴周期性排列，黑线之间距离为 2.5nm，即晶胞常数 c 为 2.5nm，在图 8-27c 中，黑色区域对应于 $LaMgNi_4$ 层，白色区域对应于 $LaNi_5$ 层。Ozaki 等研究了 La_5MgNi_{24} 型 $La_{0.8}Mg_{0.2}Ni_{3.2}Co_{0.3}(MnAl)_{0.2}$ 合金的相结构，如图 8-28 所示。Mg 原子部分占据 A_2B_4 结构单元层上 6c 3La 原子位置上，占有率为 0.37，而 Al 侧重部分占据 A_2B_4 结构单元层 18h 1Ni 位置或 AB_5 结构单元中 18h 2Ni 位置，占有率分别为 0.18、0.03。Mg 与 Al 原子的部分占据使 La_5MgNi_{24} 型（1∶4R）相的晶体结构在吸放氢过程中比较稳定。比较这些相吸放氢前后的晶胞常数（如表 8-6 所示）发现：a 轴膨胀了 6.0% ~ 6.1%，随 $LaNi_5$ 层堆垛量降低，c 轴膨胀率增加，$(La,Mg)_2Ni_7$ 相的晶胞 c 轴膨胀较大，达到 7.7%；晶胞体积平均膨胀率为 19.5%，比商业化的 $MmNi_5$ 基合金（11.7%）高，但低于 $LaNi_5$ 合金（24.0%）。

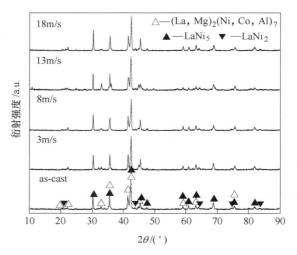

图 8-26　铸态及快淬态 $La_{0.75}Mg_{0.25}Ni_{3.47}Co_{0.2}Al_{0.03}$ 合金的 XRD 衍射图谱

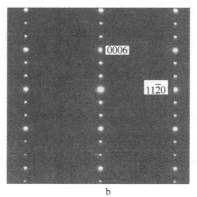

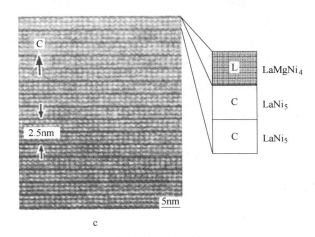

图 8-27 La$_3$MgNi$_{14}$合金结构及电子衍射图

a—透射电镜 TEM 图；b—电子衍射图；c—高分辨率电镜 HR-TEM 图

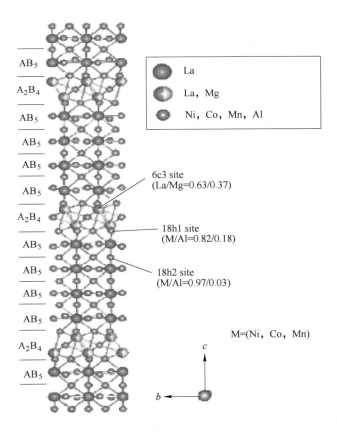

图 8-28 La$_5$MgNi$_{24}$型（1∶4R）相的晶体结构

表 8-6　　$La_{0.8}Mg_{0.2}Ni_{3.2}Co_{0.3}(MnAl)_{0.2}$合金相的晶胞常数

相	吸氢前			吸氢后			膨胀率		
	a/nm	c/nm	V/nm^3	a/nm	c/nm	V/nm^3	$\Delta a/\%$	$\Delta c/\%$	$\Delta V/\%$
$LaNi_5$	0.5055	0.4023	0.0890	0.5358	0.4192	0.1042	6.0	4.2	17.0
La_4MgNi_{24}	0.5058	6.0679	1.3342	0.5368	6.4495	1.6092	6.1	6.3	19.7
$LaMg_4Ni_{19}$	0.5059	4.8647	1.0781	0.5366	5.1963	1.2959	6.1	6.8	20.2
$(La,Mg)_2Ni_7$	0.5064	2.4426	0.5425	0.5372	2.6303	0.6573	6.1	7.7	21.1

8.6.2　气态贮氢性能

　　Tang 等比较研究了 $Ml_{0.7}Mg_{0.2}Ni_{2.8}Co_{0.6}$（Ml 为富 La 稀土）与 $LaNi_5$ 合金的饱和贮氢量（如图 8-29 所示）。与 $LaNi_5$ 合金比较，$La_5Mg_2Ni_{21}$ 合金有较高的贮氢量，另一方面，$LaNi_5/La_5Mg_2Ni_{21}$ 相之间的相界为氢原子提供通道，氢化物释放的氢原子不断与 OH^- 发生反应，因此，由 $LaNi_5$ 基体及 $La_5Mg_2Ni_{21}$ 第二相组成的 $Ml_{0.7}Mg_{0.2}Ni_{2.8}Co_{0.6}$ 合金比单一 $LaNi_5$ 合金有更高的贮氢量。同时研究发现 $Ml_{0.8}Mg_{0.2}Ni_{3.2}Co_{0.3}Al_{0.3}$ 与 $MmNi_{3.55}Co_{0.75}Mn_{0.4}Al_{0.3}$ 合金的焓变 ΔH 和熵变 ΔS 分别为 $-36.9kJ/mol$、$43.8kJ/mol\ H_2$ 和 $-125.5J/mol$、$139.3J/mol\ H_2$，前者放氢反应焓变 ΔH 绝对值和熵变 ΔS 低于后者，这意味着 $Ml_{0.8}Mg_{0.2}Ni_{3.2}Co_{0.3}Al_{0.3}$-H 氢化物易于放氢。

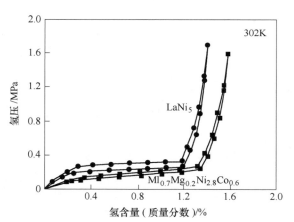

图 8-29　$Ml_{0.7}Mg_{0.2}Ni_{2.8}Co_{0.6}$ 合金的 PCT 曲线

　　Peng 等研究了不同制备状态下的 $Ml_{0.7}Mg_{0.3}Ni_{3.2}$ 合金的相结构与贮氢性能。铸态时，合金主要由（MlMg）Ni_3、（MlMg）Ni_2、$MlNi_5$ 相组成，其相含量（质量分数）分别为 79.23%、11.28%、9.49%，经过 1173K 退火 4h 后，合金中相含量改变，分别为 86.46%、8.58%、4.96%。铸态及退火 $Ml_{0.7}Mg_{0.3}Ni_{3.2}$ 合金的 PCT 曲线如图 8-30 所示。由图 8-30a 可知，合金第一次吸放氢时，吸氢平台压力为 0.75MPa，且只有一个压力平台；第二次吸氢时，吸氢压力明显降低，但有两个压力平台，压力分别为 0.078MPa、0.7MPa。第一、二次放氢平台压力分别为 0.45MPa、0.065MPa，饱和吸氢量（质量分数）为 1.6%。第二次吸氢压力明显减小，这可能是由于第一次吸放氢时合金颗粒破碎粉化而引入大量的晶体缺陷和裂纹，缓解了由合金吸氢反应引起的应力，从而降低了随后合金循环的吸放氢压力。与铸态合金相比，退火后合金吸放氢压力平台平坦（见图 8-30b）。在 298K 时，退火后合金的饱和贮氢量（质量分数）达到 1.7%，这与退火处理后合金中（MlMg）Ni$_3$ 相含量增加，（MlMg）Ni$_2$ 与 MlNi$_5$ 相含量减小有关。

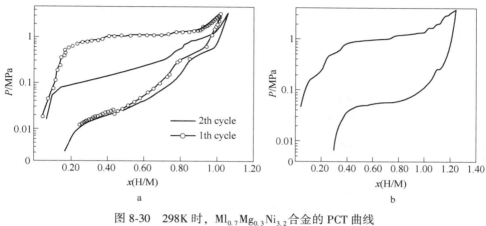

图 8-30　298K 时，Ml$_{0.7}$Mg$_{0.3}$Ni$_{3.2}$ 合金的 PCT 曲线

a—铸态；b—退火

8.6.3　电化学性能

AB$_3$、AB$_{3.5}$ 型稀土基贮氢合金的具有良好的活化性能，经 1~5 次循环，均可以完全活化，如表 8-7 所示。快淬态合金具有良好的活化性能主要与其多相结构相关。多相结构增加了相界面面积，当氢原子进入合金间隙位置时，必然产生晶格畸变和应变能。相界可能成为这种应变能得以释放的缓冲区，使晶格畸变及应变能减小，同时，相界面为氢原子提供了良好的扩散通道，从而提高了合金的活化性能。快淬技术对合金电极的活化性能对于不同成分的合金具有不同的影响。Zhang 等研究了 La$_{0.5}$Ce$_{0.2}$Mg$_{0.3}$Co$_{0.4}$Ni$_{2.6-x}$Mn$_x$（$x=0~0.4$）合金系列，发现快淬降低合金的活化性能，这归于快淬降低合金晶胞体积，在吸放氢过程中增大晶胞膨胀和收缩率，这意味着增加应变能。虽然说快淬引起 LaNi$_5$ 相增加，但快淬工艺对合金活化性能的负面影响起到主要作用。

表 8-7　AB$_3$、AB$_{3.5}$ 型稀土基贮氢合金的活化次数

合　金	淬速/m·s^{-1}								
	0	3	8	13	15	18	20	25	30
La$_{0.75}$Mg$_{0.25}$Ni$_{3.47}$Co$_{0.2}$Al$_{0.03}$	3				3		4	5	5
La$_{0.7}$Mg$_{0.3}$Ni$_{2.53}$Co$_{0.45}$Al$_{0.2}$	1	2	1	1	1				

Zhang 等研究了 La$_{2-x}$Mg$_x$Ni$_{7.0}$（$x=0.3~0.6$）合金电极性能，如图 8-31 和表 8-8 所示。当 $x=0.3~0.6$ 时，合金由（La,Mg）$_2$Ni$_7$ 主相和 LaNi$_5$ 残余相组成，当 $x=0.6$ 时，合金由

（La,Mg）$_2$Ni$_7$主相和（La,Mg）Ni$_3$残余相组成。随 Mg 含量增加，（La,Mg）$_2$Ni$_7$相丰度先增加后减小，$x=0.5$ 时，（La,Mg）$_2$Ni$_7$相丰度较高，使 La$_{1.5}$Mg$_{0.5}$Ni$_{7.0}$合金电极的放电容量 C_{max} 达到 389.48mA·h/g。70 次充放电循环后，La$_{1.4}$Mg$_{0.6}$Ni$_{7.0}$合金的循环稳定性较低，容量保持率 S_{70} 为 53.8%，由于合金中 La$_{0.62}$Mg$_{0.31}$Ni$_{3.0}$相存在，（La,Mg）Ni$_3$相及（La,Mg）$_2$Ni$_7$相晶胞体积膨胀率差异加速了合金颗粒粉化。合金电极的高倍率放电能力 HRD$_{900}$ 随 Mg 含量增加先增加后减小，HRD 增加时，归因于合金氢化物稳定性的降低；HRD 降低时，归因于 $x=0.6$ 时合金中出现比（La,Mg）$_2$Ni$_7$相动力学差的（La,Mg）Ni$_3$相所致。

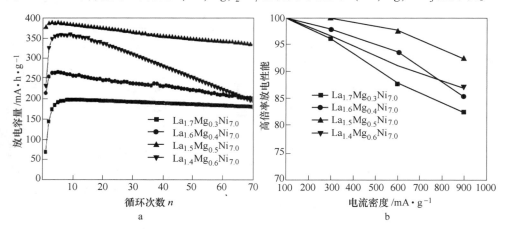

图 8-31　La$_{2-x}$Mg$_x$Ni$_{7.0}$（$x=0.3\sim0.6$）合金的电化学性能

a—循环稳定性曲线；b—高倍率放电性能曲线

表 8-8　La$_{2-x}$Mg$_x$Ni$_{7.0}$（$x=0.3\sim0.6$）合金的相丰度与电化学性能

合金	相	相含量（质量分数）/%	C_{max}/mA·h·g^{-1}	HRD$_{900}$/%	S_{70}/%
$x=0.3$	（La,Mg）$_2$Ni$_7$	81.49	197.42	82.4	91.2
	LaNi$_5$	18.51			
$x=0.4$	（La,Mg）$_2$Ni$_7$	93.71	266.17	85.3	75.8
	LaNi$_5$	6.29			
$x=0.5$	（La,Mg）$_2$Ni$_7$	96.8	389.48	92.3	85.8
	LaNi$_5$	3.2			
$x=0.6$	（La,Mg）$_2$Ni$_7$	60.74	360.06	86.9	53.8
	（La,Mg）Ni$_3$	39.26			

　　Zhang 等研究了 La$_{0.75-x}$Zr$_x$Mg$_{0.25}$Ni$_{3.2}$Co$_{0.2}$A$_{10.1}$（$x=0$、0.05、0.1、0.15、0.2）系列合金，合金的容量保持率均随淬速的增加而增加。当淬速从 0（铸态被定义为淬速为 0m/s）增加到 20m/s，Zr$_0$ 合金的容量保持率从 65.32% 增加到 73.97%，Zr$_4$ 合金的容量保持率从 76.69% 增加到 85.18%。给出了不同淬速的 $x=0.05$ 和 $x=0.15$ 时合金的放电容量随循环次数的变化趋势。由图 8-32 可以看出，对于给定成分的合金，曲线的斜率随淬速的增加而减小，说明快淬有利于提高合金的循环稳定性。

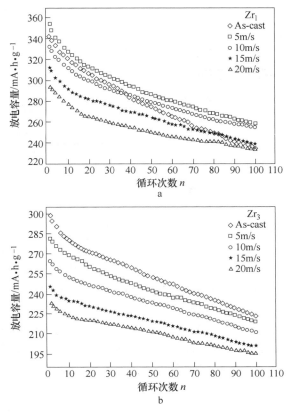

图 8-32 合金的放电容量与循环次数的关系

8.7 稀土镁基 A_2B 型贮氢合金

高能球磨是一种制备纳米晶/非晶 Mg 基合金非常有效的方法。特别是在 MgH_2 或 Mg_2 NiH_4 氢化物中添加高熔点元素时，这种方法尤为有效。然而，球磨 Mg 及 Mg 基合金的吸放氢循环稳定性极差，主要是由于球磨形成的亚稳态结构在多次吸放氢循环的过程中逐渐消失。这已成为其应用于电极材料难以克服的瓶颈。

与球磨相比，熔体快淬能有效地防止 Mg 基合金吸放氢循环特性的快速衰退。Huang 等人用快淬技术制备了非晶 $(Mg_{60}Ni_{25})_{90}Nd_{10}$ 合金，其放电容量为 $580mA \cdot h/g$，最大吸氢量为 4.2%（质量分数）。Tanaka 等人用快淬技术制备了纳米晶、非晶 Mg-Ni-RE（RE＝La、Nd）合金，发现合金具有优良的吸氢动力学性能。Spassov 等人用熔体快淬技术制备了 $Mg_2(Ni,Y)$ 型 $Mg_{63}Ni_{30}Y_7$ 贮氢合金，其最大吸氢量约为 3.0%（质量分数）。快淬技术是大批量制备纳米晶、非晶材料的有效方法，而且可以避免机械合金化的缺点。人们用快淬技术制备非晶合金，期望其能像机械合金化制备的非晶合金一样，在室温下具有良好的吸氢性能。

由图 8-33 可以看出，随着冷却辊线速度的加快，合金的微观组织由纳米晶向非晶转变。当冷却辊线速度为 5.2m/s 时，制备的 $(Mg_{70.6}Ni_{29.4})_{92}La_8$ 贮氢合金带合金的衍射峰明

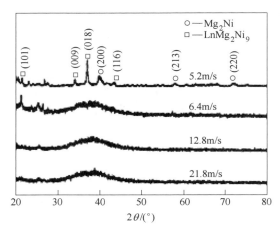

图 8-33　不同冷却辊线速度下 $(Mg_{70.6}Ni_{29.4})_{92}La_8$ 贮氢合金带的 XRD 谱

显宽化，具有晶体结构，经过标定，其晶体相成分为 Mg_2Ni 和 $LaMg_2Ni_9$；当冷却辊线速度为 6.4m/s 时，制备的合金样品的衍射图谱中既有非晶的漫散射特征，也有晶体的衍射峰特征，表明其组织为非晶和纳米晶的混合，经过标定，其晶相中有少量的 $LaMg_2Ni_9$ 相；当冷却辊线速度为 12.8m/s 和 21.8m/s 时，合金样品的衍射谱图中显现出平缓、分散的漫散射峰，表明制备的合金均为非晶。随着冷却辊线速度的加快，合金带的非晶漫散射峰逐渐变低、变平，而且非晶峰位逐渐向低角度偏移，这表明非晶的短程有序结构更加均匀，非晶化程度增强。

由图 8-33 也可以看出，随着冷却辊线速度的加快，合金带的短程有序范围减小，短程有序集团的混乱程度进一步增大。这表明，随着冷却辊线速度的加快，合金带的非晶化程度增强。

由图 8-34a 可以看出，当冷却辊线速度为 5.2m/s 时，制备的合金带的微观组织颗粒由几纳米到数十纳米，其电子衍射花样上显现出大量的衍射斑点和衍射环，表明该合金带具有多晶体结构，与 X 射线衍射结果相符，纳米晶的平均颗粒大小为 80～100nm。由图 8-34b 可以看出，当冷却辊线速度为 6.4m/s 制备的合金带微观组织比冷却辊线速度为 5.2m/s 制备的合金带均匀，由少量的纳米晶颗粒镶嵌在大量的非晶组织中，纳米晶的平均颗粒大小为 10～20nm。当冷却辊线速度为 12.8m/s （见图 8-34c）和 21.8m/s （见图 8-34d）时，制备的 $(Mg_{70.6}Ni_{29.4})_{92}La_8$ 合金带具有单一的非晶结构，且随着冷却辊线速度的加快，非晶结构更加细腻、均匀，这与图 8-33 所示的 X 射线衍射结果以及表 8-9 所列的计算结果相吻合。

表 8-9　不同冷却辊线速度制备的 $(Mg_{70.6}Ni_{29.4})_{92}La_8$ 非晶合金带的短程有序结果

快淬速度/m·s^{-1}	6.4	12.8	21.8
短程有序/nm	1.100	1.077	1.059

Wu 等研究了铸态及快淬态 $Mg_{10}Ni_2Mm$ （富 La/Ce 稀土）的晶粒尺寸：铸态合金的主相 Mg_2Ni 的晶粒尺寸在 2～80μm，次相为 $Mg_{12}Ce$ 和 $Mg_{17}Mm_2$。快淬后，合金的主相和 Mg 基体相的晶粒尺寸减小。随着淬速增加，快淬态合金的晶粒尺寸减小。随淬速从 3.1m/s →10.5m/s→20.9m/s，合金的晶粒从微晶→纳米晶→非晶。

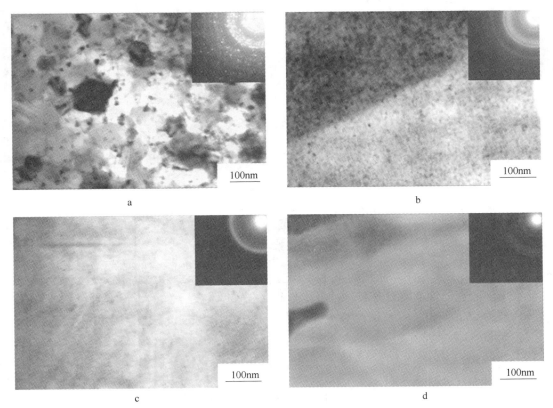

图 8-34 不同冷却辊线速度下 $(Mg_{70.6}Ni_{29.4})_{92}La_8$ 贮氢合金带的 TEM 像及其电子衍射花样

在快淬态合金中，$Mg_{12}Mm$ 形成，而铸态合金中 $Mg_{17}Mm_2$ 相消失。在 3.1m/s 淬速下，图 8-35 包括柱状晶和等轴晶。平均晶粒尺寸为 0.8nm×0.4μm，为 Mg_2Ni［110］晶向。等轴 Mg 晶粒平均尺寸为 0.2μm。一些 $Mg_{12}Ce$ 晶粒等轴晶的晶粒尺寸大约为 0.15μm，相对应于［753］晶向。

$(Mg_{72.2}Cu_{27.8})_{90}Nd_{10}$ 贮氢合金的非晶组织非常均匀，其短程有序的集团大约为 1~2nm。

黄林军等研究了采用熔体快淬法制备了 $(Mg_{70.6}Ni_{29.4})_{90}Nd_{10}$ 的非晶贮氢合金带，用 X 射线衍射仪和高分辨电镜对该合金在充放电循环过程中的组织结构演变进行了动态跟踪。非晶 $(Mg_{70.6}Ni_{29.4})_{90}Nd_{10}$ 贮氢合金在经过前 3 个充放电循环以后仍旧保持非晶组织，其短程有序集团的大小约为 0.5nm。从第四个充放电循环开始出现晶化，首先生成平均颗粒尺寸为 5nm 左右的 $NdMg_2Ni_9$ 相。非晶 $(Mg_{70.6}Ni_{29.4})_{90}Nd_{10}$ 贮氢合金在经过 6 个充放电循环以后开始出现 Mg_2Ni 相，仍旧存在大量的非晶相，但此时其短程有序集团的大小为 1nm 左右。在第八个循环时 Mg_2Ni 相的平均尺寸由原来的 5nm 逐渐长大为 10nm，而 $NdMg_2Ni_9$ 相由原来的 5nm 逐渐长大为 15nm。到第二十个循环后，其非晶相已大部分晶化，晶化后的纳米颗粒大小达到 20~50nm。出现了稳定的 Mg_2Ni、α-Mg 和 Nd_2H_5 相，这表明初生相 $NdMg_2Ni_9$ 在充放电循环过程中逐渐转化为 Mg_2Ni、α-Mg 和 Nd_2H_5 相。

张羊换等人研究了不同淬速的 $Mg_{1.8}La_{0.2}Ni$ 合金的热稳定性，如图 8-37 在加热过程中，合金发生完全晶化。晶化过程分几步完成，第 1 步晶化反应发生在约 210℃，对应图中大的放热峰；第 2 步晶化反应对应小的放热峰，发生在约 330℃；在更高的温度（约

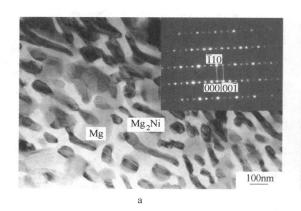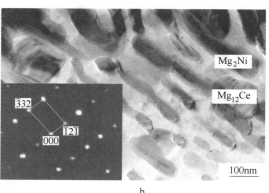

图 8-35　3.1m/s 淬速的 $Mg_{10}Ni_2Mm$ 合金的 TEM

a—柱状晶 Mg_2Ni 及 [110] 晶向与等轴 Mg 晶粒；b—微晶 Mg_2Ni 和 $Mg_{12}Ce$ 晶粒，[753] 晶向

400℃）发生第 3 步晶化。晶化的第 1 步反应显然是非晶 Mg_2Ni 的晶化反应。可以看出，晶化温度随淬速的增加略有升高，这可能与非晶化程度相关。

淬速为 25m/s 和 30m/s 快淬 Co4 合金的 DSC 曲线，见图 8-36。快淬 La2 合金的 DSC 曲线，见图 8-37。

图 8-38 为（$Mg_{70.6}Ni_{29.4}$）$_{1-x}Nd_x$（$x=5$，10，15）三元非晶态合金样品的 DSC 热分析曲线，加热速率为 20K/min。可以看到三种合金均有且仅有一个明显的晶化反应放热峰，说明其晶化过程是一次晶化。对放热峰积分就可以得到三种合金的晶化焓。由此得到的晶化焓以及晶化温度的实验值分别列于表 8-10 和表 8-11。

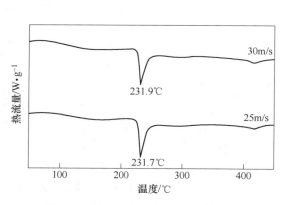

图 8-36　淬速为 25m/s 和 30m/s 快淬
Co4 合金的 DSC 曲线

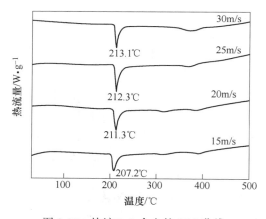

图 8-37　快淬 La2 合金的 DSC 曲线

表 8-10　晶化温度的计算值和实验值

非晶态合金	（$Mg_{70.6}Ni_{29.4}$）$_{95}Nd_5$	（$Mg_{70.6}Ni_{29.4}$）$_{90}Nd_{10}$	（$Mg_{70.6}Ni_{29.4}$）$_{85}Nd_{15}$
T_x/K（计算值）	512.4	512.0	511.6
T_x/K（实验值）	472	485	509

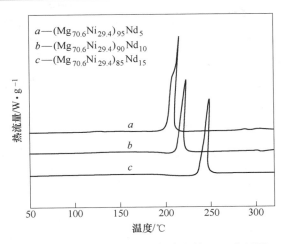

图 8-38　Mg-Ni-Nd 非晶贮氢合金的 DSC 分析图

表 8-11　晶化热的计算值和实验值

非晶态合金	$\Delta H/\text{kJ} \cdot \text{mol}^{-1}$	$\Delta H/\text{kJ} \cdot \text{mol}^{-1}$	$\Delta H/\text{kJ} \cdot \text{mol}^{-1}$（计算值）	$\Delta H/\text{kJ} \cdot \text{mol}^{-1}$（实验值）
$(Mg_{72.2}Cu_{27.8})_{95}Nd_5$	-5.84	-1.45	4.39	4.58
$(Mg_{72.2}Cu_{27.8})_{90}Nd_{10}$	-6.89	-2.40	4.48	4.65
$(Mg_{72.2}Cu_{27.8})_{85}Nd_{15}$	-8.18	-3.51	4.67	4.96

　　黄林军等人发现，$(Mg_{72.2}Cu_{27.8})_{90}Nd_{10}$ 合金在完全非晶状态时具有最高的贮氢量（3.2%）和最快的吸氢速率，而在完全晶化状态时则具有最低的贮氢量（2.0%）和最慢的吸氢速率，而处于小尺寸纳米晶状态时的性能处在中间状态（3.0%），但它的贮氢性能和完全非晶态的差别较小。不同组织状态的 $(Mg_{72.2}Cu_{27.8})_{90}Nd_{10}$ 贮氢合金的贮氢性能，见图 8-39。

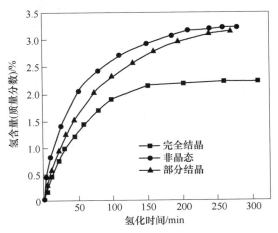

图 8-39　不同组织状态的 $(Mg_{72.2}Cu_{27.8})_{90}Nd_{10}$ 贮氢合金的贮氢性能

　　图 8-40 为合金在不同温度下的 PCT（压力-组成-等温）曲线，PCT 结果表明，合金在 300℃ 的最大吸氢量可达 3.1%。在温度为 224℃、241℃、250℃、270℃ 和 300℃ 时，吸

氢量分别为 2.8%、3.0%、3.0%、3.1% 和 3.0%. 在先前的工作中，感应熔炼所制备的 $Mg_3LaNi_{0.1}$ 合金吸氢量约 2.7%。由此可见，与常规熔炼的合金相比，快淬制备的合金吸氢量有所增加，PCT 曲线有两个平台，结合相结构转变可知，对应了 MgH_2-Mg 和 Mg_2NiH_4-Mg_2Ni 两个阶段，储氢量分别约 0.2% 和 2.5%，剩下约 0.4% 的储氢量在于 LaH_3-LaH_2 的可逆吸放氢。

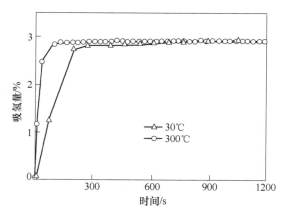

图 8-40　合金在 30℃和 300℃下的吸氢动力学性能

吸放氢过程合金在室温和 300℃下合金的吸氢动力学曲线如图 8-41 所示，从图中可以看出，合金有着优良的吸氢性能，在室温下，3min 内吸氢量为 2.7%，而在 300℃时，100s 内吸氢可达 2.9%。对饱和吸氢的样品进行放氢 DSC 和色谱同步测试，结果如图 8-41 所示，由图中可以看出，合金的放氢过程的两个阶段分别于 227℃和 260℃到达峰值，这就进一步确定了 MgH_2-Mg 和 Mg_2NiH_4-Mg_2Ni 两个阶段的温度特征。

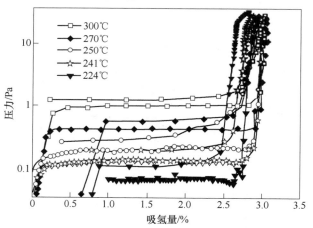

图 8-41　合金在不同温度下的 PCT 曲线

黄林军等发现，不同冷却辊线速度下制备的 $(Mg_{70.6}Ni_{29.4})_{92}La_8$ 贮氢合金带的循环性能曲线如图 8-42 所示。由图 8-42 可看出，冷却辊线速度为 5.2m/s 制备的纳米晶合金带的循环性能最差，放电容量在第 1 次循环就达到最高值，为 177.5mA·h/g；经过 20 次循环后，放电容量降为 100.6mA·h/g。冷却辊线速度为 6.4m/s 制备的半纳米晶半非晶合金带

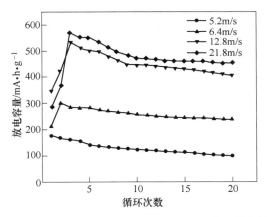

图 8-42 不同冷却速率下制备的 $(Mg_{70.6}Ni_{29.4})_{92}La_8$ 合金带的循环性能曲线

需要经过一个活化过程，在第 2 次循环时，放电容量达到最高值，为 298.8mA·h/g；经过 20 次循环以后，放电容量降为 236.9mA·h/g。冷却辊线速度为 12.8m/s 和 21.8m/s 制备的非晶合金带则具有较好的循环性能，但是需要两个活化过程才达到最高放电容量（分别为 531.8mA·h/g 和 568.5mA·h/g）。快淬速率为 21.8m/s 制备的合金样品具有更均匀的非晶结构，其循环性能最好，在经过 20 次循环后，其放电容量仍高于 450mA·h/g。

图 8-43 所示为不同冷却辊线速度制备的 $(Mg_{70.6}Ni_{29.4})_{92}La_8$ 贮氢合金带的循环最大放电容量 C_{max} 以及经过 20 次循环后的放电容量 C_{20} 随冷却辊线速度变化关系。由图 8-43 可见，随着快淬速率的加快，合金的最高放电容量和经过 20 次循环后，放电容量都呈现出明显增加的趋势。根据 C_{max} 和 C_{20} 可以计算出不同快淬速率制备的 $(Mg_{70.6}Ni_{29.4})_{92}La_8$ 贮氢合金经过 20 次循环后的容量保持率，分别为 56.7%（5.2m/s）、79.2%（6.4m/s）、76.7%（12.8m/s）和 79.3%（21.8m/s）。由此可以看出，微观组织结构含有非晶的贮氢合金其放电容量保持率都达到 75%，而原始状态为纳米晶组织的放电容量保持率只有 56.7%，这说明具有非晶结构的镁基贮氢合金其电极性能优于纳米晶结构的贮氢合金。

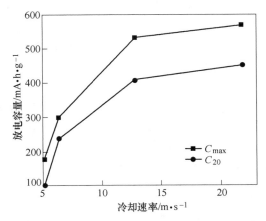

图 8-43 冷却速率与 $(Mg_{70.6}Ni_{29.4})_{92}La_8$ 合金带的放电容量的关系

图 8-44 所示为冷却辊线速度为 12.8m/s 和 21.8m/s 制备的 $(Mg_{70.6}Ni_{29.4})_{92}La_8$ 非晶合

金电极在第 10 次充、放电循环时的循环伏安曲线。由图 8-44 可看出，两个样品都显示出较明显的氧化峰和还原峰，且峰电位差较小，说明合金的氧化还原反应的可逆性较好。此外，随着冷却辊线速度的加快，还原峰电位略向正方向移动（从−855mV 变为−831mV），氧化峰电位略向负方向移动（从−680mV 变为−699mV）。电位差变小且峰电流增大，说明加快冷却辊快淬速率使合金的可逆性能和放电容量上升，这与合金电极的充、放电性能测试结果相吻合。从图 8-42 可以看出，采用 21.8m/s 制备的电极合金的氧化峰面积明显高于采用 12.8m/s 制备的电极合金的氧化峰面积，说明前者具有更高的电化学容量。这两种合金电极的放电容量测试也体现同样的结果（分别为 568.5mA·h/g 和 531.8mA·h/g）。

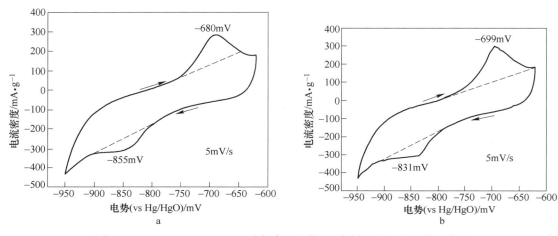

图 8-44　（$Mg_{70.6}Ni_{29.4}$）$_{92}$La$_8$ 贮氢合金在第 10 次循环时的循环伏安曲线

8.8　贮氢合金的应用

8.8.1　在电池上的应用

1990 年，镍氢电池首先由日本实现商业化。电池的能量密度为镍镉电池的 1.5 倍，不污染环境，充放电速度快，记忆效应少。可与镍镉电池互换，加之各种便携式电器的日益小型、轻质化，要求小型高容量电池配套，从而使镍氢电池迅猛发展。

目前在大规模电池生产中主要采用稀土类 AB$_5$ 型（中国和日本及德、法等国），美国和日本个别厂家采用 AB$_2$ 型贮氢合金作为负极。

正极由球型（Ni，Zn，Co）(OH)$_2$ 粉构成，将这些粉充填在泡沫镍或纤维镍网基板上。（Ni，Zn，Co）(OH)$_2$ 表面包覆 Co(OH)$_2$ 层作为良导体。为改善高温（60℃）充电性能，加入 CaF$_2$、Ca(OH)$_2$、Y$_2$O$_3$、Yb$_2$O$_3$ 等添加物。

作为氢化物电极的贮氢合金必须满足如下基本要求：

（1）可逆吸氢、放氢量大；

（2）合适的室温平台压力；

（3）在碱性电解质溶液中有良好的化学稳定性，寿命长；

（4）良好的电催化活性和抗阳极氧化的能力；

（5）良好的电极反应动力学特性。

利用金属氢化物作电极，结合固体聚合物电解质，可以研制新型高效燃料电池，作为大型电站和储电站的建设，即电网低峰时用多于电能电解水制氢，高峰用电时则通过燃料电池产电满足用户需要。

8.8.2　在能量交换技术上应用

（1）贮氢和输氢。最有前景的贮运氢气的方式是用金属氢化物贮氢材料进行安全而经济地储运氢。金属氢化物贮氢密度比液氢高，且氢以原子态贮存于合金中，当它们重新放出来时，经过扩散、相变、化合等过程，受到热效应与速度的制约，不易爆炸。

氢化物贮氢装置是一种金属-氢的系统反应器，由于存在氢化反应的热效应，贮氢装置一般为热交换器结构。有固定式和移动式两种类型，移动式贮氢装置主要用于大规模贮存和输送氢气以及车辆氢燃料箱等供氢场合。贮氢合金有 AB 系、AB_2 系、AB_5 系等。

（2）热泵。新型金属氢化物热泵空调系统也有应用的前景。可以做到：

1）对利用废热、太阳能等低品位的热源驱动热泵工作，是唯一内热驱动、无运动部件的热泵。

2）系统通过气固相作用，因而无腐蚀，由于无运动部件，因而无磨损，无噪声。

3）系统工作范围大。且工作温度可调，不存在氟里昂对大气臭氧层的破坏作用。

4）可达到夏季制冷冬季供暖的双效目的。

氢化物热泵所用贮氢合金材料主要有 AB_5 型合金，$LaNi_5$、$MmNi_5$、$MINi_5$ 为典型代表，以锆、锰、铁、铬、铝、铜等元素部分取代镍，调整平台压力，改善氢化物的 ΔH 值，还有抑制合金粉化的作用；AB_2 型合金，以 Mg_2Zn 型结构的 $ZrMn_2$、$ZrCr_2$ 系多元合金最具应用前景；AB 型合金，主要是 TiFe 及其合金化产物。

8.8.3　热与机械能交换

金属氢化物平衡分解压力随温度变化而差别很大。利用低温热源和高温热源改变氢化物的温度，并将产生的压力变化传给活塞，就可使吸收的热能变为机械能后输出，制造出各种压力传动机械；或者制出高压氢，直接装入钢瓶；制成传感器通过压力来测温等。可见，金属氢化物的热机械能转换功能是十分有用的。

（1）金属氢化物压缩机。利用金属氢化物可制成金属氢化物氢压缩机。多数场合均采用压缩氢，传统的压缩方法是采用往复式机械压缩机。它们不但能耗高而且有磨损大、振动大、噪声高等缺点。另外，由于润滑剂的污染和密封垫衬的泄漏，很难用以制取高纯氢。

（2）金属氢化物传感器。利用合金与氢反应的可逆性和氢化物的平衡氢压对温度的依赖关系可制作控制温度或膨胀的金属氢化物传感器。

8.8.4　其他方面的应用

（1）氢分离、回收和净化。利用贮氢材料选择性吸氢的特性，不但可以回收废气中的氢，还可使氢纯度达 99.9999% 以上。

利用贮氢材料分离净化氢的原理：1）金属与氢反应生成金属氢化物，加热后放氢的可逆反应；2）贮氢材料对氢原子有特殊的亲和力，对氢有选择性吸收作用，而对其他气体杂质则有排斥作用。利用合金的这一特性可有效分离净化氢。

（2）氢同位素分离。一般金属氢化物都表现出氢的同位素效应。金属或合金吸气、氘、氚的平衡压力和吸附量上存在差异称为热力学同位素效应；在合金中的扩散速度以及吸收速度方面也存在着差异，称为动力学同位素效应。可以利用这些差异特性分离氢（H_2）与氘（D_2）。

（3）作催化剂，储能发电。

参 考 文 献

[1] Matsuura M, Kim S H, Sakurai M, et al. Local structure of the pseudo-binary Ce（$Ni_{1-x}Fe_x$）$_2$ alloys exhibiting anomalous lattice parameter change [J]. Physica B: Physics of Condensed Matter, 1995（2）: 208.

[2] Shoemaker D P, Shoemaker C B. Concerning atomic sites and capacities for hydrogen absorption in the AB_2 Friauf Laves phase [J]. Journal of the Less-Common Metals, 1979, 68（1）: 43~58.

[3] Aono K, Orimo S, Fujii H. Structural and hydriding properties of $MgYNi_4$: A new intermetallic compound with C15b-type Laves phase structure [J]. Journal of Alloys and Compounds, 2000, 309（1~2）: 1~4.

[4] Kadir K. Structural determination of $AMgNi_4$（where A = Ca, La, Ce, Pr, Nd and Y）in the $AuBe_5$ type structure [J]. Journal of Alloys and Compounds, 2002, 345（1）: 145~149.

[5] Wang Z M, Ni Chengyuan, Zhou Huaiying, et al. Structural characterization of $REMgNi_4$ type compounds [J]. Materials Characterization, 2007, 59（4）: 738~743.

[6] Tai Yang, Tingting Zhai, Zeming Yuan, et al. Hydrogen storage properties of $LaMgNi_{3.6}M_{0.4}$（M = Ni, Co, Mn, Cu, Al）alloys [J]. Journal of Alloys and Compounds, 2014（8）: 617.

[7] Oesterreicher H, Clinton J, Bittner H. Hydrides of La-Ni compounds [J]. Mater. Res. Bull., 1976, 11: 1241~1247.

[8] Buschow K H J. Note on the magnetic properties of Y-Mn compounds and their hydrides [J]. Solid State Commun., 1977, 21: 1031~1033.

[9] Shaltiel D. Hydride properties of AB_2 Laves phase compounds [J]. Less-common Metals., 1978, 62: 407~416.

[10] Aoki K, Yamamoto T, Masumoto T. Hydrogen induced amorphization in RNi_2 laves phases. [J]. Scripta Metallurgica, 1987, 21: 27~31.

[11] Miyamura H, Sakai T, Oguro A. Hydrogen absorption and phase transitions in rapidly quenched La-Ni alloys [J]. Less-common Metals, 1989, 146: 197~203.

[12] Oesterreicher H, Bittner H. Hydride formation in $La_{1-x}Mg_xNi_2$ [J]. Less-common Metals., 1980, 73: 339~344.

[13] 杨泰. La-Mg-Ni 系 AB_2 型贮氢合金相结构及性能的研究 [D]. 包头：内蒙古科技大学，2013.

[14] Tingting Zhai, Tai Yang, Zeming Yuan, et al. An investigation on electrochemical and gaseous hydrogen storage performances of as-cast $La_{1-x}Pr_xMgNi_{3.6}Co_{0.4}$（x = 0~0.4）alloys [J]. International Journal of Hydrogen Energy, 2014, 39（26）: 478~485.

[15] Miyamura H, Kuriyama N, Sakai T. Characteristics of electrodes using amorphous AB_2 hydrogen storage alloys [J]. Less-common Metals., 1991, 172~174: 1205~1210.

[16] Miyamura H, Kuriyama N, Sakai T. Hydrogen diffusion in amorphous $LaNi_2H_x$ thin films. [J]. Alloys

Compd. , 1993, 192: 188~190.

[17] 赵敏寿. 稀土基 AB$_2$ 型金属氢化物电极衰变机理的探索 [A]. 钢铁研究总院, 2004: 3.

[18] Tai Yang, Tingting Zhai, Zeming Yuan, et al. Hydrogen storage properties of LaMgNi$_{3.6}$ M$_{0.4}$ (M = Ni, Co, Mn, Cu, Al) alloys [J]. Journal of Alloys and Compounds, 2014 (8): 617.

[19] 黄林军, 唐建国, 周轶凡, 等. 快淬速率对 (Mg$_{70.6}$Ni$_{29.4}$)$_{92}$La$_8$ 贮氢合金的微结构及电化学性能的影响 [J]. 中国有色金属学报, 2010, 20 (3): 516~521.

[20] Ying Wu, Na Xing, Zhichao Lu, et al. Microstructural evolution of melt-spun Mg$_{10}$Ni$_2$Mm hydrogen storage alloy [J]. Transactions of Nonferrous Metals Society of China, 2011, 21 (1): 54~61.

[21] 黄林军, 王彦欣, 唐建国, 等. 镁基非晶电极合金充放氢过程中的组织结构演变及其热力学计算 [J]. 中国稀土学报, 2010, 28 (5): 575~581.

[22] 黄林军, 王彦欣, 唐建国, 等. Mg-Cu-Nd 贮氢合金的微观组织结构及贮氢性能研究 [J]. 中国稀土学报, 2011, 29 (2): 153~157.

[23] 张羊换, 马志鸿, 赵栋梁, 等. 快淬纳米晶/非晶 Mg$_{2-x}$La$_x$Ni (x = 0~0.6) 合金的电化学贮氢性能 [J]. 稀有金属材料与工程, 2011, 40 (9): 1648~1652.

[24] 吴东昌, 黄林军, 梁工英. Mg-Ni-Nd 非晶合金晶化温度与晶化驱动力的预测 [J]. 物理学报, 2008 (3): 1813~1817.

[25] Ouyang L Z, Qin F X, Zhu M. The hydrogen storage behavior of Mg$_3$La and Mg$_3$LaNi$_{0.1}$ [J]. Scripta Materialia, 2006, 55 (12): 198~204.

[26] 林怀俊, 欧阳柳章, 王辉, 等. 快淬制备 Mg$_3$LaNi$_{0.1}$ 合金的相结构转变与储氢性能研究 [J]. 材料研究与应用, 2010, 4 (4): 305~308.

[27] Yanghuan Zhang, Xiaoping Dong, Guoqing Wang, et al. Effects of rapid quenching on microstructures and electrochemical properties of La$_{0.7}$Mg$_{0.3}$Ni$_{2.55}$Co$_{0.45}$B$_x$(x = 0~0.2) hydrogen storage alloy [J]. Transactions of Nonferrous Metals Society of China, 2006, 16 (4): 1198~1203.

[28] 吴彦军, 王大辉, 罗永春, 等. 快速凝固制备 La$_2$Mg$_{0.9}$Ni$_{7.5}$Co$_{1.5}$Al$_{0.1}$ 贮氢合金的相结构及电化学性能 [J]. 稀有金属材料与工程, 2007 (10): 1856~1860.

[29] Kohno T, Takeno S, Yoshida H. Structural analysis of La-Mg-Ni-based new hydrogen storage alloy [J]. Research on Chemical Intermediates, 2006, 32 (5~6): 437~445.

[30] Ozaki T, Kanemoto M, Kakeya T, et al. Stacking structures and electrode performances of rare earth-Mg-Ni-based alloys for advanced nickel-metal hydride battery [J]. Journal of Alloys and Compounds, 2007, 446~447: 620~624.

[31] Rui Tang, Liqin Liu, Yongning Liu. Study on the microstructure and the electrochemical properties of Ml$_{0.7}$Mg$_{0.2}$Ni$_{2.8}$Co$_{0.6}$ hydrogen storage alloy [J]. International Journal of Hydrogen Energy, 2003, 28 (8): 79~86.

[32] Rui Tang, Zhaohui Zhang, Liqin Liu, et al. Study on a low-cobalt Ml$_{0.8}$Mg$_{0.2}$Ni$_{3.2}$Co$_{0.3}$Al$_{0.3}$ alloy [J]. International Journal of Hydrogen Energy, 2003, 29 (8): 265~273.

[33] 张羊换, 赵栋梁, 董小平, 等. Effects of rapid quenching on structure and electrochemical characteristics of La$_{0.5}$Ce$_{0.2}$Mg$_{0.3}$Co$_{0.4}$Ni$_{2.6-x}$Mn$_x$ (x = 0~0.4) electrode alloys [J]. Transactions of Nonferrous Metals Society of China, 2009, 19 (2): 364~371.

[34] Zhang F L, Luo Y C, Wan D H, et al. Structure and electrochemical properties of La$_{2-x}$Mg$_x$Ni$_{7.0}$ (x = 0.3~0.6) hydrogen storage alloys [J]. Journal of Alloys and Compounds, 2007, 439 (1~2): 181~188.

[35] Faliang Zhang, Yongchun Luo, Jiangping Chen, et al. Effect of annealing treatment on structure and electrochemical properties of La$_{0.67}$Mg$_{0.33}$Ni$_{2.5}$Co$_{0.5}$ alloy electrodes [J]. Journal of Power Sources, 2005,

150：247~254.

[36] 张羊换，赵栋梁，任慧平，等. 熔体快淬对 $La_{0.75-x}Zr_xMg_{0.25}Ni_{3.2}Co_{0.2}Al_{0.1}$（$x=0~0.2$）电极合金循环稳定性的影响 [J]. 功能材料，2009，40（8）：1333~1337.

[37] Ewe H, Justi E W, Stephan K. Elektrochemische speicherung und oxidation von wasserstoff mit der intermetallischen vehtindung $LaNi_5$ [J]. Energy Convesrion, 1973, 13：109~113.

[38] Willems G. Metal hydride electrodes stability of $LaNi_5$ related compounds [J]. Philips Joumal of Research, 1984（9）：1~94.

[39] 王启东，吴京，陈长聘，等. 镧稀土金属——镍贮氢材料 [J]. 稀土，1984（3）：8~13.

[40] Lei Y Q, Li Z R, Chen C P. The cycling behaviour of misch metal-niekel-based metal hydride electrodes and the effects of copper plating on their performance [J]. Less-Common Met, 1991, 172~174：1265~1272.

[41] Lei Y Q, Zhang S K, Lü G L. Influence of the material processing on the electrochemical properties of cobalt-free $Ml(NiMnAlFe)_5$ alloy [J]. Journal of Alloys and Compounds, 2002（4）：330~337.

[42] Xiao F M, Method on preparation of hydrogen storage alloy baed on $LaNi_5$ [J]. Chinese patent, 2003, 12：31~39.

[43] 吕东生，李伟善，唐仁衡，等. 双辊淬冷法制备稀土镁镍基贮氢合金及其晶粒尺寸和电化学性能 [J]. 无机材料学报，2005，20：859~863.

[44] 胡汉起. 金属凝固 [M]. 北京：冶金工业出版社，1985.

[45] 张伟强，杨院生，胡壮麒. $Al-CuAl_2$ 共晶层片间距的数值模拟 [J]. 金属学报，1998（1）：1~6.

9 电 工 钢

9.1 电工钢概述

电工钢亦称为硅钢，历史上从应用和合金成分上分类，把电磁纯铁（亦称电工纯铁）、低碳硅钢和硅钢统称为电工钢。通常从合金成分上分类，把电磁纯铁、低碳低硅电工钢和硅钢的统称为电工钢。低碳低硅电工钢的碳（C）含量小于 0.005%，硅（Si）含量小于 0.5%；硅钢的硅含量为 0.5%~6.5%。电工钢是电力工业和国防工业中用量最大的软磁材料，也是一种节能的重要金属功能材料或软磁材料。从制造或生产工艺上分类，其分类和应用情况如表 9-1 所示。

表 9-1 电工钢的分类和应用情况表

类别		硅含量/%	公称厚度/mm	主要用途
热轧硅钢（无取向）	热轧低硅钢（电机钢）	1.0~2.5	0.5	家用电机和微电机
	热轧高硅钢（变压器钢）	3.0~4.5	0.35、0.50	变压器
冷轧电工钢	冷轧无取向电工钢（电机钢） 低碳电工钢	≤0.5	0.50、0.65	家用电机、微电机小变压器
	冷轧无取向电工钢（电机钢） 硅钢	>0.5~3.5	0.35、0.50	大中型电机、发电机和变压器
	冷轧取向硅钢（变压器钢） 普通取向硅钢	2.9~3.3	0.18、0.23、0.27	大中小型变压器和镇流器
	冷轧取向硅钢（变压器钢） 高磁感取向硅钢		0.30、0.35	
特殊用途硅钢	冷轧取向硅钢薄带	2.9~3.3	0.03、0.05、0.10	脉冲变压器、磁放大器、高频变压器
	冷轧无取向硅钢薄带	3.0	0.15、0.20	高频电机和发电机

硅钢是指铁硅二元合金，它是用量最大的一类软磁材料，约占磁性材料总量的 90%~95%，是发展电力和电讯工业的基础材料之一。若按发电量计算，每增加 100 度电就需相应增加 1kg 硅钢片，用以制造发电机、电动机和变压器。近期，我国通常不再把电磁纯铁纳入电工钢，因此硅钢片是国民经济中不可缺少的主要材料。目前，我国通过引进、消化吸收和研发生产，年生产能力已达 1000 万吨，各牌号和性能均达到国防先进水平。

硅钢片是在工业纯铁的基础上发展起来的，它的主要优点是：

（1）具有良好的磁性，饱和磁化强度高，电阻率较高，矫顽力低和铁损小。

（2）硅促进钢中的碳石墨化，减少了钢板之间的黏结以及磁时效（磁性随时间的延长而下降）现象。

（3）与其他软磁材料相比，硅钢片具有更高的性能稳定性，适于在高温、高压、振动和冲击等特殊环境中使用。

（4）价廉，适于工业上大生产。但是增加硅含量使屈服强度提高，塑性下降，当 Si>

4%时，由于脆性很大，不易加工。

硅钢片的主要用途是：

（1）用于电力工业方面的各种电动机、发电机、电力和分配变压器。一般使用经热轧或冷轧的 0.5mm、0.35mm 或 0.3mm 厚的钢带。

（2）用于电讯工业方面的音频变压器、高频变压器、脉冲变压器、磁放大器等，一般使用小于 0.2mm（最薄达 0.025mm）的冷轧取向硅钢片。

对硅钢片的共同要求是：在中等及弱磁场下的铁损低，饱和磁感应强度高；有合适的硬度（以保证良好的冲片性）；无磁性时效现象；表面质量好；厚度均匀；表面涂层绝缘性好等。

低碳电工钢的主要优点：

（1）低铁芯损耗。铁芯损耗 PT 是铁芯在交流磁场下磁化时所消耗的无效能量，简称铁损。铁损造成电量损失占全年发电量的 2.5%～4.5%。因此，铁损是划分产品牌号的依据。通常变压器铁芯设计选用最大磁感应强度 B_m 为 1.7～1.8T，故取向硅钢的铁损保证值为磁化到 1.7T 时的铁损测定值 $P_{1.7}$。而电机定子铁芯轭部的 B_m 约为 1.5T，故无取向硅钢的铁损保证值定为 $P_{1.5}$。尽力降低 PT 是电工钢生产中最重要的目标。

（2）高磁感应强度。磁感应强度 B 是铁芯单位截面上通过的磁通，代表材料的磁化能力. 当电机和变压器容量不变时，B 愈高，所需铁芯的截面积愈小，既减轻了重量，又节省了电工钢板和线圈导线，降低了铁损和导线电阻引起的铜损；既节省了电能，又降低了制造成本。变压器用取向硅钢，外场 8A/m 时对应 B_m 为 1.7～1.8T 的设计值，因此定 B_8 为磁感应强度的保证值。而电机用无取向硅钢的保证值定在 B_{50}。

（3）磁各向异性。大、中型变压器铁芯用条片叠成，沿长度方向为易磁化方向，一些配电变压器、电流和电压互感器以及脉冲变压器等是用卷绕铁芯制造，这可保证沿轧向下料和磁化，而这也正是易磁化方向。大型汽轮发电机定子铁芯也用取向硅钢冲压成扇形片搭叠成圆形铁芯，扇形片轭部平行于轧向。

（4）好的冲片性。冲片性好，冲剪片的毛刺小，就可防止叠片间产生短路和改善叠片系数，提高冲模和剪刀寿命，保证冲片尺寸精度。

（5）磁时效小。软磁合金的磁性随使用时间而变化的现象称为磁时效。为保证电工钢的磁稳定性，生产中常采用人工时效处理以消除磁时效。

发展趋势：电工钢的发展主要围绕降低三类损耗 P_e、P_h、P_a。譬如减薄钢板厚度（从 0.30mm 减至 0.18mm，甚至 0.15mm）。激光表面处理以细化磁畴，提高硅含量（从 2.9% 提高至 3.3%，甚至 6.5% 的高硅钢），降低杂质含量等。其中高硅钢已成为新的一类电工钢。由于硅含量高达 6.5%，与含 3% 的无取向硅钢相比其电阻率提高接近 1 倍。

电机和变压器的铁芯大都用硅钢片制成，在这些电力器件中铁芯损耗是一个非常重要的技术参数。铁芯损耗是指铁芯单位质量的硅钢片在交变磁场作用下所消耗的无效功率，其单位是 W/kg。铁芯本身消耗的这一部分无效功率变成热量而损失掉。电机和变压器在工作运转一个阶段后发热（一般称为温升）就是由于这种热量引起的。硅钢片的铁损较低，一方面可延长电机和变压器的工作运转时间和简化冷却系统，另一方面可节约大量的电力。一般变压器的使用寿命在二十年以上（现在变压器使用寿命三十年），二十年内由于铁损将消耗大量的电力，因此电力工业用的变压器都用铁损低的硅钢片制造。总之，硅钢片的铁损低，制成电机和变压器既省电又省材料，还可缩小体积减轻重量。所以各国在生产硅钢片时，一直在努力设法使铁损降低，并以铁损作为考核各国生产硅钢片质量水平的最重要的标志，同时根据铁损值作为划分牌号的依据。

在 20 世纪 40 年代以前，铁芯损耗的下降主要归功于炼钢和热轧加工技术的改进，合金中杂质的含量得到有效控制，薄板的平整度也得到很大改善。1934 年开始出现的新突破是由于采用二次冷轧法获得了晶粒取向硅钢（GO 钢）。此后，由于晶粒取向度的不断提高和杂质含量的不断降低，硅钢的铁损也逐步下降。到 60 年代末，由于晶粒长大抑制剂、一次冷轧和热处理工艺以及玻璃涂层等方面的改进，获得了高磁感级的取向硅钢（HI-B 钢），使铁损下降了 20%，而磁感 B_8（$H = 8A/cm$），从传统的 1.82T 提高到 1.92T。1983 年以后用细化磁畴。适当提高 Si 含量和钢片减薄等措施，又使硅钢的铁损降低 10% 以上。

硅钢片的磁感强度越高，所制成的电机或变压器的铁芯体积和质量也越小。

硅钢片的种类很多，也可以按组织结构或使用条件的不同来分类：

按硅含量的不同，可分为低硅钢（0.8%～1.8%Si）、中硅钢（1.8%～2.8%Si）、较高硅钢（2.8%～3.8%Si）和高硅钢（3.8%～7.0%Si）四类。特别是 4.5% 和 6.5% 时常称高硅钢。

应说明，随着科技的进步，国外和我国都相继淘汰了热轧硅钢。

按制造工艺不同，可分为热轧硅钢片和冷轧硅钢片。

按组织结构，可分为硅钢，晶粒取向（单取向，即高斯织构，双取向，即立方织构）和无取向硅钢。

按用途可分为电机钢片和变压器钢片。

按厚度可分为一般硅钢片（常用厚度为 0.3～0.5mm）和薄硅钢带（厚度 0.025～0.2mm）。

热轧硅钢片已有约 100 年的历史，最兴旺时期为 20 世纪 30～50 年代。我国 1954 年由太原钢铁公司首先生产，后期主要是上海硅钢片厂生产。

通常热轧硅钢片都是无取向的，在 1955～1982 年大量用于做电机铁芯和变压器铁芯，我国大约用到 2010 年为止。冷轧硅钢可以是无取向的（或取向度很小的），也可是晶粒取向的，前者适宜做电机铁芯，后者适宜做变压器铁芯。薄硅钢带一般都是冷轧单取向的，主要在电讯工业中于较高频率下使用。

9.2　低碳电工钢

低碳电工钢带由于一般纯铁含碳量高，因此在冷却时析出的碳化物较多，对磁性是不利的。但是碳化物的形态和大小对磁性的影响是不一样的。片状的，细小分散的夹杂物对磁性损害作用大；而颗粒较大的球状夹杂物对磁性损害作用较小。所以钢带经炉冷后的磁性比空冷的要好，因为炉冷有利于碳的球化。钢带在 727℃ 以下进行退火可使碳化物进一步球化而改善磁性。

实际使用的低碳电工钢，经湿氢脱碳退火，含碳量降为 0.05%～0.08%，常用厚度为 0.50mm 和 0.65mm 两种，其铁芯损耗比后面要讲到的晶粒取向硅钢高几十倍，但它在较强磁场下（2～4kA/m）的磁感应强度比硅钢高，因而在制成电机后有利于降低激磁电流和电机绕组的铜损（即由于激磁电流流经绕组铜线产生焦耳热所消耗的能量），这对功率小于 75kW 的电机来说显得十分重要，因为在这类电机的总损耗中，铜损占的比例往往比铁芯损耗大，因此尽管采用低碳电工钢带后会产生较大的铁芯损耗，然而，总的电机损耗仍可下降。另外，低碳电工钢由于硬度比硅钢低，因此冲压特性很好，有利于延长冲模的使用寿命。低碳电工钢中通常含有大约 0.4% 的锰，它可使冷轧后的低碳电工钢容易实现再结晶，并可适当提高电阻率，这对交流应用是很有利的。表 9-2 列出了美国阿姆科铁和一些低碳电工钢的性能对比。

表 9-2　美国阿姆科铁（2mm）和低碳电工钢（0.50mm）的磁性

材　　料	状态	$H=0.8\text{A/cm}$ 下的 μ 值	$P_{1.5/60}/\text{W}\cdot\text{kg}^{-1}$
阿姆科铁	软	1800	—
0.015C、0.03Mn、0.005P、0.025S、0.15O$_2$、0.007N$_2$	硬	2000	8.50
低碳电工钢 0.05C、0.40Mn、0.12P、0.025S	软	—	8.40
真空去气、0.006C、(Si、Al) <0.25、0.80Mn	半硬	2300	5.50

在工业中还有一种叫低碳低硅无取向电工钢，其含碳量小于 0.015%，含硅或硅铝（Si+Al）量低于或等于 1% 的电工钢，其特性和用途与上述低碳电工钢相似。

影响纯铁和低碳钢磁性的因素首先是杂质。纯铁中常见的杂质有 C、N、O、H、S、P、Mn、Si、Al、Cu 等元素，它们的存在形态有两种：一种是固溶于纯铁中，另一种是形成夹杂物（如 Al$_2$O$_3$、SiO$_2$、MnS、AlN 等），以第二相形式存在于纯铁内。一般来说，同样杂质含量时，形成间隙固溶体的元素比形成置换固溶体的元素对纯铁磁性影响大，当然形成第二相夹杂时的影响更大。图 9-1 表示碳和氮对矫顽力的影响，它们都使 H_C 增加，而且碳的影响更大，（H_C 增加的斜率大）。但是碳对引起磁时效现象的影响不大，而氮的影响甚大，（见图 9-2 和图 9-3），例如当 N$_2$>60×10^{-6} 时，时效 1~3 天后 H_C 增加一倍以上。此外 O、S、Si、Al 等也都对磁性不利，特别是当形成氧化物、氮化物夹杂时。因此生产厂要选择恰当的熔炼工艺并进行充分的脱碳退火。

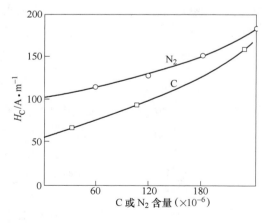

图 9-1　C 和 N$_2$ 含量对纯铁 H_C 的影响

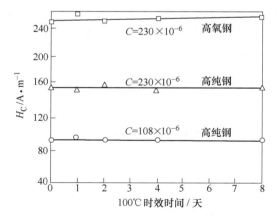

图 9-2　C% 对纯铁 H_C 的影响

图 9-4 为纯铁的晶粒大小对 H_C 的影响。退火后的晶粒大小与冷轧时最终压下量、退火温度和时间，以及杂质含量等因素有关，原则上讲退火温度愈高，去除杂质愈充分，磁

性也越好，但是纯铁在910℃发生 α⇌γ 相转变，冷却时可能因主结晶相变而导致 α 相晶粒细化，恶化直流磁性能，故一般加热温度不要超过910℃。为了充分去除 H_2、N_2、C，升降温度应缓慢。

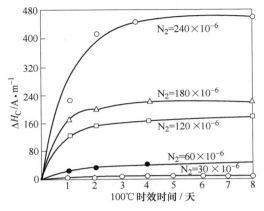

图 9-3 高氧钢脱 C 后磁时效时间
和 N_2 含量对 H_C 的影响

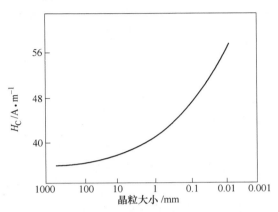

图 9-4 晶粒大小对纯铁 H_C 的影响

对于超低碳纯铁，可以进行两次退火，以进一步脱碳，长大晶粒，使 H_C 降到 32A/m 以下。也可以在高纯氢（或湿氢）中于 1200~1500℃ 之间退火几小时，由于 C、N_2、O_2 的充分去除，μ_m 值可达 10 万以上，H_C 小于 8A/m。

进一步研究发现，如果在纯铁中形成（100）[UVW] 的面织构，可以既提高磁感又降低矫顽力和损耗，这种织构是用严格控制热轧终轧温度及卷取温度，并采用预退火等方法，充分利用 α→γ→α 相变对晶粒取向的影响而获得的。表 9-3 为根据 [100] 和 [111] 铁单晶数据的计算结果。与各向同性状态相比，（100）[UVW] 织构的 B_{2000} 值约高 0.16T（10%），而（111）[UVW] 和（110）[UVW] 织构的 B_{2000} 值约低 0.11T（7%）和 0.04T（2%）。实际的 B_{2000} 已达 1.8T、$P_{15/50}$ 小于 4W/kg。

表 9-3 几种面织构和各向同性状态的 B_{25}

Si/%		0	0.3	3.8
单晶体的 B_{2000}/T	[100]	2.06~2.09	2.06	1.97
	[111]	1.33~1.34	1.33	1.27
面织构的 B_{2000}/T （计算值）	（100）[UVW]	1.79~1.81	1.78	1.71
	（111）[UVW]	1.52	1.51	1.45
	（110）[UVW]	1.58~1.59	1.58	1.51
	各向同性	1.63~1.64	1.62	1.55

9.3 电工纯铁

铁是重要的强磁性元素之一，它在地球上蕴藏十分丰富。

铁按纯度可分为工业纯铁（纯度99.6%~99.8%），纯铁（纯度99.90%~99.95%）和高纯铁（纯度99.990%~99.997%）三类。从软磁性能看，纯度越高，磁性越好。

工业纯铁按碳含量、制备方法和用途又可分为电磁纯铁、电解纯铁和羰基铁三类。工业纯铁的种类列于表 9-4。

表 9-4　工业纯铁的种类

工业纯铁	含碳量/%	制备方法	成品形状	主要用途
电磁纯铁	0.02 ~ 0.04	平炉、电弧炉、转炉冶炼	棒、板、带	直流电机电器的磁芯电真空器件
电解纯铁	0.006 ~ 0.02	电解法	片	高级合金原料
羰基铁	0.007 ~ 0.02	化学反应提炼	粉末	磁粉芯

电磁纯铁也叫电工纯铁或阿姆科铁，它的碳含量为 0.22% ~ 0.44%，杂质总含量一般小于 0.4%，是最早应用的软磁材料。由于它 $(\mu_0 M_s)$ 高，矫顽力 (H_c) 低，磁导率较高，加工性、成型性和焊接性好，制造工艺简单，成本低等，至今仍被大量应用，它还可用作合金的原料，故总用量达工业纯铁的 80%。

电磁纯铁的主要缺点是电阻率低，不到 $0.1 \mu\Omega \cdot m$，当用于交流条件下就会产生大的涡流损耗，所以这种纯铁主要用于直流或低频磁化条件下的电器，仪表中的磁性元件，电子管零件，直流电机和大型电磁铁的铁芯，以及继电器的衔铁，磁屏蔽罩等。

我国工业生产的纯铁可分为三类，一类是合金原料纯铁，有两个牌号，即 DT1、DT2。另一类是电磁铁用纯铁，有四个牌号，即 DT3、DT4、DT5、DT6，其中 DT4 和 DT6 是无磁时效的牌号；再一类是电子管用纯铁，即 DT7 和 DT8。表 9-5 和表 9-6 中列出了上述纯铁的化学成分和磁性。表中 DT 表示电工用纯铁，后接数字序号，其后的字母表示磁性等级。电磁纯铁棒，热轧厚板和冷轧薄板，我国有三个国家技术标准：GB 6983—86，GB 6984—86，GB 6985—86。

表 9-5　国产纯铁的化学成分

牌号	名　称	化学成分/%（不大于）								
		C	Si	Mn	S	P	Ni	Cr	Cu	Al
DT1	沸腾纯铁	0.04	0.03	0.10	0.030	0.015	0.20	0.10	0.15	—
DT2	高纯度沸腾纯铁	0.025	0.02	0.035	0.025	0.015	0.20	0.10	0.15	—
DT3	镇静纯铁	0.04	0.20	0.20	0.015	0.020	0.20	0.10	0.20	0.55
DT4	无时效镇静纯铁	0.025	0.20	0.15	0.015	0.015	0.20	0.10	0.20	0.20 ~ 0.55

低碳钢是指含量小于 0.1%（质量分数）的铁碳合金，在过去 20 多年中，普通的冷轧低碳钢带由于价格低廉和磁性能良好，使用量不断上升。它们主要用于低功率和中等功率的一些间隙动作的电动机中，它们的发展和家用电器的普及使用密切相关。在这类应用中，成本是生产上考虑的最重要因素，其次才是降低铁芯损耗。

表9-6　国产电工纯铁的磁性

磁性等级	牌　号	H_C/A·m^{-1}（不大于）	μ_m（不大于）	磁感应值/T（不小于）				
				B_{400}	B_{800}	B_{2000}	B_{4000}	B_{8000}
普级	DT3、DT4、DT5、DT6、DT8	96	6000	1.4	1.50	1.67	1.71	1.80
高级	DT3A、DT4A、DT5A、DT6A	72	7000					
特级	DT8A	48	9000					
超级	DT4E DT4C、DT6C	32	12000					

9.4　热轧硅钢

按制造工艺不同，硅钢可分为热轧硅钢片和冷轧硅钢片。表9-7和表9-8列出了我国的热轧硅钢片的牌号和性能（GB 5212—85）。

表9-7　热轧硅钢板牌号、规格及性能

牌　号	厚度/mm	最小磁应强度/T			最大铁损/W·kg^{-1}		最低弯曲次数（不小于）	理论密度/g·cm^{-3}	
		B_{200}	B_{400}	B_{800}	$P_{1.0/50}$	$P_{1.5/50}$		酸洗钢板	未酸洗钢板
DR530-50	0.50	1.51	1.61	1.74	2.20	5.30	—	7.75	7.70
DR510-50	0.50	1.54	1.64	1.76	2.10	5.10			
DR490-50	0.50	1.56	1.66	1.77	2.00	4.90			
DR450-50	0.50	1.54	1.64	1.76	1.85	4.50			
DR420-50	0.50	1.54	1.64	1.76	1.80	4.20	4	7.65	—
DR400-50	0.50	1.54	1.64	1.76	1.65	4.00	4	—	—
DR440-50	0.50	1.46	1.57	1.71	2.00	4.40	1.0	7.55	—
DR405-50	0.50	1.50	1.61	1.74	1.80	4.05	1.0	—	—
DR360-50	0.50	1.45	1.56	1.68	1.60	3.60	1.0	—	—
DR315-50	0.50	1.45	1.56	1.68	1.35	3.15	1.0	—	—
DR290-50	0.50	1.44	1.55	1.67	1.20	2.90	5.0	7.65	—
DR265-50	0.50	1.44	1.55	1.67	1.10	2.65	5.0	—	—
DR360-35	0.35	1.46	1.57	1.71	1.60	3.60	1.0	7.55	—
DR325-35	0.35	1.50	1.61	1.74	1.40	3.25	1.0	—	—
DR320-35	0.35	1.45	1.56	1.68	1.35	3.20	1.0	—	—
DR280-35	0.35	1.45	1.56	1.68	1.15	2.80	1.0	—	—
DR255-35	0.35	1.44	1.54	1.66	1.05	2.55	—	—	—
DR225-35	0.35	1.44	1.54	1.66	0.90	2.25	—	—	—

注：1. $P_{1.0/50}$、$P_{1.5/50}$表示当用50Hz反复磁化和按正弦形变化的磁感应强度最大值为1.0T和1.5T时的总单位质量铁损。

2. DR表示热轧硅钢片，横线前的数字是$P_{1.5/50}$的100倍，横线后的数字是厚度的100倍。

热轧硅钢片的生产设备投资少，工艺简单，没有明显的晶体织构，各向异性小，故适合在电机中应用，做这种应用的热轧硅钢片的硅含量在 3% 以下。作变压器用的热轧硅钢片，含硅量可提高到 4% 以上，这样可降低损耗。

热轧工艺是先将板坯在 930~950℃（高硅钢）或 850~880℃（低硅钢）加热后热轧，轧到一定厚度后进行叠轧，然后进行剥离，成为 0.5mm 或 0.35mm 厚的薄板，此后再进行平整和成品退火。低硅钢片在隧道式连续炉中成垛退火，在 780℃保温 3~4h；高硅钢片在氢气罩式炉内成垛退火，在 870~900℃保温 4~8h。

表 9-8　400Hz 下使用的热轧硅钢牌号和性能

牌　号	厚度 /mm	最小磁感应强度/T			最大铁损/W·kg⁻¹		电阻系数 /μΩ·m （不小于）	最低弯曲 次数 （不小于）
		B_{400}	B_{800}	B_{2000}	$P_{0.75/400}$	$P_{1.0/400}$		
DR1750G-35	0.35	1.23	1.32	1.44	10.00	17.50	0.57	1
DR1250G-20	0.20	1.21	1.30	1.42	7.20	12.50	0.57	2
DR1100G-10	0.10	1.20	1.29	1.40	6.30	11.00	0.57	3

注：1. B_{400}、B_{800}、B_{2000} 表示当磁场强度（A/m）等于字母后相应数值时，基本换向磁化曲线上磁感应强度。

　　2. $B_{0.75/400}$、$B_{1.0/400}$ 表示当用 400Hz 反复磁化和按正弦形变化的磁感应强度最大值 0.75T、1.0T 时的总单位铁损。

9.5　冷轧硅钢

自 20 世纪 50 年代以来，冷轧硅钢片发展很快，逐步取代了热轧硅钢片，现在已占硅钢总量的 95% 以上（包括无取向和取向的两种）。但在我国，热轧硅钢至今仍有相当产量。

一次冷轧法是将热轧带进行连续退火，先在约 850℃的湿氢中进行脱碳退火，然后再在 1050℃进行高温退火；调质轧制法是先将热轧带冷轧后经过连续退火，再以 5%~15% 的压下率进行冷轧到最终厚度，然后再经高温连续退火。在含硅较低的合金中，也可以用在较低温度下长时间退火（例如在 850℃在罩式炉中退火数小时），以免在退火时发生相变。虽然名为"无取向硅钢片"，但它是经过冷轧和退火工序的，所以实际上还存在弱的晶体织构。一般说来，调质轧制法制成的钢带其各向异性的程度要比一次冷轧的低一些。并且在调质轧制法中，由于第二次冷轧的压下率小，所以实际上钢带的外层和内层的变形量不同，因此退火后的织构也不同，这也有利于获得各向同性的性能。

9.6　冷轧无取向硅钢

无取向硅钢的产量很大，约占整个硅钢产量的 80%。在制造电机时，一般都是将硅钢片冲成带有许多槽的圆片，然后将这些圆片叠成铁芯。由于电机是在运转条件下工作，所以要求硅钢片各个方向的磁性相近，即希望硅钢片的磁各向异性越小越好。一般规定硅钢片的纵横方向的磁感强度 B_{2000} 差值不大于 10%。另外为了减小电机的重量和体积，避免过大的离心力，减小磁化电流，要求有高的磁感应强度。大型电机还要求有低的铁损。

无取向硅钢有热轧和冷轧两种，两者相比较，冷轧无取向硅钢具有下列优点：

（1）磁感应强度高：冷轧无取向硅钢的 B_{800} 可达 1.6T，而热轧的仅达 1.4T。

（2）铁损低：冷轧无取向硅钢（≤3%Si 含量）的铁损比同样硅含量的热轧电机钢低 10%~30%，这相当于硅含量提高 1% 的热轧硅钢片牌号的铁损值。

（3）冲剪加工好：制造电机时冲剪工作量很大，而且冲片形状复杂，要求冲片毛刺小，冲模和剪刀的使用寿命长。各种冷轧硅钢片的冲击加工性比同样硅含量的热轧硅钢片好，冲模的使用寿命可提高 4~6 倍。由于冷轧硅钢片是以带状成卷供应（热轧硅钢是以片状供应）可以进行自动化冲剪操作，使冲片效率提高 2~3 倍，材料利用率提高 25%~35%。

（4）表面质量好，厚度均匀：0.35mm 后的冷轧硅钢片填充系数达 97%~98%，厚度公差为 ±(0.02~0.03)mm，同样厚度的热轧硅钢片的填充系数只有 92%~94%，厚度公差达 ±(0.04~0.05)mm。

表 9-9 为冷轧无取向硅钢的牌号和性能（GB 2521—88）。

表 9-9　冷轧无取向硅钢牌号、尺寸及磁性

公称厚度 /mm	牌　号	最大铁损 $P_{1.5/50}$ /W·kg^{-1}	最小磁感 B_{400} /T	理论密度 /g·cm^{-3}
0.35	DW240-35	2.40	1.58	7.65
	DW265-35	2.65	1.59	7.65
	DW310-35	3.10	1.60	7.65
	DW360-35	3.60	1.61	7.65
	DW440-35	4.40	1.64	7.65
	DW500-35	5.00	1.65	7.75
	DW550-35	5.50	1.66	7.75
0.50	DW270-50	2.70	1.58	7.67
	DW290-50	2.90	1.58	7.65
	DW310-50	3.10	1.59	7.65
	DW360-50	3.60	1.60	7.65
	DW400-50	4.00	1.61	7.65
	DW470-50	4.70	1.64	7.65
	DW540-50	5.40	1.65	7.75
	DW620-50	6.20	1.66	7.75
	DW800-50	8.00	1.69	7.80
	DW1050-50	10.50	1.69	7.85
	DW1300-50	13.00	1.69	7.85
	DW1550-50	15.50	1.69	7.85
0.65	DW580-65	5.80	1.64	7.65
	DW670-65	6.70	1.65	7.75
	DW770-65	7.70	1.66	7.75

注：1. DW 表示冷轧无取向硅钢。

　　2. 字母后的数字：横线前的数字是铁损值的 100 倍，横线后的数字是厚度的 100 倍。

　　3. 由于表面质量好，使得涂在硅钢表面的绝缘薄层质量也好。

为了提高热轧硅钢片的磁感，降低损耗，应采取措施降低钢中 C、N、O、S 含量。在冶炼过程中控制较高的熔解碳（0.25%~0.4%），使其在高温强烈沸腾，有利于去除夹杂物；采用钢水真空处理，以去除气体；提高氢气热处理的温度，延长退火时间，达到进一步净化，这样可使热轧高硅钢的矫顽力降低到 16A/m(0.2Oe)，损耗 $P_{1.0/50}$ 降低到 0.9W/kg 以下，但其磁感值比冷轧硅钢片明显偏低。

冷轧无取向硅钢片具有上述五大优点，最适宜作电机铁芯，我国生产的无取向冷轧硅钢片的硅含量约为 3%，其生产工艺是：首先要在炼钢中通过精炼去除对磁性有害的碳、硫、氮、氧等。钢中的硫应愈少愈好，不超过 0.01%，以避免形成分散的硫化锰而抑制晶粒长大。钢中应加入适量多的铝，最好在 0.25% 左右，可以促进在退火时再结晶晶粒长大。钢锭经开坯后热轧成 1.5~3.0mm 的钢带，然后用一次冷轧法或调质轧制法冷轧成最终厚度。

在无取向冷轧硅钢片表面，常常涂覆一层绝缘涂层。最常见的是玻璃状的硅酸镁涂层。这种涂层不仅可以保证钢片或薄带表面具有良好的绝缘性能，而且因其热膨胀系数低于铁硅合金本身，在室温下可使涂层对合金施加一张应力的作用，对于具有正磁致伸缩系数的铁硅合金来说，张应力的作用有利于磁化，从而有利于降低损耗。

晶粒大小也影响无取向硅钢片的损耗，晶粒过大或过小、晶粒大小不均匀（外大内小）等都不利于降低损耗。

为了提高无取向硅钢的磁感值，除了降低硅含量，去除不纯物以外，近年来还利用冷轧、中间退火和最终退火的复杂配合，制成（100）面平行于轧面的无取向硅钢。（100）面平行于轧面，但各个晶粒的易磁化方向<100>仍呈紊乱分布，所以性能高而又各向同性。

现代高级无取向冷轧硅钢的性能见表 9-10。为满足高频电机的需要，还生产了无取向冷轧薄硅钢，其性能见表 9-11。

表 9-10　高级无取向冷轧硅钢的性能

厚度/mm	$P_{1.5/50}$/W · kg^{-1}	B_{400}/T	国外牌号
0.50	2.26	1.66	50H230（新日铁） 50RM230（川崎）
0.35	2.00	1.66	35H210（新日铁） 35RM210（川崎）

表 9-11　无取向冷轧薄硅钢的性能

厚度/mm	$P_{1.0/400}$/W · kg^{-1}	填充系数/%
0.20	12.5	96
0.15	9.5	94
0.10	8.5	93

9.7　冷轧取向硅钢

冷轧取向硅钢有两种，一种是最常用的（100）<001>单取向硅钢，又叫 Goss（戈斯）织构或者立方棱织构硅钢，另一种是（100）<001>双取向硅钢，又叫立方织构硅钢。前者各晶粒的易磁化轴<100>平行于轧向，后者各晶粒的<100>方向沿钢带的纵向和横向分布。立方织构硅钢制造工艺复杂严格，成本也高，至今各国都未形成工业化生产，下面主要介绍的取向硅钢是指单取向硅钢。

取向硅钢比无取向硅钢具有更高的磁感应强度。设计选用的最大工作磁感强度，热轧硅钢为 1T，冷轧无取向硅钢 1.5T，取向硅钢则达 1.7T。

取向硅钢的损耗也比无取向硅钢小，含 3%硅的取向硅钢的损耗仅为含硅 4%的热轧硅钢的一半。

取向硅钢的上述特点最适宜于做变压器铁芯，因为制造变压器时一般都是将硅钢切成条片，再搭叠成方形铁芯，只要沿轧向剪裁，则可充分利用此方向上优异性能。制造小型变压器时一般都直接冲成 EI 形状的冲片，叠成铁芯，也能基本保证沿轧向冲片和磁化。由于充分利用了取向硅钢在轧向的优良性能，在制造各类变压器时，与用热轧硅钢相比，铁芯的重量和体积可减小 20%~30%，其他材料如铜线，结构材料及变压器油等也可减小 10%~20%，而且由于损耗小，使变压器效率大大提高了。

取向硅钢可分为普通取向硅钢（简称 GO 钢）和高磁感取向硅钢（简称 HI-B 钢）两种。我国国家标准 GB 2521—88 所列出的取向硅钢牌号、性能见表 9-12。GO 钢的典型生产工艺是：冶炼→铸锭→开坯→热轧板坯（约 2.2mm 厚）→黑退火（脱碳）（700~800℃）→酸洗→一次冷轧（压下率65%达 0.7mm）→中间退火（800~900℃）→二次冷轧（压下率50%~60%，达 0.35mm 厚成品）→脱碳退火（湿 H_2、800℃）→高温退火（1150~1200℃）→涂层→拉伸回火→成品。在这个生产过程中（110）［001］织构的形成如下：

在硅钢片中，（110）［001］织构是通过二次再结晶完成的。经退火的热轧钢坯在第一次冷轧后，冷轧织构为（100）［011］、（112）［110］和（111）［112］。将其退火时，其中（111）［112］取向的晶粒在稍高于650℃时可转变为（110）［001］的再结晶织构，但是只有在 900℃以上这种晶粒才具有比其他取向晶粒更强的生长能力。因此在第一次冷轧并中间退火后，已经有了（110）。

表 9-12 取向硅钢尺寸、牌号及磁性

公称厚度 /mm	牌 号	最大铁损 $P_{1.7/50}$ /W·kg⁻¹	最小磁感 B_{800} /T	理论密度 /g·cm⁻³
0.27	DQ120-27	1.20	1.79	7.65
	DQ127-27	1.27	1.79	
	DQ143-27	1.43	1.79	
0.30	DQ113G-30	1.13	1.89	7.65
	DQ122G-30	1.22	1.89	
	DQ133G-30	1.33	1.89	
	DQ133-30	1.33	1.79	
	DQ147-30	1.47	1.77	
	DQ162-30	1.62	1.74	
	DQ179-30	1.79	1.71	

公称厚度 /mm	牌　号	最大铁损 $P_{1.7/50}$ /W·kg^{-1}	最小磁感 B_{800} /T	理论密度 /g·cm^{-3}
0.35	DQ117G-35	1.17	1.89	7.65
	DQ126G-35	1.26	1.89	
	DQ137G-35	1.37	1.89	
	DQ137-35	1.37	1.79	
	DQ151-35	1.51	1.77	
	DQ166-35	1.66	1.74	
	DQ183-35	1.83	1.71	

注：1. DQ 为 GO 钢，G 为 HI-B 钢。

2. 字母后数字：横线前的数字为铁损值的 100 倍，横线后的数字为厚度值的 100 倍。

[001] 取向的晶粒形成，它们是以后二次再结晶的核心，但它们只占很少一部分。如果再进行第二次冷轧，使（111）[112] 晶粒显著增加，在再结晶后就会产生更多的（110）[001] 晶核。这样在最终高温退火时，如果设法只让这些晶粒长大（即择优长大），那么就可形成完善的（110）[001] 织构。经研究发现，在硅钢晶界若存在某些夹杂物就可以起到这种作用，这类夹杂物称为有利夹杂。

通常夹杂对磁性影响总是不利的，因此有利夹杂必须满足以下条件：

（1）为了阻止初次再结晶后其他取向晶粒的长大，以保留使（110）[001] 晶粒不被其他取向晶粒吞并，约在 850℃ 以下温度（550~850℃）发生初次再结晶，有利夹杂应是稳定且高度弥散分布，在晶界上有固定晶界，阻止晶界的推移，抑制或推迟初次再结晶后晶粒的长大。

（2）在 900~1250℃ 发生二次再结晶时，这些夹杂应分解，以引起（110）[001] 取向的初次晶粒的择优长大并吞并其他取向晶粒。组成夹杂的元素应能固溶到基体中，且对磁性有利，或者可被还原性退火气氛（如 H_2）在高温下还原去除。总之，这时的弥散夹杂物应显著地减少。

国内外 GO 钢大生产中通常都用 MnS 作为有利夹杂，它呈球状，适宜的大小为 2nm 左右。一般取向电工钢（CGO）的特点是以 MnS（或 MnSe）为抑制剂和二次中等压下率冷轧法进行生产的，其生产基本工艺流程为：铁水脱锰→冶炼→真空处理→模铸→开坯→热连轧→常化和酸洗→一次冷轧→中间退火脱碳→二次冷轧→涂 MgO→高温退火→平整拉伸退火和涂绝缘膜。此生产工艺成熟易掌握，具有性能稳定、成材率高等优点。

GO 钢晶粒 [001] 方向与轧向的平均偏离角约为 7°（小于 10° 的晶粒达 75%），偏离角越大，$B_{10}(H=800A/m)$。GO 钢的 B_{10} 约为 1.82T，晶粒直径为 3~5mm。

HI-B 钢采用一次大压下量冷轧法，而且用细小的 AlN 和 MnS 作有利夹杂，其 [001] 方向的平均偏离角小于 3°（晶粒的最大偏离<10°），其 B_{10} 达 1.92T。但晶粒直径达 10~20mm。高磁感取向电工钢（HGO）有两种截然不同的生产方式，一种在热轧工序采用板坯高温加热热轧（1380℃ 以上），另一种采用低温加热热轧（1280℃ 以下）+后工序渗碳

处理，前一种工艺由日本新日铁公司发明，产品被命名为高温高磁感取向电工钢，后一种工艺由新日铁和德国蒂森公司先后发明，产品被称为铸坯低温加热型高磁感取向电工钢。

晶粒［001］方向与轧向的偏离角也影响损耗，偏离角越小，损耗越低。研究表明，当偏离角增加时，产生的辅助畴也增加，这使损耗增加，但偏离角增加也使畴间距减少，这又使损耗下降，两者综合，在2°处最佳。

因此 HI-B 钢的损耗也比 GO 钢低，HI-B 钢的另一特点就是利用低膨胀系数的应力涂层，对基体产生约 $0.8kg/mm^2$ 的各向同性的张应力，从而进一步改善损耗。

为了使 HI-B 硅钢的损耗进一步下降，现又采用激光刻痕细化磁畴，适当提高硅含量及薄规格化等措施。

9.8 硅钢薄带

取向薄硅钢的厚度为 0.02~0.20mm，硅含量约为3%，适于工作在400Hz频率以上的中、高频变压器、脉冲变压器、大功率磁放大器、扼流线圈、储存和记忆元件等，是通讯、雷达、飞机、导弹等小型化电器设备的主要电工材料。

工作频率越高，涡流损耗越大，故应选用更薄的钢带。对硅钢而言，工作频率与钢带厚度的选择如表 9-13 所示。生产薄硅钢如达到非晶态合金的厚度 0.03mm，也是国内外努力的方向。

表 9-13 工作频率与选用的钢带厚度

工作频率/Hz	50 或 60	400	400~1000	4000~2000	1000~10000	3000~10000 以上
钢带厚度/mm	0.20~0.65	0.2	0.08~0.20	0.08 或 0.1	0.05	0.02~0.03

（110）［001］位向，3%Si-Fe 单晶体经中等压下量（60%~70%）冷轧转变成 {111}<112>为主的冷轧织构，初次再结晶退火后又转变为原来的（110）［001］位向的再结晶织构，这两种位向的关系是晶体绕<110>轴转动约35°，这是取向硅钢薄带制造工艺的基本原理，所以冷轧取向薄硅钢通常选用 0.24~0.35mm 厚高牌号取向硅钢产品作为原材料，再经过冷轧和最终退火后获得。表 9-14 列出了我国国家标准 GB 11255—89 中列出的取向薄硅钢薄带牌号、规格和性能。

表 9-14 晶粒取向硅钢薄带牌号、规格及磁性

牌号	厚度/mm	铁损/W·kg⁻¹（不大于）				磁感应强度/T（不小于）		矫顽力/A·m⁻¹（不大于）
		$P_{1.0/400}$	$P_{1.5/400}$	$P_{1.0/1000}$	$P_{0.5/3000}$	B_{50}	B_{1000}	H_C
DG3	0.025	—	—	—	35	—	1.60	50
DG3	0.03	—	—	—	35	—	1.65	45
DG4	0.03	—	—	—	30	—	1.70	40
DG1	0.05	—	21.0	—	—	0.60	1.55	36
DG2		—	19.0	—	—	0.80	1.60	34
DG3		—	17.0	24.0	—	0.85	1.66	32

牌号	厚度/mm	铁损/W·kg⁻¹ （不大于）				磁感应强度/T （不小于）		矫顽力/A·m⁻¹ （不大于）
		$P_{1.0/400}$	$P_{1.5/400}$	$P_{1.0/1000}$	$P_{0.5/3000}$	B_{50}	B_{1000}	H_C
DG4	0.05	—	16.0	22.0	—	0.90	1.70	32
DG5		—	15.0	20.0	—	1.05	1.75	32
DG6		—	14.0	19.0	—	0.10	1.75	32
DG1	0.08	—	22.0	—	—	0.60	1.55	36
DG2		—	19.0	—	—	0.80	1.66	32
DG3		—	17.0	—	—	0.90	1.66	28
DG4	0.10	—	16.0	—	—	1.00	1.70	26
DG5		—	15.0	—	—	1.05	1.75	26
DG6		—	14.5	—	—	1.20	1.80	26
DG3	0.15	—	19.0	—	—	0.90	1.65	26
DG4		—	18.0	—	—	1.00	1.75	26
DG5		—	17.0	—	—	1.10	1.75	26
DG6		—	16.5	—	—	1.13	1.75	26
DG1	0.20	12.0	—	—	—	—	1.55	—
DG2		11.0	—	—	—	—	1.60	—
DG3		10.0	—	—	—	—	1.66	—
DG4		9.0	—	—	—	—	1.70	—
DG5		8.2	—	—	—	—	1.74	—

注：1. 铁损 $P_{1.0/400}$、$P_{1.5/400}$、$P_{1.0/1000}$、$P_{0.5/3000}$ 分别表示在频率为 400Hz、磁感应强度值 1.0T 时，400Hz，1.5T 时，1000Hz、1.0T 时和 3000Hz、0.5T 时的比铁损值。

2. 磁感应强度 B_{50}、B_{1000} 分别表示磁场为 50A/m 和 1000A/m 时的磁感应强度值。

3. 0.02mm 厚度的 DG1~DG5 试样要求沿轧向剪切，尺寸为 30mm×300mm，消除应力退火后测试。

最近的研究表明：和用真空预退火，去除薄硅钢中杂质（特别是铜合金要小于 $20×10^{-6}$），再在 1000℃ 以上高温退火，使之发生三次结晶，可以获得更高的磁感（$H=800A/m$ 下的 B_8 可大于 1.90T）和更低矫顽力（H_C）。在这种薄硅钢中 [001] 轴与轧向的平均偏离角仅为 1°~2°。表 9-15 列出 HI-B 钢，铁基非晶合金和三次再结晶极薄硅钢带的磁性对比，可见，三次再结晶极薄取向硅钢带的磁特性已赶上并超过了铁基非晶合金。

表 9-15　几种高性能软磁材料的特性

性能 ＼ 材料	HI-B 钢 （日本牌号 26H）	铁基非晶合金 （经磁场退火）	三次再结晶极薄硅钢 （化学刻痕、加应力）	
带厚/mm	0.3	0.02~0.04	0.081	0.032
B_S/T	2.03	1.5~1.6	2.03	2.03
$P_{1.3/50}$/W·kg⁻¹	0.6	0.15~0.30	0.19	0.13
$P_{1.7/50}$/W·kg⁻¹	1.02		0.37	0.21

参 考 文 献

[1] 何忠治. 电工钢 [M]. 北京：冶金工业出版社，1996.

[2] 卢凤喜. 以 Mn 部分代 Si 生产晶粒取向电工钢的探讨 [J]. 中国冶金，2002 (4)：41~44.

[3] Fortunati S，Cicale S，Abbruzzese G. Process for the Production of Grain Oriented Electrical Steel Strip Starting from Thin Slab [J]. US Patent，2001 (8)：1147~1153.

[4] Fortunati S，Cicale S，Abbruzzese G. Process for the Production of Grain Oriented Electrical Steel Strip Having HighMagnetic Characteristics [J]. Starting from Thin Slab.，2001 (10)：23~30.

[5] Lee J，Morita K. Interfacial Phenomena Between Gas，Liquid Iron and Solid Lime during Desulfurization [J]. CAMP-ISIJ，2002，15：816.

[6] Yang J，Okumura K，Kuwabara M. Improvement on Desulfurization Efficiency of Molten Iron With Magnesium Vapor Produced in-situ by Aluminothermic Reduction of Magnesium Oxide [J]. CAMPISIJ，2002，15：812.

[7] 史震兴，余志祥，叶枫. 实用连铸冶金技术 [M]. 北京：冶金工业出版社，1998.

[8] Tani M，Toh T，Harada H. Electromagnetic Casting for High Quality of Continuously Cast Steel [J]. CAMP-ISIJ，2002，15：831.

[9] Nakada M，Kubota J，Kubo N. The Steel Flow Control System in Caster Mold by Traveling Magnetic Field [J]. CAMP-ISIJ，2002，15：829.

[10] Zhang J M，Yu H X，Wang X H. Flow Control in Continuous Slab-Casting Mold by F Index Obtained Through Mathematical Simulat ion [J]. CAMP-ISIJ，2002，15：835.

[11] 黎世德. 用于电子工业的电工钢研究发展动态 [J]. 电工钢，2002 (3)：2.

[12] 魏天斌. 国外取向电工钢工艺发展新趋势 [J]. 钢铁研究，2007 (1)：55~58.

[13] 许令峰，毛卫民. 2000 年以来国外无取向电工钢的研究进展 [J]. 世界科技研究与发展，2007 (2)：36~40，30.

[14] 徐跃民. 冷轧电工钢生产新技术 [J]. 上海金属，2007 (5)：47~51.

[15] 王良芳，陶永根. 我国电工钢生产现状 [J]. 电器工业，2006 (4)：24~31，10.

[16] 卢凤喜，何敏. 国内电工钢的生产现状与发展趋势 [J]. 新技术新工艺，2006 (5)：73~74.

[17] 卢凤喜，何敏. 高牌号无取向电工钢生产技术 [J]. 武钢技术，2006 (6)：13~16.

[18] 毛卫民，杨平. 经济型取向电工钢的定位与发展 [J]. 世界科技研究与发展，2006 (6)：23~26

[19] 卢凤喜，阮安甫. 国内外电机用电工钢发展趋势研究 [J]. 冶金信息导刊，2004 (6)：5~7.

[20] 储双杰. 生产工艺参数对无取向电工钢磁性的影响 [J]. 特殊钢，2003 (2)：37~39.

[21] 吴开明. 取向电工钢的生产工艺及发展 [J]. 中国冶金，2012，22 (3)：1~5.

[22] 本刊讯. 我国电工钢进口情况 [R]. 涟钢科技与管理，2015 (3).

[23] 本刊讯. 我国电工钢出口情况 [R]. 涟钢科技与管理，2015 (4).

[24] 李长生，于永梅，汪水泽，等. 连铸连轧生产电工钢板的工艺技术优势 [J]. 现代制造工程，2007 (9)：9~12.

[25] 晓敏，长征. 电工钢的开发 [J]. 金属功能材料，2004 (2)：42.

[26] 魏天斌. 国外取向电工钢工艺发展新趋势 [J]. 钢铁研究，2007 (1)：55~58.

[27] 卢凤喜，何敏. 国内电工钢的生产现状与发展趋势 [J]. 新技术新工艺，2006 (5)：73~74.

[28] 刘光穆，刘继申，谌晓文，等. 电工钢的生产开发现状和发展趋势 [J]. 特殊钢，2005 (1)：38~41.

[29] 周国平. 电工钢技术最新进展及开发 [A]. 四川省金属学会，2012：5.

[30] 中国金属学会. 中国第七届钢铁年会论文集 [C]. 北京：冶金工业出版社，2009.

[31] 全国第十届电工钢学术年会论文集 [C]. 昆明：中国金属学会电工钢分会，2008.

[32] 首届中国电工钢上下游产业链发展论坛论文集 [C]. 杭州：中国金属学会电工钢分会，2010：23.

[33] 赵宇，李军，董浩，等. 国外电工钢生产技术发展动向 [J]. 钢铁，2009，44（10）：1~5.

[34] 吕冬瑞. 我国电工钢生产消费现状及需求预测 [J]. 冶金管理，2009（10）：26~27.

[35] 曹树卫，申勇，孙江美. 浅析电工钢的生产现状及技术发展 [J]. 轧钢，2008（5）：35~38.

[36] 何忠治，赵宇，罗海文. 电工钢 [M]. 北京：冶金工业出版社，2012.

10 磁性形状记忆合金

10.1 磁性形状记忆合金的概况

10.1.1 磁性形状记忆合金的概念与发展历史

磁性形状记忆合金（Magnetic Shape Memory Alloys，简称 MSMAs）是一种新型的形状记忆合金，它们具有传统的热弹性形状记忆效应，同时，在磁场的作用下具有较强的形状记忆效应，即它们在磁场的作用下，尺寸或体积发生变化，产生很大的应变。换言之，磁性形状记忆合金的形状记忆效应不是通过温度的改变而是通过磁场的变换达到的，即动作是瞬间即可完成的。这种磁场作用下产生的应变类似于磁致伸缩材料产生的磁致伸缩效应，但是由于产生应变的机制不同，为了加以区分，把它称为磁性形状记忆效应（Magnetic Shape Memory Effect，简称 MSME），合金则称为磁性形状记忆合金。

虽然人们很早以前就发现了磁场对钢中马氏体相变的影响，但由于其产生的形变非常小，所以一直未被重视。1984 年，Webster 对 Ni_2MnGa 合金作了最初的研究，进行了晶体结构、相变、磁化强度随温度（0~400K）和磁场强度的变化等实验。发现这种合金属于 Heusler 型结构，低温相（马氏体相）为正方结构，具有磁各向异性，磁化强度依赖于外磁场强度；在高温具有立方 $L2_1$ 结构（奥氏体相），磁化强度不依赖于外磁场，易于磁化，居里温度为 375K。

1994 年，Vasil'ev 等人用 Ni_2MnGa 单晶体进行了热分析、磁特性、形状记忆效应的实验，发现在 77K 低温下的压缩特性，测试了应力-应变曲线，残余应变 4%，在加热时消失，显示出形状记忆效应。这一特性的发现引起美国和日本学者的极大兴趣。日本的松本研究了 Ni_2MnGa 合金的相变，测量了合金的相变温度（$M_s = 210K$，$M_f = 185K$，$A_s = 205K$，$A_f = 220K$）。松本还研究了 Ni_2MnGa 合金磁化率随温度的变化，发现在马氏体相时，磁化率极低；在由正方结构转变为立方结构时相变温度急剧增大；温度继续升高，到居里温度时又急剧减小，铁磁性消失。

1996 年，美国 MIT 的 K. Ullako 等人在 Ni_2MnGa 单晶中发现了接近 0.2% 的大磁致应变。测量结果是在 265K 得到的，低于马氏体相变温度 15K。他们还指出，使用 1T 的磁场，最大只能引起马氏体转变温度 1~2K 的偏移，这样，此磁致应变不会由马氏体相转变引起，而是完全的出现在马氏体相内，是磁场诱导应变。此磁致应变值已经达到目前的稀土超磁致伸缩材料的应变水平，从而使这一材料再度成为材料科学和凝聚态物理的前沿性研究对象。随后，O'Handley 等人在室温下 0.4T 的外加磁场中观察到了 Ni_2MnGa 合金 5% 的切应变，这一发现不仅大大提高了马氏体转变温度，也大大提高了应变量。此后，又不断有获得更大的磁致应变的报道，目前，MIT 的 A. Sozinov 等人在 Ni_2MnGa 单晶合金中，在 300K 温度，1T 的磁场下，发现了高达 9.4% 的磁致应变。

北京航空航天大学的徐惠彬等人研究了具有非调幅结构的 $Ni_{53}Mn_{25}Ga_{22}$ 合金，其最高应力应变可达 15%，这也是迄今为止在单晶非化学计量的 Ni-Mn-Ga 材料中所报道的最大应变。

由于 Ni_2MnGa 合金的磁性形状记忆效应的这些惊人进展，大大激发了人们对磁性形状记忆合金的研究热情。目前，许多国家投入大量资金，并试图对所有可能存在磁性形状记忆效应的合金进行系统的研究。特别是美国、日本、俄罗斯、芬兰等国家，分别设有专门的机构开展磁性形状记忆合金的基础研究与应用开发工作，并且研究工作进展迅速。我国的研究工作则从近几年才开始，主要有钢铁研究总院、中科院物理所、北京航空航天大学、哈尔滨工业大学、上海交通大学等单位，取得了一系列的研究成果。

10.1.2　磁性形状记忆合金的特点和应用

磁性形状记忆合金受到人们的高度重视，其主要原因是由于该合金具有如下特点：

（1）合金的应变量大。形状记忆合金最主要的性能指标是应变量，磁性形状记忆合金的应变量特别大。比现有驱动材料的性能高 1~2 个数量级。磁性形状记忆合金的应变量比目前开发应用的稀土超磁致伸缩材料高 10 倍以上，比压电陶瓷高 100 倍以上。目前研制和试用的稀土超磁致伸缩材料（Terfenol-D）的应变量最大值为 0.2%。而目前的磁性形状记忆合金的应变量一般可达到其 5 倍，为 1%，而报道的最高参数可以达到 9.5%。

（2）合金的响应频率高。目前常用的形状记忆合金，虽然具有很大的应变量，但是，由于马氏体相变由温度场控制，受到热量传导速率的影响，响应频率很低，小于 5Hz，使其应用受到很大限制。磁性形状记忆合金可采用磁场作为驱动源，响应频率与电磁场或机械磁场一致，因而具有很高的响应频率，最高响应频率可达 5000Hz。从频率和应变量综合考虑，磁性形状记忆合金是至今所有致动材料中最具优势的。

（3）双向磁性形状记忆效应。由于应变的产生机理不同，磁性形状记忆合金还具备其他致动材料不具备的特征，即磁场可控的双向形状记忆效应。合金本身具有 4% 以上的双向形状记忆应变，并且这个应变的大小和方向可以随外磁场的大小和方向任意调节。传统形状记忆合金在两个相变温度点仅具有伸长或收缩两个自由度，而磁性形状记忆合金在外磁场的参与下，在每个相变温度点具有伸长、收缩、零形变三个自由度，使两个相变温度点的自由度增加到六个。利用这种特性，可望开发出新型的致动器和传感器件。

（4）相对于稀土超磁致伸缩材料具有明显的价格的优势。稀土超磁致伸缩材料中的金属铽（Tb）和金属镝（Dy）价格都较高，且占的比重大，因此材料的生产成本高，每公斤超磁致伸缩材料 Terfenol-D 的市场价格高达 1 万元以上。据国外专家预测，磁性形状记忆合金的价格大约为超磁致伸缩材料 Terfenol-D 的十分之一，即价格低约 10 倍。这将可能使得磁性形状记忆合金应用到更广泛的领域，包括在民用领域获得应用。

（5）新材料、新效应和新理论研究价值高。在产生应变的原理上，磁性形状记忆合金既不同于一般的形状记忆合金，又不同于超磁致伸缩材料和压电材料。其应变机理的全新的，从而可望开发出新的应用领域。

因此，磁性形状记忆合金不仅具有普通形状记忆合金的大应变的特点，而且由于受磁场驱动而具有响应速度快和效率高的优点，弥补了传统形状记忆合金响应频率低、压电及磁致伸缩材料应变小的不足，有望成为新一代驱动器和传感器材料，因而具有广阔的应用前景，表 10-1 列出了铁磁形状记忆合金与其他几种驱动材料的商业参数对比。可见磁性形状记忆合金集合了各驱动材料的优点，极大地扩展了其应用范围，成为优良的新型功能材料。其可能的主要应用领域为：

（1）海洋勘探测量领域：大功率水下声呐，大功率超声换能器，声音模拟系统，油井勘探。

（2）机械制造与加工领域：微位移器控制系统，线性马达，精密定位、加工控制装置，包装机冲压系统。

（3）飞机、船舶和汽车制造业：燃料控制系统，阀门控制系统，震动和噪声控制系统，自动刹车系统，液压系统。

（4）电子技术领域：微型低频电声设备，微波器件，机器人，超高电压、大电流回路中断系统，探测位移、力、加速度的传感器。

（5）声、光领域：可调谐的表面声波器件、激光器调整等。

表 10-1   几种驱动材料的商业参数对比

参　数	PZT 5H	Terfenol-D	Nitinol	Ni-Mn-Ga
驱动机制	压电陶瓷	磁致伸缩	形状记忆	铁磁形状记忆
最大应变/%	0.13	0.2	2~8	9.5
杨氏模量/GPa	60.6	48	28(M)，90(A)	0.2(M)，70(A)
响应频率/Hz	$>10^6$	1~20000	$\leqslant 10^2$	$>10^5$
最大输出功/MPa	6	112	200~800	300
温度范围/K	253~473	273~523	可调	可调
价格/$\$ \cdot kg^{-1}$	—	1100	40	110

目前，对于磁性形状记忆合金在器件方面的应用研究，国内外均属于起步阶段，没有规模化的商业应用，仍处于器件的研究开发阶段，因而只有很少量的相关报道，还有许多工作需要进一步深入研究。Ni-Mn-Ga 合金作为应变大、响应速度快的 MSMA，在驱动器件中具有极大的优势。国外如芬兰的 AdaptaMat 公司已将 Ni-Mn-Ga 合金作为驱动材料应用于驱动器的制造中（见图 10-1）。AdaptaMat 公司是最近出现的一家专门研究和开发磁性形状记忆合金的商业公司，他们为许多研究小组提供材料，开发产品。他们采用 Ni-Mn-Ga 合金生产的 A5-2 型驱动器，其最大行程 3mm，响应频率为 300Hz。用于拉伸试验机的A1-2000型驱动装置，其中合金的尺寸为 $\phi260mm \times 90mm$，在应力为 1.25MPa 时能够产生2.8% 的大磁致应变。Kohl 等人将 Ni-Mn-Ga 薄膜应用于驱动器的制造上，制成了 9mm×3mm×5mm 的光电扫描仪，这种扫描仪的扫描角度可达 50°，为 Ni-Mn-Ga 薄膜的应用提供了范例。

国内也有对磁性形状记忆合金的应用，沈阳工业大学采用 Ni-Mn-Ga 合金成功研制了蠕动型直线电机样机。该电机利用仿生学蠕动原理，将 MSMA 小步距的位移连续累加形成直线电机所需要的大行程。MSMA 元件尺寸为 5mm×5mm×20mm，加 0.6T 磁场后实测变形率为 4%。MSMA 直线电机的最大位移为 12mm，可以通过调整磁场的励磁电流及励磁电流频率来调整步进速度，从而实现磁场作用的微位移控制。

图 10-1　A5-2 和 A1-2000 型驱动器

10.1.3　磁性形状记忆合金的分类和特点

目前，已发现的磁性形状记忆合金主要是 Heusler 合金或与 Heusler 合金结构相似的二元合金等，包括，Ni 系合金 Ni-Mn-Ga、Ni-Al-Mn、Ni-Co-Al、Ni-Fe-Ga、Ni-Mn-In、Ni-Mn-Sn、Ni-Mn-Sb 等；Co 系合金 Co-Mn、Co-Ni、Co-Ni-Ga 等；Fe 系合金 Fe-Pd、Fe-Mn-Si、Fe-Ni-Co-Ti、Fe-Pt、Fe-C、Fe-Cr-Ni-Mn-Si-Co 等。其中，Fe-Mn-Si 合金的奈耳温度低，其马氏体相变在顺磁性温度区域即发生，特别是它的大温度滞后性也极大地限制了其用途；Fe-Pt 合金虽然具有大的磁感生应变，但其异常低的相变温度大大限制了其应用价值；Fe-Pd 合金由于价格和性能的原因也受到了限制；Fe-Ni-Co-Ti 系合金虽然价格便宜，但因其室温下的磁化强度很低而受到限制；Ni-Al-Mn、Co-Mn、Co-Ni 等合金还未进行深入研究。Ni-Mn-Ga 合金是最早发现的磁性形状记忆合金，对它的研究也最为深入和最具代表性，并已取得初步应用，下面主要介绍 Ni_2MnGa 磁性形状记忆合金的特点和性能。

10.2　Ni_2MnGa 磁性形状记忆合金

10.2.1　Ni_2MnGa 合金的结构与相变

化学计量成分的 Ni_2MnGa 合金在室温下为母相，具有 Heusler 型立方 $L2_1$ 结构。Heusler 型合金是一种高度有序的三元金属间化合物，空间群为 $Fm\overline{3}m(O_h^5)$，通用化学式为 X_2YZ，X、Y 是元素周期表中钪、钛、钒、铬、锰、铁、钴、镍、铜、锌以及所有扩展的过渡族元素，共约 30 个。此外，镧系稀土元素也可以作为 Y 原子。Z 是周期表右边 B 类Ⅳ族，及其两边的Ⅲ族和Ⅴ族的元素，例如 Al、Ga、In、Sn、Sb、Si 等元素，由于 s-p 电子的杂化状态，它们也被称为 s-p 元素，共 10 个。所谓高度有序是指原子按照一定的晶格点阵，各自占据特有的位置所形成的高化学有序结构。严格地说，Heusler 合金不能称之为合金，而是金属间化合物。但由于历史原因，习惯上我们仍然不严格地称之为合金（文中的"合金"一词都按照习惯定义）。

Ni_2MnGa 合金的母相结构（见图 10-2）是由 A、B、C、D 四种原子分别构成四个面心立方（fcc）的布拉菲点阵相互交错套构而成，四种原子分别占据 (0, 0, 0)，(1/4, 1/4, 1/4)，(1/2, 1/2, 1/2)，(3/4, 3/4, 3/4) 点阵位置。在 Ni_2MnGa 晶体中，Ni 原子占据 B、D 点阵位置，Mn 原子占据 C 点阵位置，Ga 原子占据 A 点阵位置。Mn、Ga 原子的占据容易发生错乱，互相占据对方在 L2$_1$ 型有序结构中排列的位置。当 Mn 和 Ga 原子的占位无序程度比较高时，合金的晶体结构就相当于发生了由 L2$_1$ 型向 B2′ 型结构的转变，成为 CsCl 型结构。

化学计量成分的 Ni$_2$MnGa 合金在温度降至 202K(M_S) 时发生马氏体相变，结构由 Heusler 型立方 L2$_1$ 结构转变为正方结构（见图 10-3），相变同时伴随体积收缩。室温立方晶体的点阵常数 $a = 0.5825$nm，在 4.2K 时，正方晶体的点阵常数为 $a = b = 0.5920$nm，$c = 0.5566$nm，$c/a = 0.94$。马氏体相变使晶格常数沿 c 轴的最大变化量可达 6.56%，此为 Ni$_2$MnGa 合金的理论最大相变应变量。

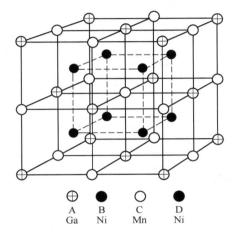

图 10-2 Ni$_2$MnGa 合金的母相结构

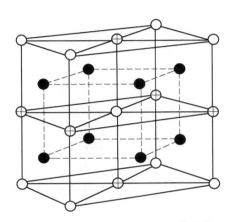

图 10-3 Ni$_2$MnGa 合金的马氏体结构

Ni$_2$MnGa 合金的居里温度为 376K，低温相呈强铁磁性，饱和磁化强度为 66emu/g，磁晶各向异性能较高，磁晶各向异性能密度可达 1.17×10^6 erg/cm^3。Webster 根据中子衍射实验发现，在 4.2K 时，Ni$_2$MnGa 合金的磁矩主要局域于 Mn 原子位，Mn 原子位的局域磁矩的大小约为 $4.17\mu_B$，磁矩沿择优的 <111> 方向平行排列，在 Ni 原子位的局域磁矩小于 $0.3\mu_B$。当温度上升到居里温度以上时，Mn 局域磁矩的大小基本保持不变，但磁矩的排列方向变得杂乱无章，Ni$_2$MnGa 合金就实现了从铁磁性到顺磁性的转变。

Ni$_2$MnGa 合金最主要的相变是马氏体相变和铁磁性相变。合金的马氏体相变是热弹性相变，具有完全热弹性相变的全部特点，并具有一定的热滞。Ni$_2$MnGa 合金可以在很宽的成分范围内形成化合物，但其相变温度受成分的影响很大。通过对一系列非化学计量成分 Ni$_2$MnGa 合金的马氏体相变的研究（见表 10-2），得出合金成分变化对马氏体相变温度和居里温度的一般影响规律。Ni$_2$MnGa 合金的居里温度通常在 320~390K 之间变化，但马氏体相变开始温度（M_S）随成分的微小变化而有更大的变化，其变化范围可达 200K。

表 10-2 Ni$_2$MnGa 合金的成分及相关参数

合金	Ni	Mn	Ga	M_S/K	ΔT/K	T_c/K	a(298K)/nm
1	50	25	25	202	5	376	0.5825
2	47.7	30.5	21.8	238	20	376	—

合金	Ni	Mn	Ga	M_S/K	ΔT/K	T_c/K	a(298K)/nm
3	45.6	32.0	22.4	183	20	376	—
4	49.7	24.3	26.0	175	15	366	0.584
5	51.1	24.9	24.0	196	20	378	0.583
6	50.9	23.4	25.7	113	30	387	0.580
7	49.2	26.6	24.2	173	16	368	—
8	52.6	24.4	23.0	258	30	373	—
9	52.0	24.4	23.6	298	15	360	0.576
10	49.4	27.7	22.9	283	18	383	0.584
11	51.5	23.6	24.9	278	10	368	0.582
12	51.2	24.4	24.4	280	25	358	—
13	52.6	23.5	23.9	283	10	363	—
14	54.3	20.5	25.2	276	10	341	0.578
15	51.7	22.2	26.2	273	20	383	—
16	48.2	22.4	29.4	274	—	—	0.5822
17	50.7	30.0	20.3	285	—	343	—
18	48.6	32.6	18.8	315	—	324	—
19	50.2	30.0	19.8	302	—	326	—
20	46.6	34.1	19.3	316	—	343	—
21	50.0	28.0	22.0	285	—	—	—
22	47.6	25.7	26.7	<4.2	—	380	0.585
23	49.6	21.9	28.5	<4.2	—	356	0.584
24	51.2	31.1	17.7	446	8	356	0.590
25	45.7	37.2	17.1	390	15	353	0.597

　　Chernenko 对一系列合金的相变温度进行研究，作出了成分与 M_S 的关系曲线（见图 10-4）。一般来说，在 Mn 含量一定时，马氏体相变温度随 Ga 含量的增加而降低；在 Ni 含量一定时，马氏体相变温度随 Mn 含量的增加而升高；在 Ga 含量一定时，马氏体相变温度随 Ni 含量的增加而升高。

　　Jin 综合了多人的实验数据，分别绘制了 Ni-Mn-Ga 成分与 T_c、马氏体相变温度 T_{Mart} 及饱和磁化强度 M_S 的关系曲线图，对合金的成分设计有一定帮助。图 10-5 为成分与 T_c 的等高线关系图。

　　从图 10-5 中可以看出，Ni-Mn-Ga 合金在一个较大成分范围内（Mn 20%～30%，Ga 16%～27%）具有相对稳定的 T_c，温度变化在 60K 以内。特别是在成分偏离化学计量成分不大时，合金的 T_c 均在 360K 左右，不会有很大变化。

　　图 10-6 为 Ni-Mn-Ga 合金的成分与 T_c、马氏体相变温度 T_{Mart} 及饱和磁化强度 M_S 关系的拟合曲线图。点实线代表 T_c 与 T_{Mart} 相等的合金成分，在此线的上部，$T_c \gg T_{Mart}$。图中阴影区域代表 $T_{Mart} > 300K$（即高于室温）而低于 T_c 的合金成分，其室温饱和磁化强度大于

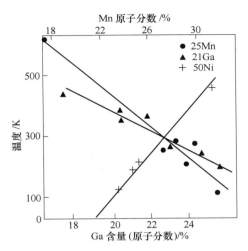

图 10-4　合金成分与马氏体相变温度的关系趋势图

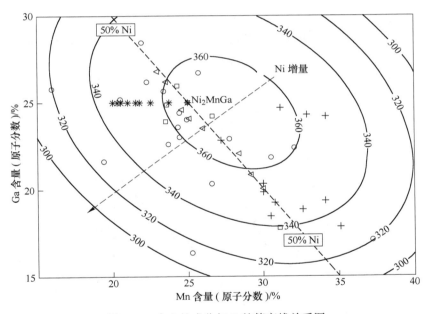

图 10-5　合金的成分与 T_c 的等高线关系图

60emu/g。但也有一些合金（＊号表示）的 T_{Mart} 在室温附近，但它们的成分却落在了此区域之外，因此还需要进一步研究。

　　除此之外，Ni₂MnGa 合金还具有预马氏体相变、中间马氏体相变及有序化相变。预马氏体相变是在马氏体相变之前发生的由母相 L2₁ 结构向微调制结构转变的相变，属于一种弱一级相变，如图 10-7 所示。人们采用内耗、电阻、X 射线衍射、超声波衰减、中子衍射和磁化强度等方法对预马氏体相变进行了研究。研究表明，预马氏体相变与合金的成分密切相关，只有在化学计量成分或附近成分的合金中，并且马氏体相变温度在 220K 附近的合金中才具有预马氏体相变，而且受到许多外界因素的影响，如磁场和应力。

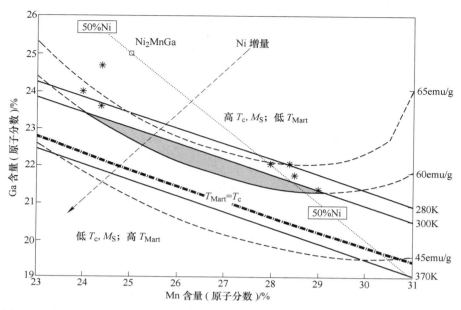

图 10-6　合金的成分与 T_c、马氏体相变温度 T_{Mart} 及饱和磁化强度 M_S 关系的拟合曲线图

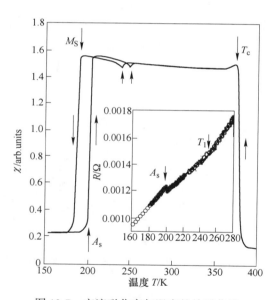

图 10-7　交流磁化率与温度的关系曲线

　　中间马氏体相变是指在马氏体相变之后出现的由一种结构的马氏体向另外一种结构马氏体相的转变，目前只在特定成分的单晶合金中发现。Cherenko 等人在研究马氏体相变温度（约为 400K）大于居里温度的合金中发现中间马氏体相变，但是，两种合金的中间马氏体相变表现出非热弹性的行为，即在升温时没有观测到中间马氏体的逆相变。王文洪等在 $Ni_{52}Mn_{24}Ga_{24}$ 单晶中发现了由温度诱发的中间马氏体相变和逆相变，并证实此中间马氏体相变是热弹性的马氏体相变。另外，发现由于机械研磨过程中引入的内应力所导致的晶格畸

变可以抑制中间马氏体相变（见图 10-8）。证明中间马氏体相变与晶体的内应力密切相关。

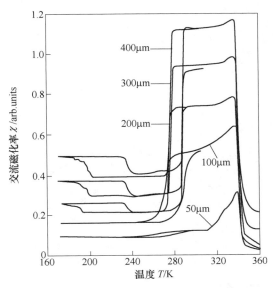

图 10-8 不同粒度单晶粉末样品交流磁化率χ与温度T的关系曲线

Pons 和 Wedel 等用低温电子衍射和 X 射线衍射方法研究了马氏体的相变和结构，发现马氏体结构和相变温度存在一定关系。对于马氏体转变温度大于室温的合金，其马氏体的结构为非调制结构（T）或 10 层调制结构（10M）以及 7 层调制结构（7M）；马氏体转变温度在室温附近的合金，其马氏体的结构为 5 层调制结构（5M）或 7M 结构；而马氏体转变温度小于 270K 的合金，主要为 5M 结构。在 [110] 方向加压应力，诱发马氏体相变的顺序为：P→5M→7M→T 的转变；在 [100] 方向加压应力，诱发马氏体相变的顺序为：P→5M 的转变；在 [100] 方向加拉应力，诱发马氏体相变的顺序为：P→5M→7M→T 的转变。中间马氏体的存在意味着材料中的马氏体相是亚稳态相，这对深入研究材料的磁感生应变机制有一定作用。

NiMnGa 合金是 Heusler 型合金，因而具有 Heusler 型合金的有序化相变：B2′→L2$_1$，图 10-9 给出了 Ni$_{50}$Mn$_x$Ga$_{50-x}$ 合金在高温区发生有序化相变的伪二元相图。图中给出了在中子粉末衍射实验中观察到的合金 B2′→L2$_1$ 转变和 L（液态）→B2′相变的数据，并计算了 A2→B2′和 B2′→L2$_1$ 的相变数据。合金在化学计量成分附近有较高的有序化转变温度，随着偏离化学计量成分越远，转变温度降得越低。化学计量成分的 Ni$_2$MnGa 合金在高温区发生由 L2$_1$ 型高度有序向 B2′型部分有序结构的转变，转变温度为 1071K，直至液态（Ni$_2$MnGa 合金的熔点为 1382K）。合金的磁感生应变性能与合金的有序化程度有很大关系。

人们还发现，马氏体相变与合金的电子浓度 e/a 有关，并据此把 Ni-Mn-Ga 合金分为三类：（1）$e/a<7.7$，马氏体相变温度 $T_{Mart}<300K<T_c$，其特点是相变潜热小，为 2J/g 左右，并有预马氏体相变；（2）$e/a≈7.5\sim7.7$，马氏体相变温度 $T_{Mart}≈300K<T_c$，在室温附近的合金，其相变潜热为 4J/g；（3）$e/a>7.7$，马氏体相变温度 $T_M>T_c$，高于居里温度的合金，其相变潜热约为 8J/g，有中间马氏体相变，无预马氏体相变。

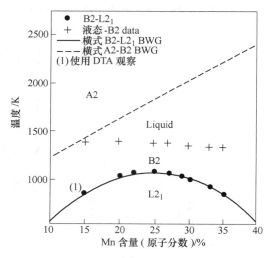

图 10-9　合金在高温区发生的有序化相变

10. 2. 2　Ni_2MnGa 合金的制备方法

目前，已经有多种方法制备 Ni_2MnGa 合金，其各有优缺点，下面分别进行讨论。

（1）铸态合金法。这种制备方法工艺简单，易于操作。以 Ni、Mn、Ga 的高纯度金属为原料在真空氩气保护下电弧炉中熔炼，在铜模中冷却得到合金铸锭。由于铸态下的合金无序倾向较大，且成分微观不均匀，需要在高温下 1073～1123K 长时间进行真空热处理，使合金的三种原子形成高度有序的 $L2_1$ 结构，然后急冷到冰水中，以实现原子的高度有序排列。由于长时间热处理，晶粒长大十分严重，造成合金脆性很大。

（2）单晶制备法。将 Ni_2MnGa 合金铸锭熔融，用 Bridgeman 或 Czochralski 晶体生长法制备单晶。长成的单晶也要进行长时间高温退火，然后在冰水中淬火。此种方法成分偏析较大，且实际成分与名义成分有差异，但目前在单晶中获得了最大的磁致应变。

（3）放电等离子烧结法（Spark Plasma Sintering）。采用高纯度的 Ni、Mn、Ga 金属电弧真空熔炼后，得到合金铸锭；然后在真空石英管中 1073K，48h 退火处理。随后将铸锭研磨成粒度低于 $53\mu m$ 的粉末，装入 $\phi50mm$ 的石墨模具中，施加 50MPa 压应力冷压成型，而后将模具置于放电等离子烧结装置中烧结，最后将试样在 1073K 退火 10d，以 0.6K/min 的速度缓冷，完成试样制备。此种方法能制成无大偏析的成分均匀的致密烧结体，显著提高合金的塑韧性，如：其压缩延展性可达 24%，而铸态合金只有 8%，但其制备周期长，工艺、设备复杂，不利于大量生产。

（4）快淬薄带法。这种方法是将铸好的 Ni_2MnGa 合金进行熔化和快淬。在 0.15×10^5Pa 的氩气保护气氛下，通过一个旋转的 250mm 直径的铜辊进行速冷。铜辊的线速度为 20m/s，熔化温度大约为 1893K，薄带的宽度和厚度分别为 5.4mm 和 0.04mm。经快淬处理后，薄带仍为晶体结构，具有较好的形状记忆效应和双程形状记忆性能，并且其快淬带的特定的形状能直接满足一些应用需要，因此很受人们的重视。

10.2.3　Ni-Mn-Ga 合金的磁性形状记忆效应

目前，对于 Ni$_2$MnGa 合金磁性形状记忆效应的报道已经有很多，并且发现单晶的磁性形状记忆效应最大。从文献中发现，磁性形状记忆效应发生的温度普遍偏低，很多是在零度以下的温度范围内，这与合金马氏体相转变点偏低有关；另外，获得较大的磁致应变的外加磁场很大，这些都限制了合金的应用。

1996 年，K. Ullakko 等人对 Ni$_2$MnGa 合金单晶的磁记忆效应进行了研究，在 265K，8kOe 磁场中，通过旋转磁场从沿 [110] 方向到 [001] 方向，可恢复磁致应变接近 0.2%（见图 10-10），此应变值已经达到目前的稀土超磁致伸缩材料。

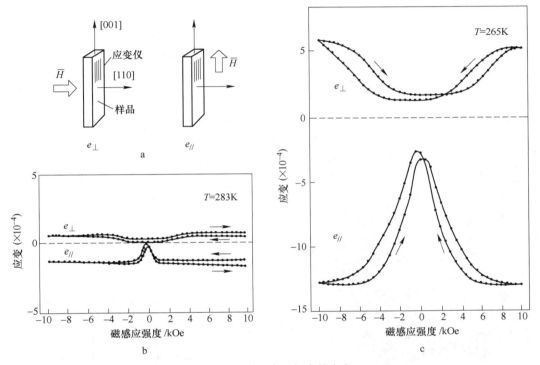

图 10-10　合金在磁场中的应变

a—应变片与磁场方向；b—母相磁致应变；c—马氏体相磁致应变

V. V. Kokorin 等人在 77K 时，[100] 方向 2MPa 的应力下可回复应变达到 5%，他们分析可能是由于孪晶变体之间的孪晶界的迁移造成的这么大的宏观应变；Liang Ting 等人研究了成分为 Ni$_{48.2}$Mn$_{22.4}$Ga$_{29.4}$ 铸态多晶合金，发现在 207K，5kOe 磁场下得到 0.021% 的应变，而在室温时只有 0.002% 的应变，在 273K 时为 0.006%，223K 时为 0.014%，这说明，在同一磁场中，合金温度越低，产生的应变就越大；C. H. Yu 等人研究了 Ni$_{52}$Mn$_{23}$Ga$_{25}$ 单晶，发现在 300K，1T 磁场中有 0.27% 的应变，当将磁场从 [100] 方向转到 [001] 方向时，则观察到了 0.54% 的可回复应变。

A. Sozinov 等人研究了 7M 结构的 NiMnGa 单晶合金，在 300K 温度，1T 的磁场下，发现了高达 9.4% 的磁致应变（见图 10-11）。7M 调制结构的 Ni$_{48.8}$Mn$_{29.7}$Ga$_{21.5}$ 合金的结构接

近正交结构（$c<b<a$），最大理论应变为（$1-c/a$）% = 10.66%。他们同时研究的 5M 结构的 NiMnGa 单晶具有 5.8% 的最大应变。

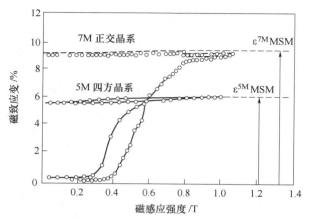

图 10-11　NiMnGa 单晶中不同结构马氏体的磁致应变

中科院物理所的研究人员用磁悬浮冷坩埚提拉设备沿 ［001］方向生长了 $Ni_{52}Mn_{24}Ga_{24}$ 单晶。在室温时沿样品 ［001］和垂直于 ［001］方向加磁场，分别获得了 -0.6% 和 0.5% 的应变（见图 10-12）。同时在室温附近还具有可由磁场增强和控制的双向形状记忆效应。无磁场作用时，降温发生马氏体相变，在 ［001］方向产生 1.2% 的收缩形变。如果在 ［001］方向加一个偏磁场，在磁场为 1.2T 时应变可达 4%（如图 10-13 所示）。当磁场转向 ［100］方向时，应变量改变符号。

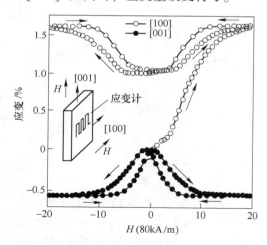

图 10-12　$Ni_{52}Mn_{24}Ga_{24}$ 单晶应变随磁场变化的曲线

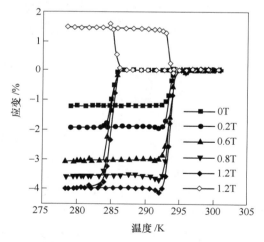

图 10-13　$Ni_{52}Mn_{24}Ga_{24}$ 应变随温度和磁场变化的曲线

10.2.4　Ni-Mn-Ga 薄膜合金

目前，国外对于薄膜材料的研究也已成为 Ni-Mn-Ga 合金一个新的研究热点，而国内尚未有文献报道。薄膜 Ni-Mn-Ga 合金具有在微电子机械系统方面的应用价值，利用微加工技术使制作小体积大应变的部件成为可能，薄膜也可以与半导体集成在机械部件中以形成新的微机械和微机电设备。制备 Ni-Mn-Ga 薄膜主要采用物理气相沉积（PVD）的方法，目前常用的有溅射、分子束外延（MBE）和脉冲激光沉积（PLD）。

1999 年，J. W. Dong 等人首先使用分子束外延（MBE）的方法将 Ni-Mn-Ga 合金沉积在 GaAs 基片上，发现薄膜为铁磁性的，有面内易磁化轴，居里温度约为 320K。2000 年，J. W. Dong 等人继续使用分子束外延法在 GaAs（001）面上生长了单晶 Ni-Mn-Ga 薄膜，发现薄膜为正方晶体结构 $a = b = 0.579$nm，$c = 0.607$nm，居里温度约 350K。2002 年，S. I. Patil 等人采用射频磁控溅射法在硅片上制备了 Ni-Mn-Ga 薄膜，进行了铁磁共振研究。Qi Pan 等人使用分子束外延法在 GaAs 基片上沉积 90nm 厚的膜。使用微加工剥离出独立的薄膜，并观察了其磁畴形态。P. G. Tello 等使用脉冲激光沉积法在 Si（100）基片上制备了 Ni-Mn-Ga 薄膜，提出只有在基片温度大于 823K 时在真空中沉积的样品中才呈现铁磁性。Shoji Ishida 等人对 Ni$_{2.17}$Mn$_{0.83}$Ga 薄膜的相结构进行了计算，从理论上预测了薄膜合金也具有形状记忆性能。2004 年，A. Hakola 在硅片，GaAs 和 Ni-Mn-Ga 单晶片上用激光脉冲沉积法制备了薄膜。研究发现，在硅片上沉积的膜表面相对光滑，而在 GaAs 上沉积的膜表面由许多小颗粒组成。磁性研究表明，沉积在硅片上的薄膜磁化曲线为方形，饱和磁化强度约为 34emu/g（约为块体合金的 60%）。当对样品施加 0.5T 的磁场，观察到了 6% 的相变应变，表明薄膜具有和块体合金相似的特性。图 10-14 给出了沉积 Ni-Mn-Ga 单晶片上薄膜的

图 10-14 沉积 Ni-Mn-Ga 单晶体上的薄膜图像

图像，图中暗条和亮条是不同的变体，其比例在施加外力时会发生改变。

Makoto Ohtsuka 等人以 Ni$_{52}$Mn$_{24}$Ga$_{24}$ 和 Ni$_{52.5}$Mn$_{22}$Ga$_{25.5}$ 为靶，采用射频溅射，在 14μm 厚的聚乙烯醇（Polyvinyl Alcohol，PVA）上制备了约 5μm 厚的薄膜，然后用热水将 PVA 溶去，将剥离的薄膜在进行约束时效处理后，放到温度可调节的浴室中，观察随温度变化的形状记忆效应，如图 10-15 所示。当加热时，膜的曲率半径增加，冷却时减小，显示出形状记忆效应。他们也使用超导磁铁在不同温度下对膜施加平行于其膜平面且达 5T 的磁场，也观察到了薄膜在不同磁场下引起的双向形状记忆效应，得到最高达 0.116% 的相变应变和 0.075%（5T 磁场下）的磁致应变。到目前为止，有关薄膜 Ni-Mn-Ga 材料的磁致应变性能的研究还极少。

10.2.5 磁性形状记忆效应的产生机制和理论分析

磁性形状记忆效应的产生机制已经完全不同于热弹性马氏体相变机制那样，是奥氏体与马氏体之间的可逆相变造成的形状记忆效应，而是由于磁场作为驱动力使马氏体变体（或孪晶变体）的再取向或相界迁移而引发的。合金产生磁性形状记忆效应应当满足两个必要条件，一是合金要具有强铁磁性，二是合金具有马氏体相变。

磁性形状记忆合金在发生马氏体相变时形成孪晶结构的马氏体，而由于变体的取向不同，所以每一变体有不同的易磁化轴。而磁性形状记忆效应的实质就是利用磁场来控制孪

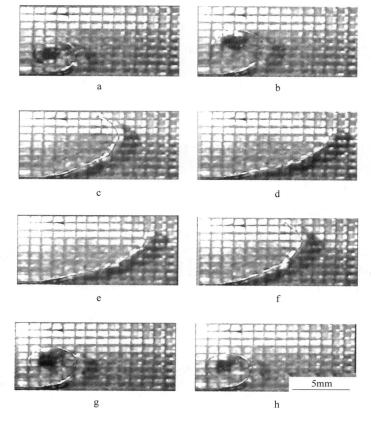

图 10-15　Ni-Mn-Ga 薄膜变温形状记忆效应

a—335K；b—355K；c—363K；d—379K；e—355K；f—347K；g—339K；h—319K

晶变体的再取向行为，类似于一般形状记忆合金中的应力诱发孪晶变体的再取向，如图 10-16 所示。对于磁晶各向异性能大于或等于孪晶再取向能（即孪晶界面的移动能）的磁性记忆合金，当合金处于外加磁场时，磁畴的自发磁化程度方向将转向外加磁场方向，对孪晶界产生较大的压力，如果各向异性能较高而孪晶界面的界面迁移激活能较低，孪晶界将发生移动，导致宏观变形的产生。

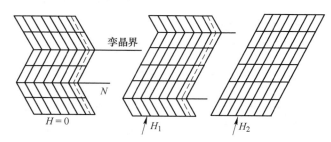

图 10-16　磁场诱发孪晶变体再取向示意图

　　R. C. O'Handley 提出了一个简单的磁场驱动孪晶界运动的模型，假设一个单晶体内，只存在两个孪晶变体，外加磁场将要重新排列磁矩。然而，由于高的磁晶各向异性，磁矩很难由其易磁化方向转向外磁场方向，这时，外加磁场就会引起一个变体通过孪晶界移动的方式变为另外一个变体，这样会使易磁化轴更好的沿磁场方向排列。图 10-17 给出以两个孪晶变体为例表示磁场驱动孪晶界面运动的过程。在无外加磁场时，孪晶变体 I 和孪晶变体 II 中磁矩的方向会按能量最低的方式排列。当施加外磁场时，孪晶变体 I 和孪晶变体 II 中磁矩的方向会趋向于与磁场方向 H 平行。

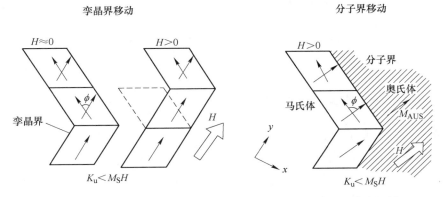

图 10-17 马氏体各向异性能小于 Zeeman 时磁场驱动界面移动机制

这时，对于弱磁晶各向异性的合金，其磁晶各向异性能就很小，即外加磁场的能量 M_SH 远远大于磁晶各向异性能，变体 I 和变体 II 的磁矩很容易在外加磁场的作用下发生转动，并和外加磁场方向保持一致。在这种情况下，孪晶界面两侧的 Zeeman 能相等，孪晶界移动的驱动力来源于磁晶各向异性不同而造成的孪晶界面两侧的自由能密度差，$P = K_u\sin^2\phi$，其中 ϕ 是所研究的两个孪晶变体易轴间的夹角，这里假定初始位置排列的孪晶，其各向异性能为零。在这种合金中，由于磁晶各向异性能与 Zeeman 能相比极小，因而无论外磁场强度有多强，其对于孪晶界面的压力也是极其有限的，因此，可以说此时的孪晶界面移动的驱动力极小，无法使孪晶界发生明显的移动，也就不能产生的磁致应变。

而当这种合金中存在残余母相奥氏体时，由于奥氏体具有较低的磁晶各向异性能，因此，外加磁场将会导致马氏体与奥氏体中磁畴的旋转。此时，界面所受到的压力来自于相界面两侧磁晶各向异性能差，此时相界面移动的驱动力也极小。

当合金具有较强的磁晶各向异性时，即 $M_SH<K_u$。图 10-18 为这种情况下孪晶界和相界移动的模型。

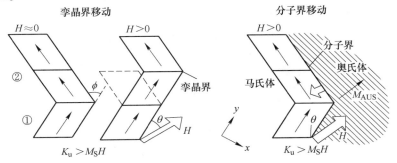

图 10-18 马氏体各向异性能大于 Zeeman 时磁场驱动界面移动机制

当外加磁场作用时，由于合金的磁晶各向异性很强，孪晶变体Ⅰ和变体Ⅱ中磁矩的方向基本不变。于是，孪晶界两侧变体之间的 Zeeman 能就不再相等，即 Zeeman 能差，$-(M_1-M_2)\cdot H$，提供给孪晶界以驱动力，使其发生移动，表现为变体Ⅰ吞并变体Ⅱ。用一个二维矢量将Ⅰ和Ⅱ两个马氏体变体的磁矩分别表示出来：

$$M_1 = M_S(0, 1), M_2 = M_S(-\sin\phi, \cos\phi)$$

给这个二维平面施加任意方向的磁场，$H = H(\sin\theta, \cos\theta)$，孪晶界两侧变体的 Zeeman 自由能密度将为：

$$g_1 = -M_S H\cos\theta, g_2 = -M_S H\cos(\theta + \phi)$$

这样，孪晶界的驱动力可以表示为：

$$P = -M_S H[\cos\theta - \cos(\theta + \phi)]$$

对于 Ni_2MnGa 合金来说，在外加磁场 $H = 1T$ 时，$M_S H = 4.7\times10^{-6}erg/cm^3$，所对应的马氏体相中孪晶界的驱动力 P 的数值在数量级上已同超弹性响应所需的应变能相当，说明外加磁场可以驱动马氏体变体从而得到大磁致应变是可能的。

对于具有较强磁晶各向异性的合金，由于合金中的奥氏体比马氏体具有低的磁晶各向异性能，使奥氏体更容易在与磁场方向平行的方向上磁化，这使相界面所受到的压力要大于其处于不利取向方向的变体压力，因此，相界面的移动将消耗处于不利取向的马氏体孪晶变体，使非择优取向的马氏体变体向奥氏体转化，所以，在相同的外场条件下，相界的移动将减小单纯由孪晶界移动而产生磁致应变。从这个意义上讲，合金处于完全马氏体相（无残存的奥氏体），更有利于获得大磁致应变，即实现由奥氏体到马氏体的完全转变是非常必要的。

现在，主要有三种描述磁场与应变之间函数关系的模型，分别为 James 的微磁数值模型和两种热力学解析模型。

James 的数值模型是由 Terfenol-D 的磁致伸缩理论演化而来的，他认为合金的应变和磁化强度均为孪晶界发生迁移的位置函数：$\varepsilon(x)$，$M(x)$，由此而建立起 ε-H 之间的函数关系。

O'Handley 的热力学解析模型通过给出马氏体两个孪晶变体的自由能：$G = -M_i\cdot H + K_u\cdot(\sin\theta)^2 + \sigma\cdot\varepsilon + 1/2(C\cdot\varepsilon^2)$，并把磁致应变用体积分数来表，推出 $\varepsilon(H) = \varepsilon_0\delta f(H)$ 的关系式。

A. A. Likhachev 等人的热力学解析模型是由 Maxwell 方程导出的，他们认为，在磁场中，合金所受的应力和磁化强度是应变和磁场的函数：$\sigma = \sigma(\varepsilon, H)$，$m = m(\varepsilon, H)$，根据 Maxwell 方程 $\dfrac{\partial}{\partial H}\sigma(\varepsilon, H) = -\dfrac{\partial}{\partial\varepsilon}m(\varepsilon, H)$，积分后，即可导出 ε-H 关系：$\varepsilon(H) = \left(\dfrac{d\sigma_0}{d\varepsilon}\right)_{\varepsilon=0}^{-1}\left(\dfrac{\partial}{\partial\varepsilon}\int_0^H dHm(\varepsilon, H)\right)_{\varepsilon=0}$，此模型与实验数据符合的较好。

由于磁性形状记忆效应是近十年来才开始得到人们的关注的，所以其产生机制还处于研究阶段，在许多问题上还只是刚刚开始，有待于进一步的深入研究。

10.3　其他几种典型的磁性形状记忆合金

10.3.1　NiMnIn(Sn,Sb) 系列

对 Heusler 合金 $Ni_2MnIn(Sn,Sb)$ 的研究可以追溯到 20 世纪 60 年代，人们对它们的结构，磁性和输运性质等方面进行了详细的研究。但是直到 2004 年，日本人才首次报道了

具有马氏体相变的 NiMnIn(Sn,Sb) 铁磁形状记忆合金。这些材料具有马氏体相变的成分范围为 $Ni_{50}Mn_{50-x}In(Sn,Sb)_x$（$x<16.5$），远远偏离了正分化学配比，其中 Mn 含量高于 25%。并且随着 Mn 含量的增加，In(Sn,Sb) 含量的降低，马氏体相变温度逐渐降低。与 NiMnGa 材料相比，这类材料的马氏体相变温度对成分变化更加敏感，图 10-19 是 Sutou 等给出的以上材料相变温度和居里温度对成分的依赖关系，可以发现当马氏体相变温度低于居里温度时，相变温度迅速降低，使得能够同时测到铁磁性和马氏体相变的成分只在几个原子的范围内变化。

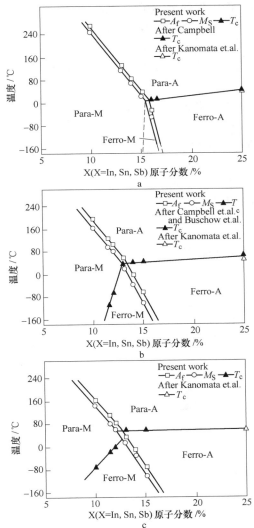

图 10-19　$Ni_{50}Mn_{50-y}In(Sn,Sb)_y$ 的马氏体相变温度和居里温度与成分的关系

a—$Ni_{50}Mn_{50-y}In_y$；b—$Ni_{50}Mn_{50-y}Sn_y$；c—$Ni_{50}Mn_{50-y}Sb_y$

在 2006 年初，Kainuma 等人在 Nature 上报道了 NiCoMnIn 在磁场的作用下产生了 3% 的磁感生应变，与前面介绍的 NiMnGa 材料不同（马氏体变体在磁场作用下重排导致宏观上的应变），这里的应变是磁场诱发了马氏体相变而产生的。这是首次在铁磁形状记忆合

金中实现可回复的磁场诱发马氏体相变，真正地实现了磁场独立诱发马氏体相变，即除了用温度和应力外，磁场也可以控制马氏体相变。与温度和应力控制相比，磁场控制响应速度快并且易于控制，因此，这是铁磁形状记忆合金的一个突破性进展，极大地扩展了铁磁形状记忆合金的应用范围，使其成为新的研究热点。

与其他 NiMn 基的铁磁形状记忆合金不同，NiMnIn 材料的高温母相表现出非常强的铁磁性，而随着温度的降低，母相转变为马氏体相，后者的磁性变得很弱并表现为类似于反铁磁的行为。由于两相的磁化强度差别非常大，在发生马氏体相变时，材料的磁化强度会有一个很大的变化量 ΔM，而根据热力学中的 Clausius-Clapeyron 方程：

$$\frac{\mathrm{d}T}{\mathrm{d}H} = -\frac{\Delta M}{\Delta S}$$

式中，T 代表马氏体相变温度；H 代表外磁场；ΔM 是相变时磁化强度的变化量；ΔS 是相变时熵的变化量。可以看到，$\Delta M/\Delta S$ 比值的大小直接决定了磁场对相变温度影响的大小。在磁场一定的情况下，要使得相变温度有较大的移动（即得到较大的 ΔT），则 ΔM 需要尽量大而 ΔS 尽量的小。NiCoMnIn 之前的 FSMA 材料中，相变一般都是从铁磁（顺磁）母相转变为铁磁马氏体相（ΔM 比较小），所以得到 ΔT 很小，相变温度自然不会有显著的移动。而在 $\mathrm{Ni_{45}Co_5Mn_{36.7}In_{13.3}}$ 中，材料由铁磁母相变为反铁磁马氏体相，相变过程中 ΔM 高达 100emu/g，所以可以得到一个可观的 ΔT，也就可以实现磁场控制相变。由于这类材料在发生马氏体相变时磁性和电阻都有很大变化，所以大的磁电阻和磁熵等非常具有应用前景的性质也相继被报道。

10.3.2　$\mathrm{Mn_2NiGa}$ 及 MnNiCoGa 系列

$\mathrm{Mn_2NiGa}$ 是 2005 年才被开发出来的兼具铁磁性和热弹性马氏体相变的 Heusler 合金。它的居里温度高达 588K，马氏体相变发生在室温附近。如图 10-20 所示，在 $\mathrm{Mn_2NiGa}$ 单晶中，观察到了 1.7% 的相变应变和高达 4.0% 的磁增强相变应变以及磁控双向形状记忆效应。$\mathrm{Mn_2NiGa}$ 高温母相为立方结构，其晶格常数 $a=b=c=0.59072\mathrm{nm}$，低温马氏体相为四方结构，其晶格常数 $a=b=0.55472\mathrm{nm}$，$c=0.67144\mathrm{nm}$。与 $\mathrm{Ni_2MnGa}$ 合金相变时体积收缩相反，其体积在相变时膨胀（a、b 轴收缩，c 轴伸长，使得材料的晶格扭曲达到 $c/a=1.21$）。

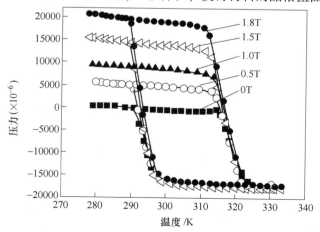

图 10-20　$\mathrm{Mn_2NiGa}$ 单晶样品沿 [001] 方向的相变应变和不同磁场下的磁增强应变

刘国栋等人详细地研究了 Mn_2NiGa 的晶体结构、电子能带结构和磁性，发现它与前面介绍的 Ni_2MnGa 和 NiMnIn(Sn，Sb) 合金在结构上有本质的不同。其高温母相为 Hg_2CuTi 型结构而不是传统的 $L2_1$ 型结构。Hg_2CuTi 型结构是另一种化学高度有序的 Heusler 合金结构，其化学通式也是 X_2YZ，Mn（X 元素）原子占据 A(0，0，0) 和 B(1/4，1/4，1/4) 位，Ni（Y 元素）和 Ga（Z 元素）原子则分别占据 C(1/2，1/2，1/2)、D(3/4，3/4，3/4) 位，空间群为 $F\bar{4}3m$，如图 10-21 所示。在 Mn_2NiGa 合金中，Mn 原子分别占据具有不同局域原子环境的 A，B 晶位，而不是占据局域原子环境基本相同的 A，C 晶位。由于 A、B 位 Mn 原子的局域原子环境的不同，它们在合金中呈现出不同的电子结构和磁矩。在这种晶体结构中，Mn（A）原子的最近邻是四个 Ga 原子和四个 Mn（B）原子；Mn（B）原子的最近邻是四个 Ni 原子和四个 Mn（A）原子，Mn-Mn 的最小原子间距是 0.25579nm。前人的研究表明，在 Heusler 合金中，Mn-Mn 原子间距对于合金中原子磁矩的大小和磁结构的形成至关重要。在 Mn_2NiGa

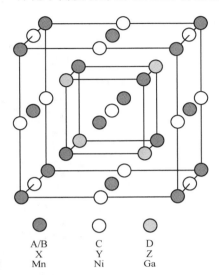

A/B C D
X   Y Z
Mn Ni Ga

图 10-21　Mn_2NiGa 的晶格结构示意图

合金中，Mn（A）和 Mn（B）是磁矩的主要贡献者。母相中，Mn（A）和 Mn（B）的磁矩分别为 -2.58B 和 3.56B，磁矩反平行排列为亚铁磁结构。转变为马氏体相时，原子磁矩也发生了剧烈变化，Mn（A）的磁矩减小为 1.44B，而 Mn（B）的磁矩几乎变为 0，从而使合金在马氏体相表现出典型的铁磁性。

在 Mn_2NiGa 的基础上进一步做了 Co 的掺杂，发现随着 Co 含量的增多，母相的磁性显著提高，而马氏体相的磁性只有很小的改变，如图 10-22 所示，Co 在其中起到了铁磁激发的作用，成功地将母相中原来反铁磁排列的 Mn（A）和 Mn（B）拉成了铁磁排列。计算结果与实验符合的很好，由于 ΔM 为 18.2emu/g，在该材料中仅实现了单程的磁场驱动。受此结果启发，我们在相似结构的 Mn_2NiAl 中进行 Co 掺杂，以期实现磁场驱动马氏体相变。

10.3.3 Ni-Fe-Ga 系列

Ni-Fe-Ga 合金的研究最早起源于 Ni_2MnGa 合金的 Fe 元素掺杂。2002 年首次报道了三元 Ni-Fe-Ga 合金，其化学成分为 $Ni_{54}Fe_{19}Ga_{27}$，马氏体相变温度为 293K，相变温度滞后为 15K。目前的研究表明，由于在常规的凝固过程中存在着形成 γ 相固溶体和形成金属间化合物的激烈竞争，利用常规电弧熔炼方法很难得到这类合金的单一 Heusler 结构。而利用某些非平衡态（急速冷却）的固化合成方法，如快速吸铸或者熔化甩带，能够获得高有序的 Ni_2FeGa（$L2_1$ 结构）。与 Ni-Mn-Ga 体系合金相比，Ni-Fe-Ga 合金延展性有了很大提高，更有利于实际应用。

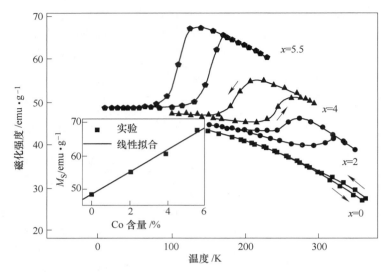

图 10-22 $Mn_{48}Co_xNi_{32-x}Ga_{20}$ 在 5T 场下的磁化强度随温度的变化

(附图是母相外推到 0K 时其饱和磁化强度对 Co 含量的依赖关系)

10.3.4   Co-Ni-Ga(Al) 系列

2001 年，Oikawa 等人报道了 CoNiGa 和 CoNiAl 合金体系的铁磁性形状记忆特性。之后，人们陆续报道了这两个体系合金的马氏体相变、磁性、形状记忆效应、磁控双向形状记忆效应等。此外，在四元的 CoNiFeGa 合金中，人们发现了极好的压缩、拉伸和扭曲超弹性。与 Ni-Mn-Ga 体系合金相比，Co-Ni-Ga 合金具有更加优良的力学性能和超弹性。

10.4   合金今后的发展方向

10.4.1   新材料的开发

对于磁性形状记忆合金，通过调整化学组分，在非化学计量晶体中找到高居里温度、高饱和磁化强度、宽温度稳定区和马氏体相变温度在室温范围的最佳成分配比。此外，添加其他合金元素来研制新型合金。

另外，对其他成分的磁性形状记忆合金进行深入研究，最近，James 等人报道了 $Fe_{70}Pd_{30}$ 单晶在 256K 时，已观察到了 0.5% 可逆磁致应变。Fe-Ni-Co-Ti 也具有很高的理论磁致应变，但实验进展缓慢。

10.4.2   新工艺的研究

改进单晶晶体的生长工艺，控制晶体中的缺陷和成分偏析，提高单晶的质量，促使晶体内部马氏体变体择优取向，获得最大磁致应变。

在单晶材料研究的基础上，研究通过控制织构的择优取向等新工艺在多晶材料中获得大磁性形状记忆效应。

10.4.3 提高材料性能的研究

通过适当热处理、脉冲强磁预处理、磁场热处理、预加应力、"训练"等方法提高马氏体相变温度，降低外加磁场，增大磁致应变量。改善材料的脆性，提高机械加工性能，为产业化作准备。合金的磁性形状记忆效应今后要朝着低外加磁场，宽温度范围，高稳定性的方向发展，并要研究晶体取向对合金记忆效应的影响，这样才能有更为广阔的应用范围。

综上所述，磁性形状记忆合金在磁场中具有可输出应力与应变量大、响应频率高、可精确控制等特性，成为一种新型驱动与传感材料，具有很大的发展潜力。磁性形状记忆合金作为一种与高科技密切相关的新型功能材料，将会在军事与民用等诸多领域中有重要应用，在未来科技进步中必将会有一个更大的发展。

参 考 文 献

［1］Webster P J, Ziebeck K R A, Town S L, et al. Magnetic order and phase transformation in Ni_2MnGa ［J］. Philosophical Magazine Part B, 1984, 49 (3)：875~881.

［2］Vasil'ev A N, Bozhko A D, Khovailo V V, et al, Structural and magnetic phase transitions in shape memory alloys $Ni_{2+x}Mn_{1-x}Ga$［J］. PHYSICAL REVIEW B, 1999, 59 (2)：1113~1120.

［3］Ullakko K, Huang J K, Kantner C, et al. Large magnetic-field-induced strains in Ni_2MnGa single crystals ［J］. Appl. Phys. Lett. , 1996, 69 (13)：1966~1968.

［4］Sozinov A, Likhachev A A, Ullakko K. Crystal structures and magnetic anisotropy properties of Ni-Mn-Ga martensitic phases with giant magnetic-field-induced strain ［J］. IEEE Trans. Magn. , 2002, 38 (9)：2814~2816.

［5］Chengbao Jiang, Ting Liang, Huibin Xu. Superhigh strains by variant reorientation in the nomodulated ferromagnetic NiMnGa alloys ［J］. Appl. Phys. Lett. , 2002, 81 (15)：2818~2820.

［6］Liang T, Cheng Baojiang, Feng G, et al. Influence of Ni Excess on Structure and Shape-Memory Effect of Polycrystalline Ni_2MnGa Alloys ［J］. Materials Science Forum, 2002, 446 (394)：165~171.

［7］Ezera Y, Sozinov A, Kimmel G, et al. Magnetic shape memory (MSM) effect in textured polycrystalline Ni_2MnGa. Manfred Wuttig. Smart Materials Technologies ［J］. Washington USA：SPIE-The International Society for Optical Engineering, 1999, 3675：244~247.

［8］刘岩，江伯鸿，周伟敏，等. 一种新型功能晶体 Ni_2MnGa［J］. 无机材料学报, 2000 (6)：961~967.

［9］Wang W H, Wu G H, Chen J L, et al. Stress-free two-way thermoelastic shape memory and field-enhaced strain in $Ni_{52}Mn_{24}Ga_{24}$ single crystals ［J］. Appl. Phys. Lett. , 2000, 77 (20)：3245~3247.

［10］Claeyssen F, Lhermet N, Letty R Le, et al. Actuators, transducers and motors based on giant magnetostrictive materials ［J］. Journal of Alloys and Compounds, 1997, 258 (1)：589~592.

［11］Kohl M, Hoffmann S, Liu Y, et al. Optical scanner based on a NiMnGa thin film microactuator, International Conference on Martensitic Transformations, Espoo, Finland, 2002：1185~1188.

［12］王凤翔，张庆新，吴新杰，等. 磁控形状记忆合金执行器工作原理及其应用 ［J］. 科学技术与工程, 2003 (6)：577~581.

［13］Wedel B, Suzuki M, Murakami Y, et al. Low temperature crystal structure of Ni-Mn-Ga alloys ［J］.

Journal of Alloys and Compounds, 1999, 290 (1): 1156~1163.

[14] Yu C H, Wang W H, Chen J L, et al. Magnetic-field-induced strains and magnetic properties of Heusler alloy $Ni_{52}Mn_{23}Ga_{25}$ [J]. J. Appl. Phys., 2000, 87 (9): 6292~6294.

[15] Chernenko V A, Cesari E, Kokorin V V, et al. The development of new ferromagnetic shape memory alloys in Ni-Mn-Ga system [J]. Scripta Metallurgica et Materiala, 1995, 33 (8): 359~362.

[16] Jin X, Marioni M, Bono D, et al. Empirical mapping of Ni-Mn-Ga properties with composition and valence electron concentration [J]. J. Appl. Phys., 2002, 91 (10): 8222~8225.

[17] Wang W H, Chen J L, Gao S X, et al. Effect of low dc magnetic field on the premartensitic phase transition temperature of ferromagnetic Ni_2MnGa single crystals [J]. J. Phys.: Condens. Matter, 2001 (13): 2607~2613.

[18] Stenger T E, Trivisonno J. Ultrasonic study of the two-step martensitic phase transformation in Ni_2MnGa [J]. PHYSICAL REVIEW B, 1998, 57 (5): 2735~2739.

[19] Antoni Planes, Eduard Obradó, Alfons González-Comas, et al. Presmartensitic transition driven by magnetoelastic interaction in bcc ferromagnetic Ni_2MnGa [J]. Physical Review Letters, 1997, 79 (20): 3926~3929.

[20] Lluís Mañosa, Alfons Gonzàlez-Comas, Eduard Obradó. Premartensitic phase transformation in the Ni_2MnGa shape memory alloy [J]. Materials Science & Engineering A, 1999 (6): 273~278.

[21] Liuís Mañosa, Alfons Gonzàlez-Comas, Eduard Obradó, et al. Anomalies related to the TA_2-Phonon-mode condensation in the Heusler Ni_2MnGa alloy [J]. PHYSICAL REVIEW B, 1997, 55 (17): 11068~11071.

[22] 敖玲, 王文洪, 陈京兰, 等. 郝斯勒合金 Ni-Mn-Ga 中间马氏体相变研究 [J]. 物理学报, 2001 (4): 793~796.

[23] Pons J, Chernenko V A, Santamarta R, et al. Crystal structure of martensitic phases in Ni-Mn-Ga shape memory alloys [J]. Acta Materialia, 2000, 48 (12): 689~693.

[24] Wedel B, Suzuki M, Murakami Y, et al. Low temperature crystal structure of Ni-Mn-Ga alloys [J]. Journal of Alloys and Compounds, 1999, 290 (1): 56~68.

[25] Overholser R W, Manfred Wuttig, Neumann D A. Chemical ordering in Ni-Mn-Ga Heusler alloys [J]. Scripta Materialia, 1999, 40 (10): 78~86.

[26] Chernenko V A, Cesari E, Pons J, et al. Phase Transformations in Rapidly Quenched Ni-Mn-Ga Alloys [J]. Journal of Materials Research, 2000, 15 (7): 1187~1192.

[27] Zheng Wang, Minoru Matsumoto, Toshihiko Abe. Phase transformation of Ni_2MnGa by spark plasma sintering method [J]. Mater. Trans. JIM, 1999, 40 (5): 389~391.

[28] Zheng Wang, Minoru Matsumoto, Toshihiko Abe. Compressive properties of Ni_2MnGa produced by spark plasma sintering [J]. Mater. Trans. JIM, 1999, 40 (9): 863~866.

[29] Chernenko V A, Kokrin V V, Vitenko I N. Properties of ribbon made from shape memory alloy Ni_2MnGa by quenching from the liquid state [J]. Smart Mater. Struct. 1994, 3: 80~82.

[30] Ezera Y, Sozinov A, Kimmel G, et al. Magnetic shape memory (MSM) effect in textured polycrystalline Ni_2MnGa [J]. SPIE, 1999, 3675: 244~251.

[31] Shihai Guo, Yanghuan Zhang, Jianliang Li, et al. Martensitic Transformation and Magnetic-Field-Induced Strain in Magnetic Shape Memory Alloy NiMnGa Melt-Spun Ribbon [J]. Journal of Materials Science & Technolgy, 2005, 21 (2): 211~214.

[32] 陈光华, 邓金祥, 等. 新型电子薄膜材料 [M]. 北京: 化学工业出版社, 2002: 428.

[33] Dong J W, Chen L C, Palmstrom C J, et al. Molecular beam epitaxy growth of ferromagnetic single crystal (001) Ni-Mn-Ga on (001) GaAs [J]. Applied Physics Letters, 1999, 75 (10): 1443~1445.

[34] Dong J W, Chen L C, Xie J Q, et al. Epitaxial growth of ferromagnetic Ni_2MnGa on GaAs (001) using NiGa interlayers [J]. J. Appl. Phys. , 2000, 88 (12): 7357~7359.

[35] Patil S I, Deng Tan, Lofland S E, et al. Ferromagnetic resonance in Ni-Mn-Ga films [J]. Appl. Phys. Lett. , 2002, 81 (6): 1279~1281.

[36] Qi Pan, Dong J W, Palmstrom C J, et al. Magnetic domain observations of freestanding single crystal patterned Ni_2MnGa films [J]. J. Appl. Phys. , 2002, 91 (10): 7812~7814.

[37] Tello P G, Castano F J, O'Handley R C, et al. Ni-Mn-Ga thin films produced by pulsed laser deposition [J]. J. Appl. Phys. , 2002, 91 (10): 8234~8236.

[38] Shoji Ishida, Yoshinori Tanaka, Setsuro Asano. Structural Phase stability in $Ni_{2.17}Mn_{0.83}Ga$ film [J]. Materials Transitions, 2002, 43 (5): 867~870.

[39] Hakola A, Heczko O, Jaakkola A, et al. Ni-Mn-Ga films on Si, GaAs and Ni-Mn-Ga single crystals by pulsed laser deposition [J]. Applied Surface Science, 2004, 238: 155~158.

[40] Makoto Ohtsuka, Masaki Sanada, Minoru Matsumoto, et al. Magnetic-field induced shape memory effect in Ni_2MnGa sputtered films [J]. Materials Science & Engineering A, 2003, 378 (1): 498~493.

[41] Tickle R, James R D, Shield T. Ferromagnetic shape memory in the Ni_2MnGa system, IEEE Trans. Magn [J] .1999, 35 (5): 4301~4310.

[42] Soltys J, Laar B Van, Maniawski F. Neutron and X-ray study of the effect of heat treatment on the structure of the Heusler alloy Ni_2MnIn. [J]. Physica Status Solidi A, 1974 (25): 43~45.

[43] Kumagai K , Kohara T, Asayama K . Hyperfine fields in the Heusler alloys Ni_2MnIn and Pd_2MnAl [J]. Journal of the Physical Society of Japan, 1974 (37): 561~567.

[44] Fraga G L F, Kunzler J V, Ogiba F. Electrical resistivity of the Ni_2MnIn Heusler alloy [J]. Physica Status Solidi, 1984 (83): 187~190.

[45] Fraga G L F, Brandao D E, Sereni J G. Specific heat of X_2MnSn (X=Co, Ni, Pd, Cu), X_2MnIn (X=Ni, Pd) and Ni_2MnSb Heusler compounds [J] . J. Magn. and Magn. Mater. , 1991 (102): 199~207.

[46] Sutou Y, Imano Y, Koeda N, et al. Magnetic and martensitic transformations of NiMnX (X=In, Sn, Sb) ferromagnetic shape memory alloys [J]. Appl. Phys. Lett. , 2004 (85): 4358~4360.

[47] Kainuma R, Imano Y, Ito W, et al. Magnetic-field-induced shape recovery by reverse phase transformation. [J]. Nature, 2006, 439 (7079): 78~83.

[48] Pathak A K, Khan M, Dubenko I, et al. Large magnetic entropy change in $Ni_{50}Mn_{50-x}In_x$ Heusler alloys [J]. Appl. Phys. Lett. , 2007 (90): 262504-1~262504-3.

[49] Yu S Y, Liu Z H, Liu G D, et al. Large magnetoresistance in single-crystalline $Ni_{50}Mn_{50-x}In_x$ alloys ($x=14$~16) upon martensitic transformation [J]. Appl. Phys. Lett. , 2006 (89): 162503-1~162503-3.

[50] Han Z D, Wang D H, Zhang C L, et al. Low-field inverse magnetocaloric effect in $Ni_{50-x}Mn_{39+x}Sn_{11}$ Heusler alloys [J]. Appl. Phys. Lett. , 2007 (90): 042507-1~042507-3.

[51] Sharma V K, Chattopadhyay M K, Shaeb K H B, et al. Large magnetoresistance in $Ni_{50}Mn_{34}In_{16}$ alloy [J]. Appl. Phys. Lett. , 2006 (89): 222509-1~222509-3.

[52] Liu G D, Chen J L, Liu Z H, et al. Martensitic transformation and shape memory effect in a ferromagnetic shape memory alloy: Mn_2NiGa Appl. Phys. Lett. , 2005 (87): 262504-1~262504-3.

[53] Liu G D, Dai X F, Yu S Y, et al. Physical and electronic structure and magnetism of Mn_2NiGa: Experiment and density-functional theory calculations [J]. Physical Review B, 2006 (74): 054435-1~054435-8.

[54] Oikawa K, Ota T, Sutou Y, et al. Magnetic and martensitic phase transformation in $Ni_{54}Ga_{27}Fe_{19}$ alloy [J]. Mater. Tran. , 2002 (43): 2360~2367.

[55] Oikawa K, Ota T, Gejima F, et al. Phase equilibria and phase transformation in new B2-type ferromagnetic

shape memory alloys of Co-Ni-Ga and Co-Ni-Al systems [J]. Mat. Trans. , 2001 (42): 2472~2475.

[56] Corneliu Craciunescu, Yoichi Kishi, T A Lograsso, et al. Martensitic transformation in Co_2 NiGa ferro-magnetic shape memory alloys [J]. Scripta Materialia, 2002, 47 (4): 348~351.

[57] Sato M, Okazaki T, Furuya Y. Magnetostrictive and shape memory properties of Heusler type Co_2 NiGa alloys [J]. Mater. Trans. , 2003 (44): 372~375.

[58] Morito H. Magnetocrystalline anisotropy in single-crystal Co-Ni-Al ferromagnetic shape memory alloy [J]. Appl. Phys. Lett. , 2002 (81): 1657~1661.

[59] Murakami Y. Magnetic domain structures in Co-Ni-Al shape memory alloys studied by Lorentz microscopy and electron holography [J]. Acta. Mater. , 2002 (50): 2173~2184.

11 其他特种功能材料

11.1 绪言

本章所涉及的大部分材料，是在前几章中已经介绍过的各种金属功能材料（如软磁、永磁、弹性等合金）以外的其他金属功能材料。它们的内禀特性，特别是某些磁的特性，前面均已给出。本章是根据这些材料不同的功能和应用原理，来论述它们的特殊性和其应用范围。这些性能主要是磁学性能（如磁导率、磁损耗、磁致伸缩）；合金相变；超弹性；化学性能；力学性能等。为了说明这些性能的重要性，将提到各种材料的应用和制备特性。由于特殊功能材料是当今材料科学发展的前沿，所以不可能对其应用范围做出系统的考察。

为了表明某些材料目前所达到的水平，本章将给出某些商品材料的例子。然而在这个问题上也存在很大困难。其原因是：有些材料，例如微波吸收材料，由于军事目的，尽管众多公司产品很多，而实际应用产品显然与各公司产品目录所列的有相当大的距离；有的材料如超磁致伸缩材料等，在实验室可以很容易地制作出比商品样本中所列出的具有更高性能的实验材料，但由于价格成本原因，目前仍不能形成大量商品；再者是某些材料例如磁性液体，超导材料，储氢材料，吸波材料，形状记忆合金等的应用有待开发。本章节所列应用情况只是初步已经实际应用的例子，此外科技工作者所想到的应用范围即潜在的应用也列出一些。预计随着科学技术的不断进步，这些特殊金属功能材料在人们的生产和生活中将会得到更加广泛的应用。

11.2 形状记忆合金

11.2.1 概述

形状记忆合金是近年来受到极大重视的一种新型金属功能材料，它与普通金属材料的根本区别在于：普通的金属材料超出弹性限度的范性变形是不可逆的；而形状记忆合金超出弹性限度的范性变形是可以消除的，或者是卸载后直接消除，或者再经加热至某一温度后消除应变。造成这种区别的原因是由于两者变形的机制不同；普通材料的塑性变形是由不可逆的滑移引起；而形状记忆合金则是由于应力诱发马氏体相变，或者原有的马氏体变体重取向引起宏观塑性变形，在晶体学上是完全可逆的，在发生马氏体逆转变后，晶体结构和取向都回到变形前的状态，形变消除了。通常把变形卸载后，通过加热能够产生回复的特性称为形状记忆效应。这里合金表现为能记忆高温下母相的形状；把卸载后能直接产生回复的特性称为超弹性或伪弹性。在本质上两种特性是一致的，通常的形状记忆合金都兼有这两种特性，只是随变形温度不同有不同的表现，如图 11-1 所示。

在 A_s 温度（逆马氏体相变开始点）以下变形时，表现为完全的形状记忆效应，在 $A_f <$

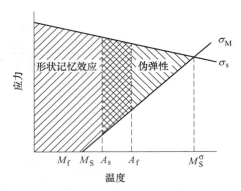

图 11-1 形状记忆效应和伪弹性的呈现条件示意图

σ_{M}—应力诱发相变的临界应力；σ_{s}—出现滑移等永久变形的临界应力

T 温度区间变形则表现为完全的伪弹性（A_{f} 为马氏体相变结束温度，M_{d} 为应力诱发马氏体的最高温度，超过此温度变形则产生滑移）。在 $A_{\mathrm{s}} < T < A_{\mathrm{f}}$ 之间变形，则表现为部分的形状记忆效应和部分的伪弹性。还有一个常用的概念是双程记忆效应，即不但能记忆高温下的形状，而且也能记忆低温马氏体状态下的形状。

11.2.2 形状记忆效应的产生

形状记忆效应最初是由张禄经和 Read 于 1951 年在 Au-Cd 合金中发现的，但当时并未引起人们注意，直到 1963 年，美国海军武器实验室的 Buehler 等人发现 Ni-Ti 的形状记忆效应合金后，才开始了对形状记忆合金的广泛研究，以后又陆续发现了许多种形状记忆合金，如表 11-1 所示。

表 11-1 一些主要的形状记忆合金

合　金	成分（原子分数）/%	结构变化	是否热弹性	有序度
Ag-Cd	44~49Cd	B2-2H	热弹性	有序
Au-Cd	56.5~50Cd	B2-2H	热弹性	有序
Cu-Zn	38.5~41.5Zn	B2-9R，M9R	热弹性	有序
Cu-Zn-X （X=Si、Sn、Al）		B2(DO3)-9R，M9R （18R，M18R）	热弹性	有序
Cu-Al-Ni	28~29Al，30~45Ni	Do3-2H	热弹性	有序
Cu-Sn	~15Sn	Do3-2H	热弹性	有序
Cu-Au-Zn	23~28Au，45~47Zn	Meusler-18R	热弹性	有序
Ti-Ni	49~51Ni	B2 单斜 monoclinic 三角 rhombiheelval	热弹性	有序
In-Te	18~23Tl	F.C.C-F.C.T	热弹性	无序
In-Cd	4~5Cd	F.C.C-F.C.T	热弹性	无序
Mn-Cd	5~35Cu	F.C.C-F.C.T	热弹性	无序
Fe-Pt	~25Pt	LI2-有序 B.C.T	热弹性	有序

合 金	成分(原子分数)/%	结构变化	是否热弹性	有序度
Fe-Pd	~30Pd	F.C.C-F.C.T	热弹性	无序
Fe-Ni-Co-Ti	33Ni,10Co,(0~4)Ti(wt%)	F.C.C-B.C.T		无序
Fe-Ni-C	33Ni,0.4C(wt%)	F.C.C-B.C.P	非热弹性	无序
Fe-Mn-Si	~30Mn,~0.5Si(wt%)	F.C.C-H.C.P	非热弹性	无序

从表 11-1 中可以看到，大部分已有的形状记忆合金都是热弹性马氏体。所谓热弹性马氏体，是指温度升降时，马氏体随相界面的移动而消失和长大。发生热弹性马氏体相变时，热驱动力和弹性能总是保持平衡的，这种相变的特点是相变驱动力小，导致相变温度滞后小，相界面共格性好，界面容易移动，这对晶体学的可逆性很有利。而一般的非热弹性马氏体，相变驱动力很大，在 M_s 温度发生剧烈变化，温度降低时，马氏体并不长大，而是靠新的形核进行。逆转变时，也是由奥氏体形核长大完成，这样正逆相变的途径是不一致的，造成晶体学的不可逆。实际上早期的研究者们也是把形状记忆效应作为热弹性马氏体的特性，总是在热弹性马氏体中寻找形状记忆合金。直到最近，在一些非热弹性的铁基合金中发现了形状记忆效应，并证实，以相界的可逆移动来实现正反马氏体相变这一特性，并非为热弹性马氏体所独有，这可能是产生形状记忆效应的必要条件。

11.2.3 形状记忆合金的用途

形状记忆合金的独特性能，在许多领域都有应用潜力。至 1988 年，有关的专利已达 4000 余件，广泛涉及到电力、机械、运输、化工能源、医疗卫生等领域。一般来说，可把形状记忆合金的用途分成几个方面。

11.2.3.1 形状的回复

这方面较为典型的是宇宙飞船上的自动张开天线和管接头之类的连接件。为了节省宇宙飞行器的空间，将形状记忆合金制成的天线变形成致密的一团，在进入外层空间后会自动张开，这方面美国和我国已有研究成功的先例。管接头则是已经实用的例子，将形状记忆合金管扩径以后，套在需要连接的管上，再加热到一定温度，记忆合金管便会收缩，将管子紧固接上。这种连接方式特别实用于一些不易焊接的管件，在一些空间狭小的情况下较为方便，而且由于是连续施加压力，因而可以避免泄漏。

11.2.3.2 执行机构

形状记忆合金在回复时能产生较大的回复力，因而能做功。作为执行机构，集传感元件和动作元件于一体，因而具有简便、可靠的特点。与双金属相比，形状记忆合金构件具有动作幅度大，工作动力大（比双金属大 2 个数量级）的优点，而且在预定温度下实现，不像靠热膨胀那样，在一宽温区内发生作用。

11.2.3.3 合金的超弹性

这方面较为成功的是在医疗领域，如用作牙齿矫形等。这里需要注意的是合金的工作温度，因为合金表现超弹性的温度区间是较窄的，通常只有几十度。

11.2.4　几种主要的形状记忆合金

11.2.4.1　Ni-Ti 合金

Ni-Ti 合金是最为典型也是迄今应用最广泛的一类形状记忆合金。虽然等近原子比的 Ni-Ti 合金的形状记忆效应早在 1963 年就被发现，并于 1969 年飞机上的管接头进入实用阶段，但由于其相变复杂并难以制成单晶，其形状记忆的机理到 80 年代才基本弄清。高温下的 Ni-Ti 合金是体心立方结构的相，在约 1090℃附近发生有序转变，变为 B2 型。从液相区淬火或缓冷，在 M_S 点以下均能获得马氏体，但由于缓冷时为非平衡状态，析出许多中间相，导致组织非常复杂，对形状记忆效应产生影响。

Ni-Ti 合金相变的复杂性还在于发生所谓的"预马氏体转变"（R 相变），既在冷却产生马氏体相变之前，先转变成三角晶体结构。在一般固溶处理 Ni-Ti 合金中观察不到 R 相变，但经过时效处理后产生大量弥散的 Ni_3Ti_4 析出相或大量位错时，R 相变可以清晰地被观察到，另一个途径是添加第三元素（例如铁），使 $M_S \ll T_r$（T_r 是发生 R 相变的温度）。R 相变也能产生形状记忆效应和伪弹性，只是形变量较小。但 R 相变的热滞后很小，所以往往在一些情况下只利用 R 相变。R 相变还对双程记忆效应起主要作用。作为实用化的合金，Ni-Ti 最大的缺点是加工困难、价格昂贵，但它与其他形状记合金相比，性能最为优良。而且生物相容性好，因而在医疗领域内得到广泛应用。为了进一步改善 Ni-Ti 合金的性能，可采用添加元素的方法。从二元 Ni-Ti 合金发展出来的 Ni-Ti-Cu，Ni-Ti-Co，Ni-Ti-Fe 等合金，具有极低的相变温度适合在低温下使用。而添加少量的 Be、Si、Ca、Pb 等元素则可提高相变温度。最新发展起来的 Ni-Ti-Nb 合金，具有大的热滞后，变形后可在室温储存，对于制作管接头之类紧固件极为有利；另外，添加元素还出于改善加工性能等方面的考虑。

11.2.4.2　铜基合金

铜基形状记忆合金主要有两类，Cu-Al-Ni 系和 Cu-Zn-Al 系。高温的 β 相通过淬火在室温下保留下来，并且在淬火过程中发生无序-有序转变，这是铜基合金产生形状记忆效应的基础。如果是慢速冷却，则会形成析出相，恶化形状记忆效应。但是淬火处理会导致冷却过程中无序-有序转变进行得不完全。实验证明，冷却速度越快，有序度越低；同时淬火过程中过剩的原子空位被冻结下来，因此室温下母相是不稳定的，并可导致形状记忆效应不稳定。这就是使得时效处理成为必然，但时效的同时容易产生析出相。有效的解决方法是添加元素来抑制扩散，在 Cu-Al 合金中加入镍元素就是基于这种考虑。

铜基合金的优点是价格较为便宜，只有 Ni-Ti 合金的 1/5～1/10，且导热、导电性好。但多晶态的铜基合金塑性不足，容易发生脆断，疲劳寿命也低。另一个缺点是高温稳定性差，例如 Cu-Zn-Al 的工作上限在 100℃以下，Cu-Al-Ni 的高温性能好些，但该合金晶粒非常容易长大，影响加工性能。如何改善这些情况，是铜基合金实用化的关键问题。实验证明，通过添加微量元素或快速凝固或粉末烧结的方法可达到细化晶粒的目的，从而改善塑性。另外添加元素还可提高高温稳定性，由 Cu-Al-Ni 合金发展起来的 Cu-Al-Ni-Mn-Ti 合金可以在 100℃以上高温长期稳定地工作。

11.2.4.3 铁基合金

在铁基合金形状记忆合金中，Fe-Pt 和 Fe-Pd 合金因 Pt 和 Pd 都是贵金属，因而只具有理论研究意义。另外几种合金，虽然不很成熟，但因为价格低廉、加工性能好，因而受到重视。

Fe-30Ni-0.4C 合金虽然不发生热弹性马氏体相变，但其 γ 相界面具有很好的可逆移动性，具有产生形状记忆效应的晶体学基础。强化奥氏体母相后在低温下变形，可获得完全的形状记忆效应。

Fe-Ni-Co-Ti 合金经时效处理后，在母相中形成弥散的 γ 相（Ni_3Ti），引起马氏体正方度变化，从而降低了相变时因马氏体和母相晶格结构差异而产生的共格应力，使相变时的弹性能储存在整个试样中。这种弹性的联系有利于马氏体逆转变时恢复原来的取向，从而产生形状记忆效应。

Fe-Mn-Si 合金是最有希望实用化的铁基形状记忆合金，其记忆效应来源于 γ 相变，这种相变通过肖克莱不全位错的快速移动来完成。最初是在 Fe-18.5Mn 合金和 Fe-Cr-Ni 合金中发现 γ 相变可导致形状记忆效应，但由于 α 相马氏体的混入，记忆效应不完全。Fe-Mn 元素系中，当锰含量增加时，α 相逐渐被抑制，但同时合金的顺磁——反铁磁转变点升高，γ 相变得稳定，抑制了 γ 相变。加入硅元素，可降低温度，并同时强化母相，对改善形状记忆效应有利。

11.2.4.4 形状记忆合金的发展方向

形状记忆合金的全新特性广泛地应用在各个领域中，反过来也对这些合金提出了很多严格的要求，这就确定了形状记忆合金的发展方向：研制高回复温度的合金，以适应高温工作条件的需要；研制大转变滞后的合金，以便于构件变形后在室温存放；研制极小滞后的合金，这主要是针对一些精确控温元件；研究其他外界因素如辐照等对形状记忆效应的影响等。

11.3 减振合金

减小有害噪声和振动的问题是当代科学技术领域最重要和最迫切的问题之一，这实际上涉及到经济和社会生活的各个方面。有害噪声和振动水平的升高，是现代技术迅猛发展的产物，并直接与机械设备运转速度和能量的增大，以及工艺过程的强化密切相关。剧烈的振动和噪声使工作条件变坏，损害人的健康；它使仪器仪表，工具和机加工产品精度降低，缩短其使用寿命；振动或共振将使建筑物受到损坏；更重要的是，在军事上它将使进攻性武器装备或设施的方位的类型过早地暴露给敌方，使其隐身性降低，以致失去进攻的主动权，甚至威胁到部队的生存。由此看来，为改善人们的生活和工作环境，提高工业产品质量和国防实力，解决振动和噪声的污染十分重要。

减振降噪不是一个简单的问题，它与多种学科有关。现在比较常见的方法有：（1）使用减振器或吸（隔）音器，使受影响的机构或环境与振源隔离，以便阻止振动能量的传递；（2）改进机械装置的结构设计，提高零部件加工精度，以减少机械结构在受到激励时产生振动的机遇；（3）直接使用能把振动以热能或其他方式消耗掉的材料，制造机构振源零部件，当振动波通过它时，使振幅迅速减小。比较上述三种方法看出，前两种减振降噪效果虽好，但因附加设施而增大了设备的体积和重量，与现代机器设备小型和轻型化，以及结构简便，价格便宜的发展愿望相违背。近二十年来，研究和开发可有效地直接吸收振动能的减振（或高阻尼）合金引起了人们极大兴趣和关注。

阻尼能力 Ψ（或 SDC）而论，通常将材料分为三种：<1% 的为低阻尼材料，Ψ 在 1%~10% 的为中阻尼材料，Ψ>10% 为高阻尼材料。国内外现已研究开发的金属减振材料大致分为复合金属材料，粉末冶金和均质合金三大类别。

复合金属材料包括热双金属阻尼材料，薄膜涂层复合材料及复合阻尼钢板。其中非约束或约束型复合阻尼钢板既保持了钢铁材料的强度，又具有高的阻尼性能。但其成型性差，而且作为中间夹层的黏弹性高分子材料不导电，不易焊接，使用温度也限于 80℃ 以下。此类减振材料国际上于 20 世纪 70~80 年代发展较为迅速，并已大量用于发电机、柴油机、鼓风机、压缩机等机电产品，在铁路桥梁、钢制阶梯、地板等建材领域也得到广泛应用。

粉末合金类减振材料因两种或多种阻尼机制同时作用可获得高阻尼效果，并且机件的几何尺寸与形状可由模具准确控制，故切削加工量小。其缺点在于要配置冲压、烧结等附加设施和成套模具。

均质减振合金是三大类别金属减振材料中最重要的一种。按组织特征可划分为如下几种类型。

11.3.1　复相型

例如铸铁及 Zn-Al 等合金，是具有复相组织的减振合金，其高阻尼机制在于当弹性周期加载时，因软相杂质及其处于弹性行为的母相边界处产生局部塑性流动，或软相变形而消耗振动能量。铸铁的优点在于阻尼性能良好，可在较高的温度（150℃）下使用，阻尼性能稳定，不受磁场的影响，价格便宜。其缺点是不能塑性加工，耐蚀性差以及不可焊接等。Zn-Al 合金具有质量轻，强度较高，低频下阻尼性能好的优点，但使用温度低于 100℃。

11.3.2　位错型

镁及 Mg-Zr 合金（ＫⅠＸⅠ）属此类型。材料高阻尼是因位错的不可逆移动及在滑移时相互作用所导致的机械静滞后，造成振动能量的损失。

11.3.3　孪晶型

镍钛基合金（如 Nitinol-50Ni50Ti，Nitol-51Ni41Ti 等）、锰铜基和铜基（如 Sonoston-54Mn37Cu4Al13Fe2Ni，Incnamute-13~21Zn2~8AlCu，13~14Al14NiCu）等形状记忆合金，在马氏体可以形成的温度范围内具有高的阻尼特性。合金中振动能量损耗的主要机制与可逆的或热弹性马氏体转变相关，即在交变应力作用下，因母相与马氏体边界部分地滞弹性可逆移动，或者说马氏体的形成与消失以及马氏体内孪晶的形成和孪晶界的移动而引起振动能量的散失。因此可以说，形状记忆合金在一定条件下也是减振合金。

11.3.4 铁磁性减振合金

铁基和钴镍基减振合金归属此类。其振动阻尼机制在于：在交变应力作用下，总磁化强度的改变引起的宏观涡流，畴壁的可逆移动和磁畴磁化矢量的旋转导致的微观涡流，以及畴壁不可逆移动造成的磁力滞后效应。由于宏观和微观涡流所引起的振动能量的损耗不依赖于应力振幅，而与振动频率成正比例关系。铁磁性型减振合金的开发主要依赖于磁力滞后阻尼效应。利用这种效应发展的减振合金比利用前两种效应开发的合金多两个数量级。此类材料振动能量的损耗多以滞峰值曲线的关系依从于应力振幅。可以非常明确地肯定，组织对这种依从关系的性能有影响；减小畴壁活动性的所有因素都降低内耗峰值，并使显现峰值的应力振幅增大。文献证实，内应力对磁畴界面的不可逆移动起阻碍作用，原因在于位错对畴壁的钉扎。减小固溶体中间隙原子的含量，例如碳含量，添加诸如铝、钴、硅、镍和铬等置换元素，使组织中相对畴界起阻碍作用的相和杂质（例如抗磁性相——石墨，铜；顺磁性相——奥氏体；弱铁磁性相——不同类型的炭化物）有利的分布，减少铁磁性相的缺陷程度等因素都可能发挥组织对提高磁力阻尼效应的影响。此外，诸如温度、交/直流磁场及静载荷的施加等环境条件，对振动能量损耗的测量结果也有明显的影响。温度接近或超过居里点时，由于铁磁性的减弱或消失，磁力滞后阻尼逐渐失去作用。静载荷或磁场的施加，均能使材料趋向或达到磁饱和状态而使磁力阻尼减弱或消失。

11.3.4.1 铁基铁磁性型减振合金

铁基减振合金的发展大致经历了两个时期；约从 1920 年 $Fe_{12}Cr_{0.5}Ni$ 铁素体不锈钢在汽轮机叶片上的应用开始，至 1969 年 Smith-Bichak 磁力滞后阻尼模型的建立，为第一阶段。在这一时期，一些物理学家和材料科学家对 α-Fe、Ni、Co 等铁磁性金属及其合金的阻尼现象进行的研究，不仅揭示了其实质在于磁力阻尼，并解决了有关磁力阻尼的一些基础理论问题。1970 年至今是铁磁减振合金发展的第二阶段。目前，新的二元的多元铁基合金的研究与开发进入了一个硕果累累的时期。铁基减振合金可粗略地分为低合金和高合金两大类。

A　低合金铁基阻尼合金

M. Takahashi 等比较全面地研究了组织和化学成分对低碳钢阻尼性能的影响，结果表明，增大晶粒尺寸和降低间隙原子的含量都会提高阻尼性能。发现，采用铝、硅镇静的钢比沸腾钢更容易获得良好的阻尼性能，其原因认为：镇静钢中形成的 AlN 或（SiMn）N 沉淀相消除了间隙氮原子的不利影响，只要脱碳就能得到高的阻尼本领；而沸腾钢既要脱碳又需脱氮才可获得高的阻尼性能。同理，把 Fe-18Cr-0.07C 和 Fe-15Cr-0.022C 钢所具有的高阻尼特性也归因于碳、氮化物的析出。但这种材料的屈服强度低（79~157MPa），故要加入适量的硅、锰元素，以提高其强度。日本 NKK 公司开发了 Fe-(2.5~4.5)Al-(0.5~1.0)Si 的减振合金，抗拉强度为 363MPa。低合金铁基阻尼材料的强度偏低，限制了其在工程上的实用性。

B　高合金铁基减振合金

研究高合金铁基减振材料，除为了进一步提高阻尼性能外，获得满意的力学及其他性能是另一主要目的。

　　a　二元系铁基减振合金

1946 年 L. Rolherdam 研究了 Fe-(2~32)Cr 钢热处理后的阻尼性能，结果表明 12Cr 合金的阻尼性能最好，文献中已指出 Fe-Cr 合金最大阻尼性能对应的铬含量在 12%~16% 范围，SDC=(40~80)% Fe-15Cr 和 Fe-20Cr 的屈服强度和抗拉强度分别为 215MPa 和 370MPa，以及 370MPa 和 400MPa。H. Masumoto 等对 Fe-(0~16)Mo 二元合金的阻尼特性进行研究后指出，Fe-16Mo 合金经 1200℃ 1h 退火后的阻尼性能 Q^{-1}，在剪切应变 $\gamma_p = 1.2 \times 10^{-4}$ 处最大为 58×10^{-3}。无析出慢冷时的 Q^{-1} 比快冷的高，有析出时的结果相反。前者对应的钼含量小于 6%，后者为 10%~14%。Fe-6Mo 的屈服强度和抗拉强度分别为 200MPa 和 400MPa。对 Fe-(0~20)W 合金的阻尼性能研究表明，Fe-14W 合金经 1200℃ 1h 快冷后的 Q^{-1} 最大，达 34×10^{-3}，对应的剪切应变 $\gamma_p = 0.8 \times 10^{-4}$；$R_e = 245\text{MPa}$，$\sigma_b = 414\text{MPa}$。Fe-(5~15)Co 二元合金阻尼性能，经 1200℃ 1h 退火后 Q^{-1} 最大为 75×10^{-3}，对应的剪切应变 $\gamma_p = 1.2 \times 10^{-4}$，而且 Q^{-1} 值受冷却方式的影响很小，抗外加静载荷较强。Fe-25Co 合金的 $R_e = 235\text{MPa}$，$\sigma_b = 500\text{MPa}$。

　　b　多元铁基减振合金

1975~1977 年日本东京芝浦电气株氏会社开发了商品名为 Silentalloy(SIA) Fe-Cr-Al 三元系高阻尼合金，报道了高阻尼区的合金成分范围，并认为高阻尼区的合金成分范围，并认为高阻尼合金必须处于单相区，给出 SID 合金的成分为 Fe-12Cr-3Al，在 -50~350℃ 温区内，音频共振法测得的阻尼性能 $Q^{-1} = (10~15) \times 10^{-3}$，扭摆法测定的 SDC 值在 $\gamma_p = 3 \times 10^{-4}$ 处最大，达到 28%，指出 SDC 值受静载荷应力的影响很大，合金的疲劳极限为 176MPa，$\sigma_y = 282.4\text{MPa}$，$\sigma_t = 426\text{MPa}$，日本还制取了铝含量降至 1%~1.5% 的 Tranklloy。Schneider 等开发了与 SIA 合金成分相类似的 Vaciosil-010 合金（Fe-12Cr-3Al），经 900℃ 1h 处理后，SDC>50%。该合金的 $\sigma_t = 450\text{MPa}$，$\sigma_{0.002} = 320\text{MPa}$。独联体在工业上曾经应用了 SDC≈25%，SDC≈40% 等减振钢种。

　　H. Masumoto 等研究的 Fe-Cr-Mo 系阻尼合金，申请了美国专利，提出 Fe-15Cr-1Mo 合金的阻尼性能最好，$Q^{-1} = 30 \times 10^{-3}$，$\sigma_t = 500\text{MPa}$，采用的热处理制度为 1000℃ 1h 退火，以 100℃/h 速度冷却。他们对 Fe-Co-Mo-Cr 多元系合金的研究，其主要目的在于获得具有良好的阻尼、耐蚀和力学性能，结果表明，加热到高于 1000℃ 后空冷的 Fe-20Cr-(2~4)Co-(0~7.5)Mo 合金的 $Q^{-1} \geqslant 50 \times 10^{-3}$；淬火的 Fe-20Cr-(0~6.5)Co-(0~9.5)Mo 合金的 $Q^{-1} \geqslant 50 \times 10^{-3}$，对应的力学性能范围为：$\sigma_y = 400~600\text{MPa}$，$\sigma_t = 450~800\text{MPa}$。文献分别发表了 Fe-Cr-Al-Ti 和 Fe-Al-Cu-Ti 多元合金的研究结果，指出最大的 Q^{-1} 值分别为 23×10^{-3} 和 8.3×10^{-3}；σ_y 为 294.2~343.2MPa 和 554MPa，σ_t 为 411.9~490.3MPa 和 652.1MPa。

11. 3. 4. 2　钴镍基铁磁性减振合金

　　由于对高的阻尼合特性，力学性能，耐蚀性以及在高温下使用的综合性能要求，决定了开发钴镍基高阻尼合金，早在 20 世纪 60 年代初期，文献发表了名为 HNBKO-10 的钴镍基减振合金，化学成分（%）为：0.02C、73.56Co、22.5Ni、1.1Zr、1.8Ti、0.22Al、0.35Mn、0.3Fe、0.15Si。此合金是为了制作蒸汽透平叶片而开发的。合金振动对数衰率 δ 随剪切应力振幅的增大迅速升高，于 140MPa 处达到 25%。作为比较例子 HNBKO-10 合金与 S11348 不锈钢的抗拉强度，室温下，则分别为 700MPa 和 84MPa，前者为后者的 8 倍，而且由于居里点高，HNBKO 合金的阻尼性能随温度的升高变化很小，而 S11348 不锈钢于 650℃磁力阻尼早已消失。

在 HNBKO 合金的基础上，为了进一步改善此合金的力学、物理化学、阻尼以及工艺性能，并扩大其在现代机械制造业的使用，文献报道了对 Co-Ni-Al-Ti 系合金的研究工作，研制出了名为 HNKO63（K63H32）的减振合金，化学成分（%）为：63.4Co、30.5Ni、1.5Al、3.4Ti、0.19Fe、0.045Cr、0.035C、0.14Si、0.019Mn。合金带的 $Q^{-1} = 20 \times 10^{-3}$，居里点高达 850℃。经 950℃淬火和 650℃ 16h 回火后，HNKO63 合金的力学性能为：$\sigma_t = 1400MPa$，$\sigma_y = 1040MPa$，比例极限为 1000MPa，冲击韧性为 42.2J/cm² 高的弹性性能与优异的阻尼特性的结合，使 HNKO63 合金作为弹性敏感元件，可使用于强烈振动的条件之下。由于高的阻尼特性，用该合金制作的弹性敏感元件动作的准确性提高了，固定在平簧上的触点的振动减弱了，提高了代表总体的可靠性。

11.4 微波吸收材料

11.4.1 概述

微波吸收材料即雷达波吸收材料（Radar Absorbing Material，缩写 RAM），简称吸波材料，它是一种具有有效地吸收入射的电磁波并使之衰减的功能材料。RAM 最早可追溯到 1936 年荷兰菲利浦实验室研究，取得法国专利的第一批电磁波吸收材料，至今已有五十多年的历史。第二次世界大战期间，由于雷达的出现，RAM 开始用于军事目的，并由此进入实用阶段。雷达探测飞机和浮出水面潜艇的作用非常明显，迫使各国千方百计寻找减少飞机和潜艇被发现的方法。其中比较著名的有德国的"烟囱扫描"计划，最终研制出两种吸波材料，一种叫韦许（Wesch），另一种叫朱曼（Jauman）。德国潜艇采用吸波材料做通气管，使敌方发现潜艇的距离缩短了一半。而美国在 1941～1945 年制定了一项"哈尔波恩反雷达涂料"计划，目的是发明一种涂料改善雷达性能，结果研制出两种谐振型橡胶板材（不是涂料），能减少雷达反射 15～20dB。

战后从 60 年代开始，世界各军事强国均相继有计划地开展了雷达吸波材料、电磁波传播和吸收机理的实验研究工作。一批工程上比较实用的单层、双层吸波材料、铁氧体吸波涂料已相继问世；质地较轻、厚度较薄、频带较宽、吸收能力较强、牢固、能经受住机械振动负荷和超音速气动加热等影响的新型吸波涂层的研究取得了长足的进展；结构型吸波材料已开始在飞机、导弹等高速飞行器上应用；有源吸波材料、放射性同位素涂层材料、半导体涂层材料等的研究也相继展开。

近年来，由于材料科学和化学的研究成就，使得吸波材料有了重大的突破，不但有吸波涂料，而且已发展了许多结构型吸波材料。从吸收频带方面来讲正向着从厘米波到毫米波发展，进而向着兼容红外隐身以及可见光和激光的多频谱多功能隐身材料方面迈进。

11.4.2 吸波材料的物理基础

材料吸收电磁波的基本条件是：

（1）电磁波入射到材料上时，它能最大限度地进入材料内部（阻抗特性）；

（2）进入材料的电磁波能迅速地几乎全部衰减掉（衰减特性）。

实现第一个条件的方法是通过采用特殊的边界条件来达到，而第二个条件则是要求材料具有很高的电磁损耗能力。

为简单起见，仅以平面电磁波与吸波材料相互作用为例，来讨论对材料基本物理参量要求。电磁波的基本规律可由麦克斯韦方程来描述。当电磁波垂直入射到吸波材料上时，由边界条件对方程求解，可得到电磁波的反射系数和透射系数。

当电磁波以不同角度投射到吸波材料时，反射波电场强度与入射波电场强度振幅之比定义为电压反射系数；功率之比为功率反射系数，以分贝（dB）表示的反射系数称为反射率，以分贝表示的负反射率为吸收率。

对吸波材料还经常用到以下一些概念。

（1）工作频率（频宽）：对电磁波的反射率电平低于某一给定最小值的频率范围。可分为相对频宽和绝对频宽。

（2）吸收功率：每单位面积材料所能耗散的最大入射到材料上的电磁波功率，$2W/m$。

（3）允许入射角范围：入射角系指电磁波入射方向与吸收体所在平面之法线的夹角。入射角范围定义为反射率电平低于某一特定最小值时，入射角可取的区域。

（4）品质因素：系指吸波材料能覆盖的最大波长与其厚度之比，即 d/λ_{max}，此值越小表明材料性能越好。

常用雷达波段的频列于表 11-2。

表 11-2　雷达波段

名　称	频率范围	名　称	频率范围
VHF 甚高频	$30 \sim 300MHz$	X 波段	$8000 \sim 12500MHz$
UHF 超高频	$300 \sim 1000MHz$	Ku 波段	$12.5 \sim 18GHz$
L 波段	$1000 \sim 2000MHz$	K 波段	$18 \sim 26.5GHz$
S 波段	$2000 \sim 4000MHz$	Ka 波段	$26.5 \sim 40GHz$
C 波段	$4000 \sim 8000MHz$	毫米波段	$>40GHz$

（5）极化特性：对 RAM 而言，入射波的极化定义与测量用电磁波极化定义是不同的。电磁波的传播方向与电场矢量所构成的平面称为极化平面，极化平面垂直于地平面称为垂直极化波；与其相区别的为水平极化波。对吸波材料来说，入射波方向与材料平面的法线所构成的平面称为入射面，电场矢量在入射面内称为平行极化，反之为垂直极化。显然，在电磁波垂直于材料平面入射时，就不存在材料的极化问题。

11.4.3　吸波材料基本特性与类型

通常实用的吸波材料应具有吸收频带宽、吸收率高、质量轻、结构尺寸小、力学性能高、使用寿命长、能在宽广的温度范围内使用等特性的要求。从吸波材料的使用特征来说可分为两大类，即结构型吸波材料和涂敷型吸波材料。

11.4.3.1　结构型吸波材料

近年来，美国波音和洛克希德公司经过大量的探索和研究发现，采用混杂编织布、粗网格和杂乱纤维制成的结构复合材料，具有吸收和屏蔽雷达波的性质，其主要技术有以下三方面。

（1）混杂增强。把热塑性 PEK、PPS、PEI、PBI、LCP 等树脂抽拉成单或复丝，分别与特殊纤维（如碳纤维、玻璃纤维、陶瓷纤维等）按一定比例交叉混杂成纱束，再编织成各种织物。这些编织物具有良好的吸透波性能。

（2）自动编织。利用计算机控制纤维的编织方向、排布、编织间隔的自动编织技术，可以把各种纤维混杂编织成各种形状或复杂曲面。

（3）夹层缠绕。它是选用最先进的轻质高强度碳纤维、芳酰胺纤维或混杂纱，分别制成蜂窝夹心和缠绕蒙皮，根据需要在蜂窝网格内填充吸波物质（如磁性微粒、空心磁球、短导电纤维等）。这些物质具有磁损耗和电损耗，其密度从外向内递增，符合阻抗匹配条件。

11.4.3.2 涂敷型吸波材料

涂敷型吸波材料是为防止目标被雷达探测和跟踪而发展起来的一种伪装手段，是缩减目标雷达散射截面（RCS）的一种重要技术措施。涂敷型 RAM 施工方便，适用于复杂外形，是武器隐身的理想应用形式。

微波吸收涂料根据载体的不同，可分为树脂类，如环氧树脂、聚氨基甲酸乙酯树脂、氯磺化聚乙烯树脂等；橡胶类，常用橡胶有天然橡胶、丁腈橡胶、氯丁橡胶和硅橡胶等；塑料类，如聚氨酯、聚苯乙烯、聚氯乙烯等。无论哪种涂料，其组成中普遍采用了改变磁导率的磁性材料和改变介电特性的导电材料。

A 铁氧体

铁氧体是最早使用的吸波涂料之一，例如 20 世纪 50 年代高空侦察机 U-2 使用了铁氧体涂料。铁氧体既具有介电特性又具有良好的磁性，因而直到现在仍广泛使用于隐身飞行器和地面隐身设施。铁氧体最大缺点是比重大。为克服这个缺点，目前我国，以及美、日等国都在研制新组分的铁氧体。研制含有大量游离电子的铁氧体或铁氧体内添加少量放射性物质，这样能大大增加铁氧体的游离电子，在雷达波作用下，游离电子作急剧循环运动，大量耗散电磁能，使铁氧体吸收波性能大大提高。另外一种措施是把铁氧体制成超细粉末，这样不仅降低铁氧体的比重，且它的磁、电、光等物理性能也发生大的变化。还有采用空心玻璃微球表面涂铁氧体，或把铁氧体制成空心微球，这样制成的涂料，比原来铁氧体吸波涂料轻得多，且吸波性能优于铁氧体涂料。

B 金属超细粉末

利用金属超细粉末研制微波吸收材料，是近十多年的热门课题。与铁氧体相比，它的制造技术要求更高。磁性金属由于其粒子细化，使组成粒子的原子数目大大减少，其磁、电、光等物理性能发生很大变化。它的磁损耗比较大，对电磁波兼具吸波、透波和偏振等多种功能。超细粉末最大的优点是质量轻，这样可制成薄而轻的吸波材料。从长远观点来看，金属超细粉末吸波材料具有更为广阔的发展前景。

C 视黄基席夫碱盐

视黄基席夫碱盐聚合物（Retinyl Schifflass Salts）具有极好的吸收雷达波性能，其物理性能与石墨相似，呈黑色，有强极性，密度只有铁氧体的 1/10。据报道，用它制成的吸波层，可使隐身飞机雷达散射截面减少 80%。但这种盐极性很强，能和它黏结的黏结剂实在太少，国外尚未找到这种强极性盐的黏结剂。对它的吸波性能是否真像报道的那样好，仍有争议。

总之，作为一种新型的功能材料——微波吸收材料，目前已引起世界各国的重视，对它的研究和应用越来越广泛，表 11-3 和表 11-4 给出了目前部分国外吸波涂料和结构吸波涂料的性能。目前生产的吸波材料使用温度多在 $-36 \sim +139℃$，美国生产的 Eccosorb SF 吸波涂层系列可在 $-54 \sim +163℃$ 范围工作。典型的涂料黏结剂的黏结强度为 $1.056kg/cm^3$。涂层材料工作频带多在 20GHz 以下，最大工作带宽为 $0.8 \sim 36GHz$，反射衰减最大为 30dB，一般在 20dB 左右；结构吸波材料工作频率多在 18GHz 以下，最大带宽为 $5 \sim 16GHz$，反射衰减在 $20 \sim 30dB$。

表 11-3　部分吸波涂层性能

国别	公　司	材　料	厚度/mm	频带宽度/GHz	反射衰减/dB
美	康道通公司	铁氧体	$2.5 \sim 10$	m，cm 波段	$17 \sim 20$
美	波音公司	重磁性粒子-热固性黏结剂，陶瓷铁氧体	1.0	$2 \sim 10$	$10 \sim 12$
美	塞拉西/西尔玛	Po-210 等离子吸收材料	0.025	1	10%～20%
美	宇航公司	碳粉+聚四氟乙烯	5		
美	北美航空公司	柔软伪装涂料	22.2	$2 \sim 20$	20（3GHz）
美	通用苯胺与薄膜公司	含羰基铁粉			$18 \sim 20$
美	埃姆逊公司	硅树脂为底德 Eccossorb SF 系列		$2 \sim 16$	<1%
美		泡沫陶瓷+…		$3 \sim 10$	10（1449℃）
日	东京电气化学公司	铁氧体+聚合物	$1.2 \sim 1.5$	$5 \sim 10$	30
日	东京电气化学公司	尖晶石铁氧体	2.5	9	24
日	东京电气化学公司	双层铁氧体		$3.5 \sim 20$	20
英	普莱塞公司	非谐振吸收材料、聚氨酯泡沫、蜂窝		$6 \sim 18$	1%～3%
德		氧化镁+三氧化铁+210 号环氧树脂	0.8	10	吸收 68%
德	辐射技术公司	铁氧体多层谐振材料		$\lambda=9cm$	30
日		铁氧体粉末+硫化硅橡胶（耐300℃）		$3 \sim 24$	
日	日本电器公司（NEC）	双层铁氧体+绝缘层		$3.5 \sim 20$	

表 11-4 部分结构型吸波材料性能

国 别	公 司	材 料	厚度/mm	频带/GHz	吸收率/dB
美	爱摩逊·卡明公司	SF-RB	3.715~5	5~16	—
美	洛克威尔公司	复杂蜂窝结构、聚酰亚胺 ANW-73	7 层	—	—
美	航空电子学实验室	米曼型 RACO	6 层	12~18	—
美	威尔逊公司	高温陶瓷吸波材料	—	7~15	30
美	波音公司	石墨环氧树脂	10~20	30	97%
英	普莱塞公司	LA-1 高强度可塑材料	23	3~10	10

11.4.4 吸波材料的应用前景

　　基于高科技——隐身技术发展起来的微波吸收材料,自然首当其冲地受到军事当局的极度重视,美国空军从 20 世纪 60 年代开始,对减少飞行器目标地 RCS 给予极大关注。赖得-伯特森空军基地资助了多项雷达波吸收材料的研究计划。可以说,隐身技术是 20 世纪继火箭、导弹、原子弹、氢弹和中子弹之后得第三次军事科学革命。对人类生产和生活将产生巨大的社会经济效益。

　　随着微波技术的飞速发展,需要控制电磁波反射的场合越来越多。微波吸收材料的非隐身应用愈加广泛,例如改进天线图像;抑制导航设备的假回波,以便保障飞机和船只的航行安全;保证微波测试系统的准确性,建立无回波暗室;改进微波器件壳体和容器的屏蔽等。

　　为了降低雷达虚警概率,必须抑制旁瓣和后瓣,后瓣对雷达站工作人员健康有害,收发设备的电磁兼容损害也不可忽视,利用吸波材料对它进行深度消隐,容易实现,效果可达到最佳。还有计算机吸波隐密等。

　　制造新型吸波电子器件,如低通和高通滤波器、精密衰减器和移相器,同样是开发吸波材料应用的内容。利用吸波材料还可以解决电磁兼容,如极低辐射和无辐射电缆,防泄漏插接件,微隔离与屏蔽,精密温控器件和微传感器。还可用于吸波生物工程和消除电磁污染等。总之,只有使投资巨大的隐身科学造福于人类,隐身技术才可能获得更加旺盛的生命力。

11.5 超导材料

11.5.1 概述

　　水银是人类发现的第一个超导材料,1911 年 K. Onnes 发现它的电阻在 42K 时消失了,一零电阻现象揭开了超导电性和超导材料的研究史篇,超导现象的发现不是偶然事件,其背景是获得低温的技术有了足够的发展。人类首次液化氦的工作与发现超导电性的工作都是荷兰莱登实验室的 K. Onnes 完成的。

　　超导材料研究的主要目的之一，是寻找具有更高临界转变温度 T_c，电流密度 J_c 和磁场 H_C 的超导体。取得令人注目的进展有 1952 年发现的 V_3Si，它的发现开拓了称为 A15 超导体领域的研究。1954 年制出 Nb_3Sn 材料，其 T_c 为 18K，J_c 为 107A/cm²，H_C 高达 23T。1960 年发现 Nb_3Sn 在 8.8T 的磁场中仍处于超导态，这在当时是不敢想象的。这一材料的发现不仅证实了存在具有高临界磁场和高电流密度超导体的理论，同时又打开了技术应用的大门。在实际应用中高场磁体往往用 NbTi 合金，它是一种容易做成线材的韧性合金，Nb_3Sn 虽有更好的临界值，但由于脆很少实用。从 1960 年到 1985 年，又发现了数以百计的合金和化合物在足够低的温度下是超导的，例如 1973 年观察到 Nb_3Ge 的最高 T_c 为 23K，但几乎没有应用到实际装置中。在这一阶段研究中，超导材料的 H_C 和 J_c 都增加了数百倍，而 T_c 仅提高 5~6 倍，这使超导电性的应用受到很大限制，且需要液氦冷却，费用较高。为了克服这一"温度障碍"，寻找和研究高温超导材料一直是人们追求的一个目标。G. Bednorz 和 A. Aiieller 在 1986 年报道了令人激动的结果，他们在铜氧化合物材料的研究工作中，将超导材料研究工作带入了一个新阶段，在短短的两年之内 T_c 从 30K 跃升到 130K。超导材料研究发展的简明回顾，请参阅有关文献。

11.5.2　超导材料的性质

　　超导材料的基本特征是零电阻现象和 Meissner 效应，二者缺一不可。Meissner 效应是指大块超导体在弱磁场中表现出完全的抗磁性现象，它的内部磁感应强度为零。如果材料先置于磁场中，然后进入超导状态，则磁通从材料中被排出。

　　根据超导体的磁学性质，可以将超导体分为两类，一类是具有完全抗磁性的超导体，称为第一类超导体；另一类是在一定的磁场中还可以表现出不完全的抗磁性现象，称为第二类超导体。

　　如果将超导体在 T_c 以上温度的状态称为正常态，T_c 以下温度的称为超导态，则从热力学可知，超导态的能量低于正常态的。抗磁性现象总是将材料内的能量升高，当在某一磁场中使超导态的能量升高到正常态的能量时，即使材料处于 T_c 以下的温度，材料也要成为正常态，故将材料由超导态转变到正常态的临界阈值磁场称为临界磁场 H_C，可见足够强的磁场会破坏超导电性。热力学分析还表明超导态的有序度比正常态的高，超导态转变成正常态的相变是二级相变。这说明两态之间存在能隙，超导薄膜的光学性质也说明存在能隙。

　　超导材料应用的一个很主要的基础是 Josephson 效应，它是指当两块超导体被一层足够薄的绝缘体隔开时形成一个结，则电子的隧道贯穿效应产生直流 Josephson 效应，即不存在任何电场或磁场时直流电流通过结；交流 Josephson 效应，即在结两端施加直流电压导致结中产生射频电流振荡；宏观量子干涉效应，即直流磁场加到由两个结构成的超导回路中，能产生最大电流随磁场强度改变的干涉现象，这一现象应用在灵敏的磁强计中。宏观量子干涉效应是 Josephson 效应和超导体环磁通量子化效应结合的产物，磁通量子化是指穿过足够厚的超导环中的磁通只能以整数式的变化，这是超导体的一个主要磁学性质。提到超导体，电阻为零是人们首先想到的特性，但超导体的磁学性质却是它更主要的特性。

11.5.3 超导材料的种类

业已发现，47 种化学元素和成千上百种合金（晶态、非晶态合金和金属间化合物）及化合物（硼、碳、氮、氧、硅、磷、硫、锗、硒和碲等元素的化合物），在不同条件下都是超导体。它们的晶体结构、化学性质和正常态的物理性质是多种多样的，其超导电性与结晶结构类型及组成元素的物理、化学性质之间，没有必然的联系。铌、铅和锡均属超导元素，Nb_3Sn 是超导的，Nb_3Pb 却不是，而两者都是 A15 结构合金；钇、钡、铜和氧都不是正常的超导元素，$YBa_2Cu_3O_7$ 的 T_c 高达 93K，而 $YBa_2Cu_3O_6$ 则是半导体，两者同属层状结构的铜氧化物；最近发现的 M_xC60 分子超导体 T_c 达 ~30K（M 为碱金属），而在 C70 分子中却无此现象。超导材料的名称习惯上按晶体结构（如 $A_{15}C_{15}C_{14}B_2A_{12}D_5$ 和 σ 相超导体的），化学性质（如合金、氧化物、分子或有机超导体等）以及物理性质（如半导体、重费米子和磁性超导体等）的特点命名的。可见超导材料的名称与超导电性的来源没有内在的联系，对超导材料进行科学的分类便是极为困难的。下面仅以超导元素、超导合金（包括金属间化合物）和超导化合物的形式归类来介绍超导材料的概况，故"种类"一词在这里没有明确的定义。

11.5.3.1 超导元素

业已发现在常压下块状的 29 种元素（见表 11-5），薄膜状锂、铬、铯、（α 粒子辐射后）钯及铋是超导体；在高压下硅、磷、硫、锗、砷、硒、钇、碲、锑、铯、钡、铈、铋和铀可变成超导体。在常压下的超导元素都是金属元素，它们中间有 21 个是过渡族元素（带有 s~d 电子），13 个是非过渡族元素，后者均是第一类超导体。在高压下一些类金属元素变成了超导体，有证据表明半导体元素在高压和低温下具有金属性质。目前理论上无法说明哪些元素是超导体，哪些元素不是。探索新的超导元素受到两个因素的制约，一是样品的纯化手段有限，二是获得极低温的技术限制。有一种观点认为超导电性是原子间金属键性的特性，对极端纯的金属，至少在 0K 下应当是超导体。但有一点是目前明确的，具有磁（有序）性的金属元素（铁、钴、镍和钆等）不能成为超导体，痕量的外来顺磁性元素能使超导元素的 T_c 严重降低。例如钡含 10^{-4} 铁时，其超导电性就被破坏，含 1% 钆（原子分数）的镧的 T_c 降低 89%。施加压力能改变超导体的临界参数，例如镧在 21GPa下 T_c 升高到 12.9K，铅在 16GPa 时则降到 3.55K。一些超导元素在薄膜状态的 T_c 明显高于块状钨、铍、铼膜的 T_c 分别增至 4.1~5.5K、9.75K 和 6.7K。

表 11-5 超导元素的转变温度 T_c 和临界磁场 H_c 值

元　素	T_c/K	$H_c/10^{-4}T$[①]
铝	1.15±0.002	104.9±0.3
锌	0.0003	0.049
镉	0.6~1.0	
铍	0.026	
镉	0.517±0.002	28±1
β-镓	5.9~6.2	560
γ-镓	7	950

元 素	T_c/K	$H_C/10^{-4}T$[①]
δ-镓	7.85	815
镓	1.083±0.001	58.3±0.2
α-铪	0.128	12.7
α-汞	4.154±0.001	411±2
β-汞	3.949	339
铟	3.408±0.001	281.5±2
铱	0.113±0.001	16±5
α-镧	4.88±0.002	800±10
β-镧	6.00±0.1	1096~1600
镥	0.1±0.03	350±50
钼	0.915±0.005	96±3
铌	9.25±0.02	2060±50
锇	0.66±0.03	70
镁	1.4	
铅	7.194±0.006	803±1
铼	1.697±0.006	200±5
钌	0.49±0.015	69±2
锡	3.722±0.001	305±2
钽	4.47±0.04	829±6
锝	7.8±0.1	1410
α-铊	1.38±0.02	160±3
α-钛	0.40±0.04	56
α-铊	2.38±0.02	178±2
钒	5.40±0.05	1408
钨	0.0154±0.005	1.15±0.03
锌	0.85±0.01	54±0.3
α-锆	0.61±0.15	47
ω-锆	0.65，0.95	

① 为 HC_2 值，$+T=0K$ 的值。

11.5.3.2 超导合金

目前已研究了约 20 个不同晶体结构的数百种合金或金属间化合物的超导性质。表 11-6 列出的是该种结构中 T_c 最高的材料。虽然表中合金的排列次序是随意的，但最上面的 7 类合金是更受到重视的材料，其中 A15 是最突出的，原因是在合金超导体中，这一类的临界参数最高。继 $V_3Si(17K)$ 之后，又有一系列 $T_c>15K$ 的超导体出自该晶系，如 $Nb_3Sn(18K)$、$Nb_3Al(18.8K)$、$Nb_3Gu(20.3K)$、$Nb_3Si(19K)$、$Nb_3Ke(15K)$、Nb_3Ge

（23.2K）。这些研究不仅提高了超导材料的 T_c，而更主要的是人们找到了高临界磁场和高电流密度的材料，给超导材料的磁体应用带来了希望。这个晶系的许多合金制备工艺是相当复杂的，且很脆。从冶金观点来看，固溶体材料易制成线材，进而制备成螺线管，这些材料就是 Nb-Ti 和 Nb-Zr，其 T_c 是 10K，目前实用的超导磁体大部分是由它们制成的。

表 11-6　一些不同晶体结构的超导合金

结构类型	对称性	合金	T_c/K
A-2	立方	$Nb_{0.75}Zr_{0.25}$	11.0
A-2	立方	$Nb_{0.75}Ti_{0.25}$	10.0
A-15	立方	Nb_3Ge	23.3
C-14	六角	$ZrRe_2$	6.4
C-15	立方	$(Hf_{0.5}Zr_{0.5})V_2$	10.1
B-2	立方	VRu	5.0
A-12	立方	$NbTc_3$	10.5
D-86	四角	$Mo_{0.38}Re_{0.62}$	14.6
C-16	四角	$RhZr_2$	11.1
C-12	立方	$NbRu_3$	15~16
B-81	六角	$BiNi$	4.25
B-20	立方	$AuBe$	2.64
B-31	正交	$GeIr$	4.7
C-1	立方	$Ga_{0.7}Pt_{0.3}$	2.9
C-2c	四角	Ge_2Y	3.8
D-1c	正交	$AuSn_4$	2.38
D-2d	六角	Pb_3Zr_5	4.60
E-93	立方	$RhZr_3$	11.0
L-4a	四角	$NaBi$	2.25
C-40	六角	$NbGe_2$	16.0

11.5.3.3　超导化合物

超导电性自身体现的变化最大的领域是在非金属的化合物中（表 11-7），与金属间化合物相比，这类化合物具有离子或共价键性，有些化合物中（如铜氧化物超导体）的电子性质比较复杂，有待深入研究。它们中的 T_c 大部分都低于 15K。T_c 在 30K 附近的超导体有两类，是 $Ba_{0.6}K_{0.4}B_1O_3$（29K）和 M_xC_{60}（M 为碱金属）（约 30K），T_c 在液氮温度以上的是铜氧化物超导体（表 11-7）。

由于硼、碳、氮、氧、硫、磷、硒、碲广泛存在于这类化合物中，极大地丰富了超导材料地研究领域，如磁性超导体、分子超导体、有机超导体、半导体超导体和高温超导体均属这类材料之中。目前超导材料的研究热点集中在高温超导体和分子超导体，这也是探索更高临界值超导材料的领域，有广泛的科学和技术应用研究价值，但目前来看，作为高场磁体的应用优势仍在合金超导体中。

表 11-7 不同结构的超导化合物

结构类型	对称性	化合物	T_c/K
B-1	立方	NbN	17.3
D-5c	立方	$(Y_{0.5}Th_{0.5})C_{3.1}$	17.0
Ti_3N_4	六角	$Li_{0.1\sim0.3}Ti_{1.1}S_2$	$10\sim13$
Mo_3Se_4	菱形	$Pb_{0.92}Mo_6S_{7.5}$	15.2
1-1-I1	立方	$LiTi_2O_4$	13.7
C-2	立方	$Rh_{0.53}Se_{0.47}$	6.0
C-6	三角	PbTe	1.53
C-32	四角	$Lu_{0.75}Th_{0.25}Rh_4B_4$	11.9
D-Oe	四角	Mo_3P	5.31
C-49	正交	$ZrGe_2$	8.0
D-73	立方	La_2Se_3	1.0
C-27	六角	$NbSe_2$	7.0
E-21	立方	$BaPb_{0.75}Bi_{0.25}O_3$	~12
E-21	立方	$Ba_{0.6}K_{0.4}BiO_3$	~29
K2NiF4-T′	四角	$Nd_{1.85}Ce_{0.15}CuO_4$	~24
K2NiF4-T	四角	$La_{1.85}Sr_{0.15}CuO_4$	~38
1-2-3	正交	$YBa_2Cu_3O_7$	~93
	正交	$Bi_2(Ca,Sr)_{n+1}Cu_nO_{2n+4}$	$80\sim110(n=1\sim3)$
	四角	$Tl_2(Ba,Ca)_{n+1}Cu_nO_{2n+4}$	$80\sim125(n=1\sim3)$
	单斜	$(SN)_x$ 聚合物	0.26
		Rb_3O_{60}	~30

11.5.4 超导材料的应用

由于超导电性的特性,使超导材料在电子、电力、医疗、通讯、航空航天、交通运输和军事国防等领域有极其广泛的应用前景。表 11-8 列出目前和潜在的超导电性的主要应用领域。

表 11-8 超导材料的主要应用领域

项　目	产品或应用技术	主　要　特　点
强电应用	超导电缆	损耗小,质量轻,体积小,送电容量大
	超导电机	体积小,质量轻,功率密度大
	超导变压器	体积小,环保
	超导限流器	损耗小,能提高电网的稳定性
	超导储能器	充放电快,效率高
	超导磁体,用于核磁成像,核磁共振,加速器,可控核聚变,磁分离等	磁场强,体积小,能耗低
	超导磁悬浮技术,用于磁悬浮列车,磁悬浮轴承等	没有摩擦力

项 目	产品或应用技术	主 要 特 点
弱电应用	超导量子干涉仪	检测弱磁场的灵敏度高，开关速度快
	超导微波器件，包括滤波器，天线，延时线等	表面电阻小，灵敏度高
	超导计算机	速度高，散热小
其他应用	陀螺，红外探测仪，磁屏蔽，磁流体推进等	

11.5.4.1 磁体应用

超导材料已应用于强磁体，它是低温超导体绕成螺线管放在液氦中使用，已用于科学实验和磁共振成像中。对超导磁而言，几乎所有的操作费用都消耗在冷却系统中；同样大的铜线圈磁体也有冷却系统，但两者冷却系统的作用不同，前者是为了产生超导的条件，后者是带走电阻产生的热量。对产生同样磁场的两种磁体运转费用的估计，后者是前者的五倍多。此外，超导磁体还有其他优点，如磁场稳定性好。超导磁体在医学上已成为开发新市场的一个主要因素，减少磁共振成像设备成本和降低冷却费用是竞争的要点。高能物理领域，用超导磁体建造的加速器可在最小半径内把粒子加速到需要的能量上。超导磁体在磁聚变和磁流体力学的实验中也是基本部件。磁分离技术应用到选矿、再循环、提纯化学品位、碎煤去硫和污水净化中，分离磁金属或具有磁矩的物质都需要强场磁体。

11.5.4.2 电子元器件应用

Josephson 结是超导电子器件的基础，超导量子干涉仪（SQUIDs）就是有结的简单线路，它有非常高的灵敏度，可检测非常小的电磁信号，如人体心脏磁场和脑磁场。也能测量从直流到微波频带中任何与磁有关的信号。它比其他最好的磁场检测计灵敏度高 10^3 倍，能察觉海洋中由潜艇引起的地球磁场的扰动和由地质岩层储油和矿物沉积引起的地磁分布。

Josephson 结从零压到非零压的开关速度是 $4\mu s$，比任何半导体器件都快。另外该结的低功耗也是相当主要的方面。通常的计算机中 40% 以上的循环时间是由于配线延迟之故，这样信息处理器必须等待来自其他部件的信号。因此，为了减少循环时间，必须采用更为密集的布线方式，然而由器件产生的功耗散热影响了它的集成度。Josephson 元件的功耗为几个微瓦，比半导体元件小 3 个数量级，可以在 $5mm^2$ 的芯片上集成 10^4 个元件。超导电子元件能发射和接收高频信号，其频率在 GHz 范围。因此，超导通讯设备比通常设备能更快地发送数据，并且也更难被干扰和被截获窃听。

11.5.4.3 电力与电器应用

磁体虽无运动部件，但在机电应用中的技术更为复杂，交流损耗成为更受注意的问题。超导发电机的优点，是提高电网的稳定性和发电效率。具有超导转子的发电机，能节省 40% 的寿命费用。超导磁能储存是一种非常有效的储能技术，将能量储存在超导线圈中电流形成的磁场中，除了制冷系统外，这种储能设备的部件都是非运动型的，并且不需要化学或机械的转换，效率是 90%~95%，存储和释放时间不到一秒，也可以控制释放能量。

　　将超导电性应用于水陆运输的尝试已进行了多年，并在一些国家取得了成功。目前试验的磁悬浮列车，时速在 500km 以上。早在 20 世纪 60 年代国外就开始研究超导船用推进器，另一类能用于海洋船舰推进系统的工作介质是磁流体，这是一种电磁推进系统。

11.6　超磁致伸缩材料

11.6.1　超磁致伸缩材料的发展概况

　　稀土铁超磁致伸缩材料是一种高新技术功能材料，它具有机械响应快、产生的力大、声功率密度高，电能转成机械能的效率高，机械滞后小等优点，具有广泛的应用前景，引起了世界上工业发达国家的很大关注。

　　1984 年 James Jouk 首次在镍中发现了材料的磁致伸缩特性，随后又发现钴，铁和它们的合金具有一定的磁致伸缩特性，但它们的应变量很有限，如镍仅有 50×10^{-6}。

　　20 世纪 60 年代国外基础研究发现铽、镝、钐等金属的磁致伸缩及杨氏模量随磁场大小发生大的变化，但只在低温下发生。70 年代初发现立方莱夫斯相 $REFe_2$ 具有最大的室温磁致伸缩，但是这种二元合金有较大的磁晶各向异性，即需很大的外磁场才能达到大的应变，这给应用带来困难，进一步研究发现，通过调整成分能得到具有大的磁致伸缩系数和小的磁晶各向异性的合金，如 $Tb_xDy_{1-x}Fe_2$，即 Terfenol-D。

　　由于这些 $REFe_2$ 化合物很脆，给制造、加工和使用带来很多的不便，通过降低化合物中的铁含量，在合金中形成韧性好，具有网状结构的富稀土相，提高了合金的强度，另外，合金的磁致伸缩特性及力学特性，与合金的显微组织关系极大。第二相，杂质、晶界，空隙等晶体的缺陷会明显降低合金的磁致伸缩特性，而这些现象又与合金的制造工艺有关。为此，通过采用适当的制造工艺，制备了具有定向结晶或单晶合金，且合金组织中的杂质和晶体缺陷大大降低，提高了合金的磁致伸缩等特性。但是由于制造工艺复杂，成本昂贵而一直没有商品化，到了 80 年代，美、英、日和瑞典加强了研制，工艺上有了突破性进展。1987 年开始研制出了 0.254m（10 英寸）的棒材。最近几年，研究较多的是器件和应用，使超磁软伸缩驱动元件更适于应用，并按不同使用要求。研究使用性能，改善成本。

　　国内的研究开发尚属起步阶段，已在实验室对超磁致伸缩合金的特性进行了研究，目的是为了开发这类功能材料的应用。

11.6.2　超磁致伸缩材料的特性

11.6.2.1　磁致伸缩的概念

　　铁磁材料和亚铁磁材料由于磁化状态的变化，其长度和体积会发生微小的变化，这一现象称为磁致伸缩，磁致伸缩是由于这种材料在居里点以下发生自发磁化，形成大量磁畴，在外加磁场中，大量磁畴的磁化方向转向外场而产生的，磁致伸缩的大小以相对伸缩 $\lambda = \Delta l / l$ 来表示。λ 称为磁致伸缩系数。

11.6.2.2　稀土铁合金的磁致伸缩

　　稀土铁 $REFe_2$ 合金为立方的 Laves 相化合物，它具有巨大磁致伸缩的原因是：这类化合物中的稀土离子有非常大的磁晶各向异性，稀土与铁离子亚晶格之间存在较大的交换相互作用。这就使得稀土亚晶格的磁化相对保持不变，所以在室温下合金的磁致伸缩与低温时相比，下降不太多，这就使该类化合物具有巨大的室温磁致伸缩特性。

在三元稀土铁合金如 $Tb_xDy_{1-x}Fe_2$、$Sm_xHo_{1-x}Fe_2$、$Sm_xDy_{1-x}Fe_2$、$Tb_xHo_{1-x}Fe_2$ 等，其中 $Tb_xDy_{1-x}Fe_2$ 即 Terfenol-D 具有最大的磁致伸缩系数和机电耦合系数，因而得到广泛的研究，并已商品化。$Tb_xHo_{1-x}Fe_2$ 在磁场方向上是伸长的，当磁场增加时，较多的磁畴沿着磁场方向转动直至饱和，如果磁场反向，磁畴也沿磁场方向转向，会引起长度的增加。

Terfenol-D 磁化有一特点，就是在一定温度和外应力下，磁致伸缩随外场增加将出现"跳变现象"，即磁致伸缩值在某一临界磁场下会突然迅速增大。这一现象在实际应用极为有利。对于孪晶 $Tb_{0.3}Dy_{0.7}Fe_{1.9}$ 合金，跳变出现在 $T \geqslant -10℃$；外应力 $\geqslant 5MPa$。$Tb_{0.27}Dy_{0.73}Fe_2$ 材料较脆，强度低，通过降低合金中的铁含量，可提高强度，改善脆性，当铁含量从 2% 下降至 1.8% 时，材料的断裂模量从 10MPa 上升至 55MPa，强度大大提高，美国目前市场上标准超磁致伸缩材料的成分是 $Tb_{0.27 \sim 0.3}Dy_{0.73 \sim 0.7}Fe_{1.9 \sim 1.98}$。

11.6.2.3 机电耦合系数

$Tb_xDy_{1-x}Fe_2$ 的磁致伸缩系数很大，可作为高功率转换器，最重要的换能常数是机电耦合系数 K，它是描述磁致伸缩材料把电能转换成机械能，或机械能转换成电能的转变程度的物理量。定义为：$K_2 = d_2/\mu\sigma SH$。

K 可以单独由磁测量或弹性测量中测定。耦合常数以及 μ_ε、μ_σ、SB、SH 取决于偏磁场，交变磁场，偏压应力和应力。

K_{33} 为与几何形状无关的耦合常数，对于圆环 $K_{33} = K$，对于细棒 $K_{33} \approx (\pi/2)K$。Terfenol-D 的机电耦合系数为 0.72，这比传统的磁致伸缩材料镍（$K = 0.16 \sim 0.25$）要大得多。

11.6.3 超磁致伸缩材料的制备

获得高性能的磁致伸缩材料，要求材料内部夹杂和晶体缺陷少，内应力小，取向度高，传统的制取定向多晶或单相的方法，要求原材料纯度（光谱纯）。制备过程中污染较大，工艺复杂，周期长。改进后的制备工艺一般要经过以下几个环节：

（1）精炼原材料以除去引起夹杂的杂质；
（2）定向凝固以得到取向的晶体结构；
（3）随后退火以消除内应力。

目前成功地制备超磁致伸缩材料的方法有两种：一种是悬浮区域熔炼法（FSZM），而另一种方法是改进的布里基曼法（MB），在前一种方法中采用了石英管压差成棒技术，即用石英管插入坩埚熔体中靠压差使熔体进入石英管中制备棒材。这种技术可用商业级稀土金属纯度，不小于 99.9%，省力，容量大，从而大大降低成本，合金棒再经悬浮钆区域熔炼获得取向多晶或单晶，这种方法生产的棒材一般是 $\phi 5 \sim 8mm$。

改进的布里基曼是一种连续浇铸的结晶方法，其过程是这样的，磁致伸缩合金的坩埚内熔化，坩埚底部有一个出口，熔体从坩埚底部流到一个延伸的模子内沉积，通过模子的低端加热凝固熔体。固液界面由底向上移动产生轴向结晶，这种方法适合于规模生产，由于一次浇铸成型，不需悬浮区熔，比石英管成型法更简单，生产量更大，所以价格可进一步降低，用它可生产直径从 $8 \sim 50mm$ 的圆棒材和截面为六角形的棒材。

11.6.4　超磁致伸缩材料的应用

磁致伸缩材料的应用领域相当广泛，在超磁致伸缩 REFe$_2$ 系化合物出现以前，Fe、Co、Ni 及它们的合金，作为磁致伸缩材料已在诸多地方大量使用，但由于这些材料值均为 10^{-6} 数量级，而超磁致伸缩材料 REFe$_2$ 系化合物值在 10^{-3} 或更高，所以颇受重视。

超磁致伸缩材料的世界市场非常可观，如超声波方面的应用，在美国每年需 0.0127～0.0254m（0.5～1.0 英寸）直径的棒材 254m（10000 英寸），价值为 150 万～525 万美元。在油压机械，机器人方面的应用，美国的市场约为 6 亿美元/年。

超磁致伸缩材料的主要应用在以下几个方面：

（1）声呐：一般工作在低频，通过材料的较大尺度的变化，得到高灵敏度的有关信息或图像，使器件质量轻，紧凑，有效。可应用在潜艇声呐，海洋油田探测，海底地形测绘，鱼群探测等。

（2）振动、噪声控制：应用在从电子到机械的所有设备上，可降低振动、噪声。

（3）微距器：可实现高精度微距的产生测量及控制，可用在移动超重物体，激光透镜精密聚焦控制，望远镜及电子显微镜透镜聚焦等。

（4）水利及泵：如用于功率线性马达，这种马达大量用于水利系统。

（5）活塞、燃料注入系统：利用超磁致伸缩的高速应答速度，高输出力等优点，可设计出全新的高速活塞及燃料注入系统。

（6）声和超声应用：可用于洗涤，乳化，分散，灭菌等。

（7）机械人：可实现快速应答，稳定的控制，消除无效的机械连续。

（8）电力转送系统：用于开关和继电器，减少能量损失。

11.7　磁记录材料

11.7.1　概述

在信息社会高速发展的今天，磁记录技术发展非常迅速，其应用范围也十分惊人，广泛地应用于广播、电视、传真、空间探测、计算机、自动控制、遥控技术等领域，在复制、印刷、卫生、教学等方面同样得到广泛的应用。与其他各种记录相比，磁记录的优点是频率范围宽，从直流到十几兆周，覆盖了音频和视频范围；信息密度高，容量大，例如一个磁盘能存储几百万位信息；动态范围大，在超过 40dB 的范围可进行精确的线性记录；信息可长期保存，直接再生，反复再生，必要时可消除其他信息；成本低、失真小、寿命长。

磁记录材料主要有两大类型：一是磁记录介质材料。目前使用的磁记录介质有磁带、硬磁盘、软磁盘、磁卡片及磁鼓等。从结构上看又可分为磁粉涂布型介质和连续薄膜型介质两大类。二是磁记录用的磁头材料。磁头是一种电磁换能器，在磁记录技术中被称为磁记录的"心脏"。磁头的基本功能有三种：通过它把需要存贮的信息记录在磁带等磁介质的磁层上；通过它把已存贮的信息取出；进行信息的清除。

目前常用的磁头材料有金属磁头材料和铁氧体磁头材料两大类。本节将主要介绍最广泛使用的金属磁头材料的特点、制备方式以及不同磁头对材料性能的选择。

11.7.2 磁头的类型及对材料的基本要求

目前磁记录技术主要包括录音、录像和录码三大类，前两者为连续记录，后者为分立记录。而按磁头的功能又可分为录（写）磁头；还（读）磁头和消去磁头三类。

作为磁头的磁芯材料通常应具备以下特征：

（1）在工作频率内磁导率值要足够高，以便提高记录和重放效率；

（2）饱和磁通密度要高，有利于形成强的记录磁场；

（3）矫顽力和剩余磁通密度要小，以减少磁芯剩磁，降低磁滞损失；

（4）居里温度要高，以便降低磁特性与温度的依赖关系；

（5）电阻率要高，涡流损耗要小；

（6）磁致伸缩效应小，由应力而引起的磁特性下降少。

在机械特性要求方面：硬度高，耐磨损性好；脆性小，可加工性好，不易生成氧化膜和加工变质层；生产稳定和成本低。各类磁头对机械特性的要求是相同的。而对磁性的要求随磁头的种类不同而有所差异。

磁头的类别可根据其工作特性和它所执行的任务分为三类。

（1）录（写）磁头。它的作用是在工作频率的载波讯号作用下，产生按记录磁化的磁化场 H，使通过它前缝隙的磁带磁化，在磁带上产生与 H 相应变化的剩磁，从而把所需信号记录下来。

录（写）磁头在工作时，载波信号的工作磁场大约 1A/m 左右。对高磁导率合金来说，录磁头的载波信号工作磁场强度值，与合金的最大磁导率对应的磁场强度相当。因此，为了提高录磁头的灵敏度和质量，首先应提高合金的最大磁导率，降低矫顽力和剩余磁通密度。其次是因工作频率很高，要求合金有高的电阻率以降低损耗。

（2）还（读）磁头。它的作用是把记录在磁介质上的磁参数转换成电讯号读出来，起到还原作用。此时磁头磁芯上无载波信号，工作信号很弱，磁场强度 $<10^{-1}$ A/m，这个值相当于高导磁合金的起始磁导率所对应的磁场强度。所以还（读）磁头应选用起始磁导率高的合金材料。

（3）消磁头。它的作用是通过磁头把已记录的讯号去掉，即抹去磁介质上已记录的磁参数量。工作频率高，工作信号也较强。因此，它与录（写）磁头有相类似的要求。

11.7.3 常用磁头材料

11.7.3.1 坡莫合金

坡莫合金的特点是直流磁导率很高，质地较软，加工性能好，在较低频率范围内具有良好的性能，适于制作较低频率的录（写）、还（读）等磁头。它的缺点是硬度较低，HV 只有 120 左右；耐磨性差；电阻率低，只有 $50 \sim 60\mu\Omega \cdot cm$，高频损耗大。

为了改善上述坡莫合金的缺点，国内外已研究开发了具有高电阻率（$\rho \geqslant 70 \sim 90\mu\Omega \cdot cm$）、高硬度（HV $\geqslant 180 \sim 240$）铁镍铌系的硬坡莫合金，它与一般的坡莫合金相比，具有更高的初始磁导率和电阻率，可用于较高的频率。在结构上，它比一般的坡莫合金硬度几乎高一倍，添加 8% ~ 9% Nb 时磁导率最大。上述材料的制备是由真空冶炼、锻造、热轧和冷轧等通常的冶金工艺完成的。而材料的磁性能和力学性能都与其成分及最终热处理工艺等因素紧密相连。

目前我国生产的常用于磁头材料的坡莫合金和硬坡莫合金品种繁多，主要的牌号有 1J76、1J77、1J79、1J80、1J85、1J86、1J87、1J88、1J89、1J90、1J91 等。

11.7.3.2　铁铝和铁硅铝合金

铝和铁可形成一系列软磁合金，其初始磁导率最高的是 16% 的 Al-Fe 合金。由于铝的加入使得合金具有很高的电阻率，亦增加了硬度，因而用通常的冷轧方法不能制成薄的带材，为此必须在 400~500℃ 温度轧制，才能获得较薄的适于磁头用的材料。

铁硅铝合金（质量分数）是 5%~11%Si，3%~8%Al 余为铁的合金。特别是 9.6%Si-5.4%Al-Fe 的合金具有很高的磁导率，这种材料称为 Sendust 合金。其主要优点是硬度高，提高了磁头缝隙的尖锐性、准确性和耐磨性。高频特性优于坡莫合金系列，是一种很好的录像磁头材料。该合金的主要缺点是延展性极差、易碎、不易制成磁头铁芯用的薄片。

为了改进铁硅铝合金的可加工性，在原来 Sendust 的成分基础上，添加 3% 左右的镍，形成所谓超硅铁合金，可以稍为改善合金的延展性，又提高了磁导率，是一种更好的视频磁头材料。例如 3.15%Ni-5.33%Si-4.22%Al-Fe 合金在氢气中于 750℃ 退火 1h，并以 100℃/min 冷速冷到室温，其最大磁导率 $\mu_m = 56800$，$H_C = 7.68A/m$，$B_r = 0.81T$，$B_S = 0.98T$。而该合金在氩气中于 1250℃ 退火 1h 后从 700℃ 冷到室温的过程中加 1600A/m 的纵向磁场，可得到更好的磁特性：$\mu_m = 16500$。

超铁硅铝合金与铁硅铝合金相比，最大的优点是它可以热加工，例如经热轧可以得到 0.3~0.05mm 的薄带。

11.7.3.3　非晶态磁头合金

为了适应磁记录技术向高记录密度，高可靠性，小型化的方向发展，人们总是在不断地寻求新的磁头材料，而非晶态磁头材料就是其中的一种。例如 $H_C = 2.4A/m$，$B_r = 0.956T$，$B_S = 1.090T$ 的 CoFeNiCuSiB 合金，采用横向和纵向磁场叠加退火处理获得了优异的频响特性：$\mu_{0.3kHz} = 35520$，$\mu_{1kHz} = 22600$，$\mu_{10kHz} = 9784$，$\mu_{100kHz} = 2872$。用该合金制造了盒式标准带非晶录放磁头，用 TDKAC-711 金属带测试这种磁头表明，该磁头完全可用于金属磁带上，比 1J87 硬坡莫合金磁头的电磁性能优越。

对录像机磁头用非晶态合金的开发，在 20 世纪 80 年代初，日本索尼公司设计并制造的小型低速 8mm 磁带录像机中就有报道。

非晶态合金之所以引起人们的注意，是由于它具有优良的磁性和高的电阻率，通过成分调整可制出零磁致伸缩的材料。非晶合金品种繁多，各国已研究和开发这种新型的磁头材料。如我国对 CoFeNbNiCrSiB 合金的研究证明：在 VPR 录像机上实验，满足了整机使用要求。美国 spin 公司研制的 spinF 磁头也具有优良的频率特性，高的耐磨性，适用于宽频带计测磁头。

日本在非晶态磁头方面的研究和开发处于领先地位，已有商业产品，其产量仅次于 Fe-Ni 系坡莫合金，超过了 AlSiFe 合金磁头。

11.7.4　磁头材料的展望

从磁记录技术问世至今，近一个世纪的时期内，在世界市场上已经形成一个庞大的硬件和软件的产业系统。理论领域中的不断探索和研究，促使技术上的改进，使磁记录技术进了一大步。对磁记录介质的记录密度可以这样说，每七年增加一倍。相应的磁头材料同样也得到了不断发展。从最初的坡莫合金，继而发展到硬坡莫合金、铝硅铁合金，直到近来开发出非晶态合金的线索来看，磁头材料总是随着磁记录技术对磁头材料的要求不断前进的，而且这种研究开发的趋势仍然不断地发展。例如日本松下电器公司磁记录研究所，新近研制了两种新合金：一种是金属-金属系（M-T 系：M＝Nb，Zr；T＝Fe，Co）；另一种是金属类金属系（T-X 系：T＝Fe，Co；X＝B，Si）。通过溅射，可制成非氮化层与氮化层所组成的超晶格合金膜，这种合金膜由于超晶格化，仍能保持其软磁特性，并且通过氮化而提高了膜的饱和磁通密度。

另外，由于技术的不断进步，在磁头制造方面也有所突破。如日本索尼公司利用铁氧体磁芯，在磁隙外蒸镀一层金属磁性体薄膜，使铁氧体磁隙耐磨性好的优点和金属磁性体磁通密度高的优点相结合，生产出三种磁头产品：（1）倾斜溅镀铁硅铝磁性合金磁头；（2）交叉形非晶态磁头；（3）平行形磁头。而日立公司在磁头隙表面，共重叠五层非晶态膜与氧化硅薄膜，由于适合记录、重放频率的膜厚与层数最佳化，可得到高的磁导率，还有积层非晶态磁头等。

从众多的报道可知，磁记录材料正在日新月异地前进，对人类的生产和生活起着推动作用。但是，这些金属合金的磁记录头基本成为历史，只有很少应用了，光记录还在发展研究，自旋电子泵领域的记录，如巨磁电阻材料、垂直记录材料和磁光记录材料正在研究和迅速发展，广泛应用。

11.8 磁性液体

11.8.1 磁性液体的基本特征

磁性液体是一种液态磁性材料，以下简称成磁液，它是由平均粒度为 5~10nm 的超微磁性粒子，通过界面活性剂高度分散于液态载体中而构成稳定的胶体体系，它既具有强的磁性，又具有流体特性，在重力，电磁力，加速度等作用下能长期稳定地存在，不产生沉淀或分层。

磁性微粒可以是 Fe_3O_4、$\gamma\text{-}Fe_2O_3$、金属 Fe、Co 及其合金粉以及氮化铁等，目前常用的是 Fe_3O_4。

界面活性剂的选用，主要是让相应的磁性微粒能稳定地悬浮在载液中，它对磁液的制备是至关重要的，关系到磁液是否可以制成，其稳定性是否符合要求。

载液的选用根据磁液的特点及用途而定，一般来说首先应考虑磁液的种类，其次是磁液的其他指标，磁液的主要性能指标是：高场 $H \geqslant 650kA/m$ 下的磁化强度 M_s（T）、黏度 U（Pa·s）；使用温度范围；有时还要考虑蒸汽压及其他如流动点（℃）、沸点（℃）、密度（kg/m^3）等物理化学参量。

11.8.2 磁性液体的发展概况

1965 年美国 NASA（国家航空和宇宙航行局）的 S. S. Papel 为解决在失重状态下给宇宙飞船发动机输运液体燃料的课题，研究开创了磁性液体，并用于太空服可动部分的密封，与此同时，日本东北大学的科研人员在开发磁记录采用磁带磁性超微粒的分散技术过程中，采用了磁铁矿胶态材料，以后便声称已制备出具有磁性的流动体为磁性液体，以后，对磁液的制造方法，应用和理论研究进行了大量的探索，到目前已取得了很大的进展，已形成单独学科新领域，并召开过多次国际学术会议。在此期间，人们对磁液开发出愈来愈多的应用，其中已能完全实用的，有密封液（真空密封、防尘密封）；显示液（磁畴状态和磁记录图像的观察）；阻尼液（扬声器、步进马达，除尘装置等）；重液（比重分离）等。

目前美、日等国已有以（MeFe）$_3O_4$ 类型磁微粒，油类，合成有机液和水为载液的商品在市场上出售。

我国对磁液的研究大多始于 20 世纪 70 年代中期，至目前为止，已有十几个单位在从事该材料的研究工作，但其应用仅限于选矿、扬声器、润滑和密封几个方面的实验阶段，有关磁液的国内外牌号及性能请参阅文献。

11.8.3　磁液的制备方法

磁液的制备主要决于如何获得 5~10nm 粒度的磁性超微粒而定，对氧化物磁性粒子，磁液的制备通常是湿式研磨粉碎法，即在含有油酸的有机溶液中长时间研磨，第二是化学胶溶共沉法，即利于 Fe^{2+} 或 Fe^{3+} 化学反应的制取 Fe_3O_4 超微粒，再包覆表面治性剂。

对金属磁性超微粒磁液的制备有热分解法、电解法以及真空蒸发等三种类型。热分解是将羰基二价化合物在有机聚合物溶液中进行热分解，以制取钴超微粒的方法，电解法可制取铁、钴、Fe-Co 合金超微粒。I. Nakatani 等利用真空蒸发技术成功地制取了铁、钴和镍磁性超微粒的磁液，在室温下的最大饱和磁化强度分别为 0.0165T、0.027T 和 0.0084T。最近有人报道的用等离子 CVD 技术制备氮化铁磁液，他们通过 $FeCo_5$ 和氮气体的等离子反应得到一种新型磁液，该磁液含有在甲苯中弥散的氮化铁细颗粒，其最大饱和磁化强度为 0.022T，细颗粒的晶体结构为 CfexN。

11.8.4　磁液的物理特性

11.8.4.1　磁化特性

磁液的磁化特性与固体磁性材料截然不同，因磁液中磁性微粒很小，比单畴临界尺寸还小，它能自发磁化到饱和，粒子内的磁矩在热运动的影响下任意取向，粒子处于超顺磁状态，在外加均匀磁场中微粒的磁矩与磁场方向一致，在梯度磁场的作用下，这些微粒受到一种力，向最高场区移动，即磁液能被外磁场精确地定位和控制，所产生的力可把非磁性材料排挤出磁液，这就是磁液能使有色金属、塑料等实现比重分离的原因。

11.8.4.2　超声特性

超声波在磁液中传播速度和衰减量与所加外场有关，也与被测样品有关，超声在外加磁场时的传播速度 v 与未加外场传播速度 v_0 的关系为：

$$v = v_0(1 + \Delta)$$

式中，$\Delta = F(c、\eta_s、\omega、H)\sin2\theta$；$c$ 和 ω 分别为磁性微粒的浓度和超声传播频率；θ 为 H 方向与超声传播方向之间的夹角。通常 θ 不为零，Δ 亦随温度而变化。

11.8.5　磁液的应用开发情况

磁液的问世和发展紧密地与其不断扩大应用相联系，由于它即有磁学性能又兼备液态流体特性，因而具备独特的化学、力学物理等特性。被广泛用于电子、机械、冶金、化学、能源、环保、医疗卫生等领域，现将其应用原理和范围简述如下。

磁液在磁场作用下，其磁化强度随外场的增加而增加，直至饱和，利用磁场可使磁液流动于任何位置，当磁场加到磁液上时，在磁液内产生体积力，即磁场与磁液内每一个胶体粒子所形成的磁偶矩，相互作用在整个体积内形成的力。利用这些作用可制作磁液陀螺，加速度表，光纤连接装置，机器人筋肉，工业用机械手，水下低频声波发生器，显示磁带磁迹，检查磁头缝隙，观察磁畴及磁泡畴；产生磁液泡用于移位寄存器的显示，磁性显影液，软磁路，改进变压器及电感磁芯，密封，磁液轴承，磁液研磨，磁液水平仪，厚度仪，磁墨水及磁印刷，磁驱动装置等，医疗方面用作磁力引导药物的载体，外科手术用的"磁刀"放射治疗用的显影剂等。

永磁体可以稳定地悬浮在磁液中，非磁性材料可通过磁场控制磁液比也可自由地悬浮在磁液中，由此可广泛地开展资源回收，选矿，制造无摩擦开关，继电器，比重计，自由升降装置，废水处理等。

通过加热，冷却磁液可产生热循环现象，这样可实现热能转换装置及加热泵等；磁液黏度随磁场增加而增加，从而阻尼也增加。由此可用作新型扬声器，各种惯性阻尼器，减振器、缓冲器、联轴器、制动器、阀门等。磁液热传导率比空气大，可用于音响装置及热交换器中，根据其光学特性和法拉第效应，可用作光传感器，光计算机，光增幅器等；利于其润滑性可用作磁液轴承，拉拔加工装置，有的磁液磁化强度随温度变化为线性，由此可用作温度传感器，热交换机等装置。

以上所述的应用有许多已经实用，也有此是属于潜在的应用，正在开发之中，总的说来，磁液是近年来发展起来的一门新型功能材料，它的理论研究和应用正在蓬勃发展。随着利用强铁磁性物质如 Fe_xN，铁钴以及它们的金属化合物，取代 Fe_3O_4 制备磁化强度更大的磁液，用液态金属如水银作载体制造热传导率大且导电的磁液等，今后的应用前景将更加广阔。

11.9 催化剂

11.9.1 概述

化学反应的速度或其他条件如温度、压力等可以因各种局外物质的参与反应而改变，而这些局外物质在反应完结以后本身没有发生化学变化，这种反应就叫做催化反应；改变反应速度的物质就叫催化剂；这种现象就叫做催化作用。按另一种术语，催化剂又称为触媒剂，而催化反应称为触媒反应。

催化剂能增加化学反应速度，虽本身的组成、质量和化学性质不发生变化，但实际上它是参与了化学反应，改变了反应的历程，降低了反应的活化能，只是在后来又被"复原"了，例如乙醛分解为甲烷和一氧化碳的反应：

$$CH_3CHO \longrightarrow CH_4 + CO$$

可用碘蒸气作催化剂。在 518℃ 时，如果不用催化剂，该反应的活化能为 190000J/mol；但当有碘蒸气做催化剂时，该反应的活化能就降低到 136000J/mol，因而反应速度常数 k 增大了约 10000 倍，这是因为有碘蒸气存在时，反应分两步进行：

$$CH_3CHO + I_2 \longrightarrow CH_3 + HI + CO$$
$$CH_3I + HI \longrightarrow CH_4 + I_2$$

而这两步反应的活化能都较低（其中较高的为 136000J/mol）。

又如在没有催化剂存在时，合成氨反应的活化能约为 230000~930000J/mol；当采用铁催化剂时，反应的活化能就降低到约 126000~167000J/mol。

由此可知，催化剂的存在改变了反应的历程，降低了反应的活化能，从而增大了活化分子的分数，增加了反应速度。催化剂可能是各种物质，例如金属、合金、氧化物、盐、碱、酸和各种有机化合物。一切可能的杂质、灰尘、器壁的表面、反应的中间产物，也能够显出催化作用。催化反应十分普通，而且它们与非催化反应常常很难区别。甚至有时人们把促使物质形态变化的触媒作用也归类于此类，如人造金刚石所采用的手段就属此类。

11.9.2　催化剂的选择

不是所有的催化剂加进反应系统都引起反应速度的改变，而必须是催化剂对反应物具有化学亲和力。因此，只有特别适合于一定过程的催化剂才能引起加速作用，而且每一个催化剂促使反应向着一个一定的方向进行。在现代化学工业特别是有机化学工业中，催化作用的意义日益增大，反应是多样性的，化合物的数目十分庞大。针对不同的反应，选择的催化剂亦不同。因而我们只能以几个特例来简述选择催化剂的原则。一般来说，工业上对催化剂的要求：

（1）催化剂的活性好，能在较低或中等温度下以较快的速度进行反应。

（2）催化剂的寿命要长，要求经久耐用，当催化剂反复使用后活性降低时，可通过某些措施再恢复其活性。

（3）应有一定的热稳定性，在一定的温度范围内，不致因反应后温度升高而损害催化剂。

（4）催化剂应能防止发生副反应。

（5）催化剂的原料容易获得，成本低廉。

11.9.3　金属材料催化剂

金属材料作为催化剂的历史非常悠久，例如用铁作合成氨的催化剂已有 180 多年的历史。然而由于其经济和实用价值人们仍在不断地进行研究。

11.9.3.1　人造金刚石触媒剂

石墨直接转变为金刚石，需要 1.3×10^4 MPa 压力和 2700℃ 以上的温度。当加入触媒剂后则可以在较低的压力 5.5×10^3 MPa 和温度（1300℃ 以下）下使石墨更容易生成金刚石，只要触媒剂的晶体结构即密排面上的原子与金刚石（111）面上的原子对的准，或与石墨层表面接触时，密排面上的原子能与石墨层上的单号原子对得较准，且能吸引单号原子上的 2PZ 电子，集中到垂直方向上形成键，就能促进石墨层扭曲成金刚石结构。

对人造金刚石来说，第八族元素中的许多元素都可以做触媒。例如镍，它是面心立方结构，其（111）面上的相邻三个原子中心联成的正三角形的边长为 0.249nm，与石墨六方格子的内接正三角形的边长 0.246nm 十分相近，因此它的原子与石墨层中相对应的单号原子对得较准，可以相互组成键，又因为镍原子 3d 层电子未填满，能吸引石墨层中相对应的单号原子的 2PZ 电子，故镍可以起触媒作用。然而为选择电阻率与石墨更相近而且熔点更低的触媒材料，人们往往不用纯金属，而改用合金作触媒材料，例如 Ni-Mn-Fe、Ni-Mn-Co、Ni-Mn-Si、Ni-Co-Cr-Fe 等合金。目前我国多用 Ni70-Mn25-Co5 合金作合成金刚石的触媒剂。它是面心立方结构，熔点为 1239℃，密排晶面是以镍为基的 NiMnCo 固溶体（111）晶面，在室温和高温（熔点）下无相变，在合成金刚石中利用的是合金的高温相 Ni(β) 和 Co(β)。

11.9.3.2 其他金属形态催化剂

（1）超微粒子。超微粒子的最大特征是表面积非常大，在表面上露出许多原子，因而活性高，极易与其他物质反应或吸附气体。所以超微粒子具有良好的催化特性、烧结特性和吸着特性，可用作催化剂、烧结助剂和灵敏度高的气体传感器。

气相法制造碳纤维时，用铁系超微粒子作催化剂，所制得的碳纤维的强度是烧结法的 10 倍，接近理论强度。碳纤维的生长速度为 30～50mm/min，约为以前气相法的 1000 倍。现已制得的白金系超微粒子、铁系超微粒子和镍系超微粒子，其主要用途是作催化剂。

（2）非晶态催化剂。急冷非平衡合金在催化材料中具有特殊的地位，具有优良的活性和选择性。非晶合金催化剂与常规催化剂比较有如下优点：形成单一相、各元素分布均匀，不受合金平衡相的限制，可线性地改变合金中某一元素的含量，从而为得到具有最佳催化效能的合金组成提供一个不受平衡热力学限制的途径；表面能高，形成的活性点增多。因此非晶合金催化剂的研究沟通了冶金、物理和化学等学科间的渠道，集各学科近代科学技术的成就，为催化剂工作者提供了一个崭新的学科前沿领域。

国外对实用性的研究比较多地集中在"加氢催化"和"电极催化"两个方面。目前是研制高效的石油化工工业和煤炭化学工业用的催化剂，以及海水电解、燃料电池及氯碱工业用的电极催化材料。有些已由实验室研究进入工业性实验或生产。近年来我国利用急冷技术研制各类催化剂方面也取得了突破性进展。例如研制的急冷 Ni-Al 系骨架型催化剂的活性、选择性、稳定性均优于现代工业用的催化剂。用于化纤产品加氢催化，使产品转化率提高了 6%。又如急冷 Fe-Zr 在合成氨催化作用的研究中，使其初始活性比现用工业合成氨催化剂提高了 5 倍。获得急冷微晶 $Fe_{91}Zr_9$ 催化剂的活性高于非晶 $Fe_{91}Zr_9$ 催化剂的活性，且达到稳定活性的时间也短。

11.9.4 稀土材料催化材料

稀土材料作为重要的战略资源，在信息、环保、能源、自动化、生物等高新技术领域有着广泛的用途。轻稀土元素由于存在未充满的 4f 轨道和镧系收缩等特征，表现出独特的催化性能，使其在涉及石油化工、机动车尾气净化、合成高分子、催化燃烧、燃料电池、室内空气净化及水处理等化学过程中发挥着重要的作用，已成为这些领域发展不可缺少的核心材料。现行的实用工业催化剂中，稀土一般只用作助催化剂或催化剂中的一种活性组分，很少作为主体催化剂。

11.9.4.1 稀土催化材料的种类与特性

到目前为止，在工业中获得广泛应用的稀土催化材料主要有分子筛稀土催化材料、稀土钙钛矿催化材料及铈锆固溶体催化材料等，如表 11-9 所示。

表 11-9　几种主要的稀土催化剂

催化剂	分子筛稀土催化剂	稀土钙钛矿催化剂（含掺微量贵金属）	铈锆固溶体催化材料
结构特征	"硅铝酸盐"中部分钠离子被稀土离子置换	ABO_3 结构； A 位为稀土或碱土离子，12 配位； B 位为过渡金属离子，6 配位，形成（BO_6）八面体； A、B 位可掺杂（贵金属属 B 位掺杂）	ABO_2 结构； Ce 配位数为 8，Zr 配位数为 6
催化特征	多价阳离子使结构羟基活化，产生较强的质子酸中心	A 位离子影响吸附氧和 B 位离子的电子状态； B 位离子的取代影响离子价态和键能，可产生协同作用	Ce 离子+4 和+3 价态的转变是材料本身具有优秀的储放氧性能； Zr 的加入降低氧迁移活化能和位阻，降低表面和体相还原温度，提高储氧性能
主要应用	炼油用催化剂	催化氧化； 环境催化； 光催化分解水制氢； 碳氢化合物重整反应	催化氧化； 环境催化

　　其中分子筛稀土催化材料又可细分为中孔、微孔、介孔以及纳孔稀土催化材料等几大类，且目前主要用于炼油催化剂。稀土钙钛矿催化材料由于其制备简单、耐高温、抗中毒等性能优越，目前主要用作环保催化剂，也广泛用于甲烷部分氧化、碳氢化合物重整反应以及催化燃烧等方面。目前已开发并应用的主要有掺杂型稀土钙钛矿型催化剂以及掺杂微量贵金属的稀土钙钛矿型催化剂等。铈锆固溶体催化材料是随着汽车尾气净化市场的需求发展起来的一种储氧材料，而稀土复合耐高温活性氧化铝是随着汽车尾气净化和催化燃烧市场的需求发展起来的一种高热稳定性多孔材料，另外也广泛用于石油化工领域的各种催化过程，以及其他环保领域。

　　与传统的贵金属催化剂相比，稀土作为催化材料在资源丰度、成本、制备工艺以及性能等方面都具有较强的优势。主要表现在：

　　（1）增强氧化物体系的高温稳定性，尤其是水热稳定性；

　　（2）提高负载型催化剂的分散性和稳定性；

　　（3）调节活性中心微环境，提高反应活性，改善产物的分布；

　　（4）提高催化剂的抗硫、铅、钒中毒性能；

　　（5）提高材料的储/放氧能力。

11.9.4.2　稀土催化材料的纳米化和新型孔材料制备

　　随着纳米技术和孔材料的发展，催化材料的纳米化制备和新型孔材料（特别是介孔材料）引起了人们的重视，成为近年来研究的热点。与传统催化材料相比，稀土纳米催化材料的催化活性提高主要原因是这类纳米材料提供了庞大的比表面积，产生了高扩散的通道，使催化反应活性点大大增加；另外可能在于超微粒子上表面原子的晶场环境和结合能与宏观大颗粒存在较大差异。因此，人们不仅可以从两维尺度上，研究和揭示稀土钙钛矿催化材料催化机理，以及稀土-金属氧化物、稀土-（贵）金属的相互作用，还可以从三维尺度上，研究金属或氧化物在孔材料中的分散状态，实现稀土-孔材料的可控组装。并由此发现和发展新结构的催化材料，这正是稀土催化材料发展的趋势和机遇。

稀土催化剂超微粉体的常规制备方法主要有机械混合法、化学共沉淀法、溶胶-凝胶法等，另外，水热法和微乳液法等自组装工艺在稀土催化材料的制备过程中也有尝试。由于制备机理和工艺条件的不同，不同制备方法可以得到表面性能和结构差异很大的催化剂，如表11-10所示。

表 11-10　纳米稀土催化材料的制备方法比较

制备方法	机械混合法	共沉淀法	溶胶凝胶法	自组装
成 本	低-中	中	高	高
目前发展状态	商业化	商业化	研究/开发；商业化	研究/开发
成分控制	差	好-优	优	优
形态控制	差	一般	一般	好
粉末活性	差	好	优	优
纯 度	<99.5%	>99.5%	>99.9%	>99.9%
煅烧温度	高温	中高温	中高温	低温

其中机械混合法操作简单，成本低廉，但需要较高的烧结温度或球磨时间，且易出现杂相。相比之下，共沉淀、溶胶-凝胶以及自组装法等湿化学法能在较低烧结温度制备出高催化活性、大比表面积、均匀颗粒尺寸的纳米催化剂粉体。其中，共沉淀法由于操作简便，能耗较低而成为大规模生产的首选方法，但易混入 Na、K 等杂质离子而严重影响催化剂性能。溶胶-凝胶和自组装工艺则是从分子尺度上控制颗粒的大小、形态结构，因此容易克服通常的相平衡和动力学限制，从而有较低的烧结温度，而且制备的纳米粒子具有复杂微观形貌、高比表面积和催化活性。但是，这两种方法单次产率较低，成本较高而使其在工业生产上的应用受到一定的限制。

11.9.4.3 稀土催化材料的催化机理

稀土元素特殊的外层电子结构决定它在特定条件下具有特有的物化性质，尤其在催化领域中表现出特有的功能。稀土催化材料在汽车、摩托车、通用机等机动车尾气净化，工业废气净化、人居环境净化、催化燃烧，燃料电池等能源环境领域中的研究和应用已取得不少成果。

在石化方面，稀土在催化剂中的功能有两方面，其一是通过建立强的静电场使催化剂活化，并使表面的酸度适宜于形成碳离子中间体以利于裂解为汽油等轻质产品；其二保护催化剂免遭积聚的碳燃烧时被产生的高温气流破坏，从所起作用看，提高了催化活性、汽油的选择性、催化剂的稳定性、原油的饱和度、催化剂金属的允许含量，减少了汽油中烯烃含量，减少了裂化气造气量。从而达到：

（1）改善 Y 型分子筛的活性、选择性和水热稳定性，提高了高价值产品（液化气，汽油及柴油）的收率。

（2）提高液化气及气体烯烃产率从而为下游石化加工提供便宜的原料气体烯烃。

（3）调节基质酸性，增强重油转化能力。

（4）固定钒，保护 Y 型分子筛，提高催化裂化催化剂的抗钒污染能力。

在机动车尾气净化用稀土催化材料中，普遍认可的一种说法是氧空位理论。研究发现，稀土催化材料中存在两种氧即 α 氧和 β 氧。一般认为 α 氧是吸附氧（adsorbed oxygen），β 氧是晶格氧（lattice oxygen）。α 氧吸附在晶格缺陷上，一般在低温区脱附，与催化剂的比表面及表面缺陷有关；β 氧的脱附温度与氧化物的热还原温度相当一致，说明 β 氧的脱附起因于 B 离子的还原；β 氧的键合强度比 α 氧强得多，反应活性没有 α 氧高。Voorhoeve 等提出，在钙钛矿型复合氧化物上发生的催化过程可分为两类，即表面内催化作用（Intrafacial Catalysis）和表面上催化作用（Suprafacial Catalysis）。表面上催化过程中，催化剂表面作为"固定模板"，提供反应物分子吸附和反应的具有合适能量和对称性的轨道，吸附氧则起氧化作用；表面内催化过程则发生在较高温度，并随着催化剂的氧化还原循环过程而进行，此时吸附氧已被脱附，含量很少，主要是晶格氧参与反应，由于晶格氧的反应活性低，所以在较高温度下，钙钛矿的催化活性不如贵金属催化剂。表面上和表面内反应过程与钙钛矿结构中氧离子的游离难易有关。当氧离子容易移去时，它就有机会参加催化反应，从而引起表面内过程；反之，则是表面上催化机理居主导地位。

另外，稀土元素在可以与其他氧化物或（贵）金属之间可产生协同作用，而显著提高催化剂的性能，现已发现它们的协同效应与增加催化剂的储/放氧能力，增加晶格氧的流动性，增强催化剂的热稳定性，提高催化剂活性组分的分散度，减少贵金属活性组分的用量，稳定其他金属离子的化学价态等因素有密切关系。稀土催化材料尤其是复杂体系的稀土复合材料，其组成和制备等对材料的稳定性、结构缺陷、氧的移动性、表面酸碱性等起决定作用，进而极大地影响其催化性能。随着材料科学的不断发展，纳米稀土催化材料和稀土多孔（尤其是介孔）材料的出现，由赋予了稀土催化材料新的功能和新的催化性能。

11.9.4.4　稀土催化材料的应用

A　稀土催化材料在石油化工中的应用

石油炼制与化工是稀土催化剂应用的一个重要领域。我国 90% 的炼油装置都使用含有稀土的催化剂。稀土催化剂不仅可以改善分子筛的活性、选择性、水热稳定性和抗钒中毒能力，明显提高石油裂化过程汽柴油的收率，还可以提高液化气及烯烃的收率，增强重质油的转化能力，满足原油重质化变化的需求。稀土组分的添加一方面是通过建立静电场使催化剂性能得以提高，并使表面构成酸度适合可形成正碳离子中间体的环境，从而可将重质组分裂解为轻质组分，另一方面可保护催化剂免受积碳问题的困扰，特别是高稀土含量对重质油的加工十分有效。

从催化剂和原料考虑，加氢催化剂可分为：镍基非贵金属催化剂和贵金属 Pd 催化剂。在贵金属加氢催化剂中加入稀土氧化物能提高催化剂的活性，减少贵金属用量，抑制副反应发生，提高催化剂的选择性，提高催化剂的再生周期和使用寿命等。稀土元素由于独特的 4f 电子结构能极大地极化 C—O 键，并具有优良的贮氢性能，对氢具有较强解离能力，在催化加氢反应中显示了优异的催化活性和选择性。代表性的催化剂有含稀土的高硅沸石 ZRP 和 ZSM-5 分子筛催化剂。研究表明，以含稀土的五元环结构高硅沸石 ZRP 分子筛为活性组分的临氢降凝催化剂性能优于以不含稀土的五元环结构高硅沸石 ZSM-5 分子筛制备的催化剂。

B 稀土催化材料在合成橡胶中的应用

稀土顺丁橡胶以其良好的力学性能、抗疲劳、抗龟裂、低滚动阻力和与钢子午线良好的黏结性成为制造高性能轮胎的不可或缺的重要原料。稀土元素由于其独特的性质添加到橡胶中具有其独特作用：稀土含硫有机配合体配合物具有橡胶硫化促进作用；稀土的硫化胶制品普遍具有抗热氧化的能力；稀土化合物在橡胶中有抗疲劳作用；在一些橡胶制品中，加入稀土化合物后，胶料老化系数提高，焦烧时间延长，具有热氧稳定作用；此外它还具有补强作用、阻燃作用和交联作用等。

硅橡胶的分子主链由 Si—O 构成，与一般主链为 C—C 键的通用橡胶相比，具有优异的耐热性、耐候性、耐寒性及电气特性等，从而在航空、电子、电气、汽车、机械以及医疗卫生和日常用品等领域获得广泛应用。近年来，人们对耐热添加剂的制备方法及耐热效果进行了广泛的研究，发现 CeO_2 可进一步提高硅橡胶耐热性。CeO_2 在热空气老化过程中从高价态被还原到低价态，发生了多个（或单个）电子转移的氧化还原反应，从而阻止硅橡胶的热氧化自由基链增长，提高硅橡胶的耐热空气老化性能。

C 稀土在汽车尾气催化剂中的应用

汽车尾气净化催化剂有多种，早期使用普通金属 Cu、Cr、Ni，催化活性差、起燃温度高、易中毒，后采用的贵金属 Pt、Pd、Rh 等作催化剂具有活性高、寿命长、净化效果好等优点，但由于贵金属价格昂贵，很难推广。含稀土的汽车尾气催化剂由于有许多优点，已经引起人们的广泛关注。

高性能稀土储氧材料、耐高温高比表面材料、贵金属催化剂的助剂、耐久性涂层材料在净化汽车尾气中的作用主要表现在如下几点，具体如表 11-11 所示。

表 11-11 稀土在汽车尾气净化中的应用

主 催 化 剂	稀土氧化物的作用	稀土元素种类
Cu-Mn-La 钙钛矿型氧化物	催化剂组分	La
贵金属	稳定剂、分散剂、贵金属的活化剂	CeO_2
Co-Cu-Mn 氧化铝	载体的稳定剂	RE
Ni 合金	生成 NH_3 的抑制剂	La、Nd/Pr
γ-Al_2O_3 负载催化剂	γ-Al_2O_3 的稳定剂	La、Pr、Nd
Pt-Rh 催化剂	载体	RE
Ru	防止 Ru 升华	La、Pr、Nd
La、Nd、Pr、Ba、Ni	催化剂或 Ni 的促进剂	La、Nd、Pr
贵金属	贵金属的分散剂	Ce/Pr、Y、La、Nd
过渡元素与稀土的钙钛矿型化合物	催化剂组分	La、Nd

（1）稀土提高了催化剂载体的热稳定性。在催化转化器载体材料选择中，一般用活性氧化铝提高载体的比表面，有利于催化剂活性组分的分散。但是，活性氧化铝是一种非稳态产物，在高温时慢慢转变为低表面积的高温相，从而使催化剂失活。将稀土金属添加到氧化铝中可以阻止铝离子的迁移，缓解氧化铝的相转变，延长催化剂的使用寿命。

（2）稀土提高了车用催化剂的储放氧能力。机动车尾气中氧含量与催化剂净化效率有密切的关系。利用稀土氧化物的变价性质，当尾气中氧的含量过量时，它可以吸收氧，把氧储存起来；当尾气中氧含量不足时，它又把氧释放出来。近几年来，应用范围最为广泛就是铈锆固溶体，国内对以铈锆固溶体为代表的稀土材料添加剂对催化剂性能的影响做了大量的研发工作，包括铈锆固溶体的多种制作方法的研究，铈锆固溶体"掺杂"性能的研究，铈锆固溶体与贵金属协同作用的研究等等。

（3）稀土提高催化剂的抗毒能力。无铅汽油推广以后，使催化剂中毒的主要物质为硫与磷，这些物质对催化剂会造成失活。稀土在抗毒方面有一定的作用，如 Ce_2O_3 与硫化物生成稳定的 $Ce_2(SO_4)_3$，它在还原性气氛中，如富燃燃烧时，又释放出硫化物，在催化剂上转化成硫化氢，同尾气一起排放。

（4）稀土提高催化剂活性。稀土作为助剂成分，加入到机动车尾气催化剂中，除了稀土氧化物本身具有一定的催化活性外，可以诱发出贵金属特有的催化活性和化学吸附性能，同时，贵金属对具有特殊电子层结构的稀土元素催化活性产生影响，这样，稀土元素与贵金属之间具有协同作用，从而提高催化剂的整体活性。另外，稀土氧化物还可以提高贵金属的分散度，阻止催化剂活性组分与载体形成固溶体，抑制贵金属及载体的晶粒长大与烧结现象发生，保持催化剂的高温活性。

D　稀土催化剂在化工中的应用

稀土元素具有高的氧化能和高电荷的大离子，能与碳形成强键，很容易获得荷失去电子，促进化学反应，因此，稀土作为催化剂，具有较高的催化活性，几乎涉及所有的催化反应，无论是氧化-还原型的还是酸-碱型的、均相的还是多相的。稀土催化剂还具有稳定性好、选择性高、加工周期短的特点，许多化工过程中使用了稀土催化剂，特别是石油化工和化肥工业中。为了提高催化剂的催化活性与选择性，已从早期使用混合稀土变为使用单一稀土，表 11-12 列出了稀土催化剂在化工合成中的主要应用。

表 11-12　稀土催化剂在化工合成中的主要应用

反应类型	反应举例	催化剂
氧化	氨氧化制取硝酸	$La_{0.3}Ca_{0.7}MnO_3$；$RE_{0.5}Ca_{0.5}Fe_{0.5}Mn_{0.5}O_3$ $RECoO$（$RE=Ce$，La，Pr） $La_{1-x}Sr_xNiO_3$；$La_{1-x}Ce_xCoO_3$
	甲烷、丁烷等氧化	CeO_2 在 Al_2O_3；RE_2O_3（$RE=La$、Ce、Pr、Tb）
	二氧化硫制硫酸	Nd_2O_3 在 V_2O_3 上；$Ce(SO_4)_2$ 等
	烯烃氧化为不饱和醛	$Ce-MoO_3$
	醇氧化成醛、酮、酸	CeO_2，$Mo-Ce/SiO_2$ 等
	甲烷氧化偶联为乙烷、乙烯等	$LiCl/La_2O_3 LaAlO_3$；$La_{1-x}Pb_xAlO_3$ 等
	甲烷选择氧化为醛或酸	$La_3(PO_4)_4$ 加到磷酸铁催化剂
	甲苯完全氧化	稀土和其他非金属硝酸盐在 γ-Al_2O_3 或 SiO_2 载体上
加氢	合成氨	$NdFeO_3$；$LaFeO_3$；YF_3O_3
	生产氨水中水煤气转化	低铬稀土催化剂
	煤气甲烷化	镍钼稀土催化剂
	CO、CO_2 的全甲烷化	$LaNi_3$；NiO；$REMgO$，Al_2O_3
	一氧化碳氢化制异烷烃	CeO_2（在高压下）
	乙烯加氢、碳化链烯烃	$LaNi$

反应类型	反应举例	催化剂
重整	烷烃→芳烃 正庚烷转化	铂锡稀土 铂铼催化剂
脱氢	烷烃脱氢、醇类脱氢 烯烃芳香化 环烷烃脱氢转化芳烃 四氢基萘脱氢为萘	Fd_2O_3；Sm_2O_3 Cu-K-Ce 氧化物在 Al_2O_3 上 Cu-K-Ce 氧化物在 Al_2O_3 上 RE_2O_3
脱水	醇类脱水 有机羧酸与醇的酯化反应	RE_2O_3；Sc_2O_3 Ln_2O_3（除 Ce 外的镧系元素）
酯化反应	合成邻苯二甲酸辛酯 合成乙二醇单乙醚乙酸酯 合成乳酸乙酯 合成乙酸乙酯	稀土氧化物、稀土盐、稀土混合物 $Ce(SO_4)_2 \cdot 4H_2O$ 稀土硫酸盐 稀土氯化物
合成反应	丙烯腈（腈纶）单体合成 乙二醇合成（涤纶原料之一） 油漆生产	醋酸铈加入磷钼酸、钕催化剂中铈萘酸铈

在无机合成中，氨合成、水煤气转化的催化剂，以稀土代替部分铬；在氨氧化制硝酸中以含稀土的 ABO_3 型催化剂（A 为三价元素，B 为两价元素）代替稀贵铂金属催化剂；在硫酸生产中可用硫酸铈及铈组混合稀土硫酸盐作氧化硫的催化剂。

在有机合成中，烃类的氧化、甲烷选择性氧化。甲烷的氧化偶联、醇类氧化，以及甲苯的完全氧化等都可以用稀土氧化物或复合氧化物做催化剂，一氧化碳的加氢反应、乙烯加氢反应也可用稀土催化剂。

在烷烃类和醇类脱氢、烯烃芳香化、环烷烃脱氢转化芳烃、醇类脱水、酯化反应等方面也可用稀土氧化物做催化剂。

E　稀土催化材料在废水处理技术中的应用

湿式催化氧化法是 20 世纪 80 年代中期国际上发展起来的一种治理高浓度有机废水的先进环保技术，该技术的主要原理是在一定压力和温度下，将废水通过装有高效氧化性能催化剂的反应器，可将其中的有机物及含 N、S 等的毒物催化氧化成 CO_2、H_2O 及 N_2、SO_4^{2-} 等无害物排放。具有净化效率高，无二次污染，流程简单，占地面积小等优点。

稀土材料因其独特的性质，目前将稀土系列催化剂用于催化湿式氧化（CWAO）处理废水已成为国内外研究的热点。例如，有研究以 Ce、Mn、Cu 作为活性组分负载于 γ-Al_2O_3 上，CWAO 能有效地处理焦化废水，且一定程度上改善了 Cu^{2+} 溶出的问题；采用负载型贵金属和稀土金属氧化物双活性组分催化剂，CWAO 处理高浓度农药废水，在保证废水较高 COD 去除率的同时，其 BOD_5/COD_{Cr} 值也显著提高，有助于后续生化处理；CWAO 处理乙酸废水，选用 Ti_2Ce 和 Ti_2Ce_2Bi 复合氧化物催化剂，230℃ 的条件下，废水 COD 去除率高达 96%，催化剂离子溶出均在 0.1mg/L 以下，有较好的稳定性。以 Ce 和 Mn 氧化物为活性组分的复合型非计量催化剂具有活性高和金属离子溶出低的特点，CWAO 处理高浓度含酚废水有明显的优势。昆明理工大学自 2000 年起开始该领域的研究，结果表明，采用浸渍法制备的一种新型稀土净化材料，可降解水中的磷、氟、砷、氨氮等有害物质，其去除率分别为 99%、90%、70% 和 70%。中科院大连化物在 863 项目"湿式催化氧化催化剂和反应器的研制与开发"支持下，所研制的贵金属-稀土催化剂已建立起几套工业处理装置，显示出较好的应用前景，适用于处理 COD 值较高的废水，例如焦化废水、染料废水、农药废水、印染废水以及石化废水等。

可以预计，随着研究的深入，稀土催化技术必将成为又一种废水深度净化的新技术。因此，发展废水稀土催化处理成套技术具有十分广阔的技术前景和市场前景。目前，稀土催化材料已经成为稀土材料应用的重要方面，同稀土永磁、稀土储氢材料大生产一样，经济效益和环境社会效益非常显著。

总之，催化作用和催化剂是一个专门的学科，对它的研究涉及诸多学科如物理、化学、生物和冶金等，催化剂对人类的生产和生活起着巨大的推动作用，因而迫使人们不断地进行更加深入的探索和发现。

11.10　电真空金属材料

电真空器件种类繁多，这类材料在电视机和国防用显像技术中有重要应用，经济价值也很高、发展很快，而产值很高的有显像管和示波管，其他主要有发射管、接收管、调速管、磁控管、行波管、整流管、攻放管、稳压管、计数管、变频管等。显像管和示波管的电子枪材料、彩显管的荫罩钢带、其他电子管的阴极材料、阳极材料、栅极材料、封接材料及吸气剂等，都是电真空主要金属材料。近期，随着光电子技术发展，半导体照明大量应用，如 LED 技术等，真空材料用量已较小，但仍有应用。

11.10.1　电子枪材料

大部分金属件是用无磁不锈钢制成的，以避免因外界磁场干扰而影响电子束运动轨迹，破坏电子聚焦的对称性。对材料的要求是：相对磁导率 μ_{100} 和 $\mu_{200} \leqslant 1.005$，抗拉强度 $\sigma_b \approx 980 \sim 1470 \text{MPa}$，伸长率 $\delta = 5\% \sim 25\%$，具有良好的深冲性，真空下放气量不大于 10^{-2} 托·升/克，高精度尺寸公差，良好的表面质量（有些要求表面打毛）。目前广泛应用的有 $Cr_{16}Ni_{14}$、$Cr_{16}Ni_{12}$、$Cr_{18}Ni_{12}$、$Cr_{18}Ni_{10}$ 等钢种。我国以前曾用 $Cr_{18}Ni_9$，带材经冷变形后容易出现 α-相组织，使零件 μ 值和 B_r 值增大，在显像管荧光屏上出现畸变图形，降低聚焦性和分辨率。近年来改用 $Cr_{16}Ni_{14}$，所制造的构件有调制极、阳极构件、阳极膜片、铆钉索圈、定位簧片、阴极帽、热丝支架、吸气剂容体及其弹簧支架、各种组件的销钉及引线等。

11.10.2　荫罩钢带

彩显管的荫罩起选色作用。为保证图像清晰，不失真，要求荫罩孔大小均匀、光滑、边缘平直。因此对钢带的非金属夹杂物、表面质量、厚度公差、平整度、晶粒度、碳含量等都有严格要求，对热轧和冷轧工艺也有明确要求。目前用的是超低碳钢带，$C \leqslant 0.01\%$，$P = 0.04\% \sim 0.05\%$。

29 寸以上的彩电和高清晰度显示器，由于荫罩受电子流撞击发热，温度约达 150℃，热膨胀使荫罩孔发生位移，在荧屏上出现色纯漂移，为此必须用低膨胀因瓦钢带取代超低碳钢带，在因瓦合金中添加少量元素，在冷轧退火工艺方面采取一定措施，以满足荫罩的特殊要求。据统计，国外彩显管和显示器五分之一采用因瓦钢带，年用量四千多吨。

11.10.3 阴极材料

阴极决定了电子管的大小、结构、电极材料的选择和设计及电子管本身的特性，是电子管的最重要部件。

（1）纯金属阴极：几乎都采用钨，很少用钽、铼、铌，特点是无需特别的激活过程去促使电子释放，工作温度高。钨阴极在 25000K 条件下的寿命大约为一万小时。

（2）单原子层阴极：在钨中加入 1% ThO_2，使用温度为 1800~2000K 时，热电子释放量为纯钨的数千倍，在大型发射管中取代钨阴极。

（3）氧化物阴极：接收管用的阴极，是在镍表面覆上钡、锶、钙的混合氧化物，在 600~900℃可获得数 mA/cm^2 电子流，耗电小，电极温度低，放气量少。

11.10.4 阳极材料

必须具备的特性包括熔点高，导电导热性良好，热辐射特性好，蒸气压低，高温强度大，吸附气体少，容易排气，使用状态不放气易于机械加工，可焊性好。

（1）铜阳极：有高导无氧铜（OFHC）和真空熔炼铜（VMC）两种，5~10mm 板材经 500~600℃退火后冲压成型。铜是热电良导体，易于加工，但熔点低，蒸气压高，故只适用于温度较低的发射管、磁控管、速调管及 X 射线管。

（2）钼阳极：熔点高，高温强度大，放气量少，但加工性差，可焊性差，较贵，故只用于空气冷却的钍钨阴极电子管。

（3）钛阳极：易于与陶瓷封接，对气体吸附力强，无需用消气剂，但导热性差，蒸气压高，较贵，故使用受到一定限制。

（4）镍阳极：具有电子管所要求的各种特性，自古以来应用很广，但由于较贵，近来逐渐被纯铁取代。

（5）纯铁阳极：采用 FeO 和 MnO 脱碳，添加铝、硅，使形成稳定的 Al_2O_3、SiO_2，成品用湿氢脱碳，可获得含气量少的低碳纯铁，镀镍 3~5μm 后使用。

（6）复镍和复铝的纯铁阳极：0.1~0.15mm 厚的纯铁的两面复以 0.01mm 镍或铝。

11.10.5 栅板材料

用以控制从阴极流向阳极的电子流，成网状、笼状、圆筒状和栅状。发射管调制栅极采用钨、钼或覆上锆、铂的钨、钼。接收管调制栅极采用释放电子少的 Mn-Ni 合金和镀金、银的钼丝。屏蔽栅极除 Mo 和 Mn-Ni 合金以外，还采用 Fe-Ni 合金。栅极的支架材料有镍、镀镍纯铁、Cr-Cu、Ag-Cu 及 Cd-Cu 合金等。

11.10.6 封接材料

电子管内真空部位电极与管外的电连接，电极与真空容器的连接，都离不开封接材料。玻璃封接用的金属材料，线膨胀系数必须与玻璃匹配，其差值一般不得超过 10%。软玻璃用的封接材料有 Fe-Ni、Fe-Ni-Cr、Fe-Cr 合金及杜美丝，硬玻璃用的有 Fe-Ni-Co 合金、钨、钼等。陶瓷封接用的有 Fe-Ni-Co 合金、铌、钛等。

11.10.7　吸气剂

吸气剂也叫消气剂，它是一种通过吸附、吸收和化合作用。与各种气体形成稳定化合物或固溶体，而将真空器件中残余的气体和工作过程中各部件放出的活性有害气体加以吸收的化学活性物质。目前广泛使用的有蒸散型和非蒸散形两大类，前者主要用于显像管、接收放大管、示波管、功率管等。常用的是钡铝，其次是钡钛消气剂。非蒸散型吸气剂是用蒸发温度很高的金属制成，以钛、锆、铪、钍、稀土金属及其合金为主，最常用的 Zr-Al 合金，标准成分为 Zr-16Al，应用于各类电子管和特种灯泡。锆石墨吸气剂应用于不能或不宜用蒸散钡膜的电真空器件，特别适用于导弹、卫星、雷达等控制系统的电真空器件。Zr-V-Fe 合金吸气剂特别适用于红外探测器、陀螺仪及图像增强器等的电真空器件。

11.11　电磁屏蔽材料

在科学技术高速发展的现代社会中，电子、电气、通讯设备被系统广泛应用于国民经济的各个部门、军事武器装备、医疗设备和人们的生活中。这些设备或借助电磁波来传递信息，或在正常运行的同时也向外发射电磁波，当电磁辐射的能量超过一定的数值之后，它带来的就不仅仅是利益和方便，还会引起电子、电气设备或系统之间相互干扰、信息泄漏、危害人类健康等一系列问题。为了防止电磁波辐射造成的干扰与泄漏，世界各国都对电磁防护技术进行了一定的研究开发，采用屏蔽措施，将那些对于电磁干扰比较敏感的电子、电器设备及系统在空间上与电磁辐射环境相隔离，减小电磁长对设备及系统的耦合影响，是实施电磁防护的重要手段之一。

11.11.1　屏蔽的基本概念

所谓屏蔽就是用导电或导磁材料，或用既导电又导磁的材料，制成屏蔽体，将电磁能量限制在一定的空间范围内，使电磁能量从屏蔽体的一面传输到另一面时受到很大的削弱。

11.11.1.1　电磁屏蔽机理

19 世纪末 20 世纪初，随着电磁理论的不断完善，人们对电磁波的认识不断加深。20 世纪 30~40 年代，Schelkunoff 提出了完整的电磁波屏蔽理论。通常材料对电磁波的屏蔽作用，包括反射、吸收、折射（内反射）几方面的贡献。屏蔽材料对电磁场强度削弱的程度通常用屏蔽效能来度量，用 SE 表示。其值用不存在屏蔽时空间防护区的场强（E_1 或 H_1）与存在屏蔽时该区的场强（E_2 或 H_2）的比值来度量，单位是分贝（dB）。公式定义为：

$$SE = 20\lg(E_1 H_1 / E_2 H_2)　　(dB)$$

式中，E_1、E_2 为屏蔽前、后的电场强度；H_1、H_2 为屏蔽前、后的磁场强度。影响屏蔽效能 SE 的因素很多，主要是电磁场的频率及材料的电磁参数。

11.11.1.2　传输线理论

根据电磁屏蔽的传输线理论（Schelkunoff 理论）对金属板屏蔽效果采取的三种损失合

成处理方法，即一般的金属屏蔽体当电磁波入射时，它的屏蔽效果的总和 SE（dB）可通过下式来表示：

$$A = 131.4t(\mu_r \cdot f \cdot \sigma_r)^{\frac{1}{2}} \quad (\text{dB})$$

式中，t 为屏蔽材料厚度，m；μ_r 为屏蔽材料的相对磁导率；σ_r 为屏蔽材料的相对铜的电导率；f 为电磁波频率，MHz。由此可见，吸收损耗与屏蔽材料的电导率、磁导率、厚度、工作频率有关。

（1）电磁波反射损耗。反射衰减 R 很大程度上依赖于入射波与屏蔽材料表面阻抗的匹配程度，同时也与电磁波的类型有关，主要分为三种类型。

平面波

$$R_P = 108.1 - 10\lg \frac{\mu_r f}{\sigma_r} \quad (\text{dB})$$

电场（高阻抗场）

$$R_E = 141.7 - 10\lg \frac{\mu_r f^3 r^2}{\sigma_r} \quad (\text{dB})$$

磁场（低阻抗场）

$$R_H = 74.6 - 10\lg \frac{\mu_r}{f \sigma_r r^2} \quad (\text{dB})$$

式中，r 为辐射源到屏蔽材料的距离，m。金属屏蔽体的反射损耗不仅与材料本身的特性（电导率、磁导率）有关，而且与金属屏蔽体所在的位置有关，还与场源特性有关。

（2）多次反射损耗。在金属板薄或电磁波频率低的情况下，通常考虑屏蔽材料的内部损耗 M。

$$M = 20\lg \left| 1 - \frac{(Z_\omega - Z_S)^2}{(Z_\omega + Z_S)^2} \times 10^{-A/10}(\cos 0.23A - j\sin 0.23A) \right| \quad (\text{dB})$$

式中，Z_S 为屏蔽材料的阻抗；Z_ω 为空气的阻抗。

在金属板厚或频率高的情况下，由于导体的吸收损失很大（$A>10\text{dB}$），M 可忽略，故上式可简化为：

$$SE = A + R \quad (\text{dB})$$

11. 11. 1. 3　磁旁路

低频磁场干扰是一种最难对付的干扰，这种干扰是由直流电流或交流电流产生的，为了保护对磁场敏感设备的正常工作，磁旁路是另一种很有效的屏蔽方法。根据上述电磁屏蔽的传输线理论，低频磁场由于其频率低，趋肤效应很小，吸收损耗很小，并且由于其波阻抗很低，反射损耗也很小，因此单纯靠吸收和反射很难获得需要的屏蔽效能，只有使用磁导率高的屏蔽材料，为磁场提供一条磁阻很低的通路，将磁力线约束在这条低磁阻通路中，才能使敏感器件免受磁场的干扰。

电磁波不但有电场分量，还有磁场分量，由以上屏蔽机理分析中可以看出性能优异的屏蔽材料应同时具有良好的导电性和导磁性。

11. 11. 2　电磁屏蔽材料分类

自从 20 世纪 60 年代后期，美国科学家韦尔发现计算机在安全问题中存在电磁辐射和通信网络的脆弱性后，世界各国开始对防信息泄漏材料及技术进行了深入广泛的研究和开发应用，美国走在了世界的前列。美国从 60 年代开始着手解决电子设备的电磁干扰及泄漏问题，并研制了各种用途的电磁屏蔽材料。自 70 年代开始 Tempest 的技术研究，现已成为世界上独一无二的 Tempest 电磁屏蔽产品，该系列产品在美国各机要部门发挥着重要作用。80 年代末，在美国生产 Tempest 产品的公司就已超过 25 家，年销售额近 4 亿美元，并以每年 50% 的增长率增长。西欧及北约各国以美国标准为范本，制定了自己的标准，开展了 Tempest 产品的研制和生产，其发展速度也很快。美、德、日及欧共体等许多国家还相继颁布了防止电磁波公害的法规，严格禁止生产和进口超计量泄漏电磁波的电子设备，如美国 FCC 标准、欧盟的 89/336/EEC 法规、日本的电波取缔法等。我国在这一领域的研究起步晚，落后于国外发达国家，在中国卫生部 GB 7195—88（环境电磁波卫生标准）和中国国家环保局 GB 8702—88（电磁辐射防护规定）标准中明确规定了电磁辐射的最大安全剂量。

通过对国内外电磁屏蔽材料相关文献的查阅表明，欧、美等发达国家的研究者无论是对于结构型屏蔽材料还是电磁屏蔽涂料均有广泛而深入的研究，但是对于屏蔽材料的具体细节上，几乎每个国家都将其保密。屏蔽材料是有效实施屏蔽技术的关键，不同用途、不同规格、不同材质的电磁屏蔽产品应运而生。世界上最大的生产磁屏蔽产品的公司，美国的 AD-VANCE MAGNETICS，INC. 及世界上最大的电磁波屏蔽材料生产公司 CHOMERICS COMPA 美国 AD-VANCE MAGNETICS，INC. 公司是专门生产各类屏蔽磁场的器件如：显像管屏蔽、各类变压器屏蔽、马达屏蔽、磁头屏蔽、电子显微的屏蔽、磁盘屏蔽、计算机机箱屏蔽、各类特殊要求的多层屏蔽以及防止磁力线外泄等需要对低频、强磁场防护的电子仪表和设备等。现有的电磁屏蔽材料按应用形式可分为结构型屏蔽材料和屏蔽涂料。各种屏蔽产品，包括滤波器、金属箔片、金属丝网、涂料、屏蔽窗、衬垫、导电胶带等已广泛地应用于各行各业，其产品的屏蔽效果能满足各种不同场合的需要，从 EMC 标准到 Tempest（计算机及处理设备引起的瞬态电磁辐射及控制）标准。

11.11.2.1　电磁屏蔽涂料

电磁屏蔽涂料又称为导电涂料，在各种电磁屏蔽材料中，涂料以其工艺简单、无需特殊设备、不占空间以及与基材一体化等众多优势成为其中的佼佼者，被广泛应用于各类电子产品、装置、系统的电磁辐射防护。目前大多数电子设备都以价廉物美的塑料为机壳，而塑料机壳对 1000MHz 以下的电磁波几乎是"透明"的。统计表明，在美国使用电磁屏蔽涂料方法占各种屏蔽方法的 80% 以上。常用的屏蔽涂料主要是以复合法制得的，它是由树脂、稀释剂、添加剂以及导电性填料等组成。常用的树脂有环氧树脂、聚氨酯、酚醛、聚酰亚胺和丙烯酸等。

根据其组成和导电机理又可分为两大类：结构型导电涂料和掺杂型导电涂料。由于结构型导电涂料的导电性主要依靠链结构中的共轭 π 电子体系及隧道效应，因此载流子浓度较小，相比之下，掺杂型导电涂料的导电性随内部导电微粒含量的增大而增大，比结构型导电涂料有更好的导电性。所以目前市场上广泛应用的导电涂料绝大部分是掺杂型导电涂料。

掺杂型导电涂料可大致分为三类：金属系和碳素系及二者的结合系集复合系，金属系导电涂料主要是以银、铜、镍等为填料的涂料。碳素系主要是以高导电型和高结构性炭黑做填料的导电涂料，复合系主要是以贵金属对金属粉末、非金属及金属氧化物等粉末进行包裹后做填料的涂料。银系的特点是稳定性、导电性较好但价格偏高，目前只应用于屏蔽要求较高的航空航天等高科技领域。铜、镍的性能与银相近，价格低，但易氧化。碳、石墨粉末作为导电填料，其耐环境性好，但导电性较差，电磁屏蔽效果不好。因此，铜、镍系涂料具有较好的性能价格比。镍系涂料价格适中，屏蔽效果好，抗氧化能力比铜强，但镍系涂料在低频区（<30MHz）的屏蔽效果远不如铜系涂料。铜系涂料导电性好，但抗氧化性差。随着近年抗氧化技术的发展，铜系涂料得以突破瓶颈制约，逐渐成为屏蔽涂料得主角。掺杂型导电涂料存在的问题是导电微粒的形状、含量、稳定性、表面效应等对材料导电性的影响以及基材本身的相互协调、基材本身的物理化学特性对整体材料性质的影响等。解决这些问题是材料得以实用化的关键。

11.11.2.2 结构型屏蔽材料

（1）金属材料。电磁纯铁是电的良导体，且磁导率的量级也令人满意，作为相对廉价并能提供很大机械强度的电磁屏蔽材料，医疗器械 MRI 强磁场磁屏蔽、电机、变压器、磁悬浮列车等磁屏蔽板以及电视、显示屏、电脑用阴极射线管中的内部磁场屏蔽板中得到广泛使用，获得了廉价且满意的屏蔽效能。

铁镍合金的著名代表有坡莫合金，由于软磁性能较纯铁和硅钢等常用材料还要优越，所以在建造大型磁屏蔽室（MSR）时被普遍使用，是获得大屏蔽因子的有效材料。

20 世纪 60 年代末美国研究出用快速凝固技术制造非晶态合金软磁材料，非晶态合金由于本质上不存在磁晶各向异性、金属夹杂物和晶界等而易于获得优异的软磁性能，所以成为电磁屏蔽材料研究的新热点。国外第一次报道用非晶态软磁合金做磁屏蔽材料是在1976 年，美国用非晶态软磁合金条编织成网作为磁屏蔽材料出售，其牌号为 Metshild。近些年来科学工作者针对非晶态合金在电磁屏蔽领域的应用进行了深入广泛的研究，铁基、铁镍基、钴基非晶合金系均有使用，且已经凭借更加优异的性能有逐渐取代传统屏蔽材料的趋势。

（2）导电高分子材料。新型高分子材料与金属相比具有质量轻、易成型、电阻率可调节等特点。将导电性物质如炭黑、金属粉或细片、金属纤维等掺杂在树脂中制成的导电塑料。缺点是制造工艺复杂、成本高、屏蔽性差。

（3）编织类电磁屏蔽材料。编织类屏蔽材料是目前应用最广泛的屏蔽材料，特别是在电缆的屏蔽方面，编织类屏蔽材料表现出比其他屏蔽材料更优越的性能。构成织物的基材可以是各种可镀或可涂敷的非导电材料，甚至是导体材料。纺织的方法也有多种形式。

两种主要的纺织方式：一种是单线纺织，另一种是多线纺织。由特殊材料制成的线用于单线纺织，单线纺织精度很高，线间距离是一定的。由于这些特点，金属化单线织物具有方型网格，这使它们具有较好的衰减特性。一些细小的纤维在一起构成了多线。这些线纺织在一起构成的材料上面涂敷连续的金属层（通常为镍）。不同的纤维以及线之间的交叉点由金属涂敷层连接。这保证了高导电性和较好的屏蔽性能，多线纺织物中的线如同一个非常紧密的网，因此不透气。

1）金属网——可获 40~50dB 的屏蔽性能，但对超高频电磁波基本上没有屏蔽作用。

2）波导窗——用于超高频电磁波，其缺点是体积较大、价格高。

3）泡沫金属——适合电子仪器尤其是精密电子仪器的通风窗使用。

4）衬垫屏蔽材料 用于仪器设备中的接缝屏蔽。

11. 11. 2. 3　复合材料

电磁屏蔽技术的发展，使屏蔽材料的形式不断发展，不再局限于单层金属平板模式。由于传统屏蔽材料存在使用范围窄、密度大、加工性差、易受环境腐蚀等问题，科学工作者在寻求新的方法、材料和设计，以降低屏蔽成本，提高屏蔽的可靠性能。复合材料的主要含义是把两种或两种以上的不同性质的材料通过加工合为一种具有各组分功能性的合成材料。它弥补了材料功能性能单一的缺点，并兼有了各种材料的优势。

由热塑性树脂、粉末、纤维和片状的铁粉、铝、铝合金和非晶态合金炭黑合成的具有优异的机械加工性的复合屏蔽材料，其在宽频带范围内拥有比单纯由金属铝或炭黑构成的屏蔽材料更好的屏蔽性能。

电磁屏蔽材料应用形式主要有涂敷型，金属溅射、真空蒸镀、电镀、化学镀以及粘贴金属箔或复合箔等。在选择具体的屏蔽方法时，一般要综合考虑屏蔽效果、成本、操作难易程度等因素。扩大应用范围、降低成本、提高使用温度、使用条件将是电磁屏蔽材料进一步研究的重点。

11. 12　梯度功能材料

11. 12. 1　梯度功能材料及其分类

梯度功能材料作为先进材料有许多传统材料无法比拟的优越性，它的研究和应用得到迅速发展。从航空航天、国防推广到汽车产业，从主要是功能材料到既是功能又兼有特殊结构的综合性材料。所谓功能梯度材料（Functionally Gradient Materials，简称FGM）是指根据具体要求，两种或多种材料复合成组分和结构呈连续梯度变化，从而使材料的性质和功能也呈梯度变化的新型功能材料。其功能性质既不同于均质材料，也不同于一般的复合材料。该材料具有高强度、高韧性、抗蠕变、耐高温（达 2000℃ 以上）、抗氧化等特点。其设计要求性能特点随器件内部位置的变化而变化，通过优化构件的整体性能而得以满足。该材料的结构和特性如图 11-2 所示。根据材料的组合方式来看，梯度功能材料可分为金属/陶瓷、金属/非金属、陶瓷/陶瓷、陶瓷/非金属以及非金属/塑料等多种结合方式。根据组成变化来看，梯度功能材料可分为整体性结构材料、涂覆型涂料以及连接型材料；根据不同的梯度性质变化，功能梯度材料可分为密度功能梯度材料、成分功能梯度材料、光学功能梯度材料和精细功能梯度材料等；根据不同的应用领域，功能梯度材料可分为耐

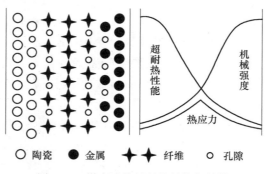

图 11-2　梯度功能材料的结构与特性

热功能梯度材料、生物功能梯度材料、化学工程功能梯度材料和电子工程功能梯度材
料等。

11. 12. 2　梯度功能材料的设计及特性评价

　　梯度功能材料涉及的功能广泛，主要涉及力学、化学、光学、电磁以及生物等领域。
它可将互不相容的性能特点集于一身以适应不同环境。它在组分上呈连续梯度变化；在结
构上表现出宏观上非均质性、各向异性和细观上连续性的分布特征；材料内部无明显的界
面；其性质随成分及结构也相应呈连续梯度性变化。这种材料与结构设计的本质思想是：
根据具体要求，选择使用多种具有不同性能的材料，通过连续地改变多种材料的组成和结
构，即调整 FGM 梯度因子 f_T、FGM 细观弹性参数张量 C_{ij} 及 FGM 宏观层数等指标，使其
内部界面消失，从而得到功能性质随着组成与结构的梯度变化而变化的非均质材料，以充
分减少和克服多种材料结合部位层间和界面性能不匹配因素，使材料结构整体展现出新的
设计功能。

　　梯度功能材料由于组成和性能与传统材料具有很大的差异，因而不能采用常规的测试
方法来评价其性能。目前存在局部热应力试验评价、热屏蔽性能评价、热性能测定和机械
强度测定等四个方面，主要涉及传热学、热力学、流体力学、材料学等多学科知识。功能
梯度材料特征评价体系如图 11-3 所示，有关材料特征评价的部分都用粗黑线表示，从中
可以看出材料的特征评价在整个体系的重要作用。对于热冲击性能目前尚无统一的标准试
验方法，一般说来在额定高低温度下热循环时，材料出现裂纹时的热震次数为指标；或者
以能使材料发生开裂的高低温落差温度为指标。热震次数越高，或低裂纹产生的高低温度
落差温度越大，表明材料的抗热震性能越好。

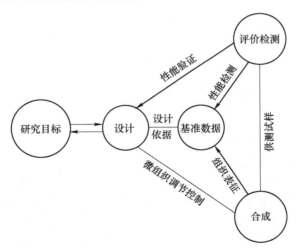

图 11-3　功能梯度材料特征评价图

11. 12. 3　梯度功能材料的种类

　　梯度功能材料以其特殊成分及性能得到了广大研究者的高度重视，目前研究的体系主
要有 $ZrO_2/NiCrCoAlY$ 系，$ZrO_2/NiCrAl$ 系、$ZrO_2/NiAl$、$ZrO_2/$不锈钢、ZrO_2/W、$Si_3N_4/$钢、

NiAl/Al$_2$O$_3$、ZrO$_2$/镍基耐热合金、MgO/Ni、ZrO$_2$/Mo、Ni/Ni$_3$Al/TiC、TiC/Ni$_3$Al、SiC/TiC/Ni、ZrO$_2$/Ti 合金、SiC/Al 系等等。

于思荣等用离心技术制备获得过共晶 Al-20Si 合金梯度材料，结果表明，在离心力场中初晶 Si 向试样内侧移动。Al-20Si 合金梯度材料最内层的初晶硅含量最多、尺寸也最大，由内向外，初晶硅的体积分数及尺寸均逐渐减小，呈梯度变化。材料内层硬度较高、耐磨性较好，由内向外硬度逐渐减小、耐磨性变差，呈梯度变化。滕立冬等采用粉末冶金法热压合成了 Ti-ZrO$_2$ 系梯度功能材料，用有限元法模拟了设计材料的残余热应力分布。合成的材料具有宏观组织不均匀性与微观组织连续性的特征，Ti-ZrO$_2$ 系梯度材料由 α-Ti、四方相 ZrO$_2$ 和单斜相 ZrO$_2$ 组成。合成条件下组元 Ti 和 ZrO$_2$ 之间不发生化学反应，具有良好的化学相容性。沈卫平等研究了（1−x）80%B$_4$C-20%SiC（体积分数）（x = 0.2，0.4，0.6，0.8）在 2000℃、20MPa 进行了分层热压，按线性成分分布函数分析时，6 层和 11 层梯度材料热压后除出现了裂纹，在 11 层时的功能梯度材料的抗弯强度为 216MPa，抗热震性>500℃。

11.12.4　梯度功能材料的制备方法

梯度材料制备方法很多，包括一些已建立完善的方法，都可用于制备 FGM 的方法，其制备方法如图 11-4 所示。

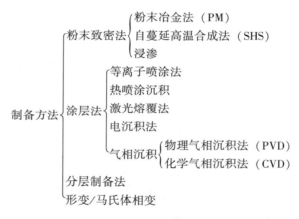

图 11-4　梯度功能材料的制备方法

梯度功能材料的主要制备方法介绍如下：

（1）粉末冶金法。粉末冶金法是将原料粉末按不同比例混合均匀，然后将不同配比的粉末以梯度分布方式积层排列，再经压制烧结而成。按成型工艺其可分为直接填充法、流延法、离心积层法等。这种工艺适合于制备大体积的梯度材料。其主要缺点是工序比较复杂，制成的梯度功能材料有一定的孔隙率。武安华等采用粉末冶金方法成功制备了块体 SiC/C 功能梯度材料，增加了材料的厚度，缩短了生产周期，通过增加 SiC/C FGM 中间的梯度层，减小了热应力对材料性能的影响，该材料热疲劳和抗热冲击性能良好。主要使用的材料是金属/陶瓷、NiCr/PSZ 和 Cr/Ni/ZrO$_2$、WC/Co、WC/Ni、ZrO$_2$/W、Al$_2$O$_3$/W/Ni/Cr 系、Al$_2$O$_3$/ZrO$_2$ 系。

（2）自蔓延高温燃烧合成法（SHS 法）。该法是利用参与合成反应的粉末混合物燃烧时放出的大量的热量使反应自发进行及使基材表面熔化，熔化的基材表面与反应产物融合在一起冷却后形成的功能梯度材料。这种方法常用于制备大尺寸、形状复杂的梯度材料，以及生成热能大的化合物，但制得的梯度功能材料具有孔隙大、机械强度较低等缺点；同时自蔓延烧结过程难以控制。张卫方等采用自蔓延高温合成（SHS）/准热等静压（PHIP）制备的 TC/Al_2O_3/Fe 梯度材料，最外侧是 TiC-Al_2O_3 复相陶瓷层，逐渐过渡到中部 TiC/Al_2O_3/50%Fe（质量分数）金属陶瓷层，在热冲击和热疲劳实验过程中均无梯度层间横向贯穿裂缝，克服了传统陶瓷/金属直接接合界面的热应力剥落。主要使用的材料是 Ti/Al、TiB_2/Ni、TiC/Ni、TiB_2/Cu、TiC/Ni/Cu 等。

（3）等离子喷涂法。该法是将原料粉末喷入等离子射流中，利用等离子所产生的高温、超高速热源，把原料粉末以熔融状态喷射到基材表面上形成涂层。喷涂过程中通过改变原料粉末的组分，以及调节等离子射流的温度和流速，就可以在基材表面获得功能梯度涂层。这种方法一般适用于制备陶瓷/金属系功能梯度材料，其优点是可以方便地控制粉末成分的组成，沉积效率高，比较容易得到大面积的块材。但得到梯度功能材料孔隙率高，层间结合力低，容易脱落，材料强度不高。主要使用的材料是 NiCrAl/MgO/ZrO_2、NiCrAl/Al_2O_3/ZrO_2、NiCrAlY/ZrO_2 系等。

（4）气相沉积法。该法是将反应物经气相传质方式沉积在衬底材料上，通过温度和原料气体压力的控制，对薄膜组织、结构进行调节和控制来制造梯度功能膜材料。它包括化学相沉积法（CVD）和物理气相沉积法（PVC）。化学气相沉积法又分为纯化学（CVD）法和物理-化学（PCVD）法。CVD 法需要高温高压，工件变形严重并且存在一定的危险性。PCVD 法利用激发等离子体进行活化，降低了反应温度，扩大了使用范围。物理气相沉积法根据操作方式不同分为：磁控溅射气相沉积法、电子束沉积（EB-PVD）法、空心阳极（HCD）法、离子束混合沉积法。这种制备技术主要用于制备薄膜梯度材料，目前气相沉积法制备的梯度功能材料厚度一般在 1mm 以下，除在纤维表面 CVI 涂层有其所长外，在其他方面的应用受到一定程度的限制。其优点是可以实现材料组分的连续变化，沉积速率高、膜层致密、均匀、适宜形状复杂的工件，其主要缺点是难以得到尺寸较大的厚膜材料，设备要求高，且合成速度低。该方法主要使用的材料是 Ti/TiC、C/SiC、C/C、Ti/TiN、Cr/CrC、Cr/CrN 等。

11.12.5 梯度功能材料的应用

（1）机械工程中的应用。超硬梯度工具材料制成切削工具具有表面耐磨性好和心部性能好等特性，比通常工具的耐磨性提高 2 倍，寿命延长了 5 倍。梯度自润滑滑动轴承与一般的均含油自润滑轴承相比，极限压强值、使用寿命都提高到了 2 倍。在机械工程中，梯度层材料可用于航空涡轮发动机叶片、气缸体、气轮机叶片、大口径火炮、发动机、工具模、轴承、制动器及其零部件，使这些构件具有优良的耐磨、耐蚀性和耐热性能。

（2）光电工程中的应用。在光电工程中，梯度封接合金材料用于封接电真空器件（如电子管、灯具等）中石英玻璃外壳及金属极的材料，它既能与灯壳体达到匹配封接，又具有与钨极一样的导电性，也保证灯壳与电极间有良好的绝缘性。提高了大功率灯具的使用寿命。梯度功能折射材料用于大功率激光棒、复印机透镜、光纤接口等，具有光电效应好，质量轻，热应力缓和平稳等优点。

（3）电磁工程中的应用。在电磁工程中，梯度软磁硅钢材料、梯度压电材料、梯度导电及绝缘材料等已在电磁工程中得到应用，它们有的剩磁更低，有的能抑制瞬间大电流的作用，因此主要用作磁盘、永磁体、电磁体、声波振动器、陶瓷过滤器、高密度封装基板、超导材料、电磁屏蔽材料、化合物半导体混合、长寿命加热器等，可提高其性能，减少体积和重量。

（4）生物医学工程中的应用。在生物工程中，梯度生物体植入材料具有高的比强度和比模量，不但适合于生物体环境，具有良好相容性，而且具有良好的自行愈合、修复、再生等特性。在生物医学中，这些材料大量用于骨外科手术中，用作人造牙、骨、关节、器官和仿生工程制品。

（5）核能及电气工程中的应用。在核能及电气工程中，梯度热电能转换材料用作高能热电源热电变换元件、集热器、热发射元件、辐射加热器、发热吸收装置、反应堆主壁及周边、等离子体测量、原子炉构造材、核熔炉内壁材、等离子体测试、控制用窗材等，这些材料具有高的热传导率，高的辐射放热率。其中对称型梯度热电材料不仅具有高的热传导率、电绝缘性和优异的平面内导电率，而且具有高的热电转换效率。梯度耐辐射材料应用于核聚变反应器，具有良好的热应力缓和效率。

（6）其他方面的应用。梯度功能材料还可用于化学工程、信息工程、能源工程、民用及建筑等方面。利用梯度功能材料的耐热性，隔热、耐热疲劳、热应力缓和、高强度、高寿命、减震降噪、耐热冲击性等性质，用于飞机机体、发动机燃烧室内壁；作高分子膜、催化剂、反应容器、燃烧电磁；光纤元件、一体化传感器、声音传感器；地热发电、太阳能电池、塑料电池；纸、纤维、衣物、食品、炊具、建材等。

11.13　热电材料

能源是现代生活和发展的基础，电能是最广泛使用的最为便利的能源形式。热电材料的研究已有较长的历史，但其热电转化效率仍然不高。随着人们对环境和能源问题的日渐重视，从 20 世纪 90 年代以来，热电材料的研究成为材料科学的一个研究热点。

我们追溯一下热电材料的研究进程，热电材料的研究是一个古老的话题，早在 19 世纪 20 年代初，塞贝克（Seebeck）描述了温差电流现象，即在不同导体组成的闭合电路中当接触处具有不同的温度时产生的。1834 年，钟表匠珀耳帖（Peltier）在发表论文指出，在两种不同导体的边界附近（当有电流流过时）观察到温差反常现象。这两个现象表明了热可以致电，而同时电反过来也能转变成热或者用来制冷，这两个现象分别被命名为 Seebeck 效应和 Peltier 效应。继 Peltier 效应之后，热力学创始人之一汤姆逊（Thomson）于 1854 年以各种能量的热力学分析为出发点，对温差电现象和珀耳帖现象进行了热力学分析，不仅确定了上述过程间的关系，建立了热电现象的理论基础。1911 年，德国的阿持克希提出了一个令人满意的温差热电制冷和发电的理论，并提出了温差电优值公式 $Z = S_2 \delta / K$。20 世纪 30 年代，随着固体物理学的发展，尤其是半导体物理的发展，发现半导体材料的 Sebeck 系数可高于 $100 \mu_v / K$，这才引起人们对温差电现象的再度重视。50~60 年代，人们在热能和电能相互转化，特别是在电制冷方面的迫切要求，使得热电材料得到迅速发展。因此我们相信，在 21 世纪，高性能热电材料及其相关技术的研究将会在新世纪的科学技术中扮演重要的角色。

11.13.1 热电材料的定义

热电材料（又称温差电材料）是一种利用固体内部载流子运动实现热能和电能直接相互转换的功能材料。也是指通过温差产生电动势或外加电场导致热流的材料或器件。其工作原理是固体在不同温度下具有不同的电子（或空穴）激发特征，当热电材料两端存在温差时，材料两端电子或空穴激发数量的差异将形成电势差（电压）。它具有体积小、质量轻、无传动部件、无噪声运行、无排弃物、不需要冷媒、环境友好性、性能可靠、使用寿命长等特点。良好的热电材料通常具备如下的几个性质：热导率低，其中晶格热导率 $KL = 0.5 \sim 1.0 W/(m \cdot K)$；迁移率高，通常 $\mu > 1000 cm^2/(V \cdot s)$；能谷带结构多，等价的能谷至少为 4 个。按材料分为铁电类、半导体和聚合物热电材料等；按工作温度又可分为低温（300~400℃）、中温（700℃）、高温（≥700℃）热电材料；按形状则有薄膜与体材料之分。

11.13.2 热电材料的性能评价

热电材料的热电转换性能由材料性质和温度条件来决定，与材料形状没有直接的关系。衡量热电材料的一个重要性能指标就是优值系数。对某一材料，其优值系数由下式给出：

$$Z = \frac{\alpha^2 \sigma}{K}$$

式中，α 为材料的温差电动势率（Seeback 系数）；σ 为材料的电导率；K 为热导率。$\alpha^2 \sigma$ 被定义为材料的功率因子。σ 愈大，表示电流通过电偶臂的电阻愈小，由于产生焦耳热而造成的热电性能降低也就愈小。K 愈小，表示从热端到冷端的导热损失愈小，有利于提高材料的热电性能。

11.13.3 热电材料的热电效应

热电材料具有 3 个基本效应，即 Seeback 效应、Peltier 效应和 Thomson 效应，这 3 个效应奠定了热电理论的基础，同时确定了热电材料的应用方向。热电效应是由电流引起的可逆热效应和温差引起的电效应的总称。在具有温度梯度的样品两端会出现电压降，这一现象成为制造热电偶测量温度和将热能直接转换成电能的所谓直接发电的理论基础，这种现象称为 Seeback 效应，或温差电效应（如图 11-5a 所示）。发现当电流通过两种金属的接点时，正向电流使接触点放热，反向电流则使触点吸热，这种现象称为 Peltier 效应，或热电制冷效应（如图 11-5b 所示）。Seeback 效应是热电发电的理论基础，Peltier 效应是热电致冷的基础，Thomson 效应目前应用较少。

11.13.4 热电材料的种类

（1）方钴矿（Skutterudites）热电材料。方钴矿材料是一种立方结构，单位晶胞含有 32 个原子的化合物，如 $CoSb_3$，其名源自挪威的一个地名，在那里最先发现这种结构的矿物。几个带组成的伪隙控制高浓度的载流子使 Skutterudites 化合物具有良好的导电性能，

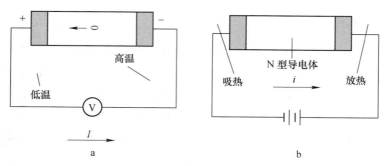

图 11-5　热电转换机理

a—Seebeck 效应（P 型）；b—Peltier 效应（N 型）

但却有较大的 KL，简单的合金化难使 KL 降低。为了降低 Skutterudites 材料的热导率，主要途径有：离子掺杂，形成固溶体，制备三元材料，填充稀土原子等手段。

（2）低维热电材料。低维热电材料可能使 ZT 值显著增加。低维化有三类特点有利于热电材料：第一，使用量子禁闭效应增加费米能级附近状态密度，导致 Seebeck 系数的增加；第二，利用其声子阻挡、电子传输特性，超低维结构在各组成成分间采用声学错配降低材料热导率，消除载流子的合金散射，从而保证电子传输；第三，因为消除了载流子的合金散射，如此超短周期在某个特定的维度上有可能提供相当高的载流子迁移率，从而可方便地调节掺杂，即其相异性结构的热电子效应。

（3）准晶热电材料。准晶材料具有五重对称性，它的费米表面具有大量的小缺口，这些小缺口可利用温度变化或缺陷来进行破坏，从而改变费米表面的形状，提高材料的 Seebeck 系数。准晶热电材料具有耐腐蚀，抗氧化，高硬度，较强的热稳定性和很好的发光特性等优良的物理性能。其结构及性能特点使准晶材料可望发展成一类很有前途的新型热电材料。

（4）氧化物热电材料。它的最大特点是可以在氧化气氛里高温下长期工作，其大多无毒性，无环境污染等问题，且制备工艺简单，在空气中直接烧结即可获得样品，无需抽真空等，因而得到人们的关注。目前氧化物热电材料系列有，如 Na-Co-O 系列：$NaCo_2O_4$、$Na_{0.95}Ba_{0.05}Co_2O_4$、$Na_{1-x}Ca_xCo_2O_4$、$Na_{1-x}Ag_xCo_2O_4$；Bi-Sr-Co-O 系列：$Bi_2Sr_3Co_4O_x$、$Bi_{1-x}Pb_xSr_2Co_2O_y(0 \leqslant x \leqslant 0.8)$；Ca-Co-O 系：$Ca_3Co_4O_9$，$Ca_2Co_2O_5$，$Ca_{3-x}Sr_xCo_4O_{9+\delta}$。

（6）超晶格薄膜。用分子束外延（MBE）或气相沉积法制备超晶格薄膜是提高材料 ZT 的有效方法。据称，以 PbTe 作为活性层的超晶格薄膜，其功率因子为块体 PbTe 的 2.5 倍以上，Bi_2Te_3/Sb_2Te_3 超晶格薄膜的 $ZT \approx 3$。

11.13.5　热电材料的制备方法

（1）区熔法。区熔法主要用于制备传统热电材料，即各元素粉末经混合熔融、合金均匀化后再进行单晶生长，制成有取向的单晶体材料，该法由于存在着高温熔炼过程，必然导致生产工艺的复杂化和制作成本的提高。尽管材料微观组织一般为定向排列的粗大柱状晶。晶体的解理面（001）面平行于材料凝固或生长方向，因此会表现出与单晶材料类似的各向异性，这种晶体取向有助于获得高的热电优值，但其缺点是不能连续生产，对于 Bi-Sb-Te 体系的单晶，其脆性大，强度低，易解离会造成性能急剧恶化，在加工过程中经常出现破裂现象，降低了材料的利用率以及热电器件的稳定性和可靠性。

（2）固相反应法。该法是一种较有成效的制备方法，它是把含所需元素的碳酸盐或氧化物、氢氧化物按化学计量比混合，压片后经高温处理，得到块体样品。压片有冷压和热压两种方法，冷压是在室温下加一定压力在模具中压制出样品，然后进行烧结使样品成相并具有一定的机械强度；热压的样品可以得到较高的致密度，并在一定程度上防止晶粒的长大。

（3）粉末冶金法。该法是将原料经过熔炼，粉碎晶体，混料，装模，再压制成型，其关键是对粉末材料的均匀混合。在一定惰性气氛下，通过固相烧结技术制备多晶热电材料，烧结工艺简单，易于控制，对于设备的要求不高，制备周期短，易于机械加工。虽然获得的材料是多晶的，但所具有的各向异热电性能与单晶材料不相上下。多晶材料的晶界阻碍裂纹扩展，这有利于提高其力学性能和热电装置的可靠性。制造热电材料的粉末冶金方法能够降低生产成本，提高生产率，且不损害原有的热电性能。粉末冶金法主要包括真空烧结，热压烧结，热等静压烧结等。

（4）化学沉积（CVD）或物理沉积（PVD）法。通过改变，控制气相组分的流量，流速来实现成分的梯度化，从而来控制组成的变化，有利于制备薄膜热电材料，但由于 CVD 沉积过程需控制原料气体的流量、流速之间的比例，沉积温度、时间及体系压力等工艺参数，因此此制备技术比较复杂有待于进一步研究。

（5）薄膜叠层法。该法是在金属及陶瓷粉末中掺加微量黏结剂，制成泥浆并脱除气泡，压成薄膜后将这些不同成分和结构的薄膜进行叠层烧结，通过控制和调解原料粉末的粒度和收缩的均匀性来制备 FGM。

（6）自蔓延高温合成法。此法是利用体系外部提供必要的能量诱发高放热化学反应时体系局部发生化学反应，形成燃烧波之后，化学反应在自身放热的支持下继续进行，表现为燃烧波蔓延至整个体系，完成由原料混合生成所需材料。

（7）其他制备方法：如等离子喷涂法、冷凝原位加压成形法、塑性变形细化晶粒法、非晶晶化法、溶胶凝胶法和热压工艺等。

11.13.6 热电材料的应用

利用热电材料既可以发电又可以制冷，利用热电材料制成的制冷和发电系统可以有效地利用电厂，汽车等放出的废热和废气直接发电，不需要媒介物质，同时不生成任何废弃物；而且还具有使用寿命长，性能稳定等优点。其应用涉及计算机技术，航空航天技术，超导技术和微电子技术的发展，迫切需要小型，静态，固定，长寿命且安全的制冷装置。发电应用领域：远程空间探测器，远距离气象站，远距离导航系统，潜水艇，海底发电站的采油井阀门，利用废热发电：大型内燃机卡车，炼钢工业，化学工业；制冷：电子器件的局部制冷，红外探测器，计算机 CPU，纤维光导激光器，汽车电池驱动，潜水艇和铁路客车的空调器，水冷器，超导电子器件，家用电冰箱。

参 考 文 献

[1] 石尧文，乔冠军，金志浩. 热电材料研究进展 [J]. 稀有金属材料与工程，2005 (1)：12~15.

[2] 毛顺杰，栾伟玲，黄琥，等. 氧化物热电材料的研究现状与应用 [J]. 硅酸盐通报，2005 (3)：59~63，110.

[3] Nolas G S, Kaeser M, Tritt T M. High figure of merit in partially filled ytterbium skutterudite materials [J]. Appl Phy Lett, 2000, 77：1855~1858.

[4] Slack G A, Tsoukala G A. Carrier tunneling and device characteristics in polymer light-emitting diodes [J]. J Appl Phy, 1994, 76：1665~1666.

[5] 杨磊，吴建生，张澜庭. 具有低热导率的 Skutterudite 类新型热电材料 [J]. 材料导报，2003 (4)：14~16.

[6] Cyrot-Lackmann F. Quasicrystals as potential candidates for thermoelectric materials [J]. Materials Science & Engineering A, 2000 (10)：294~297.

[7] 朱文，杨君友，张同俊，等，热点材料的最新进展，金属功能材料，2002, 9 (4)：20~23.

[8] Teraski, Sasago , Uchinokura K Y. Large Thermopower in a Layered Oxide $NaCo_2O_4$. 17th International Conference on Thermoelectrics . 1998：567~569.

[9] Mahan G, Sales B, Sharp J. Large thermoelectric power in $NaCo_2O_4$ single crystals [J]. Phys Today, 1997, 50 (1)：42~47.

[10] DiSalvo. Thermoelectric cooling and power generation [J]. Science (New York, N.Y.), 1999, 285 (5428)：178~182.

[11] Broido D A, Reineke T L. Thermoelectric power factor in suoerlattice system [J]. Appl Phys Lett, 2000, 77：705~707.

[12] Kaibe H, Tanaka Y, Sakata M, et al, Anisotropic galvanomagnetic and thermoelectric properties of n-type Bi/sub2/Te/sub3/ single crystal with the composition of a useful thermoelectric cooling material [J]. J Phys Chem Solids, 1989, 50：945~950.

[13] 姜洪义，龙海山，张联盟. 用低温固相反应制备 p 型 Mg_2Si 基热电材料 [J]. 硅酸盐学报，2004 (9)：1094~1097.

[14] 徐桂英，葛昌纯. 热点材料的研究和发展方向 [J]. 材料导报，2000, 14 (11)：38~41.

[15] 张同俊，彭江英，杨君友，等. 热电功能材料及其在发电和制冷方面的应用前景 [J]. 材料导报，2002 (5)：11~13.

[16] 毛顺杰，栾伟玲，黄琥，等. 氧化物热电材料的研究现状与应用 [J]. 硅酸盐通报，2005 (3)：59~63，110.

[17] 郑子樵，梁叔全. 梯度功能材料的研究与展望 [J]. 材料科学与工程，1992 (1)：1~5, 16.

[18] 郑慧雯，茹克也木·沙吾提，章娴君. 功能梯度材料的研究进展 [J]. 西南师范大学学报（自然科学版），2002 (5)：788~793.

[19] 黄旭涛，严密. 功能梯度材料：回顾与展望 [J]. 材料科学与工程，1997 (4)：36~39.

[20] 师昌绪. 材料大辞典 [M]. 北京：化学工业出版社，1994.

[21] 吕广庶. 功能梯度材料及其应用 [J]. 国防技术基础，2002 (4)：19~20.

[22] 于思荣，庞宇平，任露泉，等. Al20Si 合金梯度材料的组织与性能 [J]. 机械工程材料，2003 (4)：27~29.

[23] 滕立东，王福明，李文超，等. $TiZrO_2$ 系梯度材料的制备与显微结构研究 [J]. 硅酸盐学报，2000 (5)：422~426，431.

[24] 沈卫平，吴波中，李江涛，等. S型 B_4C-SiC/C 功能梯度材料的设计和制备 [J]. 北京科技大学学报，2000（2）：166~169.

[25] Suresh S，Mortensen A，李守新，等. 功能梯度材料基础：制备及热机械行为 [M]. 北京：国防工业出版社，2000.

[26] 武安华，李江涛，葛昌纯，等. SiC/C 功能梯度材料的制备和评价 [J]. 无机材料学报，2001（6）：1239~1242.

[27] 张卫方，陶春虎，习年生，等. 燃烧合成 TiC-Al_2O_3/Fe 梯度材料及其抗热震行为 [J]. 无机材料学报，2001（3）：567~571.

[28] 夏军. 梯度功能材料的制备技术与应用前景 [J]. 化工新型材料，2001（6）：20~22.

[29] Choy K L. Chemical vapour deposition of coatings [J]. Progress in Materials Science，2003，48（2）.

[30] 夏永红，金卓仁，程继贵，等. 梯度功能材料及其在机械工程中的应用 [J]. 机械工程材料，2001（5）：9~11，35.

[31] 李耀天. 梯度功能材料研究与应用 [J]. 金属功能材料，2000（4）：15~23.

[32] 富莉. 渐变功能材料的开发动向及其展望 [J]. 国外金属材料，1990（1）：13~17.

[33] 邹俭鹏，阮建明，黄伯云，等. HA（ZrO_2）/316L 不锈钢纤维对称功能梯度生物材料 [J]. 材料研究学报，2005（3）：261~268.

[34] 王新林，孙桂琴. 金属功能材料发展概况 [J]. 金属功能材料，1999（4）：145~155.

[35] 邓少生，纪松. 功能材料概论 [M]. 北京：化学工业出版社，2012.

[36] 李德才. 磁性液体理论及应用 [M]. 北京：科学出版社，2005.

12 加 工 工 艺

12.1 概述

金属功能材料的生产工艺大体上可分为常规冶炼加工法、铸造法和粉末冶金法三种。各生产厂所采用的生产工艺主要是常规冶炼加工法。铸造法只有铝镍钴永磁和铁硅铝磁头材料等采用。粉末冶金法目前主要是稀土永磁材料和磁粉芯等使用。

1958 年以来，金属功能材料研制和生产走过了从无到有，从点到面，产量由少到多，品种规格由单一到多种多样，质量由不稳定到相对稳定、尺寸精度由低到高的过程。据初步统计，可生产试制的合金牌号达四五百个。生产的品种规格如下：

热锻轧材：8~100mm(方、圆)

(3~40)mm×(23~300)mm(扁带、坯)

带材：(0.01~0.05)mm×(10~100)mm

>(0.05~1.0)mm×(50~200)mm

>(1~3)mm×(100~300)mm

棒、丝材：ϕ0.009~12mm

管材：ϕ(0.6~4.8)mm×(0.08~1.0)mm(毛细管)

>ϕ(4.8~70)mm×(1.0~5)mm

铸件、元器件及粉末冶金产品。

常规冶炼加工法的生产工艺流程图如图 12-1 所示。

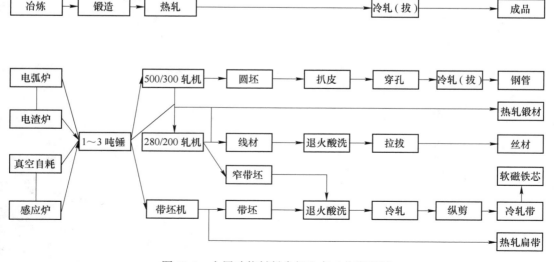

图 12-1　金属功能材料常规生产工艺流程图

60多年来，金属功能材料生产工艺及装备不断得到改进，生产技术水平和产品质量迅速提高，不仅满足了国内各种用途的需要，同时还有部分产品出口。说明金属功能材料生产已经立足国内，为国民经济建设和国防建设发挥了重要作用。

12.2 热锻轧加工工艺

12.2.1 概述

由于金属功能材料生产具有品种多、规格多、批量少、多数合金比较难加工以及对表面质量要求高等特点，其加工生产工序比较复杂。

金属功能材料的热加工多采用锻造和热轧的方法生产，既为冷加工开坯又生产热锻轧材成品。锻造一般采用1~3t蒸汽锤或空气锤，热轧带坯采用四辊可逆式轧机生产开坯，也有的采用连续浇铸、行星轧机开坯；热轧盘条（丝坯）、窄带（坯）采用φ500~300/φ280~200mm热轧机生产；管坯采用热锻、热轧及热穿孔机生产。锻造开坯由于采用了轨道链式操纵机，减轻了工人的劳动强度，对锻坯质量也有所改善。热轧由于采用了预应力或短应力线轧机，产品尺寸精度大大提高。

12.2.2 热锻轧材品种及其生产工艺

金属功能材料热锻、热轧坯和材的常见品种规格见表12-1和表12-2。

表 12-1 热锻坯和材的品种规格

品 种		规格/mm
锻 坯	方坯	(34~160)×(34~160)
	扁坯	(32~40)×(60~320)
	圆坯	φ30~120
锻 材	棒材	φ30~120
	方、扁材	(30~120)×(30~120)

表 12-2 热轧坯和材的品种规格 （mm）

设 备	圆 钢		方 钢	扁 钢
	盘条	直条		
φ300轧机	—	φ40~68	40~55	(4~6)×(50~60)
φ200轧机	φ8~12	φ8~25	—	(3~6)×(16~40)
四辊热轧带坯机	—	—	—	(3~10)×(70~320)

金属功能材料常用锻造热轧加热工艺制度见表12-3~表12-6。

表 12-3 金属功能材料钢锭（坯）加热时间

钢锭规格	平均直径/mm	预热时间/min	升温时间/min	保温时间/min	总时间/min
10kg圆锭	75	>50	20~25	10~15	>90
自耗炉圆锭	95	>70	30~35	15~20	>115
50kg圆锭	156	>110	>50	5~20	>180

钢锭规格	平均直径/mm	预热时间/min	升温时间/min	保温时间/min	总时间/min
180kg 圆锭	240	>180	>70	20~40	>270
230kg 圆锭	257	>200	>80	20~40	>300
电渣炉圆锭	260	>210	>120	40~50	>370
300kg 圆锭	274	>220	>120	45~55	>395
430kg、460kg 圆锭	305	>240	>100	20~40	>360

注：1. 钢坯加热时间与相应钢锭尺寸相同；

　　2. 电热及弹性合金升温保温时间适当延长。

表 12-4　典型合金的锻造热工制度

钢　号	加热温度/℃	锻造温度/℃		冷却方式
		始锻	终锻	
1J79	1300~1320	>1200	>1000	空冷
2J21	1180~1200	>1100	>1050	空冷
3J1	1130~1160	>1050	>950	空冷
4J29	真空炉锭 1100~1150	>1000	>800	空冷
	非真空炉锭 1180~1210	>1100	>800	
4J24、4J19	1150~1170	>1070	>850	空冷
6J20	1190~1220	>1100	>900	空冷

表 12-5　典型合金钢材（坯）热轧热工制度

钢　号	加热温度/℃	轧制温度/℃		冷却方式
		始轧	终轧	
1J79	1220~1250	>1140	>950	空冷
2J21	1180~1200	>1120	>950	空冷
3J1	1140~1160	>1100	>900	空冷
4J29	1150~1180	>1100	>850	空冷
6J20	1190~1220	>1120	>900	空冷

表 12-6　典型合金带材（坯）热轧工艺制度

钢　号	入炉温度/℃	加热温度/℃	预热时间/min	加热时间/min	保温时间/min	开轧温度/℃	终轧轧温度/℃	冷却方式
1J79	<800	1220~1250	30~40	15~25	<10	>1200	>900	空冷
2J11	<800	1180~1200	30~40	15~25	<10	>1160	>900	空冷
3J1	<800	1150~1180	15~25	15~20	<10	>1130	>950	空冷
4J29	<800	1180~1200	30~40	15~25	<10	>1160	>900	空冷
5J18	<700	1190~1210	20~30	10~15	20~30	>1170	>900	空冷
Cr20Ni80	<800	1190~1220	20~30	20~30	<10	>1170	>850	空冷

12.2.3 热锻轧质量问题及其控制

12.2.3.1 热锻质量问题及其控制

（1）过烧与过热。由于加热炉温度过高或钢锭加热时间过长所致。在氧化气氛下晶粒边界严重氧化，晶界处的结合力下降，在锻打时出现裂纹。

（2）裂纹。对导热性差的合金（例如 J79、1J16、Fe-Cr-Al、4J36 等合金），如果入炉温度过高或升温速度过快，则整个钢料温度不均，各部位热膨胀不一样，由于产生很大的内应力而出现裂纹。有的合金（如 1J22、2J12）在加热过程中内部组织发生变化，产生很大的内应力而造成裂纹。这类裂纹特点是比较细小，裂纹方向一般是横向或纵向。冷却速度过快也会使锻件内外温度不均产生内应力，使锻件产生裂纹。为了避免这类缺陷产生，锻件冷却速度不宜过快。如 Fe-Cr-Al 合金锻造后必须在砂中或木炭中冷却，以降低冷却速度。

12.2.3.2 热轧质量问题及控制措施

（1）龟裂。由于轧辊表面产生裂纹，当钢料通过轧辊时印在钢的表面而产生的。容易产生龟裂的有 4J29 合金。防止措施是提高轧辊强度，加快轧辊冷却，降低轧辊磨损，确保轧辊表面光滑。

（2）压痕。由于氧化铁皮或金属碎块既粘在轧辊上，又压在钢表面而造成的。对易氧化的 4J29 合金应特别注意这一问题，防止钢料裂边裂口或导正板刮下碎块。

（3）镰刀弯。由于轧件在宽度方向上下不一致造成的。应注意防止板坯厚度不均，加热温度不均和轧辊偏斜等。

（4）过烧。钢料在加热时，如果温度太高，晶界氧化甚至熔化，将引起轧制时开裂。为防止出现过烧，应对钢加热温度进行监控。

12.2.4 带坯生产工艺装备

12.2.4.1 热轧带坯生产工艺装备

A 四辊热轧带坯机工艺参数及热轧工艺

目前中国金属功能材料冷轧带材生产所需带坯一般由四辊可逆式热轧带坯机生产，其主要工艺参数如下：

坯料规格：（30～40）mm×（70～320）mm×（800～1200）mm；

产品规格：（3～10）mm×（70～320）mm×（200～600）mm；

工作辊尺寸：ϕ（180～95）mm×450mm；

支持辊尺寸：ϕ（45～435）mm×450mm；

最大轧制力：160t；

轧制速度：0～3m/s。

典型金属功能材料带坯热轧工艺制度见表 12-6。

B 热轧带坯的酸洗、修磨与焊接成卷

热轧带坯在冷轧之前要经过退火、酸洗、修磨、焊接成卷后，才能转入冷轧工序。酸洗的工艺流程为：带坯→碱浸→淬水→三酸洗→水冲洗→中和。对 1J22、2J4、2J7、2J9、

2J11、2J12、2J13 合金来说，因在碱浸温度下易导致合金硬化的第二相析出，使冷加工无法进行，因此不进行碱浸。

碱液、三酸和中和液的配比是：

碱液配比（质量分数）：NaOH 80%、NaNO₃ 20%。加热至熔融状态，碱浸温度为 480～540℃。

三酸液配比：H_2SO_4 250～300g/L、$NaNO_3$ 40～50g/L、NaCl 30～40g/L。

酸洗温度多为 65～80℃。

中和液配比：Na_2CO_3 3.5～5.0g/L、NaOH 3～4.5g/L。

中和溶液温度≥95℃。用蒸气加热。

带坯在酸洗后，经 15 辊矫直机矫直，然后在水磨机和/或抛光机上进行修磨，在 NZA-500-1 型氩弧焊接机上焊接成卷后，才能送往冷轧机进行轧制。

水磨机的技术参数为：砂轮外径 ϕ300mm，内径 ϕ70～220mm。水磨时砂轮要组合成比带坯宽度大 3～5mm 的宽度；砂轮转数：1470r/min；砂轮粒度：100～120；砂轮材质：以树脂或黏土为结合剂的砂轮。带坯每面水磨次数应不少于 4 次，直至带钢表面质量达到规定要求为止。对有些表面要求高的产品，水磨后应经抛光机干抛，局部缺陷可采用手把砂轮清除。

NZA-500-1 型氩弧焊接机的主要技术参数为：电源电压：380V；额定焊接电流：500A；电流调节范围：50～500A；常用范围：150～380A；焊接速度：5～80m/h；氩气流量：约 50L/min；钨极直径：ϕ2～7mm（常用 ϕ4mm）。焊接工艺规范如表 12-7 所示。

表 12-7　焊接工艺规范

钢　号	1J50 1J79	4J29 4J33	5J11 5J18	Cr20Ni80 Cr15Ni60	1Cr18Ni9 1Cr18Ni9Ti
焊接电流/A	300	300	170	350	350～380
焊接速度/m·h⁻¹	12～15	12～15	12～13	12～13	15

12.2.4.2　用行星轧机开坯

A　概述

20 世纪 50 年代初，国外已经做出行星轧机样机，之后逐步投入生产试验且发展较快，尤其是森吉米尔型行星轧机得到了更广泛的发展。到 60 年代中期，全世界已经有 20 多台森吉米尔行星轧机先后投入生产。此后由于连轧机的出现，在一定程度上替代了行星轧机。

虽然连轧机具有产量高、成本低的特点，在国际上得到了飞速的发展，但是行星轧机具有投资少、上马快、一次压下量大等特点，所以它适用于品种多、批量小、规格多、调头快的生产方式。因此，行星轧机至今在国际上还占有一定的地位，尤其受到品种规格多批量小的特钢厂的欢迎。如日本、加拿大等国的行星轧机生产都很正常。

中国冶金工作者对行星轧机的研制和生产很有成就，先后试制生产近 10 套行星轧机，至今仍在继续运行。此外中国还从国外引进这种轧机，在消化国外先进技术的基础上，对国内行星轧机生产有所促进。如上海钢研所为了给彩电材料提供良好的热轧带坯，于 1989

年从英国引进一套二手 PL24-18 型森吉米尔行星热轧机，经过一年多的努力，基本试轧成功。设计年产量为 0.5 万~1 万吨。

　　B　行星轧机的生产原理及工艺流程

　　a　生产原理

　　行星轧机的轧制过程主要是由行星辊系来完成的，行星辊系由支撑辊、工作辊、分离圈和同步机构组成。

　　行星轧机的运动情况如图 12-2 所示。支撑辊按扎制方向旋转，工作辊除自转（与轧制方相反）外，还由分离圈带动围绕支撑辊公转（与轧制方向相同）。因为工作辊的自转方向与轧制方向相反，所以行星轧辊在轧制时是没有咬入能力的。因此，坯料必须由送料辊强迫送入行星辊才能实现轧制。轧制过程由围绕支撑辊旋转的工作辊相继通过变形区实现，因而压缩金属的过程是以周期性变化来进行的。每一对工作辊在通过变形区时只使很薄的一层金属变形，但在单位时间内通过变形区的工作辊对数量很多的。一般每秒要通过70~100 对辊子。所以金属通过行星轧机一次就产生了很大的塑性变形。一次压下量可达90% 以上。

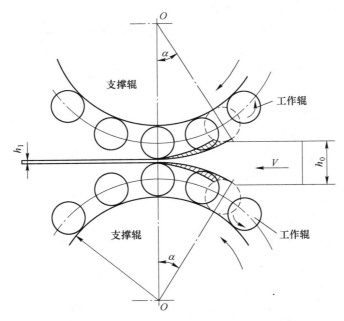

图 12-2　行星轧辊轧制原理图

　　b　行星轧机车间平面布置及工艺流程

　　行星轧机车间的平面布置如图 12-3 所示。它主要由同步进式加热炉、650 开坯轧机、立辊轧机、160t 剪切机、电阻保温炉、送料辊、行星辊、气压式活套辊、二辊平整机和无芯打卷机共十个部分组成。

　　生产工艺流程如下：

　　坯料（厚度 100~110mm）在步进式加热炉中加热到所需温度，经 650 轧机轧制 3~5 道次将坯料轧至 40~41mm 厚，再经立辊轧机控制宽度公差和压边角。

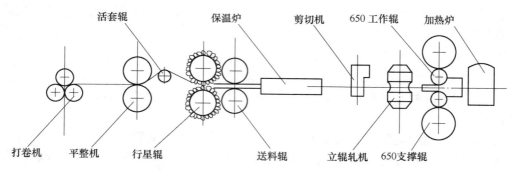

图 12-3　行星轧机车间平面布置图

　　坯料经立辊轧制后由剪切机将头尾剪平，然后进入保温炉。保温后的坯料出炉经夹送辊直接进入送料辊，送料辊的压下量为 15%～20%。板坯借送料辊的推力送入行星辊进行轧制。

　　经行星辊轧制后的带钢表面沿长度方向有高低不平的波峰，于是为了得到平整的钢带，必须在平整机架进行平整，平整压下量一般在 15%～20%。

　　经过平整后的带钢进入有喷水装置的辊道，使带钢冷却到卷取温度后进入卷取机卷成带卷。

　　C　行星轧机车间主要工艺参数和设备参数

　　a　主要工艺参数

　　(1) 坯料尺寸：(100～110) mm×(190～340) mm×(1500～2000) mm；

　　(2) 成品尺寸：(3～6) mm×(200～350) mm×(2300～6000) mm；

　　(3) 成品技术条件：

　　尺寸精度：厚度允许偏差±5%；

　　纵向厚度差：≤0.15mm；

　　横向厚度差：≤0.05mm。

　　板形要求：平直镰刀侧弯≤3mm/m。

　　表面质量要求：

　　表面氧化铁皮每面≤0.05mm；

　　表面不允许有明显的凹坑、麻点和夹杂，轻微缺陷深度≤0.1mm。

　　b　主要设备参数

　　(1) 650 四辊可逆轧机：

　　轧辊尺寸：工作辊直径 320mm；

　　支持辊直径：750mm；

　　辊面长度：650mm；

　　主电机功率：400kW；

　　最大轧制力：650t。

　　(2) 行星轧机：

　　送料辊：轧辊尺寸 φ(571.5～558.8) mm×457mm；

主电机功率：22kW；

轧制速度：1.3~2.5m/min；

行星辊：工作辊辊径 ϕ50.8~60.3mm；

支持辊辊径 ϕ496.2~508mm；

辊系直径：ϕ597.9~624.4mm；

辊面长度：457mm；

平整机：轧辊辊径 ϕ479.4~492.1mm；

辊面长度：508mm；

电机功率：150kW；

卷取机：卷取速度：109.7m/min；

最大卷重：2.24t；

带卷最大外径：1219.2mm；

带卷宽度：171.5~470mm。

D　质量控制

行星轧机在轧制中的质量问题主要有两种：一是如果支撑辊和分离圈的速度分配不当或送料辊送进速度不当，轧出的带钢表面就可能不好，甚至会剥落一层皮，这层铁皮如果压入带钢表面，剥落后带钢表面就会产生难以消除的凹陷；二是在行星轧机上轧制带钢时，表层宽展较大，边部形成两个尖角，经平整机和行星辊之间的张力拉伸后，有的会形成不同程度的裂边现象。

控制措施主要是改进立辊孔型，使坯料边部凸度增大，减少带钢边部尖角，以消除裂边现象；将行星轧制由人工操作改为自动控制轧制过程，消除人为失误，以提高带钢的表面质量。

12.2.4.3　冷轧用带坯的连续浇铸

A　概述

冷轧用带坯的连铸又称为薄带坯连铸，是一种正在发展的新工艺。该工艺将钢水连续浇铸成5mm以下厚度的带，直接轧制成冷轧带，不必将钢水先铸成钢锭或连铸坯，然后经开坯、热轧获得冷轧用带坯，节省了工时和能源消耗，成本降低的幅度非常可观。

薄带坯连铸设备小，浇铸灵活，特别适用于小批量多品种的生产条件。

薄带坯连铸时钢水在两只转动的结晶辊表面凝固，铸带只有1~5mm厚，因此要求快速冷却达 10^3℃/s。在这样高的冷却速度下，铸带的晶粒特别细小，成分均匀，为一些难成型、难加工的材料开辟了一条新的成形道路。还可以发展新的金属材料。

从20世纪中叶世界能源紧缺以来，各技术先进国家对薄带连铸表现了极大的兴趣。纷纷投入巨额资金和大量人力进行研究。现在日本新日铁板道已获得1~6mm厚、800mm宽、重量为1t重的铸带卷。预计这种新工艺在21世纪初能投入工业生产。

B　薄带连铸工艺装备

薄带连铸机工艺流程如图12-4所示。钢水从钢包中注入浇口，并按要求均匀分布流入熔池。该熔池在两只相对转动的内部水冷的结晶辊及两端面的侧封板组成的结晶器内。

当钢水与冷结晶辊辊面接触后，即在辊表面凝固。随着两个结晶辊的转动，其表面的两条凝壳在出口处焊合成一条钢带，经过导向板进入平整机，然后卷成卷。

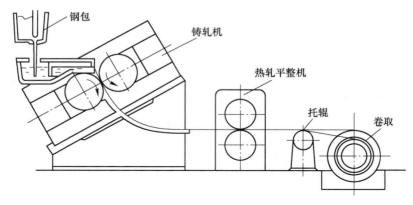

图 12-4   工艺流程图

薄带连铸机主要设备包括：

（1）炼钢炉：保证供给高质量的钢水。由于铸带熔池很小，凝固时间很短，在熔池内去除夹杂和气体的能力很低，所以要求钢水质量比一般连铸法高。

（2）中间包：承担去除夹杂、均匀温度和按工艺要求匀速供应钢水的任务。具有足够的容量和足够的熔池深度，并具备精确控制钢水流量的能力。

（3）铸轧机：采用倾斜式同径双辊形式。主要技术参数见表 12-8。

表 12-8   铸轧机的基本参数

结晶辊直径	500mm
结晶辊长度	250mm
结晶辊冷却方式	内部水冷
最大轧制压力	300kN
冷却水压力	0.2MPa
冷却水流量	50m³/h
电动机功率	17kW

（4）平整机：对铸带进行平整，以改善带的表面质量和板形质量。

（5）自控系统：对钢水温度、流速、液位高度、铸造速度和结晶辊轧制压力、冷却水压力、流量等参数进行监测，按工艺要求自动进行控制。

C   薄带连铸法生产的冷轧带质量

连铸薄带可以直接冷轧。用 2.5mm 厚的连铸不锈钢带可以一次变形 50%，不裂边。因此可以按常规冷轧工艺进行加工。用连铸薄带生产的冷轧不锈钢带的力学性能和耐腐蚀性能，均达到国标要求（见表 12-9 及表 12-10）。用此法生产的 2.5mm 厚的硅钢铸带（化学成分见表 12-11）。经温轧、退火、冷轧、脱碳退火和高温退火后。其磁性能达到 D340 的水平（见表 12-12），与日本 Z11 相当。

表 12-9　1Cr18Ni9 铸带及冷轧带力学性能

工　艺	晶粒度级	板厚 /mm	$\sigma_{0.2}$ /MPa	σ_b /MPa	δ_s /%	HV
铸带		2.5	265	580	50	190
铸带+50%冷轧+热处理	10	1.2	405	755	43	228
铸带+50%+退火+ 50%冷轧+热处理	10	0.6	410	770	40	234
GB 4239—84			206	520	40	200

表 12-10　1Cr18Ni9 冷轧带用不同坯料的腐蚀试验

试验介质	试验温度	试验时间/h	腐蚀失重/g·(m²·h)⁻¹	
			连铸带坯	热轧带坯
3%NaCl	室温	100	<0.001 <0.001	<0.001 <0.001
5%HNO₃	室温	100	0.0011 0.0031	0.0020 0.0024
5%H₂SO₄	室温	100	0.153 0.143	0.384 0.357
10%NaOH	室温	100	0.0010 0.0011	0.0011 0.0012

表 12-11　硅钢铸带的化学成分　　　　　　（%）

C	Mn	S	P	Si	Al	N	Fe
0.02	0.04	0.02	0.002	3.10	0.02	0.015	余

表 12-12　冷轧硅钢带的磁性能

项　　目	D340 标准要求	连铸冷带		常规冷带 H₂ 处理后
		真空处理	H₂ 处理	
B_S/T		1.73	1.74	1.65
10	1.7	1.785	1.82	1.73
25	1.85	1.88	1.91	1.845
50	1.9	1.93	1.96	1.93
100	1.95	1.99	1.98	1.97
300	2.0	2.015	1.99	2.010
$P_{1.0/50}$/W·kg⁻¹	0.6	0.543	0.526	0.475
$P_{1.5/50}$/W·kg⁻¹	1.4	1.19	1.18	1.13
$P_{1.7/50}$/W·kg⁻¹	2.0	1.68	1.66	1.70

12.3　带材加工工艺

12.3.1　概述

冷轧带材生产在整个合金生产中占有相当重要的地位，其产量约占总产量的一半以上。冷轧带同热轧带材相比有明显的优点：

（1）产品的表面质量好，没有热轧常出现的麻点、压入氧化皮等缺陷，并可根据用户要求得到不同粗糙度的带材。

（2）产品尺寸精确，厚度均匀。

（3）具有高的力学性能和特殊物理性能。

（4）热轧带钢一般仅仅能轧到 3mm 厚，而冷轧带最薄可轧到 0.002mm 厚。这些对金属功能材料来说，具有非常重要的意义。

我国金属功能材料近年来所取得的高速发展，也主要体现在合金冷轧带材方面。在 20 世纪 50 年代末刚起步时，冷轧带生产主要靠手动压下的二辊或四辊轧机。进入 60 年代以来，冷轧带生产过渡到电动压下的多辊轧机，并开展了温轧机、36 辊极薄带轧机、热双金属固相结合轧机、拉矫机等新轧制技术的研究，同时对原有轧机工艺技术进行改造，如轧辊辊型、工艺润滑、拖动供压方式的改造。这些工作不仅提高了轧机的性能，也提高了带材的质量和产量，而且拓宽了产品的规格范围，使产品基本能立足国内，并达到较高的生产技术水平。

进入 80 年代以来，各研究生产单位陆续进行了技术改造，相继引进或自行研制了精密四辊冷轧机、二十辊冷轧机、滚铣机和纵剪机、拉伸矫直机等先进设备。使冷轧带生产实现了大卷重、自动测厚、厚度自动调整、液压弯辊和快速换辊，使合金产品性能、尺寸公差和表面质量基本达到 80 年代世界先进水平。合金带材的生产工艺流程如图 12-4 所示。

目前影响冷轧带材生产能力发挥的主要问题是：冶炼和锻轧等前步工序技术相对比较落后，带坯主要靠四辊热轧带坯机生产，单重比较小。

12.3.2　冷轧带材生产工艺装备

12.3.2.1　冷轧设备

冷轧带材主要设备有二辊、四辊、六辊、八辊、十二辊冷轧机。二辊轧机一般用于轧窄带。四辊轧机有的用于开坯，有的用于轧成品。十二辊轧机主要用于轧薄带成品。现四辊轧机的轧制精度可达 $3\mu m$，二十辊轧机的轧制精度可达 $1\mu m$。典型轧机的主要技术参数见表 12-13。

表 12-13　主要金属功能材料冷轧机技术参数

技术参数	四辊轧机	十二辊轧机	二十辊轧机
主电机功率/kW	500		200～300
卷取机功率/kW	165		125～200
轧机速度/m·min⁻¹	0～300	15～90	0～300
轧制力/kN	4500	350	440

技术参数	四辊轧机	十二辊轧机	二十辊轧机
最大坯料厚度/mm	5.0	0.6	1~2
最终成品厚度/mm	0.3~0.5	0.05~0.2	0.03~0.3
带材宽度/mm	150~370	≤270	150~350
最大张力/kg	8000	2000	4313~6573
最小张力/kg	800	0	125~182
工艺润滑系统流量/J·min^{-1}			418~748
工艺润滑剂精度/μ_m			5~10
轧辊尺寸/mm	ϕ215/ϕ560×450	ϕ36~43/ϕ45.5~50/ϕ120×450	

12.3.2.2 冷轧工艺对金属功能材料带材性能的影响

A 对力学性能的影响

金属功能材料产品有的要求有一定抗拉强度、硬度和伸长率，例如 4J29、4J44 合金具有 5 种交货状态，分别具有不同的抗拉强度（表 12-14）。

表 12-14 4J29、4J44 合金带材不同状态下的抗拉强度要求

状态代号	状 态	抗拉强度/MPa
R	软态	<570
1/4H	1/4 硬态	520~630
1/2H	1/2 硬态	590~700
3/4H	3/4 硬态	600~770
H	硬态	>700

对深冲态带材的硬度要求≤170HV（带厚>2.5mm）、≤165HV（带厚≤2.5mm），这就要求冷轧时控制成品的变形率，以及配合适当的中间热处理工艺制度。

B 对物理性能的影响

不同冷轧工艺，可以使合金获得不同的性能，如 1J51 和 1J50 具有相同的化学成分，但 1J51 合金具有矩形磁滞回线的特性，而 1J50 则无此特性。1J51 合金的这种特殊物理性能是由于冷轧变形量高达 98%、并经适当的最终退火获得晶体织构的结果。

C 对深冲中性能的影响

合金带材有的要经过深冲或冲片加工成零件，这就要求合金带具有各向同性的性能。为此，成品的冷轧变形量应控制在 70%以下，如果超过 75%就会出现"织构"，在深冲时便会出现"耳子"现象，从而造成废品。

D 对表面质量的影响

轧辊表面粗糙度和冷轧变形量的大小影响合金表面的粗糙度。例如，采用光洁度高的轧辊，大变形量，以及多道次轧制来获得高光洁度合金带表面。要求具有一定的粗糙度的表面，可用带有辊印的轧辊轧制或将合金带经过表面研磨打麻处理。

E 冷轧工艺特点

合金的种类不同，其塑性、变形抗力以及加工硬化的速度也不同，相应的轧制工艺就不同。金属功能材料的冷轧工艺按合金的力学性能、特殊的物理性能及热处理工艺的不同划分为以下几个类型：

（1）易轧型。这类合金变形抗力小，加工硬化速度慢，在热处理过程中不发生相变。这类合金包括软磁和膨胀合金的大部分。轧制这类合金时，可采用大压下量以减少道次，缩短轧制时间，提高生产效率。但对深冲及冲片用的合金，应控制冷轧变形量不大于70%。

（2）特殊型。要求具有晶体织构的合金（1J51、1J65 等），其冷轧变形率必须>98%。对这类合金必须用大变形量进行轧制。

（3）大变形抗力型。这类合金变形抗力大，加工硬化的速度也较快。为了获得单相组织，合金热轧后进行淬火处理，使之来不及发生相变。这类合金包括电阻合金（6J15、6J20）、弹性合金（3J1、3J53）。对弹性合金，因要求有一定的抗拉强度，冷轧最后一道次的压下量要控制在一定范围。

（4）速硬化型。这类合金（2J11、2J12、2J13、1J22 等钴基合金）塑性比较差，加工硬化速度快，在轧制时，如果第一道次压下量小，就不会使晶粒受到严重破碎，而且破碎的不均匀，随着轧制道次的增加，加工硬化现象越来越严重，致使轧制不能再进行，且易断带。采用大压下量（第一道次可达40%），尽量减少道次和快速轧制，可以大大提高被轧合金的温度，使合金内部应力分布均匀，从而既改善了合金的塑性，又提高了产量。

（5）温轧型。这类合金（1J12、1J16 等）直接冷轧很困难，须采用温轧办法，在钢带上通过大电流，加热到500~600℃进行轧制，当轧到一定厚度后再进行冷轧。

12.3.2.3　冷轧过程中常出现的缺陷及防止办法

（1）镰刀弯。因压下不均，一边压下大，另一边压下小，而压下大的一边向压下小的一边弯曲，结果形成了镰刀形的弯曲。产生镰刀弯的主要原因是：上下轧辊的中心线不平行；来料厚薄不均匀；钢带酸洗不干净，有氧化铁皮存在等。

防止的办法为调整轧辊，使上下轧辊的中心线保持水平；控制来料的厚度公差（要求来料厚薄均匀），钢带酸洗时一定要把氧化铁皮清除干净。

（2）波浪。钢带面上下起伏的现象称为波浪，产生的主要原因是由于压下量太大或辊型不好，凸度值太小或轧辊发热都会造成波浪。由于凸度值选择不当在轧制过程中钢带两边压下过大而中间压下小，这样两边延伸大，而中间延伸小，在钢带两边产生波浪。

消除办法是选用合理的压下量，保持合理的辊型，当轧辊磨损后要及时更换。

（3）瓢曲。钢带在轧制过程中出现瓢曲的现象正好与波浪相反，即钢带两边压下小而中间压下大，这样中间延伸也就比两边大，使钢带中间呈现瓢曲现象。产生瓢曲的原因有两方面：

1）轧辊辊型方面，由于钢带在轧制过程中变形而发热，使轧辊温度升高，在轧辊中部出现鼓肚现象，造成轧辊中部压下大，出现瓢曲。

2）来料本身厚薄不均匀，两边薄中间厚使中间压下大，出现瓢曲。

防止办法是严格控制来料，要求厚度均匀，另一方面要控制压下量，不能使轧辊温升过高。

（4）鳞皮。1J50 和 1J79 合金的热轧坯最容易产生鳞皮。有鳞皮时钢带表面就失去光泽，在轧制时脱落造成麻坑。当已出现鳞皮时可进行局部打磨或全部抛光后再进行轧制。

（5）麻点。造成麻点的主要原因是操作时不小心把污物或氧化铁皮压入钢带，或过酸洗造成点状腐蚀坑。

消除办法是有较大麻点时可用砂轮打磨，麻点较小可用刮刀刮去后再抛光，或者在滚铣机上铣掉。

（6）辊印。造成辊印的主要原因是轧辊的硬度不够或压入脏物。

消除办法是提高轧辊硬度，换辊后要把轧辊擦洗干净。

（7）划伤。合金带在轧制、热处理和酸洗等工序操作不细心，均可能造成划伤。

消除办法：1）酸洗工序要精心操作，切不可将成卷的合金带弄乱；2）热处理和轧制时，要经常检查，出现划伤时要查出原因，及时处理；3）为预防卷取和开卷时造成划伤，应垫一层纸隔开。

12.3.2.4 钢带表面研磨技术

A 概况

随着工业的发展，要求所用材料的表面光洁度不一定越高越好，而是依据用途的不同，要求所用材料表面具有一定的粗糙度或一定纹理。表面粗糙度加工技术可分为两类：一类是装饰性研磨加工，如自动电梯内装饰的不锈钢板研磨成一定粗糙度的表面增加其美感。另一类是工艺性研磨加工，如有的用户提出供应有一定表面粗糙度的膨胀合金带，用以改善冲压时的润滑条件。高精度冷轧带表面粗糙度的加工属于新兴的表面处理技术。国内外一些厂家均投入相当人力和物力进行这方面的开发和研究工作。工业发达国家美国、日本、德国都十分重视表面处理技术。美国于60年代就对钢带表面粗糙度作了专门论述，美国3M公司研制并销售种类繁多的供表面处理用的研磨工具。日本许多金属（有限）公司可生产不同粗糙度的冷轧带，出口到中国，还有专门从事制造和销售供研磨用的各种工具和材料。国内一些厂家从70年代开始就进行开发和研制了羽布打毛机。80年代自行研制了钢带打麻机，又从日本引进了冷轧带研磨机，已为我国彩电工业提供了合格的、具有一定粗糙度的精密冷轧钢带。90年代我国研制成具有国际先进水平的激光打麻轧辊技术，为麻面带钢的生产开拓了良好的应用前景。

B 高精度冷轧带研磨工艺装备

高精度冷轧带研磨机形式多种多样，如图12-5所示，有四辊平列式、S辊式、双面砂带式、三辊式、砂带式等。高精度冷轧带研磨机组一般由开卷机、点焊机、研磨机本体、排污装置、循环水系统、烘干系统、剪机、卷取机以及电控系统组成。尽管形式各具特色，但功能基本一致：

（1）研磨工具为无纺布研磨轮或研磨带；

（2）采用带有研磨剂的湿磨，而不是干磨；

（3）设有开卷机和卷取机，冷轧带受一定张力；

（4）研磨轮（带）对钢带具有恒定的压力；

（5）设有研磨轮（带）在线修整装置。

C 钢带表面粗糙度参数

表面粗糙度是指加工表面上具有较小间距和峰谷所组成的微观几何形状特性。表面粗糙度参数和相关参数多达几十个，而评定表面粗糙度的主要参数有：

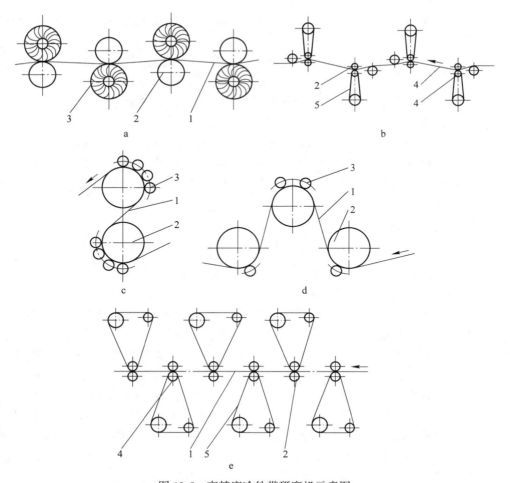

图 12-5　高精度冷轧带研磨机示意图

a—四辊平侧式冷轧带；b—双面辊式研磨机；c—S 辊式冷轧带；d—S 辊式研磨机；e—矿带式研磨机

1—钢带；2—支承辊；3—研磨轮；4—接触辊；5—研磨带

（1）轮廓算术平均偏差（Ra），是取样长度（L）内轮廓偏距绝对值的算术平均值。

$$Ra = \frac{1}{L} \int_0^1 [Y(x)] \, \mathrm{d}x$$

或近似为

$$Ra = \frac{1}{n} \sum_{i=1}^{n} |Y_i|$$

（2）微观不平度+点高度（RL），是取样长度内 5 个最大的轮廓高的平均值和 5 个最大的轮廓谷底的平均值之和。

$$RL = \sum_{i=1}^{5} Y_{pi} + \sum_{i=1}^{5} Y_{vi}$$

式中　Y_{pi}——第 i 个最大轮廓峰高；

　　　Y_{vi}——第 i 个最大轮廓谷底。

（3）轮廓最大高度（R_y），是取样长度内轮廓峰顶线和轮廓谷底线之间的距离。

除此而外，还有波点数等参数。

目前我国现行粗糙度技术标准有：

（1）GB 7220—87《表面粗糙度、术语、参数测量》；

（2）GB 3505—83《表面粗糙度、术语、表面及其参数》；

（3）GB 1031—83≈ISO468—1982《表面粗糙度、参数及其数值》；

（4）GB 2523—81《冷轧薄钢板（带）表面粗糙度的测量方法》。

目前国内已有用户要求生产的不锈钢带表面粗糙度应符合日本实物供货标准，即 $R_L = 0.5 \sim 3.2 \mu m$；$R_y = 3.5 \mu m$；PPM（波点数）纵向：23 ± 10，横向：45 ± 15。截至目前，国内还没有高精度冷轧带表面粗糙度技术标准，有待生产和使用单位开展工作，积累数据，制订出相应于国际标准的高精度冷轧带表面粗糙度技术标准。

12.3.2.5 带材的连续拉伸弯曲矫正

随着电子工业、航空工艺、印刷业的飞速发展，对板带材平直度尤其是对金属功能材料、不锈钢薄带材平直度的要求越来越高，需求量也越来越大。当前，即使采用先进的轧制设备和轧制技术也不能满足上述部门对板带材平直度的要求。因此，世界各国极为关心薄板带材的矫正技术。

以前，板带的矫直基本上是靠纯拉伸的方法——连续拉伸矫直机和靠纯弯曲的方法——辊式矫直机完成的。可是，因为连续拉伸矫直机是在两组张力辊之间施加超过板带材屈服点的巨大张力下进行的，所以对屈服点高的合金，尤其是对屈服强度和抗拉强度差值较小的材料难以矫直：板带材边部稍有裂口或其他一些缺陷就会断带。而辊式矫直机，由于矫直辊径和辊距的限制，对厚度在 0.4mm 以下的板带材就不能矫直。为此中国自行研制了带材连续拉伸弯曲矫直机，并在陕西金属功能材料厂、首钢冶金研究所等几个厂家投入工业性生产，取得了显著效果（表 12-15）。

表 12-15 矫正前后带材板形质量情况

序号	钢种	规格 （h×b） /mm×mm	矫正前 波高波长 /mm×mm	矫正后 波高波长 /mm×mm	波浪度/%		日本带材实测的波浪度 （冷轧后未矫正）
					矫前	矫后	
1	Cr16Ni14	0.5×110	15×500	1.1×120	3	0.26	冷轧后未经矫正；$h \times b =$ （0.18~0.33）mm×110mm Cr16Ni14：1.0%~1.6%
2	1Cr18Ni9Ti	0.35×290	13.1×440	1.0×430	2.98	0.23	
3	Cr16Ni14	0.33×110	8×180	0.65×196	4.4[①]	0.33	
4	S12S1	0.25×110	2.4×140	0.9×200	1.0	0.45	
5	1Cr18Ni9	0.2×150	7.0×200	1.5×300	3.5	0.50	
6	3J1	0.15×120	8.6×225	1.2×200	3.8[①]	0.60	
7	1Cr18Ni9	0.15×135	2.5×100	1.1×180	2.5	0.60	
8	1Cr18Ni9	0.09×110	13.5×200	1.3×150	6.75	0.87	$h<1.2$mm 带材不属于本设备 矫正范围
9	1Cr19Ni9	0.085×130	4.8×180	1.2×140	2.7	0.86	
10	1Cr18Ni9	0.085×130	3.5×130	1.4×140	2.5	1.00	

注：1. 各钢种、软、硬状态均有。

2. 矫正后的槽形、翘曲、侧弯数据未列出（因这些指标性能超过对板形要求）。

①为波浪度超差的废料作为矫正试料。

生产表明，用连续弯曲拉伸的方法，由于拉伸和弯曲叠加应力使带材产生延伸，可以消除带材的三元状态缺陷，获得良好的板形，如（0.12～0.6）mm×（80～300）mm 的金属功能材料、不锈钢带材，经矫正后板形的波浪度可由 1.0%～4.4% 减小到 0.23%～1.6% 以内，使板形质量接近国外的先进水平。

带材经拉弯矫正后厚度减薄，一般拉弯矫正伸长率为 0.5%～12%，带厚减缩率在 0.5%～0.85%。为保证带材尺寸合格，需要在矫前的轧制中予以控制。

12.3.3　热双金属生产工艺

12.3.3.1　概述

我国热双金属批量生产始于 50 年代末。在生产工艺和装备改进方面都取得了不少成就。目前采用热轧焊合法和熔合法生产，工艺比较稳定。自 1985 年 8 月国内第一台热双金属冷轧复合生产线建成以来。经过调试、改进轧制的各项技术参数，现产品质量、产量均达到设计要求，填补了热双金属冷轧复合技术的空白。

目前，热双金属产量已达一千五百余吨。据市场调查预测，不仅数量上，而且在质量上同世界先进水平相比仍有一定差距。

工艺发达国家，从 50 年代中期，就在改进热双金属生产工艺和装备上取得了突破性进展。由于采用先进的常温固相复合生产工艺，从而使热双金属的产量、质量均获得了长足发展。据有关资料介绍，世界热双金属产量约为 1 万吨，其中美国约占 30%，日本约占 20%。热双金属成材率，以典型牌号 5J18 为例，中国平均水平为 34%，而日本住友（有限）公司可达 64%，因此生产成本大大低于中国。

12.3.3.2　热双金属生产工艺

生产热双金属带除使用合金冷轧带生产工艺装备外，还须具备生产热双金属特有的工艺过程和装备，如刨加工、配对、表面清理、复合、标志等工艺和装备。因而大多数金属功能材料生产厂家都形成了热双金属专业生产线。

热双金属生产工艺流程图如图 12-6 所示。图中展示了热轧结合法、熔合法、双浇法和固相复合法的工艺流程。

几种典型热双金属牌号的生产工艺如下：

（1）中敏感、中电阻型热双金属。以 5J1480（5J18）为代表，此类热双金属产量较大，生产工艺稳定。中国目前用热轧结合和固相复合法生产，数量各占一半左右。国内外大部分厂家则均采用固相复合法生产。

（2）中敏感、低电阻高导热型热双金属。以 5J1416、5J1413（5J17）为代表，此类热双金属两组元层间熔点和力学性能相差很大。国内用熔合法和固相复合法进行生产，用熔合法生产的材料，其性能稳定性和成材率均比固相复合法要低，但电阻率要高 $3\mu\Omega\cdot cm$。国内都用固相复合法生产。

（3）高敏感、高电阻中温用热双合金。以 5J11 为代表，此类热双金属两组元层间膨胀系数、熔点和电阻率均有很大差别，并且两组元层膨胀系数之差随温度升高而增加。起初认为此类热双金属不宜采用热轧结合法，便采用双浇法进行生产，后因产品性能及成材率低，于 70 年代起试用高温固相复合——热轧结合工艺，获得了较满意的结果，焊合率

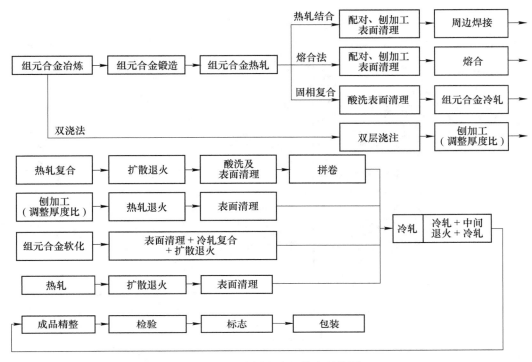

图 12-6 双金属生产工艺流程总图

由初期的 25% 提高到 99% 以上。

（4）通用型热双金属常温固相复合法，即三步法。50 年代国外出现了先进的常温固相复合生产工艺，使热双金属的生产获得了突破性发展，简化了生产过程，提高了产品质量和产量。

12.3.3.3 固相复合装备

目前国内已投入使用的热双金属固相复合机组如图 12-7 所示。其主要技术参数如下：

（1）机组性能：

复合金属层数：2 层或 3 层；

最大轧制力：7500kN；

轧制速度（出口速度）：0.7~5m/min；

轧机工作辊直径：320mm；

支承辊直径：800mm；

辊身长：500mm；

机组总长：29m。

（2）复合前带卷规格及性能：

组元合金带材厚度：0.5~3.5mm；

总厚度及宽度：

$h = 5 \sim 7$mm，$b = 100 \sim 150$mm；

$h = 3 \sim 5$mm，$b > 150 \sim 250$mm；

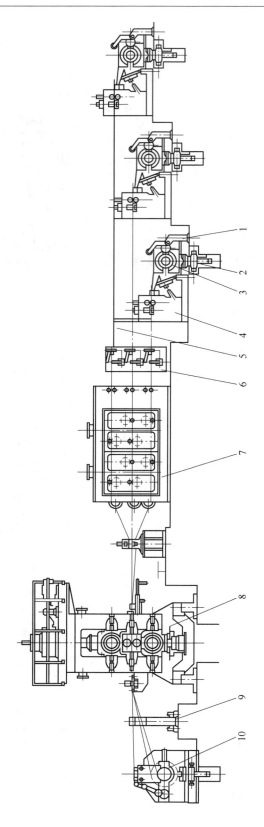

图 12—2 热双金属固相复合机组
1—压辊；2—上料小车；3—开卷机；4—矫直机；5—托槽；6—测速辊；
7—清刷机；8—复合轧机；9—液压剪；10—收卷机

$h = 1 \sim 3\mathrm{mm}$，$b \geqslant 250 \sim 330\mathrm{mm}$；

带材卷内径：500mm；

带材卷重：最大 500kg。

（3）复合后带卷规格及性能：

复合坯厚度：$0.3 \sim 2.1\mathrm{mm}$；

复合坯宽度：$100 \sim 340\mathrm{mm}$；

复合坯卷内径：500mm；

复合坯卷重：最大 100kg。

12.3.3.4 影响复合质量因素

热双金属生产质量的关键环节是两组元层的复合，若复合不好，则形成开裂，造成废品。复合金属的方法很多，常见方法为：

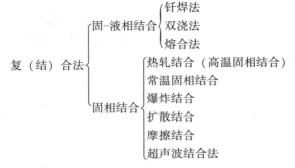

上述复合法的结合温度和结合压力之间大体存在着如图 12-8 所示的关系。固液结合不需要特殊的结合压力，只要接合面净度达到一定要求就可实现结合，但存在接合面过渡层大，不易精确保证组元厚度比，以及性能较差等缺点，因此，就其发展趋势而言，势必为固相结合法所取代。固相复合时影响两组元层结合的因素很多，有组元层本身的内在因素，如其晶体结构、力学性能、熔点、再结晶温度和表面状态等，还有实现结合所需的外界因素，如结合温度、结合力的大小和性质等。

为了使热双金属这两个组元层固相复合牢固，必须做好组元合金带坯预处理、大压缩率的复合轧制和等温扩散热处理三个阶段的工作。

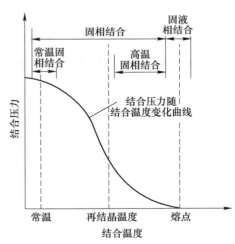

图 12-8 结合压力和温度之间的关系

带坯的预处理包括组元合金合力学性能和表面状态的调整。为了满足固相复合时大变形率的要求，需对组元合金带进行软化处理。为了正确地控制厚度比，需通过热处理来调整组元合金的力学性能，力求尽量相近，软化处理后的组元合金带采用机械清刷的方法，清除氧化膜，并形成一定的粗糙度。

复合轧制过程中的影响因素包括复合压下率、工艺润滑、辊面冷却、轧制速度和张力控制等。在巨大的轧制压力下，组元合金产生充分的塑性变形，在组元合金间新鲜金属的接触面处，不饱和的原子键被挤压到原子作用力的半径范围内而相互键合。此外，在清刷后微观呈凹凸的表面之间也可以形成机械嵌合的榫扣结构。固相复合就是通过这种原子键合和机械嵌合机制在组元层之间建立起牢固的点结合。

进行等温扩散热处理。形成初步结合的热双金属借助组元合金层之间原子的互扩散，使点结合扩散为面结合，并达到一定的扩散深度，形成互扩散层，将组元合金牢固地结合为一体。等温扩散热处理的温度和时间互为函数关系，其选择取决于扩散层厚度的要求、装备条件及经济效益。

12.4　丝材加工

12.4.1　概述

有些钢种，如软磁合金、弹性合金、膨胀合金、电阻电热合金等，尤其是电阻合金大部分，被拉制成丝材后应用。因此丝材拉拔在金属功能材料生产中占有重要地位。

拉丝生产比热轧生产有下列优点：

（1）可以得到断面均匀的丝材；

（2）几何形状正确；

（3）丝材表面光洁度高；

（4）可以提高制品的抗拉强度。

我国丝材的生产工艺、装备比较完善，可以生产 $\phi 0.009 \sim 8mm$ 各种规格的丝材。

12.4.2　丝材生产工艺

丝材生产工艺流程如图 12-9 所示。

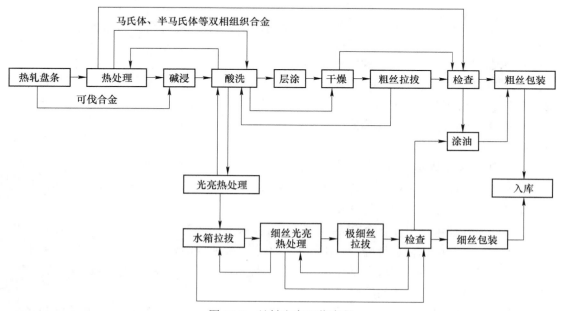

图 12-9　丝材生产工艺流程

在丝材拉拔前要做好坯料的准备工作。热轧盘条，经退火、酸洗、挂灰等工艺处理后，要求表面无麻点、裂纹和划伤等缺陷；冷拉过程的半成品，经退火处理后应无氧化色、应光亮、无闪光、划伤等缺陷。

在拉拔时，要做好压头（或浸头）、穿模工作，模子座要正，使拔出的丝平直后再缠绕（绕轴），经常检查丝的表面质量和尺寸偏差、发现问题及时解决。

拉丝工艺最重要的是根据合金的硬度，决定道次减面率，选配拉丝模。一般 6J20、6J15、6J10 等合金丝的总减面率控制在 75% 左右。

12.4.3 拉丝设备

拉丝机有很多种形式，目前中国金属功能材料生产厂家所采用的拉丝设备的主要参数见表 12-16 和表 12-17。

表 12-16 拉丝机技术参数表

拉丝机型号	1/650	1/610	1/610	1/407	1/407	1/300	1/300	1/300	1/300	1/180	1/180
拉丝机卷筒直径 /mm	650	610	610	407	407	300	300	300	300	180	180
拉丝机转数 /r·min⁻¹	25	34	35	45	47	72	89	91	100	160	150
拉丝速度 /r·min⁻¹	51	65	67	58	75	68	84	86	94	95	91
拉丝额定直径 /mm	10.0~6.0	7.9~3.0	7.0~3.0	3.0~1.0	3.5~1.0	1.5~0.45	1.5~0.45	1.5~0.45	1.5~0.45	1.0~0.3	1.0~0.3
电动机功率 /kW	28	28	28	10	10	7.0	7.0	7.0	7.0	7.0	7.0

表 12-17 微细丝拉丝机技术参数表

设备名称	LS-IV-19 型	LS-II-15 型	L7305-1-2F	微型拉丝机	MB-30B 型	超 V
来料尺寸/mm	0.5	0.5	0.2~0.5	0.06	0.02~0.015	0.02
出线尺寸/mm	0.13~0.18	0.13~0.18	0.07~0.18	0.02~0.04	0.009~0.012	0.018~0.009
出线速度/m·s⁻¹	10.16	49~20.2	2.5~22	—	—	—
最多拉伸次数	19	15	17	12	1	5
排线行程	—	—	50~80mm	—	20mm	—

12.4.4 冷拉丝材常出现的缺陷

冷拉丝常出现的缺陷有表面氧化色、饱节、闪光、断丝、划伤等。这些缺陷是由于退火处理不良，模子清理不干净（如有铁屑等杂物）而引起的。再者配模子不合适等也会产生以上缺陷。只要细心操作，这些缺陷一般可避免。

12.5　管材加工工艺

12.5.1　概述

　　钢管生产始于 20 世纪 60 年代初，当时需求量较少，主要是采用冲拔法生产 $\phi 1 \sim 8$mm 的 4J29 无缝薄壁毛细管。随着二辊、三辊冷轧管机的研制成功，以及航空、航天等技术的发展对大直径无缝薄壁管的需求量增加，各生产厂相继建立热穿孔机、二辊和三辊冷轧管机，使钢管生产工艺得以革新，生产方式由冲拔法改进为轧拔法生产。产品规格也扩大到 $\phi 30$mm，产品质量和产量进一步提高。1966 年采用钢球旋压法研制生产 $\phi 300$mm 大口径不锈耐酸极薄无缝钢管，1978 年成功地试制出 $\phi 700$mm 卧式旋压机和 $\phi 700$mm 薄壁大口径无缝管，之后又设计制造安装 $\phi 250$mm 立式旋压机，使生产规格进一步扩大。产品品种包括了金属功能材料，高温合金以及高强度钢，不锈耐酸钢等钢种，规格包括 $\phi 1$mm 以下到 $\phi 700$mm 的各种规格的薄壁无缝钢管，为中国国防军工和国民经济建设发挥了重要作用。钢管生产工艺流程如图 12-10 所示。

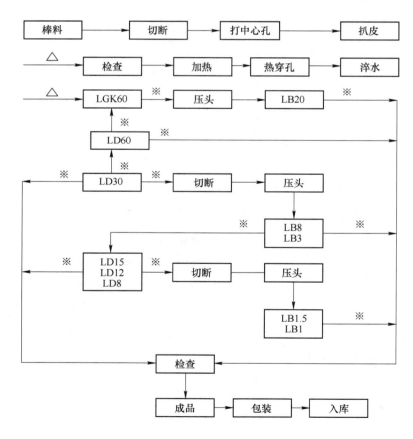

图 12-10　钢管生产工艺流程

△—酸洗；※—包括去油（脱脂）软化、矫直、酸洗、修磨

12.5.2　冷轧钢管生产工艺装备及质量控制

12.5.2.1　冷轧钢管生产工艺装备

钢管的坯料来自热锻、轧棒材。切成定尺后，进行冷定心、打中心孔，然后进行车削加工，转入热穿孔。穿孔机的主要技术性能见表12-18。典型产品的穿孔生产工艺见表12-19。钢管冷轧在IKK-60二辊开坯冷轧机和GLD(D)型多辊冷轧管机上进行。LGK-60型二辊机既可开坯，又可生产普通精度的成品管。GK-60冷轧管机的主要技术性能见表12-20。GLD(D)型多辊冷轧管机用于精轧，其主要技术性能见表12-21。

表 12-18　穿孔机主要技术性能

项　目	名　称	代　号	单　位	参　数　值	
				$\phi40$ 穿孔机	$\phi50$ 穿孔机
主电机	功率	N	kW	100	280
	转速	n	r/min	1400	980
工作辊	直径	D	mm	150~80	300~360
	长度	L	mm	150	300
	转速	n_0	r/min	120	121
顶杆	长度	L	mm	1850	3900~3950
	直径	d	mm	24~26	40~48
坯料	直径	d_0	mm	30~40	50~70
	长度	L_0	mm	450~700	500~1000
荒管	直径	d_1	mm	32~42	50~72
	壁厚	S_1	mm	4.5~6	3.5~6
	长度	L_1	mm	1000~1400	≤3000

表 12-19　典型产品穿孔生产工艺

钢　种	管坯 $\phi\times L$ mm×mm	穿孔机 类型	穿孔前 加热温度	荒管 $\phi\times S\times L$ mm×mm×mm	调整参数 a	b	c	Δd	工具参数 ε	μ	d_n	d
								mm				
4J29	55×600	$\phi40$	1100	40×6×978	32.5	38	15	4	1.16	1.63	27	26
20A	60×1000	$\phi50$	1150	$60^{+1}\times5.5\times2900$	50	57	36	10	1.14	2.9	49	46
1Cr18Ni9Ti	55×650	$\phi50$	1160	$58^{+1}\times5.5\times1670$	49	56	35	6	1.14	2.57	45	44

注：a—孔型宽度；b—孔型高度；c—孔型前伸量；Δd—管坯直径压缩量；ε—孔型椭圆度；μ—延伸系数；d_n—顶头直径；d—顶杆直径。

表 12-20　LGK-60 冷轧管机技术性能

机 械 参 数			工 艺 参 数		
项　目	单位	数值	项　目	单位	数值
主机头行程次数	次/min	60~100	管坯外径	mm	≤$\phi76$
机头行程长度	mm	644.2	管坯壁厚	mm	$S<8$
管坯回转度	度	48°12′	管坯长度	m	2.5~5

机 械 参 数			工 艺 参 数		
项 目	单位	数值	项 目	单位	数值
管坯送进量	mm	1~12	成品管外径	mm	$\phi25\sim60$
轧辊直径	mm	$\phi320$	成品管壁厚	mm	0.5~6.0
轧辊回转角度	(°)	258.64，248.48	最大轧制力	kN	784.5
连杆长度	mm	2000	最大延伸系数		5
轧制中心线高度	mm	850	断面收缩率	%	≤80
主电机		Z_2-102 型，N=75kW，n=1.000r/min			

表 12-21　GLD(D)多辊冷轧管机主要技术性能

技术性能	GLD8	GLD(D)12	GLD(D)15	GLD30-A	GLD60
管坯/mm×mm×mm	$\phi(4\sim9)\times$ 1.3×3000	$\phi(7\sim13.5)\times$ 1.3×3000	$\phi(6.5\sim17)\times$ 1.8×3800	$\phi(17\sim34)\times$ 2.5×5000	$\phi(32\sim64)\times$ 4×5000
管成品/mm×mm×mm	$\phi(3\sim8)\times$ 0.1×6000	$\phi(6\sim12)\times$ 0.1×6000	$\phi(6\sim15)\times$ 0.15×9000	$\phi(15\sim30)\times$ 0.2×15000	$\phi(30\sim60)\times$ 0.2×15000
机头最高行程次数 /次·min^{-1}	($K\approx400$) —	($K\approx400$) 196	($K\approx450$) 140	($K\approx475$) 120	($K\approx603$) 100
轧制行程 (ϕ 为轧辊辊径)	K-2ϕ	K-2ϕ	K-2ϕ	K-2ϕ	K-2ϕ
主电机/kW	4.5	13.5	17	30	56
允许最大减壁率/%	80	80	80	80	80
同时轧支数/支	1	≤4	≤2	1	1

　　在钢管生产过程往往将冷轧和冷拔结合穿插进行，以确保产品质量和提高生产效率。现以 $\phi4\times1.0$，4J29 合金管为例说明管材冷轧冷拔工艺。

　　(1) 开坯工艺。

荒管 $\phi40\times5$ $\xrightarrow{\triangle GLD60}$ $\phi36\times4.2$ $\xrightarrow{GLD60}$ $\phi32\times3.3$ $\xrightarrow{*\triangle\bigcirc GLD30}$ $\phi29\times2.6$ $\xrightarrow{GLD30}$ $\phi26\times1.8$ $\xrightarrow{*GLD30}$ $\phi24\times1$。

　　注：* 表示退火；△ 表示酸洗；○ 表示涂润滑层。

　　(2) 冷轧冷拔工艺。

$\phi(22\sim24)\times(1\sim1.1)$ $\xrightarrow{*LB8}$ $\phi10\times(1.25\sim1.3)$ $\xrightarrow{*\triangle GLD12}$ $\phi8.6\times0.9$ $\xrightarrow{\pm0.05*LB1}$ $\phi7.5$ $\xrightarrow{}$ $\phi7$ $\xrightarrow{*}$ $\phi6.5$ $\xrightarrow{}$ $\phi6\times1$ $\xrightarrow{*}$ $\phi5.5$ $\xrightarrow{}$ $\phi5\times1$ $\xrightarrow{*}$ $\phi4\times1$。

12.5.2.2　钢管质量控制

　　A　荒管质量问题及其控制

　　(1) 裂肚，系由于棒材坯料纵裂，压下率过大、变形工具表面严重缺陷造成。应仔细检查棒材，最好进行无损探伤检查，另外，要合理选择压下量，要清除变形工具表面缺陷。

（2）重皮，系由于棒材凹坑缺陷和导辊卡死不转引起。应提高棒材表面质量，穿孔时保证导辊在轧制过程中转动自如。

（3）内外微裂，系因坯料含低熔点有害金属量高和变形工具表面黏结金属氧化物所致。应提高钢的纯净度，使有害杂质总含量少于 0.005%。

（4）外螺旋线，系因四个辊工作没对齐。顶头形状不合理引起。要保证四个工作带对齐，合理确定顶头形状及其在孔型中的位置。

（5）内螺旋线，系因顶头或顶杆高出部分造成顶头伸出值小引起。顶头和顶杆连接一定要平整圆滑，以加大顶头在孔型中的伸出值。

（6）麻花劲。系因孔型椭圆不合适，荒管壁太薄所致。应精心调整孔型。

（7）后轧卡（三角穿余）由于导辊和轧辊间隙造成。应精心调整。

（8）壁厚不均，系因孔型没对中，顶头在孔型中偏差太大而引起。应精心调整孔型。

（9）中间轧卡，主要因穿孔温度低，顶头脱落造成。应合理选定开穿温度，上紧顶头。

B　冷轧管质量问题及其控制

冷轧管生产中常出现的冷轧管缺陷有管表面横向划伤，管表面纵向划伤，管端开裂，管坯对头切入，中间开裂，管面波纹，管异形，中间轧卡和管面印花。管内的擦伤、麻点、微裂、钢管的尺寸偏差等。造成上述缺陷的主要原因是由于冷轧管机械故障，工艺不合理，操作不当等。属冷轧管机常见故障有机头漏油和飞车，减速机齿轮断损引起的同步破坏，机头快速往返运行失灵，压下调整系统失灵，芯棒串动、拉断造成轧卡（闷车），机头（或机架）跳动，芯棒黏结金属未导致芯棒断裂、管坯插头、管内粗糙度提高甚至产生缺陷，轧辊或轧槽黏结金属末（粘辊）等。属于工艺操作方面的问题有轧管工艺参数确定不合理，如孔型调整不合理，开口度太小，压下量过大，润滑不够等。

为了提高冷轧管的产品质量，防止各种缺陷的产生，首先，要加强轧前的预防，把好管坯、芯棒的质量关，加强设备保养、使设备始终处于良好状态；其次，要制订合理的生产工艺规程并严格遵守操作工艺规程，主要是充分的润滑，合理的压下和回转送进量等。

12.5.3　旋压管生产工艺装备及质量控制

12.5.3.1　旋压管生产工艺装备

旋压机主要技术参数见表 12-22，可产生 $\phi(6.0 \sim 700)$ mm×$(0.15 \sim 4)$ mm 规格的旋压管。旋压管生产工艺流程如图 12-11 所示。

表 12-22　旋压机主要技术参数

设备技术参数	钢球式旋压机				$\phi700$mm 旋轮式旋压机	$\phi250$mm 旋轮式旋压机
	40t	13t	3t	1t		
油缸压力/t	40	13	3	1	40	30
成品最大外径/mm	105	60	20	10	700	258
成品最小外径/m	60	30	10	6	120	74.5
管坯厚度/mm	≤2.5	≤2.5	≤1.5	≤0.5	≤16	≤16
管坯长度/mm	≤1000	≤800	≤320	≤200	≤670	≤670

设备技术参数	钢球式旋压机				$\phi700mm$ 旋轮式旋压机	$\phi250mm$ 旋轮式旋压机
	40t	13t	3t	1t		
成品管长度/mm	≤5500	≤6000	≤3000	≤0.5	≤3200	≤4000
成品管壁厚/mm					1.0~5.0	0.3~4.0
旋轮（模子）尺寸	$\phi182\times40$	$\phi153\times35$	$\phi75\times25$	$\phi44.5\times12$	$\phi200$、$\phi230$	$\phi130$、$\phi170$
主电机/kW	5~15	4.5	2.8	1.1	75	55
主轴转速/r·min⁻¹	200	480	580	900		39，73.5，127
油泵电机/kW	4	4	1.1	0.6		
油缸行程/mm	1600	860	600	400		
送进速度/mm·min⁻¹					12~500	12~500

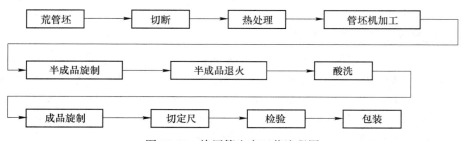

图 12-11　旋压管生产工艺流程图

12.5.3.2　旋压管质量问题及其控制措施

旋压管质量问题、生产原因及其控制措施见表 12-23。

表 12-23　旋压管质量问题及其控制措施

序号	质量问题	产 生 原 因	控 制 措 施
1	成品开裂	1. 坯料夹杂严重；2. 坯料壁厚不均偏差大；3. 变形量大	1. 控制坯料夹杂物级别；2. 对坯料尺寸进行检查；3. 控制变形量
2	外表面螺纹	1. 送进量过大；2. 旋球（轮）配置不当，直径太小	1. 严格控制送进量；2. 调整旋球（轮）尺寸
3	碰伤	1. 热处理过程碰伤；2. 锯切、酸洗、搬运时碰伤	1. 搞好环境治理；2. 轻拿轻放，垫上海绵
4	波浪形	送进系统出故障，产生间断送进，当送进量较小时旋轧次数增加，外径扩大造成	检修送进系统，使送进平稳
5	内外表面划伤	1. 管坯 TiN 夹杂高，旋压中划伤表面；2. 润滑剂中杂质划伤表面	1. 控制管坯钢的内在质量；2. 润滑油保持洁净
6	鱼鳞层	1. 旋球（轮）磨损严重；2. 变形量大；3. 润滑油不清洁	1. 勤换旋球（轮）；2. 减小变形量；3. 保持润滑油洁净
7	壁厚超差	1. 坯料壁厚差大；2. 模具配置不当	1. 坯料壁差控制在 0.2mm 以下；2. 重新选配工模具
8	晶间腐蚀	1. 旋坯 Ti/C<6 倍；2. 热处理固溶温度过高；3. 冷速慢	1. 控制 Ti/C>7；2. 控制固溶温度不能过高；3. 不能堆冷

12.6 粉末冶金工艺

12.6.1 粉末冶金生产金属功能材料的发展概况

粉末冶金是一种冶金工艺，一般包括制粉、成型和烧结等工序，其产品是金属粉末或金属化合物粉末，通常是净粉末制成具有特殊结构和功能的制品。通过这种技术能够制造传统的熔铸热加工方法难以制造或根本无法制造的新材料和新制品。

粉末冶金的研究始于 19 世纪初叶。20 世纪以来，在各工业先进国家发展很快。现在粉末冶金是材料学科的一个重要领域，并已成为现代化工业基础的生产工艺。其中粉末冶金合金就是一个重要方面。

近年来，用粉末冶金法生产金属功能材料获得了很大发展。1962 年美国沙而文电气公司（Sylvania Electrical Prod.）用粉末法生产可代合金，随后又扩大了品种，包括 Fe-Ni 系封接合金、阴极电子发射用高纯镍及镍合金带材。1966 年美国 Spang 特殊磁性材料公司开始利用粉末法生产磁性及膨胀合金带材，包括软磁合金（Ni30-80）干簧继电器用 Ni52 合金、硬磁合金（Remendur）、Fe-Co-V 合金、可伐合金等。日本住友特殊金属 1966 年从美国沙而文电气公司引进粉末轧制技术，生产金属功能材料带材和丝材，产品主要有电真空用高纯镍、纯铁、42-52 铁镍合金、可伐合金、高纯钴带、电子管用复合镍板等。此外三菱金属、燕北金属、电气通讯研究所及日本电报电话公司等厂家均采用粉末法生产铁镍合金及高硅钢（4%~6%硅）。在英国 Henry Wiggin 公司采用粉末法生产封接合金、电真空用镍及镍合金。国际镍公司生产高纯镍阴极薄带。加拿大 Sherritt Gorden 矿业公司是国外生产镍的主要工厂之一，该公司亦用粉末轧制法生产高纯镍及高纯钴产品，其牌号为 SG100 及 SG700。在德国真空熔炼公司及克虏伯公司亦用粉末法生产软磁合金，Permenorms、Permenorm500G3 等。

与此同时，用粉末法制造铁镍铝和铝镍钴合金也获得了相应的发展。由于它的工艺特点，特别适合于体积小、尺寸精度高的零件的大批量生产，且能节省原材料，但性能较低些。

用粉末法生产稀土永磁合金所取得的进展是显著的。例如美国密西根州的磁材料制造部在 1992 年生产的 "GECOR" 稀土钴永磁合金用于行波管比 AlNiCo 永磁的行波管输出高 2~3 倍。德国的 Th. Gold-shmidt 公司化工厂在 1971 年开始生产 Sm-Co、Pr-Co 和 MM-Co 等稀土钴永磁合金。日本东北金属在 1972 年开始生产 Lanthanet-8 和-10 稀土永磁合金。日立金属磁性材料研究所研制出超高级永磁体 HICOEX-10、12、14、16、18、20 等品种。目前这些商品已经用于雷达等电子装置、飞机和宇宙飞船的电动机和仪表、电子钟、拾声器、微型马达和电子仪表中。

我国粉末冶金金属功能材料的研制始于 20 世纪 50 年代。钡、锶、锰锌和镍锌铁氧体，以及铁钴镍磁性体已形成系列产品。60 年代末研制成功高性能的 $SmCo_5$ 永磁（第一代稀土钴永磁材料）。70 年代后期，研制成功第二代重稀土 2:17 型永磁，已用于惯性导航陀螺系统，得到国内外的重视。80 年代研制出第三代钕铁硼系列永磁，磁能积达到国际先进水平。又有很多单位成为粉末冶金生产基地，展示了粉末冶金法生产功能材料的广阔前景。

12.6.2　粉末法生产功能合金的特点

（1）纯度高。利用粉末法生产的合金纯度根据粉末纯度和烧结工艺而定。粉末法不需要 Mn、Al、Si、Ca 等脱氧剂，而且没有耐火材料炉衬和锭模中所产生的非金属夹杂，有害杂质 S 在烧结过中很容易与 H_2 结合生成硫化氢而去除。在金属粉末中氮和氧的含量很高，但是在通氢烧结过程中很容易除去，烧结后合金的气体含量很低（$O_2 < 100 \times 10^{-6}$，$N_2 < 50 \times 10^{-6}$，$H_2 < 1 \sim 2 \times 10^{-6}$），因此采用粉末法可生产极高纯度的合金。

（2）化学成分准确。利用粉末法生产的合金，其化学成分极其准确，如膨胀合金中的 4J29 合金用冶炼法生产时，如果附加的脱氧元素 Mn、Si 等含量有微小变化的话，对膨胀系数即有明显的影响。采用粉末法由于不含 Mn、Si 并可精确地控制合金含量，因此可以生产膨胀性能极为一致的合金。软磁合金中的 1J79 合金也有相似情况，即某一镍钼比值时才能获得最佳磁性能（见图 12-12）。采用粉末法生产，成分波动极窄，因此可以获得性能优异的 1J79 合金，以适应不同使用部门的要求。

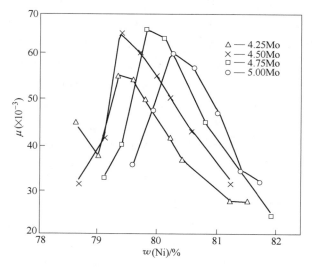

图 12-12　钼坡莫合金的 Ni-Mo 与磁导率间的关系

（3）优良的重现性。由于冶炼法生产的合金成分波动大，相应合金的性能波动值亦较大，为满足用户对产品性能一致的要求，用冶炼法生产就必须从许多炉的产品中挑选。但是采用粉末法生产就不需要选择，从而使生产大为简化。

（4）收得率高。采用粉末法生产时损耗率极低，它没有熔损及坯料精整等损耗，所有粉末几乎被压制成锭。粉末锭在热轧及冷轧过程中的损耗亦较一般法低，它纯度高，具有优异的韧性，所以轧制过程中带材边部很少开裂。Fe-Ni 合金收得率可达 85%。棒、丝的收得率可达 95%。这一点对合金的生产具有重大的意义，因为它可以节约大量贵重金属。

（5）可以生产难加工合金。高硅钢及铁硅铝合金，在高频下具有优越的磁性能，且不含贵重元素，但长期以来这类合金没能大量生产，主要是因它们很脆，用一般常规生产方法难以轧制出适用的薄带。但是采用粉末轧制法后就可以很容易地将这类合金冷轧成薄带，例如日本东北金属就采用粉末轧制法生产铁硅铝合金薄片，使这类合金的工业化生产成为现实。

（6）适合生产阴极用金属 M 或 M 合金。电真空器件中的阴极，大多采用镍作为基金属，它要求镍中杂质含量极低，以保证电子发射性能，此外阴极镍中往往添加微量镁、硅、钨等来提高阴极的寿命和激活能力，但是这些元素在镍中的状态及分布均匀性对阴极性能有极显著的影响，用真空熔炼法生产的阴极用镍往往不能满足要求，为解决这一问题，美国沙而文电器公司首先采用粉末轧制法生产高纯度阴极用镍及镍合金，并获得优良效果，1968 年美国的 ASTM 标准已将粉末法生产的阴极用镍列入标准。

（7）易于研究及试制特殊合金。粉末法特别适宜生产特殊合金，在试验室中可以很方便地配置出各种成分的合金，每个锭重可数十克，使试验周期大大缩短，还能用来研究和微量元素对合金性能的影响。

12.6.3　粉末冶金法生产工艺

12.6.3.1　等静压压结法

采用等静压压结机将粉末压制成锭，经烧结，最后将烧结锭按一般锭坯工艺，热轧、冷轧至最终成品。这种方法是美国 Spang 公司所采用的工艺路线，其工艺是将具有一定颗粒度与纯度的纯金属粉末混合后装入塑料或橡皮袋内，然后采用等静压法压结，压结后的粉末锭块放入氢气炉或真空炉中进行烧结。压结锭的尺寸根据等静压机能力而定，以 $\phi300\text{mm}\times900\text{mm}$ 工作室的等静压机为例，其压力达 25000kg 左右。等静压压力传输介质一般采用水。压结压力依材料而定，Fe-Ni 含金在 20000kg 左右。压结前塑料袋的体积较压结锭约大 40%，袋的形状，根据压结锭型而确定。大型粉末压结锭的锭重一般为 500kg 左右（截面 100mm×200mm），压结后粉末锭的比重约为其真比重的 70%。粉末锭，需要经过烧结，以实现致密化、合金化，进一步纯净。经烧结后锭材的致密度达到 88%~98%，依合金成分、粉末粒度及烧结周期而定。如烧结锭进一步供热轧，则其致密度须达到 90%~95% 以上。

粉末锭的烧结时间依烧结温度、元素的扩散率、致密度及纯化度而定，一般最短为 2h，最长可达 48h。烧结炉最高工作温度为 1400~1650℃，在真空、氢或惰性气体中工作。烧结后锭坯不需经过剥皮或其他精整工序，即可直接进行热轧或冷轧。美国磁性材料公司生产带材时所采用的粉末锭的质量为 500kg。

12.6.3.2　粉末轧制法

粉末轧制是利用高纯金属粉末通过专用的轧机直接轧制成粉末带坯，粉末带坯在 1000~1300℃通氢炉内连续烧结，烧结后带坯可以经过热轧，然后再冷轧成带材，或直接冷轧成带材。粉末轧机的示意图如图 12-13 所示。

粉末轧机主要由下列部分组成：

（1）主机：包括主电机、机架及轧辊，与一般冷轧机相似，但轧辊的传动方式与一般冷轧机不同。粉末轧机的电动机仅拖动一只轧辊，另一只为被传动辊，依靠粉末轧制时的阻力拖动。

（2）送料机构：包括送料机、料斗及送料量控制器，主要控制轧制粉末带之致密度。

（3）测量及控制系统：由测量粉末带致密度的 γ 射线吸收式测量仪，测量带坯厚度

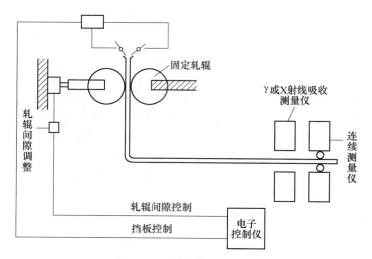

图 12-13　粉末轧机原理图

　　的连续测厚仪及电子控制仪组成，通过测量仪测得的致密度与厚度信号，送入电子控制仪，操纵油压机构自动调整轧辊间隙及送料速度，使粉末带坯保持一定的致密度与厚度。

　　粉末轧机按其带坯引出方向可分为立式和卧式两种。粉末轧机主机所需功率远低于一般冷轧机。如日本电气研究所用来轧制硅钢的粉末轧机，其轧辊直径为 150mm，轧辊宽 200mm，轧制速度为 2.4~24m/mim 情况下，其主电机功率仅为 12kW。粉末轧机轧制的粉末带坯密度可达理论值的 98% 左右，经进一步烧结及冷轧后，其密度与一般冶炼法生产的带材相同。

12.6.3.3　几种功能材料的粉末冶金生产法

A　稀土永磁合金制造工艺

　　稀土永磁合金大多采用粉末成型法（用 Cu 取代 RCo_5 中一部分 Co 的稀土永磁合金可用铸造法制造）。其制造工艺可分为单轴塑性变形等静压法和烧结法两种，工艺流程如下：

（1）单轴塑性变形等静压法，见图 12-14。

图 12-14　单轴塑性变形等静压法

（2）烧结法，见图 12-15。

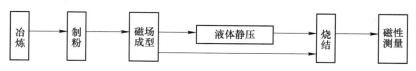

图 12-15　烧结法

B 烧结磁钢生产工艺

在铸造磁钢有了长足发展的同时，用粉末法制造铁镍铝合金和铝镍钴合金也获得了相应的发展。由于它的工艺特点，适合于体积小、尺寸精度高的零件的大批量生产，且能节省原材料，但性能较低些。烧结磁钢的工艺流程见图12-16。

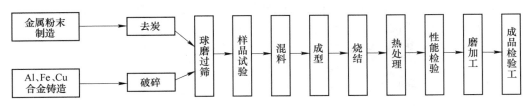

图 12-16 烧结磁钢生产工艺

C 高硅钢的粉末法生产工艺

高硅钢是硅钢中很有前途的一种，它的电阻率高，磁致伸缩小，由于它极难加工，所以它的生产受到限制。采用粉末轧制法，为高硅钢的生产提供了一个新的途径，此生产工艺为：

先将 4%~6% 的硅粉混入纯铁粉中，然后用粉末轧机以 5~100mm 间隙和 60m/min 轧制速度轧成粉末带坯，带坯在 1050~1300℃ 氢气中烧结，烧结时间为 1h，经烧结后的带坯直接冷轧至成品厚度，最后在 1000℃ 氢气中退火，即为成品。

D 铁硅铝合金带的粉末法生产工艺

铁硅铝合金在高频下具有优良的磁导率，它成本较 Mo 坡莫合金和铁铝优越得多，因此在弱电工程的应用很广，在一定范围内可代替贵的坡莫合金。由于它很脆，不易制成薄片，长期以来限制了它的应用。自从采用粉末轧制法以来，已能生产出小于 0.3mm 的薄带。其生产工艺为：

日本东北金属生产 Sendust 薄带工艺是将铁-硅-铝（13Si、7Al、80Fe）合金粉末，再加入一定量的铁粉，然后在粉末轧机中轧制，随后在 1200℃ 纯氢中烧结，烧结时间为 30min，这样就可以由二辊和四辊轧机直接冷轧，每次压下率为 10%~15%，最终以 5% 压下率轧至成品厚度。最后在 1200~1300℃ 氩气中烧结，即可应用。其磁性能见表12-24。

表 12-24 磁性能

μ_0	μ_m	H_C	B_S	μ/MHz	电阻率/$\mu\Omega \cdot cm$
16000	36600	0.062	9000	71	100

日本乐器制造公司的生产工艺是将雾化法生产的 Fe-Si-Al 粉末与 15% 铁粉混合，然后用粉末轧机轧成 1.0~1.5mm 厚、100mm 宽的带材，将带材切成 200mm 长条，在真空度 266.644~1599.86Pa（2~12mmHg）真空炉中保持 4min，使材料内部空洞间的氧排掉，以保证粉末表面不致产生氧化膜。经真空排气后，炉内再通 H_2 气（露点 -60℃），流速为 5~50cm³/min，烧结温度为 1300℃，经烧结后成品磁性能 μ_m 达 3500。

12.7 精密铸造加工工艺

12.7.1 概述

铝镍钴永磁和铁硅铝磁头材料通常采用铸造法生产。生产工艺主要集中在探索准确的化学成分，定向结晶和热处理制度方面，其中最主要的是定向结晶工艺方法。初期采用石墨模法，但很快就被水冷底板的蜂窝法所代替。蜂窝法的关键是在铸造时要有一高温模壁以保证钢液的热量基本上向水冷板方向逸出，从而保证定向结晶。

在加热模子方面，初期采用炉外加热法，即在模子的四周用电加热或煤气加热，现在一般采用炉内加热法。炉内加热方式现在有的用电加热，有的用油加热。在电加热方面采用二硅化钼做加热元件的高温炉，这种炉子升温快，温度高、均匀和控温准确。生产上一般采用油加热，可加热到 1400℃ 以上，它比电加热经济。这两种烤模炉可根据不同情况选用。

20 世纪 60 年代初为了改善定向结晶，除了在模子方面改进外，在钢液中发现加入适当的硫，效果良好，近来发现再加入适量的碳和硅也可以得到高质量的产品。

由于一系列的工艺改进，目前我国所生产的定向结晶磁钢的质量达到了较高的水平。

12.7.2　加工工艺

12.7.2.1　工艺流程

精密铸造的主要工艺流程如图 12-17 所示。

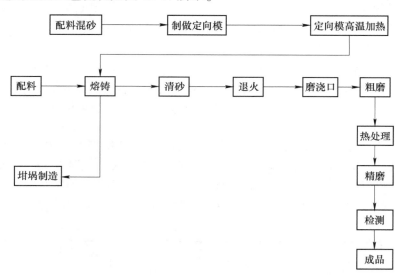

图 12-17　铸造永磁生产工艺流程图

12.7.2.2　工艺装备

A　冶炼设备

一般采用非真空高频感应炉熔炼。

B　定向结晶磁钢浇注系统

定向结晶磁钢浇注系统，如图 12-18 所示。

定向结晶磁钢浇注系统由浇口杯、压铁、上盖砂型、保温冒口、砂型和冷却器组成。

砂型为人工打结的蜂窝状砂模，要求坚实高度、打结均匀、型壁完整、干净、无残砂。打结砂型材料如表 12-25 所示。

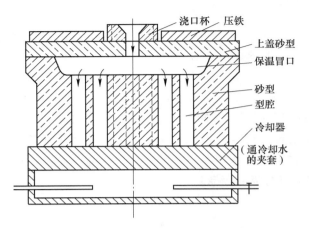

图 12-18　定向结晶磁钢浇注系统示意图

表 12-25　定向模子用砂

材料名称	目　数	百分比/%
铝矾土砂	过 30 目筛	85
木积土	>200 目	15

注：另加水 7%~8%。

砂模与导向底板相应的孔之间的间隙为 0.15~0.20mm，模型表面光洁度不得低于 ▽6，导向底板孔的光洁度不得低于 ▽5，导向底板的厚度为 20~25mm，上盖厚度为 30mm，冒口厚度为 25~30mm，上盖厚度为 30mm，冒口厚度为 25~30mm，砂型壁厚为 50mm，冷却器面板为 50mm。

12.7.2.3　加工工艺

A　熔铸

（1）坩埚打结。打结坩埚所用原材料为粒度过 3mm×3mm 一筛到底的电熔镁砂，加 2% 硼酸及适量水，打结成碱性坩埚。或者用氧化铝加 5% 左右黏土，再加适当水，打结成中性坩埚。坩埚容量为 12kg 左右，每炉熔炼 8kg。

（2）合金的化学成分。见表 12-26。

表 12-26　铸造永磁合金的化学成分

元素	Al	Ni	Co	Cu	Ti	Nb	Fe	S	C	Si-Ca
配料	7.6	14.5	34.5	3.0	5.3	1.0	余	0.5	0.06	0.4
要求	6.5~7.0	14.0~15.0	34.0~35.0	3.0~3.2	4.8~1.0	—	余	—	—	—

（3）冶炼用原材料要求：

Al——一号铝；　　　　　Fe——DT2；

Ni——一号镍；　　　　　Nb——一号铌条；

Co——一号钴；　　　　　S——工业用硫黄块状加入；

Cu——电解铜；　　　　　C——石墨，粒度为 40~80 目；

Ti——海绵钛；　　　　Si-Ca——粉状。

（4）合金的熔炼。将 Fe、Co、Ni、Cu 同时加入 60kW 非真空高频感应炉，并以最大功率（全波）进行熔化。等熔炼温度达到 1600℃ 左右时，将 Si-Ca 粉用小铲徐徐加入，进行预脱氧。Si-Ca 反应完毕，将 40~80 目之间的碳粒均匀撒在钢液表面，约经过 40~50s，待液面反应完毕，接着加入硫。再依次加入 Nb、Ti、Al，并用加热到 1000℃ 以上的耐火材料制成的搅拌棒进行充分搅拌。钢液达 1620~1650℃ 后出炉，全部熔炼时间为 10~12min。

（5）浇注和晶体取向。当熔炼进行到加入 Al 时，迅速将加热到 1350~1500℃ 并保温 1h 以上的蜂窝状定向模取出，清理底部，置于水冷定向器上，放好压铁及浇口杯，此时应正好熔炼完毕，立即进行浇注，浇注时间为 10s 左右。

浇注完后，取掉压铁及浇口杯，使浇有钢液的砂模在定向器上静置 25~30min，即可清砂退火。

在水冷定向器冷却面板下边通水冷却，其冷却水量可用阀门控制。在浇注前，冷却面板一般加热到 200~300℃。

（6）退火。为了降低磁钢硬度，以利于粗磨加工，定向磁钢在清砂后，需经过退火处理。

退火工艺为，将磁钢随炉升温到 1150℃，或将清砂后，仍在 1000℃ 左右的磁钢直接放入 1150℃ 的炉中，保温 1h 以上，随炉冷却到 200℃ 以下，从炉中取出，进行粗加工。

B　热处理

（1）预热。将粗磨过的产品，随炉升温到 900~1000℃，保温 30min 以上。

（2）固溶。把已经预热的产品，放入 Ni-Cr 合金盒内，装入升至（1250±5）℃ 的高温炉中，ϕ20mm，产品保温 10min，ϕ25mm 产品保温 12min。

（3）磁场冷却。把固溶后的产品，从高温炉中迅速取出，放入磁场中，立即鼓风冷却，在约 60~80s 内冷至磁钢居里点后停风（冷却速度为 5~7℃/s），然后空冷到 750℃。

（4）等温磁场处理。将均匀冷却到 750℃ 的产品，直接放入已经加热到 750℃ 的等温炉炉膛内立即加磁场，并使炉温很快升到 805~810℃，保温 15min，然后打开炉门自冷。等冷至 700℃ 时，放入升至 500℃ 的电阻炉内，准备回火。等温处理时，炉膛内空间磁场强度为 15kA/m。

（5）回火。采用三级回火制度：在 650℃ 保温 3h；600℃ 保温 10h；560℃ 保温 20h。回火完后，随炉冷至 200℃ 以下，出炉、进行精磨加工。

C　磨加工

铸造永磁钢在热处理以后，质硬而脆，加工量大或工艺不合适时，容易造成掉边、开裂等现象。为了保证产品质量和提高磨加工效率。磨加工应分粗磨和精磨两步进行。

（1）粗磨加工。将经过高温退火并磨过浇口的产品，经粗磨至图纸要求的产品尺寸，每边留有 0.2~0.5mm 的加工余量。

1）产品外圆用 M1040 无芯磨床研磨，冷却液用 10% 五花子油乳化液；砂轮型号为 GB36~46 号、ZR1；磨削浓度为 0.1~0.2mm/次。

2）端面用 M7130 平面磨床（或其他平面磨床研磨），冷却液为 10% 五花子油乳化液；砂轮型号为 GB36 号 ZR1、ZR2、ZR3；磨削深度为 0.1~0.5mm/次。

（2）精磨加工。经过精磨加工的产品尺寸、形状偏差及表面光洁度，均须符合图纸要求。精磨工艺为：

1）产品外圆用 M1040 无芯磨床研磨，冷却液及砂轮型号同上；磨削深度为 0.02～0.05mm/次。

2）端面用 M7130 平面磨床（或其他平面磨床研磨），冷却液同上；砂轮型号为 TL60 号 R1～R3（精度 60 号、70 号、80 号软）；工作台速度约 10m/min；磨头单程横向进给量为 0.5～2mm 单程；磨削深度为 0.02～0.05mm/次。

D　产品检验

经过精磨加工后的产品，用冲击法或霍尔效应测量装置进行逐个检验，将合格产品退磁后入库。

12.7.3　铸造永磁的质量控制

铸造永磁按质量通常分为三类：

（1）合格品：即铸造永磁合金的化学成分、磁性能、几何尺寸和表面质量均符合规定的要求。

（2）返修品：这类产品虽磁性能或几何尺寸不合，但经过重新热处理或其他返修加工后能够达到图纸及技术条件的要求。因此对这类产品要分类保管、送回有关工序进行返修。

（3）废品：即磁性能、几何尺寸、表面质量都不能满足图纸及技术条件的要求，而且也无法返修。这类废品可作为返回钢使用。

为提高铸造永磁的产品质量，防止出现废品，应采取以下控制措施：

（1）防止磁性能不合的控制措施有：

1）所有原材料的化学成分必须符合技术条件的要求，表面应洁净。

2）配料计算及称量应有复审及检验制度。

3）严格掌握熔炼、热处理、磨加工的生产工艺操作规程。

4）对化学成分合格而经热处理后由于工艺不当造成磁性能不合的产品，可以补充回火或重新进行处理。但必须注意加热的速度应较第一次处理时慢一些，以防因合金内应力而造成其他缺陷。

（2）防止几何尺寸及表面质量不合格的措施：

1）防止铸造永磁成品尺寸超差。在工装设计，应考虑到模具的收缩率及留有加工余量，模具造型应准确；避免热处理加热温度过高、时间过长而造成严重氧化；避免磨削加工操作中的偏差。

2）防止铸件表面粘砂。为此要求造型材料的耐火度要高。目前大多采用高铝矾土、氧化铝作造型材料，效果良好，铸件表面光洁；另外，浇铸温度不宜过高，以免造成热力粘砂；提高原材料纯度，避免熔炼时合金氧化，形成 FeO、MnO 等碱性氧化物和造型材料中的 SiO_2 起化学反应造成化学粘砂；应避免 FeO、FeS 沾润铸型造成机械粘砂；要烘烤好铸型，防止烘烤不干造成包砂等。

3）防止铸造永磁铸件表面粗糙。粘砂是造成铸造永铸表面粗糙的主要原因之一，因此消除粘砂现象是保证表面光洁的主要措施；另外浇注系统对铸件表面质量影响也很大。

措施之一是尽量采用底注法而用不上注法；之二是浇注时要防止合金熔液冲击和飞溅造成滞流纹或带入炉渣、夹杂和气体等，以保证铸件的表面光洁度。

4）防止铸件变形。铸模造型良好，最好采用机器造型或漏砂造型；另外要避免模具分型面偏移扣箱时偏移，砂型在烘烤或运输时上下箱偏移而引起铸件一部分与另一部分位移，内腔、孔眼和外形发生位移。

5）防止铸件出现缩孔与缩松。铸造永磁在凝固时由于体积收缩，在其表面或内部留下孔穴。对多数磁钢来说，允许有不影响磁性能的缩孔存在，但应对暴露的缩孔用铝或锌加以填补。消除缩孔的方法主要是设计浇冒口系统要合理，使合金熔液在凝固过程中有足够的压力和补缩能力，位置要适当，以满足顺序冷却的原理。其次浇注温度要控制适当，过热不能太大。

6）防止产生缩陷。防止办法是对大型铸件要适当降低浇注温度提高铸型散热速度；在设计浇注系统时，应避免浇注过程局部过热，并有足够大的直浇口或冒口节。生产中在铸件的肥厚处置同类材料小铸件来补偿冷却不均的效果也较好。

7）防止冷隔和浇注不足。浇注系统设计不合理，合金熔液温度过低、熔液不足、压力小，流动性差，浇注速度过慢，断流，以及铸型透气性不好，因分型不平或压铁太轻造成跑箱等，都会引起上述缺陷，应注意防止这些现象发生。

8）防止磁钢表面氧化及剥落。磁钢热处理固溶化处理应避免温度过高或保温时间过长，以防止表面因化学作用而严重起皮。在整个生产环节中还应正确执行工艺制度，防止因生成显微裂纹所导致的在磨加工时发生的剥落现象。

（3）防止磁钢内部缺陷的措施

磁钢内部缺陷有夹渣、砂眼、夹豆、气孔、氧化斑疤、裂纹等，消除方法主要有：

1）消除夹渣的方法是熔炼时注意除渣、防止氧化；适当提高浇注温度、降低注速，使熔渣上浮。

2）消除砂眼的办法主要是提高砂型质量；在生产中严防砂型碰撞落砂和浇注时被合金液流冲刷而造成的砂眼。

3）消除夹豆的方法是浇注时应平稳而迅速地注满浇注系统，在浇注过程中保持充满状态。浇包嘴尽可能靠近浇口杯，不应使合金熔液发生冲击和断流现象。

4）消除气孔的方法是保护炉料清洁，熔炼时充分除气；在设计浇注系统时要合乎顺序冷却和气体通路的合理性，铸型材料透气性良好，充分烘干；在浇注时浇铸温度速度适当，连续平稳、不产生涡流和喷射现象。

5）消除氧化斑疤的方法是加强熔炼脱氧，防止氧化。

6）消除裂纹的方法是使用纯度较高、氧化较轻的原材料，在熔炼时充分脱氧，防止非金属夹杂和氧化物的形成；浇注系统应符合顺序冷却原理，使热量分布均匀；正确选择热处理工艺制度，尽量避免重复热处理；在铸件浇铸冷却或磁钢热处理冷却过程要避免形成过大的热应力和相变应力。

12.8　元器件生产工艺

12.8.1　概述

功能合金元器件的种类繁多，仅用软磁合金带制成的元器件就有冲制铁芯片、环形铁芯、深冲磁屏蔽罩、极靴片以及经加工用于继电器、测量仪器的磁性部件等。国外厂家十分重视元器件的生产。如德国克虏伯（Krupp）公司生产的软磁合金带有 90% 在 Krupp Widia 厂加工成元器件；德国真空熔炼公司（Vacuum-Schmelz Co.）和法国安菲公司功能合金元器件的销售额均占总销售额的一半以上。

1970 年以前，我国功能合金生产厂家主要是生产带、丝、管、材等原材料，元器件基本上由用户自行制作。1971 年以来，不少研究所、厂陆续建立了软磁合金铁芯生产线，并制定了《软磁合金带绕环形铁芯》行业标准（YB/T 5251—93），使功能合金产品向器件方向发展迈出了可喜的一步。

到 20 世纪 90 年代初彩电用模拼双金属弹簧片生产线建成投产，使功能合金深加工制品进一步发展。至今有的生产厂家的元器件销售额已占到总销售额的三分之一以上。

12.8.2 软磁合金环形铁芯生产工艺及设备

软磁合金带绕环形铁芯的生产工艺流程如图 12-19 所示。

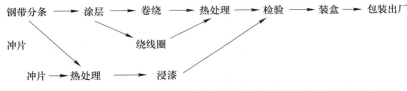

图 12-19 软磁合金带绕环形铁芯的生产工艺

铁芯生产的主要工艺装备有：剪条机、涂层机、卷绕机和热处理设备。铁芯的涂层技术分为干粉涂层和湿法涂层两种。干粉涂层，绝缘粉为 MgO，用表面吸附办法涂到钢带上。湿法涂层是用静电电泳的方法将 MgO 涂到钢带上。一般涂层是和绕制铁芯同步进行的。也有的采用一种胶状黏结剂将 MgO 黏结到钢带上，然后再制作铁芯。

铁芯热处理采用箱式炉、罩式炉或连续炉，用氢气保护处理。用前两种炉子处理，由于采用双重工艺（高温退火+低温回火），适合大批量生产，并能较好地控制有序度，因而性能较高。用连续炉处理生产效率高，但性能不太高。

12.8.3 软磁合金带绕环形铁芯简介（YB/T 5251—93）

用途：电源变压器、磁放大器、磁调节器、脉冲变压器、恒电感元件、漏电保护器、互感器和高频电源器件。

材料：FeNi 系和 FeSi 系合金带共七大类 10 个牌号。

铁芯形状及尺寸规格，允许偏差见表 12-27 和表 12-28。铁芯的外内径之比分三档：$d_1/d_2 = 1.25$，1.5 和 2.0，相应的高度分两档。

环形铁芯特征参数按以下公式计算：

平均磁路长度 l_{Fe} 为

$$l_{\mathrm{Fe}} = \frac{d_1 + d_2}{2} \cdot \pi$$

铁芯有效横截面积 A_{Fe} 为

$$A_{Fe} = \frac{d_1 + d_2}{2} \cdot h \cdot \alpha$$

式中，h 为铁芯高度；α 为占空系数。

铁芯体积为

$$V_{Fe} = l_{Fe} \cdot A_{Fe}$$

铁芯质量 G_{Fe} 为

$$G_{Fe} = \gamma \cdot V_{Fe}$$

式中，γ 为材料的密度。

通常铁芯质量的容许偏差为标称质量的 ±5%。

铁芯的高度和占空系数应符合表 12-28 的规定。

表 12-27　铁芯高度标准比率

d_1/d_2	1.25	1.6	2.0
h/d_2	0.25 或 0.5	0.3 或 0.6	0.5 或 1.0

表 12-28　环形铁芯占空系数（IEC635—76）

带厚/mm		0.30	0.20	0.15	0.10	0.05	0.03	0.025	0.015	0.010	0.006	0.003
占空系数	取向硅钢	0.95			0.92	0.88		0.82				
	其他所有合金	0.95	0.93	0.92	0.90	0.85	0.80	0.80	0.70	0.62	0.50	0.35

对于矩形回线的合金或在高频下应用的铁芯，应尽量采用 $d_1/d_2 = 1.25$ 系列的尺寸。

对于交流电源用磁放大器适合用 $d_1/d_2 = 1.6$ 系列铁芯。对于宽频带发射和脉冲变压器以及线路变压器用 $d_1/d_2 = 2.0$ 系列的铁芯较合适。一般来说，铁芯的外内径之比不应超过 2.0。

按 YB/T 5251—93 标准规定 1J79 超薄带铁芯是指 0.01mm、0.05mm 和 0.003mm，宽度为 10mm、5mm、4mm、2mm 的超薄带卷绕在由无磁材料制成的骨架（如陶瓷架）上的铁芯。

按 YB/T 5251—93 规定：铁镍合金的铁芯性能分三级：A 级（检验数量每批不小于 10%，不能少于 3 只）；B 级（检验数量每批不小于 30%，不能少于 10 只）；C 级（100% 检验）。硅钢铁芯抽测 10%。

要求检测性能的铁芯数量也可按用户要求进行，可以全测或按炉号抽检。对于性能一致性良好的场合，可提出匹配比的要求。匹配比 $\alpha \leqslant (L-S)/S$，L、S 为该批铁芯中某性能（如 μ_i、μ_m、H_C、B_m 或损耗中）的最大值和最小值。一般 α 可为 5%～10%。

铁芯生产中常出现的质量问题有：钢带剪边边缘出现毛刺，涂层不均匀、不牢固、热处理氧化色及性能不合格等。铁芯边缘有毛刺和涂层不牢，将导致铁芯绝缘电阻下降。涂层薄厚不均，将影响到铁芯的占空系数。热处理出现氧化色时将使铁芯性能下降，甚至性能不合格，造成废品。

为了防止上述问题的发生，要精心调整好分条滚剪机的滚刀轴间距，分条后钢带两边缘要经 2～3 次清除毛刺的加工，直至在 8 倍放大镜下看不到毛刺为佳。铁芯卷绕涂层和热处理时要控制好工艺参数，做好保护气体（H_2）的净化工作。

各种性能的软磁合金（包括 R 形、Z 形（高矩形比）和 F 形（低 B_r）磁滞回线的 Fe-Ni 系、Fe-Co 系、Fe-Si 系、Fe-Al 系等合金）都可制成带绕环形铁芯，由于这种铁芯无空气隙，材料的磁性能得到最充分的利用。如果轧制方向是磁性择优方向，如立方织构的中 Ni 和高 Ni 含量矩回坡莫合金或晶粒取向硅钢等，那么带绕铁芯更为有利。

带绕铁芯除环形外，也可制成椭圆形、矩形及其他形状。带绕铁芯用钢带厚度一般不超过 0.3mm，太厚的钢带或者太小的环形铁芯也可以用冲压圆片来制作，其尺寸规格应尽可能符合表 12-28 环形带绕铁芯系列的规定。

高牌号的软磁合金特别是高磁导率的 Fe-Ni 系坡莫合金带绕环形铁芯在运输过程或缠绕线圈以及装配过程中所造成的机械应力很敏感，因此必须保护铁芯。最安全的方法是将铁芯放入用塑料或铝制的保护盒内，并填以硅橡胶（硅脂）或泡沫环予以"固定"。塑料保护盒的承受温度应达 125℃ 以上。铝制保护盒可承受的温度达 180℃。

软磁合金除可做成环形铁芯外，还可制成带绕切割铁芯（C 铁芯）、叠片铁芯（EE 形、F 形、U 形、EI 形等）以及黏结的叠片铁芯等，这方面的情况可参阅有关手册或公司样本。

12.8.4 横拼双金属弹簧片生产简介

横拼双金属弹簧片是彩色显像管中的重要部件，它支撑荫罩框架和波壳，并对荫罩框架起热补偿的作用。补偿功能若不能满足要求，那么彩管在通高压电后，内部发热，框架变形，彩色就会发生变化和失真。

由高膨胀组元合金（SUS304）和低膨胀组元合金（$Ni_{36}Fe$ 因瓦合金）横拼焊接而成。对组元合金和横拼双金属的性能要求见表 12-29。

表 12-29 横拼双金属材料的性能要求

项目 牌号		维氏硬度 HV_{10}	抗拉强度 σ_b/MPa	伸长率 δ_5 /%	平均线膨胀系数 $\alpha_{CP}(20\sim100℃)/10^{-6}℃^{-1}$	横拼双金属比弯曲 $K/10^{-6}℃^{-1}$
I	HS304	380~460	1380~1620	≥5	14~16	10.8~12.4
	HSNi36	200~260	685~885	8~13	≤1.5	
II	HF304	380~440	1250~1470	—	15~17	11.5~13.5
	HFNi36	190~230	560~735	—	≤1.3	

对表面要求：粗糙度 $\leq 3\mu_m$。无毛刺、无锈斑、无氧化。

对焊缝的要求：焊缝上部宽度 $m\leq0.7$mm，下部宽度 $n\leq0.4$mm。

凹陷 $h\leq0.035$mm，强度 $\delta_b\geq410$MPa。焊缝应无空洞、飞溅、气孔、结疤、氧化等缺陷。

由上可知对横拼双金属的要求是较严的。

横拼双金属的成品带厚在 0.79~1.20mm 之间（各管型要求不同）。弹簧片的生产流程如图 12-20 所示。横拼双金属焊接生产线如图 12-21 所示。

关键的技术：是冷加工工艺必须确保两个组元合金的性能满足要求，稳定化处理应根据用户要求恰当调整，真空双枪电子束焊接设备及焊接工艺参数合适。

图 12-20　弹簧片的生产流程

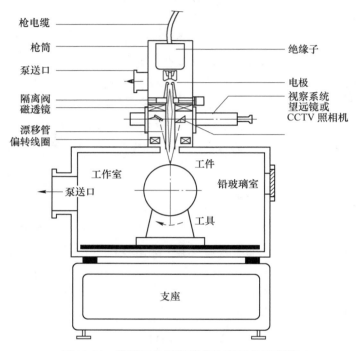

图 12-21　横拼双金属弹簧片生产工艺示意图

横拼双金属的焊接工艺是生产双金属弹簧片过程中极为重要的一个环节，也是该材料生产中的一个难点。因此，双金属的主动层与被动层焊接质量的好坏，将直接影响横拼双金属弹簧片的性能。

横拼双金属弹簧片要求焊缝熔区宽度不大于 0.5mm，焊缝垂直方向的强度在 600MPa以上，焊缝三次 90° 弯曲不产生裂纹。因此，应当采用真空电子束焊接机，这是生产横拼双金属的关键设备。这样才能使焊接的横拼双金属焊缝无氧化色，呈银白色，焊缝无假焊等缺陷。

12.8.5　我国功能合金元器件生产与国外差距及今后发展方向

目前我国功能合金元器件的生产种类尚少，就软磁合金带绕环形铁芯而言，不像国外有的厂家那样品种全。如德国真空熔炼公司大量供应的软磁合金元器件就有：（1）带绕各种铁芯；（2）T 形和 E 形铁芯片；（3）拾音磁头片，膜片；（4）极靴、继电器舌簧片；（5）各种磁屏蔽罩；（6）互感器；（7）电机械换能器；（8）磁铁电源装置等。

国外生产铁芯的设备特点是高效率和自动化。如 Krupp 公司的自动冲片机，平均冲片

100 次/min，铁芯片与边角自动分堆。整个冲片机除上料卷时用人外，无需人操作。环形铁芯缠绕机有全自动与半自动两种。外径小于 40mm 的小铁芯在全自动机上缠绕，无需人操作。绕大的铁芯采用半自动机，由一人坐着操作，卷绕速度非常快，一个外径 80～100mm 的大铁芯不到半分钟就可绕成，生产效率非常高。铁芯热处理后装在塑料护盒内。值得提出的是，钢带一般都是先涂层，再剪条卷绕，卷绕和涂层分开，可实现自动化。国内一般是采用先分条，再用电泳涂层法将卷绕与涂层结合一起完成。因此生产效率不够高。

  铁芯热处理国外一般采用大型罩式炉（如 VAC 公司）和大型连续炉（Krupp 公司）。国内一般采用厢式炉，生产不稳定，效率低。采用连续炉的优点是：（1）温度控制稳定；（2）连续作业，元件性能稳定一致；（3）生产效率高。因此，我国应加强用于铁芯热处理连续炉的研制和引进消化吸收及创新工作。总之，国外大公司精密合金深加工制品的产值可达总产值的 60% 以上，而现在各生产厂仍以传统冶金产品——管、棒、丝、带供应。

参 考 文 献

[1] 曾润根，齐生浩. 超薄带材轧制试验 [J]. 上海钢研，1979（4）：25～37，11.
[2] 曾润根，齐生浩. 超薄带材轧制研究 [J]. 钢铁，1980（6）：47～53.
[3] М А Тихачер，宋华. 带材轧制时形状的检控 [J]. 轻合金加工技术，1992（11）：17～21.
[4] 姜远军. 热轧铝合金带材时如何防止带材缠辊 [J]. 轻合金加工技术，1993（5）：45～46.
[5] 杉江秋男，梁平信. 热轧时铝带材的凸度控制 [J]. 轻合金加工技术，1986（3）：15～21.
[6] 方汝. 深拉铝合金带材的生产 [J]. 铝加工，1987（6）：52～53，34.
[7] 于永棣. 有色金属冷轧过程中带材平直度的控制 [J]. 轻金属，1989（2）：56～58.
[8] Kwak T S, Kim Y J, Bae W B. Finite element analysis on the effect of die clearance on shear planes in fine blanking [J]. Journal of Materials Processing Tech., 2002（12）：130～136.
[9] Chern G L. Experimental observation and analysis of burr formation mechanisms in face milling of aluminium alloys. Int. J. of Machine Tools and Manufacture, 2006（15）：145～150.
[10] Nobuo Hatanaka, Katsuhiko Yamaguchi, Norio Takakura, et al. Simulation of sheared edge formation process in blanking of sheet metals [J]. Journal of Materials Processing Tech., 2003, 140（1-3）：178～183.
[11] 吴元昌. 粉末冶金高速钢生产工艺的发展 [J]. 粉末冶金工业，2007（2）：30～36.
[12] 吴元昌. 第三代粉末冶金高速钢 [J]. 粉末冶金工业，2005（5）：55～56.
[13] Hellman P. A new powder-metallurgy process forproduction tool and die steels [J]. Engineers Digest, 1970（5）：45～50.
[14] Cao Yongjia, Wang Honghai, Luo Xiyu. Properties of P/M High Speed Steels [J]. Proceedings of the Int. Met. Conf., 1980（17）：125～129.
[15] Global marketing review：MI Mfocus. Metal injectionmoulding（MIM）growth slows in 2009 [J]. International Powder Metallurgy Directory, 2010（11）：145～148.
[16] Berns H. The fatigue behaviour of conventional and powder metallurgy HSS [J]. Journal of Powder Metal International, 1987（10）：236～240.
[17] 贺毅强，陈振华，陈志钢，等. 金属粉末注射成形的原理与发展趋势 [J]. 材料科学与工程学报，

2013, 31（2）：317~322.

[18] 茅志玉. 金属粉末注射成形工艺及其技术要点 [J]. 机械工程师, 2013（7）：24~26.

[19] 陈鸿璋, 曾凡同, 唐凯, 等. 金属粉末注射成形的工艺研究与应用 [J]. 精密成形工程, 2012, 4（2）：46~53.

[20] 粉末冶金新材料新技术信息 [J]. 金属材料与冶金工程, 2011, 39（1）：34.

[21] 邓陈虹, 葛启录, 范爱琴. 粉末冶金金属基复合材料的研究现状及发展趋势 [J]. 粉末冶金工业, 2011, 21（1）：54~59.

[22] 金属与粉末冶金 [J]. 新材料产业, 2011（2）：92~95.

[23] 冯思庆, 张光胜, 牛顿. 烧结压力对粉末冶金铁基材料显微组织与性能的影响研究 [J]. 现代制造工程, 2011（3）：62~65.

[24] 金属与粉末冶金 [J]. 新材料产业, 2011（3）：93~94.

[25] 于永初. 粉末冶金行业迎来发展良机 [J]. 现代零部件, 2011（8）：21.

[26] 粉末冶金技术简介 [J]. 金属世界, 2010（3）：22~23.

[27] 王庆兵. 精密铸造工艺在生产中的应用 [J]. 中国科技信息, 2007（23）：83, 86.

[28] 颗粒增强铝基复合材料的精密铸造工艺 [J]. 金属成形工艺, 2001, 19（6）：60.

[29] 郑黎明, 甄爱中. 细长孔的精密铸造工艺实践 [J]. 特种铸造及有色合金, 1999（6）：54~55.

[30] 穆传民. 管座的精密铸造工艺研究 [J]. 中国核科技报告, 1989（S3）：49.

[31] 用优选法合理选择精密铸造工艺参数 [J]. 机械工程师, 1973（1）：28~29.

[32] 熊艳才. 铝合金复合型精密铸造工艺研究与应用 [J]. 特种铸造及有色合金, 2009, 29（2）：156~157, 95.

[33] 张敏华. 快速铸造和快速精密铸造技术的研究与发展 [J]. 热加工工艺, 2009, 38（3）：36~39, 44.

[34] 南海. 轻合金精密铸造技术 [J]. 新技术新工艺, 2009（2）：9~12.

[35] 任明星, 李邦盛, 杨闯, 等. 金属型微铸造工艺成形微铸件的组织演变 [J]. 材料研究学报, 2008（4）：384~388.

[36] 熔模精密铸造技术问答 [J]. 铸造, 2008（10）：1075.

[37] 熊艳才. 铝合金复合型精密铸造工艺研究与应用 [J]. 特种铸造及有色合金, 2008（S1）：469~471.

[38] 杨红霞. 钛合金熔模精密铸造技术分析 [J]. 中国高新技术企业, 2008（20）：56, 61.

[39] 刘海坤, 刘赵铭, 刘明雪. 精密铸造压型制造新工艺的研究 [J]. 铸造设备研究, 2007（3）：30~32.

[40] 王庆兵. 精密铸造工艺在生产中的应用 [J]. 中国科技信息, 2007（23）：83, 86.

[41] 潘复生, 张丁非, 等. 铝合金及应用 [M]. 北京：化学工业出版社, 2006.

[42] 刘静安, 谢水生. 铝合金材料的应用与技术开发 [M]. 北京：冶金工业出版社, 2004.

[43] 邓文英. 金属工艺学 [M]. 北京：高等教育出版社, 2000.

[44] Smith S, Tlusty J. Current Trends in High Speed Machining Journal of Manufacture Science and Technology [J]. American Society of Mechanical Engineers, 1997（8）：145~152.

[45] Smith S, Tlusty J. High-speedmachining [J]. Annals of the CIRP, 1992（5）：3~8.

[46] 黄希, 王恒, 张敏, 等. 快速精密铸造技术的研究现状和发展趋势 [J]. 铸造技术, 2013, 34（12）：1690~1693.

13　金属功能材料的冶炼工艺

13.1　概述

13.1.1　金属功能材料化学成分的特点

从前面几章中看到，金属功能材料的种类繁多，仅纳入国际的 1J 到 6J 的合金牌号就有 128 个，加上新试产品约 200 余个，各类合金牌号总计已超过 400 个。这 400 多个合金牌号，大多是化学成分各异，归纳起来具有如下特点：

（1）大多数为铁基和镍基合金，并添加一定数量的其他合金元素，有些牌号中，添加合金元素多达五六种。

（2）某些合金需要添加易氧化元素，如铝最高到 16%，钛最高到 3%，钕最高到 35%。

（3）有些合金含有高熔点、高密度元素，如钨、钼、锆、铌等。

（4）绝大多数合金牌号要求碳含量低（≤0.03%），氧、氮、磷、硫等有害元素含量低。

（5）所有牌号要求合金元素含量控制在较窄的范围内，有的则要求波动范围很窄（≤±0.2%）。

13.1.2　对冶炼质量的要求

根据上述化学成分的特点，可用"准"、"纯"、"匀"三个字概括对冶炼质量的要求。

（1）"准"：要求合金成分非常准确。因合金的物理性能主要取决于化学成分，性能对成分波动非常敏感，为保证合金的性能满足技术条件要求，其化学成分必须准确。例如恒弹性合金 3J58 标准规定频率温度系数 β_f 均为 $(-5\sim+5)\times10^{-6}/℃$，而合金中的铬与镍含量即使变化 0.1%，其 β_f 值就有明显改变，所以标准中把铬、镍含规定得很窄，分别为 5.2%~5.6%，43.0%~43.6%。为了得到较好的性能，生产厂作为内控标准允许的含量范围就要更窄些。

（2）"纯"：要求合金纯净，气体、有害元素、夹杂物尽可能地少。例如 1J79 软磁合金，当氧含量超过 0.009% 时，则 μ_0、μ_m 值就急剧下降。

（3）"匀"：要求合金元素分布均匀。不少合金中含有高熔点、高密度元素和低熔点、低密度元素，易于造成钢水中成分分布不均匀和因结晶偏析导致成分分布不均匀。例如冶炼 Fe-Al 合金，曾出现过钢锭不同部位 Al 含量有 4.72% 和 12% 的差异，造成报废。

为满足对冶炼质量的要求，采用现代冶金技术和科学的工艺方法是十分必要的。

适于生产金属功能材料的主要冶炼设备有：真空感应炉、非真空感应炉、电渣炉、真空自耗炉和电弧炉。应根据对合金的质量要求、合金化学成分的特点及生产经济性，合理地选择冶炼设备。感应炉目前是金属功能材料最常用的冶炼设备，有关内容本章要作较详细地介绍。浇注是冶炼过程的最后一步操作，铸锭或铸件质量的优劣，取决于浇注工艺的正确与否。精心操作和采取有效措施防止各种铸造缺陷的产生都是很重要的。

13.2　常用的冶炼设备

13.2.1　感应炉

13.2.1.1　感应炉的工作原理

感应炉是基于电磁感应原理工作的。把交变电流通入感应器（螺旋管）时，感应器产生交变磁场，它使位于感应器内坩埚中的金属炉料产生感应电动势，在这个电动势的作用下，金属炉料中产生交变电流，称为涡流。涡流通过炉料自身的电阻把电能转换为热能，加热熔化金属炉料。

感应器中通入交变电流后，在炉料中产生的感应电动势为

$$E = 4.44\phi fN \times 10^{-8} \quad (\text{V}) \tag{13-1}$$

式中　ϕ——交变的磁通；

　　　f——通入感应器电流的频率；

　　　N——感应器的匝数。

从式（13-1）看出，频率越高，感应电动势越大。但是频率越高，集肤效应越严重，产生的涡流越趋集于炉料表面层，这一层的深度叫穿透深度。金属熔化速度与穿透深度有密切关系。频率越高，炉料块度应越小，才能保证高的熔化速度。穿透深度 δ 由下式表示：

$$\delta = \frac{1}{2\pi}\sqrt{\frac{\rho \times 10^9}{\mu f}} = 5030\sqrt{\frac{\rho}{\mu f}} \quad (\text{cm}) \tag{13-2}$$

式中　ρ——炉料的电阻率；

　　　μ——炉料的磁导率；

　　　f——电流频率。

对于填装高为 h，直径为 d 的柱形炉料，其加热功率为

$$P = 2\pi^2 N^2 I^2 \frac{d}{h}\sqrt{\rho\mu f \times 10^{-9}} \quad (\text{W}) \tag{13-3}$$

式中　I——通入感应器的电流强度。

从式（13-3）看出，增加感应器匝数，提高电流强度，加大坩埚内壁直径，提高频率，以及金属料本身的高电阻率、高磁导率，都能使炉料加热功率提高。但是受结构限制，感应器匝数不能太多。减小联接感应器回路的电阻，可有效地提高电流。坩埚壁越薄，d 就越大，但受到坩埚强度的限制。随着频率提高，穿透深度减小，使炉料表层电阻增大，加热效率提高，但到一定程度后，再提高频率，伴随炉料自感系数增加及无功损耗增大。因此，感应炉的加热功率和效率不能无限提高。但通过对各种相关因素进行优化选择，是可以使它达到最佳水平的。

金属炉料中的感生电流与感应器电流方向相反，因此受感应器电流的推斥作用，使钢液向中心部位挤压，造成熔池顶部凸起。推斥力与熔池所在位置安匝数的平方成正比。推

斥力越大，钢液运动越剧烈。这种电磁搅拌作用使钢液成分和温度趋于均匀，并加速钢液和渣的反应（非真空冶炼）及钢液中气体和易挥发物的排出（真空冶炼）。但在生产实践中，要注意避免因钢液剧烈运动把钢渣带进熔池，造成大量夹杂物存在以及钢液溅出坩埚的危险。

13.2.1.2 感应炉的特点

A 感应炉的优点

（1）由于炉料是靠涡流转化为热能而加热熔化，因此避免了加热源对钢液的污染。

（2）热量损耗小，加热速度快，合金元素烧损少。

（3）可以精确控制温度，又由于炉子体积小，可以方便地采用真空或保护气氛进行冶炼。

（4）电磁搅拌有利于合金成分和钢液温度分布均匀，有利于促进钢液中气体逸出、非金属夹杂物上浮和加速钢液与钢渣的反应。

B 感应炉的缺点

（1）由于渣料的性质，它不能被感应加热，只能靠钢液传递的热量加热，因而对冶炼过程的冶金反应不利。

（2）坩埚壁较薄，钢液和炉渣对坩埚冲刷严重，又加上坩埚内外壁温差大，使得坩埚寿命较短。

（3）容量小，生产效率低。

13.2.1.3 感应炉的结构

感应炉分为有芯和无芯感应炉两种。无芯感应炉适于冶炼精密合金、高温合金等钢铁材料，有芯感应炉主要用于冶炼有色金属。按照感应炉工作频率又分为高频（≥ 200kHz）、中频（$500 \sim 10000$Hz）及工频（50Hz）感应炉。按照冶炼气氛不同还可分为非真空感应炉（在大气下）和真空感应炉（炉室压力在 $1.33 \sim 0.133$Pa）。

下面以我国目前常用的 200kg 真空感应炉（型号 ZG-0.2）为例，说明感应炉结构。该炉子的外形结构示于图 13-1，其技术参数为：容量 200kg，最大功率 200kW，工作电压 375V，工作频率 2500Hz，最高工作温度 1700℃，工作真空度 6.67×10^{-1}Pa，熔化速率 0.15t/h（在 1600℃）。

真空感应炉由三个主体部分组成：电源系统，炉体系统和真空系统。

A 电源系统

（1）变频机组。我国常用的真空感应炉的工作频率为 $1000 \sim 2500$Hz，变频机组的作用就是把供电频率由 50Hz 变成为 $1000 \sim 2500$Hz。变频机组主要由交流电动机、中频发电机以及中频发电机的激磁直流电源（直流发电机组成或可控硅整流器）组成。

（2）电容器。电容器与感应器并联，起到减少回路的感抗、提高功率因素、降低电机绕组和导线发热的作用。通常使用的是电热电容器。电容器与炉体越近越好，以减小阻抗损耗。

（3）控制系统。控制系统主要包括各种开关、继电器、电流表、电压表、功率因素表等。

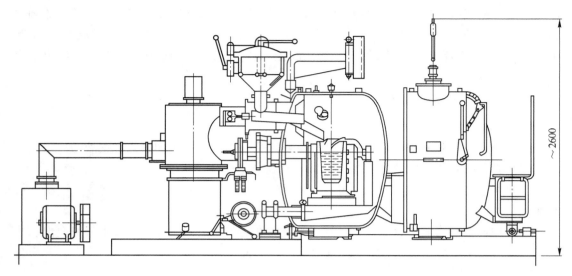

图 13-1　ZG-0.2 型真空感应炉外形图

B　炉体系统

（1）感应器。感应器是由通水的紫铜管盘成螺旋状而成的。感应器的铜管直径、高度、单位长度内的匝数、允许通过的电流、绝缘情况等，对炉子的加热效率有决定性的影响。感应器的优化设计是十分重要的。

（2）坩埚。坩埚是置于感应器内承载炉料的容器，用耐火材料制成。根据冶炼要求，坩埚应具有如下的性质：

1）高的耐热性：由于熔池温度可高达 1600℃ 以上，因此要求坩埚在高温下不熔化、不软化，有足够的耐火度。

2）耐急冷急热性：冶炼过程升温降温反复进行，要求坩埚材料热膨胀系数小，不因急冷急热而产生裂纹或剥落。

3）低导热导电性：坩埚内外温度差达 1500℃ 以上，要求它的导热性低，以减小炉子散热，提高热效率。要清除坩埚材料中的金属物质，保证坩埚有很低的导电性，否则会引起感应器和炉料间短路打弧。

4）高的化学稳定性：坩埚与钢液和熔渣接触，它要有高的化学稳定性，才不致于被分解和污染钢液。对于真空冶炼，则更要求耐火材料（氧化物）分解压低，在高温低压条件下稳定，以保证合金质量和坩埚寿命。

此外，由于坩埚要承受炉料的质量和装料、捣料时的冲击，它应具有较高的力学强度。

坩埚位置和几何形状对加热效率有直接影响。最佳的做法是，既能保证金属料都在感应器的有效磁力线切割范围内，漏磁通少，熔池顶部不过份凸起，又能使坩埚具有符合要求的力学强度和使用寿命。

坩埚容积比全部炉料熔化后的体积大 20% 左右。上口比下口大 5%～10%，并且坩埚壁是上部薄、下部厚。

坩埚质量主要由耐火材料的性质决定。常用的几种耐火材料列于表 13-1。

表 13-1　常用几种耐火材料性能

材　料	熔点/℃	最高工作温度/℃	热膨胀系数/10^{-6}℃$^{-1}$
MgO	2800	2300	15.6（20~1700℃）
Al_2O_3	2050	1900	8.4（20~1000℃）
ZrO_2	2715	2300	7.7（20~1000℃）
28.2%MgO-71.8%Al_2O_3	2135	1950	8.0（20~800℃）

冶炼金属功能材料的坩埚，大多采用 MgO 材料制成。在高温和高真空条件下，坩埚材料会与熔池中的［C］发生反应，还原出镁、锆、铝等金属元素。其中镁的蒸汽压高，挥发后被抽出，而其他元素则进入熔池与［O］反应，形成氧化物夹杂。为减少坩埚材料所含杂质带入钢液，一般采用电弧炉熔化镁砂以去除杂质，使 MgO 含量提高到98%以上。用这种纯度较高的镁砂制作坩埚，不但可以减少钢液污染，而且也会提高坩埚的使用温度和使用寿命。

坩埚材料的粒度配比和黏结剂加入量，对坩埚强度和耐火度有直接影响。颗粒多，黏结剂（硼酸）少，则坩埚耐火度高，但强度低；细粒多，黏结剂多，则耐火度低，但强度高。因此要选择合适的颗粒度配比及黏结剂加入量，并混合均匀，然后按工艺规程进行坩埚打结和烧结，使坩埚内壁形成具有一定厚度的光洁坚硬的烧结层。

C　真空系统

真空系统主要包括真空室、管道、阀门、真空泵及真空测量装置，如图 13-2 所示。下面重点介绍真空测量装置。

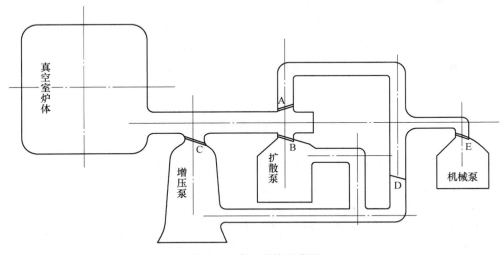

图 13-2　真空系统示意图

a　真空泵

为满足冶炼对高真空的要求，在真空系统中要有不同类型真空泵的组合。通常采用的是机械泵、增压泵和扩散泵，它们在真空系统中的位置示于图 13-2。

机械泵是利用转子运动使定子空间体积不断变化来获得低压的设备，分柱塞式、转片式、定片式等多种。真空冶炼常用柱塞式机械泵。机械泵抽气速率快，但极限真空度较低，一般为 0.133Pa，因此被作为前级泵使用。

扩散泵是利用加热某种物质使其成为高速运动的分子气流，这种定向喷射的气流带动炉气分子离开炉体，进而产生低压的装置。油是通常使用的物质，把这种扩散泵称为油扩散泵。扩散泵只有在真空室内达到一定负压条件下才能开始工作，例如油扩散泵这个压力（称为最大背压）为 20Pa。它是由前级泵（机械泵）实现的，油扩散泵则是次级泵。

增压泵分油增压泵和机械增压泵（罗茨泵），它与扩散泵并联使用，以提高抽气速率，使有大量炉气产生的情况下仍能保持真空室内有足够高的真空度。油增压泵与扩散泵的工作原理相同，只是喷口的形式和位置有差别；罗茨泵是一种具有两个转子的机械泵。

按图 13-2 所示，抽真空的过程是：先用机械泵抽真空，机械泵达到要求之后再打开罗茨泵和扩散泵，抽高真空。

真空冶金一般要求真空度范围为 1.33~0.133Pa。

b　真空测量装置

测量低气压即真空度的量具称为真空计，按其工作原理不同，真空计分为多种类型。生产中使用的有如下几种：

（1）水银压缩真空计：是利用一定温度下，一定数量气体的 $PV=$ 常数的原理来测量系统压力的真空计。它易于制造，是一种绝对真空计，但测量误差较大，不能连续测量，操作又不方便，在实际生产中已很少使用。该种真空计的测量范围为 $133~133\times10^{-5}Pa$。

（2）热电阻和热电偶真空计：是利用在真空下气体的热传导与压强成正比，电阻丝温度升高则电阻或电偶电势相应增大的原理来测量系统压力的真空计。这种真空计可连续测量，真空系统严重漏气时也不受损坏。但是因有热惯性，测量灵敏度较低，且受外界温度和测量气体种类影响，其测量范围为 $13.3~133\times10^{-5}Pa$。

（3）电离真空计：是利用真空下，带栅极的二极管中电子流和离子流的比值与压强成正比的原理，实现测量系统压力的真空计。二极管温度过高会引起大的测量偏差，测量系统压力高于 0.133Pa 时会引起正负极放电，甚至烧坏二极管。因此它常与热电偶或热电阻真空计组合使用，担负高真空测量（$133\times10^{-4}~133\times10^{-7}Pa$）。这是目前广泛应用的一种真空计。

除上述主要构成部分外，真空感应炉还有可通冷却水的密封壳体、窥视孔、取样和测温装置、可装炉料量三分之一的料槽，有的还带有工频电磁搅拌装置。真空感应炉有间歇式和半连续式两种。半连续真空感应炉有三个由阀门隔开的真空室：备料室、熔炼室、锭模室，如图 13-3 所示。在多次冶炼过程中，熔炼总是处于真空条件下，坩埚中的残余钢液不会被氧化，这对于冶炼含易氧化元素多的合金（如 NdFeB）十分有利。真空感应炉的容量范围很宽，有几公斤、几十公斤、几百公斤和几吨的。我国目前用于冶炼金属功能材料的真空感应炉，除了容量 150~200kg、500kg 的间歇式炉子外，尚有 25kg（用于 NdFeB 合金冶炼）、1t、2.5t 及 5t 半连续式炉子。

13.2.2　电渣炉

13.2.2.1　电渣炉的工作原理

电渣炉是基于电流通过炉渣产生电阻热而熔化金属的原理工作的。金属电极就是被冶炼的合金，它是用其他方法冶炼和加工的，所以电渣炉实质是二次冶炼炉或称电渣重熔

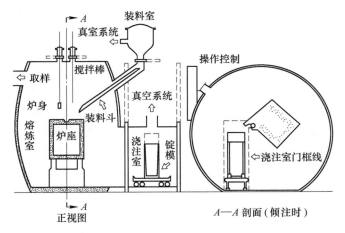

图 13-3 半连续式真空感应炉示意图

炉。如图 13-4 所示，电源变压器副绕组边的电流经过电极—炉渣—金属熔池—凝固金属—水冷底板—变压器，形成回路。炉渣的电阻很高，电流通过时产生足够的热量（温度可达 2000℃），使插入其中的电极熔化成液滴，经过炉渣流入水冷结晶器，形成熔池并凝结成钢锭。电极不断下降，熔化不断进行，直至电极熔化完了。电渣重熔可获得几十公斤到几百吨的钢锭。

电渣炉有几种类型：直流电渣炉、交流电渣炉、单极电渣炉、双极电渣炉等。电渣炉是设备较为简单的一类冶炼炉。

13.2.2.2 电渣炉的特点

高温熔渣覆盖在钢液上面，隔绝了大气与钢液的接触，防止合金烧损和吸气。同时合金液滴通过渣层受到"渣洗"，合金液与熔渣之间迅速和完全的反应，能有效地除去有害杂质和夹杂物。

合金液直接在结晶器内结晶，既无耐火材料污染，又可得到定向结晶，因此结晶纯净、偏析

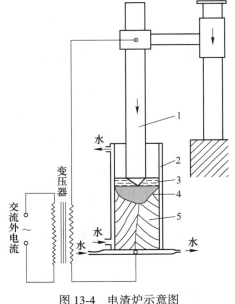

图 13-4 电渣炉示意图
1—电极；2—结晶器；3—熔渣；
4—熔池；5—结晶体

小、铸态缺陷少、结构密实，甚至重熔后的力学性能可达到不经重熔的铸材水平。

整个熔炼过程是连续结晶、连续补缩的过程，一般不产生缩孔，而且钢锭表面缺陷也少，收得率较高。

结晶器可做成所需形状，进而使钢锭直接成为制品，如炮管、涡轮等。

由于使电极熔化的热量只占 40% 左右，热效率较低、电耗高，这是电渣炉的一个缺点。

炉渣的选择对冶炼效果有决定性的影响。一般要求炉渣熔点低、具有一定的导电性、高沸点、低的透气性、黏度随温度变化，具有一定表面张力及化学反应能力。

构成炉渣的主成分有 CaF_2、CaO、Al_2O_3、MgO 及 TiO_2、NaF_2、ZrO_2、BaO 等，此外还可根据特殊需要配入其他成分。

13.2.3　真空自耗炉

（1）真空自耗炉的工作原理。真空自耗炉是基于电极产生的电弧加热来熔化电极自身的原理工作的，它是真空电弧炉的一种，也叫做真空自耗电弧炉。它与电渣炉也有相同的方面，即都属熔化电极自身的重熔冶炼，并且都是在水冷结晶器内进行冶炼和结晶的。

真空自耗炉的构成主要有电源、结晶器、真空系统和控制装置。常用的是直流电源。抽锭式结晶器比固定式结晶器好，前者可使电弧熔炼位置总是处于结晶器上口端的高真空区，脱气效果较好。为了得到好的脱气效果和保持电弧稳定，高真空条件是必要的，所以常用抽气能力大的油增压泵或罗茨泵。

（2）真空自耗炉冶炼过程是在高温（可达 4000℃）和高真空下进行，又不存在耐火材料污染，能够充分地脱气和去除杂质，获得结构致密的钢锭，是冶炼高熔点和高化学活性金属的主要方法之一。但也要注意金属元素的蒸发损失，特别对蒸气压较高的元素，如锰、铝、铬等，在原始电极中要额外加入烧损量。

13.3　非真空感应炉冶炼工艺

13.3.1　炉料

（1）金属料。用非真空感应炉冶炼金属功能材料，对金属材料要求较为严格，气体和杂质含量要低，特别是磷和硫的含量更要严格限制，因在感应炉冶炼过程难于去除。金属料的选用，要考虑这样三个条件：满足钢锭质量的要求；对冶炼过程有利且可行；经济上合理。冶炼金属功能材料使用的金属料，除了铁、镍、钴三个基本元素外，还包括铝、锰、钛、钒、铬、钼、铌、钨、铜、硅等合金化元素。铁、镍、钴是多数牌号合金的主体元素，对合金纯度起着决定性的影响，一般要选用气体和杂质含量低的高牌号金属料。镍和钴都是电解法生产的，易于在表面形成含有较高氧和氢的凸瘤和疏松断面。这些气体在真空下和150℃以上温度加热，可以去除。合金化元素可用纯金属或铁合金或中间合金配入，对高熔点和化学活性元素，最好选用熔点低得多的铁合金或中间合金，以便较快地熔化。对于加入量较高的合金化元素，需采用真空加热或真空重熔去除铁合金或中间合金所含的气体和杂质。

（2）渣料。渣料的作用是使去除钢液中气体和杂质的化学反应顺利进行，防止钢液氧化和吸气，因此它对冶炼质量有着重要影响。

石灰是碱性感应炉使用的造渣材料，质量好的石灰 CaO 含量高（≥95%）、杂质少。石灰极易吸水变质，因此最好使用新焙烧出来的。对于已放置一段时间（不超过48h）的石灰，使用前一定要经过烘烤，彻底去除水分。

萤石也是渣料中的一种重要成分，其主要作用降低渣的熔点、提高流动性、增强化学反应能力。质量好的萤石，CaF_2 含量高，硫化物等杂质少，呈翠绿色。使用前要加热烘烤，使水分降到最低（≤0.5%）。

通常配制渣料的组成是 $CaO:CaF_2=70:30$ 或 $CaO:CaF_2:MgO=60:30:10$。渣料

量约为炉料量的 3%。

13.3.2　精炼

精炼是冶炼全过程中最重要的步骤，其主要目的是脱氧。脱氧是脱氧剂与钢液中的氧发生化学反应，形成的氧化物从钢液中脱除的物理化学过程。脱氧效果取决于脱氧剂的物理化学性质和工艺条件。选用脱氧剂的依据是：对氧的亲和力要强，脱氧产物易于排除，对合金性能没有负作用。

非真空感应炉冶炼常采用的脱氧方法是扩散脱氧和沉淀脱氧。

13.3.2.1　扩散脱氧

扩散脱氧是在渣中进行的一种脱氧方法。按分配定律，在一定温度下，金属氧化物在钢液和渣中有一定的比例关系。以氧化铁为例，在一定温度下，渣中氧化铁（FeO）含量和钢液中氧化铁 [FeO] 含量有一确定的比例关系：

$$\frac{(FeO)}{[FeO]} = K \qquad （常数） \tag{13-4}$$

如使渣中氧化铁不断减少，则钢液中氧化铁就随之不断向渣中扩散，钢液中的氧也就不断被脱去。减少渣中（FeO）的方法是用与氧亲和力更强的元素作扩散脱氧剂。适用的扩散脱氧剂有铝石灰、硅钙粉、硅铁粉、碳粉等，它们与氧化铁发生如下的化学反应：

$$3(FeO) + 2Al === Al_2O_3 + 3[Fe] \tag{13-5}$$

$$(FeO) + \frac{1}{2}Si === \frac{1}{2}SiO_2 + [Fe] \tag{13-6}$$

$$(FeO) + C === CO\uparrow + [Fe] \tag{13-7}$$

被还原的铁返回钢液，而生成的脱氧产物则留在渣中，不会污染钢液，这是扩散脱氧的优点。但缺点是扩散脱氧需要较长时间，而且脱氧也不完全，所以要用沉淀脱氧来作为补充脱氧。脱氧开始前，渣的主要成分 CaO、SiO_2、FeO、MnO 等，渣色发黑，经脱氧操作后，FeO、MnO 含量减少，渣色变白。在生产实践中，强化白渣时间（一般超过 20min）的脱氧操作是精炼期的主要内容。

13.3.2.2　沉淀脱氧

沉淀脱氧是用脱氧剂在钢液中进行脱氧的方法。通常使用的脱氧剂有锰、Ca-Si、Ni-Mg、钛和铝等金属块，把它们直接插入钢液，与钢液中溶解的氧发生化学反应：

$$2[O] + Si === (SiO_2) \tag{13-8}$$

$$[O] + Mn === (MnO) \tag{13-9}$$

$$[O] + Ca === (CaO) \tag{13-10}$$

$$[O] + Mg === (MgO) \tag{13-11}$$

$$2[O] + Ti === (TiO_2) \tag{13-12}$$

这些反应产物几乎不溶于钢液，且由于密度较轻，可以上浮到渣里，把钢液中的氧脱除。沉淀脱氧速度快，但可能有部分脱氧产物来不及上浮到渣里去，残留在钢液中，以夹杂物形式恶化合金质量。沉淀脱氧是在扩散脱氧后、出钢前（或在钢包中）进行的，是最终的脱氧方法。

13.4　真空感应炉冶炼

13.4.1　真空感应炉冶炼的特点

金属功能材料中大多数牌号都是采用真空感应炉冶炼的，这是因为它能够满足高质量合金对冶炼的要求。真空感应炉冶炼的主要特点有：

（1）在真空条件下，随金属料带入的有害杂质元素如砷、锡、铋、锑、铅、锌等，由于蒸气压较高易于蒸发，使合金中有害杂质含量明显降低。

（2）在真空条件下，钢液中的气体易于析出，并被真空泵抽出，使合金中气体含量大大减少。

（3）在真空条件下，碳有很强的脱氧能力。真空度为 133.3Pa 时，碳的脱氧能力要比常压下增加 100 倍，其脱氧能力超过铝，且脱氧产物是气体，不会污染钢液，使合金纯度明显提高。

（4）由于钢液不与大气接触，不但隔绝了大气的污染，而且也使一些易氧化合金元素如铝、钛、锆、硼、钒和稀土等能得到准确控制。

（5）真空冶炼虽然可除去一些易蒸发的有害元素，但也使如锰、铝等蒸气压较高的元素蒸发损失，不但造成合金成分难以准确控制，也会对真空系统造成严重污染。

（6）高真空高温条件下，坩埚材料会发生分解，向熔池供氧，如果供氧速度超过碳脱氧速度，钢液就会增氧。

13.4.2　真空感应炉冶炼的物理化学规律

13.4.2.1　脱气

真空感应炉冶炼对去除由炉料带入的氢和氮等气体是十分有效的。

气体在钢液中的溶解度服从亨利定律

$$[H] = K_H \sqrt{P_{H_2}} \tag{13-13}$$

$$[N] = K_N \sqrt{P_{N_2}} \tag{13-14}$$

式中，K_H 和 K_N 为氢和氮的溶解度常数，它们与温度有关系；P_{H_2} 和 P_{N_2} 为氢气和氮气在炉内的分压力。从这两个关系式看出，炉内真空度越高，钢液面上的气体分压力越低，钢液中溶解的气体就越少。由于电磁搅拌作用和碳脱氧造成的钢液沸腾，促进钢液内的气体向外部逸出，并被真空泵抽走，从而加快脱气速度。另外，脱气速度还与熔池温度、气体原子的扩散速度有关。温度越高，脱气速度越快。氢原子半径很小，扩散速度很快，因此钢液中的氢气最容易脱出。氮原子半径要比氢原子大得多，在钢液中扩散速度也就慢得多，难于自行脱出。由于熔化期碳氧反应强烈，引起熔池沸腾，促使氮被吸入 CO 气泡中并随气泡上浮离开熔池，从而加速了脱氮过程。到熔化后期或精炼期，熔池较为平静，则去除氮气的效果已不明显。

合金中含有氮化物生成元素如铝、钛、锆等，则脱氮是通过氮化物上浮到钢液面并分解逸出而进行的。

在生产实践中，常采用倾斜炉体的办法来增大钢液面和减小熔池深度，创造更好的脱气动力学条件，达到充分脱气的目的。

13.4.2.2 脱氧

真空感应炉冶炼可采用的脱氧方法有：碳脱氧、氢脱氧、金属脱氧剂脱氧，其中碳脱氧效果最好。

在钢液中，碳与氧发生如下两种化学反应：

$$[C] + [O] \longrightarrow CO \uparrow \tag{13-15}$$

$$[C] + [MeO] \longrightarrow [Me] + CO \uparrow \tag{13-16}$$

式中，MeO 代表金属氧化物，如 SiO_2、Al_2O_3、FeO 等。CO 形成气泡，上浮于熔池表面逸出。

在大气压下，碳的脱氧能力高于锰，但比硅和铝低。在真空条件下，碳的脱氧能力则显著增高。

碳氧反应速度和反应进行的程度与温度、压力、金属液的静压力及表面张力等因素有关。温度越高、真空度越高，则越有利于碳氧反应。从理论上讲，真空度不断提高，碳脱氧能力相应地不断增加，如图 13-5 所示，在 $p_{CO} = 1.0 \times 10^3 Pa$ 时，与 0.1%[C] 相平衡的 [O] 为 0.0003%。但实际上，在 $p_{CO} = 1.33 \times 10^{-3} Pa$ 时（图 13-5 曲线 1），与 0.1%[C] 相平衡的 [O] 才达到 0.002%。这表明碳脱氧能力并不能随真空度提高而无限提高的，它还受到碳氧反应动力学条件的限制。

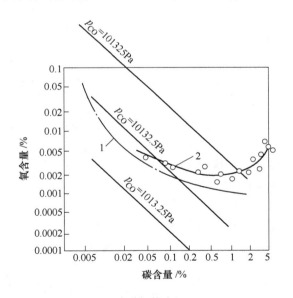

图 13-5 碳脱氧能力 (1550℃)

曲线 1 和 2 分别为 $p_{CO} = 132735.75 \times 10^{-8} Pa$ 和 $p_{CO} = (132735.75 \sim 663678.75) \times 10^{-7} Pa$ 的 Fe-C 熔体中平衡 [C]、[O] 含量实验数据，三条直线是在不同压力下计算出的 [C]、[O] 含量理论值。

CO 气泡的形成必须满足下式所列条件：

$$p_{CO} \geqslant p_g + h\rho + \frac{2\delta}{r} \tag{13-17}$$

式中，p_{CO}为气泡内 CO 的压强；p_g 为炉气压力；h 为 CO 气泡生成处距熔池表面的高度；ρ 为钢液的密度；r 为气泡的半径；δ 为钢液的表面张力系数。由此式看到，当时，真空度再提高，作用已不大了，限制碳氧反应进行的主要因素是钢液的静压力和表面张力。就是说，用碳脱氧并不要求很高的真空度。实际上，过高的真空度反倒会因坩埚反应增强而向钢液供氧。目前，真空感应炉冶炼真空度一般在 0.133~1.33Pa 范围。

$$p_g < h\rho + \frac{2\delta}{r} \tag{13-18}$$

13.4.2.3　金属的蒸发

在真空条件下，当合金熔体中某一元素的蒸气压高于炉气压力时，它就会蒸发。金属的蒸气压是随温度增高而增大的。在温度为 1600℃ 时，试验测定各种元素蒸气压 p_i^0 按递增的顺序排列是：W、Ta、Nb、Mo、Zr、C、V、Ti、Co、Ni、Fe、Si、B、Ce、Cu、Sn、Cr、Al、Ag、Mn、Pb、Sb、Ca、Zn、Cd、Mg、Bi、K、Na、Hg。但在合金熔体中，各元素的蒸气压 p_i 则与该元素在熔体中的活度（有效浓度）a_i 有关：

$$p_i = a_i p_i^0 \tag{13-19}$$

蒸发过程比较复杂，蒸发的速度和数量主要取决于温度、真空度、合金的活度、熔池表面积等。真空使蒸气与熔池间的平衡不断向气相方向移动，因此在真空熔炼时，能够去除一些蒸气压高的有害元素，使钢质纯净，同时也发生有用合金元素的蒸发损失，使合金成分的准确控制复杂化。

13.4.2.4　真空感应冶炼工艺

（1）配料与装料。对于一般真空感应炉来说，冶炼过程很难进行炉中分析和成分调整，合金成分的控制主要取决于配料计算和准确称重。配料计算要考虑到元素的蒸发和氧化损失。

真空感应炉冶炼时对炉料质量要求很严，杂质和气体含量要低。必要时可将有较高气体含量的金属料（镍或钴等）在 600℃ 以上温度进行烘烤，去氢处理。炉料的主体部分，如铁、镍和返回料等，要用滚磨或抛丸滚筒方法进行表面处理。除了在空气中易于氧化的元素外，所有炉料在装炉前都要烘烤。

装料顺序是根据金属料的熔点、炉温分布及脱氧脱气效果来确定的。一般将返回料放在坩埚底部，铁、镍放在坩埚四周和上部，坩埚中部自下往上顺序装入脱氧碳、钴、铬、钒、铜、钨、钼、铌。易蒸发和易氧化元素装在料斗中，顺序是碳、硅、铝、钛、硼、锰、铈、锆、钙。

（2）熔化。熔化时间占整个冶炼时间的 80% 左右，这个阶段除了使炉料熔化外，还能将炉料中 70%~90% 的气体脱除。

开始要小功率送电，缓慢熔化。当真空度<4Pa 后可大功率送电以加快熔化，其间要保持较高真空度（<8Pa）。全熔后调整到合适温度，待钢液面平静，即可转入精炼和合金化阶段。

（3）精炼与合金化。转入精炼期后，真空度<1.33Pa，就可分批将料斗中碳加入熔池脱氧。在脱氧充分的情况下加入硅，然后加入铝或钛，接下来转为预真空或保护气氛下加入硼、锰、铈、锆、钙（铈和钙必须在保护气氛下加入），然后再抽高真空、出钢。出钢

温度控制在此合金熔点高 50～100℃。在整个合金化操作过程中，要注意确保合金成分均匀。

（4）浇铸。浇铸在预真空或保护气氛下进行，开始流速小，随后逐渐加大流速。当浇注到帽口线时再细流充填，并充气破真空。浇毕拉开炉体，加发热剂或电弧加热或感应加热，以避免或减小缩孔。图 13-6 示出了软磁合金 1J79 和 1J85 的冶炼工艺曲线。

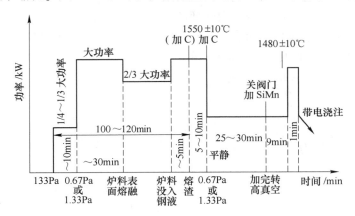

图 13-6　1J79 和 1J85 合金真空感应炉冶炼工艺曲线

（5）半连续真空感应炉冶炼工艺与自动控制。前面介绍的是目前通常使用的 150～200kg 间歇式真空感应炉冶炼工艺，下面介绍 ISG150-V5 型半连续式 1t 真空感应炉冶炼工艺与自动控制情况。

该设备是德国莱宝-海拉斯公司制造的，用 8086 单板机实现工艺过程的自动控制，并自动记录工艺过程，采用 PLC 可编程序控制器实现逻辑控制，炉前配用 APPLEII/e 机对化学成分进行调整计算，具有配料和调料功能，送炉前光谱分析站分析合金成分，立即通过键盘将炉前成分分析结果输入计算机，进行成分调整计算，并通过加料室向炉中加入调配成分，确保合金成分准确。

在整个熔炼过程中，计算机按采集的真空度、温度和时间三个参数依设定的要求来控制送电功率。

熔化期由于熔池尚未形成，这时的主要工艺参数为真空度，计算机根据真空度来调节熔化功率。真空度下降时，功率会相应下降；真空度提高后，功率会相应提高。通电时炉室压力为 5Pa，熔化期真空度控制在 1～10Pa 范围。炉料全熔后，计算机通过 4 位数码管连续显示熔池温度。

精炼准备期是使熔池升温到精炼温度，并达到精炼所需的真空度，同时进行炉中取样分析和调整成分。当真空度和温度达到要求，计算机终端显示"精炼条件达到"。

精炼期，计算机根据温度和真空度自动调节功率，以保证这两个参数的稳定。保温功率一般控制在 100kW 左右。当达到精炼时间时，计算机终端显示"精炼期结束"。

合金化操作，如需加入硅、铝、钛、锰等合金元素，由于这些元素与钢液之间存在较大的密度差异，因此必须要有一定的均匀化时间。当合金化元素含量超过 5% 时，功率控制在 250～350kW，时间在 15min 以上。

合金化操作结束后，即可炉中取成品试样，然后按浇注键，浇注完了按浇注结束键。

至此，整个冶炼过程结束，计算机自动打印操作过程记录。

13.4.2.5　不同方法冶炼的合金质量比较

目前，精密合金冶炼主要采用真空感应炉，其次是非真空感应炉，有少数牌号和个别厂家采用电弧炉。用非真空感应炉冶炼，辅以真空脱气浇注或电渣重熔；用电弧炉冶炼，辅以外钢包真空处理，也都能获得较好的冶炼质量。

根据前几节所述的各种冶炼方法的原理和生产实际情况，对比的结果是，真空感应炉的冶炼质量优于非真空感应炉，而非真空感应炉又优于电弧炉。图 13-7～图 13-9 分别示出了三种方法冶炼质量以 1J79 合金为例所作的对比。

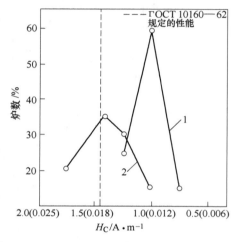

图 13-7　电弧炉（1）和非真空感应炉（2）冶炼
的 1J79 合金磁性能分布曲线（100 炉统计）

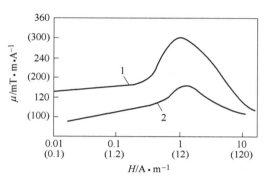

图 13-8　不同方法冶炼的 Telcon79
（同 1J79）合金性能比较
1—真空感应炉；2—非真空感应炉

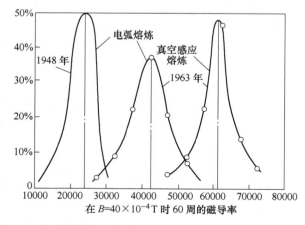

图 13-9　电弧炉和真空感应炉冶炼的 1J79 合金磁导率分布曲线

用电弧炉熔炼的 1J79 合金，浇入钢包后移进真空室，进行真空通氩处理。经充分脱氧去气后再浇注成钢锭。与不经真空氩处理比较，氧含量降低 45.5%，Al_2O_3 含量降低 15.8%，从而使合金磁性能和锻坯成材率得到明显提高。

  电弧炉辅以先进的炉外精炼技术，用于金属功能材料冶炼，是最经济的方法，适用于软磁合金、膨胀合金、热双金属及变形永磁合金等部分牌号的冶炼。

  非真空感应炉一般用于冶炼膨胀合金、热双金属等部分牌号。非真空感应炉辅以电渣重熔则用于冶炼膨胀合金、弹性合金及电热合金、电阻合金等部分牌号。

  真空感应炉适用于大多数金属功能材料牌号冶炼。真空感应炉辅以真空自耗炉，用于冶炼有高纯净度要求的弹性合金个别牌号（如 3J22、3J40 等）及微米级尺寸的极细丝和极薄带产品。

参 考 文 献

[1] 胡子龙 . 贮氢材料 ［M］. 北京：化学工业出版社，2002.
[2] 李倩，刘永活，高峰，等 . 真空感应熔炼制备 La-Mg-Ni 型储氢合金工艺研究 ［J］. 金属功能材料，2014，21（3）：34~36.
[3] 镁镍系储氢合金的制备研究 ［R］. 合成化学，2007（S1）.
[4] 张羊换，董小平，王国清，等 . 镁基贮氢合金的研究及发展 ［J］. 金属功能材料，2004（3）：26~33.
[5] 朱耀霄 . 超纯合金的发展对真空感应炉的新要求 ［A］. 沈阳市真空学会，2009：1.
[6] 杨玉军 . 高温合金真空感应熔炼过程中的脱氧反应 ［A］. 中国金属学会高温材料分会 . 第十二届中国高温合金年会论文集 ［C］. 中国金属学会高温材料分会，2011：4.
[7] 牛建平 . 镍基高温合金的真空感应熔炼 ［A］. 中国真空学会真空冶金专业委员会 . 2005′全国真空冶金与表面工程学术会议论文集 ［C］. 中国真空学会真空冶金专业委员会，2005：5.
[8] 林主税 . 真空冶金 ［M］. 日本東京：日刊工業新聞社，1965.
[9] 李正邦 . 真空冶金新进展 ［J］. 特殊钢，1999（4）：3~8.
[10] 蓝亭 . 贮氢合金的种类及制取方法 ［J］. 现代机械，2004（4）：63~65.

14 热处理工艺

14.1 概述

14.1.1 热处理的目的和方法

合金热处理的目的，对中间热处理而言，主要是为了消除在冷加工（冷轧、冷拉、冷冲）过程中产生的内应力，使被拉长和破碎了的晶粒回复再结晶，获得一定的晶粒度，即消除加工硬化现象，使合金软化，以便继续加工；对成品热处理而言，主要是改善合金的性能。它是充分挖掘合金潜力，获得最佳性能的一种手段。在生产环节上最终热处理是提高合金性能不可缺少的工序。

按照合金的类型和热处理的目的，采用不同的热处理方法。一般可分为退火、淬火、回火三种。按热处理的环境可分为气氛处理（H_2、N_2、Ar 气等）、真空处理、磁场热处理和应力处理等。按在工艺中所处的环节分为中间热处理和成品（最终）热处理，按热处理所用设备结构又可分为箱式炉、管式炉、罩式炉和连续炉四种。

14.1.2 国内外功能合金热处理技术的现状与发展趋势

据文献资料报道及考察了解，近十几年国外光亮热处理技术有很大发展，装备水平有了大幅度提高。如美、日、德、法等世界工业发达国家都对光亮连续热处理进行了开发性研究，并应用于大工业生产，主要可以归纳为以下几点：

（1）淘汰周期式炉子，取而代之的为连续式炉子。因为周期式炉子（如固定炉、罩式炉及井式炉），热惯性大，炉温不均，尤其是不适用于单相奥氏体合金冷轧带热处理。所以普遍采用生产效率高的连续式热处理炉。

（2）将除油工序和热处理工序结合起来，形成一条生产线。一般采用清洗剂除油，清水清洗、干燥后进行热处理，这样既提高了热处理质量又节省了不必要的设备投资。

（3）普遍采用无引带连续热处理，一般采用 S 辊张力牵动冷轧带前进，或采用石墨托辊代替引带，这样既可避免钢带表面划伤，又能降低能耗，净化炉内气氛。

（4）为了节约能源，提高热效率，普遍采用密封式炉体，采用电热合金发热体取代碳硅棒，从而显著地提高了炉子的热效率。

（5）为了提高炉管的寿命，采用一些特殊加工方法将炉管加工成螺旋波纹式，以利于自动热胀冷缩，提高抗变形能力，延长使用寿命。

（6）为了提高热处理工序质量，不论是卧式还是立式连续热处理炉，都配备有前后卷取机、光电对中机构、活套导辊等辅助配套设施。

（7）为了降低成本，有的采用煤气加热内炉管的方法。

（8）重视保护气体的纯净度，即降低露点的措施。一般要求露点低于−55℃以下，以确保热处理后的钢带表面洁净光亮。

（9）采用电子计算机控制炉温，控温精度要达±1℃，以保证冷轧带性能均匀。

由于热处理工序是保证材料性能长稳定性、一致性及良好外观质量的重要工序，所以生产厂家都十分重视热处理工艺和装备的改进。从1958年至今，大体经历了四个发展阶段：50年代末至60年代中期主要采用N_2气保护的罩式以及固定炉进行热处理退火，60年代后期相继改为用H_2气保护、碳硅棒加热的马弗管连续炉进行退火，70年代中期，开始采用直热式（马弗作发热体直接加热工件）的连续热处理炉，80年代中期，从国外引进了带钢连续光亮退火炉等设备，使退火钢带的产品质量达到间隙80年代的先进水平。

14.2 中间热处理

14.2.1 中间热处理的目的、作用和意义

大多数合金在冷加工过程中都要进行中间热处理（1J51合金例外，多形成立方织构），以期获得以下结果：

（1）消除加工硬化，提高合金的塑性，以利继续加工。

（2）避免产生织构。如1J79合金若轧得很薄，成品轧制压下量过大，退火后会形成难磁化方向的再结晶织构<100>，而使合金的最大磁导率μ_m降低，矫顽力H_C升高。对4J29合金，其成品变形量若>70%就出现加工织构，导致合金在冲压成形时出现花边（耳子）而造成废品。进行中间退火就可以控制合金的成品变形量小于70%。

（3）净化合金。因为中间退火若在H_2气保护下进行，则对合金有净化作用，利于提高性能。

（4）对某些合金（如硅钢片）则希望通过中间退火获得理想的结晶织构。

也有一部分合金在冷加工之前，要对热轧坯进行热处理。其目的在于：

（1）消除热加工后所形成的组织不均匀性。热加工（热轧、热锻）变形和再结晶的过程是同时进行的。由于停锻，停轧温度控制不当而造成合金组织不均匀。合金内部有的地方完成了再结晶，有的地方还没有完成再结晶，或者有的地方晶粒细化，有的地方晶粒粗些。由于这些组织的不均匀性会造成加工过程变形的不均匀，所以在冷加工前要对热锻轧坯料进行热处理，以消除组织不均匀性。

（2）消除内应力。这种内应力多半是在热加工中或热加工后冷却过程中形成的。冷却过快时，就可能形成内应力，会造成变形抗力增加，塑性降低，不利于冷加工。

（3）对部分合金（如弹性合金、变形永磁合金、铁钴钒软磁合金）除上述目的外，还要求改善合金的组织状态，使两相组织变成单相组织，或者使有序状态变为无序状态。若合金内部存在短程序时，会在合金内部形成很大的内应力，导致硬度增加，塑性降低，不利于加工。总之冷加工前热处理的目的是为了改善合金的组织状态，获得单相、均匀的组织、无序的组织，消除内应力，提高塑性。

14.2.2 中间热处理工艺

14.2.2.1 确定中间热处理工艺制度的依据

中间热处理（退火或淬火）工艺包括四个方面的因素，即加热温度、保温时间、冷却

速度及加热介质。这四个方面的因素对不同的合金是有所不同的。加热温度有高有低，如 3J1 为 950~1000℃ （在箱式炉内），4J29 为 820℃ （在井式炉内）；保温时间有长有短，如 4J29 （在井式炉内）为 5~6h，3J1 （在箱式炉内）为 30min；冷却速度有快有慢，如 4J29 缓冷 （炉冷），而 3J1 则是快冷 （水淬）。这些参数的确定，有以下几点依据。

A 加热温度的作用及其确定的依据

中间热处理加热温度根据热处理目的 （如消除加工硬化或改善合金组织状态） 而确定。

为了消除冷加工后出现的加工硬化现象，一般加热温度应等于或高于该合金的再结晶温度。应该指出的是，不同的合金具有不同的再结晶温度，甚至相同合金的再结晶温度也不是固定不变的。影响再结晶温度的因素很多，如合金的成分，杂质的多少，变形量的大小等。通常是通过实验的办法来确定合金的再结晶温度的。如通过局部变形的金相法和二次硬度法确定了 1J79 合金的再结晶温度为 650~750℃ 左右。合金的再结晶温度，随冷加工度的提高，有降低的趋势 （见图 14-1）。

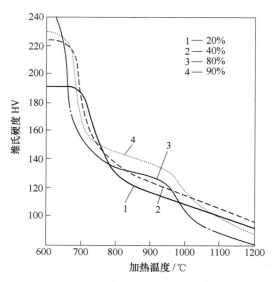

图 14-1 不同压下率对 1979 合金软化和再结晶过程的影响

冷加工前热处理加热温度的确定依据与冷加工中间热处理的确定依据相同。为使合金 （如 1J22） 消除有序化状态 （该合金在热轧后一般都出现有序化，使合金变脆），加热温度应高于该合金的有序化温度 （如 1J22 合金为 850℃ 以利冷加工）。有的合金在冷加工前进行热处理是为了获得单相的均匀组织，如弹性合金在某温度下存在两相，塑性比单相差，不便进行冷加工，故需要将合金加热到单相温度范围，然后快冷 （淬火），使合金保持单相均匀的组织，以便进行冷加工。

以上是实际生产中确定加热温度的基本原则。应该指出，加热温度愈高，再结晶的速度就愈快，相应的保温时间就可适当缩短。加热温度过高会引起合金的氧化加重，同时使晶粒过分长大，造成加工困难。从 1J79 合金再结晶全图 （见图 14-2） 可以看出，加热温度对合金的晶粒度的影响比较显著。在冷轧过程中，为避免中间热处理 （退火） 时晶粒粗大化，采用 900~950℃ 退火比较适宜，同时冷轧压下率应 >15%，<80%。

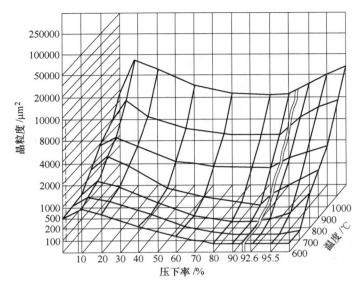

图 14-2 IJ79 合金再结晶全图

B 保温时间的作用及其确定原则

合金再结晶需要一定时间，因为原子受热获得大量的能量进行热扩散，即原子由不规则排列转变为有规则排列，形成新的等轴晶粒，要经过一段时间才能完成。此外，保温时间还和其他因素有关：

（1）产品尺寸大小：大的、厚的，保温时间应长些，例如对弹性合金 0.6~1.2mm 厚的产品连续炉处理速度为 1.2m/min，0.6mm 厚以下的产品其处理速度可达 8m/min。

（2）炉子容量大小。同样的尺寸的产品，若是大炉子，装料多，如井式炉每炉装 2~3t，为保证加热均匀、热透，保温时间要长一些，一般 5~6h。若是小炉子装料少，如箱式炉一般每炉只装几公斤料，保温时间就可大大缩短，只需 30~40min 就可以了。

（3）加热温度高低。若加热温度比再结晶的温度高很多，再结晶的速度就快些，则保温时间就可相应的短些。若加热温度等于或稍高于再结晶温度，则保温时间就应长些。

C 冷却速度

合金的中间热处理有的要快冷，有的要慢冷。其目的也是为消除加工硬化，改善合金的组织状态，提高合金的塑性，以利继续冷加工。大多数合金，如软磁合金，膨胀合金以及热双金属等，中间热处理的冷却速度可快可慢，可以根据具体情况决定，但有的精密合金必须进行快冷，如弹性合金和变形永磁合金，这些合金若是缓冷，则在冷却过程中由于析出第二相造成合金硬化而不利于冷加工。

D 加热介质的作用与选择

合金的中间热处理，一般都通入保护气氛，这主要是为了防止合金氧化，以便得到光亮的表面，同时使合金净化。真空处理也可以达到同样的目的，尤其是在非真空条件下冶炼的合金，若采用真空热处理，其净化效果非常显著，能大大提高合金的性能。但是真空中间热处理设备比较复杂、容量小、生产量小，不便于工业性大生产，一般多用于产品的最终热处理，工业性生产大多采用氩气保护下的中间热处理。

14.2.2.2　中间热处理工艺

A　带材中间热处理工艺

合金带材中间热处理采用的设备主要有台车炉，室式淬火炉、箱式炉和保护气氛光亮连续退火机组等。台车炉主要用于热轧精密合金带材（坯）的退化及固溶处理。室式炉主要用于小批量热轧带的退火、淬火处理。箱式炉和保护气氛退火机组主要用于冷轧精密合金带材半成品、成品前及成品的退火处理。

热轧合金带坯热处理工艺制度如表 14-1 所示。冷轧带材半成品及成品前热处理工艺制度如表 14-2 所示。

表 14-1　热轧合金带坯热处理工艺制度

合金类别	合金牌号	热处理工艺制度				
		加热温度/℃	保温时间/h	冷却方式	冷却时间/h	备　注
软磁合金	1J30、1J31、1J32、1J33、1J34、1J38、1J46、1J51、1J52、1J66、1J65、1J76、1J77、1J79、1J83、1J85、1J86	900~920	2~3	空冷	>4	（1）装罐砂封；（2）对非一次出成品之带坯可不经过热处理
	1J80	850~870	2~3			
	1J20、1J21、1J22	850~890	30~40min	盐水冷		10%~15% NaCl +水
硬磁合金	2J51	1170~1190	30~40min			装炉温度≥1100℃
	2J4、2J7、2J9、2J10、2J11、2J12、2J52、2J53	980~1000	30~40min	水冷		
	2J63、2J64	700~720	50~70min	空冷		
弹性合金	3J1、3J53	980~1000	30~40min	水冷		
	3J21	1120~1160				
膨胀合金	4J5、4J9、4J29、4J30、4J33、4J34、4J36、4J42、4J47	900~920	2~3	空冷	>4	装炉温度<800℃
	4J48、4J49、4J60	800~820	10~15min	空冷或水冷		适用于室式加热炉
	4J28	780~800		水冷		装炉温度<700℃
热双金属单坯	Ni19Cr11、3Ni24Cr2、Ni20Mn6、Ni20Mn7、Ni45Cr6、Ni36、Ni34、Ni42、Ni50	900~920	2~3	空冷		
热双金属	5J11、5J14	750				
	5J17、5J20	700	1	炉冷	6~8	小批量在室式炉按该工艺执行
	5J16、5J18、5J19	900				
	5J23、5J24、5J25	900~920	1~2	炉冷		适用于台车炉

表 14-2　冷轧带材连续炉热处理工艺制度

带钢牌号	产品类别	热处理工艺制度			备注
		加热温度/℃	带钢厚度 d/mm	线速度/m·mm^{-1}	
1J6	成品	850	$d>1.2$	0.6~0.7	（1）成品前及半成品热处理按成品热处理工艺制度执行； （2）3J21 热处理时，若炉温达不到，视具体情况临时决定
1J30、1J31、1J32、1J33、1J34、1J38、1J46、1J47、1J50、1J54		870~890	$0.8<d<1.2$	0.8~0.9	
1J52、1J65、1J66、1J67、1J77、1J79、1J80、1J83、1J85、1J86		900~920	$0.5<d<0.8$	1.0~1.2	
3J21		1140~1160	$d≤0.5$	1.3~1.5	
1J87、3J1		1040~1020	$d>1.2$ $0.8<d<1.2$	0.6~0.7 0.8~0.9	
		1010~1020	$0.5<d<0.8$ $d≤0.5$	1.0~1.2 1.3~1.5	
3J53、3J58		880~900	$d>1.2$ $0.8<d<1.2$ $0.5<d<0.8$	0.6~0.7 0.8~0.9 1.0~1.2	
		850~870	$d≤0.5$	1.3~1.5	
4J28	半成品	780	$d>1.2$ $0.8<d<1.2$	0.6~0.7 0.8~0.9	
		880	$0.5<d<0.8$ $d≤0.5$	1.0~1.2 1.3~1.5	
一般 4J 类	成品	880	$d>1.2$ $0.8<d<1.2$ $0.5<d<0.8$ $0.5<d<0.8$ $d≤0.3$	0.5~0.7 0.7~0.8 0.9~1.0 1.1~1.2 1.2~1.3	
5J11、5J14	成品前	820~840	$d>1.2$	0.5~0.6	
5J16、5J18、5J19、5J23、5J24、5J25		900~920	$0.8<d<1.2$ $0.5<d<0.8$	0.7~0.8 0.9~1.0	
5J17、5J20		700~720	$d≤0.5$	1.1~1.2	

B　管材中间热处理工艺

合金管材的中间热处理主要在台车炉和管式炉中进行。台车式电阻热处理炉主要用于合金荒管的热处理。其热处理工艺制度如表 14-3 所示。

合金冷轧（拔）管的中间热处理制度如表 14-4 所示。

表 14-3　合金荒管热处理工艺制度

合金牌号	荒管壁厚/mm	炉　型	热处理工艺制度	说　明
4J29、4J31、4J32、 4J36、4J47、1J32、 1J50、1J52	≥2.7	台车炉	(900±20)℃连续空冷 15~25h	(1) 须装箱用砂封严; (2) <100℃出箱
	1.51~2.69	台车炉	(900±10)℃连续空冷 1~2h	(1) 须装箱用砂封严; (2) <100℃出箱

表 14-4　合金冷轧（拔）管中间热处理工艺制度

钢　号	管壁厚/mm	热处理温度/℃	保温时间/min	炉型	加热介质	冷却方式
4J29、4J31、 4J32、4J36、4J49、 4J32、1J50、1J52	≤0.2	780~800	10~20	管式炉	H₂	水冷套 <100℃出炉
	0.21~0.36	830	15~20			
	0.31~0.4	830~850	18~22			
	0.4~0.6	850	18~25			
	0.61~0.8	850~870	25~30			
	0.8~1.0	870~890	30~35			
	1.1~1.5	890~900	35~40			

C　丝材中间热处理工艺

合金丝材一般在燃油连续炉、箱式电阻炉及保护气氛连续炉内进行中间热处理，燃油连续炉适用于拉丝原料（盘条）及大规格半成品的中间热处理。其热处理工艺制度如表14-5所示。

表 14-5　合金盘条及大规格丝材热处理工艺制度

合　金　牌　号	状态	钢丝直径 d/mm	热处理制度		
			加热温度/℃	保温时间/min	冷却方式
4J28	原料	d≥8.0	750~780	49~50	水冷
	半 成 品	3.0<d<8.0	720~740	39~40	
		1.5<d<3.0	700~710	39~49	
		d≤1.5	670~690	30~49	
1J22	原料	d≥8.0	850~900	35~45	在水中加冰和食 盐的饱和溶液
	半成品	d<8.0	850~890	30~35	
1J34、4J29、4J34、4J31、 4J32、4J33、 6J10、11Ni55、4J44	原料	d≥8.0	900~930	40~50	水冷
	半 成 品	1.0<d<8.0	880~900	35~45	
		1.5<d<4.0	860~870	30~40	
		d≤1.5	820~840	40~45	
1J30、1J31、1J32、1J33、1J41、 1J48、1J50、1J51、1J54、1J52、 1J64、1J65、1J66、1J67、1J76、 1J77、1J78、1J79、1J80、1J81、 1J85、1J83、1J86、1J38、4J6、 4J36、4J42、4J43、4J45、4J47、 4J48、4J49、4J50、4J52、4J54、 4J58、4J6-A	原料	d≥8.0	900~950	40~50	水冷
	半 成 品	4.0<d<8.0	870~900	35~45	
		1.5<d<4.0	850~880	30~40	
		d≤1.5	800~850	40~45	

合 金 牌 号	状态	钢丝直径 d/mm	热处理制度		
			加热温度/℃	保温时间/min	冷却方式
3J1、3J53、3J58、3J60、 3J54、3J53y	原料	d≥8.0	960~980	40~50	水冷
	半成品	3.0<d<8.0	950~970	40~45	
		1.5<d<3.0	930~950	30~40	
		d≤1.5	900~920	30~35	
3J2、3J3、3J51	原料	d≥8.0	1050~1100	45~50	水冷
	半成品	3.0<d<8.0	1020~1010	40~45	
		1.5<d<3.0	990~1010	35~40	
		d≤1.5	960~930	35~40	
2J4、2J5、6J23、2J7、 2J9、2J10、2J11、2J12、 2J13、6J20、6J15、6J22	原料	d≥8.0	1080~1100	40~50	2J11、2J12、2J13 同、 IJ22、 6J20、 6J22、 6J15、 6J23 水冷
	半成品	3.0<d<8.0	1050~1000	40~45	
		1.5<d<3.0	980~1000	35~40	
		d≤1.5	950~930	35~40	
3J21、3J22、3J23、3J40	原料	d≥8.0	1150~1470	45~50	水冷（速度要快）
	半成品	3.0<d<8.0	1130~1150	40~45	
		1.5<d<3.0	1130~1150	35~40	
		d≤1.5	1130~1150	30~35	

中等规格丝材的中间热处理一般在箱式电阻炉中进行，其热处理制度如表 14-6 所示。

表 14-6 中等规格丝材箱式电阻炉中间热处理制度

合 金 牌 号	状态	钢丝直径 d/mm	热处理制度		
			加热温度/℃	保温时间/min	冷却方式
3J53、3J60、3J58、 3J54、3J53y	半成品	3.0<d≤4.0	950~960	30~35	水冷
		2.0<d<3.0	940~950	25~30	
		1.5<d<2.0	930~940	20~25	
		1.0<d<1.5	920~930	15~20	
		0.6<d<1.0	910~920	15~20	
		d≤0.6	900~910	15~20	
3J1	半成品	3.0<d≤4.0	960~980	30~35	水冷
		2.0<d<3.0	950~960	25~30	
		1.5<d<2.0	940~950	20~25	
		1.0<d<1.5	930~940	15~20	
		0.6<d<1.0	920~930	15~20	
		d≤0.6	910~920	15~20	

合 金 牌 号	状态	钢丝直径 d/mm	热处理制度		
			加热温度/℃	保温时间/min	冷却方式
3J2、 3J3、 3J51	半成品	$3.0<d\leqslant4.0$	$1050\sim1080$	$30\sim35$	水冷
		$2.0<d<3.0$	$1020\sim1050$	$25\sim30$	
		$1.5<d<2.0$	$1000\sim1020$	$20\sim25$	
		$1.0<d<1.5$	$980\sim1000$	$15\sim20$	
		$0.6<d<1.0$	$960\sim980$	$15\sim20$	
		$d\leqslant0.6$	$940\sim960$	$15\sim20$	
3J22、3J23、 3J9、3J40	半成品	$3.0<d\leqslant4.0$	$1150\sim1160$	$30\sim35$	水冷
		$2.0<d<3.0$	$1140\sim1150$	$30\sim35$	
		$1.5<d<2.0$	$1130\sim1140$	$25\sim20$	
		$1.0<d<1.5$	$1130\sim1140$	$25\sim30$	
		$0.6<d<1.0$	$1130\sim1140$	$18\sim25$	
		$d\leqslant0.6$	$1130\sim1140$	$15\sim18$	
3J21	半成品	$2.5<d<3.5$	$1135\sim1140$	$23\sim27$	水冷
		$2.0<d<2.5$	$1120\sim1130$	$23\sim27$	
		$1.5<d<2.0$	$1115\sim1125$	$23\sim27$	
		$1.0<d<2.5$	$1105\sim1115$	$23\sim27$	
		$0.6<d<1.0$	1105	$20\sim25$	

小规格精密合金丝材的中间热处理一般在 4~6mm 保护气氛连续炉内进行，其热处理制度如表 14-7 所示。

表 14-7　小规格丝材保护气氛连续炉中间热处理制度

合 金 牌 号	状态	钢丝直径 d/mm	热处理制度		
			加热温度/℃	行进速度/m·min^{-1}	冷却方式
4J28	半成品	$1.5<d<2.5$	$750\sim800$	$15\sim18$	1Cr13 H1Cr13 不带冷却水套 空冷 Ni$_{55}$Co$_{45}$ Ni$_{60}$Co$_{40}$ 带有冷却套 空冷
		$1.0<d<1.5$	$750\sim800$	$19\sim23$	
		$0.5<d<1.0$	$750\sim800$	$24\sim26$	
		$d\leqslant0.5$	$750\sim800$	$27\sim30$	
	成品	$1.0<d<2.5$	$730\sim780$	$15\sim20$	
		$0.5<d<1.0$	$730\sim780$	$30\sim35$	
		$d\leqslant0.5$	$730\sim780$	$35\sim40$	
4J31、4J32、4J33、 4J34、1J34	半成品	$1.5<d<2.5$	$920\sim940$	$5\sim8$	带冷却水套 空冷
		$1.0<d<1.5$	$900\sim920$	$5\sim8$	
		$0.5<d<1.0$	$880\sim900$	$15\sim20$	
	成品	$1.0<d<2.5$	$880\sim900$	$10\sim15$	
		$0.5<d<1.0$	$860\sim880$	$30\sim40$	

合 金 牌 号	状态	钢丝直径 d/mm	热处理制度		
			加热温度/℃	行进速度/m·min⁻¹	冷却方式
1J30、1J31、1J32、1J33、1J38、1J46、1J51、1J52、1J54、1J65、1J66、1J67、1J77、1J80、1J83、1J85、1J86、4J6、4J36、4J42、1J76、3J60、4J43、4J46、4J47、4J48、4J49、4J52、4J54、4J58、4J6-A	半成品	1.5<d<2.5	960~980	5~8	带冷却水套空冷
		1.0<d<1.5	940~960	5~8	
		0.5<d<1.0	920~940	10~20	
	成品	1.0<d<2.5	920~950	5~8	
		0.5<d<1.0	900~920	10~25	
1J50、1J79、4J50、4J29	半成品	1.5<d<2.5	980~1000	4~5	带冷却水套空冷
		1.0<d<1.5	980~1000	5~8	
		0.5<d<1.0	980~1000	8~10	
	成品	1.0<d<2.5	980~1000	5~8	
		0.5<d<1.0	980~1000	8~10	
3J1、3J53、3J58、3J54、3J53y、3J2、3J3、3J51、3J21、3J22、3J23、3J40、6J20、6J15、6J22、6J23、4J29	半成品	1.0<d<2.0	980~1000	5~8	带冷却水套空冷
		0.7<d<1.0	980~1000	7~10	
		0.5<d<0.7	980~1000	15~20	
		d≤0.5	980~1000	35~55	
	成品	1.5<d<2.5	980~1000	6~10	
		0.5<d<1.5	980~1000	10~20	
		d≤0.5	980~1000	25~60	

成品如软态交货时可按此制度进行处理。

14.3 成品热处理

成品热处理即产品的最终热处理。不同的产品有不同的性能要求，因此采用的热处理制度也有所不同。

14.3.1 成品热处理工艺对性能的影响

14.3.1.1 退火工艺对合金性能的影响

退火就是把合金加热到临界点（A_{c3}、A_{cm}）以上，即超过相变温度，保温一定时间，然后缓慢冷却下来，以获得近似于状态图上所示的组织。退火对合金性能的影响包括三个方面：

（1）发生恢复现象。一般温度超过（0.25~0.3）$T_{熔绝}$（金属熔点的绝对温度）就有恢复现象发生：

1）使合金原子恢复到稳定的平衡态，消除了第二类残余应力，减少了晶格的歪扭。

2）可部分恢复合金由于加工变形所改变的物理及力学性质。但不能改变晶粒的形状，其显微组织及晶粒的大小几乎是原来承受冷加工时的状态，还保持着晶粒变形时形成的方向性，另外也不可能恢复晶粒内部及晶粒间的破坏现象。

（2）随着温度的上升，在某一温度开始发生再结晶现象。

1）使拉长了的晶粒转变为等轴的球状晶，并消除纤维组织和方向性。

2）消除了合金在恢复后残留的第二种和第三种残余应力，并使其位能进一步降低，同时恢复了晶内及晶间的破坏现象。

3）消除了在变形过程中产生在金属内的裂纹及空洞。

4）再结晶过程加强了变形扩散机制的进行，使金属及合金的化学成分变得较均匀，合金的力学性能和物理性能得到恢复。

（3）提高合金磁性能：精密合金在冷却过程中，通过控制冷却速度来控制合金的有序化程度，以提高磁性材料的磁性能。因为冷却速度不同，合金内形成的有序结构（Ni_3Fe）等的数量不同，即由于有序化程度不同，导致各向异性常数 K、磁致伸缩系数 λ 趋近零的程度也就不同，合金的磁性能也就不同。

作为实例，1J79 合金的初始磁导率 μ_i 及最大磁导率 μ_m 所对应的最佳冷却速度不同的，冷却速度对 1J79 合金 μ_i 的影响如图 14-3 所示。

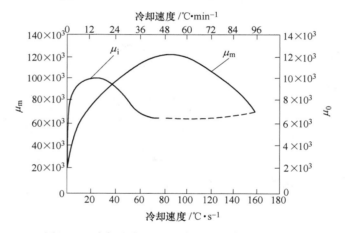

图 14-3　冷却速度对 1J79 合金磁导率 μ 值的影响

由图可知 μ_i 的最大值所对应的最佳冷却速度为 20℃/s，而 μ_m 最大值所对应的最佳冷却速度则为 80℃/s。由此可见对材料性能参数的要求不同，可用控制冷却速度的方法来满足对合金不同性能的要求。

14.3.1.2　淬火工艺对合金性能的影响

淬火就是把金属或合金加热到相变温度以上，保温一定时间后，快速冷却，把不稳定的组织固定下来的一种热处理。若淬火温度和淬火介质选择合适，合金的 K_1、λ_s 值就比较理想。因此磁性能也比较好。如果淬火温度及淬火速度控制不当，合金在回火中无论怎样提高回火温度也很难改变其低劣的性能。可见正确选择淬火温度和淬火速度对获得高性能的合金是非常必要的。

淬火的工艺参数是加热温度、保温时间以及冷却速度，其中冷却速度具有决定性的意义。而冷却速度决定于冷却物体的性质和冷却剂的温度及性质。冷却物体的导热性愈差，热容量愈大，那么在同一冷却剂中所得到的冷速就愈小。另外冷却物体的体积愈小，要想获得较大的冷却速度就比较困难。冷却剂对于材料的冷却速度有着重要的影响，冷却剂的导热性、热容量、黏度和气化热直接影响着冷却速度。一般规律是气化热愈大，冷却速度愈大，比热容愈大，导热性愈好，冷的愈快；黏度愈小冷的愈快。所以必须结合合金的特点和性能要求来选择淬火介质。热处理中常用淬火剂的冷却能力如表 14-8 所示。

表 14-8　热处理常用淬火剂的冷却能力

淬 火 介 质	在 200~300℃ 范围内的冷却速度/℃·s⁻¹
18℃ 水	270
18℃ 10%NaOH 水溶液	300
18℃ 10% NaCl 水溶液	300
50℃ 矿物油	30
50℃ 变压器油	200

淬火处理的特点是，一般要通入保护性气氛如 H_2 气，这样便给淬火操作带来一点困难。以采用在升温和保温时用 H_2 气保护。在淬火之前把 H_2 气换为 N_2 气，通入一段时间 N_2 气后打开炉门进行淬火。对于淬火要求不太严格的可在连续炉中淬火处理，因为合金带比较薄，散热面积大，可以采用在冷却时进行快冷。

14.3.1.3　回火工艺对合金性能的影响

回火就是将淬火后的合金在低于相变的温度加热处理的方法，即把淬火固溶体分解或去应力的一种热处理。因为淬火的合金处于不稳定状态，具有从高能量状态恢复到稳定状态的趋势。因此，合金的性能将随时间而变化，这种现象称为时效。时效的结果会造成仪表或其他器件的准确性降低，严重点可使整机失灵，若把材料加热到某个温度，就能使处于高能状态的原子回到能量较低的状态。某些合金通过回火可以使其性能继续得到改善，对变形永磁合金、弹性合金、膨胀合金、铸造永磁合金（Al-Ni-Co）以及部分软磁合金，采用回火处理对其组织和性能有显著的影响。

回火可以提高弹性合金的强度和弹性模量。为了便于对弹性合金加工，在高温进行淬火，于是把 γ 相单相组织保留下来，合金处于高能量的不稳定状态。在回火温度下 γ 相中分解出细小的新组织，这个新相（η 相 Ni_3Fi）具有长方晶格类型点阵，析出于晶间，析出量随回火时间的加长而增多，分散在 γ 相的基体上，使合金强化，这就是弹性合金强度和弹性模量提高的原因。弹性合金 3J1 淬火回火后性能变化如表 14-9 所示。

表 14-9　3J1 合金淬火回火后性能的变化

热处理制度	强度/MPa	伸长率/%
960~980℃ 水中淬火	≤735	>38
920~950℃ 淬火后 经 650~690℃ 回火 2h	≥1176	>8

变形永磁合金（如 2J11）回火的主要目的，是使合金从 α 相析出 γ 相从而获得高性能。2J11 合金热轧后于 950℃ 淬火，经过大压下量的冷却加工之后，再在 540~660℃ 回火 20min~1h。淬火目的是使 γ 相大部分转变为 α 相，采用大压下量有利于这一组织转变。

从生产环节上看，回火并不是一个孤立的工序，而是在生产过程中与其他工序紧密相关的，是互相配合的。

合金的回火温度和保温时间对合金的电性能有着明显的影响，各种回火温度对 6J22、6J23 电阻合金性能的影响如图 14-4 所示。

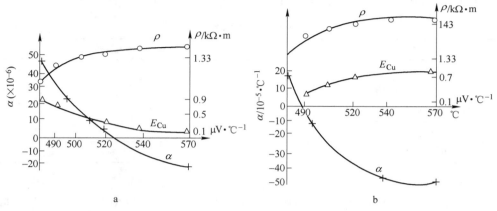

图 14-4　各种回火温度对 6J22 和 6J23 合金性能的影响

a—6J22；b—6J23

膨胀合金通过淬火回火处理可以降低其膨胀系数，对某些大尺寸膨胀合金元件制品进行长时间的反复回火，可以达到稳定尺寸的目的。

14.3.1.4　成品热处理工艺

A　软磁合金成品热处理工艺

软磁合金应在露点不高于-40℃的净化氢气中进行热处理，如要求介质为真空时，应在余压不大于 0.1Pa 的真空中进行热处理，退火后的成品应当光洁，不允许互相黏结和机械变形。推荐的热处理制度如表 14-10 所示。

表 14-10　推荐的软磁合金热处理制度

合金牌号	加热温度	保温时间 /h	冷却制度	备 注
1J46 1J50 1J79 1J83	1100~1150℃	3~6	以不大于 200℃/h 的速度冷却到 600℃，然后以不小于 400℃/h 速度冷却至 300℃出炉	
1J51 1J52	1050~1100℃	1		
1J34 1J65 1J67	第一步：1100~1150℃	3	以不大于 25~100℃/h 的冷却速度到 600℃，然后炉冷至 300℃出炉	
	第二步：在不小于 800A/m 的纵向磁场中 600℃回火	1~4	以 25~100℃/h 的冷却速度冷至 200℃出炉	

续表 14-10

合金牌号	加热温度	保温时间 /h	冷却制度	备 注
1J54 1J80	1100~1150℃	3~6	以不大于 200℃/h 的速度冷却到 400~500℃，然后以不小于 400℃/h 的速度冷却至 200℃出炉	
1J76 1J77	1100~1150℃	3~6	以 100~150℃/h 的速度冷却到 500℃，然后以 10~50℃/h 速度冷却至 200℃出炉	
1J85 1J86	1100~1200℃	3~6	以 100~200℃/h 的速度冷却到 500~600℃，然后以不小于 400℃/h 的速度冷却至 300℃出炉	
1J66	第一步：1200℃	3	以 100℃/h 的速度冷却到 600℃，然后以不小于 400℃/h 的速度冷却至 300℃出炉	
	第二步：在 16×10⁴A/m 横向磁场中 650℃回火	1	以 50~100℃/h 的速度冷却至 200℃出炉	
1J6	950~1050℃	2~3	以 100~150℃/h 的速度冷却至 200℃出炉	
	900~1000℃	2~3	炉冷至 250℃出炉	适用于做磁阀铁芯
1J12	1050~1200℃	2~3	以 100~150℃/h 的速度冷却到 500℃，然后快冷（吹风）至 200℃出炉	
1J13	900~950℃	2	以 100℃/h 的速度冷却到 650℃，然后以不大于 60℃/h 的速度冷却至 200℃出炉	
	780~800℃	2	以 100℃/h 的速度冷却到 650℃，然后以不大于 60℃/h 的速度冷却至 200℃出炉	适用于要求传播声速稳定的元件
1J16	950℃保温 4h，再随炉升温到 1050℃	1.5	炉冷到 650℃冰水淬火	磁性能要求不高时可在空气下热处理
1J22	850~900℃	3~6	以 50~100℃/h 的速度冷却到 750℃，然后以 180~240℃/h 的速度冷却至 300℃出炉	适用于冷轧带材试样
	1100℃	3~6	以 50~100℃/h 的速度冷却到 850℃保温 3h，然后以 30℃/h 的速度冷却到 700℃，再以 200℃/h 的速度冷却至 300℃出炉	适用于锻坯取的试样

合金牌号	加热温度	保温时间/h	冷却制度	备 注
1J22	850℃	4	以 50℃/h 的速度冷却到 750℃保温 3h，然后以 200℃/h 的速度冷却到 300℃出炉。由保温（750℃）开始加 1200～1600A/m 直流磁场	适用于要求在较低磁场下具有较高磁感应强度、较低矫顽力、较高矩形比的情况
1J30 1J31 1J32 1J33 1J38	800℃	2	炉冷至 200℃出炉	
1J403	第一步：1100～1200℃	3～6	炉冷至 400℃以下出炉	
	第二步：在 1200～1600A/m 的纵向磁场中 600～700℃回火	1～2	以 50～150℃/h 速度冷却至 200℃出炉	
1J36 1J116 1J117	1150～1250℃	2～6	以 100～200℃/h 的速度冷却至 450～650℃以后，快冷至 200℃出炉	

为了改善 1J46、1J79、1J34、1J65、1J54、1J77、1J80、1J85、1J86 合金及半成品机械加工的工艺性能，可以在推荐的基本热处理介质中经 800～950℃进行预热处理。

B 永磁合金成品热处理工艺

永磁合金成品热处理工艺制度如表 14-11～表 14-14 所示。

表 14-11 磁滞合金成品热处理制度

合 金 牌 号	回火温度/℃	保温时间/min	冷却方式
2J4	600～660		
2J7	580～660		
2J9	580～640		
2J10	580～640		
2J11	580～640	20～60	空冷
2J12	580～640		
2J51	675～750		
2J52	625～720		
2J53	500～560		

表 14-12　铁钴钒永磁合金成品热处理制度

合金牌号	回火温度/℃	保温时间/min	冷却方式
2J31			
2J32	580~640	20~60	空冷
2J33			

表 14-13　变形永磁钢成品热处理制度

牌　号	推荐热处理制度
2J63	(1) 1050℃正火； (2) 在 500~600℃预热 5~15min，然后加热到 800~850℃保温 10~15min，油淬； (3) 在 100℃沸水中时效大于 5h
2J64	(1) 1200~1250℃正火； (2) 在 500~600℃预热 5~15min，然后加热到 800~860℃保温 5~15min，油淬； (3) 在 100℃沸水中时效大于 5h
2J65	(1) 1100~1200℃正火； (2) 在 500~600℃预热 5~15min，然后加热到 930~980℃保温 10~15min，油淬； (3) 在 100℃沸水中时效大于 5h
2J67	(1) 在 1250℃保温 15~30min，油淬； (2) 在 650~725℃回火，保温 1~2h，空冷

表 14-14　铁钴钼磁滞合金热轧（或锻）棒材成品热处理制度

合金牌号	淬　火			回　火		
	加热温度/℃ （在保护气氛下）	保温时间/min	淬火介质	回火温度/℃	保温时间/min	冷却方式
2J21	1200±10			625~700		
2J23	1200±10	15~30	油或沸水	625~700	60~120	空冷
2J25	1250±10			625~725		
2J27	1250±10			625~725		

C　弹性合金成品热处理工艺制度

弹性合金成品推荐的时效热处理制度如表 14-15 所示。

表 14-15　弹性合金推荐的时效热处理制度

合金牌号	产品形状	交货状态	时效热处理制度	
			加热温度/℃	保温时间/h
3J1	带	冷轧	600~700	2~4
		软化	650~750	
3J53	丝	冷拉	600~700	2~4
	棒	冷拉	650~750	
	扁材	热轧或热锻	650~750	≥4
	圆材			

续表 14-15

合金牌号	产品形状	交货状态	时效热处理制度	
			加热温度/℃	保温时间/h
3J21	带	冷轧	450~550	4
	丝	冷拉		
3J22	丝	冷拉	480~530	4~6
3J53 3J58	带	冷轧	500~650	2~4
	棒	冷拉		
	丝	冷拉		

D　膨胀合金成品热处理制度

膨胀合金成品推荐的热处理工艺制度如表 14-16 所示。

表 14-16　膨胀合金推荐的成品热处理工艺制度

合金牌号	加热温度/℃	保温时间	冷却制度	备　注
4J29 4J44	900±20 保温 1h， 再加热至 1100±20	15min	以不大于 5℃/min 速度冷 至 200℃ 以下出炉	与硬玻璃封接
4J33 4J34	900±20	1h	以不大于 5℃/min 速度冷 至 200℃ 以下出炉	瓷封材料
4J6 4J47 4J49	1100±20	1h	以不大于 5℃/min 速度冷 至 200℃ 以下出炉	与软玻璃与陶瓷封接
4J42 4J45 4J50	900±20	1h	以不大于 5℃/min 速度冷 至 200℃ 以下出炉	与软玻璃与陶瓷封接
4J58	900±20	1h	以不大于 5℃/min 速度冷 至 200℃ 以下出炉	线纹尺材料

E　热双金属热处理工艺制度

热双金属推荐的成品热处理工艺制度如表 14-17 所示。

表 14-17　热双金属推荐的成品热处理制度

牌　号	热处理制度		
	处理温度/℃	保温时间/h	冷却方式
5J20110	260~280	1~2	空冷
5J4140	260~280	1~2	空冷
5J15120	260~280	1~2	空冷
5J1378	300~320	1~2	空冷
5J1480	300~320	1~2	空冷
5J1478	300~320	1~2	空冷
5J1578	300~320	1~2	空冷

牌 号	热处理制度		
	处理温度/℃	保温时间/h	冷却方式
5J1017	300~320	1~2	空冷
5J1416	180~200	1~2	空冷
5J1070	380~400	1~2	空冷
5J10756	400~420	1~2	空冷
5J130JA	250~270	1~2	空冷
5J1306B	250~270	1~2	空冷
5J1411A	250~270	1~2	空冷
5J1411B	250~270	1~2	空冷
5J1417A	250~270	1~2	空冷
5J1417B	250~270	1~2	空冷
5J1220A	300~320	1~2	空冷
5J1220B	300~320	1~2	空冷
5J1325A	300~320	1~2	空冷
5J1325B	300~320	1~2	空冷
5J1430A	300~320	1~2	空冷
5J1430B	300~320	1~2	空冷
5J1435A	300~320	1~2	空冷
5J1435B	300~320	1~2	空冷
5J1440A	300~320	1~2	空冷
5J1440B	300~320	1~2	空冷
5J1455A	300~320	1~2	空冷
5J1455B	300~320	1~2	空冷
5J1075	400~420	1~2	空冷
5J11	260~280	1~2	空冷
5J14	260~280	1~2	空冷
5J16	300~350	1~2	空冷
5J17	150~200	1~2	空冷
5J18	300~350	1~2	空冷
5J19	300~350	1~2	空冷
5J20	150~200	1~2	空冷
5J23	380~400	1~2	空冷
5J24	300~350	1~2	空冷
5J25	100~420	1~2	空冷
5J101	230~250	1~2	空冷

14.3.2　软磁合金的磁场热处理

14.3.2.1　磁场热处理概述

A　磁场热处理定义

磁场热处理就是按照一定的热处理工艺，把样品放在磁场中以一定冷却速度冷却的方法。它可分为纵向磁场热处理和横向磁场热处理两种。纵向磁场热处理就是所加磁场的方向同使用或测试的磁化方向相同，如沿着圆环样品的圆周方向，横向磁场热处理则是磁场方向垂直于使用或测试的磁化方向，如垂直于环形样品圆环平面的方向。由于加磁场方向不同，导致合金的磁特性大不相同。不同用途的合金要求磁特性不同，因而用的磁场热处理方法也不同。如 1J22、1J34、1J67 合金磁场热处理主要提高合金的最大磁导率 μ_m 和提高合金的矩形比，使合金的磁滞回线为矩形。但对恒导磁合金要求在磁场变化时具有恒定磁导率，所以应采用横向磁场热处理。

B　磁场热处理原理

根据方向的序理论，在一般物质中，由同种原子结合的原子对的轴线通常是混乱分布的。

图 14-5 为具有差不多相同组分的两类原子的一种固溶体可能产生的原子排列，图中 a 为完全无序，其中有 29 个黑对，15 对取向是垂直的，14 对是水平方向，黑白对共有 54 个，图 b 是理想有序结构的取向，没有同种原子的近邻对。图 c 是方向有序的情况，这里虽然也是 29 个黑对，但是其中有 20 个是处于垂直方向。只有 9 对是处于水平方向，c 中的任何一个原子对与 a 中的原子对是不相同的。c 中的排列即相同原子对的择优取向产生一定的择优磁化强化方向。

磁场热处理时，在低于居里温度时，有两种因素作用在原子上。一个是温度，使原子进行扩散；另一个是磁场，由于原子的交互作用产生自发磁化，使同种原子对在磁场方向择优取向。温度使原子热运动，干扰同种原子对在磁场方向的排列。随着温度降低，使原子热运动能量减小，而在磁场作用下，同种原子对在磁场方向择优取向，最后被"冻结"在结点上，形成方向有序，产生感生各向异性，提高了合金的磁性能。

C　对磁场热处理材料的要求

（1）具有高的居里温度。因为各向异性是通过原子的扩散和外加磁场作用的综合结果，高居里点有利于原子的扩散，有利于沿磁场方向形成，有利于各向异性，磁场热处理效果就愈好。

（2）合金在进行磁场热处理以前一般要预先进行高温退火，如表 14-18 所示。高温退火的目的是消除内应力，净化合金，进行充分再结晶，在此基础上再加磁场才可能获得良好的效果，至于加何种磁场则要根据对合金性能的要求，如对 1J34、1J65 要求矩形磁滞回线和高的 μ_m，就应选用纵向磁场热处理，而对于恒磁导率合金 1J66，由于要求磁导率为定值，所以应选横向磁场。

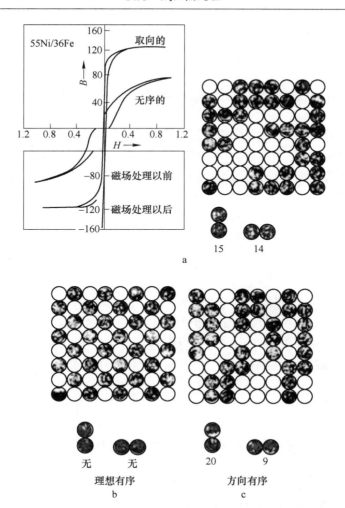

图 14-5　具有差不多相同组分的两类原子的一种固溶体可能产生的原子排列及其性能

表 14-18　几种软磁合金的预先退火和磁场热处理工艺制度

合金牌号	退火介质	加热温度	保温时间	冷却制度
1J65 1J34	第一步 H_2 或真空	1050~1150℃ 随炉升温	3~6h	以 100~200℃/h 冷却到 300℃出炉
	第二步 H_2	650~700℃ 随炉升温	1~2h	
1J67	第一步 H_2 或真空	1100~1150℃随炉升温	3~6h	以 100~200℃/h 冷却 到 600℃ 炉冷却到 300 出炉
	第二步 H_2	650℃随炉升温	1h	
1J66	第一步 H_2 或真空	1200℃随炉升温	3h	以 100℃/h 冷却到 600℃，炉冷到 300 出炉
	第二步 H_2	600℃随炉升温	1h	

D　磁场热处理温度的选定原则

通常根据合金的居里点温度（见表14-19）来选定磁场热处理的温度，一般常用的磁场热处理有两种方法：

（1）把合金加热到居里点以上（一般比居里点高50℃）保温一定时间后，在缓慢冷却时加磁场。

（2）等温磁场处理：合金在低于居里点的温度下加磁场，保温一定时间，再缓冷下来。最合适的温度应通过试验确定，如1J50合金当具有聚集再结晶结构时，可在居里温度以下（500~200℃范围内）进行数小时的等温磁场热处理，此时，初始磁导率和最大磁导率都有显著的提高。

表 14-19　合金的居里温度

合金牌号	1J51	1J65	1J34	1J80	1J67	1J66	1J22
居里温度/℃	500	600	>600	330	600	600	980

14.3.2.2　磁场热处理效果

影响磁场热处理效果的因素有以下几个方面：

（1）材料内在因素的影响。一般希望合金具有较高的居里温度，这样原子容易扩散，有利形成磁结构。希望合金是单相的，因为多相合金内存在着很大的相变应力，影响磁场处理的效果。

（2）外界条件的影响。

1）温度的影响：如只在居里温度以上加磁场，虽然对合金中原子的扩散产生作用，使原子对产生方向有序的排列，达到热磁处理的良好效果，但在居里温度以下如不加磁场也无效果。

2）磁场强度的影响：要获得预期的热磁处理效果，所加磁场一定要大大超过使合金磁性达到饱和的磁场，否则磁场处理效果不明显。

3）冷却速度的影响：热磁处理过程中，一般都进行控速冷却，而缓慢冷却有助于形成比较完善的磁织构。

4）加入磁场方法的影响：有些合金（如1J67、1J34、1J65等）要加纵向磁场才有利于提高磁性，而另一些合金（如1J66）只能加横向磁场才能获得良好的效果，从图14-6可以看出，1J50合金经横向磁场处理后，其磁导率显著下降，而经纵向磁场处理后，其磁导率显著提高。

14.3.2.3　磁场热处理设备

A　纵向磁场热处理设备

环状试样所用纵向磁场热处理炉结构如图14-7所示。热处理过程中为防止样品氧化。炉内通入氢气，在炉管两端要进行密封，用交流电或直流电接到铜管的两端。

由于1J34、1J65等合金进行磁场处理时需要约80A/m的磁场强度，考虑到不同直径的铁芯，一般选用200A的整流器就够了，加热试样的发热体可用碳矽棒，也可采用电热丝。采用电热丝时应采用双绕法（如图14-8所示），以消除电热丝通入交流电后所产生的交变磁场的影响。

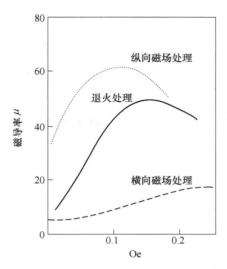

图 14-6 纵向和横向等温磁场热处理对 1J50 合金在 50Hz 时磁导率的影响

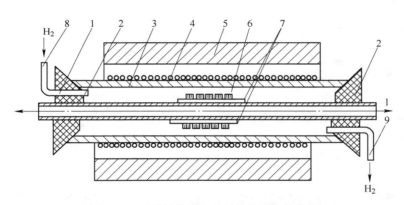

图 14-7 环形样品纵向磁场热处理炉结构图

1—紫铜管（或铜棒）直径 φ＝0~1.5mm 允许通过 200A 电流；
2—密封用橡皮塞；3—瓷管（不能漏气）或高铅管；4—电热丝绕在炉管上的发热体；
也可用碳硅棒加热；5—保温用耐火材料；6—环形样品；7—绝缘用小瓷管（或小瓷棒）；
8—H₂ 入气管；9—H₂ 出气管

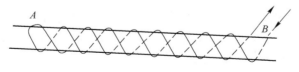

图 14-8 电热丝的双绕法

B 横向磁场热处理设备

横向磁场热处理炉结构如图 14-9 所示。图中 1 为纱包线，通入直流，用以产生横向磁场。

电流方向：⊙表示由纸面向外，⊗表示由纸面向里。其磁场强度的方向按右手定则为

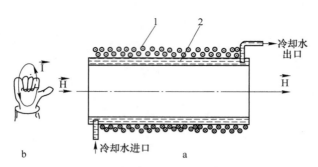

图 14-9　横向磁场热处理炉结构图

沿着螺线管中心线的方向，如图 14-9b 所示。2 表示用紫铜制成的冷却水套，一方面起到冷却纱包线的作用，另一方面起支撑作用，产生横向磁场的纱包线就绕在冷却水套上。在设计时为了保证螺旋管内磁场均匀区足够大，纱包线不要绕得太厚，但可以适当增加螺线管的长度，若设计一个螺线管，长度为 0.5m，要求产生 2000A/m 的场强，纱包线允许通过的电流为 5A，按螺线管内磁场强度计算式：

$$H = \frac{0.4\pi nI}{l}$$

式中　H——螺线管轴线上中心点的磁场强度，A/m；

　　　I——螺线管纱包线通过的电流强度，A；

　　　n——线圈的总匝数，

　　　l——螺线管的总长度，cm。

则纱包线匝数

$$n = \frac{Hl}{0.4\pi I} = 3185（匝）$$

横向磁场热处理炉的加热系统和纵向磁场炉子相同，可用碳硅棒，也可用电热线加热。冷却水套要用铜做成。炉管要用无磁耐热不锈钢制作，以免产生磁导现象而影响磁场热处理的效果。

14.3.3　应力热处理

14.3.3.1　应力热处理原理

应力热处理后在铁磁物质内产生的织构，磁场热处理后在铁磁物质内产生的织构，就其结果来说两者是相同的，它们都是使合金在某一给定的方向上磁畴取向一致，并把这种规则排列保留到室温而达到提高合金磁性能的目的。

进行应力热处理时和磁场热处理一样，是在稍高于居里温度的条件下沿一定方向施加一定大小的单向应力，在缓慢冷却中铁磁性的合金通过居里点时便形成磁畴，由顺磁状态转变为铁磁状态。在单向外应力的作用下迫使形成的磁畴，按应力方向取向发生磁致伸缩变形，这种磁致伸缩变形，由于温度的作用，使原子具有足够的扩散能力而进行塑性流动。这是一种塑性变形，因此磁畴取向后不易消失，磁畴变形所产生的内应力依靠原子的热运动来消除。由于单向外加应力在热处理过程中始终存在，所以合金热处理后在应力轴的方向上形成了磁织构。如果在这个方向上磁化样品，由于在需要伸长（或缩短）的方向上预先进行了伸长（或缩短），所以磁化容易（需要的能量最小），磁性能显著提高。

14.3.3.2 影响应力热处理的因素

A 温度和冷却速度的影响

材料的居里点温度愈高，磁畴的塑性变形就愈容易产生，就能更好地依靠原子热运动来消除由于磁畴塑性变形所产生的内应力。

冷却速度不能过快，否则会在合金内产生很大的内应力而达不到应力热处理的预期效果。

B 应力的影响

单向应力的大小、方向和均匀性对材料的磁性能有重大影响。所加的应力过小显然不能使磁畴产生所要求的变形，而应力过大又会使合金的晶格点阵产生严重畸变，内应力反而增大，使磁性恶化，所以要求所加应力的大小不致于使磁致伸缩变号，同时也不致于引起晶格点阵的严重畸变，热处理后的磁织构愈强，λ 值愈小，μ_{max} 也就愈大。如图 14-10 所示。从图 14-10 中看出，对该合金最佳应力为 $\delta_A = 4.9MPa$，而大于此数值的应力都会使合金的磁性能降低。

图 14-11 所示为拉应力对两种 Fe-Ni 合金磁化曲线的影响，84%Ni-Fe 合金的磁致伸缩是负的，65%Ni-Fe 合金的磁致伸缩是正的，当同时都加以拉力时，由图 14-11 可以看出，对 84%Ni-Fe 合金磁导率是降低的，但对 65%Ni-Fe 合金磁导率是增加的，由此可以得出以下结论：对于正磁致伸缩材料，单向拉应力提高合金磁导率，而压应力则降低合金的磁导率。对于负磁致伸缩材料，单向压应力提高合金磁性能，而拉应力则降低磁性能。可见所加应力的方向对提高合金磁性能有着重要的意义。

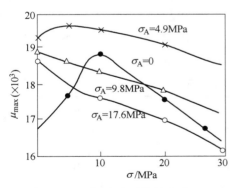

图 14-10 不同应力下热处理后 μ_{max} 与外应力 σ 的关系

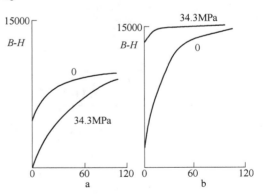

图 14-11 拉应力对 Fe-Ni 合金磁性能的影响
a—84%Ni16%Fe；b—65%Ni35%Fe

所加的单向应力要求均匀，否则，就不能保证磁畴普遍的和程度相近的形变，甚至会把某些晶粒拉裂而对磁性不利。

图 14-12 表示应力对不同合金磁致伸缩的影响。从这些曲线的形式可以看出，为了使 Fe-14%Al 合金丝的 λ 值达到饱和，拉应力大约 3430MPa 就足够了，可是对另外一些合金却是不够的，这是由于 Fe-14%Al 合金低的磁机械应力所决定的。这种合金的磁机械应力

$3/2E\lambda_s$（E 为弹性模量，λ_s 为饱和磁致伸缩，）在易磁化方向上大约是 1234.8MPa。这种材料的磁结晶各向异性能较小，为了使自发磁化强度矢量向附加应力的方向取向，附加应力大约为 1372MPa，就可以提高合金的磁性能。

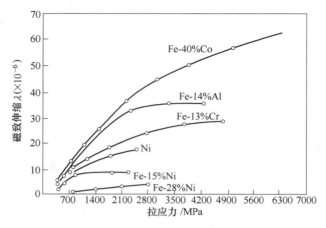

图 14-12　磁致伸缩与应力的关系

14.4　热处理设备

14.4.1　概述

在生产过程中，要对一部分合金热轧坯进行冷加工前的热处理，而大多数合金在冷加工过程中需进行中间热处理，此外也有一部分合金成品以热处理状态交货。为了保证合金的热处理质量，除应制订并严格执行工艺制度外，选择合适的热处理设备是非常重要的。表 14-20 列出了精密合金生产中常用的热处理设备。对其中典型的管式退火炉、连续式氢气退火炉及罩式退火炉的结构，下面将作一简要介绍。

表 14-20　常用精密合金热处理设备一览表

设备名称	特　点	用　途
台车炉	有燃油及电阻式两种，炉膛容积大，装炉量达 4.5t，工作温度达 1000℃	用于热轧精密合金带材、管坯等退火及固溶处理
室式淬火炉	燃油，工作温度达 1200℃，装炉量 ≤500kg	用于小批量热轧带钢冷轧前退火、淬火处理
箱式炉	为周期式炉子，用 Si-C 棒加热，马弗管通 H_2 或氨分解气体保护，工作温度 1150～1300℃，装炉量 25～300kg 不等	用于冷轧带、冷拉丝半成品及成品热处理
带材光亮热处理炉	普通连续式炉用 Si-C 棒加热，马弗管通 H_2 或氨分解气体保护，现代连续式炉将除油和热处理组成机组，自动化程度高	用于冷轧精密合金带半成品及成品热处理
钢丝连续热处理炉	加热区有 4m、6m 长的炉子，出口端用冷却水套冷却；工作温度＜1050℃，一般可同时处理 4～6 根钢丝；用分解氨气体保护	用于小尺寸精密合金丝半成品及成品的热处理

设备名称	特　点	用　途
燃油连续热处理炉	炉膛容积大，最高工作温度 1150~1200℃	用于处理热轧盘条，半成品及成品钢丝
管式炉	炉膛尺寸 ϕ1500mm，用 Si-C 棒加热，工作温度 1100~1200℃。H_2 保护	用于精密合金管半成品及成品热处理
井式电阻炉	炉膛尺寸 ϕ1000mm×2400mm，工作温度 900~1200℃，生产率 600kg/h	用于钢管管坯退火、正火、固溶、淬火等热处理
电接触热处理	变压器 400kVA，水槽尺寸 800mm×800mm×800mm	用于 ≤ϕ32mm×600mm 奥氏体不锈管固溶处理，及芯棒淬火
磁场热处理炉	用 Si-C 棒或电热丝加热，H_2 保护	用于矩磁和恒磁滞合金的热处理
罩式炉	功率 200kW，装炉量 1700kg，工作温度 800~1150℃	用于退火保温时间长的精密合金和硅钢片的热处理

14.4.2　管式退火炉

管式退火炉结构通常如图 14-13 所示，发热体采用 20Ni80 电阻电热合金带，规格为 1.7mm×200mm；加热炉炉管 ϕ135mm×8000mm，材质为 1Cr18Ni9Ti，冷却管 $\phi_内$ 140mm× 8000mm，$\phi_外$ 160mm×8000mm；卷取电机功率为 2.8kW；料盒长 450mm，两盒间距为 4300~4500mm。这台中国自行设计制造的管式退火炉的特点是有两个试料盒，当加热区的材料按工艺处理完毕时，把左边的闸门提起，开动右边的小电机，使加热区的试样盒移动到右边的冷却段。与此同时，左边冷却段的试样盒刚好移动到加热区，材料出炉前把右边的闸门压下，通 N_2，5min 后把 H_2 气赶走即出炉。之后又把要处理的材料装入该试料盒中，当加热区的材料处理完毕时，开动左边的小电机把电热区的试料盒拉向左边冷却段，已装好料的右边冷却段的试料盒同时移到加热区。出炉前把左边闸门压下，通 N_2，5min 即可开炉取料，如此循环下去。由于是受炉管直径的限制，每次装料 40~60kg，炉子功率约为 80kW。

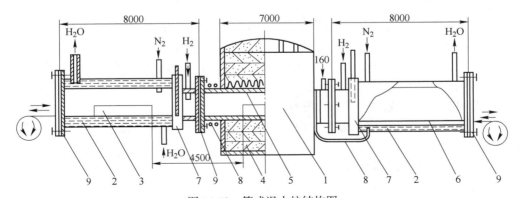

图 14-13　管式退火炉结构图

1—炉体；2—冷却水套；3—试料盒；4—发热体；5—加热炉管；
6—引带；7—闸门；8—冷却水管；9—密封垫

14.4.3　连续式氢气退火炉

连续式氢气退火炉结构如图 14-14 所示，该炉子的最多加热温度可达 1150℃，采用硅碳棒或炉管直热式加热，功率为 126～150kW，卷取速度 0～4m/min，其特点是设有两个通气孔 A、B，合金钢带需要淬火时，把 H_2 气管接到 A 管上，不需要淬火时把 H_2 气管接到另一端 B 管上。为了生产上的安全设有防爆装置。

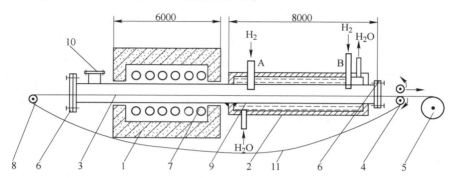

图 14-14　连续式氢气退火炉结构图

1—炉体（保温材料）；2—冷却水套（800mm×320mm×60mm）；3—引带上的带材；4—牵引辊；5—卷筒；
6—密封门；7—碳硅棒 φ20×400/400；8—导辊；9—炉管；10—防爆装置；11—引带

随着现代工业技术的发展，电子工业用金属材料需要量日益增加，尤其是近年来国内先后引进了许多电子产品连续作业线，对材料的物理性能，力学性能以及外观质量，提出了越来越高的要求，以往国内生产厂家所使用的带钢光亮退火炉，都是六七十年代自行设计制造的，处理的带材常常出现划伤、氧化、性能不均等缺陷，产品质量不稳定，远远满足不了飞速发展的电子工业要求，为了改变这种面貌，有的生产厂所已经引进 350mm 宽带钢连续光亮退火炉，不论从设备性能，还是从退火产品的质量看，均达到国际 80 年代的先进水平。这种退火炉和引进的精密四辊、二十辊冷轧机，纵剪机配合，加速了彩电材料国产化的进程。

该退火炉主要用于处理（0.1～2.0）mm×（150～350）mm 的精密合金及奥氏体不锈钢，处理最大卷重为 2500kg。工作温度为 750～1150℃，机组速度为 1.4～4.0m/mm，若以 0.5mm×350mm 为代表品种，产量为 500kg/h。保护气氛为氨分解气体，露点 ≤-60℃，残余氨 ≤5×10⁻⁶。这种设备代表了 80 年代初期的国际水平。其主要特点是：

（1）炉子的张力控制系统比较先进，在炉子的开卷段、炉体段，卷取段均采用张力控制，可以保证带钢不被划伤，不发生拉伸变形等缺陷。

（2）机组设有光电液摆动辊防跑偏装置（见图 14-15），可使带钢卷的边缘不整齐程度控制在 0.8mm 以下。

（3）机组带有碱液除油系统。除油效果好，无污染，是目前比较理想的除油方法。

（4）炉子加热体采用 Cr30Ni70 合金，塑性好，焊接性好，寿命长。

（5）马弗管采用 Inconel 600 高温合金，形状多圆形，且上半圆为横向波纹，下半圆为纵向波纹，提高了使用寿命，比采用 SVS 310S 制成的矩形马弗管寿命长 1 倍，且热效率也高。

（6）炉子采用衬胶辊密封方式，与毛毡相比，虽密封性稍差，但可避免换毛毡时需破坏密封的缺点，并且不影响张力的检测，总的来看这种密封方式比较优越。

（7）采用喷吹冷却方式，比对流冷却速度快，冷却均匀，从而使退火钢带性能均匀，板形平整。

（8）保护气氛为一般氨分解气体，但由于分子筛干燥器输出露点在−60℃以下，残余氨少于 5×10^{-6}，故气体质量很好。

（9）有可靠的安全系统。

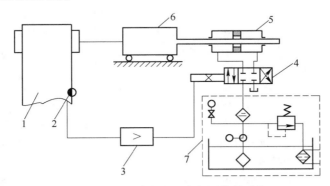

图 14-15　浮动卷取机光电源控制系统

1—带材；2—探测器；3—信号处理器；4—电液伺服器；5—执行液压缸；6—卷筒；7—位移传感器

14.4.4　罩式退火炉

罩式退火炉的结构如图 14-16 所示，内罩材质为 1Cr18Ni9Ti 或 Cr23Ni20，砂封底座

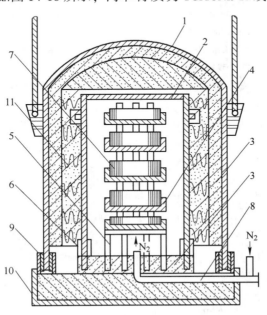

图 14-16　罩式炉结构图

1—上炉罩（外罩）；2—内罩；3—保温材料；4—装料盘；5—料盘架；6—内砂封；7—试样；
8—氮（或 H_2）气管；9—外砂封；10—砂封底座；11—发热体（电阻带）

φ1350mm，铁板厚度为 25～30mm，料盘架高 560mm，料盘直径为 800mm，其材料为：

（1）铸铁，耐高温<800℃。

（2）铸钢（Cr25Ni20Mo Qu388），耐高温 1200℃。电阻带用 FeCrAl 或 Cr20Ni80 合金带制成，罩式炉的功率为 200kW，最大装炉量为 1700kg，工作温度为 800～1150℃。

参 考 文 献

［1］技工学校机械类通用教材编审委员会. 热处理工艺学［M］. 北京：机械工业出版社，1987.

［2］Thermo-Calc Software Inc, McMurray, Pa. Process modeling and simulation［J］. Heat Treating Progress，2007（13）：178～180.

［3］Daniel H Herring. Low-pressure vacuum carburizing-is it ready for the commercial heat treater［J］. Heat Treating Progress，2003（2）：142～148.

［4］Zaharodnya N S, Kabasko N T, Volosevich P Yu. The use of intensive method of quenching for hardening high speed steels. ASM International Materials Park. Proceedings of the International［J］. Heat Treating Conference：Equipment and Processes，1994（9）：451～459.

［5］Kobasko N I. Basics of intensive quenching, Processes/Heat Treating Progress，Part Ⅲ［J］. Advanced Materials，1998（14）：56～62.

［6］Dama Corp. Microwave-A Breakthrough for both heat treating and coating ofmetals［J］. Heat Treating Process，2004（5）：147～152.

［7］Florent Chaffotte. Optimising Gas Quenching Technology through Modelling of Heat Transfer［A］. International Federation for Heat Treatment and Surface Engineering. Proceedings of 14～（th）Congress of International Federation for Heat Treament and Surface Engineering（Ⅰ）［C］. International Federation for Heat Treatment and Surface Engineering，2004：6.

［8］Flisher R L, Hibbard, Jr W R. The Relation between the Structure and Mechanical Properties of Metals［J］. NPL Symposium，1963（3）：921～926.

［9］周建华，孙宝琦，顾敏，等. 真空热处理对矿用硬质合金组织性能的影响［J］. 金属热处理，1998（5）：21～22，30.

［10］周定良，刘静波，吕满姗，等. 硬质合金热处理机理研究［J］. 硬质合金，1996（1）：1～5.

［11］吴冲浒，陈杉杉. 热处理对超细晶硬质合金性能的影响［J］. 热处理技术与装备，2014，35（6）：7～10.

［12］李沐山. 国外硬质合金热处理技术的进展［J］. 国外金属热处理，1992（2）：9～16.

［13］刘静波，杨子俊，邬荫芳. 硬质合金热处理的研究［J］. 稀有金属，1988（3）：207～212.

［14］沈利群. 硬质合金热处理研究进展［J］. 热处理，2002（2）：1～6.

［15］陈向明，杨金辉. 硬质合金热处理和钴粘结相转变度温度的研究［J］. 硬质合金，1999（1）：1～7.

［16］Caldwell E C, Fela F J, Fuchs G E. The segregation of elements in high-refractory-content single-crystal nickel-based superalloys［J］. JOM．2004（9）：78～85.

［17］Nathal M V, MacKay R A, Miner R V. Influence of precipitate morphology on intermediate temperature creep properties of a nickel-base superalloy single crystal［J］. Metallurgical Transactions A，1989（1）：45～52.

［18］林肇琦. 有色金属材料学［M］. 沈阳：东北工学院出版社，1986.

［19］中国机械工程学会热处理专业学会. 热处理手册（第一卷）［M］. 2 版. 北京：机械工业出版社，

1991：485~486.

[20] 林肇琦. 有色金属材料学［M］. 沈阳：东北工学院出版社，1986.

[21] Avedesian M，Baker H. ASM Specialty Handbook：Magnesium and Magnesium Alloys［J］. Materials Park：ASM International，1999（11）：18~23.

[22] 里達雄. 希土類元素を含む耐熱マグネシウム合金の時効析出［J］. Materia Japan まてりあ，1999，38（4）：294~297.

[23] 諸住正太郎，犀川潔，小山欽一. Mg-Y-Nd 合金の時効特性および引張性質［J］. 輕金屬，1999（10）：481~486.

[24] 土重晴，小島陽. マグネシウム合金の熱處理［J］. 熱處理，1998，38（1）：26~35.

[25] 王彦芳，刘忆，李兆严. 绿色热处理［J］. 煤矿机械，2000（10）：27~29.

[26] 徐祖耀，许珞萍，潘健生，等. 面向 21 世纪的"绿色热处理"［J］. 热处理，2000（1）：1~5.

15 快淬金属与合金的工艺技术

15.1 概述

20 世纪 70 年代发展起来的快淬工艺技术，是当今高新技术的重要内容之一。它的出现，导致了金属材料领域中的两项重要变革：在工艺上，由于采用超急冷方法使金属熔体以约 $10^6℃/s$ 的冷速快速凝固成非晶态金属，与传统的冶金工艺相比较，省去了许多道复杂的加工工序，并使加工过程中的能耗降低了约 80%，可誉为划时代的技术进步；在材料上，由于急冷凝固使金属原子呈混乱无规分布，没有结晶，各向同性，呈现出传统晶态材料无法获得的综合优异特性、例如高电阻、耐腐蚀、优良的磁学及力学性能等，因此，又堪称金属材料学中的一次"革命"。值得指出的是，在诸多的非晶态材料中，最有开发前途、社会经济效益潜力最大者，乃是采用快淬工艺技术制取的铁基非晶态材料。其损耗仅为冷轧取向 Si-Fe 的 $1/3 \sim 1/5$，用其取代 Si-Fe 制造配电变压器，空载损耗可下降 60% 以上，是一种新型的节能电工材料，无疑将对我国电力工业的发展产生影响，并将在发展高效低耗新型变压器产品中发挥重要作用。

快淬技术是指金属熔体淬火技术。它是一种很独特的工艺技术，其目的是把淬火温度下的液态金属原子分布状态保留到固态，换句话说，就是把液态金属结构"快速凝固"下来，形成非晶态固体。液态金属形成非晶态固体的必要条件，是要具有足够快的冷却速度，以致使熔体在达到凝固温度时，其内部原子还来不及结晶成核、长大就被冻结在液态时所处的位置附近，形成了所谓的非晶态固体，图 15-1 示出过冷液体的晶核形成、生长速度与温度之间的关系。从图 15-1 可以看出：当熔体温度下降到熔点 T_m 以下时，首先出现晶体生长速率的极大值，但这时晶体尚未成核或成核速度很小，故晶体无法生长；而当温度继续下降到成核速率极大值时，由于黏度已相当大，生长速率又变得很小，因此只要冷却速度足够快，就可以抑制液态金属成核和长大的过程，在玻璃态即非晶态转变温度 T_g 以下凝固成非晶态固体。

为了避免结晶，熔体所需要的临界冷却速度，可以由 $v_c = (T_m - T_N)/t_N$ 估算出来，如图 15-2 所示为时间（T）-温度（T）-转变（T）的 3T 曲线，T_m 为熔点，T_g 为玻璃化温度，t_N 为最短孕育时间，T_N 为曲线极点温度，即对应最短孕育时间的温度。当熔体冷却速度大于 v_c，则可以形成非晶态固体，小于 v_c 则发生结晶。物质临界冷却速度 v_c 越小，形成非晶态的能力就越强。几乎所有的熔体都可以快速凝固成非晶态固体，但关键是熔点以下的冷却速度要快，足使原子来不及重新排列成晶体，当然不同成分的熔体，形成非晶态固体所需要的临界冷却速度并不相同，就一般金属而言，合金比纯金属容易形成非晶态，合金中的过渡族金属——类金属系合金，其临界冷却速度约为 106℃/s 就可以得到非晶态合金，这也是目前快淬工艺技术能够达到的冷却速度。有的纯金属临界冷却速度高达 1010℃/s，这样高的冷却速度是目前工业水平难以达到的。

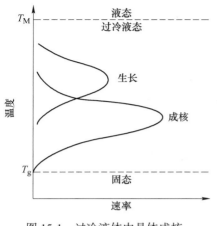

图 15-1　过冷液体中晶体成核、
生长速率与温度的关系

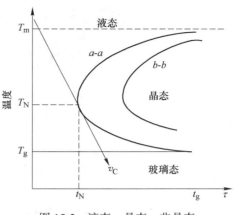

图 15-2　液态、晶态、非晶态
（玻璃态体）转变的示意图

快淬工艺技术形成非晶态的一般原则为：

熔体的冷却速度必须大于临界冷却速度 v_c；熔体必须冷却到玻璃转变温度 T_g（或 T_g 以下）。就目前而言，能够满足上述原则的工艺方法比较多，归纳起来主要为两大类。第一类是原子沉积法，包括溅射法、真空蒸发法、电解和化学沉积法、激光加热法以及离子注入法等。这类方法的冷却速度一般比熔体急冷法快，因而一些很难由熔体急冷法获得的非晶态固体，可以利用此类方法制取。但这类方法基本上只能获得小块薄膜或镀层，且获得的非晶体组分和材质控制比较麻烦。第二类是熔体急冷法，它的冷却速度通常 $>10^5$℃/s。为了提高冷却速度，除采用良好的导热冷却基体外，熔体必须与冷却基体接触良好，熔体层必须相当薄，熔体与基体从接触开始至凝固终止的时间必须尽量缩短。从上述基本要求出发，发明了多种熔体急冷方法，如喷枪法、锤钻法、离心法、单辊法、双辊法以及雾化法等。其中，单辊外圆离心熔体急冷法，已进入了工业化生产阶段。

20 世纪 60 年代自 Duwez 等人首次采用喷枪法制取 Au-Si 非晶态合金后，引起了科技界的广泛注意。虽然这种方法当时只获得了一些非晶态碎片，尚无实用价值，但它的意义却在于，从理论上证明人类使用了几千年的晶态金属可以用急冷方法得到非晶态金属。随着急冷技术的迅速发展，各工业发达国家给予了高度重视，并作为一种高新技术列入国家发展规划，并已经或正在向产业化方向发展。目前，美国采用熔体快淬技术制造非晶态合金，其年生产能力达万吨级以上，非晶合金带材的宽度为 220mm，并在配电变压器领域中大力推广应用，以达到节约能源之目的。图 15-3 是连续生产非晶态合金设备的示意图。

日本建立容量为 500kg、带宽为 100mm、带有自动卷取装置的制造设备。俄罗斯也建有容量为 500kg 的非晶制带设备，带材宽度在 100mm 以上。

我国自 70 年代末期研究开发非晶态合金以来，经过数十年的科技攻关，快淬工艺技术和设备的发展很快。除建有实验规模的试验设备外，还建立了容量为 500kg、带宽为 200mm 的非晶态合金中试设备，年生产能力在千吨级以上，并在非晶薄带自动卷取技术上有很大突破，这标志着我国快淬工艺技术与设备开始由实验室阶段向工业化生产过渡，并进入了国际先进行列之中。

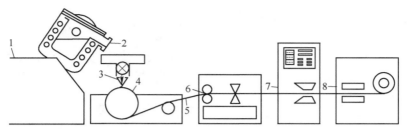

图 15-3　ALLIED 公司连续生产非晶态合金设备的示意图
1—熔融炉；2—中间包；3—喷嘴包；4—冷却辊；5—非晶态合金带；
6—宽度厚度检测设备；7—自动理带装置；8—自动卷带装置

15.2　非晶态合金带材的制造工艺及设备

15.2.1　基本工艺原理

　　制取非晶态合金带材的快淬工艺装置，有大有小，有难有易，视具体要求而定。目前国内设备容量一般分为 1~3kg、20~50kg 及 100kg、500kg 等几种，并能够稳定地制取 10~200mm 宽度内的各种规格带材。虽然这些设备的规模、结构、产品要求及技术难度不尽相同，但它们的基本工艺原理是一样的，都是采用单辊外圆离心熔体急冷法。由图 15-4 可以看出，当置于熔化坩埚中的母合金经过感应加热至熔融状态后，金属熔体便从坩埚底部的喷口注射到高速旋转的冷却铜辊上，此时金属熔体便以约 106℃/s 的冷却速度在铜辊上快速凝固成非晶态合金。随着容量及带材宽度的增加，工艺设备的结构也相应变化，例如容量为

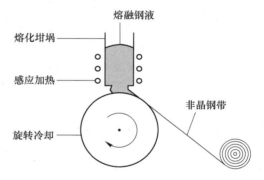

图 15-4　快淬工艺技术的基本原理

20~50kg、带宽 20~50mm，通常采用双包或三包结构；容量为 100kg 及以上、带宽 50~200mm，则采用三包结构，国内百吨级、千吨级非晶态合金中试设备的主机就是采用三包结构。下面介绍百吨级非晶合金中试设备及主要技术指标。

15.2.2　百吨级非晶态合金中试设备

　　我国快淬工艺技术的发展过程，大致可分为三个阶段，即 20 世纪 80 年代初期的 1~3kg 实验设备，80 年代中期的 20~50kg 试验设备，80 年代后期的百吨级中试设备。这三个阶段可以说是三个台阶，解决了一个又一个技术难点后达到的。归纳起来，先后解决了 10 个技术难点：（1）钢液和辊面温度的测试与控制；（2）冷却辊材质的选择；（3）冷却辊冷却方式与结构；（4）冷却辊的机械跳动；（5）冷却辊的在线修磨；（6）喷嘴材料与结构；（7）钢液恒压恒流的控制；（8）设备自动程序控制；（9）嘴辊间距的自动测量与控制；（10）带材自动卷取技术与装置等。在线测厚与反馈控制虽然没有完全解决，但取得了较好的试验结果和实验数据，为今后工作打下了基础。百吨级中试设备就是在上述基

础上获得成功的。

15.2.2.1 主机结构的选定

制取非晶态合金薄带的核心，是采用"平面流"原理把钢液稳定地送到快速旋转的冷却辊上，使钢液快速凝固成非晶态带材。因而注钢方式，冷却体选择及设计的正确与否，是中试设备成败的关键。根据国内已有经验，参照国外生产型设备，选用了三包法结构的注钢方式。对冷却体而言，选用了国内有比较成熟经验的单辊法。

该中试设备大体分为三个部分：（1）熔注系统，它的主要作用是熔化并运送钢液，保证钢液温度和纯洁度；（2）制带系统，这是主机的核心，应保证稳定连续地生产出非晶带材，许多技术难点均出自这一核心环节；（3）钢带在线自动卷取系统，这是整个设备中难度最大的部分，现在已实现了非晶带材在线自动卷取。图 15-5 给出百吨级中试设备的构造示意图。

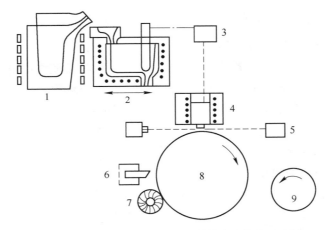

图 15-5　百吨级 Fe 基非晶合金制带中试设备示意图

1—中频感应炉；2—中间包；3—液位测控；4—喷嘴包；5—嘴辊间距测控；
6—辊面车削；7—辊面修磨；8—冷却辊；9—钢带卷取装置

15.2.2.2　中试设备的主要技术参数

熔注系统：

（1）熔炼炉：容量 100~150kg，中频电源 160kW、1000Hz，最高炉温 1600℃，熔化时间 1h，可以氩气保护，温度、压力、流量可监测。

（2）中间包：预热温度最高为 1400℃，钢液温降<3.7℃/min，容量 150kg，底部出钢量 0~50kg/min，可以氩气保护，自动调节。

制带系统：

（1）喷嘴包：预热温度 1300℃，可调控，容量 10kg，钢液降温<1.8℃/min，可以氩气保护，液位控制精度<±5mm，喷嘴包移动和升降灵活，速度可调，微调精度<±0.02mm。

（2）冷却辊：直径 600mm，辊面宽度 200~300mm，热交换能力>4.19×10⁷J/(m²·h)，辊面温升<300℃，辊面材质为离心铸造或锻造的 Cr-Cu 合金，硬度 HB=120，辊面跳动<±0.005mm，转速误差≤0.4%，辊速达到 30m/s 时启动时间<8s。

（3）车削装置：车削后辊面光洁度小于 $\frac{0.4}{\nabla}$。

（4）在位修磨：在制取 100kg、100mm 宽度的带材后，粗糙度由 $\frac{0.8}{\nabla}$ 下降到 $\frac{1.6}{\nabla}$。

（5）嘴辊间距测控：激光检测，精度小于 0.02mm。

钢带卷取系统：卷重不小于 75kg，卷筒同步控制精度小于 1%，卷筒平移速度 0～0.2m/s，连续可调，卷筒径向跳动和偏摆小于 0.05mm。

中试设备的能力及产品主要技术指标：

（1）年生产能力：1000t，日产 3000kg。

（2）钢带宽度：铁基合金 20～100mm。

（3）钢带厚度：0.02～0.04mm。

（4）厚度公差：≤±15%。

（5）钢带成材率：≥75%。

（6）钢带磁性能：达到技术条件。

15.2.2.3　存在的问题及改进方向

百吨级铁基非晶合金中试设备的建立，标志着我国已具备较大批量生产非晶合金的能力，但与国外先进设备相比还有很大差距，需要进一步改进和提高：

（1）应在已有工作的基础上，吸收国内外的先进经验，稳定工艺，提高质量，扩大产量，逐步向产业化发展。

（2）自动卷取技术与设备尚需进一步提高与改进。

（3）冷却辊材质和辊面光洁度的保持也有待研究和改进。

（4）提高耐火材料的使用寿命，研究廉价优质的喷嘴材料。

（5）铁基非晶带材的质量与性能也需要进一步研究。

15.2.3　快淬工艺技术的实际应用

快淬工艺技术的目的，是要获得常规工艺技术不能得到的非晶态金属材料。就目前而言，研究开发最多、用途最广、产量最大的乃是非晶态磁性材料。这不仅因为它比其他材料容易制取，重要的是它的磁性覆盖范围相当宽（图 15-6），几乎覆盖了坡莫合金和时钟马达材料的全部，纯铁、硅钢、磁带磁盘和 AlNiCo 的大部分，以及稀土永磁的一部分，这就决定了非晶态磁性材料的开发价值。因此，各国竞相研究开发，建立商用合金牌号，组织规模生产投放市场。据不完全统计，美国先后确立了 46 个合金牌号，其中 Metglas 磁性合金牌号 18 个，MBF 钎焊合金牌号 28 个；德国建立了 Vitrovac 磁性合金牌号 18 个；日本建立了 Amomet、AFN、ACO、KF 等磁性合金牌号 30 个；苏联也建立了 20 个磁性合金牌号。

我国目前的快淬工艺设备已具有相当的规模，年实际生产能力在 1000t 以上。先后研制成功 30 多种铁基、Fe-Ni 基、钴基非晶态软磁系统材料，以及多种纳米晶材料、催化剂材料、永磁材料、弹性材料、耐蚀耐热材料等。其中已有 28 个合金牌号纳入国家标准。这些非晶态新材料，已在电子、电器、电力、冶金、化工等工业以及国防军工项目中，大力推广应用，并发挥了作用。

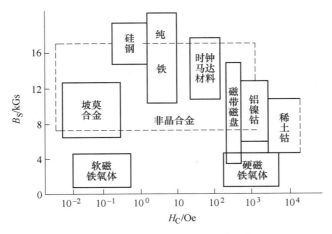

图 15-6 非晶态合金的磁性覆盖范围

15.3 非晶态合金丝材的制造工艺与设备

制造非晶或微晶丝材，也是熔体急冷工艺技术应用的一个方面。目前产品有两种，一种是非晶态细丝，另一种是快淬钢纤维。

15.3.1 非晶态合金细丝的工艺方法

熔体急冷法喷制固态非晶细丝的方法比较多，有压缩空气喷丝法、离心喷丝法、流水纺丝法和旋转液体纺丝法等。目前广泛使用的是旋转液体纺丝法，该方法设备简单，容易控制，并可批量生产。

非晶态合金细丝与晶态合金细丝相比，具有许多优异特性。例如 FeCo 基非晶态细丝的抗拉强度可达 3500MPa，堪与碳纤维及超高强聚酯纤维相媲美；铁基非晶态细丝具有大的磁致伸缩系数，可用作磁致伸缩延迟线和振子，以及压力、位移、应变传感器等；钴基非晶态细丝具有良好的软磁特性，可用于微型传感元件。另外非晶细丝具有良好的耐蚀性，可用于酸性溶液、海水及废液中的过滤器、碳酸钠电池的电极材料等。

旋转液体纺丝法的工艺装置如图 15-7 所示。旋转筒由直流马达驱动，利用注有冷却水的旋转筒在旋转时所产生的离心力，使冷却水在旋转筒内壁形成一层均匀的随转筒转动

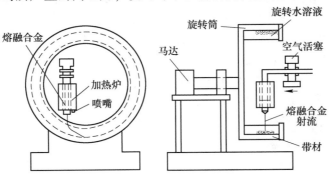

图 15-7 旋转液体纺丝装置

的冷却水层，当石英坩埚中的熔融液体喷入冷却水层中时，便快速凝固成非晶态细丝。用该方法喷制细丝的工艺参数和主要技术性能如表 15-1 和表 15-2 所示。

表 15-1　旋转液体纺丝法的工艺参数

合金成分（原子分数）/%	$Fe_{75}Si_{10}B_{15}$	$Fe_{7.8}Co_{39}Ni_{31.2}Si_6B_{16}$
喷嘴直径/mm	50~200	150~200
喷射温度/℃	1250~1350	1230±20
喷射压力/MPa	0.5~0.55	0.45~0.5
转筒速度/m·s^{-1}	6.5~8.5	6.5~8.5
水层厚度/mm	20~25	20~25
嘴水间距/mm	<3	<2
入射角/(°)	40~50	40~50

表 15-2　非晶合金系主要技术性能

合金成分（原子分数）/%	$Fe_{75}Si_{10}B_{15}$	$Fe_{7.8}Co_{39}Ni_{31.2}Si_6B_{16}$
平均直径/μm	100~200	150~200
截面圆度	0.85~0.91	0.97
HV	1023	670
σ_f/MPa	1746	2376
Σf/%	0.788	1.73
E/10^3MPa	2.22	1.37
电阻率/μΩ·m	1.55	1.32
晶化温度/℃	505	508
居里温度/℃	457	379
密度/g·cm^{-3}	7.723	

15.3.2　快淬钢纤维的制造工艺

用快淬工艺制取钢纤维，由于工艺独特、性能优异、成本低廉和应用广泛，很快成为大量生产的快淬金属商品材料。具体制取工艺为熔抽法，即在金属液面上采用高速旋转的辊轮，从熔融钢液中直接抽取钢纤维，辊轮表面按一定长度刻有开口，可以获得所需长度的钢纤维。目前应用最多的是截面为腰形针状普碳钢纤维和耐热不锈钢纤维，分别用于增强混凝土和耐火材料。工业应用结果表明，其增强效果十分明显。混凝土中加入钢纤维后，可使构件厚度减小 2/3；耐火材料中加入钢纤维后，可使寿命提高 2~6 倍。因此熔抽钢纤维已成为一种具有重大经济效益的新型增强材料。

快淬工艺制取熔抽钢纤维主要有两种方法，即上熔抽法和下熔抽法。

15.3.2.1　上熔抽法

上熔抽法又称悬滴熔抽法，该方法如图 15-8 所示。将所需成分的钢棒置于感应线圈中加热，调节功率，使钢棒下端先行熔化，并控制熔化速度，使钢水以一定速度滴到高速旋转的辊轮上，快速凝固成钢纤维。这种方法的最大优点是设备结构简单、紧凑、投资小、占地小，而且钢液接触空气面积小、时间短，熔抽液面清洁且稳定，纤维的一致性好，但生产效率低，控制要求严格。

15.3.2.2 下熔抽法

图 15-9 给出了下熔抽法的示意图。将熔化的钢水置于一个容器中，在液面上方装有高速旋转抽丝辊，当轮缘接触钢水时，轮缘上黏附一定厚度冷凝钢水，在离心力作用下甩击，从而获得一定长度的钢纤维。其优点是钢水盛置方便，缺点是液面接触空气后易氧化，成分不易控制。在大规模生产过程中，抽丝轮上方可以装一个刷轮，以便清洗轮缘表面，保持轮面的清洁度；为防止钢液表面氧化，可采用保护气氛。目前最大的熔抽设备一次可以抽丝 700kg，年产量可达 2000t。

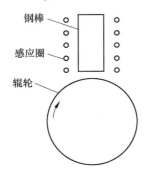

图 15-8　上熔抽钢纤维原理图

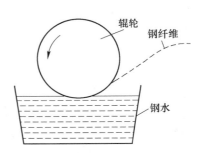

图 15-9　下熔抽钢纤维示意图

熔抽钢纤维与通常的切割钢纤维相比，具有许多优点：

（1）熔抽钢纤维是用快淬技术一次成型制出，可以得到微晶或非晶态结构，避免了一般铸态金属的树枝状结晶和元素偏析，使晶粒细化，塑性与力学性能都将处于最佳状态。

（2）由于液态成型，其外表面是自由的，钢纤维表面自然粗糙，当加入到混凝土和耐火材料中，便会与其产生较强的握裹力，使混凝土和耐火材料的韧性大大增强。

（3）由于制造工序简单，可以根据使用要求，随时调整合金成分和制造所需规格的钢纤维。目前，熔抽钢纤维有两种类型，一种是碳钢纤维，另一种是耐热不锈钢纤维，前者用于增强混凝土，后者主要用于增强耐火材料，典型规格列于表 15-3。

表 15-3　熔抽钢纤维的典型规格

规格/mm×mm	截面/mm²	等效直径/mm	截面尺寸/mm×mm	长度/mm
0.5×25	0.2	0.5	0.2×1.0	25
0.5×35	0.2	0.5	0.2×1.0	35
0.5×45	0.2	0.5	0.2×1.0	45
0.5×60	0.2	0.5	0.2×1.0	60
0.7×35	0.4	0.7	0.2×2.0	35
0.7×45	0.4	0.7	0.2×2.0	45
0.7×60	0.4	0.7	0.2×2.0	60

15.4　非晶态合金粉末的制造工艺

金属粉末的快速凝固，完全不同于普通粉末冶金，是一项全新的工艺技术。其生产工艺大致可分为两种方式：一种是雾化法，即将熔体金属分散为小滴，经过快冷或凝固而成为粉末；另一种是破碎工艺法，即将非晶合金条带和丝材破碎研磨成粉末。

15.4.1　超声气雾化法

这种工艺在原理上与普通气体雾化相似，是以高速气体冲击熔体金属细流的一种方法。气体一方面冲击金属细流，同时又起着熔体细滴快冷介质的作用，如图 15-10 所示。超声气雾化与普通气雾化的主要差别是，前者的射流以约 80kHz 的频率脉动，而后者的气流呈连续状态运动。X 射线衍射分析表明，50μm 以下的粉末为非晶态，大于 125μm 的粉末基本上为晶态，50~125μm 的粉末晶化比率随着粒度增大而增加，20μm 粉末的冷却速度估计为 10^5℃/s。

15.4.2　水雾化法

水雾化装置原则上和气雾化相同（如图 15-10 所示），只不过用水取代气体作为雾化淬火介质。由测量结果可以估算出，小于 20μm 的粉末，80%（体积）为非晶态，小于 50μm 的粉末，20%（体积）为非晶态。

15.4.3　气-液雾化法

气-液雾化是将高压气体和液体射流聚焦在熔体金属流上，如图 15-11 所示。金属流的雾化主要由气体射流承担，而由液体射流加强。10~15μm 的小颗粒是由气体淬火而成，大颗粒主要是液体淬火所产生的。适当控制气体和液体射流的相对位置，可以在一定程度上控制粉末的几何形状。生产 20μm 粉末的冷却速度估计为 10^5℃/s。

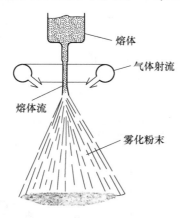

图 15-10　气体雾化法和水雾化法

图 15-11　气-液雾化法

15.4.4　离心雾化法

离心雾化法又称旋转盘雾化法，其装置如图 15-12 所示。熔体金属流射向快速旋转

（约 2500r/min）的凹形圆盘上，使圆盘加速到
接近所要求的周边速度，并在离心力的作用下，
流向圆盘的周边直接形成微滴，并冲出圆盘，经
过氮气射流而急冷。这种方法曾用来生产 Ni-Si-
B 非晶合金粉末，150μm 的粉末呈现出部分非
晶态。和气雾化相似，粉末的形貌一般为球状。
可以算出，20μm 粉末的冷却速度约为 $10^5 \sim$
$10^6℃/s$。

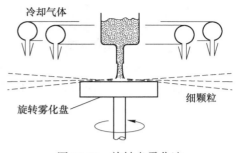

图 15-12　旋转盘雾化法

15.4.5　轧辊雾化法

　　轧辊雾化方法是将熔体金属送入高速旋转的两个辊子之间（1000~5000r/min），当熔
体金属从轧辊另一边出来时，它就被甩成微滴，进入离辊子咬入口 25mm 处的水槽中而被
淬火，如图 15-13 所示。目前，这种工艺不能产生小的液体金属滴，例如直径<37μm 的仅
占粉末的 2%~3%，故该方法有局限性。另外，该系统的冷却速度估计为 $10^5℃/s$，基本上
处于非晶态所要求的临界冷速之上。

15.4.6　电液动雾化法

　　用强电场（$>10^5V/cm$）可以使熔体金属表面分裂成细小熔滴，这种工艺的示意图如
图 15-14 所示，由加热的毛细管提供熔体金属细流（$\phi50 \sim 125μm$），在熔体金属和毛细管
端部的提取电极之间加高压（3~20kV）产生电场，当所加的静电场力超过熔体弯月形表
面张力时，从毛细管端部喷射出的熔滴即发生雾化，形成粉末微粒。电液动雾化法与一般
雾化法相比，它产生的粉末粒度更细小，粒度分布也更集中。如制取 $Fe_{40}Ni_{40}P_{12}B_8$ 非晶粉
末的粒度约为 0.1μm，对 0.1μm 粉末计算的急冷速率为 $10^6℃/s$。

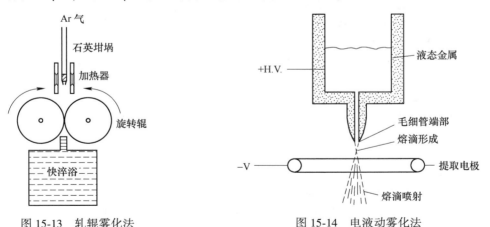

图 15-13　轧辊雾化法　　　　　　　　图 15-14　电液动雾化法

15.4.7　破碎工艺法

　　由单辊外圆离心熔体急冷法制取非晶态带材或丝材，然后将带材或丝材通过破碎和研
磨加工成粉末。如果带材不脆，可以采用惰性气体退火或在氢气中进行渗氢退火使之脆

化，易于加工成粉末。对于一般粒度的粉末（10~20μm），这种工艺比雾化粉末的冷却速度高，但粉末的形貌为不规则的多边形。

综上所述，快速凝固金属粉末技术发展很快，并在诸如铝合金、钛合金、高温合金、硬质合金、不锈钢等方面取得成功。近几年来，利用快淬金属粉末研制成功 Nd-Fe-B 永磁合金，其最佳性能已达到：$B_r = 13.5T$，$H_C = 880kA/m$，$(BH)_m = 318.4kJ/m^3$，基本上达到了烧结粉末 Nd-Fe-B 永磁体的水平，且有较好的热稳定性、较低的成本，在电机上应用潜力很大。

参 考 文 献

[1] 王新林. 我国快淬金属产业的形成与发展 [J]. 物理，1993（5）：295~300.

[2] 王新林，王立军. 非晶微晶合金从研究到产业化 [J]. 金属功能材料，1994（3）：1~5.

[3] 祁焱，张羊换，李健靓，等. 应用真空快淬制备纳米晶和非晶合金 [J]. 金属功能材料，2003（3）：27~31.

[4] 吴安国. 快淬，熔体快淬，熔体旋淬，熔淬 [J]. 磁性材料及器件，2000（1）：62.

[5] 王永强，李兆波，李世贵. 两种纳米晶钕铁硼快淬条带制备技术比较 [J]. 磁性材料及器件，2008（1）：32~36.

[6] 王永强，李兆波，李世贵，等. 国内快淬钕铁硼磁粉生产技术及其装备的发展——电弧重熔溢流快淬与晶化工艺的改进 [J]. 磁性材料及器件，2007（6）：34~41.

[7] 刘天喜，傅定发，夏伟军，等. 双辊快淬制备镁合金薄带碎片的工艺研究 [J]. 铸造，2006（4）：327~330.

[8] 刘天喜，傅定发，夏伟军，等. 双辊快淬制备镁合金薄带碎片的工艺研究 [J]. 铸造，2006（4）：327~330.

[9] 王新林. 非晶和纳米晶软磁合金从研究到产业化（一）[J]. 金属功能材料，1996（5）：161~169.

[10] 王新林. 非晶和纳米晶软磁合金从研究到产业化（二）[J]. 金属功能材料，1996（6）：205~210，223.

[11] Zhang Yanghuan, Chen Meiyan, Dong Xiaoping, et al. The effects of rapid quenching on the microstructures and electrochemical properties of low-Co AB$_5$-type electrode alloy [J]. Journal of Alloys and Compounds, 2004, 376（1）：321~326.

[12] Zhang Yanghuan, Li Ping, Wang Xinlin, et al. The effects of rapid quenching on the electrochemical characteristics and microstructures of AB$_2$ Laves phase electrode alloys [J]. Journal of Power Sources, 2003, 128（1）：412~417.

[13] Tang Weizhong, Sun Guanfei. Electrode stability of La-Ni-Mn hydride forming materials prepared by conventional and rapid quenching techniques [J]. Journal of Alloys and Compounds . 1994（2）：198~203.

[14] Zeng Qingxue, Joubert J M, Latroche M, et al. Percheron-Guégan. Influence of the rare earth composition on the properties of Ni-MH electrodes [J]. Journal of Alloys and Compounds, 2003, 360（1）：197~201.

16 磁 性 测 量

16.1 概述

磁性测量的主要任务是解决物质磁性和空间磁场强度的测量问题。

磁性合金是磁性材料的一部分，其参数分基本和应用两大类。饱和磁化强度 M_S、居里温度 T_c、磁各向异性常数 K、磁致伸缩系数 λ 和磁化率 χ 等属基本磁参数。工程技术中广泛使用的则是应用磁参数。包括静态（或直流）和动态两种。动态磁参数，又可细分为交流的、交直流叠加的和脉冲等三种磁参数。

磁性测量主要依据物理学中的磁力作用原理，电磁感应原理及其他各种效应，如磁电效应，磁共振效应，约瑟夫逊效应，磁光效应等，来进行各种参数测量。

磁性合金众多的应用磁参数，几乎都是通过电参数（例如电压 V，电流 I，电感 L，电阻 R 和互感 M 等）的测量，按其与磁参数的关系式经计算得到的。

在磁性测量中，为使测得的数据准确可靠，除了正确使用测量仪器和测量方法外，还必须充分注意磁性材料内部的性状，例如磁黏滞性、磁畴结构、磁化的时间效应、减落、老化等，因而采取一些对策，例如退磁、磁锻炼、稳磁等操作，这是其他材料性能测量中所没有的。

除特别注明外，本章各计算公式中用的物理参数均采用国际单位，符号均参照 IEC 标准。

16.2 磁性测量的一般问题

16.2.1 样品

样品要有代表性，故应按有关材料标准，严格注意取样的部位，数量，尺寸，处理工艺等，务必使样品能真正反映材料的性能。

软磁合金的矫顽力 H_C 很低，任何磁化的不均匀都会影响测试结果，故样品一般采取闭合磁路的圆环形，特殊情况下用约定的正方形或矩形样品，图 16-1 为其示意图。大块材料车削而成，厚于 0.2mm 的钢带冲裁积叠而成，薄于 0.2mm 的钢带卷绕而成圆环形样品。为使磁化场强度沿圆环径向各点大小相近，根据新国标 GB/T 13012—2008 中规定

$$\frac{D_o}{D_i} \leqslant 1.1 \tag{16-1}$$

式中，D_o 和 D_i 各为圆环的外径和内径。否则，画出的磁滞回线的上升和下降边沿会明显变斜。样品的磁路长度 l 和横截面积 S 由下式算出：

$$l = \pi \overline{D} = \frac{\pi(D_o + D_i)}{2} \tag{16-2}$$

$$S = \frac{m}{\pi \overline{D} \rho_{\mathrm{m}}} \tag{16-3}$$

式中，$\overline{D}$ 为平均直径，m；m 为样品的质量，kg；ρ_{m} 为密度，kg/m³。

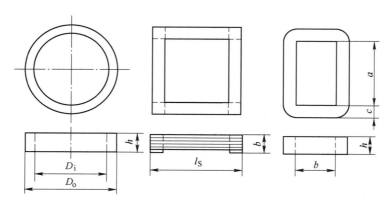

图 16-1　软磁合金测量用样品示意图

0.2mm 以上厚度硅钢，样品为长 280mm 或 300mm，宽 30mm 的条片，用双搭接法在 25cm 爱泼斯坦方圈中叠成正方形磁路。其有效质量系数对 280mm 者为 0.839，对 300mm 者为 0.783，有效磁路长度为 94cm，横截面积 S 由下式计算：

$$S = \frac{m}{4 l_s \rho_{\mathrm{m}}} \tag{16-4}$$

式中，l_{s} 为条片长度，m，m 约为 1kg。条片样品的总数应为 4 的整数倍。

软磁元件性能测量时，难免会碰到矩形磁路的样品，其 l 和 S 由下式计算：

$$l = 2(a + b) + \pi c \tag{16-5}$$

$$S = \frac{m}{l} \rho_{\mathrm{m}} \tag{16-6}$$

式中，a 和 b 各为矩形样品窗口的长和宽；c 为其四臂的宽。

制作软磁样品用的钢带要平整光洁，带的边缘无毛刺，层间应绝缘，按规定的热处理工艺退火，并放在绝缘保护盒中。

对永磁合金，一般用截面积均匀的棒形样品来测量性能。其中，内禀矫顽力 $H_{\mathrm{CJ}} \leqslant$ 240kA/m 者，样品长度与等效直径之比，即长径比宜在 2~5 之间；$H_{\mathrm{CJ}} \geqslant$ 240kA/m 者，可在 1~2 之间决定长径比。样品的两个端面要相互平行，并垂直于中心轴。测试时，样品端面与电磁铁或磁导计极面应紧密接触，以减少退磁场的影响。

弱磁材料也用横截面积均匀的平直条棒形样品来测量磁导率，样品长度一般为 120~150mm。

用振动样品磁强计，磁转矩仪，磁天平等测量材料基本磁参数时，所用的样品一般为直径 2~3mm 的小圆球，直径约为 10~15mm 的薄圆片。粉末样品最好粘成圆球状。

16.2.2 磁中性化

磁性合金在磁中性态时，其内磁畴分布混乱，对外不表现有剩余磁化。若经外磁场或外力的作用，磁畴会有序排列起来。外界作用消失后，其不可逆位移和转动部分会保留着，对外表现有剩余磁化。故在测量软磁合金的低场磁性能时，样品都须经过退磁或磁中性化操作。退磁方法有热退磁，直流退磁和交流退磁等三种。热退磁就是把样品加热到材料居里温度以上，然后冷却下来。此方法对在加热过程中会产生不可逆相变，或经过磁场退火的样品，均不适用。直流退磁方法适用于大块样品，此时先把样品磁化到饱和，不断换向直到磁化场为零，此反复换向的操作叫磁锻炼。交流退磁就是在样品上加一低频交流磁化场到饱和，然后降低磁化场使样品磁感应强度连续减到零。交流退磁法操作简便、效果较好。一般来说，未经严格退磁测出的磁导率和铁损这些与磁状态有关的参数是不可信的。

16.2.3 环境条件

所有磁性合金的磁性能都与外加磁化场强度有关，故测试时，样品要处在无外加杂散磁场的环境中，在有严格要求情况下，样品应放在磁屏蔽罩中。温度对样品磁性能的影响也很明显，因此测试应在规定温度，例如 $(20\pm1)℃$、$(23\pm5)℃$ 下进行。在高频高磁感应强度下测试时，样品温度会因铁损而急剧升高，更应注意维持温度恒定。其他如压应力、拉应力、振动和辐照等也会影响性能。在正常测量时应避免这些因素的影响。

16.2.4 开路样品

样品在开路磁化时，其两端会形成表面磁极，表面磁极在样品内部产生了相反于外加磁场 H_e 的退磁场 H_d，故样品内实际作用的磁化场 H_i 可表示为：

$$H_i = H_e + H_d \tag{16-7}$$

实验发现，H_d 与磁化强度 M 成正比：

$$H_d = -N_d M \tag{16-8}$$

式中，N_d 称退磁因子，与样品的外形尺寸有关。故样品在开路状态下的磁导率，即物体磁导率 μ_k 可表示为：

$$\mu_k = \frac{B}{H_e} = \frac{B}{H_i - H_d} = \frac{\mu}{1 + N_d(\mu - 1)} \tag{16-9}$$

式中，$\mu = \dfrac{B}{H_i}$ 即物质磁导率。在 $\mu \gg 1$ 时，$\mu_k \rightarrow \dfrac{1}{N_d}$，完全由开路样品的退磁因子所决定。

16.2.5 交流磁化时波形的控制

在交流磁化条件下，由于磁性样品磁化特性的非线性，激磁电流之和感应电压 U 波形，据傅里叶分析可表示为：

$$\left. \begin{array}{l} u = \sum\limits_{n=0}^{\infty} \sqrt{2}\,U_n \cos(n\omega t + \varphi_n) \\[2mm] i = \sum\limits_{n=0}^{\infty} \sqrt{2}\,I_n \cos(n\omega t + \theta_n) \end{array} \right\} \tag{16-10}$$

式中，U_n 和 I_n 为第 n 次谐波电压和电流的有效值；φ_n 和 θ_n 各为它们的相角。据电工学可知，u 和 i 的乘积在一个周期 T 中的平均值即为铁芯所消耗的功率 P：

$$P = \frac{1}{T}\int_O^T uidt = \sum_{n=0}^{\infty} U_n I_n \cos(\varphi_n - \theta_n) \qquad (16\text{-}11)$$

用上式计算铁损十分复杂，故在测量铁损时，总设法维持 u 或 i，即磁感应强度 B 或磁化场强度 H 为正弦形，这样式（16-11）可简化为：

$$P = U_1 I_1 \cos\varphi \qquad (16\text{-}12)$$

式中，ψ 为 U_1 和 I_1 之间的相位差。

实验发现，在相同频率 f 和相同幅值磁感应强度 B_m 条件下，B 为正弦形条件下测得的铁损最低；H 为正弦形时测得的最高，在其他波形条件下测得的介于这两个极端条件之间，国际上约定以 B 波形为正弦形时测得的铁损为准。

维持 B 波形为正弦形的一般方法，是使电源输出的正弦形电压 99% 以上加在被测样品线圈上，即加在样品初级线圈回路中，下列关系成立：

$$N_1 S \frac{dB}{dt} \gg iR + L\frac{di}{dt} \qquad (16\text{-}13)$$

式中，N_1 为样品磁化线圈匝数；S 为样品的横截面积；R 和 L 各为样品初级线圈回路的总电阻和总电感。较好的办法是采用负反馈技术，使样品的感应电压维持为正弦形。

16.3　磁场强度的测量

空间磁场强度从 $10 \sim 14T$ 的人体磁场到 $10^2 T$ 的脉冲磁场，测试的仪器和方法很多，而功能材料性能测量中用得较多的，仅用霍尔效应特斯拉计和电磁感应原理制成的磁场强度测量仪两种。

16.3.1　霍尔效应特斯拉计

该仪表是利用半导体材料 Si、Ge、GaAs 和 InAs 的磁电效应制成的。图 16-2 是可测量交流和直流磁场强度的霍尔效应特斯拉计的原理图。

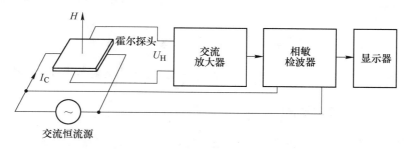

图 16-2　霍尔效应特斯拉计原理图

如图所示，尺寸仅 1mm×1mm 的霍尔探头垂直置放在被测磁场 H 中，霍尔片两端加一恒定的交流电流 I_c，因磁电效应，在霍尔片的另外两端即产生一个霍尔电压 U_H，其间关系如下：

$$U_H = K_H I_c H \qquad (16\text{-}14)$$

式中，K_H 为与霍尔片的材料、尺寸及形状有关的常数，故如维持 I_C 恒定，测出 U_H 便可给出磁场强度 H。

16.3.2　感应式磁场强度测试仪

把一个已知线圈常数 $N_H S_H$ 的探测线圈在磁场中换向或从磁场中抛出，或令直流磁场反向，就可用磁通计或冲击检流计组合成测试仪来测出直流磁场强度。

另一种办法是将线圈常数 $N_H S_H$ 已知的线圈，在均匀直流磁场中以固定的频率 f 转动，转轴与磁场 H 垂直，线圈上的感应电压用磁通电压表测出为 U_{fH}，则 H 便可由下式算出：

$$H = \frac{U_{fH}}{4.44 f N_H S_H} \tag{16-15}$$

此时的磁场强度 H 实际上为空气磁感应强度 B_o，单位为 T；U_{fH} 的单位为 V；f 为频率，Hz；$N_H S_H$ 的单位为 m^2。上式就是准确度较高的转动线圈高斯计测量磁场的基本公式。

利用电磁感应原理还可制成如图 16-3 所示的交流磁场强度测试仪。通常，空间交流磁场强度波形复杂，频率 f 不固定，用式（16-15）计算 H 误差太大，故常采用图 16-3 所示的电路来测量。如图所示，H 探测线圈上的感应电压 $N_H S_H \dfrac{\mathrm{d}H}{\mathrm{d}t}$ 被放大 A_1 倍，送阻容积分器积分还原为 H 信号电压，再被放大 A_2 倍后经线性峰值检波得幅值电压 U_m，即可得幅值磁感应强度 B_o。

$$B_o = \mu_o H = \frac{R_C U_m}{A_1 A_2 N_H S_H} \tag{16-16}$$

式中，μ_o 为空气磁导率，$4\pi \times 10^{-7} \mathrm{H/m}$；$R_C$ 为积分常数，s；U_m 为积分电压峰-峰值的一半，V；$N_H S_H$ 为线圈常数，m^2。

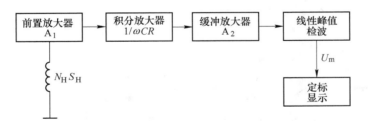

图 16-3　交流磁场强度测试仪原理图

16.4　基本磁参数的测试

基本磁参数的测试装置很多，有用感应法原理制成的测量 $M_S\text{-}T$ 或 $\sigma_s\text{-}T$ 曲线的提拉法装置和振动样品磁强计；有测量磁各向异性常数的磁转矩装置；有测量磁致伸缩系数的应变片法、光干洗法装置；有测量磁化率的法拉第磁秤、塞克史密斯环秤；还有利用超导量子干频器件（SQUID）制成的磁化率仪等，本节仅对常用的几种测试方法作简单介绍。

16.4.1　用振动样品磁强计测量 σ_s-T 曲线

　　1959 年，Foner 报道了振动样品磁强计的研制和使用结果。由于它灵敏度高，仅要求均匀磁场，于是便成了磁学实验室中常规测量仪器。目前，商品仪器在我国就有美国 EG & G 公司的 155 型，美国 LDJ 公司的 9000 型，日本理研电子的 BHV-5 型和日本东英公司的 VSM-3 型等。其原理是一个质量为 M_x 的样品，在电磁铁或超导线圈产生的均匀磁场中被磁化成一个磁偶极子，设法使样品作上下小距离振动，则在样品两侧特别制作的测量线圈上会感生出微弱电压 U_I，此电压与样品的磁矩 σ_x 成正比。再用相同大小、质量为 m_{Ni} 但磁矩 σ_{Ni} 已知的纯镍样品（其室温下 $\sigma_s = 54.01 Am^2/kg$）来校准，并产生感应电压 U_{Ni} 则 σ_x 可由下式算出：

$$\sigma_x = \frac{m_{Ni}}{m_x} \frac{U_x}{U_{Ni}} \sigma_{Ni} \qquad (16-17)$$

　　故用 VSM 测量磁矩不是绝对测量，而只是依赖于纯镍样品的相对测量。

　　图 16-4 是 VSM 的原理电路图，如图所示，振荡器产生一个约 82Hz 的低频信号：一路经功率放大器放大后送驱动线圈，迫使样品杆上下振动；一路送锁定放大器作参考信号，以便从背景噪声信号中检出所需的样品信号电压。样品杆带动样品和预设的可动电容板上下运动，在探测线圈上感生出与样品磁矩成比例的信号电压。同时，在固定电容板上也感生出另一参考电压，其大小正比于振动的频率和幅度，经放大和移相后送到差动放大器。在差动放大器中两个信号电压合成，抵消了因频率和振幅变动而导致的总电压的变化，使输出信号仅反映样品磁矩和磁场相互作用的信息。差动放大器的输出电压经调谐放大器放大后，再送锁定放大器进一步放大，并由它取出与样品磁矩有关的部分，经积分滤波后作为输出信号。该信号一路经高压放大后接可动电容板建立偏置电压，另一路则作为 VSM 的读出信号在仪表上显示出来。

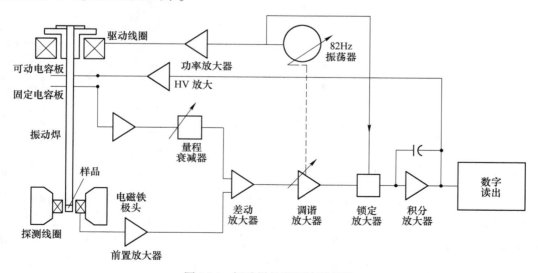

图 16-4　振动样品磁强计原理图

若样品置于变温系统中，即可用逐点法测出 σ_s-T 曲线，从而确定居里温度 T_c。若磁场 H 信号由霍尔效应特斯拉计测出并选到 X-Y 记录仪的 X 轴，磁矩读出信号送到 Y 轴，当磁场连续扫描变化时，还可画出样品的磁滞回线。

VSM 已实现了微型计算机控制，其功能有按预定的参数自动进行磁场强度扫描；能以 4096 个点 16 位宽的记忆存储库存储 1 到 4 条数字曲线；具有很强的曲线搜索和数据控制功能；能提供数字读出或打印输出。

16.4.2 自动记录式磁转矩仪

一个单晶圆片样品按一定取向置于均匀磁场中，若磁场方向在平面中转动，则圆片因受力矩作用也会跟着转动，但因圆片与扭力系数为 D 的悬丝紧接在一起，故在圆片转动到一定角度 α 后便稳定下来，故有

$$L = D\alpha \tag{16-18}$$

式中，L 为磁转矩值。然后即可由有关公式求出磁各向异性常数。

磁转矩曲线一般都用逐点法测量。1959 年有文章报道了自动记录式磁转矩仪，1974 年，有资料介绍了计算机控制的磁转矩仪。至于商品仪器，在日本曾有过光电变换式和差动变压器式磁转矩仪，图 16-5 是日本东英公司生产的 TRT-4 型光电变换式转矩磁力仪原理框图。如图所示，可逆电机 M_R 带动电磁铁和附着在电磁铁上的多圈电位器 R_H 一起转动，RH 上取出的电压信号与电磁铁转角成正比，经初始角修正和标定后，此电压送到 X-Y 记录仪的 X 轴。而与转矩成正比的光信号经差动连接的 C_{ds} 光电管变换成电信号，再经放大送到悬挂系统的反馈线圈，迫使受均匀磁场作用而偏转的样品维持原来位置。同时，放大后电信号经标定后送到 X-Y 记录仪的 Y 轴。启动可逆电机，即可画出样品的转矩曲线。

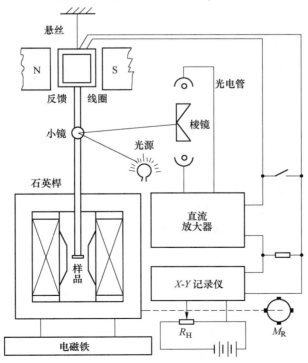

图 16-5　光电变换式自动记录磁转矩原理图

　　磁致伸缩系数，对大块样品来说，一般用应变片法和光干涉法来测量。对于非晶合金由于该材料很薄，故曾发展了测量其磁致伸缩系数 λ 的三端电容法，小角磁化矢量转动法和零位冲击法等多种方法，在一定条件下有所应用。

　　应变片法是常用的测量 10^{-6} 以上 λ 的较可靠的方法，图 16-6 是采用动态应变仪测量的原理图。如图所示，黏附有应变片的被测样品和另一为补偿温度变化而黏附有应变片的紫铜板一起，置放在螺线管产生的磁场中，两应变片的输出端接到不平衡电桥相邻桥臂上。加磁场时，因磁致伸缩样品变形而使应变片电阻改变了 ΔR，这时不平衡电桥有输出信号电压 U：

$$U = \frac{1}{4} \frac{\Delta R}{R} U_{\circ} \tag{16-19}$$

式中，$U_{\circ}$ 为不平衡电桥的输入电压。因为 $\lambda = \frac{\Delta l}{l} = \frac{1}{K_{s}} \frac{\Delta R}{R}$，其中 K_{s} 为应变片灵敏系数，一般由生产厂给出，代入上式有：

$$\lambda = \frac{4}{K_{s}} \frac{U}{U_{\circ}}$$

在 $U_{\circ}$ 恒定的条件下，测出 U 便可由上式求得 λ。

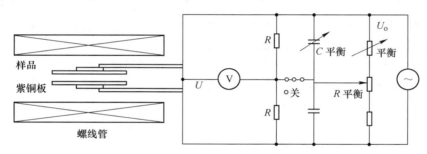

图 16-6　测量磁致伸缩系数的应变片法原理图

16.5　直流磁性能测试

　　磁性合金直流磁性能的测量，先后曾出现过冲击法，模拟记录式的光电放大互感反馈法和阻容积分法，利用 V-f 变换技术的数字积分法，利用数据采集、存储、运算的微型计算机控制系统，利用标准样品镍标定后再进行形状修正的 VSM 法，利用 SQUID 制成的磁通测试系统来测量极小样品，例如晶须 B-H 特性的方法。但目前常用的主要为冲击法、阻容积分法及 20 世纪 80 年代以来开发的微型计算机控制的测试方法。

16.5.1　冲击法

　　冲击法测量磁通主要依靠具有积分作用的冲击检流计，它与一般检流计不同处是其悬挂系统多了一个铜制圆盘，使其转动惯量大大增加，因而增长了其自由振荡周期 T_{0}。国产冲击检流计有 AC4/3 和 AC4/4 两种，其 T_{0} 都在 18s 以上，磁通灵敏度约为 200×10^{-8} Wb/mm 和 50×10^{-8} Wb/mm。按阻尼因数 β 的不同，冲击检流计有欠阻尼、过阻尼和临界阻尼三种工作状态。实际测量时，多在临界阻尼状态使用冲击检流计。

图 16-7 是测量软磁合金圆环形样品磁性能时的冲击法电路，图中 A_1 和 A_2 为多量程直流表，用以指示磁化和退磁电流，从而决定磁化场强度 H：

$$H = \frac{N_1 I}{\pi \overline{D}} \qquad (16\text{-}20)$$

式中，I 为 A_1 或 A_2 显示的直流磁化电流，A；$\overline{D}$ 为样品平均直径，m。图 16-7 中，r_1 和 r_2 为可调电阻器，用以改变电流 I 的大小。SW_1 和 SW_2 为双刀双向开关，SW_3 为短路开关，三只开关的适当组合可测出样品磁化特性曲线上的任一点的数值。M 为标准互感器，一般取 0.1H 或 0.01H。R_m 为互感器次级线圈的等效直流电阻。M_r 为冲击检流计 G 的回零器。E 为直流稳压电源。其余 R_P 和 R_B 为调整测量电路灵敏度的十进位电阻箱。测量时，SW_4 和 SW_5 置 T 处，SW_2 换向，冲击检流计偏转 α，则处磁中性态的样品，其磁感应强度 $B(\mathrm{T})$ 可由下式算出

$$B = \frac{C_\varphi \alpha}{2 N_2 S} \qquad (16\text{-}21)$$

式中，C_φ 为冲击常数，用标准互感法标定，

$$C_\varphi = \frac{2 M I_c}{\alpha_c} \qquad (16\text{-}22)$$

式中，C_φ 的单位为 Wb/cm；M 为标准互感，H；I_c 为校准电流，A；α 为冲击检流计光点偏转格数；S 为样品的横截面积，m^2；N_2 为样品测量线圈匝数。

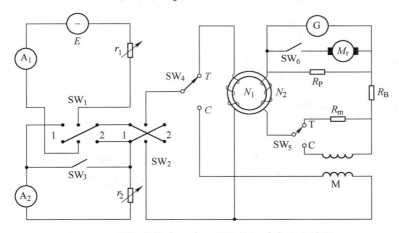

图 16-7　测量软磁合金直流磁性能的冲击法电路图

常规测试时，一般先测量样品的饱和磁强度 B_S，剩磁 B_r 和矫顽力 H_C，交流退磁后，再测起始磁导率 μ_i 和最大磁导率 μ_m。实测表明，对应 μ_m 的磁化场强度 H_μ 约为 H_C 的 0.9～1.7 倍，且材料的矩形比越接近于 1，H_μ 越向 H_C 靠近。

与磁导计、电磁铁等组合在一起，冲击法也可用来测量永磁材料的直流磁参数，如剩磁 B_r，矫顽力 H_C，最大磁能积 $(BH)_{max}$ 等。

冲击法的优点是设备简单可靠，价格低，易维修，寿命长，可用它测出基本磁化曲线，定出各材料标准中要求的 μ_i 和 μ_m，因此直到现在仍是国际上公认的直流磁参数测试的标准方法。其缺点是镜尺非球面误差要修正，还存在脉冲非瞬时误差，逐点测试费时耗

力，结果又不直观，不能适应快节奏的材料工艺试验研究的需要。

16.5.2　阻容积分式直流磁滞回线描迹仪法

受冲击法的影响，20 世纪 70 年代以前的直流磁滞回线仪几乎都采用光电放大互感积分的形式。电子技术的发展促使电子式磁滞回线描迹仪的诞生，最先见到的是日本横河的 3257 型，该系列装置有如下明显的特点：

（1）高质量的积分放大电路，能在 $10^{-5} \sim 1\text{Wb/FS}$ 宽的范围中变更磁通灵敏度；

（2）H 控制电路具有对称扫描的功能，故不管被测样品处于何种剩磁状态，在 $X\text{-}Y$ 记录纸上均能得到以预定坐标原点为中心的磁滞回线；

（3）装置具有笔速恒定电路，即在描绘磁滞回线陡峭的上升或下降边沿时，从 B 积分器来的负反馈能使记录笔速度减慢，以适应 $X\text{-}Y$ 记录仪这种机械式记录机构低频响应的性状，忠实记录材料的直流磁滞回线；

（4）具有磁化快速回复电路，且可在曲线上任一点回复，容易测得冲击法很难测得的磁滞回环和回复曲线；

（5）具有磁化电流幅值连续增减电路，可使不同磁化场下的磁滞回线套画在一张坐标纸上，有时还可用它来对样品退磁；

（6）定标方法直观简便，还设有自动扫描和手动扫描两种方式，使用十分方便；

（7）附有 H 倍率扩展器，可把磁滞回线的第 Ⅱ、Ⅲ 象限部分和第 Ⅰ、Ⅳ 象限部分自动扩展若干倍，提高了高磁化场下测量 H_C 的准确度。故它一问世，便深受欢迎，成为模拟式直流磁滞回线仪划时代产品，并很快成了标准方法。国产 CL6-1 型和 CL16 型直流磁性测试仪都是依此原理制作的。

用直流磁滞回线描绘高电导率大块材料的磁滞回线时，测出的矫顽力都比冲击法测出的高，原因是由涡电流屏蔽效应引起的。

16.5.3　计算机控制的直流磁性能测试系统

在计算机控制的直流磁性能自动测试系统中，微型计算机是整个测量的中枢，它通过接口母线作用于整个装置。先是通过 D/A 转换器产生激励函数 $H(t)$，送到功率放大器放大后再由磁化装置对样品进行激磁。同时，用相应的传感放大器把被激磁样品的响应函数 $N_2 S \dfrac{\text{d}B}{\text{d}t}$ 变换，并放大到一定的电平，再由 A/D 转换器对被变换和放大了的模拟信号电压 $B(t)$ 进行时间和幅值的量化，即采样变为数据集。接口母线把这些数据送回计算机，计算机再根据激励函数 $H(t)$ 和响应函数 $B(t)$ 之间的关系求出 $B(H)$，即测量结果，送到 CRT 显示或送到绘图仪和打印机，给出所需的数据文件。

图 16-8 是据此构思测量软磁合金圆环形样品直流磁性能的 MATS-2000 系统的原理图。该系统中，设置了冲击测试软件和磁场扫描软件，前者用来模拟冲击法测量，后者则用来模拟直流磁滞回线仪法测试。

在冲击测试软件设计中，主要考虑的是用取数时间为工频（50Hz）的整周期和对称观察法原理，有效地抑制积分器的零点漂移，从而得到 $4 \times 10^{-8}\text{Wb}$ 的磁通灵敏度以测量起始磁导率 μ_i。在最大磁导率 μ_m 区域中则密集冲击测试点找到真正的 μ_m。在磁化的饱和区则用逐步逼近法找到饱和磁感应强度 B_S、剩磁 B_r 和矫顽力 H_C 等。

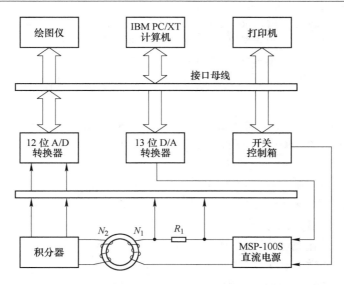

图 16-8 测量软磁合金圆环形样品的 MATS-2000 系统原理图

在磁场扫描软件设计中，考虑的是如何控制 $N_2S\dfrac{\mathrm{d}B}{\mathrm{d}t}$ 的变化，使在整条磁滞回线上获得均匀的采样点，避免磁化电路对测量电路的干扰。另外，在该软件中，每一个 $\varphi(H)$ 采样点都是由 256 个采样点的平均值给出的，每间隔 $78.43\mu_s$、历时 20ms 完成 256 次采样，取其平均值就可抑制工频干扰和其他干扰，提高测试数据的可靠性。

16.5.4 测量稀土永磁 J-H 退磁曲线的阻容积分仪法

稀土永磁材料的内禀矫顽力 H_{CJ} 很高，其饱和磁化场强度在样品的原始态至少也需 2400kA/m，一般电磁铁不可能产生这样高的磁场强度。故通常是先把样品在脉冲磁场中饱和磁化，再设法画出 B-H 或 J-H 退磁曲线，J 称内禀磁感应强度。

图 16-9 是测量稀土永磁材料样品 J-H 退磁曲线测试仪原理图。测量前，应按样品的直

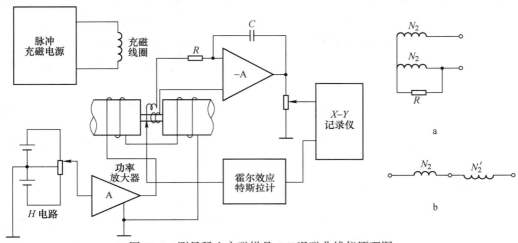

图 16-9 测量稀土永磁样品 J-H 退磁曲线仪原理图

a—非同轴式；b—同轴式

径大小制作合适尺寸的 J 测量线圈。J 测量线圈目前使用较多的有同轴式和非同轴式两种，见图示。同轴式 J 测量线圈的匝数要用标准镍样品来标定，一般不为整数；非同轴式 J 测量线圈制作方便，匝数严格为整数，两线圈空气磁通过剩量可用调整电阻 R 调到零，但线圈所占空间大，难以保证在一般实验室电磁铁中始终处于均匀磁化场下，故有时画出的曲线会变形。

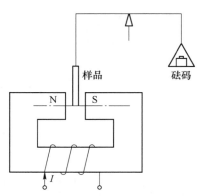

图 16-10　古依法磁天平原理图

测量时，调好图 16-10 中所示各部件，使处在工作状态。再将已在脉冲磁场中饱和磁化的样品放到 J 测量线圈中，X-Y 记录笔将由预定的原点升到表现剩磁 B_{r1} 点。将套有 J 测量线圈的样品置入电磁铁极头间隙，调节极头使与样品两端密合，记录笔将上升到回复态剩磁 B_r''。随后加正向磁化场，使样品处于尽可能高的磁化场下，再减少磁化场强度，直到霍尔效应磁强计指示为零处，即对应样品剩磁 B_r 点，落笔记录 J-H 退磁曲线。J-H 曲线测得后，便可方便地求得剩磁 B_r、内禀矫顽力 H_{CJ}、磁感应强度、矫顽力 H_{CB} 和最大磁能积 $(BH)_{max}$ 等磁参数。

16.5.5　弱磁材料磁性能测试

彩色显像管用固溶态的 $Cr_{16}Ni_{14}$ 不锈钢，其基体为纯奥氏体组织，磁导率低且恒定，呈顺磁性。但经冷轧变形后，在奥氏体相组织中会衍生出铁素体或马氏体相条片状组织，呈铁磁性，而铁磁性相含量与冷轧变形量有关。

测量含铁磁性相的弱磁材料的表观剩磁 B_r' 和磁导率，要用感应法原理进行。磁化装置一般为螺线管，并采用非同轴 J 测量线圈，使不放样品时，磁化场变化而 J 测量线圈无信号输出。测量线圈匝数视样品磁导率高低而定，一般都在 3000 匝以上。感应法适于测量 μ 在 1.01~4 之间的弱磁材料的磁导率。

测量不含铁磁性相的顺磁材料的磁导率，要用图 16-10 所示的古依法磁天平来进行。按标准，图中的电磁铁极间距离固定，可产生最高达 80kA/m 的磁化场强度。测量时，样品一端处于磁场 H 中，且其端面与磁场物理中心面相重合，另一端在磁场为零处。加磁场，天平失衡，调整砝码使天平恢复平衡，得加磁场前后砝码改变量 Δm，则被测样品的磁导率可由下式算出：

$$\mu = 1 + \frac{38.82\Delta m}{H^2 S} \tag{16-23}$$

式中，H 为磁化场强度，A/m；S 为样品的横截面积，m^2；Δm 为加磁场前后砝码改变量，mg。

16.6　动态磁化特性曲线和有关参数的测量

动态磁化特性曲线是交流磁化曲线、交流磁滞回线、交直流叠加磁化曲线及控制磁化曲线等的统称。由交流磁化曲线可求得幅值磁导率 μ_a、幅值磁感应强度 B_m 和幅值磁化场强度 H_m；由交流磁滞回线可得到 B_m 和 H_m，交流剩磁 B_{ra}，交流矫顽力 H_{ca} 等。控制磁化曲线也称恒电流磁通回归曲线，简称为 C. C. F. R. ，在磁放大器类磁性器件设计中有所应用。由控制磁化曲线和交流磁化曲线可求得 B_m、矩形比 α、铁芯增益或控制磁导率 μ_c、控制矫顽力 H_{co} 等。

16.6.1 动态磁化曲线的自动记录

交流磁化曲线，简写为 B_m-H_m 曲线。交直流叠加磁化曲线，简写为 $\overline{B}_m$-$\overline{H}_m$ 曲线。控制磁化曲线，简写为 ΔB-H_b 曲线。早先均用逐点法测试，费时耗力，十分麻烦，准确度又低。测试方法是用磁通电压表，测出样品次级线圈感应电压平均值的 1.1107 倍的磁通电压 U_f，再由下列各式算出幅值磁感应强度 B_m，平均幅值磁感应强度 $\overline{B}_m$，及磁感应强度改变量 ΔB：

$$B_m = \frac{U_f}{4.44 f N_2 S} \tag{16-24}$$

$$\overline{B}_m = \frac{U_f}{4.44 f N_2 S} \tag{16-25}$$

$$\Delta B = \frac{U_f}{2.22 f N_2 S} \tag{16-26}$$

式中，f 为频率，Hz；U_f 为磁通电压，V；N_2 为样品次级线圈匝数；S 为样品的横截面积，m^2。交流磁化场强度一般采用峰值电压表，测出与样品初级线圈相串联的无感电阻 R_1 上的电压降 U_m，再由下式算出：

$$H_m = \frac{N_1}{\pi \overline{D}} \frac{U_m}{R_1} \tag{16-27}$$

$$\overline{H}_m = \frac{N_1}{\pi \overline{D}} \frac{U_m}{R_1} \tag{16-28}$$

$$H_b = \frac{N_b}{\pi D} I_b \tag{16-29}$$

式中，$\overline{D}$ 为样品的平均直径，m；N_1 为样品初级或磁化线圈匝数；R_1 为与 N_1 串联的电阻，Ω；U_m 为幅值电压，V；N_b 为偏置线圈匝数；I_b 为偏置电流，A，I_b 也可通过测量图 16-11 中所示的电阻 R_b 上的电压降求得。

随着线性峰值整流电路的出现，动态磁化曲线在 20 世纪 70 年代已实现了自动记录。图 16-11 是该装置的电路原理图，国产 CL7 型交流磁化曲线仪即属于该类型。

如图所示，开关 SW_1 断开，SW_2 和 SW_3 置 1 位置，启动可逆电机 MR_1，可记录 B_m-H_m 曲线。图 16-12 是 1J85 超坡莫合金、经纵向磁场热处理后的钴基非晶和铁基超微晶样品在 50Hz 下的交流磁化曲线，由图可见，这三种高起始磁导率的软磁合金，在 $H_m = 0.08$A/m 的磁场下已进入磁化的非线性区。如果将 SW_1 合上，SW_2 置 2，SW_3 置 1 可测 $\overline{B}_m$-$\overline{H}_m$ 曲线，该曲线以偏置磁场强度 H_b 为参量，H_b 不同，就有不同的 $\overline{B}_m$-$\overline{H}_m$ 曲线。SW_1 合上，

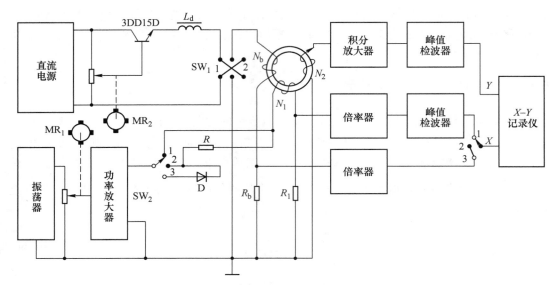

图 16-11　动态磁化曲线自动记录仪原理图

SW_2 和 SW_3 同时置 2，可测外反馈式磁放大器用铁芯样品的 $\Delta B\text{-}H_b$ 曲线。最后，SW_1 合上，SW_2 置 3，SW_3 置 3，启动可逆电机 MR_2，可测内反馈式磁放大器用铁芯样品的控制磁化曲线，即 C. C. F. R. 曲线以求得控制磁参数。图 16-11 中的电阻 R 用于把恒压源变为恒流源，因为一般情况下，$B_m\text{-}H_m$ 曲线约定在 B 波形为正弦形条件下测试，而 $\overline{B_m}\text{-}\overline{H_m}$ 和 $\Delta B\text{-}H_b$ 曲线约定在 H 波形为正弦形，即电源为恒流源的条件下测量。用这种方法测量的几种常用材料如铁基非晶合金、钴基非晶合金和晶态 1J85 软磁合金在 50Hz 下的 $B_m\text{-}H_m$ 曲线示于图 16-12。

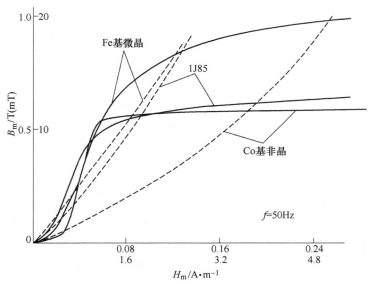

图 16-12　几种有代表性软磁合金 50Hz 下的 $B_m\text{-}H_m$ 曲线

（虚线表示弱磁场下的曲线）

16.6.2 交流磁滞回线的测量

交流磁滞回线可用示波仪法、铁磁仪法、采样法，以及计算机控制的测量装置来测量。示波仪可在宽的频率范围中显示动态回线，缺点是误差大，图形不能永久记录。铁磁仪法仅能测出正常交流磁滞回线。采样法装置可在 30kHz 的频率范围内记录动态回线，日本横河 3262 型交流磁滞回线描迹仪，属此类型计算机控制的系统除能描绘交流回线外，还能定点给出交流磁参数，例如 B_m、H_m、μ_a 和比铁损 P 等。

16.6.2.1 采样法交流磁滞回线描迹仪

利用采样变换技术，把高速变化的电压信号转换为波形相同，但变化速度大大减慢了的电压信号，便于 X-Y 记录仪记录，这就是采样法回线仪的基本原理。图 16-13 是利用采样变换技术制成的交流回线仪原理电路图。如图所示，样品的次级感应电压 $e_2 = N_2 S \dfrac{\mathrm{d}B}{\mathrm{d}t}$，经倍率为 $\dfrac{R_2}{R_1}$ 的宽带运算放大电路衰减后，送到积分常数为 RC 的阻容积分器，还原为与 B 成正比的积分电压 $e'_m = \dfrac{N_2 S B_m}{RC}$，再经由 R_3 和 R_4 组成的分压电路衰减，将输出额定电压 0.1V 送到 B 路采样保持电路。与激磁电流 i 成正比的取样电阻 R_1 上的电压降 e_{R_1}，经标定直接送 H 路采样变换器。变换后的 B 和 H 电压信号经定标电路后接 X-Y 记录仪，则随着采样变换器中基电路的启动，被测样品的动态回线就可记录下来。

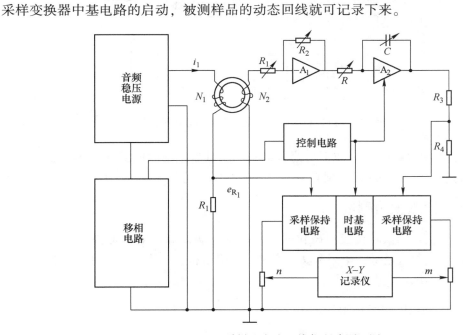

图 16-13 采样法交流回线仪电路原理图

早年，为减少积分放大器的漂移，控制电路会输出控制信号，使放大器工作三个周期后短时休止一个周期。在宽带高质量的放大器成为商品投入使用后，只需在其输出和反相输入端之间跨接一只几兆欧姆的电阻，就能使积分运算稳定可靠，漂移极小，不用控制信号，电路得到了简化。

16.6.2.2　计算机控制的交流磁化特性测试系统

利用数据采集、存储和计算技术制成的交流磁化特性测试系统，除可给出动态回线外，对正常交流回线，还能准确给出 B_m、H_m、μ_a、B_{ra}、H_{ca} 及 P 等交流磁参数。图 16-14 是该系统的原理电路图。如图所示，样品的初级线圈 N_1 的一端通过电阻 R_1 接往功率放大器的输出端，其输出电压的频率和幅度由计算机控制。样品测量线圈 N_2 上的感应电压 e_2 和电阻 R_1 上的电压降 e_{R_1}，分别接系统的 B 路和 H 路输入端，经计算机控制的量程选择、采样保持和模数转换电路后，再被直接记存器 DWA 量值化和存储。按一个周期中存储的数据，计算机通过对 e_2 测得值进行积分运算以确定 B，对 e_{R_1} 测得的值进行数值运算以求得 H，从而画出交流回线，按定义求得各交流磁参数。

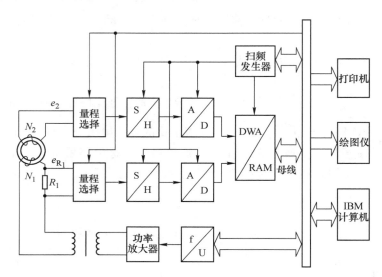

图 16-14　计算机控制的交流磁化特性测试系统原理图

程序按需要可用 BASIC 语言或汇编语言编写。测试时赋值时间约几秒钟。交流回线和数据文件等的获得约需 2min，测试频率为 20Hz~2kHz，可扩展到 20kHz。

16.7　软磁合金比铁损的测量

比铁损是单位质量的铁芯在交流磁化时，因磁滞、涡流和后效等原因而消耗掉的功率。在发展过程中，曾有过低功率因数功率表法、测磁电桥、功率表法、计算机控制的铁损测试系统等许多测试比铁损的方法。

16.7.1　测量低频铁损的数字功率表法

功率表法是 Z 频铁损测量的经典方法，与 25cm 爱泼斯坦方圈一起，主要用于电工钢片 Z 频磁参数的测试。随着技术的进展，数字式仪表纷纷出现，数字式铁损测试仪在 20 世纪 70 年代初就有了商品。图 16-15 是由数字式功率表、磁通电压表、真有效值电压表及磁化功率电源构成的数字式铁损测试仪原理电路图。如图所示，振荡器输出的信号电压经

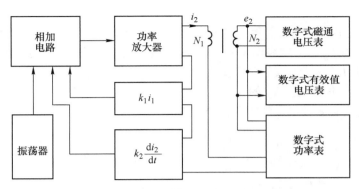

图 16-15　数字式铁损测试仪电路原理图

功率放大器放大后对样品激磁，样品初级回路利用 $k_1 i_1$ 的电流反馈和 $k_2 \dfrac{\mathrm{d}i_1}{\mathrm{d}t}$ 的电流微分反馈信号，在相加电路与振荡器输出的信号合成后，保持样品磁感应 B 波形为正弦形。再加上频率 f 和 B_m 的锁定电路的采用，使仪器的稳定性、可靠性大为提高。这样对样品激磁后，从数字功率表的读数 α_w（W）就可算出比铁损 P：

$$P = \frac{1}{m_a}\alpha_w \tag{16-30}$$

式中，m_a 为样品的有效质量，kg。测试时先按下式算出预定磁感应 B_m 对应的磁通电压 U_f：

$$U_f = 4.44 f N_2 S B_m \tag{16-31}$$

式中，f 为频率，Hz；N_2 为测量线圈匝数；S 为样品的横截面积，m^2；B_m 为预定测试的磁感应强度，T。对 25cm 爱泼斯坦方圈，$N_1 = N_2 = 700$ 匝。然后加电压到 U_f，测得 α_w。真有效值电压表用来监示 B 波形有否畸变，以便进行波形修正。在经典法测试中，还通过有效值电压的测量来进行仪表损耗项的修正。

数字式铁损仪的商品仪器甚多，日本横河的 3272 型数字式爱泼斯坦仪即属此类。利用国产 MTP-100 型测磁电源、PS-4 型数字式功率表、7150 型数字多用表和 CF8 型 25cm 爱泼斯坦方圈，也可组合成这种装置。

16.7.2　测量音频铁损的电桥法

电桥法测量软磁材料样品铁损的基础是把磁芯线圈等效为电阻 R_p 和电感 L_p 的并联电路，再设法测出 R_p 和 L_p，然后按电工学原理算出样品的比铁损 $P(\mathrm{W/kg})$ 和电感磁导率 $\mu_1(\mathrm{H/m})$：

$$\left.\begin{array}{l} P = \dfrac{U_1^2}{mR_p} \\[3mm] \mu_1 = \dfrac{eL_p}{N_1^2 S} \end{array}\right\} \tag{16-32}$$

式中，U_1 为样品初级线圈感应电压的有效值，V；m 为样品质量，kg；R_p 为磁芯线圈并联等效电阻，Ω；L_p 为磁芯线圈并联等效电感，H；N_1 为初级线圈匝数；S 为样品横截面积，m^2。

图 16-16 是磁芯线圈及其并联等效电路示意图。如图所示，实际测得的并联等效电阻 R'_p 和并联等效电感 L'_p 是由铜线电阻 R_w、铜线电感 L_w 以及因铁芯置入线圈所引起的并联等效电感 L_p 和电阻 R_p 共同组成的。实验发现，对具有扁平磁滞回线的软磁材料，其品质因数 Q 值较高，若不去除铜阻 R_w 的影响，会产生较大的铁损测试误差，原因是误把铜损当作铁损了。故应按实测的 R'_p 和 L'_p，由下式算出 L_p 和 R_p：

$$\left.\begin{array}{l} R_p = \left(\dfrac{R'_p}{HQ'^2} - R_w\right)(1 + Q^2) \\[3mm] L_p = \dfrac{Q'^2}{1 + Q'^2}L'_p\,\dfrac{1 + Q^2}{Q^2} \\[3mm] Q = \dfrac{Q'^2}{1 + Q'^2}\omega L'_p\Big/\left(\dfrac{R'_p}{1 + Q'^2} - R_w\right) \end{array}\right\} \qquad (16\text{-}33)$$

式中，$Q = \dfrac{R_p}{\omega L_p}$，$Q' = \dfrac{R'_p}{\omega L'_p}$。由式（16-33）可知，$R_p$ 和 L_p 的计算十分麻烦，故用电桥法测试时，往往预先安置电路，在测试中把 R_w 的影响消除掉。L_w 数值较小，在低频下影响不大，一般忽略不计。

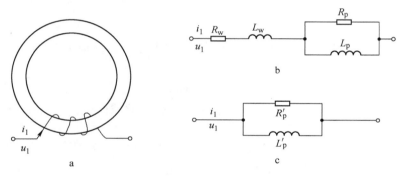

图 16-16　磁芯线圈及其并联等效电路示意图
a—磁芯线圈；b—真实等效电路；c—实测等效电路

能测量 R'_p 和 L'_p 的电桥有修正海电桥、欧文电桥、五端电桥及电流比较仪式电桥等多种，图 16-17 是修正海电桥原理图。如图所示，磁芯线圈的铜阻 R_w 可用与平衡臂相并联的电阻器 R'_w 平衡掉。据电桥原理，电桥平衡时下列关系成立：

$$\left.\begin{array}{l} R_p = R_2 R_4 / R_3 \\[2mm] L_p = R_2 R_4 C_3 \\[2mm] R'_w = R_2 R_4 / R_w \end{array}\right\} \qquad (16\text{-}34)$$

测得 R_p 和 L_p 就可由式（16-32）算出 P 和 μ_1。其余各电桥的原理电路见图 16-18。图中，D 为具有高选择性的指零仪，为保证 B 波形为正弦形，与样品初级线圈相串联的比例电阻器 R_2 的阻值一般仅 1Ω，故电桥桥体的灵敏度很低，这样对指零仪灵敏度要求极高。

磁通电压表用来观察预定的磁感应强度 $B_m = \dfrac{E_m}{4.44 f N_2 S}$ 是否达预定值，例如 1T 或 1.5T 等。

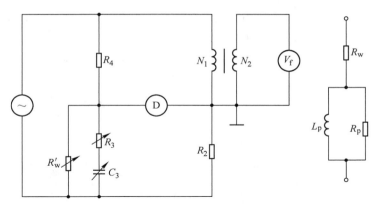

图 16-17 修正海电桥原理图

可调电阻器和可调电容器应有合适的调节容量和宽的频率特性。图 16-18c 所示的电流比较仪电桥有较高的桥体灵敏度，对屏蔽要求不严格，收敛性好，保证 B 波形为正弦形的范围比其他各电桥宽。其缺点是 L_p 与频率 f_2 有关，故电容 C 变化范围太大；其次线圈铜阻 R_w 自动去除难以实现，只能由式 (16-33) 计算 R_p 和 L_p。

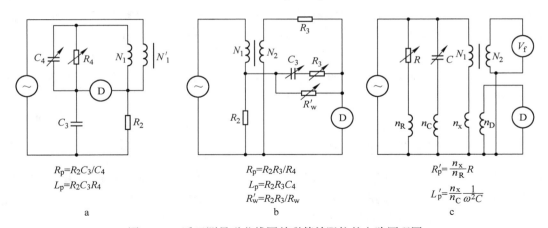

$$R_p=R_2C_3/C_4$$
$$L_p=R_2C_3R_4$$
a

$$R_p=R_2R_3/R_4$$
$$L_p=R_2R_3C_4$$
$$R_w'=R_2R_3/R_w$$
b

$$R_p'=\frac{n_x}{n_R}R$$
$$L_p'=\frac{n_x}{n_C}\frac{1}{\omega^2C}$$
c

图 16-18 适于测量磁芯线圈并联等效阻抗的电路原理图
a—欧文电桥；b—五端电桥；c—电流比较仪电桥

16.7.3 测量高频铁损的电流比较仪电桥

图 16-19 是一种适于从 10~250kHz 频段测量软磁材料铁损的变形电流比较仪电桥。如图所示，功率原输出端接有一个用铜箔绕制的高频功率输出变压器，其次级有1∶10 的分压抽头，平衡电容器 C 和电阻器 R 就接在抽头处，而被测磁芯线圈的初级线圈接在整个次级绕组上，电桥平衡时，可按磁动势平衡原理得：

$$
\left.
\begin{aligned}
R_p' &= \frac{n_x}{n_R}10R \\
L_p' &= \frac{n_x}{n_C}\frac{10}{\omega^2C}
\end{aligned}
\right\}
\tag{16-35}
$$

式中，n_x、n_R 和 n_C 的意义见图 16-19；ω 为圆频率。测得 R'_p 和 L'_p 后，可按式（16-33）算出 R_p 和 L_p，再由式（16-31）算出比铁损 P。

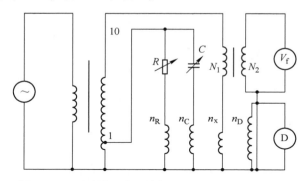

图 16-19　测试铁芯高频铁损的变形电流比较仪电桥

16.7.4　音频 $P\text{-}B_m$ 曲线的自动记录

CL5 型音频铁损测试仪，是一种利用电子乘法器和 B_m 线性峰值整流电路相配合，自动记录音频铁损曲线的装置。图 16-20 是与其相似的音频 $P\text{-}B_m$ 曲线自动记录仪原理图。如图所示，按时分割原理，样品次级感应电压 e_2 经信率器变换后作电子乘法器的一个输入 e'_x，用作脉冲宽度调制；而与磁化电流 i_1 成正比的从电阻 R_1 上取出的电压 e_{R_1}，经另一倍率器变换后作电子乘法器的另一个输入 e'_y，用于脉冲幅度调制。电路的安排使电子乘法器输出 e_o 为：

$$e_o = e'_x e'_y \tag{16-36}$$

显然，e_o 在一个周期中的平均值 $\dfrac{1}{T}\displaystyle\int_o^T e_o \mathrm{d}t$ 即为铁芯的损耗，经适当定标后送到 $X\text{-}Y$ 记录仪的 Y 轴接头；再把次级感应电压经积分放大，并还原为具有合适电平的 B 信号电压，通过线性峰值整流和定标电路，送到 $X\text{-}Y$ 记录仪的 X 轴接头，启动可逆电机 MR，便可在 $X\text{-}Y$ 记录纸上描出预定频率下的 $P\text{-}B_m$ 曲线。

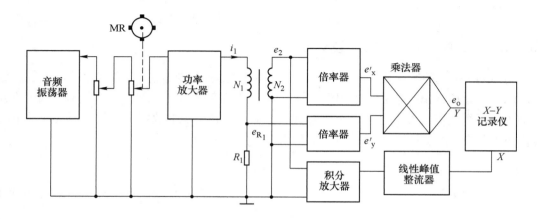

图 16-20　音频 $P\text{-}B_m$ 曲线自动记录仪原理图

16.8 磁谱的测试

软磁合金的复数磁导率 $\widetilde{\mu}$ 是在磁芯线圈串联等效电路的条件下测得的，等效电路见图 16-21。图中，R_w 和 L_w 为空心线圈的电阻和电感，R_s 和 L_s 为铁芯置入空心线圈增加的电阻和电感，据定义：

$$\widetilde{\mu} = \mu' - j\mu'' \tag{16-37}$$

式中，$\mu' = \dfrac{B_m \cos\delta}{H_m}$；$\mu'' = \dfrac{B_m \sin\delta}{H_m}$；$\delta$ 为滞后角。μ' 和 μ'' 为复数磁导率的实部和虚部，又称之为弹性磁导率和黏性磁导率，由图 16-21 可知：

$$\left. \begin{array}{l} \mu' = \dfrac{lL_s}{N_1^2 S} \\[3mm] \mu'' = \dfrac{lR_s}{N_1^2 S\omega} \end{array} \right\} \tag{16-38}$$

式中，l 为有效磁路长度，m；N_1 为样品初级线圈匝数；L_s 和 R_s 为磁芯线圈串联等效电感和电阻，单位各为 H 和 Ω；S 为样品的横截面积，m^2；ω 为圆频率，等于 $2\pi f$，f 的单位为 Hz；μ' 和 μ'' 的单位为 H/m。μ' 和 μ'' 由上式算出后，便可求出品质因数 Q 和损耗角正切 $\tan\delta$：

$$Q = \frac{1}{\tan\delta} = \frac{\mu'}{\mu''} \tag{16-39}$$

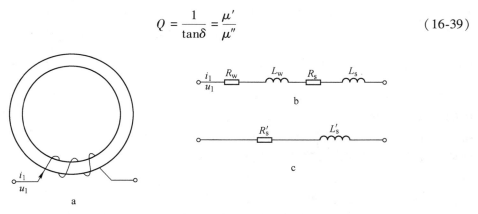

图 16-21 磁芯线圈的串联等效电路

a—磁芯线圈；b—真实等效电路；c—实测等效电路

16.8.1 测量 μ' 和 μ'' 的电桥法

测量 μ' 和 μ'' 的电桥很多，常见的有麦克斯威-维恩电桥、麦克斯威电桥、五端电桥及电流比较仪电桥等。国产 CQS-1 型、CD16 型，西门子公司的 R2077 型和 R2018 型，阻抗电桥，均采用麦克斯威-维恩桥型。图 16-22 是几种适于测量磁芯线圈串联等效电感 L_s 和电阻 R_s 的电桥原理图。图中，D 为有较高灵敏度和选择性的指零仪，其余各符号同图 16-19。测量时，在预定磁感应强度 B_m 或预定的磁化场强度 H_m 下，平衡电桥，测得样品对应的 R_s 和 L_s，就可以由式（16-38）算出 μ' 和 μ''。不同频率下测试，就可得 μ'-f 和 μ''-f

所谓的磁谱曲线。

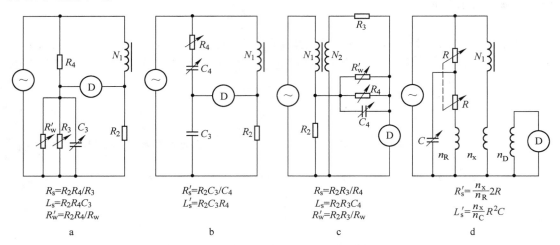

$$R_s=R_2R_4/R_3$$
$$L_s=R_2R_4C_3$$
$$R'_w=R_2R_4/R_w$$

a

$$R'_s=R_2C_3/C_4$$
$$L'_s=R_2C_3R_4$$

b

$$R_s=R_2R_3/R_4$$
$$L_s=R_2R_3C_4$$
$$R'_w=R_2R_3/R_w$$

c

$$R'_s=\frac{n_x}{n_R}2R$$
$$L'_s=\frac{n_x}{n_C}R^2C$$

d

图 16-22　几种适于测量 L_s 和 R_s 的电桥原理图

a—麦克斯威-维恩电桥；b—麦克斯威电桥；c—五端电桥；d—电流比较仪电桥

为使电桥在宽的频率范围中工作，电桥元件需精心制作和安排，接线要尽可能地短，使具有最小的分布参数。同时要采取极严格的电磁屏蔽措施，使外加影响减到极低限度。在更高频率下工作的电桥，像 R2018 型高频阻抗电桥，其平衡臂采用热敏电阻和空气电容器作调整元件。样品磁化线圈的绕制也应采用分布电容最小的方式。频率为 10^5 Hz 时，最好用射频磁导计作磁化装置，以消除线圈分布参数对 μ' 和 μ'' 测量的影响。

16.8.2　测量 μ' 和 Q 的多频 LCR 仪法

数字计算技术、单片微处理机等在测试仪器中的应用，使原先只能用电桥法逐点平衡测出阻抗进行计算后求得 μ' 和 Q 等参数也可用按 V-A 法原理成的 LCR 仪来进行测量。图 16-23 是多频 LCR 仪原理电路图。图中，Z'_s 是被测磁芯线圈阻抗；R_1 为标准电阻；U_1 和 U_2 各为输入和输出电压；A 为运算放大器开环放大倍数，在理想条件下，应有：

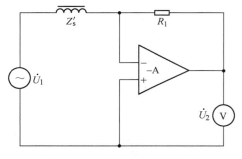

图 16-23　多频 LCR 仪原理图

$$U_2 = \frac{R'_s}{R_1}U_1 + j\frac{\omega L'_s}{R_1}U_1 \tag{16-40}$$

式中，L'_s 和 R'_s 为磁芯线圈的串联等效电感和电阻，其意义见图 16-21。采用同步检波器或模拟乘法器可将式（16-40）中的实部和虚部分开，再经适当变换，即可得 L'_s 和 R'_s，从 L'_s 和 R'_s 中用替换法除去空心线圈 L_w 和 R_w 的影响，即可按式（16-38）求得 μ' 和 μ''，从而求得 Q 值。

美国 H-P 公司的 4274a 和 4275a 型多频 LCR 仪都是按此原理制造的数字化仪器，直接显示被测磁芯线圈的 L'_s 和 Q' 值，前者工作频率从 100Hz 到 100kHz，后者从 10kHz 到

10MHz，点频式。国产 ZL5 型 LCR 仪也属此频仪器。对于频率高于 1MHz 的 LCR 表或阻抗分析仪，Ⅰ-Ⅴ转换器由精密的零位检测器、相位检测器和积分器组成，这种仪器可以测量高达 120MHz 的频率范围。

16.9 软磁合金交流磁参数的综合测试

前面介绍的交流磁性能测试方法，几乎都是单个或几个交流磁参数的测试，要得到铁芯的所有磁参数，往往要经多次测量，用多种测试方法才能得到。随着微型计算机在测试技术中的应用，以及相关技术的进步，软磁材料宽频带综合交流磁参数的测量仪器已经商品化。

16.9.1 计算机控制的三电压法

三电压法是一种测量交流磁参数的经典方法，因测试后数值非常麻烦，故未能推广应用。随着计算技术的发展，繁杂的计算已不是难题，重要的是要求测试电路简单，测得的数据准确可靠，于是，三电压法重新受到人们的关注。图 16-24 是为消除样品初级线圈铜阻 R_w 的影响而采用的一种电路。如图所示，被测样品上有 N_1、N_2 和 N_2' 三组线圈，N_1 为磁化线圈，$N_2 = N_2'$，为测量线圈。N_2 与 N_1 的同名端要与 N_1 和电阻 R_1 的接点 A 相通，以使其上的感应电压相量 $\dot{E}_2$ 恰与相量 $\dot{E}_1$ 反相。

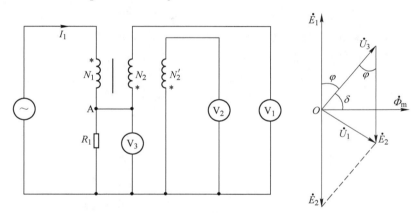

图 16-24 测量交流磁参数的三电压法原理图

若用带有 BCD 码输出的交流数字电压表测出 U_1、U_3 和 E_2，则据三角形余弦定律，图 16-24 相量图中的 $\dot{E}_1$ 和 $\dot{U}_3$ 相量夹角 φ 的余弦 $\cos\varphi$ 可表示如下：

$$\cos\varphi = \frac{U_3^2 + E_2^2 - U_1^2}{2U_3 E_2} \tag{16-41}$$

已知 $\delta = \dfrac{\pi}{2} - \varphi$，故 $\cos\delta = \sin\varphi$，则 μ' 可由下式算出：

$$\mu' = \frac{B_m}{H_m}\cos\delta \tag{16-42}$$

式中

$$B_{\mathrm{m}} = \frac{E_2}{4.44fN_2S}$$

$$H_{\mathrm{m}} = \frac{N_1}{l}\sqrt{2}\,\frac{U_3}{R_1}$$

$$\cos\delta = \sqrt{1 - \cos^2\varphi}$$

同理，可算出 μ''、Q 和 $\tan\delta$。比铁损 P 也可由下式算出：

$$P = \frac{1}{m_{\mathrm{a}}}\frac{N_1}{N_2}E_2\,\frac{U_3}{R_1}\cos\varphi \tag{16-43}$$

式中，各电压 U_3、E_2 和 U_1 的意义见图 16-24，V；f 为频率，Hz；S 为样品横截面积，m^2；m_{a} 为样品有效质量，kg；R_1 为与样品初级线圈相串联的电阻，Ω。

有了这些关系，即可编排好运算程序，把测得的电压 U_3、E_2 和 U_1 等输到计算机，启动后计算机便会按程序执行，很快算出各有关磁参数。

16.9.2　计算机控制的交流磁参数测试系统

日本岩崎通讯机株式会社的 SY-8216 和 SY-8232 型 B-H 分析仪，能在宽频率范围中测量软磁材料的交流磁参数，前者工作频率为 50Hz～1.0MHz，后者为 10Hz～10MHz。图 16-25是一种类似于 SY-8216 型 B-H 分析仪的测量系统的原理电路图。本系统中，功率放大器在 50Hz～2MHz 间有足够的功率输出，一般不得低于 50～100VA，输出阻抗较低。电阻 R_1 应特殊制作，既要有一定的功率承受能力，又要有极低的时间常数。放大器 K_V 和 K_I 在 5MHz 以下的频响曲线应平坦。双通道波形存储器由前置放大器 K_V、K_I、A/D 转换器及双极性的 RAM 组成，其存储容量为 1K 字/道，A/D 转换器的最高采样速率为 50ns/字。至于 10Hz～10MHz 的测试系统，对电路中各部件的性能要求更高。

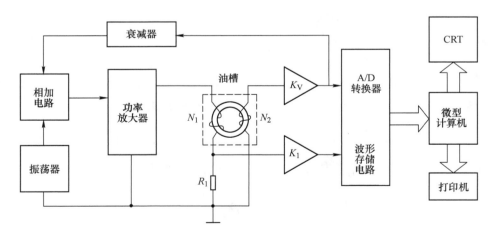

图 16-25　宽带交流磁参数测试仪原理图

如果预先排好程序，编好流程图，接上样品，再从面板键盘上输入样品的有效磁路长度、横截面积、体积、质量、初次级线圈匝数、预定的测试频率、幅值磁感应强度 B_{m} 或幅值磁化场强度 H_{m}，启动系统工作，测试便会在几秒钟的时间内完成，最后按各交流磁参数的定义进行数值运算，很快在 CRT 上显示出磁参数。SY-8216 和 SY-8232 打印机，如需永久记录，便可由它把各参数及所需的曲线记录下来。目前，日本岩崎通讯机株式会社已更名为日本岩通计测株式会社，最新型号的 *B-H* 分析仪是 SY-8218 和 SY-8219 型，工作频率分别为 DC-10MHz 和 DC-1MHz。

16.10 脉冲磁性能测试

能实际测得的脉冲磁性能，有脉冲磁化曲线 ΔB-ΔH、脉冲磁导率 $\mu_\mathrm{p} = \dfrac{\Delta B}{\Delta H}$，或 μ_p-ΔB 曲线，同时尚可定性观察脉冲回线。至于脉冲功率损耗的测量甚为困难，迄今未见有成熟的方法。图 16-26 为 ΔB-ΔH 曲线测试的原理电路图。如图所示，脉冲电源输出重复周期为 T、宽度为 τ 的单极性矩形脉冲，对样品激磁，其次级感应电压经简单 R_C 积分器积分得出输出电压 U'_B，则

$$\Delta B = \frac{R_\mathrm{C}}{N_2 S} U'_\mathrm{B} \tag{16-44}$$

而脉冲磁场强度 ΔH 在电阻 R_1 上的电压降 U_H 从下式计算得到：

$$\Delta H = \frac{N_1}{l} \frac{U_\mathrm{H}}{R_1} \tag{16-45}$$

脉冲磁导率 μ_p 便可由下式算出：

$$\mu_\mathrm{p} = \frac{RC}{N_2 S} \frac{lR_1}{N_1} \frac{U_\mathrm{B}}{U_\mathrm{H}} \tag{16-46}$$

式中，R 为线圈半径；C 为 l/t 决定的系数；S 为样品横截面积，m^2；l 为样品有效磁路长度，m；R_1 的单位为 Ω；U_B 和 U_H 的单位为 V；μ_p 的单位为 $\mathrm{H/m}$。显然，测量 μ_p 的参照条件是脉冲宽度 τ，重复周期 T 或重复频率 f，磁感应变化量 ΔB，不附加这些条件的 μ_p 是没有意义的。

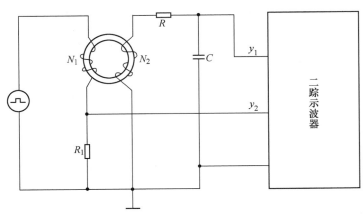

图 16-26　脉冲磁化曲线测试电流原理图

参 考 文 献

[1] 周寿增，董清飞. 超强永磁体［M］. 北京：冶金工业出版社，2004.

[2] 王尧，董威，马文. 磁性测量新方法与GUI界面［J］. 物理测试，2006（2）：32~34.

[3] 刘亚丕. 高性能永磁材料磁性测量若干问题探讨及测量技术进展［J］. 电气技术，2006（9）：9~16.

[4] 姚腊红. 金属软磁材料磁性测量新技术［A］. 中国金属学会电工钢分会. 2010第11届中国电工钢专业学术年会论文集［C］. 中国金属学会电工钢分会，2010：5.

[5] 徐振坤. 材料磁性测量方法的基础研究［D］. 中国矿业大学，2014.

[6] 吴金明. 磁性测量方法［J］. 国外金属矿选矿，1991（11）：32~36.

[7] 张福民. 稀土永磁材料磁性测量方法［J］. 电工合金，1992（3）：40~42，48.

[8] 张福民. 永磁材料磁性测量方法国际标准述评［J］. 电工合金，1997（2）：40~42.

[9] 华瑛. 软磁合金的磁特性［J］. 物理测试，2011（S1）：192~196.

[10] 窦一平. 软磁复合材料磁特性的测量研究［A］. 国外电子测量技术，2007：4.

[11] 刘亚丕，葛世慧. 稀土永磁测试中几个主要问题的讨论［J］. 磁性材料及器件，1999（5）：60~62.

[12] 刘亚丕. 高性能永磁材料磁性测量若干问题探讨［J］. 磁性材料及器件，2006（1）：29~35.

[13] 李健，梁建，刘旭光. 钕铁硼永磁材料性能测试技术研究［J］. 太原理工大学学报，2006（4）：430~433.

[14] 何永周. 大块永磁铁低温剩磁测量技术研究［J］. 物理学报，2013，62（21）：358~362.

[15] 严密，彭晓领. 磁学基础与磁性材料［M］. 浙江：浙江大学出版社，2006.

[16] Liang Qiao, Lishun You, Jingwu Zheng, et al. The magnetic properties of strontium hexaferrites with La-Cu substitution prepared by SHS method［J］. Journal of Magnetism and Magnetic Materials. 2007（1）：234~239.

[17] Rule K C, Kennedy S J, Goossens D J, et al. Contrasting antiferromagnetic order between FePS3 and MnPS3［J］. Applied Physics A Materials Science & Processing, 2002（1）：128~131.

[18] 陈毅. 永磁材料磁性参数测试系统研究和设计［D］. 湖南大学，2014.

[19] 杜永苹. 磁性材料磁特性参数的测量研究［D］. 西安理工大学，2010.

[20] 昝会萍. 磁性材料退磁场理论的研究［D］. 西安建筑科技大学，2008.

17 弹性与滞弹性测量

因测量中采用的变形速度的不同，所得模量分为静态模量和动态模量。前者的变形速度近于零，其值趋近"等温模量"；后者的速度近无穷大，其值趋近"绝热模量"；两者的差异一般不大于 1%。

17.1 静态弹性模量测量方法

这类方法均依所施加的力或力矩与形变成正比的关系进行测量。这种测量有久远的历史，测量技术经历了人工、机械及以计算机进行程控自动测量的三个阶段，依变形特征的不同，测量方法分为拉伸法、弯曲法和扭转法。

17.1.1 拉伸法与弯曲法

拉伸法与弯曲法均是常用的杨氏模量检测方法。后者又分为悬臂法和简支法。

17.1.1.1 拉伸法

适用范围：在指定的应力范围内，测量横截面较大的杆的平均模量。

测量原理：在弹性变形范围内，直接测量经受简单拉伸变形的、与轴向应力相应的试样应变。

实验条件：借用符合 GB 8653—88 要求的试验机和引伸计，以 $1\sim20\text{MPa}\cdot\text{s}$ 的弹性应力增加速率，自动记录与轴向拉力变量 ΔF 相应的试样伸长量 Δl。

计算公式：

$$E_s = 1.00 \times 10^{-3} \left(\frac{\Delta F}{S_0}\right) \bigg/ \left(\frac{\Delta l}{L_0}\right) \tag{17-1}$$

式中，E_s 为试样的静态杨氏模量，GPa；ΔF 为施加于试样上的轴向拉力的增量，N；S_0 为试样平行长度部分的原始横截面积，mm^2；Δl 为与 ΔF 相应的试样的轴向伸长，mm；L_0 为试样原始标距，mm。

应用情况：主要用于测量指定应力范围内的平均模量（"弦线模量"）及泊松比；由于受微蠕变的影响，难反映材料原始弹性的大小，不适于初始模量的测量。

17.1.1.2 悬臂法

适用范围：测量室温附近条带状试样的静态杨氏模量。

测量原理：在试样做纯弯曲弹性变形的前提下，通过测量一端夹持，自由端受载的试样挠度变化来确定杨氏模量。

实验条件：借助符合 GB 986—86 的悬臂装置和试样要求，测量与规定垂直载荷相应的挠度变化值。

计算公式：

$$E_s = 4.00 \times 10^{-3} Pl^3 / (bh^3 y_{max}) \tag{17-2}$$

式中，E_s 为试样的静态杨氏模量，GPa；P 为施加于试样自由端的载荷，N；l 为试样的自由挠曲长度，mm；b 为试样宽度，mm；h 为试样厚度，mm；y_{max} 为与载荷 P 相应的试样自由端挠度最大变化的绝对值，mm。

应用情况：主要用于热双金属片及仪表元器件杨氏模量的检测，重现性好，但由于刚性夹持的条件难以满足，有效挠曲长度难以测准，数据往往偏低，具有模拟使用状态的意义。

17.1.1.3　简支法

适用范围：室温附近条带状试样杨氏模量的测量。

测量原理：在试样做纯弯曲弹性变形前提下，通过测量处于简支状态的、中间受载的试样的挠度变化来确定杨氏模量。

实验条件：试样厚宽范围为 0.1～1.20mm，宽度多取 10mm，长度取 150mm，两支点间的距离为平均厚度的 100 倍，挠度测量所用千分表的灵敏度应高于 0.5μm，垂直载荷常采用质量 100.00g 的特制砝码。

计算公式：

$$E_s = 2.50 \times 10^{-4} \frac{P}{b y_{max}} \left(\frac{l}{h} \right)^3 \tag{17-3}$$

式中，E_s 为试样的静态杨氏模量，GPa；P 为施加于试样纵向中点位置处的载荷，N；l 为试样长度，mm；b 为试样宽度，mm；h 为试样厚度，mm；y_{max} 为与载荷 P 相应的试样纵向中点位置处挠度最大变化的绝对值，mm。

应用情况：在仪表材料，木材等行业被作为标准检测方法；偶然误差较大，精度可达 5%。

17.1.2　扭转法

扭转法是静态切变模量的检测方法，测量装置因试样截面大小而异，对于丝材可用扭摆法，这里主要介绍杆、管材检测方法。

适用范围：圆杆或管材静态切变模量的测量。

测量原理：在试样经受纯扭转弹性变形的前提下，扭转角与施加的扭矩成正比，据其比例系数完成测量。

实验条件：采用 ASTM E143 所规定的设备，将表面光洁的圆形试样置于扭转试验机上，以扭转计测量与已知扭矩相应的扭转角；实验中须注意保证试样轴线与扭转轴的同轴性。

计算公式：对于圆杆

$$G_s = 3.20 \times 10^{-2} \frac{Ml}{\pi d^4 (\varphi_1 - \varphi_2)} \tag{17-4}$$

式中，G_s 为试样的静态切变模量，GPa；M 为扭转力矩，N·mm；l 为试样扭转计算长度，mm；d 为试样直径，mm；φ_1 和 φ_2 是与 M 相应的计算长度两端的扭转角，rad。

应用情况：操作简便，具有模拟使用状态的作用，但精度较低，由于微蠕变的影响，难反映初始值的大小。

17.2 动态弹性模量测量方法

17.2.1 概述

共振法是目前国内外检测动态弹性模量的主要方法；基本原理是据试样的机械共振频率与其弹性模量、密度和几何尺寸间的固有联系；因此，如果试样的几何尺寸，密度，某一共振模式与级次的振动频率测定出来，相应的动态弹性模量即可求出。

常以强迫共振法来检测试样的共振频率；试样的机械振动由一个换能器激励，它将来自频率连续可变的振荡器的电信号转换为机械振动；用另一个换能器来拾取试样的机械振动，将它转换成可在仪表上显示的电信号，据电信号的特征来观察试样的共振，以频率计来测量发生共振时的激振频率，从而完成测量。

由于这种方法所致试样的应变一般为百万分之几量级，故能反映试样的原始性能，所测 E 值可作为静态初始模量使用，它适于检测弹性与温度的关系，并成为音频内耗测量的基础。依试样振动状态或换能方式的不同，共振法有不同的分类，其中纵共振源自 1935 年艾德（J. M. Ide）的工作，自由弯曲共振法源自 1937 年蒂斯特（F. Foster）的工作。

17.2.2 弯曲共振法

17.2.2.1 自由弯曲共振法

依换能方式或能量耦合方式的不同，可分为悬丝耦合法、静电法、电磁法等，本书主要介绍通用的悬丝耦合法。

适用范围：$-195\sim1200℃$ 以下杆或管状的金属，玻璃，陶瓷，碳及石墨制品的动态杨氏模量测量。

测量原理：对于具有杨氏模量 E、截面积惯量矩 J、横截面 S、密度 ρ 的杆，若 g 为重力加速度，X 为杆的轴向，则关于横向位移 y 与时间 t 关系的杆弯曲振动基本控制方程是：

$$\frac{\partial^2 y}{\partial t^2} + \frac{EJg}{\gamma s} \cdot \frac{\partial^4 y}{\partial x^4} = 0 \tag{17-5}$$

方程（17-5）的通解是：

$$y(x,\ t) = \sum_{n=1}^{\infty} (A_n \sin K_n x + B_n \cos K_n x + C_n \sinh K_n x + D_n \cosh K_n x) \cdot \cos(\omega_n t + \theta)$$

$$\tag{17-6}$$

将式（17-6）所述第 n 个振形函数代入式（17-5）的修正表达式得到相应的频率方程，经整理后得：

$$E_d = \frac{3.94784 \times 10^{-2}}{(K_n l)^4} \cdot \frac{l^4}{r^2} \rho f_n^2 T_n \tag{17-7}$$

式中，E_d 为动态杨氏模量，Pa；K_n 为由边界条件和振动级次 n 所决定的常数，无量纲；l 为试样长度，mm；r 为试样的回转半径，mm；ρ 为试样密度，g/cm^3；f_n 为振动级次 n 时的弯曲共振频率，Hz；T_n 为振动级次 n 时由材料泊松比、试样的回转半径与长度比值及截面形状所决定的修正系数，无量纲，实验中常依据基频 f_1 确定 E_d。

实验条件：可用于不同温度下性能检测的装置如图 17-1 所示，仪表选择与操作参考 GB/T 2105—91 的规定。室温附近测量中，多以棉线为悬丝，高温下的测量常用直径 0.06mm 左右的镍铬丝或钨丝。

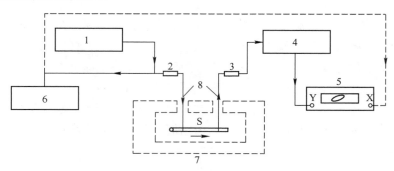

图 17-1　悬丝耦合共振检测装置

1—音频振荡器；2—激励换能器；3—拾振换能器；4—选频放大器；5—示波器；

6—数字频率计；7—变温装置；8—悬丝；S—试样

样品推荐尺寸，长度 120～180mm，圆杆直径（或管外径）4～8mm，矩形杆厚度 1～4mm，宽度 5～10mm。测量前，首先以"节点观测法"和"频率比法"对共振的模式和级次进行鉴别；在变温测量中，以李沙育图形法对虚假共振进行判别。

计算公式：两端自由杆频率方程的头一个根（K1l）= 4.7300，则代入式（17-7）经整理后，对于圆杆：

$$E_d = 1.6067 \times 10^{-9} \left(\frac{l}{d}\right)^3 \frac{m}{d} f_1^2 T_1 \tag{17-8}$$

式中，E_d 为动态杨氏模量，GPa；l 为试样长度，mm；d 为试样直径，mm；m 为试样质量，g；f_1 为弯曲共振基频频率，Hz；T_1 为圆杆试样弯曲共振基频频率修正系数，无量纲。对于圆管：

$$E_d = 1.6067 \times 10^{-9} \frac{l^3 m}{d_1^4 - d_2^4} f_1^2 T_1 \tag{17-9}$$

式中，d_1 和 d_2 分别为管的外径和内径，mm；其余符号意义同式（17-8）。

对于矩形杆：

$$E_d = 0.9464 \times 10^{-9} \left(\frac{l}{h}\right)^3 \frac{m}{b} f_1^2 T_1 \tag{17-10}$$

式中，h 为和振动方向平行的试样尺寸，mm；b 为和振动方向垂直的试样尺寸，mm；T_1 为矩形杆弯曲共振基频频率修正系数，无量纲。变温过程中的模量

$$M_t = M_0 \left(\frac{f_i}{f_0}\right)^2 \frac{1}{1 + \alpha \Delta t} \tag{17-11}$$

式中，M_t 为温度 t 时的模量，GPa；M_0 为室温下的模量，GPa；f_0 为室温下基频频率，Hz；f_i 为温度 t 时同一模式下的基频频率，Hz；α 为温度 t 与室温间试样的平均线膨胀系数，$℃^{-1}$；Δt 为温度 t 与室温间的温度差，℃。

应用情况：具有适用范围广、鉴频容易等优点，被世界各国广泛用作标准测量方法，

测量精度为 1% 量级。

17.2.2.2 悬臂弯曲共振法

适用范围：300℃ 以下温度范围内的金属片，丝材动态杨氏模量的测量。

测量原理：同前述"自由弯曲共振法"。

实验条件：应尽力保证试样的刚性夹持条件，故只适用于薄带，细丝等弯曲刚性较小的试样。为避免对横向弯曲振动的扰动，试样的宽厚比应在 2.1~2.6 之间，同时应注意消除激励换能器与拾振换能器间的直接耦合，近年来研制的"静电型自激振簧装置"，可满足非晶材料测量的需要，鉴频方法同"自由弯曲共振法"。

计算公式：一端固定，一端自由的杆频率方程的头一个根（K1l）= 1.875，代入式（17-7）经整理后，对于矩形条带：

$$E_d = 3.986 \times 10^{-7} \frac{l^4}{h^2} \rho f_1^2 T_1 \tag{17-12}$$

式中，l 为试样自由振动的长度，mm；ρ 为试样密度，g/cm^3；其余符号意义同式（17-8）。

对于圆丝：

$$E_d = 5.315 \times 10^{-7} \frac{l^4}{d^2} \rho f_1^2 T_1 \tag{17-13}$$

式中，l 为试样自由振动的长度，mm；ρ 为试样密度，g/cm^3；其余符号意义同式（17-8）。变温测量中可利用式（17-11）。

应用情况：对于常规尺寸的杆，由于刚性夹持的条件难以满足，数据容易偏低，对于薄带，细丝，由于干扰较大，测量精度较低。

17.2.3 扭转共振法

这里主要介绍悬丝耦合扭转共振法。

适用情况：-195~1200℃ 间杆或管状金属、玻璃、陶瓷、碳及石墨制品动态切变模量的测量。

测量原理：两端自由扭转共振的杆、管的动态切变模量与共振频率间的关系是

$$G_d = 4.000 \times 10^{-3} \rho l^3 R_n (f_n/n)^2 \tag{17-14}$$

式中，G_d 为动态切变模量，Pa；ρ 为试样密度，g/cm^3；l 为试样长度，mm；R_n 为振动级次 n 时由试样横截面形状决定的形状因子，无量纲；f_n 为扭转共振级次 n 时的共振频率，Hz。因此，当其他量已知时，由 f_n 即可测定 G_d。

实验条件：测量装置与试样要求同自由弯曲共振法，实验中的特殊性是，应尽力增强悬丝纵振动与试样扭转振动能量的耦合，对于矩形截面试样推荐采用图 17-2a 所示悬置方式，对于圆截面试样推荐采用图 17-2b 所述悬置方式。振动模式与级次的鉴别方法与自由弯曲共振法相似，为避免圆杆基频扭转共振峰与其谐频弯曲共振峰间的混淆，试样长度应为其直径的 30 倍，同时应尽量消除试样的椭圆度。

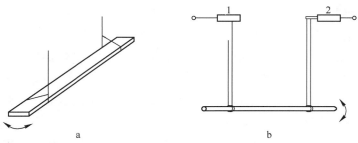

图 17-2   试样扭转共振悬置方式

1—激能换能器；2—拾振换能器

计算公式：圆截面杆的扭转振动形状因子 R_n 恒等于 1，此时由式（17-14）得：

对于圆杆：

$$G_d = 5.093 \times 10^{-9} \frac{ml}{d^2} f_1^2 \tag{17-15}$$

式中，G_d 为动态切变模量，GPa；m 为试样质量，g；l 为试样长度，mm；d 为试样直径，mm；f_1 为试样扭转共振基频频率，Hz。

对于圆管：

$$G_d = 5.093 \times 10^{-9} \frac{ml}{d_1^2 - d_2^2} f_1^2 \tag{17-16}$$

式中，d_1 和 d_2 分别是管的外径和内径，mm；其余符号意义同式（17-15）。

对于矩形杆：

$$G_d = 4.000 \times 10^{-9} \frac{ml}{bh} R_1 f_1^2 \tag{17-17}$$

式中，b 和 h 分别为试样的宽度和厚度，mm；R_1 为试样做基频扭转共振时的形状因子，无量纲；其余符号意义同式（17-15）。变温测量时仍可利用式（17-11）。

应用情况：是国际广泛采用的动态切变模量检测方法。借助图 17-2 所示试样悬置方式，可相继完成弯曲共振与扭转共振基频频率的测量，从而可测定动态泊松比。动态切变模量的测量精度约为 1%，动态泊松比测量精度约为 10%。

17.2.4   纵共振法

这里主要介绍检测两端自由的试样纵共振法。

适用范围：中低温下金属或硬质合金杆动态杨氏模量的测量。

测量原理：据动态杨氏模量与两端自由杆的纵共振频率，几何尺寸，密度之间的关系完成测量。

实验条件：多在基频下完成测量。试样中间位置受到支撑，为防止泊松收缩的影响，多采用软支撑，在工业性检测中，可不予支撑，机械滤波器材料常用试样尺寸为直径 3.5mm，长 25mm；硬质合金行业采用的试样直径为 6mm，长 60mm，换能方式因试样尺寸及性能而异，前者采用磁致伸缩电桥法；将试样置于 L——高频电桥—具有偏磁场的电感线圈中，借助试样磁致伸缩效应激励共振，依试样共振所致电桥的不平衡信号来完成检测，后者将压电陶瓷制成的激励换能器和拾振换能器分置试样两端，检测装置与自由弯曲共振法基本相同。

计算公式：

$$E_d = 4.000 \times 10^{-12} l^2 \rho f_1^2 / K_1 \tag{17-18}$$

式中，E_d 为试样动态杨氏模量，GPa；l 为试样长度，mm；ρ 为试样密度，g/cm³；f_1 为试样纵共振基频频率，Hz；K_1 为基频纵共振时与试样径长比，泊松比有关的修正系数，无量纲，在生产检验中常令 K_1 为 1。

应用情况：是硬质合金材料弹性模量国际通用的检测方法（ISO 3312—1975(E)），在机械滤波器行业则主要用于弹性均匀性的检验。当采用磁致伸缩电桥法进行测量时，须注意因 ΔE 效应所致影响的修正，在以静电法进行精测量时，须注意修正系数的选取。

17.2.5 弹性后效测量方法

依试样形状或使用状态的不同而有不同的测量方法，各种测量方法均有模拟使用状态的作用。对条带试样常用悬臂法或简支法，对膜片状试样可用气动施加，光学检测的方法。材料生产单位较通用的悬臂式测量装置如图 17-3 所示。被测试样中残留应力或残留应变的差异是后效测量中数据重现性差的主要原因。

由图 17-4 可知，弹性后效值是应力和时间的函数，一般常采用应力屈服强度 10% 时的后效测量值作为材料特征的代表，弹性后效亦因试样的形变模式的特征而分为拉伸后效，弯曲后效和扭转后效等三类，严格说来，不同类型的后效值不能通用。

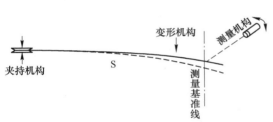

图 17-3 弯曲弹性后效测试装置示意图

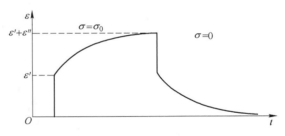

图 17-4 弹性后效值是应力和时间的函数

17.3 内耗测量

17.3.1 内耗及其特征

机械振动体由于内部原因所造成的振动能量的损耗称为内耗，亦称内摩擦；此量以 Q^{-1} 为通用符号。内耗是物体振动中，由于其所具有黏弹性性质，所产生的应变滞后于应力的结果，以应变落后于应力的相位角 φ 或振动一周中能量的相对损耗 P 来量度，P 亦称阻尼能率。它们之间的关系是

$$Q^{-1} = \varphi = \frac{1}{2\pi} P \tag{17-19}$$

内耗的大小与振动体内部结构及其变化的特征有密切关系；据其与振动频率的依赖关系，分为与振动频率有关和与振动频率无关两类，后者亦称静滞后。

17.3.2 内耗测量方法

在超低频、声频、超声频等不同频段范围内，由于采用的测量方法不同，测得的内耗

相关量亦有不同，为使用方便，以这些相关量来介绍相应的测量方法。

17.3.2.1　对数衰减率测量方法

自由振动体相继两次振动中振幅比值的自然对数称对数衰减率，表达式为：

$$\delta = l_n\left(\frac{A_n}{A_{n+1}}\right)$$

式中，A_n 为第几次振动的振幅，mm；A_{n+1} 为第 $n+1$ 次振动的振幅，mm。在超低频内耗测量中，多以此量来量度 Q^{-1}，它们之间的关系为：$Q^{-1} = \delta/\pi$。通用的实验装置为葛氏摆，如图 17-5 所示，实验中，为提高测量精度，一般取其平均值，即

$$\delta = \frac{1}{n}l_n\left(\frac{A_m}{A_{m+n}}\right) \tag{17-20}$$

式中，A_m 为第 m 次振动的振幅；A_{m+n} 为第 $m+n$ 次振动的振幅，试样尺寸一般为直径 0.8~

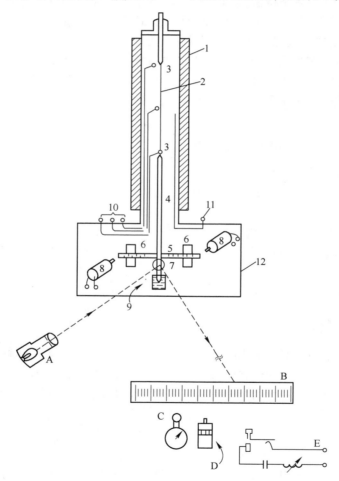

图 17-5　葛氏摆内耗测试装置

A—平行光管；B—标尺；C—停表；D—手控计数器；E—电磁铁控制电路；
1—无磁场管式炉；2—样品；3—夹头；4—不锈钢连杆；5—平衡杆；6—平衡锤；
7—反射镜；8—电磁铁；9—阻尼油；10—热电偶；11—电源；12—基板

1.2mm，长度为 250~300mm，测量温度一般为室温至 950℃。

17.3.2.2 机械品质因数测量方法

若将自由振动的试样视为一个机械振动系统，则贮存在力抗上的能量 E 与一个振动周期内消耗在力阻上的能量 ΔE 之比的 2π 倍称为机械品质因数 Q。

$$Q = 2\pi \frac{E}{\Delta E}$$

由于 $\Delta E/E$ 即为阻尼能率 P，故 $P = 2\pi Q^{-1}$，即机械品质因数 Q 与内耗 Q^{-1} 互为倒数。据上述定义，由机械振动系统的沃伊特模型可得：

$$Q = f_r / \Delta f_{-3db} \qquad (17-21)$$

式中，f_r 为共振频率；Δf_{-3db} 为共振曲线半功率点（$-3dB$）处的频带宽度，常据式（17-20）来完成试样的机械品质因数或音频内耗的测量，所用测量装置如图 17-1 所示，实验中要求所用音频振荡器具有高的频率稳定度和不低于 0.01Hz 的频率分解能力，测量精度约 5%~10%。在机械滤波器行业中，以式（17-20）作为 Q 值定义。

17.3.2.3 声衰系数测量方法

机械振动传播过程中，单位距离上的振幅自然对数衰减率称为声衰系数。

$$\alpha = \frac{1}{x_2 - x_1} l_n \left(\frac{A_{x1}}{A_{x2}} \right) \qquad (17-22)$$

式中，α 为声衰系数，Nb/m；x_1 与 x_2 为 X 方向上距起始点的距离，m；A_{x1} 与 A_{x2} 分别为振动沿 X 方向传播时，位置 x_1 与 x_2 处的振幅，mm。在超声频内耗测量中，多以声衰系数来量度内耗，其间关系为

$$Q^{-1} = \frac{\lambda}{\pi} \alpha$$

式中，λ 为行进波的波长，m/s，测量中所用的机械波为超声频脉冲波，以压电石英片为换能器，据脉冲回波法在同步示波器上显示一系列回声脉冲，将其与已定标的指数衰减波对照，从而完成测量，测量精度约为 5%，借助此方法亦可完成声速测量；当试样密度已知时，可求得弹性模量。

17.3.3 弛豫谱与内耗分析

当物体强迫振动的圆频率 ω 与物体内某一内函的微观过程的弛豫时间 $\bar{\tau}$ 满足 $\omega\bar{\tau}=1$ 关系时，在内耗 Q^{-1} 与温度 t 或频率 f 关系曲线上将呈现极大值，此值称为内耗峰；不同的微观过程有不同的弛豫时间，因而在 $Q^{-1}(t)$ 或 $Q^{-1}(f)$ 曲线形成不同的峰，它们构成了物体机械振动吸收谱或"弛豫谱"。对弛豫谱的实验研究是关于物体结构特征的内耗分析法的主要内容，室温下金属材料频率弛豫谱的典型形状如图 17-6 所示，图中 A 为置换固溶体中由不同半径的原子所致的内耗峰，B 为内晶界内耗峰，C 为孪晶界内耗峰，D 为间隙原子扩散引起的内耗峰，E 为物体弯曲时由横向热流引起的内耗峰，F 为晶间横向热流引起的内耗峰。

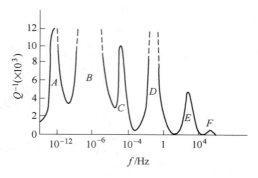

图 17-6　室温下金属典型的频率弛豫谱

参 考 文 献

［1］钱伟长，叶开源. 弹性力学［M］. 北京：科学出版社，1956.

［2］赖祖涵. 金属的晶体缺陷与力学性质［M］. 北京：冶金工业出版社，1988.

［3］比企能夫. 弹性非弹性［M］. 东京：共立出版株式会社，1972.

［4］甄纳 C. 金属的弹性与滞弹性［M］. 葛庭燧，等译. 北京：科学出版社，1965.

［5］中国金属学会，中国有色金属学会. 金属材料物理性能手册［M］. 北京：冶金工业出版社，1987.

［6］屠海令，干勇. 金属材料理化测试全书［M］. 北京：化学工业出版社，2007.

18 膨胀合金及热双金属材料热特性测量

18.1 膨胀合金的热膨胀特性测量

金属与合金在加热或冷却过程中会产生尺寸的增大或缩小，这种现象称为热胀冷缩。不同的金属或合金热膨胀的能力是不一样的，通常用热膨胀系数来衡量它们的热膨胀能力大小。对于膨胀合金来说，以线热膨胀系数作为考核材料性能的一个重要指标，因此，必须精确地测量它。

18.1.1 膨胀合金的热膨胀特性系数

18.1.1.1 线热膨胀率 $\Delta L/L$

物体因温度变化而产生的单位长度的变化 $\Delta L/L$ 称为线热膨胀率，线热膨胀为无量纲。

18.1.1.2 平均线热膨胀系数 $\overline{\alpha}$

物体在确定的温度 t_1 至 t_2 区间内，温度平均每变化 1℃相应的线热膨胀率称为平均线热膨胀系数，其表达式为：

$$\overline{\alpha} = (L_2 - L_1)/[L_0(t_2 - t_1)] = \Delta L/(L_0 \cdot \Delta t) \tag{18-1}$$

18.1.1.3 瞬间线热膨胀系数 α_t

在某一温度的物体，当温度变化趋于零时的平均线热膨胀数为该温度下的瞬间线热膨胀系数，其表达式为：

$$\alpha_t = \lim\{(L_2 - L_1)/[L_0(t_2 - t_1)]\} = dL/(L_0 \cdot dt) \tag{18-2}$$

在式 (18-1) 和式 (18-2) 中，$\overline{\alpha}$ 为平均线热膨胀系数；α_t 为瞬间线热膨胀系数；t_1 为热膨胀物体的初始温度；t_2 为热膨胀物体的终了温度；L_1 为 t_1 温度时物体的长度，mm；L_2 为 t_2 温度时物体的长度，mm；L_0 为基准温度 20℃时物体的长度，mm。

在实际测量中，可用 L_1 代替 L_0。

18.1.2 热膨胀的测量方法

热膨胀的测量方法可分为以下三大类。

18.1.2.1 直接观测法

直接观测法是借助于某种精密测微器（如比长仪等），直接观测某温度区间内试样的伸缩量，代入上述公式计算膨胀系数，这种方法的优点是简单、直观、稳定性好，适用于高温热膨胀测量，缺点是难以实现自动化，目前这种方法在膨胀合金热膨胀测量中未采用，不再详细叙述。

18.1.2.2 顶杆法

顶杆法的共同特点是通过一根与试样支撑管材质相同且膨胀系数很小的顶杆，将试样的热伸缩传给伸长计。在膨胀合金热膨胀测量中，试样支撑管常用石英管或石英舟制成，用石英棒作为顶杆，如图 18-1 所示，由于石英管的一端是固定在膨胀仪的支架上，当温度变化时，石英管与石英棒，试样的伸缩方向是相反的，在试样长度 L 范围外，石英管的伸缩量恰好与石英棒的伸缩量相等而相互抵消。所以，测得伸缩量是试样与同长度的石英管伸缩量之差。石英的膨胀系数是已知的，这样就能计算出试样的膨胀系数。国标 GB 4339—84 列出了石英玻璃的膨胀系数值，供使用时参考。

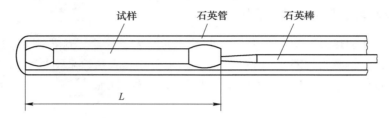

图 18-1　用石英作为试样支撑部分简图

目前，顶杆法膨胀仪在膨胀合金热膨胀测量中使用最普遍，根据伸缩量检测的方式，顶杆法膨胀仪又可分为若干种，现将常见的几种介绍如下。

A　千分表膨胀仪

它使用热电偶测温，用千分表测量试样与石英管伸缩量之差。

$$\Delta L_{M} = \Delta L - \Delta L_{G} \tag{18-3}$$

式中，ΔL_{M} 为测得伸缩量；ΔL 为试样的伸缩量；ΔL_{G} 为与试样等长的石英管的伸缩量。从式（18-3）可得：

$$\Delta L = \Delta L_{M} + \Delta L_{G} \tag{18-4}$$

代入式（18-1）得实用的 $\bar{\alpha}$ 计算公式：

$$\bar{\alpha} = \frac{\Delta L_{M} + \Delta L_{G}}{L_{0} \cdot \Delta t} = \frac{\Delta L_{M}}{L_{0} \cdot \Delta t} + \bar{\alpha}_{石} \tag{18-5}$$

式中，$\bar{\alpha}_{石}$ 为石英在 Δt 温度区间的平均线热膨胀系数，$℃^{-1}$。

千分表膨胀仪结构简单，成本低，具有一定的精度，适合于测量定膨胀合金的膨胀系数。

B　机械杠杆膨胀仪

该膨胀仪的特点是将试样与石英管的伸缩量之差，通过机械杠杆放大后记录在转筒上。因此，

$$\Delta L = (\Delta L_{M} + \Delta L_{G})/K \tag{18-6}$$

式中，K 为放大倍数；ΔL_{M} 为经放大后所测得伸缩量；ΔL_{G} 为经放大后与试样等长的石英管伸缩量。

平均线热膨胀系数计算公式如下：

$$\bar{\alpha} = \frac{\Delta L_{M}}{KL_{0} \cdot \Delta t} + \bar{\alpha}_{石} \tag{18-7}$$

这种膨胀仪的缺点是由于机械杠杆难免存在的摩擦，测量精度较低，因此只适用于测量膨胀系数较大的材料。

C 光学杠杆膨胀仪

这种膨胀仪的关键部件是一个带小镜的光学直角三角架，三角架的一个顶角固定，其余两个顶角分别与试样和标样连接。从光源射出的光束经小镜反射到印相纸上，当试样和标样产生热胀冷缩时，通过顶杆推动小镜转动，引起光点位移，在印相纸上就记录下光点位移的轨迹曲线。这种膨胀仪一般使用标样测温。

改变三角架的固定点位置，可获得不同的测量方法。当三角架的直角顶固定不动就是绝对法测量。如图 18-2 所示。其光点位移的轨迹曲线是试样与石英管伸缩量之差对温度的膨胀曲线。如图 18-3 所示，根据标样的伸缩量与温度的对应关系，将 X 坐标换成温度坐标（亦可用膨胀仪附带的比例尺进行换算），欲求温度 $t_1 \sim t_2$ 试样的平均线热膨胀系数，用作图法找出 t_1 和 t_2 对应的伸长 Y_1 和 Y_2，如图 18-3 所示，代入下式计算 $\bar{\alpha}$：

$$\bar{\alpha} = \frac{1}{KL_0} \cdot \frac{Y_2 - Y_1}{t_2 - t_1} + \bar{\alpha}_{石} \tag{18-8}$$

式中，L_0 为试样长度，mm；K 为 Y 轴放大倍数；Y_1 和 Y_2 分别为温度 t_1 和 t_2 时放大了的试样与石英管伸缩量差值，mm；$\bar{\alpha}_{石}$ 为石英管在温度 t_1 和 t_2 间的平均线热膨胀系数，℃$^{-1}$。

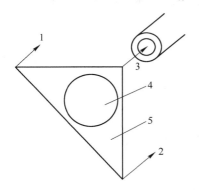 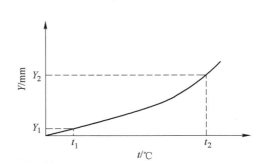

图 18-2 绝对法光三角架示意图

1—接标样；2—接试样；3—固定点；
4—反射镜；5—光三角架

图 18-3 绝对法膨胀曲线

如果三角架的一个锐角固定不动，标样与直角顶连接，这时试样与另一锐角顶连接，就是示差法测量。如图 18-4 所示。其光点位移的轨迹曲线，是标样与试样伸缩量之差值相对于温度的膨胀曲线，如图 18-5 所示。同样先将 X 坐标换算成温度坐标，用作图法找出温度 t_1 和 t_2 时对应的伸长 Y_1 和 Y_2，如图 18-5 所示。代入下式计算 $\bar{\alpha}$：

$$\bar{\alpha} = \frac{L_{标}}{L_{试}} \cdot \bar{\alpha}_{标} - \frac{Y_2 - Y_1}{KL_{试}(t_2 - t_1)} \tag{18-9}$$

式中，$L_{试}$ 和 $L_{标}$ 分别为试样和标样的长度，mm；$\bar{\alpha}_{标}$ 为标样在温度 $t_1 \sim t_2$ 间平均线热膨胀系数，℃$^{-1}$；Y_1 和 Y_2 分别为温度 t_1 和 t_2 时放大了的标样与试样伸缩量差值，mm。

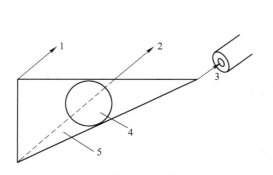

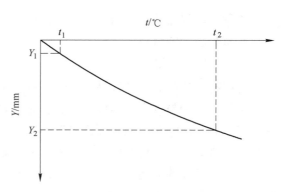

图 18-4   示差法光三角架示意图
1—接标样；2—接试样；3—固定点；
4—反射镜；5—光三角架

图 18-5   示差法膨胀曲线

若标样与试样长度相等，即 $L_标 = L_试 = L_0$，则上式可简化为：

$$\overline{\alpha} = \alpha_标 - \frac{Y_2 - Y_1}{KL_0(t_2 - t_1)} \tag{18-10}$$

使用式（18-9）和式（18-10）时应注意 Y_1 和 Y_2 的符号，在 X 上方为负，下方为正，如图 18-5 所示，示差法的优点是消除了石英管膨胀的影响，测量精度比绝对法高。

试样在温度 t 时瞬间线热膨胀系数的计算公式如下：

绝对法：
$$\alpha_t = \frac{1}{KL_0} \cdot \frac{dy}{dt} + \alpha_石 \tag{18-11}$$

示差法：
$$\alpha_t = \frac{L_标}{L_试} \cdot \alpha_标 - \frac{1}{L_试 K} \cdot \frac{dy}{dt} \tag{18-12}$$

当试样与标样长度相等时，即 $L_试 = L_标 = L_0$，则式（18-12）可简化为：

$$\alpha_t = \alpha_标 - \frac{1}{KL_0} \cdot \frac{dy}{dt} \tag{18-13}$$

式中，α_t、$\alpha_标$、$\alpha_石$ 分别表示在温度 t 时，试样、标样和石英瞬间线热膨胀系数，$℃^{-1}$；dy/dt 表示膨胀曲线上，在温度 t 处放大了的伸缩量 y 对温度的斜率，它可用作图法或数学分析法求得。

光学杠杆膨胀仪的优点是精度较高，稳定性好，适合于测量定膨胀合金的线膨胀系数。

D   差动变压器膨胀仪

差动变压器是这种膨胀仪的关键部件，它是由一个初级线圈，两个反向绕制后串接起来的次级线圈和一个磁芯组成的，试样通过石英棒与磁芯相连接，当试样温度变化而产生伸缩时，推动磁芯与线圈相对移动，产生互感的变化，使输出电压发生变化，经放大后输出给 X-Y 记录仪。由热电偶测温后，同时输出给 X-Y 记录仪。两者配合得到膨胀曲线，如果将试样伸缩量和温度所对应的模拟量分别经 A/D 转换成数字量，那么便可应用微机进行控制和数据处理，例如，法国 DI 型数字膨胀仪就是应用微机进行控制和数据处理，图 18-6 是它的原理框图，该膨胀仪可进行绝对法和差值法测量。参考系数为零就是绝对法测量，其膨胀系数的计算方法同光学杠杆膨胀仪的绝对法，参考系数等于或大于 $1 \times 10^{-6}/℃$ 则是差值法测量，但这与光学杠杆膨胀仪中使用标样的示差法不同，它没有消除石英管膨胀的影响。

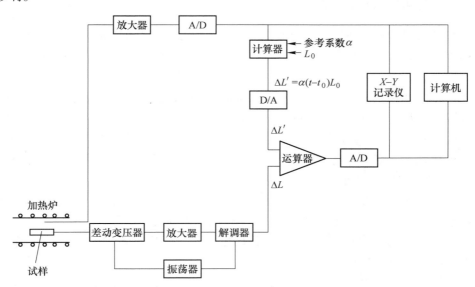

图 18-6　DI 型数字膨胀仪的原理框图

因此，测量结果应加上石英膨胀系数，参考系数值（$(0 \sim 200) \times 10^{-6}/℃$）是由试验者确定之后，从键盘输入。使用专用的膨胀系数测量软件（例如，LINIF 软件），该膨胀仪实现了测量过程全自动化。这种膨胀的优点是精度高，容易实现自动化，适合于测量膨胀合金的膨胀系数，缺点是易受磁场干扰，使用时应严格进行电磁屏蔽。

18.1.2.3　其他测量方法

光干涉法：光干涉法的测量原理是将试样长度的变化转换为干涉光束的光程差，在视场中产生干涉条纹相对于参数点的移动，根据干涉条纹的移动量和干涉原单色波长来计算试样的长度变化。

光干涉膨胀仪的类型很多，常见有菲索（Fizean）干涉仪，阿里-普尔夫里斯（Abbe-Polfrich）干涉仪，波来斯特（Priest）干涉仪等。

国标 GB 10562—89《金属材料低膨胀系数测量方法——光干涉法》中介绍菲索干涉仪的线热膨胀率计算公式如下：

$$\Delta L/L_0 = N\lambda/2L_0 n_2 + (n_1 - n_2)/n_2 \tag{18-14}$$

式中，N 为温度由 t_1 到 t_2 时通过参考点的干涉条纹数（含小数部分）；λ 为干涉条纹的光在真空中的波长；n_1 和 n_2 分别是干涉具内气压为 P 的气体在 t_1 和 t_2 下的折射率。

当气压 P 不大于 1.3Pa 时，上式可简化为：

$$\Delta L/L_0 = N\lambda/2L_0 \tag{18-15}$$

光干涉膨胀仪的优点是由于没有机械阻尼，测量精度很高（可达 10^{-8} 数量级），因此，它常用作超低膨胀系数测量和基准测量。

还有很多其他类型的热膨胀测量方法，但这些方法目前在膨胀合金热特性参数测量中使用很少，因篇幅关系，不再一一叙述。

18.1.3　热膨胀测量的影响因素

（1）试样的形状和几何尺寸。与试样支撑面接触的试样端面的形状应保证试样伸缩时横向稳定，对于顶杆法，为了减少与石英管摩擦，可将试样两头加工成凸弧状。如图 18-1 所示。

试样长度在 50~120mm 之间。若短于 50mm 将导致测量灵敏度降低，若长于 120mm 将使试样的轴向温度不均匀加大，试样的直径一般取 4~5mm，截面过小会使经受的试验应力过大，以致产生蠕变或弹性应变，截面过大则试样的温度难以测准。

（2）变温速度。变温速度应尽量慢些，一般不超过每小时 200℃。最好在测量温度下保温一定时间，直到伸长计的示值不发生明显变化为止。

（3）放大倍数。一般说，增加膨胀仪的放大倍数可提高测量精度，但放大倍数过大将使测量不稳定。应根据被测量物体热膨胀大小选取合适的放大倍数。

（4）标样。应选取与温度呈线性关系，加热冷却过程无相变，且膨胀系数稳定的金属或合金作为标样，例如 Pyros 合金等。

（5）试样的支撑装置。应选取膨胀系数小，在加热冷却过程中无相变，易制作，成本低的材料作为试样支撑装置。例如石英玻璃等。

18.2　热双金属材料的热挠曲特性测量

热双金属是由两层或多层膨胀系数不同的合金片焊合或压合而成的复合材料，高膨胀系数的合金层称主动层，低膨胀系数的合金层称被动层。在某温度时，热双金属是平直的，加热后主动层伸长量比被动层大，因而向被动层弯曲，产生一定的力和位移，用作各种测量或控制仪表的传感元件，因此，热挠曲特性是热双金属的主要特性。

18.2.1　热双金属材料的热挠曲特性参数

（1）比弯曲：单位厚度的平直热双金属片，温度变化1℃时，沿纵向中心线所产生的曲率变化之半称比弯曲，表达式为：

$$K = \frac{1}{2} \frac{\delta}{t_2 - t_1} \frac{1}{R} \tag{18-16}$$

式中，K 为比弯曲，℃$^{-1}$；δ 为试样厚度，mm；t_1 为试样平直时温度，℃，t_2 为试样弯曲时温度，℃；R 为试样弯曲时纵向中心线的曲率半径，mm。

（2）弯曲常数：一端固定的热双金属片，其单位厚度和单位长度在温度变化1℃时自由端挠度的变量称为弯曲常数。

（3）温曲线：单位厚度的热双金属片，每变化一度时的纵向中心线的曲率变化，公式如下：

$$F = \frac{\delta(1/R_2 - 1/R_1)}{t_2 - t_1} \tag{18-17}$$

式中，F 为温曲率，$℃^{-1}$；t_1 和 t_2 分别为试样的初始测量温度和终了测量温度，$℃$；R_1 和 R_2 分别为温度 t_1 和 t_2 时试样纵向中心线的曲率半径，mm。

18.2.2　热挠曲的测量方法

悬臂梁法是热挠曲测量中常见的一种方法。测试装置的示意图如图 18-7 所示。试样夹持器和接触杆用 4J36 低膨胀合金制成，测微计的精度应高于 0.01mm，测微计与夹持器之间应绝缘，以便使用电子接触指示器。

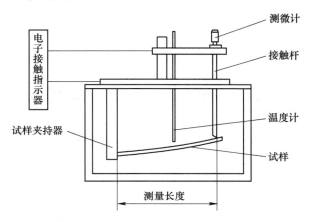

图 18-7　悬臂梁法测量仪的示意图

悬臂梁法可用于测量热双金属材料的比弯曲和弯曲常数等。

比弯曲测量：采用试样上弯方式进行比弯曲测量时，如图 18-8 所示。在直角三角形 OAB 中，$\overline{OA} = R - \dfrac{\delta}{2}$，$\overline{AB} = L$，$\overline{OB} = \left(R - \dfrac{\delta}{2}\right) - f$，则

$$\left(R - \frac{\delta}{2}\right)^2 = L^2 + \left[\left(R - \frac{\delta}{2}\right) - f\right]^2$$

解上式得出曲率计算公式：

$$\frac{1}{R} = \frac{2f}{L^2 + f^2 + f\delta} \tag{18-18}$$

式中，L 为试样测量长度，mm；R 为弯曲时试样中心线的曲率半径，mm；δ 为试样厚度，mm；f 为挠度，mm。

采用试样下弯方式进行测量时，同样可推导出如下的曲率计算公式：

$$\frac{1}{R} = \frac{2f}{L^2 + f^2 - f\delta} \tag{18-19}$$

国标 GB 8364—2008《热双金属比弯曲试验方法》中采用试样上弯方式进行测量，比弯曲的计算公式如下：

$$K = \frac{\delta}{t_2 - t_1}\left(\frac{f}{L^2 + f^2 + f\delta}\right) \tag{18-20}$$

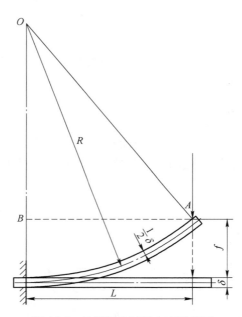

图 18-8　悬臂梁法试样上弯示意图

如果在温度 t_1 时试样不是平直的，准确的计算公式如下：

$$K = \frac{\delta}{t_2 - t_1}\left(\frac{\Delta f + f_1}{L^2 + (\Delta f + f_1)^2 + (\Delta f + f_1)\delta} - \frac{f_1}{L^2 + f_1^2 f_1 \delta} \right) \tag{18-21}$$

式中，f_1 为试样在温度 t_1 时相对于试样平直时的挠度，mm；Δf 为温度 t_2 与 t_1 时试样自由端距离，mm。

比弯曲测量的相对误差为 ±10%。

弯曲常数的测量：对于截面均匀的，一端固定，另一端自由的热双金属直条状试样，弯曲常数 K' 按下式计算：

$$K' = \frac{(f_2 - f_1)\delta}{L^2 (t_2 - t_1)} \tag{18-22}$$

式中，L 为试样的测量长度，mm；t_1 和 t_2 分别为试样的初始和终了测量温度，℃；f_1 和 f_2 分别为试样在温度 t_1 和 t_2 时所对应挠度，mm。

对于精确测量，应增加测量点数，然后用直线拟合方法计算弯曲常数，计算公式如下：

$$K' = \frac{\sum\limits_{i=1}^{n} T_i \sum\limits_{i=1}^{n} y_i - n \sum\limits_{i=1}^{n} T_i y_i}{\left(\sum\limits_{i=1}^{n} T_i \right)^2 - n \sum\limits_{i=1}^{n} T_i^2} \cdot \frac{\delta}{L^2} \tag{18-23}$$

式中，T_i 为各测量点温度，℃；y_i 为相应温度 T_i 时的试样挠度，mm；n 为测量点数。

一般至少测量室温、50℃、75℃和100℃时相应挠度。测量弯曲常数的最大累计误差不超过 ±3%。

简支梁法：它的测量装置示意图如图 18-9 所示。试样安放在一个刀刃支座和一个半径为 0.2mm 的点状支座上。测量长度精确到 0.1mm，其他要求同悬臂梁法。简支梁法可测量热双金属的温曲率，采用试样上拱方式测量时，如图 18-10 所示，在直角三角形 OAB 中，$\overline{AO} = R - \dfrac{\delta}{2}$，$\overline{AB} = \dfrac{L}{2}$，$\overline{OB} = \left(R + \dfrac{\delta}{2}\right) - f - \delta = \left(R - \dfrac{\delta}{2} - f\right)$，则 $\left(R - \dfrac{\delta}{2}\right)^2 = \left(\dfrac{L}{2}\right)^2 +$ $\left[\left(R - \dfrac{\delta}{2}\right) - f\right]^2$，解得曲线的计算公式如下：

$$\frac{1}{R} = \frac{8f}{L^2 + 4f^2 + 4f\delta} \tag{18-24}$$

式中，R 为试样纵向中心线的曲率半径，mm；δ 为试样厚度，mm；L 为支点间距离，mm；f 为挠度，mm。

同样，可推导出试样下垂时的曲率计算公式：

$$\frac{1}{R} = \frac{8f}{L^2 + 4f^2 - 4f\delta} \tag{18-25}$$

将温度 t_1 和 t_2 时试样的曲率代入式（18-17），即可计算出温曲率。

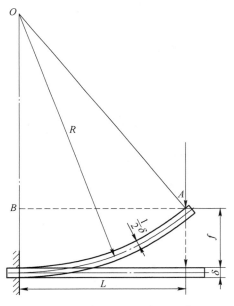

图 18-9　简支梁法测量装置示意图

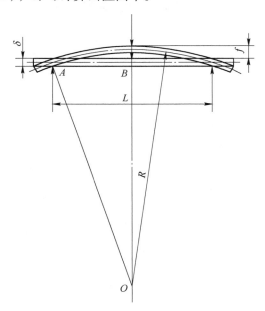

图 18-10　简支梁法试样上弯示意图

对于 $\Delta t = 100 \sim 150℃$，测量温曲率的最大误差在 ±2% 以内。

其他热挠度测量方法，如平螺旋法等。由于篇幅关系，不再一一叙述。

18.2.3　热挠曲测量的影响因素

试样形状与几何尺寸：试样要求平直，无扭曲，无划伤，宽厚均匀一致，不能太薄，过短，试样的宽厚比和长厚比对测量结果有影响，因此在国标中也作了规定。

变温速度：一般应在测量温度下保温一定时间，直到测挠仪指示读数不变化为止，以保证试样内部温度与油槽温度达到平衡。

　　试验设备：支架应由膨胀系数很小的材料如因瓦合金制成，选取灵敏的电子接触指示器，注意试样夹持力对测量结果的影响。

　　试验温度范围：由于热双金属的热挠曲特性参数在整个温度区间内不是完全线性的，在不同的温度内测得参数值将有所差异。因此在国标中对测量温度范围作了规定。

***

参 考 文 献

[1] Annual Book of ASTM Standards，Part 10. ASTM STP 381，410，463，527.
[2] 中国金属学会理化检验学术委员会．金属力学性能试验方法国内外先进标准汇编［M］．上海：上海市总工会技术交流站，1985.
[3] 克劳特克洛默．超声检测技术［M］．李靖，等译．广州：广东科技出版社，1984.
[4] GB 3651—83 金属高温导热系数测试方法［S］.
[5] 方俊鑫，陆栋．固体物理学［M］．上海：上海科学技术出版社，1981.
[6] 屠海令，干勇．金属材料理化测试全书［M］．北京：化学工业出版社，2007.

19 电 性 测 量

19.1 电性测量的任务

电性测量在金属功能材料的生产和研究中占有重要位置，金属功能材料中的精密电阻、应变电阻、热敏电阻、电热、热电偶、触头合金及热双金属等产品，必须经过有关电性测量才能出厂，因为这些产品的有关电性能往往又是由它们制成的元器件设计的重要参数。另外在研究这些合金产品质量问题及新产品开发时，也离不开大量的可靠的电性测量工作。通过电性测量还可以研究与解决金属学中诸如合金相图，有序无序转变，点阵缺陷，晶粒间界，时效，相变动力学，不均匀固溶体、合金成分定性差别及其均匀性等问题，所以电性测量用途十分广泛。

电性测量大致包括：合金的电阻率（电阻系数）、平均电阻温度系数，一次、二次电阻温度常数，对铜热电势（或对铂热电势）、电阻应变灵敏系数，电阻-温度关系曲线（或直线）自动记录，电热合金快速寿命，触头合金接触电阻，应变电阻合金电阻相对变量在不同温度下的分散度，重复性，零漂等测量，而后两项由于篇幅所限将不涉及。

19.2 电阻测量的基本方法及原理

多年来常用的有四种方法。

19.2.1 单桥法

这是测量电阻值在 100Ω 以上的一种常见方法。这种方法是 1933 年克里斯蒂（Christie）首次提出，后经惠斯顿（Wheetstone）改进后发展成惠斯顿电桥法，即单臂电桥法，简称单桥法。其测量原理如图 19-1 所示：当 K 接通，桥流计 G 中无电流通过时，则 C、D 两点电位相等。这时 $i_x = i_2$，$i_3 = i_4$，同时 $i_x R_x = i_3 R_3$，$i_2 R_2 = i_4 R_4$，因此 $\dfrac{R_x}{R_2} = \dfrac{R_3}{R_4}$，由此得

$$R_x = \frac{R_3}{R_4} \cdot R_2 \qquad\qquad (19\text{-}1)$$

从式（19-1）可知，当 $\dfrac{R_3}{R_4}$ 选择得当并且已知，R_2 也已知，则 R_x 就可求出。

19.2.2 双桥法

当被测试样电阻小于 10Ω，甚至与引线电阻相当，采用单桥法测量出的数据误差大，为解决此问题，凯尔文（Kelvin）提出双臂电桥法（简称双桥法）。其原理如图 19-2 所示，

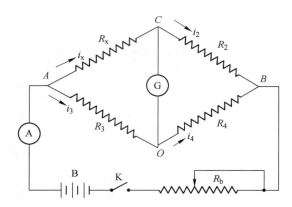

图 19-1　惠斯顿电桥工作原理

B—直流电源；A—直流电流表；K—电源开关；G—桥流计；R_b—可调电阻器；

R_x—被测试样电阻；R_2，R_3，R_4—桥臂电阻；

i_x，i_2，i_3，i_4—通过 R_x、R_2、R_3、R_4 中电流

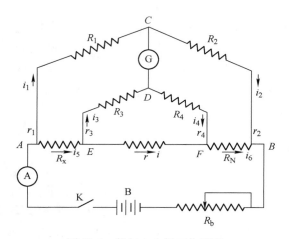

图 19-2　凯尔文电桥工作原理

B—直流电源；A—直流电流表；K—电源开关；G—桥流计；R_b—可调电阻器；

R_x—被测试样电阻；R_N—标准电阻；R_1，R_2，R_3，R_4—桥臂电阻；

r_1，r_2，r_3，r_4，r—R_1、R_2、R_3、R_4 及 EF 间的引线电阻；

i_1，i_2，i_3，i_4，i_5，i_6—通过 R_1、R_2、R_3、R_4、R_x、R_N 电流；

i—通过 r 的电流

当 K 接通，如果桥流计中无电流流过，则 C、D 两点电位相等，此时

$$i_1 = i_2 \qquad\qquad (19\text{-}2)$$

$$i_3 = i_4 \qquad\qquad (19\text{-}3)$$

由欧姆定律得：

$$i_1(R_1 + r_1) = i_x R_x + i_3(R_3 + r_3) \qquad\qquad (19\text{-}4)$$

$$i_2(R_2 + r_2) = i_4(R_4 + r_4) + i_6 R_N \qquad\qquad (19\text{-}5)$$

当分析节点 E、F 时根据克希荷夫定律则可得：

$$i_5 = i_3 + i \tag{19-6}$$

$$i_6 = i_4 + i \tag{19-7}$$

$$i_3(R_3 + r_3) + i_4(R_4 + r_4) = ir \tag{19-8}$$

解式（19-2）~式（19-8），则可得：

$$R_x = \frac{R_1 + r_1}{R_2 + r_2} R_N + \frac{(R_1 + r_1)(R_4 + r_4) - (R_2 + r_2)(R_3 + r_3)}{R_2 + r_2} \cdot \frac{r}{R_3 + r_3 + R_4 + r_4 + r} \tag{19-9}$$

由式（19-9）可见，如果 $r_1 \ll R_1$、$r_2 \ll R_2$、$r_3 \ll R_3$、$r_4 \ll R_4$、$r \ll R_1 + R_4$；且让 $R_1 = R_3$，$R_2 = R_4$；则下式成立：

$$R_x = \frac{R_1}{R_2} \cdot R_N \tag{19-10}$$

由式（19-10）可知，当 R_1、R_2、R_N 已知，则可求出 R_x。同时还意味着在凯尔文桥制造时，必须使多处的导线电阻极小，而且两组相等桥臂阻值要在极高的精度上相等。

凯尔文电桥与惠斯顿电桥相比，有如下一些特点：

（1）试样不直接与桥流计接触，而是通过四个较大的电阻 R_1、R_2、R_3、R_4 相连结，因此试样接触电阻及接线电阻对桥路平衡影响不大。

（2）因 R_x 与 R_N 都比较小，在线路中通过它们的电流大，故对 R_x 微量变化都将影响到桥路平衡，即这种桥对小电阻测量灵敏，一般 R_N 都选与 R_x 接近的值。

（3）桥路中 R_x 与 R_N 都是四线连接法，可合理解决电位及电流接头问题，避免接触电阻的影响。

19.2.3 伏安法

伏安法的工作原理如图 19-3 所示：当 K_1 与 K_2 接通后，整个环路通过电流 I，其值从电流表 A 上可知，同时从电压表上读出被测试样两端电压降 U，这样便可按下式测得试样电阻 R_x。

$$R_x = \frac{U}{I} \tag{19-11}$$

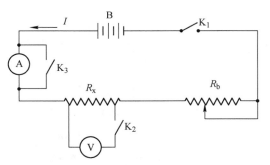

图 19-3 伏安法测量电阻原理图
B—直流电源；K_1，K_2，K_3—分别为电源、电压表、电流表的开关；A—电流表；V—电压表；R_b—可调电阻器；R_x—被测电阻；I—环路中流过试样电流

在电压表内阻不大，精度不高不很准确，但在高精度内阻很大的数字显示万用表出现后，这种方法便成了简单，有效，精确的方法。

采用这种方法可测 100Ω 以上和以下的试样电阻，其上下限取决于所用电流表，电压表的量程及其精度与灵敏度。

19.2.4　补偿法

补偿法又称电位差计法（电位差计工作原理见下节），其工作原理如图 19-4 所示：当 K_1 接通，在整个环路 $ABCD$ 有电流 I 通过时，再将 K_2 合向 a 方，用电位差计 DJ 测出 R_N 上的电压降 V_N，根据欧姆定律

$$V_N = IR_N \tag{19-12}$$

然后将 K_2 打开并合向 b 方，用电位差计测得 R_x 上的电压降 V_x，这时同上可得：

$$V_x = IR_x \tag{19-13}$$

R_N 已知，由式（19-12）及式（19-13）可得：

$$R_x = \frac{V_N}{V_x} \cdot R_N \tag{19-14}$$

用这种方法测量合金试样电阻值范围与伏安法相同，其上、下限取决于电位差计的量程精度和灵敏度。

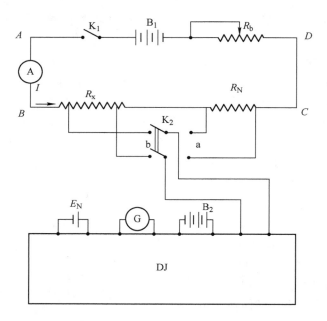

图 19-4　补偿法测量电阻原理图

B_1—$ABCD$ 环路直流电源；B_2—直流电位差计电源；R_b—可调电阻器；

A—直流电流表；R_N—标准电阻；R_x—被测电阻；K_1—环路电源开关；

K_2—被测电阻与标准电阻电压降测量开关；DJ—直流电位差计；E_N—标准电池；

G—桥流计；I—环路 $ABCD$ 中的电流

19.3　热电动势测量基本方法及原理

一般采用直流电位差进行测量，其工作原理如图 19-5 所示：当 K 接通之后，使转向开关 K′与 a 接通，调节 R_b 使通过 R_N 和 R 的电流达 I_0。并同时使桥流计中无电流流过。这

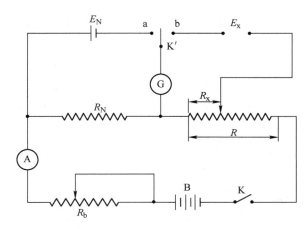

图 19-5 电位差计工作原理图

B—直流电源；A—直流电流表；K—电流开关；K′—桥流计倒向开关；

G—桥流计；R_b—可调电阻器；R_N—电位差计自配标准电阻及阻值；

R，R_x—电位差计自配可变精密电阻器及其总阻值与测量被测热电动势 E_x 达到

平衡时有关的那部分阻值；E_N—标准电池及其电压值

时可得：

$$E_N = I_0 R_N \tag{19-15}$$

一般设计好的电位差计，I_0 基本固定。然后打开 K，使其与 b 接通，再调节 R 并使桥流计中无电流流过，这时电阻 R 上接点移至电阻为 R_x 处（见图 19-5）。由此可得：

$$E_x = I_0 R_x \tag{19-16}$$

R_N 已知，R_x 由电位差计读盘读出，由式（19-15）及式（19-16）可以求出 R_x 如下：

$$E_x = \frac{R_x}{R_N} \cdot E_N \tag{19-17}$$

在测量合金试样热电动势时，由于被测量的试样不同，一般有两种方法可供选用。

19.3.1 积分法

积分法包括定点法、比较法等。这种方法主要用于能弯曲且较长的粗细丝试样。其测量线路图见图 19-6。这是最常见的也比较简单易行的方法。

19.3.2 微分法

微分法也称微差法、示差法等。它适用于短试样及横截面大一些的试样。

在测量时，如图 19-7 所示：用两支热电特性一样的热电偶，分别借助开关 K_1 和 K_2 测量 T_1 和 T_2 的温度，然后再经过两根标准铜丝及借助开关 K_3 测量由温差 ΔT 引起的被测试样对铜热电动势，这里 $\Delta T = T_2 - T_1$。T_1 温度可由固定加热器等加热到所需温度后并保持恒温。

而 T_2 比 T_1 一般高 3~5℃即可，可由特别加热器提供额外热量达到，将两根标准钢丝换成标准铂丝便可测出试样对铂热电动势。这种方法本身要求电位差计灵敏度优于 $0.1\mu_v$，精度也要高；对热电偶测温精度要求也高，最好能达 0.1~0.5℃（可特制）。

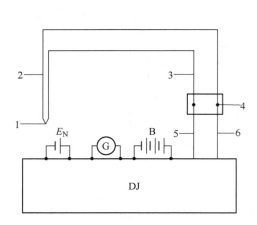

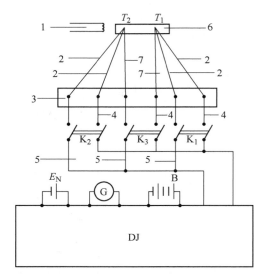

图 19-6　积分法测量线路图

1—测量接点；2—待测试样；3—标准铜丝；

4—冰点器；5，6—铜导线；DJ—直流电位差计；

B—直流电源；G—桥流计；E_N—标准电池

图 19-7　微分法测量线路图

1—电加热器；2—热电偶；3—冰点器；

4，5—铜导线；6—待测试样；7—标准铜丝；

T_1，T_2—测量接点，温度各为 T_1、T_2；

DJ—电位差计；B—直流电源；

G—桥流计；E_N—标准电池；

K_1，K_2，K_3—分别为测量接点 T_1、

与 T_2 以及 T_2-T_1 形成的试样对铜热电势的开关

（三个当中每次测量只能合上一个）

19.4　精密合金有关电特性测量

19.4.1　电阻率测量

电阻率，也称电阻系数，是电性合金最重要特性之一。它与电阻、横截面积、长度关系如下：

$$R = \frac{\rho l}{S} \tag{19-18}$$

式中　R——试样电阻，Ω；

　　　ρ——合金电阻率，$\Omega \cdot m$；

　　　l—— 试样长度，m；

　　　S——试样横截面积，m^2。

由式（19-18）可见，欲测合金的电阻率，必须测量试样电阻值，一般都采用单桥法和双桥法。试样的长度和横截面积可采用相应精度的米尺、卡尺、千分尺等进行测量，对于特细丝和极薄箔材的横截面可采用重量法、光学干涉法、高精度尺寸测量仪器（如光学测微计，电测比较仪等）进行测量。

19.4.2 平均电阻温度系数测量

在合金电阻随温度变化呈线性或近似线性时，可以表示为：

$$\bar{\alpha}_{t_0, t} = \frac{R_t - R_{t_0}}{R_{t_0}(t - t_0)} \tag{19-19}$$

式中 $\bar{\alpha}_{t_0, t}$——合金在 $t_0 \sim t$ 温度范围内平均电阻温度系数，K^{-1}；

R_{t_0}——试样在 t_0 温度下的电阻值，Ω；

R_t——试样在 t 温度下的电阻值，Ω。

t_0 一般采用 0℃，20℃，23℃，25℃，…，而 t 采用 -55℃，85℃、100℃，125℃，155℃，…。由式（19-19）可见，测量平均电阻温度系数的关键在于不同温度下试样的电阻值及试样温度的测量。电阻测量，在温度不高时，如 $t \leqslant 200℃$，可采用单桥法和双桥法，温度再高时可采用补偿法或伏安法。对于温度测量，-30~200℃可采用标准水银温度计，精确到 0.1℃。温度进一步扩宽时，测温可采用铂电阻温度计（-260~630℃），其测温精度可达 0.15+0.002|t|/℃（此处 t 为被测温度）。

试样加热设备，一般在温度不高时可采用恒温水槽（<100℃），恒温油槽（<200℃），温度再高，可采用有保护气体或真空电加热炉。电加热炉应采用 P、I、D 电路控制温度，控温精度可达±1℃。

19.4.3 一次、二次电阻温度常数测量

在合金的电阻随温度变化呈抛物线时，其电阻温度常数与有关参数有如下关系：

$$R_t = R_{t_0}\left[1 + \alpha_{t_0}(t - t_0) + \beta_{t_0}(t - t_0)^2\right] \tag{19-20}$$

式中，α_{t_0}、β_{t_0} 分别为合金在 t_0℃下的一次、二次电阻温度系数，其余符号意义同式（19-19）。欲测一次，二次电阻温度常数，可通过在三个温度下测量试样电阻值便可求出。

设三个温度为 t_1、t_2、t_3，且 $t_1 < t_2 < t_3$，在三个温度下所测电阻值为 R_1、R_2、R_3 时，将这些数据代入式（19-20）可解得 α_{t_0} 和 β_{t_0} 二值：

$$\alpha_{t_0} = \frac{(R_2 - R_1)(t_3 - t_2)(t_3 + t_2 - 2t_0) - (R_3 - R_2)(t_2 - t_1)(t_1 + t_2 - 2t_0)}{R_{t_0}(t_3 - t_2)(t_2 - t_1)(t_3 - t_1)} \tag{19-21}$$

$$\beta_{t_0} = \frac{(R_3 - R_2)(t_2 - t_1) - (R_2 - R_1)(t_3 - t_2)}{R_{t_0}(t_3 - t_2)(t_2 - t_1)(t_3 - t_1)} \tag{19-22}$$

现设某合金试样在 $t_0 = 20℃$ 时，$R_{t_0} = R_{20}$，$t_1 = 10℃$，$t_2 = 25℃$，$t_3 = 40℃$，$R_1 = R_{10}$，$R_2 = R_{25}$，$R_3 = R_{40}$，这时由式（19-21）和式（19-22）可得下式：

$$\alpha_{20} = \frac{5(R_{25} - R_{10}) + (R_{40} - R_{25})}{90R_{20}} \tag{19-23}$$

$$\beta_{20} = \frac{(R_{40} - R_{10}) - 2(R_{25} - R_{10})}{450R_{20}} \tag{19-24}$$

19.4.4 对铜热电动势测量

某一合金试样的对铜热电势是用该合金试样与标准铜（常为丝材）组成的热电偶来测

量的，由于测量点与基准接点温度不同，每 1℃ 温差所引起的热电动势变化值可表示为：

$$E_{CM} = \frac{E}{t - t_0} \qquad (19\text{-}25)$$

式中　E_{CM}——合金对铜热电动势，μV/℃；

　　　　E——合金试样在与铜（丝）组成热电偶，由接点温度不同而产生的总的热电动势，μV；

　　t，t_0——分别为测量接点温度和基准温度，℃。

对铜热电动势一般采用直流电位差计进行测量，详见式（19-17）。在测量中若采用净水煮沸及冰水作为热电偶两接点温度保持介质，则不需要测温，这时 $t - t_0 = 100℃$，如果两接点温度改变，可采用水银标准温度计、铂电阻温度计测温。对于只能制成截面较大，短，不能弯曲试样，可采用微分法测量对铜热电动势，但所得结果与积分法不完全一致。

19.4.5　电阻应变灵敏系数测量

电阻应变灵敏系数 K 是应变电阻合金重要特性之一，

$$K = \frac{\Delta R}{R} \bigg/ \frac{\Delta l}{l} \qquad (19\text{-}26)$$

式中　$\dfrac{\Delta R}{R}$——试样变形前后电阻相对变量；

　　　$\dfrac{\Delta l}{l}$——试样变形的应变量，一般金属与合金在弹性变形范围内；

　　　K——常数，但在塑性变形开始就将发生变化，在变形量很大时，趋势于 2.0。

在电阻应变灵敏系数测量中，电阻相对变量可用式（19-14）所提方法测定。而试样应变量的测定有两类，一类是用于特细应变丝：即借助专门设计的试样固定器上的千分表或一些精密仪器载物台上的螺旋测微器来实现。另一类是用于横截面较大的试样，可以贴在试样上的电阻应变计或夹在试样上的高精度引伸计来测定。

特细丝试样变形是靠专门设计的固定器一端移动或靠载物台移动来实现，这时所加负荷都很小，对横截面较大试样，变形可在拉力试验机上进行，但要用机械传动。

为了正常进行试样电阻相对变量的测定，应注意试样与固定器或试验机夹头的电绝缘问题，同时应在试样变形量为 0.05%~0.20% 之间时进行。

19.5　电阻-温度关系曲线自动记录

在电阻合金的研究与生产中，对一些在中、高温下工作的应变电阻合金，热敏电阻合金、电热合金等十分需要考察它们的电阻-温度关系，同时这种方法也是研究其他金属功能材料组织结构变化对其加工性、物性影响的一种非常方便、经济、科学的手段，现有两种方法可采用。

19.5.1　单臂桥路法

其原理如图 19-8 所示：假设 R_1'、R_2'、R_3' 电阻断路，接通 K 时，而桥路输入电压（加

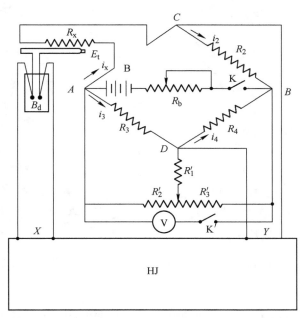

图 19-8 单臂桥路法自动记录合金电阻相对变量——温度关系原理图

B—直流电源（桥路输入）；R_b—可调电阻器；K—电源开关；V—直流电压表，用于测量桥路电压；

K′—电压表开关；HJ—函数记录仪；E_t—测量热电偶；B_d—冰点；R_x—被记录成电阻；

R_2、R_3、R_4—桥路电阻；R'_1、R'_2、R'_3—桥路调零电阻；

i_x、i_2、i_3、i_4—通过试样桥路电阻 R_2、R_3、R_4 的电流；

X—热电偶热电动势输入端；Y—桥路输出电压输入端

在 A、B 两点间）为 E，根据欧姆定律可得：

$$i_x = \frac{E}{R_x + R_2} \tag{19-27}$$

$$i_3 = \frac{E}{R_3 + R_4} \tag{19-28}$$

又设 V_{AC} 为 A、C 两点电压，V_{AD} 为 A、D 两点电压，V_{CD} 为 C、D 两点电压，这时

$$V_{CD} = V_{AC} - V_{AD} \tag{19-29}$$

根据欧姆定律又得

$$V_{AC} = i_x R_x \tag{19-30}$$

$$V_{AD} = i_3 R_3 \tag{19-31}$$

解式（19-27）~式（19-31）可得：

$$U = \frac{R_x R_4 - R_2 R_3}{(R_x + R_2)(R_3 + R_4)} E \tag{19-32}$$

式中 U——桥路输出电压，mV。

由式（19-32）可知，当 $R_x = R_2 = R_3 = R_4$ 时，则 $U = 0$，即桥路输出电压为 0，但如果这时 $R_x \to R_x + \Delta R$，而其他桥臂电阻不变，即被测试样电阻发生变化，比原值增加 ΔR，则

由式（19-32）可得下式（假设 $R_x = R_2 = R_3 = R_4 = R$）：

$$U = \frac{\Delta R}{4(R + 0.5\Delta R)}E \tag{19-33}$$

当 $\Delta R \ll R$ 时，则

$$U = \frac{\Delta R}{4R}E \tag{19-34}$$

由式（19-34）可知，当取 $E = 4\mathrm{V}$ 时，则

$$U = \frac{\Delta R}{R} \tag{19-35}$$

这时桥路输出就等于试样电阻相对变量值。

根据上述情况，当桥路电压 E 通过 R_b 可调电阻调到 4V 时，测试样受热，电阻发生变化，在桥输出端就有一个电压输入到 X-Y 记录仪 Y 端，与此同时，E_t 热电偶也受热产生一个热电势从 X-Y 记录仪 X 端输进去，这样便可记录合金试样 $\frac{\Delta R}{R}$ 与 t（温度）关系曲线（或直线）。

图 19-8 中的 R'_1、R'_2、R'_3 电阻器在实测工作中并非断路，而是接通的，若这些电阻值选择得当，则对上述桥路平衡等分析并不产生影响，加入这些电阻的目的为调整桥路原始状态的零点。

采用这种方法记录合金试样电阻相对变量与温度关系曲线图，其电阻 R_x 在 100～10000Ω 都是可行的。在这种桥路中试样的 $\frac{\Delta R}{R}$ 从 $\frac{1}{100000}$～$\frac{1}{10}$ 都能引起桥路输出电压的变化，而记录曲线的灵敏度则取决于函数记录仪的精度与灵敏度。当 $\frac{\Delta R}{R} > 1\%$ 时，需按式（19-33）修正，在自动记录中，桥路输入电压（电源）稳定十分重要，在一般情况下可用电池，电压调至 4V。本法最适于电阻温度系数小，特细合金试样。

19.5.2　环路恒流法

其工作原理如图 19-9 所示：当在环路 $ABCDEF$ 有一恒定不变电流 I_c，在被测试样电阻 R_x 和标准电阻 R_N 上各有一电压降为 U_x 和 U_N，这时

$$U_x = I_c R_x \tag{19-36}$$
$$U_N = I_c R_N \tag{19-37}$$

如果试样电阻 $R_x \rightarrow R_x + \Delta R$，则这时必然使 $U_x \rightarrow U_x + \Delta U_x$。此处 ΔR、ΔU_x 分别为试样电阻绝对增量与在其两端的电压降绝对增量，而且从式（19-36）和式（19-37）可得

$$\Delta R = \frac{R_N}{U_N} \cdot \Delta U_x = K \cdot \Delta U_x \tag{19-38}$$

当 R_N、U_N 已知，且在自动记录中恒定不变，则 K 也是一个已知常数，故 ΔU_x 已知时便可求出 ΔR。由式（19-38）可见，ΔR 与 ΔU_x 随温度变化是相同的。

所以当合金试样受热电阻产生一个增量 ΔR，相应就有一电压降增量 ΔU_x，从 Y_1 输入记录仪，与此同时热电偶也有一个热电动势产生，输入记录仪 X 端。这样在试样被加热之

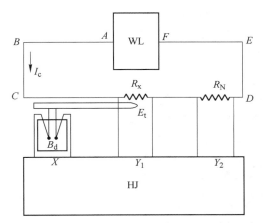

图 19-9　环路恒流法自动记录合金电阻绝对变量——温度关系原理图

WL—直流稳流源，稳定度为 10^{-4}；HJ—函数记录仪（双笔）；E_t—热电偶；B_d—冰点；

R_x—被测电阻试样及阻值；R_N—标准电阻及阻值；X—热电偶热电动势输入端；

Y_1，Y_2—被测试样及标准电阻的电压降输入端；I_c—在环路 ABCDEF 中流通的恒定电流值

后就可在函数记录仪上自动记录下电阻增量-温度关系曲线或直线。同时还有标准电阻 R_N 两端也有一电压降输入到记录仪 Y_2 端，所记录的是一条横直线（因它不加热）。这就是环路恒流法原理。

采用此法还应注意下列几点：

（1）恒流源 WL 是该试验核心设备。要求环路负载接上之后再接通它本身电源，而且它的电流输出旋钮应从"0"开始逐渐调至所需电流 I_c。若达到 10A 或 1A 时则外接负载不得大于 0.6Ω 或 10Ω。

（2）环路工作电流 I_c 调好后，在外界电源电压及负载电阻发生变化时，它仍然保持不变，在调正 I_c 过程中 Y_1 和 Y_2 端对应的记录笔也往上移动，在调完时记录笔停住，如果 ΔR 为正值，应将 Y_1 对应的记录笔调至"0"值，如果 ΔR 为负值时可不动，但需记下记录笔调完 I_c 值时的位置。

（3）调正 I_c 的几点依据是：在所取 I_c 值情况下记录灵敏度最高，而同时试样及标准电阻无温升，Y_1 端对应的记录笔是处在可能的最高位置，I_c 值应是一简单数。它一般在 $100\sim1\text{mA}$ 以下。

采用这种方法，被记录试样电阻可在 $0.01\sim1000\Omega$，也有可能再扩宽，可记录 ΔR 从 $0.5\%R_x$ 到 R_x 的几十倍，而小于 $0.5\%R_x$ 的 ΔR 是因为受到记录仪精度、灵敏度、记录仪高度限制。本法最适于电阻温度系数大，横截面大点的合金试样。

快速寿命测定：这种试验方法中心意图就是在一定条件下，在短时间内，对某一批合金产品寿命长短做一结论。

这种试验方法的一些重要规定如下：

（1）合金试样应在规定温度下做试验，如在 1120℃、1175℃、1250℃、1350℃。

（2）每支试样应在加热 2min，断电冷却 2min 条件下工作，通断电时间误差应小于 10s，通电与通电，断电与断电之间的时间误差应小于 3s。

（3）试样有效工作长度为 300mm，直径应为（0.8±0.02）mm，要弯成 V 字形。

（4）试样是放在周围用铁壳围成的长方体空间内工作，铁壳的一面为玻璃代替，另有一面没有铁壳。

（5）测量温度采用误差为±14℃以下的光学高温计或同等精度的其他仪表（法国规定较精，为±4℃），并且经 4h、12h、…校温并调至规定温度。

（6）每次以 3 支试样平均寿命值作为试验结果，且其分散度小于 12%方为有效。

（7）我国国标推荐了快速寿命试验装置电气原理图。

19.6　电性测量新方法及新仪器的发展

电位差计、电桥等是建立在电阻器已知电阻比的基础上获得测量结果的，由于电阻器材料与制作工艺的限制，所以在一般情况下，其测量准确度达到 10^{-5} 都困难。另外，在测量过程中，手工操作环节多，测量速度慢，为了解决上述问题，在 20 世纪 60 年代末 70 年代初出现了直流电流比较仪式电位差计，电桥，近年来出现了高精度数字万用表。无疑，这些也是金属功能材料电性测量方面应该关注的发展方向，因为这类仪器，仪表发展至今，其性能达到了很高水平。

直流电流比较仪式电位差计，如图 19-10 所示。

方波发生器是磁调制器的交流激磁电源，方波较易获得，而且可保证磁调制器有较高的灵敏度及稳定度，保证磁环磁化到饱和。

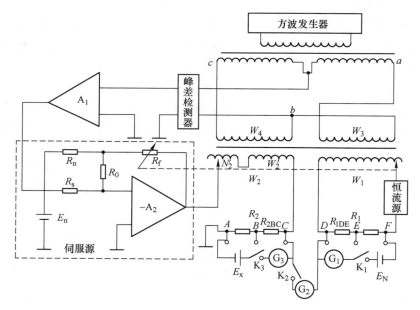

图 19-10　直流电流比较仪式电位差计原理方框图

I_1，I_2—主、副回路中流过的直流电流；

A_1，A_2—检波放大器与运算放大器（A_1 检波放大器的反馈电阻及输入端电阻未画出）；

K_1，K_2，K_3—单刀开关；G_1，G_2，G_3—检流计，实际线路中只有 1 个即可；

E_N，E_x—标准电池及被测电势

磁调制器由两个物理特性及尺寸相同的高导磁率磁环及绕在其上的两绕组组成，一为交流激磁绕组 W_3、W_4，并且配有反向串接，另一为直流绕组 W_1、W_2，绕制方向相同，磁调制器上 W_3、W_4 绕组以及方波发生器次级绕组分成 co、oa 两段又构成了一交流桥路。

当 W_3、W_4 中有交流激磁电流通过，而没有直流磁通存在时，则差检测器无信号输出；但如果 W_1 或 W_2 中有直流电流通过时，则将产生磁通，这时差检波器上将有输出，且能反映桥路输出电压 V_{ob} 的差的值大小及极性，经过整流再输入到检波放大器上加以放大。

直流绕组 W_1 与恒流源及调控电阻 R_1 构成主回路，W_1 绕组全部可调，W_2 与伺服源及调档电阻 R_2 构成副回路，W_2 由匝数固定 W_2' 及匝数可调 N_2（细调部分）绕组组成。

恒流源是主回路直流电源，电流值大小可调，调定后不因回路中电阻及绕线匝数变动而变化，保持恒定。

电阻 R_1 及 R_2 为仪器调档电阻，在"X_1"档时用 R_1 及 R_2，在"$X_{0.1}$"档时用 R_1 中的 R_{1DE} 及 R_2 中的 R_{2BC}，它们都是 R_1 与 R_2 的 1/10 倍。

伺服源是副回路中直流电源，它由运算放大器 A_2、直流电源 E_n 及反馈电阻 R_f，输入端电阻 R_n、R_3、R_0 组成，R_n 是 E_n 的输出电阻，R_3 是检波放大器 A_1 输出端电阻。伺服源主要作用在于当主、副回路磁势失衡，即 $W_{111} \neq W_{212}$ 时，将从检波放大器输出信号或由 R_f 反馈回来的信号加以放大，再输入到副回路中去，以增大或减少电流，从而使 $W_{112} = W_{212}$。因此它是自动保持主、副电路中磁势平衡的伺服源电路。所以当仪器中检流计（G_1 或 G_2 或 G_3）也指零时，实际上是维持两个平衡态，双平衡，即电势平衡（检流计两端）和磁势平衡（W_1 与 W_2 所形成的磁路内）。

R_f 与 W_1 应机械同步变化，一般 W_1 增大，R_f 也增大，A_2 输出电压也增大，回路电流 I_2 也增大。R_0 值不能太小，也不能大于运算放大器的内阻，否则都会降低伺服源跟踪副回路中磁势变化的效果。

实际测量时为了提高准确度，避开电阻的影响，一般采取下述三个步骤进行未知电路测量。

（1）主回路标准化。合上 K_1、断开 K_2、K_3；将 W_1 匝数调至与标准电池经温度校正后的准确值一样的位置上，设其匝数为 W_{1N}；调整恒流源电流使检流计 G_1 指零，达到双平衡，这时

$$E_N = I_1 R_1 \tag{19-39}$$

$$I_1 W_{1N} = I_2 (W_2' + N_2') \tag{19-40}$$

（2）测量标准化。合上 K_2，断开 K_1、K_3；只调 N_2' 使整个回路达到双平衡，这时 G_2 指零，并设 N_2' 匝数变为 N_2''，这时

$$I_1 R_1 = I_2' R_2 \tag{19-41}$$

$$I_1 W_{1N} = I_2' (W_2' + N_2'') \tag{19-42}$$

式中 I_2'——测量标准化时副回路中流过的电流。

（3）测量未知电势 E_{x0} 合上 K_3，断开 K_1、K_2。只调 W_1 使 G_3 指零，达到整个回路双

平衡，并设 W_1 匝数变为 W_{1x}，这时

$$E_x = I_2'' R_2 \qquad (19-43)$$

$$I_1 W_{1x} = I_2'' (W_2' + N_2'') \qquad (19-44)$$

式中　I_2''——测量未知电势时副回路中电流。

由式（19-39）、式（19-41）~式（19-44）可得

$$E_x = \frac{W_{1x}}{W_{1N}} E_N \qquad (19-45)$$

由此可见如 E_N 准确可知，E_x 就决定于 W_{1x}/W_{1N} 之比而绕组匝数可准确制得，它的线性好，稳定性好，故可实现高准确的测量。用这种电位差计可测量 $0 \sim 2.1\text{V}$ 的电势，电位差，最高精确度可达 10^{-6}。如用它检验高准确度数字电压表，直流电位差计及高稳定度直流电源等。

直流电流比较仪式电位差计的优点：

（1）摆脱了电阻元件的影响，由匝数比测量电势，是目前测量直流电势准确度最高的一种。

（2）使用温度宽，如可在 $15 \sim 25℃$ 内工作。

（3）热电势，零电势影响小，没有活动触点。

（4）测量回路中电阻值恒定，灵敏度恒定，便于应用内插法。

它的缺点：

（1）所需部件多，造价高。

（2）使用时操作比较复杂，需提前预热（约 1h），测量速度慢（$3 \sim 5\text{min}$ 一次），效率低。

（3）补偿电阻上给出电压中包括了叠加的交流分量（峰值有时达 10mV），对被测对象有干扰作用。

（4）尺寸长，质量大。

数字万用表的应用：这类仪表从 1952 年头一台电子管式数字电压表出现至今，已发展到了在准确度上仅次于直流电流比较仪式电位差计和电桥，它有很多优点：

（1）数字显示，读数迅速，准确，无视差。

（2）准确度很高，如 $8\frac{1}{2}$ 位数字万用表准确度达到了 1.2×10^{-6}。

（3）分辨率高，与直流电流比较仪或电位差计和电桥相当，最高可达 10nV。

（4）输入阻抗高，如 $5\frac{1}{2}$ 位数万用表可达 $10\text{G}\Omega(10^{10}\Omega)$。

（5）大多采用大规模集成电路，体积小，质量轻，可靠性好，外围线路少，易修理。

（6）可一表多用，功能齐全，操作简单，一块万用表可测电势可测电阻，可有很多自动完成项目，如自动变换量程，自动调零……还可由微处理器构成，成为可编程序的具有遥控，数据自动采集与处理，自检故障……已装接口电路，可与计算机联机并打印测量结果。

（7）过载能力强，即使过载几倍都损坏不了万用表。

（8）抗干扰能力强，数字万用表也有缺点，为了达到稳定态，工作前需要较长时间预热；价格较高；由于是间断非连续显示，不适于测量某些物理变化过程，如放电过程等。

参 考 文 献

[1] 廉育英. 密度测量技术 [M]. 北京：机械工业出版社，1982.

[2] 中国金属学会，中国有色金属学会. 金属材料物理性能手册 [M]. 北京：冶金工业出版社，1987.

[3] 方俊鑫，陆栋. 固体物理学 [M]. 上海：上海科学技术出版社，1981.

[4] 屠海令，干勇. 金属材料理化测试全书 [M]. 北京：化学工业出版社，2007.

20 标准及其变化

20.1 标准的发展进程

我国金属功能材料标准的发展进程，从 1958 年起到今天，大致经历了四个阶段。

20.1.1 标准建立阶段（1958~1962 年）

1958 年我国第一个功能合金研究基地在北京建立。此时，一面派技术人员赴苏联考察和实习功能合金，学习软磁材料、永磁材料、弹性合金、膨胀合金及热双金属的研制和测试技术，冶炼及加工工艺等，一面组织科研人员研制功能合金。

1961 年我国第一个功能合金生产基地在大连建立，1962 年大连召开了首届功能合金标准会议，仿照苏联国家标准和技术条件，根据国务院颁布的"工农业产品和工程建设技术标准管理办法"，制订了我国第一批功能合金标准。

这批标准共 11 个，适用的牌号仅 30 个。制订标准的范围比较窄，适用的牌号也比较少，软磁合金的磁性能 μ_i、μ_m 比较低。

20.1.2 标准发展的健全阶段（1963~1978 年）

1963~1966 年期间，我国功能合金的科研和生产得到进一步发展，北京、大连、上海、天津、重庆、陕西、安徽等地相继建立了科研单位和生产厂，1966 年我国可以生产的合金有 7 类 72 个牌号，1967~1978 年以国防专案工程为中心，使功能合金得到全面发展，合金牌号增加到 142 个，并具有 2000 多吨的生产能力，为此修订和增加功能合金标准已是当务之急，截止到 1977 年共制订和修订了合金标准 22 个共 85 个牌号。另外还制订了功能合金产品牌号表示方法，膨胀合金 4J29 化学分析方法，电阻温度系数测试方法等三个标准。

修订和新制订的标准水平有了一定提高，如软磁合金的磁性能：1J46，0.35mm 冷轧带，μ_i 由原来的不小于 3.1mH/m 提高到 4.5mH/m，μ_m 由不小于 29.4mH/m 提高到 45.0mH/m。1J50，0.35mm 冷轧带，μ_i 由不小于 3.8mH/m 提高到 5.6mH/m，μ_m 由不小于 43.8mH/m 提高到 62.5mH/m。1J79，0.35mm 冷轧带，μ_i 不小于 27.5mH/m 提高到 30.0mH/m，μ_m 由不小于 150.0mH/m 提高到 250.0mH/m，修订后的指标更加科学合理。

这一阶段，功能合金初步形成了具有中国特色，牌号较齐全并有自己创新合金、比较完整的标准系列，1972 年在上海召开的功能合金规划会议上，评价我国功能合金发展水平，大致相当于国外工业发达国家 20 世纪 60 年代初的水平。

20.1.3 采用国际标准和国外先进标准阶段（1979~1986 年）

1979 年我国实行改革开放以来，全国引进了集成电路，彩色显像管，磁头等元器件自动化生产线，对功能合金材料提出了性能一致性、尺寸高精度、大卷重供货等一系列要求。对此各生产厂都先后进行了重点技术改造和引进设备的填平补齐。1984年国家标准局颁发的"采用国际标准管理办法"，规定了采用国际标准和国外先进标准是我国的一项重要技术经济政策，是技术引进的重要组成部分，因此，这期间的标准化工作重点，放在将冶金部标准修订后上升为国家标准，以适应生产发展的需要，进一步提高标准水平，新制订和修订后的标准有45个牌号达129个。

新制订的标准参照采用了国外先进标准。修订的标准也参照采用国外先进标准，增加或进一步严格考核项目，对一些不合理指标，进行了修订。

软磁合金1J50冷轧带材改为A、B组考核磁性能，其中B组高于旧标准指标，增加了弹性磁导率μ_i考核。1J79冷轧带材也改为A、B组考核磁性能。

对变形永磁合金化学成分更加严格要求，如2J4、2J7、2J9、2J10、2J11、2J12、2J13等牌号：$C \leq 0.15\%$改为$\leq 0.12\%$，$Mn \leq 1.0\%$改为$\leq 0.70\%$，$Si \leq 1.0\%$改为$\leq 0.70\%$，$P \leq 0.030\%$改为$\leq 0.025\%$，$S \leq 0.030\%$改为0.020%，$Ni \leq 1.0\%$改为$\leq 0.70\%$。

弹性合金3J1、3J53增加了力学性能σ_b、$\sigma_{0.2}$和δ考核指标，同时增加冷轧带厚度允许偏差和丝材直径允许偏差的较高精度，规定的较高精度优于旧标准。3J21力学性能增加σ_b考核指标为$1470 \sim 1765MPa$，便于用户选材，同时发挥该材料高强度特性。3J22增加直径允许偏差$^{+0.003}_{-0.012}$一档，同时增加丝材质量磁化率的考核指标。

频率元件用3J35，3J38机械品质因数由≥ 9000提高到$\geq 10 \times 10^3$，增加了纵振波传播速度的考核。

膨胀合金化学成分作了调整：如4J36、4J32的$Mn \leq 0.6\%$改为$0.2\% \sim 0.6\%$，$Si \leq 0.3\%$，改为$\leq 0.2\%$，4J42、4J45、4J50、4J52、4J54的$Mn \leq 0.40\%$改为$\leq 0.60\%$，4J43的$C \leq 0.05\%$改为$\leq 0.10\%$，$Mn \leq 0.40\%$改为$\leq 0.30\% \sim 0.8\%$，4J33的$Mn \leq 0.40\%$改为$\leq 0.50\%$，$Ni\ 32.5\% \sim 34.0\%$改为$32.1\% \sim 33.6\%$，4J28的$C \leq 0.15\%$改为$\leq 0.12\%$，增加$N \leq 0.20\%$。增加了考核性能，如4J29、4J32、4J34增加了$-70℃$冷冻2h后不应出现马氏体的金相组织检验，4J29、4J33、4J34增加普通拉延级和较深拉延级的晶粒度考核。4J28增加晶粒度考核。4J29硬态带材增加σ_b的考核。4J6、4J29、4J33、4J34、4J42、4J49增加HV的考核，对平均线膨胀系数作了调整。如4J29取消了$\overline{\alpha}_{20 \sim 300℃}$，$\overline{\alpha}_{20 \sim 500℃}$的考核，只考核$\overline{\alpha}_{20 \sim 400℃}$、$\overline{\alpha}_{20 \sim 450℃}$，使考核简化，更为合理而不降低水平，4J34的$\overline{\alpha}_{20 \sim 400℃}$由$6.2 \times 10^{-6}/℃ \sim 7.6 \times 10^{-6}/℃$改为$6.2 \times 10^{-6}/℃ \sim 7.2 \times 10^{-6}/℃$。4J47的$\overline{\alpha}_{20 \sim 400℃}$由$8.2 \times 10^{-6}/℃$改为$8.6 \times 10^{-6}/℃$。

热双金属由原来的11个牌号增加到30个牌号，其中增加电阻系列热双金属18个牌号。增加了扭转，反复弯曲和弯曲试验考核，比弯曲考核范围普遍更严格了。如5J18比弯曲由$(13.2 \sim 15.5) \times 10^{-6}/℃$修改为$(14.0 \pm 5\%) \times 10^{-6}/℃$。

电阻合金标准修订后增加6J24一个牌号，例如对6J20、6J15、6J10的C、P、S更加严格了要求，6J20的铬由$20.0\% \sim 30.0\%$改为$20.0\% \sim 23.0\%$，6J22的铬、铁，6J23的铬铜作了调整，扩大了合金丝直径范围，增加了合金丝的标准直径，公称每米电阻及其允许偏差，同一轴1m长两试样的电阻差也进行了调整，参考值允许椭圆度由等于直径允许偏差改为其一半。

新制订的标准中增加了新的牌号，使功能合金的品种更加齐全，标准更加完善。

20.1.4　加速采用国际标准和国外先进标准阶段（1987 年至今）

1987 年 1 月 30 日国家经济委员会给国务院的"关于加速采用国际标准工作部署的报告"中指出：全面加速采用国际标准和国外先进标准是我国实行对外开放政策和提高产品质量的一项重大措施。要高标准，严要求。加快速度，瞄准国际标准和国外先进标准，制订我国高水平的国家标准。实行标准指标分级、产品分等，按质论价。产品质量性能指标达到国际先进水平的为优等品；达到国际一般水平的为一等品；达到国内平均先进水平的为合格品，并且制订了"七五"期间采用国际标准的政策和措施，在产品创优和企业升级中对执行标准的水平及考核指标都有明确规定。因此冶金部组织了冶金产品标准水平等级评审，1987 年 12 月、1988 年 5 月分别发布第一、二批冶金产品标准水平等级目录。同时组织了对软磁合金 9 个标准，膨胀合金 11 个标准的修订，新制订 1 个软磁合金标准，1 个膨胀合金标准，6 个国家军用标准。目前为止共有产品标准 47 个，牌号 158 个。

这一阶段修订的标准有很多内容参照采用了国际标准和国外先进标准。

（1）软磁合金修订后的标准采用法定计量单位，取消旧单位。参照 IEC 标准将 1J46、1J50、1J54 初始磁导率测量点由原来的 0.8A/m 改为 0.4A/m，按新测量点调整了个别性能指标。取消了 1J50、1J79 冷轧带材 B 组中厚度大于 0.35mm 的磁性能指标，增加了 1J50 Ⅱ组的考核指标，增加 1J54 Ⅱ组性能指标。允许偏差由原来的 ±1.0mm，改为按宽度，厚度分档的 $_{-0.3}^{0}$、$_{-0.4}^{0}$、$_{-0.6}^{0}$（宽度 ≤100mm）、$_{-0.5}^{0}$、$_{-0.6}^{0}$（宽度 >100mm）、$_{-0.8}^{0}$ mm。这些数据是根据苏联 COCT 10160 修订的。冷拉丝材直径允许偏差分档作了修改。举典型值说明：ϕ0.20mm 允许偏差由 ±0.02mm 改为 ±0.014mm，ϕ0.5mm 的允许偏差由 ±0.03mm 改为 ±0.018mm，ϕ1.0mm 的允许偏差由 ±0.04mm 改为 ±0.02mm。管材直径允许偏差由双方协商改成了规定值。厚度为 13.0~22.0mm 的热轧扁材允许偏差由 ±0.7mm 改为 ±0.5mm。热轧（锻）棒材原是一个表，现改为两个表，修订为热轧棒材，允许偏差更加严格，>50~80mm 的允许偏差原来是 ±5.0mm，改为 ±0.7mm。>50~80mm 和 >80~100mm 的热锻棒材允许偏差分别减少了 ±1.0mm。

（2）膨胀合金修订后的标准，尺寸允许偏差严格很多，旧标准丝材直径允许偏差较高精度级为修订后标准的允许偏差。旧标准的冷轧带厚度允许偏差为修订后标准的普通精度，增加较高精度一档。冷轧磨光棒材直径允许偏差旧标准是普通精度，较高精度。修订后为 9、10、11 三级，均优于较高精度。

（3）修订后膨胀合金标准的化学成分，交货状态，试样热处理制度，平均线膨胀系数，相变检验及尺寸允许偏差均有大幅度改进，如 4J29、4J44 增加铬、钼、铜含量均 ≤0.20% 的规定，4J6、4J42、4J45、4J50 增加 ≤1.0% 的规定，Al4J42 增加 Co≤1.0% 的规定，4J43 的锰由 0.30%~0.80% 改为 0.75%~1.25%、镍由 42.5%~43.5% 改为 41.0%~43.0%，4J29、4J44 冷轧带材由硬软两种交货状态改为硬态，3/4 硬态，1/2 硬态，1/4 硬态，软态和深冲态六种交货状态。丝材改为除深冲态以外的五种交货状态，并规定了每种状态的考核指标。4J29、4J44 的试样热处理制度（960±20）℃，850~900℃ 改为（900±20）℃保温 1h 后再加热到（1100±20）℃。4J36 改为将半成品试样加热到（840±10）℃保温 1h 水淬，再将试样加工为成品试样，在（315±10）℃保温 1h 后随炉冷或空冷。4J42 的

$20 \sim 300℃$ 由 $(4.4 \sim 5.6) \times 10^{-6}/℃$ 改为 $(4.0 \sim 5.0) \times 10^{-6}/℃$，取消 $\overline{\alpha}_{20 \sim 400℃}$，改为 $\overline{\alpha}_{20 \sim 450℃}$。4J33 的 $\overline{\alpha}_{20 \sim 400℃}$ 由 $(5.6 \sim 6.8) \times 10^{-6}/℃$ 改为 $(6.3 \sim 7.2) \times 10^{-6}/℃$。4J29 的相变检验由 $-70℃$，2h 改为 $-78.5℃$ 不少于 4h。

与产品标准发展的同时，基础标准和试验方法标准也经历了制订和修订过程，从而建立和健全了功能合金标准体系。

自 1991 年起，为适应我国建立社会主义市场经济体制和恢复关贸总协定缔约国地位的需要，根据《中华人民共和国标准化法》规定和建立健全冶金标准体系的要求，在国家质量技术监督局的统一部署下，经过三年清理整顿，功能合金产品标准及其相关配套标准，划为推荐性国家标准和推荐性行业标准。

1993 年 12 月召开了第四次全国采标工作会议进一步明确了在新的经济体制下，采标工作的指导思想和采取的政策措施，确定了"八五"后两年和"九五"期间采标目标和任务，使我国采标工作进入了一个新的发展阶段。

20.2　实施的标准

功能合金产品标准：功能合金产品标准共 47 个，包括了 158 个合金牌号，详见表 20-1 ~ 表 20-7。

表 20-1　功能合金产品标准

序号	标准号	标准名称	合金牌号	合金牌号数	标准水平等级
1	GBn 198—1988	铁镍软磁合金	1J46、1J50、1J54、1J76、1J77、1J79、1J80、1J85、1J86、1J34、1J51、1J52、1J65、1J67、1J83、1J403	16	I
2	GB/T 14986—2008	耐蚀软磁合金技术条件	1J36、1J116、1J117	3	I
3	GB/T 14987—1994	高硬度高电阻高磁导合金	1J87、1J88、1J89、1J90、1J91	5	I
4	GB/T 15002—1994	高饱和磁感强度软磁合金技术条件	1J22	1	I
5	GB/T 15003—1994	恒磁导率合金技术条件	1J66	1	I
6	GB/T 15004—1994	铁铝软磁合金技术条件	1J6、1J12、1J13、1J16	4	I
7	GB/T 15005—1994	磁温度补偿合金技术条件	1J30、1J31、1J32、1J33、1J38	5	I
8	GJB 2152—1994	磁蚀高磁导率软磁合金规范	1J48	1	
9	YB/T 086—2013	磁头用软磁合金冷轧带材	1J75、1J77C、1J79C、1J85C、1J87C、1J92、1J93、1J94	9	
10	YB/T 5251—1993 *	软磁合金带绕环形铁芯			I
1J 共有标准 10 个，I 级 8 个，共有牌号 45 个					
11	GB/T 14988—2008	磁滞合金冷轧带	2J4、2J7、2J9、2J10、2J11、2J12、2J51、2J52、2J53	9	
12	GB/T 14989—1994	铁钴钒永磁合金	2J31、2J32、2J33	3	

序号	标准号	标准名称	合金牌号	合金牌号数	标准水平等级
13	GB/T 14990—1994	铁钴钼磁滞合金热轧（或锻）棒材	2J21、2J23、2J25、2J27	4	
14	GB/T 14991—2016	变形永磁钢	2J63、2J64、2J65、2J67	4	
15	GJB 1958—1994	磁滞陀螺电机用磁滞合金冷轧带材规范	2J04Y	1	
16	YB/T 5261—1993	变形铁铬钴永磁合金	2J83、2J84、2J85	3	Y
2J 共有标准 6 个，Y 级 1 个，共有牌号 24 个					
17	GJB 2153—1994	高稳定低频率温度系数恒弹性合金规范	3J61	1	
18	GJB 3313—1998	频率元件用恒弹性合金规范	3J53、3J58、3J59、3J65、3J68、3J63	6	
19	GJB 3315—1998	小扭振频率温度系数恒弹合金规范	3J62	1	
20	YB/T 5135—2014	发条用弹性合金 3J9（2Cr19Ni9Mo）	3J9	1	I
21	YB/T 5243—1993	抗震耐磨轴尖合金 3J40	3J40	1	I
22	YB/T 5244—1993	正温度系数恒弹性合金 3J63	3J63	1	I
23	YB/T 5252—2011	轴尖用合金 3J22 丝材技术条件	3J22	1	I
24	YB/T 5253—2011	弹性元件用合金 3J21 技术条件	3J21	1	I
25	YB/T 5254—2011	频率元件用恒弹性合金 3J53 和 3J58 技术条件	3J53、3J58	2	I
26	YB/T 5255—2013	频率元件用恒弹性合金 3J60 技术条件	3J60	1	I
27	YB/T 5256—2011	弹性元件合金 3J1 和 3J53 技术条件	3J1、3J53	2	I
28	YB/T 5262—2011	手表游丝用恒弹性合金 3J53Y 丝材	3J53Y	1	I
3J 共有标准 12 个，I 级 9 个，共有牌号 19 个					
29	YB/T 100—1997	集成电路引线框架用 4J42K 合金冷轧带材	4J42K	1	
30	YB/T 5231—2014	铁镍钴玻封合金 4J29 和 4J44 技术条件	4J29、4J44	2	Y
31	YB/T 5232—1993	低钴定膨胀瓷封合金 4J46 技术条件	4J46	1	
32	YB/T 5233—2005	无磁定膨胀瓷封合金 4J78、4J80、4J82 技术条件	4J78、4J80、4J82	3	

续表 20-1

序号	标准号	标准名称	合金牌号	合金牌号数	标准水平等级
33	YB/T 5234—1993	瓷封合金 4J33 和 4J34 技术条件	4J33、4J34	2	I
34	YB/T 5235—2005	铁镍铬、铁镍封接合金技术条件	4J6、4J47、4J49、4J42、4J45、4J50	6	I
35	YB/T 5236—2005	杜美丝芯合金 4J43 技术条件	4J43	1	Y
36	YB/T 5237—2005	铁镍铜玻封合金 4J41 技术条件	4J41	1	
37	YB/T 5238—2005	线纹尺合金 4J58 技术条件	4J58	1	I
38	YB/T 5239—2005	无磁磁尺基体用铁锰合金 4J59 技术条件	4J59	1	I
39	YB/T 5240—2005	铁铬铍封合金 4J28 技术条件	4J28	1	I
40	YB/T 5241—2014	低膨胀合金 4J32、4J36、4J38 和 4J40 技术条件	4J32、4J36、4J38、4J40	4	I
4J 共有标准 12 个，Y 级 2 个，I 级 4 个，共有牌号 24 个					
41	GB/T 4461—2007	热双金属带材	5J20110、5J14140、5J15120、5J1480、5J1380、5J1580、5J1017、5J1413、5J1416、5J1070、5J0756、5J1306A、5J1306B、5J1309A、5J1309B、5J1411A、5J1411B、5J1417A、5J1417B、5J1320A、5J1320B、5J1325A、5J1325B、5J1433A、5J1430A、5J1430B、5J1433B、5J1435A、5J1435B、5J1440A、5J1440B、5J1455A、5J1455B、5J1075	34	I
5J 共有标准 1 个，I 级 1 个，共有牌号 34 个					
42	GJB 1667—1993	火工品用精密电阻合金规范	6J10、6J15、6J20、6J22、6J23、6J24	6	
43	YB/T 5259—2012	镍铬电阻合金丝	6J20、6J15、6J10	3	
44	YB/T 5260—1993	镍铬基精密电阻合金丝	6J22、6J23、6J24	3	
6J 共有标准 3 个，I 级 1 个，共有牌号 12 个					
45	GB/T 17951—2000	硬磁材料一般技术条件	AlNiCo 系、PtCo 系、CrFeCo 系	65	
46	GB/T 4180—2000	稀土钴永磁材料	RCo_5、R_2Co_{17} 系合金	18	
47	GB/T 13560—2000	烧结钕铁硼永磁材料	各类 NdFeB 系合金	23	
48	GB/T 14985—2007	膨胀合金尺寸、外形、表面质量、试验方法和检验规则的一般规定			I

序号	标准号	标准名称	合金牌号	合金牌号数	标准水平等级
永磁材料共有三个标准，共 106 个牌号					
49	GB/T 15001—1994	软磁合金尺寸、外形、表面质量、试验方法和检验规则的一般规定			I
50	GB/T 15006—2009	弹性合金尺寸、外形、表面质量、试验方法和检验规则的一般规定			I
功能合金尺寸标准共有 3 个，I 级 3 个					
功能合金产品标准共有 50 个，Y 级 3 个，I 级 25 个，共有牌号 264 个					

注：Y 为国际先进水平，I 为国际一般水平，＊表示有修改单。

表 20-2 功能合金牌号标准

序号	标准号	标 准 名 称	标准水平等级
1	GB/T 15018—1994	功能合金牌号	I
功能合金牌号标准共有 1 个，I 级 1 个			

表 20-3 功能合金名词术语标准

序号	标准号	标 准 名 称	标准水平等级
1	GB/T 15013—1994	功能合金用磁学特性和磁学量术语	I
2	GB/T 15014—2008	弹性合金领域内的物理特性和物理量术语与定义	I
3	GB/T 15015—1994	膨胀合金领域内的物理特性和物理量术语与定义	I
4	GB/T 15016—1994	热双金属领域内的物理特性和物理量术语与定义	I
5	GB/T 15017—1994	电阻合金领域内的物理特性和物理量术语与定义	I
功能合金名词术语标准共 5 个，I 级 5 个			

表 20-4 功能合金包装标准

序号	标准号	标 准 名 称	标准水平等级
1	YB/T 5242—2013	功能合金包装、标志和质量证明书的一般规定	I
功能合金包装标准共 1 个，I 级 1 个			

表 20-5 物理试验方法标准

序号	标准号	标 准 名 称	标准水平等级
1	GB/T 3217—1992	永磁（硬磁）材料磁性试验方法	
2	GB 3657—1983	软磁合金直流磁性能测量方法	I
3	GB 3658—1990	软磁合金交流磁性能测量方法	Y
4	GB/T 4067—1999	金属材料电阻温度特性参数的测定	
5	GB/T 4339—1999	金属材料热膨胀特性参数的测定	

续表20-5

序号	标准号	标 准 名 称	标准水平等级
6	GB 5778—1986	膨胀合金气密性试验方法	I
7	GB 5985—2003	热双金属弯曲常数测量方法	I
8	GB 5986—2000	热双金属弹性模量试验方法	I
9	GB 5987—1986	热双金属温曲率试验方法	I
10	GB 8364—2003	热双金属比弯曲试验方法	I
11	GB 10562—1989	金属材料超低膨胀系数测量方法 光干涉法	I

物理试验方法标准共11个，Y级1个，I级7个

表20-6 化学分析方法标准

序号	标准号	标准名称	适用范围	标准水平
1	GB 223.1—1981	钢铁及合金中碳量的测定	C 0.03 ~ 5.0；0.10 ~ 2.0；0.10~5.0	
2	GB 223.2—1981	钢铁及合金中硫量的测定	S 0.001 ~ 0.030；0.003 ~ 0.20；≥0.003	
3	GB 223.3—1988	二安替比林甲烷磷钼酸重量法测定磷量	P 0.01~0.80	I
4	GB 223.4—1988	硝酸铵氧化容量法测定锰量	Mn 2.00~30.00	I
5	GB 223.5—1997	还原型硅钼酸盐光度法测定酸溶硅含量	Si 0.030~1.00	
6	GB/T 223.6—1994	中和滴定法测定硼量	B 0.50~2.00	I
7	GB 223.7—1981	合金及铁粉中铁量的测定	Fe 0.10 ~ 1.0；0.50 ~ 8.0；≥2.96	
8	GB/T 223.8—1991	氟化钠分离 EDTA 容量法测定铝量	Al 0.50~10.00	I
9	GB/T 223.9—1989	铬青 S 光度法测定铝量	Al 0.05~1.00	I
10	GB/T 223.10—1991	钢铁试剂分离铬天青 S 光度法测定铝量	Al 0.010~0.50	I
11	GB/T 223.11—1991	过硫酸铵氧化容量法测定铬量	Cr 0.100~30.0	I
12	GB/T 223.12—1991	碳酸钠分离二苯碳酰二肼光度测定铬量	Cr 0.005~0.500	I
13	GB/T 223.13—1989	硫酸亚铁铵容量法测定钒量	V 0.100~3.50	I
14	GB/T 223.14—1989	钽试剂萃取光度法测定钒量	V 0.010~0.50	I
15	GB/T 223.15—1982	重量法测定钛	Ti≥1.00	
16	GB/T 223.16—1991	变色酸光度法测定钛量	Ti 0.100~2.50	I
17	GB/T 223.17—1989	二安替比林甲烷光度法测定钛量	Ti 0.010~2.400	I
18	GB/T 223.18—1994	硫代硫酸钠分离碘量法测定铜量	Cu 0.10~5.00	Y

序号	标准号	标准名称	适用范围	标准水平
19	GB/T 223.19—1989	新铜灵氯甲烷萃取光度法测定铜量	Cu 0.010~1.00	I
20	GB/T 223.20—1994	电位滴定法测定钴量	Co≥3.00	I
21	GB/T 223.21—1994	5-C1-PADAB 分光光度法测定镍量	Co 0.0050~0.50	I
22	GB/T 223.22—1994	亚硝基 R 盐分光光度法测定钴量	Co 0.10~0.30	I
23	GB/T 223.23—1994	丁二酮肟分光光度法测定钴量	Ni 0.030~2.0	I
24	GB/T 223.24—1994	萃取分离丁二酮肟分光光度法测定镍量	Ni 0.010~0.50	I
25	GB/T 223.25—1994	丁二酮肟重量法测定镍量	Ni≥2	Y
26	GB/T 223.26—1994	硫氰酸盐直接光度法测定钼量	Mo 0.10~2.00	I
27	GB/T 223.27—1994	硫氰酸盐乙酸丁酯萃取分光光度法测定钼量	Mo 0.0025~0.20	I
28	GB/T 223.28—1989	α-安息香肟重量法测定钼量	Mo 1.00~9.00	I
29	GB 223.29—1984	载体沉淀二甲酚橙光度法测定铅量	Pb 0.0005~0.25	
30	GB/T 223.30—1994	对-溴苦杏仁酸沉淀分离-偶氮胂Ⅲ分光光度法测定锆量	Zr 0.0050~0.30	I
31	GB/T 223.31—1994	蒸馏分离钼蓝分光光度法测定砷量	As 0.0005~0.10	I
32	GB/T 223.32—1994	次磷酸钠还原碘量法测定砷量	As 0.010~3.00	I
33	GB/T 223.33—1994	萃取分离偶氮氯膦 mA 光度法测定铈量	Ce 0.0010~0.20	I
34	GB 223.34—1984	铁粉中盐酸不溶物的测定	0.10~1.00	
35	GB 223.35—1985	脉冲加热惰气熔融库仑滴定法测定氧量	O 0.002~0.10	
36	GB/T 223.36—1994	蒸馏分离中和滴定法测定氮量	N 0.010~0.50	I
37	GB 223.37—1989	蒸馏分离靛酸蓝光度法测定氮量	N 0.0010~0.050	I
38	GB 223.38—1985	离子交换分离重量法测铌量	Nb≥1.00	
39	GB/T 223.39—1994	氯磺酚 S 光度法测定铌量	Nb 0.010~0.50	I
40	GB 223.40—1985	离子交换分离氯磺酸 S 光度法测定铌量	Nb 0.010~1.50	
41	GB 223.41—1985	离子交换分离连苯三酚光度法测定钽量	Ta 0.50~2.00	
42	GB 223.42—1985	离子交换分离溴邻苯三酚红光度法测定钽量	Ta 0.010~0.50	

序号	标准号	标准名称	适用范围	标准水平
43	GB 223.43—1994	钨量的测定	W 1.00~22.00	I
44	GB/T 223.45—1994	铜试剂分离二甲苯胺蓝 II 光度法测定镁量	Mg 0.010~0.10	I
45	GB 223.46—1989	原子吸收分光光度法测定镁量	Mg 0.002~0.10	I
46	GB/T 223.47—1994	载体沉淀钼蓝光度法测定锑量	Sb 0.0003~0.10	I
47	GB 223.48—1985	半二甲酚橙光度法测定铋量	Bi 0.0002~0.010	I
48	GB/T 223.49—1994	萃取分离偶氮氯膦 mA 分光光度法测定稀土总量	Re 0.001~0.20	I
49	GB/T 223.50—1994	苯基荧光酮溴化十六烷基三甲胺直接光度法测定锡	Sn 0.0050~0.20	I
50	GB 223.51—1987	5-Br-PADAP 光度法测定锌量	Zn 0.0015~0.005	I
51	GB 223.52—1987	盐酸羟胺碘量法测定硒量	Se 0.05~1.00	I
52	GB 223.53—1987	火焰原子吸收分光光度法测定铜量	Cu 0.005~0.50	I
53	GB 223.54—1987	火焰原子吸收分光光度法测定镍量	Ni 0.005~0.050	I
54	GB 223.55—1987	示波极谱（直接）法测定碲量	Te 0.001~0.050	I
55	GB 223.56—1987	巯基棉分离示波极谱法测定碲量	Te 0.00004~0.001	I
56	GB 223.57—1987	萃取分离吸附催化极谱法测定镉量	Cd 0.00005~0.010	I
57	GB 223.58—1987	亚砷酸钠亚硝酸钠滴定测定锰量	Mn 0.10~2.50	I
58	GB 223.59—1987	锑磷钼蓝光度法测定磷量	P 0.01~0.06	I
59	GB 223.60—1997	高氯酸脱水重量法测定硅量	Si 0.10~6.00	I
60	GB 223.61—1988	磷钼酸铵容量法测定磷量	P 0.10~1.0	I
61	GB 223.62—1988	乙酸丁酯萃取光度法测定磷量	P 0.001~0.05	I
62	GB 223.63—1988	高碘酸钠（钾）光度法测定锰量	Mn 0.010~2.00	Y
63	GB 223.64—1988	火焰原子吸收光谱法测定锰量	Mn 0.1~2.0	I
64	GB 223.65—1988	火焰原子吸收光谱法测定钴量	Co 0.01~0.5	I
65	GB/T 223.66—1989	硫氰酸盐—盐酸氯丙嗪—三氯甲烷萃取光度法测定钨量	W 0.0020~0.100	I
66	GB 223.67—1989	还原蒸馏次甲基蓝光度法测定硫量	S 0.001~0.030	I

序号	标准号	标准名称	适用范围	标准水平
67	GB 223.68—1997	管式炉内燃烧后碘酸钾滴定法测定硫含量	S 0.003~0.20	
68	GB 223.69—1997	管式炉内燃烧后气体容量法测定碳含量	C 0.10~2.00	
69	GB 223.70—1989	邻菲罗啉分光光度法测定铁量	Fe 0.10~1.00	I
70	GB/T 223.71—1991	管式炉内燃烧后重量法测定碳含量	C 0.10~5.00	
71	GB/T 223.72—1991	氧化铝色层分离硫酸钡重量法测定硫量	S 0.0030~0.20	I
72	GB/T 223.73—1991	三氯化钛重铬酸钾容量法测定铁量	Fe 0.50~8.00	I
73	GB/T 223.74—1997	非化合碳含量的测定	C 0.030~5.00	
74	GB/T 223.75—1997	甲醇蒸馏姜黄素光度法测定硼量	B 0.0005~0.20	I
75	GB/T 223.76—1994	火焰原子吸收光谱法测定钒量	V 0.005~1.0	I
76	GB/T 223.77—1994	火焰原子吸收光谱法测定钙量	Ca 0.0005~0.010	I

化学分析方法标准共有 76 个，Y 级 3 个，I 级 55 个

表 20-7　引用标准

序号	标准号	标　准　名　称	标准水平等级
1	GB 222—1984	钢的化学分析用试样取样法及成品化学成分允许偏差	
2	GB 226—1991	钢的低倍组织及缺陷酸蚀检验法	I
3	GB 228—1987	金属拉伸试验方法	I
4	GB 231—1984	金属布氏硬度试验方法	Y
5	GB 238—1984	金属线材反复弯曲试验方法	I
6	GB 239—1984	金属线材扭转试验方法	I
7	GB 1979—1980	结构钢低倍缺陷评级图	I
8	GB 2105—1991	金属材料杨氏模量、切变模量及泊松比测量方法	
9	GB/T 2975—1998	力学性能试验取样位置及试样制备	
10	GB 2976—1988	金属线材缠绕试验方法	
11	GB 3076—1982	金属薄板（带）拉伸试验方法	I
12	GB 4156—1984	金属杯突试验方法	I
13	GB/T 4340.1~3—1999	金属维氏硬度试验方法	
14	GB 6397—1986	金属拉伸试验试样	I
15	GB 10561—1989	钢中非金属夹杂物显微评定方法	
16	YB/T 5148—1993	金属平均晶粒度测定方法	

引用标准共 16 个，Y 级 1 个，I 级 8 个

20.3 标准水平

20.3.1 功能合金标准水平统计表

功能合金标准水平统计表见表 20-8。

表 20-8 功能合金标准水平统计表

标 准 类 别		标准数量	国际先进水平（Y）		国际一般水平（I）		国际水平（Y+1）	
			标准数量	占标准数量/%	标准数量	占标准数量/%	标准数量	占标准数量/%
产品	软磁合金	10			8	80	8	80
	变形永磁合金	6	1	17			1	17
	弹性合金	12			9	75	9	75
	膨胀合金	12	2	17	4	33	6	50
	热双金属	1			1	100	1	100
	精密电阻合金	3			1	33	1	33
	尺寸、外形、表面质量、试验方法和检验规则的一般规定	3			3	100	3	100
	小　计	47	3	6	26	55	29	62
牌号		1			1	100	1	100
名词术语		5			5	100	5	100
包装、标志和质量证明书的一般规定		1			1	100	1	100
物理试验方法		11	1	9	7	36	8	72
化学分析方法		76	3	4	55	72	58	76

从表 20-8 中看出：功能合金产品标准达到国际水平数为 62%，未达到国际水平的产品订货很少，有的甚至多年已无订货，1996 年以后制订的标准和国家军用标准未评级。可以说，功能合金产品达到了国外先进国家 70 年代末 80 年代初的水平。

20.3.2 功能合金产品标准与国际标准和国外先进标准的差距

软磁合金标准与 IEC 404-8-6（1986）比较：IEC 标准中对厚度≤0.4mm 薄板材、带材，考核交流性能，国际标准中多数牌号无此规定，有些牌号磁性能测量点不一致，1J50 等牌号中镍合金磁性能测量点一致，但性能指标低于 IEC。IEC 中磁导率无量纲，国际标准中为 mH/m。冷轧带材板形不平度、镰刀弯的精度均低于 IEC 标准。

变形永磁合金标准与 IEC 404-8-1（1986）比较：

IEC 标准中矫顽力考核 H_{cb}、H_{cj}，而国际标准中只考核 H_C，IEC 有 CrFeCo12/4 各向同性，CrFeCo28/5 各向异性，国标中无各向同性牌号及其考核性能。

弹性合金标准与 ГOCT 4117—1985 比较：国内行业标准中 3J1 冷轧带缺少半冷作硬化状态和力学性能要求，缺少时效后 HRC 考核，软化状态抗拉强度高。ГOCT 标准固溶处理难度较大，而行业标准中 3J53 与 ASTM 5223D—1988、ASTM 5225D—1988、ASTM 5221C—1984 比较：行业标准中没有规定冷轧压下率 10%，50% 的产品标准，软化状态抗拉强度高、伸长率低，ASTM 标准固溶处理难度较大。

膨胀合金标准与日本 NSD-ICA 购买标准、MIL-I-23011C—1974 比较：行业标准中 4J42 带材没有 1/4I、1/2I 两种状态。

热双金属标准与 ASTM B388—1987 和 DIN 1715T1—1983 比较：

国标中考核比弯曲，ASTM、DIN 标准中考核温曲率，后者测试方法更为精确合理。

精密电阻合金标准与 ГОСТ 8803—1989 比较：行业标准中精密电阻值只有一种精度，ГОСТ 标准有三种精度，行业标准与 ГОСТ 标准 1 级精度的规定相差较多。

20.3.3　国内外功能合金牌号近似表

为便于查找和对比分析，表 20-9 列出了我国功能合金牌号与国际电工委员会、苏联、美国、英国、联邦德国、日本和法国的国家行业标准中牌号。由于各牌号在不同的标准中化学成分不一定相同，有的技术要求项目不同，有的项目相同但测量点不一致，不能列出牌号对照表，只能列出牌号近似表仅供参考。

表 20-9 中引用的标准：

（1）IEC 404-1:1979　分类；

（2）IEC 404-8-1：1986　磁性材料；

（3）IEC 404-8-6：1986　软磁金属材料；

（4）ГОСТ 8803—1989　高电阻合金丝；

（5）ГОСТ 10160—1975　精密软磁合金；

（6）ГОСТ 10533—1986　热双金属带材；

（7）ГОСТ 10994—1974　功能合金牌号；

（8）ГОСТ 12766.1—1990　高电阻功能合金丝；

（9）ГОСТ 12766.2—1990　高电阻功能合金带；

（10）ГОСТ 12766.3—1990　高电阻功能合金冷拉带；

（11）ГОСТ 12766.4—1990　高电阻功能合金型材；

（12）ГОСТ 12766.5—1990　高电阻功能合金压扁带；

（13）ГОСТ 14080—1978　定膨胀带材；

（14）ГОСТ 14081—1978　定膨胀丝材；

（15）ГОСТ 14082—1978　定膨胀棒材板材；

（16）ГОСТ 14117—1985　精密弹性带材；

（17）ГОСТ 14118—1985　精密弹性丝材；

（18）ГОСТ 14119—1985　精密弹性棒材；

（19）ГОСТ 24897—1981　变形永磁材料；

（20）ASTM A753—1997　铁镍软磁合金；

（21）ASTM A801—1992　铁钴高饱和合金；

（22）ASTM B267—1990　绕线电阻用丝；

（23）ASTM B388—1987　热双金属板和带；

（24）ASTM F15—1998　Fe-Ni-Co 封接合金；

（25）ASTM F29—1997　玻璃金属封接用杜美丝；

（26）ASTM F30—1996　Fe-Ni 封接合金；

（27）ASTM F31—1994　42%Ni 6%Cr 封接合金；

（28）ASTM F256—1994　18%或 16%Cr-Fe 封接合金；

（29）ASTM 5221C—1984　49Fe5.3Cr42Ni2.5Ti0.55Al 固溶合金；

（30）ASTM 5223E—1995　49Fe5.3Cr42Ni2.5Ti0.55Al 10%变形率合金；

（31）ASTM 5225D—1988　49Fe5.3Cr42Ni2.5Ti0.55Al 50%变形率合金；

（32）ASTM 7701C—1994　Fe-Ni 磁性合金，退火；

（33）ASTM 7702C—1994　Fe-Ni 磁性合金，1/2 硬；

（34）ASTM 7705C—1993　Fe-Ni 磁性合金，棒，锻件；

（35）ASTM 7717C—1996　50Ni-50Fe 板带，退火；

（36）ASTM 7718D—1996　50Ni-50Fe 板管锻件；

（37）ASTM 7719C—1995　50Ni-50Fe 板带；

（38）ASTM 7726E—1996　53Fe29NiCo17 丝；

（39）ASTM 7727C—1995　53Fe29NiCo17 棒锻材；

（40）ASTM 7728F—1994　53Fe29NiCo17 带板；

（41）AMS-I-23011—1998　玻璃陶瓷封接 Fe-Ni 合金；

（42）MIL-N-14411C—1977　高磁导率 Ni-Fe 合金板，带，棒，线，丝；

（43）MIL-N-47037—1965　高磁导率 Ni 合金；

（44）BS 6404.1—1984　磁性材料分类；

（45）BS 6404.1—1998　磁性材料，硬磁材料；

（46）BS 6404.8.7—1998　磁性材料，软磁材料；

（47）DIN 1715T1—1983　热双金属交货技术条件；

（48）DIN 17405—1979　直流用软磁合金材料技术条件；

（49）DIN 17410—1977　永磁材料交货技术条件；

（50）DIN 17471—1983　电阻合金，性能；

（51）DIN 17472—1983　含 Cr 可塑性合金，牌号；

（52）DIN 17745—1973　Ni-Fe 可塑性合金，牌号；

（53）DIN 41301—1967　变压器用磁性材料；

（54）JIS C2502：1998　永磁材料；

（55）JIS C2530：1993　电气用热双金属板；

（56）JIS C2531：1999　铁镍软磁合金板和条；

（57）JIS C2532：1999　一般电阻用丝，条和板；

（58）JIS H4541：1997　杜美丝；

（59）EMAS-1001-昭和 45　铁镍钴封接合金；

（60）EMAS-1002-昭和 49　铁镍和铁铬封接合金；

（61）NF A54-301—1973　特殊膨胀 Fe-Ni 合金。

表 20-9　国内外功能合金牌号近似表

序号	牌　号	国际电工委员会	苏联	美国	英国	联邦德国	日本	法国
1	1J06(116)							
2	1J12	(1)G1			(44)G1			
3	1J13							
4	1J16	(1)G1			(44)G1			
5	1J17(1J116)		(5)(7)16X					
6	1J18(1J117)							
7	1J22	(1)F1	(5)(7)49K2Φ、49K2、49K2ΦA	(21)Alloy 1	(44)F1			
8	1J30	(1)E5			(44)E5			
9	1J31							
10	1J32							
11	1J33							
12	1J34		(5)34HKMⅡ (7)34HKM					
13	1J36	(1)(3)E4			(44)(46)E4	(48)RNi24 (53)D1 Dla D3	(56)PD	
14	1J38							
15	1J40(1J403)		(5)40HKM、40HKMⅡ (7)40HKM					
16	1J46		(5)(7)45H	(20)Alloy 1		(52)NiFe48	(56)PB	
17	1J48			(20)Alloy 2				
18	1J50		(5)(7)50H	(20)Alloy 2 (35)(36)(37)50Ni-50Fe (42)Composition 3		(52)NiFe 48 (53)F3	(56)PB	
19	1J51	(1)(3)E3	(5)50HⅡ	(20)Alloy 2 (35)(36)(37)50Ni-50Fe (42)Composition 4	(44)(46)E3		(56)PE	
20	1J52							
21	1J54		(5)(7)50HXC					

续表 20-9

序号	牌号	国际电工委员会	苏联	美国	英国	联邦德国	日本	法国
22	1J65		(7)64H(65H)					
23	1J66	(1)(3)E2			(44)(46)E2		(56)PF	
24	1J67							
25	1J75	(1)(3)E1			(44)(46)E1		(56)PC	
26	1J76		76HXД	(20)Alloy 3 (32)(33)Type 1 (34)Nickel-Iron Alloy (42)Composition 2		(48)RNi2, RNi5 (52)NiFe16CuCr (53)E3, E4		
27	1J77		(5)77HMДП	(32)(33)Type 2 (34)Nickel-Iron Alloy		(48)RNi2, RNi5 (52)NiFe16CuMo (53)E3, E4		
28	1J77C		(7)77HMД					
29	1J79	(1)(3)E1	(5)(7)79HM 79H3M	(20)Alloy 4 (32)(33)Type 2 (34)Nickel-Iron Alloy (42)Composition 1 (43)Nickel Alloy	(44)(46)E1	(48)RNi2, RNi5 (52)NiFe15Mo	(56)PC	
30	1J79C		(5)(7)80HXC					
31	1J80							
32	1J83		(5)79HMП	(20)Alloy 4 (32)(33)Type 2 (34)Nickel-Iron Alloy		(52)NiFe15Mo		

续表 20-9

序号	牌号	国际电工委员会	苏联	美国	英国	联邦德国	日本	法国
33	1J85			(20) Alloy 4 (32) (33) Type 2 (34) Nickel-Iron Alloy (42) Composition 5 (43) Nickel Alloy	(44) (46) E1			
34	1J85C	(1) (3) E1				(48) RNi2、RNi5 (52) NiFe、15Mo	(56) PC	
35	1J86			(20) Alloy 4 (32) (33) Type 2 (34) Nickel-Iron Alloy				
36	1J87							
37	1J87C							
38	1J88							
39	1J89							
40	1J90							
41	1J91							
42	1J92							
43	1J93							
44	1J94	(1) E1			(44) E1			
45	1J95							
46	2J04(2J4)							
47	2J04Y							
48	2J07(2J7)	(1) R3			(44) R3	(49) FeCoVCr4/1, FeCoVCr11/2		
49	2J09(2J9)	(1) R3 (2) FeCoVCr7/1, FeCoVCr8/2	(7) 52K10Φ		(44) R3 (45) FeCo VCr7/1, Fe CoVCr8/2	(49) FeCoVCr4/1, FeCoVCr11/2	(54) FeCo VCr11/2	

续表 20-9

序号	牌号	国际电工委员会	苏联	美国	英国	联邦德国	日本	法国
50	2J10	(1)R3 (2)FeCo VCr7/1,Fe CoVCr8/2			(44)R3 (45)FeCo Cr7/1,Fe VCr8/2			
51	2J11	(1)R3 (2)FeCo VCr11/2	(7)52K11Φ		(44)R3 (45)FeCo Cr11/2			
52	2J12	(1)R3 (2)FeCo VCr11/2	(7)52K12Φ		(44)R3 (45)FeCo VCr11/2			
53	2J21							
54	2J23		$12KM_{12}$					
55	2J25		$12KM_{14}$					
56	2J27		$12KM_{19}$					
57	2J31	(1)R3 (2)FeCoV Cr8/2,FeCo VCr11/2	(7)52K11Φ		(44)R3 (45)FeCoV Cr8/2,FeCo Cr11/2			
58	2J32	(1)R3 (2)FeCo VCr11/2	(7)52K12Φ		(44)R3 (45)FeCoV			
59	2J33	(2)FeCo VCr11/2	(7)52K13Φ		Cr11/2			
60	2J51		$12KMW_{14}$					
61	2J52		$12KW_{14}$					
62	2J53		12TH					

续表 20-9

序号	牌号	国际电工委员会	苏联	美国	英国	联邦德国	日本	法国
63	2J63							
64	2J64							
65	2J65							
66	2J67							
67	2J83	(2)CrFeCo12/4, CrFeCo28/5	(19)25X15K, 25X15KA		(45)CrFeCo12/4CrFeCo28/5	(54)CrFeCo28/5, CrFeCo30/4		
68	2J84					(54)CrFeCo30/4, CrFeCo35/5		
69	2J85					(54)CrFeCo44/5		
70	3J01(3J1)		(7)(16)(17)(18)36HXTIO					
71	3J09(3J9)							
72	3J21		(7)(16)(17)40KXHM					
73	3J22							
74	3J40							
75	3J53*							
76	3J53		(7)42HXTIO, 42HXTIOA	(29)(30)(31)49Fe-5.3Cr-42Ni-2.5Ti-0.55Al				
77	3J53P(3J53)		(16)(17)(18)42HXTIO					
78	3J53Y							
79	3J58*		(7)(16)(17)(18)44HXTIO					
80	3J58							
81	3J59							
82	3J60							
83	3J61							
84	3J62		(7)42HTIOA	X				
85	3J63*							

续表 20-9

序号	牌号	国际电工委员会	苏联	美国	英国	联邦德国	日本	法国
86	3J63							
87	3J65							
88	3J68							
89	4J06(4J6)			(27)42%Ni-6%Cr (41)Class 6			(60)Fe-42Ni-6Cr	(61)Fe-Ni42Cr6
90	4J28			(28)Type Ⅱ				
91	4J29		(7)29HK,29HK-ВИ (13)(14)(15)29HK,29HK-ВИ,29HK-1,29HK-ВИ-1	(24)Fe-Ni-Co (38)(39)(40)53Fe-29Ni-17Co (41)Class 1		(52)Ni29Co18	FMAS-1001 铁、镍、钴封接合金	(61)Fe-Ni29Co17
92	4J32		(7)(13)(15)32HK					
93	4J33		(7)(13)(14)(15)33HK,33HK-ВИ					
94	4J34							
95	4J36		(7)(13)(14)(15)36H	(41)Class 7				(61)Fe-Ni36
96	4J38							
97	4J40							
98	4J41							
99	4J42		(7)42H,42HA-ВП	(26)42 Alloy		(52)Ni42	(60)Fe-Ni42	(61)Fe-Ni42
100	4J42K		(13)(14)(15)42HA-ВП	(41)Class 5				
101	4J43			(25)Dumet			(58)DW1-1 DW1-2	

续表 20-9

序号	牌号	国际电工委员会	苏联	美国	英国	联邦德国	日本	法国
102	4J44							
103	4J45			(26)46 Alloy (41)Class 4				
104	4J46							
105	4J47		(7)(13)(14)(15)47HX	(26)48 Alloy		(52)Ni49		
106	4J49		(7)(13)(14)(15)47HXP			(52)NiFe47Cr		(61)Fe-Ni47Cr5·
107	4J50			(26)52 Alloy (41)Class 2		(52)NiFe47	（60）Fe-50Ni	(61)Fe-Ni50,Fe-Ni50.5
108	4J58		(7)58H-BⅡ					
109	4J59							
110	4J78							
111	4J80							
112	4J82							
113	5J20110	（6）TE 200/113	(23)TM2			（47）TB20110		
114	5J14140		(23)TM8				（55）TM1	
115	5J15120	（6）TE 160/122						
116	5J1480	（6）TE 138/80	(23)TM1				（55）TM2	
117	5J1380	（6）TE 129/79						

续表 20-9

序号	牌 号	国际电工委员会	苏联	美国	英国	联邦德国	日本	法国
118	5J1580	（6）TE 148/79				（47）TB1577A	（55）TM2	
119	5J1017	（6）TE 90/17	（23）TM22				（55）TM3	
120	5J1413							
121	5J1416	（6）TE 130/17						
122	5J1070	（6）TE 103/70	（23）TM21				（55）TM4	
123	5J0756	（6）TE 73/57						
124	5J1306A							
125	5J1306B						（55）TM5A	
126	5J1309A							
127	5J1309B							
128	5J1411A					（47）TB1511		
129	5J1411B						（55）TB5A	
130	5J1417A							
131	5J1417B			（23）TM9				
132	5J1320A							
133	5J1320B			（23）TM10			（55）TM6	
134	5J1325A					（47）TB1425		

续表 20-9

序号	牌号	国际电工委员会	苏联	美国	英国	联邦德国	日本	法国
135	5J1325B							
136	5J1430A			(23)TM11				
137	5J1430B			(23)TM12				
138	5J1433A			(23)TM13				
139	5J1433B							
140	5J1435A					(47)TB1435	(55)TM6	
141	5J1435B							
142	5J1440A							
143	5J1440B			(23)TM14				
144	5J1455A							
145	5J1455B							
146	5J1705					(47)TB1075		
147	6J10 *		(4)(7)(8)(9)(10) X15H60				(57)GNC69	
148	6J10		(7)(8)(9)(10)(11)(12) X15H60-H					
149	6J15 *		(7)X15H60-BИ					
150	6J15		(4)(7)(10)X20H80	(22) Alloy Class 4		(50)(51) NiCr015	(57)GNC112	
151	6J20 *		(7)(8)(9)(10)(11)(12) X20H80-H			(50)(51) NiCr8020	(57)GNC108	
152	6J20		(4)(7) X20H80-BИ					
153	6J22 *							
154	6J22							
155	6J23 *							
156	6J23							
157	6J24 *					(50)(51) NiCr8020		
158	6J24							

注：*表示国家军用标准中的牌号，其他为国家标准、行业标准中牌号。

20.4 存在的问题及建议

20.4.1 采用 IEC 404-8-6

采用 IEC 404-8-6：1986 修订软磁合金标准，并取消磁导单位 mH/m。修订国家标准和行业标准应符合下述原则，即有国际标准和国外先进标准，修订国家标准和行业标准时应采用国际标准，没有国际标准但有国外先进标准的，修订国家标准和行业标准时应采用国外先进标准。

目前国际标准中有关功能合金产品的标准有 IEC 404-1：1979 磁性材料的分类，IEC 404-8-1：1986 硬磁材料和 IEC 404-8-6：1986 软磁金属材料三个标准。英国在 IEC 标准号前加上本国标准号等同采用了国际标准。日本 JISC 2531：1999 铁镍软磁材料采用了 IEC 的类别，JISC 2502 永久磁性材料也采用了 IEC 的内容，由此看来工业先进国家也在采用国际标准，我国 GB 4753—1984 铸造铝镍钴永磁（硬磁）合金技术条件调整为 JB/T 8146—1995。目前该标准已经作废。代之以全新面貌的 GB/T 17951—2000 idtIEC60404-8-1：1986 硬磁材料一般技术条件，只有软磁材料还没有按 IEC 进行修订。

国际标准和国外先进标准中磁导率是没有单位的，我国 GB/T 15013—1994 功能合金用磁学特性和磁学量术语 3.6 相对磁导率注：在工程应用中，有关磁导率的术语，无特殊说明，都指的是相对磁导率，"相对"二字从这些术语中省去，符号下标 r 也都将略去，因此名词术语标准已采用了国际标准，唯独软磁产品标准如 GBn 198—1988 铁镍软磁合金中磁导率还有 mH/m。

20.4.2 修订功能合金产品标准

修订功能合金产品标准，统一冷轧带材宽度允许偏差。GB/T 14987—1994 中是 ± 1.0mm，GB/T 15001—1994 中是 $_{-0.3}^{0}$mm、$_{-0.4}^{0}$mm、$_{-0.5}^{0}$mm、$_{-0.6}^{0}$mm、$_{-0.8}^{0}$mm；GB/T 14988—1994、GB/T 14989—1994、GB/T 14991—1994 中是 ± 0.50mm；YB/T 5261—1993 中是 ± 1.0mm；YB/T 5244—1993、GB/T 15006—1994 中是 ± 1.0mm；GB/T 14985—1994 中是 ± 0.13mm，± 0.25mm；GB/T 4461—1992 中是 $_{0}^{+0.2}$mm。宽度允许偏差混乱给生产带来困难，使纵剪机刀片和刀垫的制备造成浪费。建议按 IEC 404-8-6：1986 中 $_{0}^{+0.3}$mm、$_{0}^{+0.4}$mm、$_{0}^{+0.6}$mm、$_{0}^{+0.8}$mm 进行标准修订。

20.4.3 修订 YB/T 5235—1993

修订 YB/T 5235—1993 铁镍铬，铁镍封接合金技术条件中冷轧带材硬态抗拉强度指标。在该标准中冷轧带材硬态抗拉强度是大于 820MPa。实际上在使用中不需要这么高的抗拉强度，另外最终冷轧变形率达到 70% 时，按大于 820MPa 考核仍有大量不合格，造成这种情况的原因是采用 MIL-I-20311C—1974 时，原标准中是四种状态，相邻两个状态抗拉强度是有一定重叠量的，在修订 YB/T 5235—1993 时，将 1/4I、1/2I 两种状态删掉，只采用了 R、I 两种状态，建议将 YB/T 5235—1993 中冷轧带材硬态抗拉强度大于 820MPa 修订为大于 720MPa。或者用原标准四种状态修订。

YB/T 5235—1994 中冷轧带材硬态抗拉强度指标，见表 20-10。

表 20-10　YB/T 5235—1994 中冷轧带材硬态抗拉强度指标

状态代号	状　态	抗拉强度/MPa
R	软态	<590
1/4I	1/4 硬态	620~795
1/2I	1/2 硬态	720~865
I	硬态	>820

20.4.4　修订 GB/T 15018—1994 功能合金牌号标准

该标准存在下述问题：

（1）与同龄产品标准相比，遗漏了 4J41 和 4J59 两个牌号。

（2）与 GB/T 4461—1992 热双金属带材相比，有如表 20-11 中列出的矛盾之处。

表 20-11　GB/T 4461—1992 与 GB/T 15018—1994 热双金属带材的对比

标准\牌号数量	GB/T 4461—1992	GB/T 15018—1994
	34	30
5J1378	无	有
5J1380	有	无
5J1478	无	有
5J1578	无	有
5J1580	有	无
5J1413	有	无
5J1309A	有	无
5J1309B	有	无
5J1220A	无	有
5J1220B	无	有
5J1320A	有	无
5J1320B	有	无
5J1433A	有	无
5J1433B	有	无

（3）在该标准中有 1J06、2J04、2J07、2J09、3J01、3J09、4J06 牌号，而在产品标准中分别是 1J6、2J4、2J7、2J9、3J1、3J9、4J6 牌号，在该标准中有 1J17、1J18 牌号，而在产品标准中分别是 1J116、1J117。在该标准和产品中牌号的表示方法不同，自从制订该标准以来，产品标准不能按该标准将牌号进行修订，两种牌号表示方法长期共存，但是签订冶金产品，同时只能按产品标准签订，因此该标准中的牌号已无实际意义。

（4）GB/T 15018—1994 制订以后没有修订过，6 个国家军用标准和 YB/T 086—1996 磁头用软磁合金冷轧带材和 YB/T 100—1997 集成电路引线框架用 4J42K 合金共 8 个标准，26 个牌号没有补充到功能合金牌号标准中。

鉴于牌号标准永远滞后于产品标准，另外从产品向牌号标准抄写牌号和化学成分时往往出错，在修订牌号标准时删掉牌号及其化学成分内容。使产品标准中牌号及其化学成分保持唯一性，避免出现矛盾。

附　　录

磁学及相关物理量的单位换算表，见附表1。

附表1　磁学及相关物理量的单位换算表

磁学量名称	符　号	CGS 单位	SI 单位	换算比（SI 制数值乘以此数即得 CGS 制数值）
磁极强度	m		韦（Wb）	$10^8/4\pi$
磁通	φ	麦克斯韦（Mx）	韦（Wb）	10^8
磁矩	M_m		安·米^2（A/m^2）	10^3
磁通密度或磁感应强度	B	高斯（Gs）	韦/米^2 或特斯拉（Wb/m^2 或 T）	10^4
磁场强度	H	奥斯特（Oe）	安/米（A/m）	$1/79.6$
磁势或磁通势	$\varphi_m V_m$	奥·厘米（Oe·cm）	安匝（A）	$4\pi/10$
磁化强度	M	高斯（Gs）	安/米（A/m）	10^{-3}
相对磁化率	χ			4π
相对磁导率	μ			1
退磁因子	N(CGS)D(SI)			4π
真空磁导率	μ_0	1	$4\pi/10^7$	$10^7/4\pi$
磁阻	R_m	（奥·厘米）/麦克斯韦	安匝/韦（A/Wb）	$4\pi\times10^{-9}$
磁晶各向异性常数	K_1	erg/cm^2	焦/米^3（J/m^3）	10
磁能积	$(BH)_m$	高·奥	焦/米^3（J/m^3）	$10^9/7.96$
畴壁能密度	γ	erg/cm^2	焦/米^2（J/m^2）	10^3

常用物理常数表，见附表2。

附表2　常用物理常数表

物理常数	SI 制	CGS 制
电子电荷 e	1.6021×10^{-19} C	4.803×10^{-10} 静电位
电子质量 m_e	9.1095×10^{-31} kg	9.1095×10^{-28} g
普朗克常数 h	6.6261×10^{-34} J·s	6.6216×10^{-27} erg·s
磁常数（真空磁导率）μ_0	$4\pi\times10^{-7}$ T/mA	1.0000
电常数（真空介电常数）ε_0	8.8541×10^{-12} F/m	1.0000
真空中光速 c	2.9979245×10^8 m/s	2.9979245×10^{10} cm/s
玻尔磁子 μ_B	1.16530×10^{-29} Wb·m（J/mA）	9.2740×10^{-21} erg/Oe（emu）

物 理 常 数	SI 制	CGS 制
旋磁比 γ	1.1051×10^5 gm/As （其中 g 是朗德因子）	8.795×10^6 g/Oes （其中 g 是朗德因子）
玻耳兹曼常量 k	1.38066×10^{-23} 焦耳/度（J/K）	1.38066×10^{-16} erg/K
阿伏伽德罗常量 N	6.02204×10^{23}/mol	6.02204×10^{23}/mol

化学元素名称与符号对照表，见附表 3。

附表 3　化学元素名称与符号对照表

原子序数	元素符号	元素英文名称	元素汉语名称	相对原子质量
1	H	Hydrogen	氢	1.00794
2	He	Helium	氦	4.002602
3	Li	Lithium	锂	6.941
4	Be	Beryllium	铍	9.012182
5	B	Boron	硼	10.811
6	C	Carbon	碳	12.0107
7	N	Nitrogen	氮	14.00674
8	O	Oxygen	氧	15.9994
9	F	Fluorine	氟	18.9984032
10	Ne	Neon	氖	20.1797
11	Na	Sodium	钠	22.989770
12	Mg	Magnesium	镁	24.3050
13	Al	Aluminum	铝	26.981538
14	Si	Silicon	硅	28.0853
15	P	Phosphorus	磷	30.973761
16	S	Sulfur	硫	32.066
17	Cl	Chlorine	氯	35.4527
18	Ar	Argon	氩	39.948
19	K	Potassium	钾	39.0983
20	Ca	Calcium	钙	40.078
21	Sc	Scandium	钪	44.955910
22	Ti	Titanium	钛	47.867
23	V	Vanadium	钒	50.9415
24	Cr	Chromium	铬	51.9961
25	Mn	Manganese	锰	54.938049

原子序数	元素符号	元素英文名称	元素汉语名称	相对原子质量
26	Fe	Iron	铁	55.845
27	Co	Cobalt	钴	58.933200
28	Ni	Nickel	镍	58.6934
29	Cu	Copper	铜	63.546
30	Zn	Zinc	锌	65.39
31	Ga	Gallium	镓	69.723
32	Ge	Germanium	锗	72.61
33	As	Arsenic	砷	74.92160
34	Se	Selenium	硒	78.96
35	Br	Bromine	溴	79.904
36	Kr	Krypton	氪	83.80
37	Rb	Rubidium	铷	85.4678
38	Sr	Strontium	锶	87.62
39	Y	Yttrium	钇	88.90585
40	Zr	Zirconium	锆	91.224
41	Nb	Niobium	铌	92.90638
42	Mo	Molybdenum	钼	95.94
43	Tc	Technetium	锝	
44	Ru	Ruthenium	钌	101.07
45	Rh	Rhodium	铑	102.90550
46	Pd	Palladium	钯	106.42
47	Ag	Silver	银	107.8682
48	Cd	Cadmium	镉	112.411
49	In	Indium	铟	114.818
50	Sn	Tin	锡	118.710
51	Sb	Antimony	锑	121.760
52	Te	Tellurium	碲	127.60
53	I	Iodine	碘	126.90447
54	Xe	Xenon	氙	131.29
55	Cs	Cesium	铯	132.90545
56	Ba	Barium	钡	137.327
57	La	Lanthanum	镧	138.9055

原子序数	元素符号	元素英文名称	元素汉语名称	相对原子质量
58	Ce	Cerium	铈	140.116
59	Pr	Praseodymium	镨	140.90765
60	Nd	Neodymium	钕	144.24
61	Pm	Promethium	钷	
62	Sm	Samarium	钐	150.36
63	Eu	Europium	铕	151.964
64	Gd	Gadolinium	钆	157.25
65	Tb	Terbium	铽	158.92534
66	Dy	Dysprosium	镝	162.50
67	Ho	Holmium	钬	164.93032
68	Er	Erbium	铒	167.26
69	Tm	Thulium	铥	168.93421
70	Yb	Ytterbium	镱	173.04
71	Lu	Lutetium	镥	174.967
72	Hf	Hafnium	铪	178.49
73	Ta	Tantalum	钽	180.9479
74	W	Tungsten	钨	183.84
75	Re	Rhenium	铼	186.207
76	Os	Osmium	锇	190.23
77	Ir	Iridium	铱	192.217
78	Pt	Platinum	铂	195.078
79	Au	Gold	金	196.96655
80	Hg	Mercury	汞	200.59
81	Tl	Thallium	铊	204.3833
82	Pb	Lead	铅	207.2
83	Bi	Bismuth	铋	208.98038
84	Po	Polonium	钋	
85	At	Astatine	砹	
86	Rn	Radon	氡	
87	Fr	Francium	钫	
88	Ra	Radium	镭	
89	Ac	Actinium	锕	

原子序数	元素符号	元素英文名称	元素汉语名称	相对原子质量
90	Th	Thorium	钍	232.0381
91	Pa	Protactinium	镤	231.03588
92	U	Uranium	铀	238.0289
93	Np	Neptunium	镎	
94	Pu	Plutonium	钚	
95	Am	Americium	镅	
96	Cm	Curium	锔	
97	Bk	Berkelium	锫	
98	Cf	Californium	锎	
99	Es	Einsteinium	锿	
100	Fm	Fermium	镄	
101	Md	Mendelevium	钔	
102	No	Nobelium	锘	
103	Lr	Lawrencium	铹	
104	Rf	Unnilquadium	𬬻	
105	Db	Dubnium	𬭊	
106	Sg	Seaborgium	𬭳	
107	Bh	Bohrium	𬭛	
108	Hs	Hassium	𬭶	
109	Mt	Meitnerium	鿏	
110	Ds	Darmstadtium	𫟼	
111	Rg	Roentgenium	𬬭	

低膨胀合金的基本特性，见附表 4。

附表 4　低膨胀合金的基本特性

牌号	密度 /g·cm^{-3}	熔点 /℃	电阻率 (20℃)/× 10^{-6}Ω·m	热导率 (20~100℃) /W·(m·K)$^{-1}$	弯曲点 /℃	弹性模量 /MPa	HV	σ_b /MPa	$\sigma_{0.2}$ /MPa	σ /%	ψ /%
4J36	8.12	1430~1450	0.78	10.9~13.4	230	134000	140	500	—	—	—
4J38	—		0.89			169000	128	480			
4J32	8.13	1430	0.77	13.4	230	141000 (800℃退火)	150	520	350	25	72
4J35	8.1	—	0.85	13.8	210	164000	320HB	1150	1100	8	10①
4J9	8.32	—	0.66	—	—	186000	—	730	250	42	—

① 热处理：1100℃，2h，以 100℃/h 冷至 750℃，再以 50℃/h 冷至 650℃，再以 20℃/h 缓冷至 500℃，随后空冷。

封接合金的化学成分和膨胀系数，见附表5。

附表 5　封接合金的化学成分和膨胀系数

合金系	牌号	化学成分/%（不大于）										膨胀系数 $a/\times10^{-6}℃^{-1}$						备注
		C	P	S	Mn	Si	Ni	Co	Cr	其他	Fe	200	300	400	450	500	600	
Fe-Ni系	4J42	0.05	0.02	0.02	0.60	0.30	41.5~42.5				余		4.4~5.6	5.4~6.6				玻封或陶封
	4J45	0.05	0.02	0.02	0.60	0.30	44.5~45.5				余		6.5~7.7	6.5~7.7				
	4J50	0.05	0.02	0.02	0.60	0.30	49.5~50.5				余		8.8~10.0	8.8~10.0				
	4J52	0.05	0.02	0.02	0.60	0.30	51.5~52.5				余		9.8~11.0	9.8~11.0				
	4J54	0.05	0.02	0.02	0.60	0.30	53.5~54.5				余		10.2~11.4	10.2~11.4				与云母封接
Fe-Ni-Co系	4J29	0.03	0.02	0.02	0.50	0.30	28.5~29.5	16.8~17.8			余			4.6~5.2	5.0~5.6			玻封
	4J33	0.05	0.02	0.02	0.50	0.30	32.1~33.6	14.0~15.2			余			5.9~6.9		6.5~7.5		陶封
	4J34	0.03	0.02	0.02	0.50	0.30	28.5~29.5	19.5~20.5			余			6.2~7.2			7.8~8.8	
	4J44	0.03	0.02	0.02	0.40	0.30	34.2~35.2	8.5~9.5			余	4.3~5.3	4.3~5.1	4.6~5.2		6.4~6.9		玻封
	4J46	0.05	0.02	0.02	0.50	0.30	Ni+Co+Cu 45.0~46.0	5.0~6.0			余		5.5~6.5	5.56~6.6		7.0~8.0		陶封
Fe-Ni-Cu系	4J41	0.03	0.02	0.02	0.50	0.30	40.5~42.0		5.5~6.3	Cu 3.0~4.0	余		8.4~9.5	8.5~9.6				玻封
	4J6	0.05	0.02	0.02	0.40	0.30	41.5~42.5			Cu 8.5~10.0	余		7.5~8.5	9.5~10.5				玻封
Fe-Ni-Cr系	4J47	0.05	0.02	0.02	0.40	0.30	46.0~47.5		0.80~1.40		余			8.0~8.6				
	4J48	0.05	0.02	0.02	0.40	0.30	46.0~48.0		3.0~4.0		余			8.5~9.5				
	4J49	0.05	0.02	0.02	0.40	0.30	46.0~48.0		5.0~6.0	B<0.03	余			9.2~10.2				

续附表 5

合金系	牌号	化学成分/% C	Si	Mn	P	S	Cr	Co	Ni	其他	Fe	膨胀系数 α/×10⁻⁶℃⁻¹ 200	300	400	450	500	600	备注
Fe-Cr系	4J28	0.12	0.70	1.00	0.02	0.02	27.0~29.0		<0.50	N<0.20	余					10.4~11.6	12.4~13.0	玻封
Ni-Mo-(W)系	4J70	0.05	0.30	0.40	0.02	0.02	Mo 20.5~22.5		余	Cu≤1.5						12.1~12.7	13.0~13.6	陶封无磁
	4J80	0.05	0.30	0.40	0.02	0.02	9.5~11.5	W 9.5~11.5	余	1.5~2.5						12.7~13.3	13.0~13.6	
	4J82	0.05	0.30	0.40	0.02	0.02	17.5~19.5		余	2.5						12.5~13.1	13.0~13.6	

（其中 Si、Mn、P、S 为"不大于"数据）

定膨胀合金的基本特性，见附表 6。

附表 6　定膨胀合金的基本特性

牌号	密度/g·cm⁻³	熔点/℃	电阻率/×10⁻⁶Ω·m	热导率/W·(m·K)⁻¹	弯曲点/℃	弹性模量/MPa	HV	σ_b/MPa	σ/MPa	杯突值/mm
4J42	8.12	~1430	0.61	14.65	360	150000	137	580	29	9.6
4J45	8.18	~1430	0.49	14.65	420	161000		(450~650)	(≥30)	
4J50	8.21	~1430	0.44	16.75	470	161000	136	550	37	10.2
4J52	8.25	~1430	0.44	16.75	500	161000		(450~650)	(≥30)	
4J54	8.28	~1430	0.35	18.84	520	160000		(550)	(38)	
4J29	8.17	~1450	0.46	19.26	430	134000	178	560	31	
4J33	8.16	1450	0.44	17.58	440	180000	160	570	31	
4J34	8.19	1450	0.41		470	160000	168	550	32	
4J44	8.12		0.52	19.68		(131500)	149.5	(562)	(29.8)	9.2
4J46	8.18		0.54	20.1		140000	134.6	520	35.4	
4J41			0.53					540	30	
4J6	8.15		0.92	13.40	270	150000	128	510	35	9.5
4J47	8.19	~1430	0.55	20.1		145000	148	560	34	10.3
4J48	8.17	~1430	0.80	16.75		178000	134	570	34	9.6
4J49	8.18	~1430	0.90	18.00		163000	136	560	33	9.6
4J28	7.6	1490	0.66	16.75	约600	200000	231	640	26	7.7
4J78	9.38		1.17	13.82		226200	174~207	886	54	12.6
4J80	9.67		0.88	15.49		225000	156	764	55	12.6
4J82	9.23		1.0	15.91		220000	175~195	800	53	12.6

注：表中（　）数据为棒材数据，其余为带材数据。

附表 7　膨胀合金国内外牌号对照表

名称	中国	美国	日本	俄罗斯	英国	法国	德国
因瓦合金	4J36	Invar Nilvar Unispan36	不变钢	Invar Nilo36 36	Invar Nilo36 36Ni	Invar Standard	Vacodil36 Nilo36
超因瓦合金	4J32	Super-Invar Super-Nilvar	超不变钢 SI	32НКД		Invar Superieur	
不锈因瓦合金	4J9	Stainless-Invar	不锈不变钢	54K9X		ADR	
高强度因瓦合金	4J35	Ni-Span-Lo42		35HKT			Frigidal
高强度因瓦合金	4J38	36Ni FM Invar Free achining Simonds 38～7					
高温低膨胀合金	4J40	FM					
低温用因瓦合金		39H		36HX 39H	36NiCu 39Ni	Creusot9D6	
铁镍合金	4J42	NiCloy CarpanterL. E. 42 Glass Sealing 42 GasFree	D 42FN FeNi42 NSD	42H	Nilo42 Invar 42	N42	Nilo42 Vacodil FeNi42
铁镍合金	4J45	Carpanter G. S. 46 Ferrovac 46 Ni		46H	Nilo45	N48	Nilo44 Vacodil 46
铁镍合金	4J50 4J52 4J54	Carpanfer G. S. 49 Carpanfer G. E. 49 Niloy 52 Alleg heng 4750	NS-1 NS-2 50FN	52H 52H-BN	Nilo51 Nilo501 Telcoseal6 Telcoseal 6/3 Telcoseal 6/4	N50RL N52 N54 N50	Vacovit 50 Vacovit 51 FeNi50 FeNi52 FeNi54
稳定因瓦合金	4J58		58FN	58H		N58	
铁镍钴合金 （玻材）	4J29	Kovar KovarA	KV1 KV2 KV3 KV4 KOV	29HK	Nilok	DilverP0 DilverP1	Vacon 10 Vacon 12 Nilok
铁镍钴合金 （瓷封）	4J33 4J34	Ceramvar Fetinco Ⅱ		33HK		ASC. A	Vacon 20 Vacon 70
铁镍铬合金	4J6	Sylvania 4 Sealmet 4 Carpanter 426	NRS1 SNC NCK 426	H42X	Telcoseal Ⅲ Darwins 426	ASV	Vacovit （Nicr 426）

名称	中国	美国	日本	俄罗斯	英国	法国	德国
铁镍铬合金	4J47 4J48 4J49			47HXP 47HX 47H3X			
铁铬合金	4J28	Glass Sealing 28 Sealmet Ⅰ AISI-446	FR25 FR28		Telcoseal V	Dilver 0	Vacovit 0.25
铁铬合金	4J18	AISI-430 Glass Sealing 18	FR18 FR28	18XMTΦ 18XTΦ		Divler T	Novar B GL Ⅱ
无磁瓷封合金	4J78 4J80 4J82			75HM 80HMB 70HMB 80HMBX3			

附表 8　国内外金属功能材料类似牌号对照

中国	国际电工委员会	俄罗斯	美国	英国	德国	日本	法国
1J06 （1J6）							
1J12	IEC 60404-8/6 G1			BS 6404-8/6 G1			
1J13							
1J16	G1			G1			
1J17 （1J116）		ГОСТ 10994 ГОСТ 10160 16X					
1J18 （1J117）							
1J22	F1	49KΦ、 49K2Φ、 49K2ΦA	ASTM A751 ASTM A801 Alloy 1	F1			
1J30	E5			E5			
1J31							
1J32							
1J33							
1J34		34HKM 34HKMП					
1J36	E4			E4	DIN 17405 DIN 41301 RNi24 D1、D1a、D3	JIS C2531 PD	
1J38							
1J40 （1J403）		40HKM 40HKMП					

续附表 8

中国	国际电工委员会	俄罗斯	美国	英国	德国	日本	法国
1J46		45H	Alloy 1		Ni48		
1J50	E3	50H	AMS 7717B AMS 7718C AMS 7719A MIL-N-14411C 50Ni-50Fe Composition 3	E3	RNi12、RNi8 F3	PB	
1J51		50HП	Alloy 2 GtadeA			PE	
1J52	E3			E3		PE	
1J54		50HXC					
1J65							
1J66	E2			E2			
1J67		68HMП					
1J76	E1	76HXД	Alloy 3 AMS 7701A AMS 7702A AMS 7705B Type 1 Nickel-Iron Alloy Composition 2	E1	DIN 17745 NiFe16CuCr RNi5 RNi2 E3 E4 NiFe16CuCr		
1J77	E11b	77HMД 77HMДП	Type 2 Nickel-Iron Alloy Composition 2		NiFe16CuMo RNi5 RNi2 E3 E4	PC	
1J79	E11c	79HM、79H3M	Alloy 4 Composition 1 MIL-N-47037 Nickel Alloy	El	NiFe15Mo RNi5 RNi2		
1J80		80HXC					
1J83		79HMП					
1J85	E11c		Alloy 4 Composition 5 Nickel Alloy		NiFe15Mo RNi5 RNi2		
1J86	E11c						
1J87							
1J88							
1J89							
1J90							
1J91							

中国	国际电工委员会	俄罗斯	美国	英国	德国	日本	法国
2J04 (2J4)							
2J07 (2J7)	IEC 60404-8/1 FeCoVCr4/0.4			BS 6404-8/1 FeCoVCr4/0.4	DIN 17410 FeCoVCr4/1 FeCoVCr11/2		
2J09 (2J9)	FeCoVCr 7/1			FeCoVCr 7/1			
2J10	FeCoVCr 8/2	ГОСТ 24063 ГОСТ 24897 52К10Ф		FeCoVCr 8/2	FeCoVCr4/1 FeCoVCr11/2		
2J11	FeCoVCr 11/2	52К11Ф		FeCoVCr 11/2			
2J12		52К12Ф					
2J21							
2J23							
2J25							
2J27							
2J31	FeCoVCr8/2	52К11Ф		FeCoVCr8/2	FeCoVCr4/1 FeCoVCr11/2		
2J32	FeCoVCr11/2	52К12Ф		FeCoVCr 11/2			
2J33		52К13Ф					
2J51							
2J52							
2J53							
2J63		ГОСТ 6862 ЕХ					
2J64		ЕВ6					
2J65		ЕХ5К5					
2J67							
2J83	CrFeCo28/5	30Х23К 30Х23КА	MMPA0100 FeCrCo250 (2.0/0.25)	CrFeCo28/5		MCC44/5	
2J84	CrFeCo28/5	25Х15К 25Х15КА		CrFeCo28/5		MCC44/5	
2J85	CrFeCo28/5	25Х12К2БА	MMPA0100 FeCrCo5 (5.2/0.61)	CrFeCo28/5		MCC44/5	
3J01 (3J1)		ГОСТ 14117 ГОСТ 14118 ГОСТ 14119 36НХТЮ5М 36НХТЮ8М					

中国	国际电工委员会	俄罗斯	美 国	英 国	德 国	日 本	法 国
3J09 (3J9)							
3J21		40KXHM					
3J22		40KHXMBTЮ					
3J40							
3J53		42HXTЮ 42HXTЮA	AMS 5221C AMS 5223D AMS 5225D 49Fe-5. 3Cr-42Ni- 2. 5Ti-0. 55Al				
3J53P							
2J53Y							
3J58		44HXTЮ					
3J60							
3J63		44HXTЮ					
4J06 (4J6)			ASTM F31 MIL-I-23011C 42%Ni-6%Cr Class 6			EMAS-1002 Fe-42Ni-6Cr	NF A54-301 Fe-Ni42Cr6
4J28			ASTM F256 28%Cr				
4J29		ГОСТ 14080 ГОСТ 14081 ГОСТ 14082 29HK、29HK-BИ	ASTM F15 29%Ni、17%Co、 53%Fe AMS 7727A AMS 7728E 53Fe-29Ni-17Co Class 1		Ni29Co18	EMAS-1001 铁、镍、钴 封接合金	Fe-Ni29Co17
4J32		32HKД					
4J33		33HK、33HK-BИ					
4J34					NiCo2823		
4J36		36H、36HX	Class 7				Fe-Ni36
4J38			MIL-S-16598B 36Ni 易切削低 膨胀合金				
4J40							
4J42		42H 42H-BИ	ASTM F30 42 合金 Class 5		Ni42	Fe-42Ni	Fe-Ni42

中国	国际电工委员会	俄罗斯	美 国	英 国	德 国	日 本	法 国
4J43			ASTM F29 Dumet （包 Cu 的 43%合金）			JIS H4541 杜美丝 1 号	
4J44							
4J45			46 合金 Class 4				
4J46							
4J47		47НХ	48 合金　Class 3		Ni48、Ni49		Fe-Ni48
4J49		47НХР			NiFe47Cr		Fe-Ni47Cr5
4J50			52 合金 Class 2		NiFe47	Fe-50Ni	Fe-Ni50
4J58		58Н-ВИ					
4J59							
4J78							
4J80							
4J82							
5J20110		ТБ2013 ГОСТ 10533 ТБ200/113	ASTM B388 TM2		DIN 1715T1 TB20110	JIS C2530 TM1	
5J14140			TM8				
5J15120		ТБ1613 ТБ160/122					
5J1380		ТБ1323 ТБ129/79	TM20			TM2	
5J1480		ТБ1423 ТБ138/80	TM1				
5J1580		ТБ1523 ТБ148/79			TB1577A TB1577B		
5J1017		ТБ0953 ТБ90/17	TM22			TM3	
5J1413							
5J1416		ТБ1353 ТБ130/17					
5J1070		ТБ1032 ТБ1132 ТБ103/70 ТБ107/71	TM3、TM21		TB1170A TB1170B	TM4	
5J0756		ТБ0831 ТБ73/57	TM5				

中国	国际电工委员会	俄罗斯	美国	英国	德国	日本	法国
5J1306A						TM5A TM5B	
5J1306B							
5J1309A							
5J1309B							
5J1411A					TB1511		
5J1411B							
5J1417A							
5J1417B							
5J1320A	ТБ1353		TM10				
5J1320B	ТБ130/17						
5J1325A					TB1425		
5J1325B			TM11			TM6	
5J1430A							
5J1430B			TM12				
5J1433A			TM13				
5J1433B							
5J1435A			TM13		TB1435		
5J1435B							
5J1440A							
5J1440B			TM14				
5J1455A					TB1555		
5J1455B			TM16				
5J1075					TB1075		
6J10						JIS C2532 GCR69	
6J15		ГОСТ 8803 Х15Н60 Х15Н60-ВИ	ASTM B267 Alloy Class 4		DIN 17471 DIN 17472 NiCr6015	GNC112	
6J20		Х20Н80 Х20Н80-ВИ	Alloy Class 3A 3B		NiCr8020	GNC108	
6J22			Alloy Class 1a				
6J23		Н80ХЮД-ВИ	Alloy Class 1b 1c				
6J24		ЭП277-ВИ	Alloy Class 1c		NiCr20AlSi		
		ГОСТ 12766/1~5 Х20Н80-Н	ASTM B344 80M-20Cr		DIN 17470 NiCr8020	JIS C2520 NCHW1 NCHRW1	
		ХН70Ю-Н			NiCr7030		

续附表 8

中国	国际电工委员会	俄罗斯	美 国	英 国	德 国	日 本	法 国
		X15H60-H X15H60	60M-06Cr		NiCr6015	NCHW2 NCHRW2	
			35M-20Cr			NCHW3 NCHRW3	
					NiCr3020	FCHW1 FCHRW1	
		X15Ю5	ASTM B603 Ⅲ类		CrAl144		
			Ⅰ类		CrAl255		
		X23Ю5			0Cr20Al3	FCHW2 FCHRW2	

附表 9　国内外电工用硅钢类似钢号对照

序号	中国 GB	国际标准 IEC	俄罗斯 ГОСТ	美 国		日 本 JIS	德 国		英 国 BS	法 国 NF
				ASTM	UNS		DIN	W-Nr.		
1	35W230	—	—	—		35A230	—	—	—	—
2	35W250	250-35-A5	2413	36F320M		35A250	V250-35A	1.0800	250-35-A5	FeV250-35HA
3	35W270	270-35-A5	2412	36F348M		35A270	V270-35A	1.0801	270-35-A5	FeV270-35HA
4	35W300	300-35-A5	2411	36F370M		35A300	V300-35A	1.0803	300-35-A5	FeV300-35HA
5	35W330	330-35-A5	—	36F419M		—	V330-35A	1.0804	330-35-A5	FeV330-35HA
6	35W360	—	—	—		35A360	—	—	—	—
7	35W400	—	—	—		—	—	—	—	—
8	35W440	—	—	—		35A440	—	—	—	—
9	50W230	—	—	—		—	—	—	—	—
10	50W250	—	—	—		—	—	—	—	—
11	50W270	270-50-A5	—	47F370M		50A270	V270-50A	1.0806	270-50-A5	FeV270-50HA
12	50W290	290-50-A5	2413	47F370M		50A290	V290-50A	1.0807	290-50-A5	FeV290-50HA
13	50W310	310-50-A5	2412	47F384M 47S386M		50A310	V310-50A	1.0808	310-50-A5	FeV310-50HA
14	50W330	330-50-A5	—	47F419M 47S419M		—	V330-50A	1.0809	330-50-A5	FeV330-50HA
15	50W350	350-50-A5	2411	47F452M 47S441M 47D440M		50A350	V350-50A	1.0810	350-50-A5 340-50-E5	FeV350-50HA FeV340-50HE
16	50W400	400-50-A5	2312	47F507M 47S507M 47D510M		50A400	V400-50A	1.0811	400-50-A5 390-50-E5	FeV400-50HA FeV390-50HE

续附表 9

序号	中国 GB	国际标准 IEC	俄罗斯 ГОСТ	美国		日本 JIS	德国		英国 BS	法国 NF
				ASTM	UNS		DIN	W-Nr.		
17	50W470	470-50-A5	2311	47F617M 47S551M 47D600M		50A470	V470-50A	1.0812	470-50-A5 450-50-E5	FeV470-50HA FeV450-50HE
18	50W540	530-50-A5	2013 2212	47F672M 47S661M 47D730M		—	V530-50A	1.0813	530-50-A5 560-50-E5	FeV530-50HA FeV560-50HE
19	50W600	600-50-A5	2112			50A600	V600-50A	1.0814	600-50-A5	FeV600-50HA
20	50W700	700-50-A5	—	47D840M 47F882M		50A700	V700-50A	1.0815	700-50-A5	FeV700-50HA
21	50W800	800-50-A5	2111	47F992M		50A800	V800-50A	1.0816	800-50-A5	FeV800-50HA
22	50W1000	—	—	47C1323		50A1000	—	—	1050-50-D5	—
23	50W1300	—	—	—		50A1300	—	—	—	—
24	65W600	600-65-A5	2311	64S772M		—	V600-65A	1.0825	600-65-A5	FeV600-65HA
25	65W700	700-65-A5	2013	64F882M		—	V700-65A	1.0826	700-65-A5	FeV700-65HA
26	65W800	800-65-A5	2112	64D950M		65A800	V800-65A	1.0827	800-65-A5 800-65-D5	FeV800-65HA
27	65W1000	1000-65-A5	—	64F1212M		65A1000	V940-65A	1.0828	1000-65-A5 1000-65-D5	FeV1000-65HA
28	65W1300	—	—	—		65A1300	—	—	1200-65-D5	—
29	65W1600	—	—	—		65A1600	—	—	—	—
30	27QG100	—	—	—		27P100	—	—	—	—
31	27QG110	—	3408	—		27P110	—	—	—	—
32	27Q120	—	3407	27H163M		27G120	—	—	—	—
33	27Q130	130-27-S5	3406	27H163M		27G130	VM130-27S	1.0866	130-27-S5	FeM130-27-S
34	27Q140	089-27-N5	3405	—		27G140	VM89-27N	1.0865	089-27-N5	FeM089-27-N
35	30QG110	111-30-P5	—	30P154M		30P110	VM111-30P	1.0881	111-30-P5	FeM111-30-P
36	30QG120	117-30-P5	3408	30P154M		30P120	VM117-30P	1.0882	117-30-P5	FeM117-30-P
37	30QG130	—	3406 3407	—		30P130	—	—	—	—
38	30Q130	—	—	—		—	—	—	—	—
39	30Q140	140-30-S5	3405	30H183M		30G140	VM140-30S	1.0862	140-30-S5	FeM140-30-S
40	30Q150	097-30-N5	3404	—		30G150	VM97-30N	1.0861	097-30-N5	FeM097-30-N
41	35QG125	125-35-P5	3408	—		35P125	—	—	125-35-P5	—
42	35QG135	135-35-P5	3408	—		35P135	—	—	135-35-P5	—
43	35Q135	—	3407	—		—	—	—	—	—
44	35Q145	—	3406	—		35G145	—	—	150-35-S5	—
45	35Q155	155-35-S5	3405	35H207M		35G155	VM155-35S	1.0857	150-35-S5	FeM155-35-S
46	35Q165	111-35-N5	3404	—		35G165	VM111-35N	1.0856	111-35-N5	FeM111-35-N